航空航天工程飞行试验概论

Introduction to Aerospace Engineering with a Flight Test Perspective

[美] 斯蒂芬·科尔达(Stephen Corda) 著

王仲杰 彭国金 霍朝晖 杨 哲 译

国防工業出版社

·北京·

著作权合同登记　图字:军-2020-010 号

图书在版编目(CIP)数据

航空航天工程飞行试验概论/(美)斯蒂芬·科尔达(Stephen Corda)著;王仲杰等译. —北京:国防工业出版社,2023.5

书名原文:Introduction to Aerospace Engineering with a Flight Test Perspective

ISBN 978-7-118-12502-3

Ⅰ.①航…　Ⅱ.①斯…②王…　Ⅲ.①航空工程—飞行试验②航天工程—飞行试验　Ⅳ.①V217

中国版本图书馆 CIP 数据核字(2023)第 085011 号

Introduction to Aerospace Engineering with a Flight Test Perspective by Stephen Corda

ISBN:978-1-118-95336-5

※

国防工业出版社出版发行

(北京市海淀区紫竹院南路 23 号　邮政编码 100048)

三河市腾飞印务有限公司印刷

新华书店经售

*

开本 710×1000　1/16　**印张** 55½　**字数** 1060 千字

2023 年 5 月第 1 版第 1 次印刷　**印数** 1—1500 册　**定价** 326.00 元

(本书如有印装错误,我社负责调换)

国防书店:(010)88540777　书店传真:(010)88540776

发行业务:(010)88540717　发行传真:(010)88540762

译者序

人类发明和研制的任何飞行器都离不开飞行试验，飞行试验是在真实大气条件下对飞行器、航空动力装置、机载设备和系统进行的科学研究和产品鉴定。从概念到应用，飞行试验贯穿于航空技术和航空产品发展的始终。随着C919、AG600等国产新型飞行器的研制成功，大量新技术和新材料的应用使得我们迫切需要开展飞行试验新理论和新方法的研究，从而推动国防科技和武器装备的发展。

试验科学是驱动创新的原动力。长期以来，由于各种原因国内有关飞行试验的图书较少。本着提高我国飞行试验技术水平的目的，我们组织翻译了由Wiley出版社于2017年出版的《航空航天工程飞行试验概论》。该书从飞行试验的视角介绍了航空航天工程试验，论述内容视角独特，深入浅出，采用循序渐进方式，首先对航空航天工程试验理论展开讨论，然后从空气动力学、推进、性能、稳定性和操纵性等方面详细介绍了航空航天飞行试验所采用的方法以及通过试验所揭示的试验对象特性。本书所涉数据均遵照原著，非国际单位制单位首次出现时，在对应位置做页末注写明换算关系。

本书的特点是既基于理论开展科学试验，又从大量科学试验中总结出新的理论方法，是一本理论紧密联系实际的图书，不仅适用于从事飞行试验相关工作的工程技术人员，而且对各高校相关专业科研工作者及学生也颇具参考价值。

在本书翻译过程中，得到了译者所在单位中国飞行试验研究院的大力支持，许多科研人员利用业余时间做了大量的翻译工作，包括聂睿、关爱锐、齐婵颖、王茜、易芳、张吉旋、李杨等，在此表示感谢。本书的出版得到了西北工业大学航空学院王海峰教授团队的悉心指导和大力支持，并获得国防工业出版社装备科技译著出版基金资助，在此表示衷心感谢。

由于本书内容涉及面广，全书篇幅大，加之译者水平有限，难免有翻译不妥之处，敬请读者批评指正。

王仲杰
于西安

关于作者

Stephen Corda 于 1958 年 2 月 3 日生于纽约纽堡。1980 年毕业于马里兰大学，获得航空航天工程理学学士学位。之后，他在马里兰大学继续进行高超声速空气动力学领域的研究生学习，1982 年获得理学硕士学位，1988 年获得航空工程博士学位。1983 年至 1984 年，他加入比利时的冯·卡门流体动力学研究所。1988 年，他接受了马里兰州劳雷尔市约翰斯·霍普金斯大学应用物理实验室高超声速推进组的任职。从 1990 年到 2001 年，以及从 2004 年到 2006 年，他在美国航空航天局德莱顿（现阿姆斯特朗）飞行研究中心（位于加利福尼亚州爱德华兹市）担任项目工程师、飞行试验工程师、项目经理以及推进和性能部门主管。2001 年至 2002 年，他任加利福尼亚州爱德华兹市美国空军试飞员学校性能部门的教员和飞行试验工程师。2003 年至 2004 年，他担任马里兰州安纳波利斯美国海军学院航空航天工程系助理教授。2006 年至 2012 年，他担任田纳西州塔拉霍马市田纳西大学太空研究所（University of Tennessee Space Institute）航空系统和飞行研究项目的副研究员和项目总监。2012 年，他去到莫哈韦沙漠，直到 2014 年，在维珍银河航空公司担任飞行科学部门的工程经理。目前，Corda 博士是一名私人工程顾问。

原著丛书主编前言

航空航天领域涉及的产品、学科和范围非常广泛，不仅涉及工程领域，而且涉及许多相关的配套活动。这些结合起来使得航空航天工业能够制造创新且技术先进的飞行器。航空航天领域专家所获得的知识和宝贵的经验迫切需要传递给本行业的工作人员，以及大学的研究人员、教师和学生。

《航空航天丛书》的出版旨在为航空航天领域相关工作人员提供实用且受欢迎的书籍，包括工程技术人员和运营商、学术界的工程师，以及商业人员和法律执行者等相关专业人士。丛书主题广泛，包括飞机的设计和开发、制造、运行和保障，以及基础设施操作和当前的研究和技术进展等。

未来飞机的设计不仅依赖于对航空航天工程基础学科的深刻理解，而且还依赖于能够对新设计进行验证的试验技术。

《航空航天工程飞行试验概论》从飞行试验的角度介绍了航空航天工程，介绍了关于固定翼飞机设计所需的空气动力学、推进、性能、稳定性和操纵性等基础内容。本书是对 Wiley 出版社《航空航天丛书》中其他书籍内容的有益补充。特别值得注意的是，书中包含了各种地面试验技术和飞行试验技术，这些技术与书中各个章节都相关，而这些在教科书中很少有记载。

Peter Belobaba，Jonathan Cooper 和 Allan Seabridge

前 言

本书是航空航天工程领域的入门级图书,具有独特的论述视角。飞行试验是航空航天工程理论和原理应用的基础,航空器和航天器在此基础之上实现了升空的梦想。设计和制造真正的飞行器往往是这些理论和原理发展的首要驱动力。本书为航空航天工程许多基本原理提供了坚实的基础,同时阐明了许多真实飞行案例。本书涵盖航空航天工程的基础学科,包括空气动力学、推进、性能、稳定性和操纵性等。

试验视角使本书具有实用和实践性工程风格。读者将通过本书获得关于如何进行许多不同类型航空航天试验的工程学见解,这些内容在大学航空航天工程课程中很少涉及。不管一个人在航空航天领域从事什么工作或担任什么角色,这些主题的讨论、研究对于正在全面发展的航空航天飞行器都是很有必要的。

本书适用于航空航天工程本科阶段的基础入门课程。书中涉及飞行试验的章节介绍的是重要试飞科目,尤其针对那些原本没有专门飞行试验课程的航空航天项目。此外,本书还可用于专门的飞行试验课程。

本书包括一些飞行试验的基础知识,还可以服务于寻求扩大航空航天工程"工具箱"的工程师。本书对从事飞行试验工作的学者有一定的参考价值,为航空航天基础工程理论和飞行试验应用提供了参考资料。书中飞行试验视角还可以使实习生、航空专业人员以及航空爱好者对航空航天和飞行试验有更深入的理解。然而,本书不应用作非专业人士尝试自己进行飞行试验"如何操作"的指导手册。

飞行试验技术(FTT)和地面试验技术(GTT)两部分介绍了每章前几节中讨论的航空航天工程理论和概念的试验方法。FTT没有提供一个循序渐进的程序列表,而是以一种独特的方式进行描述,将读者放在不同飞机的"驾驶舱"中,为他们提供一个学习飞行试验概念、试验技术和飞行数据收集的令人兴奋的视角。这种方法的附带好处是,读者可以了解多种不同类型的飞机。这种方法是以一个独特的和有趣的方式来学习航空航天工程和飞行试验,并不是实际操控真正的飞机!

与本书配套的其他有用的资源可以在Wiley网站(www.wiley.com\go\corda\aerospace_engg_flight_test_persp)上找到,并且可以在网站上找到书中引用的技术论文和信息。这些是根据本书章节和参考飞行试验技术汇总的。教师也可以通过访问网站得到所有家庭作业问题的完整解答。

在许多方面,教科书本质上是自传性的,是我的个人职业经历和与他人交流的经验。本书内容源于我在美国航空航天局德莱顿(现在阿姆斯特朗)飞行研究中心、约翰斯·霍普金斯大学应用物理实验室、美国空军试飞员学校、美国海军学院、田纳西大学的空间研究所和维珍银河太空船公司中作为航空航天工程师、飞行试验工程师、试飞员和教员的经历。在我的职业生涯中,与我一起工作和飞行的工程师、科学家、学生、技术人员、项目经理、管理人员和试飞员帮助我获得了专业能力,对他们深表感激。

在初稿的撰写过程中,许多人提供了资料,非常感谢特别是以下人员:

Katie Bell,莱康明引擎公司

Jennifer Bowman,美国轨道科学公司

Richard Ferriere,参见 www.richard.ferriere.free.fr

Guillaume Grossir 和 Sebastien Paris,冯·卡门流体动力学研究所

Phil Hays,参见 www.okieboat.com

Christian Hochheim,艾克斯特(Extra)飞机公司

Kate Igoe,美国国家航空航天博物馆

Bernardo Malfitano,参见 www.understandingairplanes.com

Paul Niewald,波音公司

Ray Watkins,参见 http://1000aircraftphotos.com/Contributions/WatkinsRay/WatkinsRay.htm

Jessika Wichner,德国航空航天中心

非常感谢 Jim Ross 和他在美国国家航空航天局阿姆斯特朗飞行研究中心的摄影团队,他们提供了美国国家航空航天局一些珍贵的飞机照片。Saeed Farokhi 博士是堪萨斯大学航空航天工程学教授,也是 Wiley 出版社的特约作者,他对本书的出版提出了许多宝贵意见。最后,我必须感谢 John D. Anderson 博士,在我早年作为马里兰大学航空航天工程专业本科生和研究生时,对我的无私帮助,从他撰写的所有有趣的教科书中,我学会了许多关于航空航天工程的基础知识。

如果您对本书下一版的出版有任何意见或建议,或指出一些问题需要更正,请发送至 scdaos@ gmail.com。

Stephen Corda

于美国加利福尼亚州罗莎蒙德

关于配套网站

本书附有一个配套网站：

www.wiley.com/go/corda/aerospace_engg_flight_test_persp

该网站包括：

(1) 第1~6章PDF文件；

(2) 课后问题解答；

(3) 飞行试验技术论文。

目录

第1章 首　飞

1.1 导论 …… 002
1.1.1 本书结构 …… 003
1.1.2 FTT:熟悉飞行 …… 004
1.2 航空器 …… 011
1.2.1 航空器分类 …… 012
1.2.2 固定翼飞机 …… 012
1.2.3 旋翼航空器:直升机 …… 027
1.2.4 轻于空气的航空器:气球和飞艇 …… 034
1.2.5 无人机 …… 042
1.3 航天器 …… 044
1.3.1 航天器的分类 …… 044
1.3.2 航天器的组成 …… 051
1.3.3 无人航天器 …… 056
1.3.4 载人航天器 …… 068
1.3.5 航天运输系统和航天器 …… 076
参考文献 …… 094

第2章 概念介绍

2.1 引言 …… 095
2.2 数学概念介绍 …… 096
2.2.1 单位和单位制 …… 096
2.2.2 测量和数值不确定度 …… 104
2.2.3 标量和矢量 …… 109
2.3 航空航天工程概论 …… 111
2.3.1 飞机机体坐标系 …… 111
2.3.2 迎角和侧滑角 …… 112
2.3.3 飞机稳定坐标系 …… 114

2.3.4 飞机定位编码系统 …… 114
2.3.5 自由体受力图和4种力 …… 115
2.3.6 FTT:配平飞行 …… 120
2.3.7 马赫数和飞行状态 …… 124
2.3.8 飞行包线 …… 128
2.3.9 v-n 图 …… 139
2.3.10 飞机重量与平衡 …… 143
2.3.11 航空航天器的标识和命名 …… 150
2.4 飞行试验概念 …… 155
2.4.1 什么是飞行试验 …… 155
2.4.2 飞行试验过程 …… 160
2.4.3 飞行试验技术 …… 163
2.4.4 对试飞员、试飞工程师和试飞分析师的要求 …… 166
2.4.5 飞行试验安全和风险评估 …… 167
参考文献 …… 171
习题 …… 173

第3章 空气动力学

3.1 引言 …… 176
3.2 流体的基本物理属性 …… 176
3.2.1 流体微元 …… 177
3.2.2 流体的热力学属性 …… 178
3.2.3 流动的运动学属性 …… 180
3.2.4 流线、迹线和流动可视化 …… 181
3.2.5 FTT:飞行中的流动可视化 …… 182
3.2.6 流体的传输属性 …… 185
3.3 流动类型 …… 187
3.3.1 连续流和非连续流 …… 188
3.3.2 定常流和非定常流 …… 189
3.3.3 不可压缩流和可压缩流 …… 190
3.3.4 无黏流和黏性流 …… 191
3.4 相似参数 …… 194
3.4.1 马赫数 …… 194
3.4.2 雷诺数 …… 195
3.4.3 压力系数 …… 197

3.4.4 力系数和力矩系数 …… 197
3.4.5 比热容比 …… 198
3.4.6 普朗特数 …… 198
3.4.7 其他相似参数 …… 199
3.4.8 相似参数总结 …… 204
3.5 热力学概述 …… 205
3.5.1 热力学系统和状态 …… 206
3.5.2 热力学状态的桥梁:状态方程 …… 208
3.5.3 其他热力学属性:内能、焓和熵 …… 215
3.5.4 功和热 …… 217
3.5.5 热力学定律 …… 222
3.5.6 理想气体的比热容 …… 224
3.5.7 等熵流 …… 228
3.6 流体运动的基本方程 …… 231
3.6.1 质量守恒:连续性方程 …… 231
3.6.2 牛顿第二定律:动量方程 …… 233
3.6.3 能量守恒:能量方程 …… 237
3.6.4 流动控制方程综述 …… 239
3.7 气动力和气动力矩 …… 241
3.7.1 升力 …… 243
3.7.2 阻力 …… 250
3.7.3 GTT:阻力清除 …… 260
3.7.4 GTT:风洞试验 …… 261
3.7.5 GTT:计算流体力学 …… 276
3.7.6 FTT:稳定滑翔时升力和阻力 …… 279
3.8 二维升力形状:翼型 …… 285
3.8.1 翼型结构和命名 …… 290
3.8.2 翼型编号系统 …… 292
3.8.3 翼型升力、阻力及俯仰力矩 …… 294
3.8.4 压力系数 …… 296
3.8.5 翼型升力、阻力、力矩曲线 …… 297
3.8.6 部分对称翼型和有弯度翼型数据 …… 303
3.8.7 对称翼型和有弯度翼型对比 …… 309
3.9 三维空气动力学:机翼 …… 311
3.9.1 有限翼 …… 311
3.9.2 机翼的升力和阻力曲线 …… 324

3.9.3 增升装置 …… 327
3.9.4 FTT:气动建模 …… 333
3.9.5 机翼地面效应 …… 340
3.10 可压缩的亚声速流和跨声速流 …… 346
3.10.1 声速 …… 347
3.10.2 临界马赫数和阻力发散 …… 349
3.10.3 压缩性修正 …… 352
3.10.4 声障 …… 356
3.10.5 打破声障:贝尔 X-1 试验机和迈尔斯 M.52 …… 357
3.11 超声速流动 …… 363
3.11.1 等熵流关系 …… 364
3.11.2 激波和膨胀波 …… 366
3.11.3 FTT:飞行中的激波可视化 …… 372
3.11.4 声爆 …… 374
3.11.5 超声速翼型的升力和阻力 …… 379
3.11.6 超临界翼型 …… 381
3.11.7 超声速飞机机翼 …… 383
3.11.8 跨声速和超声速面积律 …… 399
3.11.9 内部超声速流 …… 404
3.12 黏性流 …… 411
3.12.1 表面摩擦力和剪应力 …… 412
3.12.2 边界层 …… 413
3.12.3 表面摩擦阻力 …… 421
3.12.4 气动失速与偏离 …… 425
3.12.5 FTT:失速、偏离和尾旋飞行试验 …… 438
3.13 高超声速流 …… 443
3.13.1 高超声速飞行器 …… 444
3.13.2 高马赫数效应 …… 446
3.13.3 高温效应 …… 449
3.13.4 黏性高超声速流 …… 452
3.13.5 低密度效应 …… 455
3.13.6 无黏高超声速流的近似分析 …… 456
3.13.7 气动热 …… 461
3.13.8 FTT:高超声速飞行试验 …… 464
3.14 升力和阻力理论概述 …… 474
参考文献 …… 476

习题 …… 480

第4章 推　　进

4.1 引言 …… 485
4.1.1 推进推力的概念 …… 486
4.1.2 发动机站位号 …… 490
4.2 带加热与做功的推进系统流动 …… 491
4.3 推力方程的推导 …… 494
4.3.1 受力核算 …… 495
4.3.2 火箭发动机的卸装推力 …… 496
4.3.3 冲压式喷气发动机和涡轮喷气发动机的卸装推力 …… 499
4.3.4 吸气式发动机的安装推力 …… 501
4.3.5 螺旋桨的推力方程 …… 502
4.4 螺旋桨驱动和喷气发动机推力及功率曲线 …… 505
4.4.1 FTT:飞行中推力测量 …… 507
4.5 吸气式推进器 …… 511
4.5.1 吸气式推进器性能参数 …… 512
4.5.2 冲压式喷气发动机 …… 518
4.5.3 燃气发生器 …… 523
4.5.4 涡轮喷气发动机 …… 528
4.5.5 涡扇发动机 …… 536
4.5.6 涡轮螺旋桨发动机和涡轴发动机 …… 539
4.5.7 更多关于吸气发动机的进气道和喷口信息 …… 542
4.5.8 往复式活塞发动机-螺旋桨组合 …… 551
4.5.9 吸气式发动机热力循环总结 …… 565
4.5.10 GTT:发动机试验单元和试验台 …… 565
4.5.11 FTT:飞行发动机试验台 …… 568
4.6 火箭推进器 …… 570
4.6.1 推力室热动力学 …… 571
4.6.2 火箭推进性能参数 …… 573
4.6.3 液体推进剂火箭推进器 …… 581
4.6.4 固体燃料火箭推进器 …… 585
4.6.5 混合推进剂火箭推进器 …… 588
4.6.6 火箭喷口的类型 …… 591
4.7 其他类型的非吸气式推进器 …… 594

4.7.1 核火箭推进器……………………………………………………………… 594
4.7.2 电动航天器推进器………………………………………………………… 596
4.7.3 太阳能推进系统…………………………………………………………… 602
4.8 其他类型的吸气式推进器 ……………………………………………………… 607
4.8.1 超燃冲压发动机…………………………………………………………… 607
4.8.2 组合循环推进……………………………………………………………… 608
4.8.3 非定常波推进……………………………………………………………… 610
参考文献………………………………………………………………………………… 614
习题……………………………………………………………………………………… 615

第5章 性 能

5.1 引言 ……………………………………………………………………………… 619
5.2 高度定义 ………………………………………………………………………… 621
5.3 大气的物理描述 ………………………………………………………………… 625
5.3.1 大气层的化学成分………………………………………………………… 626
5.3.2 大气分层…………………………………………………………………… 627
5.3.3 GTT:机舱加压试验 ……………………………………………………… 630
5.4 流体静力学方程 ………………………………………………………………… 631
5.5 标准大气 ………………………………………………………………………… 635
5.5.1 标准大气模型的发展……………………………………………………… 636
5.5.2 温度比、压力比和密度比 ………………………………………………… 641
5.6 大气数据系统测量……………………………………………………………… 642
5.6.1 全静压系统………………………………………………………………… 643
5.6.2 高度测量…………………………………………………………………… 644
5.6.3 空速测量…………………………………………………………………… 646
5.6.4 空速类型…………………………………………………………………… 652
5.6.5 全静压系统误差…………………………………………………………… 657
5.6.6 其他大气数据测量………………………………………………………… 660
5.6.7 FTT:高度和空速校准 …………………………………………………… 663
5.7 非加速飞行的运动方程 ………………………………………………………… 669
5.8 水平飞行性能 …………………………………………………………………… 671
5.8.1 水平、非加速飞行所需的推力 …………………………………………… 672
5.8.2 最小推力要求的速度和升力系数………………………………………… 675
5.8.3 可用推力和最大速度……………………………………………………… 677
5.8.4 需用功率和可用功率……………………………………………………… 680

5.8.5 最小需用功率的速度和升力系数 …… 683
5.8.6 航程和航时 …… 686
5.8.7 FTT:巡航性能 …… 692
5.9 爬升性能 …… 701
5.9.1 最大爬升角和最大爬升率 …… 701
5.9.2 爬升时间 …… 704
5.9.3 FTT:爬升性能 …… 706
5.10 滑翔性能 …… 710
5.11 极坐标图 …… 713
5.12 能量概念 …… 715
5.12.1 FTT:单位剩余功率 …… 723
5.13 转弯性能 …… 727
5.13.1 水平转弯 …… 727
5.13.2 垂直平面转弯 …… 737
5.13.3 转弯性能和$\boldsymbol{v}-n$图 …… 740
5.13.4 FTT:转弯性能 …… 741
5.14 起飞着陆性能 …… 745
5.14.1 起飞距离 …… 750
5.14.2 着陆距离 …… 751
5.14.3 FTT:起飞性能 …… 753
参考文献 …… 757
习题 …… 758

第6章 稳定性和操纵性

6.1 引言 …… 762
6.2 飞机稳定性 …… 763
6.2.1 静稳定性 …… 764
6.2.2 动稳定性 …… 764
6.3 飞机控制 …… 766
6.3.1 飞行控制 …… 766
6.3.2 握杆稳定性和松杆稳定性 …… 768
6.4 机体坐标系、符号约定和命名方法 …… 769
6.5 纵向静稳定性 …… 772
6.5.1 俯仰力矩曲线 …… 772
6.5.2 具有纵向静稳定性和平衡性的配置 …… 776

6.5.3 飞机部件对俯仰力矩的影响 …… 780
6.5.4 中性点和静稳定裕度 …… 792
6.6 纵向操纵性 …… 796
6.6.1 升降舵效率和控制功率 …… 796
6.6.2 由于升降舵偏转的新配平条件下的计算 …… 801
6.6.3 升降舵铰链力矩 …… 803
6.6.4 松杆纵向静稳定性 …… 804
6.6.5 纵向控制力 …… 806
6.6.6 FTT:纵向静稳定性 …… 809
6.7 横航向静稳定性及操纵性 …… 814
6.7.1 航向静稳定性 …… 815
6.7.2 航向控制 …… 820
6.7.3 横向静稳定性 …… 821
6.7.4 滚转控制 …… 826
6.7.5 FTT:横航向静稳定性 …… 827
6.8 静稳定性与控制导数概述 …… 833
6.9 动稳定性 …… 834
6.9.1 长周期振荡模态 …… 835
6.9.2 短周期模态 …… 837
6.9.3 荷兰滚模态 …… 838
6.9.4 螺旋模态 …… 840
6.9.5 滚转模态 …… 841
6.9.6 FTT:纵向动稳定性 …… 842
6.10 操纵品质 …… 847
6.10.1 FTT:变稳定性飞机 …… 849
6.11 FTT:首飞 …… 852
参考文献 …… 855
习题 …… 856

附录A 常 量

A.1 杂项常量 …… 858
A.2 标准海平面条件下的空气特性 …… 858

附录B 转 换

B.1 单位转换 …… 859

B.2　温度单位转换 ………………………………………………………………… 859

附录 C　1976 美国标准大气特性

C.1　英制单位 ………………………………………………………………………… 860
C.2　国际标准单位 …………………………………………………………………… 862

第1章

首　飞

1903年12月17日重于空气的飞机首次受控飞行

（资料来源：W. Wright、O. Wright 和 J. Daniels，1903年，美国国会图书馆）

“威尔伯（Wilbur）于14日试飞失败，现在我进行首飞尝试。在发动机运行数分钟完成预热后，我解开了滑轨上固定飞机的牵引绳，随后飞机在风中开始前进。威尔伯跑在飞机侧面，控制机翼使其在滑轨上保持平衡。与14日试飞的起始阶段不同，飞机在每小时27英里①的风速下，起飞缓慢而平稳。威尔伯可以一直跟在飞机旁边直到飞机滑行40英尺②后升离滑轨。一位救生员③拿着相机

① 1英里=1.609km。

② 1英尺=0.3048m。

③ John Thomas Daniels（1873—1948年），为莱特兄弟具有历史意义的首次飞行拍下了标志性的照片。Daniels是北卡罗来纳州斩魔山（Kill Devil Hills）救生站成员，该救生站依靠志愿者来应对障碍岛区的频繁沉船事故。莱特兄弟制造的飞行器在1903年12月17日进行了4次飞行，其中3次均被拍摄，在第四次飞行开始后，一阵风拖拽了飞机，Daniels抓住一个机翼支柱，试图将飞机拉下来。结果飞机在风中翻转，Daniels也被飞机双翼夹在了中间。尽管“飞行者”1号被摧毁，所幸Daniels并没有受伤，他后来还回忆自己“幸免于第一次飞机失事”。

在飞机离开滑轨上升到约两英尺的高度时为我们拍下了这一幕。飞机对地的前行速度很慢,从照片中威尔伯的姿势就能明显看出,他几乎毫不费力就可以跟在飞机旁边。

“飞机的上升和下降过程极不稳定,部分是由于气流不稳定造成的,还有就是缺乏操纵飞行器的经验。前舵由于平衡点离转轴很近而难以操控,在起动时就有使自身偏转的趋势,使得舵面会朝一侧偏转过大,调控后又朝另一侧偏转过大。导致飞机在陡然上升至大约 10 英尺后便快速向下俯冲。一个突然的俯冲结束了飞行,最终的着陆地点离滑轨末端稍大于 100 英尺,离飞机从滑轨上的起飞点稍大于 120 英尺,至此飞行结束。当时风速超过 35 英尺/s①,飞机逆风前行相对地面的速度为 10 英尺/s,因此飞机相对空气的速度超过了 45 英尺/s,此次飞行相当于在静止的空气中飞行了 540 英尺。这一飞行仅仅持续了 12s,但它却是历史上载人飞机通过其自身动力上升到空中的首次成功尝试,在整个飞行过程中飞机可以保持住自身的速度不衰减,并最终受控地降落在与起飞地点同样高度的地方。”

上述是奥维尔·莱特(Orville Wright)记述的机体重于空气的飞行器于 1903 年 12 月 17 日在北卡罗来纳州的斩魔山进行的首次成功飞行。

1.1 导　　论

航空航天工程的历史承载许多第一次,例如第一次气球飞行、第一次固定翼飞机飞行、第一次直升机飞行、第一次人造卫星飞行、第一次载人飞船飞行等。本章将以促使这些历史事件发生的航空航天工程为背景讨论这些第一次的发生。新型飞行器的首次飞行(后文简称“首飞”)是一个有重要意义的成就和里程碑,这通常是包括工程师、技术人员、管理人员、飞机驾驶员和其他支持人员在内的许多人多年辛勤工作的成果结晶。首飞通常代表了经实际飞行验证的新的航空航天工程概念或理论应用的第一次。

作为航空航天工程师,将有机会为新的航空飞行器、航天飞行器的首飞或一项新技术的应用做出贡献。航空航天工程师参与到航空航天飞行器的设计、分析、研究、开发和测试的各个方面。这涵盖了航空航天工程的多个不同学科与专业,包括空气动力学、推进力学、性能、稳定性、控制、结构、系统等。本章介绍了航空航天工程的部分基础学科。航空航天工程师对飞行器进行地面试验和飞行试验,以验证飞行器的性能是否符合预期并改善其工作特性。飞行试验通常是对整机或整个系统进行的最终测试。

① 1 英尺/s = 0.3048m/s。

在许多工程技术领域,有时会有一种感觉,即“没有什么可做的”或者“没有什么还可以发明的”。航空航天领域已取得的成就令人印象深刻,在某种程度上,会使未来创新的前景看起来暗淡无光。航空航天工程师确实已经设计、制造、试飞了一批目前人们认知范围内最具创新性、复杂性且令世人瞩目的部分先进飞行器。然而,航空航天飞行器领域仍有充足的创造力、创新空间以及技术突破的机会,让人类在探索天空星辰的道路上更进一步。通过本书,我们可以获得许多航空航天知识,也会对更多待探索发现的未知领域心存谦卑和敬畏。

1.1.1　本书结构

航空航天工程学包括航空工程学和航天工程学。从广义上来说,航空工程学研究飞行于大气层内的飞行器,即航空器;航天工程学研究飞行于真空的飞行器,即航天器。在许多方面,航空航天工程学是这两个研究领域的融合,包括航空器、航天器以及同时运行于空天环境中的其他飞行器。在接下来的章节中,我们将了解各种航空航天飞行器的更为精确的定义。

本书章节安排如图 1-1 所示。在第 1 章中,首先定义并介绍了不同类型的航空器和航天器。对不同种类飞行器的首飞进行描述,关于航空航天工程学发展及演变给出一些见解和观点。明确定义了航空器及航天器的名词术语,同时对示例的组成不同种类飞行器的零部件及组件也给出定义。读者还将以文字描述形式体验到驾驶一架现代超声速喷气式飞机进行个人“首飞”的整个过程,其中涉及后续章节中将要讨论的许多领域。

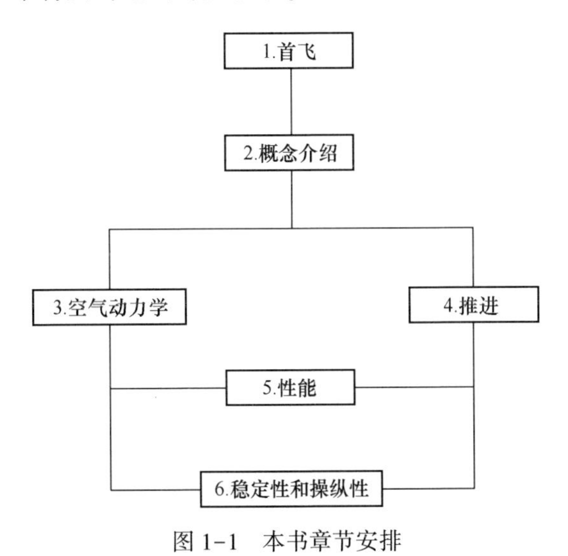

图 1-1　本书章节安排

第 2 章为读者介绍了后续章节将涉及的航空航天工程及飞行试验中的基本概念和术语,回顾了一些基本的数学思想、定义和概念,这些都是分析和设计航空航天飞行器所需的基本工具。介绍了与飞行有关的基本航空航天学概念,包括机体坐标系、自由体受力图、飞行状态和飞行包线。介绍了基本的飞行试验概念,包括不同类型的飞行试验、飞行试验的过程、涉及的参与者以及飞行试验技术的应用。

第 3 章和第 4 章分别讨论空气动力学和推进力学的基本原理。第 3 章的空气动力学研究,为对航空航天飞行器提供升力或者阻力等气动力的流场进行分析提供了理论及工具。我们将揭示这些气动力产生的原因、方式以及它们如何影响飞行器气动外形(如机翼和翼型)的设计。在第 4 章推进力的学习中,将学习推力产生装置如何推进飞行器在大气层和太空中飞行。无论推进装置是哪种类型,读者都将通过第 4 章的学习深入了解其推力产生机理。

第 5 章性能的研究建立在对空气动力学和推进力学的理解基础之上,如图 1-1 所示。性能主要研究作用于飞行器上的空气动力(升力和阻力)和推力引起的飞行器的线性运动,旨在确定一架飞行器可以飞到多快、多高、多远以及多久。

第 6 章稳定性和操纵性的研究也建立在空气动力学和推进力学的基本原理之上。稳定性和操纵性主要研究作用在飞行器上的气动力和推力的合力矩引起的角运动。我们研究飞行器在其平衡状态下受到干扰时的稳定性,探索不同结构布局和几何外形对稳定性的影响,并研究了整个飞行包线中飞行器的控制方法。

在本书标注“地面试验技术(GTT)”和“飞行试验技术(FTT)”的小节中,探讨了许多地面试验和飞行试验的实例。本书以将读者作为试飞员或者试飞工程师置于不同飞机的“驾驶舱”内这样独特的方式描述飞行试验技术。通过在飞行中实践飞行试验技术,读者在熟悉多种不同类型真实飞机的同时,可以获得对工程概念、试验技术和飞行数据采集技术的深入理解。

1.1.2 FTT:熟悉飞行

“熟悉飞行”是本书介绍的第一项飞行试验技术。飞行试验技术是航空航天飞行器飞行试验、研究和型号评估中一种有效采集数据的精确化、标准化的技术方法,其过程将在本章后续小节中详细讨论。

本节将以乘坐超声速喷气式飞机飞行这样令人激动的方式介绍航空航天工程。在执行飞行试验之前,特别是遇到一架新飞机时,试飞工程师(FTE)通常先进行一次“熟悉飞行”操作。顾名思义,“熟悉飞行”是为了使试飞工程师熟悉飞行器和飞行环境。需要熟悉的领域通常包括飞机性能、飞行品质、驾驶舱环境、航电设备或其他特殊的试验设备和仪器。本章主要介绍宽泛的航空航天工程和试验概念,仅对“熟悉飞行”进行一般性描述,但可以通过“熟悉飞行”提出许多关于航空航天工程和飞行试验的技术问题,为在后续章节中寻找答案提供动力。

乘坐图 1-2 所示的麦道公司(现波音公司)的超声速喷气式飞机——F/A-18B“大黄蜂”,体验“熟悉飞行”。F/A-18B 是用于航空母舰上起降的双座双发超声速喷气式战斗机。几乎所有的航空航天飞行器都以字母和数字的组合作为代号,我们将在后续小节对其做出解释。F/A-18A 的三视图如图 1-3 所示。后续将非常熟悉这类描绘飞行器侧视图、俯视图和正视图的三视图。表 1-1 所列为 F/A-18B“大黄蜂”的技术规格。后续章节将说明这些规格中所有的技术细节,例如“带加力燃烧室的小涵道比涡扇发动机”的定义,以及为什么机翼面积、最大起飞重量或者过载极限很重要。

图 1-2 麦道公司超声速喷气式战斗机——F/A-18B“大黄蜂”
(资料来源:拍摄者提供)

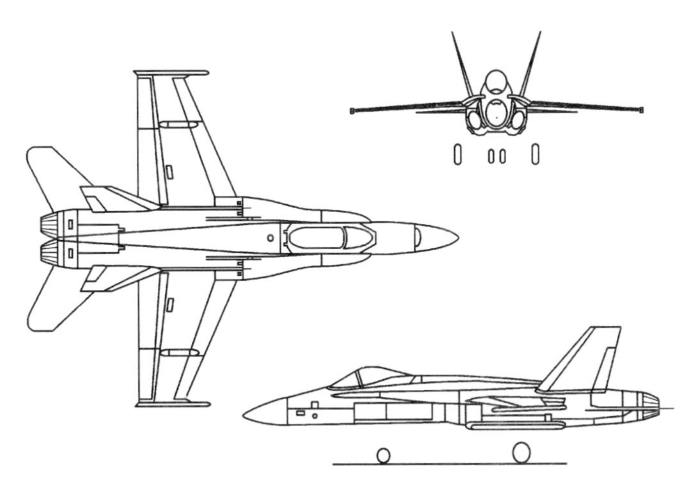

图 1-3 麦道公司 F/A-18A“大黄蜂”的三视图(图示为单座版)
(资料来源:美国国家航空航天局)

表 1-1 麦道公司(现波音公司)F/A-18B“大黄蜂”的选用规格

项　目	规　格
主要功能	全天候、超声速喷气式战斗机/歼击机
生产厂家	麦道公司,密苏里州圣路易斯
首飞	1978 年 11 月 18 日
机组成员	1 名飞行员+1 名教练或 1 名试飞工程师
动力装置	2 个 F404-GE-400 加力涡扇发动机
军用推力(单台发动机)	10700 磅力(47600N)军用推力
最大推力(单台发动机)	17700 磅力(78700N)最大加力
空重	25000 磅①(约 11300kg)
最大起飞重量	51900 磅(23500kg)
长度	56 英尺(17.1m)
高度	15 英尺 4 英寸②(4.67m)
翼展	37 英尺 6 英寸(11.4m)
机翼面积	400 英尺^2(37.2m^2)
翼型(翼根)	NACA 65A005 改型
翼型(翼尖)	NACA 65A003.5 改型
最大速度	1190 英里/h(1915km/h),马赫数为 1.7+
实用升限	>50000 英尺(>15240m)
过载极限	+7.5g,-3.0g

在开始 F-18 飞行之前,需着装合适——橄榄绿色的飞行服、黑色的飞行靴、一件紧贴下半身的抗荷服。抗荷服里缝有可充气气囊,在飞机高过载机动飞行时可充入加压气体,防止血液汇聚到下肢,从而帮助维持头部的血液循环,确保人员不会失去意识。将手臂穿入降落伞背带,将胸部和双腿的锁扣扣紧(此时穿戴的仅是降落伞背带,而不是真正的降落伞)。稍后需要将它扣在弹射座椅上,弹射座椅头枕内置紧急降落伞。

头盔包里装着飞行头盔、氧气面罩和一个小的膝上图夹。飞机位于机场的停机坪上,走近它时会注意到外形布局。该机采用细长机身、低位薄机翼、后置平尾、双垂尾以及由两个从机身两侧延伸出的主轮和一个机身前轮组成的前三点式起落架。起落架看起来非常坚固,是专门为苛刻的航空母舰着陆需求而设计的。该机由双发动机提供动力,机身两侧各有一个半圆形进气道,机身尾部有两个并排的尾喷口。飞行员座舱为纵排双座设计,覆盖其上的“水滴型”舱盖的

① 1 磅=0.45kg。
② 1 英寸=0.0254m。

后端与座舱后端相铰接。试飞员坐在前排,试飞工程师坐在后排。

从驾驶舱左侧靠近飞机,视角如图 1-4 所示。在爬入驾驶舱之前,可以对该喷气式飞机进行观察,多了解飞机的状态。在左侧机翼下方靠近机身的部位,朝左发动机内部看,可以看到半圆形开口的发动机进气道。该进气道为涡轮风扇喷气发动机提供空气。后续会介绍为什么发动机进气道是这种形状,以及进气道吸入的空气与推力的关系。在机身下方,可以看到机身中心线下悬挂着一个大的尖头圆柱形油箱。油箱内的燃油量决定了飞机的航程和续航时间。当然,飞机的航程和续航能力不仅与燃油量有关,还与飞机的空气动力学特性和发动机推力性能相关。我们还将了解如何通过飞行试验获知飞机的航程和续航能力。

图 1-4 F/A-18B“大黄蜂”的左前方视角

(资料来源:美国国家航空航天局)

靠近左翼前缘,会发现机翼很薄,前缘尖锐且具有一定的后掠角。机翼后缘内侧有一个很大的襟翼。我们将探索三维机翼及其二维翼型(机翼的横截面形状)的空气动力学原理,了解为什么在不同飞行速度下需要设计不同的翼型和机翼形状,以及为什么机翼需要后掠,也将了解到襟翼增加升力的原理。我们将从原理上研究机翼如何产生气动升力,并通过理论分析、地面试验及飞行试验研究飞机升力和阻力的多种量化方法。

从飞机的后部,可以看到两个发动机尾喷管,如图 1-5 所示。尾喷管上有连锁的金属叶片,可以扩张和收缩,以改变喷口面积。我们将研究尾喷管中的超声速和亚声速气流特性如何随喷口面积变化,并学习如何计算流经喷管的气体速度、压力和温度。向内可以看到喷气发动机的加力燃烧室,它看起来像个空管道。我们将对喷气发动机的各个部件(包括加力燃烧室)以及它们的功能进行介绍。喷气发动机是一项伟大的工程技术成就,我们将探究它的发明起源,探讨它的发明者,并学习如何在地面和飞行环境中测试发动机。

在飞机右后方,可以看到平尾和垂尾,如图 1-6 所示。平尾和垂尾对飞机的稳定性和操纵性至关重要,我们将了解它们的安装位置和尺寸大小,这是确定

图 1-5　F/A-18B“大黄蜂”发动机尾喷管

(资料来源:美国国家航空航天局)

图 1-6　F/A-18B“大黄蜂”的右尾翼和右襟翼

(资料来源:美国国家航空航天局)

飞机在飞行中稳定性的重要参数,以及使它们在气流中偏转的操纵力,并研究几种不同的量化飞机稳定性的飞行试验技术。在飞机机头附近,可以看到机身下方安装了几个 L 形管子,这些是测量 F-18 空速的皮托管,我们将研究它们如何在亚声速和超声速飞行中工作,以及如何通过空速校准获得准确的空速信息。走到飞机的正前方,可以看到一个尖锐的锥形机头,后续我们将研究尖锐形状(如该机头形状)在二维和三维状态下的空气动力学原理,并探索它们在大迎角状态下的有趣现象。

巡视完毕回到机身的左侧,与试飞员碰面后,进入飞机并开始飞行。飞行员通过扶梯进入前驾驶舱,试飞工程师紧随其后进入后驾驶舱。扣上安全腰带,插入抗荷服软管,然后将弹射座椅肩带连接到降落伞背带上。接下来,戴上飞行头盔,连接氧气面罩软管,插上通信电缆,最后戴上飞行手套。将膝上图夹固定在右腿上,方便飞行过程中记录笔记。现在连接好了所有装备,有机会放松一下并环顾四周,将会看到一个中心控制杆,脚边有两个方向舵踏板,左手边有两个油门杆,面前的仪表板上有 3 个方形显示屏,显示屏四周是一圈按钮,仪表板上还有一组圆形模拟量仪表(图 1-7)。

图 1-7 F/A- 18B“大黄蜂”前驾驶舱

（资料来源:美国国家航空航天局）

通过头盔内的耳机可与飞行员沟通，飞行员询问是否能听清他的声音以及是否做好启动发动机的准备，当得到肯定的答复后，几秒钟之内将听到发动机启动的声音。发动机启动后，座舱盖关闭，飞行员执行各项检查，包括对飞控系统的检查，检查完毕后，飞机滑行到跑道一端，执行起飞前检查，然后询问是否装备好弹射座椅，是否已经准备好起飞。当答复“准备好了”以后，飞行员与控制塔台联系，请求起飞许可及不限高爬升许可，得到塔台批准后，滑行飞机并对准跑道的中心线。

飞行员将油门推至满加力状态，飞机加速前进，很短的距离后，F-18 升空。我们将学习起飞距离的计算方法，并定义影响计算结果的参数，还将学习飞行试验中测量起飞距离的方法。飞行员首先操纵飞机贴地飞行同时持续加速，然后将飞机拉起，近乎垂直爬升。这时会感到被重重地压到了座位上，过载表显示此时过载约为 $4g$，即感觉到自己被 4 倍的体重重重地压到了座位上。我们将研究过载如何影响拉起机动下的转弯半径，除此之外还将探讨该垂直转弯的半径以及爬升性能，并定义爬升率及爬升角的计算公式。此外，还将从能量的角度研究爬升性能，考虑飞机的动能及势能，给出定义飞机性能的能量图，最后，探讨几种量化飞机爬升性能的飞行试验技术。

观察海拔高度指示仪，会发现数字在快速增加。约在海拔 14000 英尺（4270m）处，飞行员翻转飞机后拉杆改出垂直爬升，此时会处于头朝下的状态，接下来飞行员将飞机翻转回来，进入平飞状态。通过减小发动机的推力，飞机将保持在一定的海拔和空速下，并稳定飞行。看看驾驶舱仪表，会发现飞机正在以 220kn①

① 1kn = 1.852km/h。

(253 英里/h①,407km/h)、马赫数为 0.6 的空速飞行。空速有多种不同的定义方式,我们将探讨这些不同定义的缘由。我们将了解马赫数的定义、物理意义及在高速空气动力学中的重要性。我们会发现飞机在稳定平飞状态下受到的 4 个力构成平衡力系。此外,还将了解到这种稳定平飞状态是大多数飞行试验技术的基础。

飞行员将 F-18 战斗机爬升至更高的高度,并使其稳定在 30000 英尺(9140m)的高度。空速显示为 350kn,外部气温(OAT)为-48℉(412°R,228.7K),此时马赫数显示为 0.6。我们将分析大气随海拔的变化,及其对飞机性能计算的影响。为此,将建立大气模型以帮助分析。飞行员前推油门杆使发动机满加力运行,F-18加速平飞,观察马赫数指示仪,等待其表明飞机已突破声障并进入超声速飞行状态。我们将探讨“声障”的含义及其最初是如何被“打破”的。此时观察机翼表面,会发现模糊的明暗相间的线或条带在跳动。看一下空速指示,此时空速为 530kn(609.9 英里/h,981.6km/h)。这些条带是飞机跨越声速时产生的激波。我们将讨论这些激波对飞机气动特性的可能影响。目前,已有对飞行中的流场进行可视化的相关技术。

飞机继续水平加速,此时仪表显示马赫数约为 0.96,但很快马赫数跳到了 1.1,可以从空气动力学的角度解释马赫数示值跳跃的原因。人们可能曾在地面上听见过上空以超声速飞过的飞机所引起的声爆,但是在 F-18 战斗机突破声障时并没有听见声爆。我们将了解声爆以及目前对其产生原理所进行的一些研究。此时,F-18 战斗机会继续加速,到达马赫数为 1.3 的平飞状态,以超声速状态飞行,每 4s 前进约 1 英里。我们将了解什么是超声速气流,以及超声速气流与亚声速气流的本质区别,并会深入研究马赫数大于 5 的高超声速气流,其物理特性将更加不同。

飞行员收回油门杆,F-18 飞机减速到亚声速。此时飞行员会询问是否准备好体验机动动作,当然机上人员会说完全准备好了。首先,飞行员会做一些高过载盘旋动作来适应较高的过载。成功地经受住过载为 $2g$、$4g$ 和 $6g$ 的盘旋机动,随着飞机每次盘旋,高过载会将机上人员深深压入座位。我们将了解稳定盘旋性能、关键参数及其所涉及的飞行试验技术。此外,还将了解飞机的飞行包线,它与飞机性能范围内的空速及过载相关。

我们将研究飞机操纵品质的重要性以及评估方法。现在,飞行员会询问是否想飞行,乘坐者需要紧握操纵杆,体验 F-18 飞行的“感觉”。在飞行员的引导下,乘坐者将操纵杆左压至极限,飞机发生滚转运动。我们将讨论飞机在三轴坐标系内沿每个坐标轴的稳定性,并确定影响上述稳定性的关键参数。然后,减小油门,飞机慢慢减速,开始低速飞行,将操纵杆后拉,此时飞机慢慢抬头,迎角增加,在迎角到约为 20°时,飞机会轻轻地左右摇摆,继续将操纵杆后拉,机翼滚转

---

① 1 英里/h=1.609km/h。

加剧,机头开始左右摇晃,当迎角到达25°时,操纵杆已经到达拉极限,观察高度表,发现飞机正在以很快的速率下降。接着恢复操纵杆至中立位置,飞机迅速低头,重新回到水平飞行状态。我们将研究飞机大迎角、失速飞行、尾旋的空气动力学原理,及失速和尾旋的地面试验和飞行试验技术。

准备返回机场时,飞行员先将飞机绕纵轴滚转180°,然后将驾驶杆后拉使飞机绕横轴改变俯仰角180°,这种机动称为"半滚倒转"。如图1-8所示,当飞机垂直方向运动时,可以以广阔的视角俯视地面。这既是一个在飞行中迅速失去高度的有趣演习,也可以用来在飞行试验中获取飞机的空气动力学数据。飞行员进入着陆模式后,放下起落架,降低速度准备着陆。类似于起飞性能,我们将同样研究影响飞机着陆性能的相关参数以及着陆距离的计算方法,探讨跑道相关参数以及其他因素对着陆距离的影响。F-18着陆后在跑道上停下来。我们已经成功地完成了"熟悉飞行",并确定了许多需要研究的领域,这些均会在后续章节中进行讨论和探索。

图1-8 F-18"熟悉飞行"中"半滚倒转"时后方驾驶舱的视角
(资料来源:美国国家航空航天局)

1.2 航空器

从广义上讲,"航空器"一词指的是在地球的大气层内飞行的所有类型的飞行器。联邦航空局(FAA)在其联邦航空条例[6]①中将飞机定义为"用于或打算用于在空气中飞行的装置"。航空器的升力来源有空气静力学升力和空气动力学升力两种。例如,轻于空气的气球依靠静浮力克服自身重力,而重于空气的飞机,利用流经机翼的空气产生气动升力以平衡重力。

① 本书正文中参考文献的引用与原著保持一致。

1.2.1 航空器分类

航空器的种类很多,其分类方法也具有多样性,可以根据几何形状、推进类型、任务功能或者其他因素对其进行分类。第一项合理考虑可以是轻于空气和重于空气之间的区别,基于此,给出如图 1-9 所示的航空器分类。

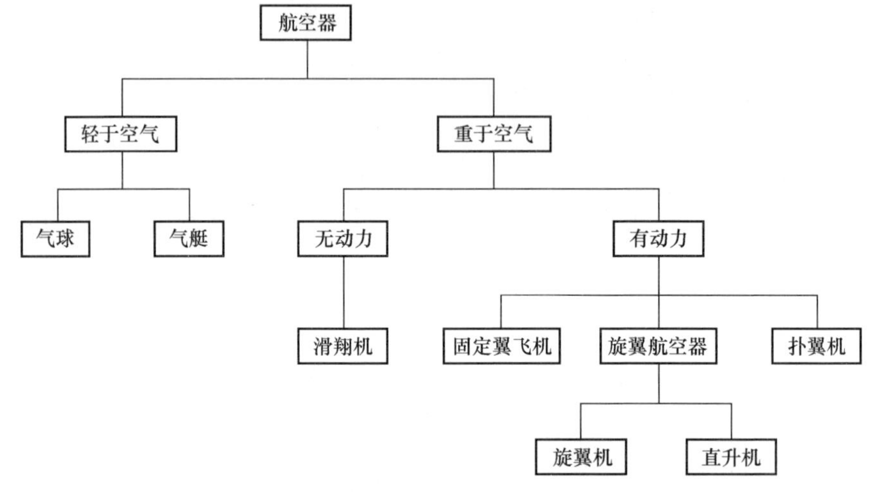

图 1-9 航空器分类

轻于空气的航空器包括飞艇和气球。对于重于空气的航空器,根据其是否装配一个或多个推进装置或发动机,可以区分为有动力航空器和无动力航空器。无动力、重于空气的航空器主要为滑翔机。有动力、重于空气的航空器可依据升力产生方式的不同区分为固定翼飞机、旋翼航空器和扑翼机。固定翼飞机的机翼相对机身固定不动,利用流过机翼的空气产生升力。旋翼航空器包括所有重于空气且利用旋转翼面或旋转桨叶来产生升力的航空器。旋翼航空器可进一步分为旋翼机和直升机。旋翼机的桨叶可自由旋转但是没有动力,需要依靠前进运动的相对气流吹动其旋转方可产生升力,而直升机桨叶有动力,不需要前进速度即可产生升力。扑翼机使用翅膀来产生升力和推力,类似于鸟类。许多早期的发明家试图制造扑翼机,但均没有成功。我们在后续章节中对航空器的介绍将按照图 1-9 给出的分类展开。下面首先介绍固定翼飞机。

1.2.2 固定翼飞机

我们大多数人都是在飞机非常普及的时代长大,很难想象不知道飞机“应该是什么样子”是一种怎样的情形。然而,如果我们生活在 19 世纪末期,在重于空气的飞行器首次成功飞行之前,我们可能会受到大自然的影响,认为飞机应该模仿鸟类飞行。一些早期的航空爱好者充分发挥他们的想象,试图制造可飞行的扑翼机。其他早期的航空先驱们仔细观察鸟类的飞行，试图理解大自然中飞行的奥秘。现在，飞机的外形多种多样，但它们实现重于空气的飞行都以相同的几门航空学基础工程学科作为支撑。我们将在第一架飞机的设计和成功飞行中看到这方面的例子。

1.2.2.1 第一架飞机

在本章开头，展示了一架重于空气的动力飞机首次持续性受控飞行的标志性照片。这次首飞是来自俄亥俄州代顿市的奥维尔·莱特(Orville Wright，1871—1948年)和威尔伯·莱特(Wilbur Wright，1867—1912年)两兄弟多年努力的成果。莱特兄弟在他们飞机的设计、制造和试飞中遵循了一套逻辑严谨的系统性方法。他们批判性地审查了许多已有的航空学理论和设计领域的技术信息和数据，并判定在几个重要方面，这些当时先进的信息和数据是不充分甚至不正确的，为获得可靠的数据，他们展开了自己独立的分析和试验。比如，他们基于自己设计的风洞收集的数据设计了机翼和螺旋桨的翼型，并在机械专家查理·泰勒(Charlie Taylor)的帮助下开发了自己的航空器内燃机。莱特兄弟基于合理的技术数据开展飞机设计的决心是他们成功的基础。

莱特兄弟在飞行和飞行试验中也是有条不紊和系统化的。从1900年到1903年，他们用自己设计的滑翔机进行了大量的飞行试验。首先使用风筝式无人滑翔机(图1-10)，然后系统地过渡到载人滑翔机(图1-11)。1900年，莱特兄弟在北卡罗来纳州的基蒂霍克设计、建造并试飞了他们的第一架载人滑翔机，结果令人失望。1901年试飞了他们设计的另一架滑翔机，但这第二架载人滑翔机试飞结果也很糟糕。直到1903年试飞了他们设计的第三架滑翔机，试飞结果才使莱特兄弟满意。这些滑翔机的设计迭代系统地改进了无动力飞机的性能和品质，这些经验教训被纳入其1903年的动力飞机设计中。

图1-10 1901年(左)和1902年(右)的无人风筝式滑翔机
(资料来源：莱特兄弟，1901年和1902年，美国国会图书馆，PD-old-100)

图 1-11　1902 年 10 月 24 日,莱特兄弟的载人滑翔机飞行,注意滑翔机上的单个垂直方向舵
(资料来源:奥维尔·莱特,1902 年,美国国会图书馆,PD-old-100)

除了收集飞行数据以改进他们的设计之外,滑翔机试飞还有另一个非常重要的目的。在这些滑翔机试飞的过程中,莱特兄弟一直在学习如何驾驶飞行器,为在三维机体坐标系中如何控制飞行器积累了丰富的经验。他们明白,重于空气的飞行器想要正常飞行,不仅要有能克服自重的升力,而且必须具有可操纵性。他们为飞机在俯仰、滚转和偏航 3 个坐标轴上都设计了独立可控的操纵机构:一个用于俯仰控制的升降舵,一个用于偏航控制的方向舵,一个用于滚转控制的机翼翘曲机构。

莱特兄弟花了相当多的时间观察鸟类,特别是秃鹫的飞行。对鸟类飞行的观察给了他们关于飞行器控制方面宝贵的见解。他们发现,当鸟类向上飞和转弯时,它们的翅膀形状发生了变化,意识到这种翼面翘曲对机动飞行中的滚转控制至关重要。莱特兄弟将机翼翘曲的概念引入到其飞机设计当中,并最终成功设计出了第一架重于空气的飞机。

莱特兄弟在其原创专利中关于发明第一架重于空气飞行器的描述很有趣,原文如下。值得注意的是,他们专门提及了飞机的操纵性及稳定性。

如大家所知,我们,Orville Wright 和 Wilbur Wright,美国公民,居于俄亥俄州蒙哥马利郡代顿市,在飞行器领域进行了新的且有用的发明,表 1-2 为其规格。我们的发明涉及如下种类的飞行器,其维持自身持续滞空不落地需要依靠飞机的边沿以小入射角在空气中运动产生的相互作用,以及对机械动力或重力的应用。我们此项发明的目的在于提供一种在侧向上维持或恢复飞行器平衡、在垂直和水平方向上引导飞行器方向的控制方法,同时提供一种兼具轻量、高强度、易于构建,以及其他将在未来显现某些优点的飞行器的结构形式。

美国专利:821393,飞机

申请提交日期:1903 年 3 月 23 日

专利授权日期:1906 年 5 月 22 日

表 1-2 1903 年莱特兄弟“飞行者 1 号”选用规格

项目	规　格
主要功能	首次重于空气的飞行器
生产者	俄亥俄州代顿市的奥维尔·莱特和威尔伯·莱特
首飞	1903 年 12 月 17 日
机组成员	1 名飞行员
动力装置	直列式四缸水冷活塞发动机
发动机功率	1020r/min 下 12 马力①(8.9kW)
载油量	0.2 加仑(0.76L)汽油
螺旋桨	2 个直径为 8 英尺(2.4m)的双桨叶螺旋桨
空重	605 磅(274kg)
总重	750 磅(341kg)
长度	21 英尺 1 英寸(6.43m)
高度	9 英尺 4 英寸(2.8m)
翼展	40 英尺 4 英寸(12.3m)
机翼面积	510 英尺^2(47.4m^2)(上下机翼的和)
翼载	1.47 磅/英尺^{2}②(7.18kg/m^2)
最大速度	30 英里/h(48.3km/h)
失速速度	22 英里/h(35km/h)
升限	30 英尺(9m)

莱特兄弟第一架成功的有动力飞机“飞行者”1 号为鸭式③布局的双翼机,在飞机前部安装有全动水平升降舵,飞机尾部安装有一对垂直方向舵(在本章开始处“飞行者”1 号首飞照片中可以很清楚地看到升降舵的全动属性)。飞机结构采用云杉和灰木作为框架,外覆精细编织的平纹棉布面料。机翼的支撑线是 15 号自行车辐条线。飞机动力装置为一个四缸汽油活塞发动机,可产生 12 马力(8.9kW)的动力。机上带有少于半加仑④的汽油。发动机没有油门,飞行员只能对发动机的输油管路执行开和关两个操作。发动机通过链传动系统驱动两个反向转动的

① 1 马力 = 0.7457kW。

② 1 磅/英尺^2 = 4.882428kg/m^2 = 0.04788kPa = 47.881N/m^2。

③ 单词 canard 从法语直译过来为“鸭子”。据推测,这种航空用法源于法国公众将 1906 年由巴西航空先驱 Alberto Santos-Dumont 设计并驾驶的飞机比作一只鸭子。这架飞机名为 No. 14-bis,是一架前置升降舵的双翼飞机。1906 年 9 月 13 日,Alberto Santos-Dumont 第一次驾驶 No. 14-bis 飞行,但这种动力跳跃距离只有 23 英尺(7m)。1906 年 10 月 23 日,他驾驶 No. 14-bis 飞行了约 200 英尺(61m)的距离,被欧洲公认为是重于空气的航空器的首飞。

④ 1 加仑 = 3.785L。

推进螺旋桨。螺旋桨转速约为350r/min。重为170磅(77kg)的发动机安装在右机翼上。为平衡发动机重量,飞行员位于左机翼。由于飞行员一般重为145磅(66kg),轻于发动机重量,所以右机翼比左机翼长4英寸(10cm)。

与如今的标准不同,飞行员为俯卧姿势,其臀部在衬垫木架中,面朝前置升降舵。机翼翘曲的滚转操纵和方向舵偏转的偏航操纵是相互耦合的,因此,臀部木架的侧向滑动会导致机翼翘曲和方向舵偏转。飞行员左手中有一根木质摇杆来控制飞机俯仰,控制方式为改变升降舵的迎角和升降舵翼型弯度。如果飞行员拉杆,升降舵的迎角和弯度增加,导致升降舵的升力增大。反之,升降舵的升力减小(翼型弯度将在第3章中讨论)。

"飞行者"1号用了60英尺(18.3m)的发射轨道帮助其起飞。起飞前,飞机被放置在轨道上并以绳索固定。当飞行员准备好起飞时,松开绳索,飞机在轨道上依靠两个改装的自行车轮毂进行滑跑。飞机具有两个木撬以便降落在沙地上。"飞行者"1号最大飞行速度约为30英里/h(48km/h),最大飞行高度约为30英尺(9.0m)。"飞行者"1号的设计规格见表1-2。

莱特兄弟通过抛硬币的方式选定由威尔伯·莱特于1903年12月14日尝试"飞行者"1号的首飞。发射轨道放置在斜坡上,通过下坡让重力帮助飞机起飞滑跑。在微风中,威尔伯拉杆使"飞行者"1号升离轨道,但几乎同时飞机失速并在3s内返回地面。这次重力协助下的"动力跳跃"并不能视为重于空气飞机的首次受控飞行。飞机受到了一些损伤,花费了3天时间进行修理。

在1903年12月17日,轮到奥维尔尝试首飞。因为当时风速达到了20英里/h(32.2km/h)以上,发射轨道于是顺着风向放置在平地上。在上午10:35,奥维尔·莱特进行了重于空气的飞机的首次受控的有动力飞行,飞行持续了12s,飞机降落在距起飞点12英尺(37m)的地方。当天莱特兄弟共进行了4次飞行,最后一次飞行持续了将近1min。表1-3总结了对"飞行者"1号在1903年12月14日和17日的飞行情况。在12月17日成功飞行后,莱特兄弟给他们的父亲发送了一封电报,描述了他们的成就(图1-12)。在第四次着陆后,一阵突来的狂风把"飞行者"1号掀翻了,因受损严重,它再也没有飞起来。然而相当不错的是,"飞行者"1号的一部分会再次高飞,当阿姆斯特朗在1969年7月20日踏上月球表面时,他的宇航服口袋里装着"飞行者"1号的一块机翼编织物和一块螺旋桨木片。

表1-3 莱特兄弟在1903年12月14日和17日的飞行记录

飞行序号	日期	飞行时间	地面距离	飞行员
1	12月14日	3s	112英尺(34.1m)	威尔伯
2	12月17日	12s	120英尺(36.6m)	奥维尔
3	12月17日	13s	175英尺(53.3m)	威尔伯

续表

飞行序号	日期	飞行时间	地面距离	飞行员
4	12月17日	15s	200英尺(61.0m)	奥维尔
5	12月17日	59s	852英尺(260m)	威尔伯

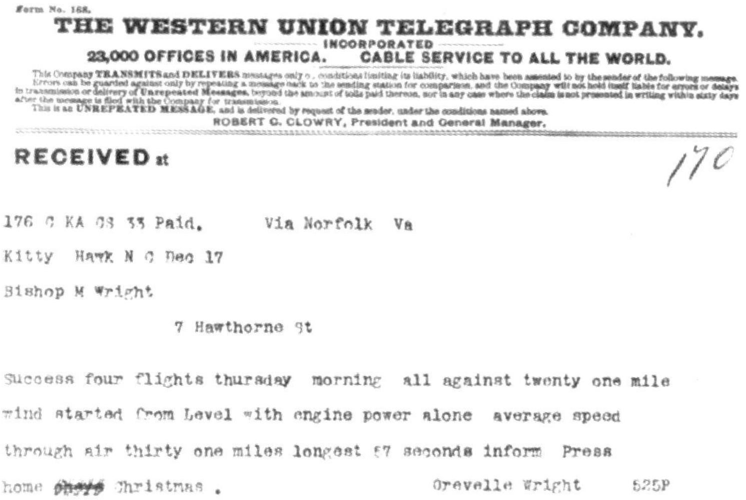

Form No. 168.

THE WESTERN UNION TELEGRAPH COMPANY.

INCORPORATED

23,000 OFFICES IN AMERICA. CABLE SERVICE TO ALL THE WORLD.

This Company TRANSMITS and DELIVERS messages only on conditions limiting its liability, which have been assented to by the sender of the following message. Errors can be guarded against only by repeating a message back to the sending station for comparison, and the Company will not hold itself liable for errors or delays in transmission or delivery of Unrepeated Messages, beyond the amount of tolls paid thereon, nor in any case where the claim is not presented in writing within sixty days after the message is filed with the Company for transmission.

This is an UNREPEATED MESSAGE, and is delivered by request of the sender, under the conditions named above.

ROBERT C. CLOWRY, President and General Manager.

RECEIVED at 170

176 C KA CS 33 Paid. Via Norfolk Va

Kitty Hawk N C Dec 17

Bishop M Wright

7 Hawthorne St

Success four flights thursday morning all against twenty one mile wind started from Level with engine power alone average speed through air thirty one miles longest 57 seconds inform Press home Christmas . Orevelle Wright 525P

图1-12 奥维尔·莱特于1903年12月17日成功飞行后发送的电报,电报中提到的31英里/s的空速是地速和风速的总和

(资料来源:PD-old-100)

1.2.2.2 飞机的组成

飞机可以有多种不同类型的配置。本节对固定翼飞机主要组成的介绍将基于图1-13所示的常规飞机配置展开。这是目前较为标准的飞机配置:单机身,机身上安装单机翼,机翼下方安装吊舱发动机,机翼后部的机身上安装平尾和垂尾。这样的配置现在广泛应用于军事、民航和通航领域,其他类型的配置将在下一节中讨论。飞机的主要组成部分分别为机身、主机翼、尾翼、发动机和起落架。机身包括驾驶舱、客舱及货舱。主机翼从机身的两侧延伸出来,内部通常配备整体油箱。尾翼①是飞机的尾部区域,包括水平安定面和垂直安定面以及铰接在安定面上的操纵舵面:分别为升降舵和方向舵。如果是有动力飞机,则有一个或多个安装在机翼或机身的发动机。动力装置往往是引擎-螺旋桨组合的复式发动机或者喷气发动机。发动机可以是吊舱式的,吊舱一般安装在机翼上方、下方或者机身侧面。发动机也可以内埋在机身中,在机身前部开一个进气口,后部开

① 单词empennage源自法语empenner,指的是羽毛箭的羽尾。

一个排气口。起落架由机轮和轮胎组成,从机身、机翼或发动机舱延伸出来。通常,起落架包括机翼下方的两个主起落架和机身前部的一个前起落架,当然其他配置也是可行的。

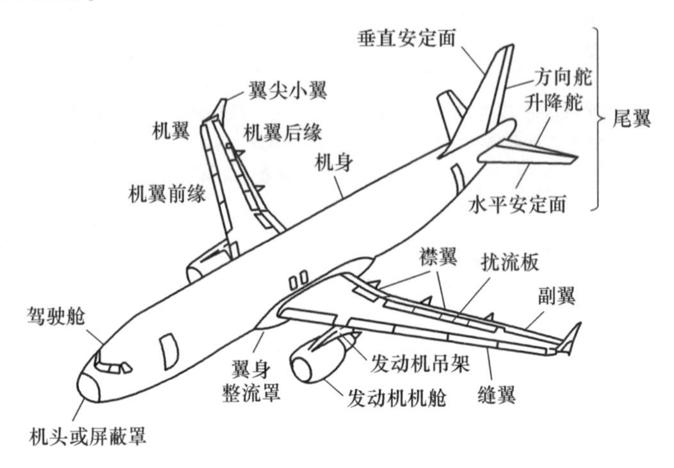

图 1-13　常规配置飞机的组成

尾翼上的升降舵、方向舵以及机翼上的副翼构成了飞机的主要操纵面系统。这些控制舵面偏转时其所受的气动力随之变化,从而为飞机提供绕重心沿所需方向旋转的力矩。如图 1-14 所示,这些舵面使飞机能够在三维空间内旋转,其中升降舵、副翼和方向舵分别提供俯仰、滚转和偏航的旋转力矩。升降舵是位于水平安定面后缘,可上下转动的装置。一些飞机,特别是军用战斗机,使用全动平尾取代水平安定面和升降舵的组合。

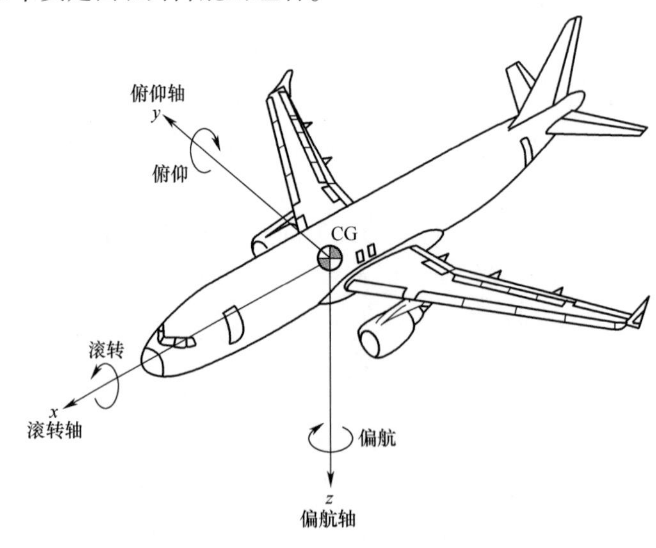

图 1-14　机体转动坐标系

飞机滚转时,左右机翼上的副翼向相反的方向偏转;也就是说,当右副翼向上偏转时,左副翼向下偏转,反之亦然。向下偏转的副翼使得该侧机翼的升力增加,而向上偏转的副翼导致这一侧的机翼升力减小,从而产生滚转力矩。向下偏转的副翼在产生附加升力的同时也会导致额外的阻力。这种额外的阻力会在所需滚转方向的相反方向上产生偏航力矩,因此被称为逆偏航。可以偏转方向舵以产生相反的偏航力矩来抵消这种逆偏航,保证飞机进行协调转弯。

高速飞行的飞机还配备有辅助控制舵面,包括机翼上的襟翼、缝翼和扰流板。襟翼是位于机翼后缘内侧的增升装置。飞机在进场着陆前放下襟翼,可以在较低的空速下获得较高的升力,使其能够以斜率更大的下降轨迹完成着陆,同时又不增加进场空速。从机翼前缘伸展出来的缝翼同样是增升装置,可以在低速飞行时增加机翼的升力。飞机的襟翼和缝翼有多种类型,分别对应不同的机械复杂性和空气动力效率,这些将在第3章详细讨论。从机翼上表面伸展出来的扰流板起到减小或“破坏”升力的作用,帮助飞机减速和下降。在飞机着陆后它们被抬起,用来“卸下”机翼的升力,使飞机的重量从机翼转移到起落架上,从而提高制动效率。当差异化操作时,扰流板也可以作为飞机滚转控制的一种补偿方式(一个机翼上的扰流板抬起而另一边的仍贴在机翼表面上)。

1.2.2.3 飞机配置

飞机有各种形状和尺寸。通常来说,飞机的配置是由任务需求驱动的,或者至少受到其强烈的影响。举例来说,商业客机由于运输乘客的需求而设有较大的机身客舱区域。军用喷气式战斗机可能拥有大角度的后掠翼使其能够超声速飞行(将在第3章讲述为何如此)。必须能在雪地上起飞和降落的通用飞机则需要在起落架上配置滑雪板。以上是一些任务需求驱动飞机配置的案例。满足相同任务需求的设计方案可以是多种多样的,其仅仅受限于飞机设计师的想象力和创造力,以及技术先进性的约束。表1-4所列为一系列不同部件的飞机配置。这个表单虽不是详尽的,但是足以涵盖飞机设计的多数情况。我们简洁地讨论了其中的一些配置选择,并随之附上了对真实的飞机设计示例的引用,以更好地理解这种可行性。

表1-4 可行的飞机配置举例

项　　目	可行的飞机配置
机身类型	单机身、双机身、双梁式
机翼数	单翼机、双翼机、三翼机
机翼位置	低位机翼、中位机翼、高位机翼
机翼类型	平直、后掠、前掠
平尾	后部安装、前部安装(鸭翼)、无尾翼

续表

项　　目	可行的飞机配置
垂尾	单垂尾或双垂尾
推进装置	往复式活塞发动机、涡轮喷气发动机、火箭发动机
发动机个数	单发或多发
发动机位置	机翼上下、机身侧边、机体内部
起落架类型	轮式、滑橇式、浮筒式、雪橇式
起落架配置	前三点式、后三点式、自行车式

对于飞机来说具有单机身非常普遍,反而双机身设计比较罕见。双机身飞行器在一些应用上可能更有优势。如果以已有的单机身飞机作为参考设计进而研发双机身飞机的话,则可以节约时间和金钱。于第二次世界大战末期研发的北美 F-82“双野马”战斗机就是这样的例子(照片如图 1-15 所示,三视图如图 1-16 所示)。基于单机身 XP-51B“野马”战斗机(图 3-72),F-82 被设计成远程战斗机护航飞机,其额定航程超过 2000 英里(3200km)。F-82 的双机身沿用了 XP-51 的单机身,并在其基础上拉长了 1.45m,因此允许安装有副油箱。两个驾驶舱和单机身飞机保持一致,因此在任意一侧驾驶舱的飞机驾驶员均可驾驶飞机,这对于长时间飞行来说非常有优势。

图 1-15　北美航空的 F-82“双野马”战斗机,注意两侧座舱各有一名飞机驾驶员
(资料来源:美国空军)

F-82 是第一架击落朝鲜飞机的战斗机。1947 年 2 月 27 日,F-82“双野马”战斗机从夏威夷飞往纽约,飞行距离 5051 英里(8128km),飞行时长 14h 32min,这是截至目前螺旋桨战斗机不间断飞行距离最长的记录。

双机身的结构设计可以使飞机在中心轴线处携带大型负载,例如维珍银河公司用于携带“太空船”2 号的“白衣骑士”2 号(照片如图 1-17 所示,三视图如图 1-18 所示)。双机身“白衣骑士”2 号是两级空间发射系统中的第一级,“太

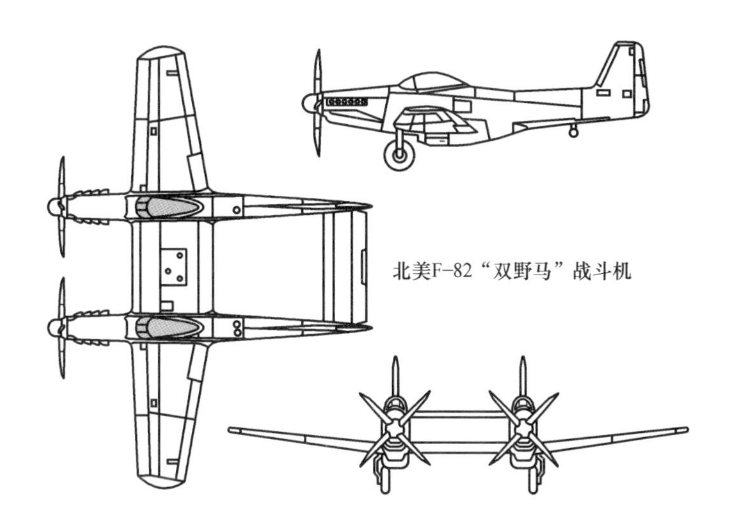

图 1-16 北美 F-82“双野马”战斗机三视图
(资料来源:NASA)

图 1-17 维珍银河公司的“太空船”2 号与“白衣骑士”2 号
(资料来源:© Virgin Galactic/Mark Greenberg,“SS2 and VMS Eve”https://en.wikipedia.org/wiki/File:SS2_and_VMS_Eve.jpg,CC-BY-SA-3.0,License at https://creativecommons.org/licenses/by-sa/3.0/legalcode)

空船”2 号是第二级。“白衣骑士”2 号虽然设计成只有右侧机身搭载飞行员和乘客,但可以想象的是左侧机身同样可以如此设计。双机身“白衣骑士”2 号和单机身“太空船”2 号采用相似的设计。这种有趣的设计理念,使它们的驾驶舱配置、设备以及飞行中飞行员的视野都是相似的。这就使“白衣骑士”2 号飞机至少可以在滑翔、进场和着陆阶段模拟“太空船”2 号进行训练和熟练飞行。

与双机身结构类似,一架飞机可以拥有从主翼延伸到尾翼的双纵向尾梁。双尾梁的设计有利于发动机的集成或方便后机身货舱门的打开,同时也为燃油

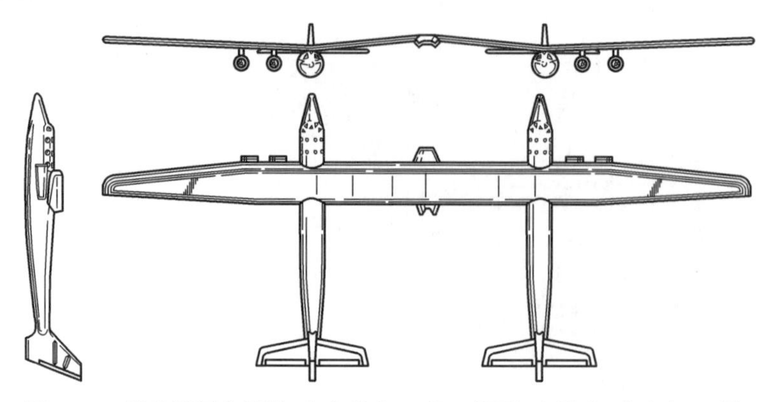

图 1-18　维珍银河公司的“白衣骑士”2 号三视图(未装载“太空船”2 号)
(资料来源:美国设计专利 D612719 S1,美国专利商标局,2008 年 7 月 25 日)

和设备提供了更多的容积。赛斯纳 337“空中大师”飞机就是一架具有双尾梁、双发动机的飞机,它被用作通用航空和军用飞机(照片如图 1-19 所示,三视图如图 1-20 所示)。双尾梁结构可以将两个发动机均安装在机身的中心线上,其中一个采用牵引装置(前置发动机),另外一个采用推进装置(后置发动机)。将两个发动机均安装于机身中心线,而不是安装于机身两侧的优点是当发动机发生故障时,横向控制不会退化,即一台发动机的动力损失不会造成偏航。

图 1-19　具有双尾梁、双发动机的“空中大师”——赛斯纳 337
(资料来源:© User:Kogo,“Cessna Skymaster O-2”https://en. wikipedia. org/wiki/File:Cessna_Skymaster_O-2_5. jpg,GFDL 1. 2,License at https://commons. wikimedia. org/wiki/Commons:GNU_Free_Documentation_License,_version_1. 2)

艾克斯特(Extra)300 飞机是一架具有传统后三点式起落架的飞机(照片如图 1-21 所示,三视图如图 1-22 所示)。它是一个双座、单发、可以用于特技飞行的高性能通用航空飞机,具有全复合碳纤维主翼。后三点式结构可以为飞机前部的大直径螺旋桨提供离地间隙。该飞机机翼与机身中部连接,被称为中单

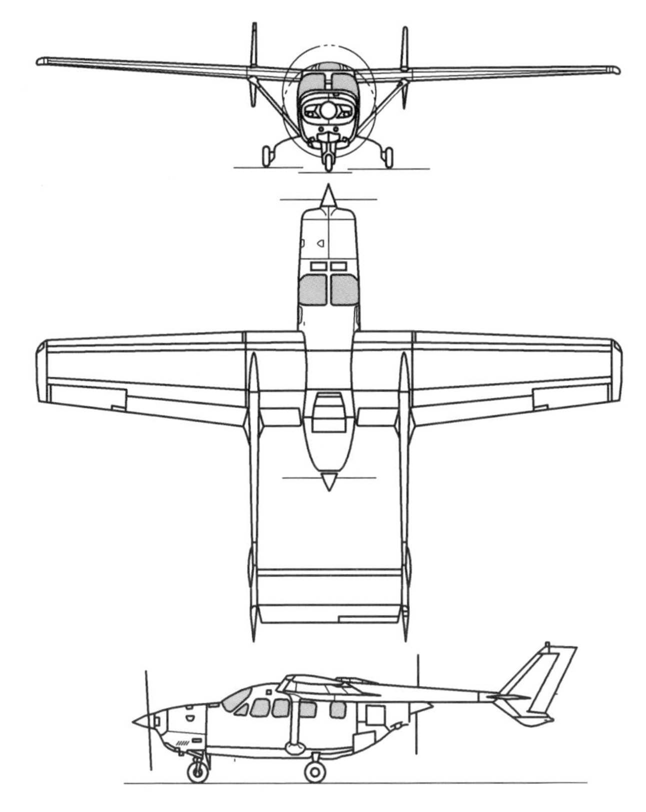

图1-20　赛斯纳337三视图
(资料来源:Richard Ferriere 提供并许可使用)

翼结构。根据主翼连接机身的位置(底端或顶端),北美“双野马”战斗机和赛斯纳“空中大师”分别归类为下单翼机和上单翼机。

图1-21　单发、中单翼、后三点式飞机——艾克斯特300
(资料来源:拍摄者提供)

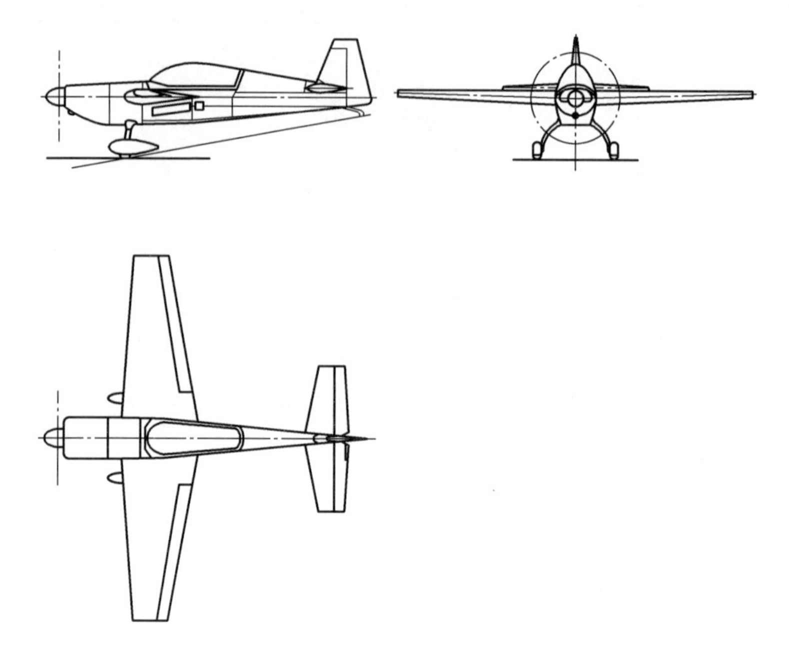

图 1-22　艾克斯特 300 三视图

(资料来源:德国艾克斯特飞机公司提供并许可使用)

格鲁曼 X-29 超声速试验机是一架具有前掠翼布局的飞机(照片如图 1-23 所示,三视图如图 1-24 所示)。该飞机用于研究前掠翼的机动性和其他先进技术。美国国家航空航天局和美国空军将两架 X-29 试验机用于试飞研究。单座 X-29 试验机的主机翼是前掠翼,在机翼前方具有梯形鸭翼。前掠翼布局容易出现气动弹性发散问题,造成弯扭发散,因此 X-29 的机翼采用先进的复合材料制作而成,可以在较轻的重量下提供所需的结构强度。配置有前掠翼的 X-29

图 1-23　格鲁曼 X-29 前掠翼试验机

(资料来源:美国国家航空航天局)

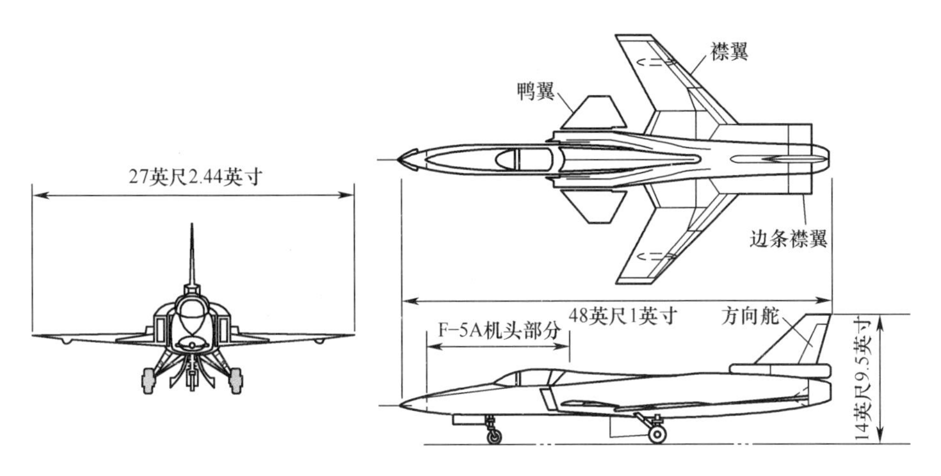

图 1-24 格鲁曼 X-29 前掠翼试验机三视图
(资料来源:美国国家航空航天局)

试验机本质上是不稳定的,因此需要配置最先进的“电传”飞控系统,通过计算机控制保证飞行的稳定。X-29 试验机由通用电气公司的 F404 单个涡扇喷气发动机提供动力,可以在 33000 英尺(10000m)的高空达到马赫数为 1.8 的最高速度。第一架 X-29 试验机于 1984 年 12 月 14 日首飞成功。在 1984 年至 1991 年期间两架 X-29 试验机共计完成了 422 项研究性试飞。

到目前为止,我们讨论的大多数飞机都是单翼机结构。俄罗斯的安东诺夫安-2(后文简称“安-2”)可以作为一个双翼机的示例,它具有两个尺寸不同的主机翼(照片如图 1-25 所示,三视图如图 1-26 所示)。事实上,双翼机的两个主机翼可以在尺寸、翼型、机翼平面形状(平直、后掠、前掠)和其他特性上均不相同。安-2 是一架坚固的大型单发多用途飞机,可执行如货物运输、农作物喷粉、空投水(扑救森林大火)、跳伞、拖运滑翔机、军用或民用运输等多种任务。安-2 由乌克兰基辅的安东诺夫设计局于 1946 年设计而成,并持续量产了 45 年。由于其坚固的结构、相对简单的系统、低速飞行的能力和大的有效载荷能力,安-2 成为偏远不发达地区空运人和货物的主要“丛林”飞机。安-2 以短距起飞和着陆(短距起降)能力知名,可以在 600 英尺(180m)的距离内起飞。并且由于其具有小于 48km/h 的极低的失速速度,因此可以在仅仅 700 英尺(210m)的距离内完成着陆。如图 1-25 所示,安-2 具有传统的起落架,但是以雪橇取代了轮胎,以便在雪地上起降。

到目前为止,我们讨论的所有飞机都具有明显的机身、机翼和尾翼。与此不同的是,飞翼飞机采用无尾翼的设计,且其机身和机翼融合在一起。飞翼的设计理念由来已久,早在 20 世纪 40 年代就已经进行过飞翼原型机的制造和试飞,其他不算成功的尝试可以追溯到 20 世纪更早的时期。B-2“幽灵”隐身轰炸机就

图 1-25　带雪橇的单发双翼飞机——安-2

（资料来源：© Sergey Ryabtsev，"Randonezh Antonov An-2R" https://en.wikipedia.org/wiki/File:Antonov_An-2R_on_ski_Ryabtsev.jpg，GFDL-1.2，License at https://commons.wikimedia.org/wiki/Commons:GNU_Free_Documentation_License,_version_1.2）

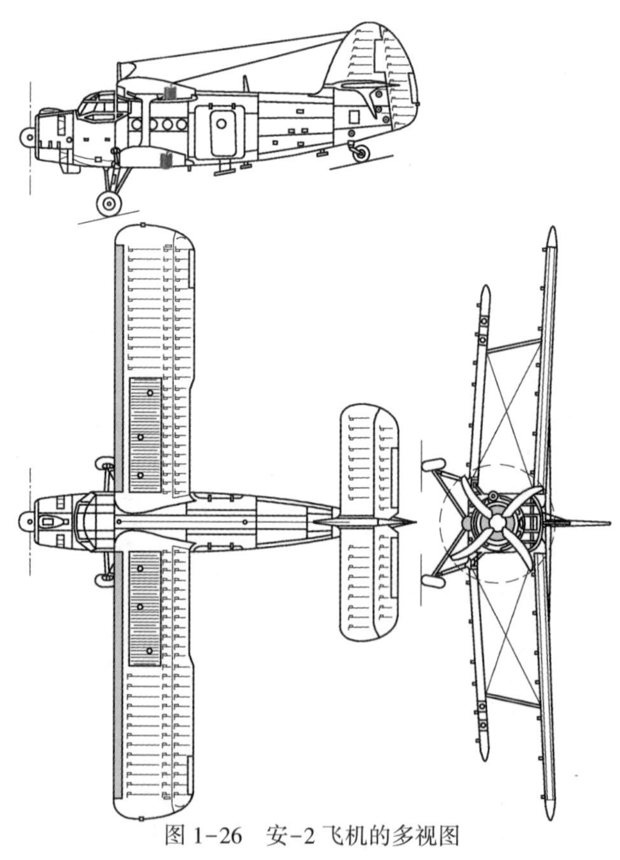

图 1-26　安-2 飞机的多视图

（资料来源：Kaboldy，"Antonov An-2 3-View" https://en.wikipedia.org/wiki/File:Antonov_An-2_3view.svg，CC-BY-SA-3.0，License at https://creativecommons.org/licenses/by-sa/3.0/legalcode）

是一个现代飞翼飞机的示例(照片如图1-27所示,三视图如图1-28所示)。它的两个喷气发动机隐藏在融合的翼身内部可以遮蔽热信号,提高隐身能力。B-2的设计具有显著的空气动力学优势,尤其在减小阻力方面。但是需要特别考虑的是,无尾翼的设计会引入有关稳定性与操纵性的问题。“电传”飞控技术的出现使这些问题变得容易解决。我们将在第6章进一步讨论有关飞翼飞机的稳定性和操纵性问题。

图1-27 诺斯罗普·格鲁曼B-2“幽灵”飞翼飞机
(资料来源:美国空军)

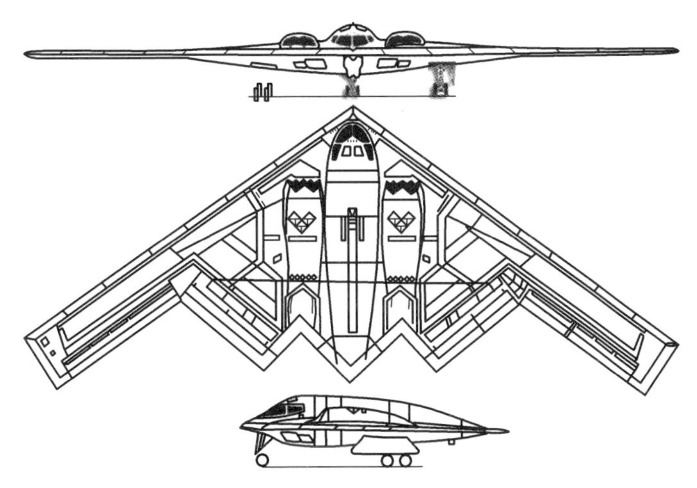

图1-28 诺斯罗普·格鲁曼B-2“幽灵”飞机三视图
(资料来源:美国军方)

1.2.3 旋翼航空器:直升机

到目前为止,我们仅仅讨论了固定翼飞机。下面讨论旋翼航空器,其产生的升力由旋转的翼面提供。旋转机翼(更合适的称呼是旋翼桨叶)安装在航空器上方旋翼顶部的旋翼桨毂上。桨叶、桨毂与主轴合称为旋翼。旋翼航空器包括直升机和旋翼机。直升机是重于空气的航空器,可以垂直起降,也可以向任意方向包括向后方平移,还可以在空中悬停。直升机的旋翼桨叶由发动机驱动,可以产生升力和推力。升力的产生与直升机的前进速度无关,因此可以在没有前进速度的情况下进行起飞和降落。另外只要有前进速度保持旋翼桨叶自动旋转,即使发动机不工作桨叶依旧可以产生升力。因此直升机可以像固定机翼飞机一样滑翔。

图 1-29 所示为两种型号的直升机,分别是西科斯基 UH-60“黑鹰”直升机和贝尔 OH-58“基奥瓦”轻型直升机。UH-60 是双发、单旋翼、4 桨叶的军用直升机,用于公共事业和运输作业。它可以搭载两名机组成员和最多 11 名乘客。UH-60 的旋翼直径为 53 英尺 8 英寸(16.36m)。其巡航速度约为 170 英里/h(294km/h),最高爬升高度可达约 20000 英尺(6100m)。UH-60 直升机的三视图如图 1-30 所示。贝尔 OH-58“基奥瓦”轻型直升机是具有单旋翼、双桨叶的军用直升机,专为轻型公共事业和运输设计。基奥瓦直升机是深受欢迎的 206A 型喷射游骑兵民用直升机的军用版。OH-58 直升机可搭载 1 或 2 名飞行员,同民用版一样可以搭载 4 名乘客。OH-58 直升机旋翼的直径为 35 英尺(10.7m)。其巡航速度可以达到 127 英里/h(204km/h),最大升限可达约 15000 英尺(4600m)。

图 1-29　西科斯基 UH-60“黑鹰”中型双发直升机与 OH-58“基奥瓦”轻型单发直升机
(资料来源:美国国家航空航天局)

旋翼机具有无动力、自由旋转的桨叶,因此需要向前运动才能产生升力。推力的产生和固定翼飞机一样,由安装在机身中的独立发动机-螺旋桨组合提供。一个和机身相连的固定短机翼也可以产生升力。旋翼机具有许多直升机的特性,但由于其需要向前运动以产生升力,因此不能进行垂直起飞着陆、向后飞行,或在空中悬停。出于完备性,我们对直升机和旋翼机进行区分,但将着重讲解直升机,因为它是目前使用的主流旋翼航空器。

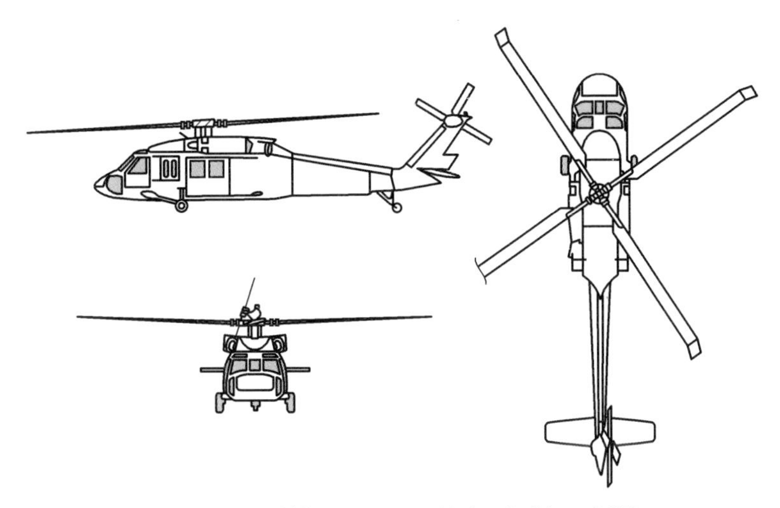

图1-30 西科斯基UH-60“黑鹰”直升机三视图

（资料来源：© User：Fox 52，“UH-60 Orthographical Image” https://en.wikipedia.org/wiki/File:UH-60_orthographical_image.svg，CC-BY-SA-4.0，License at https://creativecommons.org/licenses/by-sa/4.0/legalcode）

1.2.3.1 第一个旋翼航空器

旋翼航空器最初的设计灵感可能源于大自然。大自然中有一些旋转的带翅膀的种子，它们通过在空气中滑翔以实现分散传播。之前的航空爱好者或发明家和现在的航空工程师一直对这些飞翔的种子或翼果（有翅膀的水果）深感兴趣。1808年，航空先驱George Cayley（1773—1857年）写了如下有关梧桐种子的内容。

我被这颗梧桐树种子所创造的美丽深深迷住了。这是一颗有一个薄翼的椭圆形的种子，起初我认为薄翼不会阻止种子的坠落，只像箭的羽毛一样引导它向下。但是它通过旋转运动形成的平衡使得中心处的种子刚从树上被吹下就立即被保护起来。薄翼让种子保持几近水平，像鸟的翅膀一样以很小的角度与空气接触。

自然旋转翼的空气动力学原理已经被广泛地研究，包括通过应用现代计算技术，试图解开自然界中另一个飞行最优化的秘密。

关于旋转翼的概念可以追溯到中国古代的一种旋转玩具，实际上，它是将一根羽毛作为螺旋桨连接在棍子一端的一种玩具。把木棍放在手掌之间使其旋转然后释放，旋转的羽毛螺旋桨即可以产生升力使玩具飞行一小段时间。1483年，达芬奇构想了一架载人的旋翼机并将其称为“空中螺旋”。达芬奇空中螺旋的构想并没有解决实用旋翼航空器设计中的关键问题，而这些问题在接下来的几个世纪也没能得到解决。

其中一个问题是开发一种推进系统,它可以提供足够的动力驱动桨叶旋转,并且重量也足够轻,用来确保旋翼航空器升空。这个问题也困扰着所有重于空气的固定翼飞机的设计者们,直到 20 世纪初随着内燃机的出现问题才得以解决。另一个问题是旋翼航空器独有的,与其旋转机翼引起的反作用力矩有关。发动机施加到旋翼桨叶轴的扭矩也会产生反作用扭矩,使飞机朝着与桨叶旋转的相反方向旋转。这个反作用力矩必须通过一些手段进行抵消,这样旋翼桨叶旋转时飞机才不会旋转。其他亟待解决的问题包括由于大型自转旋翼会产生强振动环境,有可能会导致机械故障和结构疲劳。这些问题中的许多在今天仍被积极地研究以改进直升机的设计。

20 世纪早期,人们曾多次尝试制造能够垂直飞行的飞行器。1907 年 11 月 13 日,在莱特兄弟成功将重于空气的固定翼飞机试飞的 4 年后,一个法国自行车制造商,Paul Cornu(1881—1944 年)驾驶着一架自己独立设计的直升机飞到 1 英尺(30cm)的高度并且悬停 20s,这是重于空气的旋翼航空器首次自由飞行。Cornu 的直升机拥有两个直径为 20 英尺(6.1m)的旋翼,每个旋翼由旋转的辐条轮和安装在其上的两个小展弦比的大桨叶组成,如图 1-31 所示。位于飞行器两端的两个旋翼反向转动以抵消反作用力矩。旋翼的动力由一个 24 马力(17.64kW)的汽油内燃机提供。Cornu 的直升机在几次飞行中达到的最高垂直高度只有 6 英尺(1.8m),没有超过空气动力学地面效应的区域,该区域能够增加升力并且减小阻力(空气动力学地面效应将在第 3 章进行讨论)。

图 1-31　Paul Cornu 设计的旋翼航空器
(资料来源:美国政府)

第一架实用的直升机大概是由直升机先驱 Igor Sikorsky 设计的沃特西科斯基 VS-300 试验型直升机。VS-300 直升机由 Igor Sikorsky 本人亲自驾驶,于 1939 年 9 月 14 日在斯坦福康涅狄格进行了首飞。VS-300 的首飞升空高度仅有几英寸并且仅仅维持了 10s,但这个试验机原型以及随后的变型将会创造旋翼航空器的速度和航时记录(图 1-32)。VS-300 直升机的主旋翼直径为 28 英尺(8.5m),配有三个桨叶,由一台 75 马力(55.125kW)的莱康明发动机驱动,重 1325 磅(601kg)。这是第一次利用机身尾部垂直安装的附加旋翼即反扭矩尾桨来抵消主旋翼的反作用力矩(图1-33)。从此,单旋翼带反扭矩尾桨的配置成为直升机设计的首选。因此VS-300直升机可以说是现代直升机的前身。

图1-32 由设计者Igor Sikorsky亲自驾驶的VS-300直升机
(资料来源:美国政府)

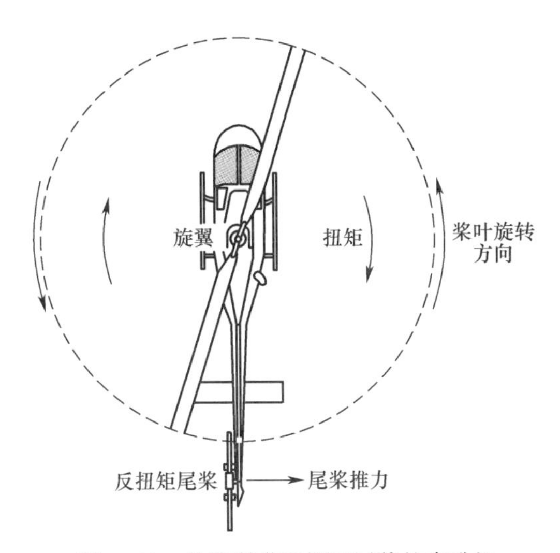

图1-33 单旋翼带反扭矩尾桨的直升机

1.2.3.2 直升机

图1-34所示为单旋翼带反扭矩尾桨的典型现代直升机的主要组成部分。绝大多数主要组成部分包含在机体结构内,或连接在机体结构上,包括驾驶舱、客舱或货舱、发动机、油箱、变速器和起落架。起落架可以是滑橇、固定的或可收放的轮子、两栖浮筒。动力装置可以是内燃机或者涡轮轴发动机。动力装置可能是单发,也可能为了提高功率和冗余度配备双发。旋翼由桨叶、桨毂和主轴组成,旋翼和尾桨通过变速器和发动机相连,变速器可以降低发动机传出来的转

速，使得旋翼和尾桨以需要的低转速旋转。

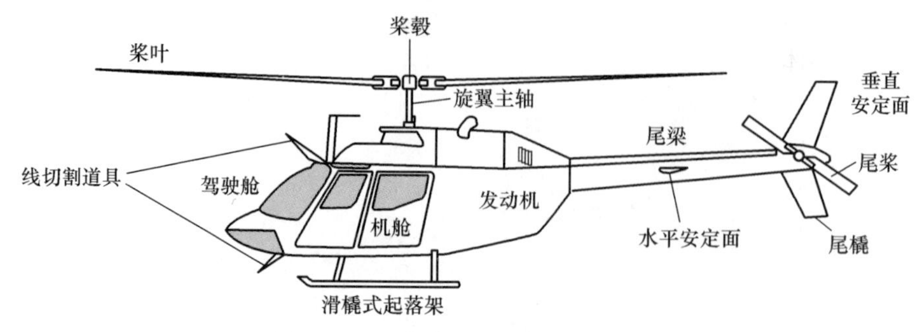

图 1-34　现代直升机的主要组成部分

直升机的旋翼系统通常采用单旋翼或双旋翼结构。如上述讨论的那样，单旋翼结构需要配置反扭矩装置，比如尾桨。在双旋翼系统中，双旋翼向相反方向旋转以抵消彼此的旋转扭矩。图 1-35 所示的波音 CH-47“支奴干”便是双发纵列双旋翼重型直升机。

图 1-35　双发纵列双旋翼重型直升机波音 CH-47“支努干”
（资料来源：美国国家航空航天局）

旋翼的桨叶与位于旋翼主轴顶端的桨毂相连。无论单旋翼还是双旋翼系统，根据桨叶与桨毂的连接方式以及桨叶相对于旋翼旋转平面的运动方式，均可以被分类为全铰接式、半刚体式和刚体式。3 种旋翼系统中，全铰接式在桨叶转动时具有最高的自由度。这种系统的所有桨叶在旋转时可以在 3 个方向上独立运动：上下运动称为挥舞，前后运动称为摆振，轴向转动称为变距（改变桨距）。桨叶通过 3 个独立的机械铰链连接到桨毂上，3 个机械铰链分别称为挥舞铰、摆振铰和变距铰。直升机上的全铰接式旋翼系统一般具有两个以上的桨叶。

旋翼桨叶的挥舞与摆振运动均用于平衡围绕旋翼桨盘的不平衡升力。直升机向前飞行时，旋翼桨叶的旋转导致相对气流的前行桨叶升力增加而后行桨叶升力减小。变距就是通过改变桨距或迎角来控制升力大小，增加桨距则增加升力，减小桨距则减小升力。

在半刚体式旋翼系统中，旋翼桨叶相对于旋翼旋转平面具有两个自由度——挥舞和变距。旋翼桨叶与桨毂刚性连接，但是连接主轴的桨毂相对于旋转平面可以像跷跷板一样上下晃动。桨毂的上下晃动能够使桨叶上下挥舞，因为桨叶和桨毂刚性连接，因此桨毂两侧的桨叶是作为一个整体挥舞的。这意味着对于一个典型的双桨叶半刚体式旋翼系统，当一侧的桨叶向下时，另一侧反方向的桨叶会向上。半刚体式旋翼系统与全铰接式旋翼系统一样使用变距铰进行变距。半刚体式旋翼系统常见于双桨叶直升机。

在刚体式旋翼系统中，旋翼的桨叶与桨毂刚性连接，桨毂和主轴也是刚性连接，这种连接方式使桨叶相对于旋翼旋转平面具有单一的自由度——变距。由于没有挥舞铰和摆振铰，刚体式旋翼系统的机械结构比其他旋翼系统简单得多。任何空气动力学引发的桨叶挥舞或摆振均需由桨叶和桨毂吸收，使这些组件的结构设计更加复杂。相较于其他类型的旋翼系统，刚体式旋翼系统也将具有更高的振动特性。

除了传统的尾桨，单旋翼结构的直升机还可以配备其他类型的反扭矩装置，如涵道尾桨和无尾桨系统（NOTAR）。涵道尾桨是在垂尾中制成筒形涵道，再在涵道内装配多叶片尾桨。传统的尾桨通常具有 2~5 个桨叶，而涵道尾桨的桨叶数量可能多达 8~13 个。与传统尾桨相比，涵道尾桨具有更短的桨叶长度（翼展）和更高的旋转速度。带罩的涵道尾桨就像一个管道风扇，比暴露在外的尾桨具有更高的空气动力学效率。涵道尾桨的结构也减小了振动和噪声。外罩具有一定的安全优势，可使尾桨在飞行中不会因切割或卷缠树木、电线等外部物体而受损，并且降低了地面人员的安全风险。涵道尾桨的缺点是尾桨周围的结构增加了自重。

无尾桨系统是基于射流效应与直接喷射推力的结合。位于尾梁前端的风扇可以产生大量低压气流，该气流通过尾梁右侧的两个纵向开槽排出。这些水平喷气会产生一片低压区域，使得来自旋翼的下洗气流沿尾梁的圆形横截面转弯。由喷气产生的绕尾梁的环流控制被称为射流效应。绕尾梁右侧的加速气流会在抵消旋翼扭矩的方向上产生气动升力。在悬停状态下，该环流控制系统可为直升机提供所需反扭矩的 60%。剩余的反扭矩由尾梁中的直接喷射器在风扇提供的气流下旋转所提供。垂直安定面提供在前飞情况下的额外方向控制。无尾桨系统的优点包括取缔了尾桨的机械装置和传动装置，并且在尾部受到攻击时具有更高的安全效益。

将旋翼与固定翼的一些理想特性相结合产生了倾转旋翼机，如波音 V-22“鱼鹰”倾转旋翼机（图 1-36）。与单纯的旋翼航空器相比，倾转旋翼机兼具了旋翼航空器垂直起降和空中悬停的能力，以及固定翼飞机高速度、长航程与低燃油功率的优点。倾转旋翼机具有两个反向旋转的旋翼,分别布置于短机翼两端的发动机机舱。在飞行中,发动机机舱可以在水平和垂直状态之间倾转变换。发动机机舱处于垂直状态时,倾转旋翼机可以像双发双桨横列式直升机一样工作;发动机机舱处于水平状态时,倾转旋翼机可以像双发固定翼螺旋桨式飞机一样飞行。从图1-36可以看出,直径38英尺(11.6m)的旋转桨叶正是直升机与固定翼飞机二者之间的调和方案。因为结合了旋翼航空器和固定翼飞机的优点,V-22"鱼鹰"倾转旋翼机的巡航速度可达约240kn(444km/h),最高飞行海拔可达约25000英尺(7600m),最大垂直起飞重量可达约53000磅(24040kg)。

图1-36 波音V-22"鱼鹰"倾转旋翼机
(资料来源:美国空军)

1.2.4 轻于空气的航空器:气球和飞艇

顾名思义,轻于空气的航空器是利用比空气密度低的气体飞行的一种航空器。这类气体可能是由于加热(如热气球)导致密度低于空气,也可能是其固有密度就低于空气(如气球或飞艇里的氦气和氢气)。轻于空气的航空器的升力来源首先是浮力,而不是气动升力。我们将讨论两种类型的轻于空气的航空器:气球和飞艇。气球和飞艇之间的区别在于是否具有推进和操纵航空器的能力。气球没有推进系统,而飞艇有推进系统,并且可以操纵。

浮力基于阿基米德原理,该原理阐述了浸润在流体中的物体产生的浮力大小等于它排开的流体的重量,并且方向与物体重力相反。流体可以是液体或气体,所以阿基米德原理不仅适用于行驶在海洋中的潜艇和船舶,还适用于天空中飞行的气球和飞艇。假设流体为空气,浮力 F_b 可以写为

$$F_b = W_a = m_a g = \rho_a V_g \tag{1-1}$$

式中:W_a,m_a,ρ_a 分别为被置换的空气的重力、质量和密度;V 为物体排开空气的体积;g 为重力加速度。

现在想象我们拥有一个体积为 V 的空腔物体,用密度为 ρ_g 的物质填充空腔。物体中被填充的物质重力为

$$W_g = \rho_g V_g \tag{1-2}$$

为简单起见,忽略密度为 ρ_g 的空腔物体的重力。

如果我们利用密度与空气相同的物质填充空腔,即 $\rho_g = \rho_a$,物体的重力与浮力大小相等,物体在空气中保持静止状态,如图1-37(a)所示。如果我们利用密度比空气大的物质填充空腔,即 $\rho_g > \rho_a$,物体的重力大于所受浮力因此下沉。如果我们利用密度比空气小的物质填充空腔,即 $\rho_g < \rho_a$,物体的重力小于所受浮力因此上升。正如常识一样,如果我们用铅填充空腔,物体就会下沉;如果我们利用氦气或氢气填充空腔,物体就会上升。我们也可以用温度高于外界环境的空气填充空腔,这时空腔内部的气体密度小于外界。这就是气球和飞艇浮力背后的基本物理原理。

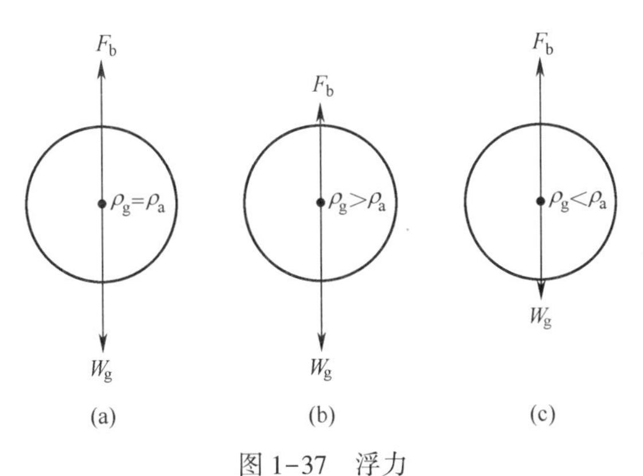

图1-37 浮力

(a)稳定,$\rho_g = \rho_a$;(b)下沉,$\rho_g > \rho_a$;(c)上升,$\rho_g < \rho_a$。

1.2.4.1 第一个气球

气球可能是最早的载人飞行器。第一个有记录的热气球载人飞行器出现于1783年11月21日的法国巴黎。由气球驾驶员(驾驶操作气球或飞艇的人称作气球驾驶员)Jean Francis Pilatre de Rozier 与 Marquis d'Arlandes 驾驶,在巴黎上空飞行了25min,升空高度达到3000英尺(914m),行驶距离大约为5英里(8.1km)。这是人类首次利用空中交通工具实现自由飞行。气球由法国设计师 Joseph 与 Etienne Montgolfier 设计,他们在之后的气球飞行发展中发挥重要作用。气球底部的开口悬挂着一个燃烧室,燃烧室点火将加热的空气充满气球。气球驾驶员站在围绕气球底部的站台上,往燃烧室里加入燃料并生火。

Montgolfier 兄弟有造纸业的背景,他们的灵感据说来自于他们在造纸厂看到纸片随火中的烟雾升起。基于这些观察,他们认为烟雾是一种新型的、未被发

现的密度低于空气的气体,并将其称作“蒙特哥菲尔气体”。他们认为烟雾越浓,蒙特哥菲尔气体的含量越高,所以他们有时会燃烧一些不寻常的物质,如腐烂的肉和鞋子,以尽可能浓厚的烟雾用来制造气球。他们并没有意识到烟雾只是因为空气被加热因此密度小于空气。兄弟两人在设计气球的过程中使用了试错法而不是基于对物理学的理解。

在气球设计开发上,Montgolfier 兄弟采用了递进式的设计和试飞方法,这种富有洞察力的方法促成了他们的成功。一开始他们使用小规模、直径为10m(32.8 英尺)、不能载人的系留热气球进行飞行试验,后来慢慢过渡到使用大型的载人气球进行飞行试验。Montgolfier 兄弟的飞行试验方法在降低风险的方面是令人钦佩的。在让人上气球进行风险飞行之前,他们将 3 只农场动物:一只羊(恰当的命名为 Montauciel,法语为“攀登上天堂”的意思),一只鸭子还有一只公鸡放进气球,用来评估活体生物乘坐气球进行飞行的效果。Montgolfier 兄弟选择这三种特殊生物进行飞行是有原因的。羊被认为在生理学上与人类相似,因此被选中观察海拔变化产生的生理效应。鸭子本身就可以飞到气球的飞行高度,因此被选中观察气球飞行带来的所有非生理效应。公鸡是不会飞行的鸟,因此用来与鸭子进行对比观察海拔效应。在 1783 年 9 月 9 日,一只羊、一只鸭子和一只公鸡创造了活体生物乘坐气球飞行的历史。它们的气球飞行持续了大约 8min,上升高度达到 1500 英尺(460m),并且在距离起飞点 2 英里(3.2km)的地方安全降落。

递进式试验的下一步是使用高 75 英尺(22.9m)、直径 55 英尺(16.8m)并且载有 1 人的热气球进行飞行。1783 年 10 月 15 日, Etienne Montgolfier 成为第一个乘坐系留热气球升空的人。同一天的晚些时候,Jean Francis Pilatre de Rozier 乘坐该系留热气球升空至 80 英尺(24.4m)的高度,这也是系绳的全长。一个多月后,Rozier 与 Marquis d' Arlandes 完成了在蒙特哥菲尔气球上的首次自由飞行。

热气球的首次载人飞行结束后十天,气球驾驶员 Jacques Alexander Charles 与 Nicholas Louis Robert 于 1783 年 12 月 1 日在法国巴黎驾驶氢气球实现了第一次氢气球载人飞行。Charles 和 Robert 的升空高度为 1800 英尺(550m),飞过了约 25 英里(40.2km)的距离,飞行时间约为 2h。有橡胶涂层的丝绸气球填充可燃氢气,从浮力的角度来说是很好的选择,但是会给飞行带来很大的安全隐患。在进入 20 世纪以后氢气常用于气球飞行中,但是在氦气取代氢气之前,由于其易燃性发生了多起灾难事件。事实上,在气球领域闻名遐迩的 de Rozier 也是在 1785 年试图穿越英吉利海峡时由于氢气球爆炸而丧生的。de Rozier 的气球实际上是一个内置氢气室的氢气-热气混合气球。不幸的是,de Rozier 除了成为第一批能够使用热气球飞行的人,也是第一批死于空难的人。1793 年 1 月 9 日,法国人 Jean-Pierre Blanchard 驾驶氢气球在美国进行了首次载人气球飞行。

Blanchard 的气球从宾夕法尼亚的费城起飞,爬升到 5800 英尺(1770m)的高度,最终降落在新泽西。

除了开辟飞行的新纪元,气球同样被作为军事应用。法国于 19 世纪末期,美国在内战期间,均使用系留气球作为军事观察平台。在第一次世界大战期间气球被用于炮兵定位装置。

1.2.4.2　气球

我们已经讨论了热气球和氢气球两种类型的气球,为两种气球提供浮力的轻于空气的物质来源并不相同。顾名思义,热气球利用加热的空气提供浮力,空气受热后密度小于外部环境空气。氢气球利用密度小于空气的气体提供浮力,这类气体还有氦气和氨气。

气球没有推进装置,因此会随风飘荡。气球驾驶员通过调节气球受到的浮力可以使其上升或下降,将气球垂直移动到不同的气流中,从而可以对其水平运动进行一些有限的控制。两种类型的气球均拥有填充着升力气体的织物囊壁和悬挂在气囊下方的吊篮或有效载荷,以及一种调节飞行浮力的方式。吊篮用于载人,而有效载荷可以是任何类型的被抬到高处的仪器设备。

现代常规热气球的主要组成如图 1-38 所示。现代热气球的囊壁由轻质合成材料织片制成,这些织片以香蕉皮形状垂直缝合在一起,称作三角布。织物囊壁由水平负载带和垂直负载带实现结构加固。常规热气球的气囊是水滴形状,但也可以有其他不同形状。热气可以从气囊顶端的放气口或气囊侧面的通风口排出。热气的排出是热气球驾驶员控制浮力的一种方式。气囊四周的通风口可以使热气球绕其垂直轴转动,对相对于运动方向的吊篮位置进行控制,这有助于驾驶员降落气球。气囊下方的燃烧器用来加热气囊内部的空气。在第一次载人气球飞行中,燃烧器使用潮湿的稻草、旧的破布和腐烂的肉作为燃料,而现代热气球燃料为液态丙烷,它储存于吊篮的罐子内。气囊下方的开口称为裙座或凹处,用防火材料涂覆防止燃烧的火焰点燃囊壁。通过控制燃烧器的火焰大小,气球驾驶员可以控制气囊中热气的温度,从而起到调节热气球浮力的作用。吊篮或吊舱使用不锈钢线缆或 Kevlar 复合线缆悬挂在气囊下方。吊篮通常由柳条、金属或覆盖金属框架的织物制成。飞行仪器和航电设备,如高度表、气压表、爬升率指示器、无线电台和雷达应答机均放置于吊篮内。在下面的示例问题中,我们将对携带合理重量所需的热气球尺寸有所了解,其中包括囊壁、加热系统、吊篮、气球驾驶员与气囊内热空气的重量。

早期设计的热气球具有一个明显的缺点,那就是火焰较大,因此需要携带大量的燃料负载(柴火或其他可燃物)。事实上,由 de Rozier 和 d' Arlandes 进行的第一次热气球飞行就是因为他们担心气球已经开始着火而中断的。一旦氢气球设计师想出如何充分地密封气球阻止浮力气体的泄漏,那么相较于热气球这种气球将会更受青睐。但是,现代热气球的燃烧器更加的安全并且具有更高的燃烧效率,使热气球成为目前运动气球的首选。

典型氢气球的主要组成如图 1-39 所示。和热气球相似,氢气球具有充有浮力气体的气囊。气囊通常为球状,由薄而气密性好的合成材料制成。典型的浮力气体包括氦气、氢气和氨气。气囊外罩着一张网,这张网通过绳索和载荷环连接,载荷环下方悬挂着吊篮或吊舱。阀门位于气囊的顶端,可由驾驶员打开使气体逸出,以达到控制上升速率的目的。气球的上升和下降可通过扔出装水或沙子的压舱物和排气阀实现。气囊下方的管子称为附加排气管,它用于给气球充气,并且可以在温度上升时作为气囊内积聚起来的气体压力的出口。囊壁上有一个放气裂瓣,可以在高风力或紧急情况下给地面上的气球迅速放气。氢气球的吊篮或吊舱和热气球类似。

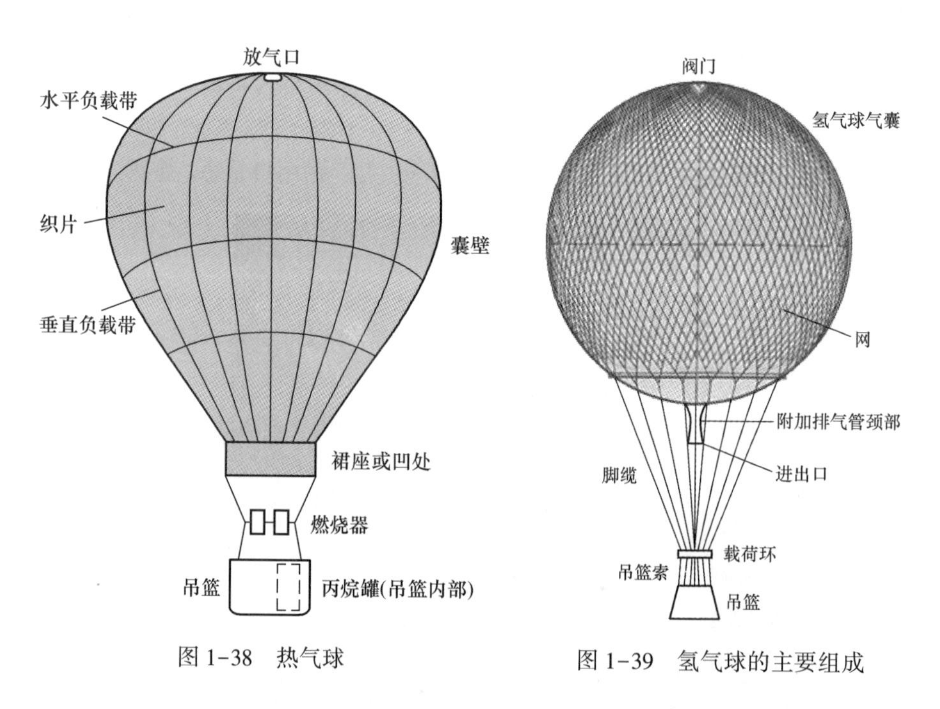

图 1-38　热气球

图 1-39　氢气球的主要组成

氢气球由于其上升的复杂性与高昂的浮力气体价格在作为运动气球方面并不如热气球。但氢气球的最大上升高度远远高于热气球。氢气球可以飞越 99.5%的地球大气层,上升至 120000 英尺(37km)以上的临近空间高度。因此,高空氢气球广泛应用于科学探索中。

科学气球用于大量的观测研究,包括气象、高层大气以及深空的研究。气球上升时,外部的环境压力逐渐降低,气囊体积显著膨胀。当这些专用气球完全扩张时高度可达 400 英尺(120m),直径可达 460 英尺(140m),体积可达 4000 万英尺^3(110 万 m^3)。这种巨大的气球囊壁由聚乙烯薄膜制成,厚度仅为 0.8 密耳①或 20μm。科学气球可以携带 8000 磅(3629kg)的最大载荷上升至 120000 英尺(37km)的高度。它们也可作为将试验对象送到高空的搭乘工具,如将降落伞或某种航空飞行器携带至可以释放以研究其空气动力学、飞行力学等特性的高度。

和普通气球上升时膨胀不同,超压气球可以在任何海拔均保持恒定体积。超压气球的囊壁由高强度聚酯薄膜制成,能在气体压力改变时承受高负荷。超压气球可以在空中停留一个月,使其成为理想的长航时、高海拔科学平台。

混合气球结合了氢气球与热气球的特点。混合气球产生的浮力一部分来自于燃烧器加热的气体,另一部分来自于气球存储的未加热而密度小于空气的气体,如氦气或氢气。de Rozier 曾利用热空气-氢气混合气球穿越英吉利海峡。自 de Rozier 时代后,混合气球用于一些长距离飞行中,包括 Steve Fossett 在 2002 年进行的单人环游世界飞行。Fossett 利用热空气-氦气混合气球的环球航行总共耗时 14 天。

1.2.4.3 飞艇

飞艇有别于气球在于:①飞艇可以推进自身在空中飞行,通常是使用内燃机驱动螺旋桨;②飞艇可以被驾驶。早期飞艇的称呼取自法语单词 dirigible,意为“可驾驶的或方向可控的”。飞艇于 20 世纪早期发展起来,是第一种有动力、可操纵、能够驾驶飞行的空中飞行器。

类似于气球,飞艇依靠气囊中轻于空气的浮力气体来获得升力。二者使用相同的气体,现代飞艇大部分使用惰性的氦气。早期飞艇填充的是氢气,于是经历了和填充氢气的气球相同的灾难性后果。典型的飞艇有轴对称的、流线型的外形,内部有多个独立的单元气囊或气室装载着浮力气体。飞艇根据艇身构造的不同可以分为硬式和非硬式,如图 1-40 所示。

硬式飞艇的艇身由刚性骨架和覆盖其上的织物蒙皮组成。早期飞艇的骨架与早期飞机的骨架类似,是木制的,并覆以棉布蒙皮。现代飞艇多使用金属骨架,主要是铝制的,并使用复合材料作蒙皮。硬式骨架维持飞艇的外形,并承载飞行器的结构载荷。单元气囊或气室加装在硬性壳体内部。尽管单元气囊或气室中会填充加压的浮力气体,但整个的硬性壳体一般是常压结构。

非硬式飞艇也称软式飞艇,与气球类似,依靠内部浮力气体的压力来维持整体的外形。飞艇内的气囊填充浮力气体,还配有辅助气囊填充标准大气压下的空气。这些气囊组合起来用于维持非硬式飞艇的外形。外界压力随海拔高度变

---

① 1 密耳=0.001 英寸=0.0254mm。

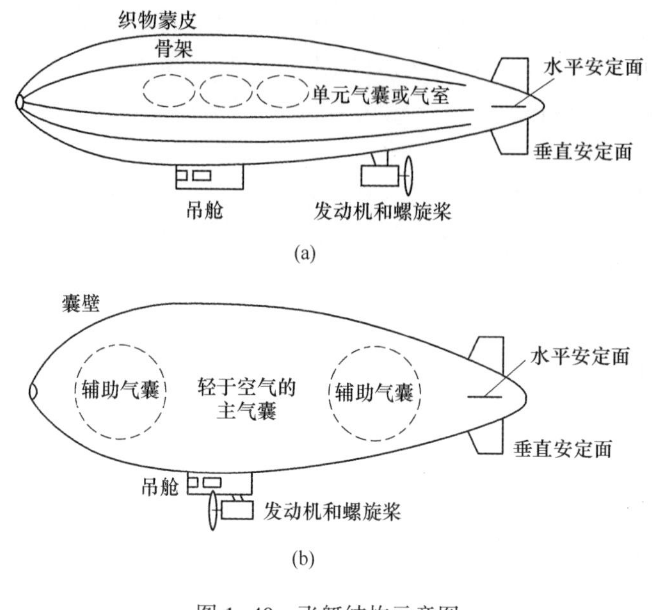

图 1-40　飞艇结构示意图

(a)硬式飞艇;(b)非硬式飞艇。

化而变化,浮力气体的气囊体积也随之改变,通过鼓风机将空气压入辅助气囊或通过排气口排出空气,可以补偿这种改变。

除了前面介绍的两种飞艇,还有一种半硬式飞艇,是硬式设计和非硬式设计的结合体。主要通过内部气囊维持外形,同时也有像船一样的龙骨起辅助支撑作用。

这 3 种飞艇下方通常都有一个用来装载空乘人员、乘客和货物的吊舱。大型的硬式飞艇可以将乘客和货物装载于艇身内部,但非硬式飞艇不可以。大型飞艇通常有多个动力机组或发动机组,即安装有内燃机和螺旋桨的机舱。这些发动机组可以加装在吊舱结构上,也可以加装在艇身的其他位置。螺旋桨可以被加装成推进配置(朝后安装)和牵引配置(朝前安装)。多引擎可以产生不对称的推力,帮助驾驶飞艇。飞艇尾部可转动的水平和垂直操纵面也可用于控制飞艇的姿态。要下降,就排出气体;要爬升,就扔掉压舱物。飞艇的纵向配平可以通过重量转移实现,如在艇的前端或后端泵入水或气体。

飞艇的起飞、着陆和一般的地面操作需要专门的配套设施和大量地勤人员。飞艇可以像气球一样升空,也可以使用发动机辅助起飞。飞艇着陆时缓慢下降,空乘人员扔出缆绳,地勤人员抓住绳索并将其锚定到地面上。着陆过程中也可以使用系泊桅杆来系住飞艇的头部。正如预想的那样,地面操作需要大量的地勤人员。如遇到大风或阵风天气,着陆将变得更加困难。

最负盛名的硬式飞艇也许就是20世纪早期由德国的齐柏林公司制造的那一批。其中最出名的齐柏林载客飞艇之一是LZ-129兴登堡号(LZ代表德语的“齐柏林飞艇”,129是该飞艇的设计编号)。兴登堡号的长度为803.8英尺(245.0m)艇身直径为135.1英尺(41.2m)。这个巨型的飞艇填充了超过7000000英尺^3(200000m^3)的氢气。兴登堡号由4台戴姆勒-奔驰公司的16缸柴油发动机驱动,其巡航速度为76英里/h(125km/h),巡航高度为650英尺(198m)。兴登堡号上有39名空乘,十多名主厨和服务员,还配有1名医生。为72名乘客提供的豪华配置有私人客舱、漫步观景区、餐厅、配有袖珍钢琴的大厅及吸烟室。为防止泄漏的氢气进入吸烟室,其气压大于环境压力。对乘客而言,搭乘齐柏林载客飞艇飞行就像搭乘豪华游轮航行一样。这些大型载客飞艇是第一批可以长距离航行(包括例行飞越大西洋)的商务空中航班。

尽管齐柏林飞艇填充高度易燃的氢气,但它们却一直保持很好的安全记录,在大约10年的时间内携带着乘客和货物在全世界范围内飞行。然而,1937年5月6号,兴登堡号在新泽西州的莱克赫斯特海军航空基地尝试停泊时燃起大火,不到1min的时间就将巨大的飞艇烧成了骨架和灰烬。尽管从未确切证实,但主流观点认为大火的起因是静电火花点燃了泄漏的氢气。这次备受关注的灾难,连同一系列其他的飞艇事故,导致了飞艇作为商业空中旅行工具的衰落,并最终被替代。将易燃的氢气换成氦气可以使飞艇的飞行更安全,但是固定翼飞机的发展使飞艇很快过时。

飞艇在今天仍被使用,但主要用于“低空慢速”的飞行,如空中广告、旅游业、遥感、空中观测等。现在人们对于将飞艇作为类似高空气球一样的长航时、超高空的科学和商业平台重拾兴趣。飞艇的一大优势在于它能够像同步卫星一样保持自身位置相对于地球上某点不变。飞艇的科学应用包括天文观测或气象观察;商业应用包括作为长途通信平台。

齐柏林NT是现代飞艇的一个典型示例,如图1-41所示。它是一个半硬式、充氦气的飞艇,充气量为290450英尺^3(8255m^3),艇身长246英尺(75m),宽46英尺(14.2m),总重为23500磅(10700kg)。它可搭载2名空乘和12名乘客,时速高达77英里/h(125km/h),高度可达8500英尺(2600m)左右。该飞艇由4台功率为149kW的莱康明IO-360气冷活塞发动机驱动。

另一相关飞行器是混合动力飞艇,它将轻于空气的飞艇和重于空气的固定翼飞机的元素结合在一起。混合动力飞艇的升力来源是静升力(轻于空气)和动升力的叠加。混合动力飞艇的动升力可达总升力的50%,这是因为其更符合空气动力学的外形,并且具有比传统飞艇更高的巡航速度。

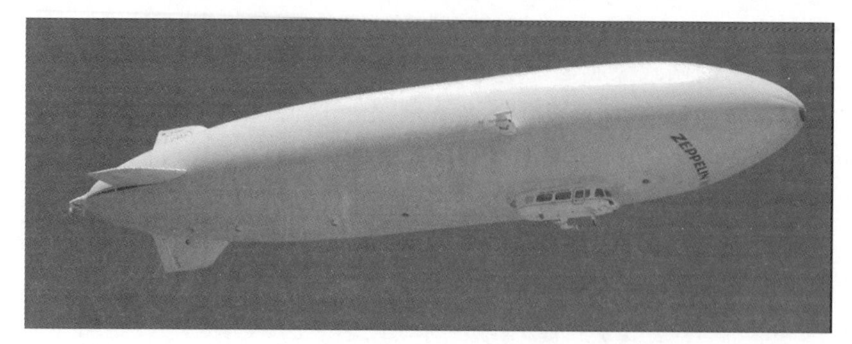

图 1-41　一个现代飞艇——齐柏林 NT, 2010 年

(资料来源:User:sefan-XP,"Zeppelin NT" https://commons.wikimedia.org/wiki/File:Zeppelin_NT.jpg,CC-BY-SA-3.0,License at https://creativecommons.org/licenses/by-sa/3.0/legalcode)

1.2.5　无人机

无人机(UAV),顾名思义是指机内没有飞行员的航空器。图 1-9 所示的任何一种航空器都可以发展成为一架无人机。无人机可以被地面的飞控手遥控驾驶,也可脱离人工干预自动驾驶。由飞控手遥控驾驶的无人机有时也称为遥控驾驶飞行器。对于自动驾驶无人机,可以预先在其机载计算机中编入飞行指令程序;也可通过通信或数据链路将指令从地面传输给无人机。自动驾驶无人机需具备自动起飞和自动着陆的能力,为此甚至进行过无人机在航空母舰上自动着陆的演示。无人机系统(UAS)指在无人机运行过程中涉及的整个系统,包括飞行器、地面站、仪器仪表、遥测设备、通信设备、导航设备,以及其他支持设备。

因不需要飞行员,无人机的一大优势在于其能深入不友好的环境,如军事冲突区、森林大火或飓风中,而无须担心有人丧生。无人机也可用来飞抵那些人力难以到达的偏远地区,如施救赈灾。近些年来,无人机数量迅速增长,被广泛应用于军事、科学、商业等领域。军用无人机可以执行侦查、监视及作战任务。携带武器的军用无人机被命名为无人战斗机(UCAV)。配备上相应的传感器和仪表,无人机的科学应用即可涵盖地球遥感、气象传感、地理学绘图、考古调查等方面。无人机的商业应用包括石油、天然气和矿产勘探,农作物航空测量、牲畜的监控、野生动物摄影、管道和电力线巡查、森林大火探测、电影拍摄,不远的将来还可能用于包裹运送。

无人机有各种外形和尺寸,既有与常规飞机配置和重量相仿的无人机,也有与昆虫大小和重量相近的微型仿生无人机。图 1-42 所示为通用原子公司的"掠食者"无人机,机长 36 英尺(11m),翼展 86 英尺(26m),最大载重 7000 磅(3200kg)。图 1-43 给出了体型更大的诺斯罗普·格鲁曼公司的 RQ-4"全球鹰"无人机,机长 44 英尺(13.5m),翼展 116 英尺(35.4m),最大载重 25600 磅(12600kg)。

图1-42 通用原子公司的“掠食者”无人机——MQ-9
（资料来源：美国国家航空航天局）

图1-43 由喷气发动机驱动的大型无人机——诺斯罗普·格鲁曼公司的RQ-4“全球鹰”
（资料来源：美国国家航空航天局）

“掠食者”和“全球鹰”都被归类为远程无人机，可以在高空域进行长时间飞行。“掠食者”可以在50000英尺（15000m）以上的高空飞行超过30h，“全球鹰”可以在60000英尺（18000m）以上的高空飞行超过30h。远程飞行的能力是无人机进行监控、侦查和遥感的另一优势。“掠食者”由涡桨发动机驱动，“全球鹰”由涡扇发动机驱动。若为无人机选用其他的推进方式，如太阳能，则可使其成为能够连续飞行数天、数周、甚至更长时间的超远程无人机。现在已经对可在高空超长时间飞行的无人机设计进行了一些研发工作，将来这些无人机可用于空中通信或充当地球遥感“卫星”。

与“掠食者”和“全球鹰”的尺寸、重量、外形及载重能力形成反差的是微型无人机（图1-44），其可能只有昆虫的大小和重量。尽管一些微型无人机具有常规飞机配置，但大多数微型无人机是基于昆虫、鸟类或其他小型飞行生物的仿生学设计，它们通常模拟这些生物的飞行特性，如拍打翅膀来产生升力和推力。微型无人机体积非常小,因此可以理想地应用于不希望被注意到的场合,如秘密监视,或应用于空间非常受限的场合,如在倒塌废墟中搜索和救援。然而,小尺寸也使实现动力、导航、控制、传感功能的系统和部件集成变得很有挑战性。

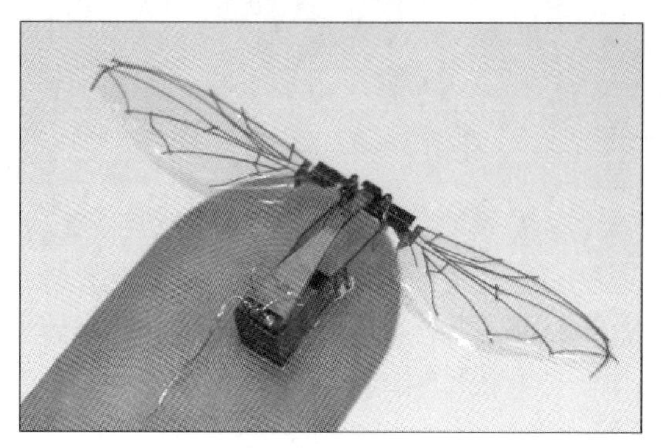

图 1-44　一种微型仿生无人机
(资料来源:美国空军研究实验室)

1.3 航 天 器

航天器是设计用于空间飞行的飞行器,空间为没有明显大气的真空环境,包括地球轨道和外太空。在很多方面,航天器和航空器有着本质不同。由于航空器在大气层内运行,因此其设计通常以空气动力学因素为主导,如最大化升力和最小化阻力。仅在真空中运行的航天器的设计通常不受空气动力学因素约束。实际上,它们可能看起来完全是不符合空气动力学的,也就是说,可能存在从航天器主体向各个方向突出的部件。然而,需要从太空返回大气层的航天器,则应具有与固定翼飞机类似的空气动力学设计。航天器必须在恶劣的太空环境中运行,其中有极端的温度、空间辐射并且可能发生微陨石碰撞。

与航空器类似,航天器有各种各样的形状和尺寸。本节我们将讨论几种不同类型的航天器(主要根据其功能或任务进行分类)。为紧扣本章主题,我们将分别讲述几种类型的无人及载人航天器中的“第一个”,包括第一颗人造卫星和第一艘载人飞船。此外,我们还将讨论一种独特的“单人航天器”,即宇航员所穿的宇航服。所有航天器都需要某种发射装置或发射系统才能将它们送入太空。在本节的最后讨论了火箭助推器,它仍然是目前唯一可行的将航天器送入太空的发射系统。提及其他的不基于火箭的发射系统可能在将来提供进入空间的方法。

1.3.1 航天器的分类

根据几何构型、推进类型、任务或其他因素等方面的区别,航天器可以有多种分类方式。图 1-45 所示为一种主要基于任务或功能的航天器分类方式。依据该方式,航天器被分类为轨道航天器、行星际探测器、着陆航天器和大气探测器。下面对这些不同类型航天器进行简要描述。

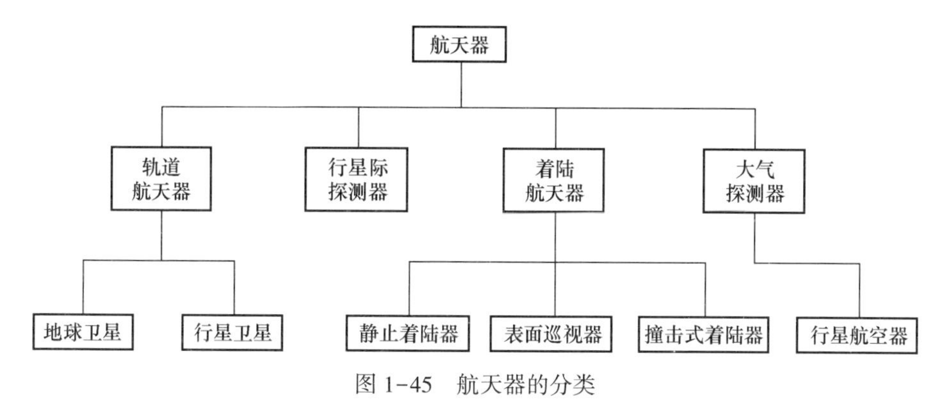

图 1-45 航天器的分类

1.3.1.1 轨道航天器

轨道航天器被发射并送入绕地球或其他行星的轨道上。地球轨道航天器也称人造卫星,功能繁多可执行多种任务,包括通信、导航、气象、侦察和科学研究等。被送往其他行星轨道的航天器通常用于科学研究。这些行星轨道航天器可以作为发送到该行星表面的着陆器的通信或数据中继平台。我们将在后续小节讨论几种轨道飞行器,包括不同类型的无人飞行器、人造地球卫星和载人轨道航天器。

1.3.1.2 行星际探测器

与轨道航天器不同,行星际探测器运行的轨迹不是围绕某个行星的闭合轨道。它们可能会被派去执行耗时多年的行星际旅行任务。顾名思义,这种类型的航天器被设计用于飞抵科学家感兴趣的行星或其他天体,并用它们携带的传感器和仪器阵列收集数据。对飞越轨迹进行巧妙地设计,可以使探测器能够近距离观测一系列行星。

4 个最成功的行星际探测器分别是“先驱者”10 号和 11 号,以及“旅行者”1 号和 2 号,它们都是在 20 世纪 70 年代发射的。这些航天器发射后轨道是先飞越太阳系外围行星,然后飞离太阳系。“先驱者”10 号是第一个飞越气态巨行星木星的航天器。“先驱者”11 号是第二个拜访木星、第一个飞越带光环的气态巨行星土星的航天器。“旅行者”1 号完成了对木星和土星的飞越,然后在 2012 年成为第一个离开太阳系的人造物体。它还第一次发现了另一个世界的火山活动,即木卫一上的活火山。除了对木星和土星的飞越,“旅行者”2 号是第一个造访天王星和海王星的航天器。在后面的小节将对“先驱者”10 号行星际探测器作进一步介绍。

1.3.1.3 着陆航天器

着陆航天器被设计用于降落在其他行星或天体的表面。着陆可以是“软”着陆,即航天器在着陆后继续生存,并且能够在天体表面执行其他任务;也可以是高速撞击,即航天器在其下降期间获取数据,而无法在撞击后幸存。在撰写本书时,着陆航天器已经成功地撞击或软着陆在月球、水星、火星、金星、土卫六,以及一些小行星和彗星上。

进入空间的第一种着陆航天器是撞击式着陆器。这可能是最简单的着陆器类型,因为它不具有在天体表面进行软着陆的复杂设计。在着陆器向天体表面降落过程中,会收集有关该天体包括其大气层(如果存在的话)的数据。苏联的撞击式着陆器“月球”2 号是第一个在另一个天体上着陆的人造物体,它于 1959 年 9 月 14 日撞上月球,撞击速度估计为 3300m/s(7382 英里/h),故可以肯定该着陆器被撞毁。“月球”2 号是由苏联送往月球的一系列月球探测器中的第二个。第一个撞击式着陆器“月球”1 号由于轨道错误而未能成功在月球着陆,脱靶大约 3700 英里(6000km)。

如图 1-46 所示,390kg(860 磅)的“月球”2 号着陆器呈球体,并带有突出的天线。着陆器上的传感器和仪器包括辐射探测器、微陨石探测器和磁力计,用于探测月球的磁场。来自这些传感器的数据表明,月球没有辐射带或任何明显的磁场。在前往月球的途中,“月球”2 号向空间释放了一定量的钠气,从地球上可以看到彗星般的明亮的橙色气体轨迹。这种气体释放的目的在于研究外层空间中的气体行为。

图 1-46　第一个在其他天体上着陆的人造物体——苏联的撞击式着陆器“月球”2 号(1959 年着陆于月球)

撞击式着陆器的一种变体是穿透式着陆器，其设计用于承受巨大的撞击力并穿透到天体表面。然后，它通过将数据传输到在轨道上运行的空中航母上，从而将测量结果传回地球。

静止着陆器和表面巡视器可以在行星或其他天体上进行软着陆。静止着陆器停留在其着陆点不动，而表面巡视器能够在天体表面活动。能在天体表面活动的优点，使得巡视器能比静止着陆器探测更大的区域，但同时也面临在导航中因地形或障碍物而损坏的风险。静止着陆器和表面巡视器都具有半自动功能，例如展开太阳能电池阵列或天线，但它们的操作指令通常由地球上的控制中心发送。地球上的控制中心精确地编排了表面巡视器在另一个行星上的运动，以确保其安全且成功。我们将在后面的小节讨论"好奇"号火星表面巡视器。

如果有足够的大气产生明显的摩擦热，可能需要热防护屏蔽层以保护着陆器在进入大气层及在大气层中下降期间免受高温加热。着陆必须足够"软"，以使着陆器完好无损并能够在天体表面执行任务，通常是科学数据的收集。在着陆器下降期间，可单独使用降落伞或反向推进器，也可同时使用降落伞和反向推进器，帮助着陆器减速。在触地之前将推进器点火以降低着陆速度。着陆可以使用机械起落架，也可使用气垫或气囊来吸收剩余的着陆动能。在微重力天体上着陆时，可能需要使用鱼叉型装置将锚索射入该天体表面以便将着陆器固定在其表面上。

欧洲航天局(ESA)的小型机器人着陆器"菲莱"便是采用了上述着陆方案，其于2014年11月12日首次实现在楚留莫夫-格拉希门克彗星(代号为67P)表面上软着陆(图1-47)。当降落在微重力的彗星上时，"菲莱"着陆器将腹部的锚泊鱼叉向下射入彗星。然后着陆器顶部的推进器点火，轻轻地将其推到彗星表面上，同时将3个着陆脚垫的冰螺钉钻进彗星。不幸的是，着陆的撞击力比计划的"软"，以至于锚泊鱼叉没有发射。由于锚索没有到位，"菲莱"着陆器几次从彗星表面反弹，但幸运的是它最终稳定下来完成了着陆，并且没有损坏。

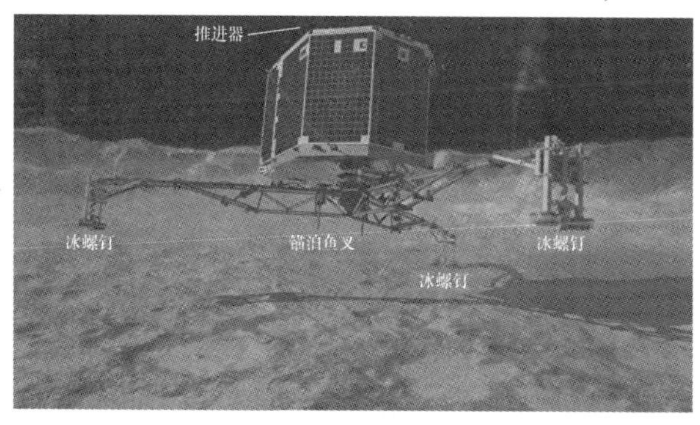

图1-47 "菲莱"在楚留莫夫-格拉希门克彗星(代号为67P)表面着陆示意图
(资料来源：改编自DLR(德国航空航天中心)，"Rosetta's Philae Touchdown" https://en.wikipedia.org/wiki/File:Rosetta%27s_Philae_touchdown.jpg, CC-BY-SA-3.0, License at https://creativecommons.org/licenses/by-sa/3.0/legalcode)

第一个实现在其他天体软着陆的航天器是苏联的“月球”9号,它于1966年2月3日在月球上软着陆。接下来是美国的“勘测者”1号,它于4个月后的1966年6月2日降落在月球上。这两个着陆器都回答了一个在此之前存在争议的问题:着陆器是否会深深陷入月球表面的尘埃中,甚至被掩埋?这是一个关系到未来计划让人类登上月球的问题。事实证明,月球表面能够支撑着陆器的重量,于是这个争议终得平息。“月球”9号和“勘测者”1号都是静止着陆器,并且都使用了反向推进器来降低它们的下降速率以实现软着陆。“勘测者”1号的主要目标之一是验证在月球上软着陆所需的技术,为载人登月铺平了道路。

登月舱(LEM)和月球车(LRV)是在“阿波罗计划”期间降落在月球上的载人着陆航天器(图1-48)。登月舱是一个静止着陆器,可以将两名宇航员从月球轨道运送到月球表面。它是一个两阶段航天器,具有下降阶段和上升阶段。上升阶段使宇航员返回月球轨道与“阿波罗”指挥舱交会。1969年至1972年期间,登月舱共成功登月6次。月球车是由登月舱运载到月球表面的巡视器。它是一个开放式框架、电动、四轮、汽车般的车辆,为两名宇航员提供并排座位。月球车在后3次“阿波罗”任务中被使用。

图1-48 “阿波罗”16号登月舱和月球车在月球上的照片(1972年)
(资料来源:美国国家航空航天局)

1.3.1.4 大气探测器

一些航天器携带有比自身小的、特别装备的大气探测器,将它们释放进入另一个行星的大气层。这些大气探测器在下降过程中收集该行星及其大气的科学数据。以高超声速进入大气层时,它们通常会承受大的气动力和高温,可能会需要使用从探测器下面脱离的刚性外壳来减速和热保护。还可以展开阻力装置,如降落伞,以使探测器减速并能在其下降期间有更多时间用于数据收集。来自探测器的数据通常被传输到“母舰”轨道航天器,再由其中继传回地球。通常情况下,大气探测器的设计并不是为了在行星表面着陆而生存下来,于是它们在下降过程中被高热融化烧毁。

“先驱者”13号航天器,也称为“先驱者金星探测器”,于20世纪70年代后期携带了4个大气探测器飞向金星。这些探测器是带有热防护外壳的球形抗压装置。其中一个探测器的直径为1.5m(4.9英尺),另外3个较小,直径为0.8m(2.6英尺),如图1-49所示。大探测器的热防护外壳脱离以提供热防护,并使用降落伞减速。较小的探测器没有降落伞,它们的热防护外壳并未脱离。探测器的设计不是为了在金星表面着陆并存活下来,但令人惊讶的是,其中一个小探测器在撞击金星表面后继续传输信号长达一个多小时。尽管没有隔热罩及降落伞,“先驱者”13号的主体(将在下一节讨论)也被用作大气探测器。当直径2.5m(8.2英尺)、重290kg(639磅)的圆柱形航天器不再能够停留在金星轨道上时,它进入金星的大气层并传输科学数据,直到它在金星上空大约110km(68.4英里)的高度被高热烧毁。

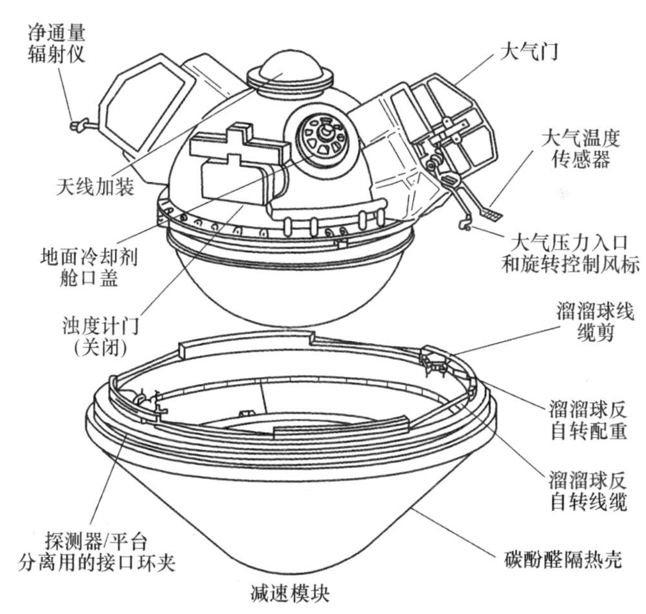

图1-49 “先驱者”13号小探测器简图
(资料来源:美国国家航空航天局)

1.3.1.5 行星航空器

另一种在大气内工作的航天器是行星航空器,这涉及使用能在行星大气中飞行并进行科学测量和观察的航空器,类似于地球上的科学航空器。行星航空器的一大优势在于其可以比其他类型着陆航天器探索更大的区域。行星航空器甚至可能在行星上着陆和起飞,使其能够探索多个着陆地点。有很多设想是涉及无人机的,但终极的可行方案是载人行星航空器,其将允许宇航员在行星的空中飞行并探索该行星表面的一大片区域。目前已经提出多种行星航空器方案,其种类包括滑翔机、有动力的固定翼飞机、旋翼飞机、飞艇和气球。对这些航空器的推力设想有火箭动力,以及燃料和电能或太阳能的混合动力。

航空器在其他行星大气中飞行面临一些独特的设计挑战。首先,航空器打包后必须符合从地球发射的火箭助推器的体积限制,于是经常需要将航空器的结构组件进行折叠。当到达目标行星后,航空器要被投放到该行星的大气中并将折叠部分展开。航空器可能还需要有能力从近乎垂直的自由落体运动状态转换为水平飞行状态。航空器的飞控、导航、推进、传感、遥测、和其他系统需要完成自动化操作,这是另一项复杂性挑战。其他行星的大气层在密度、压力、温度、组分和其他因素方面与地球大气极其不同。航空器的空气动力学设计及飞行特性分析必须要考虑这些不同。例如,因为火星的大气密度比地球的小很多,所以贴着火星表面飞行相当于在地球上空 100000 英尺(30km)处飞行。

火箭先驱 Wernher von Braun 最早提出使用大型载人滑翔机在火星上着陆的设想。在 20 世纪 70 年代,无人固定翼飞机被引入到对火星的探索中。在 2003 年,莱特兄弟首次飞行的一百周年之际,人们对于使用固定翼飞机在火星上飞行萌生兴趣。最近,人们对于使用航空器探索金星和土卫六也产生了兴趣,提案包含从可充气的飞艇到太阳能驱动的固定翼飞机的各种航空器类型。

关于火星飞机的设计中,有一款已被广泛研究,那就是美国国家航空航天局的阿瑞斯(ARES)火星飞机(图 1-50)。阿瑞斯重 150kg、翼展 6. 25m,由以氢作燃料的液体火箭发动机驱动。预计其巡航速度为 145m/s,巡航距离为 680km(423 英里)。尽管 2003 年的火星飞机任务被取消,但是相关的一些关键技术已

图 1-50　美国国家航空航天局的阿瑞斯飞机在火星上空飞行的设想图

(资料来源:美国国家航空航天局)

经得到展示。在2002年的9月,阿瑞斯的50%比例原型机从高空气球释放进行试飞。因为火星大气比地球大气稀薄得多,所以将其从地球上空100000英尺(30km)高度释放并试飞,以模拟火星表面的飞行。原型机按照执行火星任务的标准打包,在试飞中成功地将飞机折叠的机翼和尾翼展开并使用,验证了这方面的设计。试飞中对释放后的阿瑞斯在高空中的气动性能、稳定性和操纵性数据进行了采集。

1.3.2 航天器的组成

航天器经常被分为平台和载荷两部分。平台是航天器的结构骨架,航天器的分系统部件和负载都加装在平台上。航天器平台通常包含支持载荷正常工作的分系统,有供电配电系统、遥测通信系统、热控系统、姿控系统和入轨推进系统。航天器的载荷和平台可以是各自独立的单元,也可以组合成一个系统。航天器平台结构通常用于地球卫星,尤其是通信卫星。载荷包含执行主要任务的设备,有专用的仪表、传感器或其他科学设备。载荷也可以是被运送到空间的宇航员。

航天器结构一般是由高强度、轻质量的材料制成,例如铝、钛、铍或复合材料。航天器结构设计要考虑多种情况,包括发射和入轨时的大过载,以及温度、压力、声学方面的极限环境。由上述环境因素引起的结构变形必须限制在很小的误差范围内,因为传感器、天线及其他部件是严格排列的。航天器必须尽可能轻,因为现在使用的发射装置通常有限重。

大多数航天器有供电、通信、热控、姿控及推力系统。航天器的供电可以有多种来源,包括电池、太阳能板、燃料舱,甚至是核电。对供电来源的选择通常取决于供电需求和任务时长。电池或燃料舱可以满足持续几天或几周的任务需求。典型的电池有银锌蓄电池、锂电池、镍镉蓄电池、镍氢蓄电池几类。燃料舱以燃料和氧化剂的化学反应提供电能,通常采用的是氢气和氧气。对于持续时间长到几个月甚至几年的任务,如行星际航行,则需要使用核能和太阳能。核能发电的一个用例是放射性同位素热电发生器。放射性同位素热电发生器的工作原理基于如钚这样的放射性同位素的自然衰变,因而航天器上的其他系统需要辐射屏蔽层保护。同位素衰变产生的热量可以被转变为电能。太阳能电池是一种可靠的供电方式,但需要配备太阳能电池板并考虑其朝向问题。不过无论采用哪种供电方式,都需要用到电能配送、功率调节、电能存储的系统。

通信设备用于在航天器和地面用户或控制中心之间传输信息、数据及指令。通信通常采用无线电信号,但也有可能采用激光信号。发给航天器的通信信号称为上行链路,从航天器接收的通信信号称为下行链路。接收机、发射机、天线是通信系统的基本组成。航天器通常有冗余备用的通信设备和天线。

航天器通常有高增益天线和低增益天线。增益用于定量地描述一个天线把输入功率集中发射给接收器的能力。增益越高,发送及接收的无线电信号的数据传输速率越高。可以通过增大无线电信号的收集区域来提高天线增益,这就是为什么大多数高增益航天器天线是大型抛物面碟形天线。为了高的信号传输速率,航天器大多使用高增益天线和地面通信。然而,高增益天线同时也是高指向性的,即无线电信号只能在较狭窄的波束范围内收发(因此高增益天线也称定向天线)。高增益天线可以发射和接收更强更集中的无线电信号,但保证信号的指向比较困难。通常情况下,航天器高增益天线发送和接收信号必须指向地球,而且只允许几分之一度的误差。因此,高增益天线更容易丢失信号甚至导致失联。与之相反的是,低增益天线以较低的数据传输速率收发无线电信号,但可以覆盖较宽广的区域。低增益天线较宽广的波束范围使它不容易丢失信号,因此常被作为高增益天线的备份,尤其是在高增益天线的信号丢失后必须马上需要无线电信号的场合。

航天器暴露在真空严重的热环境中,温度极值取决于光照量。在太空中,航天器面向太阳的一面温度可能高达 120℃,而背向太阳的一面温度可能低至 -200℃。热控系统必须将航天器的温度维持在机载系统和部件的工作极限内。它必须防止电子设备过热,也必须保证机械运动部件不被冻结。可以采取被动或主动方法完成热控制。被动热控技术包括使用绝缘材料、厚的覆盖层、表面涂层(如简单地将表面涂成白色或黑色)和镜子。主动热控制包括使用电加热器、充满流体的散热器和百叶窗。百叶窗能打开和关闭以调节航天器内部散热。

航天器的稳定通常需要三维姿态控制。作用在航天器上的外力和力矩可能会使其偏离所需的姿态或方向,因而需要姿态控制系统来感测和校正任何偏离所需方向的变化。而且,当涉及将传感器、通信天线、太阳能电池阵列或热控系统对准(某一方向)时,或与另一结构体或航天器对接时,也需要有意地改变航天器的姿态或方向。由多个小型火箭推进器组成的姿态控制系统可用于进行姿态校正。另一种可用于稳定航天器的系统是旋转动量轮。通过改变旋转动量轮的速度,可以在航天器和动量轮之间交换角动量。例如,如果希望在某个方向上旋转航天器,则驱动动量轮向相反方向旋转即可。通过角动量守恒定律完成期望的航天器旋转。

航天器的推进系统由储罐、推进剂、推进器以及相关的进料系统管道和阀门组成。推进剂可以是可压缩气体(如氮气),也可以是液体单组分推进剂(如肼)或固体燃料。航天器推进系统可用来实现姿态及高度的改变或校正。航天器可能有一个专门的推进装置或火箭发动机,称为远地点助推发动机或称补充加速级,用于将航天器送入最终轨道。

最后,用于人类太空飞行或太空居住的航天器需要生命保障系统。必须提供维持生命的氧气,同时去除二氧化碳和其他有害污染物。并且必须将航天器舱室环境保持在足够的压力、温度和湿度。其次,还必须保护人免受有害的空间辐射和微陨石的碰撞以及系统必须可以处理人类产生的垃圾。

为了说明航天器的各个组成部分,下面研究美国国家航空航天局的“麦哲伦”号航天器,如图 1-51 所示。“麦哲伦”号于 1989 年 5 月 4 日在“亚特兰蒂斯”号航天飞机的货舱中发射,是第一个搭乘航天飞机的行星际航天器。“麦哲伦”号被派去探索金星,包括获得其表面的雷达成像。该航天器的高度为 6.4m(21 英尺),直径为 4.6m(15.1 英尺),两边太阳能电池板的外沿间距为 10m(32.8 英尺),总质量为 3453kg(7612 磅),其中包含 2414kg(5322 磅)推进剂。为了降低成本,该航天器是由其他航天器开发计划的备件构建出来的,包括“旅行者”号、“伽利略”号、“尤利西斯”号和“水手”号共 9 个计划。如图 1-51 所示,“麦哲伦”号航天器的主要部件有平台、前方设备模块、天线、太阳能电池板、姿态控制模块(星扫描器)、推进模块和火箭发动机模块。

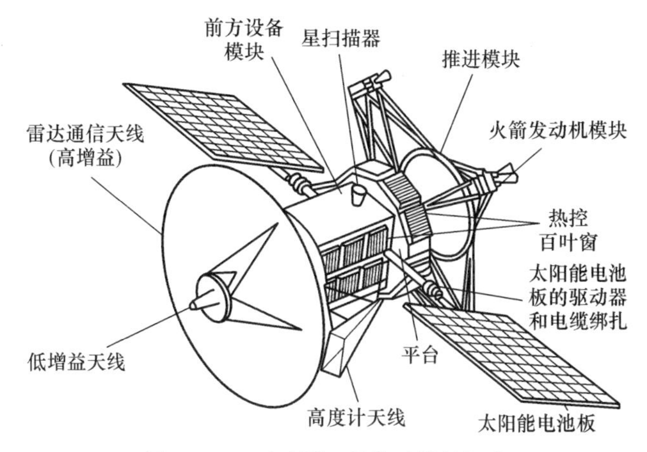

图 1-51　“麦哲伦”号航天器的组成
(资料来源:美国国家航空航天局)

“麦哲伦”号航天器围绕一个 10 面的铝制平台(“旅行者”号计划的备用平台)建造,如图 1-52 所示。该平台是一个螺栓连接的铝制结构,有 10 个独立的隔间,用于容纳电子器件。安装在该平台上的有航天器的飞行计算机、电力配送和调节组件、太阳能电池阵列控制器、磁带记录仪以及指令和数据子系统。在该平台中心安装的是航天器推进模块的球形推进剂储罐。

飞行计算机(来自“伽利略”号计划)控制着指令和数据子系统,以及航天器的姿态。指令和数据子系统存储着地球上的控制中心发送给航天器的指令,并且能够在失去与地球的联系时自主地控制航天器。另外,科学和雷达测绘数据也存储在指令和数据子系统中。指令和数据存储在两个数字磁带记录仪上,它们可以存储多达 225MB 的数据,按照如今的标准这只能算少量数据。位于平台前方的设备模块是一个盒状结构,内部安装有雷达电子设备、遥测通信设备和电池。

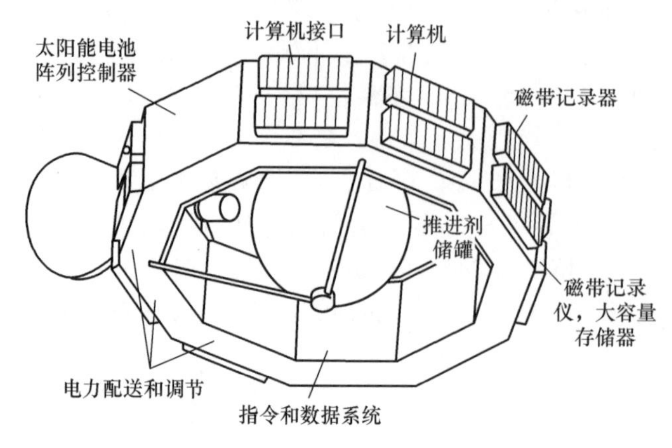

图 1-52 “麦哲伦”号航天器平台
（资料来源:美国国家航空航天局）

航天器的热控制采用被动技术和主动技术相结合的方式。被动技术是将多层隔热毯包裹在电子隔间的外围。除了隔热外,隔热毯外还涂有反射太阳辐射的涂层。主动技术是将热控制百叶窗安装在平台的每个电子隔间的表面上和前方设备模块的两侧。

该航天器有 4 个不同的天线,以支持通信和雷达测绘功能。如图 1-51 所示,一个直径为 3. 7m(12. 1 英尺)的高增益、抛物面碟形天线(来自“旅行者”号计划)安装在整个航天器的顶部。该大型碟形天线是与地球通信和进行雷达测绘的主要天线。低增益天线(也来自“旅行者”号计划)安装在这个高增益碟形天线的中心。一个锥形的中等增益天线(来自“水手”9 号计划)安装在平台的顶部。这两个天线都作为高增益天线的补充。安装在前方设备模块侧面的高度计天线用于雷达测绘。

航天器的电力为 28V 系统,由两个大型正方形太阳能电池板或两个镍镉电池提供。两个太阳能电池板的边长均为 2. 5m(8. 2 英尺),太阳能电池板在任务开始时能提供 1200W 的功率,但由于电池板的效率随时间推移逐渐降低,致使供电功率也逐渐降低。当“麦哲伦”号在航天飞机的货舱中时,太阳能电池板铰接在一起,当“麦哲伦”号从航天飞机释放后,太阳能电池板投入使用。太阳能电池板还可以旋转,其旋转由太阳能电池阵列控制器和面板顶端的太阳能传感器控制,以使它们可以朝向太阳。位于前方设备模块中的电池可以在没有太阳光的情况下为所有航天器系统供电。它们还可在雷达测绘系统投入使用时提供其所需的额外功率。该电池可以由太阳能电池板充电。

“麦哲伦”号航天器的姿态采用直径 36cm(14 英寸)的动量轮控制,动量轮安装在前方设备模块的姿态控制模块中(图 1-53)。航天器的旋转速率由一组陀螺仪检测,陀螺仪再将数据发送给姿态控制计算机。计算机根据需要指挥动量轮旋转以校正航天器的姿态。位于前方设备模块中的星扫描器可以高精度地确定航天器的姿态,其数据用于校正陀螺仪漂移累积的小误差。

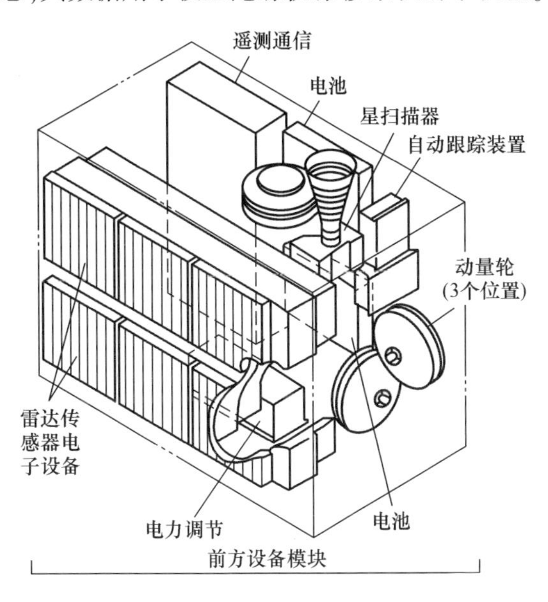

图 1-53 “麦哲伦”号航天器的姿态控制模块
(资料来源:美国国家航空航天局)

“麦哲伦”号航天器的推力由一个惯性上升级、一个推进模块和一个火箭发动机模块提供。其中,惯性上升级是一个两级固体燃料火箭助推器,它与“麦哲伦”号航天器相连接,一同在近地轨道上从航天飞机中释放。将惯性上升级(的两级)火箭(分别)点火(并在合适的时机分离),可以将“麦哲伦”号从近地轨道(经转移轨道)助推到去往金星的行星际轨道上。“麦哲伦号”的火箭发动机模块(图 1-54)是 Star-48B 固体火箭发动机,用于进入金星轨道。Star-48B 发动机(设计用于将通信卫星从近地轨道助推到地球同步轨道)装载着 2014kg(4440 磅)固体推进剂,推力约为 89000N(320000 磅力)。

“麦哲伦”号的推进模块(图 1-54)是一个四臂桁架结构,每支臂的顶部有 6 个液体燃料推进器。这 24 个推进器用于航天器的姿态控制、航迹和轨道校正,以及动量轮去饱和(太阳能电池板上的太阳辐射压等引起的外部力矩会使动量轮积聚过剩动量,将过剩动量消除的过程称为去饱和)。6 个推进器中有 2 个是 100 磅力(445N)、1 个是 5 磅力(22.2N)、3 个是 0.2 磅力(0.89N,微型)。100 磅力的推进器朝后安装,用于航迹修正、金星轨道大体修正,以及在 Star-48B 燃烧入轨时保持航天器的稳定;5 磅力的推进器用于在上述机动发生时防止航天器滚动;0.2 磅力的推进器用于动量轮的去饱和及小的偏差修正。24 个推进器的燃料都是由位于航天器平台中间的直径为 71cm(28 英寸)的钛制储罐提供,其中装满了133kg(293磅)的单组分燃料——肼。肼推进系统的加压由一个小型的高压储氦罐提供,其根据需要安装在推进模块的桁架上。

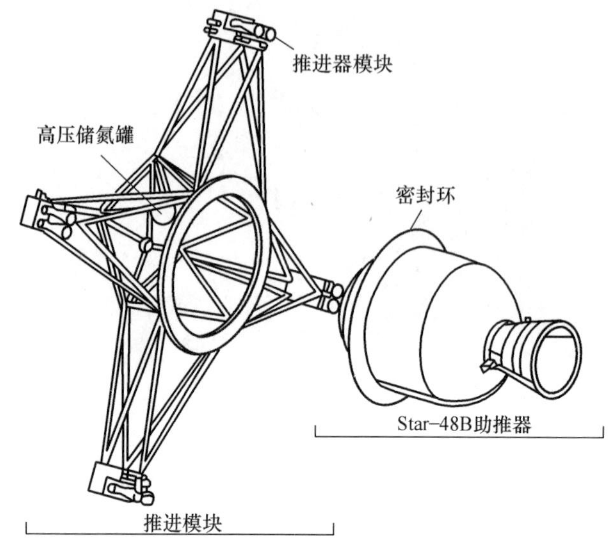

图1-54 “麦哲伦”号航天器的推进模块和火箭发动机模块
(资料来源:美国国家航空航天局)

1.3.3 无人航天器

无人航天器包含了在空间环境中执行各种任务的航天器。不同类型的无人航天器包括地球轨道上的卫星、去往其他天体的探测器、在其他行星或月球上工作的着陆器和巡视器。下面首先讨论卫星。

1.3.3.1 第一颗人造卫星

绕地球轨道运行的航天器称为卫星,有时也称人造卫星,以区别像月亮这样的自然卫星。定义离地几百英里的轨道为近地轨道,将航天器送入近地轨道必须使它的轨道速度达到17000英里/h(27000km/h)。

世界上第一颗人造地球卫星是苏联于1957年10月4日发射的Sputnik 1(俄语,意为“卫星”1号)。Sputnik 1外形为简单的球形,大概只有沙滩球的大小,直径22.8英寸(58cm),重184磅(83kg)。它被发射到椭圆近地轨道,远地点高度为584英里(940km),近地点高度为143英里(230km),环绕地球一周用时96min(也称轨道周期)。

Sputnik 1使用4根外置天线广播无线电脉冲,可由地面的无线电接收器接收。Sputnik 1不仅展示了苏联发射近地轨道人造卫星的能力,也能提供地球上层大气的科学数据。卫星在轨道上运行受到的阻力提供了关于大气密度的数据,而广播无线电信号的衰减提供了关于电离层的信息。该卫星在轨道上运行了大约3个月,直到大气阻力使它进入较稠密的大气中烧毁。当这颗卫星每96min绕地球一周并广播无线电脉冲时,人们可以在夜空中看见它。由此,太空时代拉开序幕。第一颗人造卫星 Sputnik 1 如图1-55所示。

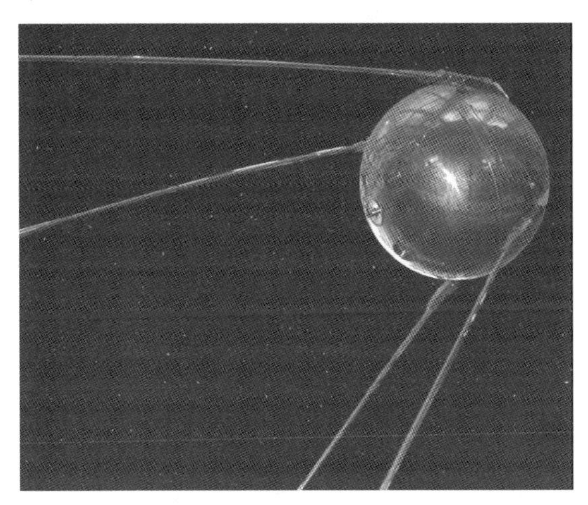

图1-55 第一颗人造卫星 Sputnik 1
(资料来源:美国国家航空航天局)

此时,美国开发第一颗国产地球卫星的计划正在进行中,而 Sputnik 1 的发射令全美大吃一惊。他们担心苏联在技术上领先于美国,并将利用这一优势控制太空,这在政治、科学和精神上激起轩然大波。他们还非常担心苏联有能力在全球范围内发射带有核武器的洲际弹道导弹。因此,Sputnik 1 不仅开启了太空时代,也开启了苏联和美国之间的太空竞赛。作为补充说明,由于这次太空竞赛而发生了一个重大事件,那就是1958年10月1日美国国家航空航天局在其前身美国国家航空咨询委员会(NACA)的基础上创立。

在 Sputnik 1 之前,美国已着手研究发射近地轨道人造卫星,那就是华盛顿特区海军研究实验室领导的"先锋"计划。"先锋"计划最终成功地将几颗人造卫星送入地球轨道,但却不是第一个将美国卫星送入轨道的计划。"先锋"1号于1958年3月17日成功发射并进入地球轨道,这是继 Sputnik 1、Sputnik 2(1957年11月3日)和"探险者"1号之后的第四颗绕地球运行的人造卫星。"先锋"1号是一颗球形卫星,直径为6.4英寸(16.4cm),质量为3.2磅(1.5kg)。它被送入一个远地点为2387英里(3841km)、近地点为409英里(659km)的椭圆轨道,轨道周期为132.8min。尽管尺寸很小,但"先锋"1号却取得了一些令人印象深刻的科学成就,包括获取数据证明地球不是标准的球体,而更像是"梨形"。它也是第一颗太阳能卫星。令人惊奇的是,"先锋"1号至今仍在轨道上运行,尽管已经没有功能,但它依然是在轨的最古老的人造卫星。预计它将在地球轨道上继续运行直至22世纪。

在Sputnik之后,美国启动了发射近地轨道卫星的“探险者”计划。“探险者”1号卫星位于发射火箭的顶层。卫星的后端(下面)是第四级火箭,卫星的前端(上面)是卫星的仪器仪表区域(图1-56)。“探险者”1号总重30.7磅(13.9kg),其中,仪器仪表区域重达18.4磅(8.35kg)。仪器仪表区域装配有大量仪器仪表,包括头锥温度探头、宇宙射线探测器、内部温度计、微陨石侵蚀计、外部温度计、微陨石超声波扩音探测器、小功率和大功率数据传输器。卫星上有两种不同的天线,其一是两个玻璃纤维插槽天线,其二是绕卫星一周旋转排列的4个弹性“鞭形”天线。卫星以750r/min的速度绕自身纵轴旋转,以保持弹性天线的伸展。

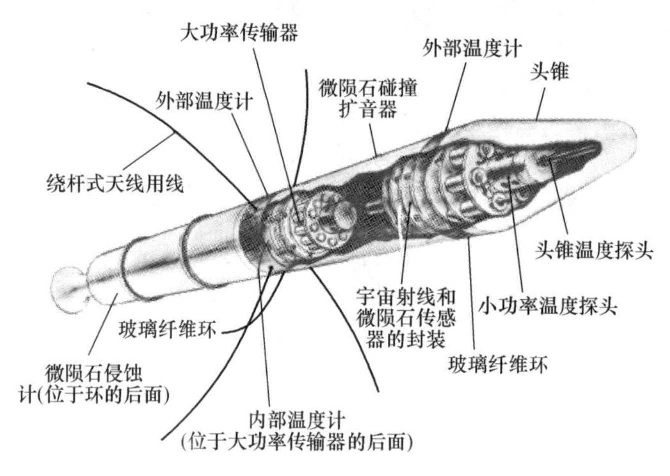

图1-56　第一颗美国人造卫星——“探险者”1号

(资料来源:美国陆军红石兵工厂)

“探险者”1号卫星的主体部分是由加州理工大学的喷气推进实验室在William H. Pickering博士的领导下制造的。卫星的仪器仪表是由爱荷华州立大学的James A. van Allen博士设计和制造的。这颗卫星的运载火箭是“木星C”,这是一种改良的红石弹道导弹,由亚拉巴马州亨茨维尔的陆军红石兵工厂的Wernher von Braun博士领导的团队设计。von Braun曾引领了德国V-2火箭的发展,第二次世界大战后他和他团队中的许多人来到美国。后期他主要致力于研发“土星”5号火箭发动机,以将人类送上月球。“探险者”1号卫星的成功要归功于这3位科学家及他们领导的团队的共同努力(图1-57)。从这张照片,我们可以感受到“探险者”1号卫星适中的尺寸。

在Sputnik 1成功发射之后不到4个月的1958年1月31日,美国成功地将“探险者”1号送入近地轨道。这颗小卫星以椭圆形轨道绕地球运行,远地点高度1575英里(2535km),近地点高度224英里(361km),轨道周期为114.9min。

图 1-57 William H. Pickering 博士、James A. van Allen 博士、Wernher von Braun 博士展示“探险者”1 号的全比例模型
(资料来源:美国国家航空航天局)

“探险者”1 号因收集的科学数据帮助范艾伦发现了以他名字命名的环绕地球的辐射带而闻名。

地球轨道卫星通过为我们提供各种先前无法获得的能力和视角,真正地改变了我们的世界。地球卫星在许多领域引发了革命性进步,包括天气预报、地球观测、通信和导航。卫星被送入各种各样的地球轨道,其中有一种非常高的轨道称为地球同步轨道,在这个轨道上运行的卫星相对地面上的某一点静止不动。因早期卫星取得的成功,随后有数千的卫星被逐一送入地球轨道(现估计数量已超过6500 个)。其中,目前正在作业的也许有几百个,许多已经坠入大气层并被烧毁,而其他一些已不再作业并成为空间碎片。事实上,围绕地球运行的空间碎片或空间“垃圾”太多了,以至于必须对其进行跟踪,以避免与包括载人航天器在内的正常工作的航天器发生碰撞。

1.3.3.2 多种无人航天器的详细介绍

在本节中,将举例说明多种类型的无人航天器,包括一颗通信卫星、一颗科学卫星、一个深空探测器以及一辆行星表面巡视器。不同类型无人航天器的任务截然不同,这些差异使其各自的设计和配置也不相同。而且不同的航天器因其完全不同的任务,外观也是截然不同的。

1) 通信卫星——铱星

当今社会,通信卫星已经司空见惯,它为电视、广播和电信行业提供全球无线电覆盖。1957 年,在第一颗人造卫星发射之前,就已经提出过使用卫星实现全球通信的概念。1945 年 10 月, Arthur C. Clarke 发表了一篇题为 *Extra-Terrestrial Relays-Can Rocket Stations Give Worldwide Radio Coverage?* 的短文,该文提出使用人造地球卫星进行全球电视信号的中继。卫星通信中继概念指的是将信号从地球发送到轨道卫星,然后将信号中继到地球上的其他点。第一颗致力于通信中继的人造卫星是美国国家航空航天局的"回声"1 号(Echo 1)高空气球,于 1960 年发射到地球上方 1000 英里(1609km)的高度。该人造卫星是一个直径 100 英尺(30.5m)的球,由于其带有镜子般的金属表面,可以被动反射通信无线电信号。后来的通信卫星具有有源中继器,其可存储并主动发送无线电信号和数据。

铱星通信卫星如图 1-58 所示。形成卫星系统需要大量相似的航天器,该通信卫星是其中之一。铱星系统由 66 颗卫星组成,可在整个地球表面提供卫星电话的通信覆盖。每颗卫星都在近地轨道上,海拔约为 485 英尺(781km)。铱星(系统)这个名称来自最初的计划,共有 77 颗卫星,与环绕铱原子的电子数相匹配。铱星卫星围绕地球的 6 个轨道平面运行,分别间隔 30°,每个平面布置有 11 颗卫星。

图 1-58　人造地球卫星——铱星通信卫星

(资料来源:user:Ideonexus,"Iridium Satellite" https://en.wikipedia.org/File:Iridium_satellite.jpg, CC-By-SA-2.0, License at https://(reativecommons.org/licenses/by-sa/2.0/legalcode)

就像汽车工业中使用的装配线的概念一样,铱星卫星利用航天器平台设计理念,使得很多卫星的制造和组装更加高效。铱星卫星的载荷包括通信组件,如雷达收发器和天线。卫星的平台包含电源、通信和姿态控制系统。如图 1-58 所示,太阳能电池板是卫星太阳能发电系统的一部分。由于太阳能电池板的形状原因,有时可以从地球上看到卫星反射的太阳光,即使白天也是如此,这种现象称为“铱火炬”,通常也称为“卫星闪烁”。当太阳被遮挡时,例如在日食期间,电池便可用于存储电力。

2) 科学卫星——哈勃太空望远镜

地球上的望远镜因地球大气层的干扰,会扭曲望远镜拍摄的图像。夜间群星的明显的“闪烁”现象便是由大气失真造成的。此外,大气会吸收一些特定波长的辐射,例如紫外线、伽马射线和 X 射线辐射,使得地面传感器难以探测到来自天体的这些辐射。将望远镜放置于太空中,可避免大气对可见光及其他波长辐射的畸变和吸收。

在地球卫星出现之前便已提出过星载望远镜的概念。德国火箭科学家 Hermann Oberth(1894—1989 年)在他 1923 年的著作 *Die Rakete zu den Plantraumen* 中描述了一种太空望远镜。1946 年底,美国天体物理学家 Lyman Spitzer(1914—1997 年)在他的论文 *Astronomical advantages of an extraterrestrial observatory* 中提出轨道天文观测台的概念。Lyman Spitzer 在他的事业生涯中一直致力于推广太空望远镜。

哈勃太空望远镜(HST)是最大的太空望远镜之一(图 1-59),长 13.2m(43.3 英尺),直径 4.3m(13.8 英尺),重 11110kg(24500 磅)。HST 是以美国天文学家爱德温·哈勃(Edwin Hubble)(1889—1953 年)命名的,它由美国国家航空航天局与欧洲航天局共同合作管理。哈勃望远镜于 1990 年 4 月 24 日通过“发现”号航天飞机(STS-31)发射进入太空,运行于距地球 569km(354 英里)的近圆形轨道上。

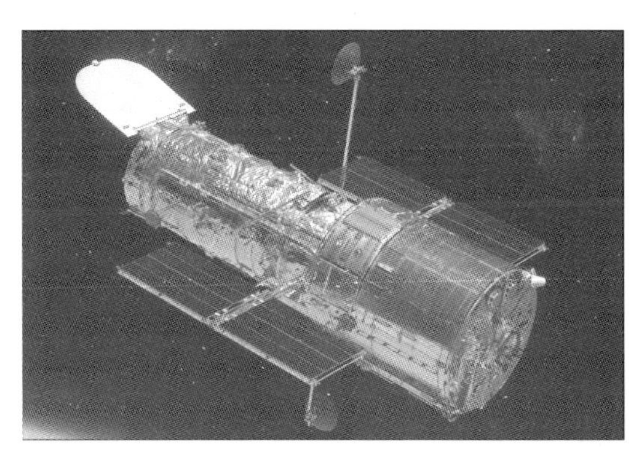

图 1-59 科学卫星——近地轨道上的哈勃太空望远镜
(资料来源:美国国家航空航天局)

HST 是源于美国国家航空航天局大型天文台计划的 4 个大型太空望远镜之

一。每一个太空望远镜都是针对特定波长的电磁波谱而设计的。哈勃太空望远镜主要用于观测可见光谱,康普顿伽马射线天文台和钱德拉 X 射线天文台分别用于观测伽马射线和 X 射线辐射带,斯皮策空间望远镜专门用于观测红外线。这 4 个太空望远镜都运行于地球轨道上,除了在 2000 年,康普顿伽马射线天文台由于它的一个姿控定位陀螺仪失效而脱轨,其大部分部件在进入大气层时被烧毁,烧剩下的零件都坠入了太平洋。

哈勃太空望远镜本质上是一个长筒望远镜,由两面反射镜、一个支撑桁架结构、一个光圈门以及感应仪器和设备组成。望远镜是一种卡塞格林反射望远镜,称为里奇-克雷蒂安(Rictchey-Chreiten)卡塞格林望远镜。如图 1-60 所示,望远镜一端的光圈门打开后,光线穿过长筒向下射到主镜上,由凹面主镜反射到较小的凸面副镜上,然后再由副镜反射回主镜的中心孔,穿过中心孔到达望远镜的焦点上并被安装在那里的感应仪器所接收。HST 主镜的口径为 2.4m(7.9 英尺),与口径可达 10m(32.8 英尺)的地基望远镜相比是比较小的。望远镜的镜面越大收集到的光线越多,这对于可以“看到”的物体的尺寸和清晰度是至关重要的(望远镜的工作原理是通过收集尽可能多的光,而不是通过放大物体的尺寸来工作的。事实上,HST 根本没有放大镜,只有两个用于收集光的镜面)。由于 HST 在大气层之外,收集到的光没有失真,因此尽管它的镜面比较小,但它却可以提供比地基系统更高的光学分辨率。为了防止 HST 反射镜翘曲导致图像扭曲,镜面的温度需要保持在 21℃(70℉)左右。

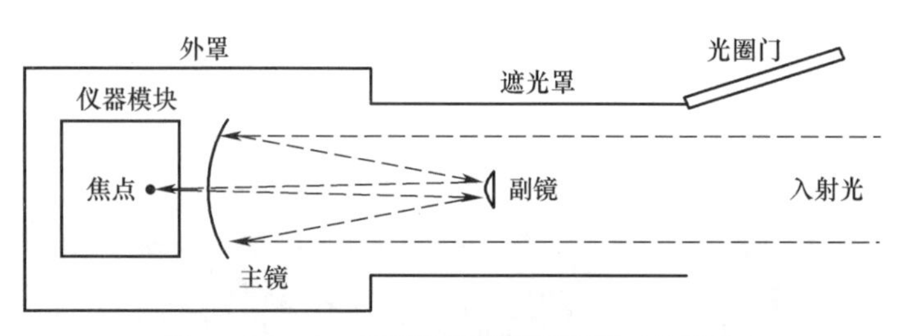

图 1-60　HST 卡塞格林反射望远镜工作原理

哈勃望远镜上的仪器包括一台红外摄像机和光谱仪、一台光学测量照相机、一台广角视场光学摄像机、一台紫外光谱仪和一台光学光谱仪。HST 四个主要的传感仪器在近红外、可见光和近紫外波长下进行观测。航天器上仪器和设备的电力来源于两块大型太阳能电池板,电池板长 7.56m(24.8 英尺),宽 2.45m(8.0 英尺)。HST 在每个轨道运行周期会有大约 0.5h 没有光照,此时可以使用存储于 6 个镍氢电池中的电力。为了获取远距离物体的高分辨率图像,需要一套复杂的稳定和导航系统,该系统可以使航天器保持稳定并以极高的精度指向该远距离物体。HST 航天器没有为姿态或轨道调整配备任何推进系统,而是仅采用一组自旋反应(动量)轮调整其姿态。在其 5 次的维修任务中,航天飞机在必要时提高了 HST 的轨道,以补偿因大气阻力造成的轨道高度损失。

HST 进入轨道后,它传回地球的图像比从地基望远镜获得的图像要好,但图像质量却低于预期,实际上是有些模糊的。最终确定是望远镜的主镜存在严重缺陷才导致了图像失真。经调查发现,镜面在制造时便已磨损(在用打磨工具去除玻璃为镜面塑形的过程中造成的)。镜面形状的误差非常小,大约为 2200nm(0.0000866 英寸),只有一张纸厚度的 1/50,但这足以使 HST 的图像模糊。幸运的是,HST 在设计之初便确定后续使用航天飞机来帮助实现其在太空的维修和维护。不过最初其旨在修复和更新仪器和部件,而不是修复主镜。在一系列(共 5 次)复杂的航天飞机任务中,宇航员成功安装了 HST 反射镜的校正装置,解决了其“视觉模糊”的问题。

事实证明,哈勃望远镜是一个非常多产的天文观测台,据估计,自它进入轨道以来已有超过一百万份的观测资料。哈勃望远镜的观测结果给天文学和宇宙学的许多领域带来了重大的科学发现。凭借其增强的光学分辨率,哈勃望远镜能够看到历经时间更久的更接近宇宙诞生时的事件。另外,哈勃望远镜还帮助科学家发现了暗能量,这是一种神秘的力量,可以加速宇宙的扩张。它的数据使科学家们将宇宙的年龄推测从约 100 亿到 200 亿年精确到了约 130 亿年到 140 亿年。预计哈勃太空望远镜至少还能在 2020 年之前继续进行激动人心的天文观测。其继任者詹姆·斯韦伯太空望远镜计划于 2018 年某个时候发射升空。

3) 深空行星际探测器——“先驱者”10 号

1972 年 3 月 3 日,从佛罗里达州卡纳维拉尔角发射的“先驱者”10 号(图 1-61)是第一个被送入深空的行星际探测器。它是第一个飞越火星并穿过小行星带,继而飞越木星的航天器。“先驱者”10 号的主要任务是探索气态巨行星木星。“先驱者”10 号获得了关于木星及其几个卫星的科学信息,包括红外、可见光和紫外图像,行星大气和辐射环境的测量,以及有关物体质量的数据。探测器于 1973 年 12 月以大约 130000km(81000 英里)的距离经过木星,这个距离约等于木星直径的三倍。飞越木星后,探测器继续发回有关深空的科学数据,成为第一个离开太阳系的人造物体。

如图 1-61 所示,“先驱者”10 号探测器上有一个直径 27.4m(90 英尺)的大型抛物面碟形天线,这是它比较突出的一个特点。探测器的主体与天线底部相连,由一个六边形的平台结构组成,高 36cm(14 英寸),边长 76cm(30 英寸)。探测器内装有 11 个科学仪器,其中有 8 个装在平台结构的设备舱内。隔室中的部件由绝缘毯(由镀铝聚酯薄膜和镀铝聚酰亚胺制成)提供被动式热保护。电气部件产生的多余热量由主动热控制系统的百叶窗释放。探测器在发射时的总重为 258kg(569 磅)。

以碟形天线的轴为中心,通过绕轴旋转来稳定探测器,这项技术称为自旋稳定。探测器的姿态和轨迹控制由 6 个反向火箭推进器实现。每个小型火箭推进

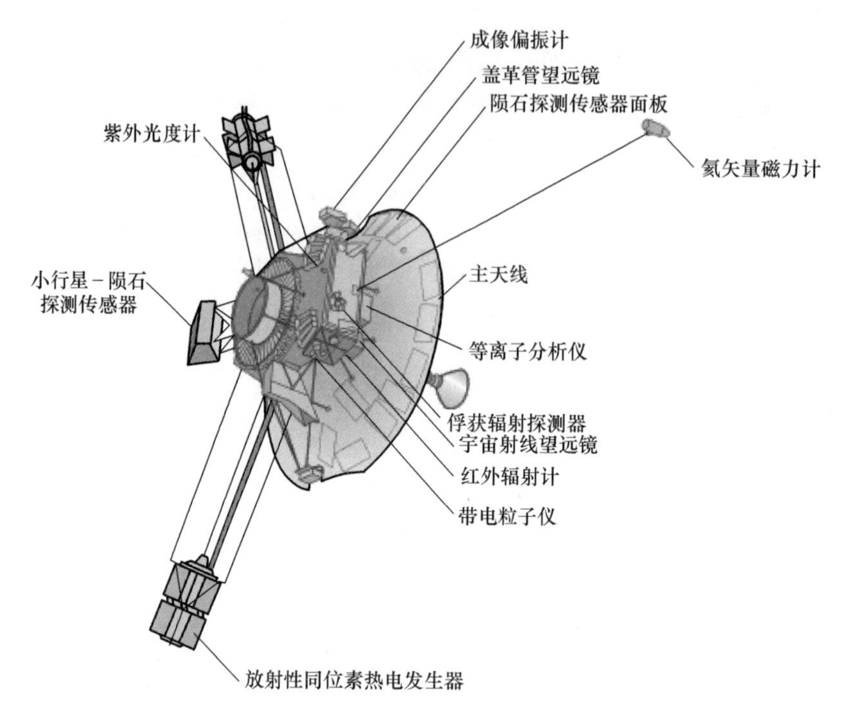

图 1-61　深空行星际探测器——“先驱者”10 号
（资料来源：美国国家航空航天局）

器能产生大约 4.5N（1.0 磅力）的推力。火箭燃料采用一种剧毒、高度易燃、透明的单组分液体推进剂——液态肼，其常用于卫星姿态和轨迹控制系统。单组分推进剂不需要分离的燃料和氧化剂，其自身即可产生热推力气体。该探测器发射时携带有 36kg（79 磅）的肼燃料，储存在一个直径为 42cm（17 英寸）的球形罐中。其中两个推进器用于将探测器的旋转速率稳定在 4.8r/min，两个太阳敏感器和一个星敏感器用于保持探测器的前进方向。

该探测器有两个 8W 收发器（一种发射机和接收机的组合设备）作为备份。收发器上连接了多路天线，包括大型碟状、窄波束的高增益天线，以及相对较小的全向低增益天线。收发器和天线将探测器的数据传输回地球，最大传输速率仅为 256b/s。并且，随着探测器远离地球，传输速率会随之降低。指令则从地球上的控制器传送到探测器。

探测器的电力由 4 台以放射性同位素 ^{238}Pu 作为燃料的热电发生器（RTG）提供。为使放射性燃料远离其他设备和仪器，将 RTG 安装在两根 3m（9.8 英尺）长的支撑杆上（图 1-61）。4 台 RTG 可提供 155W 的功率，随着钚燃料的衰减，其功率会降至约 140W。电力系统最初的设计目标是提供 100W 的功率，以满足探测器上所有系统两年的用电需求。由于该探测器至少在2003 年之前还可以部分运行,因此已经远远超出了这一设计目标。最终,“先驱者”10号耗尽了所有电力,已无法再将无线电信息传回地球。

探测器上还安装了一块镀金铝板,用于在探测器被外星人发现时提供有关地球文明的信息。该铝板上有独特的图形和符号,包括人类男性和女性的绘图,男性的右手以善意的姿势举起。举起的手是为了告诉外星人,人类具有对生拇指。对比“先驱者”10号探测器的轮廓按比例绘制了人的体形,据此可推断出人的大小。同时铝板上提供了一幅星际图,显示了太阳相对于银河系中心的位置。在太阳系的图上描绘了探测器从离开地球到木星再到飞出太阳系的整个轨迹路线。在铝板上还刻有二进制数字,它提供了女性的高度以及地球离太阳的距离。铝板上给出了以二进制表示的氢原子电子自旋态跃迁,该跃迁会形成波长为21cm(8.3英寸)或频率为1420MHz的谱线辐射。选择氢是因为它是宇宙中最丰富的元素。

最后一次从“先驱者”10号收到信号是2003年1月23日,当时它距离地球120亿km(75亿英里),即80AU(AU是一个天文单位,相当于从地球到太阳的平均距离)。无线电信号从这个距离到达地球需要11h。2012年,该探测器距离地球超过100AU(150亿km,93亿英里)。在这个遥远的距离,太阳光到达探测器大约需要14h。“先驱者”10号正朝着金牛座的巨型橙色星毕宿五(Aldebaran)飞去,它到毕宿五的星际旅程需花费200多万年的时间。

4) 表面巡视器——“好奇”号火星车

对其他星球的探索一直激发着人类的想象力。飞行器在另一个星球的成功着陆也许是航空航天工程中最困难的工程壮举之一。有些行星着陆器是无人航天器,它们降落在特定位置并保持静止,通过传感器和仪器阵列收集科学数据和信息,还可能装备有机械臂用于收集星球表面样本。其他无人驾驶的行星表面巡视器像遥控机器人汽车一样使用轮子在行星的表面移动。

“好奇”号火星车(图1-62)是一个如汽车大小的行星巡视器,被派去探索火星,它是美国国家航空航天局火星科学实验室计划的一部分,于2011年11月26日发射,并于2012年8月6日成功地着陆在火星的盖尔陨石坑。“好奇”号是由美国国家航空航天局发射的第4台用于探测火星表面的火星车。它收集了有关火星天气和地质的科学数据,其中还包括了搜寻关于火星环境是否曾适合微生物生存的线索。

“好奇”号火星车长2.9m(9.5英尺),宽2.7m(8.9英尺),高2.2m(7.2英尺),总质量约为900kg(1980磅),相比前面介绍的火星探测器要重很多。由于重量较重,因此需要采用新的下降和着陆技术。“好奇”号使用主降落伞和反向推进火箭使漫游车减速直至其接近火星表面。并且新的着陆技术使用了“空中起重机”,该设备通过缆绳将悬挂在下方的漫游车控制到悬浮状态并将之降落到地面。当火星车着陆后,“空中起重机”会切断缆绳并飞离火星车,最终在

图 1-62　火星表面的“好奇”号火星车照片
（资料来源：美国国家航空航天局）

远离火星车的地方以撞击的方式着陆。

“好奇”号火星车的组件和仪器如图 1-63 所示。火星车有 6 个直径为 50cm（20 英寸）的独立驱动轮，每个驱动轮自带电动机。前后轮组可以独立转向，使转弯半径可以很小。尽管离地距离仅有 60cm（20 英寸），但六轮漫游车却可以越过高达 75cm（29 英寸）的障碍物，爬坡角度可达 12.5°，在任何方向的倾斜角度可达 50°，平均速度约为 90m/h（300 英尺/h）。

图 1-63　“好奇”号火星车的组件和仪器
（资料来源：美国国家航空航天局）

火星车有一个三关节机械臂,其末端有一个十字形炮塔,其功能很像人手。炮塔可以握住各种工具,因此可以执行诸如岩石钻孔、样品打磨以及火星土壤挖掘等地质任务。同时在机械臂的尖端安装了两个仪器:α 粒子 X 射线光谱仪(APXS)和手持式透镜成像仪(MAHLI)。机械臂可以将这些仪器定位在火星表面特征点附近,便于进行 X 射线光谱分析或显微成像。

地球上的地面站发出命令对火星车的操作进行控制。"好奇"号有两个相同的、抗辐射的计算机用来支持漫游车的机器人功能,一个主用的和一个备用的。火星车的位置由一个内部三轴惯性测量单元(IMU)计算而得。

火星车的电力由钚燃料放射性同位素热电发生器(RTG)提供,功率约125W。4.8kg(11 磅)的放射性^{238}Pu 可为火星车机载设备供电至少 687 天(地球),相当于一个火星年。此外,火星车还有两个可充电的锂离子电池,可提供额外的电力。火星车及其电子元件和仪器受到温度控制,使其能够适应火星表面-127~40℃(-19~104℉)的极端温度。RTG 和电加热器的被动热量用于将设备保持在适当的温度。

"好奇"号火星车具有通信备份功能,装备有 3 根天线和多条通信链路。火星车可直接使用 X 波段通信链路向地球发送和接收信号,或通过火星轨道上其他航天器的超高频(HUF)通信链路发送中继信号。天线包括可控的高增益天线和不可操控的全向低增益天线。由于火星距离地球较远,通信信号在二者之间传播需 14min。

火星车有 17 个摄像头,包括 8 个避险相机、4 个导航相机、4 个科学相机和 1 个降落成像仪。4 对避险相机安装在漫游车的前部和后部,用于探测危险地形,如大岩石和沟渠。与这些相机配合,火星车可以自主移动,但通常火星车的路径是由地球上的地面控制器使用图像数据进行规划的。4 个导航相机是 2 对立体摄像机,安装在火星车正面的垂直桅杆上,它们提供三维全景图像,与避险相机配合使用为火星车导航。科学相机包括桅杆相机,一对安装在垂直桅杆上的相机,可在 2.1336m(7 英尺)高的地面上拍摄三维立体彩色图像和视频。一个基于激光诱导遥感原理的化学微型成像照相机(简称化学相机)也安装于桅杆上,可对 7m(23 英尺)远的岩石或土壤样品进行激光照射,使样品上针尖大小的区域蒸发。光谱仪再分析蒸气确定其成分,并提供有关信息,以确定该样品是否值得火星车进一步进行近距离详细检查。4 号科学相机是火星手持式透镜成像仪(MAHLI),它是一种特殊的"放大镜"或显微镜,它可以看到小于人类头发直径的物体。火星降落成像仪(MARDI)在"好奇"号下降和登陆火星时提供高分辨率的图像。

寻找火星上以往生命的迹象是"好奇"号的主要任务之一。"好奇"号是火星上一个真正的科学实验室,它有能力利用其机载测试设备分析火星大气和表面样品。"好奇"号利用其机器手臂,可将火星岩石或土壤样品送入"火星样品分析仪(SAM)"或化学与矿物学(CheMin)X 射线衍射荧光仪中。SAM 仪用于检测有机碳基分子,它可能是生命化学组成的前身;化学与矿物学分析仪用于检测样品中的矿物质,它可以提供有关火星上过去是否存在水的信息。中子反照率动态探测器(DAN)也在寻找火星上过去存在水的迹象。在撰写本文时,“好奇”号火星车仍在火星表面运行。

1.3.4 载人航天器

将人类置于太空并非易事,在技术和经济方面都会面临巨大的挑战。迄今为止,只有苏联、美国和中国这3个国家成功发射载人航天器。1961年4月12日,苏联第一个把人送上太空,不到一个月,美国紧随其后成为第二个载人升空的国家。相对而言,中国是载人航天飞行领域的新人,其于2003年完成了自己第一次载人航天飞行。早期的载人航天器都是胶囊舱。从20世纪80年代开始,类似于飞机的航天飞机已由美国飞行了30年时间,直到2011年退役。苏联人和中国人从开启太空计划开始就一直使用胶囊型宇宙飞船,不过俄罗斯人曾在类似航天飞机的“暴风雪”号航天器上进行过短时间的工作。随着“猎户座”飞船的发展,美国又重新开始使用胶囊舱。

除了能够将人从地球运送到太空的载人航天器之外,还有被放置在近地轨道上的载人航天器或空间站。空间站的设计使其能长期停留在轨道上,宇航员能在其上生活数月。在空间站长期停留为长期的太空飞行对人体产生的影响研究提供了大量的科学信息。在空间站内通常还会进行广泛的其他具有代表性的科学研究,包括天文学、大气科学和生物学。空间站通常采用模块化结构,由相连的增压模块组成,它们可作为工作间、实验室和生活区。其他相连的结构包括提供电力的大型太阳能电池板阵列、允许宇航员出入空间站的气闸以及允许航天器对接的结构。

第一个空间站是俄罗斯于1971年发射的“礼炮”站。国际空间站(ISS)目前处于近地轨道(图1-64)。国际空间站是一个大型的模块化结构,甚至在夜空

图1-64　国际空间站(2010年)
(资料来源:美国国家航空航天局)

中肉眼可见。国际空间站所在轨道的近地点为330km(205英里),远地点为435km(270英里),大约每90min完成一次绕地运行。自2000年11月以来,国际空间站内一直有宇航员。目前,中国也有一个名为“天宫”1号的小型单模块站点在轨道上运行。在国际空间站之前,俄罗斯和美国已在地球轨道上放置了8个空间站。

1.3.4.1 第一艘载人宇宙飞船

苏联在成功将第一颗人造卫星发射到地球轨道后不到4年时间,又第一次成功地将一名宇航员送入了太空。1961年4月12日,第一艘载人宇宙飞船“东方”1号(图1-65)载着27岁的苏联宇航员尤里·加加林(Yuri Gagarin)进入近地轨道。加加林和“东方”1号仅在太空度过了一个地球轨道周期,从发射到着陆的时间为108min,是历史上时间最短的载人轨道飞行。

图1-65 第一艘载人飞船——俄罗斯的“东方”1号,展于俄罗斯莫斯科的RKK博物馆,置于左侧地面上的窗口盖由一个透明窗户代替,弹射座椅位于右侧
(资料来源:© D.R. Siefkin,“Gagarin Capsule” https://en.wikipedia.org/wiki/File:Gagarin_Capsule.jpg, CC-BY-SA-3.0,License at https://creativecommons.org/licenses/by-sa/3.0/legalcode)

尽管“东方”1号宇宙飞船内配有宇航员可以操作的手动控制装置,但整个飞行是由自动化系统或地面控制完成的。由于这是人类第一次暴露在失重的太空环境中,导致宇航员能力丧失,而且不清楚失重是否会对人体产生不良影响。因此,最安全的选择便是使用自动化系统或地面控制。事实上,在任务期间手动控制功能是被锁定的,需要一个代码来解锁,而解锁码被封在一个信封里,只有在紧急情况下加加林才可以打开。

“东方”1号飞船由连接于服务舱的球形返回舱构成。宇航员坐在球形返回舱内的飞机式弹射座椅上,它有3个小舷窗(图1-65)。球形太空舱直径为

2.3m(7.5 英尺),重约 2400kg(5300 磅)。服务舱内有提供电力的电池、用于维持生命的消耗品、仪表和遥测系统、航天器姿态控制系统以及使飞行器减速以返回地球的制动火箭推进系统。为了返回地球,球形返回舱需要与服务舱分离,但是宇航员并没有留在舱内与返回舱同时着陆。在海拔约 7km(2300 英尺)的高空,加加林从返回舱中弹出并跳伞落地。该返回舱使用降落伞进行最后的减速,并在地面回收。

球形返回舱被烧蚀材料覆盖,保护其免受再入地球大气层期间产生的高温影响。烧蚀是一种利用涂层材料蒸发或熔化散热的热保护方法。摩擦产生的高热会被烧蚀过程中材料的化学变化和相变吸收,且随着材料蒸发后汇入远方来流而被带走。在经历了进入大气中强烈的热环境后,“东方”1 号太空舱表面烧蚀材料烧焦后呈现出黑色的外观,如图 1-65 所示。

加加林乘“东方”1 号太空飞行后仅 25 天,美国于 1961 年 5 月 5 日发射了世界上第二架载人航天器——“水星自由”7 号宇宙飞船(图 1-66)。Alan B. Sheppard 是第一位进入太空的美国宇航员,他完成了一次亚轨道飞行,持续时间 15min28s,飞行高度超过 187km(116 英里)。随后,1961 年 7 月 21 日,Virgil I. Grissom 驾驶“水星自由钟”7 号宇宙飞船进行了另一次亚轨道飞行。1962 年

图 1-66　搭载“水星自由”7 号宇宙飞船和首个进入太空的美国宇航员 Alan B. Sheppard 的“水星-红石”火箭发射
(资料来源:美国国家航空航天局)

2 月 20 日，John H. Glenn 驾驶“水星友谊”7 号宇宙飞船，成为第一个环绕地球轨道运行的美国宇航员。John H. Glenn 和“友谊”7 号完成了绕地球三圈的飞行，飞行时间持续 4h55min。“友谊”7 号轨道的近地点为 159km（98.8 英里），远地点为 265km（165 英里）。Sheppard、Grissom、Glenn 来自美国国家航空航天局选出的第一批 7 名宇航员，他们各自为他们的“水星”号飞船命名，并在名称的末尾加上数字“7”代表他们七人组。

“水星自由”7 号宇宙飞船只有一个舱，以及一个截锥形的主体和圆柱形上体（图 1-67）。该飞船的长度为 7.2 英尺（2.2m），锥形主体的底部最大直径为 6.2 英尺（1.9m），质量约为 2400 磅（1090kg）。宇航员背对舱底而坐，面对飞船的前端圆柱部分，顶端倾斜锥面上有一扇小舷窗。与“东方”1 号宇宙飞船不同，它没有弹射座椅。用于回收宇宙飞船的减速伞、主降落伞和备用降落伞都装备在前端圆柱部分。

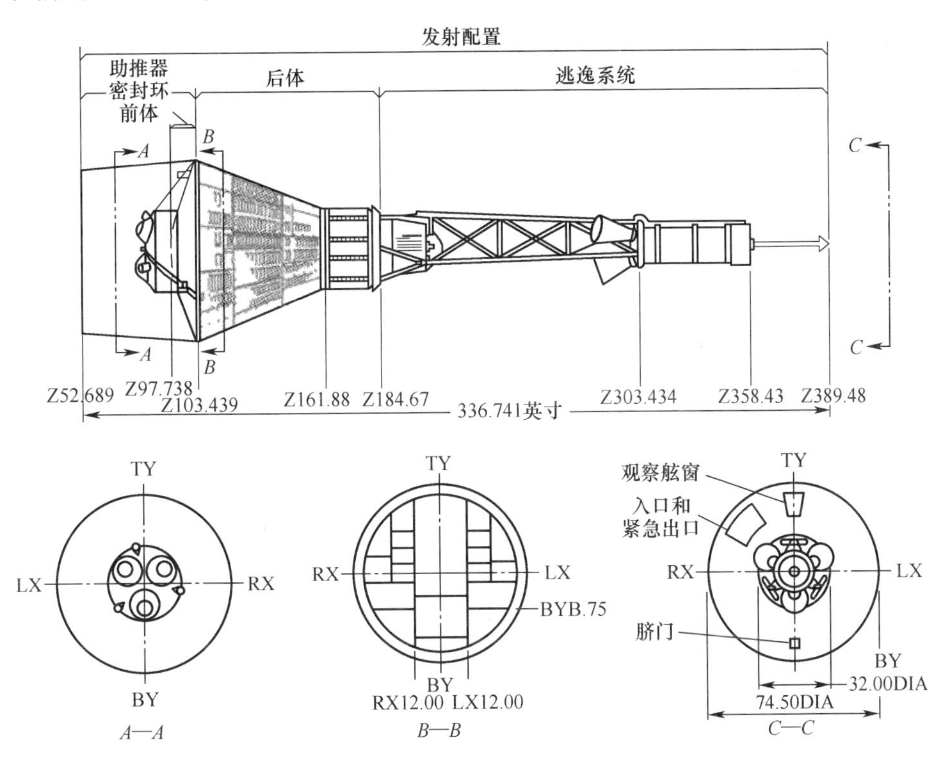

图 1-67　“水星自由”7 号宇宙飞船的组件和尺寸

（资料来源：美国国家航空航天局）

返回舱的圆柱顶部加装了一个长 5.2m（17 英尺）的逃逸塔。逃逸塔顶部安装有固体火箭发动机，在发射过程中发生紧急情况时可以点火将返回舱与火箭助推器分离。当返回舱到达安全高度后，逃逸塔被丢弃。返回舱截锥形底部安装了烧蚀隔热罩，在罩上用金属带固定着制动火箭发动机组。

为了返回地球，返回舱的轨道运行方向是“向后”的，点燃底部隔热罩外的制动火箭会使其减速并从轨道高度下降。在燃料燃烧后，制动火箭发动机组被丢弃。飞船在再入大气层时隔热罩在前，以保护返回舱和其中向后坐着的宇航员。在这个过程中，隔热罩的最高温度可达 3000℉（1900K）。在宇航员 John H. Glenn 再入大气层前，已经有迹象表明飞船的隔热罩有所松动，由于固定制动火箭的金属带也能够帮助将隔热罩固定在适当的位置，因此制动火箭发动机组在工作后并没有被丢弃。在飞船着陆和回收之后确定隔热罩出现问题的指示是由于警告灯出现误警。

在海拔约 21000 英尺（6400m）处展开引导伞以稳定航天器，再在约 10000 英尺（3050m）处展开主降落伞以降低航天器速度，最后在大西洋“着陆”。同时，在隔热罩后端装有一个着陆减震气囊，用以缓冲入水时的冲击。美国有一支海军舰队专门负责海洋中航天器的各项回收工作。

图 1-68 所示为苏联和美国研制的第一代载人航天器的不同设计方法的对比。两艘航天飞船的设计需求基本上是相同的，即将人送入太空并安全地返回，但他们的设计方案却截然不同。“东方”1 号飞船是一个双模块系统，包括一个球形返回舱和一个服务舱，而“水星自由”7 号飞船是仅有一个舱的单模块系统。“东方”1 号和“水星自由”7 号最明显的区别之一是二者的形状不同。“东方”1 号飞船的形状为简单的球体，而“水星自由”7 号飞船的形状为截锥体，顶部为一个短圆柱体。鉴于“东方”1 号飞船的非气动外形，在发射进入太空期间，火箭助推器的顶部使用了整流罩将其盖住。而“水星自由”7 号的形状适合将其放置在火箭助推器的顶部，不需整流罩。相比之下，两种飞行器都使用钝体形状从轨道

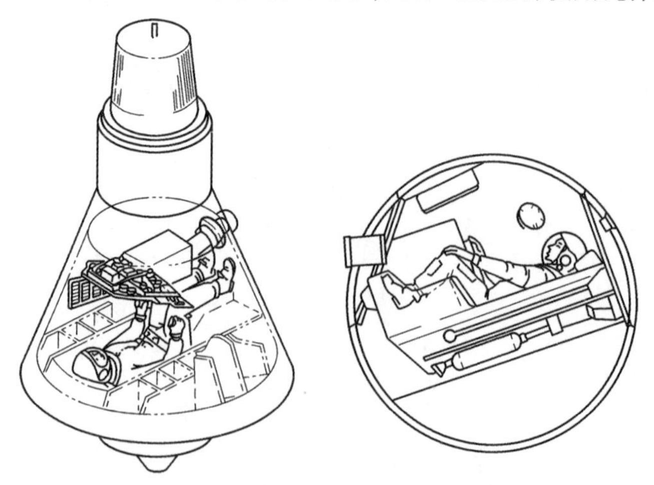

图 1-68 “水星自由”7 号和“东方”1 号飞船的对比图

（资料来源：E2el，NASA SP-4209，1978 年）

再入大气层。其中,“东方”1号使用的是球形结构,而“水星自由”7号是后向进入的,其钝体底部面向来流。如第3章所述,高超声速下钝体形状是获得最小热传导的最佳选择。

“东方”1号球体是压力容器的最佳结构,其具有最大的内部体积和最小的结构质量。当时球体的空气动力学是众所周知的,而且已能确定球体形状的“东方”1号在入轨过程中会产生巨大的阻力以减慢速度,并且不会产生任何气动升力。而“水星自由”7号飞船的形状会产生少量的气动升力,足以对再入轨迹进行一定控制。升阻比是衡量飞行器气动效率的一个重要指标,展现了飞行器产生与阻力相关的升力的能力。“水星自由”7号飞船的升阻比约为0.2~0.3,相对较小但仍是一个正数,足以进行有限的轨迹控制。事实上,早期“水星自由”7号飞行的目标之一是确定宇航员在失重环境下是否能够主动控制航天器的再入轨迹。这凸显了“东方”1号和“水星自由”7号的另一个区别,与航天器控制有关。“东方”1号再入大气层完全由自动化系统和地面控制实施,而“水星自由”7号则允许宇航员手动控制飞船。

“东方”1号和“水星自由”7号都有一套制动火箭系统来降低飞船的再入速度。“东方”1号制动火箭系统安装在服务舱,而“水星自由”7号的制动火箭系统安装在飞船隔热罩上。这两艘飞船都使用了小型推进器控制三维姿态。制动火箭系统离轨燃烧后,两艘飞船都进行了定向,使宇航员在再入地球大气层时都是背朝下面朝上的。苏联工程师针对飞船再入过程的姿态,提出了一种巧妙的控制方法,即返回舱的质心偏离球体中心,因此球形返回舱可以将自己定向至适当的再入姿态。这种被动姿态控制系统与“水星自由”7号飞船中使用的主动反应控制型姿态控制系统是不同的。“东方”1号飞船采用铝制结构,球形船体表面有烧蚀材料涂层覆盖。“水星自由”7号有一个烧蚀隔热罩保护太空舱和具有钛外壳的镍合金压力容器。在再入过程中,“东方”1号宇航员承受了高达10倍重力的加速度,而“水星自由”7号宇航员承受的为重力的8倍。减速力的差异在于“东方”1号的弹道式再入和“水星自由”7号的带升力再入两种方式之间的差异。“东方”1号宇航员从飞船上弹出并空降到地面,而“水星自由”7号宇航员则随返回舱降落在水中。

综上所述,将把人类送入太空的两艘飞船进行比对是有趣且有启发性的。这两艘飞船由两个不同的国家设计,具有不同的设计理念和技术能力。针对将人送入太空并将其安全带回地球的设计要求,两艘飞船代表了两种不同的解决方案,且“东方”1号和“水星自由”7号飞船都成功地满足了这一设计要求。“东方”1号飞船的设计将用于8项太空任务,其中6项是载人航天任务。而“水星自由”7号飞船总共将飞行16次,其中6次是载人航天飞行。在未来多年内,“东方”1号和“水星自由”7号的设计将分别在苏联和美国的航天器设计史上留下不可磨灭的印记。

1.3.4.2　宇航服:单人航天器

本节将宇航服也作为航天器展开描述。在许多方面,宇航服可被视为单人航天器。宇航服必须具备许多与航天器相同的功能,为太空中的人类维持一个安全和适宜的环境。宇航员穿着宇航服进行舱外活动(EVA),这一行为通常称为“太空行走”。在现代,“太空行走”已经变得非常普遍,因为建造和维护国际空间站(ISS)需要花费数百小时的舱外活动时间。1965 年 3 月 18 日实现了第一次“太空行走”,当时苏联宇航员 Alexei Leonov 离开“上升”2 号宇宙飞船,在太空中漂浮了 12min9s。他在离舱很远的地方漂浮,通过一根 5m(16 英尺)长“脐带”与太空船相连,同时“脐带”还为他的宇航服供氧。此后不到 3 个月,1965 年 6 月 3 日,宇航员 Edward White 在“双子座”4 号航天任务中完成了美国首次“太空行走”(图 1-69),而且持续在舱外活动了 23min。除了地球轨道上的舱外活动外,“阿波罗”号的宇航员在进行月球上的舱外活动时也使用了宇航服。

图 1-69　1965 年 6 月 3 日,Edward White 完成了美国首次“太空行走”
(资料来源:美国国家航空航天局)

与航天器类似,随着需求的不断变化、设计经验的不断改进、科学技术的不断进步,宇航服的设计也在不断发展。我们将研究一套特殊的宇航服,了解其中都包含了哪些复杂的系统设计。美国国家航空航天局的舱外活动装置(EMU)是一套宇航服系统,曾用于美国国家航空航天局航天飞机计划的舱外活动,目前正用于国际空间站(ISS)计划(图 1-70)。舱外活动装置(EMU)由一种名为宇航服组件(SSA)的压力服及一套集成的生命保障系统组成。SSA连接到硬的上躯干部位(HUT)上,这是一个玻璃纤维和铝制外壳,是EMU的主要结构单元。便携式生命保障系统(PLSS)和辅助氧气包(SOP)也与上躯干相连。用于保暖的微流星体服装(TMG)将SSA、PLSS和SOP覆盖,它是一种外部服装,用于隔绝温度与物理撞击。

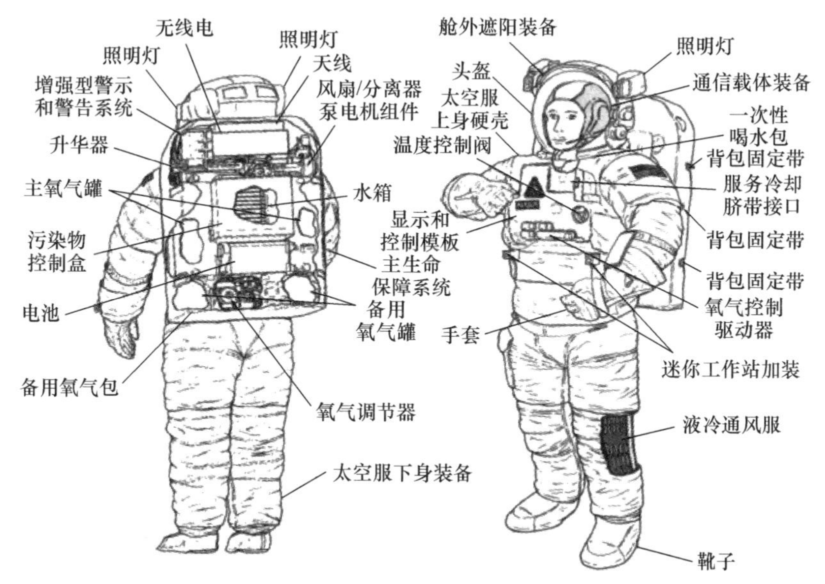

图1-70 美国国家航空航天局的舱外活动装置(EMU)
(资料来源:美国国家航空航天局)

压力服是一种多层服装,以100%的氧气加压到29.6kPa(4.29磅/英寸^2)①。压力服的各层由密封气囊、压力限制层和隔热层组成。最内层是有聚氨酯涂层的尼龙密封气囊。密封气囊外面是压力限制层,负责承载宇航服的压力负荷(以免过分膨胀)。压力服的最外层由5层隔热层组成,包括抗撕裂的氯丁橡胶涂层尼龙和镀铝聚酯薄膜。

在压力服各层材料的最里面,宇航员穿着液冷通风服(LCVG),它是一种长内衣,可保持穿着者的凉爽和干燥。液冷通风服中缝有90m(300英尺)长的塑胶细管,循环冷流水可以去除宇航员产生的多余体热。液冷通风服的通风口可吸走宇航员身上的汗水。

生命保障系统包含了主系统和一个备用装置,分别是便携式生命保障系统(PLSS)和备用氧气包(SOP)。PLSS背包配备有呼吸用氧气罐、氧气循环风扇、二氧化碳“洗涤器”、水冷设备、双向无线电和银-锌电池电源。备用氧气包

① 1磅/英寸^2=6895.0N/m^2=6.895kPa=703kg/m^2。

内有备用氧气和水冷却罐。PLSS 可提供 7h 的生命支持,但实际支持时间是宇航员代谢率(能量消耗率,影响装备冷却以及消耗品消耗速度)和太阳能热环境(影响装备冷却)的函数。安装在 HUT 前部的增强型警示和警告系统(ECWS)以及显示和控制模块(DCM)分别用于监控和控制便携式生命保障系统 PLSS 的操作。当宇航员穿着宇航服时无法看到胸前 DCM 的前端,所以戴着一个手腕镜用于读取其上显示的信息,而上面的信息正好是反向标记的以便从镜中查看。在舱外活动期间,宇航员的心率和其他关键的宇航服参数,如二氧化碳水平,是被遥测到地面进行监测的。

宇航服的头盔是一个透明的聚碳酸酯塑料圆形罩。遮阳板组件覆盖着头盔,包含遮阳板、可移动遮光罩、照明灯和相机。遮阳板覆盖了一层薄薄的黄金,可以阻挡宇宙射线。通信耳机和话筒在通信载体组件(CCA)中,也称为“史努比帽”,是一种戴在头盔下面的织物头套。在头盔内,宇航员可以通过塑料管从水袋中饮水。

手套是宇航服中较为复杂的物品之一,因为它必须提供强大的保护并保持绝缘,同时还要尽可能灵巧。手套必须与压力服集成相同的保护层和绝缘层,同时也须保证手指的活动和触感以执行操作和任务,例如工具的使用、显示和控制模块 DCM 装备控件的操作。另外,由于手指在太空中往往是最冷的,手套需配有指尖加热器。

整套宇航服的重量约为 120 磅(54kg),包括生命保障系统和消耗品的重量。宇航服是一个复杂的系统,它结合了载人航天器的许多功能,如生命保障功能和太空环境的防护功能。

1.3.5 航天运输系统和航天器

为了使航天器在太空中工作,首先它们必须进入太空。在本节中,我们将研究用于将航天器运往太空的几种不同的航天运输系统。目前,使用消耗性火箭是进入太空的主要手段。我们将讨论液体火箭的诞生,这种火箭最早由美国和德国各自独立创造。我们也将探索其他进入太空的航天运输系统,包括空基发射的运输系统和非基于火箭的运输系统。

根据公元 2 世纪卢西亚的古希腊小说,一艘帆船被海浪冲到离地球 350 英里的地方。七天之后,船停泊在了月球上,那里有来自月球和太阳的奇怪的外星生物。尽管使用了从技术上来说天马行空的发射系统,这个虚构的故事仍然是关于外太空旅行描述的首次记录。

1865 年,儒勒・凡尔纳(Jules Verne)在其小说《从地球到月亮》中,设想用一门巨大的大炮来发射一枚炮弹,带着里面 3 个人射向月球(图 1-71)。凡尔纳虚构的太空大炮长 900 英尺(270m),炮膛直径(炮筒内径)为 9 英尺(2.7m)。该大炮由铸铁制成,厚 6 英尺(1.8m),重达 6.8×10^7kg(68000t)。由于其巨大的尺寸和重量,大炮直接建在地上,指向垂直向上。巧合的是,凡尔纳选择了佛罗里达州的坦帕市作为他的发射场,离目前的卡纳维拉尔火箭发射场不远。凡尔纳的确为他的太空大炮的设计做了一些技术计算,但实际上他的大炮炮筒太短,以至于炮弹无法达到地球逃逸速度。较长的炮管使得来自发射炸弹的高压气体能够推动炮弹更长的时间,从而达到较高的出口速度。此外,弹丸内人员在所受的加速载荷下是不可能存活的,估计超过 20000g。然而,太空大炮的想法可能有一些技术可行性,至少对于无人载荷有效。

1.3.5.1 基于火箭的消耗性发射系统

目前,我们将航天器送往空间的唯一方法是使用火箭。通常火箭是从陆基平台发射的,尽管也有一些海基发射平台。移动发射平台包括潜艇和飞机,但它们只能容纳较小的火箭系统。

火箭有独立的推进系统,且携带燃烧所需的燃料和氧化剂。由于火箭推进器的燃烧反应不依赖大气层内的空气,因此火箭可以飞越可感大气进入外层空间发挥作用。火箭有两种主要类型,即液体推进剂火箭和固体推进剂火箭(简称为液体火箭和固体火箭)。在液体火箭中,燃料和氧化剂分开存储于相应的容器中。而在固体火箭中,燃料和氧化剂要结合成固体混合物。

今天用于航天运输的大多数火箭都是消耗性火箭,也就是说,在经历一次发射后即被丢弃,通常会让它们再入大气层烧毁或落入海洋中。更准确地从技术方面说即是,火箭助推器包括了火箭中的所有东西(火箭发动机、推进剂、存储容器、推进剂供给系统、结构等),有效载荷如航天器除外。

有史以来建造的两个最大的液体燃料火箭助推器,是美国的“土星”5号和苏联的“N1 月球火箭”,如图 1-72 所示。两种都是消耗型载人多级重型运载火箭,旨在将人类运送到地球轨道之外。两种助推器均有三级,每一级都包含了各自的火箭发动机、存储容器、推进剂和推进剂供给系统。助推器分级可以减少火箭上升时的重量,方法是在每级助推器的推进剂消耗完成后将其丢弃。

“土星”5 号助推器,作为 20 世纪 60 年代末和 70 年代初“阿波罗”计划的一部分,是为将人类送至月球而研发的。“土星”5 号在佛罗里达州卡纳维拉尔角成功发射了 13 次,其中包括 6 次登月任务。在“土星”5 号的第一级,五台 F-1 液体火箭发动机在发射时产生超过 7600000 磅力(33.8MN)的合推力。“土星”5 号助推器的高度为 363 英尺(111m),大于一个美式足球场的长度。“土星”5 号的起飞总重超过 6500000 磅(2900t)。该助推器能够将非常大的有效载荷放入近地轨道,甚至包括了曾经发射的最重的 260000 磅(118t 或 118000kg)有效载荷。

图 1-71　儒勒·凡尔纳从地球到月球的空间大炮
（资料来源：PD-01d-100）

图 1-72　比较美国“土星”5 号和苏联“N1 月球火箭”大小的模型
（图中助推器底部间显示的是同比例的人体模型）
（资料来源：Portree，NASA-RP-1357，1995 年）

苏联的“N1 月球火箭”助推器是美国“土星”5 号的对手。“N1 月球火箭”高度有 344 英尺（105m），没有“土星”5 号那么长。它的起飞重量约 600 万磅（2700t），也低于“土星”5 号。“N1 月球火箭”的设计目的是向近地轨道运输高达 200000 磅（90000kg）的载荷。“N1 月球火箭”的第一级安装了 30 台 NK-15 液体火箭发动机，使得其第一级推进剂供给系统非常复杂。这 30 台火箭发动机产生了 11300000 磅力（50.3MN）的合推力，使其成为有史以来最强大的火箭推进级。“N1 月球火箭”助推器只历经了 4 次无人驾驶的发射尝试，但全部都灾难性地失败了。“N1 月球火箭”从未进入过太空，也从未经历过第一级分离，它的最长升空时间为 107s。虽然“N1 月球火箭”没有取得成功，但苏联在消耗型重型运载火箭助推器方面做出的进一步努力使他们在载人航天飞行计划中却取得了成功。

1.3.5.2 第一艘无人液体火箭

Robert Hutchings Goddard(1882—1945年)出生的那个年代,飞机和宇宙飞船还没有司空见惯。在莱特兄弟划时代地第一次成功试飞重于空气的飞机时,他才11岁。在Goddard 17岁的时候,他在后院爬上一棵樱桃树修剪枯枝。在树枝上休息时,他凝视着天空,想象着那可能会是什么。后来,他在一本自传中写下了他在那棵樱桃树上凝视着天空时所迸发的灵感。

1899年10月19日下午,我爬上一棵高大的樱桃树,手持至今还保留的锯子和斧子,开始修剪樱桃树上的枯枝。这是十月的新英格兰会有的一个宁静而绚丽的下午,当看向东方的田野时,我想象着如果可以制造出能够上升到火星的装置该是多么的美妙。当我从樱桃树上下来时,我已经不是当初那个为了生存爬树的小男孩,我成为了一个与众不同的人,找到了我一生的追求。

Goddard提到的毕生追求是他决定为实现太空飞行贡献出自己的一生。在他余生里的每年10月19日,Goddard都会私下里称那一天为他灵感迸发的周年纪念日。

1907年,Goddard热忱地开始了他奉献一生的火箭研究和试验工作,那时他还只是马萨诸塞州伍斯特理工大学物理学科的一名本科生。在马萨诸塞州伍斯特市克拉克大学获得物理学博士学位后,他于1912年在普林斯顿大学获得了一项科研基金。除了拥有卓越的学术技能外,Goddard还是一位多产的发明家,在他的职业生涯中获得了214项专利(其中一些是在他去世后获得的)。

Goddard于1914年发表了两项意义重大的专利:其中一项描述了使用固体燃料的多级火箭,另一项描述了用汽油和液态氧化亚氮作燃料的火箭,即液体燃料火箭。1914年秋天,Goddard回到了克拉克大学,在那里他用不同类型的固体推进剂火箭进行了试验,其中大部分是自费的。他对这些火箭发动机开展了静态地面试验,仔细测量了它们的推力和效率。火箭发动机的静态地面试验是将发动机安全地固定在地面试验台上。发动机静态点火是指其在点火过程中保持不动。对发动机进行检测,以便收集发动机及其系统运行的有关数据。通常会将测压元件或其他测力装置连接到火箭上,以便测量推力。如今,火箭发动机的静态地面试验是一项标准的工程实践。

1916年,Goddard建造了一个真空管装置,该装置表明火箭的效率随外部压强的降低而提高(图1-73)。火箭被放置在纵向管路的顶部,其排出的燃气将喷入管中。该真空管装置的椭圆部分则用于减少火箭燃气的回弹。在Goddard时代存在一种误解:火箭不会在太空的真空环境中产生推力。这种误解认为,牛顿第三定律“作用力和反作用力”要求火箭废气必须有东西可以“推动”。人们认为,太空的真空环境无法对火箭尾气提供作用力和反作用力来推动火箭。这种推理的错误在于,作用于排气的作用力和反作用力来自火箭,而不是来自真空。

借助于真空管装置,Goddard 成为第一个证明了火箭在真空环境中能够产生推力的人(Goddard 获得了多项专利,其中“真空管输送装置”以及“真空管输送系统”这两项专利体现了他利用磁悬浮理论使载具能够在真空管内以非常高的速度运行的远见卓识)。

图 1-73　Robert Hutchings Goddard 和他用来证明火箭可以在太空的真空环境中产生推力的真空管装置(1916 年 6 月)
(资料来源:美国国家航空航天局)

在此期间,Goddard 在火箭设计方面取得了一些重大进展。他有一种难能可贵的能力——能够将他对理论的理解转化为实际工程应用,即实际的飞行硬件。为了提高火箭的推力和效率,他了解了几个关键的设计要求,意识到火箭的排气速度和火箭的推进剂质量比(推进剂质量与火箭总质量的比值)都必须尽可能高。为了提高火箭的排气速度,Goddard 使用了一种名为德·拉瓦尔(de Laval)喷管的先收敛再扩张的排气喷管。利用此排气喷管,可以使流体离开喷管时达到马赫数为 7 的超声速。

在 Goddard 所处的那个时代,火箭设计通常将燃料室和燃烧室组合在一起,于是需要一个大型、厚壁的重腔室来承受燃烧时的高压和高温。为了提高火箭推进剂的质量分数,他将燃料室/燃料箱与燃烧室分开。通过分离燃料室和燃烧室,仅需要一个较小的燃烧室来承受高压和高温,因此可以将燃料室制造得尽可能的轻。同时 Goddard 也意识到每单位质量液体推进剂所含能量比固体推进剂高得多,但他当时拒绝使用,因为他认为处理极冷或低温推进剂(如液氧)是不太实际的。

基于他所取得的实质性进展，以及他的所有研究无法继续自筹资金的事实，Goddard 开始向史密森学会等赞助商提交研究经费提案。在他 1916 年提交给史密森学会的提案中，他附上了一篇自己撰写的论文，详细介绍了他进行的固体推进剂火箭试验、火箭推进数学理论，以及使用火箭探测地球大气层及更远处的愿景。他对向月球发射搭载闪光粉的火箭进行了定量分析（这些闪光粉会在撞击月球时发生爆炸）。他计算出，初始发射质量为 6436 磅（2919kg）的多级火箭可以携带 2.67 磅（1.21kg）的闪光粉撞击月球，而如此数量的闪光粉可以使地球上的高功率望远镜观察到闪光瞬间，确认火箭撞击到月球。史密森学会对 Goddard 的提议印象深刻，并在 1917 年拨给他 5000 美元的经费。

后来，在 1919 年，史密森学会将 Goddard 的论文收录至史密森学会杂集第 2540 号，名为 *A method of reaching extreme altitudes*[11]。该论文是火箭推进系统的发展历程中最重要的科学贡献之一。可惜的是，它在发表时并未得到如此认同。大部分公众仍然认为关于太空旅行的想法是一个没有太多科学依据的幻想。事实上，美国政府和美国军方认为太空飞行和 Goddard 的火箭并没有多大用处。更糟糕的是，新闻界认为 Goddard 向月球发射火箭的想法是可笑的，这导致了 Goddard 对媒体的不信任并使他更偏爱秘密地工作，这种情绪也伴随他的余生。

直到 1921 年，Goddard 转而开展液体推进剂火箭试验。在 1923 年 11 月，成功地对第一台使用汽油和液氧的液体推进剂火箭发动机进行了地面试验。他最初采用泵压式发动机设计，其中机械泵用于将推进剂从其储罐"压"入燃烧室，但实践中总是出现问题。Goddard 放弃了泵压式系统并决定使用挤压式系统，即使用高压惰性气体（如氮气）将推进剂从储罐"推"出并"推"入燃烧室。1925 年 12 月 6 日，Goddard 在马萨诸塞州伍斯特市克拉克大学的一个实验室对基于挤压式系统的液体火箭发动机进行了静态试验。火箭发动机点火后燃烧了 27s，产生的推力克服了重力，将其从实验台上"举起"。这一试验证明了液体火箭发动机的可行性。

Goddard 第一个液体火箭结构如图 1-74 所示。燃烧室和排气喷管位于火箭顶部，两个圆柱体推进剂储罐位于底部。Goddard 在早期的火箭设计中选择了如此布置，因为他认为这种结构的火箭在飞行中会更加稳定。覆盖一层石棉布的圆锥形排气防护罩能够保护液氧罐免受热排气的影响。汽油和液氧分别沿着火箭的左侧和右侧从它们所在的罐体经管路流至燃烧室。这些推进剂进料管路也可用来支撑火箭结构。火箭发动机点火器安装在火箭顶部，燃烧室的上方。液氧蒸发产生的高压气体将推进剂推送至燃烧室。Goddard 在他后期的设计中采用了如今（常规）的火箭配置，就是将燃烧室和喷管配置于火箭底部。而在 Goddard 早期的这种设计中，火箭头部及其主体部分均没有任何空气动力学整流罩，也没有安定面来保持稳定性。

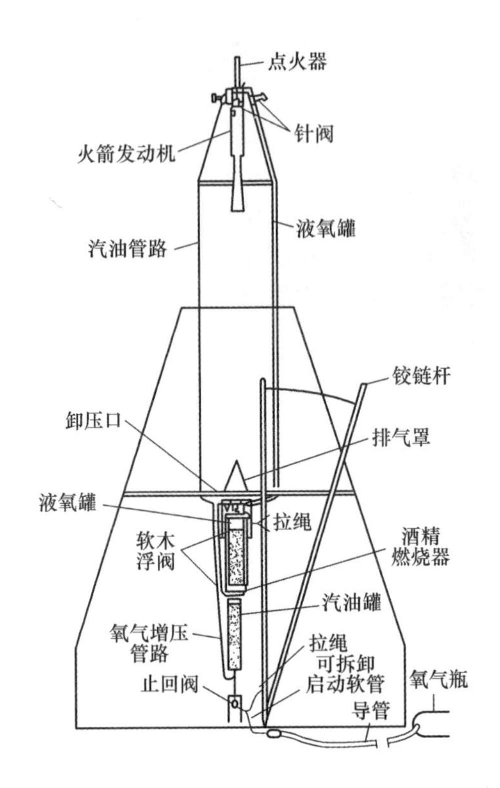

图 1-74 Goddard 的第一个挤压式液体推进剂火箭
(资料来源:美国国家航空航天局)

1926 年,Goddard 准备对他的液体推进剂火箭进行飞行试验。他将自己的试验转移到距离克拉克大学约 2 英里的远房亲戚所拥有的农场进行。它为火箭发射提供了一个偏远的环境,降低因火箭坠落偏差带来人员伤害或财产损失的可能性。尽管位置偏僻,但邻居们仍然抱怨火箭的噪声。1926 年 3 月 26 日,第一枚液体推进剂火箭发射了。10 英尺(3.0m)长的汽油和液氧推进剂火箭(图1-75)在到达最大高度约 41 英尺(12.5m)后结束了它在白菜田上空 2.5s 的飞行,落地点距离它的发射点大约 184 英尺(56.1m)。

从年轻时起,Goddard 就热衷于写日记。在液体推进剂火箭首飞的这个好日子里,他简明扼要地写了以下内容:

1926 年 3 月 16 日

上午和 Saohs 去了奥本。Esther 和 Roope 先生①下午 1 点的时候也到了。

① 除了 Goddard,还有另外 3 个人见证了液体推进剂火箭的首飞:他的妻子兼摄影师 Esther Goddard、主要队员 Henry Sachs,以及克拉克大学的物理系助理教授 Percy Roope。

图1-75 Robert Hutchings Goddard 和第一枚液体推进剂火箭(Goddard 握着梯形发射架)
(资料来源:美国国家航空航天局)

在2:30尝试发射了火箭。喷管的下半部分燃烧之后,火箭在2.5s内上升了41英尺,并飞过了184英尺。

第二天,Goddard略带炫耀地描述了前一天液体燃料火箭的首飞。

1926年3月17日

昨天液体推进剂火箭的首飞是在奥本的艾菲姨妈①的农场进行的。这一天风轻云逸,当Sachs先生和我下午5:30返回物理实验室时,实验室上面的风速计和早晨我们离开时一样悠闲地转着。即使已经完成了点火,但火箭最初没有上升,只是火焰出来了,并且伴随着一种稳定的轰鸣声。几秒钟之后它慢慢上升至脱离框架,然后以特快列车的速度,在空中划出了一道飞向左边的弧线,撞击冰雪后仍然快速前进。当它腾空时,没有伴随明显的大噪声或火焰,看起来是多么的神奇,就好像是在说"我已经在这里足够久了;如果你不介意的话,我想我会去别的地方"。Esther说开始升空时,火箭看起来就像一个仙女或舞蹈艺术家。天空很澄澈,大部分被白色的云朵覆盖,到了傍晚时分,西边的一大片云朵被太阳照耀成粉红色的。消散的烟雾,销声匿迹的咆哮和微乎其微的火焰都令人惊叹。

① "艾菲姨妈"是指Effie Ward,她是Robert Goddard的远方亲戚,她的农场位于马萨诸塞州伍斯特距离克拉克大学2km外的一个村庄,这个进行了液体火箭首次飞行的地方现在是高尔夫球场。

1930 年,Goddard 将他的火箭飞行试验转移到偏远的新墨西哥州罗斯威尔市,在那里空间足够宽广并且晴朗干燥的气候有利于进行全年试验。如今,新墨西哥州是白沙导弹靶场所在地,属于美国军方火箭试验的范畴。靶场占地近 3200 英里^2($8200m^2$),是美国最大的军事设施。

Goddard 继续设计和制造更大型、更强劲的火箭,在他开发的每个新型号中都可以看到设计上的改进以及技术上的提升。很快,Goddard 的火箭就有了类似于当今火箭常见的配置。Goddard 的 A 系列火箭有一个气动头锥,一个内藏各种罐体、外覆光滑铝皮的圆柱形主体,一个位于火箭底部的喷管,以及一个薄的大后掠尾翼。1935 年 3 月 8 日,A 系列火箭成为第一枚超声速火箭。Goddard 在火箭制导和控制方面取得了重大进展,其发明的操纵系统是当今技术的先驱,包括在排气装置中配置的由陀螺仪控制的可动叶片,以及万向排气喷管。他在火箭推进技术方面不断创新,包括最终为泵压式推进剂进料系统建造涡轮泵的技术。他也是第一个在火箭中发射有效科学载荷的人,包括气压计、温度计和照相机。

1926 年至 1941 年间,Goddard 共发射了 34 枚火箭,高度约为 8500 英尺(2600m),速度约为 550 英里/h(885km/h)。他采用系统性的工程方法改进设计,进行了飞行试验和比飞行试验更多的静态地面试验。许多地面试验和飞行试验因发动机、喷管、制导系统或其他部件的故障而以失败告终,但 Goddard 从未被吓倒。他始终认为,从任何试验结果中都可以吸取重要的经验教训,对于参与地面或飞行试验的任何人来说都是值得关注学习的。

Robert Hutchings Goddard 是一位真正的梦想家(有远见卓识的人),他意识到火箭在大气研究、弹道导弹以及太空旅行方面具有惊人的潜力。不幸的是,美国政府、美国军方以及社会大众没有他这般的远见卓识。另一位航空航天梦想家 Charles Lindbergh,对 Goddard 的工作非常感兴趣,并为他的火箭研究提供了私人赞助基金。但总体来讲,Goddard 在对火箭的研究和试验的工作生涯中获得的资金支持是微乎其微的,而且他的工作并没有得到认可。而今,Goddard 是公认的火箭之父。如同莱特兄弟的首飞,Goddard 的首飞也是一项令人瞩目的重要进程,它将最终塑造火箭的未来,并影响全人类。距离 Goddard 首飞后短短 4 年,第一个踏上月球的人出生,他搭乘的“土星”5 号火箭,可以追溯到 Goddard 的第一枚液体火箭。该火箭高 363 英尺(111m)、重 650 万磅(2900t),从地球到月球要飞行约 238900 英里(384500km)。

1.3.5.3 第一枚抵达太空的火箭

Robert Hutchings Goddard 并不是唯一一个追求将火箭飞行变为现实的人。在大西洋对面,德国的 Wernher von Braun 博士和他的火箭科学家以及工程师团队正忙着在德国北海岸附近的波罗的海小岛上的佩内明德陆军研究中心研发世界上第一枚基于液体火箭发动机的远程弹道导弹。德国科学家和工程师知道Goddard的火箭工作并密切关注其进展。有些人认为Goddard的工作对德国火箭的设计产生了重大影响。德国的努力最终推动了V-2火箭的发展,该火箭在第二次世界大战期间被用作对抗盟军的武器。在战争期间,德国人对盟军目标发射了3000多枚V-2火箭,其中许多落在英国伦敦。1942年10月3日,从佩内明德发射的V-2火箭飙升至190km(118英里,623000英尺)的高度,成为第一个到达太空边缘的人造物体。

德国研发的V-2火箭比Goddard的火箭大得多。V-2火箭的长度为14m(46英尺),直径为1.65m(5英尺5英寸),翼展为3.56m(11英尺8英寸),发射总重为12500kg(27600磅),其中有3800kg(8400磅)的燃料(75%乙醇-25%水混合物),4900kg(10800磅)的液氧和1000kg(2200磅)的弹头。V-2火箭可以达到5700km/h(3540英里/h)的速度以及超过200km(124英里,656000英尺)的高度,其最大射程约为320km(200英里)。

V-2火箭技术在当时是非常先进的。除了液体火箭发动机技术外,该火箭还融入了超声速空气动力学、稳定、控制、制导和导航领域的先进技术。V-2火箭的各部件如图1-76所示。该液体火箭发动机具有泵压式推进剂系统,其中燃料和氧化剂泵由蒸汽轮机驱动,而驱动蒸汽轮机的蒸汽则通过过氧化氢与高锰酸钠催化剂的剧烈反应产生。推进剂罐由轻质铝镁合金制成。酒精-水混合物燃料也被用作燃烧室和喷管的冷却剂。燃料在燃烧室壁后面由泵压式系统进行输送,可以在冷却燃烧室的同时加热燃料。然后将加热的燃料喷射到燃烧室中。燃料也喷射在喷管内,可以为喷管壁提供薄膜冷却。火箭的转向控制由发动机尾喷口下边的燃气舵和尾翼上的方向舵联合完成。火箭的稳定控制由自动陀螺仪控制系统完成。V-2火箭的早期版本使用简单的模拟计算机进行导航和制导,后续的版本使用的是地面传输的无线电信号制导波束。

第二次世界大战结束后,许多参与V-2火箭开发的德国科学家和工程师,包括von Braun都被带到了美国。这些火箭科学家和工程师中的许多人都定居在亚拉巴马州的亨茨维尔市,为美国陆军红石兵工厂和美国国家航空航天局马歇尔航天中心的最终建立奠定了基础。这些德国人带来了V-2火箭的大量硬件及组件,包括完整的火箭系统。其后美国在新墨西哥州白沙导弹靶场对这些V-2火箭进行了试飞研究和发射。

1946年10月24日,一架由白沙发射的V-2火箭携带着一台35mm的小型电影(动态捕获)摄像机,在飞行过程中每1.5s拍摄一张黑白照片。这些照片没有被遥测回地球,而是在火箭到地球坠毁后,人们把相机胶卷从保护壳中取出。火箭达到105km(340000英尺)的高度时,从太空拍摄了第一张地球的照片(图1-77)。今天,来自太空的地球照片已经非常普遍。但是,这第一张从太空拍摄的模糊的地球照片,让我们第一次拥有了从太空观察我们星球的前沿视角。

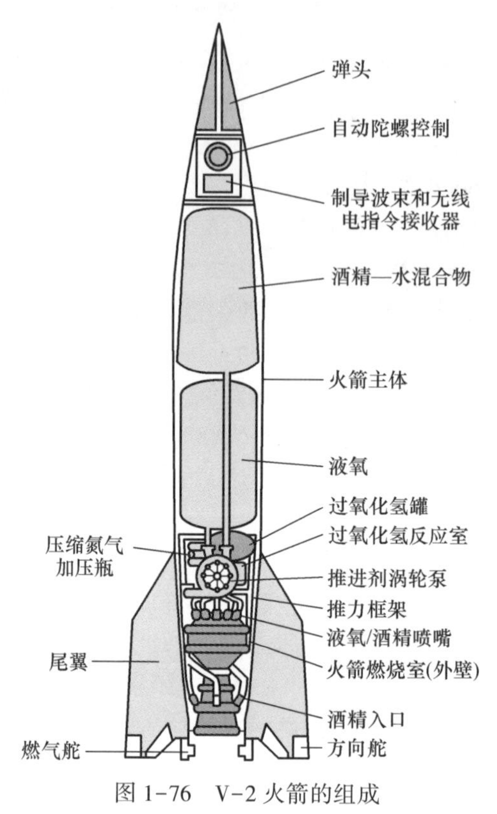

图 1-76　V-2 火箭的组成

(资料来源：User:PD-Fastfission,https://en.wikipedia.org/wiki/File:V-2_rocket_diagram_(with_English_labels).svg)

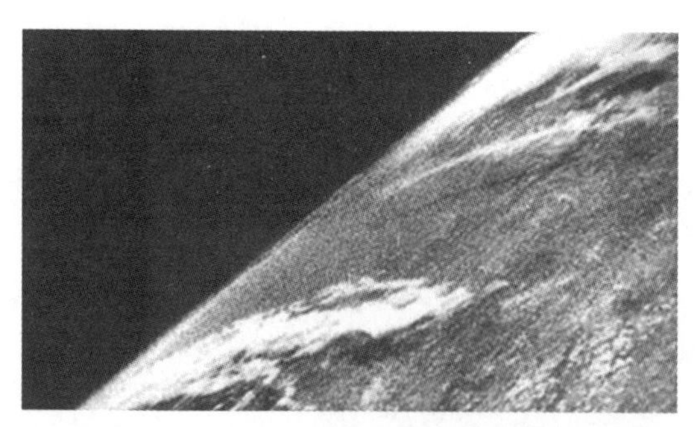

图 1-77　1946 年 10 月 24 日从太空拍摄的第一张地球照片

(资料来源:美国陆军)

1.3.5.4　第一个高超声速飞行器

在 20 世纪 40 年代,美国研发了 WAC Corporal,这是第一个专门用于高层大气研究的探测火箭。该火箭是由美国道格拉斯飞机公司和加州理工大学的古根海姆航空实验室共同设计和制造的。WAC Corporal 高 7 英尺 11 英寸(2.4m),直径 12 英寸(30cm),质量约 760 磅(340kg),有效载荷质量约为 25 磅(11kg)。WAC Corporal 是一个两级火箭系统,第一级采用固体推进剂,第二级采用液体推进剂。第一级是一个 5 英尺(1.5m)长的小型固体火箭助推器,带有 3 个安定面,能够产生大约 50000 磅力(11000N)的推力,持续时长 0.6s。第二级是一个喷气式液体推进剂发动机,可提供大约 1500 磅(340N)的推力,持续时长 47s。该火箭是不稳定且无制导的(一些参考文献指出 WAC 是 without attitude control(没有姿态控制)的缩略语)。WAC Corporal 的后期版本则包含了稳定和制导系统。在达到最高海拔高度后,火箭的头锥分离并重新回到地面,以回收科学仪器和记录设备。1945 年 10 月 11 日,新墨西哥州白沙试验场(后来被重新命名为白沙导弹靶场)进行了一枚功能齐全的 WAC Corporal 火箭的首次飞行,火箭的高度达到了约 230000 英尺(70km,44 英里)。1946 年 5 月 22 日,白沙发射的 WAC Corporal 火箭达到 50 英里(80km,264000 英尺)的高度,完成了人造物体的第一次亚轨道飞行(50 英里的高度是美国空军使用的空间高度边界)。

后来,WAC Corporal 火箭的第二级液体推进级与一个更大的 V-2 火箭进行了匹配,并更名为 Bumper-WAC 火箭。V-2 火箭级约 14m(45 英尺)长,并且在发射时可提供约 55000 磅力(245000N)的推力。在发射后,V-2 火箭发动机仅燃烧了大约 1min,然后第二级 WAC Corporal 火箭被点燃,燃烧持续了大约 45s。Bumper-WAC 之所以如此命名,是因为 V-2 火箭提供的高度“猛冲(bump)”。

Bumper-WAC 火箭共进行了 8 次发射,其中 6 次位于新墨西哥州白沙试验场,2 次位于佛罗里达州卡纳维拉尔角。这两次来自卡纳维拉尔角的发射是这个羽翼未丰的火箭发射中心的最初两次发射(图 1-78)。1948 年 5 月 13 日,Bumper-WAC 在白沙的第一次发射达到最大高度约 80 英里(129km,422000 英尺),最高时速约为 2740 英里/h(4400km/h,4020 英尺/s)。而且这种小型液

图 1-78　1950 年 7 月 24 日从佛罗里达州卡纳维拉尔角发射的 Bumper-WAC 火箭
(资料来源:美国国家航空航天局)

体推进剂火箭将继续打破纪录。1949 年 2 月 24 日,Bumper-WAC 火箭在白沙的第五次发射高度达 244 英里(390km),最高时速为 5150 英里/h(8290km/h),这使其成为了第一个马赫数超过 5 的高超声速人造飞行器。

1.3.5.5 基于火箭的可复用发射系统

由于火箭助推器只能使用一次,因此使用消耗性火箭发射系统非常昂贵且效率低下。想象一下,如果一架商用客机在一次飞行后就要被丢弃,那么航空旅行的费用就会十分昂贵! 当然,太空旅行比航空旅行复杂一点,但如果不必为每次发射制造新的助推器,这样就具有了成本和效率的优势。现在已对可重复使用的助推器系统进行了多项研究,以使分离的助推器返回地面,实现重复使用。这些研究包括滑翔飞回或以喷气式航空发动机作为动力源飞回的返回式助推器。最近商业航天公司在回收第一级助推器以重复使用方面已经取得了部分成功。这涉及将助推器引导到着陆场,过程中助推器的主发动机会重新启动以降低下降速度,起落架会打开,最终助推器完成垂直降落。下面将讨论一种可部分重复使用的基于火箭的发射系统,即航天飞机。

美国国家航空航天局航天飞机如图 1-79 所示,是可部分复用的基于火箭的发射系统。继"阿波罗"计划之后,美国采用航天飞机计划,正式地应该称为空间运输系统(STS),作为进入空间的方式。航天飞机是一种人工发射系统,30 年来用于将宇航员运送到近地轨道。航天飞机首次飞入太空是在 1981 年 4 月 12 日,直至 2011 年该计划结束,总共完成了 135 次航天飞机任务。一共建造了 6 架航天飞机,分别为"企业"号、"哥伦比亚"号、"挑战者"号、"发现"号、"亚特兰蒂斯"号和"奋进"号。其中,"企业"号是不准备进入空间的,而是用于在其他航天飞机的进场和从高空滑翔着陆的各种试验。遗憾的是,有两架航天飞机在事故中损失,即 1986 年发射的"挑战者"号(STS-25)和 2003 年的"哥伦比亚"号(STS-113)。

图 1-79 尤里·加加林首飞 20 周年的 1981 年 4 月 12 日,航天飞机 STS-1 首次发射
(资料来源:美国国家航空航天局)

航天飞机发射系统包括带翼轨道飞行器(OV)、大型外挂燃料舱(ET)和两个固体火箭助推器(SRB)。轨道飞行器包括多层机组成员舱、1个大型货物载荷舱、轨道机动系统(OMS)火箭发动机和3个航天飞机主发动机(SSME)。轨道飞行器和外挂燃料舱相连,外挂燃料舱装载液氢和液氧推进剂,为轨道飞行器的3个主发动机提供燃料,固体火箭助推器则安装在外挂燃料舱的两侧。轨道飞行器、航天飞机主发动机和固体火箭助推器是该航天运输系统中的可重复使用部件,而外挂燃料舱则不可重复使用。

航天飞机从佛罗里达州卡纳维拉尔角垂直发射。整个航天飞机发射组合(轨道飞行器、外挂燃料舱和固体火箭助推器)高184英尺(56m),起飞总重约为440万磅(2000t)。它的主发动机和火箭助推器产生的总起飞推力约为6780000磅力(30.2MN)。航天飞机是一个两级火箭助推器系统,第一级火箭助推器在发射后约2min被分离丢弃,此时高度约为150000英尺(46000m)。在进入轨道之前,燃料舱继续向航天飞机主发动机供应燃料和氧化剂,直到主发动机关闭。从升空到关闭,航天飞机主发动机燃烧大约8min。在主发动机关闭之后,大型外挂燃料舱被抛弃,落入地球大海中。轨道飞行器进入近地轨道,可以使用其轨道机动系统发动机进行轨道机动。完成在轨任务后,轨道飞行器使用其轨道机动系统发动机进行减速并作为高超声速滑翔机进入大气层。佛罗里达州的美国航空航天局肯尼迪航天中心或加利福尼亚州的爱德华兹空军基地都铺设有一条很长的跑道可供其水平滑行着陆。

这种轨道飞行器是一种航天飞机,它被设计成既可以像火箭一样发射也可以像飞机一样着陆。其飞行包线中,高度从海平面到330英里(530km),速度从213英里(343km/h)到马赫数为25。以高超声速飞行时,轨道飞行器的升阻比约为1,超声速飞行时轨道飞行器的升阻比约增加到2,而亚声速飞行时则增加到4.5(这是一个随着马赫数增加而升阻比减小的实例,而且高超声速下升阻比很小)。它的长度为122英尺(37m),至其垂直尾翼顶部的高度为56.6英尺(17.2m),翼展23.8m(78.1英尺),总起飞重量约240000磅(110000kg)。

航天飞机带有一些传统高速飞机的配置,它具有大后掠的双三角翼和单垂直尾翼。飞行器的控制舵面包括安装在机翼后缘进行俯仰和滚转控制的升降副翼和安装在垂直尾翼后缘进行偏航控制的方向舵。方向舵采用的是分体式设计,这样它可以同时在左右两个方向上偏转一定角度,作为着陆的速度制动器。航天飞机的尾端装有3个航天飞机主发动机和2个轨道机动系统发动机,安装在垂直尾翼两侧的吊舱中。每个主发动机的海平面推力为393800磅力(1.75MN),总推力超过1180000磅力(5.3MN),比冲为455s(比冲量是推进装置效率的度量,由产生的推力与消耗的推进剂的比率给出,将在第4章中介绍)。航天飞机还有一个反作用式姿态轨道控制系统,包括44个分布在飞行器前端和后端的小型液体火箭推进器。姿态轨道控制系统在飞行器入轨和在轨期间提供俯仰、滚转和偏航的姿态控制和机动。

在轨道飞行器乘员舱中有 3 个驾驶舱区域,2 个驾驶员和 2 个任务专家被安排坐在一个驾驶舱中,中间舱安置了额外的机组人员,还有一个公用舱,用于存放空气和水等消耗品。典型的航天飞机任务一般配有 7 名宇航员,但在紧急情况下最多可容纳 11 人。

轨道飞行器的一个独特之处在于它能够在其长 59 英尺(18m),宽 15 英尺(4.6m)的机身货舱中携带大型有效载荷。两个长长的推拉货舱门贯穿整个货舱,允许大型有效载荷的进出。可携带到轨道的典型有效载荷质量约为 50000 磅(22700kg)。除了可以将有效载荷运送到轨道,轨道飞行器还可以从轨道捕获有效载荷并将它们送回地球。其可将重达 32000 磅(14400kg)的有效载荷带回地球。

为了能在再入大气层的 3000°F(3460°R,1922K)高温下生存下来,轨道飞行器覆盖有热保护系统(TPS)。轨道飞行器不同部分的热负荷不同,相应的热保护类型也不同。TPS 材料包括用于高热负荷区域的强化碳碳复合材料和用于低热负荷区域的各种类型的轻质陶瓷和复合瓷砖。与先前讨论的返回舱中使用的烧蚀隔热罩不同,轨道飞行器的热保护系统是可重复使用的,尽管它确实需要在两次飞行之间进行仔细的维护和修理。TPS 是非常轻的,特别是与烧蚀材料相比,但它也很脆弱,需要小心处理。

航天飞机的固体火箭助推器是迄今为止最大的固体火箭发动机,每个发动机的最大推力超过 3000000 磅力(13.3MN)。固体火箭助推器在发射阶段和第一级上升期间提供了超总推力 70%的推力。每个固体火箭助推器长度为 149.2 英尺(45.5m),直径为 12.2 英尺(3.7m),重约 1300000 磅(590t)。固体火箭助推器中的固体燃料是高氯酸铵复合推进剂,这是一种高氯酸铵氧化剂和铝燃料的混合物。固体燃料中的其他成分包括氧化铁催化剂、聚合物黏结剂(使固体燃料保持在一起)和环氧固化剂。固体火箭助推器的海平面比冲约为 240s。在被抛弃后,SRB 在降落伞的作用下缓慢下降,落入海洋。固体火箭助推器通过船舶回收,并翻新以用于下一次发射。

外挂燃料舱是航天飞机中最大和最重的部件,长度为 153.8 英尺(46.9m),直径为 27.6 英尺(8.4m),起飞质量约为 1670000 磅(756t)。外挂燃料舱中含有液氢和液氧推进剂,为主发动机提供燃料。外挂燃料舱被主要由喷涂泡沫绝缘材料组成的热保护系统(TPS)所覆盖。为了防止低温推进剂的气动热力学加热,并防止低温推进剂使金属推进剂罐旁的空气液化,需要对其进行热保护和绝缘处理。外挂燃料舱上的热保护系统质量约为 4800 磅(2180kg)。在主发动机关闭之后 10s,ET 也被抛弃。外挂燃料舱的大部分在大气中解体,剩余的碎片坠入海洋。

1.3.5.6 空基发射的航天运输系统

到目前为止,我们讨论的多级航天运输系统的各级均使用火箭动力。另一种已研发的系统是空基发射系统,其中第一级是飞机而不是火箭,第二级一般是由运载机(有时也称为“母舰”)投放的某种火箭动力飞行器。目前已经开展过各种方案的研究,使用了不同类型的运载机,并使用了将第二级飞行器附联到运载机的各种不同配置。载机可以是喷气式战斗机、公务机、运输机或新型专用飞机。当然,现有的飞机设计需要进行适应性改装以便于携带第二级飞行器。

轨道科学公司的 L-1011 载机和“飞马座”号运载火箭组合的发射系统便是用于小型无人航天器的空基发射系统。“飞马座”号运载火箭挂在洛克希德公司的L-1011 喷气式飞机下方(图 1-80),且随飞机升至 40000 英尺(12000m)的标称释放高度。“飞马座”号运载火箭有三级固体火箭发动机。其中,第一级有一个小三角翼,用以提供升力,以帮助火箭从水平发射姿态过渡到所需的爬升角度。“飞马座”号运载火箭能够将约 1000 磅(450kg)的小型有效载荷送入近地轨道。

图 1-80 轨道科学公司的“飞马座”号运载火箭 ASB-11 由洛克希德公司的 L-1011 载机投放
(资料来源:美国国家航空航天局)

维珍银河公司的“白衣骑士”2 号是为火箭动力的亚轨道载人航天器“太空船”2 号专门设计的载机(图 1-17)。“太空船”2 号连接在“白衣骑士”2 号独特的双机身配置中间的外挂梁上。“太空船”2 号在大约 14000m(47000 英尺)的高度从“白衣骑士”2 号发射后,可以搭载 6 名乘客由亚轨道进入太空,亚轨道的远地点可达大约海拔 100km,到达远地点后滑翔回来,在跑道上水平着陆。

到目前为止,所有空基发射系统都具有亚声速及海拔低于约 15000m(50000 英尺)的投放条件。如果第一级在第二级释放之前可以达到更高的能量状态,那将有益于运输更大重量的有效载荷进入空间。人们已经开展了关于如何使第一级运载机能够以超声速的速度及更高的海拔释放第二级飞行器的一些理论研究,但是在实际飞行中还没有进行过任何尝试。

1.3.5.7 非基于火箭的航天运输系统

如果要考虑非基于火箭的航天运输概念,不禁使人首先回想起太空大炮的想法。尽管儒勒·凡尔纳的太空大炮不太可能到达月球,但它确实有一些技术上的可行性。在20世纪50年代,美国和加拿大开展了使用超级火炮将探测器发射到上层大气和将小型无人卫星发射到地球轨道上的研究。并在研发能够适应火炮发射时巨大加速度的电子仪器这方面也取得了巨大进展。这些努力中的大部分在20世纪60年代HARP(高海拔研究项目)中达到高潮,该项目是美国和加拿大的一个联合项目,用于研发将卫星送入轨道的火炮发射系统。

用退役的美国海军16英寸(400mm)战舰炮筒,改造了几个HARP超级火炮。其中"16英寸"规格表示炮筒的内径,这限定了可以发射的物体的最大外径。每个炮筒长约60英尺(18m),最终,两个炮筒被焊接在一起制造成120英尺(36.6m)长的超级火炮,其质量约为100t(90700kg)。

巴巴多斯岛被选为第一个HARP火炮发射场,因为它靠近赤道,且位置比较偏远。将航天发射场布置在赤道附近对于在地球自转方向上发射是有利的,因为可以将地球的自转速度传递给发射器。从巴巴多斯的超级火炮中发射了数百个炮弹,其中许多炮弹达到了亚轨道的高度(图1-81)。1966年11月18日,在亚利桑那州尤马市的一座超级火炮发射了一枚180kg(400磅)的炮弹并到达了180km(590000英尺,110英里)的最高纪录。此后不久该计划就被取消了,并没有实现之前使用超级火炮将卫星送入轨道的目标。

另一种创新的非火箭动力的航天运输系统是太空电梯。1895年,俄罗斯火箭科学家Konstantin Tsiolkovsky设想建造一座从地球表面一直延伸到太空的高塔。这个概念的一个巨大技术障碍是如此高的建筑必须承受巨大的压缩重量。与此相反,太空电梯基于的是拉伸结构,其中系统重量由太空中的配重从上方承载,其组成部分如图1-82所示。太空电梯缆绳或系绳从太空中的配重延伸到地球表面赤道附近。由于配重的圆周运动,系绳处于张紧状态。当地球旋转时,系绳保持垂直居中于地球上同一位置。连接在系绳上的电梯或爬升器沿着缆绳机械上升和下降,进出太空。这就要求材料科技的进步来建立一个高强度轻质量的系绳,以使太空电梯概念成为现实。一个正在探索的可能方案是使用高强度、轻质的碳纳米管,但是基于这种技术,必须做更多的工作来构建其所需的大型结构。

单级入轨(SSTO)飞船的概念可以作为复用且高效的航天器的典范。SSTO飞船也许可以在不需要火箭级或消耗性助推器的情况下飞入太空,然后也能像高超声速飞行器一样返回地球。理想的SSTO飞船将实现完全复用,就像普通飞机一样,能够在重新加油后飞回太空,并进行最少的翻新和维护。

图1-81 在巴巴多斯岛上发射的HARP超级火炮
（资料来源：美国国防部）

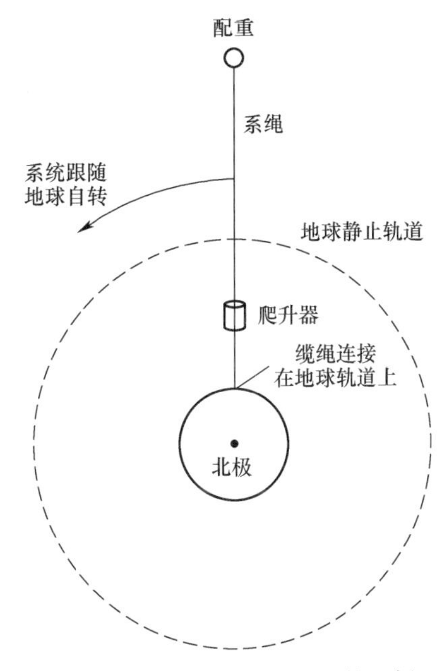

图1-82 太空电梯的概念（不按比例）

在20世纪90年代，美国国家空天飞机（NASP）计划是全国性的X-30 SSTO飞船设计和试飞计划（图1-83）。利用超声速燃烧冲压式喷气发动机（简称超燃冲压发动机），X-30将使用大气中的空气作为其推进系统的氧化剂，而无须像传统火箭一样携带氧化剂。X-30将在大气密度较大的部分达到高超声速，与此同时将承受极高的热负荷，这使热管理和热保护成为设计中的一个难点。虽然X-30计划最终被取消，但在高超声速飞行器和高超声速推进技术方面取得了一些重大进步，使用SSTO飞船进入太空指日可待。

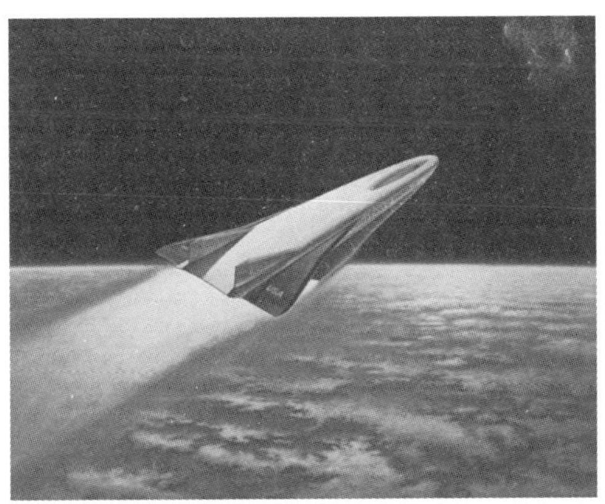

图1-83 1990年X-30空天飞机单级入轨概念
（资料来源：美国国家航空航天局）

参 考 文 献

[1] Anderson, J. D. , Jr. , *Introduction to Flight*, 4th edition, McGraw-Hill, Boston, Massachusetts, 2000.

[2] Crouch, T. D. , *A Dream of Wings: Americans and the Airplane*, W. W. Norton & Company, February 2002.

[3] Crouch, T. D. , *The Bishop's Boys*, W. W. Norton & Company, April 2003.

[4] Federal Aviation Administration, US Department of Transportation, *Methods Techniques and Practices—Aircraft Inspection and Repair*, Advisory Circular (AC) **43**. 13-1 (as revised), Oklahoma City, Oklahoma, September 8, 1998.

[5] Federal Aviation Administration, US Department of Transportation, *Balloon Flying Handbook*, FAA-H-8083-11A, Oklahoma City, Oklahoma, 2008.

[6] Federal Aviation Administration, US Department of Transportation, Code of Federal Regulations, Federal Aviation Regulations, 14 CFR Part 1, Definitions and Abbreviations, 2014.

[7] Federal Aviation Administration, US Department of Transportation, Code of Federal Regulations, Federal Aviation Regulations, 14 CFR Part 401, Organization and Definitions, 2014.

[8] Federal Aviation Administration, US Department of Transportation, *Instrument Flying Handbook*, FAA-H-8083-15B, Oklahoma City, Oklahoma, 2012.

[9] Federal Aviation Administration, US Department of Transportation, *Rotorcraft Flying Handbook*, FAA-H-8083-21, Oklahoma City, Oklahoma, 2000.

[10] Gessow, A. and Meyers, G. C. , Jr. , *Aerodynamics of the Helicopter*, Frederick Ungar Publishing Company, New York, New York 1952.

[11] Goddard, R. H. , Rockets: Comprising "*A Method of Reaching Extreme Altitudes*" *and* "*Liquid-Propellant Rocket Development*", Facsimile Edition, American Institute of Aeronautics and Astronautics, Reston, Virginia, 2002.

[12] Griffin, M. D. and French, J. R. , *Space Vehicle Design*, 2nd edition, AIAA Education Series, American Institute of Aeronautics and Astronautics, Inc. , Reston, Virginia, 2004.

[13] Hurt, H. H. , Jr, *Aerodynamics for Naval Aviators*, US Navy NAVWEPS 00-80T-80, US Government Printing Office, Washington, DC, January 1965.

[14] Hybrid Air Vehicles, Ltd. , http://www.hybridairvehicles.com/.

[15] Jackson, P. (ed.), *Jane's All the World's Aircraft: 2002-2003*, Jane's Information Group Limited, Coulsdon, Surrey, United Kingdom, 2002.

[16] Page, B. R. , "The Rocket Experiments of Robert H. Goddard," *The Physics Teacher*, November 1991, pp. 490-496.

[17] Leishmann, J. G. , *Principles of Helicopter Aerodynamics*, 1st edition, Cambridge University Press, New York, NewYork, 2000.

[18] Lilienthal, O. , *Birdflight as the Basis of Aviation*, translated from the 2nd edition by A. W. Isenthal, Markowski International Publishers, Hummelstown, Pennsylvania, 2001.

[19] Young, H. D. and Freedman, R. A. , *University Physics*, 11th edition, Addison Wesley, San Francisco, California, 2004.

第2章

概 念 介 绍

加利福尼亚州爱德华兹的美国空军试飞员学校的入口，
这里是学习飞行试验基础知识的地方①
（资料来源：美国空军）

2.1 引　　言

在本章中，介绍一些航空航天工程和飞行试验的基本概念，也简要回顾一些与我们所研究的航空航天飞行器相关的数学和物理学的基本概念。介绍基本的

① 位于美国空军试飞员学校（USAFTPS）入口处的洛克希德 NF-104A 指向天空。NF-104A 是改进版的 F-104A 星际战斗机，在 20 世纪 60 年代被 USAFTPS 的前身航空航天研究飞行员学校用作低成本航天飞机教练机。改进包括增加一个小型火箭发动机和一个姿态轨道控制系统，用于在高层大气中飞行。典型的 NF-104A 飞行剖面是在 35000 英尺的高度使用 J79 喷气发动机水平加速到马赫数 1.9，然后将火箭发动机点火，当速度到达马赫数 2.1 时拉杆，以 3.5g 的过载进入非常陡峭的爬升阶段。J79 发动机在约 85000 英尺处被关闭，火箭动力持续约 100s。这架飞机遵循弹道轨迹，能达到超过 100000 英尺的高度。NF-104A 在 1963 年 12 月 6 日创造了 120800 英尺的创纪录高度。在从最高海拔降低到更密集的空气后，喷气发动机重新启动并且 NF- 104A 正常着陆。

航空航天工程概念和术语,例如飞行状态、飞行器的坐标轴和坐标系、自由体受力图、迎角、马赫数等;介绍飞行试验的一些基本概念,包括飞行试验的定义、飞行试验的过程、飞行试验的危险性和安全保障,以及飞行试验技术。

2.2 数学概念介绍

数学是工程学的语言。要成为一名称职的工程师,必须能够“说”并理解数学的语言。航空航天工程理论和原理的许多定量方面必须通过数学,使用方程和数字来解释。要想数学语言说得“流利”,必须通过将其应用于理论和现实问题来定期使用它。与纯数学家不同,工程师通常使用数学作为工具来进行工程分析和设计。请记住,数学确实具有物理意义,这体现在由方程和数字抽象描述的物理现象中。我们从单位和单位换算开始,这个主题可能看起来很平凡,但它在实际工程中至关重要。本章还涵盖了测量和数值不确定性的主题,这是工程中非常重要的一个领域,尤其适用于地面试验和飞行试验。最后,回顾了标量和向量的几个方面的知识。

2.2.1 单位和单位制

在工程中,我们常需要处理由单位或单位组合描述的工程量。例如,我们可以明确描述波音 787“梦想”客机(图 2-1),翼展为 196.0 英尺(60.0m),最大起飞质量为 502500 磅(227930kg)。无论我们是在进行工程计算还是在飞行试验期间获取数据,我们都必须使用恰当的单位来量化数据。但是,在这样做时,对于单位的使用有很多选择。例如,我们可以说“梦想”客机巡航空速为 490kn 或 564 英里/h 或 907km/h 或 827 英尺/s 或 252m/s。具体单位的选择可能取决于具体情况。在“梦想”客机空速示例中,使用 kn 作为驾驶舱空速指示器的单位是合适的,而英尺/s 或 m/s 的单位可能更适合于飞机性能计算。

图 2-1 波音 787“梦想”客机

(资料来源:H. Michael Miley, “Boeing 787 Dreamliner Arrival Air-Venture 2011” https://commons.wikimedia.org/wiki/File:Boeing_787_Dreamliner_arrival_Airventure_2011.jpg, CC-BY-SA-3.0, License at https://creativecommons.org/licenses/by-sa/2.0/legalcode)

我们首先讨论当前使用的两个主要单位制以及其基础;然后,讨论关于量纲一致性和转换因子的单位统一。尽管对单位的讨论看起来很平凡,但在工程中正确使用单位非常重要。本节末尾讨论了两个关于单位重要性的现实例子。

2.2.1.1 单位制

目前在工程中广泛使用的两个单位制是英制和国际制。英制一词指代不清,因为它既可以指英国使用的英制单位,也可指在美国使用的美国惯用单位制。美国单位制是从英国单位制发展而来的,因此它们非常相似,尽管存在一些明显的差异。当我们在文中使用英制和英制单位时,我们指的是在美国使用的单位制和单位。

国际单位制通常被称为公制单位制,并且由法语翻译 Systeme International 缩写为 SI。国际单位制在全球范围内使用,在美国也使用得越来越多。国际单位制是国际认可的参考标准,现在所有其他单位(和单位制)都已具有相对于国际单位制的定义。对于某些工程学科,例如热力学和吸气式推进技术,用英制单位表示的量仍然很常见。此外还有大量使用英制单位编写的技术文献。

在实际情况下,书中在讨论量纲量时既给出了国际单位制工程单位,又给出了英制工程单位。这种“双语”单位表示是为了帮助读者获得两种单位制单位的直观工程“感受”,这是“双语”的科学和工程领域的一项关键技能。

国际单位制基于 7 个基本物理量定义的 7 个基本单位,如表 2-1 所列。尽管我们通常只对长度、质量、时间和温度等基本量感兴趣,但出于完备性考虑,表 2-1 给出了所有基本单位。表 2-1也给出了 SI 基本单位的定义,这些定义是从当前可行的最准确并可重复的测量中获得的。应当注意,虽然假设基本量是相互独立的,但是基本量的基本单位实际上是相互依赖的,因为基本单位的定义互相依赖。例如,长度这个基本量与其他基本量无关,但其基本单位的定义,“m”取决于另一个基本单位“s”。除了开尔文以外,其他基本单位都存在这种相互依赖。国际单位制中所有其他单位均由基本单位推导得到。这些导出单位表示为基本单位幂的乘积,表 2-2 所列为部分 SI 导出单位和导出量。

表 2-1 SI 基本单位和定义

基本单位	单位符号	量的名称	基本单位的定义
米	m	长度	1 / 299792458s 的时间间隔内,光在真空中行进的距离
千克	kg	质量	等于国际千克原器(铂 - 铱合金圆筒)的质量
秒	s	时间	基于原子钟,利用铯-133 原子的两个最低能级之间的跃迁。1s 是 9192631770 个对应辐射周期的持续时间
安培	A	电流	真空中相隔 1m 的两个无限长平行直导体之间的恒定电流,在导体间每米长度产生一个等于 2×10^{-7}N 的力

续表

基本单位	单位符号	量的名称	基本单位的定义
开尔文	K	热力学温度	温度是水三相点热力学温度的 1/273.16
摩尔	mol	物质的量	含有与 0.012kg 碳 12 中的原子数目一样多的基本实体的物质的量
坎德拉	cd	发光强度	在给定方向上发出频率为 540×10^{12} Hz 的单色辐射，并且在该方向上的辐射强度为每个球面度 1/683W

注：球面度是指单位球面上的单位面积相对于球面中心的立体角。

表 2-2　部分 SI 导出单位和导出量

导出单位	符号	导出量	通过其他单位推导	通过基本单位推导
弧度	rad	平面角	W	—
牛顿	N	力	—	$m \cdot kg \cdot s^{-2}$
焦耳	J	功，能量	$N \cdot m$	$m^2 \cdot kg \cdot s^{-2}$
帕斯卡	Pa	压力，应力	N/m^2	$m^{-1} \cdot kg \cdot s^{-2}$
瓦特	W	功率	J/s	$m^2 \cdot kg \cdot s^{-3}$
赫兹	Hz	频率	—	s^{-1}
摄氏度	℃	温度	—	K
库仑	C	电量	—	$s \cdot A$
伏特	V	电压	W/A	$m^2 \cdot kg \cdot s^{-3} \cdot A^{-1}$
法拉	F	电容	C/V	$m^2 \cdot kg^{-1} \cdot s^4 \cdot A^2$
欧姆	Ω	电阻	V/A	$m^2 \cdot kg \cdot s^{-3} \cdot A^{-2}$
韦伯	Wb	磁通量	$V \cdot s$	$m^2 \cdot kg \cdot s^{-2} \cdot A^{-1}$
特斯拉	T	磁通密度	Wb/m^2	$kg \cdot s^{-2} \cdot A^{-1}$
亨利	H	电感	Wb/A	$m^2 \cdot kg \cdot s^{-2} \cdot A^{-2}$

推导出英制单位的英国基本单位，已有相对于 SI 单位的官方定义，包括长度方面，1 英寸 = 2.54cm；力方面，1 磅力 = 4.448221615260N。英制的时间单位是 s，与国际单位制相同。尽管英制单位来自英国基本单位，但我们仍然需要提及一组英制单位的基本单位，因为它们为该单位制中使用的单位奠定了基础。英制的长度、质量、时间、温度的基本单位分别是英尺、slug①、秒和兰氏度②。如前所述，我们在本书中同时使用英制和 SI 单位制，重要的是要理解两个单位制的基础。

① 1slug = 14.593903kg = 32.2lb_m。

② $1°R = \frac{5}{9}K$。

2.2.1.2 量纲一致性

在进行计算时,必须确保所使用的方程是量纲一致的,即求和或等式运算时,量必须具有一致的单位。例如,不能在100K的温度下添加12m的长度。单位也必须与我们关心的参数一致。例如,计算喷气发动机燃烧室的温度,那么结果应该是以兰氏度或开为单位,或其他一些温度单位。

随着分析变得复杂,计算中可能涉及许多不同的参数和许多单位转换,此时量纲一致性变得尤为重要。书写的过程中携带所有单位直至计算结束以确保量纲一致性始终是一种好的做法。如果单位量纲不一致,则在计算中就已出现错误。

2.2.1.3 一致的单位集及单位转换

一致的单位集不应与量纲一致性混淆,一致的单位集是指在基础物理的数学表达和计算中不需要任何转换系数的单位集。SI和英制的基本单位各构成一组一致的单位集。例如,在重力加速度为g的引力场中,质量为m时,重力W的一致英制单位为

$$[W]=[m][g]=\mathrm{slug}\times\frac{\text{英尺}}{\mathrm{s}^2}=\mathrm{lb_f} \tag{2-1}$$

其中,推导出重力的单位为磅力($\mathrm{lb_f}$)。如果使用磅质量($\mathrm{lb_m}$),得

$$[W]=[m][g]=\mathrm{lb_m}\times\frac{\text{英尺}}{\mathrm{s}^2}=\frac{\mathrm{lb_m}\cdot\text{英尺}}{\mathrm{s}^2} \tag{2-2}$$

为了获得磅力的一致单位,需要将$\mathrm{lb_m}$转换为slug,其中$32.2\mathrm{lb_m}=1\mathrm{slug}$。然后需要将重力方程写为

$$W=\frac{1}{g_c}mg \tag{2-3}$$

其中,g_c为转换系数,其值为

$$g_c=32.2\frac{\mathrm{lb_m}}{\mathrm{slug}} \tag{2-4}$$

式(2-4)表明,1slug是$1\mathrm{lb_m}$的32.2倍。运用不一致的单位,式(2-3)由下式给出:

$$[W]=\frac{1}{g_c}[m][g]=\frac{1}{g_c}\left(\mathrm{lb_m}\times\frac{\text{英尺}}{\mathrm{s}^2}\right)=\mathrm{lb_f} \tag{2-5}$$

在SI单位制中,转换系数为

$$g_c=9.81\frac{\mathrm{kgf}}{\mathrm{N}} \tag{2-6}$$

在 SI 单位制下,将这个转换系数用于重力的计算公式,得到重力的不一致单位,千克力(kgf),即

$$[W] = \frac{1}{g_c}[m][g] = \frac{1}{g_c}\left(\text{kg} \times \frac{\text{m}}{\text{s}^2}\right) = \text{kgf} \tag{2-7}$$

从某个角度来看,在式(2-5)和式(2-7)中使用不一致单位是有道理的。两个公式中,重量单位与质量单位相同。在式(2-5)中,一磅重量等于一磅质量,在式(2-7)中,一千克重量等于一千克质量。但是,从工程角度来看,这会使事情变得更加复杂并且容易出错,结果通常相差 32.2 倍或 9.81 倍。最重要的是,我们应该始终努力使用一致的单位,并避免在公式中添加这些不一致的单位转换系数。也就是说,要留意不一致的单位,例如在工程中,尤其是在热力学和推进领域,仍经常遇到的磅质量 (lb_m)。

关于温度,SI 单位制中的开尔文和英制单位中的兰氏度都是基于绝对温标的一致单位。在绝对温标中,温标的"底部"对应于绝对零度,即理论上所有分子都停止运动的温度。因此,0K 和 0°R 等效,都对应于绝对零度。

我们经常使用不基于绝对温标的℉和℃为单位处理温度。℃和℉可由下式转换到一致单位:

$$\text{K} = {^\circ\text{C}} + 273.15 \tag{2-8}$$

$$^\circ\text{R} = {^\circ\text{F}} + 459.67 \tag{2-9}$$

基于这些公式,我们看到 0K=-273.15℃,0℉ =-459.67°R。反过来,0℃ = 273.15K,0°R=459.67℉。℃和℉之间的转换如下:

$$^\circ\text{C} = \frac{5}{9}({^\circ\text{F}} - 32) \tag{2-10}$$

$$^\circ\text{F} = \frac{9}{5}{^\circ\text{C}} + 32 \tag{2-11}$$

因为℃和℉这两个不一致的单位被广泛使用,所以再次提醒要时刻准备好将温度正确地转换为一致的单位。

最后给出对待所有这些不同单位集的结论,就是我们必须能够在同一单位制内和不同单位制之间进行单位转换。在进行计算时,我们通常希望转换为和被计算的量相匹配的单位集。例如,如果我们计算从洛杉矶飞往伦敦所需的时间,那么使用小时比使用秒更合适;如果我们记录飞机的空速,我们可能会记录空速指示器的每小时节数或英里数,而不是每秒英尺数。我们经常发现有必要在计算中执行许多单位转换(部分实用的单位转换见附录 B)。有时,在开始计算之前将所有或大部分给定量转换为一致的单位是有益的。尽管如此,最好在整个计算过程中携带单位以最大限度地减少错误并帮助检查结果的正确性。

以下两个例子说明了单位的重要性。

例 2.1 单位的重要性,以“基米尼”滑翔机为例

1983 年 7 月 23 日,加拿大航空公司 143 号航班,一架双发波音 767 商用客机,离开加拿大渥太华,计划飞往目的地埃德蒙顿。大约 1h 的飞行后,在 41000 英尺(12500m)的巡航高度,两个涡轮风扇发动机“熄火”,波音 767 客机莫名其妙地耗尽了燃料。幸运的是,在加拿大曼尼托巴省的基米尼,有一个退役的加拿大空军基地在飞机的滑翔距离内。这架客机最终成功降落在基米尼机场,而它的前起落架因为两台发动机的动力损失只能部分伸出,导致坍塌。此次无动力迫降后,该客机被称为“基米尼”滑翔机。那么,这架先进的喷气式客机是如何耗尽燃料的呢?与大多数航空事故一样,有一系列问题导致了这一潜在的灾难性事件。

这架飞机需要填充能够从渥太华飞往埃德蒙顿的燃料,但不同于汽车,客机无须“填满”燃油。因为如果客机携带的燃料多于飞行所需的燃油,则会因承载过多重量导致性能和成本的损失。因此需要为每次飞行计算所需的燃油量,计算时也需考虑额外的储备燃油量。埃德蒙顿航班共需要 22300kg 燃油。在飞行前一天晚上,波音 767 的机载燃油指示和监测系统失效了,因此只能手动计算要填充的燃油量。经确定,在填充燃油之前,该飞机的油箱中已装有 7682L 燃油。使用 1.77kg/L 的转换系数将该燃油量从 L 转换为 kg,如下:

$$7682\mathrm{L} \times 1.77\,\frac{\mathrm{kg}}{\mathrm{L}} = 13597\mathrm{kg}$$

将飞行所需的燃油量减去飞机燃料箱已有的燃油量,计算出需要添加的燃油量为

$$22300\mathrm{kg} - 13597\mathrm{kg} = 8703\mathrm{kg}$$

由于燃油是从燃油卡车添加到飞机上的,而燃油卡车分配燃料是以 L 为单位而不是以 kg 为单位,因此要添加的燃油量单位从 kg 换算为 L,有

$$\frac{8703\mathrm{kg}}{1.77\,\frac{\mathrm{kg}}{\mathrm{L}}} = 4907\mathrm{L}$$

上述计算的问题在于其使用的 L 和 kg 之间的转换系数是错误的。正确的转换系数为 0.8kg/L 而不是 1.77kg/L。使用正确的转换,加入燃油之前飞机油箱中的实际燃油量为

$$7682\mathrm{L} \times 0.8\,\frac{\mathrm{kg}}{\mathrm{L}} = 6146\mathrm{kg}$$

需要添加的燃油量应为

$$22300\mathrm{kg} - 6146\mathrm{kg} = 16154\mathrm{kg}$$

因此,本应加入的燃油量为

$$\frac{16154\text{kg}}{0.8\,\frac{\text{kg}}{\text{L}}}=20192.5\text{L}$$

由于使用了错误的转换系数,飞机起飞时油箱内总共只有 12589L 燃油,而不是所需的 22300kg。

上述不正确的转换系数表面看是数值错误,其实是单位错误。波音 767 是加拿大航空公司机队的新成员,带来了飞机系统计算机控制方面的一些进步。然而,这些进步伴随着加拿大航空公司机队中其他飞机所遵循的正常程序的一些变化。波音 767 是他们机队中第一架以 kg 为单位而不是以磅为单位测量燃油的飞机。在引入波音 767 之前,加拿大航空公司飞机的燃油量从磅换算为升,使用的正确换算系数为 1.77 磅/L。因此,这个相同的值被错误地用于以 kg 为单位的波音 767 的燃油计算。

例 2.2 单位的重要性,以火星气候轨道器为例

图 2-2 所示的火星气候轨道器(MCO)和火星极地着陆器(MPL)是 20 世纪 90 年代后期美国国家航空航天局一系列探索火星的航天器任务的一部分。MCO 航天器平台(平台是航天器平台或模块化基础设施,有效载荷或试验仪器安装在其上)尺寸约为高 2.1m(6.9 英尺),宽 1.6m(5.2 英尺),深 2.0m(6.6 英尺),发射质量为 338kg(745 磅)。完全展开的太阳能电池板阵列长 5.5m(18 英尺)。MCO 和 MPL 的总任务费用为 3.276 亿美元,其中包括用于航天器研发的 1.931 亿美元,用于发射服务的 9170 万美元和用于运营的 4280 万美元。

MCO 航天器于 1998 年 12 月 11 日从佛罗里达州卡纳维拉尔角搭乘 Delta II 运载火箭发射升空。MPL 于 1999 年 1 月 3 日从卡纳维拉尔角发射,同样搭乘 Delta II 火箭。经过 9 个半月,4.16 亿英里(6.69 亿 km)的飞行后,MCO 到达火星,之后其将进入火星轨道并收集长期的大气和气象数据,并作为计划降落在火星表面的 MPL 的通信中继。

到达火星后,MCO 将进行入轨燃烧(主发动机点火使航天器减速)并进入绕行星的椭圆轨道。然后,航天器将采用气动制动的方式,在进出火星大气层的过程中,通过大气阻力使航天器减速并使其轨道圆形化。1999 年 9 月 23 日,在以远低于计划轨道的高度进入火星大气层后不久,MCO 与地面的所有通信都丢失了,并且再也没能重新建立,因此航天器被认定丢失。

事故发生后成立了 MCO 事故调查委员会(MIB)以调查航天器的丢失。结果发现,航天器进入了一个近地点(其轨道的最低高度)为 57km 的火星轨道,而原本计划的近地点应该为 226km。在如此低的高度进入,航天器遇到了密度更大的火星大气区域,导致航天器无法承受大气阻力对它造成的破坏,它可能在火星大气层中进一步下降,也可能“跳出”大气层进入绕太阳的轨道。航天器的最低生存高度确定为约 80km,那么,为什么实际轨道高度比预期低 170km,以至于 MCO 丢失?

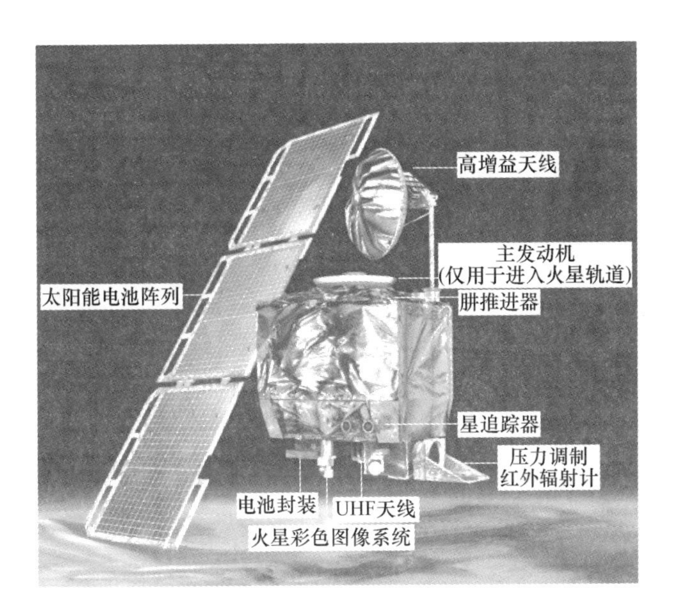

图 2-2 火星气候轨道器
(资料来源:美国国家航空航天局)

为了充分了解事故的起因,我们需要更多地了解 MCO 航天器的姿态和轨迹控制。在为期 9 个月的火星之旅中,航天器的姿态和轨迹由 8 个小型肼单组元推进器和 3 个反作用轮控制。与反作用轮系统的典型情况一样,由于外部扭矩(如来自太阳能电池板阵列上的太阳诱导压力)在 MCO 轮系统中产生了过多的动量。为了消除这种多余的角动量,MCO 推进器在其为期 9 个月的航天飞行期间定期点火,即角动量去饱和(AMD)机动。在 9 个月的太空飞行过程中,使用地面计算机软件计算了 MCO 姿态和轨迹所需的校正量。用于校正的两个相关软件,将在事故的根本原因中讨论,包括计算推进器推力的软件(软件文件"小动力")和使用这些推力数值计算航天器姿态校正的软件(软件文件"角动量去饱和")。

鉴于此背景信息,我们现在回顾 MCO 事故的单一根本原因,正如 MCO 事故调查委员会所确定的那样。

MCO MIB 已经确定 MCO 航天器丢失的根本原因是未能在轨道模型中使用的地面软件文件"小动力"的编码中使用公制单位。具体而言,在名为 SM_FORCES(小动力)的软件应用程序代码中,推进器性能数据使用了英制单位而不是公制单位。根据 MSOP(火星探测器操作计划)软件接口规范(SIS)的要求,SM_FORCES 应用程序代码的输出应使用以 N·s 为单位的公制单位。然而,实际上做数据报告时却以英制单位磅力·s 为单位。"角动量去饱和(AMD)"文件包含了 SM_FORCES 软件的输出数据。地面计算机生成的 AMD 文件的格式和单位并未遵循 SIS。因此,导航软件算法随后处理来自 AMD 文件的数据,低估了推进器对航天器轨迹的影响4.45倍,这正是从磅力转换到牛顿所需的转换系数。使用该不正确的数据计算得出了错误的轨迹。

——摘录自1999年11月10日MCO MIB第一阶段报告[31]

这个单位转换错误导致了几个小错误,这些小错误在火星气候轨道器的9个月之旅中累积成一个巨大的、最终是灾难性的轨迹错误。更重要的是,“简单”的单位转换错误——没有将推进力从英制单位转换为公制单位,导致数百万美元太空探测器的消亡。毋庸置疑,关注单位很重要!

2.2.2 测量和数值不确定度

在进行测试或数值分析时,测量或计算总是存在不确定度或误差。为了真正理解并正确解释结果,必须量化这种不确定度或误差。在本节中,首先讨论广义的不确定度。然后定义准确度和精度,这两个重要的概念可以帮助我们量化不确定度。最后,讨论有效数字,这是一种指定不确定度的方法。本节仅是对测量和数值不确定度这一重要主题的简要介绍。有关该主题的更多详细信息请参见文献[7]。

2.2.2.1 测量不确定度

假设我们采集飞行数据,如图2-3(a)中的数据点(圆形符号)所示。现在,假设让两个人对这个飞行数据进行分析建模。如图2-3所示,一个人建立线性模型,另一个人将数据拟合到非线性曲线。哪种模型正确且更好地代表了飞行数据?现在,让我们假设可以量化数据测量中的不确定度,并在数据上放置误差条表示这种不确定度,如图2-3(b)所示。重要的是要认识到误差带代表数据“真实值”的可能范围。圆形符号不一定更接近这些真实值。现在看到,我们不可能确定哪种分析模型更好。实际上,甚至无法确定数据背后的物理特性是线性的还是非线性的。因此,通过这个简单的例子看到,理解和量化测量中的不确定度是多么重要。

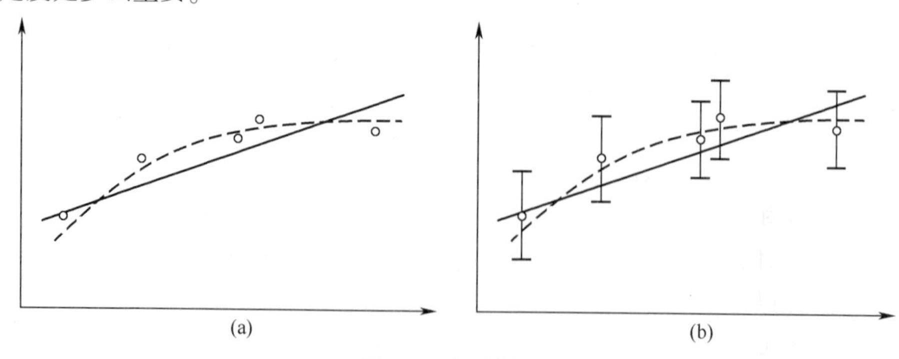

图2-3 解读数据

(a)没有不确定度带;(b)带有不确定度带。

这也让我们深入了解了在数据采集中如何进行测量这一问题的重要性。对于一项测试,可能需要进行不确定度分析,确定并量化不确定度或误差的源头。通过将数据约简到最终结果,也可以确定各个变量中不确定度的传递。虽然本书不涉及正式的不确定度分析细节,但这种分析却是有效地规划和设计一项测试的有力工具。理解了数据采集中的不确定度,则可以做出考虑了仪器要求的知情决策,包括传感器校准和要使用的测量技术。这就引出了关于准确度和精度的讨论。

2.2.2.2 准确度和精度

准确度和精度有时被混淆为同一个东西,但它们明显不同。准确度定义为测量值或计算值与真值的接近程度。因此,测量或计算中的不准确度是测量值或计算值与真值之间的差值。精度定义为在相同测量条件下可以复现相同结果的程度。

准确度和精度与总测量误差有关,总误差是系统误差和随机误差的总和。准确度与系统误差有关,系统误差是总测量误差的常值分量,通常称为测量偏差。精度与随机误差有关,随机误差是总测量误差的随机分量,有时称为重复性误差。如果我们对一个量进行了多次测量并绘制了测量值的出现频率,如图2-4所示,所有测量值的均值与真值的差为常量,这就是偏差或测量的准确性。多次测量的随机误差将分布在平均值附近,如图2-4所示。

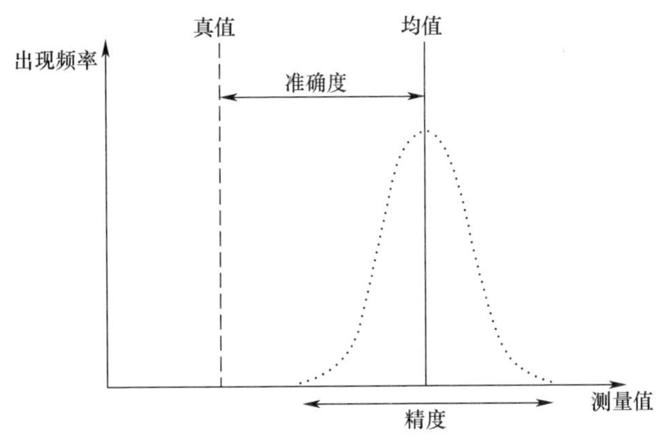

图2-4 准确度和精度定义

准确度和精度可以彼此独立。例如,可以通过改变测量技术来提高测量精度,但固定的偏差或准确度将保持不变。同样,可以通过更精准地校正仪器来减少偏差,而且如果使用相同的测量技术,精度将保持不变。校准涉及将仪器与具有已知不确定度的标准进行比较,以便我们可以量化仪器偏差。

看一个简单的例子来帮助我们理解如何在测量中获得准确度和精度。想象一下,我们射击打靶,而靶心就是真值。我们的拍摄结果显示为图 2-5 中准确度与精度的函数。图 2-5 左下方的靶子上显示了一个不靠近靶心且没有紧密堆积在一起的子弹图案,因此,它是一种低准确度和低精度的子弹图案。左上方的子弹图案更紧密地组合在一起,但它仍然没有靠近靶心,因此,它具有高精度和低准确度。右下方的子弹图案更靠近靶心,但它没有紧密堆积在一起,因此,它具有高准确度和低精度。最后,右上方的子弹图案既靠近靶心又紧密堆积在一起,因此具有高准确度和高精度。这当然是射击打靶的最佳结果,同时也是一般测量的最佳结果,也就是说,我们通常希望测量结果既准确又精确。

现在,让我们将对准确度和精度的理解与测试情况联系起来。将图 2-5 中的靶子替换为显示飞机空速的模拟仪表,如图 2-6 所示。我们评估每个仪表读取空速的准确度和精度。左下方的刻度盘描绘了一个未经校准且刻度较大的仪表,因此,从该仪表读取的空速具有低准确度和低精度。左上方的仪表没有校准,但是它的刻度更细,因此,读取的空速具有低准确度和高精度。右下方的仪表经过校准,但是它的刻度很大,因此,读取的空速具有高准确度和低精度。最后,右上方的仪表经过校准,其刻度更精细,使我们能够以高准确度和高精度读取空速。

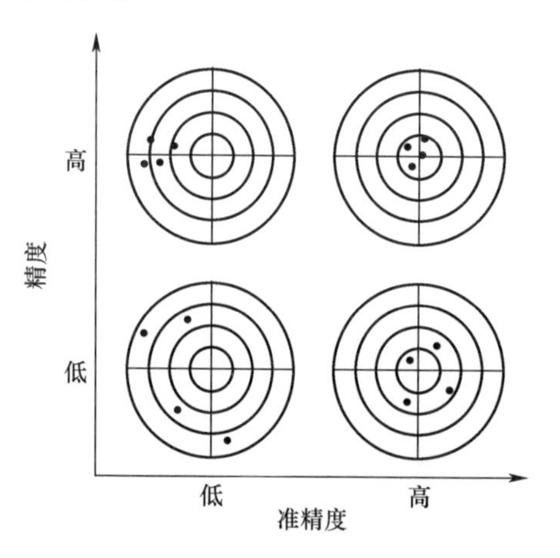

图 2-5 射击打靶时的准确度和精度

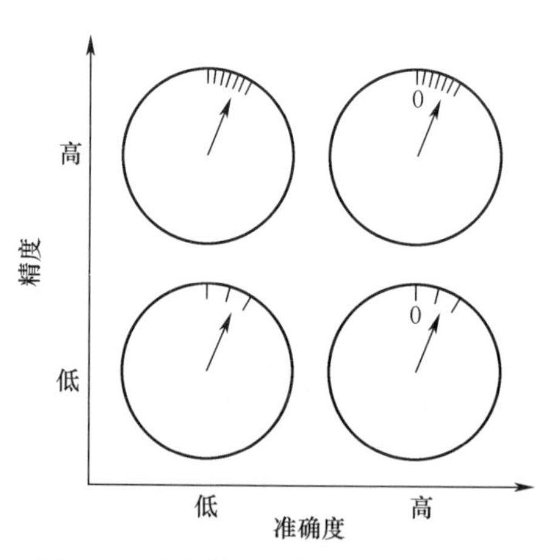

图 2-6 读取模拟仪表的准确度和精度

2.2.2.3 有效数字

作为关于不确定度的最后一个主题,我们简要介绍有效数字。无论是试验中测量时读取数据,还是试验后精简和分析数据,都要用有效数字。通常,我们在接受科学或工程教育的早期都学习过这一基础知识,但随后便将其“遗忘”,尤其是计算器和计算机可以显示无限位数的今天。

数值的有效数字表示了它的不确定度,即最后一位有效数字的数量级。举例来说，如果测量得到飞机的空速为 243.7 英里/h，其中有四个有效数字，前三位是确定的，而第四位是不确定的。因此，空速值的不确定度大约为 0.1 英里/h。

在计算中必须保留适当位数的有效数字。当数字相乘或相除时，结果的有效数字应与参与计算的数字中有效数字最少的相同。所以，如果以 1.45h 的时间乘以 243.7 英里/h 的空速，对应距离的结果应该是 353 英里（即使计算器可以提供 353.365 英里的结果）。

同样地，当数字相加或相减，结果的不确定度应与参与计算的数字中不确定度最高的相同。所以，如果以 243.7 英里/h 的空速加上 10 英里/h 的空速，得到的总和应为 253 英里/h，因为 10 英里/h 的数值具有最大的不确定度，量级为 1 英里/h。我们要注意不要将结果写成 253.0 英里/h，这是不正确的，因为它表示了不确定度的量级为 0.1 英里/h。

分数和整数被认为具有无穷多有效数字。例如，在等式 $y = x^2/2$ 中，分数恰好等于 1 除以 2，具有无穷多有效数字（0.50000……）；x 的指数恰好等于 2，具有无穷多有效数字（2.0000……）。

尽管计算器和计算机可以给出无穷多的位数，但我们要永远记得，不能赋予数字高于实际的确定度，这最终将有助于我们避免对测试数据或数值分析得出错误的结论。

例 2.3　战斧巡航导弹阻力不确定度分析

本例[5]对评估飞行器的气动阻力时使用不确定度分析做了说明。升力和阻力是决定飞行器性能和品质的两个最重要的空气动力学参数。飞行中的升力和阻力无法直接测量，必须测量其他基本参数，再通过计算得到。基本参数的测量误差和不确定度会传递至升力和阻力的计算结果中。该示例给出了以飞行试验中测量所得的多个参数计算全机阻力时应用不确定度分析的结果。

该不确定度分析应用于由通用动力公司在 20 世纪 70 年代后期设计和制造的 AGM-109“战斧”空基发射巡航导弹（ALCM）（图 2-7）。AGM-109 导弹的长度为 5.563m（18.25 英尺），机身为圆柱形，横截面为圆形，总重 1158kg（2553 磅）。该导弹有一个十字形尾翼和一个面积为 1.1m^2（12 英尺^2）的小的平直翼（无后掠）。由 Williams F107 涡扇喷气发动机提供推力。从军用飞机平台发射后，AGM-109 展开其机翼并使用其涡轮喷气发动机以亚声速飞行至目标。AGM-109 的飞行试验是美国军方在 20 世纪 70 年代后期进行的各种导弹设计的“飞行”竞赛的一部分。

由于 AGM-109 巡航导弹的飞行阻力无法直接测量，因此另辟蹊径，在飞行中测量其他基本参数（称为自变参数），由这些自变参数计算可间接得到阻力（称为因变参数）。自变的测量参数包括：可以定义飞行状况的大气温度和压力；定义航天器几何形状的翼面积；定义发动机性能的发动机气流、发动机风扇

图 2-7　雷神公司的 BGM-109 战斧巡航导弹,类似于 AGM-109 巡航导弹,
在 20 世纪 70 年代提出。AGM-109 未赢得“飞行”竞赛,未生产
(资料来源:美国海军)

转速、喷管面积和核心转速。因此,因变参数(阻力)可以在数学上表示为这些自变参数的函数。不确定度分析使用在阻力的函数表达式中扰动自变量的数值技术,以估计阻力的不确定度。

表 2-3 所列为一些不确定度分析的结果,显示了亚声速飞行条件下自变测量参数的变化对因变参数(阻力系数①)的影响。不确定度分析中的自变参数包括飞行中的测量参数及与某些确定的仪器校准相关的参数。在计算阻力系数时,将每个自变测量参数改变 1%,同时保持所有其他自变参数不变。该表显示了由于每个自变测量参数的 1%变化导致的阻力系数的最终变化。例如,海平面温度测量值变化 1%将导致阻力系数变化 4.0%。

表 2-3　自变测量参数 1%变化对 AGM-109 战斧阻力系数的影响

自变的测量参数	阻力系数的变化/%
发动机气流校准	1.2
发动机核心转速	10.9
发动机风扇转速	1.3
发动机推力校准	4.0
指示气温	0.8
进气总压力校准	3.0
喷管面积	2.5

① 无量纲阻力系数 c_D 定义为阻力 D 除以动压 q 和参考面积 S(通常取为翼面积)。阻力系数及其他气动系数将在第 3 章进行讲解。

续表

自变的测量参数	阻力系数的变化/%
海平面温度	4.0
静压	1.0
翼面积	1.0

资料来源:文献[5]中的数据。

不确定度分析的结果可以提供关于飞行器飞行阻力计算的深入理解。确定了在计算阻力时,哪些测量值是最关键的,是误差的主要来源。根据表2-3,阻力计算对喷气发动机核心转速①的测量值最敏感。如果核心转速测量值误差仅为1%,那么阻力计算中产生的误差约为11%。了解这些可以帮助确定在试验测量的什么方面投入时间、精力及经费,例如,哪些测量应更加仔细或需要更高精度的传感器。相反,不确定度分析同样提供了哪些测量不重要,不需要较多关注的信息。包括仪器校准在内的不确定度分析将表明哪些校准最为关键。例如,表2-3表明与发动机推力测量及进气总压相关的校准对于阻力计算更为关键。因此,值得花费更多精力来对其校准。

2.2.3 标量和矢量

本节,我们将简单回顾标量和矢量的几个方面。矢量具有大小和方向,这与标量只定义了大小是不同的。例如,速度和力是矢量,而密度和温度是标量。矢量用字母黑斜体表示,如矢量 $\boldsymbol{A}$。标量则仅由字母符号表示。

2.2.3.1 单位矢量和矢量大小

我们使用矢量来对各种自然规律和守恒原理进行数学表示。以矢量的形式来表达物理定律,则可以脱离坐标系的限制,被称为守恒形式。当我们准备好解决问题时,可以将这些形式转换到合适的坐标系中,通常是最适合该问题几何特性的一个坐标系。

$\boldsymbol{A}$ 可以由其分量组合表示。矢量分量的规格取决于所使用的坐标系。矢量 $\boldsymbol{A}$ 的大小定义为各分量平方和的平方根,并用绝对值符号表示为 $|\boldsymbol{A}|$,或简单地表示为 A。矢量的大小是标量。

单位矢量定义为矢量除以其大小。因此,由 $\hat{\boldsymbol{e}}_A$ 表示的 $\boldsymbol{A}$ 的单位矢量由下式给出:

$$\hat{\boldsymbol{e}}_A = \frac{\boldsymbol{A}}{|\boldsymbol{A}|} \tag{2-12}$$

---

① 发动机核心转速指位于发动机中心的涡轮机械的转速。核心转速越快,便可以吸入越多的空气从而产生越高的推力。这将在第4章进行讲解。

单位矢量具有单位长度。单位矢量有时称为归一化矢量。单位矢量和原始矢量的方向相同,即,$\hat{\boldsymbol{e}}_A$ 指向 $\boldsymbol{A}$ 的方向。单位矢量有时称为方向矢量。可以将式(2-12)重新写为

$$\boldsymbol{A} = A\hat{\boldsymbol{e}}_A \tag{2-13}$$

式中:A 为 $\boldsymbol{A}$ 的标量值。

可以看到,我们可以将矢量表示为其大小和单位矢量的乘积。

2.2.3.2 笛卡儿坐标系中的矢量

对于后面章节中的大部分讨论,我们需要知道飞行器相对于给定坐标系的方向、位置或运动。根据感兴趣的问题,坐标系的原点可以建立到飞行器上或地球上。如果建立到飞行器上,则坐标系的原点通常位于飞行器重心处。如果建立到地球上,则对于航空器的运动问题,坐标系原点一般位于地球表面;对于航天器的运动问题,坐标系原点一般位于地球中心。

在笛卡儿坐标系中,空间中点 P 的位置由相对于 3 个相互垂直的坐标轴 X、Y、Z 测量得到的 3 个坐标 (x,y,z) 确定,如图 2-8 所示。从坐标系的原点 O 到点 P 的矢量 $\boldsymbol{OP}$ 将位置矢量 $\boldsymbol{r}$ 定义到点 P:

$$\boldsymbol{OP} = \boldsymbol{r} = (x,y,z) = x\boldsymbol{i} + y\boldsymbol{j} + z\boldsymbol{k} \tag{2-14}$$

式中:x,y,z 分别为矢量 $\boldsymbol{r}$ 的分量的标量大小;而 $\boldsymbol{i}$,$\boldsymbol{j}$ 和 $\boldsymbol{k}$ 分别为沿 X,Y 和 Z 轴的单位矢量。位置矢量的大小为

$$r = |\boldsymbol{r}| = \sqrt{x^2 + y^2 + z^2} \tag{2-15}$$

如果有一个矢量,例如飞机的速度 $\boldsymbol{v}$,可以将 $\boldsymbol{v}_x$、$\boldsymbol{v}_y$ 和 $\boldsymbol{v}_z$ 定义为 $\boldsymbol{v}$ 在 X、Y 和 Z 方向的速度分量,如图 2-9 所示。因此,可以用这些分量来表示速度矢量,即

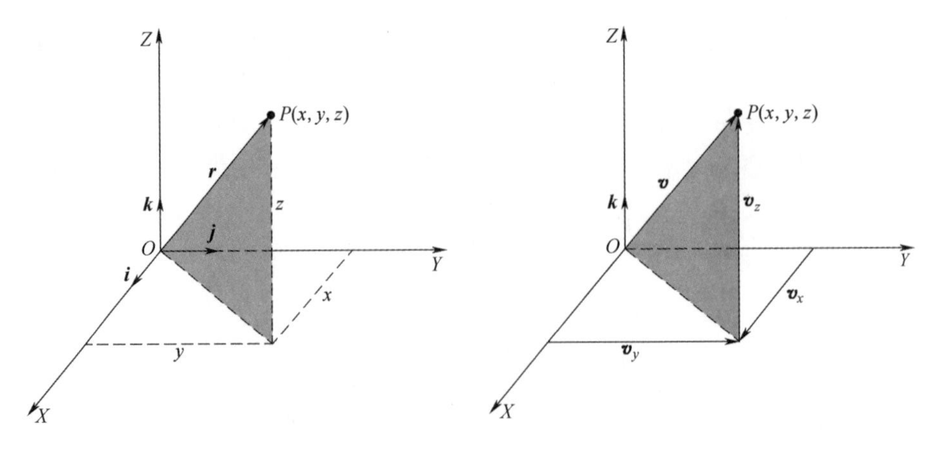

图 2-8 笛卡儿坐标系　　图 2-9 笛卡儿坐标系中的速度矢量和速度分量

$$\boldsymbol{v} = v_x\boldsymbol{i} + v_y\boldsymbol{j} + v_z\boldsymbol{k} \tag{2-16}$$

速度矢量的大小为

$$v = |\boldsymbol{v}| = \sqrt{v_x^2 + v_y^2 + v_z^2} \tag{2-17}$$

请记住,这些公式适用于任何矢量,而不仅仅是我们举例的位置矢量和速度矢量。

2.3　航空航天工程概论

本节将介绍几个基本的航空航天工程概念、定义和术语。其中一些概念读者可能从普通物理方面有所了解,但本节将重点围绕航空航天应用展开。其他概念则是航空航天工程或飞行试验的新概念。下面首先定义几个航空航天飞行器坐标系以及与之相关联的飞行器的方向和运动。然后讨论了航空航天飞行器的理想化质点模型,在该模型上应用牛顿运动定律可以分析航天器的状态。声速和马赫数被引入并用于讨论不同的飞行状态。最后,引入了几个由表格或图表抽象表达的航空航天学概念,分别是飞行包线、飞机过载系数与空速曲线,以及飞机重量和平衡曲线。

2.3.1　飞机机体坐标系

有几种不同的坐标系可用于定义航空航天飞行器的方向或姿态。对坐标系的选择通常取决于正在分析的问题类型。在本章中,通常将一个与飞机刚性连接的三维坐标系称为机体坐标系。

机体坐标系的原点位于飞机重心位置(通常称为"CG"),如图 2-10 所示。x_b轴沿着定义的参考线从飞机机头指出,该参考线可以是贯穿机身或机翼的线(通常是翼弦,第 3 章将给出翼弦的定义)。y_b轴指向飞机的右机翼,在该方向上是正的。使用右手法则,z_b轴指向飞机底部并在该方向上为正。x_b-z_b平面是一个对称平面,将飞机"切割"成对称的两半。x_b轴、y_b轴和z_b轴也分别称为纵轴、横轴和垂直轴。

当飞机在三维空间中平移和旋转时,机体坐标系固连到飞行器上,并且相对于飞行器不改变其方向。无论飞机的方向如何,x_b轴和y_b轴总是分别指向飞机的机头和右机翼。飞机的惯性矩和惯性乘积以机体坐标系为参考,因为无论飞机方向如何变化,它们都保持不变。机体坐标系通常是飞行员的参考系,因为在飞机平移和旋转时,飞行员依附于该坐标系。

飞行器的运动可以在机体坐标系内描述。通常,飞行器具有 6 个自由度——3 个线性平移和 3 个角度旋转。飞机可沿纵轴向前(如果是直升机或飞艇还可以向后)平移,沿横轴向右或向左平移,沿垂直轴向上或向下平移。如

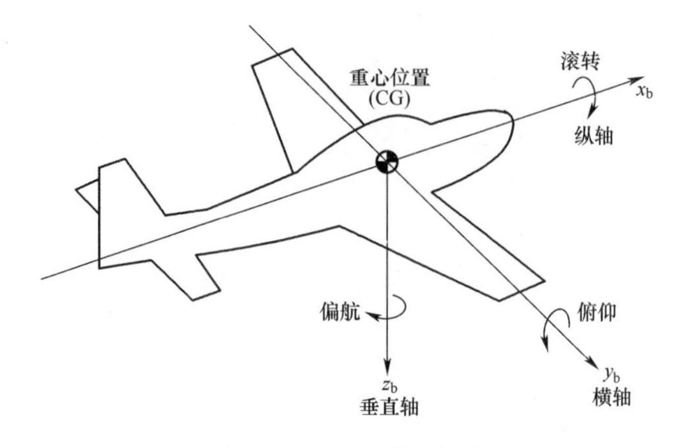

图 2-10　飞机机体坐标系

图 2-10 所示，飞机也可绕机体坐标系中任意一个轴旋转。围绕纵轴的旋转称为滚转，因此该轴称为滚转轴；围绕横轴的旋转称为俯仰，因此该轴称为俯仰轴；围绕垂直轴的旋转称为偏航，因此该轴称为偏航轴。

2.3.2　迎角和侧滑角

假设有一架以速度v_∞飞行的飞机，如图 2-11 所示，飞机机头的指向和速度矢量的方向可能并不相同。飞行器的方向可以使用相对于速度矢量的两个角度（迎角 α 和侧滑角 β）来定义。

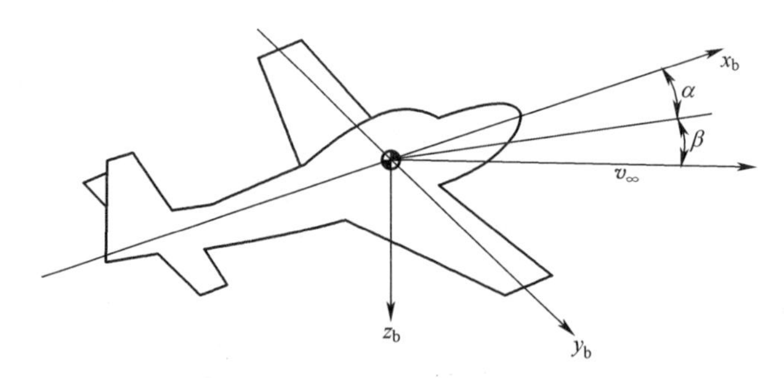

图 2-11　飞机相对速度矢量$\boldsymbol{v}_\infty$的方向

在 x_b-z_b 平面中测量的飞机迎角 α 作为飞机纵轴（z_b 轴）与 x_b-z_b 平面中速度矢量投影之间的夹角，如图 2-12 所示。速度矢量的投影由其分别沿 x_b 轴和 z_b 轴的分量 v_x 和 v_z 定义。从速度矢量投影到飞机参考线为正迎角。在第 3 章中还将定义机翼翼型截面的迎角。

飞机侧滑角 β 是飞机 x_b-z_b 对称平面与速度矢量之间的夹角。由于速度矢量不一定在 x_b-y_b 平面上，因此不在 x_b-y_b 平面中测量侧滑角。如果侧滑角为

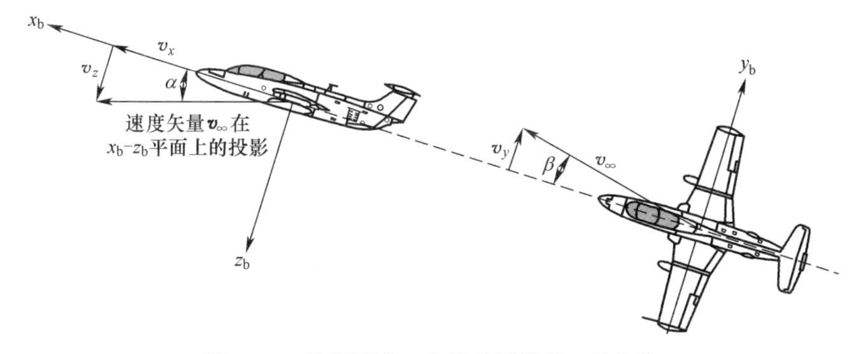

图2-12　飞机迎角α和飞机侧滑角β的定义

（资料来源：改编自 Dynamics of Flight：Stability and Control，B Etkin 和 L. D. Reid，图1.7，第16页，1996年，文献[7]，John Wiley & Sons Inc. 提供许可）

零，那么迎角仅仅是飞机纵轴和总速度矢量之间的夹角。正侧滑角是指飞机机头相对于速度矢量指向左侧。正侧滑角也称为“风在右耳”，这是机头相对于速度矢量指向左侧时飞行员在开放式驾驶舱中感觉到的。

定义速度矢量v_∞为

$$\boldsymbol{v}_\infty = v_x \boldsymbol{i} + v_y \boldsymbol{j} + v_z \boldsymbol{k} \tag{2-18}$$

式中：v_x，v_y，v_z分别为速度在x_b，y_b和z_b轴上的分量；$\boldsymbol{i}$，$\boldsymbol{j}$，$\boldsymbol{k}$分别为沿这些轴的单位矢量。

速度v_∞的大小为

$$v_\infty = \sqrt{v_x^2 + v_y^2 + v_z^2} \tag{2-19}$$

使用这些速度定义，迎角定义为

$$\alpha = \arctan \frac{v_z}{v_x} \tag{2-20}$$

并且侧滑角定义为

$$\beta = \arcsin \frac{v_y}{v_\infty} \tag{2-21}$$

迎角和侧滑角是两个重要的参数，经常用于描述飞机的方向，特别是在空气动力学、稳定性和操纵性方面。

例2.4　迎角和侧滑角的计算

飞机的速度在机体坐标系中的分量分别为$v_x = 173.8\text{kn}$，$v_y = 1.27\text{kn}$，$v_z = 13.2\text{kn}$。计算速度、迎角和侧滑角的大小。

解：

根据式(2-19)，速度为

$$v_\infty = \sqrt{v_x^2 + v_y^2 + v_z^2} = \sqrt{(173.8\text{kn})^2 + (1.27\text{kn})^2 + (13.2\text{kn})^2} = 174\text{kn}$$

根据式(2-20),迎角为

$$\alpha = \arctan\frac{v_z}{v_x} = \arctan\left(\frac{13.2\text{kn}}{173.8\text{kn}}\right) = 4.34^\circ$$

根据式(2-21),侧滑角为

$$\beta = \arcsin\frac{v_y}{v_\infty} = \arcsin\left(\frac{1.27\text{kn}}{174\text{kn}}\right) = 0.418^\circ$$

2.3.3 飞机稳定坐标系

与飞机机体坐标系类似,由 x_s轴、y_s轴和 z_s轴组成的飞机稳定坐标系连接到飞机重心,如图 2-13 所示。稳定坐标系的 y_s轴指向飞机的右翼并且与机体坐标系 y_b轴重合。为了从机体坐标系得到稳定坐标系,将 x_b 轴和 z_b 轴绕 y_b 轴旋转,旋转角度等于迎角 α,使得 x_s轴与速度矢量在 $x-z$ 平面内的投影重合,如图 2-13 所示。稳定坐标系的这种重合使得飞机升力平行于稳定坐标系的 z_s轴并且阻力平行于稳定坐标系的 x_s轴(升力和阻力分别定义为垂直于、平行于速度矢量)。气动力与稳定坐标系的坐标轴重合对于在飞行中确定升力和阻力方面很有用,将在第 3 章讨论。

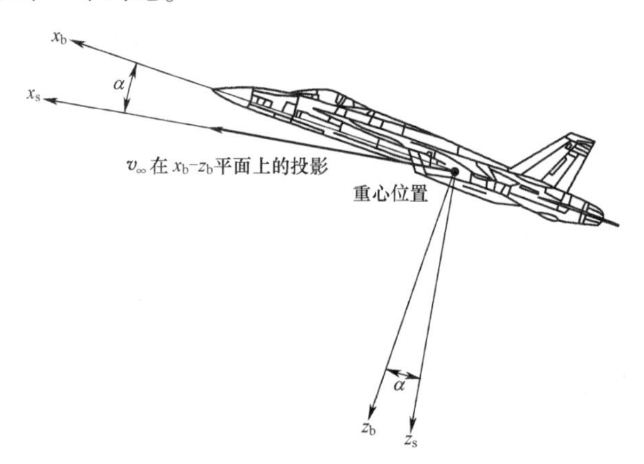

图 2-13　飞机稳定坐标系

2.3.4 飞机定位编码系统

通常用于描述飞机结构或其他部件的位置的另一个飞机坐标系是飞机定位编码系统。该系统通常在飞机设计阶段开始使用,并在飞机的全寿命周期保持使用。定位编码系统通常用于飞机技术图纸以及维护和操作手册中。飞机定位编码系统基于最初为船舶开发的系统,因此,它保留了一些受海事影响的术语。图 2-14 所示为一个飞机定位编码的示例。在美国,定位编码通常以英寸为单位表示。

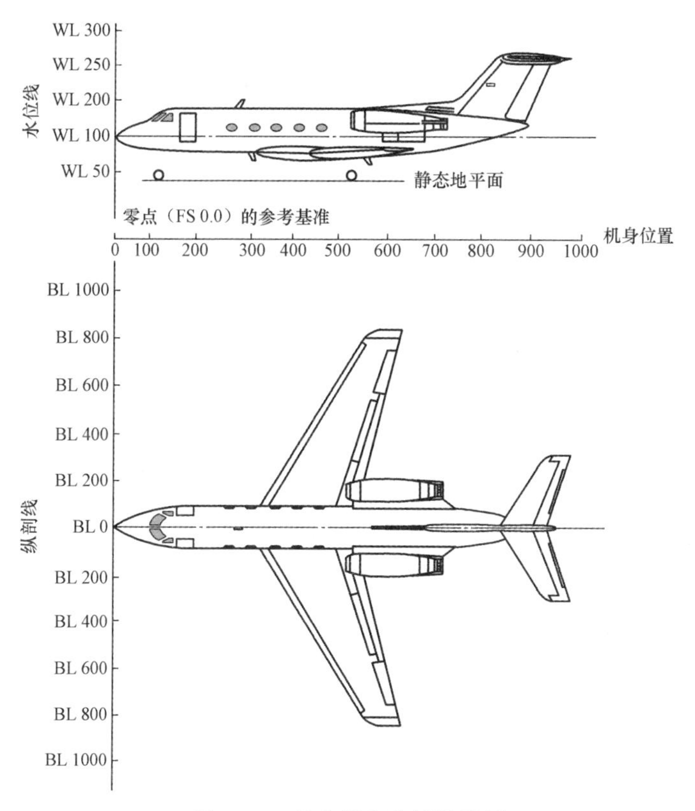

图 2-14 航空器定位编码示例

机身位置(FS)是从参考基准或零点(FS 0.0)测量的纵向距离,零点(FS 0.0)可以位于飞机前方。从参考基准向后测量得到正的机身位置。有时将零点(FS 0.0)选在飞机前方,以允许飞机在设计过程中或使用寿命内"增长"或"收缩"。使用此方案,机身位置皆为正值,并且未移动的组件保持一致不变。例如,如果在设计过程中,飞机的机头长度增加而机翼位置没有改变,则机头的 FS 减小到较小的正值,但机翼 FS 不变。

纵剖线(BL)是距参考基准的横向距离,向外为正,一直延伸到两个翼尖。纵剖线的零点(BL 0.0)几乎总是位于飞机的中心线上,因为飞机通常是对称的。在图 2-14 中,左翼尖和右翼尖都位于大约 BL 850 处。

水位线(WL)是从零点(WL 0.0)向上测量的垂直距离,零点(WL 0.0)为机身中的主要纵向结构构件或飞机下方的地平面。在图 2-14 中,垂尾的顶部位于 WL 275 附近。

2.3.5 自由体受力图和 4 种力

当飞机飞行时,为了方便,将飞机视为质点,也就是说,假设飞机的所有质量都集中在一个点上,称为质心或重心(CG)。该假设使得我们将飞机运动分析视为自由体问题,即由不同力作用的单个质点的运动,其不受周围环境的影响。自由体受力图用质点表示了飞行器,并用矢量表示了作用在其上的力的大小和方向。

在许多情况下,我们将牛顿第一和第二运动定律应用于自由体受力图,以便分析飞行器的状态或运动。牛顿第一定律指出,无论是静止(零速度)还是以匀速运动,物体将保持平衡状态。牛顿第二定律涉及非平衡状态,其中作用于物体的合外力等于物体的动量 $m\boldsymbol{v}$ 随时间的变化率。假设物体的质量是恒定的,因此牛顿第二定律变为

$$\sum \boldsymbol{F} = \frac{\mathrm{d}}{\mathrm{d}t}(m\boldsymbol{v}) = m\frac{\mathrm{d}\boldsymbol{v}}{\mathrm{d}t} = m\boldsymbol{a} \tag{2-22}$$

式中:$\boldsymbol{a}$ 为速度随时间的变化率,即加速度。

在文中,我们考虑了飞机运动的两种情况,即匀速直线运动和曲线变速运动。匀速飞行与爬升、巡航和下降飞行相关,变速飞行与起飞、着陆和盘旋飞行相关。第 5 章中,通过将牛顿定律应用于飞行器平飞运动来分析飞行器的性能。在第 6 章中,通过将牛顿定律应用于飞行器的曲线或旋转运动来分析飞行器的稳定性和操纵性。

2.3.5.1 定直匀速飞行

对于非加速飞行的情况,加速度为零,速度不变,式(2-22)简化为

$$\sum \boldsymbol{F} = 0 \tag{2-23}$$

现在绘制一架飞机以恒定高度和恒定空速在水平方向匀速飞行时的受力图(自由体受力图),如图 2-15 所示,飞机的航迹与地球表面平行,其速度为 v_∞。有 4 种不同的力作用于飞机,即升力 L、阻力 D、推力 T 和重力 W。其中,升力垂直于速度矢量,阻力平行于速度矢量。推力沿着推进系统限定的矢量方向,由相对于速度矢量的推力矢量角 α_T 限定表示。为简单起见,通常假设推力矢量角为零,使推力平行于速度矢量。重力沿着重力矢量朝着地球中心的方向。忽略地球的曲率,重力向下作用。

如果假设图 2-15 中的飞机处于匀速水平飞行,即以恒定高度和恒定空速飞行,则可将式(2-23)应用于垂直和平行于速度矢量的方向上的力,以获得:

$$\sum F_\perp = L - W = 0 \tag{2-24}$$

$$\sum F_\parallel = T - D = 0 \tag{2-25}$$

式中:$F_\perp$,$F_\parallel$ 分别为垂直和平行于速度矢量的力的分量。

显然,对于匀速水平飞行,升力等于重量,推力等于阻力,即

$$L = W \tag{2-26}$$

$$D = T \tag{2-27}$$

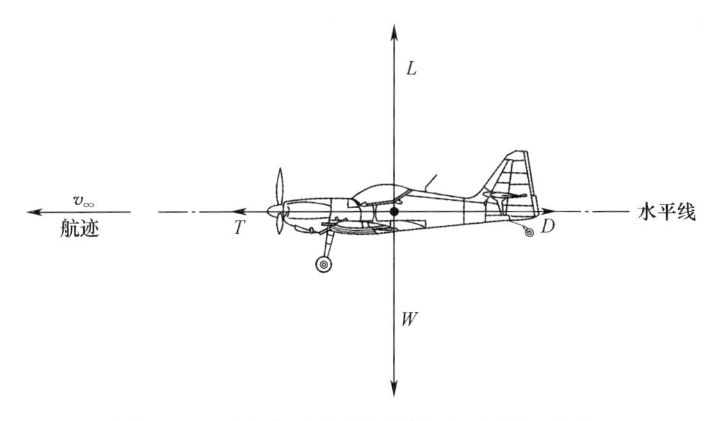

图 2-15 定直匀速飞行中作用于飞机的 4 种力

尽管很简单，但这种平衡关系在将来的分析中将是有用的。如果用式(2-27)除以式(2-26)，得到一个表达式，在匀速水平飞行时，推重比(T/W)与飞机的升阻比(L/D)相关，即

$$\frac{T}{W}=\frac{1}{L/D} \tag{2-28}$$

这两个无因次比是飞机空气动力学、性能和设计的许多方面的重要参数。一般而言，推重比是推进力学相关参数，升阻比是空气动力学相关参数。推力取决于推进系统，重量是飞机结构、有效载荷和燃料的函数。可以在飞行期间改变推力，例如通过飞行员选择不同的油门设置。由于燃料消耗，飞行期间飞机总重量也会变化，通常是随时间减少。因此，推重比在飞行期间连续变化，在不同的飞行阶段如起飞、巡航或着陆具有不同的值。推重比用于度量推进系统加速飞机的能力。可以通过将牛顿第二定律应用于推进系统推力($T = ma$)和飞机重量($W = mg$)来看出这一点，即

$$\frac{T}{W}=\frac{ma}{mg}=\frac{a}{g} \tag{2-29}$$

式中：m 为飞机质量；g 为重力加速度；a 为飞机加速度。

式(2-29)表明飞机的加速度与推重比成正比。较高的推重比表明飞机具有较高的加速或爬升能力。如果推重比大于 1，则飞机能够在垂直爬升中加速。高性能战斗机可能具有这种能力，这也是垂直起飞火箭飞行器的要求。

各种类型飞行器的推重比如表 2-4 所列。飞机推重比通常定义为在海平面处产生的最大静推力除以飞机最大起飞重量。单独的火箭发动机也引用了推重比，在没有机体结构的情况下作为发动机加速能力的度量。

升阻比是衡量飞机空气动力学效率的指标。相对于气动阻力，飞机产生的升力越大，其空气动力学效率就越高。升力和阻力受到飞机机翼尺寸和设计的

强烈影响,而且升力和阻力以及升阻比随空速而变化。我们经常对升阻比的最大值感兴趣,表示为 $(L/D)_{max}$。表 2-4 列出了各种类型飞行器的升阻比。要仔细查看这些值,以获得对不同类型飞行器升阻比的“感觉”。

表 2-4 各种类型的航空航天器的升阻比和推重比

航空航天器类型	升阻比 L/D	推重比 T/W
莱特兄弟“飞行者”1号	8.3	—
通用航空飞机	7~15	—
高性能滑翔机	40~60	—
商用客机	15~25	0.25~0.4
军用战斗机	4~15	0.6~1.1
直升机	4~5	—
太空舱(“阿波罗”舱)	约0.35(再入)	—
升降太空飞机(航天飞机)	4~5(亚声速滑翔)	1.5(升空)

注:除非另有说明,否则上述值均适用于巡航飞行条件。

2.3.5.2 匀速爬升飞行

考虑匀速爬升飞行的情况,当飞机以恒定的空速爬升,如图 2-16 所示。航迹角 γ 定义为飞机速度矢量和地平线之间的夹角。升力、阻力、重力和推力 4 种力作用在飞机的重心上。同样,假设推力矢量角为零,即推力与速度矢量方向重合,重力垂直向下,相对于垂直于航迹的方向形成夹角 γ。

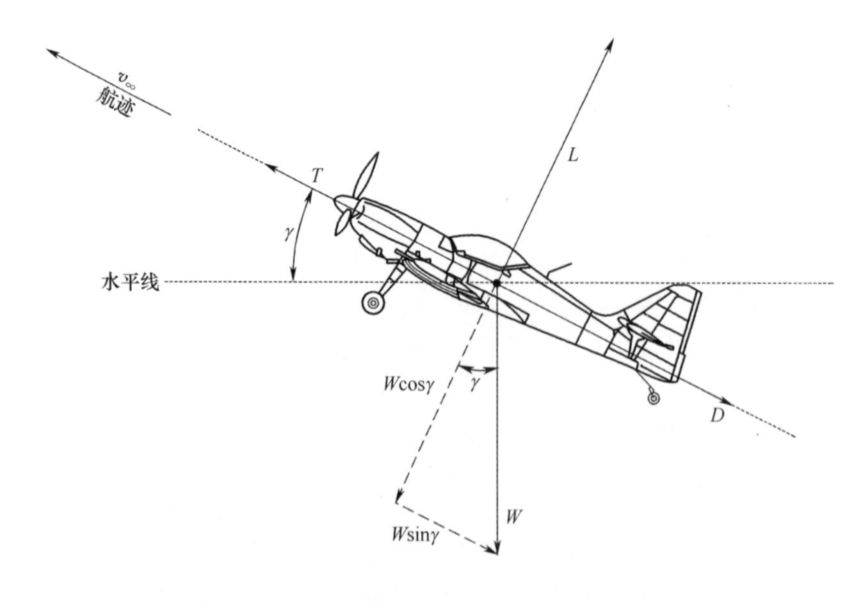

图 2-16 无加速爬升飞行中作用于飞机的 4 种力

飞机匀速爬升，因此，式(2-23)仍然有效。分析垂直和平行于航迹的力，有

$$\sum F_{\perp} = L - W\cos\gamma = 0 \tag{2-30}$$

$$\sum F_{\parallel} = T - D - W\sin\gamma = 0 \tag{2-31}$$

求解升力和阻力，有

$$L = W\cos\gamma \tag{2-32}$$

$$D = T - W\sin\gamma \tag{2-33}$$

求解式(2-33)的推力，有

$$T = D + W\sin\gamma \tag{2-34}$$

式(2-32)表明，对于飞机以恒定的空速爬升，其升力必须等于重力在垂直航迹上的分量。式(2-34)表明，对于匀速爬升，飞机推力必须等于阻力加上重力沿航迹反方向上的分量。比较式(2-34)和式(2-27)的平直飞行，可以看到，正如预期的那样，恒定空速爬升需要的推力比恒定空速平飞需要的多，增加的力等于 $W\sin\gamma$ 。注意水平飞行情况下，匀速飞行仅仅对应于零航迹角的情况。

2.3.5.3 匀速下降飞行

接下来考虑飞机以恒定空速下降的稳定匀速飞行的情况，如图 2-17 所示。由于航迹指向水平线下方，因此航迹角为负 γ。以角度 θ 定义负航迹角的大小。同样有 4 种力，即升力、阻力、重力和推力作用在飞机的重心上。类似地，假设推力矢量角为零，即推力与速度矢量对齐。重力垂直向下，相对于垂直于飞行路径的方向形成角度 θ。

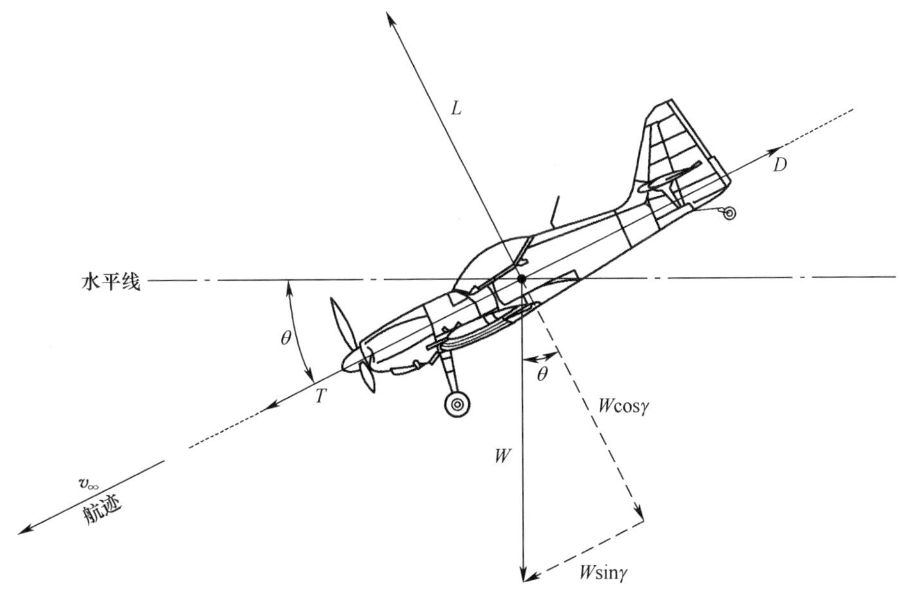

图 2-17 无加速下降飞行中作用于飞机的 4 种力

飞机匀速下降,因此式(2-23)仍然有效。分析垂直和平行于航迹的力,有

$$\sum F_{\perp} = L - W\cos\theta = 0 \tag{2-35}$$

$$\sum F_{\parallel} = T - D + W\sin\theta = 0 \tag{2-36}$$

求解升力和阻力,有

$$L = W\cos\theta \tag{2-37}$$

$$D = T + W\sin\theta \tag{2-38}$$

求解式(2-38)的推力,有

$$T = D - W\sin\theta \tag{2-39}$$

式(2-37)表明,对于恒定的空速下降,飞机升力必须等于重力在垂直于航迹方向上的分量。式(2-39)表明,对于匀速下降,飞机推力等于阻力减去重力在飞行航迹方向上的分量。因此,我们注意到在恒定空速下降飞行时所需的推力小于恒定空速平直飞行或爬升飞行时所需的推力,因为在推力方向上存在重力分量 $W\sin\theta$。再次注意,匀速平直飞行对应于零航迹角的情况。

总之,通过使用质点假设的方式,绘制自由体受力图并应用牛顿第二运动定律,可以得到将力与飞行器的状态相关联的公式。后续,我们将此过程应用于许多飞行器运动问题,尤其是在分析飞行器空气动力学、性能、稳定性以及操纵性方面。

2.3.6 FTT:配平飞行

飞行试验技术中首先介绍配平飞行是合适的,因为这种飞行状态是其他大多数飞行试验技术的起点。配平飞行是一种平衡的飞行状态,飞机处于稳定、匀速的飞行中。配平飞行可能是概念上最简单的飞行试验技术,但也是对正确操作执行最严苛的飞行试验技术之一。如果没有正确地执行该设置操作,将难以获得高质量的飞行试验数据。

在配平状态下,作用在物体上的所有力形成平衡力系,并且力矩为零。对于具有传统飞控的飞行器,通过将升降舵、副翼和方向舵分别设置到各自的配平位置,从而将俯仰、滚转和偏航力矩减小到零,来获得配平状态。通常,通过使用配平装置(例如舵面位置驱动器或配平调整片)将舵面固定在所需的配平位置。在这种配平的状态下,飞行员感觉到的驾驶杆力为零。建立起此配平状态的点称为配平点(虽然物体在配平点处于平衡状态,但如果物体在这个配平点受到干扰,并不能保证其仍然保持平衡。我们将在第 6 章中关于静态和动态稳定性的部分讨论这一问题,此处暂不深究)。

虽然可以在转弯、爬升或下降过程中设置配平飞行,但我们通常对飞机在恒定高度、恒定空速和恒定姿态下进行配平飞行更感兴趣。然而,这 3 个参数并不是相互独立的。例如,如果航空器在恒定的高度和空速下平飞,其姿态由于大气湍流轻微的干扰而脱离平衡状态,则其空速发生变化(假设高度保持不变)。

在设置配平的过程中，一般使用姿态飞行这一基本飞行技术。姿态飞行指参考“外部世界”或地平线驾驶飞机。通过外部参考，飞行员可以在驾驶舱仪器显示变化之前就感知到飞机姿态的微小变化。高度计（测量高度）和空速指示器是压力传感器，由于测量压力所需的气路长度和其他仪器因素，这些传感器在显示读数时容易滞后。姿态飞行使飞行员能够感知微小的姿态变化，在空速发生改变之前用很小的修正使飞机校正回到配平状态。

为了设置配平，首先需将飞机稳定在恒定高度，并设定恒定功率。发动机可能需要几十秒甚至几分钟才能完全稳定。然后通过姿态飞行设定适当的飞机姿态来建立所需的空速或马赫数。过程中可能需要进行再一次功率调整以降低爬升或下降速率来保持恒定的高度。先通过合适的驾驶杆力保持飞机的姿态，然后通过设置适当的配平装置将驾驶杆力配平为零。横向和航向控制（副翼和方向舵）分别用于保持平直（机翼水平）的姿态和恒定的航向。可以通过放开操纵装置验证恒定高度、空速以及姿态下的配平状态是否稳定来检查配平飞行的准确性。在设置配平的过程时必须不断调整，以使所有飞行参数稳定。

艾克斯特 300 飞机演示了配平飞行过程（照片如图 1-21 所示，三视图如图 1-22 所示）。艾克斯特 300 是一款单发、中单翼、高性能、双座特技飞机。它由单个能产生 300 马力（224kW）的莱康明 AEIO-540-L1B5 吸气、风冷、水平对置、六缸活塞发动机提供动力。该发动机专为特技飞行而设计，其供油系统能够在持续倒飞的情况下为发动机供油。1988 年 5 月 6 日是艾克斯特 300 的首飞。表 2-5 所列为艾克斯特 300 的部分规格。

表 2-5 艾克斯特 300 的部分规格

项　　目	规　　格
主要功能	通用航空，高级特技飞行
制造商	德国艾克斯特飞机公司（Extra Aircraft）
首次飞行	1988 年 5 月 6 日
人员	1 名飞行员+ 1 名乘客
动力装置	莱康明 AEIO-540-L1B5 六缸发动机
引擎功率	在 2700r/min 时，300 马力（224kW）
空重	1643 磅（745. 3kg）
最大总重	2095 磅（950. 3kg）
长度	23. 4 英尺（7. 12m）
高度	8. 60 英尺（2. 62m）
翼展	26. 25 英尺（8. 0m）
机翼面积	115. 2 英尺^2（10. 7m^2）
翼载	16. 7 磅/英尺^2（81. 3kgf/m^2）
翼根翼型	MA15S（对称，相对厚度 15%）

续表

项　　目	规　　格
翼尖翼型	MA12S(对称,相对厚度 12%)
最大巡航速度	158kn(182 英里/h,293km/h)
升限	17000 英尺(5200m)
过载系数限制	+10.0g,-10.0g

根据需要从后端驾驶舱单独驾驶飞机,从而保持单人飞行的重心限制。先进行配平飞行,然后从该状态进入下一个机动动作,通过最大效率副翼滚转将飞机围绕其纵轴完成 360°滚转。此操作所需的配平飞行条件为:空速 155kn(178 英里/h,287km/h)、海拔高度 7000 英尺(2100m)。

如图 2-18 所示,后端驾驶舱的飞行控制装置包括一个用于俯仰和滚转控制的中央驾驶杆和用于偏航控制的方向舵脚蹬。位于驾驶舱右侧的俯仰配平杆可以向上或向下转动,以将驾驶杆俯仰力减小到零。驾驶舱左侧的可前后移动的油门杆控制发动机动力。驾驶舱仪表包括用于显示空速和高度的圆形模拟指示器以及电子飞行信息系统(EFIS)显示器。飞行试验数据由 3 个机载数据源提供给 EFIS:全球定位系统(GPS)接收器、发动机信息系统、姿态和航向参照系(AHRS)。该系统可以提供飞机空速、高度、姿态、位置数据以及发动机信息、三维线性加速度和角速度等数据。飞行试验数据以 10 个/s 样本或 10Hz 的采样率被采集。配平飞行 FTT 采集的主要飞行试验数据是空速、高度、俯仰和滚转角度以及滚转角速度。驾驶舱仪表中不包括人造水平仪,这是一种可以确定飞机俯仰和滚转姿态的仪器。因而在设置配平状态时需要参考外部的地平线进行基本的姿态飞行。

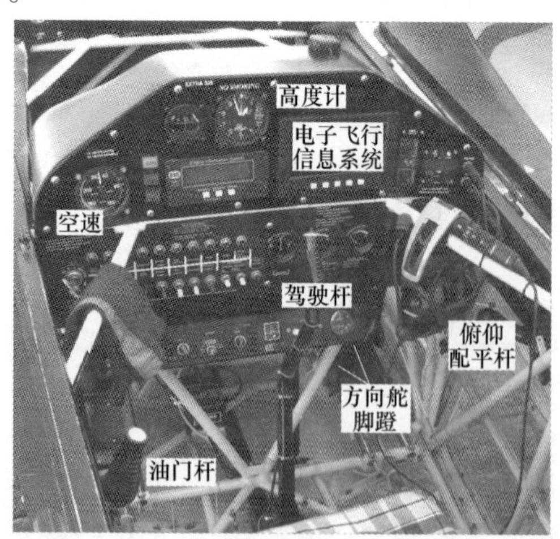

图 2-18　艾克斯特 300 飞机的后端驾驶舱和仪表板
(资料来源:拍摄者提供)

在查看了仪器和数据系统之后,准备好开始飞行。由于清晨大气出现湍流的可能性较小,因此可以选择在此时进行试飞,且静止空气将使设置稳定的配平状态变得更容易,能够获得高质量的试验数据。进入 Extra 300 后端驾驶舱,系好安全带,启动莱康明发动机,然后滑行到跑道准备起飞。将发动机功率开至最大,飞机起飞并开始爬升。在爬升稳定后,设置略低于最大功率的爬升功率。当高度达到 7000 英尺,轻轻前推驾驶杆使飞机稍稍低头,并设置配平状态。

可以根据地平线调整机头姿态,以保持恒定的高度飞行。在发动机稳定 15s 后,确认高度和空速稳定。海拔高度恒定在 7000 英尺,空速稳定在 160kn(184 英里/h,296km/h),比目标空速要快。此时使用姿态飞行对机头姿态进行微调,使其相对于地平线略微抬起,以降低空速,并在先前设置的爬升功率的基础上减小功率,以防止飞机爬升。注意所有这些调整都是微调,而且要在每次调整之间留出时间以使飞行状态稳定。当一切稳定时,分别操作侧杆和脚蹬进行非常小的滚转和偏航调整,小心翼翼地保持平直的姿态和恒定的航向。经过一段时间后,飞机在空速、高度和姿态方面看起来都很稳定。由于之前保持了部分俯仰操纵力来维持此配平状态,因此需要缓慢移动俯仰配平杆以将此力减小到零。最后,通过小心翼翼地松开驾驶杆来检查配平状态,并确认飞行状态稳定。空速和高度分别稳定在 155kn 和 7000 英尺。保持这个配平状态几秒钟以确保没有任何变化。通过耐心精确的姿态飞行,成功为机动试验设置了稳定的配平状态。

要执行最大速率滚转机动,需要快速地左压驾驶杆到极限,同时尽量避免任何俯仰输入。艾克斯特 300 具有全翼展副翼,几乎延伸到每个机翼的全长,因此当飞机围绕其纵轴旋转 360°时,滚转几乎是难以看清的。在飞机滚转时经过倒飞回到正飞时,将驾驶杆快速居中以停止滚转。机动试验完成,下降着陆。着陆后,可以从数据系统下载飞行试验数据。您对配平飞行很满意,而且数据会更真实地反映它是多么稳定。

平飞和滚转试验的数据如图 2-19 所示。纵轴上参数为时间的函数,通常称为“带状图”格式。该图从上向下绘制的参数分别是空速、高度、滚转角速度、俯仰角和滚转角。俯仰角是飞机纵轴和地平线之间的夹角,表示飞机机头相对于地平线指向的位置。滚转角是机翼相对于地平线的夹角。如图 2-19 所示,配平段的数据位于垂直虚线的左侧,滚转机动位于右侧。

检查配平飞行的数据,从机动前最重要的几秒钟数据来看。海拔高度稳定在 7000 英尺;空速约为 154 海里,比 155 海里的目标低约 1 海里;俯仰角稳定在约 5°。由于测试机动是副翼偏转,因此配平在零倾斜角和零角速度下开始至关重要。如果在机动开始时这些参数非零,则难以准确地确定飞机滚转性能。这又一次强调了配平飞行的重要性。数据显示,机翼是水平的,倾斜角为零并且角速度为零。根据数据,在开始滚转操作之前,配平飞行看起来正确且稳定。

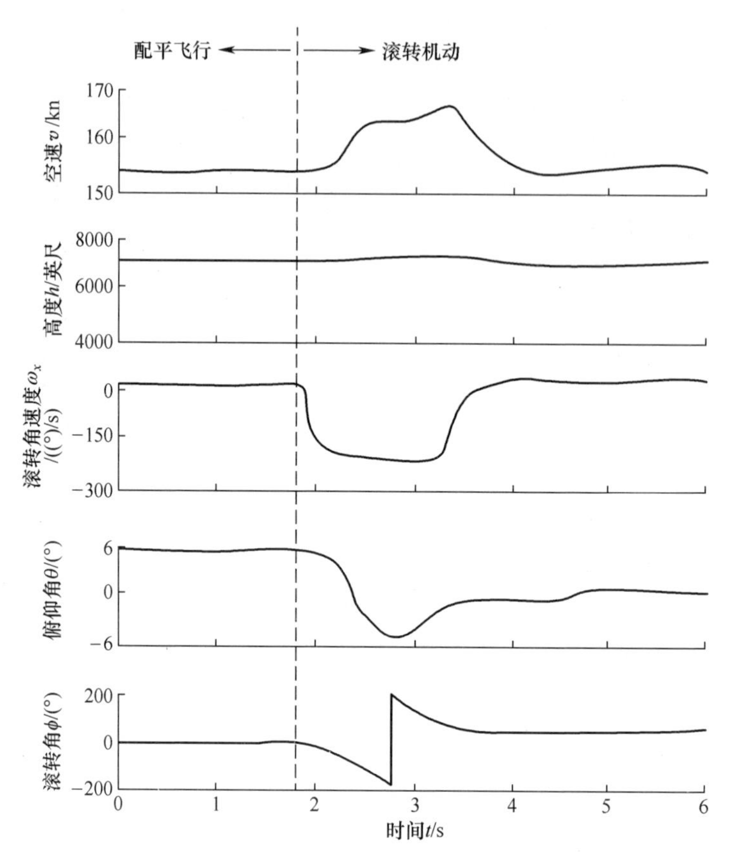

图 2-19　艾克斯特 300 配平飞行后进行最大速率副翼滚转的飞行数据
（资料来源：作者根据文献[28]中的数据趋势创作的图，经 Christopher Ludwig 许可）

滚转机动在不到 2s 的时间内完成。可以看到滚转角度从-180°到+180°，表示 360°滚转。滚转过程中高度保持不变，而空速增加，表明操作过程中机头下降，同时俯仰角的减小也证实了这一点。评估滚转性能特别感兴趣的一项参数是滚转速率。从数据可以看出，最大滚转速率约为 250(°)/s。由于达到最大滚转速率及从滚转恢复平飞都需要时间，所以在为时 2s 的滚转机动内该最大滚转速率持续时间不足 1s。对副翼滚转的查看展示了可以从一些适当选择的测量参数中获得的分析细节的程度。

2.3.7　马赫数和飞行状态

第一架成功飞行的机体重于空气的飞机——莱特兄弟的“飞行者”，其最大空速约为 12 英里/h(19km/h)。其首飞短短 20 年后，在 20 世纪 20 年代的施耐德杯飞行比赛中，飞机速度达到 200 英里/h(320km/h)。到 20 世纪 40 年代，第二次世界大战的战斗机在水平飞行中速度超过了 400 英里/h(640km/h)。然后在 1947 年 10 月 14 日，贝尔 X-1 试验机成为历史上第一架飞行速度超过声速的飞机。例行的超声速飞行很快成为现实。1961 年 4 月 12 日，尤里·加加林搭乘着苏联的“东方”1 号飞船，以 17000 英里/h(27400km/h)或几乎 25 倍声速的速度进入地球大气层，成为第一个以高超声速飞行的人。从月球返回的“阿波罗”号宇宙飞船的再入速度达到了声速的 36 倍，是载人航天器中飞行速度最快的。

在这些实例中，随着空速增加，速度的大小与声速有关。声速就是声波在空气中传播的速度(当然，声波也可以穿透除空气之外的其他介质，如水或其他气体，并且对于任何给定的介质都有相应的声速)。在第 3 章中，我们将说明声速是气体特性和气体温度的函数。然而，就目前而言，让我们对空气中声速的大小有一种直观“感受”。在海平面和 59℉(519°R，288K)的温度下，空气中的声速为 661.6kn(761.3 英里/h，1116.6 英尺/s，340.2m/s，1225km/h)。这看起来可能很快，但是当我们实际考虑它时它才有意义。当有人从房间对面与您说话时，他们的话语会通过声波传到您的耳朵里。您可以瞬间听到这些声音，因此声波以超过 700 英里/h 的速度行进是有道理的。

空速(v)与声速(a)之比是一个无量纲数，称为马赫数(Ma)，定义为

$$Ma \equiv \frac{v}{a} = \frac{\text{空速}}{\text{声速}} \tag{2-40}$$

让我们从空气分子运动的角度来思考马赫数。流速是空气分子的定向运动，也就是说，空气分子都在同一方向上运动。而声速与空气分子的随机运动有关，是空气温度的函数。温度越高，空气分子越“激动”，随机运动越剧烈。因此，马赫数可以在物理上被解释为空气分子的定向运动与随机热运动的比率。

那么，为什么我们经常使用马赫数来量化飞行的速度而不仅仅是使用空速？答案是，通过使用马赫数，我们不仅可以量化流速的大小，而且可以表明流体的部分物理特性。当改变流体的马赫数时，流体的物理性质会发生明显的变化。请记住这一点，因为我们要根据流体的特定物理现象和特性来定义各种流体状态。

为了探索各种飞行状态，让我们考虑 F-18 熟练飞行期间发生的事情。坐在海平面跑道上的驾驶舱内，假设空气温度为 59℉(519°R，288K)。发动机正在运转，产生的声波以大约 760 英里/h(1200km/h)的速度从各种方向远离飞机。对于 $Ma=0$ 这种情况，如图 2-20 所示，其中声波形成从中心发出的同心圆。

当 F-18 在 30000 英尺(9100m)处飞行时，我们查看了几个驾驶舱仪表。空速表读数为 350kn(403 英里/h，644km/h)，外部空气温度(OAT)为 -48℉(412°R，229K)，马赫数约为 0.6。如第 3 章所述，声速与温度的平方根成正比，因此声速在 30000 英尺(a_{30000})时由下式给出：

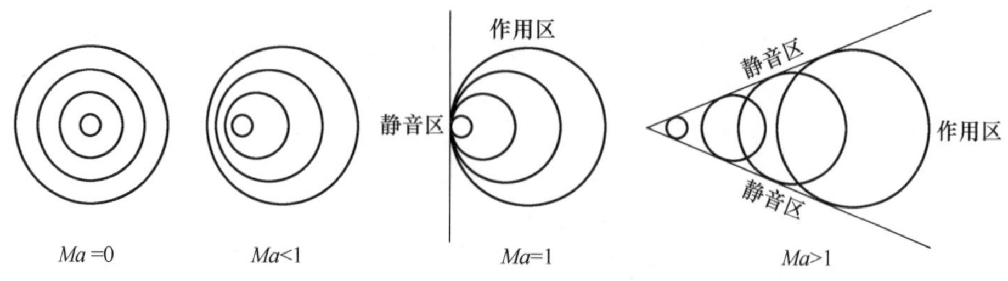

图 2-20　对应于不同马赫数的声波模式

$$\frac{a_{30000}}{a_{SL}}=\sqrt{\frac{T_{30000}}{T_{SL}}}=\sqrt{\frac{412°R}{519°R}}=0.891 \tag{2-41}$$

$$a_{30000}=0.891a_{SL}=0.891\times 661.6\text{kn}=589\text{kn} \tag{2-42}$$

式中：T_{30000} 为 30000 英尺高度的空气温度；T_{SL} 为海平面的空气温度；a_{SL} 为海平面的声速。

根据式(2-40),30000 英尺高度的马赫数 Ma_{30000} 为

$$Ma_{30000}=\frac{v_{30000}}{a_{30000}}=\frac{350\text{kn}}{589\text{kn}}=0.594 \tag{2-43}$$

这与读到的马赫数一致。该飞机处于亚声速飞行状态,其速度小于声速,马赫数小于 1。来自发动机的声波仍在以声速传播,但由于飞机具有前飞速度,声波在飞机前“聚集”并在飞机后方展开,如图 2-20 中马赫数小于 1 的部分所示。在亚声速飞行状态下,气流的特性,如空气温度和压强,在整个流动过程中平稳连续地变化。在第 3 章中,我们将看到在大部分亚声速状态下,气流的空气密度保持恒定或接近,这称为不可压缩流。

回到 F-18 飞机,飞机在 30000 英尺处平稳飞行了一会儿后,进行了水平加速。在加速过程中透过驾驶舱的侧面,我们看到飞机机翼上有一些明暗相间的阴影线在“跳动”。此刻瞥一眼空速指示器,注意到空速大约为 530kn (610 英里/h,982km/h)。计算对应于这个空速和高度的马赫数。由于加速是在 30000 英尺的恒定高度进行的,因此声速仍为 589kn,因此马赫数为

$$Ma_{30000}=\frac{v_{30000}}{a_{30000}}=\frac{530\text{kn}}{589\text{kn}}=0.900 \tag{2-44}$$

在水平加速期间,飞机的马赫数从约 0.6 增加到 0.9,从亚声速飞行状态过渡到跨声速飞行状态。两个时刻的气流可以定义为马赫数小于 0.8 的亚声速气流和马赫数小于 0.8、小于 1.2 的跨声速气流。在跨声速飞行状态中,飞机的周围同时存在亚声速流和首次出现的超声速流。超声速流定义为马赫数大于 1 的气流。在跨声速混合流的局部区域,气流从亚声速加速到马赫数略大于 1 的超声速。超声速流再通过激波会突然地重新转变为波后的全局亚声速流。通过激

波，气流马赫数从大于1间断地突降到小于1。其他热力学特性（压强、温度、密度等）通过激波也会发生不连续的变化。在没有超声速流的其他部分，因为流动是亚声速的，流体特性连续变化。除了产生激波的局部区域外，在跨声速飞行状态中飞机周围的声波模式类似于我们刚刚描述的亚声速流动中的声波模式。

随着F-18继续水平加速，马赫数达到1，意味着它以等于声速的空速行驶。飞机以与发动机噪声相同的速度前飞，因此这些声波不能向飞机前方传播，相对于飞机保持静止，如图2-20中马赫数为1的部分所示。在声波不能行进的上游区域（称为静音区）和仍然可以听到声音的下游区域（称为影响区）之间，声波重叠或聚结形成近乎垂直的分界线。

随着F-18加速到马赫数约为1.2，它进入了超声速飞行状态。飞机比发动机发出的声波行进得更快，因此声波开始“落后”，如图2-20中马赫数大于1的部分所示。来自声波的波前开始在飞机周围形成锥形激波，声波不能通过该锥形边界向上游传播。在超声速流态中，激波上游的流态完全是超声速的，马赫数大于1。气流的物理特性，如压强和温度，通过激波不连续地变化。与亚声速流不同，超声速流中空气是可压缩的，因而空气密度应当认为是变化的。

表2-6总结了由马赫数确定的不同飞行状态。如果我们可以在F-18中以更高的马赫数飞行，将达到马赫数超过5的高超声速飞行状态。此时，激波相对于来流方向以更陡的角度形成，并且通过这些强烈的激波，气流的物理特性将有更大的突变。在如此高的马赫数下，气流具有巨大的动能。高超声速流同时也是高温流，这将在第3章中进一步讨论。

表2-6 基于马赫数的飞行状态分类

飞行状态	马赫数范围	气流物理特征
亚声速	$Ma<0.8$	气流特性平滑变化 恒定密度（不可压缩流） 声学干扰（声波）可以向前传播
跨声速	$0.8<Ma<1.2$	存在亚声速流和局部的超声速流 超声速流以激波结束
超声速	$1.2<Ma<5$	气流中存在激波和膨胀波 激波的不连续流特性 气流密度不恒定（可压缩流） 声学干扰（声波）不能向前传播
高超声速	$Ma>5$	激波比超声速流更贴近机体 传热很高 高温、化学反应流

请记住，区分不同流态的马赫数只是近似值。实现不同流动状态效果的马赫数还可以根据诸如飞机几何形状的因素而变化。例如，细长的物体不会像非

纤细的较厚的物体那样干扰流动,因此细长物体上跨声速激波的出现发生在比非细长物体稍高的马赫数上。

最后,我们看图 2-21,一张超声速流中子弹的照片,使用流动可视化技术使激波可见。这是有史以来第一张在超声速流中捕捉到激波的照片。这张照片是由 19 世纪的奥地利物理学家 Ernst Mach(1838—1916 年)拍摄的,之后马赫数就是以他的名字命名的。Ernst Mach 首次发现了超声速流的许多原理,并开发了可视化这些流的光学技术。激波在子弹的前部清晰可见,以一定角度靠向下游。从子弹和子弹后面的湍流尾迹中还可以看到较弱的波。

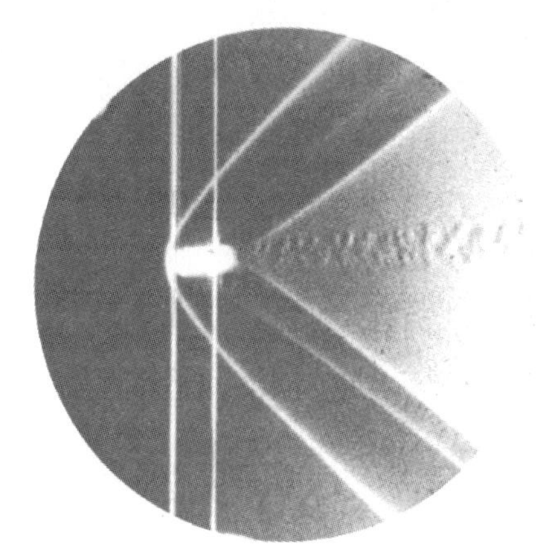

图 2-21　Ernst Mach 拍摄的超声速子弹的照片。流动从左到右,两条明亮的垂直线是用于触发摄影光源的"转捩"线
(资料来源:Ernst Mach,1888 年,PD-old-70)

2.3.8　飞行包线

飞行包线描绘了飞机在不同高度与马赫数或空速下的稳定平飞状态曲线,如图 2-22 所示。它限制了飞机的空速和高度范围,从最小空速到最大空速,从海平面到最大可达高度。飞行包线是针对特定的飞机重量、过载、结构和功率设置条件而定义的。对于这些特定条件,飞机可以在飞行包线的内部和边界的任何点保持恒定的高度和恒定的空速。飞机在飞行包线中的所有点都处于平衡状态,其中升力等于重力并且推力等于阻力。通常,飞行包线对应于飞机最大总重和过载为 1 的情况,通常称为 1g 飞行。通常假设飞机处于干净构型——如起落架缩回、襟翼收起、没有外挂——但也可以为其他构型定义飞行包线。飞行包线提供有关飞机能力和极限的重要信息。

2.3.8.1　飞行包线边界

飞行包线的边界定义了飞机的许多极限飞行特性。这些极限包括气动升力

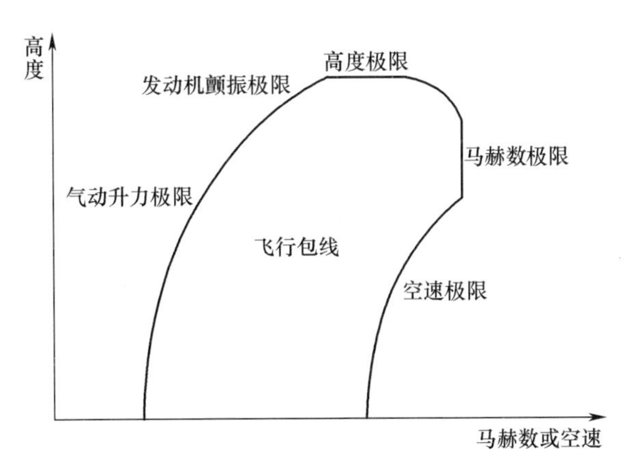

图2-22 飞行包线

极限、喷气发动机喘振极限、最大高度、最大马赫数和最大空速(图2-22)。飞行包线边界由几个因素决定,其中一些最重要的因素是飞机气动升力和阻力、推动力(推力和发动机运行)以及结构强度(静态载荷、动态载荷和材料特性)。

1) 气动升力极限

飞行包线的左侧边界为气动升力极限。沿该边界的点对应于每个高度处的最小水平飞行空速,它也被定义为失速边界。如果空速进一步降低,则飞机(主要是飞机的机翼)不能产生足够的升力以平衡重力,并且飞机失速。升力的丧失通常是由于机翼上空气流大量脱离机翼表面破坏了升力。

沿升力限制线的空速定义为飞机的 $1g$ 失速速度 v_s 。升力限制线与水平(空速)轴交汇点的失速速度表示飞机在海平面的失速速度(失速速度也可以通过非空气动力学的其他角度定义,如第3章所述)。如图2-22所示,失速速度随着高度的增加而增加(确切地说,该结论对于真空速是正确的,真空速即飞机相对于来流的速度,各种类型的空速将在第3章中说明)。为了表明失速速度随高度增加,首先介绍无量纲升力系数 c_L ,有

$$c_L = \frac{L}{q_\infty S} \tag{2-45}$$

式中:L 为飞机总升力;q_∞ 为自由流的动压;S 为机翼参考面积。

动压定义为

$$q_\infty \equiv \frac{1}{2}\rho_\infty v_\infty^2 \tag{2-46}$$

式中:ρ_∞,v_∞ 分别为自由流密度和速度。

升力系数随着飞机迎角的增加而线性增加,且在失速迎角 α_s 处达到最大值 $c_{L,\max}$ 。

沿着升力限制线，飞机处于稳定水平飞行并且尚未失速，其升力等于重力。沿升力限制线的空速、迎角和升力系数分别是失速速度 v_{∞}、失速迎角 α_s 和最大升力系数 $c_{L,\max}$。因此，使用式(2-45)和式(2-46)，沿升力限制线的升力为

$$L = W = q_{\infty} S c_{L,\max} = \frac{1}{2}\rho_{\infty} v_s^2 S c_{L,\max} \tag{2-47}$$

求解式(2-47)得到失速速度 v_s 为

$$v_s = \sqrt{\frac{2W}{\rho_{\infty} S c_{L,\max}}} \tag{2-48}$$

飞机重量 W、机翼参考面积 S 和最大升力系数 $c_{L,\max}$ 是式(2-48)中的常数，与空速或高度无关。式(2-48)中的自由流密度 ρ_{∞} 随着高度的增加而减小。因此，随着高度增加，失速速度 v_s 降低，且正比于自由流密度的倒数平方根。

2) 喷气发动机喘振极限

沿着飞行包线的左上边界的另一个可能的极限是喷气发动机喘振极限。该极限在某种程度上类似于气动升力极限，因为它与气动失速有关。然而，喘振极限与喷气发动机的失速有关，而不是与飞机机翼上的失速有关。发动机失速从喷气发动机压缩机叶片的气动失速开始①，这破坏了进入喷气发动机的气流。进而导致压缩机下游的高压空气可以向上游流过压缩机并离开发动机入口。最终以爆炸性和戏剧性的方式发生——火焰从发动机进气道喷出。发动机在高海拔和低空速时更容易发生喘振，因此喘振极限位于飞行包线的左上边界。

3) 高度极限

飞行包线的最顶部边界是稳定水平飞行的飞机高度极限。飞机无法爬升至高于此极限的高度并维持稳定的水平飞行。飞机有可能在高度极限以上进行陡直爬升，将其动能(空速)与势能(海拔高度)进行交换，但在更高的动升限下无法保持稳定的水平飞行。

高度极限有时定义为绝对高度上限或实用升限。绝对高度上限是飞机可以保持稳定水平飞行的最高海拔高度。实用升限定义为飞机能以指定爬升率等速爬升的高度。对于活塞式飞机，实用升限定义为爬升率为 100 英尺/min (30.5m/min)的高度。对于喷气式飞机，实用升限定义为爬升率为 500 英尺/min (152m/min)的高度。喷气式军用飞机的实用升限有时称为战斗升限。

高度极限可由多个因素决定，包括最大可用推力、最小翼载荷(定义为飞机重量除以机翼面积)或机舱压力极限。随着飞机爬升，空气密度随着海拔的升

① 压缩机是一个扇形旋转盘，位于喷气发动机前部，由许多短的鳍状“机翼”或具有翼型横截面的叶片组成。在进入发动机燃烧室之前，进入发动机的气流通过压缩机时压缩至高压。喷气发动机和压缩机将在第 4 章讨论。

高而降低,从而降低了升力。为了补偿空气密度的降低,飞机必须增加其空速,使升力持续与重力平衡;也可以增大迎角,从而提高升力系数,但是一旦飞机达到其失速迎角和最大升力系数,唯一可用的选择只有提高空速。除了在更高的空速下获得更多升力之外,阻力也随之增加。对于推力等于阻力的稳定水平飞行的飞机,必须增加推力以补偿阻力的增加。随着高度的增加,发动机推力也受到空气密度降低的影响,因为这减少了进入发动机的空气质量流,从而减小了推力。在高度极限时,推力不足以平衡阻力,飞机无法保持稳定的水平飞行状态。此时,飞机受推力限制,不能再攀升。

假设飞机不受推力限制,可能影响高度限制的另一个因素是翼载荷,其定义为飞机重量与机翼面积之比 W/S。为了补偿随着海拔高度增加的空气密度的降低,需要更大的机翼面积,以提供更大的升力。对于恒定的飞机重量,翼载荷随着机翼面积的增加而减小。然而随着机翼面积的增加,机翼结构重量增加。简单地说,想要飞得越高,机翼变得更大更重。在某个高度,所需的机翼面积导致结构重量过高。对于某些飞机,高度极限可以定义为对应最大机翼面积和最小翼载荷的极限。还有其他几个因素可以决定机翼面积,将在第3章讨论。

与客舱结构强度有关的高度极限涉及人类生理极限。由于空气压力随着高度的增加而降低,因此需要给飞机机舱加压以在高海拔地区维持生命的呼吸环境。通常,商业客机在大约40000英尺(12000m)的高度飞行时保持客舱高度约7000~8000英尺(2100~2400m)。机舱增压能力由机舱设计的结构强度极限决定,该极限基于机舱内部和外部之间的压差。在某个高度,机舱外部压强非常低,如果机舱被加压到所需的值以维持生命,则压差将超过机舱结构强度极限。该高度极限可以基于机舱压强(压差)极限决定。

4) 空速极限

飞行包线的右下边界是空速极限。该边界表明飞机在稳定水平飞行中可以获得的最大空速。通常,设定该边界的限制因素是可从飞机推进系统获得的最大推力。一旦最大推力等于飞机总阻力,飞机就不会加速并且在稳定水平飞行中达到其最大空速。飞机可以通过下降或俯冲越过这个边界,但是这种较高的空速是短暂的,因为这种飞行状态不可持续。虽然这个边界代表了飞机在稳定水平飞行中可以获得的最大空速,但是飞机的正常最大巡航速度被设定为略低于空速极限以提供安全系数。

最大空速边界也可能受到其他因素的影响,尤其是颤振——流固耦合以及飞机机翼或舵面的弹性运动。颤振的发生通常是不可预测的并且是灾难性的,可能导致机翼或舵面的失效。通常情况下,飞机通过俯冲进行飞行试验,用超出稳定水平飞行空速边界的空速以证明它没有颤振问题。这种颤振边界通常是动压而不是空速的函数,因此最大空速边界可以遵循恒定动压线。

5）马赫数极限

飞行包线上最右边界代表马赫数极限,适用于能够超声速飞行的飞机。该边界对应于稳定水平飞行中可持续的最大马赫数。通过俯冲,飞机可以达到更高的马赫数,但这只是暂时的、不稳定的情况,因为飞机无法长久维持这种飞行状态。马赫数限制可以通过空气动力学、气动加热或发动机性能来决定。

在空气动力学方面,马赫数极限可能在机翼上形成激波时达到。激波是一个薄的气流区域,通过该区域时气流压力有大的突增。这种压力突增导致机翼上的气流分离和明显的升力损失,还可能导致与气流分离或激波位置相关的显著的飞机可控性问题。

气动加热因素涉及超过飞机外部机身或发动机内部部件的材料温度限制。在超声速马赫数下,由于蒙皮摩擦起热,飞机机身表面可能达到高温,特别是在流场驻点或速度接近零的区域,例如飞机机头,机翼、尾翼的前缘以及发动机的入口。因此,材料温度极限可以决定最大持续飞行马赫数。然而,发动机材料通常比机身材料更具决定性,因为发动机压缩和燃烧过程中气流温度要远大于自由流温度。发动机涡轮机材料通常是最大飞行马赫数的决定性因素。

另一个可能限制最大马赫数的与发动机相关的问题涉及激波与发动机进气道几何形状的相互作用。这种相互作用可导致不稳定的激波振荡,称为进气道嗡鸣,其可导致发动机结构的损坏或故障。为避免这种现象的发生可以在高海拔处设定马赫数限制。

对于一些超高空飞行的飞机,气动升力极限和马赫数极限几乎收敛于高度极限。这可能使飞机在这个高度极限下飞行变得困难或危险,因为空速的小幅下降会导致气动失速,而空速的小幅增加会超过最大马赫数限制。因此,飞行包线的这个角称为危角(图 2-22 中未示出)。

2.3.8.2 飞行包线实例

在本节中,介绍了几种不同类型飞机的飞行包线,包括通用航空飞机,商用客机,超声速军用喷气式战斗机,以及超高空,超高马赫数飞机。这些不同的飞机类型展示了飞行包线的变化。本节末尾还提供了飞行包线的比较。

例 2.5 通用航空飞机飞行包线,以“比奇富豪”A36 教练机为例

“比奇富豪”A36 教练机是由位于堪萨斯州威奇托的比奇飞机公司设计和制造的六座高性能单发飞机(图 2-23)。A36 采用常规布局,配有下单翼、平直水平安定面、单垂尾和可伸缩三点式起落架。A36 的翼展为 33.5 英尺(10.2m),高度为 8.58 英尺(2.62m),长度为 27.5 英尺(8.38m)。该飞机由大陆 IO-550-B 水平对置六缸燃油喷射风冷活塞发动机提供动力,其功率大约 330 马力(246kW),螺旋桨转动直径为 84.0 英寸(2.13m)。其最大起飞重量约为 3650 磅(1660kg),于 1970 年推出。

图 2-23 “比奇富豪”A36 教练机通用航空飞机

(资料来源: Alan Lebeda, “Beechcraft A36 Bonanza” https://commons.wikimedia.org/wiki/File:Beech_A36_Bonanza_36_AN1890204.jpg, GFDL-1.2, License at https://commons.wikimedia.org/wiki/Commons:GNU_Free_Documentation_License,_version_1.2)

“比奇富豪”A36 教练机的飞行包线如图 2-24 所示,绘制为真空速(以 kn 为单位的真空速简写为 KTAS)与高度的关系。与大多数活塞式通用航空飞机类似,A36 具有简单的飞行包线,仅受气动升力极限、最大高度和最大真空速的限制。从飞行包线的左下角开始,A36 的 1g 海平面失速速度为 52KTAS(60 英里/h,96km/h),在最大高度 18500 英尺(5640m)处增加到约 69KTAS(79 英里/h,128km/h)。海平面的最大真空速为 237KTAS(273 英里/h,439km/h)。与许多通用航空飞机一样,相对于其他类型的飞机,A36 飞行包线不是很大。

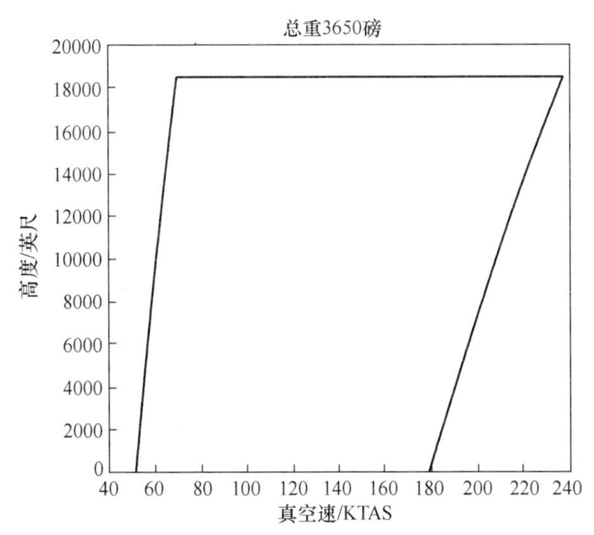

图 2-24 “比奇富豪”A36 教练机飞行包线

例 2.6 商用客机飞行包线,以波音 767 为例

波音 767 是一种宽体双发喷气式客机,由华盛顿州埃弗雷特的波音民用飞机公司设计和制造(图 2-25)。该客机具有常规布局——下单翼、直水平安定面、单垂尾和可伸缩三点式起落架。波音 767 的翼展为 156.1 英尺(47.6m),高度为 52.0 英尺(15.8m),长度为 180.25 英尺(54.9m)。该飞机由两台普惠公司 PW4056 高涵道比涡扇发动机提供动力,发动机安装在机翼下方挂架上的短舱内。每个发动机提供的海平面静推力为 63300 磅力(282kN)。该飞机的最大起飞重量约为 412000 磅(186900kg)。在 1981 年 9 月 26 日成功首飞。

图 2-25 波音 767 原型客机飞越华盛顿雷尼尔山

(资料来源:Seatlle Municipal Archives,"Boeing 767 Over Mount Rainier, Circa 1980s" https://en.wikipedia.org/wiki/File:Boeing_767_over_Mount_Rainier,_circa_1980s.jpg,CC-BY-2.0,License at https://creativecommons.org/licenses/by-sa/2.0/legalcode)

波音 767-300 的飞行包线如图 2-26 所示,绘制为真空速与高度的关系曲线。飞行包线用于波音 767-300,配备两台普惠公司 PW4056 涡扇发动机,起飞总重为 412000 磅。正如预计的那样,亚声速商用客机的飞行包线覆盖了比通用航空飞机更大的高度和空速。飞行包线具有气动升力极限、最大高度、最大马赫数和最大真空速边界。

1g 海平面处失速速度为 133KTAS(153 英里/h,246km/h),在最大高度 43000 英尺(13100m)处增加至约 280KTAS(322 英里/h,519km/h)。增压客舱限制了最大高度。波音 767 在海平面上的最大操作真空速 v_{MO} 为 360KTAS(414 英里/h,667km/h),在海拔 26000 英尺(7900m)时增加到大约 518KTAS(596 英里/h,959km/h)。虽然在图 2-26 中并不明显,但从 26000 英尺到最大高度的飞行包线限制在值为 0.86 的最大操作马赫数 Ma_{MO}。波音 767 的最大巡航真空速小于 Ma_{MO},以保证在安全边界内。

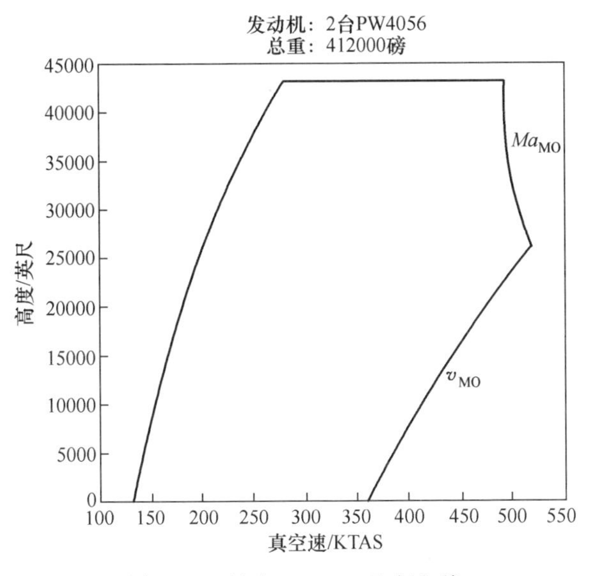

图 2-26 波音 767-300 飞行包线

例 2.7 超声速军用喷气式飞机飞行包线，以麦克唐纳·道格拉斯 F-15“鹰”战斗机为例

F-15“鹰”战斗机是由密苏里州圣路易斯的麦克唐纳·道格拉斯飞机公司（现为波音公司）设计和制造的军用喷气式空中优势战斗机（图 2-27）。该飞机有高位、后掠的改进三角翼，双垂尾，全动水平安定面和双涡扇发动机。F-15 的翼展为 42.8 英尺（13.0m），高度为 18.7 英尺（5.7m），长度为 63.7 英尺（19.4m）。该飞机由两台普惠公司 F100-PW-100 涡扇发动机提供动力，每台发动机在全加力状态下产生大约 25000 磅力（111kN）的海平面静推力。该飞机满载燃油时的起飞重量约为 42000 磅（19000kg），着陆重量约为 32000 磅（14500kg）。该飞机具有空中加油能力，可以延长飞行时间。麦克唐纳·道格拉斯 F-15“鹰”战斗机于 1972 年 7 月 27 日首飞。

图 2-27 麦克唐纳·道格拉斯 F-15“鹰”式超声速喷气式战斗机（显示的是 F-15B 双座版）
（资料来源：美国国家航空航天局）

F-15A 的飞行包线如图 2-28 所示,是马赫数与高度的关系图。对于带有加力燃烧室的喷气发动机的军用喷气式飞机,飞行包线上通常显示两种动力设置——军用推力(不使用加力燃烧室的最大推力)和最大推力(加力燃烧室工作时的最大推力)。如图 2-28 所示,较小的飞行包线边界(虚线)对应军用推力,较大、完整的飞行包线边界(实线)对应最大推力。军用推力飞行包线表明该飞机在不使用加力燃烧室的情况下空速几乎不能超过马赫数 1,并且升限大约为 50000 英尺(15000m)。当使用加力燃烧室时,最大推力飞行包线给出的是标准、完整的飞行包线,最大马赫数在高度为 36000 英尺(11000m)和极限高度 6000 英尺(1800m)之间时约为 2.2。F-15A 飞行包线的低速部分为气动升力极限边界,其上最小马赫数随着高度的增加而增加,在高海拔处达到较高马赫数,如图 2-28所示。

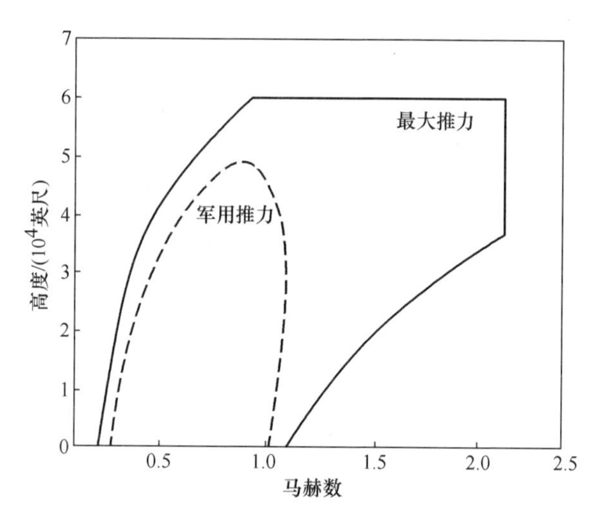

图 2-28 麦克唐纳·道格拉斯 F-15A“鹰”战斗机飞行包线

(资料来源:Vachon, M. J., Moes, T. R. 和 Corda, S., “Local Flow Conditions for Propulsion Experiments on the F-15B Propulsion Flight Test Fixture”, NASA TM-2005-213670, 2005 年 11 月, 图 3)

例 2.8 高马赫数、高空飞机飞行包线,以洛克希德 SR-71 为例

SR-71 黑鸟侦察机由加利福尼亚州帕姆代尔市的洛克希德高级开发公司(通常称为“臭鼬工厂”)设计和制造,是一种超高空超声速侦察机(图 2-29)。SR-71 的翼展为 55.6 英尺(16.9m),高度为 18.5 英尺(5.64m),长度为 107.4 英尺(32.74m)。这架飞机有一个狭长的机身,一个大三角翼,两个装在机翼上的大型发动机舱,以及两个倾斜的全动舵面。升力面被称为“脊椎”,从飞机机头开始,沿着机身的侧面延伸,直到机翼和机身的交叉点。该飞机具有纵排双座驾驶舱配置,但仅在前驾驶舱内配备飞行控制装置。SR-71 采用钛合金结构,涂料为黑色,以增加与高马赫数超声速飞行相关的高温飞行的辐射热传导,因此

称为黑鸟。该飞机由两台普惠公司 PW J58 涡轮喷气发动机提供动力。每个发动机在满加力状态下产生约 34000 磅力(151kN)的海平面静推力。推进系统的突出特征是每个发动机舱进气口处的锥形尖钉。该飞机的满油起飞重量约 143000 磅(65000kg)。该飞机具有空中加油能力,可以延长飞行时间。洛克希德 SR-71 黑鸟于 1964 年 12 月 22 日完成首飞。

图 2-29　洛克希德 SR-71 黑鸟侦察机在加利福尼亚州惠特尼山附近飞行
(资料来源:美国国家航空航天局)

洛克希德 SR-71 的飞行包线为图 2-30 所示的马赫数与高度的关系图。尽管 SR-71 同样是超声速飞机,但其飞行范围与 F-15A 明显不同。与 F-15A 的完整飞行包线相比,SR-71 飞行包线看起来更窄。SR-71 的设计非常专注于它在高空以马赫数为 3 的速度飞行时执行任务的性能。从这个意义上说,该飞机针对这种特定的飞行条件而重点设计,而不是设计成在更广泛的飞行包线内飞行。

飞行包线左侧的最小空速边界以 KEAS 标记,是以 kn 为单位的当量空速(这是另一种类型的空速,通常用于超高速飞机。结构载荷与当量空速的平方相关,这是超高马赫数飞机的重点考虑因素,例如 SR-71)。低于 25000 英尺(7600m)的最小当量空速为 145KEAS,并且在 25000 英尺以上且马赫数低于 1 的情况下增加到 300KEAS。马赫数高于 1,最小当量空速增加到 310KEAS。最大高度超过 80000 英尺(24000m),但只有在以最大马赫数,即马赫数为 3.2 时,飞行才能达到。与不建议在马赫数极限边界上飞行的飞行包线不同,SR-71 的设计使它能在极限马赫数和极限高度上进行持续巡航。如图所示,马赫数极限随高度降低而减小,海平面最大马赫数约 0.76。实际上,该最大马赫数边界对应于 500KEAS(575 英里/h,926km/h)的最大当量空速极限,这是由飞机结构条件决定的极限。

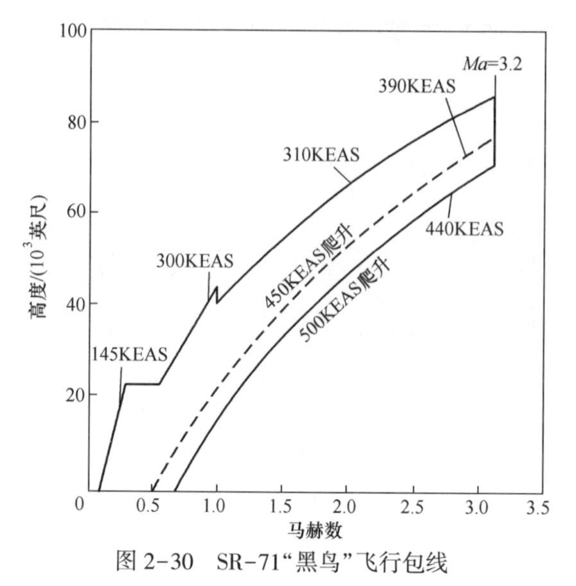

图 2-30 SR-71“黑鸟”飞行包线

(资料来源:S. Corda et al,“The SR-71 Test Bed Aircraft:A Facility for High-Speed Flight Research”, NASA TP-2000-209023,2000 年 6 月,图 3)。

2.3.8.3 不同机型的飞行包线比较

对于已经讨论过的不同类型的飞机,比较其飞行包线是很有价值的事情。这些飞行包线在图 2-31 中的马赫数-高度图上进行了比较。表 2-7 则列出了这些不同机型飞行包线的最高性能。最后给出了在大气层内持续飞行而设计和制造的有人驾驶飞机的飞行包线范围:高度从海平面到大约 90000 英尺(27000m),最高达到马赫数为 3.5 的空速。

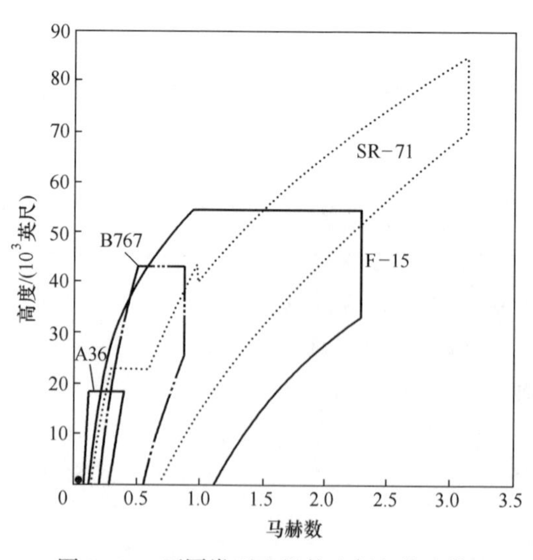

图 2-31 不同类型飞机的飞行包线比较

表 2-7 不同类型飞机飞行包线的最高性能

航空器	最大高度	最大空速	最大马赫数
莱特兄弟“飞行者”1号	30英尺(9.1m)	26KTAS (48km/h)	0.04
“比奇富豪”A36	18500英尺(5600m)	237KTAS (439km/h)	0.37
波音 767-300	43000英尺(13000m)	518KTAS (959km/h)	0.86
麦克唐纳·道格拉斯 F-15	60000英尺(18000m)	1434KTAS(2656km/h)	2.5
洛克希德 SR-71	>80000英尺(>24400m)	1854KTAS (3434km/h)	3.2

该图表明了飞行包线的形状随空速和高度变化的趋势,特别是从亚声速到超声速飞机。令人惊讶的是,超声速喷气式飞机的飞行包线在空速和马赫数上所能达到的宽广范围。然而,当马赫数超过2.5时,设计具有宽广范围飞行包线的飞机变得越来越困难。与SR-71一样,极高的马赫数要求使其成为点设计,导致其他方面的设计余量很小,即对于在其设计点以外的其他飞行条件下高效飞行是几乎没有设计余量的。

最后注意观察图2-31,左下角有一个小黑点。这代表莱特兄弟“飞行者”1号的飞行包线,其最大速度约为30英里/h(48km/h),相当于最大马赫数约0.04,最大高度约为30英尺(9.0m)。以此为起点,图2-31中的飞行包线可以从飞机演变的角度来看,从活塞驱动的低亚声速飞机到高亚声速商用客机,再到超声速喷气式飞机,直至有史以来最快的有人驾驶飞机,飞机在空速和高度方面都有所扩展。

2.3.9 *v*-*n* 图

本节介绍一个图表,描述飞机的结构载荷限制作为空速和过载系数的函数。我们首先将无量纲过载系数 n 定义为

$$n \equiv \frac{L}{W} \tag{2-49}$$

式中:L,W 分别为飞机升力和重力。

在上一节中讨论过飞行包线适用于水平飞行中的飞机,其中升力等于重力,因此式(2-49)的过载系数值为1。在这种情况下,作用在飞机上的惯性力简单地等于其质量乘以重力加速度。通常将此称为1g飞行。过载系数是无量纲的,通常用 g 表示。例如,如果飞机升力是重力的3倍,则称飞机以3g或3的过载系数飞行。如果飞机正在演习,例如在水平转弯、上拉或推进中,则飞机过载系数可以大于或小于1。飞机飞行过程中遇到阵风时,过载系数可能会明显地增加或减小。

v-g 图或 v-n 图定义了允许的结构包络,v-n 图是过载系数 n 和空速 v 的函数(图2-32)。以 v-n 图边界内的空速和过载系数飞行,则飞机处于结构强度极

限内。$v-n$ 图上的极限有气动失速限制的左边界、正负结构载荷限制的上边界和下边界、最大空速限制的右边界。每个 $v-n$ 图对于特定型号飞机在特定总重量和高度、特定飞机结构布局以及特定类型的载荷下是有效的。飞机结构布局包括襟翼的位置、起落架位置等。载荷类型有对称或非对称(滚转)载荷。

$v-n$ 图上给出了两种类型的结构载荷边界,分别是限制过载系数和极限过载系数。限制过载系数是飞机的主要结构不发生永久性结构变形的情况下可承受的最大过载系数。超过限制过载系数,飞机主要结构可能永久变形或损坏,导致不安全飞行状况的发生。如果超过极限过载系数,则飞机主要结构将失效。限制过载系数和极限过载系数都有正负边界,分别对应正负 g。如 2-32 图所示,对于设计为主要在正 g 飞行状态下飞行的飞机,负向限制过载系数和负向极限过载系数的幅值通常小于正向的值。对于某些类型的特技飞行器,负向限制过载系数和负向极限过载系数的幅值可能等于正向的值。

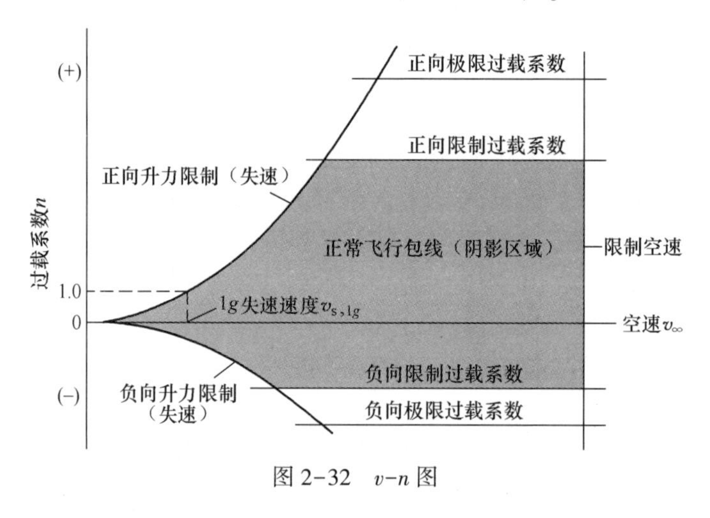

图 2-32　$v-n$ 图

$v-n$ 图的左侧是飞机的气动升力边界。沿左边界的空速是飞机失速速度与过载系数的函数。在该线以外的任何空速与过载系数组合中,飞机无法保持水平飞行。升力限制线与对应于过载系数 1 的线的交点是飞机的 1g 失速速度 $v_{s.1g}$。正负过载系数都有升力限制线。负过载系数对应于负升力飞行,即由于机翼的负迎角或倒飞而产生的升力。对于给定的过载系数幅值,负过载系数失速速度通常高于正过载系数失速速度。这主要是由于机翼翼型部分的形状,其设计为在正迎角下能更有效地产生升力。升力限制线的形状不是线性的,而是随着空速的平方而变化。对于在过载系数 n 下稳定飞行的飞机,升力计算公式为

$$L = nW = \frac{1}{2}\rho_{\infty}v_{\infty}^2 Sc_L \tag{2-50}$$

过载系数 n 下的失速速度 $v_{s,n}$ 为

$$v_{s,n} = \sqrt{\frac{2nw}{\rho_\infty S c_{L,\max}}} = \sqrt{n} v_{s.1g} \tag{2-51}$$

其中,$1g$ 失速速度由式(2-48)定义。因此,过载系数 n 下的失速速度为过载系数的平方根乘以 $1g$ 时的失速速度。

升力限制线和正向限制过载系数线的交点称为机动点。对应于机动点的空速称为拐点速度 v_A 。机动点和拐点速度对于飞机的转弯性能和结构限制具有重要意义。小于拐点速度时,飞机在达到极限载荷之前失速。大于拐点速度时,则可以达到极限载荷。v-n 图的右侧边界是限制空速,超过该空速,飞机将承受主要结构损坏或失效。损坏或失效可能是由于在严重阵风情况下过载超过结构载荷限制,产生结构动力学问题或压缩效应。

我们现在看一下"比奇"T-34A 亚声速飞机(图 2-33),洛克希德 F-104 超声速战斗机(图 2-34)的 v-n 图。"比奇"T-34A 飞机是一种单发、双座的军用教练机,配备有下单翼、可伸缩的起落架、纵排驾驶舱和水滴型座舱盖。T-34A 由单个 225 马力(168kW)风冷六缸活塞发动机提供动力。T-34A 的首飞是在 1948 年。T-34A 今天仍然作为民用通航飞机飞行。

图 2-33 "比奇"T-34A 亚声速飞机

(资料来源:拍摄者提供)

图 2-34 洛克希德 F-104 星际战斗机,马赫数为 2 的超声速拦截机

(资料来源:美国国家航空航天局)

F-104 由洛克希德"臭鼬工厂"设计和制造,是一种马赫数为 2 的超声速喷气式飞机,专为高速冲刺拦截敌机而设计。F-104 是第一架能够以马赫数为 2 的速度持续飞行的军用喷气式飞机。它有一个细长的尖头机身,一对低纵横比的、带有梯形平面形状的中单翼和一个后部安装的 T 形尾翼。由通用电气公司的配备加力燃烧室的单个 J79 涡轮喷气发动机提供动力,轻量级 F-104 具有出色的爬升和加速能力。F-104 在服役期间打破了许多有关速度和高度的世界记录。洛克希德 F-104 星际战斗机于 1956 年 2 月 17 日首飞。

亚声速 T-34A 和超声速 F-104 的 $v-n$ 图分别如图 2-35 和图 2-36 所示。在这些图中绘制了过载系数与指示空速。对于 T-34,图 2-35 中基于 2900 磅(1315kg)或更低的飞机总重。T-34 的失速速度在 1g 时为 53kn(61 英里/h,98km/h),且随着过载系数的增加而增加。T-34 的正向限制过载系数为 6g,正向极限过载系数为 9g。其最大俯冲空速为 243kn(280 英里/h,450km/h)。对于 F-104,1g 失速速度接近 200kn(230 英里/h,370km/h);正极限和负极限过载系数分别为 7.33g 和 -3g;最高俯冲速度为海平面 750kn(860 英里/h,1390km/h)。F-104 在海拔 12200m(40000 英尺)及以上时最大马赫数限制为 2.0。

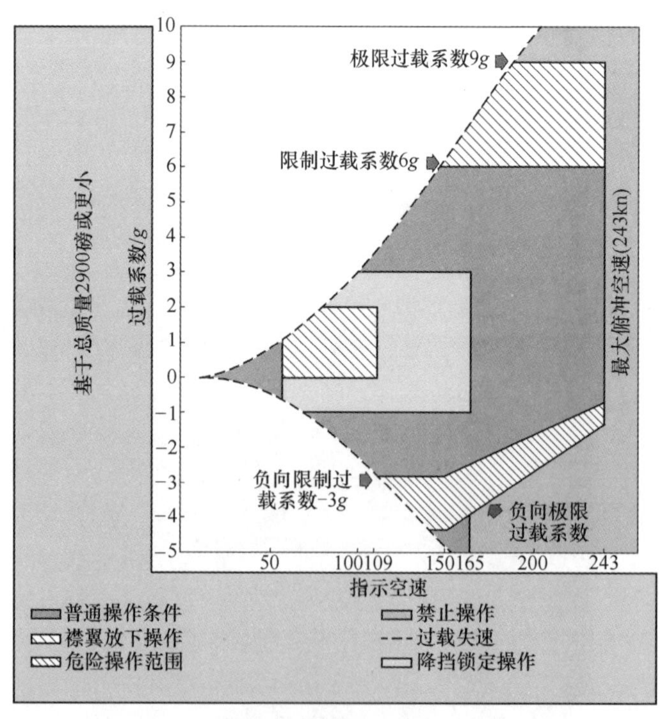

图 2-35 "比奇"T-34A 亚声速飞机的 $v-n$ 图

(资料来源:美国空军,T-34A 飞行手册,T. O. IT-34A-1S,1960 年 7 月 1 日)

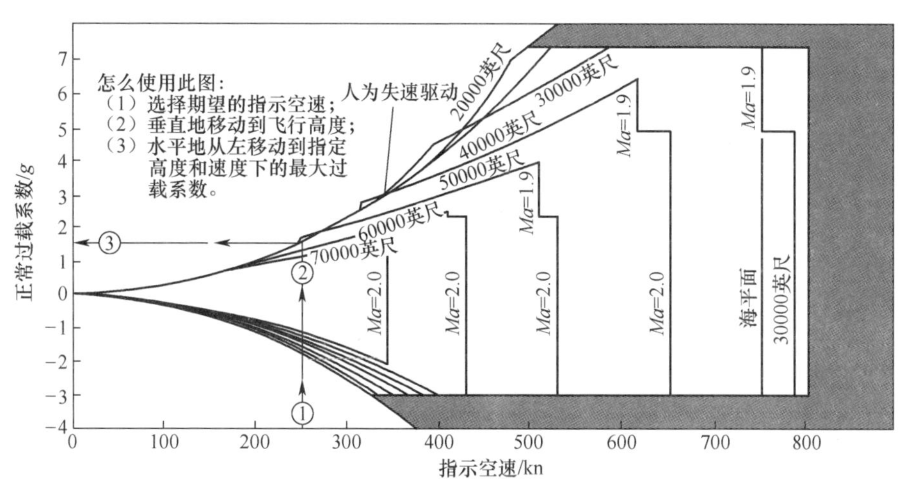

图 2-36 洛克希德·马丁 F-104 星式战斗机的 v-n 图

(资料来源:美国空军,F/RF/TF-104G 飞行手册,T.O. IF-104G-1,1975 年 3 月 31 日)

例 2.9 高过载系数下的失速速度

"比奇"T-34 的 1g 失速速度为 53kn。假设它的重量 W 为 2900 磅,机翼面积 S 为 177.6 英尺^2,并且处于海平面条件。试计算其最大升力系数 $c_{L,\max}$ 和过载系数为 3g 时的失速速度。

解:

将 1g 失速速度转换为统一单位。

$$v_{s,1g} = 53\,\frac{\text{海里}}{\text{h}} \times \frac{6076\,\text{英尺}}{1\,\text{海里}} \times \frac{1\text{h}}{3600\text{s}} = 89.45\,\frac{\text{英尺}}{\text{s}}$$

使用式(2-48),最大升力系数从 1g 失速速度获得,计算如下:

$$v_{s,1g} = \sqrt{\frac{2W}{\rho_\infty S c_{L,\max}}}$$

$$c_{L,\max} = \frac{2W}{\rho_\infty S\,(v_{s,1g})^2}$$

$$c_{L,\max} = \frac{2 \times 2900\,\text{磅}}{0.002377\,\dfrac{\text{slug}}{\text{英尺}^3} \times 177.6\,\text{英尺}^2 \times \left(89.45\,\dfrac{\text{英尺}}{\text{s}}\right)^2} = 1.717$$

用式(2-51)得到过载系数为 3g 时的失速速度为

$$v_{s,n} = \sqrt{n}\,v_{s,1g} = \sqrt{3} \times 53\text{kn} = 91.8\text{kn}$$

2.3.10 飞机重量与平衡

在本节中,我们将讨论飞机设计和飞行中的两个重要参数,即飞机总重量和重量分布,通常称为飞机重量和平衡。这两个参数会显著影响飞机的性能、稳定性、操纵性和结构载荷。在重量和平衡限制之外操作飞机是飞行安全问题。以大于允许的最大重量操作飞机会显著降低性能并损害结构完整性。如果飞机飞行时重量分布使得其重心超出其平衡限制,飞机的稳定性和操纵性可能受到不利影响。在其允许的重量和平衡范围之外操作飞机可能会产生灾难性后果。

2.3.10.1 飞机重量

在讨论飞机重量前,首先定义一些与重量相关的术语。总重量是特定的地面或飞行条件下的飞机总重量,包括机身结构、发动机、系统、燃油、乘员、行李、设备等。由于燃油消耗,飞行期间飞机总重量通常会减少。最大允许总重是飞机在任何地面或飞行条件下可以承受的最大的重量。它通常在设计和试验过程中根据性能、稳定性、操纵性和结构要求进行确定。最大起飞重量是飞机在起飞时可以承受的最大的重量。考虑到飞机操作或性能,最大起飞重量可能小于最大总重量,例如必须具有较低的重量以获得可接受的起飞爬升性能。最大停机坪重量是飞机在地面上可能具有的最大的重量,可能大于最大起飞重量。在起飞前停机坪重量必须减小到最大起飞重量,这是通过发动机启动和缓慢滑行过程中燃料燃烧来实现的。但是,最大停机坪重量和最大起飞重量都不会超过最大允许总重。最大着陆重量是飞机在着陆时可能具有的最大的重量。当考虑着陆载荷时,由于起落架或相关结构的结构强度限制,最大着陆重量可能小于最大起飞重量。对于大型飞机,例如商用客机,最大着陆重量比最大起飞重量小,重量差可能超过 100000 磅(45000kg)。

飞机基本空重被定义为机身、发动机、固定设备、不可用燃油(不能从飞机排出或由发动机消耗的燃油)和可用油的重量。一般通过在机械秤上称重飞机来获得基本空重。由于飞机的结构变动或由于设备的添加或移除,飞机的基本空重可能会发生变化。通过重新称重或通过分析计算获得新的空重。美国联邦航空管理局(FAA)建议,对于空重小于 5000 磅(2268kg)的飞机,当增加重量超过 1 磅(0.450kg)时;对于空重在 5000 磅(2268kg)至 50000 磅(22700kg)之间的飞机,当增加重量超过 2 磅(0.900kg)时;对于空重大于 50000 磅的飞机,当增加重量超过 5 磅(2.27kg)时;则应重新称重以获得新的空重。周期性称重可以作为一种良好的做法,出于多种原因,例如校正基于分析的计算,计算中不考虑布线和附件硬件的重量,并且由于灰尘、油和其他无法清除的污染物的累积,飞机重量随着时间的推移而增加。对于某些类型的飞机,例如商用客机,FAA 规定每 36 个月重新称重一次。

如果从最大总重量中减去飞机基本空重,则获得有效载荷,包括人员(机组人员和乘客)、行李和可用燃料的重量。飞机设计师寻求最小化基本空重以最大化有效载荷。燃料载荷是飞机中携带的可用燃料的重量。零燃料重量等于飞机重量减去燃料载荷。

飞机重量对飞机的性能有很大的影响。随着飞机重量的增加,对性能会产生负面影响。在极端情况下,如果重量太大,使得重力大于升力,则飞机将根本不能从地面升起。较高重量情况下,对飞机性能影响包括起飞和着陆距离变长、爬升率变低、升限降低、航程变短和失速速度降低。如果飞机重量超过最大允许总重,则性能可能会降低到无法安全飞行的程度。

对于符合民航适航认证或军用规格标准的飞机,通常指在最大总重时符合要求的飞机。这意味着结构分析、地面载荷试验和飞行试验都是在飞机的最大总重下进行的。如果飞机重量超过最大总重,则即使飞机在已经认证的边界内飞行,飞机也可能承受灾难性的结构故障。超重也可能导致逐渐的结构损坏,例如疲劳开裂,即使飞机在其认可的飞行载荷范围内飞行,也会最终导致灾难性的结构故障。

2.3.10.2 飞机平衡和重心位置

飞机重心被定义为飞机各部分所受重力合力的作用点。对于飞机平衡,重心是飞机围绕其纵向、横向和垂直轴平衡的点。尽管在某些情况下横轴或垂直轴上的重心位置也很重要,我们主要关注纵轴上的重心位置。如图2-37所示,如果在重心处放置一个支点,飞机将纵向平衡(在图2-37中,重心位置通常用圆圈表示,该圆圈被分成四个相等的象限,其中填充了两个象限)。升降舵是用于纵向平衡飞机的主要操纵面。

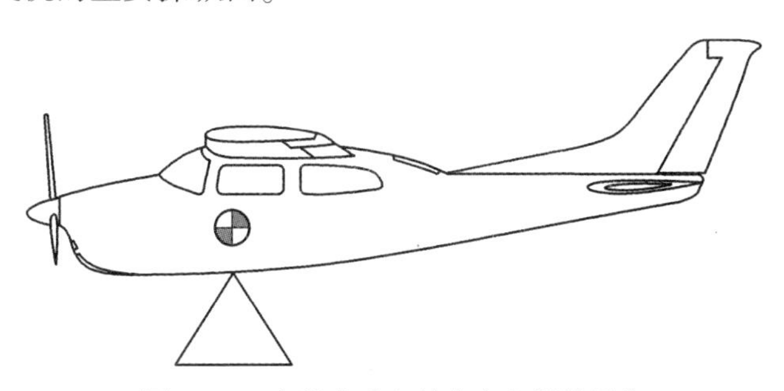

图2-37 飞机在重心的支点上保持平衡

重心位置取决于飞机上固定的结构、系统、设备等的重量分布,以及装载的非固定物品,例如燃料、人员、行李和设备。此外,飞行中的燃料消耗也会导致重心位置发生变化。对于具有常规布局的飞机,横向重心位置主要受到机翼内部及外部重量分布的影响。这可以是在机翼中携带的内部燃料,或者对于军用飞机,还可以是悬挂在机翼下方的外部设备。

纵向重心位置通常定义为距基准点的距离,基准线通常由飞机制造商指定。基准点通常位于飞机机头处或附近,但有时也被指定为飞机前方的一点,与飞机的物理结构没有关联。距离基准面的纵向距离(以英寸为单位)称为机身站位(FS)。机身站位位于基准后的为正数,位于基准前的为负数。例如,FS 30 表示距基准点后 30 英寸(76cm)的机身站位。基准点本身是 FS 0。

飞机纵向重心位置必须位于前后重心极限之间,以保证飞行安全。前后重心极限由飞机设计决定,并通过飞行试验进行验证。重心前限与后限可以随飞机总重、飞机布局(如襟翼或起落架位置)或飞行操作类型(如特技飞行)而变化。

类似于飞机重量对平衡的影响,或者更具体地说,重心的位置,可以对飞机性能、稳定性、操纵性和结构载荷产生重大影响。飞机设计者通常基于飞机的期望着陆特性设定重心前限。如果重心太靠前,那么飞机往往会“头重”,这使得它更难以进行起飞和降落。重心太靠前也可能导致更大的升降舵驾驶杆力、更高的失速速度以及着陆时前起落架上更大的结构载荷。重心后限通常由飞机纵向稳定性要求决定。当重心位置向后移动时,飞机稳定性降低。如果重心太靠后,则飞机在大多数飞行条件下变得不太稳定,且很可能严重降低或消除飞机从失速或离场情况中恢复的能力。此外,重心太靠后还可能导致非常弱的升降舵驾驶杆力,使得飞机更容易受到无意的结构过应力的影响。如第 5 章所述,飞机重心相对于升力中心的位置至关重要。通常,重心必须位于升力中心的前方才能保持稳定。

2.3.10.3 重量和平衡计算

下面讨论飞机重量和纵向重心位置的确定,通常称为飞机重量和平衡的计算。如前所述,重量和重心极限通常展示为重量与站位编号相对应的图表,称为重心图,如图 2-38 所示。计算出的飞机重量和重心位置绘制在该图上,以确定飞机重量和平衡是否在指定的限制范围内。

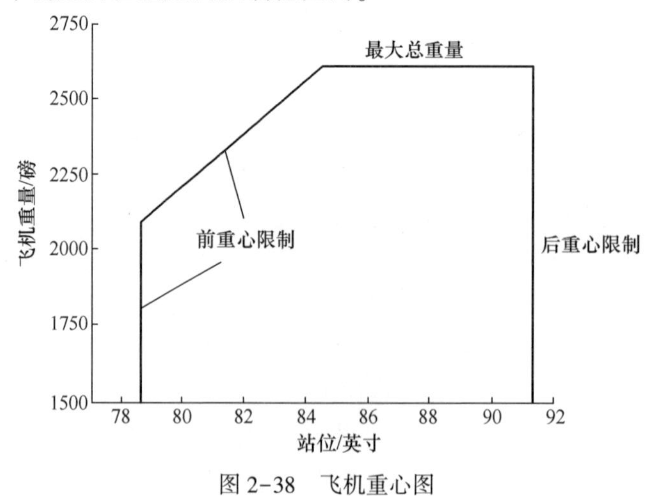

图 2-38 飞机重心图

飞机总重是基本空重和飞机上或装载到飞机上的所有物品的重量之和。装载物品包括人员(机组人员和乘客)、行李、可用燃料和外挂物(如果已连接)。为了飞机的安全操作,飞机总重的计算值必须小于允许的最大总重。

飞机重心位置计算方法如下:

飞机上装载的每个物品都位于距基准点一定距离 h_i 处,如图2-39所示。物品重量和该距离的乘积是关于基准点(FS 0)的力矩。距基准点的距离称为力矩臂,或简称为力臂。飞机重心位置 h_{CG} 是通过将每一项重量产生的力矩之和 $\sum_i M_i$ 除以每一项重量之和 $\sum_i W_i$ 得到的,公式如下:

$$h_{CG} = \frac{\sum_i M_i}{\sum_i W_i} \tag{2-52}$$

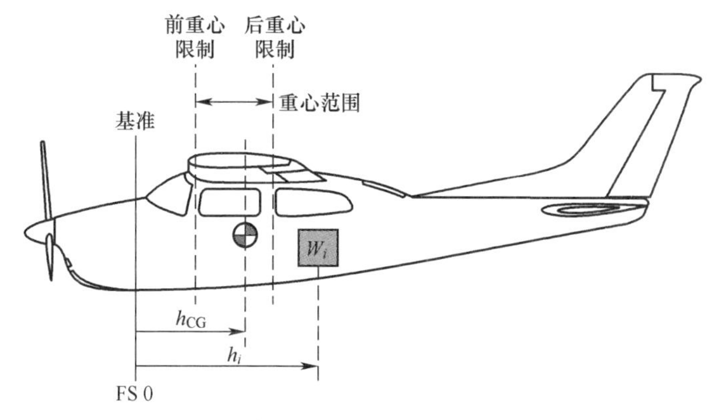

图2-39 飞机重心极限

每个物品的重量是已知的或通过称重获得。通过测量物品站位与基准点的距离来获得每个物品力臂的大小。

这些距离通常由飞机制造商在操作手册中指定给飞机操作人员,例如基准点到座椅、油箱、行李舱等设备的距离。飞机的基本空重具有力臂和与之对应的力矩,并且这些值也由飞机制造商提供或通过称重获得。下面的例子演示了飞机重量和平衡的计算。

例 2.10 飞机重量和平衡的计算

"比奇富豪"A36,六座的高性能通用航空飞机(图2-23),其基本空重为2230磅(1012kg),最大起飞重量为3600磅(1632.9kg),最大着陆重量为3100磅(1406.1kg)。对应于空重的力矩和力臂由飞机制造商提供,分别为171130.2英寸·磅(19335.1N·m)和76.74英寸(194.9cm)。

在最大起飞重量时,重心前限和后限分别为81.0英寸(205.7cm)和87.7英寸(222.8cm),位于基准点的后方。在最大着陆重量时,重心前限和后限分别为 74.0 英寸(188.0cm)和 87.7 英寸(222.8cm),位于基准点的后方。

一名 165 磅(74.8kg)的飞行员和一名 182 磅(82.6kg)的副驾驶员坐在 FS 79的驾驶舱内。两名 180 磅(81.6kg)乘客坐在 FS 117.5 的舱内。该机在 FS 75 的机翼油箱中有 74 加仑(280 磅)的可用燃油(机身站位编号见图 2-40)。

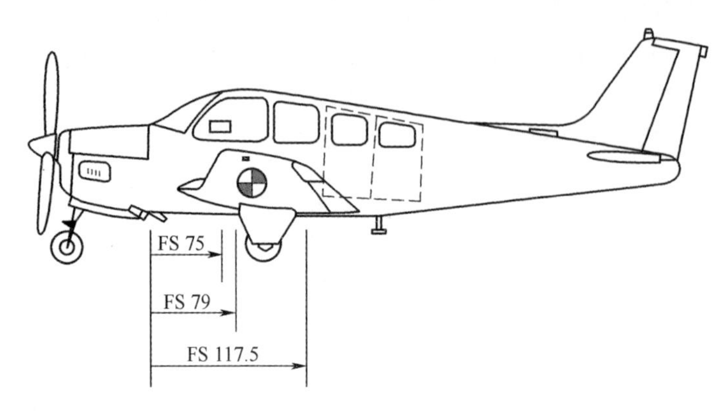

图 2-40 “比奇富豪”A-36 机身站位编号(不按比例)

假设该飞机起飞,飞行 3h 后着陆,计算其零燃油重量、起飞时重量和重心位置、着陆时重量和重心位置。假设航空汽油的重量为 6.0 磅(2.72kg)/加仑,燃料消耗速率为 15.1 加仑/h(57.2 磅/h)。此外,确定起飞和着陆重量以及重心位置是否在允许范围内。绘制重量与重心图,显示所有限制以及起飞和着陆条件。

解:

进行以下计算。

(1) 零燃油重量 $W_{\text{zero fuel}}$,它是基本空重以及飞行员、副驾驶员和乘客的重量之和,即

$$W_{\text{zero fuel}} = W_{\text{empty}} + W_{\text{pilot}} + W_{\text{co-pilot}} + W_{\text{passengers}}$$

代入数值,得到零燃油重量:

$$W_{\text{zero fuel}} = 2230\text{ 磅} + 165\text{ 磅} + 182\text{ 磅} + 2 \times 180\text{ 磅} = 2937\text{ 磅}$$

(2) 使用 6.0 磅/加仑的转换因子将燃油载荷从加仑换算成磅,有

$$W_{\text{fuel}} = 74\text{ 加仑} \times 6.0\,\frac{\text{磅}}{\text{加仑}} = 444\text{ 磅}$$

(3) 飞行员、副驾驶员、乘客和燃油的力矩 M 是它们各自的重量 W 和力臂 h(机身站位编号)的乘积,即

$$M_{\text{pilot}} = (Wh)_{\text{pilot}} = 165\text{ 磅} \times 79.00\text{ 英寸} = 13035\text{ 英寸·磅}$$

$$M_{\text{co-pilot}} = (Wh)_{\text{co-pilot}} = 182\text{ 磅} \times 79.00\text{ 英寸} = 14378\text{ 英寸·磅}$$

$$M_{\text{passengers}} = (Wh)_{\text{passengers}} = (2 \times 180\text{ 磅}) \times 117.50\text{ 英寸} = 42300\text{ 英寸·磅}$$

$$M_{\text{fuel}} = (Wh)_{\text{fuel}} = 444\text{ 磅} \times 75.00\text{ 英寸} = 33300\text{ 英寸·磅}$$

(4) 起飞重量是零燃油重量和燃油载荷的总和,即

$$W_{\text{takeoff}} = W_{\text{zero fuel}} + W_{\text{fuel}} = 2937\text{ 磅} + 444\text{ 磅} = 3381\text{ 磅}$$

(5) 飞机起飞时力矩是空重、飞行员、副驾驶员、乘客和燃油载荷产生的力矩之和,即

$$M_{\text{takeoff}} = M_{\text{empty}} + M_{\text{pilot}} + M_{\text{co-pilot}} + M_{\text{passengers}} + M_{\text{fuel}}$$

$$M_{\text{takeoff}} = 171130.2\text{ 英寸·磅} + 13035\text{ 英寸·磅} + 14378\text{ 英寸·磅} + 42300\text{ 英寸·磅} + 33300\text{ 英寸·磅} = 274143\text{ 英寸·磅}$$

(6) 使用式(2-52),起飞时飞机重心为

$$h_{\text{CG,takeoff}} = \frac{M_{\text{takeoff}}}{W_{\text{takeoff}}} = \frac{274143\text{ 英寸·磅}}{3381\text{ 磅}} = 81.08\text{ 英寸}$$

(7) 以加仑为单位的燃油消耗重量是飞行时间(3h)乘以燃油消耗率(15.1加仑/h)。然后将燃油消耗重量从加仑转换成磅,有

$$W_{\text{fuel burn}} = (3\text{h} \times 15.1\text{ 加仑/h}) \times 6.0\,\frac{\text{磅}}{\text{加仑}} = 271.8\text{ 磅}$$

(8) 燃油消耗产生的力矩是燃油消耗重量乘以其力臂,即

$$M_{\text{fuel burn}} = (Wh)_{\text{fuel burn}} = 271.8\text{ 磅} \times 75.8\text{ 英寸} = 20385\text{ 英寸·磅}$$

(9) 着陆重量是起飞重量减去燃油消耗重量,即

$$W_{\text{land}} = W_{\text{takeoff}} - W_{\text{fuel burn}} = 3381\text{ 磅} - 271.8\text{ 磅} = 3109.2\text{ 磅}$$

(10) 着陆时力矩是起飞时力矩减去燃油消耗产生的力矩,即

$$M_{\text{land}} = M_{\text{takeoff}} - M_{\text{fuel burn}}$$

$$M_{\text{land}} = 274143\text{ 英寸·磅} - 20385\text{ 英寸·磅} = 253758\text{ 英寸·磅}$$

(11) 使用式(2-52),着陆时飞机重心为

$$h_{\text{CG,land}} = \frac{M_{\text{land}}}{W_{\text{land}}} = \frac{253758\text{ 英寸·磅}}{3109.2\text{ 磅}} = 81.62\text{ 英寸}$$

这些计算结果以及为空重提供的数据如表2-8所列。零燃油重量为2937.0磅(1332.2kg)。起飞时重量和重心位置分别为3381.0磅(1553.6kg)和81.08英寸(205.9cm)。着陆时重量和重心位置分别为3109.2磅(1410.3kg)和81.62英寸(207.3cm)。

表2-8 "比奇富豪"A-36重量和平衡数据

项目	重量 W/磅	力臂 h/英寸	力矩 M/(100英寸·磅)
空重	2230.0	76.74	1711.30
飞行员	165.0	79.00	130.35
副驾驶	182.0	79.00	143.78
乘客2名	360.0	117.5	423.00

续表

项目	重量 W/磅	力臂 h/英寸	力矩 M/(100 英寸·磅)
零燃油重量	2937.0	—	—
燃油载荷	444.0	75.00	333.00
起飞重量	3381.0	81.08	2741.43
燃油消耗量	271.0	75.00	203.85
着陆重量	3109.2	81.62	2537.58

重量和重心限制用于绘制图 2-41 所示的重心图。起飞和着陆条件画在图表上,可以看出这两个条件都在安全飞行的允许重量和重心限制范围内。

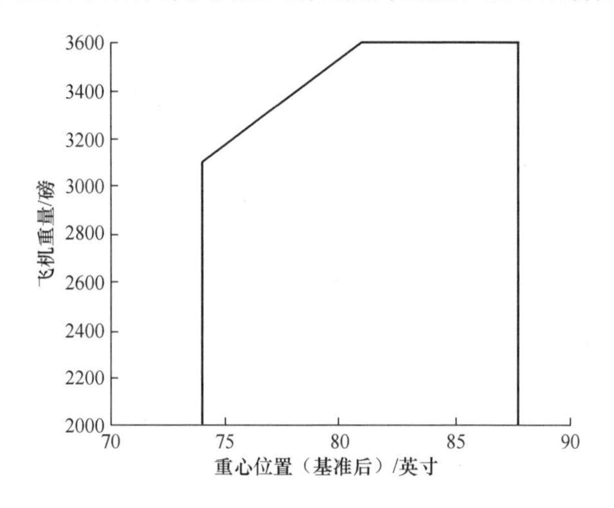

图 2-41 “比奇富豪”A-36 重心图

2.3.11 航空航天器的标识和命名

对于大量设计和制造的航空航天飞行器,有一个字母和数字的虚拟“字母汤”用于命名这些不同的飞行器。解释和理解所有这些字母和数字的含义可能很困难。例如,NKC-135A,VH-3D 或 ASB-11A 这些名称的含义是什么?这些飞行器是什么类型的?正如预期的那样,有一套逻辑命名系统用于军用和非军用航空航天器,且随着时间的推移不断发展。本节简要概述了目前使用的一些飞行器名称。希望这对于解释读者在本书和工程工作场所中可能遇到的许多名称有用。请记住,这些指南仍有一些例外情况,例如旧的设计可能仍在使用中。

美国国防部已经为军用航空航天器定义了一套正式的命名系统,包括航空器、无人驾驶飞行器、导弹、火箭、太空探测器和卫星等。所有军用航空航天飞行器都被指定为任务设计系列(MDS),其名称由字母和数字组成,象征着航空航天飞行器的特征。许多飞行器也有一个通俗的名称,通常与飞行器类型或其任务有关。甚至还有选择通俗名称的指南,包括使用不超过两个简短的单词并选择一个表征飞行器任务和操作能力的名称。下面总结两类航空航天器的命名系统:①航空器;②导弹、火箭、探测器、助推器和卫星。这些命名系统最好通过“解码”示例来解释,如下所示。

2.3.11.1 美国军用飞机命名

第一个例子是波音 KC-135A 同温层加油机(图 2-42)。KC-135 是美国空军的空中加油飞机,通常称为油轮。这架飞机的设计基于波音公司的第一架商用喷气式客机波音 707。同温层加油机这个通俗的名字很适合描述在平流层高空飞行的喷气式加油机。

图 2-42 美国空军波音 KC-135 同温层加油机及其延伸的空中加油臂
(资料来源:美国空军)

我们“解码”被命名为 NKC-135A 的特殊版本的 KC-135。第一个字母是状态前缀符号,表示非标准飞行器,即测试、改进、试验或原型设计。状态前缀“N”表示具有永久性特殊测试功能的飞机。第二个和第三个字母分别是改进任务符号和基本任务符号。基本任务符号标识飞机的主要功能或能力。改进任务符号标识对基本任务的改进。对于我们的例子,基本任务符号“C”将飞机识别为运输工具,符号“K”表示它具有作为加油机的改进任务。我们指定的数字“135”是设计编号,标识制造商的第 135 个飞机设计。最后,数字后面的字母是系列,标识设计的第一个生产模型,然后为每个后来的模型递推一个字母。在我们的例子中,“A”表示 NKC-135 飞机设计的第一个模型。

总结一下 NKC-135A 的飞机名称,有

N	状态前缀	永久性特殊测试功能
K	改进任务	加油机
C	基本任务	运输
135	设计编号	第 135 个设计
A	系列	这个设计的第一个版本

表 2-9 所列为美国军用标识符号和飞机描述的完整列表。如该表所示，某些飞行器，如滑翔机、直升机、垂直起降(VTOL)飞行器、导弹或航天器，也具有类型命名。飞行器类型符号“D”适用于无人驾驶飞行器的地面控制设备，而不是实际飞行器。使用这种标识的一个例子是西科斯基 VH-3D 海王直升机，“解码”如下所示：

	状态前缀	(无)
V	改进任务	载人
	基本任务	(无)
H	飞行器类型	直升机
3	设计编号	第 3 个设计
D	系列	这个设计的第四个版版本

表 2-9 美国军用飞机的标识符号和相应说明

状态前缀	改进任务	基本任务	飞行器类型
G—永久停飞	A—攻击	A—攻击	D—无人机控制段
J—特种试验(暂时)	C—运输	B—轰炸	G—滑翔机
N—特种试验(永久)	D—指挥	C—运输	H—直升机
X—试验	E—特种电子设备携带	E—特种电子设备携带	Q—无人机
Y—原型机			
Z—计划中	F—战斗	F—战斗	S—航天飞机
	H—搜索/救援/救伤	L—激光	V—垂直起降(VTOL)/短距起降(STOL)
	K—加油	O—观察	Z—轻于空气的飞行器
	L—天气寒冷	P—巡逻	
	M—多任务	R—侦察	
	O—观察	S—反潜	
	P—巡逻	T—训练	
	Q—靶机	U—通用	
	R—侦察	X—研究	
	S—反潜		
	T—教练		
	U—通用		
	V—载人		
	W—天气		

摘自《军用航空航天器的界定与命名》，AFJI 16-401，NAVAIRINST 8800.3B，AR 70-50，2005 年 3 月 14 日。

"海王"设计为反潜战斗直升机,"VH"作为美国总统直升机改进任务版本。

MDS 标识符中没有包含的两种定义符号是序列号和区块号。序列号单独标识特定飞行器,其编号系统因军事服务的不同而不同。在特定设计系列中,区块号标识制造商生产的一组具有相同配置的飞机。区块号分配通常是 5 的倍数:1、5、10、15 等,但有时也使用中间数字。例如,美国空军 F-16"战隼"在其改进历史中被分配了相当多的区块号。F-16 批次 1 是早期生产型号,带有黑色头锥。Block 5 飞机的变化包括低能见度的灰色头锥以及机身和尾翼排水孔的增加。Block 10 飞机结构材料从钛变为铝,采用了新材料粘接技术。Block 15 F-16s 的水平稳定器增加了 30%,改进了雷达及其他一些方面。F-16 的区块编号数量现已达到 60,并且还在不断发展和改进。

2.3.11.2 导弹、火箭、太空探测器、助推器和卫星的命名

下面讲述除飞机以外的航空航天器(导弹、火箭、探测器、助推器和卫星)的命名系统。我们以 ASB-11A 为例"解码"名称。第一个字母标识发射环境,即发射飞行器的位置,其中"A"表示空基发射的飞行器。第二个字母标识了飞行器的基本任务或主要功能。太空支持是示例的基本任务,由第二个字母标记"S"表示。飞行器类型由第三个字母标识,其中"B"表示示例中的助推器。与飞机名称类似,设计编号和系列编号分别由数字"11"和最后一位字母"A"给出。总而言之,ASB-11A"解码"如下:

	状态前缀	(无)
A	发射环境	空基发射
S	基本任务	太空支持
B	飞行器类型	助推器
11	设计编号	第 11 个设计
A	系列编号	这个设计的第一个版本

ASB-11A 是轨道科学公司"飞马座"号运载火箭——空基发射的太空助推器,之前在 1.3.5.6 节中描述过(图 1-80)。

表 2-10 所列为美国导弹、火箭、探测器、助推器和卫星的军用符号标识和描述的完整列表。与飞机名称类似,具有可选的状态前缀首字母(ASB-11A"飞马座"运载火箭示例没有状态前缀)。

表 2-10 美国导弹、火箭、探测器、助推器和卫星的军用标识符号和相应说明

状态前缀	发射环境	基本任务	飞行器类型
C—俘获	A—空基	C—运输	B—助推器
D—模型	B—多平台	D—诱饵	M—导弹

续表

状态前缀	发射环境	基本任务	飞行器类型
J—特种试验(暂时)	C—陆基或舰基加盖平台	E—通信/电子对抗	N—探测器
N—特种试验(永久)	F—单兵	G—对地面/对平面打击	R—火箭
X—试验	G—陆基	I—对空拦截	S—卫星
Y—原型	H—地表上发射井	L—侦测	
Z—计划中	L—地表下发射井	M—科学数据收集	
	M—陆基移动载具	N—导航	
	P—陆基非覆盖平台	Q—遥控	
	R—舰基	S—太空活动	
	S—空间载具	T—训练	
	U—水下载具	U—反潜	
		W—天气	

摘自《军用航空航天器的界定与命名》,AFJI 16-401,NAVAIRINST 8800.3B,AR 70-50,2005 年 3 月 14 日。

2.3.11.3 非军用飞机的命名

非军用飞机(包括商用和通用航空飞机)的命名不太标准化,这在所有美国和国际飞机制造商中都是如此。在过去,美国飞机制造商使用的一些受管制的双字母符号用于非军用飞机,但这已经不再使用了。今天,每个飞机制造商似乎都有自己的命名编号系统。

对于许多(不是大多数)非军用飞机而言,标识通常是一个字母,后跟一个数字。该字母通常表示飞机制造商,例如空客的“A”、波音的“B”、塞斯纳的“C”等,数字通常表示型号。例如,“B747”表示波音 747 型飞机——宽体商用喷气式客机/货物运输机。一些公司仍旧使用双字母代码,这可能是残留的旧的、受管制的双字母标识系统的痕迹,例如 Piper 31 型的“PA-31”——单独舱室、双发通用航空飞机。

型号后面通常是指定型号的破折号和序列号,例如“B747-400”是波音 747 型号的 400 系列。有时会在模型或序列号中添加后缀字母以表示不同的版本。例如,B747-400F 标识中的“F”是波音 B747-400 的货机版本,PA-31P-350 中的“P”是 Piper PA-31-350 的压缩版本。

非军用飞机的名称不应与国际飞机注册前缀码混淆。这些代码是飞机注册号前面的唯一字母和数字。世界上所有民用航空器必须按照国际民用航空组织(ICAO)的规定进行登记。美国的飞机注册前缀码是“N”,因此常称为 N 号。

2.4 飞行试验概念

本节介绍一些飞行试验的基本概念,给出更精确的飞行试验定义,并描述几种不同类型的飞行试验。与大多数科学研究一样,飞行试验涉及一种有条理的系统方法——使用明确定义的过程和技术。首先根据经典科学方法的哲学基础,然后根据其具体应用的细节来描述飞行试验过程。描述了飞行试验的基本试验技术,即飞行试验技术(FTT),以及用于数据采集的典型方法。飞行试验通常涉及具有不同专业领域知识的团队人员。说明了参与飞行试验的人员的角色和责任。最后,讨论了飞行试验的安全性和风险评估,以及用于管理此风险的典型方法。

2.4.1 什么是飞行试验

比较通俗的说法是:飞行试验人员可以被视为是一个勇猛而不畏死亡的勇者。如果执行得当,飞行试验是一种精确计划和精心执行的科学方法,尽可能减少危害、不犯错误;尽管有时会有风险或潜在的危险。但是,所有飞行试验的目标应该是尽可能减少和减轻这些风险或危害。如果飞行试验执行得当,它可能是可预测的,从而确保平安无事,甚至有些人认为它很平凡。然而,即使是最平凡的试验,也有将理论和方程转化为真实飞行时的兴奋。

无论是飞机还是航天器,都是人类可以构建的最复杂的系统和机器。尽管我们拥有所有迄今为止最先进的科学理论和强大的计算能力,仍然无法准确预测新航天飞行器的所有飞行特性,最终还需要飞行试验来确定真实飞行环境中飞行器的真实特征。飞行试验通常是航空航天设计和研发过程中的最终一步,它可以提供真实数据与设计预测和分析进行比较。飞行器及其系统的实际特性和性能通过飞行试验确定。将这些飞行试验确定的特征与理论预测进行比较,以确定是否已满足设计目标或是否需要变更设计。

飞行试验通常是团队的努力。飞行试验团队由飞行员、工程师、技术人员和其他支持人员组成。成功取决于团队成员的共同努力和贡献,需要具有广泛的技术、管理和操作技能。技术团队通常必须是跨学科的,需要空气动力学、稳定性、控制、结构、仪表、航电和其他领域的专业知识。

飞行试验通常需要专门的传感器、仪器和设备来测量所需的参数。这些参数的测量值可能是使用常规飞行器仪器所不能获得的,并且它们能以比标准仪器更高的数据采样速率进行采样。安装在飞行器中的飞行试验设备或“箱子”通常涂成橙色,以区别于其他非飞行试验设备并使其高度地可见。测量的飞行试验参数通常在飞行器上记录,并且还可以被发送或遥测到地面站,在地面站它们被记录或显示给地面观察者。数据也可以在飞行器上显示给飞行员或飞行试验工程师。

2.4.1.1 飞行试验的类型

飞行试验的类型多种多样,且具有不同的目的和方法。通常认为新型飞机的首飞是飞行试验的定义,但飞行试验显然不会这么简单。一些不同类型的民用飞行试验包括实验、工程、生产、系统和维护。飞行试验也可以用于纯科学研究。

实验飞行试验包括新型或原型飞机的首飞以及其飞行包线的确定或扩展。它还可能包括对新飞机模型或已经过重大改进的现有飞机设计的试验。实验飞行试验旨在定义新飞机或模型的未知性能、飞行质量、系统操作或其他特征。

工程飞行试验在飞机的飞行包线内进行,验证飞行和系统特性与已知的相同。这种类型的飞行试验还可能包括系统和组件的功能和可靠性测试。工程飞行试验包括根据政府法规对飞机进行认证所需的试验。美国民用认证标准由美国联邦航空管理局制定,用于不同类别的航空航天器。对于固定翼飞机,最常用的标准是联邦法规(CFR)第 23 部分“普通、公用、特技和通勤飞机的适航标准”,以及第 25 部分“运输类飞机的适航标准”。

生产飞行试验对象是由飞机制造商生产的飞机。在获得适航当局适航证之前,在新生产的飞机上进行生产飞行试验,以确保符合批准或认证。生产飞行试验也是在现有设计的飞行包线内进行。

系统飞行试验用以评估飞机上新安装的、升级的或改装的系统。假设飞机的飞行特性不受新的或改装的系统影响,但情况可能并非总是如此。例如,在飞机的外模线上安装大型天线或传感器可能会显著改变气动性能或飞行品质。航空电子设备(如通信和导航设备)的飞行试验,是常见的系统飞行试验。适航认证也包括系统飞行试验。

维护飞行试验或飞行功能检查(FCF)针对维护后或在飞机上有过改装后的飞行,以验证飞机的正常性能和飞行品质及其系统的正确运行。

美国军方特有的飞行试验类型包括开发试验和评估(DT&E)以及运行试验和评估(OT&E)。DT&E 和 OT&E 都可以在新型飞机或改进的飞机上执行。但是,DT&E 飞行试验先于 OT&E,如下所述。类似于民用飞机的适航认证标准,美国军用规格(MIL-SPEC)和美国军用标准(MIL-STD)用于军用飞机的飞行品质和系统运行。

开发试验和评估用来量化飞机的飞行动力学特性,即“它如何飞行”。通常,这包括对飞行器性能和飞行品质的飞行试验评估。这些飞行评估通常使用开环试验来执行。这里,飞行员向飞行器控制系统提供输入,并且测量得到的飞行器输出或响应,确保飞行员不会干扰该响应。飞机系统,如航空电子设备、自动驾驶仪、驾驶舱显示器、雷达和传感器通常也在 DT&E 飞行试验中进行评估。

在运行试验和评估飞行试验中，飞行器的飞行方式与运行中的飞行方式（其预定用途或任务）完全相同。试飞员仿照非试飞员的“日常”使用方式驾驶飞机，还要对飞机进行维护，保证它正常运行。OT&E 试验评估飞行器的预期用途或任务的适用性、可靠性和可维护性。例如，如果飞机是为货运任务而设计的，则 OT&E 飞行试验包括沿着具有代表性的货物有效载荷的典型飞行剖面飞行飞机，以及在代表性类型和长度的跑道上操作。还可以试验和评估飞机的运行以用于典型气候条件中。例如，如果飞机被设计在炎热、潮湿的气候条件下正常运行，则将在这些环境中进行 OT&E 飞行试验。与 DT&E 开环飞行试验相比，OT&E 倾向于闭环飞行试验，其中飞行员给出输入，飞机响应，然后飞行员基于响应给出额外输入，保持“人在环路中”。

虽然我们在不同类型的飞行试验之间做出了明确的区分，但实际上，这些不同类型的试验之间经常存在交叉。例如，在对安装新发动机的飞机执行认证飞行试验时，除了 OT&E 飞行试验之外，可能还需要完成 DT&E 性能和飞行品质飞行试验，以确定飞机仍能执行所需任务。

2.4.1.2 由谁执行飞行试验？

飞行试验和飞行研究由各种各样的实体组织执行，包括大型和小型商业航空航天公司、军队和政府。各个组织可以作为一个团队一起进行飞行试验或研究。飞行试验甚至可以由个人执行，例如试验性的自制飞机的制造者执行飞机试验。通常，组织拥有自己的专用飞行试验小组或部门，由飞行员、工程师、管理人员、技术人员和其他经过专门培训以执行飞行操作和试验的技术人员组成。这些组织也可能拥有非试验飞机，以支持飞行试验和机组人员熟练驾驶。

政府机构通常在监督或监管方面发挥作用，确保试验飞行器最终符合政府法规或标准。世界上负责飞行试验的一些主要政府性质的航空监管机构包括美国的联邦航空管理局（FAA）、英国的民航局（CAA）和欧洲航空安全局（EASA）。

美国军方有几个主要的飞行试验设施或机构，其中包括美国空军在加利福尼亚州爱德华兹和佛罗里达州埃格林的飞行试验中心，以及在马里兰州帕塔克森特河和加利福尼亚州中国湖的美国海军试验设施。试验地点在大型偏远地区，有利于高速军用飞机和武器系统的飞行试验。非军事公司和政府组织也通过军方的安排可以使用这些试验资源。美国国家航空航天局作为租户在加利福尼亚州爱德华兹空军基地运营阿姆斯特朗飞行研究中心。

人们在哪里学习飞行试验？早期的航空领域，几乎没有正式的飞行训练，更不用说任何正式的飞行试验。飞行试验通常是通过试错法进行的，希望试飞员能够在飞行中幸存下来，从错误中吸取教训。最终，人们认识到飞行试验的正式培训将是有益的,并建立了几个正规学校和培训项目。今天,许多航空航天公司在内部培训他们的试飞员,在经验丰富的试飞人员的指导下,通过正式的学术培训和实践经验培养他们的试飞技能。全世界还有几个正式的飞行试验培训设施和试飞员学校,试飞学员和试飞工程师学员参加正式的、通常为期一年的学术和飞行训练课程。这些包括军事、工业和民用的培训设施。主要的飞行试验学校和培训机构包括:

(1) 巴西圣若泽杜斯坎普斯市,巴西空军试飞员学校。

(2) 英国威尔特郡索尔兹伯里市,帝国试飞员学校。

(3) 印度班加罗尔市,印度空军试飞员学校飞机和系统试飞院。

(4) 加拿大安大略省,伦敦国际机场,伍德福德,国际试飞员学校(民用)。

(5) 法国伊斯特尔空军基地,法国伊斯莱试飞员学校。

(6) 美国加利福尼亚州,莫哈韦沙漠,美国国家试飞员学校(民用)。

(7) 俄罗斯莫斯科,茹科夫斯基,俄罗斯飞行研究学院。

(8) 美国加利福尼亚州,爱德华兹空军基地,美国空军试飞员学校。

(9) 美国马里兰州,帕塔克森特河海军基地,美国海军试飞员学校。

通常,飞行试验培训包括飞行性能、飞行品质、系统试验和试验管理这些基本内容,所有这些内容都在很大程度上依赖于航空航天的工程技术,飞行试验项目的管理通常也包括在内。学术理论通常在课堂环境中进行教学,然后再结合飞行理论的实际应用。飞行实践通常在各种飞机上飞行,以便让学生接触各种不同的飞机。试飞学员和试飞工程师学员经常作为一个团队来组织、管理、飞行和分析飞行试验。除了真实飞机之外,还使用飞行模拟器,因为飞行模拟器有其独特的作用和成本效益。

2.4.1.3 X 系列飞机

飞行试验在美国有着悠久的历史,从莱特兄弟的“飞行者”1 号首次试飞开始。随着航空航天飞行器的飞行试验变得更加正规化,美国为进行飞行试验的飞行器创建了一个特殊的名称,这种飞行器是同类中的第一个或在其他方面是独一无二的。从 Bell X-1 开始,“X-plane”标志已经成为美国试验性航空航天飞行器的代名词,扩展到航空和太空的前沿领域。

X 系列早期的许多飞机是试验性的火箭动力的飞机,拓展了高速飞行的空速和高度边界。事实上,X 系列飞机包括各种航空航天飞行器,例如低速螺旋桨驱动的飞机、无人驾驶飞行器、垂直起降飞行器、无人驾驶导弹试验平台、航天飞机和先进原型机、导弹和宇宙飞船。尽管存在差异,但 X 系列飞机的飞行试验有着共同的目标,即拓展航空航天工程的研究和技术边界。美国 X 系列飞机,从 Bell X-1 到现在,列于表 2-11 中。本书很多地方回顾了各种 X 系列飞机的许多重要成就。

表 2-11 X 系列飞机

机号	首飞时间	研 究 成 果
X-1	1946. 1. 25	1947年10月14日,首次载人超声速飞行,在45000英尺时马赫数高达1.06
X-1 A-E	1951. 7. 24	延续了X-1高速飞行研究
X-2	1952. 6. 27	具有后掠翼的高速飞行研究飞机,首飞速度为马赫数超过3
X-3	1952. 10. 20	马赫数为2的试验机,但实际飞行马赫数从未超过0.95
X-4	1948. 12. 15	无尾(无水平尾翼)试验机,为高亚声速飞行设计
X-5	1951. 6. 20	第一架可变后掠飞机
X-6	无	使用改进的B-36飞机来评估核推进方式(未制造)
X-7	1951. 4. 26	冲压式喷气推进试验平台,最快飞行马赫数为4.3
X-8	1947. 4. 24	高空研究火箭(最高至80万英尺),成就了Aerobee火箭
X-9	1949. 4. 28	空地导弹技术试验平台
X-10	1953. 10. 14	洲际巡航导弹技术的空气动力学和系统试验平台
X-11	无	提出原始阿特拉斯洲际弹道巡航导弹概念的试验载具
X-12	无	提出原始阿特拉斯洲际弹道巡航导弹概念的试验载具
X-13	1955. 12. 10	用喷气式飞机进行垂直起降(VTOL)飞行研究
X-14	1957. 2. 17	使用矢量推力进行VTOL飞行研究,数据用于Harrier原型机的设计
X-15	1959. 6. 8	高超声速飞行研究,首次载人高超声速飞行,马赫数高达6.7
X-16	无	旨在设计成为高空远程侦察机(未制造)
X-17	1956. 4. 17	多级火箭用于马赫数高达14.4的高超声速研究
X-18	1959. 11. 20	第一架倾斜翼垂直起降(VTOL)飞机
X-19	1963. 11. 20	使用串联倾转转子概念(类似于V-22 Osprey)进行VTOL飞行研究
X-20	无	设计高超声速“太空飞机”,称为Dyna-Soar(未制造)
X-21	1963. 4. 18	诺斯罗普层流边界层控制试验飞机
X-22	1966. 3. 17	采用双串联管道螺旋桨和变稳定性系统的V/STOL飞机
X-23	1966. 12. 21	升力体,机动再入试验飞行器
X-24	1969. 4. 17	火箭动力的升力体,探索了其低速飞行和着陆
X-25	1968. 6. 5	使用超轻型旋翼机的紧急出口能力的“陀螺滑槽”概念
X-26	1962. 7. 3	用作海军训练和秘密观察平台的Schweitzer 2-32滑翔机
X-27	无	洛克希德设计用以取代F-104的先进轻型战斗机(未制造)
X-28	1970. 8. 12	用于东南亚侦查的小型单发水上飞机
X-29	1984. 12. 14	前掠翼飞行研究
X-30	无	高超声速、超燃冲压发动机、单级入轨(SSTO)飞行器(未制造)

续表

机号	首飞时间	研究成果
X-31	1990.10.11	使用矢量推力进行高迎角飞行研究,包括失速后区域
X-32	2000.9.18	用于联合攻击战斗机竞赛的波音概念验证机
X-33	无	使用线性气动火箭发动机的单级入轨飞行器(未制造)
X-34	无	可重复使用的空间试验平台,在1999年6月被捆绑飞行
X-35	2000.10.24	用于联合攻击战斗机竞赛的洛克希德概念验证机
X-36	1997.5.17	波音遥控驾驶,比例为28%的无尾(垂尾和平尾)的飞行器
X-37	2010.4.22	用于验证可重复使用的太空技术的轨道太空飞机,由美国空军运营
X-38	1998.3.12	为国际空间站服务的人员救援验证飞行器
X-39	无	保留供美国空军用于亚尺寸无人驾驶演示
X-40	1998.8.11	提出的太空机动飞行器,后来成就了X-37
X-41	未知	机密的DARPA通用航空飞行器(CAV)机动再入飞行器
X-42	未知	试验性、消耗性上升级,旨在将有效载荷提升到轨道
X-43	2001.6.2	空基发射,无人驾驶,氢燃料,超燃冲压探伤试验平台,马赫数高达9.68
X-44	无	无尾研究概念飞机(未制造)
X-45	2002.5.22	无尾,推力矢量无人作战飞行器(UCAV)验证机
X-46	无	美国海军无人作战飞行器(UCAV-N)验证机
X-47	2003.2.24	无尾,菱形翼面UCAV验证机
X-48	2007.7.20	无人,亚尺寸,翼身融合体(BWB)试验平台
X-49	2007.7.29	矢量推力管道螺旋桨设计的复合固定翼飞机-直升机
X-50	2003.11.24	鸭式旋翼验证机
X-51	2010.5.26	空基发射,无人驾驶,碳氢燃料超燃冲压发动机试验平台,马赫数大于5
X-52	无	跳过的号码
X-53	2006.11.8	主动气动弹性翼(AAW)技术演示,使用高度改进的F-18
X-54	待落实	保留给湾流/NASA的超声速公务验证机
X-55	2009.6.2	先进的复合货机试验平台
X-56	2013.7.26	研究高空、长航时飞行技术的无人机
X-57+	未知	未知

2.4.2 飞行试验过程

与其他科学领域的探索类似,飞行试验的过程也基于经典科学方法的基本原理。追溯到17世纪,科学方法是用于研究现象和获取科学知识的系统过程。

图2-43所示为一种将科学方法应用于飞行试验的方法,包括以下步骤:

(1) 理论或假设的提出或应用;

(2) 应用理论做出预测;

(3) 使用飞行试验技术进行试验(飞行试验),与预测进行比较;

(4) 对试验(飞行试验)数据进行分析;

(5) 从分析中得出结论,合理修正理论或假设。

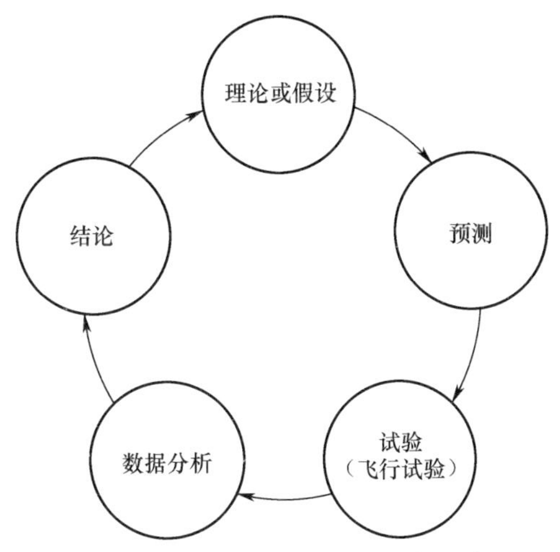

图2-43 科学方法应用于飞行试验

在该过程的第一步中,可以提出新的理论或使用已有理论。试验的目的是证实新理论或基于现有理论验证预测。例如,对新型推进系统进行飞行试验以验证该系统的理论基础。或者,运用现有的飞机性能理论来预测起飞性能,然后进行飞行试验来验证预测。无论理论是否是新的,通常都会将试验前的预测与试验数据进行对比分析。

飞行试验是数据采集的"试验"。类似于为任何科学尝试而进行的试验设置,必须仔细设计和计划飞行试验以成功收集所需数据。实际的飞行中通常使用标准飞行试验技术来完成数据采集,这将在下一节讨论。一旦试验完成并采集了数据,就需要分析数据,可能还需要与预测进行对比。数据分析的结果用来得出关于试验理论或目标的结论。理论可能根据试验的结果和结论进行修正。

应用上述原理,飞行试验过程的详细步骤可能类似于图2-44所示。图中所示的过程并不适用于所有飞行试验情况,相反,它作为模板,可以用来讨论过程中经常包含的几个重要元素。该过程的第一步是定义试验目的和需求。例如,其目的可能是证明飞机符合政府监管标准,需求可能是在政府法规中明确指定的。在充分理解了目的和需求之后,编写一个试验计划,其中包含如何执行试验以满足目的和需求的细节。这些细节通常包括目的陈述,飞机描述和配置,飞行试验技术和机动飞行,涉及的人员角色和职责,所需的测量设备和仪器,飞行前进行的地面试验以及其他任何测试需求。飞行试验过程中的一个关键要素是评估执行试验时的潜在危险。此危害评估可包括在书面试验计划中,也可以以单独的文档体现。飞行试验过程的安全和风险评估方面将在后面的章节中介绍。在编写、审查和批准试验计划之后,将编写试验卡(在后面详细讨论),指定用于设置和执行试验操作的每一步过程。在试验之前,通常会对飞行的准备情况进行技术和安全审查,称为飞行准备审查。最终的正式审查通常会交给与飞行试验无关的技术、安全、管理人员,目的是为了进行一次独立、客观的评估,来确认飞行试验团队是否准备好进行飞行试验。一旦通过了飞行准备审查,飞行试验团队就完成了试验的准备阶段,并且准备好进入试验执行阶段。

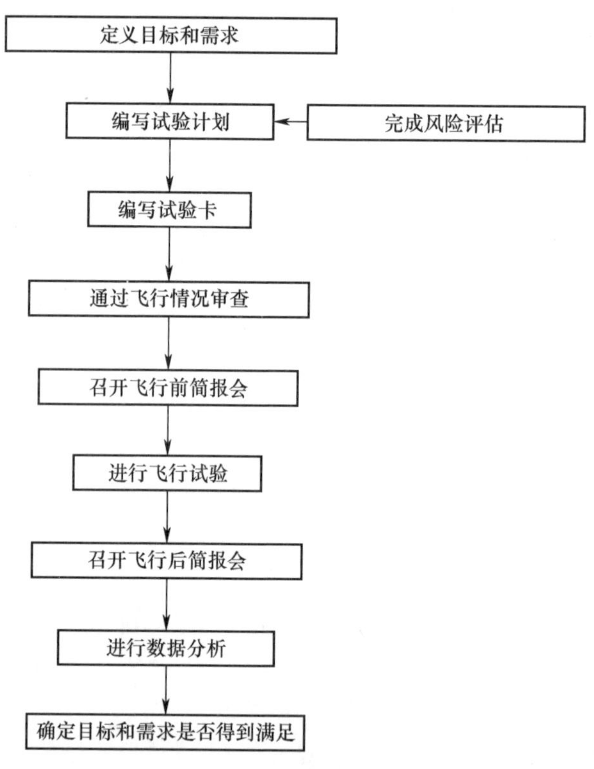

图 2-44　飞行试验过程的详细示例

在飞行当天或者非常接近飞行当日,试验团队开会,简要说明计划,以确保每个人都了解试验目的、试验所需技术、试验所需数据以及任何飞行限制。详细讨论当天的试验卡并在飞行中执行。最后,开始飞行并按照简报计划进行试验,这个过程称为“计划飞行并且按计划进行飞行”。当飞行结束后,试验团队举行飞行后简报会,审查飞行,讨论哪方面做的好、哪方面未按计划执行,识别问题和差异。工程师分析飞行试验数据,最终确定目标和需求是否得到满足。

2.4.3 飞行试验技术

飞行试验技术(FTT)的试验方法通常用来获取飞行试验数据。已经有许多标准飞行试验技术被研发出来以获得飞行性能、飞行品质、结构和系统等方面的飞行试验数据。大多数 FTT 在概念上都很简单,但是以指定精度的飞行试验技术进行飞行对于试飞员来说可能是一项艰巨的任务。我们将在接下来的章节中学习飞行试验中使用的许多基本飞行试验技术。表 2-12 列出了本书涉及的飞行试验技术,以及用于讨论这些飞行试验技术的飞机。除了 FTT 外,本书还介绍了几种地面试验技术(GTT),这些通常是在飞行试验前用于地面试验和分析的技术。书中讨论的许多地面试验技术也在表 2-12 中给出。

表 2-12 书中讨论的地面试验和飞行试验技术

科目	地面试验技术或飞行试验技术	使用飞机
基础	熟悉飞行	麦克唐纳・道格拉斯 F/A-18B“大黄蜂”
	配平飞行	Extra 300 特技飞机
空气动力学	飞行中流动可视化	F-18 高迎角试验机
	阻力清除	GTT
	风洞试验	GTT
	计算流体力学	GTT
	稳定滑翔中升力和阻力	XP-51B“野马”战斗机
	气动建模	波音 F/A-18E“大黄蜂”战斗机
	飞行中激波可视化	各种飞机
	失速,横距和旋转	克里斯汀“鹰”II
	高超声速飞行试验	北美 X-15
推进	发动机试验室和试验台	GTT
	飞行引擎试验台	各种飞机
	飞行中推力测量	康维尔 F-106“三角镖”
飞行性能	高度和空速校准	T-38A 教练机
	巡航性能	瑞恩 NPY“圣路易精神”号
	爬升性能	塞斯纳 172 “弯刀”飞机
	能量	洛克希德 F-104G“星际战斗机”
	盘旋性能	洛克希德 F-16“战隼”
	起飞性能	XB-70“瓦尔基里式”轰炸机
稳定性和操纵性	纵向静稳定性	派珀 PA32“萨拉托加”公务机
	横向静稳定性	NASA M2-F1 升力体验证机
	纵向动稳定性	派珀 PA31“纳瓦霍人”公务机
	变稳飞机	各种飞机
	首飞	新飞行器或改进型飞行器

2.4.3.1 飞行剖面

如图 2-45 所示,在高度与时间的关系图上规划飞行通常很有必要,称为飞行剖面。飞行剖面由试验点组成,试验点是在特定飞行条件下进行的飞行试验及数据收集中获得的。飞行条件通常为指定高度和马赫数或空速,也可以包括迎角、侧滑角、过载、飞机配置或其他必要条件。飞行剖面图提供了完整飞行的概览,它确定了各个试验点、飞行试验技术以及各试验点之间的过渡。过渡信息有助于试飞员设置后续试验点。理想情况下,试验点过渡已在试验点规划中进行了优化,以尽可能地匹配试验点之间的能量水平。举个例子,能量损失试验点演习,诸如大 g 值的下降转弯,可能跟随能量高的试验点,例如高马赫数的高空机动。

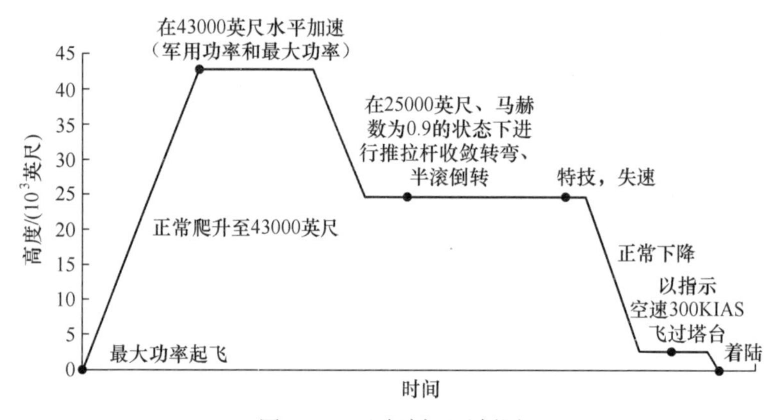

图 2-45 飞行剖面示例图

2.4.3.2 飞行试验卡

每个试验点和 FTT 的详细信息通常写在一组飞行试验卡上。试验卡为每个试验点提供有序步骤的流程,通常包括关于设置试验点,想要的机动动作以及过机动提示(接下来将是什么试验点)的细节。除了单独描述试验点的试验卡之外,通常还有一些描述试验大局的概述卡,通常包括显示飞行剖面的卡片,如上文所述。概述卡通常包括适用于试验点外的其他细节,如机组人员分配、通信频率、空域信息、飞机和试验限制、飞机重量和平衡信息、性能图表或其他相关信息。

在制作试验卡时,所选择的格式取决于试验情况和个人偏好。例如,文字说明、表格、图片或图表都是可能适合的格式。试验卡的尺寸可以很小或很大,这取决于驾驶舱或客舱的尺寸。试验卡的典型元素包括试验点名称和编号、飞机类型和卡号。特定于试验点的项目可能包括飞机配置、限制、数据带和容差,仪表或数据系统要求的设置以及飞行状态的设置或配平。卡上通常有空间来记录数据或写评论。数据记录顺序应该体现在试验卡上:首先要记下所需的最重要的数据。试验卡应指定数据职责,如指定飞行员在给定的时间间隔内进行口头呼叫,或者指定飞行试验工程师启动数据系统并进行记录。图 2-46 是一个飞行试验卡的示例。试验卡是飞行试验事件和数据的记录。飞行后不应更改或重写它们,因为这可能会破坏卡上的原始信息或数据。

F-16B S/N:	F-16飞行准备	日期:

最大功率水平加速到(43000±500)英尺/
马赫数为0.5→最大马赫数

限制:校正空速600kn,马赫数为1.6
构型:S/B收上,最大功率

A 平飞:41000英尺,马赫数为0.8(15s)

B 数据采集系统:开(接收机LT打开)

C 水平加速—最大功率
马赫数为0.85→最大马赫数
(高度±100)英尺,(速度±100)英尺/min

马赫数	高度变化	垂直速度计	油量	时间
0.85	______	______	______	______
0.90	______	______		______
0.95	______	______		______
1.0	______	______		______
1.05	______	______		______
1.1	______	______		______
___	______	______		______

D 数据采集系统:关(记录器关)

E 评述

下一个:下降至27500英尺高度 5B

图 2-46 F-16 最大加力水平加速飞行试验卡示例

2.4.3.3 飞行试验数据采集

几乎所有飞行试验技术都涉及数据的采集。数据可能是定量的,如获得关于飞机的性能或稳定性数据;数据也可以是定性的,如飞行员关于飞行器执行试验任务(如空中加油或编队飞行)能力的主观意见。

数据采集通常要指定数据带和容差。对于许多需要机动的试验技术,不可能将飞机保持在完全恒定的飞行状态。±1000 英尺(±300m)的数据带,在特定高度上下的范围内,可用于恒定高度试验点,因为大气特性在这个高度范围内基本上是恒定的。用于保持飞行条件的容差(如空速或过载系数)由数据中所需的精度设定。更严格的容差通常要求飞行员花费更多精力以精确驾驶飞机。

飞行数据采集过程的第一步是定义需要采集的数据。定义以执行数据分析所需的数据贯穿试验需求。除了这些数据之外,还有用来分析具体飞机特性的直接输入以及经常用来验证试验条件的其他数据。例如,在飞机爬升性能试验中,性能分析需要诸如空速、高度、发动机功率和时间等主要数据。另外,可能需要诸如侧滑角的数据以确保以零侧滑进行爬升。侧滑数据可能不在爬升性能分析中直接使用,但它可以验证数据的质量。

当然,需要的数据参数个数可能超过可用个数。这种约束通常受限于飞行器上的传感器数量以及数据采集系统的结构和尺寸。另一个要考虑的因素是数据采样率及每秒记录的样本数据。要求的数据采样率是测量频率和其他与需求相关的数据采集的函数。

采集飞行试验数据的方式很多,从简单的手动记录信息和数据到使用复杂的数据采集系统(DAS)。DAS 的类型很多,从简单廉价的系统到复杂昂贵的系统。DAS 可以是商用现货(COTS)设备,也可以是定制设备。现代数据采集系统能够测量和记录数千个参数。DAS 数据可以记录在飞机上,或者遥测到地面站,或两边都记录。遥测系统需要飞机上的发射器和天线以及地面上的接收设备和天线。数据遥测的一个好处是地面控制站或控制室的人员可以实时监控飞行数据。

与 DAS 完全不同的是手动记录数据,由飞机上的人员手动记录飞行数据。手动记录数据是最简单的飞行试验数据来源,只需要最基本的铅笔和纸(当然,便携式计算机或其他电子设备也可用于手动记录)。对于由于预算或时间因素不支持 DAS 的测试,手动记录数据可能是唯一的选择。然而,即使以电子方式记录数据,手持数据也可作为试验的实时记录,并且可便捷地在飞行后重建试验事件。定量的手动记录的数据可以作为 DAS 或遥测数据的“备份”。在电子记录数据不可用或不完整的情况下,手动记录的数据变得非常有价值。手动记录的数据可以是定量的或定性的。数据的读取可以从座舱中的传感器和仪器中获得,提供定量的数据。定性数据包含观察、评论或描述,可提供有价值的试验意见和建议。

2.4.4 对试飞员、试飞工程师和试飞分析师的要求

通常,安全和成功的飞行试验需要由飞行员、工程师、技术人员和其他支持人员组成的多学科团队做出贡献。每个人都为试验团队贡献特定的专业知识和

才能，以使团队作为一个整体拥有成功和安全地进行飞行试验所需的专业知识和技能。例如，一个典型的试验团队可能需要运营、工程和管理学科的专家，如飞机驾驶、维护、仪表、气动、稳定性、操纵性和项目管理等专业。在本节中，我们简要地给出试飞员、试飞工程师和试飞分析师的定义。

2.4.4.1 试飞员

试飞员驾驶试验飞机并进行试验操作和评估。他们精通试验飞机及其所有系统的操作。除了能够正常操作试验飞机之外，他们还训练一些技能，以便在飞机上精确地执行飞行试验技术和试验程序。他们已经从试飞工程师的角度掌握了观察技能来感知和分析飞机的飞行特性或机动质量。通常，试飞员具有各种类型飞机的飞行经验，使其能够适应试验飞机的各种新的、可能是意外的飞行特性。理想情况下，试飞员具有高级工程或科学教育背景，对理论、测试技术和飞行试验的执行有深入的了解。

2.4.4.2 试飞工程师

试飞工程师（FTE）通常是航空、电气、机械或其他工程学科的经过训练的专业工程师。FTE 以各种工程学科和管理背景涉入试验计划及协调。他们必须了解试飞员将要执行的所有任务和飞行试验技术。通常，FTE 负责准备和修改试验卡，可能还需要作为试验机中的机组人员，或作为地面站或控制室的专业工程师。作为机组成员，FTE 在飞行试验卡、试验点方面与试飞员密切合作，并手动收集、记录数据。

2.4.4.3 试飞分析师

试飞分析师通常是一名工程专家，具有特定学科的专业知识，如空气动力学、飞行性能、稳定性、操纵性、仪表、航空电子设备和结构等专业。分析师可以使用或分析地面试验数据，如风洞试验或系统功能检查，在飞行试验之前进行详细的分析或计算。此外，他们通常为他们的学科提供试验目标和要求，有助于研发所需的试验点和机动操作。在试验期间，分析师可以坐在地面站或控制室的控制台中，监控实时数据并为给定的学科调整试验点。试飞结束后，分析师对收集的飞行数据进行审查、分析和报告。

2.4.5 飞行试验安全和风险评估

所有飞行试验都有一定程度的风险。俗话说，将飞行试验风险降低到零的唯一方法就是待在地面。但是，通过良好的判断和执行大量的预试验计划，可以并且必须最小化任何与飞行试验相关的风险。任何飞行试验的主要目标之一都是最大化收集数据，同时将风险降至最低。飞行试验事故可能会产生重大影响。

试验机的损坏或完全丢失可能导致长时间的延误甚至项目取消。最糟糕的是,对人员的伤害或人命损失是毁灭性的。

飞行试验安全的基础是试验程序增量累积。在试验从已知到未知的进程中,增量构建是一个有条不紊的过程。在飞机飞行包线方面,累积过程包含包线扩展,其中试验从最低风险飞行条件下的试验点进入飞行包线的高风险区域。通常,这意味着从亚声速飞行包线的"心脏"开始向包线外移动,朝向包线的边缘。移动到飞行包线的边缘可以是空速、高度、动压或其他飞行条件参数的增加或减少。例如,用于获得动态失速数据的包线扩展应该从更高的空速开始,并且向越来越慢的空速推进。颤振试验的包线扩展应从正常空速和低动压开始,并进入高空速和高动压,可能需要俯冲飞行。在构建过程中应该不会出现意外,因为试验点循序渐进的结果应该跟随试验预测和趋势。试验执行前应充分研究意外的试验结果,如果试验过程与预期出现偏差,应立即暂停试验。

飞行试验安全始于试验的计划阶段。应考虑所有可能的危害和风险。从以前的试验中学到经验教训,尤其是类似的试验类型。有一些方法可以在一定程度上量化风险等级。在讨论风险等级之前,我们应准确地了解一些危害和风险的定义。

危害被定义为可能导致意外或意外事件(如事故)的状况、事件、对象或环境,是现存的或潜在的能够导致人身伤害、疾病和死亡或是物体的毁坏和损失的条件。一旦确定了危害,就必须在风险评估的过程中评估那些与危害相关的风险。危害识别和风险评估起源于核工业和化学工业,旨在提高安全性。

风险是危害不受控制或未被消除带来的影响。在评估风险水平时,必须确定导致不良后果的严重性和可能性(概率)。如果严重性或概率增加,风险会增加。所有风险评估都存在一定程度的不确定性,因为通常很难准确预测危险严重程度或概率。

风险评估过程从识别危害开始。有许多方法可以识别危害,包括定性过程,如头脑风暴,及数据驱动技术,如故障模式和影响分析(FMEA),FMEA 从系统的角度看待试验机元件、组件和子系统,以识别可能的故障模式、故障产生的根本原因及其后果或影响。过去试验中的危险事故的总结可以为危险识别过程提供有价值的信息和见解。头脑风暴通常是专家之间的无组织、无限制的讨论,通常是与试验相关的讨论。他们利用富有想象力的思维来提出危险情景和可能不安全的假设。可以使用结构化假设技术(SWIFT),涉及多学科专家团队进行头脑风暴,应用于试验设备和飞行器的系统级描述。识别的危害通常以威胁危害报告(THA)的形式进行组织和记录,THA 以一页或两页的简短形式,简洁地说明了危害及其原因和可能的结果,说明了任何风险控制或缓解措施以及危险严重程度和概率的最终风险评估。

风险评估矩阵用于帮助量化与危害相关的风险,如表 2-13 所列。各种危害都在矩阵中表示出来,基于其严重程度和发生概率。事故严重程度类别和概率水平等的定义在某种程度上是主观的。表2-14给出了事故严重程度类别的定义示例。请注意严重程度标准定义中的主观性,特别是与事故严重程度相关的货币价值。表2-15显示了事故概率水平的定义示例,其中数量定义中仍然具有主观性。

表2-13 典型的飞行试验风险评估矩阵

概率	严重程度			
	灾难级(1)	严重级(2)	一般级(3)	可忽略级(4)
经常 A	高(红色)	高(红色)	严重(橙色)	中(黄色)
可能 B	高(红色)	高(红色)	严重(橙色)	中(黄色)
偶尔 C	高(红色)	严重(橙色)	中(黄色)	低(绿色)
很少 D	严重(橙色)	中(黄色)	中(黄色)	低(绿色)
不会发生 E	中(黄色)	中(黄色)	中(黄色)	低(绿色)

表2-14 事故严重程度类别定义示例

严重程度	类别	标　准
灾难级	1	身故、永久性全失能或物体损失或损坏超过100万美元
严重级	2	永久性部分失能或导致住院的伤害,或物体损失或损坏超过20万美元但小于100万美元
一般级	3	伤害影响一个或多个工作日进程,物体损失或损坏超过1万美元但小于20万美元
可忽略级	4	伤害影响工作进程在一个工作日内,物体损失或损坏超过2000美元但小于1万美元

表2-15 事故概率类别定义示例

概率	类别	标　准
经常	A	经常可能发生,发生的概率大于10%
可能	B	会发生几次,发生的概率大于1%小于10%
偶尔	C	可能会发生几次,发生的概率大于0.1%小于1%
很少	D	几乎不会但也有可能发生,发生的概率大于0.0001%小于0.1%
不会发生	E	不大可能,可以假设不会发生,发生的概率小于0.0001%

已识别危害的风险评估矩阵虽然是基于历史趋势或故障分析的定量数据,但其数量可能有些主观,有待解释。严重性和概率组合可对风险等级进行分类,从高(红色)到低(绿色)。几乎所有被评估为高(红色)风险等级的危害被认为对进行试验来说风险太高。对于评估为严重(橙色)的危害,这种认知也可能是正确的。危害缓解措施用于将风险降低到可接受的风险水平。可

接受的风险是低于其可承受风险和可执行试验的阈值。超过可接受的风险等级时,不能进行试验。通常,可接受风险的阈值由组织的高层或公认的公司政策或程序确定。

为了降低危害的风险水平,应执行风险缓解措施。可以通过改变全机的部件设计来实现,虽然这种做法导致时间和成本过高,特别是在部件或试验机已经制造完成的情况下。通常,风险缓解可以是最小化过程,其中通过执行新程序来降低或管理风险。累积飞行试验方法也被认为是最小化过程。其他最小化过程可能包括设置试验或试验机限制。例如,如果飞行特性在较高值处未知,则将空速或迎角限制为较低值。

除了固有的主观性,风险评估矩阵是评估与试验相关的风险水平的有用工具。通过获取单个矩阵中所有危害的严重程度和概率,可以更好地了解整体试验风险。

风险评估矩阵的应用示例如表 2-16 所列,其中评估了与“日常生活”相关的风险。日常生活中剪纸的风险等级评估为 4A,严重程度可忽略不计,概率水平较高。鲨鱼袭击危害具有 1E 风险等级,具有灾难级严重性和不可能发生的概率。在矩阵中处理这些危害可能具有主观性,因为人们可能对于剪纸受伤或鲨鱼攻击是否必然致命有不同的看法。

表 2-16 “日常生活”风险评估矩阵示例

概率	严重程度			
	灾难级(1)	严重级(2)	一般级(3)	可忽略级(4)
经常 A				剪纸
可能 B				
偶尔 C			旅行和摔倒	
很少 D		汽车事故		
不会发生 E	鲨鱼攻击			

用于假设的飞行试验风险评估矩阵示例如表 2-17 所列。假设该试验机是新飞机,其中已知航空电子设备有冷却问题,使得设备过热是可能的。但是,在任何损坏发生之前,已经采取风险缓解措施以识别问题并关闭设备,从而导致 4B 级风险。此外,预测这架新飞机可能有着陆困难,因此偶尔会出现硬着陆的可能。可以将起落架建造得特别坚固以解决这个问题,因此硬着陆危害被赋予 3C 级风险。最后,可以在试验程序期间计划机动动作,以便应对可能发生的失控飞行,这可能导致灾难性的飞机损失。尽管这样,设置试验限制以远离预期的失控边界损失,并且遵循谨慎的增量试验,使得失控的概率很小,可以使得该风险达到 1E 的水平。

表2-17 假设的飞行试验风险评估矩阵示例

概率	严重程度			
	灾难级(1)	严重级(2)	一般级(3)	可忽略级(4)
经常 A				
可能 B				航空电子设备过热
偶尔 C			硬着陆	
很少 D	失控			
不会发生 E				

参考文献

[1] *Aerodynamics*, USAF Test Pilot School, Edwards AFB, California, January 2000.

[2] *Aircraft Performance*, USAF Test Pilot School, Edwards AFB, California, January 2000.

[3] Anderson, J. D., Jr, *Introduction to Flight*, 4th edition, McGraw-Hill, Boston, Massachusetts, 2000.

[4] Anderson, J. D., Jr, *Fundamentals of Aerodynamics*, 3rd edition, McGraw-Hill, New York, 2001.

[5] Brown, S. W. and Bradley, D., "Uncertainty Analysis for Flight Test Performance Calculations," AIAA 1st Flight Test Conference, Las Vegas, Nevada, 11-13 November 1981.

[6] Clarke, A. C., "Extraterrestrial Relays-Can Rocket Stations Give Worldwide Radio Coverage?" *Wireless World*, October, 1945, pp. 305-308.

[7] Coleman, H. W. and Steele, W. G., *Experimentation and Uncertainty Analysis for Engineers*, 2nd edition, John Wiley & Sons, Inc., New York, 1999.

[8] Department of the Air Force, "Designating and Naming Defense Military Aerospace Vehicles," AFJI 16-401, NAVAIRINST 8800. 3A, AR 70-50, 14 March 2005, http://www. e-publishing. af. mil.

[9] Department of Defense, "Model Designation of Military Aerospace Vehicles," DoD 4120. 15 - L, 12 May 2004.

[10] Federal Aviation Administration, US Department of Transportation, *Methods Techniques and Practices-Aircraft Inspection and Repair*, Advisory Circular (AC) **43**. 13 - 1 (as revised), Oklahoma City, Oklahoma, 8 September 1998.

[11] Federal Aviation Administration, US Department of Transportation, *Balloon Flying Handbook*, FAA-H-8083-11A, Oklahoma City, Oklahoma, 2008.

[12] Federal Aviation Administration, US Department of Transportation, Code of Federal Regulations, Federal Aviation Regulations, 14 CFR Part 1, Definitions and Abbreviations, 2014.

[13] Federal Aviation Administration, US Department of Transportation, Code of Federal Regulations, Federal Aviation Regulations, 14 CFR Part 401, Organization and Definitions, 2014.

[14] Federal Aviation Administration, US Department of Transportation, *Instrument Flying Handbook*, FAA-H-8083-15B, Oklahoma City, Oklahoma, 2012.

[15] Federal Aviation Administration, US Department of Transportation, *Risk Management Handbook*, FAA-H-8083-2, Oklahoma City, Oklahoma, 2009.

[16] Federal Aviation Administration, US Department of Transportation, *Rotorcraft Flying Handbook*, FAA-H-8083-21, Oklahoma City, Oklahoma, 2000.

[17] Gallagher, G. L., Higgins, L. B., Khinoo, L. A., and Pierce, P. W., *Fixed Wing Performance*, USNTPS-FTM-NO. 108, US Naval Test Pilot School, Patuxent River, Maryland, 30 September 1992.

[18] Gessow, A. and Meyers, G. C., Jr, *Aerodynamics of the Helicopter*, Frederick Ungar Publishing Company, New York, New York 1952.

[19] Griffin, M. D. and French, J. R., *Space Vehicle Design*, 2nd edition, AIAA Education Series, American Institute of Aeronautics and Astronautics, Inc., Reston, Virginia, 2004.

[20] Hurt, H. H., Jr, *Aerodynamics for Naval Aviators*, US Navy NAVWEPS 00-80T-80, US Government Printing Office, Washington, DC, January 1965.

[21] Hybrid Air Vehicles, Ltd., http://www.hybridairvehicles.com/.

[22] Jackson, P. (ed.), *Jane's All the World's Aircraft*: 2002-2003, Jane's Information Group Limited, Coulsdon, Surrey, United Kingdom, 2002.

[23] Jenkins, D. R., Landis, T., and Miller, J., "*American X-Vehicles: An Inventory, X-1 to X-50*" *NASA SP-2003-4531*, US Government Printing Office, Washington, DC, June 2003.

[24] Karamcheti, K., *Principles of Ideal-Fluid Aerodynamics*, 2nd edition, Robert E. Krieger Publishing Company, Huntington, New York, 1980.

[25] Leishmann, J. G., *Principles of Helicopter Aerodynamics*, 1st edition, Cambridge University Press, New York, New York, 2000.

[26] Lilienthal, O., *Birdflight as the Basis of Aviation*, translated from the 2nd edition by A. W. Isenthal, Markowski International Publishers, Hummelstown, Pennsylvania, 2001.

[27] Lucian of Samosata, *True History*, translated by Francis Hicks, A. H. Bullen, London, England, 1894.

[28] Ludwig, C. G., "Flight Test Evaluation of a Low-Cost, Compact, and Reconfigurable Airborne Data Acquisition System Based on Commercial Off-the-Shelf Hardware," Master's Thesis, University of Tennessee, 2009.

[29] "Mars Climate Orbiter Press Kit," NASA-JPL, September 1999.

[30] "Mars Climate Orbiter Fact Sheet," NASA-JPL, http://mars.jpl.nasa.gov/msp98/orbiter/fact.html, June 2014.

[31] "Mars Climate Orbiter Mishap Investigation Board Phase I Report," NASA, November 10, 1999.

[32] "*History of the X-Plane Program*" NASA, http://history.nasa.gov/x1/appendixa1.html, March 2015.

[33] "The NIST Reference on Constants, Units, and Uncertainty," National Institute of Standards and Technology (NIST), Physical Measurement Laboratory, http://physics.nist.gov/cuu/Units/units.html, last update June 2011.

[34] Stolicker, F. N., *Introduction to Flight Test Engineering*, AGARD-AG-300, Vol. 14, AGARD, France, 1995.

[35] Talay, T. A., *Introduction to the Aerodynamics of Flight*, *NASA SP-367*, US Government Printing Office, Washington, D. C., 1975.

[36] Taylor, B. N. and Thompson, A., editors, "The International System of Units (SI)," NIST Special Publication 330 (SP330), National Institute of Standards and Technology, Gaithersburg, Maryland, March 2008.

[37] Ward, D. T., and Strganac, T. W., *Introduction to Flight Test Engineering*, 2nd edition, Kendall Hunt Publishing Company, Dubuque, Iowa, 2001.

[38] Young, H. D. and Freedman, R. A., *University Physics*, 11th edition, Addison Wesley, San Francisco, California, 2004.

[39] Young, J. O., *Meeting the Challenge of Supersonic Flight* Air Force Flight Test Center History Office, Edwards AFB, California, 1997.

习 题

1. 在机体坐标系中，飞机的速度分量 v_x = 120.7 英里/h，v_y = 3.12 英尺/s，v_z = 11.63 英尺/s。计算飞机速度、迎角和侧滑角的大小。
2. 一架试验飞机正在以 228.1kn 的速度飞行，迎角和侧滑角分别为 3.280°和 1.27°。计算机体坐标系中的速度分量。
3. 一架直升机正以匀速垂直爬升，在这种飞行状态下画一个自由体受力图，推出这架直升机垂直爬升的推重比表达式。
4. 一艘混合动力飞艇正在以恒定的空速下降，其发动机没有产生推力。在这种飞行状态下画一个自由体受力图，推出这架飞机下降时的推阻比表达式。
5. 一架诺斯罗普 T-38 喷气式飞机正在以 30°的航迹角进行匀速爬升。根据升力、阻力和推力推出飞行航迹角的表达式。
6. 一架诺斯罗普 T-38 喷气式飞机正在稳定平飞，飞机的质量为 10060 磅。T-38 机翼参考面积 S 为 170 英尺^2。计算这种飞行状态下的升阻比、推重比和翼载。
7. 一架飞机在 13100m 的高度以空速 670.3km/h 飞行，这个高度的气温是 216.5K。以 m/s 和马赫数为单位计算声速 a_∞。
8. 一架飞机在 2700 英尺的高度，以马赫数为 0.58 的速度飞行，这个高度的气温是 47.3℉。以英尺/s 为单位计算声速，以英里/h 为单位计算空速。
9. 一架小型通用航空飞机——塞斯纳 172 型四座飞机正在以 121kn 的恒定空速及 5000 英尺的高度直线水平飞行，其自由流空气密度 ρ_∞ = 0.0020482 slug/英尺^{3}①。该飞行状态下的飞机升力系数为 0.3174。计算飞机在此飞行状态下的动压、迎角和重量（可以使用升力系数 c_L 和迎角 α 的近似线性关系式 $c_L = 2\pi\alpha$，迎角用弧度表示）。下表显示了飞机相关的规格。在给定的飞机规格和飞行状态下，讨论升力系数和迎角值是否合理。

参数	数　值
飞机长度	27 英尺 2 英寸
翼展	36 英尺 1 英寸
机翼参考面积	174 英尺^2
最大起飞重量	2550 磅
总燃油量	56 加仑
最大巡航速度	124kn

① 1slug/英尺^3 = 515.290kg/m^3。

10. 一架小型通用航空飞机——塞斯纳172型四座飞机,正在以62kn的恒定空速及3150英尺的高度直线水平飞行,其自由流空气密度 $\rho_\infty = 0.0021657$ slug/英尺^3。该飞行状态下的飞机质量为2510磅。计算此飞行状态下的动压、升力系数和迎角(可以使用升力系数 c_L 和迎角 α 的近似线性关系式 $c_L = 2\pi\alpha$,迎角用弧度表示)。沿用问题9中提供的飞机规格表,在给定的飞机规格和飞行状态下,讨论升力系数和迎角值是否合理。

11. 绘制通用航空教练机的 $v-n$ 图,其规格如下(假设在海平面条件下):

参数	数　值
质量	1670磅
机翼参考面积	159.5英尺^2
1 g 失速速度	43kn
最大空速	149kn
正限制过载系数	+4.4g
负限制过载系数	−1.76g

12. 例2.10中"比奇富豪"飞机,FS 79中的驾驶舱坐着176磅的飞行员和147磅的副驾驶,机翼油箱里有57加仑(280磅)的可用燃料。如果飞机起飞1.2h后着陆,计算零油重量、起飞重量和起飞时重心位置,以及着陆重量和着陆时重心位置。假设航空燃油的质量为6.01磅(2.27kg)/加仑,燃油消耗率为15.1加仑/h(57.2磅/h)。确定起飞和着陆的重量及重心是否在允许的范围内。

第3章

空气动力学

佛兰德斯巴洛克风格画家 Jacob P. Gowy 的 *The Flight of Icarus*

（资料来源：Jacob P. Gowy，PD-100-old）

代达罗斯收集整理大大小小的羽毛，从最短的羽毛开始，从短到长，一片一片将羽毛连接起来，然后用麻线在中间捆住，在末端用蜡封牢，最后，把羽毛微微弯曲，使得它看起来完全像鸟翼一样。

当完成这一切后，代达罗斯把翅膀绑在身上试了试，然后在天空翱翔。他又教导儿子伊卡洛斯说："父亲告诉你，伊卡洛斯，最好在中间飞行，如果你飞得太低，海水浸湿翅膀会把你拽入大海，如果你飞得太高，太阳会烧焦羽毛。"在说明飞行规则的同时，他在儿子的肩膀上安装了新制造的翅膀。他给了儿子一个鼓励的吻，并向上挥动翅膀升空。他提醒儿子跟着他飞行，并向他演示了危险的飞行技能，他扇动自己翅膀的同时，不时回头看看儿子飞得怎样。

伊卡洛斯肆意地飞行，开始忘乎所以，他向往着更高的天空，于是飞得越来越高,因此忽略了自己的高度。当他靠近炽热的太阳时,蜡和翅膀融化了,以至于他双臂裸露,失去翅膀的他,无法在空中飞行,他哭着叫喊父亲的名字,最后坠落在了深蓝色的大海中。

——奥维德,《变形记 8》①,代达罗斯和伊卡洛斯②

3.1 引　　言

空气动力学有时被认为是飞行科学,但比其他航空航天学科更为重要的是,空气动力学揭示了比空气重的物体的飞行本质,即物体在空中移动并产生大于其重力的升力。但升力不会无偿产生,因为物体在空气中运动时产生阻力,这会阻碍物体的运动。为了克服阻力,通常需要安装推进装置,这是第 4 章的主题。通常,空气动力学的目标是设计能够产生较大升力且阻力尽可能小的外形。一些人认为这样的空气动力学外形是非常美丽和优雅的,轻微倾斜的表面几乎本身就是一种艺术。

从技术上讲,空气动力学是研究空气流动和空气与物体(如机翼、汽车、建筑物或飞机整机等)相互作用的科学。气流可以是外部流动,例如在飞机机翼或汽车引擎盖上;也可以是内部流动,例如在喷气发动机或风洞内。物体表面绕流会在物体上产生力和力矩。通常,空气动力学主要研究在物体上产生的升力和阻力。

流体动力学是研究液体和气体的运动学科,而空气动力学仅是流体动力学的一个分支学科。流体动力学是一门基础的学科,在天体物理学、气象学、海洋学等工程领域具有广泛的应用。除了适用于飞机和穿越大气层的导弹外,流体动力学还适用于海洋中船只和潜艇的运动,池塘中微生物的游动,人体循环系统中的血液流动以及进入其他行星大气的太空探测器等。本章中,我们将探讨与航空航天器相关的空气动力学,通过本章学习,我们将了解随着飞行器速度的增加,流体基本特征的变化。首先,我们来了解流体的基本属性。

3.2 流体的基本物理属性

无论流体是液体还是气体,固体与流体从本质上是不同的。如果将流体放

① 来自奥维德的《变形记》(2004 年),由 A. S. Kline 和 Borders Classics 翻译。

② 在希腊神话中,代达罗斯和他的儿子伊卡洛斯被关押在希腊克里特岛上。代达罗斯制造了羽毛翅膀,用蜡固定在一起,通过飞行逃离岛屿。他教伊卡洛斯飞行,但警告他如果飞得太低,海水的湿气会使翅膀太重而无法飞行,飞得太高,太阳的热量会使蜡融化。他们一起飞离岛屿,伊卡洛斯在他的飞行中飞得越来越高,直到太阳融化了蜡,最终悲惨地落入大海被淹死。

入容器中,它会“展开”并填充容器,而固体则不会。从分子的角度来看,固体的原子和分子紧密地堆积在一起,而气体则要大得多。固体的原子和分子形成刚性几何结构,通过强大的分子间作用力聚合在一起。而流体分子间作用力的影响很弱,允许分子的相对运动,从而产生分子间的流动性。

我们需要明确定义流体的几个属性,以帮助我们进行空气动力学的定量讨论。这些属性组合在一起即为热力学、运动学或传输学的属性。运动学特性与流体流动有关。流体流动的运动学特性包括线速度和角速度、线加速度和角加速度以及应变速率(也包括额外的运动流动特性,但这些属性超出了本文的范畴)。热力学特性与流体的热力学状态有关。压力、温度和密度是流体常见的热力学参数。传输特性与流体中质量、动量和热量的运动或传递有关,3 种传输特性包括扩散系数、黏度和热传导率,它们分别与质量、动量和热量的传输有关。我们将在下面简要讨论这些类型的流动特性。首先,定义一个流体微元,一个经常用来讨论流体性质的概念。

3.2.1 流体微元

流体微元不是流体的物理属性,它是帮助我们可视化及讨论流体运动的概念或模型。流体微元是假想的流体立方体,具有无穷小的质量 m 以及无穷小的尺寸 x、y 和 z,如图 3-1 所示。流体微元受到作用于其整个微元的力,称为体积力,仅作用于其表面的力,称为表面力。流体微元的重力是体积力的一个典型例子,体积力与流体微元的质量或体积成正比。表面力的实例是作用在流体微元表面的压力和黏性切应力。压力作用在垂直于表面区域的方向上,而黏性力作用在该表面的切向上。

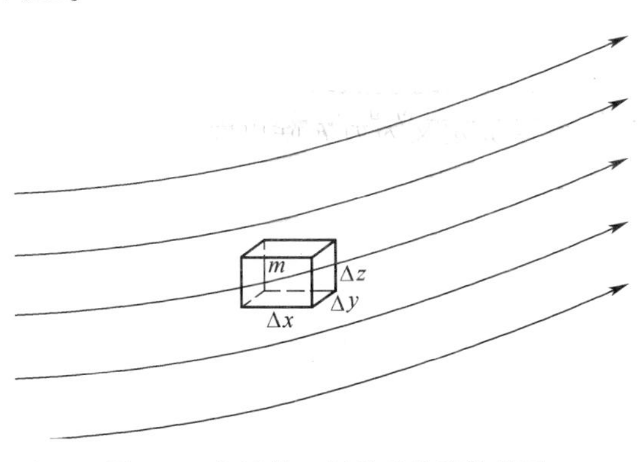

图 3-1 与流体一起移动的流体微元

流体微元随着流体移动,且在三维空间中具有 6 个自由度,即 3 个平动自由度和 3 个转动自由度。但这并不意味着流体微元总是以这 6 种方式平动和转动,因为这取决于流体的属性,然而,它有这样做的自由。流体微元的运动受牛顿运动定律的支配,更具体地说,是由牛顿第二运动定律决定的。

3.2.2 流体的热力学属性

考虑一架飞机停放在地上准备起飞。利用热力学定律,机翼上某一点的压力、温度和密度等属性都是相互关联的。在飞机起飞且空气流过机翼后,热力学定律仍然与机翼上这些属性有关。除了压力、温度和密度之外,其他流体的热力学属性还包括焓、熵、热力学能、比热容、体积模量和热膨胀系数。热力学状态是由这些热力学属性中的任意两个特性唯一定义的。所有其他属性都是从两个独立的热力学属性中通过使用适当的状态方程获得的,这是下一节的主题。

再考虑一下,处在飞行状态的机翼,如果我们跟着机翼移动并测量热力学流动特性,例如压力、密度和温度,我们将可测得静压、密度和温度。这些静态条件取决于分子的随机运动,而不是机翼的定向运动或速度。将这个概念与在流体移动的微元相关联,如图 3-1 所示,就可以将静态条件作为随着流体微元一起移动时测量的条件。稍后,我们定义一种在流场中速度为零,没有任何损耗的情况,称为绝热停滞或总条件。

3.2.2.1 压强

我们认为周围的空气是一种连续均匀的气体。实际上,空气是由氮、氧和其他微量气体的离散分子构成的。即使是在周围的静止空气中,这些分子也会到处运动,相互碰撞。例如,房间的墙壁,正在阅读的书,甚至我们本身都受到气体分子的碰撞。我们身体的大气压就是这些分子作用在皮肤上产生的。

压强定义为单位面积的法向力(人的皮肤或其他物体表面的气体分子动量的时间变化率)。面积 A 上的压强 p 定义为力 F 除以面积,即

$$p = \frac{F}{A} \tag{3-1}$$

再次考虑图 3-1 中所示的流体微元一侧的面。在极限情况下,当表面积 $\mathrm{d}A$ 变为零时,压强为

$$p = \lim_{\mathrm{d}A \to 0} \frac{\mathrm{d}F}{\mathrm{d}A} \tag{3-2}$$

这里表示流动中某点的压强。因此,压强被定义为一个随点变化的点属性。这样定义后就不需要识别有限区域以指定流场中的某点处的压强。在英制和国际标准单位中,典型的压强单位统一是磅力/英尺^{2}和 N/m^2(也定义为帕斯卡(Pa))。

上面定义的压强是流场中的静压。由于流体分子的随机运动和碰撞,沿着流动方向一起移动会感受到压强。

3.2.2.2 比体积和密度

再次考虑图3-1中所示的流体微元，可以将其质量 m 定义为其重量 W 除以重力加速度 g，即

$$m = \frac{W}{g} \tag{3-3}$$

我们有时对每单位质量的数量感兴趣。例如，我们有时会使用每单位质量的体积 V 或者说比体积，简单地定义为体积除以质量，即

$$V_{sp} = \frac{V}{m} \tag{3-4}$$

每单位质量的数量称为比量。

流体微元的密度 ρ 定义为每单位体积 V 的质量 m，即

$$\rho = \frac{m}{V} \tag{3-5}$$

在极限情况下，流体微元的体积增量 $\mathrm{d}V$ 趋近于零，密度为

$$\rho = \lim_{\mathrm{d}V \to 0} \frac{\mathrm{d}m}{\mathrm{d}V} \tag{3-6}$$

这表示流动中某点的密度。因此，密度也可以定义为流动中随点变化的点属性。从而不需要识别有限体积来指定流中某点的密度。典型的密度单位（英制和国际标准单位）统一为 slug/英尺^3 和 kg/m^3。与静压类似，这是随流体一起移动（由于分子的随机运动）时测量的静态密度。比体积 V_{sp} 定义为密度的倒数，即

$$V_{sp} = \frac{1}{\rho} \tag{3-7}$$

3.2.2.3 温度

想象一个在室温下充满空气的容器。容器里的空气由不同种类气体如氮、氧和其他种类的分子组成。气体分子在容器内是随机运动的，相互碰撞或与容器相碰。如果在容器下面放一个加热器，分子会更“活跃”并开始在容器内快速移动，则分子的平动动能增加了。温度 T 是气体分子平动动能的度量。

平动动能的增加也增加了气体分子的随机动能，因此温度也可以看作是随机动能的一种度量。如果温度升高，气体分子就会变得更活跃，它们的随机动能就会增加。同样，如果温度降低，气体分子的随机动能也降低。流体分子的平均动能 KE 是温度 T 的函数，有

$$\mathrm{KE} = \frac{3}{2}kT \tag{3-8}$$

式中：k 为玻耳兹曼常数，其值为 1.38×10^{-23}J/K（5.65×10^{-24} 英尺·磅/°R①）。

利用气体动力学理论，严格推导出式(3-8)。温度的统一单位，在英制和国际标准单位中分别为兰氏温标°R 和开式温标 K。和静压一样，由于分子的随机运动，要随着流动测量静压。

3.2.2.4 标准状态

我们经常对空气在特定参考条件下的热力学属性感兴趣。在平均海平面，称为标准海平面状态(SSL)或简称标准状态。表 3-1 所列为在标准状态下空气的选定属性值。这些标准状态来自标准大气，这将在第 5 章展开介绍。

回顾热力学基础，热力学状态是通过指定两个独立的热力学变量定义的，比如压强和温度或者压强和密度。其他的热力学属性是由两个指定的属性应用一个合适的状态方程得到的。因此，空气的标准状态可以通过指定标准温度和压力或其他两个独立的热力学变量来定义。

表 3-1 包含了空气动力学中一个很重要的参数——标准状态下的声速值。标准状态下的其他大气参数也给出了，将在接下来的内容中讨论。表 3-1 给出了在航空航天工程中经常看到和使用的标准大气参数，它们为其他条件的研究和分析提供参考。

表 3-1 标准状态下空气的选定属性值

属性	符号	国际标准单位	英制单位
密度	ρ_{SSL}	1.225kg/m^3	0.002377slug/英尺^3
压强	P_{SSL}	325N/m^2	2116 磅/英尺^2
温度	T_{SSL}	288K(15℃)	519°R (59 ℉)
声速	a_{SSL}	340.2m/s	1116.6 英尺/s
动态黏滞度	μ_{SSL}	17.89×10^{-6}kg/(m·S)	0.3737×10^{-6}slug/(英尺·s)
热导率	k_{SSL}	0.02533J/(m·s·K)	4.067×10^{-6} Btu/(英尺·s·°R)

注：1Btu = 1.055kJ。

3.2.3 流动的运动学属性

我们对流动特性中的速度和加速度已经很熟悉了。我们都有一种“感觉”，当我们说风速为 32.2km/h(20 英里/h)，这意味着什么。这是一个风速的参考，不是真实的速度。速度是一个有大小和方向的量。如果除了大小还给风速一个方向，我们能更精确地参考来自北方 20 英里/h 的风速。通常，我们用坐标系来定义向量。我们可以在笛卡儿坐标系(x,y,z)中定义稳定流动的线速度矢量 $\boldsymbol{v}$：

① 1 英尺·磅/°R = 2.441J/K。

$$\boldsymbol{v}=\boldsymbol{v}(x,y,z)=\boldsymbol{v}_x+\boldsymbol{v}_y+\boldsymbol{v}_z=v_x\boldsymbol{i}+v_y\boldsymbol{j}+v_z\boldsymbol{k} \tag{3-9}$$

式中：$\boldsymbol{v}_x$，$\boldsymbol{v}_y$，$\boldsymbol{v}_z$ 分别为 x,y 和 z 方向的矢量速度；v_x,v_y,v_z 分别为 x,y 和 z 方向的标量速度；$\boldsymbol{i}$,$\boldsymbol{j}$,$\boldsymbol{k}$分别为 x,y 和 z 方向上的单位向量。

我们可以想象流体微元在流场中的移动速度在大小和方向上变化。当流体微元通过坐标(x_1,y_1,z_1)中的一点时，根据式(3-9)，得到其速度为

$$\boldsymbol{v}_1=v_{x_1 1}\boldsymbol{i}+v_{y_1}\boldsymbol{j}+v_{z_1}\boldsymbol{k} \tag{3-10}$$

当流体微元移动到一个新的坐标点(x_2, y_2, z_2)时，其速度为

$$\boldsymbol{v}_2=v_{x_2}\boldsymbol{i}+v_{y_2}\boldsymbol{j}+v_{z_2}\boldsymbol{k} \tag{3-11}$$

因此，我们看到式(3-9)定义了流动的速度场，其中速度在流场中随点变化而变化。因此，速度称为流场中的点属性。在流场中任何一点的速度的大小是各方向上速度平方和的开方，即

$$|\boldsymbol{v}|=\sqrt{v_x^2+v_y^2+v_z^2} \tag{3-12}$$

角速度、线加速度和角加速度的其他运动学属性是用与刚才描述线速度相似的方式定义的。

3.2.4 流线、迹线和流动可视化

如果“观察”某一特定的流体微元在非定常流中运动，就能追踪到其路径——空间和时间的函数，这条路径称为流体微元的迹线。如果流动不随时间变化，也就是说，流动是稳定的，则流体微元在不随时间变化的空间中沿着固定路径流动。对于稳定的流动，流体微元的路径称为流线。流线(虚线)与流动中每一点的局部速度矢量 $\boldsymbol{v}(x,y)$ 相切，如图 3-2 所示。因为流线与速度相切，没有垂直于流线的流动。流线是一种将流体如何流动可视化的方法，它可以告诉我们很多关于物体绕流的信息。

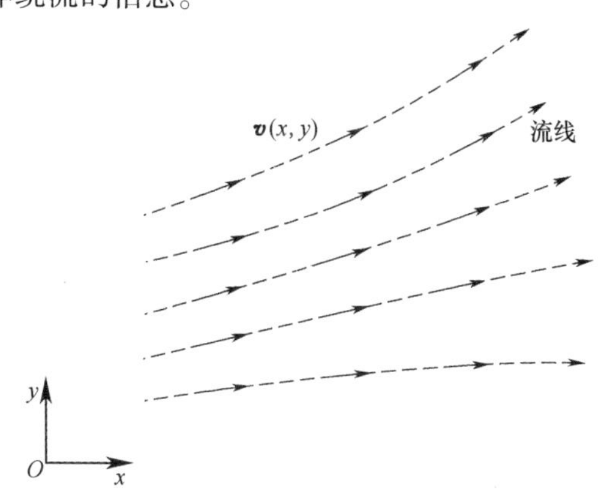

图 3-2 流线与每处流动的局部速度矢量 $\boldsymbol{v}(x,y)$ 相切

由于空气和许多其他液体一样是透明的,通常不可能看到流动的流线或迹线。流动可视化技术用于使流动可见,例如通过把烟、有色染料或其他标记物引入流动或物体表面。流动可视化可以分为表面技术和非表面技术。

表面技术使流动模式和流线在物体表面可视。它们也可以用来量化表面压力或温度。典型的表面流动显示技术包括油流、压强或温度敏感液晶、光学成像和机械毛细管。表面切应力对着色剂产生作用,并标记流动表面上的图案。这些类型的表面可视化方法在识别分离流动区域尤其有用。

非表面或流动示踪显示方法,使用烟、染料、微球或其他质量非常小的粒子注入流中,以追踪流体的流线或迹线。这些示踪技术是基于粒子遵循流线或迹线的假设。为了更精确地追踪流动,颗粒的密度应与流动密度相匹配。示踪粒子可以用肉眼或用激光或其他光线照射看到,甚至使用荧光使它们可见。光学方法也用于物体表面外的流动可视化,通常是非侵入性的,因为流动可以从远处观察。

F-18 飞机模型在水洞中的流动如图 3-3 所示,通过从模型表面的几个小端口注入的彩色染料使流动可见(除了模型是沉浸在水流中而不是空气中,水洞类似于风洞,将在 3.7.4 节讨论)。有时,用激光片来照明这些粒子使流场的平面高度可见。

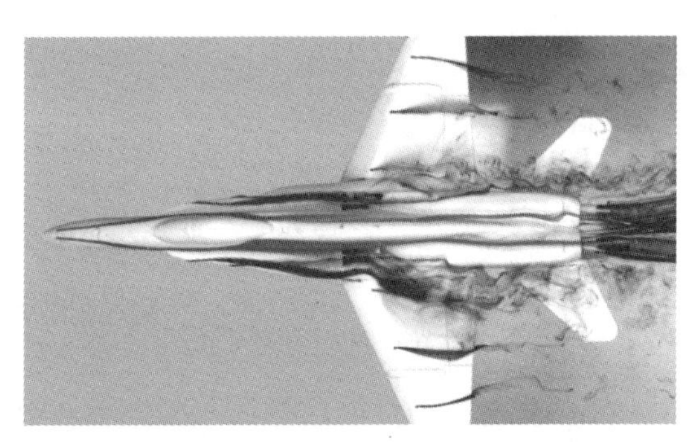

图 3-3 F-18 飞机模型上的流动,在水洞中使用彩色染料进行可视化
(资料来源:美国国家航空航天局)

除了流场的定性定义外,示踪方法还可以通过跟踪注入粒子来提供量化的流动信息。如粒子图像测速技术,已经成为获取流动速度数据强大有效的方法。

必须在前面提到的空气流动通常是肉眼不可见的这句话中附加一条说明。有自然流动可视化的例子,通过自然现象如水蒸气的冷凝或阳光的光学效应,车辆上的流动是可见的。一架性能良好的飞机自然流动可视化的图形描述在文献[19]中可以找到。飞行中的流动可视化方法将在下一节详细讨论。

3.2.5 FTT:飞行中的流动可视化

在飞行中可视化物体表面流动的能力对于理解空气动力学或解释定量测量

是非常有用的。俗话说“一幅画胜过千言万语”。目前的飞行试验技术讨论了一些飞行中可用的流动可视化技术。在飞行中流动可视化技术并不局限于亚声速飞行,有几种技术可以用于跨声速和超声速飞行试验。

多年来,流动可视化技术在地面试验设备中得到了广泛的应用,包括风洞和水洞试验,用于可视化各种流动特征。许多在地面上使用的流动可视化技术已经应用到飞行环境中。由于空间限制、电力需求或其他约束,无法进入飞机某些区域,使得在飞机上安装流动可视化设备可能比在地面上更难设施。流动可视化系统的运行也必须与飞行环境兼容,如与高海拔下的低压和低温、高振动相关的推进系统或空气湍流有关。通常希望通过照相来观察或记录飞行中的流动可视化。即通过在飞机上安装相机或观察飞机的其他飞机上安装相机来完成。几种不同类型的飞行中流动可视化方法的描述如下:

通常在飞行前将染色的油涂在飞机表面。在飞行中,油在飞机表面流动,就像在表面上“画”了一幅画。油在不同的流动区域变薄、变稠或成水坑,取决于当地的流动现象。例如,一个稠的水坑油线可能表明存在激波,或在某个区域的油积成油池,可能表明该区域为流动分离区域。调整油黏度以提供飞行条件下所需的流动特性,如不同的飞行速度或高度。选择油染料的颜色提供与特定的表面颜色最佳的对比度和清晰度。

液晶是一种根据切应力或温度来改变反射颜色的材料。用表面变色的图案来识别流动现象,例如边界层转移或激波。液晶与溶剂混合,在飞行前用薄膜喷洒在飞机表面。在飞行中,当液晶暴露在切应力或者温度下时,液晶的颜色变化会通过拍照而记录下来。对液晶进行校准,以获得温度场的定量数据。

用于飞行中流动可视化的光学成像的一个例子是使用红外成像来测量表面温度。这种类型的成像是非浸入性的,与已经讨论的其他技术相比,成像设备可以从远处观察流体,其中异物(烟、油等)必须与流体混合。红外成像在可视化飞行中的边界层转移和激波方面已经取得了成功,甚至在高超声速时也是如此。通过适当的校准获得定量的温度数据。

毛细管是一种简单且廉价的飞行流动可视化技术,通常用于飞机表面的流动可视化,特别是用于定义流动分离区域。毛细管通常是由彩色尼龙绳或羊毛制成,它们被贴在飞机的表面上。毛细管跟随气流的表面流线,提供飞机大面积的流线图案。在分离流动的区域中,毛细管簇状物不规则地和反向地振荡。流锥,是毛细管的一种变体,是轻质的、窄的、刚性的空心锥形,通常由塑料制成,从黏在表面的锥尖延伸出一条短串。由于它们的质量稍大,流锥比毛细管更容易受到不稳定性或“鞭打”的影响。由于它们的尺寸稍大,它们也比毛细管更容易看到。毛细管和流锥有不同的颜色,使它们在不同颜色的表面和背景光照下可见度更高。

在飞行中,烟雾发生器系统通常用于可视化涡流。两种类型的烟雾发生系统是基于烟雾筒系统和蒸发系统。烟雾筒是烟火点燃的罐子,产生致密、无毒的化学烟雾,该烟雾被输送到关注的流动区域。烟雾被带入流动,特别是涡流,追踪漩涡的路径。因为这些是烟火装置,所以必须采取安全预防措施,防止过早爆炸、超压、火灾或其他飞行危险。不同颜色的烟雾被用来在飞行中提供最佳的可视化效果和对比度。汽化烟雾系统通过电加热器汽化化学物质例如丙二醇来产生烟雾。

接下来将介绍在 NASA F/A-18 大攻角气动特性验证机(HARV)上使用的流动可视化技术。美国国家航空航天局的 F-18 大攻角气动特性验证机(HARV)是单座双发麦道 F-18"大黄蜂"飞机的预生产模型,根据其作为验证机的角色进行了改进,包括在发动机排气道中增加桨式推力矢量叶片。F-18 大攻角气动特性验证机在 1987 年 4 月至 1996 年 9 月的试验项目中探索了大攻角和推力矢量飞行。这架飞机进行了 385 次研究飞行,展示了它在 65°~70°的大攻角下的稳定飞行。

图 3-4 所示为大攻角飞行后 F-18 大攻角气动特性验证机机头上的表面流线。在飞行过程中,用于流动可视化的流体从飞机前体和前缘延伸(LEX)中的多个与表面齐平的孔中喷出(LEX 是平坦的,有点像三角形的表面,在图 3-4 中位于驾驶舱右侧。它是机翼前缘的延伸,提供额外的升力)。用于可视化的流体是丙二醇单甲醚(PGME)和甲苯基红色染料的混合物。沿着流线流动后,流体中的丙二醇单甲醚蒸发,留下红色染料"涂"在表面上。丙二醇单甲醚蒸发和凝固耗时约 75~90s,这需要飞行员在这段时间内保持试验条件。注意表面流线如何从飞机机头下方环绕。在机身前缘可以看到一条较暗的液体条纹沿边缘延伸,表示从前缘延伸流出的强涡流,后面体进行更详细的描述。

在图 3-5 中,F-18 大攻角气动特性验证机以 20°的攻角飞行,其中烟雾被用于可视化机身前缘延伸的涡流。烟雾是由 12 种特殊配制的烟雾筒产生的,这些烟雾筒将烟雾输送到飞机表面的排气口。两个烟雾筒一次被点燃,产生约 30s 的稳定烟雾用于流动可视化。漩涡是水平的"龙卷",它流过前缘延伸下游。烟雾显示了大量的流动路径和涡流结构的细节。在飞机的垂尾附近,紧密缠绕的涡丝"爆发"并消散。

机身和机翼表面上的流动是用毛细管和流锥实现可视化的,毛细管由 5 英寸(12.7cm)长的羊毛或尼龙绳制成,流锥是覆盖有反光带的 3 英寸(7.6cm)长的塑料锥。从图 3-5 所示的毛细管图案中可以看出许多表面流动细节。毛细管的状态表明,中央机身顶部驾驶舱后面的表面流线笔直向后。在前缘延伸边条涡流附近,当毛细管被卷入涡流时,毛细管会侧向转动。在机翼上,毛细管不会笔直向后,相反,它们看起来指向几个不同的方向,显示出大面积的流动分离。靠近机翼前缘的几个毛细管呈 U 形,表明表面流动方向相反。毛细管表明副翼上、机翼外侧的表面流动也是分离的。

图 3-4 F-18 大攻角气动特性验证机机头在大攻角飞行后的表面流动显示
(资料来源:美国国家航空航天局)

图 3-5 F-18 大攻角气动特性验证机在飞行中使用毛细管、流锥和烟雾的流动显示
(资料来源:美国国家航空航天局)

3.2.6 流体的传输属性

考虑一枚正在以速度 v_∞ 飞行的火箭。火箭发动机的热排气流以速度 u_1 和温度 T_1 离开发动机喷管,如图 3-6 所示。排气的质量、动量和热量(能量)在离开发动机喷管流向自由流的过程中都有传输现象,其中每一种传输现象都与流动特性的梯度有关。

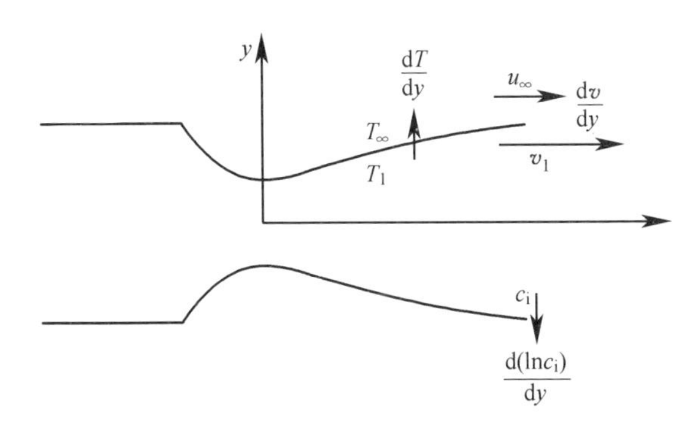

图 3-6 火箭排气流中质量、动量和热量的传输

排气由各种燃气组成,这些燃气不存在于自由流气流中,因此在火箭排气和气流之间存在物质质量浓度 c_i 的梯度,这与质量传输有关。排气速度比自由流速度高得多,因此在排气和自由流之间存在一个与动量传输相关的速度梯度。排气的温度比外部自由流的温度高得多,因此排气和自由流之间存在温度梯度,这与热传递有关。

这 3 种传输现象都存在于所有流体流动中，但它们的重要程度随不同的流动变化很大。这些传输现象中显著影响流动的流体称为黏性流，具有小的或可忽略影响的流体称为非黏性流。本章大部分内容是讨论无黏性流动，在本章的结尾将有关于黏性流动的内容。下面更准确地定义这 3 种传输现象。

3.2.6.1 质量传输

质量的传输由菲克扩散定律决定，该定律为

$$\frac{\dot{m}_\mathrm{i}}{A} = -\rho_\mathrm{i} D \frac{\mathrm{d}}{\mathrm{d}y}(\ln c_\mathrm{i}) \tag{3-13}$$

式中：$\dot{m}_\mathrm{i}$ 为物质 i 的质量传输或流量；ρ_i 为物质 i 的密度，$\mathrm{d}(\ln c_\mathrm{i})/\mathrm{d}y$ 为物质 i 的质量浓度梯度；D 为质量扩散系数（流体的一种传输属性）。

3.2.6.2 动量传递

动量的传递由下式给出：

$$\tau_{xy} = \mu \frac{\mathrm{d}v}{\mathrm{d}y} \tag{3-14}$$

式中：τ_{xy} 为切应力；$\mathrm{d}v/\mathrm{d}y$ 为速度梯度；μ 为绝对黏度（也称为动态黏度），是一种流体的传输特性（在本节中，μ 简单地说就是黏度系数）。

3.2.6.3 热传输

热量的传递由傅里叶定律决定，由下式给出

$$\dot{q}_y = -k \frac{\mathrm{d}T}{\mathrm{d}y} \tag{3-15}$$

式中：$\dot{q}_y$ 为单位面积的热流率；$\mathrm{d}T/\mathrm{d}y$ 为温度梯度；k 为热传导率，这是流体的传输特性。

由于热流方向与温度梯度相反（从高温到低温），所以有一个负号在式（3-15）温度梯度项的前面。

3.2.6.4 黏度与萨瑟兰定律

在本节中，我们主要关注黏度 μ，因此有必要学习如何计算它。黏度是压力和温度的函数。通常假设黏度只是温度的函数，可以获得足够的精度。黏度的近似通常由萨瑟兰定律给出，如下：

$$\frac{\mu}{\mu_\mathrm{ref}} \approx \left(\frac{T}{T_\mathrm{ref}}\right)^{\frac{3}{2}} \frac{T_\mathrm{ref} + S}{T + S} \tag{3-16}$$

式中：μ_{ref}，T_{ref} 为参考值；S 为萨瑟兰常数，是一个取决于气体类型的温度；T 为求解 μ 时的温度。

从萨瑟兰定律可以看出，黏度随着温度的升高而增加。

空气的 μ_{ref}、T_{ref} 和 S 值如表 3-2 所列。对于 300°R（-160°F，167K）和 3420°R（2960°F，1900K）之间的温度范围，使用萨瑟兰定律计算的 μ 值与真实值有大约 2%的误差，这对于大多数空气动力学问题来说是非常令人满意的。在下面的示例问题中，使用萨瑟兰定律，给出了计算过程示例。

有时使用另一个黏度术语，动黏滞度 ν，定义为黏度 μ 和密度 ρ 的比值，即

$$\nu = \frac{\mu}{\rho} \tag{3-17}$$

例 3.1 标准状态下空气的黏度系数

标准状态下空气黏度系数的计算。

解：

根据表 3-1，标准温度为 519°R 或 288K。使用式（3-16）和表 3-2，英制单位的标准温度下空气的黏度系数为

$$\frac{\mu}{\mu_{ref}} \approx \left(\frac{T}{T_{ref}}\right)^{\frac{3}{2}} \frac{T_{ref} + S}{T + S}$$

表 3-2 萨瑟兰定律参考值和萨瑟兰空气常数

属性	符号	国际标准单位	英制单位
参考黏度	U_{ref}	17.16×10^{-6} kg/(m·s)	3.584×10^{-7} slug/(英尺·s)
参考温度	T_{ref}	273.15K	491.6°R
萨瑟兰常数	S	110.6K	199°R

$$\mu = 3.584 \times 10^{-7} \frac{\text{slug}}{\text{英尺}\cdot\text{s}} \times \left(\frac{519°\text{R}}{491.6°\text{R}}\right)^{\frac{3}{2}} \times \frac{491.6°\text{R} + 199°\text{R}}{519°\text{R} + 199°\text{R}}$$

$$\mu = 3.584 \times 10^{-7} \frac{\text{slug}}{\text{英尺}\cdot\text{s}} \times 1.043 = 3.739 \times 10^{-7} \frac{\text{slug}}{\text{英尺}\cdot\text{s}}$$

根据国际标准单位，按照等效的温度计算，如下：

$$\mu = 17.16 \times 10^{-6} \frac{\text{kg}}{\text{m}\cdot\text{s}} \times \left(\frac{288\text{K}}{273.15\text{K}}\right)^{\frac{3}{2}} \times \frac{273.15\text{K} + 110.6\text{K}}{288\text{K} + 110.6\text{K}}$$

$$\mu = 17.16 \times 10^{-6} \frac{\text{kg}}{\text{m}\cdot\text{s}} \times 1.042 = 17.89 \times 10^{-6} \frac{\text{kg}}{\text{m}\cdot\text{s}}$$

3.3 流动类型

流动类型可以根据主要流动物理学进行分类。这通常会简化对流动的假

设,从而使流动分析变得更加容易。下面定义了几类流动,并描述了它们的主要物理性质或特征。

3.3.1 连续流和非连续流

像所有物质一样,流体也是由分子组成的。理论上,人们可以基于单个分子的运动来分析流体运动。然而,这种方法将是一项艰巨的任务,通常是不可取的。这种分子方法是分析一些独特的空气动力学问题所必需的,例如超高空的低密度气流。对于大多数空气动力学问题,我们想知道运动或静止时流体的宏观或整体性质,因此没有必要考虑每个流体分子的状态。因此,流动通常被视为物质的连续分布,称为连续流,而不是离散分子流(称为非连续流或自由分子流)。

对于大多数处于“正常”状态下的空气流动,即压力和温度不太高或太低,连续流动模型是一个很好的假设(稍后对这些“正常状态”的定义更加具体),例如,在一个“充满”空气的长度为 0.001mm(0.00004 英寸)的微型立方体中,空气分子的数量约为 2700 万个。基于此,流动为连续介质的假设是合适的。

通过考虑分子之间的紧密程度,可以对连续流和非连续流的定义更加量化。这个分子密度的量度是一个分子与另一个分子碰撞前的平均距离,称为平均自由程。如果平均自由程比特征尺寸 L 小得多,那么流动被认为是连续流。特征尺寸与我们感兴趣的图形几何尺寸的比例相关,可能是机身、机翼或其他几何图形在流动方向上的长度。平均自由程与特征尺寸之比是一个称为克努森数(Kn)的无量纲参数,定义为

$$Kn = \frac{\lambda}{L} \tag{3-18}$$

如果 Kn 远小于 1,则流动被认为是连续流。如果 Kn 等于或大于 1,则流动被认为是非连续流。然而,连续流和非连续流之间并没有明显的边界。例如,当 Kn 从 0.999 增加到 1.001 时,流动不会从连续流急剧转变为非连续流。随着流从一种转变为另一种类型,某些物理效果开始变得更加重要。在过渡区,流动可能具有连续流和自由分子流的物理特征,称为低密度区,与之相关的流动称为低密度流。

对于 1atm(2116 磅力/英尺^2,101325N/m^2)和 59°F(519°R,288K)的标准海平面空气,平均自由程约等于 66nm(6.6×10^{-8}m,2.6×10^{-10}英寸),一个很小的距离。例如,如果特征尺寸是导弹弹体的 3.7m(12 英尺)长,则 Kn 为

$$Kn = \frac{\lambda}{L} = \frac{6.63 \times 10^{-8}\text{m}}{3.7\text{m}} = 1.79 \times 10^{-8} \tag{3-19}$$

由于 Kn 比 1 小很多个数量级,对于在标准状态下飞行的导弹来说,连续流的假设是合适的。那么,Kn 的值什么时候趋近于 1,使得连续流的假设不再成立?如果平均自由程变大,或者物体特征尺寸变小,就会发生这种情况。

随着高度的增加,空气变得稀薄,分子间的距离增加,但平均自由程仍然是一个非常小的距离。即使在50英里(80km,26万英尺)的高度(被一些人认为是太空的边界),平均自由程约为0.005m(0.2英寸)。在这个高度计算导弹的Kn,则有

$$Kn=\frac{\lambda}{L}=\frac{0.005\text{m}}{3.7\text{m}}=1.3\times10^{-3} \tag{3-20}$$

这比在海平面情况下大5个数量级,但仍然远远小于1。当高度继续增加,分子间距增加到Kn接近1的时候,流动不再被认为是连续的。非连续流与连续流的流体动力学有很大的不同,因为还需考虑到每个分子碰撞和相互作用的影响。从概念上讲,这有点像把流体看作是由一系列"台球"组成的,这些分子在流体中运动时对物体产生影响。非连续流的流体动力学分析是用动力学理论进行的,这超出了我们讨论的范围。

3.3.2 定常流和非定常流

影响气流的物理和理论分析的一个重要区别是气流是否随时间变化。不随时间变化的流动称为定常流,而随时间变化的流动称为非定常流。虽然这是一个明显而简单的区别,但定常流动和非定常流动之间的区别具有深远的影响,不仅对流动的分析,而且对一个物体上的气动力合力的大小也有深远的影响。

对于定常流,流动的性质如压强、温度、密度和速度是恒定的,不随时间变化,但这并不意味着流动属性不会随着流动中空间位置的改变而改变。例如,在定常流中,飞机机翼表面的压强从前缘到后缘是变化的,但是机翼上这些点的压强是不随时间变化的。

在某些情况下,一个流动可以从最初的非定常流最终过渡到定常流。在其他情况下,无论经过了多少时间,流动都可能保持非定常。图3-7给出了定常和非定常流的例子。气流在远低于失速攻角的小攻角下稳定地流过机翼,流线在机翼的上下表面平滑而稳定,机翼上的压强分布也是定常的,因此升力和阻力也是定常的。与此相反,超过失速攻角的机翼上方的气流是不稳定的。通常情况下,气流在机翼的上表面分离,在这个区域内气流是不稳定的湍流。分离的气流造成了尾翼下游的湍流涡旋的非定常振荡脱落,造成了机翼上的非定常压强

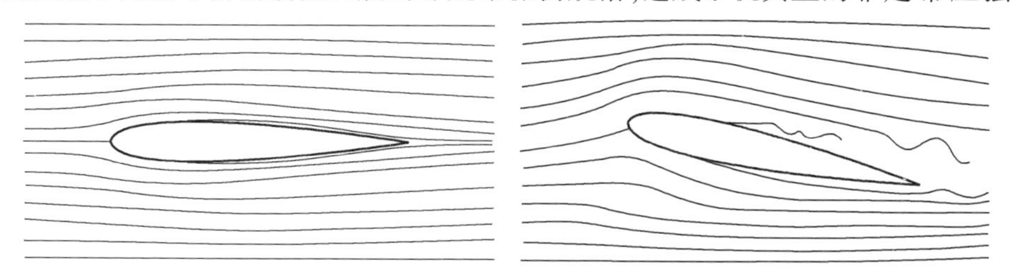

图3-7 机翼上的定常流(左)和非定常(右)流动

分布。因此,升力和阻力也随时间而变化。分离流升力小,非定常阻力大。流动分离几乎总是导致非定常流。

3.3.3 不可压缩流和可压缩流

第2章介绍了不同的飞行状态。主要根据飞行马赫数的范围对亚声速、跨声速、超声速和高超声速飞行进行分类,这是区分不同流动状态的一种有意义的方法。另外,依据气体密度或压缩系数的变化也是区分和理解流动状态的一种有用的方法。

让我们更仔细地研究物质的压缩性。根据日常经验可知气体比液体容易压缩得多。假设有一个圆柱形容器,它有一个可移动的活塞式盖子,如图3-8所示。如果容器里充满了气体,我们可以把盖子压到容器里压缩气体。如果钢瓶里装满了液体,几乎不可能把瓶盖压下去压缩液体。

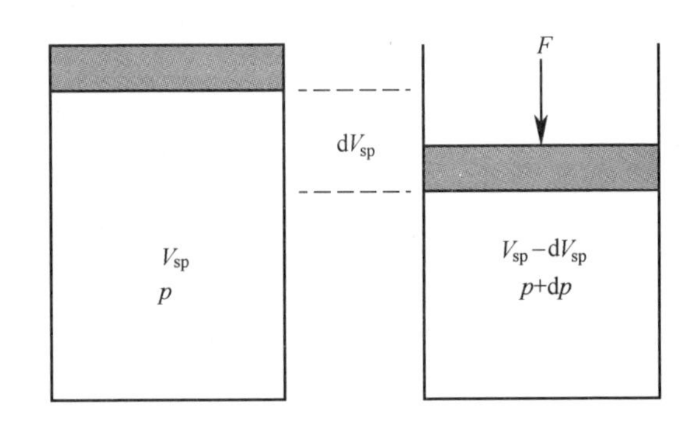

图3-8　气体的压缩性

现在假设我们用单位质量的气体填满容器,这样气体有一个比体积 V_{sp} 和压强 p,如图3.8的左边所示,如果我们向下推动活塞,气体的比体积减少量为 dV_{sp},气体压强增加量为 dp,如图3.8的右边所示。气体的比体积和压强已经分别变化到 $V_{sp}-dV_{sp}$ 和 $p+dp$。气体压缩系数 τ 定义为每单位压强变化对应的比体积变化,即

$$\tau=-\frac{1}{V_{sp}}\frac{dV_{sp}}{dp} \tag{3-21}$$

τ 在空气动力学中用于压缩性和切应力的计算,因此需小心使用,确保正确。

压缩系数是流体的一种性质,随流体类型的不同而不同。水的压缩系数在标准压强(1个大气压,101325N/m^2,2116磅力/英尺^2)大约为 5×10^{-10} m^2/N。空气的压缩系数在标准压强下为 1×10^{-5}m^2/N,大约是水的20000倍。

由于比体积等于密度的倒数,因此可以将式(3-21)转化为

$$\tau = -\frac{1}{V_{sp}}\frac{dV_{sp}}{dp} = -\rho\frac{d(\rho^{-1})}{dp} = -\rho - \rho^{-2}\frac{d\rho}{dp} = \frac{1}{\rho}\frac{d\rho}{dp} \tag{3-22}$$

求解密度的增量 $d\rho$,得

$$d\rho = \rho\tau dp \tag{3-23}$$

给出了给定压强增量 dp 的密度增量,是压缩系数 τ 的函数。

流体的压力变化或压力梯度使流体从高压区运动到低压区。根据式(3-23),这种压力增量 dp 也产生密度的增量 $d\rho$。液体的密度变化很小,因为它的压缩性很小,而气体的密度变化更大,因为它的压缩性更大。对于不可压缩流,理论上压缩系数是0,因此,不可压缩流是恒定密度流。相反,可压缩流是变密度流。实际上,所有的物质在某种程度上都是可压缩的,但从某种意义上来说,液体被认为是不可压缩的,而气体则是可压缩的。

根据式(3-23),如果压强变化很小,即使对于气体,密度变化也很小。压力变化的大小与流动的速度相对应,小的压力变化导致低速流动,大的压力梯度导致高速流动。在此基础上,低速流被认为是不可压缩的。图3-9所示为空气密度与流动马赫数的变化百分比。当马赫数小于0.3时,空气密度的变化小于5%。根据密度的这种微小变化,通常假设马赫数小于0.3的气流是不可压缩的。如果流动马赫数大于0.3,则应采用可压缩流动假设(以马赫数为变量推导密度方程生成图3-9)。

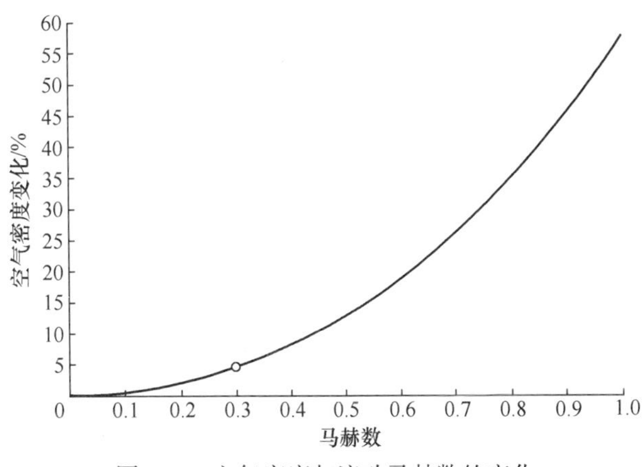

图3-9 空气密度与流动马赫数的变化

3.3.4 无黏流和黏性流

早先,黏性流定义为受质量扩散、黏度或热传导显著影响的流动。当这些传输现象很小或可以忽略时,流动被认为是非黏性的。那么,是什么决定了这些传输现象对流动的影响是否显著呢?在空气动力学中,我们经常对物体的合力和合力矩感兴趣,例如升力、阻力和俯仰力矩。考虑到这一点,就可以说,如果这些传输现象不显著影响合力和合力矩,那么它们对物体的影响就不重要。换句话说,如果忽略质量扩散、黏度和热传导,并且合力和合力矩没有显著差异,则可以将流体视为无黏流体。

考虑机翼上的气流,如图 3-10 所示。自由流在机翼上游具有均匀速度 v_∞。当空气分子接近机翼时,直接流过机翼表面的分子由于表面摩擦而降低了速度。事实上,在机翼表面,由于摩擦,流速为零。远离机翼表面的空气分子受到的机翼表面摩擦的减缓作用较小,直到足够远处,基本上没有机翼表面摩擦对流动的影响。远离机翼的空气分子的速度是自由来流速度 v_∞。靠近机翼的薄区域称为边界层,在这里表面摩擦降低了来流速度。由于表面摩擦具有黏性效应,所以边界层是黏性区域,影响流动。除了表面摩擦外,边界层也是质量扩散和热传导等黏性效应显著的区域。在边界层外,黏性效应对流动影响可忽略,所以可以认为这一流动区域是非黏性的。

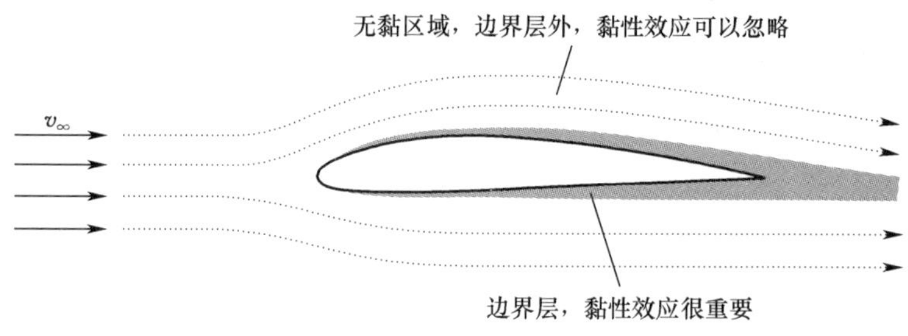

图 3-10　物体周围流动的无黏区域和黏性区域

边界层的概念是德国工程师和物理学家 Ludwig Prandtl(1875—1953 年)提出的,他被许多人视为现代流体力学之父。1904 年,Prandtl 发表了一篇名为 *Uber Flussigkeitsbewegung bei sehr kleiner Reibung* 的论文,首次介绍了边界层的概念及其与流动分离、阻力和气动失速的关系。Prandtl 后来又在机翼设计、超声速可压缩流和流体动力学的许多其他领域发展开拓性的理论。在这一章中,我们将会多次提到他的名字。

边界层的黏性性质有很大的变化,这取决于与流动特性或者与物体几何形状有关的几个因素。黏性区域的流动可以是平稳有序的,称为层流,也可以是混沌无序的,称为湍流。流体也可能介于层流和湍流之间的过渡流态。这些不同类型的黏性流动可以在蜡烛上方的热对流中看到,如图 3-11 所示。随后,引入了雷诺数这个气动参数,用于区分层流、湍流和过渡流。随着雷诺数的增加,流动从层流过渡到湍流。

飞机飞行时伴随着多种流动,主要是湍流。事实上,在飞行中的飞机上存在完全层流是罕见的,但它是存在的。例如,如果速度足够低,密度足够低(对于非常高的海拔来说)或者物体的特征尺度足够小,则流动可能是完全层流的。

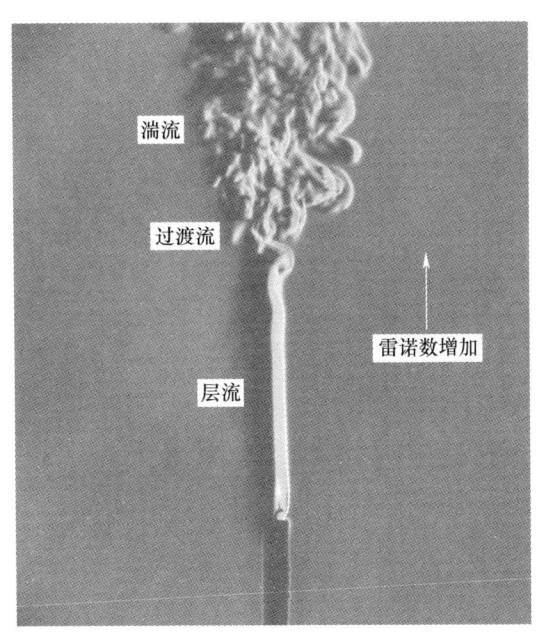

图 3-11 蜡烛燃烧产生羽状热对流的纹理照片,图中显示层流、过渡流和湍流
(资料来源:Gary Settles 的 Laminar-Turbulent Transition,https://commons. wikimedia. org/wiki/File)

这 3 个假设(v、ρ、L)导致低雷诺数,而低雷诺数与层流相对应。

除了靠近物体表面的薄边界层外,某些流动主要受黏性影响。分离流,如机翼上的失速流或陡峭机身后的尾流,是黏性主导流。这些分离流往往是非定常流和湍流。分离流区域的大小和位置取决于黏性边界层的性质。

实际上,所有的流动本质上都是黏性的,但黏性流动的分析要比非黏性流动复杂得多。Prandtl 的边界层概念允许我们将对流动的分析分为两个区域,一个是靠近物体的薄边界层区域,在那里黏性效应很重要;另一个是在边界层之外的非黏性区域,在这里黏性效应可以忽略。这是 Prandtl 理论的一大突破。黏性的表面摩擦和热传导效应仅限于薄边界层,而这些效应在无黏性的外部区域是可以忽略不计的。这大大简化了流体流动的数学分析。一般来说,流动控制方程的解是极其复杂的,要获得封闭形式的解析解是不可能的,除非是一些非常具体、简单的几何图形。边界层的概念使边界层以外的无黏流场的简单解和一组简化方程的解成为可能。那么,气流必须离物体有多远才能假设为无黏流动?黏性边界层离物体有多远?换句话说,边界层到底有多薄?后面,当我们更详细地讨论黏性流动时,引入了一些方程来定量地回答这些问题。目前为止,我们的讨论尚不能确定物体的几何形状对黏性效应的影响是否重要。而且,还有哪些其他因素影响黏性或非黏性?如流动的速度或流动的类型。我们将在本章后面讨论这些和其他有关黏性流动的问题。

3.4 相似参数

本节介绍了流体力学和传热学中几个重要的非量纲参数。强调了许多在空气动力学中特别重要的参数,许多参数是通过定义引入的,后面的章节将提供进一步的解释和讨论。

引入的大多数参数称为相似参数。基于几何形状和流体物理的相似性原理,这些参数使我们能够比较不同大小物体上的流动。在风洞试验地面试验技术中,详细讨论了流动相似的概念。

许多具有长度尺度的参数都是基于特征长度的。特征长度通常是车辆或物体在流向上的主要尺寸。例如,简单平板的特征长度就是平板在流动方向上的长度。对于飞机机翼,典型的特征长度是弦长,定义为从机翼前缘到后缘的直线距离。

前面讨论的两个相似参数(马赫数和雷诺数)在空气动力学中可能是最重要的。除了高超声速飞行外,分析所有的流动状态中都涉及这两个参数。

3.4.1 马赫数

第2章介绍了马赫数,并证明马赫数在对不同飞行状态进行分类时非常有用。马赫数 Ma 被定义为空速 v 与声速 a 的比值。我们还定性地论证了马赫数是气流定向运动与随机热运动的比值。下面从力的角度考虑马赫数。当航天飞机在大气层中飞行时,就会产生力。这些力取决于飞行器的几何形状、姿态、高度和速度。它们也是空气特性的函数,包括其黏性和弹性或压缩性。当飞行器在空中飞行时,它会大范围地影响空气。假设受影响的空气体积等于 L^3,其中 L 是飞行器的特征长度。假设飞行器以速度 v 飞行,它施加给空气的惯性力为

$$\text{惯性力} = \text{质量} \times \text{加速度} \approx (\rho L^3)\frac{v}{t} \approx \frac{\rho L^3 v}{L/v} \approx \rho L^2 v^2 \tag{3-24}$$

式中:ρ 为空气密度;t 为时间。

空气的弹性力为

$$\text{空气的弹性力} = \text{压强} \times \text{面积} \approx pL^2 \tag{3-25}$$

式中:p 为压强;L^2 为受压强作用的空气的面积。

在之前讨论马赫数时,说明了声速与空气温度 T 的平方根成正比,在本章后面则有结果表明,空气温度正比于空气压强与空气密度之比。因此,声速与压强和密度的关系如下:

$$a^2 \approx RT \approx \frac{p}{\rho} \tag{3-26}$$

式中:R 为气体常数。

将式(3-25)代入式(3-26),得

$$\text{空气的弹性力} \approx \rho a^2 L^2 \tag{3-27}$$

由式(3-24)和式(3-27)可知,惯性力与弹性力之比为

$$\frac{\text{惯性力}}{\text{空气弹性力}} = \frac{\rho L^2 v^2}{\rho a^2 L^2} = \frac{v^2}{a^2} = Ma^2 \tag{3-28}$$

式(3-28)表明马赫数的另一个物理解释是惯性力与弹性力的比值,这与气体的压缩性有关。因此,马赫数是可压缩流体的一个控制参数。

我们总结了马赫数的各种计算方法,如下:

$$Ma = \frac{v}{a} = \frac{\text{空速}}{\text{声速}} \approx \frac{\text{定向运动}}{\text{随机(热)运动}} \approx \frac{\text{惯性力}}{\text{空气弹性力}} \tag{3-29}$$

3.4.2 雷诺数

流体中的黏性力可以定义为

$$\text{黏性力} \approx \mu v L \tag{3-30}$$

式中:μ 为黏度系数;v 是流体的速度;L 为特征长度。

为了确定这是一个力,检查式(3-30)中的单位为

$$[\mu v L] = \frac{\text{slug}}{\text{英尺} \cdot \text{s}} \times \frac{\text{英尺}}{\text{s}} \times \text{英尺} = \frac{\text{slug} \cdot \text{英尺}}{\text{s}^2} = 1\ \text{磅} \tag{3-31}$$

由式(3-24)和式(3-30)可知,雷诺数 Re 等于惯性力与黏性力之比,即

$$Re = \frac{\text{惯性力}}{\text{黏性力}} = \frac{\rho L^2 v^2}{\mu v L} = \frac{\rho v L}{\mu} \tag{3-32}$$

式中:ρ,v 分别为自由流的密度和速度;L 为特征长度。

惯性力由速度和动量决定,黏性力是由作用在物体表面的切应力引起的。如果雷诺数很小($Re \ll 1$),表明黏性力比惯性力要重要很多,不能被忽视。如果雷诺数很大($Re \gg 1$),则表明惯性力与黏性力相比是主要的。对于高雷诺数的流动,除靠近物体表面的边界层外,其他地方受黏性的影响很小。因此,当雷诺数较大时,在黏性边界层区域之外的大部分流动可以认为是无黏的。这是一个重要的简化,对许多空气动力学分析有用。

雷诺数是为了纪念英国工程师 Osborne Reynolds(1842—1912 年)而命名的,他在层流和湍流的流体动力学方面进行了里程碑式的试验。在他著名的管道流动试验中,他将一种彩色染料注入透明管道的中心,水通过透明管道以恒定的速度流动(图 3-12)。

雷诺观察到,随着流速的增加,染料的图案发生了巨大的变化,不同于水流,它从平滑、有序的路径,变成了染料与水的随机混沌混合。他将这种从有序的层流到无序的湍流的变化或转变,与他提出的现在著名的雷诺数联系起来。雷诺在 1883 年发表的一篇论文中发表了他的发现,论文的题目是“一项关于决定水在平行管道中的运动是平直的还是弯曲的环境试验研究,以及在平行管道中的

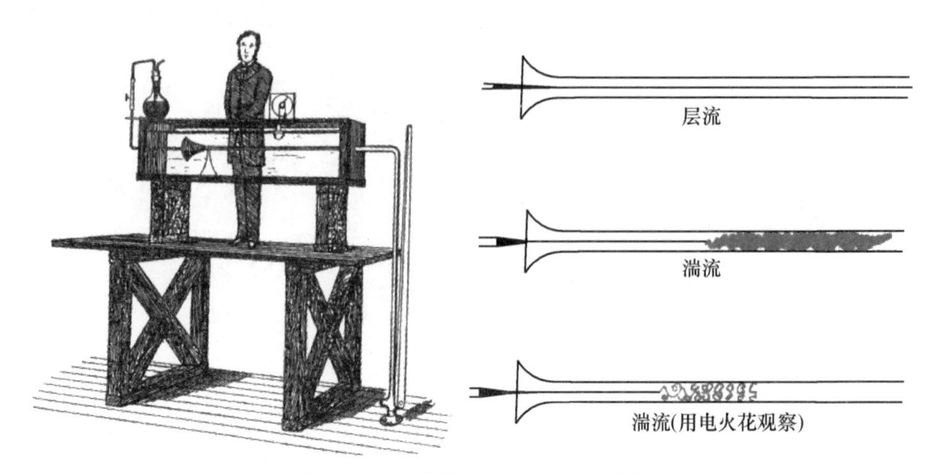

图 3-12　奥斯本·雷诺的管道试验(左)及其染料图案(右)
(资料来源:O. Reynolds,1883 年,PD-old-100)

阻力定律。”

虽然雷诺数与流动性质的相关性被证实了,但在实践中,往往很难确定适用于所有流动情况和几何形状的过渡雷诺数的非常具体的值。然而,我们可以指定一般适用的雷诺数的近似值。如果雷诺数小于 100000,那么流动很可能是层流;如果雷诺数大于 500000,流动可能是湍流。在这些数值之间,流动可能具有过渡性,从层流过渡到湍流。

$$Re < 100000 \quad (\text{层流}) \tag{3-33}$$

$$100000 < Re < 500000 \quad (\text{过渡流}) \tag{3-34}$$

$$Re > 500000 \quad (\text{湍流}) \tag{3-35}$$

图 3-13 所示为不同类型的航天飞机和其他有趣的飞行物体,如昆虫和鸟类,雷诺数(根据飞行器或物体长度)和空速的关系。雷诺数和速度是在对数尺度上绘制的,所以沿着每个轴的增量代表一个数量级的增加。空气中运动的尘埃的雷诺数非常小,小于 10。昆虫的雷诺数为 100~10000。鸟比昆虫大且飞得更快,雷诺数范围从 10000 到几十万(约 10^5)。全尺寸飞机的雷诺数为数百万(10^6)到数千万(10^7)。

雷诺数有时以另一种形式表示,其中不需要指定特征长度,称为单位长度的雷诺数或单位雷诺数,定义为

$$\frac{Re}{\text{m}} \text{或} \frac{Re}{\text{英尺}} = \frac{\rho v}{\mu} \tag{3-36}$$

式(3-36)中自由流条件的单位按需要用国际标准或英制单位表示,以便分别给出每米或每英尺的雷诺数。

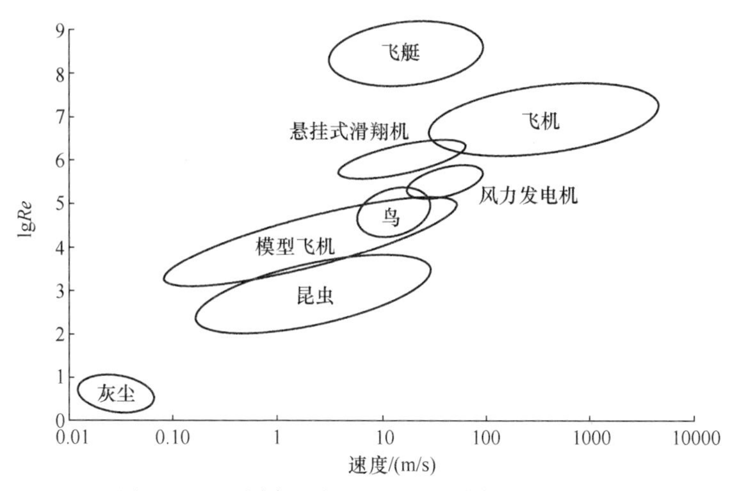

图 3-13 不同类型交通工具的雷诺数和空速范围

3.4.3 压力系数

作用在物体表面的压强对物体上的气动力起着重要的作用。压强是单位面积力的量纲,例如 SI 单位为 N/m^2,英制单位为磅力/英尺^2。我们定义无量纲压力系数为

$$c_{\mathrm{p}} \equiv \frac{p - p_\infty}{q_\infty} \approx \frac{\text{静压}}{\text{动压}} \tag{3-37}$$

式中:p 为局部压强;p_∞ 为自由流的静压;q_∞ 为自由流的动压。

式(3-37)表示了相对于动压,局部压强与自由流压强之差的大小。压力系数等于零表示局部压强等于自由流静压。如果压力系数为正,则局部压强高于自由流静压;如果系数为负,则局部压强低于自由流静压。压力系数的大小提供了一个指示,表明相对于自由流静压,压差有多高或有多低。

压力系数是相似参数,它的值与物体的大小无关。例如,两个几何上相似但大小不同的物体可以具有相同的压力系数分布。因此,可以测量风洞模型表面的三维压强分布,然后计算压力系数分布,进而确定全尺寸飞行器的压强分布。

3.4.4 力系数和力矩系数

我们经常对飞行中作用在飞机或其他物体上的气动力和力矩感兴趣。升力、阻力和俯仰力矩是 3 个最重要的力矩。这些气动力和力矩的无量纲形式是有用的。

力系数 c_F定义为气动力 F 除以自由流的动压 q_∞ 与参考面积 S(通常是飞机的机翼面积),即

$$c_F = \frac{F}{q_\infty S_{ref}} = \frac{F}{\frac{1}{2}\rho_\infty v_\infty^2 S_{ref}} \approx \frac{空气动力}{动态力} \tag{3-38}$$

同样,力矩系数定义为

$$c_M = \frac{M}{\frac{1}{2}\rho_\infty v_\infty^2 c_{ref} S_{ref}} = \frac{M}{q_\infty S_{ref} c_{ref}} \approx \frac{气动力矩}{动态力矩} \tag{3-39}$$

式中:c_{ref}为力矩参考长度,通常是飞机的翼弦长度。

无量纲的气动力系数是雷诺数和马赫数的函数,这使得它们在比较不同几何形状和流动时特别有用。

3.4.5 比热容比

定压比热容 c_p与定容比热容 c_V的比值是可压缩流动的另一个重要相似参数。这个比热容比用希腊字母 γ 表示,定义如下:

$$\gamma = \frac{c_p}{c_V} \approx \frac{流动焓}{热能} \tag{3-40}$$

物理上,比热容比是流动焓与内能之比。在正常情况下,空气和许多其他气体的比热容比认为是常数。γ 在正常情况下是 1.4,应用于许多可压缩流方程、马赫数计算方程中。

3.4.6 普朗特数

普朗特数(Prandtl Number)为

$$Pr = \frac{c_p \mu}{k} \approx \frac{动量扩散率}{热扩散率} \tag{3-41}$$

式中:c_p为定压比热容;μ 为黏度系数;k 为热导率。

它是以德国物理学家 Ludwig Prandtl 的姓名命名,与雷诺数不同,普朗特数是一个无量纲参数。普朗特数仅是流体属性的函数,因此其值通常与流体其他属性一起给出,如黏度系数 μ 和热导率 k。

在物理上,普朗特数是动量扩散率和热传导率的比值。由于存在速度梯度,动量在流体中扩散主要发生在边界层中。因为它与黏性边界层有关,动量扩散也称为黏性扩散。热传导是指热能或热量在流体中的传播。与速度边界层类似,可能存在热边界层,由于在主体表面附近存在温度梯度而导致热传导。

如果普朗特数远小于 1,则表明热传导率占主导地位,热量比动量更快地在流体中传播。如果普朗特数远大于 1,则动量的扩散比热量的传导更快。就传热而言,普朗特数远小于 1 意味着传导比对流更占优势。普朗特数远大于 1 则表明对流是热传导的主要形式。

为更好地理解普朗特数,对于标准状态下的空气,其普朗特数计算过程为

$$Pr=\frac{c_p\mu_\infty}{k_\infty}=\frac{1006\mathrm{J/(kg\cdot K)}\times 17.89\times 10^{-6}\mathrm{kg/(m\cdot s)}}{0.02533\mathrm{J/(m\cdot s\cdot K)}}=0.7105 \tag{3-42}$$

因此,在标准状态的空气中热传导速率略微大于动量扩散率。表 3-3 所列为 6 种物质的普朗特数。在液态金属(如汞)中,传导是主要的传热方式;而在油中,对流是主要的传热方式。

表 3-3 6 种物质的普朗特数的典型值或范围

物质	普朗特数
空气(标准条件下)	0.71
液态金属	0.001~0.03
气体	0.7~1.0
水	1~10
油	50~2000
甘油	2000~100000

3.4.7 其他相似参数

虽然马赫数、雷诺数和普朗特数是这里主要讨论的似性参数,但在流体力学的其他领域中还有其他几个相似参数。在本节中将简要介绍其他相似参数中的一些,这些参数可能在将来的应用中有用。

3.4.7.1 弗劳德数

弗劳德数(Froude number)由式 3-43 定义,即

$$Fr=\sqrt{\frac{v^2}{gL}}\approx\sqrt{\frac{惯性力}{重力}} \tag{3-43}$$

式中:v 为流速;g 为重力加速度;L 为几何体的特征长度。

在物理上,弗劳德数是流体的惯性力与重力之比。

弗劳德数对重力起显著作用的流动很重要。在流体动力学中,它是针对浸没在水中的尺寸不同但形状相似的物体的缩放参数。如果弗劳德数相同,则由两个形状相似的不同比例的物体产生的水波模式也是相同的。类似于马赫数,应用于流体力学的弗劳德数同样可适用于气体流动。

弗劳德数是为了纪念英国工程师 William Froude(1810—1879 年)而命名的,他致力于流体力学研究和海军建筑、船舶、船只和其他船舶设计。Froude 发

现了船体抗水规律,并用于预测船舶的稳定性。

3.4.7.2 格拉晓夫数

格拉晓夫数(Grashof number)为

$$Gr=\frac{\rho^2 g\beta(T_s-T_\infty)L}{\mu^2}\approx\frac{\text{浮力}}{\text{黏性力}} \tag{3-44}$$

式中:ρ 为流体密度;g 为重力加速度;β 为体积热膨胀系数;T_s 为表面温度;T_∞ 为流体的本体温度;L 为几何体的特征长度;μ 为流体的黏度系数。

在物理上,格拉晓夫数是作用在流体上的浮力与黏性力之比。

格拉晓夫数是自由对流传热的相似参数。对流是由于流体(如空气)的大规模运动引起的热传递。在自由对流中,由于温度变化引起流体密度变化进而导致浮力发生变化促使流体运动和热量传递。热空气由于其密度小于冷空气,使其上升,由此导致自由对流的热传递。天气是由于温度的空间变化而引起大气自由对流的结果。

对于低于 108 的格拉晓夫数(基于垂直平板的长度),大气中自由对流的边界层是层流。格拉晓夫数为 10^8 到 10^9 时,大气中自由对流的边界层是过渡性的。格拉晓夫数在大于 10^9 时,大气中自由对流的边界层是湍流。与雷诺数类似,格拉晓夫数既可应用于自由对流边界层,同样可适用于黏性边界层。

格拉晓夫数是为了纪念德国工程师 Franz Grashof(1826—1893 年)而命名的,他建立了蒸汽流动的早期公式,并对自由对流热传导理论做出了贡献。

3.4.7.3 克努森数

克努森数(Knudsen number)为

$$Kn=\frac{\lambda}{L}\approx\frac{\text{平均自由程}}{\text{特征长度}} \tag{3-45}$$

式中:λ 为分子平均自由程;L 为几何体的特征长度。

平均自由程定义为分子在与另一分子碰撞之前行进的平均距离。对于标准海平面状态下的空气,该距离非常小,约等于 66.3nm(6.63×10^{-8}m,2.61×10^{-10}英寸)。克努森数用于区分连续和非连续流(已在 3.3.1 节中讨论过)。当克努森数远小于 1 时,连续分子流假设是有效的,而克努森数大于或等于 1 时对应的是非连续流。

克努森数是为了纪念丹麦物理学家 Martin Knudsen(1871—1949 年)而命名的,他的大部分科学生涯都致力于研究气体动力学理论,同时他还进行了物理海洋学和海水特性的研究。

3.4.7.4 斯坦顿数

斯坦顿数(Stanton number)为

$$St = \frac{\dot{q}}{\rho_\infty v_\infty c_p(T_0 - T_w)} = \frac{\text{表面热流}}{\text{传导热流}} \tag{3-46}$$

式中：$\dot{q}$ 为单位面积传热率或热通量；c_p 为定压比热容；T_0 为流动总温；T_w 为壁温或表面温度；ρ_∞，v_∞ 分别为自由流密度和速度。

由于是驱动热流动，温度差 T_0-T_w 有时称为驱动温度势。

斯坦顿数是一个无量纲传热数，适用于强制对流传热的流动。对流是由于流体(如空气)的大规模的运动引起的热传递，如果流体运动是由某些外部方式驱动的，如风扇、风或车辆运动，则该过程是强制对流。这与前面讨论的格拉晓夫数适用的自由对流形成对比。如式(3-46)所示，强制对流传热是流体密度、流速以及流动总温度与壁温差值的函数。斯坦顿数适用于气动热力学的研究，这在 3.13.7 节中已讨论过。

斯坦顿数是为了纪念英国工程师 Thomas E. Stanton 而命名的，他师从 Osborne Reynolds 学习工程学，并且在 Reynolds 的实验室获得了他的第一份工作。Stanton 主要感兴趣的领域是黏性流体流动，研究摩擦和传热问题。1908 年莱特兄弟的飞机在欧洲首飞后，Stanton 研究了飞机和飞艇的设计以及与飞机空冷发动机有关的传热问题。

3.4.7.5 斯特劳哈尔数

斯特劳哈尔数(Strouhal number)为

$$Sr = \frac{fL}{v} = \frac{\text{局部加速度}}{\text{对流加速度}} \approx \frac{\text{振荡}}{\text{平均流速}} \tag{3-47}$$

式中：f 为涡旋脱落频率；L 为几何体的特征长度；v 为流体速度。

在物理上，斯特劳哈尔数是由非定常流动(存在局部加速度)引起的惯性力与由流动中点到点的稳定流速变化(对流加速度)引起的惯性力之比。还可以将斯特劳哈尔数解释为流量相对于平均流速的振荡的量度。

许多流体从本质上来看是非定常、存在振荡的。如果观察水流过河中的岩石，在岩石尾流中可以看到一种非定常、振荡的流动模式。钝体(如岩石)后面的流动呈现一种非定常、振荡的流动模式，称为涡旋脱落，如图 3-14 所示。涡旋从钝体的任意一侧交替流出，其频率是雷诺数的函数(基于钝体的直径)。在二维钝体(如圆柱体)后面流出的两排交替涡旋称为卡门涡街。如果流线型物体以高角度呈现在流动中，涡旋也会从非钝体流出。在高攻角时，流线型机翼或机身就是这种情况。

有时，由于风吹过圆柱形输电线发出“呜呜”声，这种频率使得脱落流动可以被听到。斯特劳哈尔数是为了纪念捷克实验物理学家 Vincent Strouhal (1850—1922 年)而命名的，他研究了风吹过电线发生的涡旋脱落。古希腊人意识到这一现象，发明了一种名为风神竖琴的乐器(以希腊风神 Aeolus 命名)。古

图 3-14　圆柱尾迹中的涡旋脱落(从左向右流动)

希腊风琴由带有发声板的木箱和横跨木箱全长的弦组成。风琴放在一扇敞开的窗户里,当风吹过琴弦就形成了音律。基于风琴的大型音乐雕塑现在安装在屋顶或多风的景区。在自然界中还有许多其他涡旋流动的例子,包括鱼游动时在背后形成的旋涡、摩天大楼周围空气的流动以及如图 3-15 所示的岛屿周围的云流。

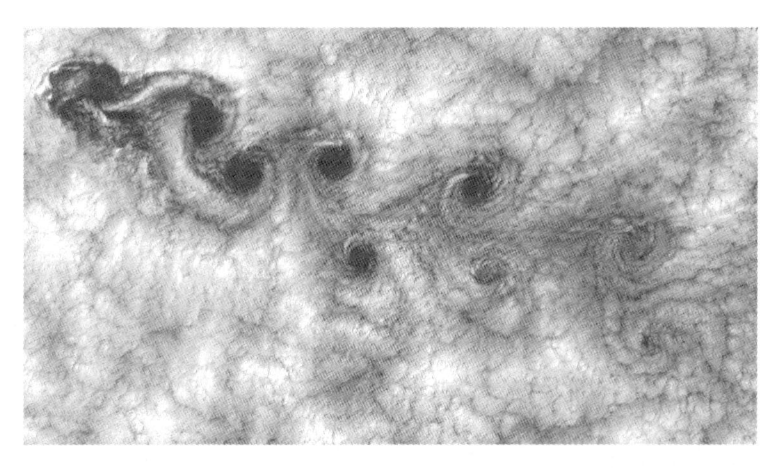

图 3-15　从智利海岸附近的海岛吹过的风形成的卡门涡街卫星图像
(风从图片的左上方流向右下方)
(资料来源:美国国家航空航天局)

风流过输电线也可能使输电线本身开始振荡,这表明涡旋脱落也能在物体上产生交变力。这些因风流过引起的交变力作用在输电线路、电线、高层建筑物、桥梁、塔楼、烟囱和其他细长结构(长度远远大于截面尺寸)上,会导致结构疲劳或其他破坏。必须避免由于涡旋脱落频率与结构固有频率一致而引发的共振,因为这可能导致灾难性的结构破坏。通常对新结构的模型,如高层建筑和悬索桥进行风洞试验,以确保当风流过引起交变力时,设计是安全的。

一些机械装置也用来抑制风的流动引起结构的振动。图 3-16 所示为斯托克布里奇防振锤(Stockbridge damper),由于其外形也被称为狗骨阻尼器,用来抑制由于风的流动引起的线路、电线和电缆振动。该防振锤呈哑铃形,两质量块通过一根短电缆或柔性杆连接到线路、电缆或电线上。1928 年,南加州爱迪生电气公司工作的美国工程师 George H. Stockbridge 获得专利,如图 3-16(a)所示,他最开始是使用混凝土作为连接到短电缆末端的质量块。如图 3-16(b)所示,现代的斯托克布里奇防振锤可能使用不同的材料,并且配置略有不同,但与原始设计基本相同。

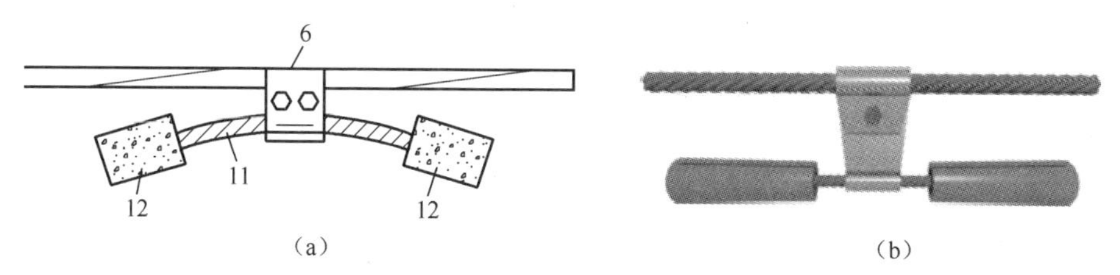

图 3-16 斯托克布里奇防振锤的原始专利图和现代设备
(a)原始专利图;(b)现代设备。
(资料来源:美国专利)

从式(3-47)可以看出,斯特劳哈尔数表示的是涡旋脱落频率(f)、几何体的特征长度(L)和流速(v)之间的关系。如图 3-17 中圆柱体上的流动所示,斯特劳哈尔数是给定几何体的雷诺数的函数。从图中可以看出,当雷诺数为 100~100000 时,斯特劳哈尔数大约是恒定值 0.2。在雷诺数高于 100000 时,斯特劳哈尔数变化很大,这取决于圆柱表面的粗糙度。请记住,一个给定的斯特劳哈尔数对应一个明确的圆柱体的涡旋脱落频率。这意味着圆柱体的涡旋脱落频率在雷诺数小于 100000 时是近似恒定的,并且当雷诺数高于 100000 时,涡旋脱落频率随着雷诺数的变化而变化。

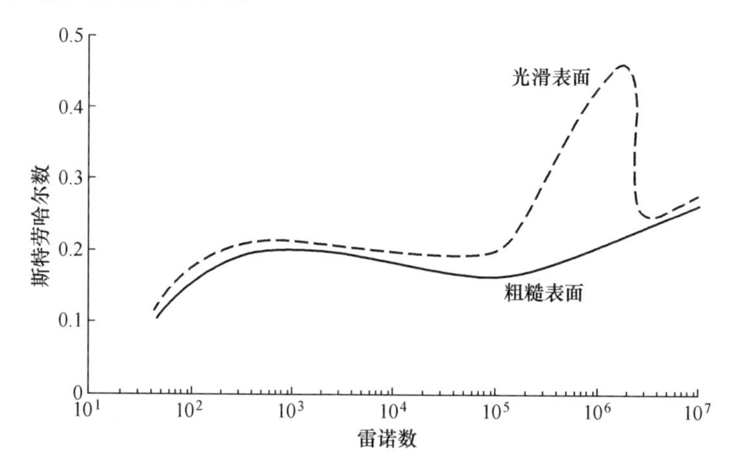

图 3-17 圆柱绕流斯特劳哈尔数是雷诺数的函数

斯特劳哈尔数有助于关联那些靠扑翼或摆动来实现移动的鸟类、鱼类等动物的推进效率。鸟类翅膀或鱼尾摆动的斯特劳哈尔数可由式(3-47)计算得出，此时,f 为摆动的频率,L 为由"机翼"的尖端摆动时(如翼尖或鱼尾的尖端)形成的垂直距离,v 为动物的前进速度。对于扑翼运动,斯特劳哈尔数分子中的乘积 fL 可以理解为翼尖或尾尖的垂直速度。因此,在扑翼运动中,斯特劳哈尔数可表征动物上下移动的幅度与其前进速度的比率。从扑翼运动的斯特劳哈尔数的定义可得出,斯特劳哈尔数为 0.2~0.4 时,推进效率最佳。这适用于各种各样的动物的巡航飞行或游泳,包括鸟类、蝙蝠、海豚、鲨鱼和鲸鱼。扑翼运动的斯特劳哈尔数这种有趣的关联性在设计扑翼运动的小型无人飞行器时,通过优化扑翼频率和振幅以获得期望的前进速度这方面是很有用的。

3.4.8 相似参数总结

表 3-4 总结了在本节中介绍的无量纲参数,选择这些特定参数是因为它们与流体力学和传热问题有关。本节中多次使用了这些参数,可以引用表 3-4 以便快速定义。

表 3-4 流体力学与传热学中相似参数的概括

参数符号	参数名称	公式定义	物理释义	应用对象
c_F	力系数	$\dfrac{F}{q_\infty S_{\text{ref}}}$	气动力/动态力	所有流体
St	斯坦顿数	$\dfrac{q}{\rho_\infty v_\infty (h_0 - h_w)}$	表面热流/传导热流	强制对流传热
c_M	力矩系数	$\dfrac{M}{q_\infty c_{\text{ref}} S_{\text{ref}}}$	气动力矩/动态力矩	所有流体
c_p	压力系数	$\dfrac{p - p_\infty}{q_\infty}$	静压/动压	所有流体
Fr	弗劳德数	$\dfrac{v}{\sqrt{gL}}$	惯性力/重力	自由表面流体
Gr	格拉晓夫数	$\dfrac{\rho^2 g\beta(T_s - T_\infty)L}{\mu^2}$	浮力/黏性力	自然对流传热
Kn	克努森数	$\dfrac{\lambda}{L}$	平均自由程长度/特征长度	自由分子流体
Ma	马赫数	$\dfrac{v}{a}$	空速/声速	可压缩流体
Pr	普朗特数	$\dfrac{c_p\mu}{k}$	黏性耗散率/热耗散率	热对流
Re	雷诺数	$\dfrac{\rho vL}{\mu}$	惯性力/黏性力	黏性或可压缩流体

续表

参数符号	参数名称	公式定义	物理释义	应用对象
Sr	斯特劳哈尔数	$\frac{fL}{v}$	$\frac{振荡}{平均流速}$	流激振动
γ	比热容比	$\frac{c_p}{c_V}$	$\frac{焓}{内能}$	可压缩流体

例 3.2 雷诺数的计算

洛克希德 SR-71 飞机(图 2-29)以马赫数为 3.0 的速度飞行,海拔 80000 英尺,80000 英尺的声速为 395.9 英尺/s。根据翼基准弦长 37.70 英尺计算雷诺数。

解:

应用式(3-32)计算雷诺数。首先必须获得自由流密度、速度和黏度。查询附录 C 可知,海拔为 80000 英尺时,自由流密度为 $\rho_\infty = 8.683\times10^{-5}$ slug/英尺^3,自由流温度 $t_\infty = 390.0°\mathrm{R}$。

自由流速度为

$$v_\infty = Ma_\infty \times a_\infty = 3.0\times395.9\,\frac{英尺}{\mathrm{s}} = 1188\,\frac{英尺}{\mathrm{s}}$$

应用式(3-16)和表 3-2 中的值,计算自由流黏度如下:

$$\frac{\mu}{\mu_{\mathrm{ref}}} = \left(\frac{T_\infty}{T_{\mathrm{ref}}}\right)^{\frac{3}{2}}\left(\frac{T_{\mathrm{ref}}+S}{T_\infty+S}\right) = \left(\frac{390.0°\mathrm{R}}{491.6°\mathrm{R}}\right)^{\frac{3}{2}} \times \frac{390.0°\mathrm{R}+199.0°\mathrm{R}}{491.6°\mathrm{R}+199.0°\mathrm{R}} = 0.8285$$

$$\mu = 3.584\times10^{-7}\,\mathrm{slug}/(英尺\cdot\mathrm{s})\times0.8285 = 2.969\times10^{-7}\,\mathrm{slug}/(英尺\cdot\mathrm{s})$$

SR-71 机翼参考弦长的雷诺数计算如下:

$$Re_L = \frac{\rho_\infty v_\infty L}{\mu_\infty} = \frac{8.683\times10^{-5}\,\mathrm{slug}/英尺^3\times1188\,英尺/\mathrm{s}\times37.70\,英尺}{2.969\times10^{-7}\,\mathrm{slug}/(英尺\cdot\mathrm{s})} = 1.310\times10^7$$

3.5 热力学概述

在空气动力学和推进力学的研究中,首先需要了解热力学相关的基本概念和术语。无论是通过基础物理课程还是热力学的专门课程,本书假设读者对热力学有一定的了解。下面简要介绍一些基本的热力学概念和术语。

热力学是研究能量及其转化为热量和功的过程。这些转化过程影响着流体的热力学性质,如压力、温度和密度。本书在下面的部分中更准确地定义了热力学术语,如能量、功和热。此外还介绍了熵的概念,这对理解热力学定律至关重要。事实上,热力学被看作是能量和熵的一门科学,分别在热力学第一定律和第二定律中有所体现。

3.5.1 热力学系统和状态

本节介绍发展热力学定律所需的一些基本热力学概念，包括热力学系统、状态和过程。

3.5.1.1 热力学系统

当讨论能量转移时，通常将能量转移称为流向热力学系统或来源于热力学系统（定义为固定质量的定量物质），这种方式便于用来识别内聚单元。我们所定义系统外部的一切都是周围环境。该系统通过系统边界与周围环境分离，该系统边界可以是固定的或可移动的。

例如，假设海平面上漂浮着一个密封柔韧的气球。该气球在标准海平面压强和温度下充满气体。我们可以把气球内固定质量的气体作为一个系统。柔性气球是系统边界，它将气球（系统）内的气体与周围空气（周围环境）分开。现在假设让气球上升到10000英尺的高度，那里的大气压强小于海平面处的大气压强，气球膨胀直到内部气体压强等于10000英尺的大气压强。虽然系统边界向外扩张，但系统的固定质量并不会改变。

我们通常关注系统通过系统边界与其周围环境发生的能量转移。为了精确地量化能量交换，必须谨慎精确地定义系统、边界和环境。

3.5.1.2 系统的属性、热力学状态和过程

再次考虑由气球中的气体组成的系统。我们之前定义了物质的几种基本物理特性，例如流体的质量、压强、温度、密度和比体积。我们可以类似地指定一个系统的特性，例如气球中气体系统的压强和温度。通过任何两个独立的热力学参数（如压力和温度），可唯一地定义系统的热力学状态。因此，如果我们指定气球在地面上的气体压强和温度，则系统的热力学状态是唯一确定的。当气球位于10000英尺高度时，系统的状态会发生变化，因为气体属性发生了变化。

系统的属性被归类为强度量和广延量。强度量独立于系统质量，而广延量是系统质量的函数。压强、温度和密度属于强度量。想象一下，我们可以把气球切成两半，这样每一半都含有原有气体的一半（假设气体没有逸出）。每一半的气体温度与气球分开前的气体温度都相同，因此温度与质量无关。气体质量肯定会发生变化，这证实了质量是一个广延量。其他广延量的例子是总体积和比体积的变化。

假设气球在地面或10000英尺高时处于静止状态，系统属性保持不变，称为平衡状态。如果系统温度不变，则系统处于热平衡状态。如果系统压强不变，则系统处于机械平衡状态。如果所有的系统属性都恒定不变，则该系统的热力学

状态保持恒定，系统处于热力学平衡。在许多情况下，我们可以用一系列准平衡态来近似系统从初始状态到最终状态的变化。这里假设系统状态增量无穷小，使得每个增量状态的热力学平衡偏差也是无穷小的。

每当系统的一个或多个属性发生变化时，其结果就是系统状态的改变。属性从初始状态更改为最终状态称为过程。有多个值得关注的过程，这些过程的特征是某个系统属性保持恒定。具体实例包括等压过程，等容过程以及等温过程。在空气动力学和推进力学中存在一些有用的过程，如在系统与环境无热传递的绝热过程；如没有摩擦的，不存在耗散的可逆过程（熵恒定过程）以及既可逆也绝热的等熵过程。要清楚的是，可逆过程可能涉及系统内和外部的热传递，而等熵过程是零传热的可逆过程。表3-5给出了已经提及的各种令人关注的过程总结。

表3-5 过程总结

过程	过程类型	用 e、w、q、s 描述
等压过程	恒定压强	$w = p\mathrm{d}V$
等容过程	恒定体积	$w = 0$
等温过程	恒定温度	$\mathrm{d}e = 0$①
绝热过程	无热传递	$q = 0$
可逆过程	恒熵（无耗散损耗）	s 为常数
等熵过程	绝热、可逆	$q = 0$，s 为常数

①下面章节中讨论的是理想状态的气体。

3.5.1.3 p-V 过程和 T-s 图像

一种有效的表达热力学过程的方法是绘制工作流体状态的变化图，如压强-体积（p-V）图以及温熵（T-s）图，如图3-18所示。

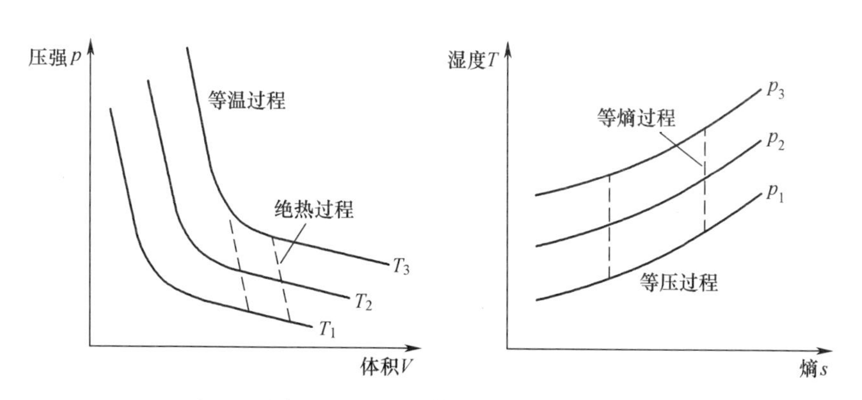

图3-18 压强-体积图和温熵图

图 3-18 通过在压强-体积图上画等温线，可以识别等温过程。绝热过程具有零传热并遵循图 3-18 中的虚线，其中温度随压强和体积而变化。对于这两种类型的过程，我们可以跟踪气体状态的变化，包括温度、压强和体积。我们可以在等熵图上画出等压线，如图 3-18 所示，定义等压过程。等熵过程遵循恒定熵的垂直虚线。

压强-体积图和等熵图可用于跟踪空气动力学和推进力学的许多感兴趣的过程。通常，我们对气体状态随每个过程而变化的这一系列连续过程感兴趣。在某些情况下，气体在经过一系列过程后恢复其原始状态，即经历了一个循环。对于许多推进装置来说就是这种情况，其中气体遵循推进循环。

3.5.2 热力学状态的桥梁：状态方程

在上一节中，指出热力学状态是通过指定任意两个独立的热力学属性来唯一定义的，其他热力学状态属性可通过状态方程与这两个独立属性相关联。下面介绍几种基于不同物理模型的气体状态方程。我们从最简单的基于理想气体的状态方程开始。

3.5.2.1 理想气体

考虑气体物理性质的两个方面：气体分子的大小以及气体分子如何相互作用。首先，假设气体是由大量随机运动的相同分子组成的。假设这些分子以直线路径移动，直到它们与另一个分子或容器表面碰撞。分子在碰撞之间行进的平均距离是平均自由程 λ，对于标准海平面状态下的空气（表 3-1），$\lambda=66.3\text{nm}(6.63\times10^{-8}\text{m}, 2.61\times10^{-10}$英寸）。这是一个很小的距离，但是它比空气分子的尺寸大几个数量级，因为氮分子或氧分子的直径在 3×10^{-10} m（1.2×10^{-12}英寸）的量级。根据分子直径，分子体积约为 1.4×10^{-29} m^3（8.5×10^{-25}英寸^3）。因此，对于在三维空间中运动的气体分子来说，与分子的尺寸相比，平均自由程 λ 很大。基于上述分析，可以假设分子体积忽略不计。

关于分子碰撞，假设这些碰撞是完全弹性的，也就是说气体分子在碰撞中不会失去或获得能量。气体分子的平均平动动能 KE_{avg} 与气体温度 T 成正比，即

$$KE_{avg}=\frac{3}{2}kT \tag{3-48}$$

式中：k 为玻耳兹曼常数，值为 1.38×10^{-23}J/K（5.65×10^{-2}英尺·磅/°R）。

对于温度为 27℃（80.6°F，300K）的空气，一个“空气”分子的平动动能为

$$KE_{avg}=\frac{3}{2}kT=\frac{3}{2}\times\left(1.38\times10^{-23}\ \frac{\text{J}}{\text{K}}\right)\times300\text{K}=6.21\times10^{-21}\text{J} \tag{3-49}$$

分子碰撞是分子间相互作用的一种形式，此外由于构成分子的原子的带电

粒子(如电子和质子)的电学性质,分子间也存在相互作用。当分子非常接近时,这种分子间相互作用表现为斥力,并且随着分子距离的增大而变为弱吸引力。虽然与这些分子间作用力相关的能量随着气体的类型而变化很大,但这些能量比分子的动能低几个数量级。因此,可以假设分子碰撞是分子相互作用的唯一方式,分子间的作用力可忽略不计。

基于上述关于气体分子大小、相互作用力和能量的讨论,我们将理想气体定义为由没有体积、没有相互作用力的“点”粒子组成。理想气体模型是理论模型,模型中的假设存在着局限性。当气体密度非常高,气体分子紧密堆积在一起时,平均自由程远大于分子尺寸的假设就不成立了。在非常低的温度下,分子运动的动能远大于与分子间作用力相关的能量这一假设也不成立。但是在常压和常温下,理想气体与实际气体(不考虑理想气体假设)的结果误差约在±5%范围内。理想气体假设适用于大多数物体外部气动流,包括飞机、机翼或其他物体上的亚声速、跨声速和超声速流动。它还适用于内部气动流和推进流动,包括发动机、扩散器、管道或喷管内部的流动。

3.5.2.2 理想气体状态方程

当观察理想气体在改变压强、温度或体积时,会发现气体遵循某些物理定律。保持温度恒定时,会发现压强随体积的变化而变化。例如,如果在保持温度恒定的同时,将气体体积减少一半,则气体压强加倍。可以用式(3-50)描述这样的现象,即压强 p 与恒定温度下的体积 V 成反比。

$$p = \frac{C_1}{V} \tag{3-50}$$

式中:C_1 为常数。

变换式(3-50),可得式(3-51)。

$$pV = C_1 \tag{3-51}$$

这就是波义耳定律。

如果改变理想气体的温度,可观察到压强随温度升高而增加,随温度降低而降低。可以用式(3-52)描述这样的现象,即压强 p 与温度 T 成正比:

$$p = C_2 T \tag{3-52}$$

式中:C_2 为常数。

如果改变理想气体的总量,或者更准确地说,改变气体的物质的量,可观察到体积 V 正比于物质的量 n(回顾一下基础化学,摩尔是包含特定数目分子的物质的量,这个特定数目是阿伏伽德罗常数 N_A,其值为 $6.02214199 \times 10^{23}$ 分子/mol)。我们可以用下式描述这一现象:

$$V = C_3 n \tag{3-53}$$

式中:C_3 为常数。

人们通常混淆了摩尔的概念,但是式(3-53)只是简单地说明气体体积与气体量成比例,而气体量是以气体的物质的量来表示的。

通过式(3-52)和式(3-53),波义耳定律可以写为

$$pV = (C_2T)(C_3n) = C_4nT \tag{3-54}$$

式中:C_4 为常数,定义为理想气体常数$\mathcal{R}$。理想气体常数对于所有气体均具有相同的值。在国际单位制和英制单位中,理想气体常数为

$$\mathcal{R} = 8314\ \frac{\mathrm{J}}{(\mathrm{kg}\cdot\mathrm{mol})\cdot\mathrm{K}} = 49709\ \frac{\text{英尺}\cdot\text{磅}}{(\mathrm{slug}\cdot\mathrm{mol})\cdot{}^{\circ}\mathrm{R}} = 1545\ \frac{\text{英尺}\cdot\text{磅}}{(\text{磅}\cdot\mathrm{mol})\cdot{}^{\circ}\mathrm{R}}\text{①} \tag{3-55}$$

式(3-55)中包含(磅·mol)的这一非标准单位,这是因为理想气体常数这个值在技术文献中经常会遇到。需要说明的是 slug·mol 本身就是单位,并不是 Slug 乘以物质的量。例如,1kg·mol 的空气的质量为 28.96kg。1mol 物质的分子数,不管是 kg·mol、slug·mol 还是其他摩尔质量单位都等于阿伏伽德罗常数。

综上所述,我们已经对理想气体的 3 种物理行为进行了观测,这些观测由式(3-51)、式(3-52)和式(3-53)分别体现,现将这 3 个式子组合成一个单一的、相对简单的式子,即

$$pV = n\,\mathcal{R}\,T \tag{3-56}$$

由于式(3-56)是基于理想气体假设,所以被称为理想气体状态方程。

可以用理想气体常数$\mathcal{R}$和气体分子量$\mathcal{M}$定义比气体常数 R,即

$$R = \frac{\mathcal{R}}{\mathcal{M}} \tag{3-57}$$

鉴于空气的分子量为 28.96kg/(kg·mol)或 28.96slug/(slug·mol)②,可用式(3-57)计算空气的比气体常数,在国际单位制和英制单位中分别如下:

$$R_{\mathrm{air}} = \frac{\mathcal{R}}{\mathcal{M}_{air}} = \frac{8314\ \dfrac{\mathrm{J}}{(\mathrm{kg}\cdot\mathrm{mol})\cdot\mathrm{K}}}{28.96\ \dfrac{\mathrm{kg}}{\mathrm{kg}\cdot\mathrm{mol}}} = 287\ \frac{\mathrm{J}}{\mathrm{kg}\cdot\mathrm{K}} \tag{3-58}$$

$$R_{\mathrm{air}} = \frac{\mathcal{R}}{\mathcal{M}_{\mathrm{air}}} = \frac{49709\ \dfrac{\text{英尺}\cdot\text{磅}}{(\mathrm{slug}\cdot\mathrm{mol})\cdot{}^{\circ}\mathrm{R}}}{28.96\ \dfrac{\mathrm{slug}}{\mathrm{slug}\cdot\mathrm{mol}}} = 1716\ \frac{\text{英尺}\cdot\text{磅}}{\mathrm{slug}\cdot{}^{\circ}\mathrm{R}} \tag{3-59}$$

分子量有时也称为摩尔质量,定义为物质的总质量 m 除以其物质的量 n。

$$\mathcal{M} = \frac{m}{n} \tag{3-60}$$

① 1英尺·磅/((磅·mol)·°R) = 32.174英尺·磅/((slug·mol)·°R) = 5.381J/((kg·mol)·K)。

② 1slug/(slug·mol)= 1kg/(kg·mol)。

将式(3-57)和式(3-60)代入理想气体状态方程中,得

$$p = \frac{n}{V}\mathcal{R}T = \frac{n}{V}R\mathcal{M}T = \frac{m}{V}RT, \quad p = \rho RT \tag{3-61}$$

式(3-61)是理想气体状态方程的一种形式,它涉及理想气体的压强、密度和温度。

式(3-56)和式(3-61)给出了已知任意两个独立的热力学变量计算理想气体性质的一种简单方法。需要记住的是,这些方程仅对理想气体模型有效,即假设气体分子没有体积并且相隔很远,使得分子间作用力可以忽略不计。对于本书中讨论的许多空气动力学问题,理想气体状态方程是适用的,但也应知道理想气体假设何时可能不成立。

3.5.2.3 理想气体行为偏差

我们已经将理想气体定义为气体分子体积为零且气体的分子间作用力可被忽略的气体。下面分析对于这些假设有效和无效的热力学条件。为此,我们引入压缩系数 Z,定义为

$$Z = \frac{pV}{n\mathcal{R}T} = \frac{p}{\rho RT} \tag{3-62}$$

图3-19所示为压缩系数 Z 随气体压强和温度的变化。对于理想气体,压缩系数 $Z=1$,式(3-62)就是理想气体状态方程。可以看到,气体分子体积为零且气体分子之间的相互作用力可被忽略的假设仅在压强为零时才真正有效。当压缩因子 $Z\neq1$ 时,实际气体偏离理想气体,并且在低温和高压状态时偏差最大。在低温下,气体分子具有较小的动能以克服分子间作用力的影响。在高压下,气体分子更紧密地堆积在一起,使得有限分子体积和分子间相互作用力的影响更加显著。在航空航天应用中,低温通常与低压相关,而高压则与高温相关。低温低压状态则出现于超高空的飞行中,高压高温状态则出现于高超声速(马赫数)的飞行中。

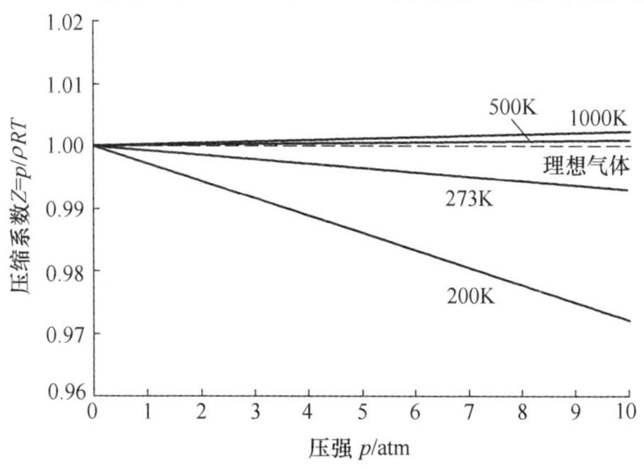

图3-19 理想气体行为的偏差(压缩系数 Z)是温度和压强的函数

对于不是超高空和高超声速的飞行,压缩系数 Z 接近于 1,理想气体状态方程是有效的。如图 3-20 所示,对于低于约 10atm(21000 磅力/英尺^2,$1.0\times10^6\text{N/m}^2$)的压强和高于约 270K(-3℃,26°F)的温度,实际气体与理想气体的行为偏差小于 1%。在较高温度下,气体分子具有较高的平均动能以克服分子间力。在较低的气压下,分子间距较大,使得分子间相互作用力不显著。基于此压强-温度范围,可以看出理想气体定律对于许多空气动力学问题都具有广泛的适用性。低压状态下的所有气体的压缩系数 Z 均接近于 1。

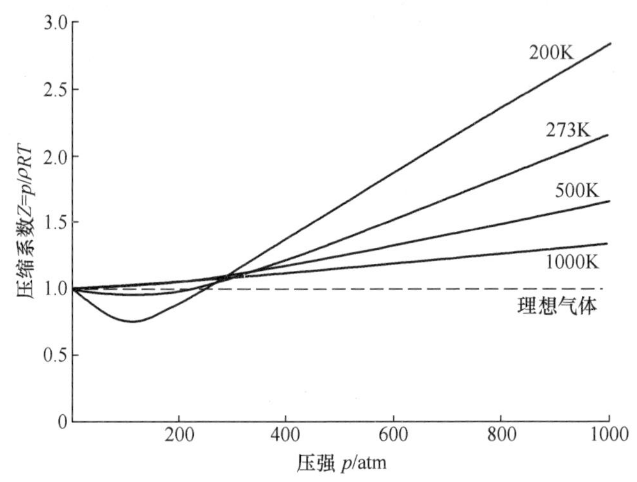

图 3-20 理想气体行为的偏差(压缩系数 Z)是温度和压强的函数(高达 10atm)

3.5.2.4 其他状态方程

虽然理想气体状态方程在流体流动中具有广泛的应用,但它并不是唯一可以用于所有流动情况的状态方程。对于任何状态方程的定义,我们使用在给定热力学状态下系统的热力学状态变量来表达关系,例如压强、温度或密度。比如,这种状态可以是机翼上的气流或火箭燃料箱中的滞留氢气。在许多情况下,热力学状态变量之间的关系是一个实际的方程,如理想气体状态方程。

有时这种关系太复杂,以至无法获得封闭形式的等式。当处理发生化学反应的气体流动时,例如,航天飞机在以马赫数为 25 以上的高超声速进入大气或燃气通过火箭发动机的流动,可能无法实际地定义一个分析方程来精确定义流体中的状态变量。对于这些情况,热力学状态变量可以通过热力学性质图表或表格来关联,从中我们可以查找出对应于已知条件状态变量的值。这种查找可以在计算机上使用数值分析或软件包来执行,其中输入是给定状态条件如压强和温度,输出是密度。这些执行起来更复杂的方法超出了本书讨论的范围,我们引入另一个状态方程,它包含其他的物理量,因此比理想气体状态方程稍微复杂一些。

让我们寻求它的两个主要假设(气体分子的体积为零,分子间的作用力可以忽略不计)的修正方式,以提高状态方程的精确度。我们区分理想气体(遵循理想状态方程)和具有实际气体行为的实际气体(理想气体状态方程不适用)。

想象一下,我们用常压气体填充一个体积为 V 的汽缸。气体分子的体积相对于汽缸的体积可以忽略不计。现在假设用活塞压缩汽缸中的气体,使得气体压强很大,汽缸的体积减小到原来的体积的很小一部分。在这种高压条件下,气体分子占据的体积是汽缸体积的很大一部分,因而不可忽视。为了修正因气体分子占据汽缸一些体积带来的影响,我们可以在理想状态方程式(3-56)中修正体积项,即

$$V_{\text{ideal}} = V_{\text{real}} - nb \tag{3-63}$$

式中:V_{ideal} 为理想气体体积;V_{real} 为实际气体体积;nb 为分子总体积,等于气体物质的量 n 和单一气体分子体积 b 的乘积。

修正体积项表明在高压下,实际气体体积大于理想气体方程所预测的实际气体体积。

下面讨论气体中分子间作用力的问题。在理想气体模型中,假设气体分子以直线路径运动,且不受分子间作用力的影响。在实际气体中,分子间作用力导致气体分子沿曲线运动而非直线。由于气压与分子间碰撞有关,所以真实气体的曲线路径碰撞产生的压强要低于理想气体的直线路径碰撞产生的压强。因此,为了修正实际气压低于理想气体预测这一事实,在理想气体状态方程中修正压力项,即

$$p_{\text{ideal}} = p_{\text{real}} + \frac{an^2}{V^2} \tag{3-64}$$

式中:p_{ideal} 为理想的气压;p_{real} 为真实的气压;an^2/V^2 为压力修正项,分子间力的作用被考虑在气体特定常数 a 中,常数 a 的大小与分子间作用力的强弱成正比,即气体分子间作用力越强,常数 a 越大。

如果分别应用式(3-63)和式(3-64)中体积和压强的修正项,并将它们代入理想状态方程式(3-56),得

$$\left(p + \frac{an^2}{V^2}\right)(V - nb) = n\mathcal{R}T \tag{3-65}$$

这个方程称为范德瓦耳斯状态方程,以荷兰物理学家 Johannes van der Waals(1837—1923 年)命名,他于 1873 年推导出该方程,同时因在状态方程修正方面的工作而获得 1910 年诺贝尔物理学奖。范德瓦耳斯状态方程结合了压强和体积的修正项,分别考虑了分子间作用力和分子体积。

在标准压强和温度下,式(3-65)中的修正项的影响很小,即

$$\frac{an^2}{V^2} \ll p \tag{3-66}$$

$$nb \ll V \tag{3-67}$$

从而使范德瓦耳斯状态方程可简化为理想气体状态方程。

范德瓦耳斯状态方程中的常数 a 和 b 与气体性质相关,它们是通过试验获得的,这意味着范德瓦耳斯状态方程适用于与这些特定气体常数相对应的特定气体。这与适用于任何气体的理想气体状态方程相反。因此,虽然范德瓦耳斯状态方程比理想气体状态方程具有更高的准确度,但在某些情况下,它会更复杂以至难以普遍应用。

例 3.3 理想气体状态方程

流体中某点的密度和温度分别为 1.134kg/m³ 和 322.6K。计算流体中该点的压强和比体积。

解:

根据理想气体状态方程式(3-61),压强为

$$p = \rho RT = 1.134\ \frac{\mathrm{kg}}{\mathrm{m}^3} \times 287\ \frac{\mathrm{J}}{\mathrm{kg \cdot K}} \times 322.6\mathrm{K} = 1.050 \times 10^5\ \frac{\mathrm{N}}{\mathrm{m}^2}$$

比体积计算如下:

$$V_{\mathrm{sp}} = \frac{1}{\rho} = \frac{1}{1.134\ \frac{\mathrm{kg}}{\mathrm{m}^3}} = 0.8813\ \frac{\mathrm{m}^3}{\mathrm{kg}}$$

例 3.4 理想气体状态方程的有效性

对于压强和温度分别为 101325N/m² 和 300K 的空气,下面用范德瓦耳斯状态方程说明理想气体状态方程是有效的。空气的范德瓦耳斯常数 a 和 b 分别为

$$a = 1.358 \times 10^5\ \frac{\mathrm{N \cdot m^4}}{(\mathrm{kg \cdot mol})^2},\quad b = 3.64 \times 10^{-2}\ \frac{\mathrm{m}^3}{\mathrm{kg \cdot mol}}$$

解:

为了证明在此条件下,理想气体状态方程是有效的,首先证明范德瓦耳斯状态方程中的修正项可以忽略不计。根据理想气体状态方程式(3-56),计算摩尔体积如下:

$$pV = n\mathcal{R}T$$

$$\frac{V}{n} = \frac{\mathcal{R}T}{p} = \frac{8314\ \frac{\mathrm{J}}{(\mathrm{kg \cdot mol}) \cdot \mathrm{K}} \times 300\mathrm{K}}{1.01325 \times 10^5\ \frac{\mathrm{N}}{\mathrm{m}^2}} = 24.62\ \frac{\mathrm{m}^3}{\mathrm{kg \cdot mol}}$$

范德瓦耳斯状态方程式(3-65)如下:

$$\left(p + \frac{an^2}{V^2}\right)(V - nb) = n\mathcal{R}T$$

我们想证明压强和比容的修正项是可以忽略的,即

$$\frac{an^2}{V^2}=\frac{a}{(V/n)^2}\ll p$$

$$nb\ll V \text{ 或 } b\ll\frac{V}{n}$$

将范德瓦耳斯状态方程简化为理想气体状态方程,压强修正项为

$$\frac{an^2}{V^2}=\frac{a}{(V/n)^2}=\frac{1.358\times10^5\ \dfrac{\mathrm{N\cdot m^4}}{(\mathrm{kg\cdot mol})^2}}{24.62\ \dfrac{\mathrm{m^3}}{\mathrm{kg\cdot mol}}}=0.2241\ \frac{\mathrm{N}}{\mathrm{m^2}}$$

如下所示,与压强相比,压强修正项可以忽略不计,即

$$\frac{an^2}{V^2}=0.2241\ \frac{\mathrm{N}}{\mathrm{m^2}}\ll p=1.01325\times10^5\ \frac{\mathrm{N}}{\mathrm{m^2}}$$

如下所示,体积修正项同样可以忽略不计,即

$$b=3.64\times10^{-2}\ \frac{\mathrm{m^3}}{\mathrm{kg\cdot mol}}\ll 24.62\ \frac{\mathrm{m^3}}{\mathrm{kg\cdot mol}}$$

因此,理想气体状态方程对于这种情况下的空气是有效的。这是预期的结果,因为本例给定的压力和温度非常接近标准状态,而理想气体状态方程针对标准状态下的气体是有效的。

3.5.3 其他热力学属性:内能、焓和熵

现在我们定义几个重要的与能量相关的热力学属性,即内能、焓和熵。重要的是,我们应清楚地理解每个术语的物理意义,差异以及所使用的符号约定。

3.5.3.1 内能

同先前定义热力学系统一样,再次分析密封气球内具有固定质量的气体,气体由在气球内随机运动的分子组成。每个气体分子除了由于平动而具有的平动动能,还具有与分子的原子和电子结构相关的额外能量。这些额外的能量可被忽略,除了在非常高的温度条件下(如在高超声速飞行中)。因此,我们将系统的内能 E 定义为与所有气体分子运动相关的能量之和。内能是系统的热力学属性,同压强、温度、密度和比体积一样,具有依赖于系统给定状态的唯一值。稍后我们将说明,对于理想气体,内能 E 仅是温度的函数。

系统内能不包括与系统相对于周围环境的运动和位置相关的动能和势能。例如,气球以 100 英里/h 的速度在 10000 英尺的高度处运动,气球的相关动能和势能不会影响气球内分子的内能。换言之,由于系统与周围环境的相互作用而产生的能量不会影响与系统内分子相互作用相关的能量。

如前所述,系统内能 E 取决于给定质量的气体分子的能量之和。如果我们改变了系统的质量,内能也会改变。因此,内能是广延量,这意味着它受系统质量的影响。我们经常讨论单位质量的内能 e,有时也称为比内能,其定义为

$$e \equiv \frac{E}{m} \tag{3-68}$$

单位质量的内能是一个强度量。我们常常简单地用内能这个词来指比内能,而用总内能这个词来指广延量 E。

3.5.3.2 焓

下面介绍在空气动力学和推进力学中另一个有用的热力学属性——焓,其中总焓 H 定义为

$$H \equiv E + pV \tag{3-69}$$

式中:E 为总内能;p 为压强;V 为体积。

我们还可以将单位质量的焓或比焓 h 定义为

$$h = \frac{H}{m} \equiv e + pV_{sp} \tag{3-70}$$

式中:e 为比能;V_{sp} 为比体积。

总焓是一个广延量,而比焓是一个强度量。

如果讨论的是理想气体,此时理想气体状态方程是有效的,可将式(3-70)写为

$$h \equiv e + RT \tag{3-71}$$

式中:R 为比气体常数;T 为温度。

由于内能仅是理想气体温度的函数(稍后将解释),R 为比气体常数,因此式(3-71)表明理想气体的焓仅是温度的函数。

3.5.3.3 熵

熵的概念由 Rudolph Clasius(1822—1888 年)在 19 世纪引入,他是一位德国物理学家,为热力学的发展做出了重要贡献。他对于热力学第一定律和第二定律的建立功不可没。

熵涉及的是能量的“浪费”或那些不可用做有用功的能量。具体地说,熵是系统里每单位温度“浪费的”或不可用来做有用功的工作的热能。如果我们认为有用功与分子有序运动引起的能量转换有关,那么分子紊乱运动引起的能量转移则是无用功。从这个角度来看,熵被视为系统的无序或随机性的度量。

总熵 S 是一种物质的广延量,取决于系统的质量。与功和热一样,可以定义单位质量的熵 s,即

$$s \equiv \frac{S}{m} \tag{3-72}$$

总熵和比熵分别具有能量和单位质量能量的单位。熵是一个点属性,仅取决于最终状态。

我们几乎总是在处理系统熵的变化,这使得在许多情况下熵任意分配为零。例如,在 1 大气压和 0℃ 的状态下将水的熵指定为零,提供了初始参考状态,基于该参考状态计算不同压强和温度状态下的熵值。这些熵值可以基于任意的参考状态,但是如果我们所关心的只是从一个状态到另一个状态的熵增,那么这无关紧要。热力学第三定律定义了绝对零度这一熵值为零的状态,但是这并不重要,因为我们只处理熵的变化。

3.5.4　功和热

下面讨论系统里能量转移的两种方式:功和热。这两种能量转移方式定义为边界现象,因为当能量通过边界传递时,两者都发生在系统的边界。它们都是瞬态现象,出现在系统发生状态变化时,功或热穿过系统边界。最后,功和热都是过程函数,取决于系统从初始状态到最终状态的方式。我们将在以下部分详细介绍功和热的更多细节。

功和热的单位在国际单位制中与能量单位一样,都是 J,在英制单位里是英尺 · 磅或英国热量单位 Btu。功被定义为力和距离的内积,其单位“焦耳”的定义为 1N 的力乘以 1m 的距离。焦耳在国际单位制中的定义如下:

$$1\mathrm{J} = 1\mathrm{N} \cdot \mathrm{m} = 1\,\frac{\mathrm{kg} \cdot \mathrm{m}^2}{\mathrm{s}^2} \tag{3-73}$$

在英制单位中,功被定义为 1 磅的力乘以 1 英尺的距离。能量和功具有相同的单位,所以能量或者功在有些时候也用英国热力单位中单位表示。Btu 定义为将 1 磅水的温度提高 1°F 所需的能量,Btu 的单位转换如下:

$$1\mathrm{Btu} = 778\ \text{英尺} \cdot \text{磅} = 1055\mathrm{J} \tag{3-74}$$

3.5.4.1　功

在力学中,功 W 定义为力 F 作用在物体上,并在与力相同方向上移动了 x 的距离。设存在一个恒力 F 和一个位移增量 $\mathrm{d}x$,在某段路径上被积分,可用下式表达:

$$W = \int F\mathrm{d}x \tag{3-75}$$

让我们回到气球气体系统,并考虑当气球从海平面上升到高海拔时与该系统相关的功。如图 3-21 所示,假设气球高度上升了一点,气球的半径相应增加了 Δr 。假设这些变化很小,则可认为在这个高度变化期间气球内部和外部之间的压差保持不变,将这个恒定的压差记为 p 。压差作用于气球表面微小单元区域的面积记为 $\mathrm{d}A$ 。那么作用在该微小单元区域上的力 F 即为压差乘以面积

pdA 。系统做功 ΔW 是力 F 乘以微小单元区域由于气球膨胀而移动的距离 Δr(为了简单起见和便于分析,忽略了气球柔性表面固有的表面张力)。因此,功的增量为

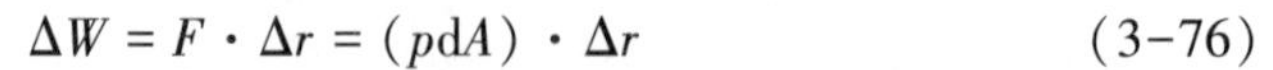

$$\Delta W = F \cdot \Delta r = (p\mathrm{d}A) \cdot \Delta r \tag{3-76}$$

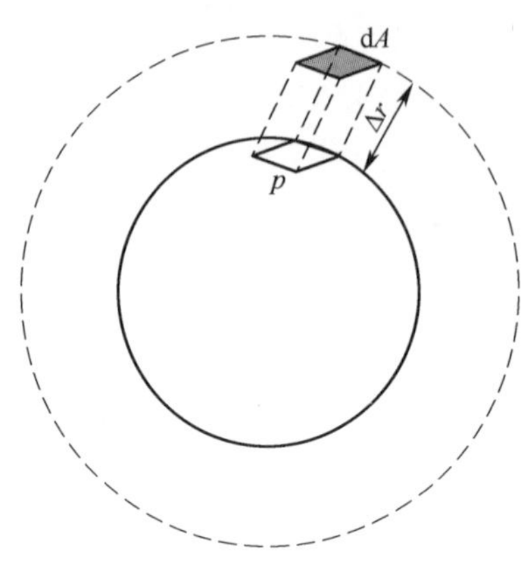

图 3-21 气球膨胀做功

在气球的整个表面积上积分,功的总增量 δW 为

$$\delta W = \int (p\mathrm{d}A)\Delta r = p\int \Delta r\mathrm{d}A = p\mathrm{d}V \tag{3-77}$$

式中, $\Delta r\mathrm{d}A$ 的积分是由于气球半径增量 Δr 引起的体积增量 $\mathrm{d}V$ 。由于气球体积膨胀,体积增量 $\mathrm{d}V$ 是正值。

下面对功的符号约定做出说明。在能量转移的方向上使用基于系统的坐标系是可行的。当能量传递到系统时,也就是周围的环境对系统做功,我们把功的符号定义为正。当能量从系统传递出到外部,也就是系统对周围的环境做功,我们把功的符号定义为负。正功对应于系统的压缩和有能量进入系统,而负功对应于系统的膨胀和有能量离开系统。

在气球膨胀示例中,系统在对外做功,这是因为气体向外推动气球表面。功的符号应该是负,因此式(3-77)改写为

$$-\delta W = p\mathrm{d}V \text{ 或 } \delta W = -p\mathrm{d}V \tag{3-78}$$

按系统质量划分,可以根据比功和比体积写出式(3-78),即

$$-\delta w = p\mathrm{d}V_{\mathrm{sp}} \tag{3-79}$$

从地面的初始体积 V_1 到 10000 英尺高度的最终体积 V_2,对于气体的有限体积变化,总功 $W_{1\to 2}$ 为

$$\int_1^2 \delta W = W_{1\to 2} = -\int_{V_1}^{V_2} p\mathrm{d}V \tag{3-80}$$

对于从状态 1 到 2 的有限体积变化,式(3-80)中的压强可能并非保持不变。因此,为了求式(3-80)中的积分,我们需要知道压强是如何作为体积的函

数而变化的。如图 3-22 所示,式(3-80)中的积分是压强-体积($p-V$)曲线图上压强曲线与横坐标围成区域的面积。

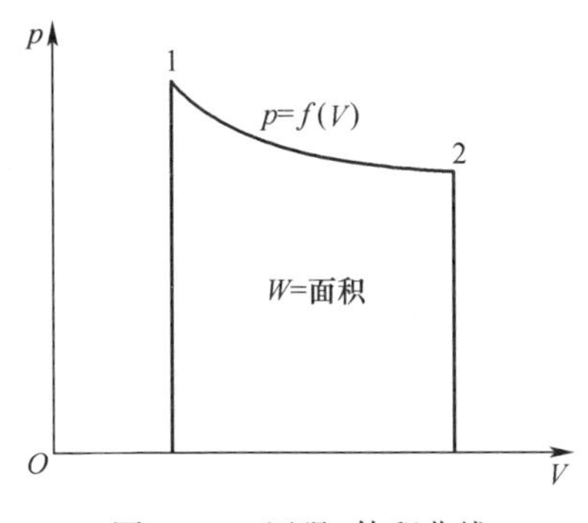

图 3-22 压强-体积曲线

从体积 V_1 到 V_2,所做的功为 $p=f(V)$ 曲线与横坐标轴所围的面积。通过观察曲线,我们可看出,从状态 1(体积为 V_1)到状态 2(体积为 V_2),如果选择不同的 $p=f(V)$ 曲线,围成的面积就会不一样,也就是说所做的功不一样。由此可知,所做的功不仅取决于过程的起始和结束状态,还取决于从起始状态到结束状态的具体过程。

这类函数称为过程函数,它依赖于从初始状态到最终状态的过程。这与仅依赖于起始状态而不依赖于过程的状态函数相反。例如压强、温度、体积、内能和熵这些热力学属性都是状态函数的例子,这些状态函数仅取决于起始状态,而不取决于到达该状态的过程。过程函数和状态函数之间也存在数学上的区别。状态函数的微分是更为常见的全微分,而过程函数不是全微分。对于函数 F ,恰当微分表示为 $\mathrm{d}F$,不完全微分表示为 δF 。全微分的积分,如体积 $\mathrm{d}V$,由下式给出:

$$\int_1^2 \mathrm{d}V = V_1 - V_2 \tag{3-81}$$

我们不能以这种方式求一个不完全微分。事实上,我们所能做的就是用过程函数来表征这个积分,如从状态 1 到状态 2 所做的功,由下式给出:

$$\int_1^2 \delta W = W_{1\to 2} \tag{3-82}$$

我们经常处理的单位质量的功 (w) 由下式给出:

$$w \equiv \frac{W}{m} \tag{3-83}$$

式中:m 为系统的质量。

功随时间变化的速率称为功率 P ,定义为

$$P = \dot{W} \equiv \frac{\delta W}{\mathrm{d}t} \tag{3-84}$$

例 3.5 理想气体在等温过程中做的功

考虑一个直径为 6m 的密封柔性气球,在压强和温度分别为 689kPa 和 288K 的状态下填充氦气($R=2077\text{J}/(\text{kg}\cdot\text{K})$)。如果气球膨胀到 9m(氦气是理想气体),那么由于气体膨胀,最终的压力和做功是多少(假设是绝热过程)?

解:

本热力学系统的分析对象是气球中的氦气。因为已经假设氦气是理想气体,所以可以使用理想气体状态方程:

$$p=\rho RT=\frac{m}{V}RT$$

可以用初始状态来求解这个气体质量恒定的系统:

$$m=\frac{p_1V_1}{RT}$$

使用球体的体积方程计算气体初始体积(状态 1),此时气球半径为 6m,则有

$$V_1=\frac{4}{3}\pi\left(\frac{d_1}{2}\right)^3=\frac{4}{3}\pi\left(\frac{6\text{m}}{2}\right)^3=113.1\text{m}^3$$

系统气体质量为

$$m=\frac{p_1V_1}{RT}=\frac{6.89\times10^5\ \dfrac{\text{N}}{\text{m}^2}\times113.1\text{m}^3}{2077\ \dfrac{\text{J}}{\text{kg}\cdot\text{K}}\times288\text{K}}=45.57\text{kg}$$

由于系统质量保持不变,且假设该过程是等温(恒温)的,所以可以按下式计算状态 2 的压力。

$$p_2=\frac{m}{V_2}RT$$

式中,状态 2 的体积计算如下:

$$V_2=\frac{4}{3}\pi\left(\frac{d_2}{2}\right)^3=\frac{4}{3}\pi\left(\frac{9\text{m}}{2}\right)^3=381.7\text{m}^3$$

因此,状态 2 时的压强计算为

$$p_2=\frac{m}{V_2}RT=\frac{45.57\text{kg}}{381.7\text{m}^3}\times2077\ \frac{\text{J}}{\text{kg}\cdot\text{K}}\times288\text{K}=71414\ \frac{\text{N}}{\text{m}^2}$$

气体在膨胀过程中做的功可由式(3-80)算出,即

$$W_{1\to2} = -\int_{V_2}^{V_1} p\mathrm{d}V$$

将理想状态方程代入上式,并且由于系统质量和温度是恒定的,得到等温过程中理想气体的功的表达式为

$$W_{1\to2} = -\int_{V_2}^{V_1} p\mathrm{d}V = -\int_{V_2}^{V_1}\left(\frac{m}{V}RT\right)\mathrm{d}V = -mRT\int_{V_2}^{V_1}\frac{\mathrm{d}V}{V} = -mRT\ln\frac{V_1}{V_2}$$

无论是等温膨胀还是等温压缩,这个方程都是有效的。将上述计算结果代入这个方程,可以计算出气球膨胀中系统所做的功为

$$W_{1\to2} = -mRT\ln\frac{V_1}{V_2} = -45.57\mathrm{kg}\times 2077\frac{\mathrm{J}}{\mathrm{kg}\cdot\mathrm{K}}\times\ln\frac{381.7\mathrm{m}^3}{113.1\mathrm{m}^3} = -3.316\times10^7\mathrm{J}$$

结果为负表示系统对外界环境做功(气体膨胀),有能量离开系统。

3.5.4.2　热

与功类似,热(Q)是通过系统边界传递的一种能量形式。根据一般经验,如果我们把一个热的物体放在一个冷的物体旁边,就会有热量从热的物体传递到冷的物体,直到温度平衡。热是由于系统与周围环境或其他系统之间存在温差而传递的能量形式。这种能量传递称为热流或热传导。

系统并不具有功或热,这是因为功和热是当系统发生状态变化时观察到的瞬态现象。一旦系统状态的变化完成,系统就不包含任何功或热。当把热看作热传导时,这个概念可能看起来更直观,因为热是由于存在温差而传递到系统边界上。不能把热和热传导相混淆,热传导通常指的是传热速率,即单位时间传递的热。

与功类似,热也是一种过程函数。传热是终态的函数,并且还取决于终态之间所遵循的过程。我们把热的不完全微分称为 δQ 。这种热的不完全微分不应该被解释为热量的变化,因为系统并不包含热量。事实上, δQ 代表流入系统或从系统流出热量的增量。当系统状态改变,然而没有热量传递时,$Q=0$,这个过程称为绝热过程。这不同于等温过程,因为温度保持恒定时传热可能不是零。关于能量传递的方向,热量的符号约定与功的符号约定相同。热量为正对应于有能量传递到系统(系统热量增加),热量为负对应于有能量从系统传走(系统热量减少)。

处理所得单位质量的热 (q) 为

$$q \equiv \frac{Q}{m} \tag{3-85}$$

式中：m 为系统的质量。

热随时间的变化率，即热传导率 $\dot{Q}$，定义为

$$\dot{Q} \equiv \frac{\delta Q}{\mathrm{d}t} \tag{3-86}$$

3.5.5 热力学定律

热力学的基础是对自然界中现象的实验观测。热力学的基本定律来源于这些观察，这意味着它们不是从第一定律推导出来的。热力学有4条基本定律，即第零、第一、第二和第三定律。我们将在下面详细讨论热力学第一和第二定律，因为这两个定律在空气动力学和推进力学的理论及方程的发展中起着重要作用。第一和第二定律分别讨论的是内能和熵的性质。以示完整，我们简要地介绍一下热力学第零定律和第三定律。

3.5.5.1 热力学第零定律和第三定律

热力学第零定律涉及物体(或系统)的热平衡。它指出当两个物体与第三物体具有相同的温度时，那么两个物体的温度也是相同的。这个定律似乎相当明显，但由于这个结论不是从任何其他基本原理中得出的，它必须作为基本定律提出。比如当我们用温度计测量温度时，我们运用的就是第零定律。我们基于使温度计与已知温度的系统保持热平衡，在温度计上校准和标记温度刻度。例如，我们可以将温度计插入温度为0℃的冰水中，同时在温度计上设置零标记。如果我们用温度计测量另一个物体的温度，温度计示数为零，那么第零定律告诉我们物体的温度必须等于冰水的温度或0℃。

热力学第三定律与绝对温度标度的定义有关，其中开尔文温度标度上的零(称为绝对零度)对应于系统的最小内能。第三定律并未阐明在绝对零度时所有分子运动都将停止运动，但它的确为熵的测量提供了基础，物质在绝对零度时的熵被定义为绝对零。第三定律指出，在绝对零度，理想晶体的熵等于零。理想晶体可以被认为是具有最大有序度或最小无序度的结构。

3.5.5.2 热力学第一定律

热力学第一定律是质量恒定系统的能量守恒的描述。它指出，系统内能的增量 $\mathrm{d}e$ 等于传递到系统热的增量 δq 和系统做功 δw 之和。热力学第一定律可表示为

$$\mathrm{d}e = \delta q + \delta w \tag{3-87}$$

我们可以写出第一定律另一种形式，根据式(3-79)使用压强和比体积来定义功，有

$$de = \delta q - p dV_{sp} \tag{3-88}$$

在式(3-88)中,热和功是与过程相关的,而内能不是。在热力学过程中,系统内能的增量 de 只取决于初始状态和最终状态,而不取决于这些状态之间的过程。我们可以从初始状态 1 到最终状态 2 的过程这一角度写出热力学第一定律,即

$$\Delta e = e_1 - e_2 = w_{1\to 2} + q_{1\to 2} \tag{3-89}$$

式中:e_1,e_2 分别为初始状态和最终状态的内能;$w_{1\to 2}$,$q_{1\to 2}$ 分别为从状态 1 到状态 2 的做功和传热。

对于空气动力学和推进力学,以热力学变量,如压强、体积和焓来表示热力学第一定律是有用的。从焓的定义开始,方便起见,在此处改写式(3-70):

$$h = e + pV_{sp} \tag{3-90}$$

对式(3-90)两边同时进行微分,得

$$dh = de + p dV_{sp} + V_{sp} dp \tag{3-91}$$

将式(3-91)变形,得

$$de = dh - p dV_{sp} - V_{sp} dp \tag{3-92}$$

根据式(3-88),有

$$de = \delta q - p dV_{sp} = dh - p dV_{sp} - V_{sp} dp \tag{3-93}$$

$$\delta q = dh - V_{sp} dp \tag{3-94}$$

式(3-94)是热力学第一定律的另一种形式,它把热与焓、压强和比体积联系起来。

对于等压过程,$dp = 0$,热力学第一定律很简单,有

$$\delta q = dh \tag{3-95}$$

即热量的变化等于焓的变化。

3.5.5.3 热力学第二定律

热和能在两个不同温度物体之间传递时,热总是从高温物体传到低温物体,这意味着热量传递的方向是由高温到低温。那么这个方向是否可逆呢?热力学第一定律并未涉及能量的传递方向。然而从日常经验可以得知,一杯热咖啡的冷却过程是其温度降到与周围环境一致为止,但不可能由更低温环境传递热量使咖啡更热。

热力学第二定律表明热力学过程必须遵循一定的方向,且这个方向具有不可逆性。本质上,该定律揭示了热力学过程的进行方向,即热力学系统和周围环境的无序性总是保持不变或增加。我们之前建立了系统无序性和状态参数熵的联系,用熵的概念定量描述了热力学第二定律。

继续回到充满气体的气球模型。假设气球被加热,使得内部气体吸收少量热量 δq ,进而导致气球产生极微小的膨胀,假设气球的膨胀程度并未使内部气

体温度发生变化。对于理想气体其内能是关于其温度的函数,所以气体内能保持不变。将热力学第一定律式(3-87)应用于该等温过程,可得

$$\delta e = 0 = \mathrm{d}w + \mathrm{d}q \tag{3-96}$$

式(3-96)表明所有进入系统的热量必须转化为做功,反之亦然。能量在热量和做功之间相互转化不存在损失。因此对于理想气体的等温过程是可逆过程。

由功的定义和理想状态方程,可将式(3-96)改写为

$$\delta q = -\delta w = p\mathrm{d}V = (\rho RT)\mathrm{d}V = RT\frac{\mathrm{d}V}{V} \tag{3-97}$$

整理得

$$\frac{\mathrm{d}V}{V} = \frac{1}{R}\frac{\delta q}{T} \tag{3-98}$$

式中:$\delta q/T$ 为温度 T 时系统热的增量;$\mathrm{d}V/V$ 为由于气球膨胀其内部气体体积的增长率。

气球膨胀后,气体分子在一个体积更大的空间内运动,其随机性和无序性更大,故而可以将其体积的增长率 $\mathrm{d}V/V$ 与系统随机性或无序程度上的增加关联起来。所以式(3-98)说明系统增加的随机性和无序性与其热的增量与系统温度的商成比例(参数 $1/R$ 可看作一个比例常数)。之前我们定义了熵来衡量系统的随机和无序性,现在可以把可逆过程中熵的改变定义为

$$\mathrm{d}s = \left(\frac{\delta q}{T}\right)_{\mathrm{rev}} \tag{3-99}$$

对于等温可逆过程的系统,可以通过式(3-99)计算从初始状态 1 到最终状态 2 的熵变化量,即

$$\Delta s = s_2 - s_1 = \int_1^2 \left(\frac{\delta q}{T}\right)_{\mathrm{rev}} \tag{3-100}$$

对于不可逆过程,系统会有一定的耗损,例如熵增加。因此将式(3-99)推广到不可逆过程,有

$$\mathrm{d}s \geqslant \frac{\delta q}{T} \tag{3-101}$$

由上面不等式可知不可逆过程中的熵是增加的,可逆过程中等式仍然成立。式(3-101)是热力学第二定律的体现,指明了热力学过程必须按照熵增加或者熵不变(无损失的情况)的方向进行。按照式(3-101),不可能发生向熵减小的方向进行的过程。那么假如减少系统的热量,即 δq 为负值呢?由于熵的增量为负值会不会导致熵减少呢?事实上,热量转移确实会使熵有减小的趋势,但由于不可逆过程中存在的真实损失,实际上熵仍会增大。

3.5.6 理想气体的比热容

继续考虑我们的气球模型,如果内部气体增加 δq 的热量,气体温度会有增

量 δT（除非我们采用如等温过程这样的特殊方法进行加热，这样气体积会有一定的膨胀来保持温度不变）。对于质量恒定的系统，热量增量 δq 直接与温度增量 dT 成比例，即

$$\delta q = c\mathrm{d}T \tag{3-102}$$

定义 c 为比热容，其值取决于过程类型和系统内物质类型。

热是一个过程函数，上升相同温度需要的热量与过程的路径或类型有关。我们来考虑两种特殊的过程，等容（体积恒定）和等压（压强恒定）过程，这也是空气动力学和推进力学关注的内容（等温过程没有什么意义，因为 δT 和 δq 都为零）。

回到我们的气球气体模型，按照等容过程，增加气体的热量但限制其体积不变，那么温度就会改变 dT。这一过程可按照式（3-88）来描述，即

$$\delta e = \mathrm{d}q - p\mathrm{d}V_{\mathrm{sp}} \tag{3-103}$$

由于体积不变，dV_{sp} 为零，热力学第一定律变为

$$\delta e = (\mathrm{d}q)_V \tag{3-104}$$

式中：dq 的下标 V 表示在等容下增加热量。由式（3-104）可知，在气体等容增温的过程中，气体内能的增量 δe 与该过程的热量的增量 $(dq)_V$ 相等。

现在假设在等压条件下产生同样的温度变化 dT。基于理想气体状态方程，为了保持压强不变，气体温度的增加会使其体积增大。按照热力学第一定律描述等压加热过程：

$$\delta e = (\mathrm{d}q)_p - p\mathrm{d}V_{\mathrm{sp}} \tag{3-105}$$

式中：$(dq)_p$ 为恒压加热过程中热量的变化量；dV_{sp} 为气体保持恒定压强 p 时体积的增量。

由于之前已经证明内能的增量 δe 直接与温度的增量 δT 成比例，因此，式（3-104）和式（3-105）中内能的增量 δe 是相等的，同时两个过程中温度的增量 δT 是相同的，即

$$(\mathrm{d}q)_V = (\mathrm{d}q)_p - p\mathrm{d}V_{\mathrm{sp}} \tag{3-106}$$

由等式左右两边部分相等可知，为了补偿等压条件下气体膨胀做的功，恒压过程中增加的热量一定比定容过程多，即 $(dq)_p > (dq)_V$。由此，证实了传递给系统的热量确实与过程有关，式（3-102）表明比热容也与过程有关。针对定容过程可将式（3-102）写为

$$\delta q = c_V\mathrm{d}T \tag{3-107}$$

式中：c_V 为定容条件下的比热容。

类似地，对于等压过程，有

$$\delta q = c_p\mathrm{d}T \tag{3-108}$$

式中：c_p 为恒压条件下的比热容。

我们也可以把上述比热容看作定容或恒压条件下改变一个单位温度时热量的增量。

比热容随系统内物质的不同而不同。从日常经验也能知道,使温度达到预期温度所需热量与材料类型有关。例如,1kg 的水和钢温度上升 1℃ 所需的热量,前者要多于后者。我们气球中不同气体升高相同的温度所需热量也不同。因此式(3-102)中比热容的值与系统中物质种类有关。

在空气动力学和推进力学中,我们主要研究气体,尤其是空气。表 3-6 列出了空气和其他常见气体在恒压和定容条件下的比热容数值。我们几乎总是研究具有理想或完美气体状态方程的气体。理想或完美气体在恒压和定容条件下的比热容保持不变,称为量热完全气体。对所有的实际例题,我们假设讨论的都是量热完全气体。

表 3-6 比热容、比气体常数和常见气体比热容比值
(1atm,293K(68°F,20°C)条件下)

气体	恒压条件下的比热容 c_p/(J/(kg·K))(英尺·磅/(slug·°R))	定容条件下的比热容 c_V/(J/(kg·K))(英尺·磅/(slug·°R))	比气体常数 $R = c_p - c_V$ (J/(kg·K))(英尺·磅/(slug·°R))	比热容比值 $\gamma = c_p / c_V$
空气	1006(6020.7)	719(4303.1)	287(1717.6)	1.399
氦气(He)	5190(31,061)	3113(18,630.6)	2077(12,430)	1.667
氢气(H_2)	14320(85,702)	10200(61,044.7)	4120(24,6570.3)	1.404
氮气(N_2)	1039(6218.2)	742(4440.7)	297(1777.5)	1.400
氧气(O_2)	75916(5482.1)	656(3926.0)	260(1556.1)	1.396
二氧化碳(CO_2)	840(5027.2)	651(3896.1)	189(1131.1)	1.290

对于气体在恒压和定容条件下的变化,前者的比热容总是大于后者。这从两种条件下变化过程中热量增量的分析中即可得出,即 $(\delta q)_p > (\delta q)_V$。将式(3-107)和式(3-108)代入该不等式,得 $c_p > c_V$。由表 3-6 可知,空气的 c_p 值比 c_V 值大 40%。这意味着达到同样的温度变化,恒压条件比定容条件的所需热量增量要多 40%。

表 3-6 也列出了比热容的无量纲比值,定义为

$$\gamma = \frac{c_p}{c_V} \tag{3-109}$$

在空气动力学和推进力学中常会出现这一无量纲参数。对于气体而言,这一参数总是大于 1 的,因为气体的 c_p 总是大于 c_V。

仔细观察表 3-6,可以发现气体类型和比热容比值之间的一个有趣的关系。氦气是单原子气体(由单个原子构成),比热容比值为 1.67。氢气、氮气和氧气都是双原子气体(由两个原子构成),比热容比值约为 1.4。二氧化碳是多原子气体(由 3 个原子构成),其比热容比值为 1.3。由力学原理可知,同类型的气体

有几乎相同的比热容比值。对于单原子气体，$\gamma \approx 5/3$；对于双原子气体，$\gamma \approx 7/5$；对于多原子气体（分子由3个或更多原子构成），$\gamma \approx 4/3$。对于空气，该值为1.40，因为它主要由双原子的氮气和氧气组成。

现在可以用新定义的 c_V 和 c_p 得出内能和焓之间的一些有用的关系。首先，考虑理想气体定容过程的热力学第一定律得出的式(3-104)。如果将定容条件下比热容的定义，即式(3-107)代入该式，便可得到内能、定容条件下的比热容和温度变化量之间的关系。

$$de = c_V dT \tag{3-110}$$

假设 c_V 是一个常数，可以将式(3-110)在初始状态1到状态2的过程进行积分，即

$$\int_1^2 de = c_V \int_1^2 dT \tag{3-111}$$

将状态1的内能和温度都设为0，有

$$e = c_V T \tag{3-112}$$

正如我们在过去的讨论中提到的，式(3-112)表明内能只是温度的函数。该式按照气体的属性（内能和温度）定义比热容。因此，我们证实 c_V 也是气体的一种属性。式(3-112)不包含任何与热力学过程类型相关的内容。在特定过程中会包含一个相关项，即定容条件下的比热容，但上式的有效性并不局限于该过程。式(3-112)适用于理想气体的任何过程。

现在考虑式(3-95)，即恒压过程中关于焓的热力学第一定律。如果将恒压条件下的比热容定义式(3-108)代入该式，就会得到一个焓、定压比热容和温度增量之间的关系为

$$dh = c_p dT \tag{3-113}$$

假设 c_p 为常数，将式(3-113)由初始状态1到状态2进行积分，有

$$\int_1^2 dh = c_p \int_1^2 dT \tag{3-114}$$

将状态1的内能和温度都设为0，得

$$h = c_p T \tag{3-115}$$

式(3-115)表明焓只是温度的函数。与定容比热容类似，这里表明 c_p 也是气体的一种属性，因为焓和温度都是气体的属性。与式(3-112)类似，式(3-115)对理想气体的任何过程均适用。

最后，我们来看焓的定义，见式(3-71)，复述如下：

$$h = e + RT \tag{3-116}$$

将内能和焓的定义式(3-112)和式(3-115)代入上式，得

$$c_p T = c_V T + RT \tag{3-117}$$

化简，得

$$c_p = c_V + R \tag{3-118}$$

得到气体常数,即

$$R = c_p - c_V \tag{3-119}$$

式(3-119)表明理想气体的气体常数是定压比热容与定容比热容的差,也是 $c_p > c_V$ 的另一个证明。几种气体的气体常数值可见表 3-6。

用比热比和气体常数表示其他关于比热容的等式如下。式(3-118)两边同时除以定容比热容 c_V,得

$$\frac{c_p}{c_V} = \frac{c_V}{c_V} + \frac{R}{c_V} \tag{3-120}$$

$$\gamma = 1 + \frac{R}{c_V} \tag{3-121}$$

可得定容比热容,即

$$c_V = \frac{R}{c_V - 1} \tag{3-122}$$

将式(3-122)代入式(3-109),有

$$\gamma = \frac{c_p}{c_V} = \frac{c_p}{R/(\gamma - 1)} = (\gamma - 1)\frac{c_p}{R} \tag{3-123}$$

可得定压比热容为

$$c_p = \frac{\gamma R}{\gamma - 1} \tag{3-124}$$

3.5.7 等熵流

之前定义绝热过程是没有热量传入或传出系统的过程,等熵过程是既没有热量传递(绝热)也无热量损失(可逆)的过程。粗略一看,这两种过程限制性极强且在现实空气动力学流动中没什么应用。然而让我们考虑一下流过飞行器、机翼或者其他物体表面的空气气流,流过物体表面的气流没有热量的增加或者减少,也就是说气流是绝热的。在黏性边界层、临近物体表面或者超声速气流的激波都存在表面摩擦,所以存在热量不可逆的耗散。但是如果不考虑上述情况就不存在热量不可逆耗散的现象。由于热量耗散发生在穿过激波时,因此这一说法适用于激波的上游和下游。尽管激波前后气流的熵并不相等,但上游和下游气流是可逆的且熵恒定。

现在我们清楚只要我们关注的区域不是边界层或激波等产生热量耗散的地方,那么流过物体外部的流动就可以认为是绝热的、可逆的等熵流。对于等熵流,对流经许多几何外形物体的流动都适用,如流过风洞、发动机进气道、火箭喷口及其他内部流场的流动。例外的情况包括推进气流中管道热量的增加,如发动机或火箭燃烧室。

等熵过程对于我们之前提到的许多类型的空气动力学流体的分析非常有用,我们现在导出了几组适用于该过程的关系式。我们用热力学第二定律开始对可逆过程进行研究,复述式(3-99)如下:

$$ds \equiv \left(\frac{\delta q}{T}\right)_{rev} \tag{3-125}$$

将式(3-94)的热力学第一定律按照焓的形式复述如下:

$$dq = dh - Vdp \tag{3-126}$$

将式(3-126)代入式(3-125),可以得到(将"可逆"下标去掉):

$$ds = \frac{dh - Vdp}{T} = \frac{dh}{T} - \frac{V}{T}dp \tag{3-127}$$

根据式(3-113)按照定压比热容下焓的定义和式(3-61)理想气体状态方程,得

$$ds = c_p \frac{dT}{T} - R\frac{dp}{p} \tag{3-128}$$

应用等熵假设 $ds = 0$,式(3-128)变为

$$\frac{dp}{p} = \frac{c_p}{R}\frac{dT}{T} \tag{3-129}$$

将式(3-124)代入式(3-129),有

$$\frac{dp}{p} = \frac{\gamma}{\gamma - 1}\frac{dT}{T} \tag{3-130}$$

对于由状态 1 进行到状态 2 的等熵过程,将式(3-130)积分,有

$$\int_{p_1}^{p_2}\frac{dp}{p} = \frac{\gamma}{\gamma - 1}\int_{T_1}^{T_2}\frac{dT}{T} \tag{3-131}$$

$$\ln\frac{p_2}{p_1} = \frac{\gamma}{\gamma - 1}\ln\frac{T_2}{T_1} \tag{3-132}$$

式(3-132)将一个等熵过程中压强变化与温度变化联系在一起。

简化式(3-132),得到等熵过程中在状态 1 和状态 2 联系压强和温度的表达式为

$$\frac{p_2}{p_1} = \left(\frac{T_2}{T_1}\right)^{\gamma/(\gamma-1)} \tag{3-133}$$

由理想气体状态方程式(3-61),可以得到一个等熵过程中关联起压强和密度的表达式。将式(3-61)代入式(3-133),得

$$\frac{p_2}{p_1} = \left(\frac{T_2}{T_1}\right)^{\gamma/(\gamma-1)} = \left(\frac{p_2/\rho_2 R}{p_1/\rho_1 R}\right)^{\gamma/(\gamma-1)} = \left(\frac{p_2}{p_1}\right)^{\gamma/(\gamma-1)}\left(\frac{\rho_2}{\rho_1}\right)^{\gamma/(\gamma-1)} \tag{3-134}$$

$$\frac{p_2}{p_1}\left(\frac{p_2}{p_1}\right)^{-\gamma/(\gamma-1)} = \left(\frac{p_2}{p_1}\right)^{-1/(\gamma-1)} = \left(\frac{\rho_2}{\rho_1}\right)^{-\gamma/(\gamma-1)} \tag{3-135}$$

$$\frac{p_2}{p_1}=\left(\frac{\rho_2}{\rho_1}\right)^{\gamma} \tag{3-136}$$

整理,得

$$\frac{p_1}{\rho_1{}^{\gamma}}=\frac{p_2}{\rho_2{}^{\gamma}} \tag{3-137}$$

更通用的为

$$\frac{p}{\rho^{\gamma}}=\text{常数} \tag{3-138}$$

总结起来,根据式(3-133)和式(3-136),可以用下式将等熵过程中的压强、密度和温度联系起来,即

$$\frac{p_2}{p_1}=\left(\frac{\rho_2}{\rho_1}\right)^{\gamma}=\left(\frac{T_2}{T_1}\right)^{\gamma/(\gamma-1)} \tag{3-139}$$

作为讨论等熵过程必然的结果,我们引入绝热滞止或总状态的概念。在3.2.2节中,静态属性被定义为与随流动一起移动测得的结果。静态属性是由于流动的分子的随机运动,而不取决于流体的定向运动或速度。下面假设流体的静态温度、静态压强、静态密度和马赫数分别为 T、p、ρ 和 Ma。如果在绝热条件下将其速度由马赫数 Ma 减为0,会测得一个新的流动温度,定义为总温 T_t。类似地,如果这一减速过程发生在等熵条件下,即在绝热且可逆的过程中减速为0,我们将测得一个新的流动压强和流动密度,分别定义为总压 p_t和密度 ρ_t 。不同于静态条件,停滞绝热或总状态是流体定向运动和流体速度(或马赫数)的函数。请记住停滞绝热或总状态是流体中任意一点的参考条件。根据一点的静态条件和马赫数可以定义出流体中任意点的停滞绝热或总状态。

最后说明,由于式(3-139)的推导方式,在应用于温度比时单位要保持一致。温度单位不一致时要使用转换系数,否则会产生错误的结果。下面用示例加以说明。

例3.6 机翼上的等熵流

一架飞机在某高度飞行,自由来流的参数如下:压强 $p_{\infty}=1400$ 磅力/英尺^2,密度 $\rho_{\infty}=0.001701$slug/英尺^2,温度 $T_{\infty}=479.8°\mathrm{R}$。测得机翼上一点的压强 $p_{\mathrm{wing}}=1132$ 磅/英尺^2。假设流动为等熵流,计算机翼上该点的密度和温度。

解:

对于等熵过程用式(3-139)将压强、密度及温度联系起来,有

$$\frac{p_{\mathrm{wing}}}{p_{\infty}}=\left(\frac{\rho_{\mathrm{wing}}}{\rho_{\infty}}\right)^{\gamma}=\left(\frac{T_{\mathrm{wing}}}{T_{\infty}}\right)^{\gamma/(\gamma-1)}$$

机翼上的密度为

$$\rho_{\text{wing}}=\rho_{\infty}\left(\frac{p_{\text{wing}}}{p_{\infty}}\right)^{1/\gamma}=0.001701\ \frac{\text{slug}}{\text{英尺}^3}\times\left(\frac{1132}{1400}\right)^{1/1.4}$$

$$\rho_{\text{wing}}=0.001701\ \frac{\text{slug}}{\text{英尺}^3}\times 0.8592=0.001461\ \frac{\text{slug}}{\text{英尺}^3}$$

机翼上的温度为

$$T_{\text{wing}}=T_{\infty}\left(\frac{p_{\text{wing}}}{p_{\infty}}\right)^{(\gamma-1)/\gamma}=479.8^{\circ}\text{R}\times\left(\frac{1132}{1400}\right)^{(1.4-1)/1.4}$$

$$T_{\text{wing}}=479.8^{\circ}\text{R}\times 0.9411=451.5^{\circ}\text{R}$$

下面用不同的单位计算机翼的温度，首先将自由流温度由兰氏度转换为华氏度，有 $T_{\infty}=479.8^{\circ}\text{R}-459=20.8^{\circ}\text{F}$ 机翼温度为

$$T_{\text{wing}}=T_{\infty}\left(\frac{p_{\text{wing}}}{p_{\infty}}\right)^{(r-1)/\gamma}=20.8^{\circ}\text{F}\times\left(\frac{1132}{1400}\right)^{(1.4-1)/1.4}$$

$$T_{\text{wing}}=20.8^{\circ}\text{F}\times 0.9411=19.57^{\circ}\text{F}$$

转换回兰式度，得

$$T_{\text{wing}}=19.57^{\circ}\text{F}+459=498.1^{\circ}\text{R}$$

这是一个错误的结果。

3.6 流体运动的基本方程

在这部分，我们从数学上推导一组基本方程以描述流体（如空气）的运动。在某些程度上，我们非常难得的可以写下一些数学表达式并对流体运动中的细节进行求解，提取关于流速、压力、温度、密度或其他流动参数的信息。这些方程可以应用于飞机、潜艇、汽车、建筑物或其他物体上的流体流动并对这些参数进行求解，也适用于风洞、火箭喷管、喷气发动机或其他内部流动。流动参数被集中在一个外部或内部表面上，以获得作用在表面的力和力矩。

下面将推导流体运动的 3 个基本方程，即连续性方程、动量方程以及能量方程。流体运动中的物理学原理蕴含在这些数学方程式中。连续性方程是流体运动质量守恒的一种表达形式，动量方程是牛顿第二定律的一种表达形式，能量方程是能量守恒的一种表达形式。

3.6.1 质量守恒：连续性方程

考虑由位置 1 到下游位置 2 的定常、无黏流，如图 3-23 所示，其中绘出多条流线。最外层的流线是流管的边界，可以认为是沿管道壁的无黏流。在位置 1 和位置 2 处的流管横截面积、速度和密度分别为 A_1、v_1、ρ_1 和 A_2、v_2、ρ_2 。这里假设在这个代表性的区域内流体性质保持一致，这样使得流体性质只随一个维度

发生变化,即流动的方向。

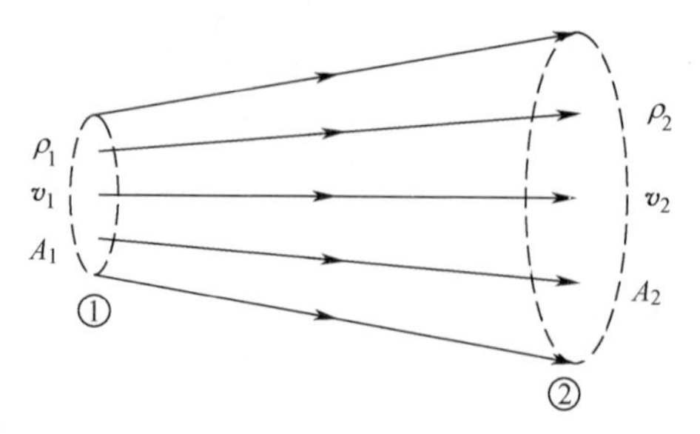

图 3-23　通过流管的质量流

单位时间通过流体管任何横截面的空气质量被定义为质量流率 m,在国际单位制(SI)和英制单位下的单位分别为 kg/s 或 slug/s①。进入流管位置 1 处的质量流率量 m_1 为

$$m_1 = \rho_1 A_1 v_1 \tag{3-140}$$

类似地,在流管位置 2 处的质量流率 m_2 为

$$m_2 = \rho_2 A_2 v_2 \tag{3-141}$$

流管由最外面的流线(或壁)界定,这里的流线没有质量流通过,因此流入和流出流管的质量流必定相等,即

$$m = m_1 = m_2 = \rho_1 A_1 v_1 = \rho_2 A_2 v_2 \tag{3-142}$$

或

$$\rho A v = 常数 \tag{3-143}$$

式(3-142)表达了流管流体质量守恒。可以在由相同流线界定的流场中的任何两个截面之间应用该等式。

假设流体是不可压缩的,即 $\rho_1 = \rho_2$,那么式(3-142)变为

$$A_1 v_1 = A_2 v_2 \tag{3-144}$$

或者一般来说,有

$$A v = 常数 \tag{3-145}$$

式(3-144)是不可压缩流体的质量守恒表达式。流管出口处的速度 v_2 为

$$v_2 = \frac{A_1}{A_2} v_1 \tag{3-146}$$

式(3-146)用出口和入口处的横截面积之比建立了流管入口和出口处的速度之间的关系。基于质量守恒原理,可以看到,对于不可压缩的流体,流速随着横截面积的增加而增加,随着面积的减小而减小,有

① 1slug/s = 14.59kg/s。

$$v_2 > v_1 \quad \left(\frac{A_1}{A_2} > 1\right) \tag{3-147}$$

$$v_2 < v_1 \quad \left(\frac{A_1}{A_2} < 1\right) \tag{3-148}$$

例 3.7 计算质量流率

空气流管有一面积 $A=4.5$ 英尺^2 的横截面。在该横截面积处的密度 ρ 和速度 v 分别为 0.00224slug/英尺^3 和 100 英尺/s。计算通过该横截面的空气质量流率。

解:

质量流率为

$$m = \rho A v = 0.00224\,\frac{\text{slug}}{\text{英尺}^3} \times 4.5\,\text{英尺}^2 \times 100\,\frac{\text{英尺}}{\text{s}} = 1.008\,\frac{\text{slug}}{\text{s}}$$

3.6.2 牛顿第二定律:动量方程

动量方程是牛顿第二运动定律的一种体现,作用在物体上的合力 $\boldsymbol{F}$ 等于其质量 m 乘以速度 $\boldsymbol{v}$ 对时间的导数,即

$$\sum \boldsymbol{F} = m\frac{\mathrm{d}\boldsymbol{v}}{\mathrm{d}t} = m\boldsymbol{a} \tag{3-149}$$

将牛顿第二定律(如式(3-149))应用于流体流动。考虑一个尺寸为 $\mathrm{d}x$、$\mathrm{d}y$ 和 $\mathrm{d}z$ 的无限小流体微元,以速度 $\boldsymbol{v}$ 在流体中移动,如图 3-24 所示。流体微元在三维空间中移动,因此该单元的速度为

$$\boldsymbol{v} = v_x\boldsymbol{i} + v_y\boldsymbol{j} + v_z\boldsymbol{k} \tag{3-150}$$

式中:v_x, v_y, v_z 分别为速度在 x, y, z 轴的分量;$\boldsymbol{i}, \boldsymbol{j}, \boldsymbol{k}$ 分别为沿 x, y, z 轴的单位矢量。

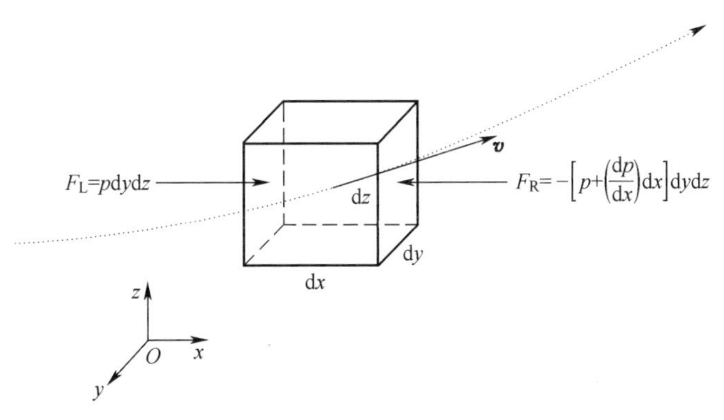

图 3-24 由压力产生作用在在流体微元上 x 方向上的力

力由作用在流体微元上的压强,切应力(摩擦力)和重力所产生。假设流体

无黏性,即没有黏性效应或摩擦,因此可以忽略其黏性力。由重力或体积力对流体元素的运动造成的影响可认为是忽略不计的。因此,由压强产生的力是影响流体微元运动的主要因素。

现在将式(3-149)应用于流体微元。式(3-149)是一个矢量方程,在 x 方向表达如下:

$$F_x = ma_x \tag{3-151}$$

式中:F_x 为 x 方向上的合力;m 为流体微元的质量;a_x 为流体微元在 x 方向上的加速度值。

由图 3-24 可知,由于流体微元左侧面上的压强产生的力 F_L 是压强 p 作用在 $dydz$ 面区域的和,有

$$F_L = p\mathrm{d}y\mathrm{d}z \tag{3-152}$$

压强在流场中随位置的变化而变化,因此流体微元右侧的压强为

$$p_R = p + \left(\frac{\mathrm{d}p}{\mathrm{d}x}\right)\mathrm{d}x \tag{3-153}$$

式中:$\mathrm{d}p/\mathrm{d}x$ 为压强随 x 方向的变化率。

因此,流体微元右侧面上的压力 F_R 为

$$F_R = -\left[p + \left(\frac{\mathrm{d}p}{\mathrm{d}x}\right)\mathrm{d}x\right]\mathrm{d}y\mathrm{d}z \tag{3-154}$$

该力在 x 轴负向。联立式(3-152)和式(3-154),由于压强产生的在 x 方向上的合力 F_x 为

$$F_x = F_L + F_R = p\mathrm{d}y\mathrm{d}z - \left[p + \left(\frac{\mathrm{d}p}{\mathrm{d}x}\right)\mathrm{d}x\right]\mathrm{d}y\mathrm{d}z = -\left(\frac{\mathrm{d}p}{\mathrm{d}x}\right)\mathrm{d}x\mathrm{d}y\mathrm{d}z \tag{3-155}$$

流体微元的质量如下:

$$m = \rho(\mathrm{d}x\mathrm{d}y\mathrm{d}z) \tag{3-156}$$

式中:ρ 为流体微元中的流体密度;$\mathrm{d}x\mathrm{d}y\mathrm{d}z$ 为流体微元的体积。

流体微元在 x 方向上的加速度为

$$a_x = \frac{\mathrm{d}v_x}{\mathrm{d}t} = \frac{\mathrm{d}v_x}{\mathrm{d}x}\frac{\mathrm{d}x}{\mathrm{d}t} = \frac{\mathrm{d}v_x}{\mathrm{d}x}v_x \tag{3-157}$$

将式(3-155)、式(3-156)和式(3-157)代入式(3-151),有

$$-\frac{\mathrm{d}p}{\mathrm{d}t}(\mathrm{d}x\mathrm{d}y\mathrm{d}z) = \rho(\mathrm{d}x\mathrm{d}y\mathrm{d}z)v_x\frac{\mathrm{d}v_x}{\mathrm{d}x} \tag{3-158}$$

式(3-158)整理写为

$$\frac{\mathrm{d}p}{\mathrm{d}x}\mathrm{d}x = -\rho v_x \mathrm{d}u = -\frac{1}{2}\rho \mathrm{d}v_x^2 \tag{3-159}$$

类似地,由式(3-149)给出的牛顿第二定律分别应用于 y 方向和 z 方向,得到以下等式:

$$\frac{\mathrm{d}p}{\mathrm{d}y}\mathrm{d}y=-\rho v_y\mathrm{d}v_y=-\frac{1}{2}\rho\mathrm{d}v_y^2 \tag{3-160}$$

$$\frac{\mathrm{d}p}{\mathrm{d}z}\mathrm{d}z=-\rho v_z\mathrm{d}v_z=-\frac{1}{2}\rho\mathrm{d}v_z^2 \tag{3-161}$$

联合式(3-159)~式(3-161),有

$$\frac{\mathrm{d}p}{\mathrm{d}x}\mathrm{d}x+\frac{\mathrm{d}p}{\mathrm{d}y}\mathrm{d}y+\frac{\mathrm{d}p}{\mathrm{d}z}\mathrm{d}z=-\frac{1}{2}\rho\mathrm{d}v_x^2-\frac{1}{2}\rho\mathrm{d}v_y^2-\frac{1}{2}\rho\mathrm{d}v_z^2 \tag{3-162}$$

合并式(3-162)右边的项,得

$$\frac{\mathrm{d}p}{\mathrm{d}x}\mathrm{d}x+\frac{\mathrm{d}p}{\mathrm{d}y}\mathrm{d}y+\frac{\mathrm{d}p}{\mathrm{d}z}\mathrm{d}z=-\frac{1}{2}\rho\mathrm{d}(v_x^2+v_y^2+v_z^2) \tag{3-163}$$

式(3-162)的左侧只是压强差 $\mathrm{d}p$ 。等式右边的速度分量的平方和就是速度的平方,故有

$$\mathrm{d}p=-\frac{1}{2}\mathrm{d}v^2 \tag{3-164}$$

对等式右边 v^2 求导,有

$$\mathrm{d}p=-\rho v\mathrm{d}v \tag{3-165}$$

式(3-165)称为欧拉方程,它将沿流线的压强变化 $\mathrm{d}p$ 与速度变化 $\mathrm{d}v$ 联系。回想一下推导出这个等式的初始假设:流体无黏性和体积力。我们没有对流体密度在流场中是否恒定或变化做出任何假设。因此,式(3-165)适用于不可压缩或可压缩的无黏性流。

现在将式(3-165)积分为定常的可压缩流。如果进一步假设流动为等熵流(绝热且可逆),由式(3-138)将压强与密度关联,有

$$\frac{p}{\rho^\gamma}=\text{常数}\equiv C \tag{3-166}$$

则密度为

$$\rho=\left(\frac{p}{C}\right)^{1/\gamma} \tag{3-167}$$

将式(3-167)代入欧拉方程式(3-165),得

$$\mathrm{d}p=-\left(\frac{p}{C}\right)^{-1/\gamma}v\mathrm{d}v \tag{3-168}$$

整理,得

$$\left(\frac{p}{C}\right)^{-1/\gamma}\mathrm{d}p=-v\mathrm{d}v \tag{3-169}$$

对压强和速度分别为 p_1 和 v_1 的位置1到压强和速度分别为 p_2 和 v_2 的位置2进行积分,有

$$\int_{p_1}^{p_2}\left(\frac{p}{C}\right)^{-1/\gamma}\mathrm{d}p=-\int_{p_1}^{p_2}v\mathrm{d}v \tag{3-170}$$

$$C^{\frac{1}{\gamma}}\frac{\gamma}{\gamma-1}p^{(\gamma-1)/\gamma}\Big|_1^2=-\left(\frac{v_2^2}{2}-\frac{v_1^2}{2}\right) \tag{3-171}$$

$$C^{\frac{1}{\gamma}}\frac{\gamma}{\gamma-1}\left[(p_2)^{(\gamma-1)/\gamma}-(p_1)^{(\gamma-1)/\gamma}\right]=-\left(\frac{v_2^2}{2}-\frac{v_1^2}{2}\right) \tag{3-172}$$

假设位置 1 处的流体条件已知,可得常数 C 为

$$C=\frac{p_1}{\rho_1{}^{\gamma}} \tag{3-173}$$

把这一常数代入式(3-172),有

$$\left(\frac{p_1}{\rho_1{}^{\gamma}}\right)^{\frac{1}{\gamma}}\frac{\gamma}{\gamma-1}\left[(p_2)^{(\gamma-1)/\gamma}-(p_1)^{(\gamma-1)/\gamma}\right]=-\left(\frac{v_2^2}{2}-\frac{v_1^2}{2}\right) \tag{3-174}$$

式(3-174)是可压缩流动的伯努利方程,将无黏性、可压缩的等熵流流线上的压力和速度关联起来。对于不可压缩的流体,可以导出类似但更简单的方程。

应该注意的是,等熵关系式(3-166)也提供了一个方程,该方程将位置 1 和位置 2 处的流体属性联系起来,如下所示:

$$\frac{p_1}{\rho_1{}^{\gamma}}=\frac{p_2}{\rho_2{}^{\gamma}} \tag{3-175}$$

在可压缩流中的流体属性的求解中,可以使用该等式代替式(3-174)。

在不可压缩的假设下,密度是恒定的,这极大地简化了欧拉方程的积分。在不可压缩流中沿着流线对式(3-165)积分,有

$$\int_{p_1}^{p_2}\mathrm{d}p=-\rho\int_{v_1}^{v_2}v\mathrm{d}v \tag{3-176}$$

$$p_2-p_1=-\rho\left(\frac{v_2^2}{2}-\frac{v_1^2}{2}\right) \tag{3-177}$$

整理,得

$$p_1+\frac{1}{2}\rho v_1^2=p_2+\frac{1}{2}\rho v_2^2 \tag{3-178}$$

式(3-178)的一般表达式可以写为

$$p+\frac{1}{2}\rho v^2=p+q=\text{在不可压缩流中沿着流线恒定} \tag{3-179}$$

这表明沿同一流线上静压 p 和动压 q 之和是恒定的。

式(3-179)是不可压缩流体的伯努利方程,通常简称为伯努利方程,它将无黏性、不可压缩流体的流线上的压强和速度联系起来。由伯努利方程可得,沿着不可压缩流的流线,压强随着速度的降低而增大,随着速度的增加而减小。

我们已经说过,式(3-179)适用于无黏性流体,因为没有黏度产生的损耗。如果没有其他损耗产生机制,例如激波,则可以假设流体为等熵流,且

式(3-179)中的常数适用于整个流场,而不仅仅是沿着流线。因此,对于等熵流,我们可以将等式(3-179)写为

$$p + \frac{1}{2}\rho v^2 = p_t = \text{在非等熵不可压缩流中恒定} \tag{3-180}$$

式中:p_t 为等熵过程中使流体静止(零速度)得到的总压。

因此,总压(静压和动压之和)在整个等熵流中是恒定的。

例 3.8 伯努利方程

考虑流过海平面上的飞机机翼的无黏性、不可压缩的等熵流。在机翼上游流场的某一点,压强 p_1 和速度 v_1 分别为 2116 磅力/英尺^2 和 123.2 英里/h。机翼上某一点的压强 p_2 测得为 1754 磅力/英尺^2。计算机翼上该点的总压 p_t 和速度 v_2。

解:

由于是无黏性、不可压缩的等熵流,因此式(3-180)适用于流场中任意一点。总压为

$$p_t = p_1 + \frac{1}{2}\rho v_1^2$$

将速度单位统一,有

$$v_1 = 123.2\,\frac{\text{英里}}{\text{h}} \times \frac{5280\,\text{英尺}}{1\,\text{英里}} \times \frac{1\text{h}}{3600\text{s}} = 180.7\,\frac{\text{英尺}}{\text{s}}$$

总压为

$$p_t = 1834\,\frac{\text{磅}}{\text{英尺}^2} + \frac{1}{2} \times 0.002377\,\frac{\text{slug}}{\text{英尺}^3} \times \left(180.7\,\frac{\text{英尺}}{\text{s}}\right)^2 = 1873\,\frac{\text{磅}}{\text{英尺}^2}$$

由于整个流场中总压保持恒定,因此机翼上该点处的速度 V_2 可由下式求得:

$$p_t = p_2 + \frac{1}{2}\rho v_2^2$$

求点 2 处的速度,有

$$v_2 = \sqrt{2 \times \frac{p_t - p_2}{\rho}} = \sqrt{2 \times \frac{1873\,\dfrac{\text{磅}}{\text{英尺}^2} - 1754\,\dfrac{\text{磅}}{\text{英尺}^2}}{0.002377\,\dfrac{\text{slug}}{\text{英尺}^3}}} = 316.4\,\frac{\text{英尺}}{\text{s}} = 215.7\,\frac{\text{英里}}{\text{h}}$$

3.6.3 能量守恒:能量方程

流体流动的能量方程基于热力学第一定律。如 3.5.5.2 节所述,热力学的第一定律是对质量恒定系统能量守恒的陈述。热力学第一定律的方程形式如式(3-87)所示,重复如下。

$$de = \delta q + \delta w \tag{3-181}$$

式中,系统内能增量 de 等于系统热量增量 δq 和系统做功 δw 之和。我们推导出热力学第一定律的另一种形式如式(3-94)所示,将热传导与焓 h、压强 p 和比体积 V_{sp} 联系起来,复述如下:

$$\delta q = dh - V_{sp}dp \tag{3-182}$$

假设流体是绝热的,则 $\delta q = 0$(第4章将讨论非绝热的能量方程),有

$$dh - V_{sp}dp = 0 \tag{3-183}$$

将欧拉方程式(3-165)的压强增量 dp 代入式(3-183),有

$$dh - v(-\rho v dv) = dh - \frac{1}{\rho}(-\rho v dv) = dh + v dv = 0 \tag{3-184}$$

将式(3-184)沿着流线从点1到点2积分,有

$$\int_{h_1}^{h_2} dh + \int_{v_1}^{v_2} v dv = 0 \tag{3-185}$$

$$h_2 - h_1 + \frac{v_2^2}{2} - \frac{v_1^2}{2} = 0 \tag{3-186}$$

或

$$h_2 + \frac{v_2^2}{2} = h_1 + \frac{v_1^2}{2} \tag{3-187}$$

式(3-187)可写为

$$h + \frac{v_2^2}{2} = \text{沿着流线恒定} \tag{3-188}$$

式(3-188)将沿着一条流线的任意两点处的焓 h 和速度 v 联系起来。如果流中的所有流线都从均匀流上游开始,那么式(3-188)中的常数对于流场中的所有流线都是相同的。因此,式(3-188)适用于均匀流场中的任何位置,因此

$$h + \frac{v^2}{2} = h_t = \text{流场内恒定} \tag{3-189}$$

式中:h_t 为总焓。

根据定压比热容 c_p 和温度 T,由式(3-113)给出的焓的定义,可以将式(3-189)重写为

$$c_p T + \frac{v^2}{2} = c_p T_t = \text{流场内恒定} \tag{3-190}$$

对于流场中的任意两点,有

$$c_p T_1 + \frac{v_1^2}{2} = c_p T_2 + \frac{v_2^2}{2} = c_p T_t \tag{3-191}$$

将流场内任意两点的温度和速度与总温 T_t 联系起来。式(3-189)、式(3-190)和式(3-191)是定常,无黏性,绝热流体的能量方程的形式。请记

住,这些仍然是热力学第一定律和能量守恒定律应用于流体的数学表达式。

例3.9 总温度和总焓的计算

无黏性、绝热流的速度和温度分别为415英尺/s和519°R。计算总温和总焓。

解:

静态温度和速度与总温和总焓有如下关系:

$$c_p T + \frac{v^2}{2} = c_p T_t = h_t$$

总温为

$$T_t = T + \frac{v^2}{2c_p} = 519°\text{R} + \frac{415\ \dfrac{\text{英尺}^2}{\text{s}}}{2 \times 6020.7\ \dfrac{\text{英尺}\cdot\text{磅}}{\text{slug}\cdot°\text{R}}} = 533.3°\text{R}$$

总焓为

$$h_t = c_p T_t = 6020.7\ \frac{\text{英尺}\cdot\text{磅}}{\text{slug}\cdot°\text{R}} \times 533.3°\text{R} = 3.211 \times 10^6\ \frac{\text{英尺}\cdot\text{磅}}{\text{slug}}①$$

3.6.4 流动控制方程综述

我们已经推导出一组由连续性方程,动量方程和能量方程组成的流动控制方程。连续性方程是质量守恒的数学表达式,动量方程体现了牛顿第二定律在流体力学中的应用,能量方程是能量守恒的数学表达式。对于定常、无黏、可压缩的流体,我们有3个方程和4个变量:压强p、密度ρ、速度v和温度T。由于变量数多于方程数,因此需要另外的控制方程来求解流体属性。这个最终方程就是状态方程,如3.5.2节所述,将状态变量(压强、温度和密度)相互关联起来。因此,对于定常、无黏、可压缩绝热流,连续性、动量、能量和状态方程由下式给出。

连续性方程:

$$\rho A v = \text{常数} \tag{3-192}$$

动量方程:

$$\mathrm{d}p = -\rho v \mathrm{d}v \tag{3-193}$$

能量方程:

$$c_p \mathrm{d}T + v \mathrm{d}v = 0 \tag{3-194}$$

状态方程:

$$p = \rho R T \tag{3-195}$$

① 1英尺·磅/slug = 0.0929J/kg。

我们已经通过已知横截面积变化的流管推导了无黏、可压缩且等熵的定常流体的流动方程,其流动属性仅在流动方向上发生变化。流管位置1和位置2的流体连续性、动量、能量和状态方程由下式给出。

连续性方程:

$$\rho_1 A_1 v_1 = \rho_2 A_2 v_2 \tag{3-196}$$

动量方程:

$$\left(\frac{p_1}{\rho_1{}^{\gamma}}\right)^{1/\gamma} \frac{\gamma}{\gamma - 1}\left[(p_2)^{(\gamma-1)/\gamma} - (p_1)^{(\gamma-1)/\gamma}\right] = -\left(\frac{v_2^2}{2} - \frac{v_1^2}{2}\right) \tag{3-197}$$

等熵关系:

$$\frac{p_1}{\rho_1{}^{\gamma}} = \frac{p_2}{\rho_2{}^{\gamma}} \tag{3-198}$$

能量方程:

$$c_p T_1 + \frac{v_1^2}{2} = c_p T_2 + \frac{v_2^2}{2} \tag{3-199}$$

状态方程:

$$p_1 = \rho_1 R T_1 \tag{3-200}$$

$$p_2 = \rho_2 R T_2 \tag{3-201}$$

如果对不可压缩流体进行额外限制,流管中两点之间的连续性和动量方程可写为

连续性方程:

$$A_1 v_1 = A_2 v_2 \tag{3-202}$$

动量方程:

$$p_1 + \frac{1}{2}\rho v_1^2 = p_2 + \frac{1}{2}\rho v_2^2 \tag{3-203}$$

利用不可压缩流体(密度ρ为常量且已知)和已知的流管几何参数(面积分布A已知)的假设,连续性和动量方程形成一组具有两个变量(p、v)的两个方程。这两个方程是针对两个变量求解的,与能量方程无关。因此,对于不可压缩流体,能量方程与连续性和动量方程无关联。从物理角度来看,不可压缩流体问题的求解不需要应用热力学定律。

对于接下来要进行的关于翼型和机翼的空气动力学讨论,我们假设流动是亚声速、无黏且不可压缩的。这看起来似乎是一种约束,但是很大比例的空气动力学理论和飞行器设计都是基于这一假设。这也符合空气动力学的发展历史,始终试图跟上飞行器性能提升的脚步。本章的后面将讨论使得这些流体假设无效而必须引入新的理论和方法的一些领域。

3.7　气动力和气动力矩

气动力由物体在空气中运动产生,在移动的车中将手伸到窗外即可体验到这一点。手上的绕流会产生力和力矩,可能会将手向后推或抬起,能直观地感受到这些气动力和气动力矩随着汽车的速度和手相对于气流的方向而变化。例如,手或飞行器机翼,物体上的气动力和气动力矩,基本上是有两个来源,即表面上的压强分布和表面摩阻分布,如图 3-25 所示的翼型或机翼剖面。压强分布在铅垂或垂直于机翼表面的方向上起作用,表面摩阻在机翼表面切线上其作用。压强和切应力分布在机体的表面上积分,以分别获得由压强和表面摩阻引起的力和力矩。

考虑一个攻角为 α 、处于自由流速度为 v_∞ 的空气中的机翼,其中攻角定义为翼型弦线与自由流速度之间的夹角,如图 3-26 所示。由于翼型表面的空气绕流,在翼型上存在总气动力 F_R 和气动力矩 M。通常,合力在沿翼型弦线或自由流方向被分解成分量。合力在垂直和平行于弦线方向的分量分别是法向力 N 和轴向力 A。升力 L 和阻力 D 分别是合力在与自由流速度垂直和平行方向上的分量。力矩 M 可以是分布力(压强和摩阻)对任何点取矩,但通常取 1/4 翼弦点 $M_{c/4}$。

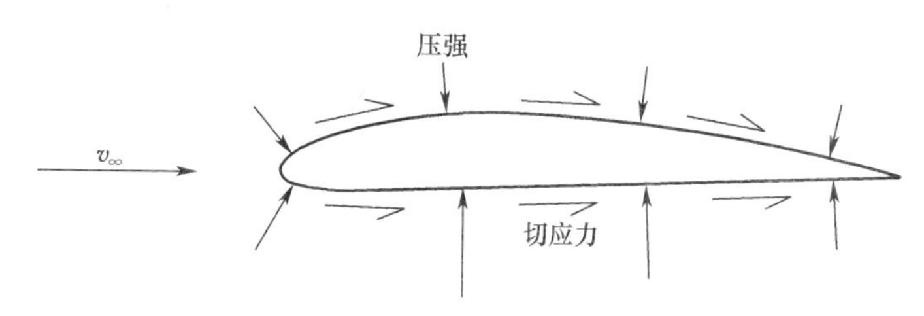

图 3-25　机翼表面上的压强和切应力分布

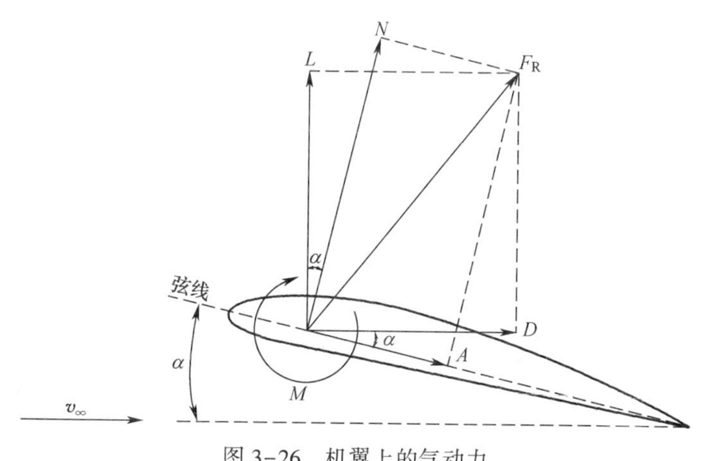

图 3-26　机翼上的气动力

如3.4.4节所述,定义这些力的无量纲系数通常很方便,其中气动力由自由流动压 q_∞ 和参考面积 S 的乘积无量纲化,S 通常是机翼的参考面积。按照式(3-38),法向和轴向力系数 c_N 和 c_A 分别定义为

$$c_N \equiv \frac{N}{q_\infty S} \tag{3-204}$$

$$c_A \equiv \frac{A}{q_\infty S} \tag{3-205}$$

升力和阻力系数 c_L 和 c_D 分别定义为

$$c_L \equiv \frac{L}{q_\infty S} \tag{3-206}$$

$$c_D \equiv \frac{D}{q_\infty S} \tag{3-207}$$

力矩系数 c_M 定义为

$$c_M \equiv \frac{M}{q_\infty Sc} \tag{3-208}$$

式中:c 为翼弦长。

空气动力学系数根据系数所指是二维还是三维物体,命名方式有所不同。对于三维物体,系数用大写字母表示,如机翼的升力系数由 c_L 表示;当用于二维物体时,系数用小写字母表示,比如翼型的升力系数用 c_l 表示。二维物体(如翼型)的升力、阻力和力矩系数由下式给出:

$$c_l \equiv \frac{L'}{q_\infty c} \tag{3-209}$$

$$c_d \equiv \frac{D'}{q_\infty c} \tag{3-210}$$

$$c_m \equiv \frac{M'}{q_\infty c^2} \tag{3-211}$$

式中,上标′表示单位跨度的力或力矩。

英国 George Cayley 爵士(1773—1857年)于1799年首次记录了将物体上产生的气动力合力分解成垂直和平行于自由流的分量(或升力和阻力)的概念。他在一个银盘上刻上图表明流体流过倾斜表面(代表处于某攻角下的机翼)时气动力分解为升力和阻力。银盘的另一面雕刻着凯利设计的飞机,带有弯度的机翼,尾部安装有尾翼和一组用于推进的“摆翼”。这架飞机构造的重要意义在于它是第一张固定翼飞机的记录图,其中产生升力的装置,即弯曲的机翼,与产生推力的装置“摆翼”分开。这种升力和推力的分离是飞机设计的一个突破,领先于许多试图模仿鸟类用机翼同时产生升力和推力的无用思路。Cayley 的固定翼飞机设计也是第一个包含稳定尾翼的设计,我们将在第6章进一步讨论。

Cayley 的银盘刻图记录了空气动力学理论和飞机设计的重大进展。

我们如何实际测量机翼或整架飞机的升力和阻力？在本节的最后，将讨论几种用于获取升力和阻力值的地面试验和飞行试验技术。我们探索风洞试验，计算机技术和几种类型的飞行试验。这些根本不同的方法或途径是空气动力学分析和设计的基石。这 3 种方法的准确组合，即每种方法在飞行器的分析和设计中使用了多少，可能会因具体应用而有很大差异，但合理使用每种方法通常会产生成功的结果。我们花了这么多时间讨论这些技术也是为了强调这些空气动力学参数在航空航天工程和飞行器设计中的重要性。

3.7.1 升力

升力的概念是令人惊奇的。谁没有惊讶于看到一架由铝和钢制成，满载着数百人的重达 100 万磅的巨型客机，将自己抬升到“稀薄的空气”中飞走？或者谁没有对翅膀展开看似悬浮在空中的腾空之鹰感到惊讶？尽管它们重量差异非常大，但这两个例子依赖于相同的气动升力原理来升空。在本节中，我们将讨论几种理论来解释气动升力。

现在是属于读者的时间，特别如果你是航空航天工程的新生，花点时间思考一下对气动升力的认识。拿一张纸，用自己的话写一个关于气动升力的基础的简短解释。绘制一个翼型图，并勾勒出你对气动升力概念的认识。在我们开始讨论几种不同的理论之前，这是一次练习批判性思维的好机会。然后，在阅读完本节后，可以将你的想法和关于升力的概念与已经提出的理论进行比较。

我们现在列出了多年前已经提出的几种不同的气动升力理论。结果表明，其中一些并不适用于物理学定律，是完全错误的。其他理论中都有其正确之处，但它们没有一个升力如何产生的基本解释。最终我们得出了一个基本的解释，它既遵循物理定律，又符合我们对气动升力的实验观察。

3.7.1.1 升力理论：作用力和反作用力

这种升力理论基于牛顿第三定律——作用力和反作用力定律，对于任何运动，都有一个大小相等且方向相反的反作用力。在这个理论中，假设机翼在空气流过时对空气施加一个向下的力——作用力。作为反作用力，空气在机翼上施加大小相等且方向相反的力，如图 3-27 所示。该大小相等且方向相反的反作用力被分解为升力 L 和阻力 D，分别平行和垂直于自由流速度 v_∞。

该理论的一个问题是它假设所有的升力产生仅发生在机翼下表面上。实际上，机翼上表面在产生气动升力方面起主要作用，尤其是在上表面前缘附近的区域。根据该理论，两个下表面几何形状相同而上表面完全不同的机翼会产生相同的升力，然而我们从实验结果中可知并非如此。

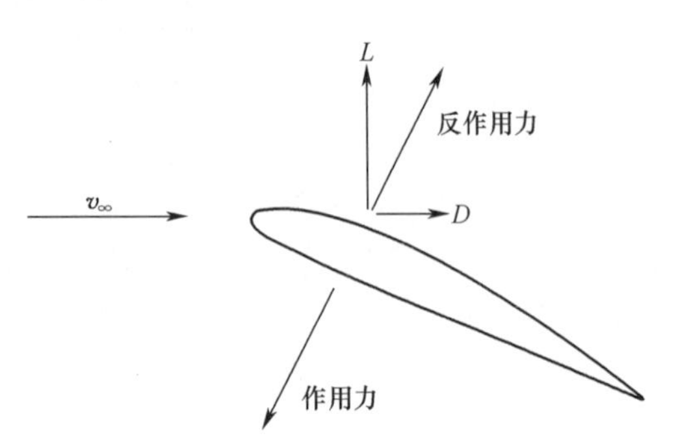

图 3-27 升力的作用力-反作用力定律

3.7.1.2 升力理论:牛顿理论

牛顿升力理论由艾萨克·牛顿在 1687 年的 *Principia Mathematica* 中作为假设提出。在该理论中,气流被认为是由无相互作用粒子组成的均匀流。当粒子撞击机翼底部时,如图 3-28 所示,假设它们将法向动量传递到机翼,从而在机翼上产生力。根据牛顿第二定律,机翼上的力等于垂直于翼型底部的动量的时间变化率。假设沿机翼表面“滑动”的粒子,保持其切向动量。

与之前的升力理论类似,牛顿理论忽略了机翼上表面在与气流的相互作用。被机翼遮挡的区域称为阴影区域,不受粒子气流的影响。假设阴影区域的压力为零。牛顿提出该理论来预测低速空气动力学流体,但对于这种速度状态来说是非常不准确的。有趣的是,牛顿理论被证明适用于无黏性、高超声速流体的近似预测。

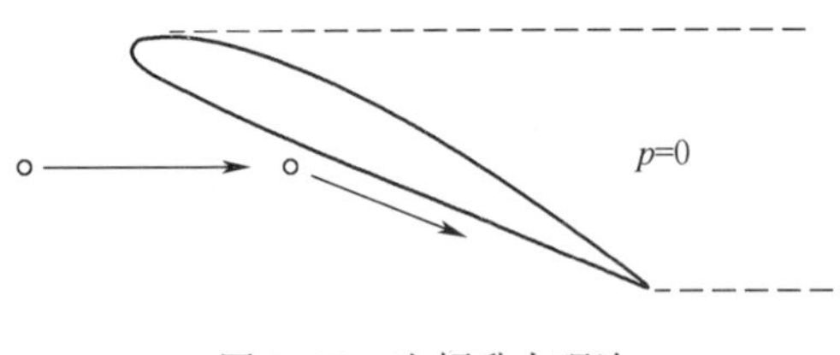

图 3-28 牛顿升力理论

3.7.1.3 升力理论:等时理论

该理论假设到达机翼前缘的气流分成流过机翼上表面和下表面的流体颗粒。假设两个流体颗粒从机翼前缘上的同一位置开始,其中一个从上表面上方,另一个从下表面下方,同时到达机翼后缘。因此,假设上下表面的粒子行进时间相同,或者说它们从前缘到后缘具有相同的运动时间。由于上表面的距离大于下表面的距离,因此上表面颗粒速度必须大于下表面颗粒的速度才能使两者同时在后缘相遇。然后,使用伯努利方程,如式(3-179)所示,上表面的较高速度流导致上表面的压强较低,下表面较低的流速导致压强较高。速度差导致压强差从而产生机翼升力。

该理论有一个基础性的错误,即在上下表面行进的流体颗粒运动时间相等的假设是不正确的。试验证明,对于两个从前缘同一位置开始运动的流体颗粒,上表面的颗粒要先于下表面颗粒到达机翼后缘,如图3-29所示。因此,等时理论的基础是不对的。机翼上表面的流速的确大于下表面的流速并且压强也低于下表面,但其原因并非如等时理论所述。

图3-29 升力等时理论,流动颗粒不会在后缘相遇

3.7.1.4 升力理论:导流

该升力理论假设机翼改变机翼上下游的流体方向。机翼的这种导流作用是在机翼前缘处和后缘处分别产生上洗流和下洗流,如图3-30所示。上洗流具有向上的速度分量,而下洗流具有向下的速度分量。假设向下的速度分量大于其向上的分量,则净效应是机翼向空气施加向下的动量分量。由牛顿第二定律,该向下的动量等效于向下的力,因此机翼在推动空气向下流动。根据牛顿第三定律,大小相等且方向相反的反作用力回推机翼从而产生升力。

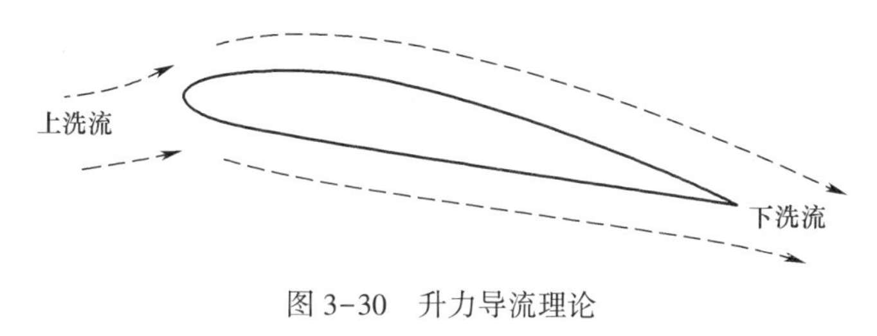

图3-30 升力导流理论

该理论在物理的角度是正确的,机翼的导流作用导致上洗和下洗。净向下动量的确导致向下的速度分量推动气流向下。然而导流是该力作用结果,而非力的产生原因。我们将在下一节讨论升力的根本来源。

3.7.1.5 升力理论:压强和切应力分布

机翼在空气中的运动导致其表面上产生压强和切应力的分布,如图3-31(a)所示。通过对整个机翼表面上的压强和切应力分布进行积分,可以得到气动力合力,如图3-31(b)所示。合力分解为垂直和平行于自由流速度 v_∞ 的升力

L 和阻力 D。因此,压强和切应力分布是定义升力的基础。

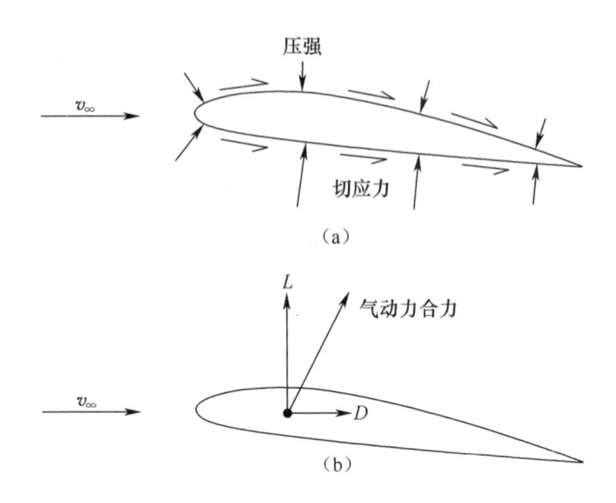

图 3-31　机翼在空气中运动产生的压强和切应力分布合力
(a)压强;(b)切应力分布合力。

如果忽略切应力,假设它是产生阻力的主要因素,那么是由上下翼面之间的净压力差产生升力。为了提供正(向上)升力,上表面的净压力必须小于下表面的净压力。假设压强分布是产生升力的基础,升力理论关于表面压强分布产生的解释可能会减弱,具体地说,为什么上表面压力小于下表面上的压力。

3.7.1.6　升力理论:“压扁的”流管

该理论的基础是推导出流体流动控制方程的原理。具体来说,是基于质量守恒定律和牛顿第二定律。考虑一个处于均匀流的机翼,我们关注两个质量流率相等为 $\dot{m}$ 的空气流管,如图 3-32 所示。在机翼的上游,两个流管也具有相等的横截面积。我们选择了两个流管,这样当它们到达机翼前缘时,它们之间的共用流线是在机翼上表面和下表面的气流之间的分流线。由于机翼的形状和攻角,在上表面流管流出的空气比下部流管更能“看到”更像是障碍物的机翼。两个流管具有相同质量的气流分别从上下方向“挤压”其边界。因此,上表面流管在上表面“被挤压”相较下表面流管更甚。

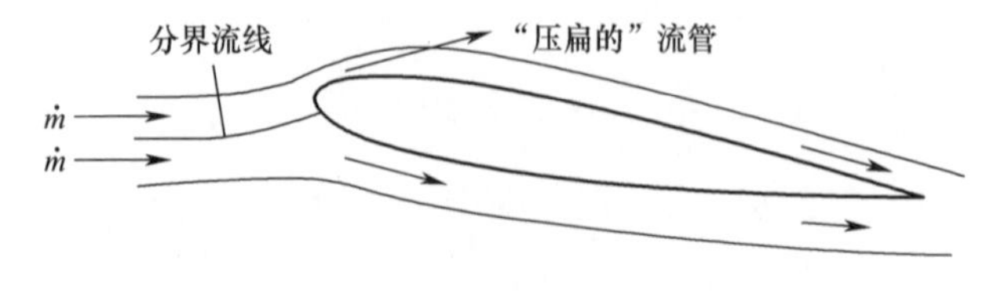

图 3-32　“压扁的”流管原理

流管的“压扁”导致流管横截面积的减小。通过式(3-143)体现的质量守恒,其中 ρAv 为常数,速度随着横截面积的减小而增加。由于上表面流管的面积减小更多,因此速度增量大于下表面流管的速度增量。机翼前缘附近的上表面流管最容易被压扁,其速度增量最大。

速度增加对应着静压的降低。对于不可压缩的流体来说,这是正确的,其中压强根据伯努利方程(由式(3-179)给出)变化;对于可压缩流体,其中压强根据欧拉方程(由式(3-165)给出)。回想一下,这两个方程都是牛顿第二运动定律的实例。因此,机翼上表面上的较高速度导致其压力低于流速更高的下表面。上下表面之间的压力差产生升力。

假如机翼是对称的(上表面和下表面形状相同)且零攻角,则机翼上表面和下表面的流管经历相同程度的阻塞,因此它们的横截面积,速度和压强变化是相同的,不会产生升力。但是,若对称机翼处于某攻角下,那么分流线位于机翼对称的前缘下方(图3-33),因此上表面流管必须绕过前缘从上部流过,因此它比下表面流管“看到”更多的障碍物。

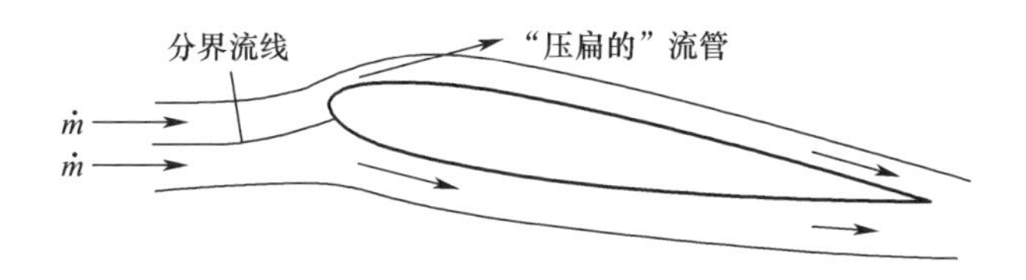

图3-33 攻角对称机翼“压扁”的流管

机翼上的空气动力学流动必须遵循流动控制方程的原理,尤其是质量守恒和牛顿第二定律。升力理论以这些原理为基础给出了与原理一致的升力解释。实验结果同样支撑了该理论的描述。

3.7.1.7 升力原理:环流理论

我们认为最终产生升力的原理是升力的环流理论。在19世纪末20世纪初,升力环流理论分别由3个不同国家的3位空气动力学家独立发展起来,他们是英格兰的 Frederick W. Lanchester(1868—1946年)、德国的 M. M. Wilhelm Kutta(1867—1944年)以及俄罗斯的 Nikolai Y. Joukowsky(1847—1921年)。该理论为升力提供了数学计算工具,是理论空气动力学领域的一种突破。然而,升力环流理论并不是对升力的解释,相反的,它是计算不可压缩流体中机翼升力的数学基础。即使我们已经认定这不是对升力的解释,但其中的一些细节仍值得深入研究。

这一理论的关键是环流与升力的关系,环流在数学上定义为向量场中围绕闭合曲线 C 的线积分,按照惯例,沿着曲线 C 的逆时针方向,循环是正的(如果绕着曲线走，曲线内部左边为正）。将环流的定义应用到一个闭合曲线 C，在一个速度矢量场中，如图 3-34 所示，翼型的环流公式为

$$\Gamma = \int_C \boldsymbol{v} \cdot \mathrm{d}\boldsymbol{s} = \oint_C v\cos\theta \mathrm{d}s \tag{3-212}$$

式中：v 为曲线 C 上一点的速度；$\mathrm{d}s$ 为沿曲线 C 的距离增量，θ 为 $\boldsymbol{v}$ 和 $\mathrm{d}s$ 之间的夹角。

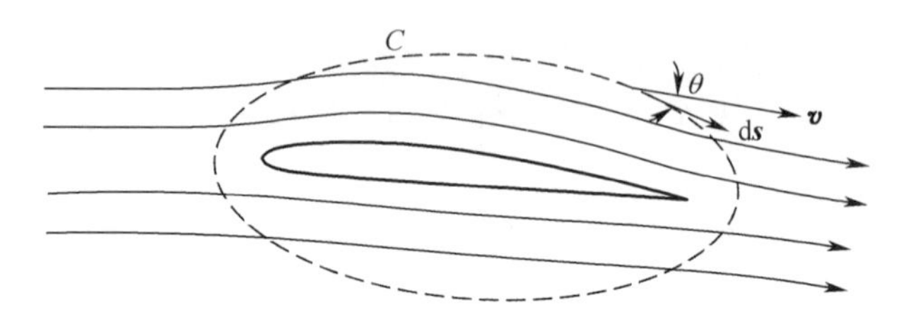

图 3-34　机翼周围环流图

一旦机翼运动，围绕它的环流就开始建立。当机翼向前运动时，高压空气流过机翼下表面，试图在机翼后缘处向上卷曲，由于气流无法绕过尾缘转角，就形成了逆时针旋转的涡旋。当机翼继续前进时，这个漩涡开始从后缘脱离。基于角动量守恒定律，在翼型周围建立了一个顺时针的环流，它与漩涡在强度上是相等的，方向相反，如图 3-35 所示。

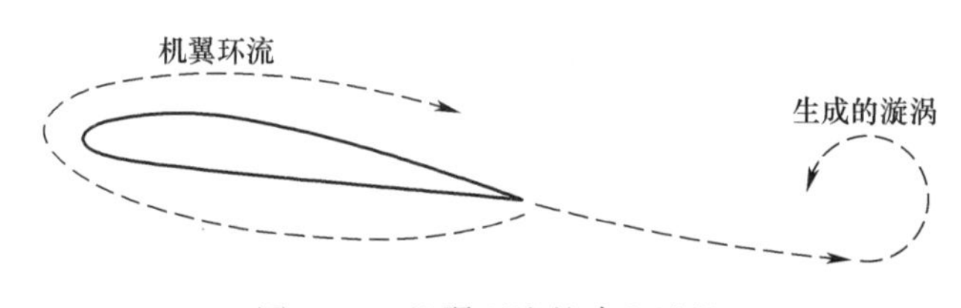

图 3-35　机翼环流的建立过程

如图 3-36 所示，在均匀自由气流中，机翼周围的气流可以看作由均匀气流和机翼环流叠加而来。机翼周围的气流速度由均匀气流速度和环流速度矢量相加得到，这导致机翼上表面的气流速度较高，而机翼下表面的气流速度较低。对于不可压缩的流体，由伯努利方程式（3-179）可知：压强随速度增大而减小，随速度减小而增大。对于可压缩流，由式（3-165）给出的欧拉方程表明了相同的压强-速度趋势。因此，机翼上下表面的压差会产生升力。

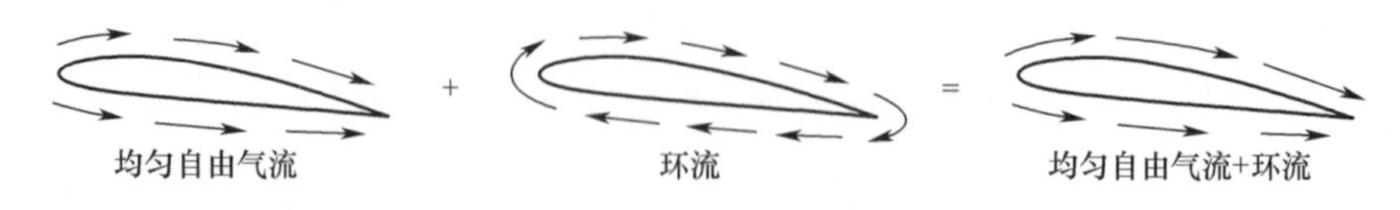

图 3-36　均匀自由气流和环流

由 Kutta-Joukowsky 定理可知,翼型环流 Γ 和单位跨度升力 L'关系为

$$L' = \rho_\infty v_\infty \Gamma \tag{3-213}$$

式中:ρ_∞,v_∞ 分别为自由流的密度和速度,要计算升力,必须知道环流。

薄翼型理论是在升力理论之后发展起来的,作为分析确定环流和升力的手段,在下一节中,我们将探索德国工程师 Anton Flettner 的一些研究。

3.7.1.8　Anton Flettner 和他的旋转圆筒理论

库塔-茹科夫斯基定理(Kutta-Joukowsky theorem)可以应用于自由流中旋转的物体,如旋转的圆柱体或球体,从而产生气动力。旋转的物体提供环流,当与均匀流结合时,产生气动力。这种效应称为马格努斯效应(Magnus effect),出现在棒球或高尔夫球的弯曲轨迹上,当球被投掷或击中时,它产生自旋。球的自旋产生一种环流,当与均匀的自由流结合时,就会产生一种升力。

德国工程师、发明家 Anton Flettner (1885—1961 年)对飞机、旋翼飞机和船只的设计做出了重大贡献。在 20 世纪 20 年代和 30 年代,Flettner 将马努格斯效应应用于一艘船和一架飞机,如图 3-37 所示。Flettner 的旋筒式风力推进船是一艘 2 英尺的纵帆船,帆安装在甲板上,马达用来旋转每一个圆筒,形成垂直于来流的力。Flettner 的旋筒式风力推进船命名为"Baden-Baden"号。其航行性能令人印象深刻,在中强风和强风中与传统的纵帆船不相上下或更好,"Baden-Baden"号甚至从德国成功穿越了大西洋到纽约。在 1926 年建造的一艘更大的旋筒式风力推进船"Barbara"号,上面有 3 个高高的垂直圆筒,这艘船的性能更加令人印象深刻。

图 3-37　Flettner 的旋筒式风力推进船

(资料来源:G. G. Bain,1924 年,美国国会图书馆,PD-Bain)

20 世纪 30 年代, Flettner 将旋转圆筒应用于航空,开发了 Flettner 旋翼机,如图 3-38 所示。旋筒水平安装在飞机机身的两侧,类似于传统的机翼,旋筒产

生垂直于运动方向的升力。人们知道 Flettner 旋翼飞机已经成功制造出来,但是否飞行过尚无人知晓。

图 3-38 Flettner 旋翼机
(资料来源:圣地亚哥航空航天博物馆, PD-old ,无版权限制)

除了旋筒式风力推进船和旋翼机,Anton Flettner 对船舶和航空领域也做出了巨大的贡献,在第一次世界大战期间,Flettner 发明了一种船舶舵系统和飞机微调系统;在第二次世界大战期间,他在德国建立了一家航空公司,为德国空军生产 Flettner FI282 直升机。战争结束后,Flettner 来到美国,在纽约成立了 Flettner 飞机公司。虽然 Flettner 的飞机公司在商业上并不成功,但他发明了 Flettner 旋转通风机,在经济上获得了成功。一种推动空气冷却的旋转离心式排气机和 Flettner 通风机广泛应用于船舶、卡车、公共汽车和火车上。

3.7.2 阻力

阻力是气动力中阻碍飞行器运动的部分,它的作用方向与飞行器的速度矢量方向相反,阻碍飞行器向前运动。在稳定水平飞行中,推力必须与阻力平衡,或大于阻力才能加速或爬升。通常,空气动力学家的目标是把阻力降到最低。降低阻力可以提高升阻比,这是一种衡量飞行器气动效率的指标。与其他气动力一样,物体的阻力由压强和表面摩擦分布的综合作用组成。压强垂直作用于物体表面,表面的摩擦力与表面相切。由于压强和表面摩擦造成的相对阻力取决于几个参数,这些参数是表面几何形状和流动条件的函数,本节定义了二维和三维表面的阻力。

3.7.2.1 二维形状阻力

首先考虑二维形状的阻力,如圆柱截面和翼型。机翼是三维升力面(如飞机机翼或直升机旋翼叶片,翼型将在 3.8 节讨论)的二维截面。考虑无黏流和黏性流动,圆柱上均匀的不可压缩流动如图 3-39 所示。对于无黏性的情况,在没有摩擦的情况下,空气分子在圆柱体周围平滑流动,形成了完美的对称流线模式。由于流动是对称的,圆柱前后表面的压强分布相同,前后表面的作用力是完全平衡的,因而没有阻力。类似地,圆柱上下表面的压强分布对称,导致零升力。

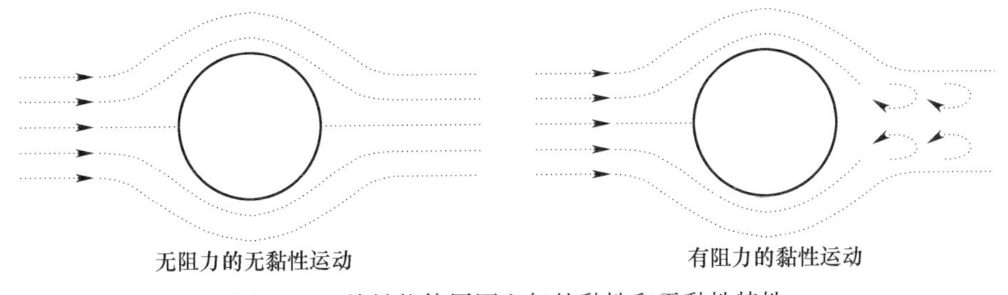

图 3-39 旋转物体周围空气的黏性和无黏性特性

事实上,如果我们把一个圆柱体放在一个均匀的、不可压缩的流动中,在物体上有一个阻力。这和在不可压缩,无黏流中圆柱阻力为零的理论结果相矛盾,后来这种矛盾被命名为达朗贝尔悖论(以法国数学家和哲学界达朗贝尔(1717—1783 年)的名字命名),他在 1744 年提出了这一问题。达朗贝尔和 18 至 19 世纪的许多流体力学家都对这种悖论感到困惑,直到 Ludwig Prandtl 提出了边界层理论,人们才意识到要获得非零阻力,就必须有黏性。

流体流动时流态与黏度的关系如图 3-39 的右半图所示,在表面摩擦的减速作用下,气流在圆柱尾部分离,在圆柱后面形成一条独立的尾迹。表面摩擦的作用导致了两种阻力的产生:一是边界层的表面摩擦阻力;二是流动分离造成的压差阻力。表面摩擦阻力是由于表面的切应力,将表面速度降低至零,摩擦阻力与边界层的速度梯度成正比;压差阻力是由于流动分离后尾流的压力减小,导致圆柱上的压强分布产生净阻力。

圆柱有一个大的分离尾迹,使压差阻力相对于表面摩擦阻力较大。相对于表面摩擦阻力有较大压差阻力的物体称为钝体,其特征是分离尾迹区比较大。相比之下,具有小尾迹且压差阻力相对于表面摩擦阻力较小的几何图形称为流线型体。在航空领域,最常见的流线型二维几何结构是翼型,翼型上均匀的亚声速流动如图 3-40 所示。因为净阻力合力仍然为零,流线型翼型上的无黏流类似于钝体圆柱体上的无黏流。因此,达朗贝尔悖论在无黏流中适用于任何形状的物体,不局限于钝体或流线型体。在无黏流中,非对称几何物体的净阻力也是为零的(这一理论将在本节最后通过例子进行表述)。

在无黏流中,钝体与流线型二维形状相对阻力的比较如图 3-41 所示,阻力为零不需要任何对称条件。与流线型形状相同直径的钝体圆柱具有较高的总阻力,流体分离产生的压差阻力在圆柱阻力中占很大比例,而流线型物体的阻力主要由表面摩擦阻力构成。另一个钝体圆柱,直径为其他形状的 1/10,尽管它的

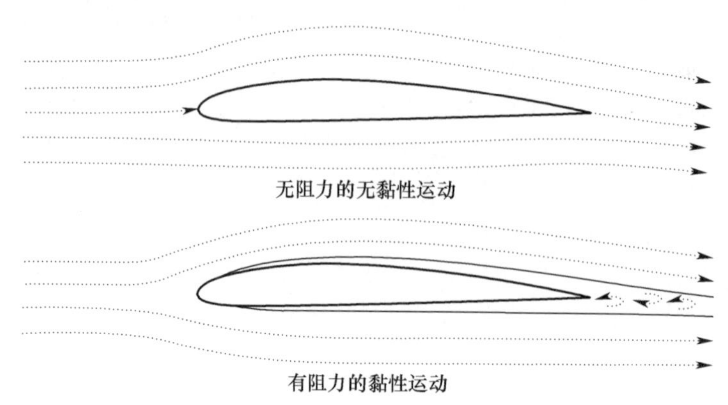

图 3-40 机翼周围气流的黏性和无黏性特性

体积小,但由于巨大的压差阻力,使得其表面与流线型物体有着一样的阻力。

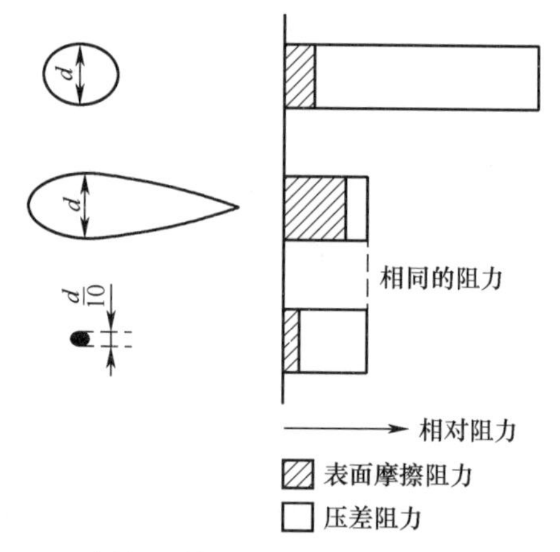

图 3-41 圆柱钝体和流线型二维形状的气动阻力

综上所述,因流体分离而产生了压差阻力 D_{p} 和表面摩擦阻力 D_{f}两种力,在不可压缩黏性流动中,任何二维形状所受到的总阻力 D 为压差阻力 D_{p} 和表面摩擦阻力 D_{f}之和,总阻力 D 可表示为

$$D = D_{\mathrm{p}} + D_{\mathrm{f}} \tag{3-214}$$

转换为阻力系数形式,式(3-214)可描述为

$$c_d = c_{d,\mathrm{p}} + c_{d,\mathrm{f}} \tag{3-215}$$

式中:c_d 为总阻力系数,$c_{d,\mathrm{p}}$ 为压差阻力系数(或构型阻力系数);$c_{d,\mathrm{f}}$ 为表面摩擦阻力系数。

小写下标表示二维形状的阻力。

压阻与表面摩擦阻力之和定义为型阻。型阻在亚声速流动中基本保持一致,但它是雷诺数的函数,雷诺数表明了流动是层流还是湍流。在不可压缩流动中,翼型的亚声速阻力系数通常是根据型阻系数确定的。

在跨声速和超声速流动中,由于存在激波,其阻力系数还有一个附加项:波阻(高速流动和激波将在3.11节讨论)。经过激波后压强增加,激波压差阻力增大有以下两方面原因:①分离面压强的增加导致了边界层的加速分离,在边界层产生了更大的压差阻力;②通过激波后压强增大,导致其压强分布在阻力方向上形成压差阻力。因此,在可压缩黏性流中,二维形状的总阻力可表示为

$$D = D_p + D_f + D_w \tag{3-216}$$

式中:D_w 为波阻。

转换为阻力系数形式可表示为

$$c_d = c_{d,p} + c_{d,f} + c_{d,w} \tag{3-217}$$

式中:$c_{d,w}$ 为波阻系数。

3.7.2.2 三维机翼阻力

三维机翼的阻力是由相应的二维翼型型阻加上由于升力引起的额外阻力构成,对于机翼来说,升力引起的阻力就是翼尖涡流引起的压差阻力。涡流在三维机翼上干扰了流体的流动,改变了压强分布,产生额外的净阻力。由升力引起的阻力通常称为诱导阻力或涡流阻力。对于三维机翼来说,诱导阻力系数为

$$c_{D,i} = \frac{c_L^2}{\pi e \mathrm{AR}} \tag{3-218}$$

式中:c_L 为机翼升力系数;e 为奥斯瓦尔德效率因子(Oswald efficiency factor),或者称为展向效率因子,是与机翼形状有关的参数;AR 为机翼展弦比。

按3.9节所述,一个剖面为椭圆形的机翼是最高效的,它的展向效率因子等于1。其他翼型的效率较低,展向效率因子小于1,一般为0.85~0.95。机翼展弦比为翼展的平方除以机翼面积,展弦比也与机翼的效率有关,高展弦比机翼产生升力的效率更高。通过对式(3-218)简单分析,可以得到各参数对诱导阻力的影响。式(3-218)表明,诱导阻力与升力系数的平方成正比,升力系数越大诱导阻力越大;诱导阻力随着展向效率因子和机翼展弦比的减小而增大。因此,三维机翼总阻力系数 c_D 可表示为

$$c_D = c_d + c_{D,i} + c_{D,w} \tag{3-219}$$

式中:c_d为二维翼型型阻力系数,见式(3-215),$c_{D,i}$为诱导阻力系数;$c_{D,w}$为波阻系数。

表示三维机翼时下标使用大写字母,表示二维机翼时仍然使用小写字母。

三维机翼或机体气动阻力的构成如图3-42所示,在本章的后续章节中,我们将对图3-42所示的不同类型的阻力进行更加深入的理解。

3.7.2.3 整机阻力

现在我们来分析整个飞机的阻力,整机的阻力 D 由废阻力 D_e、波阻 D_w 以及

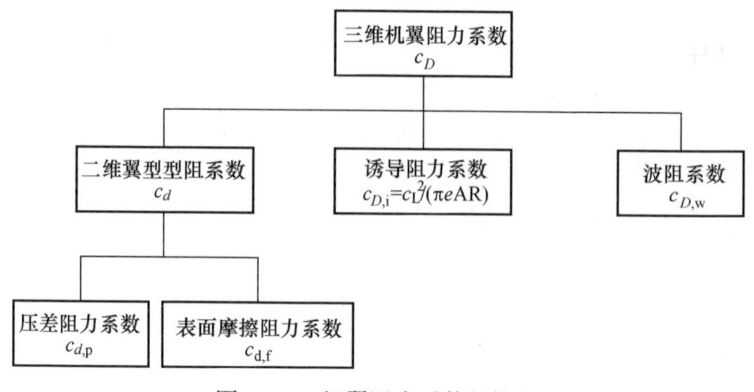

图 3-42　机翼阻力系数的构成

诱导阻力 D_i 三部分组成,即

$$D = D_e + D_w + D_i \tag{3-220}$$

或者用阻力系数形式表示为

$$c_D = c_{D,e} + c_{D,w} + c_{D,i} \tag{3-221}$$

废阻力由飞机的型阻组成,包括机身、机翼、机尾、起落架、发动机吊舱等的构型阻力和表面摩擦阻力。还有一些其他类型的阻力,我们可以从杂项阻力系数 $c_{D,\text{misc}}$ 中获得,因此废阻力系数可表示为

$$c_{D,e} = c_{D,p} + c_{D,f} + c_{D,\text{misc}} \tag{3-222}$$

如式(3-221)和式(3-222)所示,废阻力系数包括压力阻力系数以及表面摩擦阻力系数中不依赖升力的项和依赖升力的诱导项。例如,压差阻力被分解为独立于升力的压差阻力和依赖于升力的压差阻力。同样地,表面摩擦阻力也可以分解为依赖于升力的表面摩擦阻力和不依赖于升力的表面摩擦阻力。在恒定的马赫数下,飞机的升力随着攻角的变化而变化,因此与升力相关的压差阻力和表面摩擦阻力也随着攻角的变化而变化。这种由于升力引起的变化对于表面摩擦阻力影响很小,但是对于压差阻力较大。同样的理论还可以应用于波阻系数,可分解为依赖于升力和不依赖于升力两项。

将式(3-221)分解为与升力无关和与升力相关的阻力项,因此式(3-221)可改写为:与升力无关的废阻力系数 $c_{D,e,0}$ 和波阻系数 $c_{D,w,0}$ 之和,加上与升力相关的废阻力系数 $c_{D,e,i}$ 和波阻系数 $c_{D,w,i}$ 之和,即

$$c_D = (c_{D,e,0} + c_{D,e,i}) + (c_{D,w,0} + c_{D,w,i}) + c_{D,\text{wing},i} \tag{3-223}$$

与升力无关的干扰阻力系数 $c_{D,e,0}$ 为

$$c_{D,e,0} = c_{D,p,0} + c_{D,f,0} + c_{D,\text{misc}} \tag{3-224}$$

式中:$c_{D,p,0}$ 为与升力无关的压差阻力系数;$c_{D,f,0}$ 为与升力无关的表面摩擦阻力系数;$c_{D,\text{misc}}$ 为与升力无关的波阻系数。

将与升力相关的项和与升力无关的项组合在一起,可以得到

$$c_D = (c_{D,\mathrm{e},0} + c_{D,\mathrm{w},0}) + (c_{D,\mathrm{e},\mathrm{i}} + c_{D,\mathrm{w},\mathrm{i}} + c_{D,\mathrm{wing},\mathrm{i}}) \tag{3-225}$$

所有诱导阻力系数的形式均类似于式(3-218),即一个常数乘以飞机升力系数的平方。因此,有

$$c_D = (c_{D,\mathrm{e},0} + c_{D,\mathrm{w},0}) + \left(k_\mathrm{e} c_L^2 + k_\mathrm{w} c_L^2 + \frac{1}{\pi e \mathrm{AR}} c_L^2\right) \tag{3-226}$$

式中:k_e,k_w 分别为废阻力和波阻的诱导阻力常数。

重新定义一个诱导阻力常数 K,即

$$K = k_\mathrm{e} + k_\mathrm{w} + \frac{1}{\pi e \mathrm{AR}} \tag{3-227}$$

同时,与升力无关的废阻力系数可以表示为

$$c_{D,0} = c_{D,\mathrm{e},0} + c_{D,\mathrm{w},0} \tag{3-228}$$

将式(3-227)和式(3-228)代入式(3-226),得

$$c_D = c_{D,0} + K c_L^2 = c_{D,0} + c_{d,\mathrm{i}} \tag{3-229}$$

式中:$c_{\mathrm{d},\mathrm{i}}$ 为整机的诱导阻力系数,包括机翼废阻力系数、波阻系数以及机翼阻力中的诱导阻力贡献。

通常,废阻力和波阻对诱导阻力的贡献比机翼产生的诱导阻力小得多,尤其是在飞机巡航的过程中,因此式(3-229)可以简化为

$$c_D = c_{D,0} + \frac{c_L^2}{\pi e \mathrm{AR}} \tag{3-230}$$

飞机总阻力系数如图 3-43 所示,包含几个在下面要讨论的杂项阻力。由升力引起的配平阻力也在讨论范围之内。

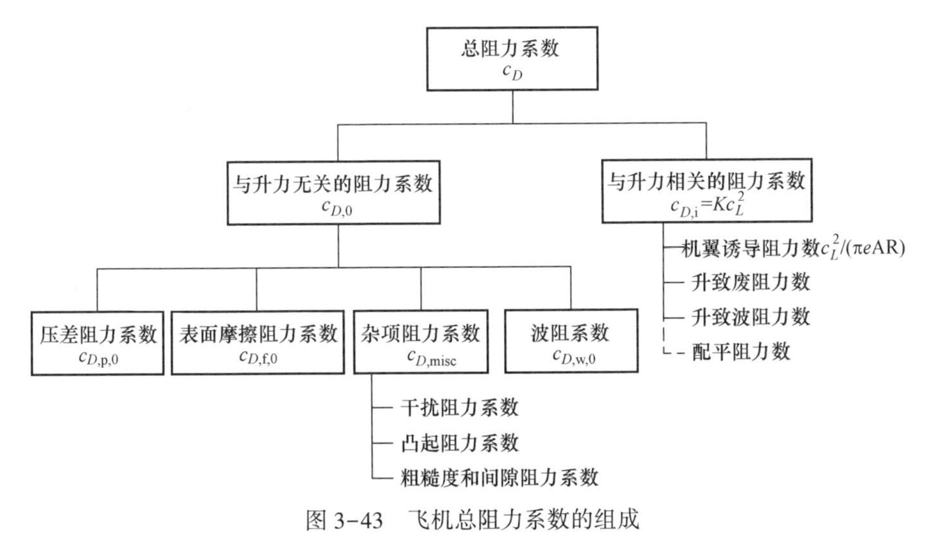

图 3-43　飞机总阻力系数的组成

(1) 干扰阻力。飞机由许多部件组成,包括机翼、机尾、机身、发动机和起落

架等,要获得整机阻力,假设每个部件的阻力可以单独计算,然后求和得到飞机总的阻力。但是,通常单个部件所受阻力之和比整机阻力小,这其中误差是由于飞机每个部件都对其他部件产生力学效应造成的。例如,机翼上方的气流会影响机身、机尾和发动机短舱等部件周围的气流,从而改变了这些部件表面的压强分布和气动力。也可以认为:通过一个确定部件的气流干扰了其他部件的气流,这种类型的阻力称为干扰阻力,干扰阻力约占飞机总阻力的5%~10%。

加入气动整流罩和气动圆角,可以减小干扰阻力。气动整流器和圆角是典型的轻型、非结构部件,不承载任何飞机重量。整流罩是一种典型的流线型覆盖层,包括所有或大部分部件,如起落架。气动圆角使部件聚集的交叉点平滑,如机翼和机身的交叉点,这样气流就不会减慢或分离,从而降低阻力。整流罩和圆角也可以覆盖部件之间的间隙和空隙,这样空气就不会在某些区域滞留或停滞。

虽然干扰阻力会增加飞机的总阻力,但在某些情况下,气动干扰会减小飞机的总阻力。例如,在机翼上增加翼尖燃料箱,机翼和翼尖燃料箱的总阻力小于单个燃料箱的阻力之和。这是由于燃料箱与机翼的良好干扰,油箱就像机翼上的一个端板,减小了诱导阻力。

飞机的干扰阻力可以通过风洞试验获得,也可以通过流体动力学计算。通常情况下,可以对不同的整流罩和圆角的影响进行参数评估,以确定干扰阻力最小的配置。

(2) 凸起阻力。凸起是各种各样的突出到气流中的物体,包括天线、导航灯和大气数据传感器,如皮托管和温度传感器。凸起还包括飞机外模线的隆起,这是由于表面板接头或金属结构的铆钉阶梯造成的。凸起阻力的大小通常与飞机的设计和制造细节有关。在飞机的制造和装配上花费大量的时间和费用,可以使凸起物的阻力非常小,凸起阻力可能占飞机总阻力的百分之几,也可能高达10%以上。

(3) 粗糙度和间隙引起的阻力。与凸起阻力一样,粗糙度和间隙引起的阻力与飞机的外模线或表面有关。表面粗糙度影响边界层的状态,从层流到湍流的转变会增加表面摩擦阻力。粗糙度可能会促进流体分离,导致额外的压差阻力。飞机结构的间隙可能是由于规定的公差或表面板的不对齐造成的,这些间隙可能会影响边界层,在表面产生湍流,导致更高的摩擦阻力。也可能有流体泄漏进入高压区的间隙,导致流动动量损失和泄漏阻力,间隙可能处于低压区域,导致飞机内部的空气从内部排到外部,可能促进流体的分离并增加阻力。与凸起阻力类似,粗糙度和间隙造成的阻力可以通过改进飞机的“贴合度和光洁程度”来减小,粗糙度和间隙造成的阻力可能是飞机总阻力的百分之几。

飞机设计师为飞机的制造、构造、装配、外部光洁程度或控制表面索具等都规定了平滑度要求。航空平滑度文件通常指定表面平滑度的公差、面板间隙或偏心率、机械紧固件、控制表面索具等。为了达到指定的公差,可提供制造或索具程序。

(4) 配平阻力。配平阻力是飞机配平时平尾产生的升致阻力,配平升力由平尾提供,通常方向向下以平衡机翼产生的俯仰力矩。配平阻力包括尾翼水平方向的升致阻力和其他额外的机翼诱导阻力。随着飞机重心向尾部移动,需要更多的尾部升力,就增加了配平阻力。在某些情况下,可以得到一个负的配平阻力(推力方向上的力),对于重心位置靠近机头的情况,需要较少的机翼升力,这就减小了机翼诱导阻力。配平阻力通常很小,在飞机巡航状态下只占飞机总阻力的1%~2%。如式(3-226)所示,在飞机诱导阻力的组成中没有考虑到这一点,因此图3-43中用虚线连接诱导阻力。

3.7.2.4　阻力随空速和马赫数的变化

我们已经定义了如图3-43所示的飞机总阻力组成,下面分析这些阻力项的一般趋势:除波阻系数外,阻力随空速的变化如图3-44所示,废阻力随速度的平方增加,诱导阻力随速度的平方减小。废阻力和诱导阻力组成的总阻力随速度呈抛物线变化,在特定空速下总阻力最小。

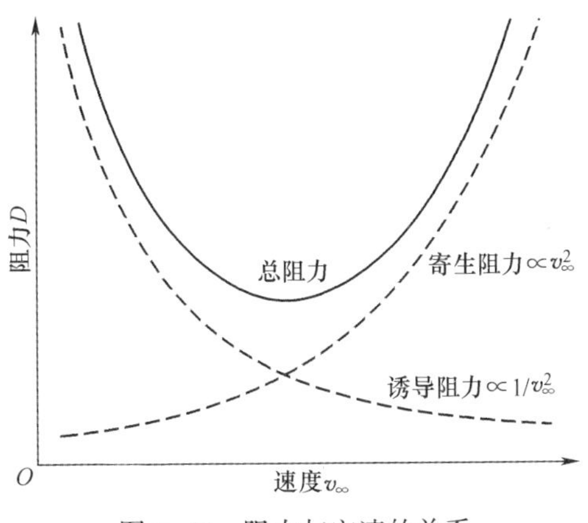

图3-44　阻力与空速的关系

零升阻力系数随马赫数的变化如图3-45所示,在亚声速马赫数下,该系数近似保持不变。在跨声速马赫数下,零升阻力系数在马赫数为1左右迅速增大至最大,然后随着马赫数的增加而减小,下面讨论3.10kn时跨声速时急剧增加的阻力变化。

对于实际的飞机来说,查看一些废阻力系数是必须的。表3-7所列为Gates Learjet商务机的废阻力系数,如图3-46所示。废阻力系数在不同项目中所占总阻力的百分比不同。粗糙度和间隙造成的干扰阻力占飞机总阻力的1/5以上。

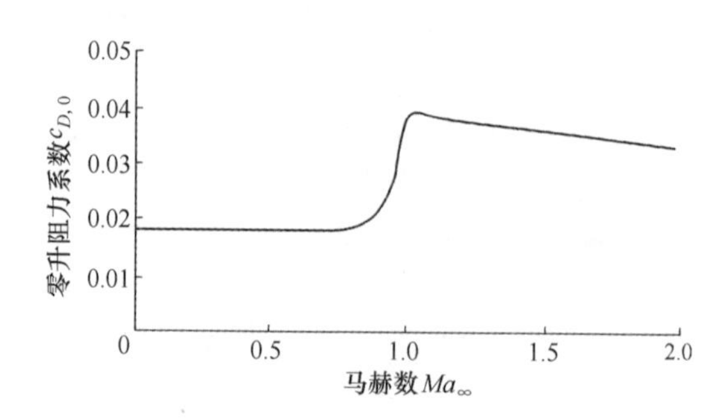

图 3-45　零升阻力系数与马赫数之间的关系

表 3-7　Gates Learjet 商务机废阻力组成

项目	废阻力系数①	占总阻力百分比/%
机翼	0.0053	23.45
机身	0.0063	27.88
翼尖油箱	0.0021	9.29
翼尖油箱突起	0.0001	0.44
发动机挂架	0.0012	5.31
发动机短舱	0.0003	1.33
水平尾翼	0.0016	7.08
垂尾尾翼	0.0011	4.86
干扰	0.0031	13.72
粗糙度和间隙	0.0015	6.64
总和	0.0226	100.00

①机翼平面阻力系数。

资料来源：R. Ross R. D. Neal.Learjet Model 25 Drag Analysis。美国国家航空航天局、工业部门、大学，通用航空减阻工作组合办的会议，美国国家航空航天局 CR-145627，1975 年。

图 3-46　Gates Learjet 商务机

查看阻力系数表时请注意,有时阻力系数的差异或变化是用阻力计数表示的,一个阻力计数被定义为0.0001的阻力系数。因此,在表3-7中,水平尾翼和垂直尾翼之间的干扰阻力系数的差异为0.0005,即5个阻力计数。

例3.10 达朗贝尔悖论

考虑一个置于马赫数为0.2的流场中的翼型,假设流动不可压缩且无黏,计算翼型上的阻力。

解:

为了得到翼型上的阻力,我们应用牛顿第二定律得到定压不可压缩无黏流的动量方程,如3.6节所述。在机翼周围指定一个控制体,如图3-47所示:进气口、排气口、∞站位以及e站位的横截面积相同,均为A,由于它们位于远离机翼的地方,因此通过这些边界的流体流线是均匀的,等价于自由流条件下的马赫数、速度、压强和密度。

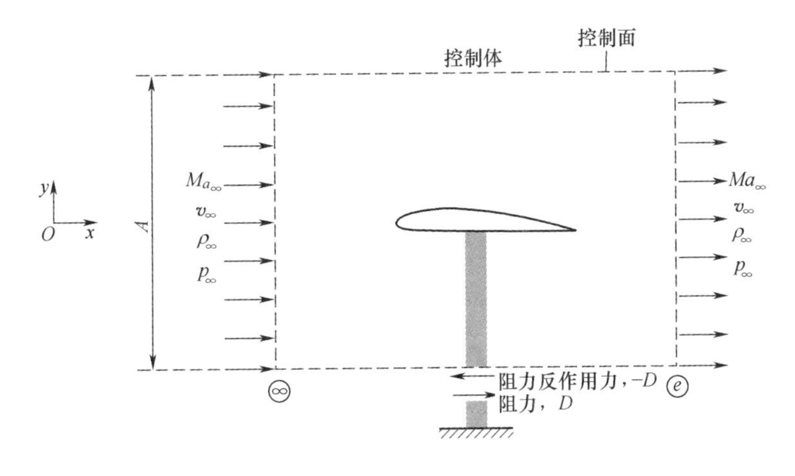

图3-47 自由流条件下沿机体的控制面

流体的流线垂直于上下游边界,平行于x轴,控制面的上边界和下边界与自由流平行,这样就没有流体通过这些边界。

而且边界上的流动与自由来流状态相同,机翼由穿过控制表面的支柱支撑,这样就能在下边界得到阻力反作用,x方向上定常无黏流的动量方程积分形式为

$$\sum F_x = \int_S \rho v_x (v\hat{\boldsymbol{n}})\,\mathrm{d}S$$

式中:F_x为x方向上的分力;ρ为流体的密度;v为流体速度;v_x为流体速度在x方向上的分量;$\hat{\boldsymbol{n}}$为法向量;S为积分面。

等式的左边为x方向上的合力,等式的右边为进气口、排气口、∞站位以及e

站位 4 个边界流体动量在控制面上的积分。

将上面的公式应用到控制体,得

$$-D=\rho_e v_e(v_e)A-\rho_\infty v_\infty(v_\infty)A=\rho_\infty v_\infty(v_\infty)A-\rho_\infty v_\infty(v_\infty)A=0$$

因此,在不可压缩无黏流动中,可以预测物体阻力为零,达朗贝尔也将动量理论应用到该问题,得到了同样的结论,因此该理论以他的名字来命名。

3.7.3 GTT:阻力清除

飞机总阻力的减小通常是空气动力学家的目标,降低阻力可得到更高的气动效率并提升飞机性能,具体表现为更低的油耗、更大的航程、更高的巡航空速、更快的爬升率和更强的滑翔能力。目前的地面试验技术是在完整的飞机上用一种系统的方法来识别和量化废阻力(寄生阻力)的来源。如上一节所述,由于凸起、粗糙度、间隙和流动泄漏,引起废阻力增加。虽然每一项引起的废阻力的增量可以忽略不计,但是废阻力的总增量是显著的。一旦辨识了单项阻力产生的原因,空气动力学家就可以通过几何形状的修改、表面平滑或间隙密封等措施,减小整机废阻力,因此这种地面试验技术被称为阻力清除。

在大型风洞中,阻力清除的研究一直在进行。在那里,一架飞机被安装在一个力平衡系统上,这样飞机的总气动力和力矩就可以直接进行测量。飞机首先以一个干净的构型进行试验,所有凸起和间隙已经被移除或修复,开口或外部泄漏已经密封。这种条件下测量到的阻力是飞机的最小基准值。然后飞机被逐项修复,通过恢复凸起、间隙、粗糙度等,回到它的实际构型,系统地测量每一项修复带来的阻力的增量。

虽然在风洞中进行了许多阻力清除试验,但将现代计算流体力学(CFD)技术应用于飞机阻力研究还是很有必要的。CFD 技术的应用可以将无法适应现有风洞设施的大型飞机的阻力清除研究成为可能。当然,用于 CFD 的数值格式和计算模型必须具有足够的保真度,以量化单个阻力清除项的小范围变化,这是一项更加复杂、更耗费资源的工作。

在兰利研究中心 30 英尺×60 英尺的风洞中,对一架全尺寸双引擎通用航空飞机的阻力清除学术研究如图 3-48 所示。试验飞机是改进型 Piper Seneca l 双引擎飞机,在飞机机身和机翼上绑有羊毛簇绒,以观察飞机上方气流,如图 3-48 所示。簇绒用于识别分离流动区域以及流入或流出飞机结构的流动泄漏区域,在飞机爬升过程中,根据簇绒的变化发现了两个明显的废阻力来源:①机翼与机身结合处附近的气流过早分离;②机翼襟翼和扰流板周围的流动泄漏。这些区域通过安装一个新的机翼-机身整流片来“清除”,以消除分离的气流,在嵌入发动机机舱的机翼上表面增加涡流发生器,以及密封襟翼和扰流板泄漏路径。这些改进在不影响巡航阻力的情况下显著降低了飞机废阻力。

图 3-48 全尺寸双引擎通航飞机清除阻力的风洞试验
(资料来源:美国国家航空航天局)

为了减小凸起结构引起的阻力,在设计上进行了一些改进,包括:安装机翼扰流片,且与机翼上表面平齐;重新设计了16个油箱检查舱口,且与机翼下方平齐。并且在机身下部,机翼上的襟翼导轨(襟翼移动的通道)和圆头铆钉也安装了整流罩。

阻力清除后,巡航飞行时废阻力略有下降,下降了5个阻力计数(阻力系数变化为0.0005);爬升飞行时废阻力显著下降,下降100个阻力计数(阻力系数为0.0100)。结果表明,翼型整流罩的使用和扰流板流动泄漏的密封对减阻效果提升明显。

阻力清除的研究是一项很有价值的工作,能显著地减小废阻力,提高飞机性能。它证明了:许多小事加起来可以变得很有意义。去除凸起、流线型隆起、密封缝隙以及将表面变得平滑可以显著降低飞机总废阻力。

3.7.4 GTT:风洞试验

本节讨论利用地面风洞获取气动力数据的地面试验技术,风洞是航空飞行器设计和开发中不可缺少的工具,揭秘了许多空气动力学的基本原理。

3.7.4.1 风洞简介

风洞是一种地面设备,它可以产生高速的气流或其他气体,以模拟飞行中的气流。在风洞中,气流是针对静止的物体制造出来的;而在实际飞行中,气流是物体在静态流场内移动而产生的。这种参照系上的差异在获得气动力时并不重要。然而,相对于运动物体,在静止物体上进行研究和测量通常要容易得多。如图3-49所示,风洞的基本概念是控制气流通过一个收敛的试验段,在那里气流会加速。气流从风洞中装有模型的试验段通过,风洞出口处的电风扇引导气流流出风洞。这个电风扇安装在风洞出口而不是入口,是为了避免涡流和湍流通过风扇进入试验段。大多数风洞是为空气动力试验而设计的,其他特殊用途的风洞包括用于试验运行中的喷气发动机的推进风洞、可以模拟飞机结冰的制冷系统的结冰风洞、低湍流风洞或具有极低湍流度的"安静"风洞、用于测试旋转飞机模型的垂直风洞、飞机模型在试验段内自由飞行的自由飞行风洞等。

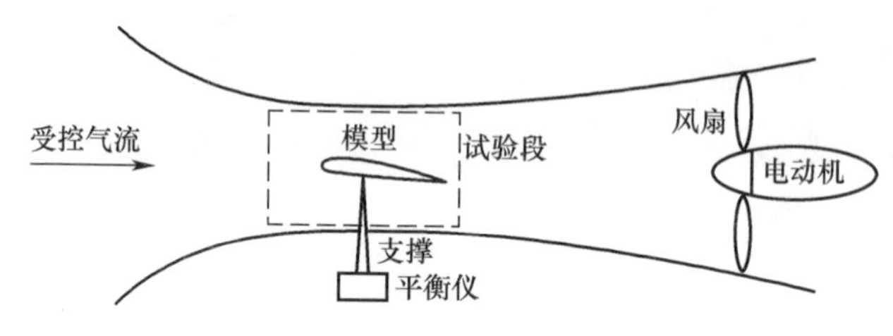

图 3-49 风洞理念

(资料来源:改编自 Baals and Corliss,NASA SP-440,1981 年,文献[14])

模型通常被安装在试验段中具有一个或多个支柱的试验支架上,如图 3-50 所示。模型的攻角和侧滑角可以通过移动支架或在支架上旋转模型来调整。通常,力和力矩是根据内外力平衡在模型上测量的,其中力测量传感器分别位于模型内部和外部。风洞模型可能有许多冲洗孔或测压口在其表面,小孔通过柔性管道连接压力传感器。这些表面压强测量值通过不同方式的积分得到模型的力和力矩,它们还可以提供详细的局部压强信息,如分离流区或激波区。

图 3-50 风洞中安装在支架上的试验模型

各种各样的流动可视化技术也被用于风洞试验,模型表面的流动可以通过油、涂料、簇绒或在表面升华或蒸发的材料来实现可视化。这些技术对于描述模型上的流动模式特别有用,包括分离流区域。用于可视化物体周围流动的材料包括向物体上游的气流中注入烟雾、充氦气泡和雾。更复杂的激光技术可以获得风洞模型周围定量的速度场数据。

3.7.4.2 几何、运动和动态相似性

通过测量一个安装在有气流通过的管道中的小型模型,如何预测飞行中的全尺寸飞行器的气动特性?答案在于相似性的应用。第一个相似性要求是两个几何图形必须具有相同的外部形状,即风洞中的模型和全尺寸飞机在几何上相似。

第二个相似性要求称为运动相似性,与风洞流动和飞行之间的时间相似性有关。风洞中气流的移动路径和飞行中气流的路径必须在时间函数层面上相似。换句话说,风洞模型中的气流流线必须与实际飞行中的流线相似。

第三个要求是动态相似性,涉及匹配风洞模型受力和全尺寸飞行器上受力的物理特性。这些力会受到黏性效应和空气压缩系数的影响。将黏性力和惯性力联系起来的相似参数是雷诺数,将惯性力与弹性力(空气压缩系数)联系起来的相似参数是马赫数。因此,动力相似性要求风洞具有与实际飞行相同的雷诺数和马赫数。且无量纲压强系数、力系数和力矩系数对两种流体都是相同的(无量纲系数是通过对风洞子尺度模型的量纲力和力矩的测量计算得到的)。结合飞行动压和实际机翼参考面积,分别乘以升力和阻力系数,可以得到实际的全尺寸飞机的升力和阻力。

风洞和实际飞行中的马赫数和雷诺数很难完全匹配,必须选择更重要的那个参数匹配。这一决定往往取决于飞行状态。对于高速飞行,压缩性效应可能占主导地位、匹配马赫数更为重要。在低速、亚声速飞行中,黏性效应可能占主导地位,因此匹配雷诺数可能更为重要。通常情况下,这两个相似参数都有可能匹配得很好,这样就可以捕捉到气流的临界物理特性。

我们更仔细地研究两种情况,关键在于匹配马赫数还是雷诺数。对于这两种情况,都假设风洞内具有与飞行时相同的特性,即自由流压强 p_∞、温度 T_∞、黏度 μ_∞ 以及比热容比 γ 都相同。此外,还假设风洞和飞行有动态相似的流动。

全尺寸飞机机翼在飞行中的升力表示为

$$L_\mathrm{f} = q_\infty S_\mathrm{f} c_{L,\mathrm{f}} = \frac{1}{2}\gamma p_\infty M_\infty^2 S_\mathrm{f} c_{L,\mathrm{f}} \tag{3-231}$$

式中:S_f 为飞机的机翼参考面积;$c_{L,\mathrm{f}}$ 为飞行中机翼的升力系数;q_∞,Ma_∞ 分别为自由流的动压和马赫数。

假设对飞机的等比例模型进行风洞试验,空气特性和马赫数均匹配,在风洞

中对飞机模型机翼的升力进行测量，有

$$L_w = q_\infty S_w c_{L,w} = \frac{1}{2}\gamma p_\infty M_\infty^2 S_w c_{L,w} \tag{3-232}$$

式中：S_w 为飞机模型的机翼参考面积；$c_{L,w}$ 为模型在风洞试验中得到的升力系数。

由于假设气流在风洞中和飞行中动力相似，飞行中的升力系数和风洞中的升力系数相同，即 $c_{L,f} = c_{L,w}$。因此，将上述两个等式相除，得到全尺寸飞机飞行时的机翼升力为

$$L_f = \frac{S_f}{S_w} L_w \tag{3-233}$$

由式(3-233)可知，如果风洞和飞行中的马赫数相匹配，飞机在飞行中的升力与风洞模型的升力之间的关系为它们参考面积比值的函数。

下面研究匹配雷诺数更重要的情况。全尺寸飞机机翼在飞行中的升力为

$$L_f = q_\infty S_f c_{L,f} = \frac{1}{2}\rho_\infty v_\infty^2 b_f c_f c_{L,f} \tag{3-234}$$

式中：ρ_∞ 为自由流密度。

假设机翼参考面积为 S_f，翼展为 b_f，弦长为 c_f，乘以或者除以几个比值等于 1 的等式，则式(3-234)可转化为

$$L_f = \frac{1}{2}\rho_\infty \frac{\rho_\infty}{\rho_\infty} v_\infty^2 \left(\frac{\mu_\infty}{\mu_\infty}\right)^2 b_f c_f \frac{c_f}{c_f} c_{L,f} = \frac{1}{2}\frac{\mu_\infty^2}{\rho_\infty}\frac{\rho_\infty^2 v_\infty^2 c_f^2}{\mu_\infty^2}\frac{b_f}{c_f} c_{L,f} \tag{3-235}$$

在式(3-235)中，将雷诺数定义为机翼展弦比的函数 Re_c，可将上式转化为

$$L_f = \frac{1}{2}\frac{\mu_\infty^2}{\rho_\infty}\frac{b_f}{c_f} Re_c^2 c_{L,f} = \frac{1}{2}\frac{\mu_\infty^2 R T_\infty}{\rho_\infty}\frac{b_f}{c_f} Re_c^2 c_{L,f} \tag{3-236}$$

利用理想气体状态方程将自由流密度替换为自由流静压 p_∞、自由流温度 T_∞ 以及比气体常数 R 的关系。

同样地，为了通过模型风洞试验得到全尺寸飞机的升力，将风洞的空气特性和雷诺数 Re_c 与飞行条件相匹配，式(3-235)和式(3-236)可化为

$$L_f = \frac{1}{2}\rho_\infty \frac{\rho_\infty}{\rho_\infty} v_\infty^2 \frac{\mu_\infty^2}{\mu_\infty} b_w c_w \frac{c_w}{c_w} c_{L,w} = \frac{1}{2}\frac{\mu_\infty^2}{\rho_\infty}\frac{\rho_\infty^2 v_\infty^2 c_w^2}{\mu_\infty^2}\frac{b_w}{c_w} c_{L,w} \tag{3-237}$$

$$L_w = \frac{1}{2}\frac{\mu_\infty^2}{\rho_\infty}\frac{b_w}{c_w} Re_c^2\, c_{L,w} = \frac{1}{2}\frac{\mu_\infty^2 R T_\infty}{\rho_\infty}\frac{b_w}{c_w} Re_c^2\, c_{L,w} \tag{3-238}$$

式中：$c_{L,w}$ 为风洞模型升力系数；b_w，c_w 分别为风洞模型的翼展长和翼弦长。

雷诺数与模型的弦长相关。如果风洞气流和飞行状态动态相似，则可以得到 $c_{L,f} = c_{L,w}$。

当机翼面积按比例缩小时，翼展与弦长之比为 b/c 保持不变(对于矩形机翼

来说，重要的系数是展弦比，等于 b/c，这将在本章后续讨论）。因此，可以得到

$$\frac{b_w}{c_w}=\frac{b_f}{c_f} \tag{3-239}$$

考虑到风洞与飞行之间的空气特性、展弦比、雷诺数和升力系数是相同的，由式（3-236）和式（3-238）可得出，飞行中全尺寸飞机的升力等于风洞模型的升力，即 $L_w=L_f$。

3.7.4.3 亚声速风洞速度-面积关系

亚声速气流和超声速气流的基本组成随横截面积变化如图 3-51 所示，静压箱或储气罐是风洞空气或气体的来源。静压箱从大气中吸入空气，储气罐是储存气体的容器。亚声速风洞在静压室或储气罐下层有收缩段，其中通道横截面积减小到试验断横截面积。在亚声速试验段下游，截面积从扩散段到排气出口一直增加。对于超声速风洞，从静压室或储气罐流出的气流经过一个收缩-发散喷管，进入试验段，气流在超声速试验段下游耗尽。

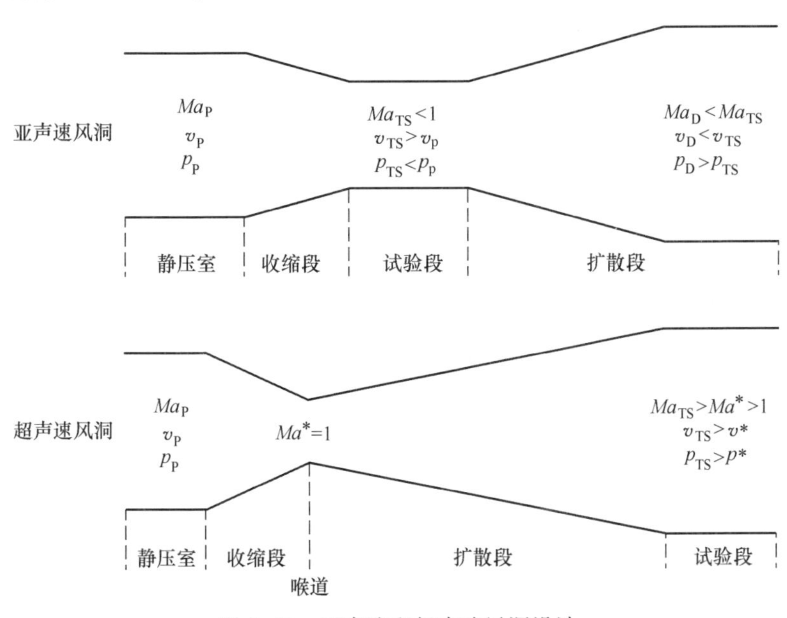

图 3-51 亚声速和超声速风洞设计

现在来了解当空气或气体流经风洞时，气流速度和其他特性是如何变化的。由于风洞具有无孔壁，来自静压室（或储气罐）的气体质量流 $\dot{m}_p$ 在风洞中保持恒定。因此，对于亚声速风洞，可以表示为

$$\dot{m}_p=\dot{m}_t=\dot{m}_d \tag{3-240}$$

式中：$\dot{m}_t$，$\dot{m}_d$ 分别为通过试验段的质量流和扩散出口的质量流，质量流定义为

$$\dot{m}=\rho A v \tag{3-241}$$

其中:ρ 为气体密度;A 为横截面积;v 为流体速度。

质量流的单位有 slug/s 和 kg/s,将式(3-241)代入式(3-240),得

$$(\rho Av)_{p}=(\rho Av)_{t}=(\rho Av)_{d} \tag{3-242}$$

在亚声速下,气流可以被认为是不可压缩的,因此整个风洞的气体密度是恒定的,式(3-242)可表示为

$$(Av)_{p}=(Av)_{t}=(Av)_{d} \tag{3-243}$$

由式(3-243)求解试验段截面速度 v_t,得

$$v_{t}=\frac{A_{p}}{A_{t}}v_{p}=\frac{v_{p}}{A_{t}/A_{p}} \tag{3-244}$$

由此可知:静压室与试验段之间的面积收缩,使得风管收缩比 $A_t/A_p<1$,导致从静压室到试验段速度和马赫数增加。对于亚声速流,面积的减小不能使马赫数增加到 1 以上。后面的小节将会讨论,对于亚声速和超声速,马赫数与面积比之间存在着一种独特的关系。通过合理选择收缩比,将得到理想的试验段马赫数。

由式(3-243)可知,扩散器出口速度 v_d 为

$$v_{d}=\left(\frac{A_{t}}{A_{d}}\right)v_{t}=\frac{v_{p}}{A_{d}/A_{t}} \tag{3-245}$$

由式(3-245)可知:扩散段的面积增加,使得 $A_d/A_t>1$,导致扩散段的速度和马赫数降低。对于超声速风洞也可以进行类似的分析,这个讨论将在本章后面的超声速尾喷口处讨论。

3.7.4.4 风洞类型

风洞的两种基本设计类型为直流式和回流式,如图 3-52 所示。这两种基本类型有许多变体,适用于特殊的应用和速度范围。在图 3-52 中,气流沿直线通过开路风洞。风扇吸入空气,气流经过整流格或金属过滤网组成的部分,该部分用于引导和整流。收缩段或喷管用于将气流速度或马赫数增加到所需的试验条件。试验部分可能对大气开放,则称为直流式或埃菲尔(Eiffel)式风洞,该部分也可能是完全封闭的。气流在扩散段中减速,并通过电动机或风扇部分流出,这些部分也对大气开放。直流式风洞仅限于亚声速试验段马赫数。

回流式风洞也称为普朗特或者哥廷根风洞,以空气动力学家 Ludwig Prandtl 和使用该风洞的德国城市哥廷根命名,气流在风洞中不断循环。气流由风扇产生,通过导流叶片在闭合管路中改变方向,收缩段仍然用于将流速或马赫数增加到试验段所需的条件。亚声速或超声速气流可通过一个回流式风洞来生成,回流式风洞比直流式风洞复杂,但试验段的气流流动质量较好。

对于目前讨论的直流式和回流式风洞,由一个或多个电动机驱动的风扇产生气流。在连续气流风洞中,气流可以长时间的循环;而在一些较大的回流式风洞

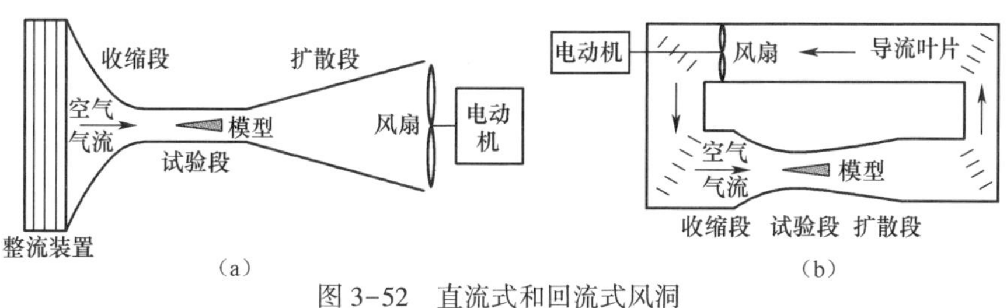

图 3-52　直流式和回流式风洞

(a)直流式;(b)回流式。

中,由于电动机大功率需求上的限制,其运行时间有限。相比之下,间歇式风洞吹风只能持续很短的时间,因为这种流动是将储气罐的高压气体释放至试验段而形成的。如图 3-53 所示,是一个回流式超声速风洞模型,高压空气或其他气体存储在试验段上游。通过快速响应开关打开节流阀,高压气体通过收缩-扩散超声速喷管和试验段进入低压室。当高、低压室的气体压力平衡时,气流停止流动。流动时间受高压或低压室的能力限制,但超声速流动时间在几秒钟左右是典型的。另一种试验装置需要将高压储气罐中的气体抽出,并将低压室的压力抽走。

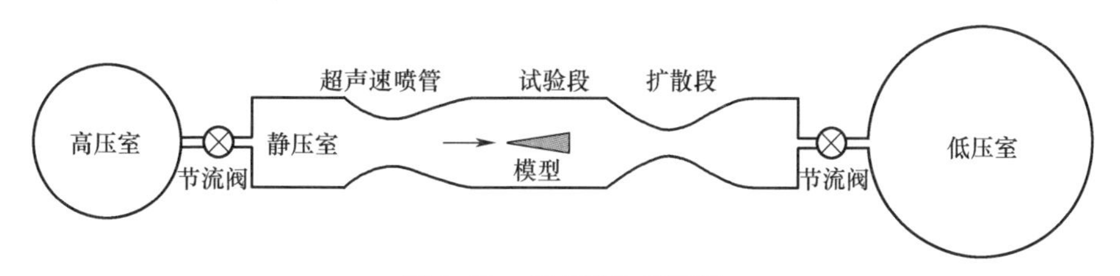

图 3-53　超声速吹倒风洞

另一种间歇式风洞是用来模拟高超声速马赫数流动的脉冲风洞,在这种类型的风洞中,产生了高压、高温气体,然后通过收缩-扩散喷管将高速气流作用于试验段。如图 3-54 所示,激波管中的高压气体与激励段低压气体通过金属隔膜分离。当隔膜破裂时,高压气体将激波送入激励段,激励段对气体进行压缩,大大提高了气体的压强和温度。高压高温气体通过喷管膨胀,在试验模型上形成高超声速流。脉冲风洞的典型运行时间是毫秒级,有些是微秒级。由于试验时间极短,必须使用精密、高速的仪器来测量、记录数据。

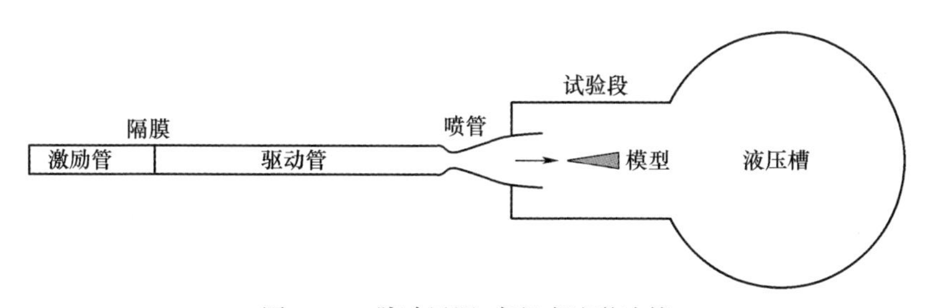

图 3-54　脉冲风洞、高超声速激波管

3.7.4.5 风洞实例

第一个回流式风洞是由英国的航海工程师 Francis Herbert Wenham（1824—1908 年）和英国的科学仪器制造商 John Browning 建造的。尽管他们的风洞很简陋，但是获得了一些值得注意的空气动力学结果。他们测量了机翼的升阻比，发现了机翼展弦比的重要性。从他们的测量中，可得出结论，即高展弦比的机翼可能有更高的升阻比。在风洞发明之后，机翼和其他气动外形的经验设计取得了重大进展。在这一节中，介绍了几个风洞例子，从早期航空设备到现代复杂试验设备。这不是一个全面清单，但它提供了一些深入广泛了解各类可能的风洞的视角。

1. 旋转臂

虽然不是风洞，但最早用来模拟飞行物体流动的设备之一是旋转臂（whirling arm）。这种装置的试验对象通常放置于手臂末端，在水平面内旋转，通过重物的下坠带动纺锤旋转。旋转臂最初被英国数学家和军事工程师 Benjamin Robins（1707—1751 年）用来比较各种钝体的空气阻力（图 3-55）。Robins 的旋转臂只能产生每秒几英尺的气流。然而，根据他的旋转臂的数据，Robins 得出的结论是，现有的气动阻力理论，包括牛顿提出的理论，是不正确的。当然，旋转臂作为气动工具存在一些主要的缺陷。通过相同气团的重复旋转后，模型和空气都在旋转，无法确定模型的真实流速。模型上的气动力测量也不是很精确，因为很难在旋转臂上进行测量。尽管如此，旋转臂装置还是被许多早期的科学家、工程师和航空爱好者所使用，包括 Otto Lilienthal 和 George Cayley 爵士。

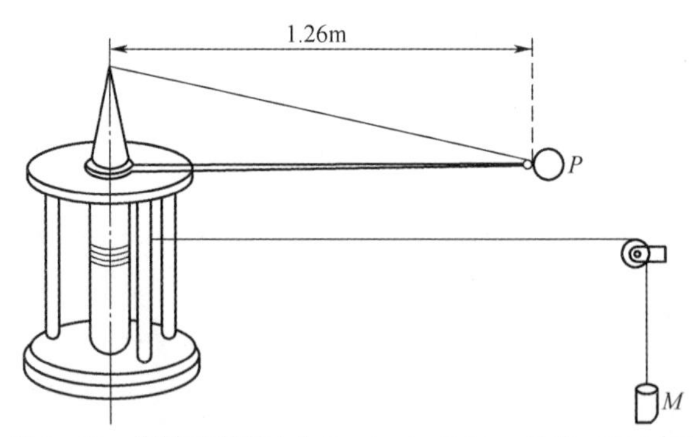

图 3-55 旋转臂装置（由 Benjamin Robins 发明，1746 年）

（资料来源：Baals 和 Corliss，NASA SP-440，1981 年，文献[14]）

2. 莱特兄弟设计的风洞

莱特兄弟设计了一个简单的直流式风洞，这对他们成功设计飞机起到了重要作用（图 3-56）。1901 年底，他们已经确定，在滑翔机设计中使用的基于空气动力学的数据是滑翔机在飞行中表现糟糕的原因。其中一些数据来自利连索尔旋转臂的测量结果,他们现在发现这些数据并不准确。

图 3-56 莱特兄弟设计的风洞模型

(资料来源:M. L. Watts. Wright Brothers Wind Tunnel Replica. https://commons.wikimedia.org/wiki/File:Wright_Brothers_Wind_Tunnel_Replica.jpg, CC-BY-SA-3-0, License at https://creativecommons.org/licenses/by-sa/3-0/legalcode)

莱特兄弟设计的风洞实际上是一个长长的木箱,前端有一个风扇。气流通过试验段上游,从排气口排到大气中。他们在风扇后面放置了整流器,使气流更加均匀。在试验段上方的风洞后部有一个观察窗,用来观察模型和力测量装置。他们制造并在风洞里测试了数百个机翼模型,用他们自己设计的力量平衡来测量升力和阻力,他们还为螺旋桨的设计进行了气动研究。经过一个系统的、科学的过程,他们对各种形状进行了参数化研究,每次只改变一个变量。到 1901 年底,莱特兄弟为飞机机翼开发了详细的气动设计数据库。他们用这个数据库设计未来的飞机,包括 1903 年成功设计的“飞行者”。

3. 变密度风洞

对飞机设计有重大影响的风洞之一是位于弗吉尼亚州汉普顿的美国国家航空咨询委员会(NACA)兰利纪念航空实验室(现为美国国家航空航天局兰利研究中心)的可变密度风洞(VDT)。VDT 是由德国空气动力学家 Max Munk (1890—1986 年)在 20 世纪 20 年代早期国家航空航天局航空实验室设计的。VDT 是一个闭环设计,整个风洞基本上被包裹在一个大型焊接钢压力容器中(图 3-57)。通过将压力提高到 21 个大气压(44400 磅/英尺^2, 309 磅/英寸^2, 2217kPa),VDT 可以用子尺度模型模拟高雷诺数流(回顾雷诺数的定义。在式(3-32)中,风洞模型翼弦长度为原尺寸飞机翼弦长度的 1/10,当风洞密度增加 10 倍时,雷诺数匹配。密度增加 10 倍,压力就增加 10 倍)。VDT 是首个能够匹配飞行雷诺数的风洞,使其能够得到比以往更精确的空气动力学数据。

图 3-57　NACA 变密度风洞

(资料来源:美国国家航空航天局)

VDT 压力容器是由一家造船公司——新港新闻造船和干船坞公司,在弗吉尼亚州附近的新港新闻建造的。2.25 英寸(54mm)厚的钢罐长 34.5 英尺(10.5m),直径 15 英尺(4.6m),重 85t(77000kg)。试验段直径 5 英尺(1.5m)。VDT 的回流式设计有一个很巧妙的环形回流通道,这最小化了所需的压力容器体积(图 3-58)。风扇的动力由一台 250 马力(186kW)电动机提供。在试验段,最大流速可以达到 50 英里/h(80km/h)。

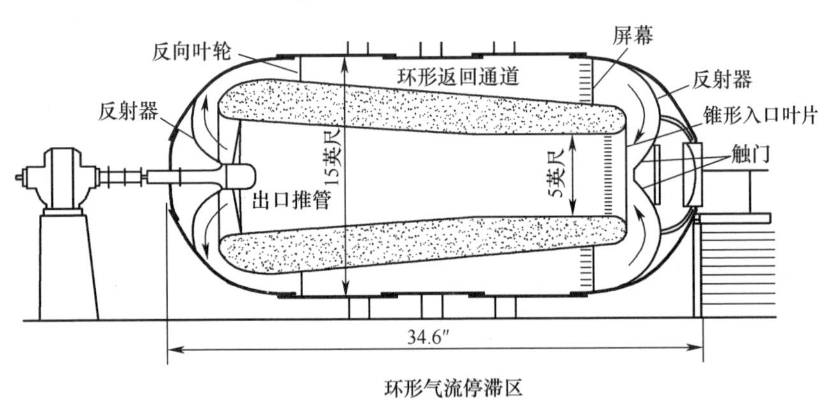

图 3-58　NACA 变密度风洞示意图

(资料来源:Baals and Corliss, NASA SP-440,1981,文献[14])

在 20 世纪 20 年代早期到 40 年代之间,VDT 广泛用于翼型设计。来自 VDT 的翼型数据在飞机设计中发挥了重要作用,特别是第二次世界大战中的飞机设计。1933 年,NACA 出版了具有里程碑意义的第 46 号报告,对用于这些飞机设计[40]的 78 种翼型的翼型数据进行了编目,鉴于其在飞机发展史上的重要作用,VDT 现在是国家历史地标。

4. 开缝风洞

在第一次载人超声速飞行之前,已经有亚声速风洞和超声速风洞可供航空工程师使用,以获得空气动力学数据。然而,当时没有风洞能够获得跨声速气动数据。在跨声速风洞试验中,模型和吊索在试验段产生激波。在跨声速和低超声速马赫数下,激波角度非常陡峭,可能接近于垂直或与自由流方向垂直。这些激波会反射到风洞壁上,并可能反弹回模型、支架或亚声速尾流,影响模型上的空气动力学测量。这个问题的解决方案来自美国国家航空航天局的空气动力学家,他们开发了一种风洞,在风洞试验段的墙壁上开有槽。凹槽平行于自由流方向,用来吸收模型中的激波,防止它们反射回模型或尾流。美国国家航空航天局兰利研究中心16英尺高速风洞有槽壁试验段如图3-59所示。开缝风洞的研制是跨声速气动基础研究中风洞应用的重要成果。这一成就是如此重要,使得1951年的科利尔奖①授予美国国家航空咨询委员会(NACA),表彰其对开缝跨声速风洞的研发。

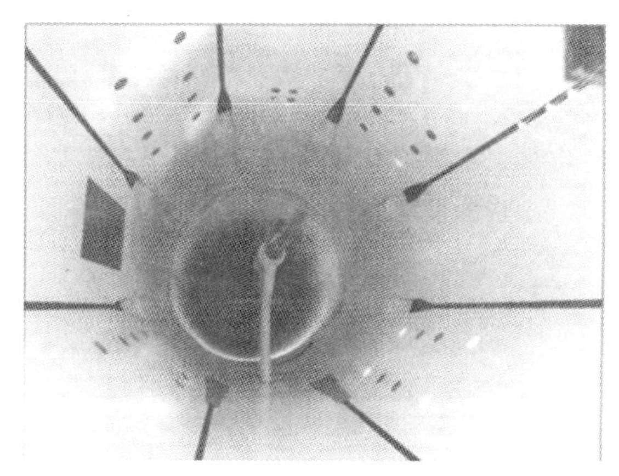

图3-59 NASA 16英尺跨声速、开缝壁风洞试验段

(资料来源:E. C. Ezel 和 L. N. Ezel, The Partnership: A History of the Apollo-Soyuz Test Project, NASA SP-4209, 1978年)

5. 高超声速脉冲风洞

高超声速脉冲风洞的例子是比利时冯·卡门流体动力学研究所的远射自由活塞或脉冲风洞(图3-60)。该风洞可以模拟马赫数为14~20的高超声速流动,单位雷诺数非常高,最高可达1400万/m(430万/英尺),这是世界上在这种高超声速马赫数下可获得的最高单位雷诺数。这使得远射自由活塞风洞在高超声速再入飞行条件下同时匹配马赫数和雷诺数。

① 科利尔奖是航空或航天领域的最佳成就奖,由美国全国航空协会每年颁发一次。发给那些在前一年的实际情况中能完全证明在性能、效率或安全方面提升的航空器或航天器。科利尔奖在华盛顿的史密斯国家航天博物馆永久展出。

图 3-60　比利时冯·卡门研究所的高超声速脉冲风洞
（资料来源：由 Sebastien Paris 友情提供，流体力学冯·卡门研究所，经许可）

该风洞有一个 6m（20 英尺）长的激励管，内径 12.5cm（4.9 英寸），充满氮气（图 3-61）。激励管长 27m（89 英尺），内径 7.5cm（3.0 英寸），充满 1 大气压的氮气或二氧化碳。激励管中的气体被泵到非常高的压力（300～1000Pa），主膜片将激励部分和被激励部分分开。一个二次隔膜将激励部分从一个轮廓喷管中分离出来，喷管把 16m³（565 英尺³）的排气排到真空容器或“真空罐”。风洞模型安装在真空容器中，面向喷嘴出口。活塞，重 1.5～9kg（3.3～20 磅），位于激励管的上游端。通过破坏主隔膜，活塞暴露在非常高的压力激励部分。高压激励气体将活塞喷射到激励部分，加速到 600m/s（2000 英尺/s，1300 英里/h）（脉冲风洞的名字来源于活塞的子弹状运动）。活塞将激励部分的气体压缩到高压和高温。当二次隔膜破裂时，高压激励管气体通过喷管，在喷管出口处形成持续约 5～10ms 的高超声速流动。由于运行时间较短，数据以较高的采样率收集，最高可达每秒 50kHz 或 50000 个数据样本。

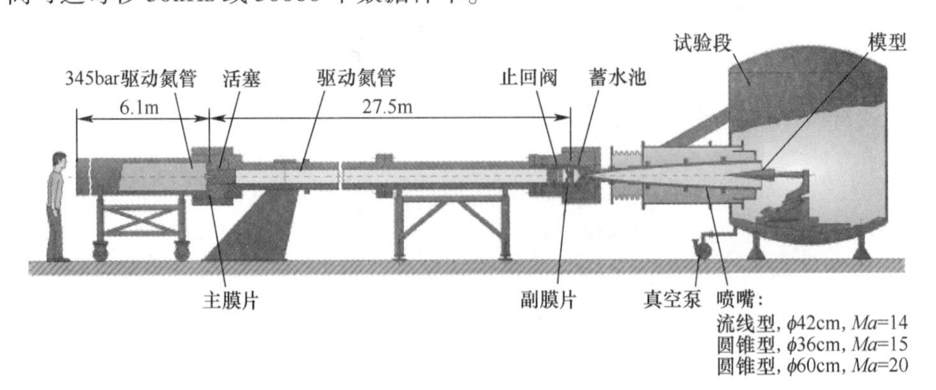

图 3-61　冯·卡门研究所的高超声速脉冲风洞原理
（资料来源：由 Guillaume Grossir 友情提供，流体力学冯·卡门研究所，经许可）

6. 垂直旋转风洞

垂直旋转风洞是一个专门的设施,用于模型在垂直气流中试验。对自由飞行的飞机模型进行试验,以获得起飞、旋转和其他失控飞行特性的数据(有关起飞和旋转的详细信息,请参阅3.12.4节)。模型是动态缩放的,匹配全尺寸飞行器的几何尺寸、惯性和质量分布特性。利用自由飞行模型上的遥控操纵面,研究了飞机结构的恢复特性。在垂直风洞中可以得到航天器的自由落体和动稳定特性。

美国国家航空航天局的20英尺垂直旋转风洞位于弗吉尼亚州汉普顿兰利研究中心,如图3-62所示。垂直风洞是一个在大气条件下工作的闭环回流风洞。在风洞顶部的定距三叶风扇,将气流向上拉过试验段,如图3-62所示。通过试验段的气流速度从0到85英尺/s不等(58英里/h,26m/s,马赫数为0.08)。试验模型由人工放入试验段,如图3-63所示,或用电缆释放,将模型悬吊在风洞上方。模型的角速度或自旋由手工提供,以建立一个自旋的模型。当模型下降到试验段时,垂直风速增加,直到模型稳定并悬浮在垂直流动中。数据由一系列摄像机和安装在模型中的仪器收集。模型也可以安装在一个旋转天平上,在那里它们被设置成不同的攻角并以不同的旋转速率旋转。平衡测量模型在旋转时的空气动力和力矩。

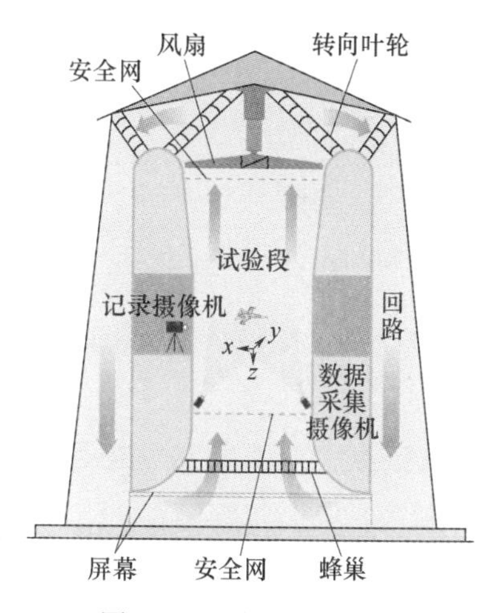

图3-62 美国国家航空航天局垂直旋转风洞

图3-63 投入美国国家航空航天局20英尺垂直旋转风洞试验段的飞机模型
(资料来源:美国国家航空航天局)

7. 美国国家全尺寸空气动力学综合设施

世界上试验区域最大的风洞是位于加利福尼亚州美国国家航空航天局艾姆斯研究中心的国家全尺寸空气动力学综合设施(National Full-Scale Aerodynamics Complex,NFAC)(图3-64)。NFAC由两个大型试验单元组成,一个试验单元40英尺×80英尺(12m×24m),另一个为80英尺×120英尺(24m×

37m),它们都连接到一个通用的风扇驱动系统(图 3-65)。通过移动壁式百叶窗系统,来自风扇的空气被吸入试验段。40 英尺×80 英尺风洞是闭环设计,80 英尺×120 英尺风洞是开环设计。大型试验段能够对全尺寸飞机进行试验,如图 3-66 所示。全尺寸波音 737 客机可在 80 英尺×120 英尺的风洞中进行试验。在 40 英尺×80 英尺的风洞中可以获得高达 300kn(340 英里/h,560km/h)的试验速度,在 80 英尺×120 英尺的风洞中,试验速度可以达到 110kn(130 英里/h,200km/h)。NFAC 风扇驱动系统由 6 个直径 40 英尺(12m)的变桨距风扇组成,每个风扇都配有 15 个层压叶片。22500 马力(16800kW)的电动机为风扇提供动力。6 台电动机的运转需要 1.06×10^5kW(142000 马力)的电力。风扇驱动系统提供高达 60t/s 的空气质量流(54000kg/s)。

图 3-64 美国加利福尼亚州莫菲特场的国家全尺寸空气动力学综合设施(NFAC)
(资料来源:美国国家航空航天局)

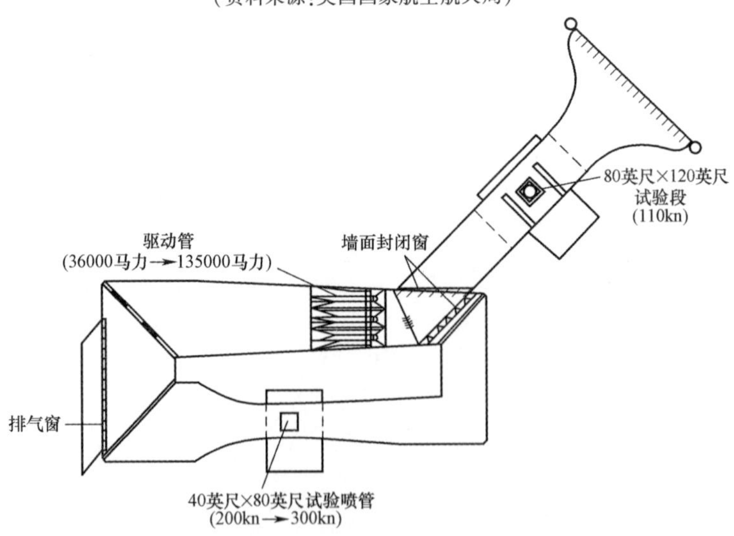

图 3-65 NFAC 40 英尺×80 英尺闭口和 80 英尺×120 英尺开口风洞试验段
(来源:美国国家航空航天局)

图3-66 安装在NFAC 80英尺×120英尺风洞试验区的F-18飞机
(资料来源:美国国家航空航天局)

例3.11 在风洞试验中匹配马赫数或雷诺数

小型超轻型飞机的矩形机翼翼展为20英尺(6.1m),弦长3.5英尺(1.1m)。该飞机模型的机翼弦长为0.7英尺(0.21m),在风速为170英里/h(273.6km/h)的风洞中进行试验,测量后得知升力为17.8磅力(79.2N)。假设风洞与飞行的马赫数是匹配的,试求相应的全尺寸飞机飞行升力是多少?假设风洞与飞行的雷诺数匹配,相应的飞行空速是多少?

解:

为了匹配风洞与飞行的马赫数,飞行中的升力与风洞中测量的升力式(3-233)有关。飞行中的升力计算为

$$L_{\mathrm{f}}=\frac{S_{\mathrm{f}}}{S_{\mathrm{w}}}L_{\mathrm{w}}=\frac{b_{\mathrm{f}}c_{\mathrm{f}}}{b_{\mathrm{w}}c_{\mathrm{w}}}L_{\mathrm{w}}$$

全尺寸机翼的展弦比(AR)为

$$\mathrm{AR}=\frac{b_{\mathrm{f}}}{c_{\mathrm{f}}}=\frac{20\text{英尺}}{3.5\text{英尺}}=5.71$$

由于全尺寸飞机的机翼展弦比与风洞模型相同,故模型翼展为

$$b_{\mathrm{w}}=\mathrm{AR}\cdot c_{\mathrm{w}}=5.71\times 0.7\text{英尺}=4.0\text{英尺}$$

在飞行中的升力方程中代入数值,有

$$L_{\mathrm{f}}=\frac{20\text{英尺}\times 3.5\text{英尺}}{4\text{英尺}\times 0.7\text{英尺}}\times 17.8\text{磅力}=445.0\text{磅力}$$

因此,风洞模型测得的17.8磅力升力对应飞行中的445.0磅力升力。

如果雷诺数在风洞和飞行之间是匹配的,则可以写为

$$Re_f = \frac{\rho_\infty v_f c_f}{\mu_\infty} = Re_w = \frac{\rho_\infty v_w c_w}{\mu_\infty}$$

式中：Re_f为飞行中的雷诺数；Re_w为风洞雷诺数。

假设来流密度和黏度在飞行和风洞中是一样的，有

$$v_f c_f = v_w c_w$$

求飞行中的空速，有

$$v_f = v_w \frac{c_w}{c_d} = 170\text{ 英里}/\text{h} \times \frac{0.7\text{ 英尺}}{4\text{ 英尺}} = 29.75\text{ 英里}/\text{h}$$

因此，模型在风洞试验中的170英里/h的速度与飞行中全尺寸飞机29.75英里/h的空速相对应。

3.7.5 GTT：计算流体力学

下面讨论一种地面试验技术，用于计算飞行器上的力和力矩，这与使用风洞试验设备在物理模型上进行测量有很大不同。目前的方法可以认为是一个“数值风洞”，使用计算机和计算流体力学（CFD）来模拟物体周围的空气流动。除了风洞试验和飞行试验，CFD也是航空航天工程分析和设计的关键方法。

通过一组具有适当边界条件的非线性偏微分方程，可以在数学角度定义物体上的可压缩流动。然而，对于一个复杂的几何形状，如一架完整的飞机，对这些控制方程进行求精确的解析解是很困难的。那么如何去解这一复杂的微分方程组呢？让我们看一下将偏微分方程转换为我们可以求解的形式的方法。

设想在F-18战机上有一个流场，将流场某一点的压强定义为$p_{i,j}$，点(i,j)表示二维空间中某处的位置(x,y)，如图3-67所示。现在，我们想知道在下游某点$(i+1,j)$的压强在x方向上是如何变化的，点$(i+1,j)$的压强被写成关于点(i,j)的泰勒级数：

$$p_{i+1,j} = p_{i,j} + \left(\frac{\partial p}{\partial x}\right)_{i,j}\Delta x + \left(\frac{\partial^2 p}{\partial x^2}\right)_{i,j}\frac{(\Delta x)^2}{2} + \left(\frac{\partial^3 p}{\partial x^3}\right)_{i,j}\frac{(\Delta x)^3}{6} + \cdots \tag{3-246}$$

式（3-246）的$p_{i+1,j}$是在无穷多个高阶项或两点之间的距离Δx趋近于零的精确表达式。解出式（3-246）中的第一个偏导项，有

$$\left(\frac{\partial p}{\partial x}\right)_{i,j} = \frac{p_{i+1,j} - p_{i,j}}{\Delta x} - \text{HOT} \tag{3-247}$$

式中：Δx为点(i,j)和$(i+1,j)$之间沿x方向的距离；HOT表示高阶项。如果忽略高阶项，则将一阶偏导数近似为

$$\left(\frac{\partial p}{\partial x}\right)_{i,j} \approx \frac{p_{i+1,j} - p_{i,j}}{\Delta x} \tag{3-248}$$

压强的偏导数用一个代数差商近似，这个差商是用压强在(i,j)和$(i+1,j)$点上的离散点值来计算的。

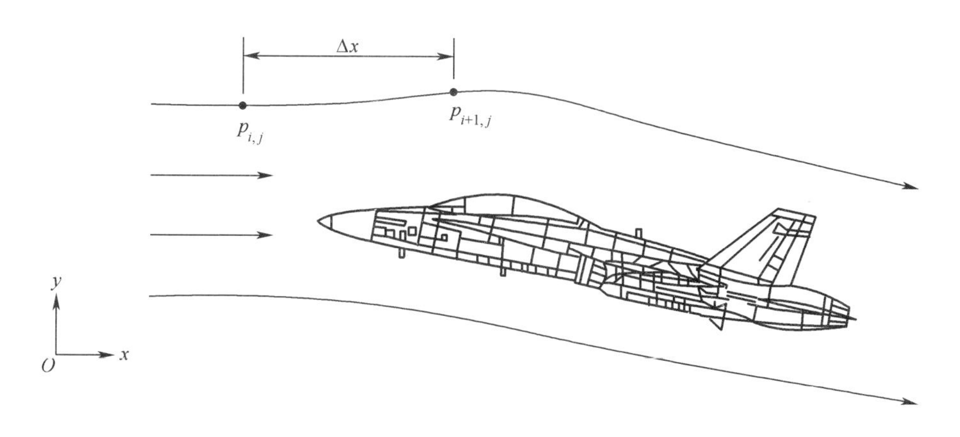

图 3-67 F-18 战机上流场中的两个 CFD 网格点

用同样的原理,可以将描述 F-18 战机流场的偏微分方程转化为代数方程。这些变换方程是流动控制方程的一种近似形式,但仍包含着控制方程所体现的物理特性。现在,假设我们对整个流场和飞机表面划分网格。控制方程的代数形式现在通过将偏微分项作为代数差商来进行数值求解,如式(3-248)所示。在 CFD 的理论中,将偏微分方程转化为一组代数方程,在整个流场的网格点上求解,称为离散化。各种数值方法用于在时间或空间中计算流场的解。我们的简单例子与 CFD 有限差分数值方法有关,其中代数差商称为有限差分。结果是流场中所有网格点的一组数字,用于表征流场的属性,如压强、温度、速度、马赫数等。

二维翼型上的 CFD 网格示例如图 3-68 所示。图 3-69 显示了复杂三维物体(飞机机翼、发动机机舱和挂架)周围的 CFD 网格的特写。图 3-69 中的机翼

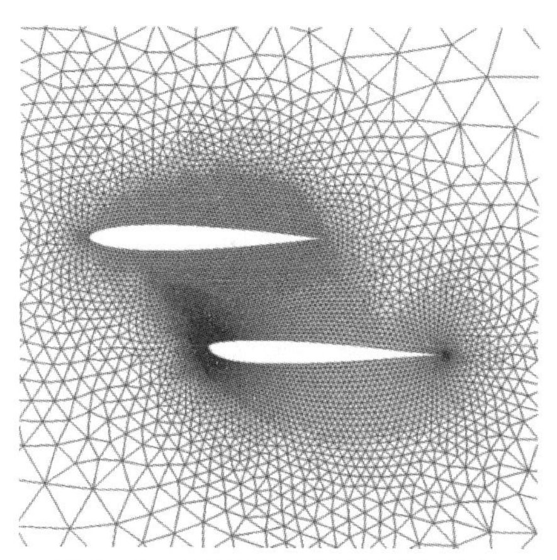

图 3-68 围绕两个翼型的计算流体动力学(CFD)网格
(资料来源:美国国家航空航天局)

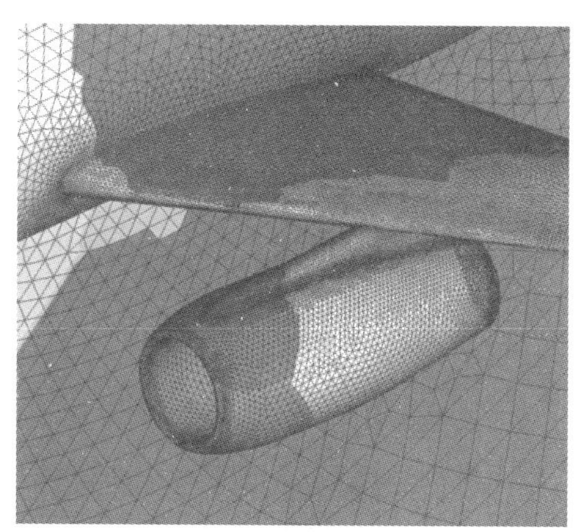

图 3-69 飞机机翼、发动机机舱和挂架周围的计算流体力学(CFD)网格特写
(资料来源:美国国家航空航天局)

附近和三维体表面上有更多的网格点。当网格间距趋于零时,泰勒级数近似逼近精确方程。通过使网格点之间的距离或网格间距更小来提高数值解的精度。因此,需要更高的网格密度才能更准确地解析物体表面的物理性质,那里有更大的流体特性梯度,如速度梯度。网格几何形状不是简单的矩形或立方体,而是一个复杂的多边形图案。这些复杂的网格几何形状允许更精确地分析要分析的二维或三维几何形状。尽管这些网格看起来比我们的简单示例复杂得多,但是对这些流场应用的 CFD 基本概念是相同的。

为什么不使用间距几乎无限小的点网格来覆盖整个流场和体表面,进而获得更高精度的流场特性?下面讨论一下 CFD 的“硬件”或“设施”。CFD 网格在复杂几何图形上通常需要数百万个网格点。限制因素现在变成了计算机存储能力和计算速度,是否可以允许在这么多网格点上执行大量计算。即使有了现代的超级计算机,可以允许的网格密度也是有限的,并且同时完成这么多计算也是不现实的。另一个需要考虑的因素是,在一些流动特性梯度较小的区域可能不需要高密度网格,例如靠近自由流边界的区域,那里的流场更加均匀。为 CFD 问题划分适当的网格是实现精确解决的关键要素,这也是 CFD 研究的热门方向。许多软件专门设计用来执行 CFD 问题的网格划分部分。当然,所使用的数值方法类型对计算结果所花费的时间和计算结果的准确性有很大影响。使用哪种数值方法或 CFD 求解方法,其选择取决于许多因素,例如流场的状态、几何形状和所需精度。CFD 求解方法的发展和改进也是 CFD 研究的一个热门方向。

直升机旋翼叶片翼型截面上流场的 CFD 模拟如图 3-70 所示。旋翼叶片截面上复杂的涡旋流动非常明显。图 3-71 为“猎户座”飞船上方高超声速流动的 CFD 模拟。CFD 的结果可以为用户提供大量的“数据”,并以令人印象深刻的图形显示,但必须始终注意这些结果的准确性取决于 CFD 所依据的控制方程中包含的物理特性。如果基本控制方程和适当的边界条件没有正确捕获感兴趣的物理特性,尽管 CFD 能够产生大量的数值结果和令人印象深刻的图形,但其结果可能无效。

图 3-70 直升机旋翼叶片翼型截面上流场的 CFD 模拟

(资料来源:美国国家航空航天局)

图 3-71 马赫数约为 23 的“猎户座”飞船上方高超声速流动的 CFD 模拟
(资料来源:美国国家航空航天局)

计算流体动力学已经成为航空航天工程中一种非常强大的分析和设计工具。事实上,它已经渗透到其他许多研究领域,这些领域对气体或液体的流动很感兴趣。它既适用于飞机、火箭、潜艇、汽车和建筑物上的外部流动,也适用于喷气发动机、火箭尾喷管甚至风洞的内部流动。CFD 使工程师能够分析一些在风洞中无法复制的流场,在航空航天工程中的使用量呈指数级增长,几乎所有拥有计算机的人(甚至是私人的小型计算机)都可以获得强大的空气动力学分析和设计能力。

3.7.6 FTT:稳定滑翔时升力和阻力

利用风洞获得飞机的空气动力学数据通常涉及在中等亚声速下的子尺度模型的试验,因为在高飞行速度下大型飞机通常不可能进行全尺寸测试。虽然风洞试验是预测飞机气动特性的可行方法,但存在一些可能降低测量精度的问题。这些问题包括来自模型支撑系统或风洞壁的气动干扰。这种干扰会改变模型上的压强分布,从而导致测量的升力和阻力不够精确。另一个主要的问题是风洞与飞行雷诺数的匹配,这会影响边界层的类型以及随后的表面摩擦阻力和压差阻力。

最理想的情况是能够在实际飞行中获得全尺寸飞机的空气动力学数据。对于所有飞机而言,这可能不是一项简单或实际的任务,特别是如果想要的空气动力学数据超过飞行器飞行包线很大一部分。然而,有几种飞行试验技术(FTT)可以被用来获取全尺寸飞机在飞行中的升力和阻力数据。在本节中,将介绍一种简单的飞行试验技术,该技术用于获取飞机在稳定滑翔飞行(飞机在恒定空速下以零推力飞行)中的升力和阻力。由于需要精确地建模或测量飞行中的推力并校正推进系统影响的阻力系数,因此增加推力使得数据收集和分析更加困难。使用其他几个航模 FTT 来获得飞行中的飞机的升力和阻力是可行的,这将在本章后面进行讨论。

为了了解这种飞行试验技术,我们驾驶北美航空公司(NAA) P-51B“野马”战斗机,这是一种在第二次世界大战期间使用的单座远程战斗机。P-51 是第一架采用层流翼型的飞机,能够在机翼上推动低阻力层流。P-51“野马”战斗机在 1940 年 10 月 26 日首飞。更具体地说,我们驾驶的是 XP-51B 试验飞机,这种飞机是 20 世纪 40 年代和 50 年代 NACA 用于飞行研究的,如图 3-72 所示。XP-51B 的三视图如图 3-73 所示,选用规格如表 3-8 所列。XP-51B 是一款带有可伸缩起落架的下单翼飞机,由英国劳斯莱斯 Merlin 发动机的其中一个版本即 1500 马力的 Packard V-1650、液冷式增压 V-12 活塞发动机,提供动力。

图 3-72 NACA XP-51B“野马”战斗机
(资料来源:D. D. Baals 和 W. R. Corliss,NASA SP-440,1981 年,文献[14])

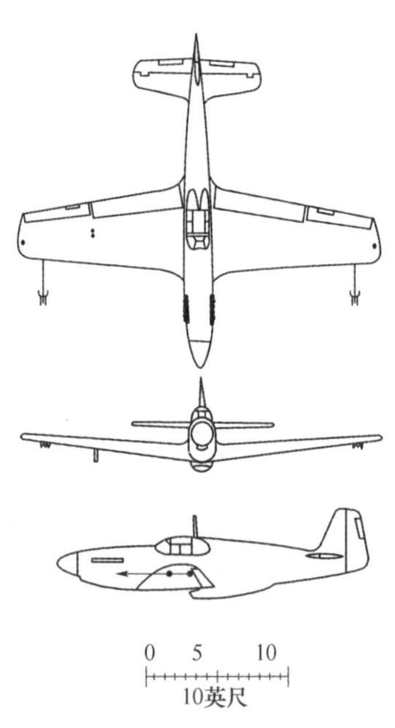

图 3-73 NACA XP-51B 试验飞机三视图
(资料来源:Nissen 等,NACA ACR 4 K02,1945 年,文献[55])

然而,以零推力驾驶这架飞机滑翔飞行,不会使用这台发动力提供的巨大马力,甚至在飞行试验中这台发动机不会运转,事实上,4 个直径为 11 英尺 2 英寸(3.40m)的哈密顿标准螺旋桨叶片已从飞机上拆下。由于在发动机排气或螺旋桨旋转的过程中无法精确测量推力,因此在测量推力时,应使发动机停止运行,并拆除螺旋桨。如果无法精确测量或准确预测飞行推力,那么就不能在任何允许的精确度范围内确定飞行阻力。如果发动机停止运转,则需安装液压泵和电池为襟翼和起落架提供动力。

表 3-8 NACA XP-51B 试验配置选用规范

项 目	规 格
主要功能	远程战斗机,后用于飞行研究
制造商	加利福尼亚州洛杉矶北美航空公司
机组人员	1 名飞行员
试验质量	7335 磅(3327kg)
翼展	37.03 英尺(11.29m)
机翼参考面积	233.2 英尺^2(21.66m^2)
翼载荷	31.4 磅力/英尺^2(153kgf/m^2)
机翼展弦比	5.815
翼剖面/翼型	NACA 低阻翼型,层流翼型

美国国家航空咨询委员会于 1945 年针对动力飞机展开这一不同寻常的滑翔飞行试验,且已在试验之前将螺旋桨拆除[54]。在那时,通过风洞获取的飞行阻力数据在精确度上受到了质疑,尤其是在高亚声速的情况下。NACA XP-51 的滑翔飞行试验旨在针对风洞数据获取全尺寸飞机的高质量气动数据。为了收集风洞数据,需在美国国家航空航天局艾姆斯研究中心 16 英尺(4.9m)的风洞(风洞试验段的直径为 16 英尺)中对 1/3 尺寸的 XP-51 飞机模型(螺旋桨已拆除)进行试验。在发动机停止运行、螺旋桨已拆除的前提下,全尺寸 XP-51B 试验飞机的配置最适宜进行滑翔飞行试验,也有利于与风洞数据进行对比。当然,在试验开始之前,必须接受在无动力情况下进行“螺旋桨停转”的飞行安全风险。在慕洛克干湖(现在的加利福尼亚州爱德华兹空军基地)进行飞行试验可以降低这一风险,因为这里有大面积的干涸湖床可作为无动力滑翔机的着陆地。

但是,由于试验飞机没有发动机,那么怎样才能使飞机上升到滑翔高度呢?这里使用的是滑翔机飞行员通常采用的技术,即由另一架飞机将其拖到高空。在美国 NACA 的试验中,由诺斯罗普 P-61“黑寡妇”战斗机将 XP-51 拖到高空。“黑寡妇”的设计初衷是使用雷达技术拦截敌人的轰炸机,尤其擅长夜间作战。

现在准备进行滑翔飞行试验。首先,驾驶员需坐在 XP-51B 的驾驶座上,系好安全带;之后,通过两条较长的拖缆将 XP-51B 绑定在 P-61 上。一切准备就绪后,由 P-61 将 XP-51B 拖到拟定飞行试验高度,即 28000 英尺(8500m),如图 3-74 所示。上升过程非常安静,这很正常,因为 1500 马力的帕卡德发动机并未启动。到达28000英尺的高空之后，“黑寡妇”使飞机保持平稳状态，这时便可开始滑翔试验。拉下拖缆的释放手柄，只听“当”的一声，拖缆便与飞机机头脱离。牢牢握住驾驶杆，使飞机在略低于地平线的高度以俯仰姿态飞行，并保持空速恒定。为了使滑翔飞行始终处于平稳的飞行状态，设定空速 v_∞ 为恒定值。我们可以在不同的恒定空速中进行滑翔试验，以获取不同空速或马赫数下的试验数据。

图 3-74　由 P-61 拖向高空的 XP-51B 试验飞机

（资料来源：E. P. Hartman. Adventures in Research: A History of the Ames Research Center, 1940—1965年，NASA SP-4302，1970年）

飞机一直处于平稳的滑翔状态，如图3-75所示。即使是在下降过程中，飞机也能保持力系平衡，因此，飞机不会加速，空速一直恒定。如自由体受力图3-75所示，飞机的空速为 v_∞，攻角为 α，航迹角（水平线与来流速度之间的角）为 $-\gamma$。θ 为航迹角的负值。作用在飞机上的力包括升力 L、阻力 D 和重力 W。

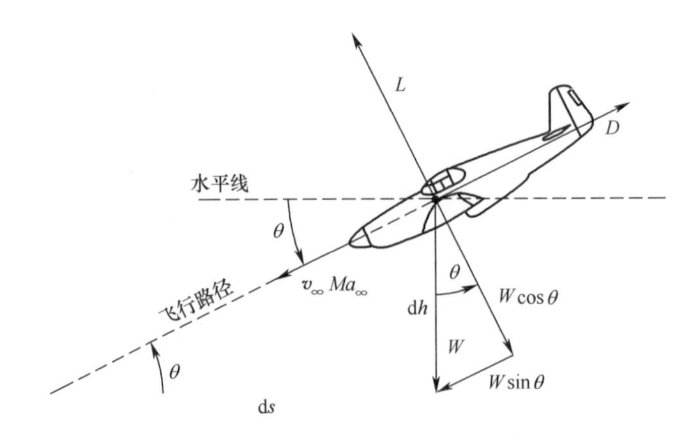

图 3-75　平稳滑翔状态下的 XP-51B

将牛顿第二定律应用到飞机上，将垂直于速度矢量的所有作用力加起来，可

以得到

$$\sum F_{\perp \boldsymbol{v}} = ma_{\perp} = L - W\cos\theta = 0 \tag{3-249}$$

式中,加速度为零,因为飞机一直保持平稳的匀速飞行状态。

将平行于速度矢量的所有作用力加起来,可以得到

$$\sum F_{\parallel \boldsymbol{v}} = ma_{\parallel} = D - W\sin\theta = 0 \tag{3-250}$$

式中,加速度仍然为零。

分别求出式(3-249)中的升力和式(3-250)中的阻力,可以得到

$$D = W\sin\theta \tag{3-251}$$

$$L = W\cos\theta \tag{3-252}$$

根据升力系数 c_L 和阻力系数 c_D 的定义,可求出式(3-251)和式(3-252)中的系数值:

$$c_L = \frac{W}{q_\infty S}\cos\theta \tag{3-253}$$

$$c_D = \frac{W}{q_\infty S}\sin\theta \tag{3-254}$$

在飞机处于平稳滑翔状态的前提下,式(3-253)和式(3-254)分别为飞机升力系数和阻力系数的表达式,式中,飞机的重力为 W,飞行动压为 q_∞,机翼面积为 S,航迹角为 θ。

对于试验飞机而言,试验重量为 W,机翼参考面积为 S(表 3-8),二者在滑翔过程中均属于常量。假设来流密度 ρ_∞ 在收集数据的高度范围内是一个常量,飞行动压 q_∞ 可计算为

$$q_\theta = \frac{1}{2}\rho_\infty v_\infty^2 \tag{3-255}$$

用式(3-253)除以式(3-254),可以得到升阻比 L/D 的表达式为

$$\frac{L}{D} = \frac{W\cos\theta}{W\sin\theta} = \frac{1}{\tan\theta} \tag{3-256}$$

可见,平稳滑翔状态下的升阻比仅仅是航迹倾角 θ 的函数。将求解航迹倾角 θ 的式(3-256)变形,可以得到

$$\theta = \arctan\left(\frac{1}{L/D}\right) \tag{3-257}$$

滑翔航迹角 θ 与升阻比 L/D 成反比,也就是说,滑翔角越小,升阻比 L/D 越大,反之,滑翔角越大,升阻比 L/D 越小。当飞机的滑翔角为 $\theta_{\min}$ 时,升阻比达到最大值,即 $(L/D)_{\max}$。

$$\theta_{\min} = \arctan\left[\frac{1}{(L/D)_{\max}}\right] \tag{3-258}$$

如图 3-75 所示,航迹角也可定义为位移增量的垂直分量 dh 和飞机位移增

量的水平分量 ds 的关系。用这些分量除以测量位移时的时间增量,得

$$\tan\theta = \frac{\mathrm{d}h}{\mathrm{d}s} = \frac{\mathrm{d}h/\mathrm{d}t}{\mathrm{d}s/\mathrm{d}t} = \frac{\mathrm{d}h/\mathrm{d}t}{v_\infty} \tag{3-259}$$

式中:v_∞ 为飞机的总速度;$\mathrm{d}h/\mathrm{d}t$ 为飞机的下降率。

因此,将式(3-257)和式(3-259)联立,得

$$\theta = \arctan\left(\frac{1}{L/D}\right) = \arctan\left(\frac{\mathrm{d}h/\mathrm{d}t}{v_\infty}\right) \tag{3-260}$$

因此,通过测量飞机的下降率 $\mathrm{d}h/\mathrm{d}t$ 可以算出航迹角 θ 的大小。基于此,每15s 记录一次飞行高度,可以得到高度与时间之间的时间关系曲线图,进而计算下降率。之后,将下降率代入式(3-260),可计算出航迹角的大小。算出航迹角之后,便可通过式(3-253)、式(3-254)和式(3-256)分别计算出升力系数、阻力系数和升阻比。

美国 NACA 在滑翔试验中并没有使用上述方法,而是使用安装在飞机上的灵敏加速计,根据纵向减速的测量值来获取升力和阻力。NACA 滑翔试验和 NACA 风洞试验的阻力数据对比如图 3-76 所示。飞行数据完全符合马赫数范围内的风洞数据,包括可能会出现压缩性效应的马赫数较高的情况。

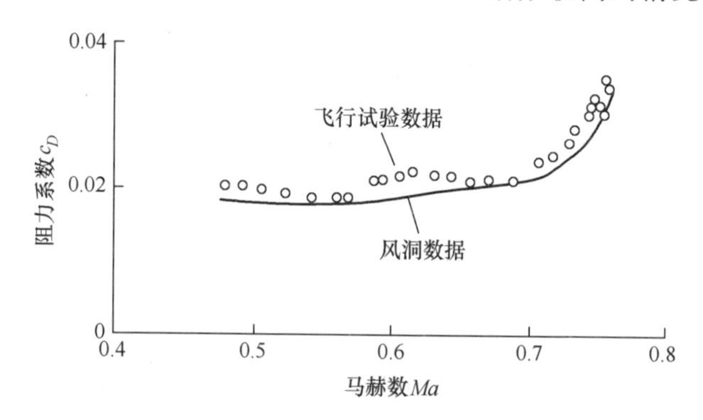

图 3-76　XP-51 滑翔试验和风洞试验的阻力数据对比
(资料来源:数据转载于 Nissen 等,NACA ACR 4 K02,1945 年,文献[55])

在升力和阻力的精确度上,通过 NACA 加速计测量的方法要优于该 FTT 提出的计算方法。实际上,根据高度和时间曲线的斜率计算出的下降率对数据的不精确性非常敏感,可能会导致错误的结果。但是,当前的技术主要适用于平稳滑翔状态下的升力和阻力。下列问题范例根据 FTT 为平稳滑翔状态下的升力和阻力提供了数值计算。

例 3.12　XP-51 滑翔飞行试验

在 XP-51 中完成滑翔飞行试验,飞机的选用规格如表 3-8 所列。在 26000~24000 英尺的飞行高度内(可根据 25000 英尺的高度假设来获取大气数据),滑翔飞行的恒定空速为 315kn(马赫数为 0.523)。在此期间记录滑翔高度与滑翔

时间之间的数据关系,根据这一数据,可确定下降率 dh/dt 为 2990 英尺/min。在该滑翔试验中,试计算出飞机的航迹角、升力系数、阻力系数和升阻比。

解:

首先,将空速或来流速度 v_∞ 的单位节转换为统一单位。

$$v_\infty = 315\frac{\text{n mile}}{\text{h}} \times \frac{6076}{3600}\frac{\text{英尺}/\text{n mile}}{\text{s/h}} = 531.7\frac{\text{英尺}}{\text{s}}$$

根据式(3-260),可得出航迹角 θ 为

$$\theta = \arctan\left(\frac{dh/dt}{v_\theta}\right) = \arctan\left(\frac{2990\dfrac{\text{ft}}{\text{min}} \times \dfrac{1}{60}\dfrac{\text{min}}{\text{s}}}{531.7\ \text{英尺}/\text{s}}\right) = 5.354^\circ$$

根据式(3-256),可得出升阻比 L/D 为

$$\frac{L}{D} = \frac{1}{\tan\theta} = \frac{1}{\tan 5.354^\circ} = 10.67$$

根据附录 C,如果飞行高度为 25000 英尺,那么来流密度 ρ_∞ 为 0.0010663 slug/英尺^3,来流动压 q_∞ 为

$$q_\infty = \frac{1}{2}\rho_\infty v_\infty^2 = \frac{1}{2} \times 0.0010663\frac{\text{slug}}{\text{英尺}^3} \times 531.7\frac{\text{英尺}^3}{\text{s}} = 150.5\frac{\text{磅}}{\text{英尺}^2}$$

如表 3-8 所列,飞机重量 W 为 7335 磅,机翼参考面积 S 为 233.2 英尺^2。将其代入式(3-253)中,可得出升力系数 c_L 为

$$c_L = \frac{W}{q_\infty S}\cos\theta = \frac{7335\ \text{磅}}{150.5\dfrac{\text{磅}}{\text{英尺}^2} \times 233.2\ \text{英尺}^2}\cos 5.354^\circ = 0.2081$$

将其代入式(3-254)中,可得阻力系数 c_D 为

$$c_D = \frac{W}{q_\infty S}\sin\theta = \frac{7335\ \text{磅}}{150.5\dfrac{\text{磅}}{\text{英尺}^2} \times 233.2\ \text{英尺}^2}\sin 5.354^\circ = 0.01950$$

3.8 二维升力形状:翼型

在本节中,我们更加精确地对产生升力远远大于阻力的二维几何图形进行描述,称其为翼型或翼剖面。翼型的形状是三维机翼的二维截面图,与流向平行。即使是一个简单的平板,也能在其与自由流形成一定的角度时产生升力。一般情况下,翼型具有一定的弯度和厚度,从而能够更加有效和高效地产生气动升力。

大自然对各种动物的外形进行了优化,使其能够在空气或水中进行更加有

效的移动。很多例子都可以表明机翼的形状模仿了动物的空气动力学流线型外形。早期的航空工程师和科学家在设计首架航空器时,就深知低阻力外形的重要性。英国的航空先驱 George Cayley 爵士曾对大自然优化过的动物外形进行深入分析,最终发现了低阻力体,他当时将其称为“最低阻力体”。在考虑鸟的气动外形之前,他首先研究了鱼和海洋哺乳动物的外形。

1809 年,George Cayley 爵士对普通鳟鱼的剖面形状进行仔细测量,如图 3-77 所示。知名空气动力学家 Theodore von Karman 认为,Cayley 绘制的鳟鱼剖面图与现代 NACA 63A016 的低阻翼型在形状上非常相似。

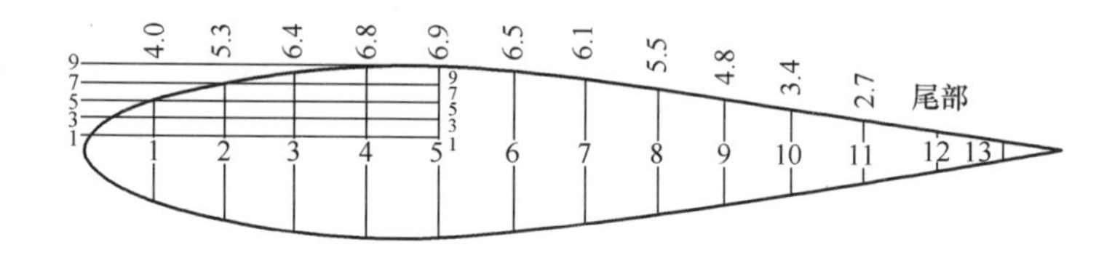

图 3-77 George Cayley 爵士绘制的普通鳟鱼剖面图,类似于现代 NACA 63A016 的低阻翼型
(资料来源:Hodgson 和 John Edmund,George Cayley 爵士的 Aeronautical and Miscellaneous Notebook
(大约在 1799—1826 年),附录包括 Cayley 的一系列论文,英国剑桥 W. Heffer&Sons
出版公司,1933 年,纽康门协会特刊第 3 期)

Cayley 根据海豚的外形设计了另一个最低阻力体,如图 3-78 所示。多年来,空气动力学家和流体动力学家一直对海豚的外形非常感兴趣,因为海豚能够在海水中快速移动。宽吻海豚的鳍和尾鳍与机翼的剖面极其相似,且其身体轮廓也类似于 NACA 0018 的对称翼型,如图 3-79 所示。

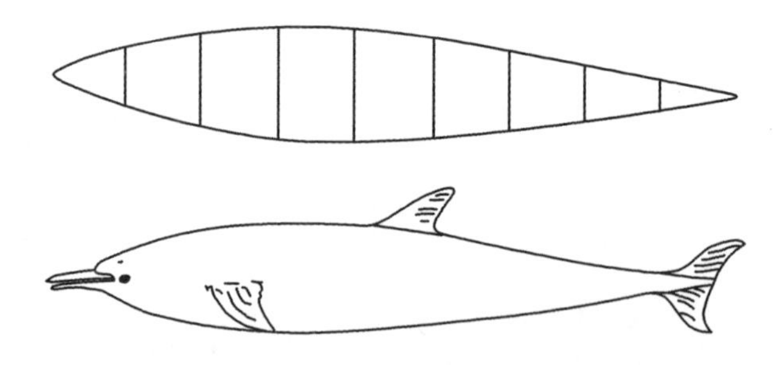

图 3-78 George Cayley 爵士根据海豚外形绘制的低阻体示意图
(资料来源:文献[33],图 23b)

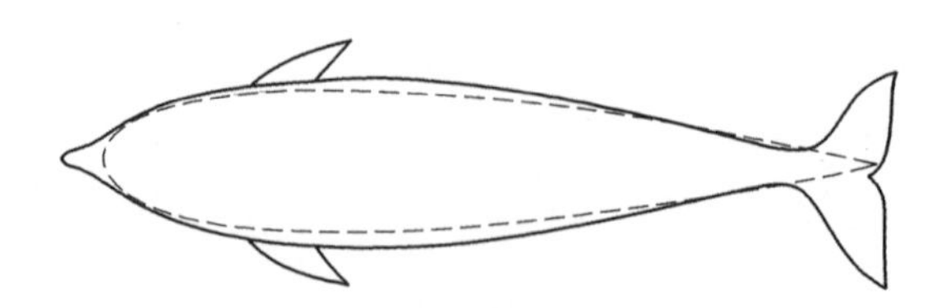

图 3-79 宽吻海豚(Tursiops Truncatus)身体轮廓与 NACA 0018 翼型(虚线)的对比图

早在19世纪初期,英国的 Horatio F. Phillips(1845—1924年)就已经开始对机翼的形状进行研究。他设计的风洞通过对蒸汽进行感应从而在木管中产生气流,进而收集不同翼型的试验数据。他根据风洞试验申请了一系列翼型专利,称为曲翼,如图3-80所示。Phillips的风洞数据证实了他的观点,即有弯度或弧度的机翼能够产生相比无弯度机翼更大的升力。他还证明了升力主要来自于机翼的上表面或吸力面。

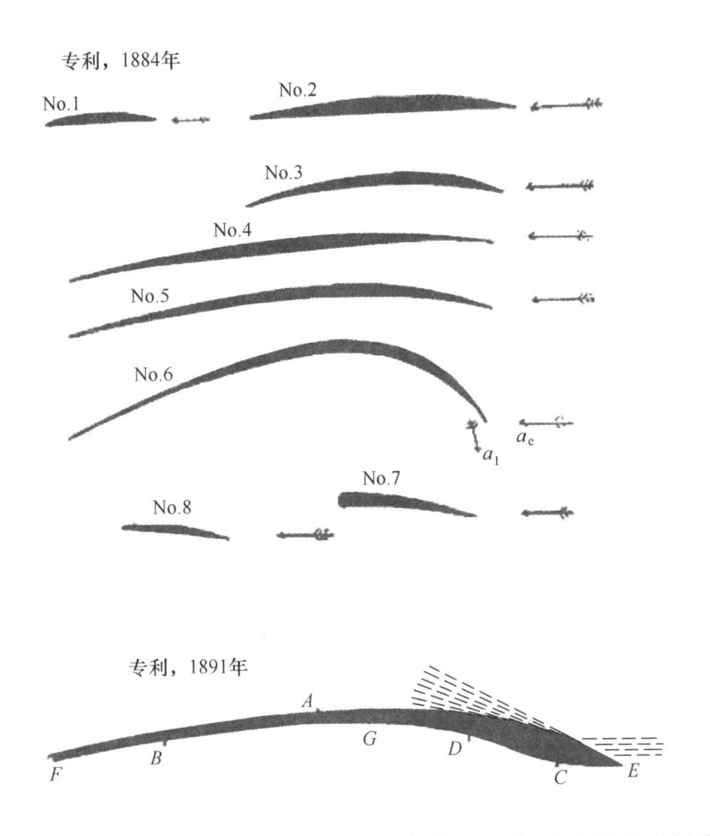

图3-80 Horatio F. Phillips的曲翼专利,1884年和1891年(空气流向从右到左)
(资料来源:Horatio F. Phillips,PD-old-70)

Phillips将其所获得的机翼试验数据应用于几架全尺寸飞机的结构中。其飞机设计的典型特征是多层叠加机翼,看起来就像一组百叶窗。他发明的首架载人动力飞机有21个叠加机翼,一个尾翼和一个拉进式螺旋桨,如图3-81所示。1904年,这架飞机完成了50英尺(15m)的短程不受控"动力跳跃",只是短暂地离开地面而已。1907年4月6日,Phillips设计的多翼机由22马力(16kW)的发动机提供动力,大约飞行了500英尺(150m)。

在航空发展早期,许多机翼都是根据小鸟翅膀的形状设计的。德国的滑翔机先驱 Otto Lilienthal(1848—1896年)是莱特兄弟的同代人,他对翱翔的小鸟,

图 3-81　Horatio F. Phillips 发明的多翼机在 1904 年完成了 50 英尺长的“动力跳跃”,1908 年
（资料来源:J. D. Fullerton,PD-old-70）

尤其是鹳,进行了广泛研究,如图 3-82 所示。在他的滑翔机设计中,仿生飞行的重要性在 *Birdflight as the Basis of Aviation* 一书中体现得淋漓尽致[29]。

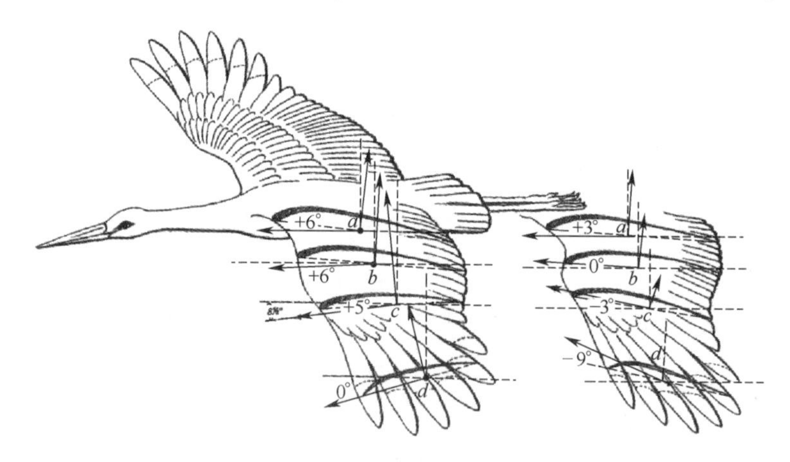

图 3-82　Otto Lilienthal 绘制的白鹳翅膀和翼剖面,1889 年
（资料来源:Otto Lilienthal,PD-old-100）

Lilienthal 认真测量小鸟的翅膀,并通过旋转臂装置对这些形状进行试验。他认识到,机翼的弯度或弧度是高升力翼型的设计重点。1891—1896 年,Lilienthal 根据其收集的机翼数据设计了一系列重量转移控制滑翔机,类似于今天的悬挂式滑翔机。Lilienthal 和他的弟弟 Gustav 驾驶滑翔机从德国柏林附近的山丘上起飞,共进行了 2000 多次飞行试验(图 3-83)。滑翔机的飞行距离为 800 多英尺(240 多米)。但不幸的是,1896 年 8 月 9 日,Otto Lilienthal 在驾驶一

架滑翔机的时候失去了控制,导致其从50英尺(15m)的高空坠落。尽管他在坠机的时候保住了性命,但因脖子骨折,不幸在第二天去世。他对弟弟的临终遗言是“牺牲在所难免”。

图3-83 正在进行滑翔飞行的Otto Lilienthal,大约在1895年
(资料来源:匿名,PD-old-100)

即使使用了风洞后,机翼设计仍处于反复试验的经验累积阶段,缺乏基于空气动力学理论的系统设计方法。在二十世纪三四十年代,德国哥廷根、英国皇家空军和美国NACA分别成立的空气动力学组开始针对各种翼型系列和具有共同几何特征的几组翼型进行系统研究。通过这些调查研究建立的几个翼型数据库沿用至今。不仅如此,这些参数分析通过更加系统的方法加深了人们对机翼设计的理解。翼型及其数据的某些概要如文献所示,其中最好的范例是NACA收集的数据[1](我们将在3.8.2节中对某些翼型系列进行详细探讨)。

翼型的演变如图3-84所示,从最初用于早期航空的机翼到现代机翼。莱特兄弟和法国飞机设计师布莱里奥在20世纪初期采用的早期机翼弧度较大、厚度较薄,类似于小鸟翅膀的横截面。通过反复试验,最终发现圆形的前缘和锋利的后缘最适宜飞机飞行,但在当时缺乏理论基础。随着机翼设计的不断演变,人们逐渐认识到机翼厚度的重要性。正如前文所述,英国皇家空军、德国哥廷根和美国NACA小组所设计的机翼囊括了许多此类机翼特征。哥根廷398和克拉克Y翼的设计非常成功,NACA将其视为某些机翼设计的基础。之后,NACA设计了几个翼型系列,并采用四位数、五位数和六位数的编号系统对其进行命名,具体内容请参见3.8.2节。现代机翼的形状不同于从前,完全背离了NACA设计的“经典”机翼形状。例如,Lissamon 7769机翼是低雷诺数翼型,专为低速飞行的人力飞机设计。GA(W)-1和GA-0413机翼是NASA对通用航空飞机翼型的先进设计。C-5A翼型专为超声速飞行的洛克希德C-5A“银河”运输机设计。许多现代高速机翼都是超临界翼型,旨在延迟超声速阻力的发生,详细内容将在3.11.6节讨论。

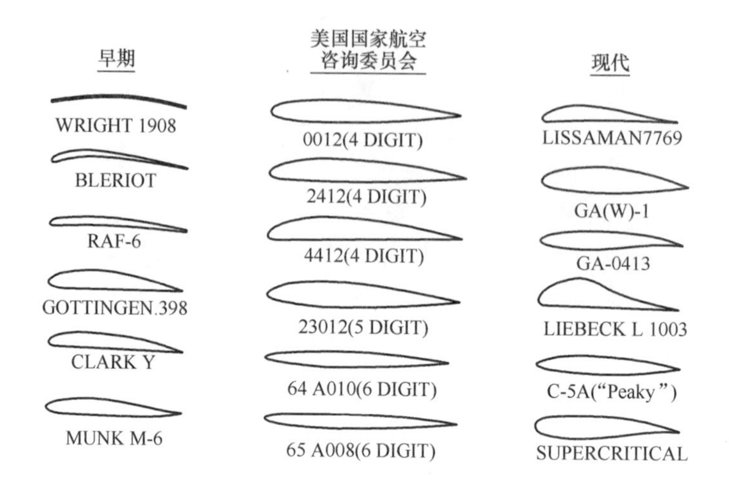

图3-84 翼型的演变

(资料来源:美国国家航空航天局,PD-USGov-NASA)

3.8.1 翼型结构和命名

有关翼型设计的系统方法如图3-85所示。先看图示最顶端的步骤①,翼型设计师首先选择最佳的机翼长度,在前缘和后缘之间画一条直线作为翼弦线。确定中弧线之后便可设置翼型的弯度,如步骤②所示。在步骤③和步骤④中,中弧线由厚度包层包裹,形成翼型的上表面和下表面。中弧线距离上表面和下表面的厚度需一致,这样才能确定上表面和下表面的中点。最终翼型如步骤⑤所示。如果步骤②中的中弧线高于翼弦线,那么该翼型属于正弯度翼型(图3-86)。如果中弧线低于翼弦线,那么该翼型属于负弯度翼型。如果中弧线与翼弦线重合,那么该翼型属于对称翼型(图3-86)。利用这种系统设计法,可生成一个翼型系列。例如,从一个共同的中弧线开始,用越来越厚的包层将弧线包裹在内,将生成不同厚度的曲面翼型系列。

翼型具有专门的命名法(图3-87),这一点在如今已显而易见。前缘和后缘分别是机翼上的最前端和最末端。前缘有一个关联半径,即上表面和下表面之间最佳尺寸的圆形半径。前缘较为锋利的翼型,例如超声速菱形翼型和双凸翼型(双凸翼型由两个相反的圆弧组成),没有前缘半径的说法(图3-86)。连接前缘和后缘的直线即为翼弦线,简称为弦线。中弧线,有时称为MCL,也位于前缘和后缘之间,与上表面和下表面之间的距离相等。翼型的弯度是指中弧线和翼弦线之间的距离,应在垂直于翼弦线的方向进行测量。最大弯度是MCL和翼

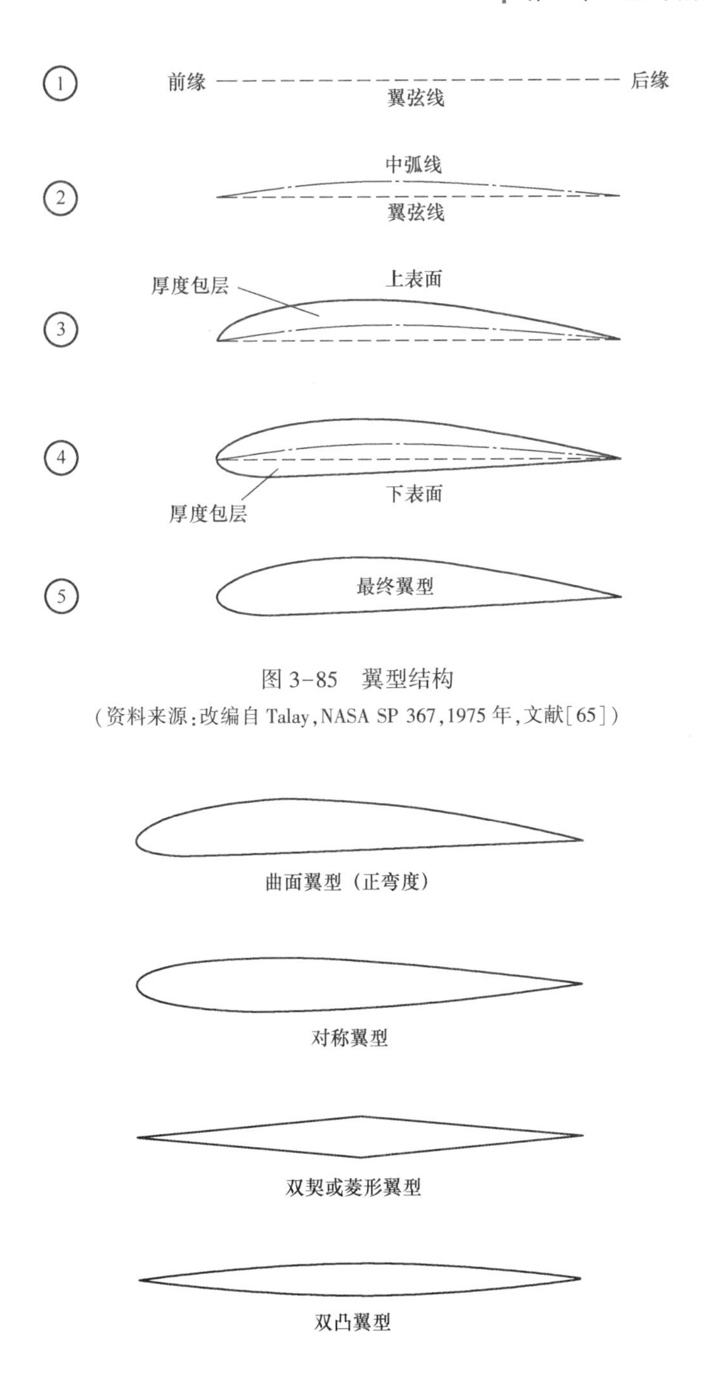

图 3-85　翼型结构

（资料来源：改编自 Talay，NASA SP 367，1975 年，文献[65]）

图 3-86　翼型种类

弦线之间的最大距离，与前缘具有一定的水平距离。翼型的升力和俯仰力矩主要取决于中弧线和最大弯度。上表面和下表面之间的距离为翼型的厚度，从前缘到后缘的厚度会逐渐变化。最大厚度是指上表面和下表面之间的最大距离，与前缘具有一定的水平距离。

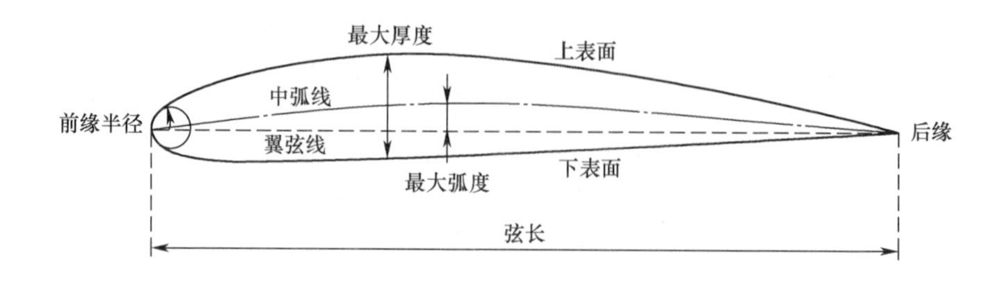

图 3-87　翼型命名

3.8.2　翼型编号系统

NACA 开发了一种编号系统来定义他们设计的不同翼型及翼型系列。大多数航空航天机构或公司也使用某种类型的编号系统用于他们的生产设计。了解 NACA 翼型编号系统是有用的，因为它能使我们对机翼的空气动力学特性深入了解，并且 NACA 系列翼型在现代飞机上仍然在广泛使用。

1937 年，NACA 报道了在兰利可变密度风洞中测试的 78 种翼型剖面特性[40]（有关该风洞的详细信息请参见 3.7.4.5 节）。这些翼型是基于 Gottingen 398 和 Clark Y 翼型具有共同厚度分布特征的相似翼型系列。在该报道中设计和测试的 78 种翼型形成了最初的 NACA 四位数系列翼型。四位数系列翼型编号系统基于翼型截面的几何形状，如表 3-9 所列。例如 NACA 4412 翼型的最大中弧线弯度等于翼弦长度的 4%或 0.04c，位于距机翼前缘 0.4c 处，厚度等于翼弦长度的 12%或 0.12c。又例如 NACA0018 翼型，该翼型的编号表明它具有零弯度和 18%翼弦长厚度。因此，我们知道，以“00”为开头两位数的 4 位数系列翼型具有零弯度，是对称翼型。

表 3-9　NACA 四位数系列翼型

数位	定　义	量　纲
1	最大弯度	翼弦百分比
2	最大弯度位置	距机翼前缘翼弦的$\frac{1}{10}$
3,4	最大厚度	翼弦百分比

NACA 开发的下一系列翼型是 NACA 五位数系列。五位数系列的编号系统基于理论空气动力学特性和翼型几何形状，如表 3-10 所列。以 NACA 23015 翼

型为例,该翼型具有 0.3 的设计升力系数①,中弧线最大弯度位于 15%翼弦长或 0.15c 处,且最大厚度为 15%翼弦长或 0.15c。

表 3-10 NACA 五位数系列翼型

数位	定义	量纲
1	设计升力系数(1.5×第一位数字)	$\frac{1}{10}$
2,3	中弧线最大弯度位置 (0.5×第二位和第三位数字)	距机翼前缘翼弦的百分比
4,5	最大厚度	翼弦百分比

最初的 NACA 六位数系列翼型是在 20 世纪 40 年代设计的,目的是为了设计低阻力翼型。这些六位数系列翼型大多被设计成能够提升机翼前部层流范围的翼型,因此这些翼型有时候也称为层流翼型。如 3.12.3 节所述,与湍流相比在翼型表面获得层流,能够获得更低的表面摩擦阻力。六位数系列翼型是在一定升力系数范围内(与攻角范围同义)设计低阻力翼型。

六位数系列翼型用五或六位数字命名。六位系列编号系统详见表 3-11,因变化较多,这里仅介绍几个主要的例子,以帮助解释六位数系列编号系统。

表 3-11 NACA 六位数系列翼型

数位	定义	量纲
1	系列名称	无
2,3	最小压力位置 (在零升力的基本对称剖面)	距机翼前缘翼弦的$\frac{1}{10}$
3(下标)	围绕设计 c_L 内低阻力区	$\frac{1}{10}c_L$
破折号或字母	空格(划线)或修改字母,例如 A	无
4	设计升力系数	$\frac{1}{10}$
5,6	最大厚度	翼弦百分比

注:如果第三位省略,则低阻力区小于 0.1。请参阅 3.8.5.2 节低阻力区的解释。

NACA 63_3-218 是一种六位数系列翼型,零升力状态下最小压力点在距前缘 0.3c 处,有利升力系数范围为±0.3,即-0.1~0.5,设计升力系数为 0.2,最大

① 设计升力系数定义为翼型具有最佳升阻比时的升力系数。在设计升力系数下飞行通常相当于在最小阻力附近飞行。围绕最小阻力附近设计升力系数即升力系数区,被称为六位数系列翼型低阻力区。

厚度为弦长的18%或0.18c。

NACA 64A204 翼型是一种6A系列翼型,其中字母A表示对六位数系列的修改。NACA 64A204 翼型的最小压力点位于距前缘0.4c处,设计升力系数为0.2,最大厚度为4%或0.04c。由于翼型第三位省略,其升力系数的低阻力区小于0.1。

本书选取了一些飞机进行讨论,这些飞机上使用的NACA和其他类型的翼型如表3-12所列。NACA翼型用于直升机的旋翼桨叶,如贝尔206L Ranger直升机,在旋翼桨叶上使用的是改进的NACA 0012翼型段。还需注意,翼梢和翼根经常使用不同的翼型。如3.9节所讨论的,沿翼展可以使用不同的翼型段来调整升力分布,特别是对于低速或失速飞行条件。

表3-12 部分飞机上使用的翼型

飞行器	翼型	
	翼根	翼梢
贝尔X-1E试验机	NACA 64A004	NACA 64A004
波音F/A-18“黄蜂”战斗机	NACA 64A005 mod	NACA 64A003-5
“比奇幸运”A36教练机	NACA 23016.5	NACA 23012
贝尔206直升机(旋翼桨叶)	NACA 0012 mod(11.3%)	NACA 0012 mod(11.3%)
塞斯纳337“天空大师”飞机	NACA 2412	NACA 2409
洛克希德F-104星式战斗机	两面凸3.36%	两面凸3.36%
洛克希德·马丁F-16“战隼”	NACA 64A204	NACA 64A204
洛克希德U-2“龙女”侦察机	NACA 63A409	NACA 63A406
F-15“鹰”战斗机	NACA 64A006.6	NACA 64A203
X-15验证机	NACA 66-005 mod	NACA 66-005 mod
XP-51“野马”战斗机	NAA/NACA 45-100	NAA/NACA 45-100
XB-70A“瓦尔基里式”轰炸机	六角形截面	六角形截面
T-38“禽爪”教练机	NACA 65A004.8	NACA 65A004.8
瑞恩NYP“圣路易斯精神”号	Clark Y	Clark Y
喷火战斗机	NACA 0013.5	NACA 0013.5

3.8.3 翼型升力、阻力及俯仰力矩

以图3-88(a)所示的翼型为例,该翼型的弦长c,攻角α,放置在速度为v_∞的自由流中。力和力矩是分布在翼型表面的压强分布p和剪应力分布τ的积分结果,如图3-88(b)所示。合力F_R可分别分解为垂直于自由流的升力L和平行于自由流的阻力D。可以将合力沿翼型弦线移动到某个点从而没有净力矩,

把该点称为压力中心,如图3-88(c)中距翼型前缘 x_{cp} 的点所示。压力中心位于翼型上压强分布的中心。如果改变翼型的攻角,则压强和剪应力分布(升力和阻力)发生变化,从而压力中心的位置发生变化。

压力中心的合力可以用等效合力和沿着弦线任何其他位置的力矩来表示。升力、阻力和力矩经常取1/4弦长处,前缘的后部(图3-88(d))或前缘处(图3-88(e))作为参考点。这些位置的俯仰力矩称为1/4翼弦力矩 $M_{c/4}$ 以及前缘力矩 M_{LE}。这两个力矩通常是攻角的函数。

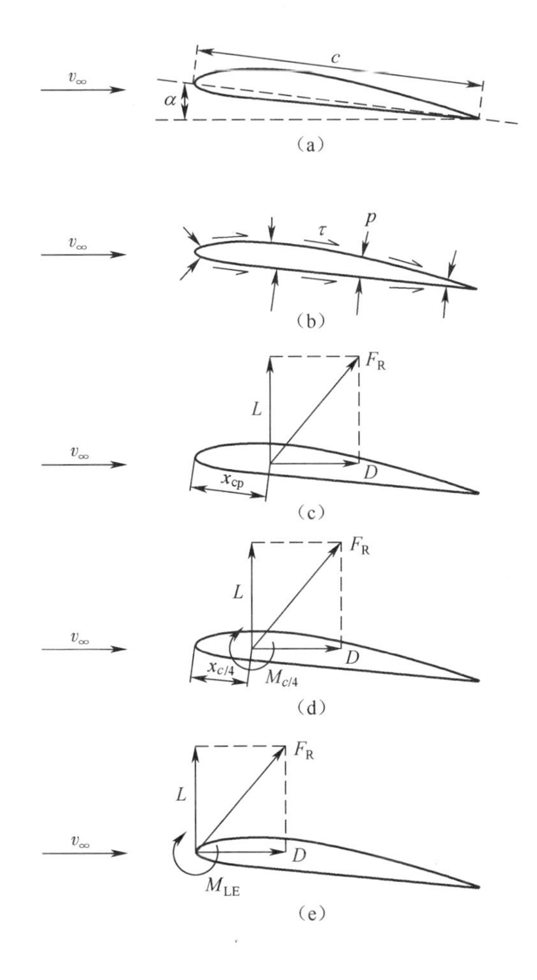

图3-88 翼型力和力矩

(a)翼型在自由流中的攻角;(b)压强和剪应力分布;(c)无力矩的升力和阻力;(d)弦长 $c/4$ 处升力、阻力和力矩;(e)前缘处升力阻力和力矩。

沿着翼弦有一称为气动中心的点,其俯仰力矩不随攻角变化而变化。需要说明的是,气动中心与没有力矩的压力中心不同,在气动中心仍有升力、阻力和

力矩 M_{ac}。压力中心位置通常位于气动中心后方,亚声速流的气动中心通常十分接近弦长 1/4 处。当流动变为超声速时,气动中心向后移向翼弦中心点 $c/2$处。

3.8.4 压力系数

3.4.3 节介绍了无量纲压力系数 c_p,在本节中,压力系数的使用有助于理解翼型表面的压力分布。利用式(2.46)给出的动压 q_∞ 的定义,我们扩展了式(3-37)给出的压力系数的定义:

$$c_p \equiv \frac{p-p_\infty}{q_\infty} = \frac{p-p_\infty}{\frac{1}{2}\rho_\infty v_\infty^2} \tag{3-261}$$

式中:p 为局部表面压强;p_∞,q_∞,ρ_∞,v_∞ 分别为自由来流的静压、动压、密度和速度。

利用理想气体状态方程式(3-61)和式(2.40)的马赫数的定义,代入式(3-37)中,动压用自由流压强 p_∞、自由流马赫数 Ma_∞ 和比气体常数 γ 表示,具体如下:

$$q_\infty = \frac{1}{2}\rho_\infty v_\infty^2 = \frac{1}{2}\frac{p_\infty}{RT_\infty}(Ma_\infty)^2 = \frac{1}{2}\frac{p_\infty}{RT_\infty}Ma_\infty^2(\gamma RT_\infty) = \frac{1}{2}\gamma p_\infty Ma_\infty^2 \tag{3-262}$$

将式(3-262)代入式(3-261),压力系数表示为

$$c_p = \frac{p-p_\infty}{\frac{1}{2}\gamma p_\infty M_\infty^2} = \frac{2}{\gamma Ma_\infty^2}\left(\frac{p}{p_\infty}-1\right) \tag{3-263}$$

式(3-261)和式(3-263)表明,压力系数表示物体表面相对于自由流压强的局部压强大小。如果表面压强 p 等于自由流压强 p_∞,则压力系数为 0。如果表面压强大于自由流压强,即 $p>p_\infty$,则压力系数为正数。压力系数为负表明局部表面压强低于自由流压强,即 $p<p_\infty$。

在图 3-89 中,以无量纲数 x/c 为横坐标,其中 c 为翼型弦长,x 为到翼型前缘的距离。以翼型上下表面的压力系数 c_p 为纵坐标。按照惯例,横坐标上方压力系数为负,下方为正。翼型下表面的压力系数大多为正,表面局部压强高于自由流压强。翼型前缘驻点处的压力系数为正,表明局部压强高于自由流压强。当空气流过上表面时,表面压强迅速下降到自由流压强以下,使压力系数为负。表面压强沿着翼型上表面增加,但保持低于自由流压强直到接近后缘。压力系数在靠近后缘附近变为正,表明表面压强已上升到略高于自由流压强。从尾部开始,沿翼型下表面向驻点,压强高于自由流压强,压力系数为正。

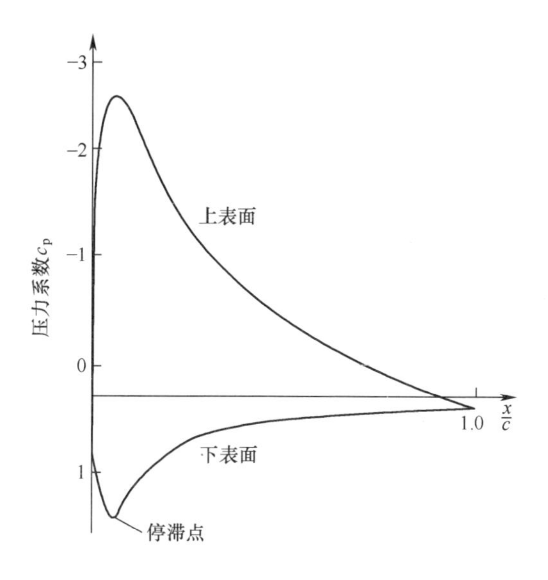

图 3-89 机翼表面压力系数分布

可以看出,在小攻角,且忽略表面摩擦力的状态下,翼型升力系数 c_l 为

$$c_l = \int_0^1 (c_{p,l} - c_{p,u}) \mathrm{d} \frac{x}{c} \tag{3-264}$$

式中:$c_{p,u}$,$c_{p,l}$分别为上、下表面压力系数。

式(3-264)中的积分是由上、下表面上的压力系数曲线所围的面积。

3.8.5 翼型升力、阻力、力矩曲线

翼型的气动数据通常由一系列标准格式的曲线图表示。包括升力曲线,即升力系数 c_l 的曲线,是攻角 α 的函数;阻力曲线,即阻力系数 c_d 曲线,相对于升力系数或攻角;俯仰力矩曲线,即俯仰力矩系数 c_m 的曲线,是升力系数或攻角的函数。回想一下,系数用小写字母表示,因为对象是二维翼型。

在本节中,针对亚声速流动,提出并讨论了这些不同翼型图的一般形式。在文献中可以找到各种翼型的试验数据,包括翼型形状的坐标数据和气动升力,阻力和力矩图。NACA 已经发表了许多关于翼型数据的技术报告,其中一个出色的汇编可以在文献[1-2]中找到。

翼型的气动系数是翼型剖面形状、攻角、雷诺数、表面粗糙度和马赫数的函数。对于低亚声速流动,翼型气动特性与马赫数无关。当压缩效应变得显著时,马赫数对于高亚声速和超声速流动的影响是显著的。无论是层流、湍流还是过渡流动,翼型表面边界层的状态都是雷诺数和表面粗糙度的函数。对于雷诺数大于 100000 和表面粗糙时,边界层通常是湍流。

3.8.5.1 翼型升力曲线

有弯度翼型的升力曲线图如图 3-90 所示，由于翼型有弯度，在零攻角时升力系数为正。对于对称翼型，升力在零攻角时为零。升力系数等于 0 的攻角定义为零升攻角，即 $\alpha_{L=0}$。对称翼型的零升力攻角为零，有弯度翼型的零升攻角为负。

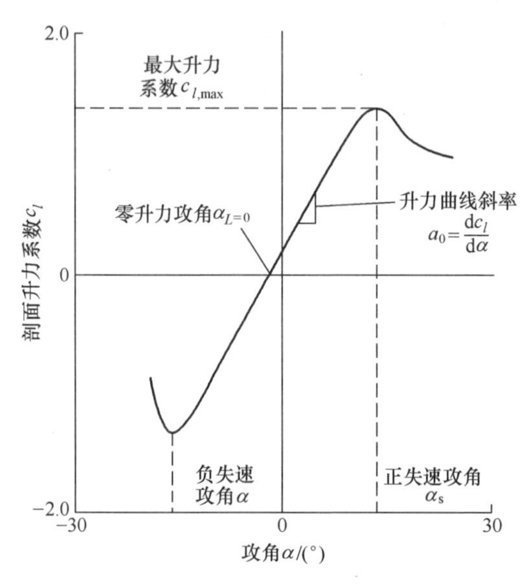

图 3-90 翼型升力系数曲线

升力曲线对于大部分攻角范围是线性的，通常从 0°到 12°~15°，取决于翼型的形状。对于负攻角，线性范围与对称翼型的正攻角范围相同，并不延伸到有弯度翼型的正攻角范围。线性升力范围通常包括飞机的正常飞行操作攻角。升力系数曲线(相对攻角)的斜率称为升力线斜率 a_0，定义为

$$a_0 = \frac{dc_l}{d\alpha} \equiv c_{l_\alpha} \tag{3-265}$$

这里引入了一个带有下标系数的导数 c_{l_α}。

基于小攻角薄翼的经典理论分析，又称薄翼理论，给出了对称翼型或有弯度翼型的升力线斜率。

$$a_0 = \frac{dc_l}{d\alpha} = 2\pi/\text{rad} = 0.1097/(°) \tag{3-266}$$

对于对称翼型，薄翼理论预测升力系数为

$$c_l = 2\pi\alpha \tag{3-267}$$

式中，攻角 α 用弧度表示。例如，如果机翼的攻角为 8°，薄翼理论预测升力系数为 0.877。

在升力系数曲线的线性范围结束时，升力系数达到最大值，称为最大升力系数 $c_{l,\max}$，然后随攻角增大而减小。常规翼型可获得的最高 $c_{l,\max}$ 为 1.8～1.9。使用高升力装置使最大升力系数显著增加（将在 3.9.3 节讨论）。

对应于最大升力系数的攻角是失速攻角 α_s，存在相应的最大负升力系数和负失速攻角。超过失速攻角之后，翼型上的流动不再是平滑和有序的，而是存在明显的分离流动区域。这导致升力的急剧损失，如失速后升力系数的降低所示。失速后升力系数曲线的形状和斜率高度依赖于翼型的形状。对于对称翼型，升力系数曲线也是对称的，与纵轴交点 $c_l=0$，最大升力系数对应的攻角甚至超过失速攻角。

升力系数曲线对雷诺数的变化相对不敏感，直到攻角接近或高于失速攻角。在这些大攻角下，由雷诺数确定的边界层的状态对于流动是保持附着还是分离是重要的。如关于黏性流动的 3.12 节所述，由于边界层中较高的平均动能，分离被湍流边界层延迟。湍流边界层可以获得更高的失速攻角，因此升力系数曲线在较大的雷诺数下延伸到这个较高的攻角。雷诺数对升力系数曲线的两个主要影响如图 3-91 所示。随着雷诺数的增加，最大升力系数 $c_{l,\max}$ 和失速攻角 α_s 都增大。

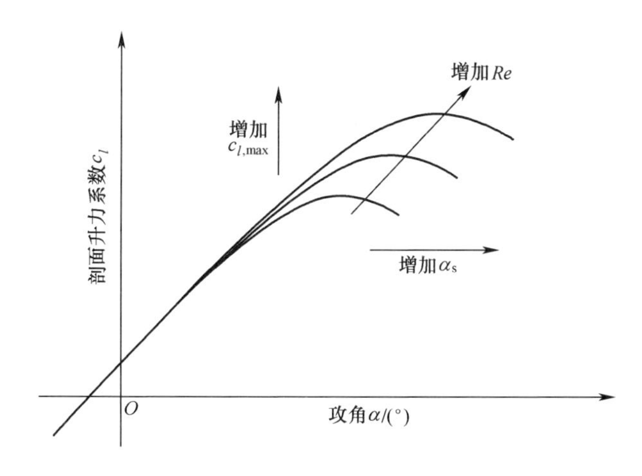

图 3-91 雷诺数对翼型剖面升力系数曲线的影响

到目前为止，我们对攻角的定义有些“模糊”。我们目前使用的翼型攻角是弦线和自由流速度之间的角度，称为几何攻角，简称为 α。图 3-90 中的升力系数曲线描绘了升力系数与几何攻角的关系。几何攻角与升力系数之间的关系如图 3-92 所示。翼型可以设置为零升攻角 $\alpha_{L=0}$ 使得其升力为零。对于有弯度翼型，零升攻角是一个负的几何攻角，如图 3-92 中左侧所示。我们可以定义一条零升力线，当翼型处于零升攻角时，它穿过平行于自由流速度的翼型部分。对于任意正攻角的翼型，如图 3-92 中右侧所示，几何攻角是弦线和自由流速度之间的夹角。当翼型设置为零升力攻角时绘制的零升力线位于弦线上方,其角度等于零升力攻角。

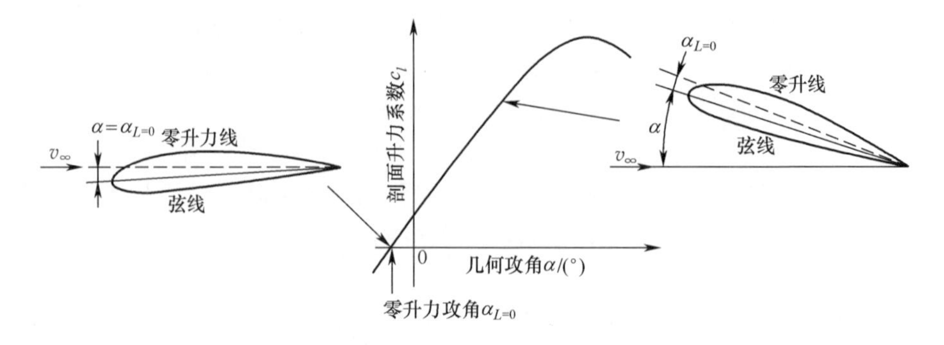

图 3-92 升力曲线与几何攻角

下面将绝对攻角 α_a 定义为自由流速度和零升力线之间的角度。绝对攻角可以表示为

$$\alpha_a = \alpha + \alpha_{L=0} \tag{3-268}$$

式中:$\alpha_{L=0}$为零升攻角的绝对值。如果我们画出升力系数与绝对攻角的关系,升力系数曲线沿横轴向右移动一个等于零升攻角的量,如图 3-93 所示。升力系数曲线通过原点,且根据定义,绝对攻角在零升力时为零。对于任意正攻角的翼型,绝对攻角 α_a 为零升力线和自由流速度之间的夹角,如图 3-93 右侧图所示。绝对攻角是空气动力学应用和其他领域(如稳定性和控制)的一个有用的概念,我们将在第 6 章中看到。

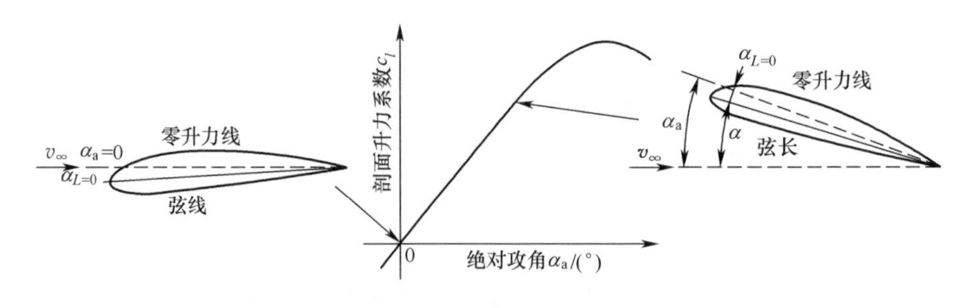

图 3-93 升力系数曲线与绝对攻角

3.8.5.2 翼型阻力曲线

图 3-94 所示为有弯度翼型剖面阻力系数 c_d 与升力系数 c_l 的关系。回顾 3.7.2.1 节,翼型的二维阻力系数称为型阻,用 $c_{d,0}$表示。在本节讨论翼型型阻时,我们仅使用 c_d,省略了附加的“0”下标。翼型型阻系数是翼型表面摩擦阻力与流动分离或形状阻力引起的压差阻力之和。

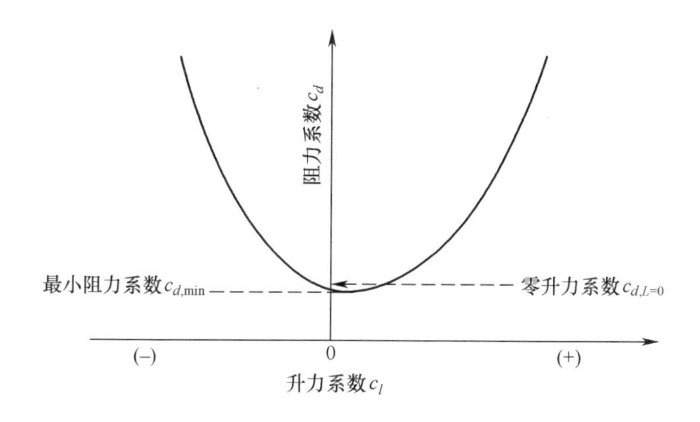

图 3-94 翼型阻力系数与升力系数的关系

阻力系数是针对线性段的升力系数绘制的,如前面部分所述。由于升力系数在线性段内与攻角线性相关,因此如果绘制阻力系数相对于攻角而不是升力系数,则获得基本上相同的阻力曲线。

在低升力系数(或低攻角)时翼型阻力主要是由表面摩擦引起的,而高升力系数(或大攻角)时主要由压差阻力引起。有弯度翼型阻力系数在低攻角时有一个最小值 $c_{d,\min}$。对称翼型的最小阻力系数对应零攻角。零升阻力系数 $c_{d,L=0}$,是与零升系数相对应的阻力系数。

对于层流翼型,在低升力系数时阻力曲线看起来略有不同,如图 3-95 所示。在低阻力范围内,有一个层流阻力漏斗,在这里阻力系数"下降"到较低值。在这个低阻力范围内,阻力系数接近其最小值。这个低阻力范围对应于低攻角的低升力系数。在翼型设计的推动下,层流比湍流边界层产生更低的表面摩擦阻力,并且在低攻角下,由于流动分离引起的压差阻力也很低。在低攻角和低升力系数范围内,低摩擦阻力和低压差阻力的结果导致"阻力漏斗",如图 3-95 所示。然而,随着攻角的增加,相比于湍流边界层,层流边界层更易于发生流动分离,导致流动分离和压差阻力增加。因此,在较高的攻角(或较高的升力系数)下,总阻力系数显著高于阻力漏斗中的阻力系数。

对于一般阻力曲线,雷诺数的增加导致层流边界层向湍流过渡。能量越大,湍流边界层越不容易发生流动分离,因此压差阻力和总阻力越低。这种趋势如图 3-96 所示,其中总阻力系数曲线随着雷诺数的增加而向低阻力系数移动。

3.8.5.3 翼型俯仰力矩曲线

翼型剖面俯仰力矩系数 c_m 曲线如图 3-97 所示。所绘制的俯仰力矩通常是关于翼型气动中心 $c_{m,\mathrm{ac}}$ 的力矩,或者是关于 1/4 弦线 $c_{m,c/4}$ 的力矩。力矩系数曲线是攻角的函数,攻角范围从线性段到失速区域。力矩系数在线性升力范围内

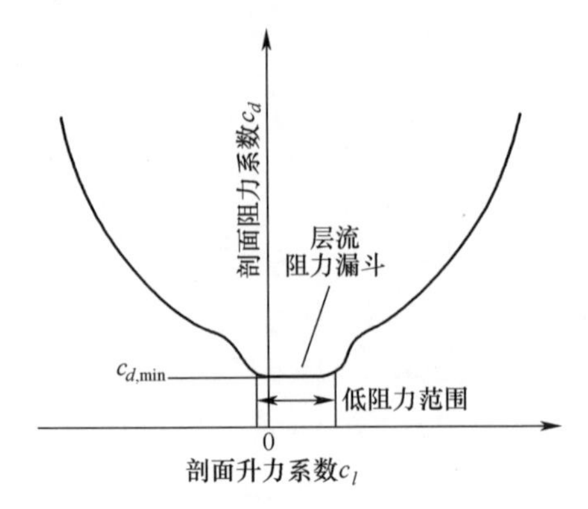

图 3-95　层流翼型阻力系数与升力系数的关系

是线性的，如图 3-97 所示，并且在失速区域是非线性的。力矩系数曲线在线性段的斜率 $c_{m,\alpha}$ 是飞机纵向稳定性的重要参数，如第 6 章所讨论的。力矩系数曲线对雷诺数的变化相对不敏感，直到攻角很大时，与升力系数曲线所讨论的物理原因相同。

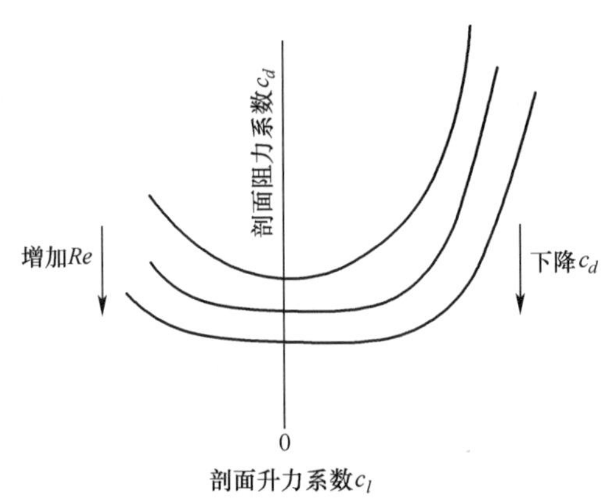

图 3-96　雷诺数对翼型剖面阻力曲线的影响

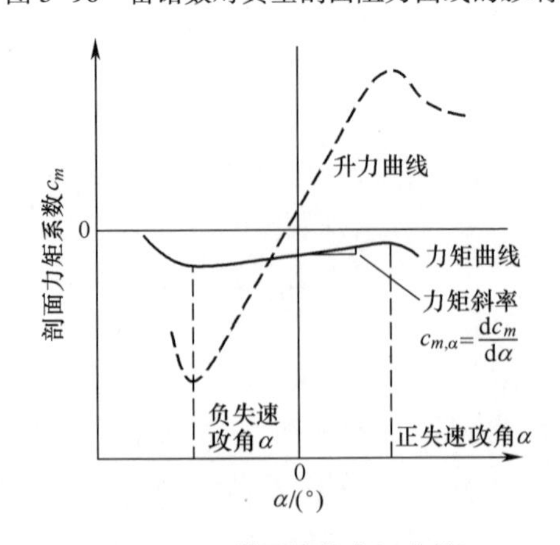

图 3-97　翼型俯仰力矩曲线

3.8.6 部分对称翼型和有弯度翼型数据

翼型剖面的空气动力学数据很容易从许多不同的来源获得,尤其是NACA关于系统风洞试验部分的报告,如前所述。例如,文献[1,2,27,40]为亚声速和超声速流动中大范围的翼型剖面几何形状提供了大量的试验数据。现代计算机技术也使得几乎任何形状的翼型剖面特性的快速计算成为可能。此外,还提供了若干在线资源,这些资源提供了由试验和分析手段确定的翼型剖面特性的数据库。

本节提供了从文献[40]获得的部分对称翼型和有弯度翼型的数据。NACA 0012和NACA 0015翼型提供了对称翼型数据(图3-98和图3-99);NACA 2412和NACA 4412翼型给出了有弯度翼型数据(图3-100和图3-101)。给出这些数据是为了说明这些类型的图表的解释和使用。对于图中所示的每个数据图表,给出了两组不同的数据。

在每个图的左侧,给出了长宽比为6的矩形机翼剖面的空气动力特性,对应于30英寸(76cm)翼展和5英寸(12.7cm)弦长。绘制了升力系数c_l、阻力系数c_d、升阻比L/D和压力中心位置x_{cp}与攻角从-8°到32°的对比(大写字母用于这些图中的剖面属性,而我们保持使用小写字母来表示翼型属性。在图中,压力中心的位置被简单地标记为c. p.)。翼型的几何形状在左图的顶部,以图形方式,在上表面和下表面的剖面坐标表中给出。数据适用于低速不可压缩流,因为该数据是以68英尺/s(47英里/h,75km/h)的名义速度获得的。数据是在NACA变密度风洞中获得的(如3.7.4.5节中所讨论的),名义雷诺数(图表中的RN)基于弦长,为3×10^6。人们可能想知道,在风洞试验中,由于弦长很小和试验速度低,如何获得如此高的雷诺数。答案是使用变密度风洞,其中试验是在20个大气压(300磅/英寸,242000磅/英尺,2200000Pa)的名义高压下进行的。每个图的右侧提供了空气动力学数据,这些数据被修正为展弦比无穷大。绘制了型阻系数、1/4弦点弯矩系数和攻角与升力系数的关系图。数据是在与左侧数据相同的试验条件下获得的。本节末尾的示例问题进一步说明了以下内容的使用数据图表。

例3.13 翼型数据

NACA 4412翼型剖面的数据,如图3-101所示。试确定:①最大升阻比$(L/D)_{max}$;②最大升力系数$c_{l,max}$;③失速攻角α_{stall};④最小阻力系数$c_{d,min}$;⑤最小型阻系数$c_{d,0,min}$;⑥零攻角时的俯仰力矩系数$c_{m,c/4}$。

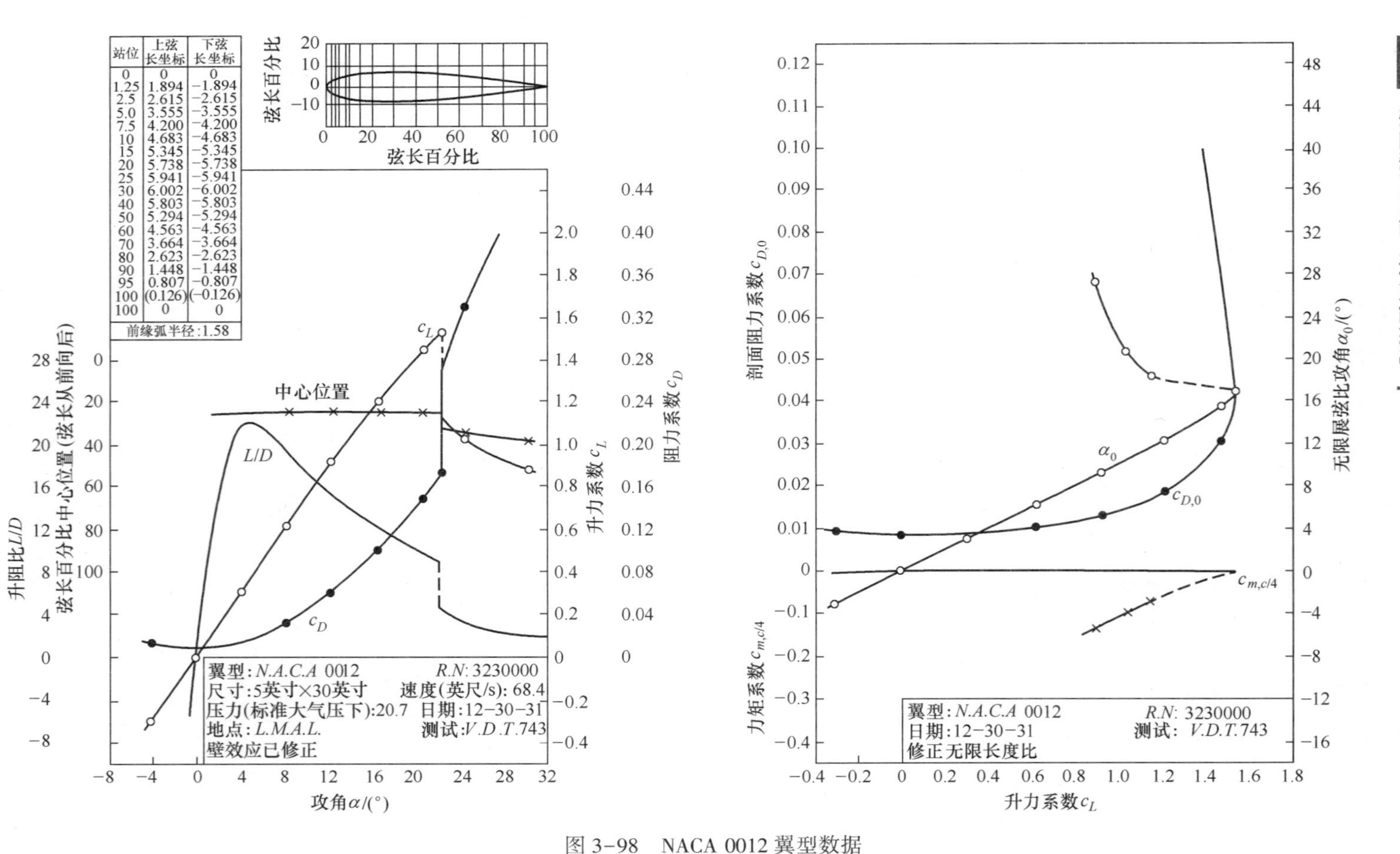

站位	上弦长坐标	下弦长坐标
0	0	0
1.25	1.894	−1.894
2.5	2.615	−2.615
5.0	3.555	−3.555
7.5	4.200	−4.200
10	4.683	−4.683
15	5.345	−5.345
20	5.738	−5.738
25	5.941	−5.941
30	6.002	−6.002
40	5.803	−5.803
50	5.294	−5.294
60	4.563	−4.563
70	3.664	−3.664
80	2.623	−2.623
90	1.448	−1.448
95	0.807	−0.807
100	(0.126)	(−0.126)
100	0	0
前缘弧半径:1.58		

图 3-98 NACA 0012 翼型数据

(资料来源:Jacobs,E. N. ,Ward,K. E. 和 Pinkerton,R. M.,NACA Report No. 460,1935 年,文献[40])

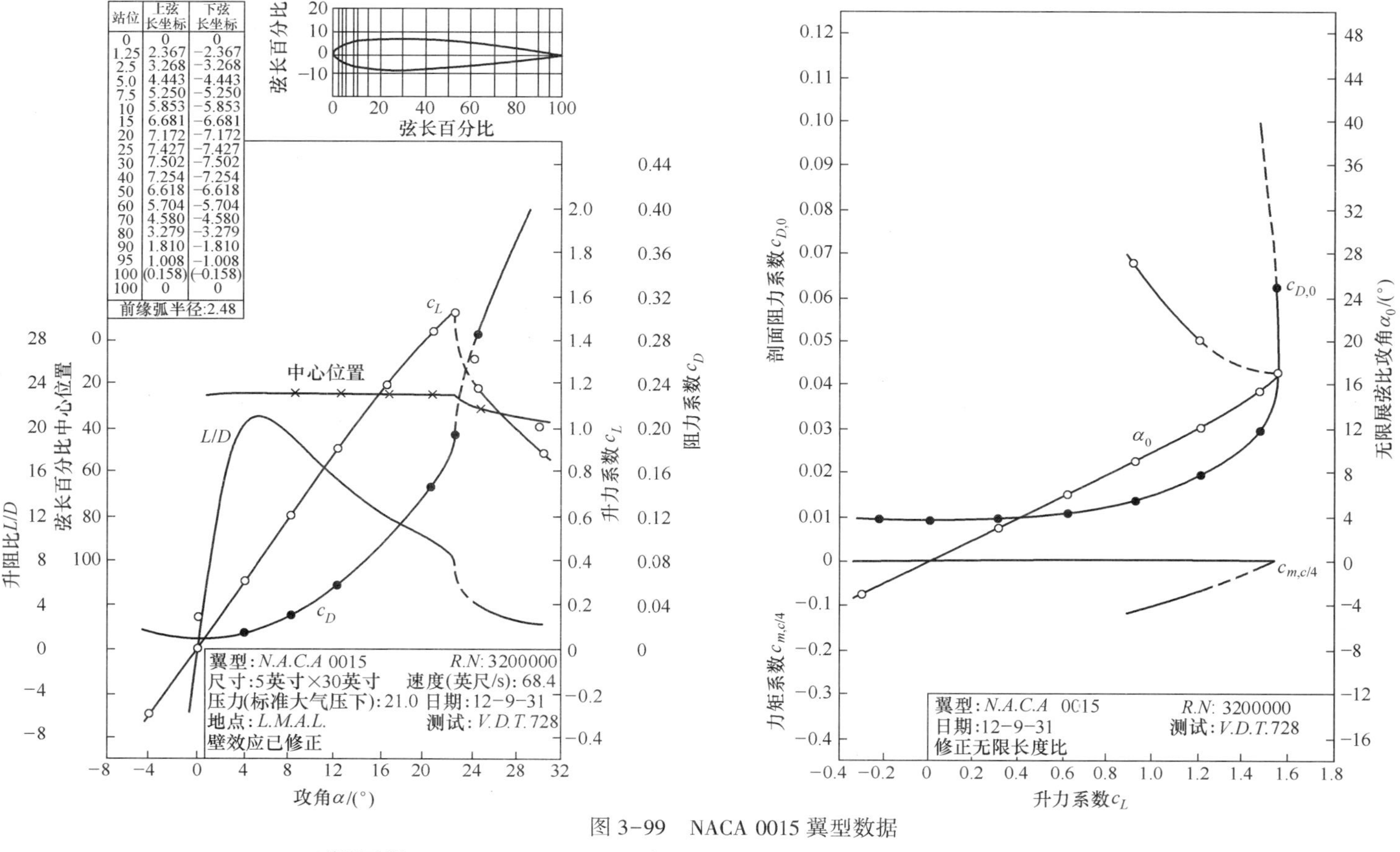

站位	上弦长坐标	下弦长坐标
0	0	0
1.25	2.367	−2.367
2.5	3.268	−3.268
5.0	4.443	−4.443
7.5	5.250	−5.250
10	5.853	−5.853
15	6.681	−6.681
20	7.172	−7.172
25	7.427	−7.427
30	7.502	−7.502
40	7.254	−7.254
50	6.618	−6.618
60	5.704	−5.704
70	4.580	−4.580
80	3.279	−3.279
90	1.810	−1.810
95	1.008	−1.008
100	(0.158)	(−0.158)
100	0	0
前缘弧半径:2.48		

图 3-99 NACA 0015 翼型数据

(资料来源:Jacobs,E. N. ,Ward , K. E. 和 Pinkerton,R. M. ,NACA Report No. 460,1935 年、文献[40])

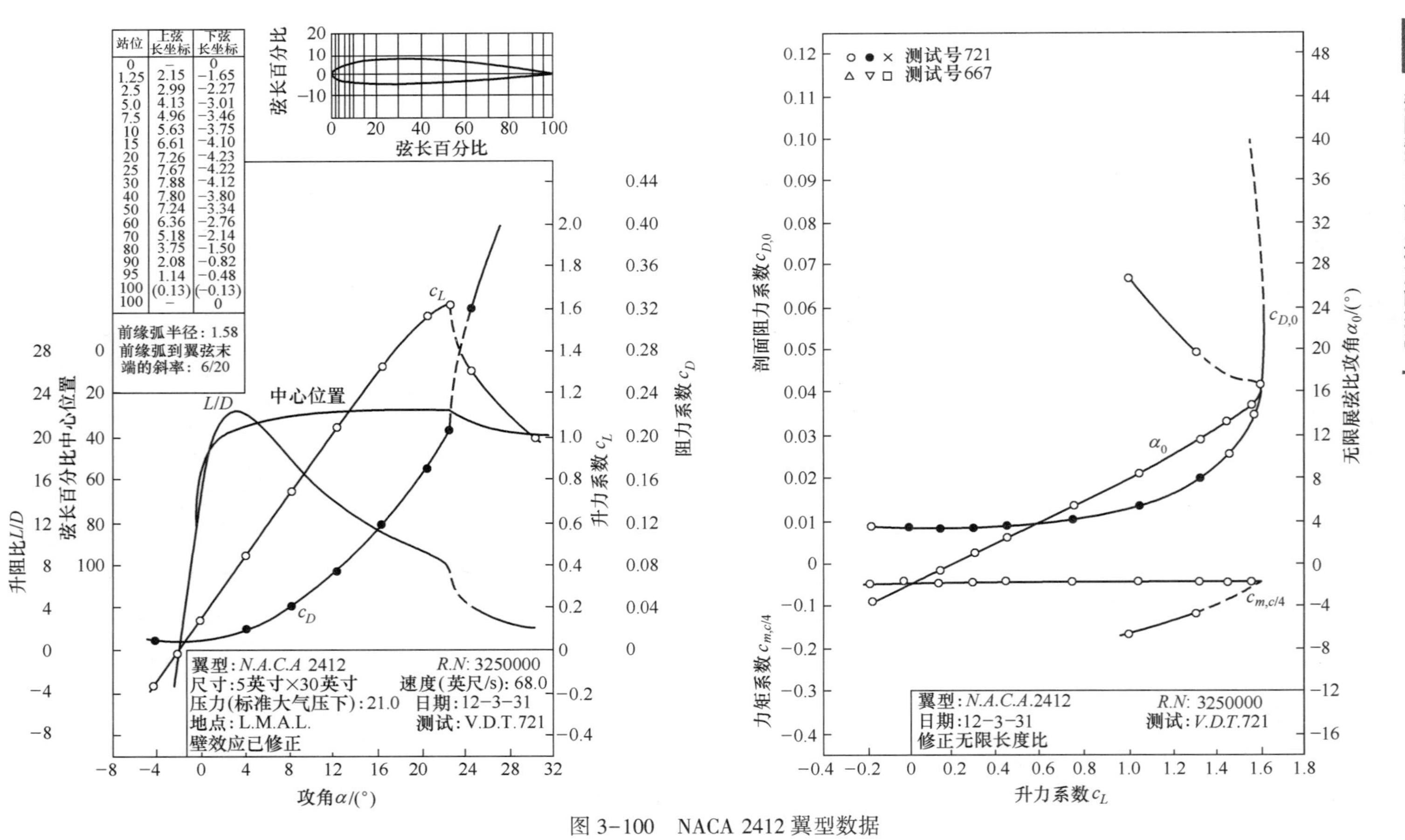

站位	上弦长坐标	下弦长坐标
0	–	0
1.25	2.15	−1.65
2.5	2.99	−2.27
5.0	4.13	−3.01
7.5	4.96	−3.46
10	5.63	−3.75
15	6.61	−4.10
20	7.26	−4.23
25	7.67	−4.22
30	7.88	−4.12
40	7.80	−3.80
50	7.24	−3.34
60	6.36	−2.76
70	5.18	−2.14
80	3.75	−1.50
90	2.08	−0.82
95	1.14	−0.48
100	(0.13)	(−0.13)
100	–	0

图 3-100 NACA 2412 翼型数据

（资料来源：Jacobs, E. N., Ward, K. E. 和 Pinkerton, R. M., NACA Report No. 460, 1935 年，文献[40]）

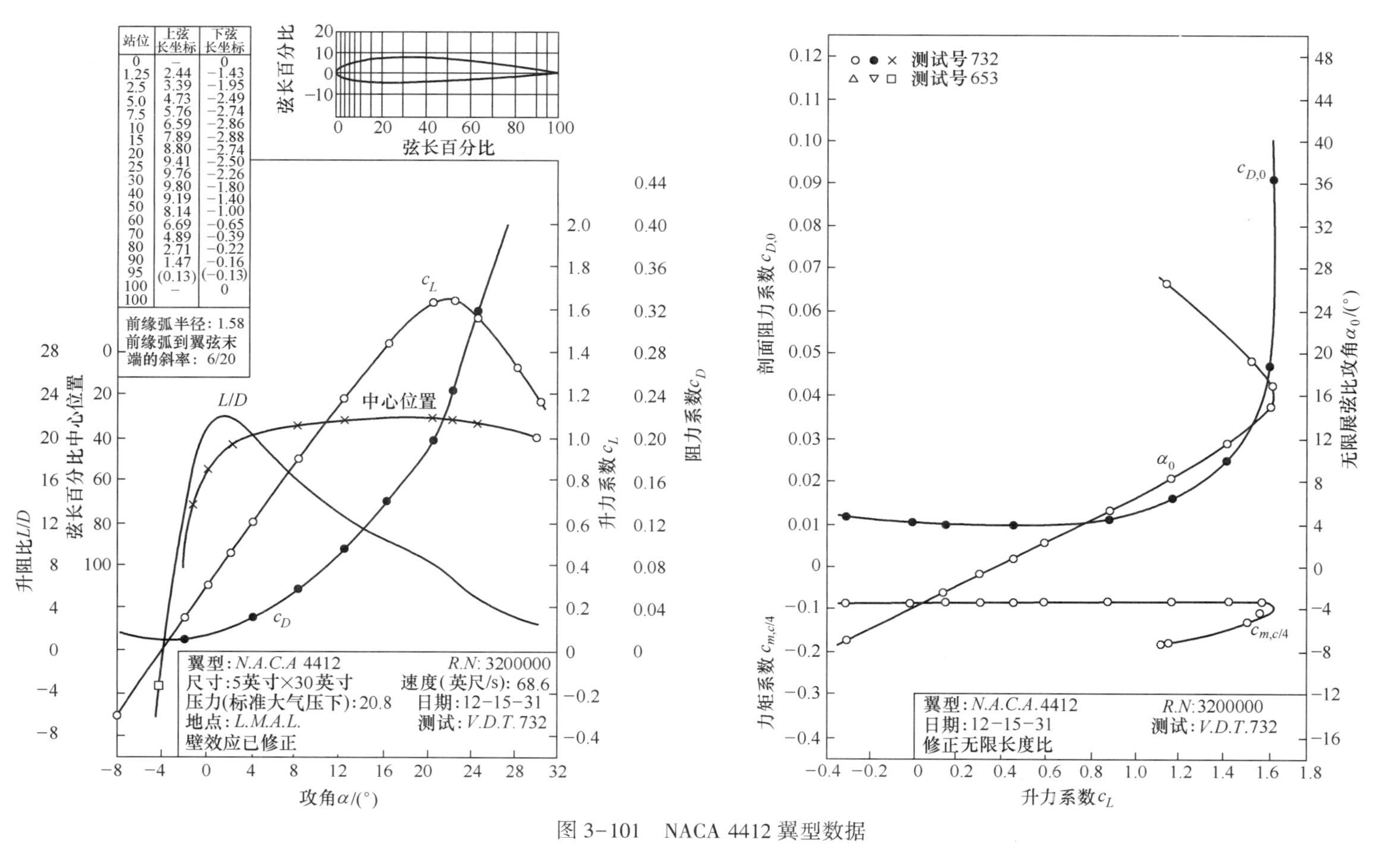

站位	上弦长坐标	下弦长坐标
0	–	0
1.25	2.44	−1.43
2.5	3.39	−1.95
5.0	4.73	−2.49
7.5	5.76	−2.74
10	6.59	−2.86
15	7.89	−2.88
20	8.80	−2.74
25	9.41	−2.50
30	9.76	−2.26
40	9.80	−1.80
50	9.19	−1.40
60	8.14	−1.00
70	6.69	−0.65
80	4.89	−0.39
90	2.71	−0.22
95	1.47	−0.16
100	(0.13)	(−0.13)
100	–	0

图 3-101　NACA 4412 翼型数据

（资料来源：Jacobs，E. N.，Ward，K. E. 和 Pinkerton，R. M.，NACA Report No. 460，1935 年，文献[40]）

解：

所确定的参数和相关值如下图所示。

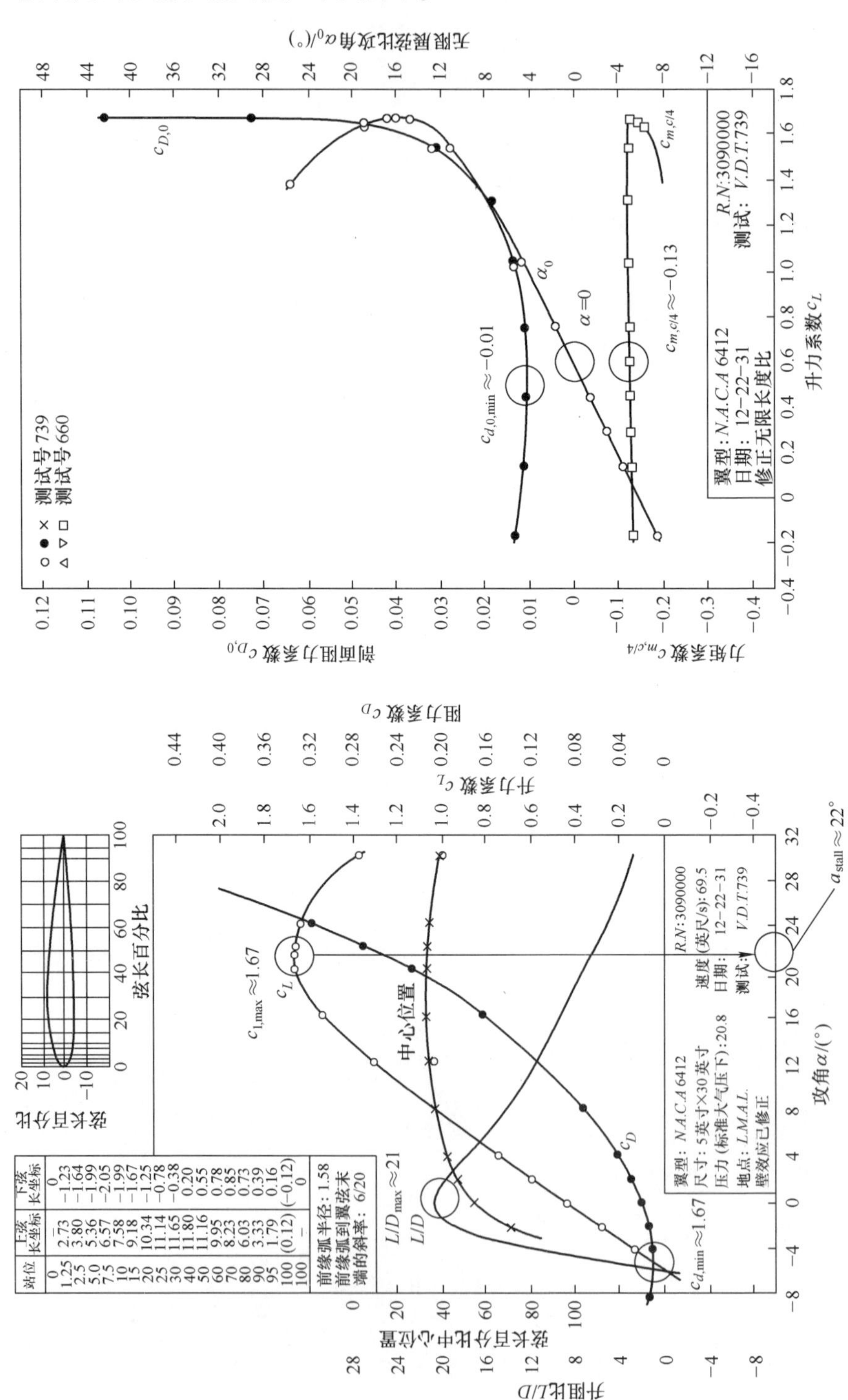

站位	上弦长坐标	下弦长坐标
0	—	0
1.25	2.73	−1.23
2.5	3.80	−1.64
5.0	5.36	−1.99
7.5	6.57	−2.05
10	7.58	−1.99
15	9.18	−1.67
20	10.34	−1.25
25	11.14	−0.78
30	11.65	−0.38
40	11.80	0.20
50	11.16	0.55
60	9.95	0.78
70	8.23	0.85
80	6.03	0.73
90	3.33	0.39
95	1.79	0.16
100	(0.12)	(−0.12)
100	—	0

3.8.7 对称翼型和有弯度翼型对比

在本节中,将对称翼型 NACA 0012 和有弯度翼型 NACA 2412 的预测翼型数据进行比较。这些翼型已经用于许多飞机的升力面设计。这两种都是 NACA 四位数系列机翼,最大厚度为 12%。NACA 2412 的最大弯度为 2%,位于翼型前缘后弦长(0.4c)的位置。翼型剖面对比如图 3-102 所示。使用翼型设计和分析计算机软件工具进行空气动力学预测[26]。设计和分析现有翼型形状或创建新的翼型轮廓的能力在现代计算机软件工具(如这里使用的)中已经变得司空见惯。对于不可压缩、高雷诺数流动中的每个翼型,进行了预测。压差阻力和表面摩擦阻力都作为攻角的函数进行计算。

预测的升力系数曲线在图 3-103 中进行了比较。对称翼型 NACA 0012 的升力系数曲线对正攻角和负攻角对称,零升攻角为零。有弯度翼型 NACA 2412 在零攻角时升力系数为正,零升攻角为-2.25°。此外,对正攻角和负攻角两种情况下的升力线性段和失速特性进行了预测。两个翼型具有几乎相同的升力线斜率,这表明升力线斜率是由翼型厚度决定的。由于弯度影响,NACA 2412 翼型具有比 NACA 0012 翼型更高的最大升力系数。

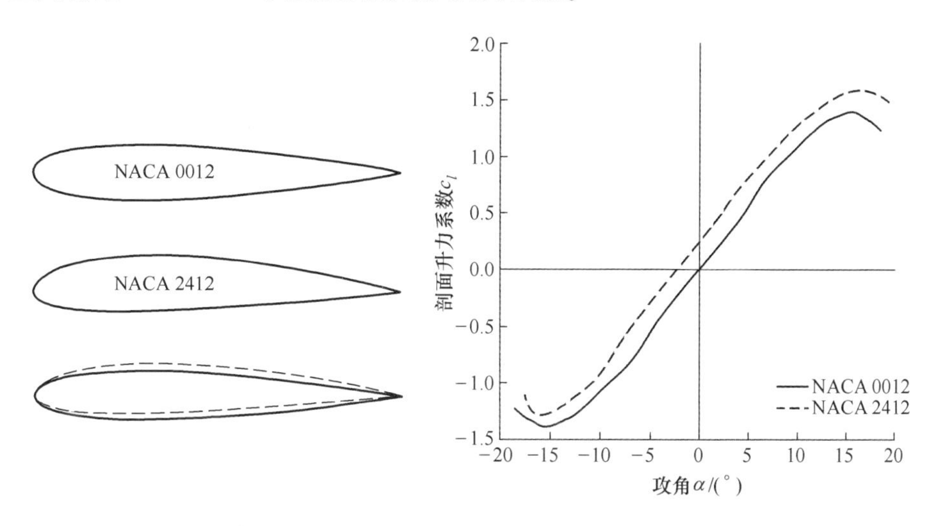

图 3-102 NACA 0012 和 NACA 2412 翼型
NACA 0012(实线);NACA 2412(虚线)。

图 3-103 对称(NACA 0012)和有弯度(NACA 2412)翼型的升力曲线

预测的阻力系数曲线如图 3-104 所示。NACA 0012 阻力系数曲线正如预期,关于零升系数线是对称的。NACA 2412 阻力系数曲线由于其弯度影响而沿正升力系数(正攻角)方向移动。两种翼型的最小阻力系数非常相似。NACA 0012 翼型的最小阻力系数为 0.0054,对应的升力系数为 0(零攻角);NACA 2412 翼型的最小阻力系数为 0.00547,对应的升力系数为 0.347(攻角为

1°)。最小阻力系数主要由表面摩擦阻力决定,表面摩擦阻力是机翼浸湿面积的函数(二维形状的线性距离)。两个翼型的线性距离轮廓相似,如图 3-102 所示,有弯度翼型的表面距离稍大,因此表面摩擦阻力和型阻系数稍高。

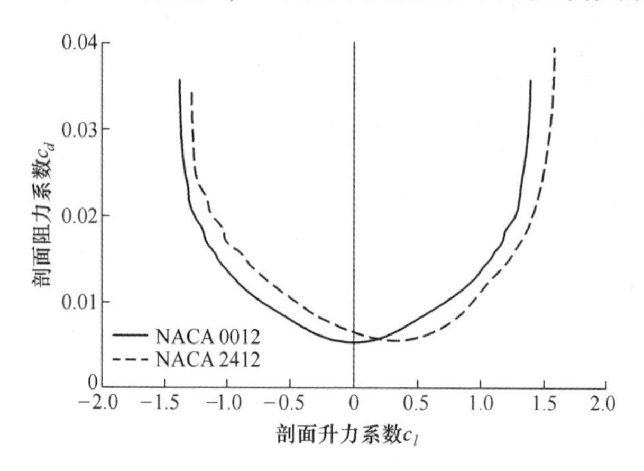

图 3-104 对称(NACA 0012)和曲面(NACA 2412)翼型的阻力曲线

用软件工具执行翼型计算的一个有趣特征是分离构成翼型总阻力或型阻的阻力类型的能力。图 3-105 所示为从 NACA 0012 翼型的总阻力分离出的压差阻力。型阻和压差阻力系数线之间的差异是翼型的表面摩擦阻力系数。在小攻角下,表面摩擦阻力构成了大部分的阻力,而在大攻角下压差阻力占主导地位。在零攻角(升力系数为零)下,表面摩擦阻力为总阻力的 79%,当攻角为 18.5°(升力系数为 1.23)时表面摩擦阻力仅占总阻力的 3%。

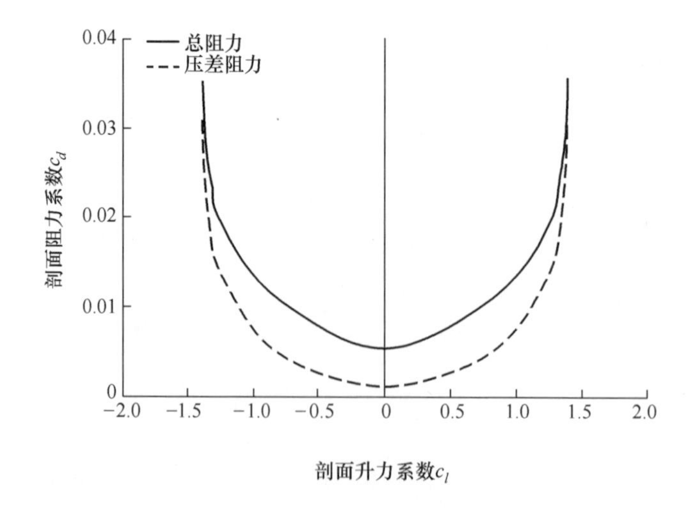

图 3-105 NACA 0012 翼型的总阻力和压差阻力

俯仰力矩系数曲线在图3-106中进行比较。在失速区内,随着斜坡方向的变化,两条曲线在升力线性段内都具有相当程度的线性。NACA 0012翼型在升力系数为零(或攻角为零)时具有零力矩系数,并且围绕原点的力矩系数曲线对称。有弯度翼型NACA 2412的力矩系数在攻角范围内为负。负俯仰力矩系数表示飞机有一个低头力矩,是典型的有弯度机翼或翼型的特征。

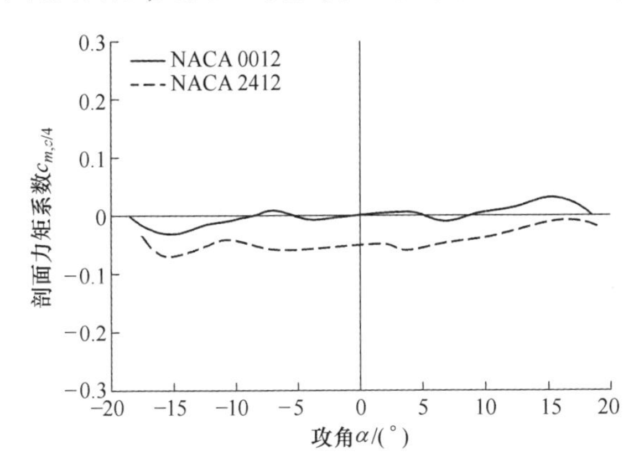

图3-106 对称(NACA 0012)和有弯度(NACA 2412)翼型的力矩系数曲线

3.9 三维空气动力学:机翼

到目前为止,我们的空气动力学讨论都集中在二维流动上。二维流动的流动状态和几何形状与实际情况很好地吻合,但也仅仅是相似。我们生活在一个三维世界中,自然界所有传播媒介的真实流动都是三维的。增加第三维不仅增加了数学的复杂性,还必须适当考虑增加的新的物理流动现象。我们已经讨论了二维物体的空气动力学,如圆柱体和翼型。这些二维的形状可以被认为是具有无限宽度或跨度的物体。翼型有时作为无限长机翼提及,下面开始讨论有限翼展或有限翼的三维空气动力学。

3.9.1 有限翼

在本节中,首先介绍了有限翼的几何和命名法的定义,然后讨论了翼尖涡流和诱导阻力的空气动力学原理。

3.9.1.1 机翼的几何形状和命名

有限翼的平面形状如图3-107所示。尽管有些机翼是简单的矩形平面形状,但大多数机翼是梯形平面,翼展为b,翼根弦长为c_r,翼尖弦长为c_t和前缘后掠角为Λ。对于矩形机翼,其翼根和翼尖的弦长是等长的。如图3-107中所示,机翼是整个翼展的1/2,机翼面积 S 同于定义空气动力系数时的参考面积。机翼的1/4翼弦线,即 $c/4$,是指沿机翼翼根和翼尖距前缘弦长的1/4跨度点间的连线。机翼剖面由沿翼展的翼型剖面形成,沿着翼展的翼型剖面形状可以是相同的,也可以沿着翼展变化。

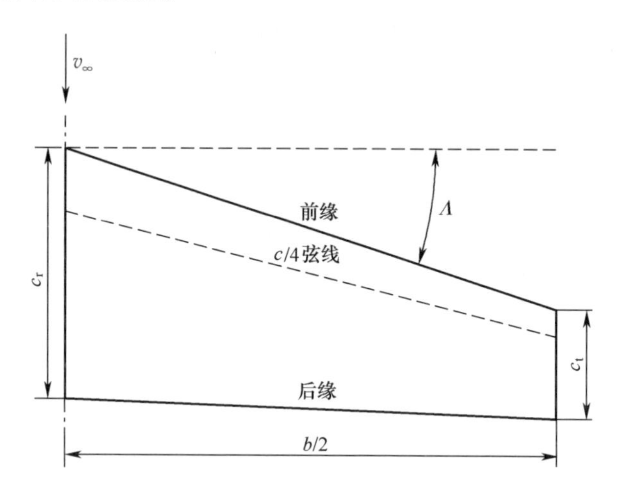

图3-107　机翼平面几何形状和命名方法

翼根翼型剖面的弦线与机身纵轴之间的夹角称为机翼攻角,通常用符号 i_w 表示,如图3-108所示。该角度有时称为机翼安装角,因为它是机翼安装到机身的角度。机翼安装角可以设计,以使飞机在巡航飞行条件下获得最小阻力。该角度通常是个较小的正角,典型值为0°~4°。出于稳定性和控制的考虑,飞机尾部的水平安定面通常也会设定一个攻角 i_w,这部分会在第6章介绍。对于传统的尾部安装的水平安定面,其攻角通常为负,对于鸭翼式或前置式配置,其攻角为正。

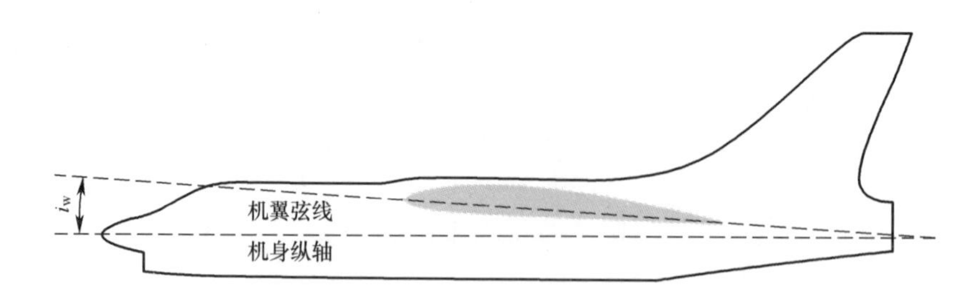

图3-108　机翼攻角 i_w

几乎在所有情况下,机翼攻角都是固定的角度,在飞行中不能改变。当然,飞机设计总是有例外。尽管在飞行中改变机翼攻角有诸多的机械方面的困难,但沃特公司F-8战斗机是一种具有可变机翼攻角的成功设计。F-8战斗机安装在机身顶部的机翼可以向上转动,使机翼攻角可以增加至7°,如图3-109所示。因此,起飞和着陆时可以通过提高机翼攻角的方法,而不是通过抬高机头,因为抬高机头会影响驾驶员前方视线。可变攻角机翼是F-8战斗机设计中的几项创新之一,还包括机身面积律,全动水平安定面和钛结构的应用,这些创新使得沃特设计团队获得了1956年科利尔奖。

图3-109 沃特公司具有可变攻角机翼的F-8战斗机在着陆场升起
(资料来源:美国国家航空航天局)

机翼的梢根比λ定义为

$$\lambda \equiv \frac{c_t}{c_r} \tag{3-269}$$

显然,矩形翼的梢根比为1,亚声速飞机机翼的梢根比为0.4~0.5,大多数高速后掠翼飞机机翼的梢根比为0.2~0.3。

机翼会扭转,使得空气动力学特性沿着翼展变化。机翼受沿着翼展不同翼型处的空气动力学扭转的影响,使得各翼型剖面处的零升力线与翼根处不同。机翼也会存在几何扭转,且在翼展方向随着翼型剖面攻角的变化而变化。几何扭转角通常被测量为翼型剖面弦线与翼根弦线之间的角度。如果翼尖处的翼型剖面相对于根弦设定为负的几何扭转角,则机翼存在外洗(向翼尖方向减小攻角)。如果翼尖部分设置为正几何扭转角,则机翼存在内洗(向翼尖方向增大攻角)。空气动力学和几何上的扭转都用于改变沿翼展方向"看到"翼型剖面处的局部攻角,以调整机翼的升力分布和空气动力学特性。大多数机翼具有一个-4°~-3°的负扭转角,使得翼尖部分比翼根部分"看到"更小的攻角,从而使翼根部分比翼尖部分提前达到空气动力学上的失速。根部比尖部先失速会有以下好处:首先,在许多传统的飞机布局中,翼根处的失速、湍流和流动分离向后流动并撞击飞机的水平尾翼而产生抖振，让飞行员犹如感觉到“失速警告”一样；其次，由于翼尖保持未失速，当翼根失速时，副翼控制保持在未失速中，以便飞行员可以进行滚转操纵以保持飞机水平。

机翼展弦比 AR 定义为

$$\mathrm{AR} \equiv \frac{b^2}{S} \tag{3-270}$$

由于矩形机翼的机翼面积等于翼展乘以恒定的弦长，因此矩形机翼的展弦比 $\mathrm{AR}_{\mathrm{rect}}$ 简化为

$$\mathrm{AR}_{\mathrm{rect}} \equiv \frac{b^2}{S} = \frac{b^2}{bc} = \frac{b}{c} \tag{3-271}$$

具有高展弦比的机翼一般是翼展较长且弦长较短的，而低展弦比机翼具有小的翼展和较长的弦长。对于无限长跨度的极限翼展，机翼几何形状接近二维翼型的几何形状。升阻比随着展弦比的增加而增加。表 3-13 所列为不同类型飞机的机翼展弦比和升阻比的大致情况，其中展弦比是影响机翼效率的重要参数。

表 3-13　部分飞机的机翼展弦比和升阻比

飞　机	展弦比 AR	升阻比 L/D
罗克韦尔航天飞机	2.3	4.5(亚声速)
波音 F/A-18B	3.5	10.33($Ma_\infty=0.6$)
莱特兄弟“飞行者”一号	6.0	8.3
赛斯纳 150(通用航空培训)	6.7	7(巡航)
波音 747 商用客机	7.4	17(巡航)
洛克希德 U-2 高空飞机	10.6	28(巡航)
申普-希尔 Ventus C 滑翔机	23.7	43

正如我们所讨论的那样，许多航空企业早期的飞机设计师在设计飞机机翼时试图能够复制自然，就如同大自然也为鸟类提供了适合其飞行类型的不同羽翼形状一样，飞机设计师也会选择合适的机翼形状以适应所需的任务。爱尔兰植物学家 D. B. O. Savile[60] 描述了鸟翅的功能和演变如下：

鸟翼是一种翼型，结合了飞机机翼和螺旋桨叶片的功能，以提供升力和推力。鸟翼从脊椎动物的手臂彻底地从力量向轻盈方向进行了改变。

鸟翼的进化受到鸟类适应栖息地（如开阔的海洋、悬崖顶部或森林的封闭环境）的影响以及减少气动阻力的需要。鸟翼的形状和尺寸经过不断的进化改进以达到减少阻力的目的，从而使得鸟类在其各自的栖息地中实现最有利的飞行。

翼展与鸟翼平均宽度之间的关系称为“展弦比”,不同的鸟翼通常展弦比不同。它是通过将翼展(尖端到尖端)除以翼的平均宽度来计算的。海洋上的滑翔型鸟类具有长而窄的高展弦比的鸟翼,使这些鸟能够不用拍打翅膀而长距离飞行,从而减少能量消耗。

鸟的尾部不是方向舵,而是“着陆襟翼”和“升降舵”组合体,它在着陆时展开并降低,使得鸟翼向前拉以保持压力中心高于重心。在转弯时,鸟类通过两边翅膀上的不等的升力倾斜飞行,并抬高尾部实现。

鸟类滑翔(鸟翼没有摆动)、悬停(翅膀以类似8的形状进行前后拍打)、突然加速、水平飞行(翅膀有节奏地上下拍打),鸟翼的形成与这些类型的飞行状态密切相关,可以识别4种略微重叠的鸟翼类型。

Savile 确定了4种类型的鸟翼,如图3-110所示,即高展弦比型鸟翼、高速型(尖头、后掠)鸟翼、有狭槽的高升力型鸟翼和椭圆形鸟翼。

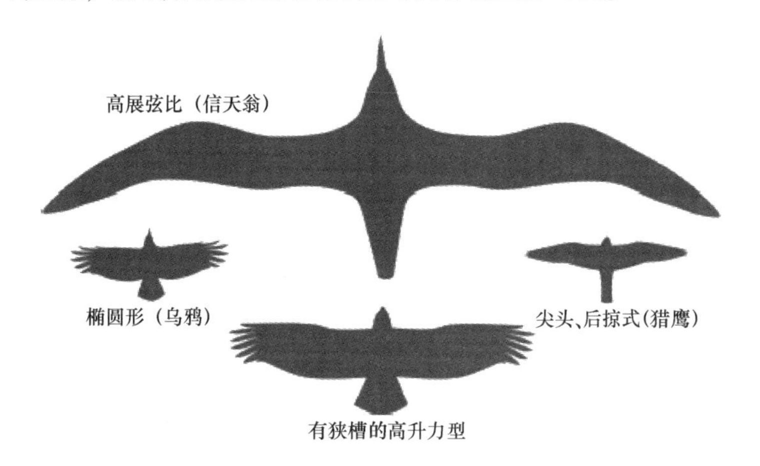

图3-110 Savile 确定的4种类型的鸟翼

(资料来源:L. Shyamal,“Flight Silhouettes” https://en.wikipedia.org/wiki/File:FlightSilhouettes.svg, CC-BY-SA-2.5. License at https://creativecommons.org/licenses/by-sa/2.5/deed.en)

通常滑翔的海鸟具有高展弦比型的鸟翼,例如信天翁和海鸥,它们会花费大量的时间在开阔的海洋上滑翔。信天翁翅膀的展弦比为15~18,而海鸥翅膀的展弦比约为8。与滑翔机类似,这些滑翔型鸟翼长而窄,尖头。它们是为高速飞行和能耗低动力滑翔飞行而设计。

高速型(尖头、后掠)鸟翼具有中等以上的展弦比、低弯度、锥形、窄椭圆形翼尖,并且通常是后掠型。在鸟翼根部后缘平滑地融入躯干,这减少了流动分离和湍流阻力,非常像飞机上的机翼整流罩。高速型鸟翼不断快速地拍打,这种翅膀形状多见于长距离迁徙或在空中进食的鸟类,猎鹰、野鸭、燕子、雨燕和蜂鸟都拥有高速型翅膀。

有狭槽高升力型鸟翼具有6~7的中等展弦比,大弯度和翼尖槽,其功能类似于飞机机翼中的前缘槽。这些狭槽增强了鸟翼的低速、高升力能力,使鸟类能够低速飞行并在狭窄区域起飞和落地。这种类型翅膀可以在翱翔的猛禽身上发现,例如秃鹰、雕、鹰、秃鹫和猫头鹰。高升力型的鸟翼使鸟类能够携带重物,例如大型猎物。

具有椭圆形翅膀的鸟类往往栖息、飞行于茂密的森林、灌木丛或茂密的林地中,它们即使是在狭小空间中也有很好的机动性。这些鸟的类型包括麻雀、啄木鸟、鸽子和乌鸦,大多数蝙蝠的翅膀形状也是如此。这类鸟翼具有椭圆形平面形状,通常比较短小,展弦比也比较低,约为4~5。这类鸟翼也具有狭槽以提升低速下升力,鸟翼的高频率拍击主要是用于快速起飞、加速和增强机动性。

对于二维翼型,我们定义气动中心为翼面上俯仰力矩与攻角无关的弦向位置处。对于亚声速气流中的翼型,气动中心通常在1/4弦长处。与此概念类似,可以定义机翼的气动中心。机翼气动中心参考机翼的一种"平均"弦长,称为平均气动弦长,通常缩写为MAC,并用符号$\bar{c}$表示。平均气动弦长用作各种空气动力学、稳定性以及控制分析的参考长度。MAC穿过机翼平面的区域中心或质心,对于具有恒定弦长的矩形机翼,机翼平面中心的确定是简单的,并且MAC是恒定的弦长。对于非矩形机翼,MAC的确定有点复杂,但不会太难,可以通过分析确定MAC或使用图形方法确定。

使用图形法确定平均气动弦长的方法如图3-111所示。在翼根处,沿着翼根弦线,在其上方和下方分别绘制长度等于翼尖弦长c_t的线。同样,沿着翼尖弦线,在其上方和下方分别绘制长度等于翼根弦长的线。绘制两条对角线分别将翼根弦线与翼尖弦线的顶部和底部相连。两条对角线的交点便是机翼面心的位置。MAC穿过面心,其长度$\bar{c}$等于面心处前缘到后缘的距离,MAC的1/4弦长处便是机翼气动中心的位置。

3.9.1.2 翼尖涡流、机翼涡系及机翼升力

二维翼型(或无限翼展机翼)与三维机翼之间的主要区别在于机翼的翼尖。相对于二维翼型的流动,机翼上的流动基本上是三维的。因此,机翼的空气动力学(包括作为攻角函数的升力和阻力)与翼型的空气动力学不同。对于产生升力的机翼,机翼的下表面为高压区域,上表面为低压区域。机翼下方的高压空气会围绕翼尖流向低压区,如图3-112所示。这种翼尖流动形成一个紧密缠绕的水平螺旋形空气称为翼尖涡流。翼尖涡流离开翼尖后,向机翼下游移动并伴随着直径的增大,图3-113所示为通用航空飞机后面带有烟雾的大直径的翼尖涡流。

翼尖涡流轨迹可以在飞机后面延伸数英里,并且在飞机通过后可以在大气中完整地保持几分钟。这些看不见的、水平的"龙卷风"可能对无意中穿过它们

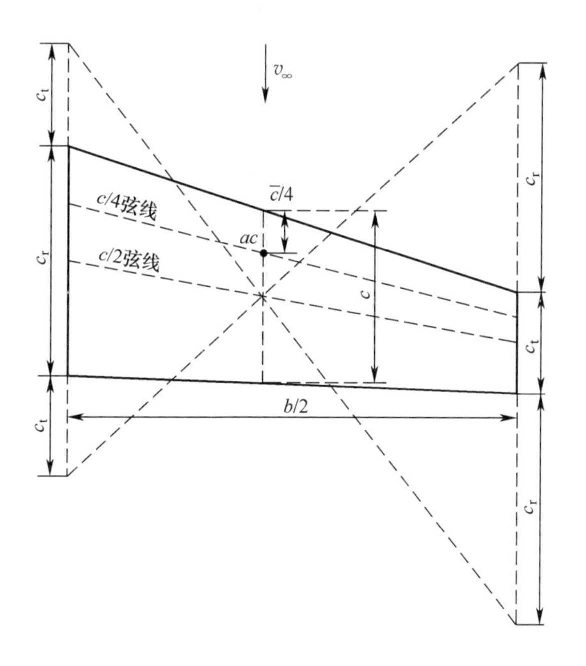

图 3-111 平均气动弦的图形结构

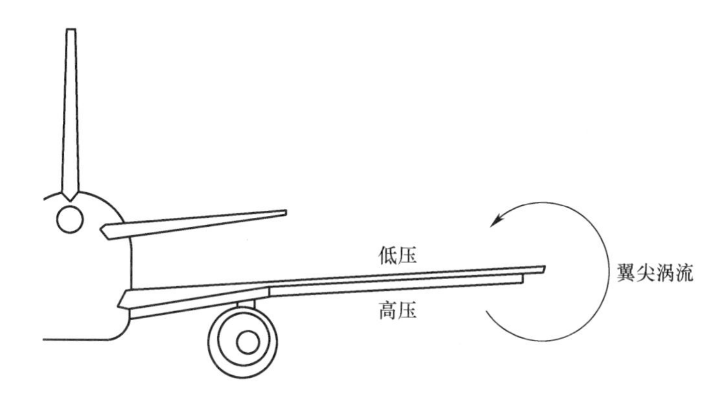

图 3-112 翼尖涡流(从飞机尾部向前看)

的飞机造成严重危害,也有可能会扰乱飞机,甚至使飞机失控。涡流的强度与产生它的飞机升力和重量有关。由于涡流的大小和强度与飞机升力成比例,因此大重型客机会产生比小轻型通用航空飞机更强大的翼尖涡流。无论是稳定的、平静的还是湍流的大气状态,都会在尾涡的衰弱中起主要作用。最终,由于空气的黏性会使涡流消散。

翼尖涡流是完整的机翼涡系的一部分,如图 3-114 所示。涡系形成一个闭合回路,在机翼处会形成附着涡,在下游轨迹处会有启动涡。环流 Γ,其与机翼

图 3-113　用烟雾使翼尖涡流可视化
（资料来源：美国国家航空航天局）

升力直接相关（回想一下，环流在数学上被定义为流动中闭合曲线周围的线积分的负值。它是流动的运动特性，是速度场的函数以及闭合曲线的选择，在我们这里，是指闭合曲线围绕着的涡丝）。对于我们的空气动力学目的，环流是允许我们量化升力的一种工具。

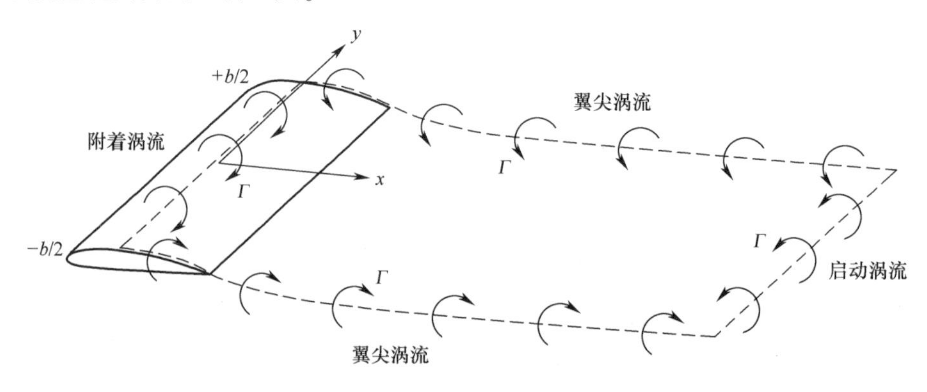

图 3-114　升力产生的机翼涡系

为了正确模拟机翼的升力分布，环流必须沿机翼翼展变化，即 $\Gamma = \Gamma(y)$，y 为从飞机的左翼尖到右翼尖的距离，$-b/2 \leqslant y \leqslant +b/2$（图 3-114）。这种沿着翼展的机翼环流模型称为升力线模型，首先由空气动力学家 Ludwig Prandtl 提出。由 Prandtl 在 20 世纪初发现的经典升力线理论是空气动力学理论在计算机翼升力方面的首批实际应用之一。使用升力线理论，可以从沿着升力线的环流分布中计算出升力，方法如下：

想象一下，正在沿翼展方向观察翼剖面。机翼和流场的这种二维“切片”与图 3-35 相同，展示了具有环流 Γ 的二维翼型以及下游轨迹处的启动涡。使用库塔-茹库夫斯基(Kutta-Joukowsky)定理得到翼型的二维升力见式(3-213),那么对于三维机翼沿着翼展方向上 y 处的每单位长度上的升力为 L',公式为

$$L'(y)=\rho_{\infty}v_{\infty}\Gamma(y) \tag{3-272}$$

机翼的三维升力 L 是沿翼展,即左机翼 $(-b/2)$ 到右机翼 $(+b/2)$ 区间上每单位长度上的升力 L' 进行求积分得到,公式为

$$L=\int_{-b/2}^{+b/2}L'(y)\mathrm{d}y=\rho_{\infty}v_{\infty}\int_{-b/2}^{+b/2}\Gamma(y)\mathrm{d}y \tag{3-273}$$

式中:ρ_{∞},v_{∞} 分别为自由流密度和速度。

为了获得机翼升力,必须知道环流分布 $\Gamma(y)$。针对不同环流分布,包括椭圆平面形状的特定环流以及通常情况下的环流分布,Prandtl 计算出了适用于其他机翼平面形状的机翼升力的分析结果。由此,能够计算由于机翼的升力引起的阻力,接下来将对此进行讨论。

3.9.1.3 下洗和诱导阻力

翼尖涡流影响飞机以及飞机下游的流场。涡流在流场中引起上洗和下洗,如图 3-115 所示。机翼本身也会感受到下洗,进而改变机翼上的局部流动。

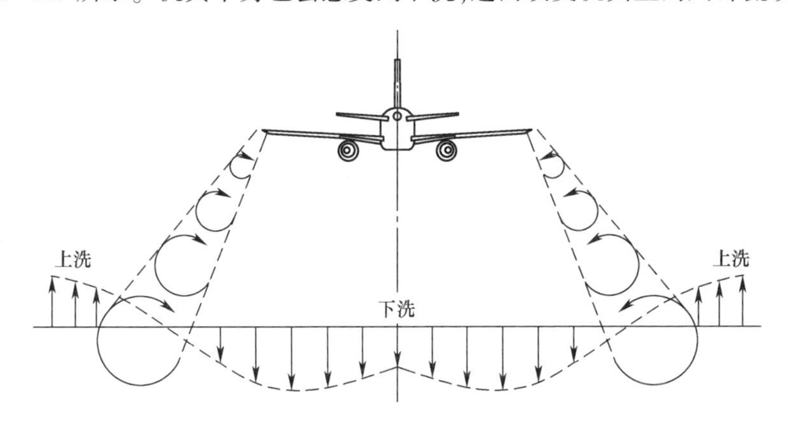

图 3-115 由翼尖涡流引起的上洗和下洗

对于 3 种不同的机翼平面形状,包括椭圆平面形状,矩形平面形状和带翼尖的锥形机翼,升力、升力系数和下洗沿翼展的分布定性地显示在图 3-116 中。对于所有机翼,升力在机翼中心处最大,在翼尖处降至零。椭圆形机翼的升力分布也具有椭圆形状,且下洗在整个翼展跨度上是均匀分布的。由于沿翼展下流是恒定的,所以诱导的和有效的攻角在翼展跨度上是恒定的(假设没有机翼扭转),便形成沿翼展恒定的升力系数。矩形机翼在翼展中心附近具有均匀的升力和升力系数,在翼尖处迅速减小到零。其中心左右很大范围内下洗流是均匀

的,在翼尖处会迅速增加。锥形平面形状具有不均匀的升力和升力系数分布,在中心处其升力处于最大峰值,而升力系数处于最小峰值,锥形翼面下洗在整个翼展跨度上是不均匀的。

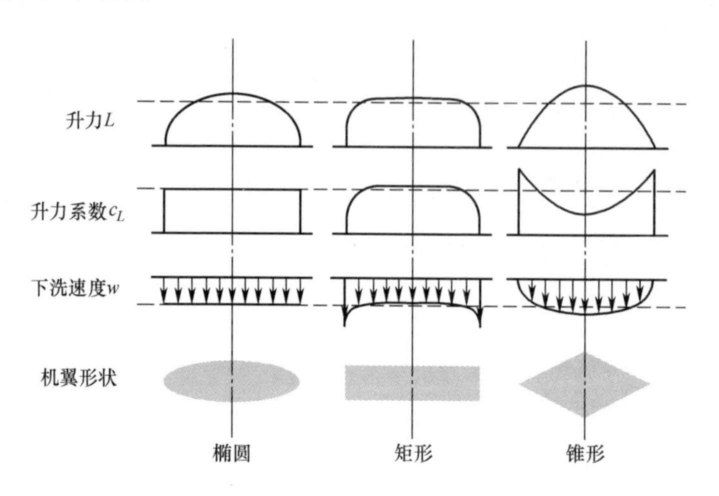

图 3-116　几种机翼沿翼展的升力、升力系数和下洗分布

图 3-117 所示为机翼的局部翼型部分的下洗影响。下洗的速度 w 增加了自由流速度 v_∞,使自由流方向向下偏转一个角度 α_i,便会形成局部流速 v。角度 α_i 称为诱导攻角,因为它是由下洗引起的。下洗速度远小于自由流速度($w \ll v_\infty$),因此诱导攻角是一个很小的角度(为清晰起见,在图 3-117 中已经做了放大)。

因此,翼型剖面"看到"的攻角不是弦线与自由流速度之间的几何攻角 α,而是在弦线和相对速度之间的较小的有效攻角 α_{eff},有效攻角定义为

$$\alpha_{eff} = \alpha - \alpha_i \tag{3-274}$$

Prandtl 的升力线理论是针对广义升力分布的诱导攻角的解决方案给出结果,公式为

$$\alpha_i = \frac{c_L}{\pi e AR} \tag{3-275}$$

式中:c_L 为机翼升力系数;AR 为机翼展弦比;e 为奥斯瓦尔德效率因子,或为展向效率因子。

如 3.7.2 节所述,展向效率因子是与机翼平面形状效率相关的参数,其中椭圆平面形状效率最高,其他所有的机翼平面形状效率较低,其展向效率因子小于 1,通常在 0.85 和 0.95 之间。式(3-275)给出的是弧度单位的诱导攻角。

相对风速垂直的升力 L 向后倾斜一个角度 α_i,从而在拖曳方向上产生一种力,称为诱导阻力 D_i,由下式给出:

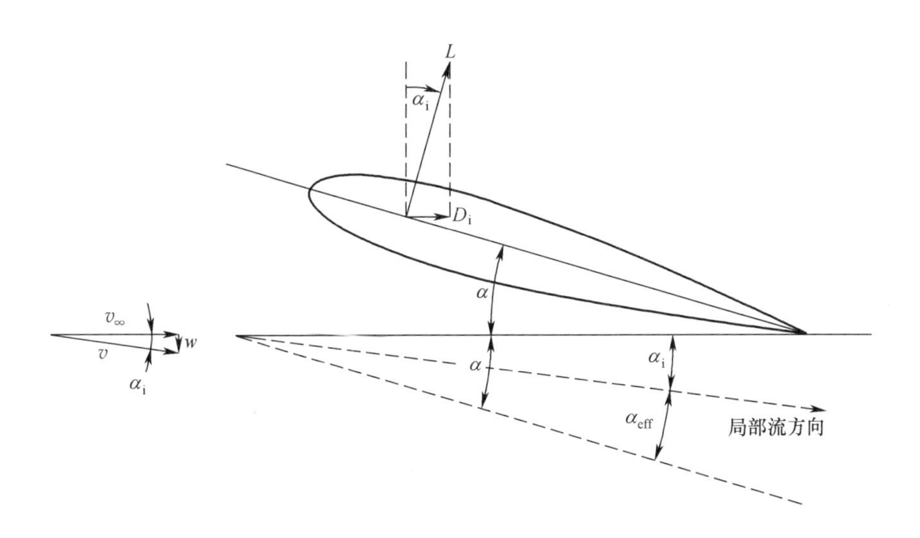

图 3-117 诱导阻力几何图解

$$D_i = L\sin\alpha_i \approx L\alpha_i \tag{3-276}$$

式中：$\sin\alpha_i \approx \alpha_i$，适用于小角度。

基于这个阻力项来源的解释，诱导阻力也称为升致阻力。或者，可以从能量角度解释诱导阻力，其中翼尖涡流正在从飞行器中夺取能量，使得必须消耗更多的动力来克服该阻力。

针对诱导攻角，将式(3-275)代入式(3-276)，得到诱导阻力为

$$D_i = L\frac{c_L}{\pi e\mathrm{AR}} \tag{3-277}$$

将式(3-277)的两边同时除以 $q_\infty S$，得

$$\frac{D_i}{q_\infty S} = \frac{L}{q_\infty S}\frac{c_L}{\pi e\mathrm{AR}} \tag{3-278}$$

根据诱导阻力系数 $c_{D,i}$ 的定义，得

$$c_{D,i} = \frac{c_L^2}{\pi e\mathrm{AR}} \tag{3-279}$$

对于具有广义升力分布的机翼，式(3-279)提供了由于升力引起的诱导阻力系数。对于具有较大展弦比的机翼，该等式更准确。随着机翼展弦比的减小，机翼的升力线模型有效性也会降低，并且基于升力线关系的精度也会降低。

针对特殊情况下，具有椭圆形平面形状的机翼，Prandtl 针对诱导阻力的解由下式给出：

$$c_{D,i} = \frac{c_L^2}{\pi\mathrm{AR}} \tag{3-280}$$

将式(3-280)与式(3-279)进行比较,可以看到椭圆机翼作为一种特殊情况,即展向效率因子为1的诱导阻力的广义解。非椭圆机翼平面形状的展向效率因子小于1,因此非椭圆形机翼的诱导阻力大于椭圆形机翼的诱导阻力。因此,所有机翼平面形状中椭圆形机翼形状具有最小的诱导阻力系数。

早期的飞机设计师已经知道这一事实,他们试图尽可能提高机翼设计上的效率以提升飞机性能。设计有椭圆机翼最著名的飞机之一便是第二次世界大战时期的英国喷火战斗机①,如图3-118所示。虽然椭圆形机翼从空气动力学和性能观点来看是有利的,但从制造角度来看它是不利的。相对于矩形或锥形机翼,椭圆形机翼的复杂性大大增加了制造的时间和成本。

图3-118　第二次世界大战时期的喷火战斗机具有椭圆形机翼
(资料来源:Cpl. Neil Conde,OGL v1.0)

展向效率因子也可以用诱导阻力因子δ表示,即

$$e = \frac{1}{1 + \delta} \tag{3-281}$$

将式(3-281)代入式(3-279),诱导阻力系数可写为

$$c_{D,\mathrm{i}} = \frac{c_L^2}{\pi \mathrm{AR}}(1 + \delta) \tag{3-282}$$

对于给定的平面形状,诱导阻力因子是常数。对应于诱导阻力因子为零,诱导阻力等于最佳椭圆机翼的诱导阻力。因此,式(3-282)提供了非椭圆平面机翼少许增加的诱导阻力的计算方法。δ的值可以使用Prandtl的经典升力线理论计算。展向效率因子e和诱导阻力因子δ随梢根比$\lambda = c_t/c_r$和展弦比AR的变化分别如图3-119和图3-120所示。

① 喷火战斗机在设计之初是整齐的矩形翼而不是椭圆机翼。最后选择了椭圆机翼不是因为空气动力效率而是为了增加体积来在机翼上安装八翼载武器。

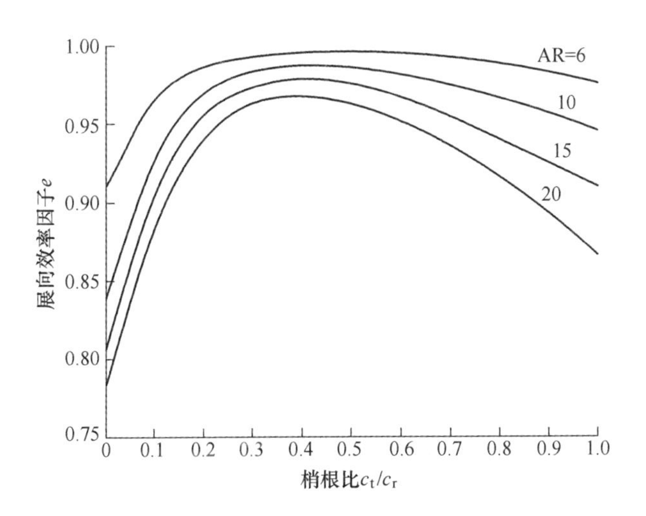

图 3-119 锥形翼的展向效率因子

(资料来源:R. F. Anderson,"Determination of the Characteristics of Tapered Wings",NACA 报告第 572 号,1940 年)

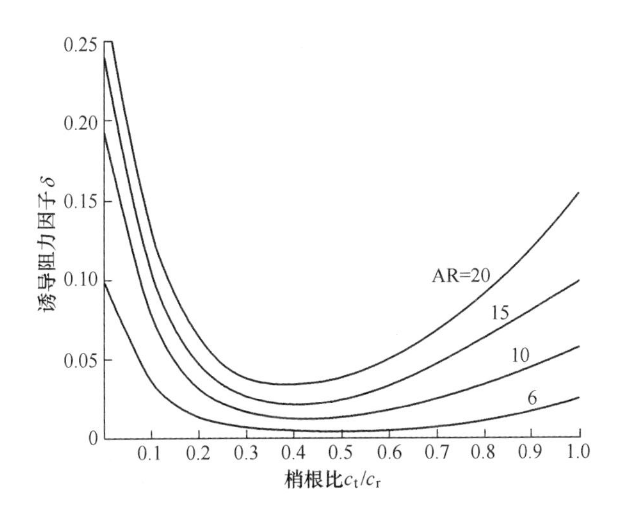

图 3-120 锥形翼的诱导阻力因子

在高展弦比下,最大展向效率因子和最小诱导阻力因子在梢根比接近 0.4 的地方,对应于该梢根比的诱导阻力比椭圆形机翼的诱导阻力要大接近 1%的量。图 3-121 所示为将 $\lambda = 0.4$ 的直锥形机翼的平面形状与椭圆形的机翼进行比较。梢根比为 1 且高展弦比的简单矩形机翼具有比椭圆机翼大约 6%的诱导阻力。总的来说,在从 0 到 1 的梢根比范围内,诱导阻力变化高达约 10%。相对而言,展弦比对诱导阻力的影响更显著。由于诱导阻力与展弦比成反比,因此展弦比加倍会使诱导阻力缩小一半。Prandtl 利用他的升力线理论来展示关于诱导阻力高展弦比下的强烈效果,并通过后来在风洞中测量 7 个具有不同展弦比的矩形机翼的阻力来验证这一点。因此,减小机翼的诱导阻力的一般策略是增加展弦比,而不是制造具有与椭圆翼升力分布匹配的锥型机翼。通常,加长翼展以增加展弦比,其物理效果是使翼尖涡流的影响从机翼中心进一步向外移动,并使机翼主要部分上方的气流更趋于二维流。矩形机翼具有尽可能高的展弦比,通常用于飞行器上,特别是用于通用航空飞机,因为它们比锥形机翼更容易制造并且制造成本更低。

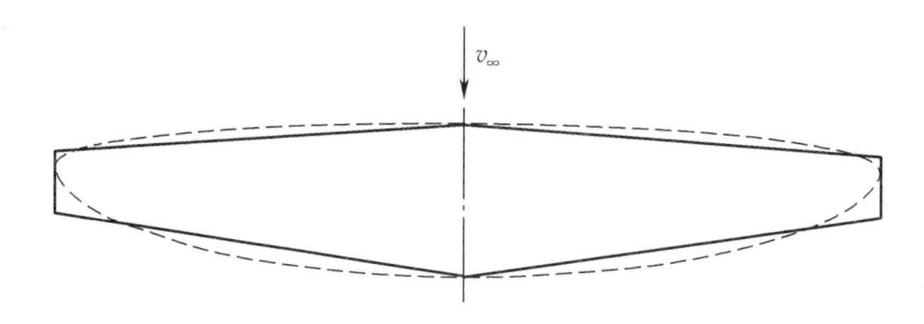

图 3-121　梢根比 $\lambda=0.4$ 的直翼(实线)和椭圆翼(虚线)的平面形状比较

完成诱导阻力的推导后,回忆式(3-219),并写出限翼展机翼的总阻力系数 c_D(不包括波阻)的表达式为

$$c_D = c_d + c_{D,\mathrm{i}} = c_d + \frac{c_L^2}{\pi e \mathrm{AR}} \tag{3-283}$$

式中:c_d 为翼型阻力系数。

3.9.2　机翼的升力和阻力曲线

与二维翼型或无限长翼展机翼对比,下面研究三维机翼的升力和阻力曲线。当然,无限长翼展机翼可以认为是具有无限长翼展或无穷大展弦比的机翼的极限情况。在最后一节中,我们发现,机翼的三维流动效应导致二维翼型的气动特性退化,包括升力矢量的“后倾”和诱导阻力的增加。因此,我们可以预测机翼升力和阻力曲线的特性同样受到不利影响。

3.9.2.1　机翼升力曲线

我们假设在相同的升力系数下有一个机翼和一个翼型。早先,确定机翼的翼尖引起下洗,下洗通过诱导攻角减小机翼的几何攻角,使得机翼“看到”由式(3-274)给出的有效攻角。因此,对于具有相同升力系数的机翼和翼型,机翼的有效攻角 α_{eff} 必须等于翼型的几何攻角 α_{2D},并且从式(3-274)给出:

$$\alpha_{\text{eff}} = \alpha_{\text{2D}} = \alpha - \alpha_{\text{i}} \tag{3-284}$$

式中:α,α_{i} 分别为机翼的几何攻角和诱导攻角。

式(3-284)表明,机翼几何攻角必须大于翼型几何攻角,其差值等于诱导攻角,以产生相同的升力系数,则有

$$\alpha = \alpha_{\text{2D}} + \alpha_{\text{i}} \tag{3-285}$$

翼型升力线斜率 a_0 为

$$a_0 = \frac{\mathrm{d}c_l}{\mathrm{d}\alpha_{\text{2D}}} = \frac{\mathrm{d}c_l}{\mathrm{d}\alpha_{\text{eff}}} = \frac{\mathrm{d}c_l}{\mathrm{d}(\alpha - \alpha_{\text{i}})} \tag{3-286}$$

对式(3-286)求积分,得

$$\int \mathrm{d}c_l = a_0 \int \mathrm{d}(\alpha - \alpha_i) \tag{3-287}$$

$$c_l = a_0(\alpha - \alpha_i) + k \tag{3-288}$$

式中:k 为常数。

将诱导攻角 α_{i} 的式(3-275)代入式(3-288),得

$$c_l = a_0\left(\alpha - \frac{c_L}{\pi e \text{AR}}\right) + k \tag{3-289}$$

式中:c_L 为机翼的升力系数。

回想一下,我们假设翼型和机翼处于相同的升力系数下,即 $c_l = c_L$,因此,有

$$c_L = a_0\left(\alpha - \frac{c_L}{\pi e \text{AR}}\right) + k \tag{3-290}$$

求解升力系数,得

$$c_L + a_0 \frac{c_L}{\pi e \text{AR}} = c_L\left(1 + \frac{a_0}{\pi e \text{AR}}\right) = a_0 \alpha + k \tag{3-291}$$

$$c_L = \left(\frac{a_0}{1 + \dfrac{a_0}{\pi e \text{AR}}}\right)\alpha + \frac{k}{1 + \dfrac{a_0}{\pi e \text{AR}}} = \left(\frac{a_0}{1 + \dfrac{a_0}{\pi e \text{AR}}}\right)\alpha + k' \tag{3-292}$$

式中:k'为一个新的常数。

机翼的升力系数可表示为

$$c_L = a\alpha - \alpha_{L=0} \tag{3-293}$$

式中:a 为机翼的升力线斜率;$\alpha_{L=0}$为机翼的零升攻角。

令式(3-292)与式(3-293)相等,有

$$c_L = \left(\frac{a_0}{1 + \dfrac{a_0}{\pi e \text{AR}}}\right)\alpha + k' = a\alpha - \alpha_{L=0} \tag{3-294}$$

比较式(3-294)的左侧和右侧,得到机翼升力线斜率为

$$a = \frac{a_0}{1 + \frac{a_0}{\pi e \mathrm{AR}}} \tag{3-295}$$

根据式(3-295),我们得出结论,对于翼型的升力斜率 a_0 在任何正值下,机翼的升力线斜率 a 小于翼型的升力线斜率,即 $a < a_0$。

式(3-295)还表明了机翼展弦比 AR 对升力线斜率的影响。首先,对于具有无穷大展弦比的翼型,式(3-295)可简化为 $a = a_0$。随着展弦比减小,对应于减小给定弦长的翼展,升力线斜率减小。随着翼展减小,翼尖效应在翼展上变得更加显著,进而导致下洗的增加,诱导阻力的增加和升力的减小。

现在,考虑零升力下机翼和翼型的情况。由于没有升力,机翼没有下洗,也没有诱导攻角。因此,在零升力情况下,机翼具有与翼型相同的零升几何攻角 $\alpha_{L=0}$。

考虑升力系数曲线的另一种情况,即大攻角的情况。我们已经知道,由于下洗,机翼"看见"的攻角低于其几何攻角。因此,当机翼处于失速几何攻角时,机翼"看见"的是较低的攻角并且保持未失速状态,直到机翼有效攻角达到失速攻角,机翼才会失速。由此,我们可以得出结论,机翼在失速之前,处于比翼型失速几何攻角更大的几何攻角下。

现在我们问一下,在机翼和翼型之间,失速攻角对应的最大升力系数如何比较?要回答这个问题,请回顾图 3-116 所示的沿翼展的升力分布。在机翼的翼尖处,升力分布一定会归于零。机翼升力以及相关的升力系数小于翼型所能获得的升力。因此,机翼的最大升力系数小于翼型的最大升力系数。如图 3-116 所示,椭圆形机翼具有与翼型相近的最佳升力分布,其升力系数与翼型接近。对于椭圆形机翼的升力分布,机翼在相同的雷诺数下可以达到对应翼型的最大升力系数的大约 90%。

根据我们对升力线斜率、零升攻角、失速攻角和最大升力系数的观察,可以得出机翼和翼型的升力系数曲线如图 3-122 所示。该图对机翼和翼型的升力系数曲线进行对比,总结如下:①零升攻角是相同的;②机翼升力线斜率小于对应翼型的升力线斜率;③要获得相同的升力系数,机翼几何攻角大于翼型几何攻角;④机翼失速几何攻角大于翼型失速几何攻角;⑤机翼最大升力系数小于对应翼型的最大升力系数。我们还进一步观察到机翼升力线斜率随展弦比的减小而减小。

3.9.2.2 机翼阻力曲线

先前由式(3-283)给出了机翼的总阻力系数 c_D(忽略波阻),复述如下:

$$c_D = c_d + c_{D,\mathrm{i}} = c_d + \frac{c_L^2}{\pi e \mathrm{AR}} \tag{3-296}$$

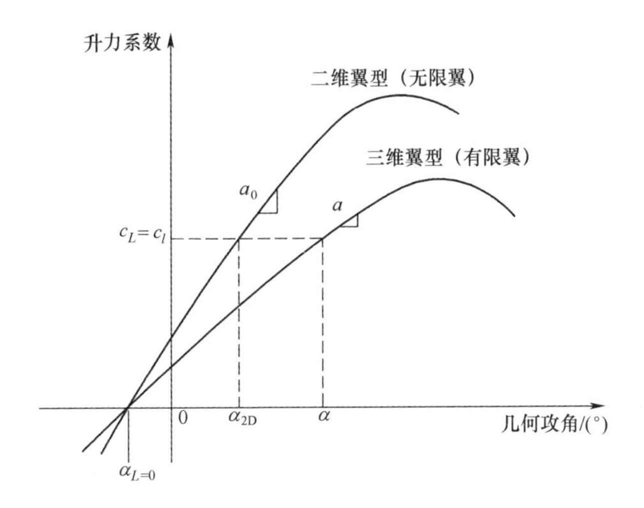

图 3-122　翼型和机翼升力曲线的比较

式中：c_d 为翼型型阻系数；$c_{D,\mathrm{i}}$ 为诱导阻力系数。

对于机翼，总阻力系数 c_D 随升力系数 c_L 变化的曲线图称为阻力极曲线图，如图 3-123 所示。由于阻力系数随式(3-296)中的升力系数的平方变化，因此阻力极曲线具有抛物线形状。如果机翼翼型有弯度，阻力极曲线在升力系数大于零的一边可以取到最小阻力系数 $c_{D,\min}$。对应于零升力的阻力系数是零升阻力系数 $c_{D,0}$，对于具有对称翼型的机翼，最小阻力系数和零升力系数是相同的。

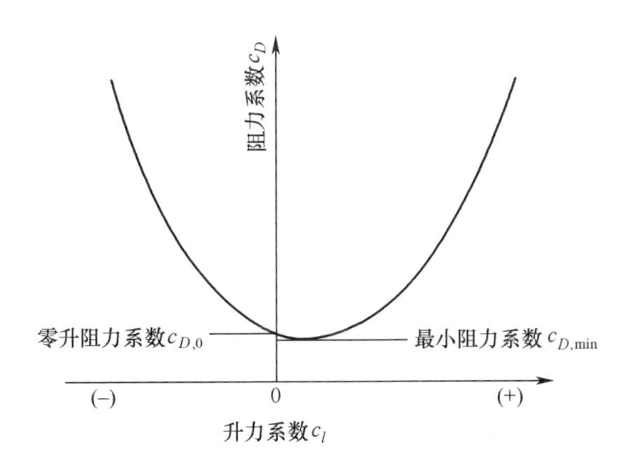

图 3-123　机翼的阻力极曲线

3.9.3　增升装置

通常，翼型和机翼被设计用来在巡航飞行条件下（大多数飞机的工作时间）提供期望的空气动力学特性。但是，所有飞机必须起飞和降落，这发生在飞机飞行包线的低速部分。针对高速巡航状态进行气动优化的机翼通常不具有用于起飞和着陆所期望的低速空气动力学特性。因此,通常在机翼上安装增升装置以改善其低速空气动力学特性而不会影响其高速巡航性能。

考虑一架飞机以低速稳定飞行,c_L 接近其最大升力系数 $c_{L,\max}$,与 $c_{L,\max}$ 相关的最小空速是失速速度 v_s,由式(2-48)给出:

$$v_s = \sqrt{\frac{2W}{\rho_\infty S c_{L,\max}}} \tag{3-297}$$

通过式(3-63),我们得到两种降低失速速度的实用方法,即增加最大升力系数 $c_{L,\max}$ 或增加机翼面积 S。一般通过机翼前缘或后缘的机械增升装置来实现。在本节中,我们将简要讨论 3 种增升装置,即后缘襟翼,前缘缝翼和翼缝,以及边界层控制的应用。

3.9.3.1 襟翼

襟翼是机翼上最常用的增升装置。襟翼最简单的形式是如图 3-124 所示的平翼,其作为机翼的一部分,通常是机翼弦长的 15%~25%,在后缘附近铰接,并允许它向下偏转。襟翼向下偏转改变了翼型部分的形状,增加了机翼弯度。襟翼偏转的主要作用如下:

(1) 增加最大升力系数;

(2) 零升攻角变为更大负值;

(3) 失速攻角减小;

(4) 阻力显著增加。

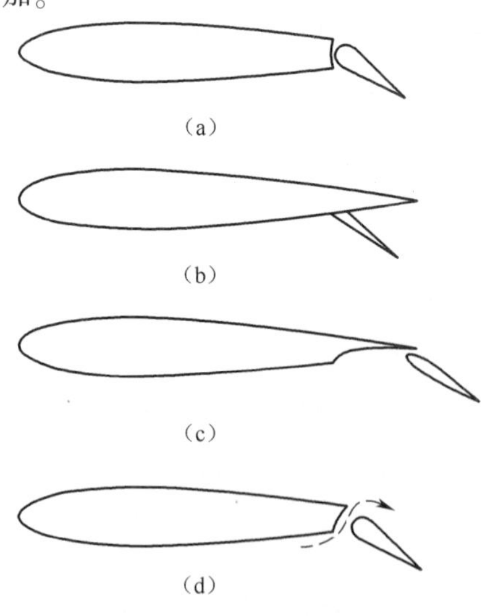

图 3-124　各种类型的机翼襟翼

(a)简单襟翼;(b)开裂式襟翼;(c)福勒襟翼;(d)开缝襟翼。

阻力增加并不一定是缺点,因为它允许更陡的近场角而不增加空速。对于有无襟翼偏转的机翼,其升力系数曲线如图 3-125 所示。襟翼偏转使升力曲线向上移动,而不改变升力曲线斜率 a,类似于图 3-103 中增加了机翼弯度。使用简单襟翼时,可使最大升力系数增加约 50%,而对于更复杂的襟翼类型可使升力增加 100%,下面将会讨论。

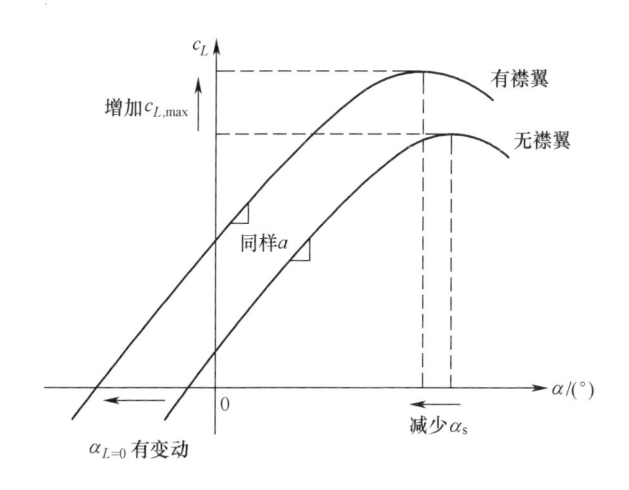

图 3-125 襟翼对升力的影响

图 3-124 显示了其他几种类型的襟翼,通常,这些类型的襟翼的空气动力学优势是以增加复杂性为代价的。对于开裂式襟翼,机翼下表面的一部分被"分开"并向下偏转。使用开裂式襟翼可获得比简单襟翼略高的最大升力系数,但由于产生湍流尾流,会使阻力大大增加。

开缝襟翼类似于简单襟翼,不同之处在于其偏转后在机翼和襟翼前缘之间会产生间隙。从机翼下方流过的高能量空气经过间隙流动到襟翼上表面,从而激活边界层并在高升力系数下延迟流动分离。开缝襟翼的最大升力系数比简单或开裂式襟翼更大,也不像开裂式襟翼那样增加很大的阻力。机翼可具有多个开缝襟翼,这些襟翼彼此延伸以形成一排襟翼和缝隙。

与开缝襟翼类似,富勒襟翼也会形成一个缝隙,但在偏转时襟翼会沿着轨道向后运动。襟翼向后运动增加了弦长,从而提高了最大升力系数和机翼面积。与我们讨论的其他类型的襟翼相比,富勒襟翼产生的最大升力系数增量最大,并且阻力的增量最小。

3.9.3.2 前缘增升装置

前缘增升装置包括翼缝和缝翼,如图 3-126 所示。固定翼缝的工作原理类似于后缘开缝襟翼。高能空气从机翼下方流过狭缝,为机翼上表面边界层提供能量,从而延缓流动分离和失速。最大升力系数的增加是由于失速延迟形成更大的失速攻角,而机翼的弯度不受翼缝的影响。固定翼缝可以使最大升力系数增加约0.1~0.2,其缺点是在高飞行速度下会产生过大的阻力。

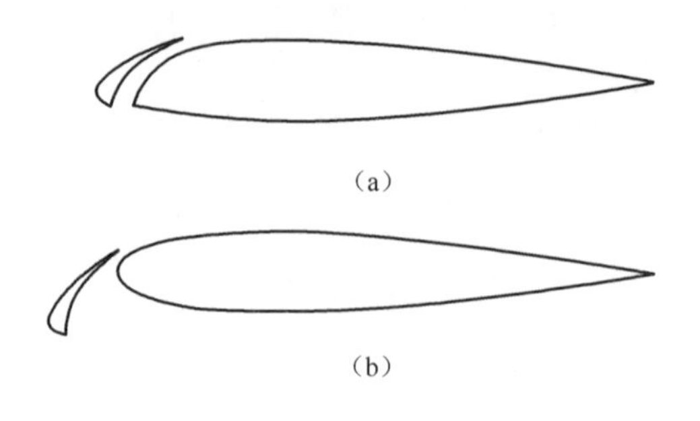

图3-126　前缘增升装置
(a)固定翼缝;(b)可移动的缝翼。

可移动或自动翼缝装置具有前缘缝翼,其在轨道上可自由移动。在低攻角时,通过局部空气压强分布将翼片保持在机翼上。在大攻角、失速或接近失速时,机翼前缘吸力"自动"将缝翼从机翼上提起,形成一个槽。对于部分翼型剖面,缝翼的布置可以将最大升力系数增加多达100%。由于缝翼在高空速下装载,所以它没有固定翼缝的阻力代价,但这是在固定翼缝基础上增加复杂性和重量为代价的。

缝翼特别适用于容易受到前缘流动分离影响的,具有尖锐前缘的、薄而高速的机翼。缝翼还可以在低速时延缓前缘流动分离并显著增加升力系数。在大后掠翼上,缝翼可有效减少机翼上表面沿翼展方向的流动(这对升力、低空速和高攻角是不利的)。

缝翼对机翼升力系数曲线的影响如图3-127所示。如该图所得到的,缝翼通过将升力曲线拓展至更高的失速攻角从而增加最大升力系数,同时保持零升攻角不变。

为了获得更高的升力系数,需要增加攻角,并装有缝翼。如果机翼仅具有前缘增升装置,则可能在起飞和着陆期间导致过高的攻角。因此,后缘襟翼通常与前缘增升装置结合使用。增升装置的配置根据飞行阶段和期望的飞行速度而变化。在不同的飞行阶段,前缘和后缘增升装置的典型部署如图3-128所示。图3-128(a)显示了前缘缝翼被收起和后缘襟翼缩回;图3-128(b)显示了起飞阶段的配置,前缘缝翼展开,后缘第一开缝襟翼部分偏转;图3-128(c)显示了着陆状态的配置,前缘缝翼展开,后缘双缝襟翼完全延伸。

3.9.3.3　边界层控制

为了增加最大升力系数,除了通过装配类似襟翼装置以改变翼型形状的方法外,另一种方法便是边界层控制。在大攻角时,机翼上表面的边界层可能分

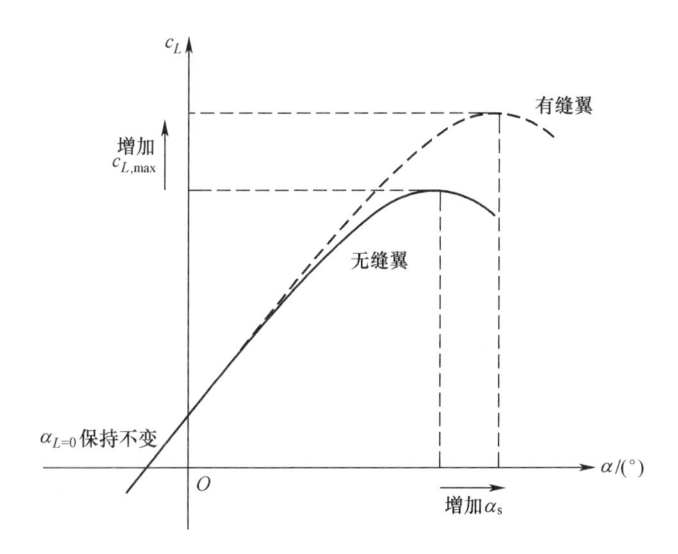

图 3-127 前缘缝翼对升力系数的影响

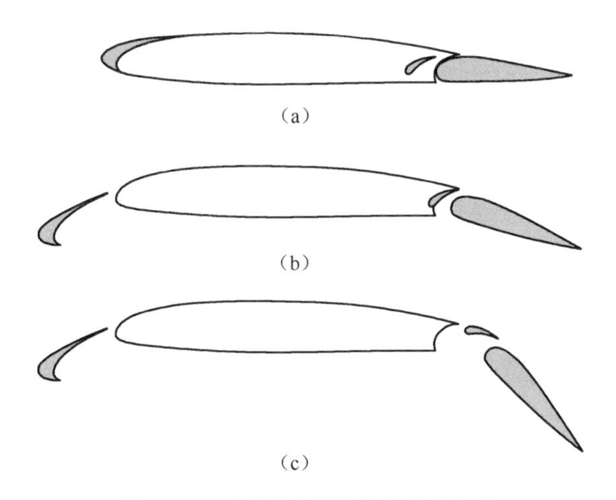

图 3-128 不同飞行阶段的增升装置
(a)巡航;(b)起飞;(c)着陆。

离,导致机翼失速和升力损失。有两种方法用来防止或延迟边界层分离和升力损失,其一是通过向机翼上表面施加吸力以移除低能边界层流动;其二是将高能量流注入边界层。前面所讨论的翼缝是边界层控制的一种形式。这两种方法都为边界层提供能量,并使边界层能够保持附着直到更高的攻角,从而增加最大升力系数。

通过机翼表面上的槽或小孔施加吸力,低能量流被边界层外的较高动能流所取代。在机翼上大面积安装抽吸系统可能很复杂,通常还需要安装真空泵系统,以及考虑由污垢和其他碎屑堵塞吸孔的情况。

表面吹气系统的安装可能比抽吸系统更实用,因为它可以利用来自喷气发动机压缩机的高压空气。高压、高动能空气通过狭缝或小孔注入低能量边界层,类似于抽吸系统,而排气系统很少出现端口堵塞问题。

表面吹气系统通常与襟翼结合使用,随着失速攻角的增加,因襟翼导致的失速攻角的减小由于吹气系统而得到改善。与表面吹气系统相结合的襟翼系统称为吹气襟翼。在极端情况下,可以在机翼后缘用高速射流代替机械襟翼系统,称为喷气襟翼。为提高增升能力,许多不同类型的表面吹气系统在过去已经进行过飞行试验,特别是用于短距起降(short take-off and landing,STOL)的飞机。几架现代飞机,如波音 C-17 Globemaster(环球霸王)Ⅲ军用货机,采用动力增升系统,高能喷气发动机的喷射气流经过后缘开缝襟翼,提高了最大升力系数,并使带有矢量方向的喷流直接增强升力。

3.9.3.4 扰流板

我们已经讨论了几种旨在提高升力的增升装置,但在本节中我们将简要介绍用于降低升力的装置,即扰流板。扰流板是位于机翼上表面的平板式襟翼,它们向上偏转到气流中,如图 3-129 所示,以减少或“破坏”升力。向上偏转的扰流板将机翼上表面的气流分开,导致升力损失和阻力增加。

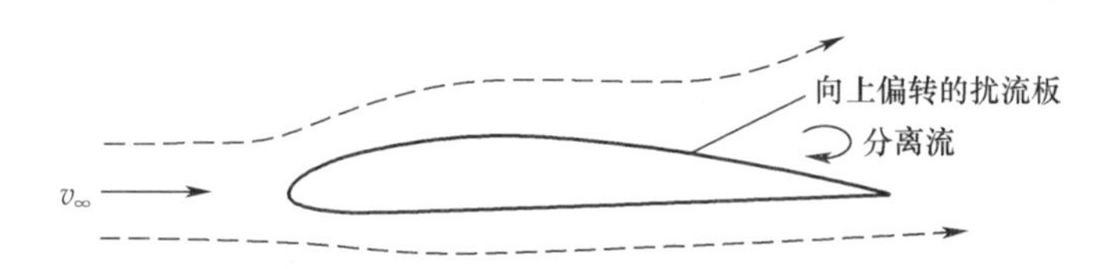

图 3-129 向上偏转的扰流板分离流及“破坏”升力情况

通常,扰流板在商业和军用运输机中使用,主要用于下降和着陆阶段。使用飞行扰流板以提高运输机下降率、减速或两者兼而有之。地面扰流板在着陆时自动向上偏转,降低升力以防止飞机在着陆后“弹跳”并增加机轮的负载,从而最大化制动效果。此外,增加的气动阻力也减少了飞机着陆时在地面的侧倾。

通过将扰流板布置在机翼靠翼尖的部分,它们也可以不对称地偏转用于辅助滚转控制。例如,使左机翼的扰流板向上偏转,于是左机翼上的升力减小,导致飞机向左侧滚转。左机翼上的扰流板阻力也产生一个有利的偏航力矩配合左侧滚转。在大多数商业运输机中使用扰流板来增强主副翼滚转控制。过去在飞机上使用扰流板进行主要滚转控制时,在机翼后缘的整个翼展安装着陆襟翼,便没有空间留给常规副翼。与常规副翼相比,扰流板对机翼扭曲的贡献较小,因此它们也在非常灵活的机翼结构上作为主要的滚转操纵面,以最大限度地减少机翼扭曲。

由于扰流板的操作基于非线性分离流,扰流板特性往往是非线性的,这使得它作为主要飞行控制装置使用起来变得更加困难。扰流板在偏转或在大攻角时可能表现出人们不希望出现的非线性效应,使扰流板效果降低甚至造成反效。与扰流板相关联的控制力也可能是非线性的,使得控制系统设计更加困难。

最后一点需要注意的是,在诺斯罗普 P-61“黑寡妇”飞机上很早就使用扰流板作为主要滚转操纵面,该飞机将我们的 P-51 野马飞机拖升到 3.7.6 节介绍的可以进行滑翔飞行试验技术的高度。与向上偏转到气流中的平板式扰流板不同,P-61 使用了一种伸缩式扰流板,它是一个弯曲的面板,可以在机翼内外垂直缩回和伸出。由于扰流板的非线性效应和非线性控制力,需要进行大量的试验和改进使得其滚转控制性能令人满意。

3.9.4 FTT:气动建模

如前所述,风洞试验用于获得子尺寸模型的空气动力学系数,在某些情况下也用于全尺寸飞行器。这些地面试验有其局限性和困难,包括匹配实际飞行条件。本节讨论了如何通过使用气动建模或简称为航空建模的飞行试验技术获得飞行中全尺寸飞机的升力和阻力系数。

考虑一架处于飞行状态的飞机,其参数为速度 v_∞、航迹角 γ 和攻角 α,如图 3-130 所示。航迹角是地平线与速度矢量或相对风向之间的夹角,攻角为相对风向和飞机的体轴 x_b 之间的夹角。作用在飞机上的力包括升力 L、阻力 D、推力 T 和重力 W。升力和阻力分别垂直和平行于速度矢量,因此它们分别与稳定坐标轴 z_s 和 x_s 对齐。推力平行于飞机的体轴 x_b,并相对于速度矢量形成夹角 α。飞机质心的加速度 $a_{x,s}$ 和 $a_{z,s}$ 分别平行和垂直于飞行方向,其中下标“s”表示它们与稳定坐标轴对齐。

应用牛顿第二定律,垂直速度(平行于稳定坐标轴 z_s)为

$$W\cos\gamma - L - T\sin\alpha = ma_{z,s} = mg\frac{a_{z,s}}{g} = Wn_{z,s} \tag{3-298}$$

式中:m 为飞机的质量;g 为重力加速度,$a_{z,s}$ 为垂直于速度的加速度;$n_{z,s}$ 为垂直于速度的过载系数。

得到升力为

$$L = W\cos\gamma - T\sin\alpha - Wn_{z,s} = W(\cos\gamma - n_{z,s}) - T\sin\alpha \tag{3-299}$$

用升力系数 c_L 表示升力,有

$$c_L = \frac{W(\cos\gamma - n_{z,s}) - T\sin\alpha}{q_\infty S} \tag{3-300}$$

式中:q_∞ 为自由流动压;S 为机翼参考面积。

同样地,应用牛顿第二定律,在平行于自由流速度(平行于稳定坐标轴 x_s)

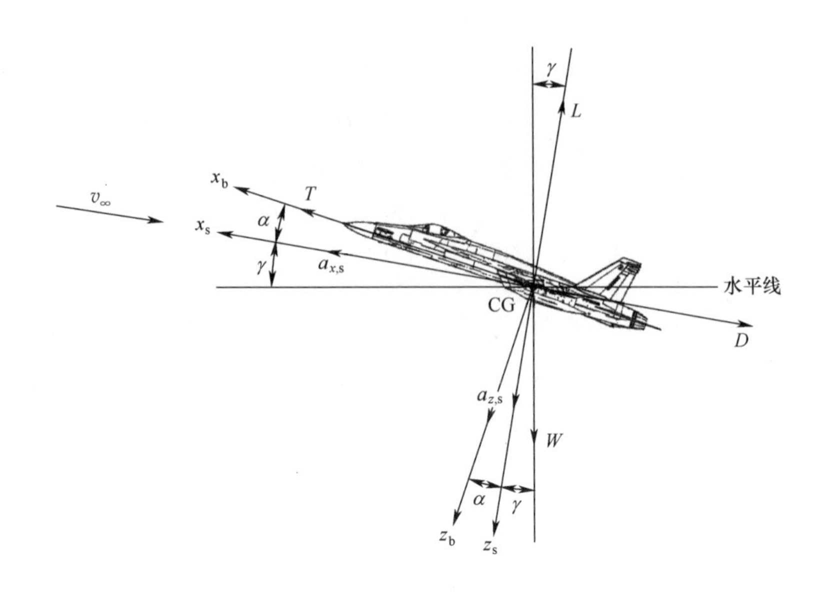

图 3-130 飞行中飞机上的力和加速度的分解

方向,有

$$T\cos\alpha - D - W\sin\gamma = ma_{x,s} = mg\frac{a_{x,s}}{g} = Wn_{x,s} \tag{3-301}$$

式中:$a_{x,s}$为与速度平行的加速度;$n_{x,s}$为与自由流速度平行的过载系数。

得到的阻力为

$$D = T\cos\alpha - W\sin\gamma - Wn_{x,s} = T\cos\alpha - W(\sin\gamma + n_{x,s}) \tag{3-302}$$

用阻力系数 c_D 表示阻力,有

$$c_D = \frac{T\cos\alpha - W(\sin\gamma + n_{x,s})}{q_\infty S} \tag{3-303}$$

式(3-300)和式(3-303)分别提供了飞机的升力系数和阻力系数。这些公式右侧所有参数都是已知的或者可以在飞行中测量。机翼参考面积 S 是已知的并且通常是恒定的,动压 q_∞ 对于给定的高度和速度是已知的,攻角 α 和飞行航迹角 γ 可以在飞行中测量,重力 W 是根据飞机重量和通过测量飞行中的燃料重量获取。推力 T 需要通过发动机的推力模型获取,通常飞行器的推进数据(如发动机转速、发动机压力比或其他参数)在飞行中测量并且与飞行条件一起输入到推力模型中。过载系数可以通过加速计测量。通常,加速计安装于固定的方向,并与飞机机身轴线对齐。因此,必须将加速计测量数据从机体坐标系转换到稳定坐标系,以用于式(3-300)和式(3-303)。机体坐标系加速计过载系数 $n_{x,b}$和 $n_{z,b}$的稳定坐标系分量如图 3-131 所示。

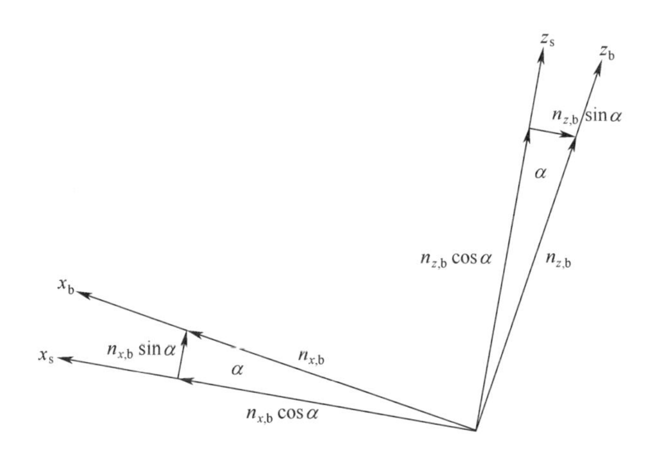

图 3-131 加速计的过载系数从机体坐标系到稳定坐标系的转换

使用下面的公式从机体坐标系的过载系数 $n_{x,b}$ 和 $n_{z,b}$ 计算稳定坐标系的过载系数 $n_{x,s}$ 和 $n_{z,s}$，如下：

$$n_{x,s} = n_{x,b}\cos\alpha - n_{z,b}\sin\alpha \tag{3-304}$$

$$n_{z,s} = n_{x,b}\sin\alpha + n_{z,b}\cos\alpha \tag{3-305}$$

使用式(3-300)和式(3-303)计算的升力系数和阻力系数适用于某种飞行状态，而理想情况下，我们希望计算一系列攻角的空气动力学系数，以便生成飞机升力系数曲线和阻力极曲线。有两种不同的模型，飞行试验技术可以实现。在静态气动建模方法中，数据是在配平状态下获取的，飞机稳定于恒定的空速、高度、攻角和过载系数下。改变空速或过载系数以获得不同配平状态的数据，由于飞机状态保持不变，因此可以使用手持式数据记录仪手动记录数据，而无须数据采集系统。

在气动建模方法中，操纵飞行器使得过载系数和攻角快速变化，同时保持空速和高度近似恒定。在预定的高度带内操纵飞行，其中大气特性不会显著改变，并且空速严格控制在公差范围内。在一个宽广的攻角范围内，动态方法比静态方法提供了更多的机动数据。然而，由于飞机参数变化太快而无法手动记录数据，因此需要数据采集系统。

使用静态方法获得航模飞行数据比使用动态方法要慢得多。在机动期间收集数据所花费的时间以及每次机动获得的数据量方面，静态方法相对效率较低。使用这种方法生成升力系数曲线或阻力极曲线可能是一个耗时的过程，因为在每次配平时只能获得单个攻角的数据。在应用这种飞行试验技术时我们研究了这两种类型的建模方法。

为了演示气动建模 FTT 如何获得升力系数曲线和阻力极曲线，将举例波音 F/A-18E“超级大黄蜂”超声速喷气式飞机，如图 3-132 所示。F/A-18E 是一种单座、双发、超声速战斗机,用于在航空母舰上发射和着陆。F/A-18E/F“超级大黄蜂”是一种更大更先进的设计,由 F/A-18“大黄蜂”演变而来,如 1.1.2 节所述。“超级大黄蜂”的首飞在 1995 年 11 月 29 日,其选用规格如表 3-14 所列。

图 3-132 波音 F/A-18F“超级大黄蜂”,双座版 F/A-18E(资料来源:美国海军)

表 3-14 波音 F/A-18E/F“超级大黄蜂”选用规格

项目	规格
主要功能	全天候,超声速战斗机/攻击喷气式飞机
制造商	华盛顿,西雅图,波音公司
首飞	1995 年 11 月 29 日
乘员	一名飞行员
动力	2×F414-GE-400 加力涡扇发动机
推力,MIL(单台引擎)	13000 磅力(62000N)军用推力
推力,MAX(单台引擎)	22000 磅力(98000N)满加力
空重	约 32000 磅(14500kg)
最大起飞重量	66000 磅(30000kg)
长度	60 英尺 1.25 英寸(18.31m)
高度	16 英尺(4.9m)
翼展	44 英尺 8.5 英寸(13.63m)
机翼面积	500 英尺($46m^2$)
最高时速	1190 英里/h(1915km/h),马赫数大于 1.7
飞行升限	> 50000 英尺(> 15000m)
过载系数限制	+7.5g,-3.0g

3.9.4.1 静态气动建模方法

爬升到35000英尺(10700m)的高度,飞机在机翼水平、载荷1g、速度马赫数0.8的条件下飞行。因为已经建立了严格的公差以获取高质量的数据,必须花时间为数据采集设置配平状态。试图将马赫数稳定保持在±0.005的误差范围内,并持续3min。经过一段时间让发动机稳定后,飞机稳定在马赫数为0.8、高度为35000英尺、过载系数为1的条件下。已经建立了第一个静态的气动模型,称为恒定高度航模FTT。可以手动记录所需的数据,包括速度、压力、高度、过载系数、攻角、燃油重量和发动机参数。

现在,在过载系数大于1的情况下设置稳定试验点。将F-18E向左滚转到大约45°处并稍微向后拉动驾驶杆。希望得到一个期望的过载系数,而不是倾斜角度。这时再稍微向左滚转,便可以得到1.49g的过载系数,接近1.5g的目标。对应于1.49g的过载系数,倾斜角为46.8°(倾斜角和过载系数之间的关系将在第5章讨论)。可以根据需要调整推力,使其稳定在该过载系数的试验点,稳定几分钟后,即可记录数据。

如果以较低的马赫数采集数据,则无法在较高的过载系数下保持恒定的高度。然后使用下行转弯气动建模FTT,在此设置1g调整点,并设置恒定推力,在较高过载系数下下行转弯,同时保持恒定的马赫数。在这里,只需转化势能(高度)为动能(速度),从而在所需的过载系数下保持恒定的马赫数。

在以马赫数为0.8的状态下完成几个试验点后,还需要获得马赫数为0.9和马赫数为1.2状态下的数据。这是一个耗时的过程,因为在一个飞行状态下获取数据需要几分钟。使用这种静态方法生成整个升力系数曲线和阻力极曲线是不实际的。在几个不同的过载系数下已经收集了静态数据,这些过载系数对应于几个马赫数下不同的攻角。静态机动下获取的数据用于验证接下来动态气动建模采集的数据。

3.9.4.2 动态气动建模方法

设置动态气动建模FTT时,先确认数据采集系统正在运行,因为此时参数变化过快已不能手动记录。系统正常运行后(静态飞行试验技术也需要运行采集系统以完成参数采集),控制飞行高度变化范围在10000英尺(300m)以内,飞行速度变化范围保持马赫数小于0.01。动态机动飞行的可接受变化范围大于静态飞行试验技术。

爬升时,保证飞行高度为34500英尺(10500m)~35500英尺(10800m),这样飞行高度的中点就是35000英尺。首先,建立一个飞行高度为35000英尺、马赫数为0.8、载荷为1的平飞状态。接下来进行的第一个动态飞行试验称为俯冲拉起,这个试验模拟了图3-133(a)中的飞行轨迹。从稳定的水平飞行状态开始，过载从 $1g$ 缓慢的推到 $0g$，再缓慢拉到 $2g$，然后放松背压，回到 $1g$ 的水平飞行状态。攻角和升力系数在俯冲的过程中不断减少，过载系数随之减少，而拉起过程中反之。期间保持要求的高度范围没有任何问题。尽管是动态飞行试验，过程从开始到结束大概持续了 8～16s，有 0.25～0.5g/min 的变化速率。飞行过程尽量保持平缓，载荷系统为正弦波动，保持恒定的功率和马赫数，以及确保飞行轨迹无阶越、斜坡或脉冲。尽管飞行质量还可提升，此次试验还是令人满意的。

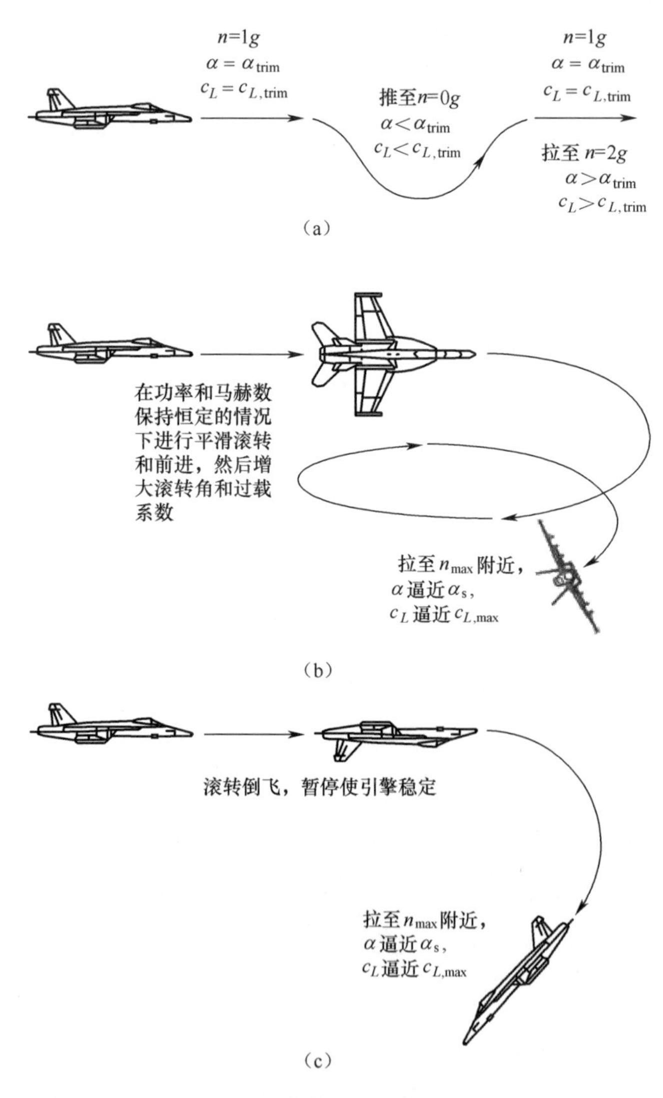

图 3-133　动态航模飞行试验技术

(a)俯冲拉起；(b)收敛转弯；(c)倒飞上拉或倒 S 飞行。

接下来进行收敛转弯动态飞行试验。开始时,以马赫数为0.8的飞行速度、飞行高度为范围内的最高点(35500英尺)的状态平飞,然后平滑向右滚转,逐渐增大倾斜角和过载系数,同时保持功率和马赫数恒定,如图3-133(b)所示。为保持马赫数不变,在增大过载系数的同时,降低飞行高度,以高度换速度。以最高1g/s的速率拉过载,过载系数会随之增加。在飞行过程中,过载系数慢慢增加,飞行员开始承受高负载。随着倾斜角越来越大,机头不得不越来越低。最终过载拉至7g,接近飞机的最高过载7.4g,此时飞机以几乎垂直的姿态向下,至此试验完成。通过收敛转弯飞行试验,可以收集较大攻角范围的飞行数据,从配平攻角α_{trim}到接近失速攻角α_s,从配平升力系数$c_{L,trim}$到几乎最大的升力系数$c_{L,max}$。

最后一个动态飞行试验是倒飞上拉或称为倒S飞行。因为完成时间仅2~3s,这个飞行过程较俯冲拉起或收敛转弯有更高的动态影响。开始时,飞机以马赫数为0.8的速度,在35500英尺高度平飞。然后F-18E翻转倒飞并暂停一会儿,飞行人员靠安全带悬挂在座椅上。然后缓慢拉驾驶杆,使机头穿过水平线,将过载系数增至接近7.4g的极限载荷,如图3-133(c)所示。为保证飞行马赫数恒定,可以通过翻转的速度来控制过载的变化速率。达到过载极限后,将F-18E从俯冲改回平飞。与收敛转弯试验类似,此试验可以获得大攻角范围的试验数据,包括接近最大失速攻角α_s和最大升力系数$c_{L,max}$。因为倒S试验是一个特技飞行,不能用非特技飞机如商用客机完成。然而,俯冲拉起和收敛转弯可以由非特技飞机在其过载范围内完成。

飞行后,使用静态和动态气动建模飞行试验收集的气动数据绘制F/A-18E的升力系数曲线和阻力系数曲线分别如图3-134和图3-135所示。在这些图中,1g、恒定高度的飞行试验标记为“巡航”,恒定高度或下降转弯飞行试验标记为“稳定盘旋”。倒S飞行数据未显示。

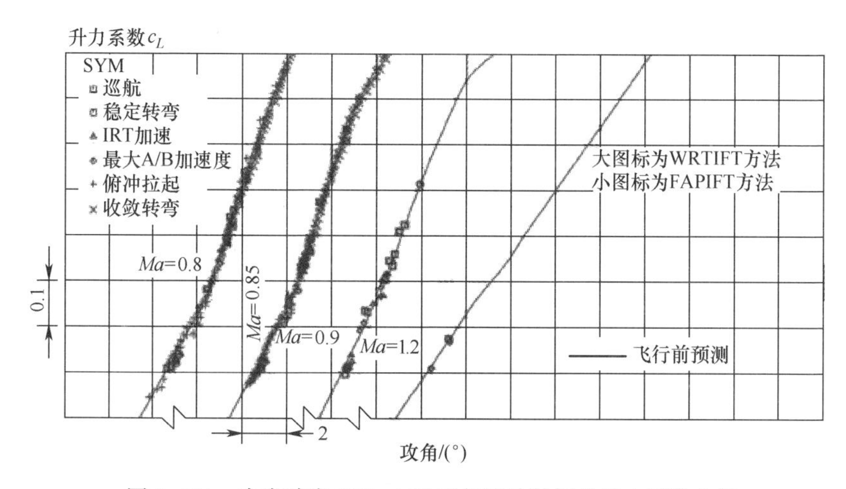

图3-134 来自波音F/A-18E飞行试验数据的升力系数曲线

(资料来源:Niewald和Parker,文献[54])

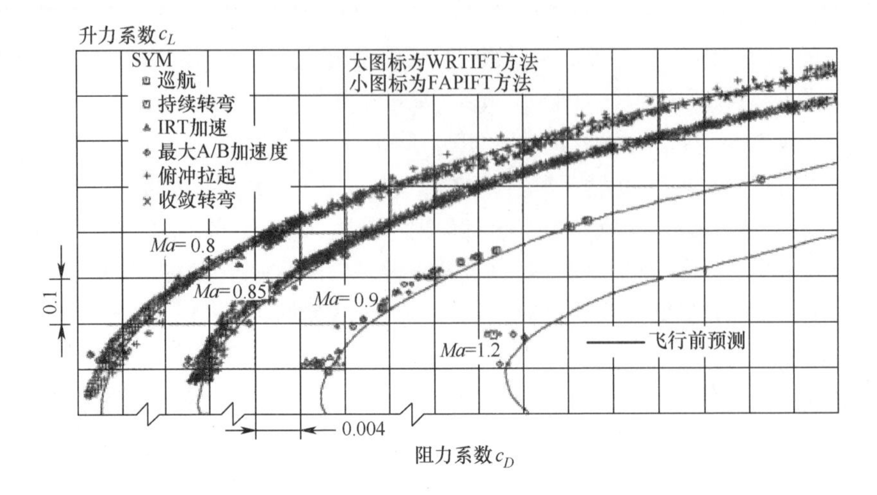

图 3-135　来自波音 F/A-18E 飞行试验数据的阻力系数曲线
（资料来源：Niewald 和 Parker，文献[54]）

静态飞行试验获得了马赫数为 0.8、0.85、0.9 和 1.2 的升力系数和阻力系数数据。更高攻角对应的数据来自动态飞行试验，如俯冲拉起和收敛转弯，因为这些飞行试验执行到最大过载系数。静态飞行试验数据用于验证动态飞行试验数据，结果是非常一致的，可以看到飞行前的预测与飞行试验数据非常匹配。除了俯冲拉起和收敛转弯的动态性质，所获得的数据是平滑的，具有少量分散。数据分散随着马赫数的增加而增加，因此在靠近跨声速的速度下，维持恒定马赫数试验环境比较困难。

3.9.5　机翼地面效应

起飞和着陆时，飞机必须靠近地面飞行。当飞机在低于飞机大约一个翼展的地面高度或对于旋翼机来说低于大约一个转子直径时，地面效应对飞机的气动特性产生有利的影响。从根本上说，地面效应改变了飞机机翼、尾翼和机身上的压强分布，从而改变这些表面上的升力和阻力。对主翼的主要影响是减少诱导阻力和增加升力。在起飞期间，飞行员可以使飞机靠近地面利用地面效应增加升力和降低阻力，允许飞机更有效地加速到安全的飞行速度。着陆时，飞行员有时会因升力增加和阻力降低感觉到飞机因地面效应而“浮动”。

当飞机靠近地面时，飞机周围的流动会因流动与地面的作用而改变。飞机前后的上洗和下洗都有所减少。从飞机翼尖向下游流动的尾涡撞击地面造成强度降低，进而导致下洗减少并降低诱导阻力。诱导阻力的减小导致更高的升力，空速的增加以及减小保持了恒定空速所需的推力。较低强度的翼尖涡使机翼具有一个更高的展弦比。如果我们假设飞机在下降到有地面效应时保持恒定的升力系数和空速,则机翼由于诱导阻力的减小,在地面效应时处于较低的攻角。地面效应只需要一个更小的攻角,即可产生与无地面效应情况下相同的升力系数。相反,如果在进入地面效应时攻角和空速是恒定的,则获得更高的升力系数,因此在着陆期间产生“漂浮”的效果。这个也可以表示为:地面效应升力线斜率比无地面效应升力线斜率更大。这些效应如图 3-136 所示,即后掠角为 4°的后掠翼在有无地面效应时绘制的升力系数和诱导阻力系数(攻角的函数)。

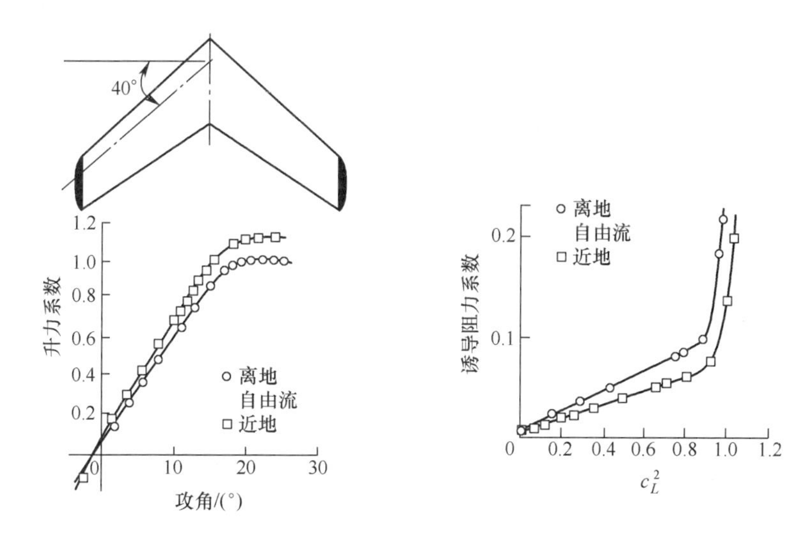

图 3-136　由于地面效应导致的升力系数和诱导阻力系数的变化

(资料来源:Corda,NASA TM 4604,1994 年,文献[24])

地面效应也会对飞机的稳定性和控制产生影响。减少的机翼下洗增加了尾部的局部攻角,生成机头俯仰力矩。地面效应对稳定性和控制的影响将在第 6 章讨论。如上所述,飞机周围的流场也可能影响静压的测量,导致空速指示错误(我们将在第 5 章讨论如何通过静压计算空速)。其他影响地面效应强度的因素包括飞机机翼安装位置和地面类型。一架低位安装机翼的飞机与高位安装机翼的飞机相比更多地受到地面效应的影响,这仅仅是因为在起飞和着陆期间,低位安装的机翼更靠近地面。地面类型也会影响飞机地面效应的强弱。其中平滑、硬质表面(如混凝土跑道)比粗糙、柔软或未处理过的地面(如水面或草地)的影响更大。

早期的飞行员意识到在地面效应中飞行的好处。众所周知,Charles Lindbergh 驾驶飞机飞得很低,以利用地面效应的优势来改进飞机性能和航程,如图 3-137 所示。他在自传中描述了他在从纽约到巴黎的航班中历史性穿越大西洋时的评论。

随着雾的清除,我降落到离水面很近的地方,有时在距离海面 10 英尺的范围内飞行,很少高于 200 英尺。靠近地面或水的地方形成"气垫",飞机在飞行过程中比在更高的高度飞行时更省力,而且我利用这个因素一次飞行几个小时①。

图 3-137 Charles Lindbergh 在怀俄明州黄石湖的地面效应中驾驶"圣路易精神"号飞机
(资料来源:国家航空航天博物馆,经许可,由史密森学会提供)

当然,这在今天的航空领域可能不是一种谨慎的操作方式,因为利用地面效应长距离飞行会带来额外的危险,包括与凸起的地形或人为障碍物碰撞。

有趣的是,空气动力学地面效应的优点在自然界中很容易找到,鹈鹕、海鸥、鸬鹚、黑剪嘴鸥、海鸭和鹬都是利用地面效应飞行的鸟类。通过靠近水面飞行(高度通常远低于它们的翼展),海鸟能够滑行 100 英尺或更远,而不必拍打它们的翅膀。通常,作为觅食技术的一部分,鸟类会在水面上飞行。

褐鹈鹕(Pelecanus occidentalis)是一种在美国西部和南部发现的常见沿海鸟类,在觅食时通常在水面上飞行。虽然是笨拙的陆地动物,褐鹈鹕在空气中却很优雅。它们的翼展约为 6~8 英尺(1.8~2.4m),它们通常在水面之上结队飞行就呈 V 形或单线飞行。看到猎物后,褐鹈鹕潜入水中,伸喙,捞出一条鱼或甲壳类动物。

黑剪嘴鸥(Rliyncops nigra)是一种在北美洲和南美洲发现的类似燕鸥的海鸟,具有利用地面效应进行觅食的习惯,这与褐鹈鹕不同。具有高展弦比鸟翼的黑剪嘴鸥,在低水面结队飞行,较低的喙或下颚掠过水,如图 3-138 所示。使用这种技术,黑剪嘴鸥铲起小鱼、昆虫、甲壳类动物和其他猎物。通过地面效应,黑剪嘴鸥可以更有效地飞行并在进食时节省能量。

---

① Charles A. Lindbergh, *We*(New York: G.P. Putnam's Sons, 1955), pp. 206。

图 3-138 黑剪嘴鸥利用地面效应寻找食物

(资料来源:Dick Daniels, 黑剪嘴鸥,https://commons. wikimedia. org/wiki/File:Black_Skimmer_RWD3.jpg, CC-BY-SA-3. 0,License at https://creativecommons. org/licenses/by-sa/3. 0/legalcode

多年来,工程师已经进行了多次尝试来制造仅利用地面效应运行的车辆。这些翼地效应(WIG)车辆的设计使其机翼利用地面效应,将它们从地面抬升至可以产生地面效应,但无法在无地面效应的地方自由飞行。人们争论这些 WIG 车辆是“低空飞行”的飞机还是水面舰艇。有史以来最大的 WIG 车辆之一是俄罗斯的阿列克谢耶夫中央设计局 A-90“里海怪物”地效飞行器,如图 3-139 所示(安装在挂架上),由俄罗斯海军在 20 世纪 80 年代和 90 年代运营。A-90 型飞行器可以在水面以上约 3000m(9840 英尺)的高度飞行。这辆巨大的地面效应车长约 58m(190 英尺)、翼展约 31. 5m(103 英尺)、最大起飞重量为 140000kg

图 3-139 俄罗斯“里海怪物”地效飞行器,阿列克谢耶夫中央设计局 A-90 小鹰号

(资料来源:Alan Wilson,“Alexeyev A-90 Orlyonok”,https://commons. wikimedia. org/wiki/File:Alexeyev_A-90_Orlyonok_(26_white)_(8435214563).jpg,CC-BY-SA-2. 0, License at https://creativecommons. org/licenses/by-sa/2. 0/legalcode)

(309000 磅),该地面效应车由两个涡轮喷气发动机和尾部安装的涡轮螺旋桨发动机提供动力,该车能以约 215kn(400km/h,249 英里/h)的巡航速度飞行。A-90 为部队运输而设计,机组人员为 6 人,可运送 150 人。

下面分析由于地面效应引起的诱导阻力的定量变化。由地面效应引起的诱导阻力增量 $\Delta c_{D_{i,GE}}$ 为

$$\Delta c_{D_{i,GE}} = c_{D_{i,GE}} - c_{D_i} = -\sigma c_{D_i} \tag{3-306}$$

式中:σ 为地面影响系数;c_{D_i} 为地面效应引起的诱导阻力系数。

地面影响系数通常高于地面的高度与翼展的比(h/b)的函数。使用式(3-306),地面效应的诱导阻力系数 $\Delta c_{D_{i,GE}}$ 为

$$c_{D_{i,GE}} = c_{D_i} + \Delta c_{D_{i,GE}} = c_{D_i} - \sigma c_{D_i} = (1 - \sigma) c_{D_i} \tag{3-307}$$

根据式(3-307),地面效应中的诱导阻力与地面效应外的诱导阻力之比为

$$\frac{c_{D_{i,GE}}}{c_{D_i}} = 1 - \sigma \tag{3-308}$$

根据经验飞行数据或理论基础,不同的研究人员给出了几种不同的地面影响系数。根据牵引滑翔机飞行试验[73]的数据,Wetmore 和 Turner 将地面影响系数定义为高度与翼展比的指数函数:

$$\sigma_{\text{Wetmore \& Turner}} = e^{-2.48\left(\frac{2h}{b}\right)^{0.768}} \tag{3-309}$$

Lan 和 Roskam 引用了一个基于经验的地面影响系数,其定义为 $0.033 < h/b < 0.25$[48],如下所示:

$$\sigma_{\text{Lan \& Roskam}} = \frac{1 - 1.32 \times \dfrac{h}{b}}{1.05 + 7.4 \times \dfrac{h}{b}} \tag{3-310}$$

McCormick[51]给出了一个基于理论的地面影响系数:

$$\sigma_{\text{McCormick}} = 1 - \frac{\left(16 \times \dfrac{h}{b}\right)^2}{1 + \left(16 \times \dfrac{h}{b}\right)^2} \tag{3-311}$$

式(3-311)基于毕奥-萨伐尔(Biot-Savart)定律,为与涡旋相关的速度场提供数学表达式。

利用式(3-309)、式(3-310)和式(3-311)中给出的不同的地面影响系数,对诱导阻力系数在地面效应中的影响和地面效应外的影响进行了比较,如图 3-140 所示。3 个比率在非常接近地面时一致性很好,低于约 0.05 $\frac{h}{b}$,预测地面效应中的诱导阻力约为无地面效应时诱导阻力的 30%。在此高度之上,Westmore 和 Turner 预测由于地面效应导致的诱导阻力比 McCormick 大幅减少。在此高度范围内,Lan 和 Roskam 的预测几乎与 Wetmore 和 Turner 预测的完全一致,Lan 和 Roskam 系数被定义。当高度接近一个翼展时,预计地面效应使得诱导阻力减小约 1%或更小。

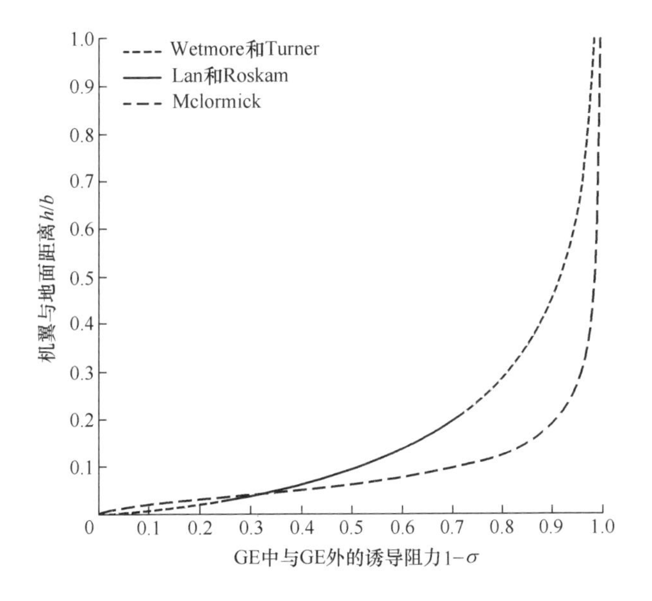

图 3-140 诱导阻力在地面效应内外(GE)的比率

地面效应数据可以从风洞或飞行试验中获得。通常,静态地面效应数据在风洞中获得,在固定的飞机模型上进行测量,模型安装在风洞底板上方的固定高度处。这种类型的数据可以模拟飞机在地面上以恒定的高度飞行,而不是由于飞机在地面附近上升或下降导致地面高度不断变化的真实动态情况。通过使用接近或远离地面移动的模型,可以在风洞中模拟地面效应的真实动态情况,进行了飞行试验以获得各种飞机的动态地面效应数据。图 3-141 所示为由于地面效应导致的各种机翼和飞机的升力系数的变化。由于地面效应引起的升力系数增加百分比(%) Δc_{LGE} 与展弦比 AR 相关,用于单独机翼和整机。

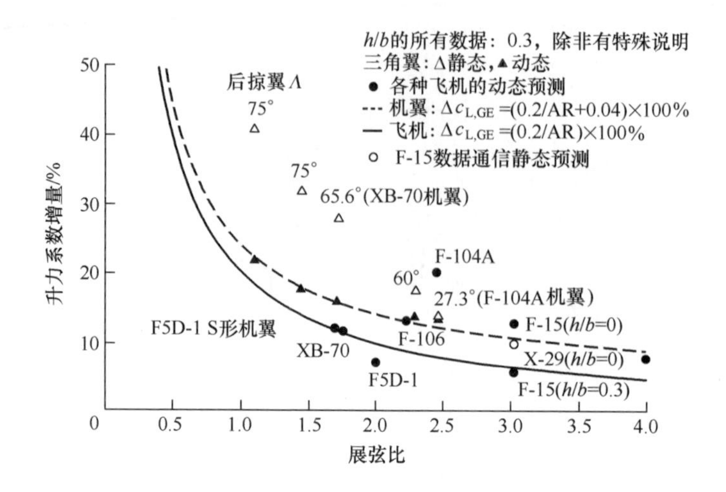

图 3-141　各种机翼和各种飞机因地面效应引起的升力系数变化
（资料来源：Corda，NASA TM 4604，1994 年，文献[24]）

3.10　可压缩的亚声速流和跨声速流

到目前为止，对于大多数空气动力学问题，我们都假设流动是亚声速、无黏性和不可压缩的。这为低速飞行的空气动力学理论奠定了基础，与应用于飞机设计的空气动力学的历史发展相似。第一次世界大战的飞机满足不可压缩流理论应用的条件，最高速度约为 120～140 英里/h（190～220km/h，马赫数小于 0.2）。在第二次世界大战期间，螺旋桨驱动飞机的速度超过 400 英里/h（640km/h，马赫数约为 0.5），新的喷气式飞机接近 600 英里/h（970km/h，马赫数约为 0.8）。较高的飞行速度也使螺旋桨叶尖速度接近声速。在这种速度下，不可压缩流理论无法准确预测飞行时的流场状态。

在可压缩流领域内，空气密度不是恒定的，这使空气动力学理论复杂化。可压缩效应导致阻力系数增加（在给定升力系数或攻角处）、升力系数减小、俯仰力矩系数变化，且可压缩效应不限于翼型，因为它们会使得具有厚度的飞行器其他部件产生升力。机身、平尾和垂尾表面、发动机机舱和座舱盖都会受可压缩性影响。当马赫数接近 1 时，压强分布的变化引起表面上的力和力矩都会改变。还有其他航空航天应用会出现可压缩效应，这是一个重要的设计考虑因素。其他类型的旋转空气动力学，例如直升机桨叶尖端的旋转或喷气发动机叶尖的旋转，也都是这种例子。这些类型气流的旋转使它们更加复杂，但可压缩流的基础原理与固定翼飞机机翼相同。

在本节中，我们将讨论高速飞行的几种情况，接近声速或者马赫数接近 1

时,压缩效应变得显著。随着空速接近声速,流场发生剧烈变化,最显著的是激波和流动分离的出现。由于这些原因,飞机上的压强分布显著改变,且随着空速的增加,机身上的力和力矩变化越来越大。我们首先讨论了关于声速本质的更多细节,然后讨论了当马赫数接近1时的流场变化,接着是修正不可压缩流理论以预测可压缩流的一些方法。最后,我们讨论了"声障"并开辟超声速飞行的道路。

3.10.1　声速

随着飞行速度的增加,声速在空气动力学中起着越来越重要的作用。我们已经知道马赫数是一个重要的相似参数,它将速度与声速相关联。在第2章中,提到了声速与静态温度的平方根成正比。在本节中,我们将对此进行验证,并了解有关声速的更多信息。

我们听到声音是因为与声波振动的小压力的变化使我们的耳膜振动。因此,如果我们考虑声波以声速在房间中传播,当气流通过声波时其特性会改变,这一点通过驻波或具有速度 v 的声波上游等于声速 a 的来流的参考系更容易理解,如图3-142所示。声波上游的气流处于压强 p 、密度 ρ 和温度 T 的状态下,在通过声波之后,这些气流特性(包括流速)的增量由 $\mathrm{d}a$、$\mathrm{d}p$、$\mathrm{d}\rho$ 和 $\mathrm{d}T$ 表示。声波下游的速度、压强、密度和温度分别由 $a+\mathrm{d}a$、$p+\mathrm{d}p$、$\rho+\mathrm{d}\rho$ 和 $T+\mathrm{d}T$ 给出。因为气流密度在通过声波时会发生变化,我们假设气流是可压缩的。

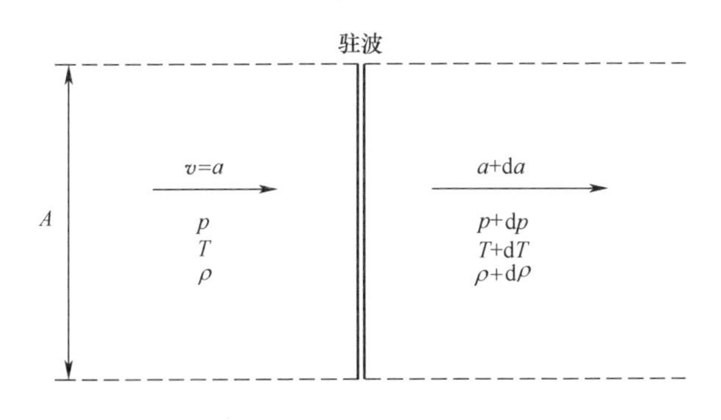

图3-142　可压缩流中的驻波

假设气流是均匀的并且由恒定截面积 A 的流管界定,使得通过声波流入和流出流管的质量流是恒定的。将质量守恒的连续性方程(式(3-143))应用于声波的上游和下游气流,得

$$\rho a A=(\rho+\mathrm{d}\rho)(a+\mathrm{d}a)A \tag{3-312}$$

简化和扩展式(3-312),得

$$\rho a=(\rho+\mathrm{d}\rho)(a+\mathrm{d}a)=\rho a+a\mathrm{d}\rho+\rho\mathrm{d}a+\mathrm{d}\rho\mathrm{d}a \tag{3-313}$$

密度的微小变化 dρ 和声速的微小变化 da 的乘积远小于式(3-313)中的其他项,因此可忽略。从而,式(3-313)可简化为

$$\rho a = \rho a + a\mathrm{d}\rho + \rho \mathrm{d}a \tag{3-314}$$

$$a\mathrm{d}\rho = -\rho \mathrm{d}a \tag{3-315}$$

求出声速,有

$$a = -\rho \mathrm{d}a/\mathrm{d}\rho \tag{3-316}$$

结合欧拉方程和可压缩流的动量方程式(3-165),可以得到压强变化 dp 和声速变化 da 之间的关系,即

$$\mathrm{d}p = -\rho a \mathrm{d}a \tag{3-317}$$

求出声速变化,有

$$\mathrm{d}a = -\mathrm{d}p/\rho a \tag{3-318}$$

将式(3-318)代入式(3-316),得

$$a = -\rho(-\mathrm{d}p/\rho a)\mathrm{d}\rho = \frac{1}{a}(\mathrm{d}p/\mathrm{d}\rho) \tag{3-319}$$

求出声速,得

$$a = \sqrt{\frac{\mathrm{d}p}{\mathrm{d}\rho}} \tag{3-320}$$

通过声波的气流不涉及任何热传递,因此气流是绝热的。气流特性的变化梯度很小,实际上,它们可能被认为是无穷小的变化,因此由于气流特性的梯度变化极小而认为没有耗能现象。回想一下,如 3. 2. 6 节所述,速度梯度会导致黏滞损失,温度梯度会导致热损失。因此,气流可认为是绝热的和可逆的,或者说是等熵的。因此,等熵关系式(3-138)是有效的,有

$$\frac{p}{\rho\gamma} \equiv c = 常数 \tag{3-321}$$

计算压强,得

$$p = c\rho^{\gamma} \tag{3-322}$$

得到压力对密度的导数,有

$$\frac{\mathrm{d}p}{\mathrm{d}\rho} = \frac{\mathrm{d}}{\mathrm{d}\rho}(c\rho^{\gamma}) = c\gamma\rho^{\gamma-1} \tag{3-323}$$

将式 (3-321) 代入式(3-323) ,对于常数 c,可得

$$\frac{\mathrm{d}p}{\mathrm{d}\rho} = \frac{p}{\rho^{\gamma}}(\gamma\rho^{\gamma-1}) = \frac{\gamma p}{\rho} \tag{3-324}$$

将式(3-324)代入式(3-320),得到声速:

$$a = \sqrt{\gamma p/\rho} \tag{3-325}$$

使用理想气体状态方程式(3-61),可以将式(3-325)转换为

$$a = \sqrt{\gamma RT} \tag{3-326}$$

式中:比热容比 γ 和比气体常数 R 为气体的特性; T 为气体静态温度。

因此,对于具有恒定比热容比的量热完全气体,声速只是温度的函数。基于该方程,在标准海平面条件下空气中的声速为

$$a_{SL} = \sqrt{\gamma RT} = \sqrt{1.4 \times 1716 \frac{\text{英尺} \cdot \text{磅}}{\text{slug} \cdot {}^{\circ}\text{R}} \times 519^{\circ}\text{R}} = 1116.6\ \text{英尺}/\text{s} \tag{3-327}$$

最早的对于空气中声速的著名预测是艾萨克·牛顿在他的定理中提出的,他计算出海平面上声速为882英里/h,比当前认可的标准海平面条件下的声速760英里/h(1120英尺/s,340m/s,1220km/h)高出约16%。许多对声速的早期预测是基于计算枪击或炮弹爆炸声覆盖射击所在位置与观察者之间的已知距离所需的时间确定的。首先观察开火的闪光,然后测量声音到达观察者所花费的时间,然后通过将已知距离除以此时间来获得声速。令人惊讶的是,在这些早期计算中,有些在正确值的大约1%误差之内。这种测量方法的缺陷包括空气特性的变化,例如密度和温度、长距离以及时间测量的误差。

3.10.2 临界马赫数和阻力发散

考虑有弯度翼型上的亚声速流,自由流马赫数 Ma_{∞} 较低,如图3-143(a)所示。气流在机翼的上表面加速,使得上表面某一点处的局部马赫数 Ma 高于自由流值,但仍保持亚声速,$Ma<1$。随着自由流马赫数的增加,上表面一些点处的局部马赫数增加。在某个亚声速自由流马赫数下,此时的局部马赫数恰好达到1(声速),如图3-143(b)所示。该声速点也是机翼表面上的最小压强和最大速度位置。

对应于最小压强点的压力系数称为临界压力系数 $c_{p,cr}$,由于压力系数基于局部压强和自由流压强之间的差值 $p - p_{\infty}$,因此压力系数在该最小压强点处具有最大负值(负值是因为局部压强低于自由流压强)。作为自由流马赫数函数的临界压力系数,其表达式可以从压力系数的定义中获得,即

$$c_{p,cr} = \frac{2}{\gamma Ma_{\infty}^2}\left[\left(\frac{2 + (\gamma - 1) Ma_{\infty}^2}{\gamma + 1}\right)^{\gamma/(\gamma-1)} - 1\right] \tag{3-328}$$

临界压力系数与机翼或机身的几何形状或攻角无关。基于该表达式,随着自由流马赫数的增加,临界压力系数绝对值减小(变为较小的负数)。这具有物理意义,因为临界压力系数表示自由流马赫数从亚声速加速到声速所需的局部压力 $p - p_{\infty}$ 的变化。自由流马赫数越高,达到马赫数为1所需的压强差就越小。

机翼上任何地方第一次出现声速流时对应的自由流马赫数称为临界马赫数 Ma_{cr}。临界马赫数可以认为是亚声速和跨声速飞行之间的边界,因为超过这个马赫数,存在亚声速和超声速的混合流动,并且压缩性影响开始。机翼或机身的临界马赫数的实际值取决于特定机翼或机身的几何形状和攻角。通常,薄翼型

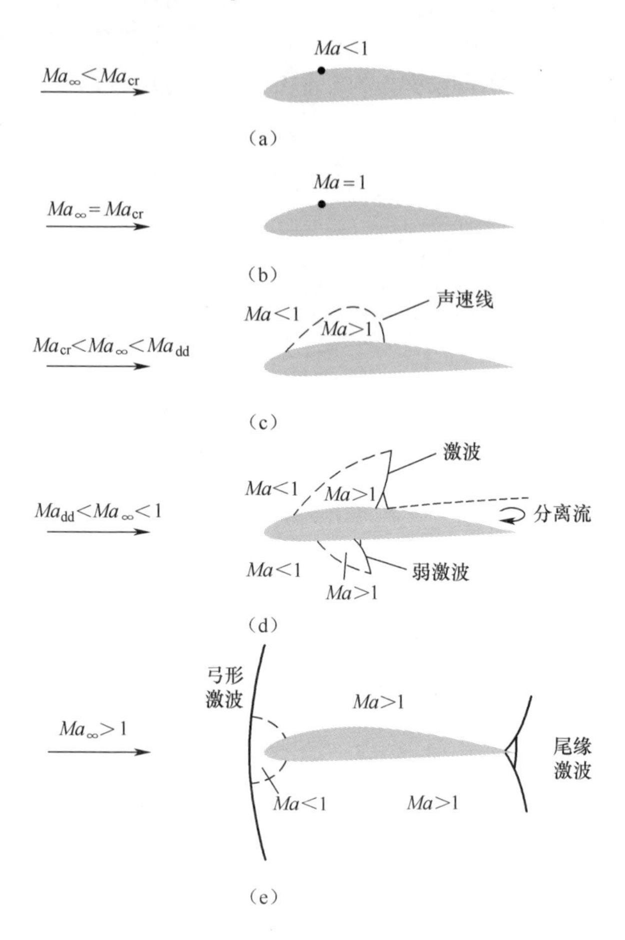

图 3-143　随着马赫数增加的机翼上气流

或细长体具有比厚翼型或非细长体更高的临界马赫数。但无论几何形状如何，在攻角较低时，临界马赫数都较高，因为低攻角代表对气流干扰较小，类似于薄翼型和厚翼型之间的差异。

继续增加超过临界马赫数的自由流马赫数，声速点扩散到机翼上表面的超声波流的小区域，称作“气泡”，如图 3-143(c)所示。亚声速和超声速流之间的过渡在“气泡”上是平滑的，由弱的声速线界定。表面压强分布、气动力和气动力矩不会被这种小超声速气泡强烈影响。

随着自由流马赫数的增加，气流在机翼上继续加速，在上下表面形成超声速流“口袋”，如图 3-143(d)所示。从亚声速自由流到超声速流的过渡仍然是平滑的，但是从超声速流返向亚声速流的过渡在通过激波时流动不连续。由于上表面的弯度更大，与下表面相比，超声速流“口袋”更大并且机翼上表面的激波更强。通过激波时存在大的压强增量，沿表面产生相反的压强梯度，将边界层分开。除了由激波本身产生的损失之外，由于边界层分离，压差阻力也大大增加。

阻力急剧增加的自由流马赫数称为阻力发散马赫数 Ma_{dd}。压差分布的显著变化也导致升力和力矩系数的巨大变化。阻力发散马赫数可以显著高于临界马赫数，但仍小于1。因此，可以有

$$Ma_{cr} < Ma_{dd} < 1 \tag{3-329}$$

当自由流量达到低超声速时，在机翼钝形前缘形成弓形激波，如图3-143(e)所示。在前缘前面垂直于激波的部分存在亚声速流“口袋”，而在激波倾斜部分的下游气流保持超声速。在机翼后缘处存在激波，改变机翼上方和下方的气流方向，使其与自由流平行。

图3-144所示为阻力系数与马赫数(从低亚声速到超过1马赫)的关系图。从低亚声速，不可压缩马赫数到临界马赫数，阻力系数相对恒定。在阻力发散马赫数下，阻力系数急剧增加到马赫数为1或附近对应的最大阻力系数值。最大阻力系数不一定恰好在马赫数为1时达到最大值，它可能比1略微小或大，然后阻力系数随马赫数的增加而降低。在本章后面，我们将讨论几种降低跨声速阻力或延迟阻力发散的方法。

以前我们将跨声速流状态定义为马赫数为0.8~1.2。跨声速流边界的更精确定义是当超声速流首先出现在表面某处时的临界马赫数与当气流为超声速时的较高马赫数之间的范围，如图3-143(b)~(e)所示。在这两个马赫数边界间，气流是亚声速流和超声速流的混合。

图3-145通过称为纹影成像的气流可视化技术显示了风洞中机翼上的跨

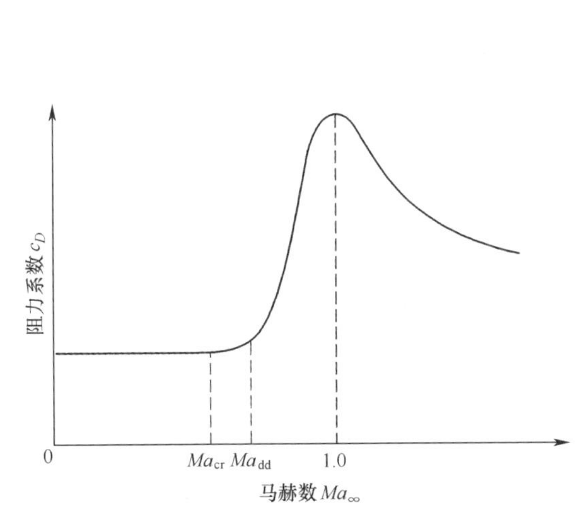

图3-144 阻力系数随马赫数变化曲线，突出显示临界马赫数和阻力发散马赫数

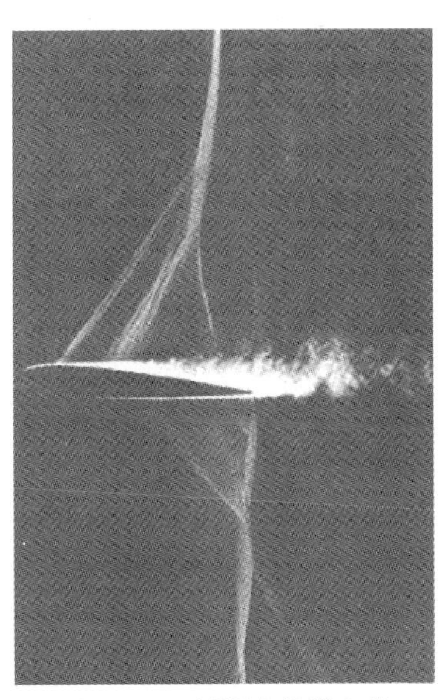

图3-145 风洞中机翼上的跨声速流纹影照片
(资料来源：Baalsand Corliss, NASA SP-440, 1981年，文献[14])

声速流,这是一种使气流中的密度梯度可见的光学技术。流动特性包括密度、压力和温度,在激波上不连续增加,纹影成像使这些波可见。上表面和下表面上的激波清晰可见,分离的流动区域(顶部和底部出现烟雾的白色区域)也是如此。图3-145还显示了跨声速流的复杂结构。

3.10.3 压缩性修正

在20世纪20年代,对于可压缩流的理论工作和试验数据,给出了解决压缩性影响的第一种方法是,将压缩性修正应用于现有的不可压缩理论和试验数据库以匹配可压缩的高速飞行数据。第一个压缩性修正是普朗特-格拉厄特法则(Prandtl-Glauert rule),由德国的Ludwig Prandtl和英国的Hermann Glauert分别独立提出。Glauert于1927年发表了他的压缩性修正的推导,据称Prandtl在20世纪20年代早期在德国哥廷根的讲座中讨论了与其相似的结果。普朗特-格拉厄特法则是通过假设由机翼引起的气流小扰动假设和利用线性方程逼近非线性无黏性流体流方程——欧拉方程——得出的。这些简化假设限制了普朗特-格拉厄特法则对小或中等攻角和低于临界马赫数的薄翼型或细长体有效。

普朗特-格拉厄特法则对不可压缩流进行了非常简单的修正,可压缩系数c_p为

$$c_\mathrm{p} = \frac{c_{\mathrm{p},0}}{\beta} \tag{3-330}$$

式中:$c_{\mathrm{p},0}$为不可压缩的压力系数;β定义为普朗特-格拉厄特压缩系数,有

$$\beta \equiv \sqrt{1 - Ma_\infty^2} \tag{3-331}$$

其中:Ma_∞为自由流马赫数。

对于升力系数c_l和力矩系数c_m的普朗特-格拉厄特压缩性修正由下式给出:

$$c_l = \frac{c_{l,0}}{\beta} \tag{3-332}$$

$$c_m = \frac{c_{m,0}}{\beta} \tag{3-333}$$

式中:$c_{l,0}$,$c_{m,0}$分别为升力系数和力矩系数对应的不可压缩流的值(是攻角的函数)。

基于薄翼理论,薄的对称翼型的不可压缩升力系数等于$2\pi\alpha$,如式(3-267)所示,因此对于薄的对称翼型升力系数的普朗特-格拉厄特法则为

$$c_l = \frac{2\pi\alpha}{\beta} \tag{3-334}$$

基于普朗特-格拉厄特法则的可压缩升力曲线斜率$\mathrm{d}c_l/\mathrm{d}\alpha$为

$$\frac{\mathrm{d}c_l}{\mathrm{d}\alpha} = \frac{2\pi}{\beta}\Big/\mathrm{rad} = \frac{2\pi}{57.3\beta}\Big/(^\circ) \tag{3-335}$$

比较普朗特-格拉厄特法则计算得到的可压缩升力系数与图3-146中2°攻角下NACA 0012翼型的风洞数据。可压缩升力系数以两种方式计算:①使用式(3-332),式中不可压缩升力系数 $c_{l,0}$ 由试验数据得到,$c_{l,0}=0.151$;②使用对称、薄翼理论——式(3-334),式中不可压缩升力系数等于 $2\pi\alpha$。将临界马赫数 Ma_{cr} 绘制为升力系数的函数。风洞数据显示为0°~6°的攻角,以1°为增量。

如图3-146所示,普朗特-格拉厄特压缩性修正表明,升力系数随着马赫数的增加而增加。尽管增量不是很大,风洞数据中约定马赫数约为0.75,接近临界马赫数。回想一下,普朗特-格拉厄特法则仅在临界马赫数以下有效,根据式(3-328)的修正,该马赫数约为0.66。风洞数据表明,临界马赫数略高于0.68。因此,使用普朗特-格拉厄特法则预测的升力系数与高于临界马赫数的风洞数据趋势不匹配并不奇怪。此外,基于普朗特-格拉厄特法则的薄翼理论预测比使用风洞不可压缩升力系数的预测更远离风洞数据。此结果在预期之内,因为薄翼理论计算通常适用于任何"小"攻角的任何薄翼型。

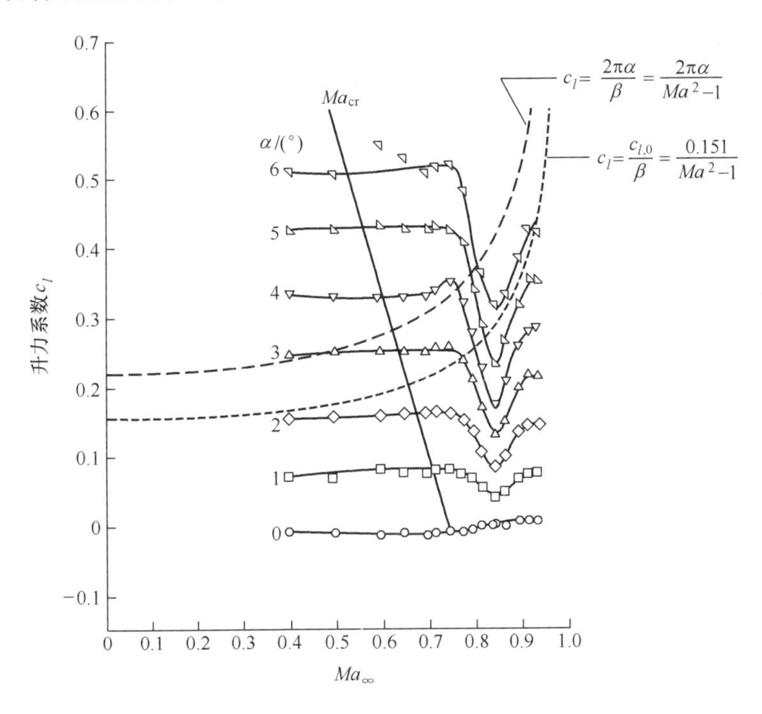

图3-146 普朗特-格劳厄特法则(攻角为2°)与NACA 0012翼型的风洞数据的比较
(资料来源:Adapted from Ferri, NACA Report L5E21, 1945年,文献[27])

当马赫数接近1时,需要暂停和整理风洞数据以获取升力系数的变化。升力系数在低马赫数时相对稳定,可以假设马赫数0.4处的值表示不可压缩值。马赫数约为0.5~0.6时升力系数稳定,然后随着马赫数的增加它开始略微增加。在马赫约为 0.75 时升力系数迅速下降，且升力系数持续下降直到马赫数约 0.85。然后升力系数增加并且变平稳，至少对于较小的攻角，马赫数约为 0.9~0.92，但是低于不可压缩值。

已提出的改进的压缩性修正稍微复杂一些。包括卡门-钱学森公式（Karman-Tsien rule）：

$$c_p = \frac{c_{p,0}}{\beta + \frac{1}{2} \times \frac{Ma_\infty^2}{1+\beta} c_{p,0}} \tag{3-336}$$

以及莱顿法则（Laitone's rule），由下式给出：

$$c_p = \frac{c_{p,0}}{\beta + \frac{1}{2} Ma_\infty^2 \times \frac{1 + \frac{\gamma - 1}{2} Ma_\infty^2}{\beta} c_{p,0}} \tag{3-337}$$

图 3-147 比较了 3 种压缩性修正法则，假设不可压缩的压力系数 $c_{p,0}$ 为 -1.0。由于可压缩性，压力系数的最大绝对值增加，遵循卡门-钱学森和普朗特-格劳厄特修正。临界压力系数作为马赫数的函数——式（3-328），也绘制在图 3-147 中。在该临界压力系数曲线与特定压缩性修正的压力系数曲线的交点处获得临界马赫数（通过图 3-147 中曲线交点到马赫数水平轴的箭头所示）。通过莱顿修正预测最低临界马赫数约为 0.56，然后分别从卡门-钱学森和普朗特-格劳厄特修正得到的临界马赫数为 0.585 和 0.605。虽然临界马赫数的精确值取决于为该示例假设的数值为-1.0 的不可压缩压力系数，但是用不同方式修正的临界马赫数的相对大小的趋势保持不变。

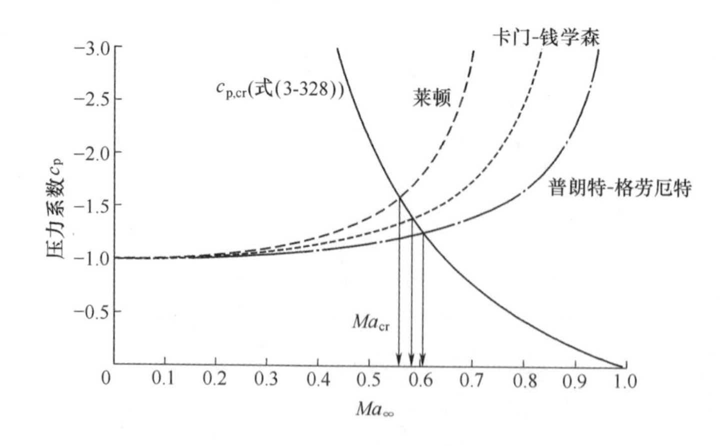

图 3-147 压缩性修正的比较

必须注意的是,压缩性修正有一些限制。由于它们基于线化理论,因此在声速或超声速流出现在机翼上之前,它们仅在临界马赫数以下的范围内有效。修正对于跨声速流无效,马赫数约为0.8~1.2,流动是亚声速和超声速流动的高度非线性拟合。所有这些压缩性修正都假设为无黏性流,其中没有考虑表面摩擦阻力以及由流动分离导致的压差阻力。因此,存在阻力系数的压缩性修正。过去,压缩效应对阻力系数的识别依赖于在风洞中收集的试验数据,这是一项艰巨的任务,由于风洞干扰效应,在高亚声速下收集的风洞数据的准确性存在相当大的不准确性。

例 3.14 运用普朗特-格劳厄特压缩性修正

计算 NACA 2412 翼型的升力系数和力矩系数(对1/4弦长取力矩),马赫数为0.74的速度下的流动,攻角为3°。

解:

从图3-100可以看出,低速时 NACA 2412 翼型在3°攻角下,不可压缩升力系数 $c_{l,0}$ 和1/4弦长处力矩系数 $c_{m,c/4,0}$ 分别为0.36和-0.080。

根据式(3-331),普朗特-格劳厄特压缩性修正系数为

$$\beta = \sqrt{1 - Ma_\infty^2} = \sqrt{1 - (0.74)^2} = 0.6726$$

代入式(3-332),马赫数为0.74时的升力系数为

$$c_l = \frac{c_{l,0}}{\beta} = \frac{0.36}{0.6726} = 0.535$$

代入式(3-333),马赫数为0.74时的力矩系数为

$$c_m = \frac{c_{m,0}}{\beta} = \frac{-0.080}{0.6726} = -0.119$$

例 3.15 基于薄翼理论的翼型的压缩性修正。

使用薄翼理论,计算在3°的攻角下,以马赫数为0.74的速度流动,薄翼型的升力系数和升力线斜率。

解:

基于薄翼理论,不可压缩升力系数为

$$c_l = 2\pi\alpha = 2\pi\left(3° \times \frac{\pi}{180}\right) = 0.329$$

由例3.14可知,马赫数为0.74的普朗特-格劳厄特压缩性修正系数 β 为0.6726。基于薄翼理论,升力系数的普朗特-格劳厄特法则由式(3-334)给出。马赫数为0.74的升力系数为

$$c_l = \frac{2\pi\alpha}{\beta} = \frac{0.329}{0.6726} = 0.489$$

基于薄翼理论,不可压缩升力线斜率为

$$\frac{\mathrm{d}c_l}{\mathrm{d}\alpha}=2\pi=6.28/\mathrm{rad}=0.109/(°)$$

代入式(3-335),基于薄翼理论,马赫数为0.74的升力线斜率为

$$\frac{\mathrm{d}c_l}{\mathrm{d}\alpha}=\frac{2\pi}{\beta}=\frac{2\pi}{0.6726}\times 0.94\times 9.34/\mathrm{rad}=0.163/(°)$$

3.10.4 声障

恐惧未知也许是人性。在20世纪40年代早期,航空领域的一个主要未知因素是飞机的飞行速度是否超过声速。与超声速飞行相关的恐惧表现在飞机的可控性问题和灾难性碰撞,因为他们飞行得越来越快,越来越接近声速。一些人认为存在一种阻止飞行速度超越声速的强大“声障”。英国的德·哈维兰“飞燕”(de Havilland Swallow)事件就是高速试验飞机引发“声障”争议的一个例子。

DH 108“飞燕”是由英国德·哈维兰飞机公司设计和制造的试验飞机,用于研究声速附近的高速飞行状态(图3-148)。“飞燕”是一架喷气式飞机,机翼高度后掠,单垂尾,无平尾。德·哈维兰在1946年和1947年建造了3架DH 108试验飞机。1946年9月27日,德·哈维兰首席试飞员小杰弗里·德·哈维兰驾驶“飞燕”进行了高速俯冲试验。这架飞机在速度为马赫数0.9、高度为10000英尺(2050m)的条件下做出俯冲动作,遭遇了灾难性的结构性故障,导致飞机失灵。事故后的调查表明,“飞燕”经历了罕见的跨声速俯仰振荡,导致动力学载荷超过机翼的结构强度极限,使机翼从翼根处断裂。飞机坠毁时速度接近声速,进一步巩固了不可穿越的“声障”的概念。

图3-148　德·哈维兰DH 108“飞燕”
(资料来源:美国海军)

三架“飞燕”试验飞机完成了480次试飞,收集了大量有关高速飞行的技术数据。“飞燕”最终的飞行速度超过了声速,在1950年9月6日成为第一架打破

声障的英国飞机。由英国飞行员 John Derry 驾驶的 DH 108 成为世界上第三架飞行速度超过声速的飞机,Derry 是第七位完成此举的飞行员。很可惜,剩下的两架"飞燕"研究飞机最终在 1950 年后续的坠机事故中与试飞员一起失事。其中一起"飞燕"事故也是在高空进行跨声速俯冲试验时发生的,不知道是飞机在俯冲过程中解体还是由于氧气系统故障导致飞行员失去意识。另一架"飞燕"是在失速试验中起飞后进入反向旋转时坠毁的。

超声速飞行的飞机除了带来灾难性后果(如德·哈维兰"飞燕"),也在 20 世纪 30 年代后期建立了"声障"概念的技术基础。那时,空气动力学数据或理论仅可用于亚声速和超声速流状态中阻力的变化。来自风洞试验的亚声速试验数据表明,气动阻力系数随着亚声速马赫数的增加而增加,马赫数接近 1 时变得非常陡峭。超声速线化理论和试验数据还预测出,随着超声速马赫数接近 1 时,阻力系数会急剧增加。如图 3-149 所示, 20 世纪 30 年代最先进的空气动力学理论预示着气动阻力在跨声速流区域上升到无限值,从而产生"阻力墙"或"声障"。事后看来,这是一个毫无根据的结论,因为众所周知,弹丸(如子弹和炮弹)以超声速飞行。如图 2-21 所示,以超声速飞行的子弹激波的照片证明了这一点。

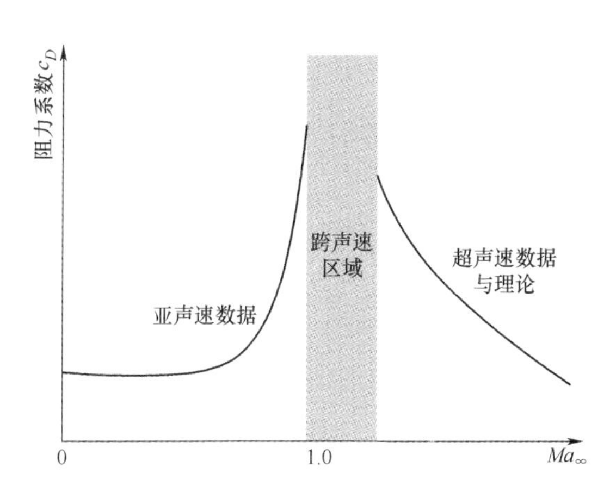

图 3-149　在第一次超声速飞行之前亚声速和超声速阻力预测的状态

(资料来源:改编自 P. E. Mack, ed., "From Engineering Science to Big Science: The NACA and NASA Collier Trophy Research Project Winner",NASA SP-4219,1998 年)

3.10.5　打破声障:贝尔 X-1 试验机和迈尔斯 M.52

1947 年 10 月 14 日,在加利福尼亚州南部的莫哈韦沙漠高处,一架 B-29"超级堡垒"轰炸机爬上天空,腹部携带着一架明亮的藏红花色(黄橙色)试验飞机,机头上面写着飞行员妻子的名字——Glamorous Glennis。这种独特的飞机机身形状像 0.50 英寸口径的子弹，挡风玻璃与机身结合在一起，以保持其子弹形状。如上一节所述，在超声速飞机首飞之前，只有炮弹和子弹以超声速飞行，这就是这架飞机像子弹一样的原因。其设计旨在探索当时未知的跨声速和超声速飞行领域，它具有非常薄的机翼，厚度仅为翼弦的 8%。飞机推进装置是 Reaction Motors 公司的 XLR11－RM3 型四室火箭发动机，提供约 6000 磅力(27000N)的海平面推力。这架重 12250 磅(5560kg)的火箭动力飞机装有冷冻的液态氧气和稀释的乙醇气体作为燃料。这架试验性飞机型号为贝尔 X-1 试验机，由美国纽约州布法罗市贝尔飞机公司制造。美国国家航空航天局的前身——国家航空咨询委员会(NACA)，在这架试验性飞机的设计中发挥了重要作用。坐在第一架"X-plane"飞机单座驾驶舱内的是 Charles E. Yeager 上尉，一名来自西弗吉尼亚州的 24 岁美国空军试飞员。

这是 X-1 计划的第 50 次飞行和贝尔 X-1 试验机在火箭动力下的第 9 次飞行。当 B-29"载机"接近海拔 20000 英尺(6100m)时，即在贝尔 X-1 火箭飞机从 B-29 分离之前，我们收听飞行试验无线电电台("Tower"是指穆罗克空军基地的塔台指挥人员，"Cardenas"是指 B-29 飞行员 Robert Cardenas，"Ridley"是指贝尔 X-1 试验机项目工程师 Jackie Ridley 上尉，"Yeager"是指贝尔 X-1 试验机试飞员 Charles Yeager 上尉)。

Tower：穆罗克塔台呼叫空军(B-29)八零零，可以放行。

Cardenas：收到。

Ridley：Yeager，我是 Ridley。你们都准备好了吗？

Yeager：是的，让我们把这件事做完吧。

Ridley：记住那些稳定器设置(贝尔 X-1 试验机有一个全动的水平安定面，一个可以使超声速飞行成为可能的关键设计功能)。

Yeager：收到。

Cardenas：八零零。倒计时，10-9-8-7-6-5-3-2-1-放行(Cardenas 在倒计时中省略了"4"。X-1 放行发生在上午 10 点 26 分，当时 B-29 飞行在 20000 英尺(6100m)，并且指示空速为 250 英里/h)。

Yeager：4 号(4 号火箭室)……4 号运行正常……点燃 2 号……2 号……切断 4 号……4 号……点燃 3 号……现在 3 个燃烧室在运行……将关闭 2 号并点燃 1 号……1 号……再次点燃 2 号……2 号开启……将点燃 4 号(贝尔 X-1 试验机由 Reaction Motors 公司的 XLR11 液体火箭发动机提供动力，燃烧乙醇和液氧。XLR11 有 4 个独立的燃烧室和喷管，每个产生 1500 磅力(6700N)的推力，合推力为 6000 磅力(27000N)。每个舱室的推力不能改变或节流，而是通过打开和关闭各个火箭室来控制推力)。

Ridley：下降了多少(火箭燃烧室压力)？

Yeager：约 40 磅/英尺^2……充分混合……室内压力下降……现在再次上

升……压力一切正常……将再次点燃3号……3号开启……加速正常……有轻微的抖振……正常的不稳定现象。Ridley,标记一下。升降舵有效性恢复(众所周知,在跨声速马赫数下,升降舵有效性会有所下降。在加速过程中,全动安定面以小增量运行,以保持纵向稳定性,此举非常有效。Yeager表示,当贝尔X-1试验机加速通过,指示马赫数为0.96时,升降舵有效性恢复)。

Ridley:收到。标记一下。

Yeager:Ridley,注意!这台马赫表有问题,它变得混乱了(飞行后,在书面试验报告中,Yeager表示马赫表的指针在马赫数约0.98处瞬间波动,然后偏离了刻度。基于雷达跟踪数据,贝尔X-1试验机马赫数达到了1.06)。

Ridley:如果是它的问题,我们会解决。但我认为你产生了幻觉。

Yeager:我想是的,Jack……将再次关闭……关闭……关闭……仍然在上升……已经投弃燃料和LOX……剩下30%……仍在上升……现在已经关闭了(LOX是液氧)。

尽管Yeager和Ridley十分怀疑和惊讶,但是贝尔X-1试验机确实成为了第一架超声速载人飞机。图3-150所示为动力飞行中的贝尔X-1试验机以及来自第一次载人超声速飞行的一些飞行数据。图3-150底部显示了静压和总压数据曲线与时间的关系,其中时间(以秒为单位)注释为数据曲线最顶部的数字。总压和静压数据来自连接到压力孔的传感器,可能分别来自皮托管和管或机身上的静压源。总压和静压曲线在约145s处表示亚声速飞行中的自由流的值。当贝尔X-1超声速飞行时,在皮托管和静压孔前形成激波。测量总压和静压后激波到达,如后面部分所述,总压迅速降低,静压在通过激波后迅速增加。这正是图3-150中标记为“马赫跳跃”的贝尔X-1超声速飞行时的数据曲线。从亚声速飞行到超声速飞行的过渡有时称为“马赫跳跃”,表示马赫数的阶跃式变化或“跳跃”,或其他参数(如总压和静压)的阶跃式变化。贝尔X-1超声速飞行约17s,然后减速到亚声速,伴随着压强曲线的反向变化,总压增加,静压降低。

共19架贝尔X-1试验机在经历了157次飞行后于1951年10月23日完成最后一次飞行。在飞行试验中,X-1的最大马赫数为1.45,最大海拔高度为69000英尺(21000m)。这是第一架超声速飞机,也是“X-plane”系列飞机中的第一架(Jack Ridley还驾驶了4次贝尔X-1火箭飞机。1949年3月11日,他在第一架X-1飞机上打破了声障,马赫数达到1.23,他加入了一个小型专属超声速飞行员的俱乐部)。注意,在上面的对话中,强调了飞机的水平安定面。与传统的固定安定面和偏转式升降舵相比,全动水平安定面是一种创新的飞行控制设计,有助于实现超声速飞行。全动水平安定面的应用将纳入未来的超声速飞机,包括现代超声速飞机。

对超声速飞行的追求并不限于美国的尝试。1942年,英国启动了一项研发

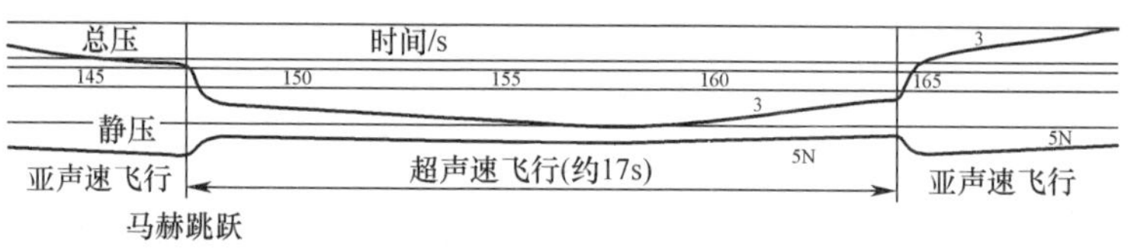

图 3-150　贝尔 X-1 飞机和数据显示了 1947 年 10 月 14 日的第一次“马赫跳跃”
（资料来源：由美国国家航空航天局提供，作者添加注释）

超声速飞机的绝密项目。尝试的成果是，迈尔斯飞机公司 M. 52 涡轮喷气式飞机（图 3-151）设计性能在水平飞行中达到 1000 英里/h（1600km/h）并在 1. 5min 内爬升到 36000 英尺（11000m）的高度。M. 52 有几个创新的设计特征将纳入未来的超声速飞机设计。

图 3-151　迈尔斯 M. 52 超声速验证飞机
（资料来源：英国政府，PD-UKGov）

与那个时代的有圆形机头、厚机翼和带有铰链式升降舵的传统水平安定面的喷气式飞机不同，迈尔斯 M. 52 有尖锥形机头、薄机翼和全动水平安定面。其机翼为双凸面翼型，由两个相对的圆弧构成（图 3-86）。与具有钝头，厚实形状的亚声速翼型相比,这种设计显著减小了超声速波阻。这种机翼设计特征是现代超声速飞机的共同特征。迈尔斯飞机公司改装了一架 M.52 机翼的轻型飞机,并于 1944 年进行了低速飞行试验,以获得超声速机翼设计的数据。

M.52 设计有一个全动安定面,其优点已经与贝尔 X-1 联合讨论过。早期设计版本的 X-1 有一个传统的固定安定面和一个偏转式升降舵。在将迈尔斯 M.52 的设计数据提供给贝尔飞机后,X-1 将常规平尾改为全动安定面。英国的迈尔斯飞机公司将全动尾翼安装在喷火战斗机上并获得马赫数高达 0.86 的飞行试验数据。

M.52 的推进装置是一种吸气式喷气发动机,但当时的喷气发动机在水平飞行中无法产生足够的推力以达到超声速。为了解决这个问题,M.52 的发动机有一个新型的再加热喷管,其中额外的燃料与发动机尾管中的未燃烧燃料混合,推力显著增加。今天,这种称为加力燃烧室的推进部件用于所有超声速喷气式发动机(当提到加力燃烧室时,英国人仍普遍使用术语再加热)。M.52 推进系统的另一个创新设计是发动机进气道,它可以有效地将超声速流减速至亚声速以吸入涡轮喷气发动机。进气口是机身外径和锥形中心体之间的环形圈,通过来自中心体的倾斜锥使激波更有效地减速。许多现代超声速飞机都利用中心体对超声速流进行有效减速。在 M.52 中,驾驶舱和飞行员座椅位于锥形中心体内,挡风玻璃呈锥鼻形以实现整流。

在 X-1 设计期间,NACA 和贝尔飞机设计公司共享了迈尔斯 M.52 的设计数据。除了在贝尔 X-1 上安装全动水平安定面之外,M.52 设计数据可能在贝尔 X-1 的最终设计中发挥了其他作用。迈尔斯 M.52 和贝尔 X-1 的三视图对比如图 3-152 所示。1946 年,迈尔斯 M.52 喷气式超声速飞机改为无人驾驶的火箭动力导弹。飞行试验是在迈尔斯超声速导弹上进行的,并于 1948 年 10 月 10 日实现了马赫数为 1.38 的超声速飞行。

应该提及的是,苏联也在第二次世界大战后发起了一项超声速飞行研究计划。他们设计并制造了几种原型机,包括由 Lavochkin 设计所设计的后掠翼 La-176 喷气式飞机。1948 年 12 月 26 日,苏联试飞员 I. E. Fedorov 驾驶La-176 在小角度俯冲时突破了声障。

NACA 在美国实现超声速飞行方面发挥了重要作用。NACA 的研究人员进行了大量的风洞试验以了解可压缩性的影响,但受限于无法在风洞中复制跨声速马赫数流动。NACA 空气动力学家 John Stack 极力倡导利用高速试验飞机探索空气动力学、稳定性、控制以及与跨声速和超声速飞行相关的其他基本问题。这最终促成了贝尔 X-1 计划。NACA 的研究人员制定了基本的飞机设计规范以及整体飞行试验计划,并负责飞行数据的收集和分析。NACA 开创了许多获得高质量飞行试验数据的技术,其在飞行试验中强调安全性,使用飞行试验增强方法,通过飞行数据来验证继续飞行包线中的下一个试验点是否安全。

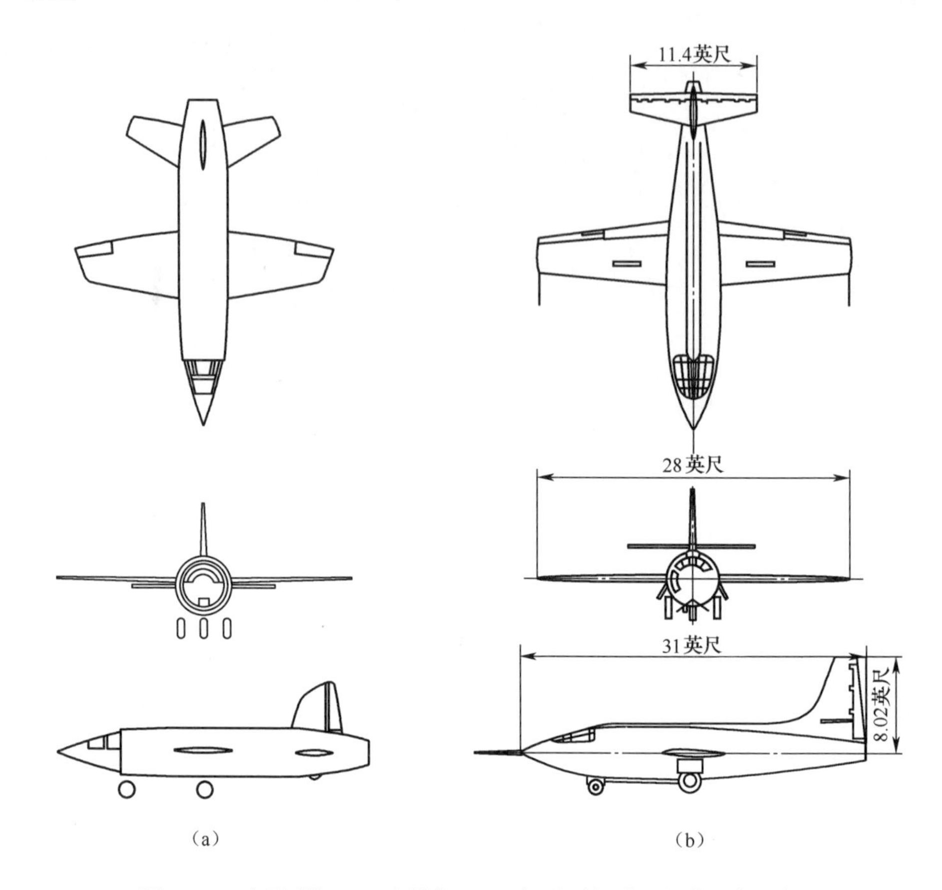

图 3-152　迈尔斯 M. 52 和贝尔 X-1 验证机的三视图(按比例近似)
(a)迈尔斯 M. 52;(b)贝尔 X-1。
(资料来源:Miles M. 52 courtesy M. L. Watts, CC0-1.0, Bell X-1 courtesy NASA)

X-1 飞行试验在穆罗克空军基地进行。NACA 于 1947 年 9 月 7 日成立了穆罗克飞行试验部门,以支持贝尔 X-1 飞行试验,共有 27 名人员参与其中。这个位于沙漠中部的小型飞行研究站稳步发展,最终成为当前 NASA 加利福尼亚州爱德华兹空军基地阿姆斯特朗飞行研究中心,该研究中心在许多"X-plane"的研究和飞行试验中发挥了重要作用。

贝尔 X-1 的跨声速和超声速飞行证明不存在不可突破的"声障",这为未来的超声速飞机设计铺平了道路。来自贝尔 X-1 的飞行数据如图 3-153 所示,其中阻力系数表示为飞行马赫数的函数。飞行数据表明,阻力发散马赫数约为 0.9,此时阻力系数迅速增大。阻力系数在马赫数约为 1.1 时达到最大,然后随着马赫数的增加开始减小。基于贝尔 X-1 的结果,我们回到图 3-149 填补跨声速区域中阻力系数的性质,如图 3-154 所示。阻力系数在跨声速区域先上升,然后随着超声速马赫数的增加而减小。

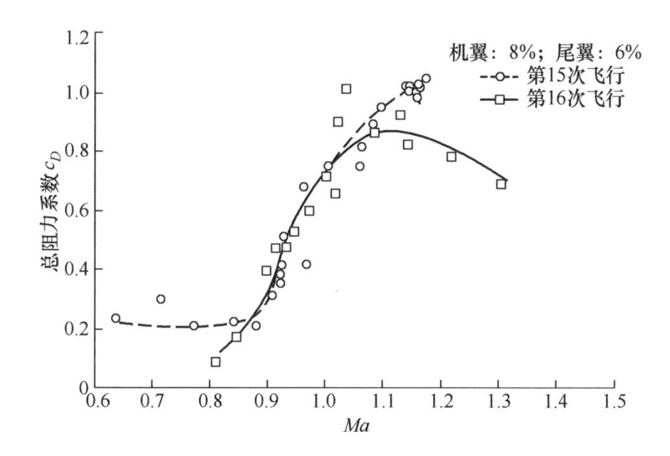

图 3-153　贝尔 X-1 阻力系数随马赫数变化曲线
（资料来源：加德纳，NACA RM L8K05，1948 年，文献[32]）

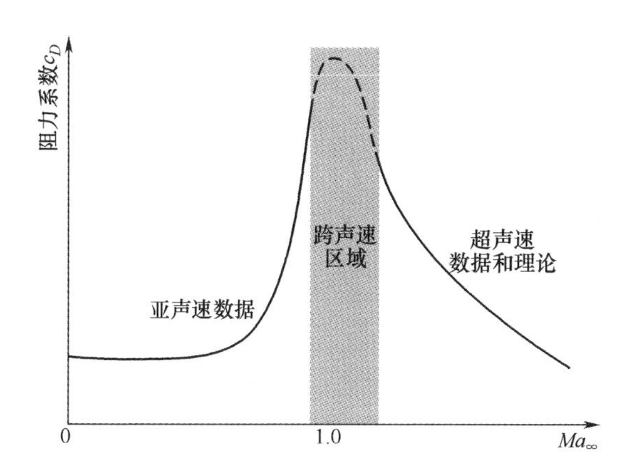

图 3-154　通过跨声速流动的阻力系数变化
（资料来源：改编自 P. E. Mack, ed.,“From Engineering Science to Big Science: The NACA and NASA Collier Trophy Research Project Winner”, NASA SP-4219, 1998 年）

3.11　超声速流动

我们突破声障跨越跨声速流，进入超声速流态。超声速流与亚声速流不一样，就可压缩性来说，其密度是不恒定的。然而，与跨声速流动的非线性特征相比，一些线性理论对超声速流动完全适用。在第 2 章中，将超声速流动定义为马赫数为 1.2~5 的流动，并介绍了超声速流动的几个方面，包括激波和膨胀波。在本节中，将讨论这些超声速现象的细节及其对超声速飞行的影响，包括在地面上实际感受到的和听到的,即声爆。此外还将讨论一些为了消除或减少超声速飞行时的阻力而设计的创新方案,包括后掠翼和机身面积律。首先,我们介绍等熵流关系,它把量热完全气体的等熵流静态和总特性与气流马赫数关联起来,这些关系经常用在超声速流动的分析中。

3.11.1 等熵流关系

正如 3.5.7 节所述,在等熵流假设中,气流是绝热的(无热传导)和可逆的(无黏性或无热耗散),它适用于许多流动,甚至是许多超声速流动。黏性流中产生的损失可以被限制在边界层,而边界层外的非黏性流通常看作是等熵的。类似地,超声速流动中激波带来的损耗可限定在激波所处薄域内,这里可以把激波的上游流动和下游流动看作是等熵的。等熵流关系在超声速流动方面应用十分广泛,包括在压缩面上的外部超声速流动(如机翼或推进系统进气道斜板这类压缩面上的超声速流),以及通过管道和喷管的内部超声速流。

我们把总温与静态温度的比值关系式定义为马赫数函数。从量热完全气体的能量方程开始,复述式(3-190):

$$c_p T + \frac{v^2}{2} = c_p T_t = 常数 \tag{3-338}$$

将该等式除以 $c_p T$, 得到总温 T_t 与静态温度 T 的比值,即

$$\frac{T_t}{T} = 1 + \frac{v^2}{2c_p T} \tag{3-339}$$

使用式(3-124),将定压比热容 c_p 与式(3-326)中的气体常数 R 、比热容比 γ 以及声速 a 的定义相关联,得

$$\frac{T_t}{T} = 1 + \frac{v^2}{2 \times \dfrac{\gamma R}{\gamma - 1} T} = 1 + \frac{v^2}{\dfrac{2}{\gamma - 1}\gamma R T} = 1 + \frac{v^2}{\dfrac{2}{\gamma - 1} a^2} \tag{3-340}$$

根据马赫数的定义,将总温与静态温度之比与马赫数相关联:

$$\frac{T_t}{T} = 1 + \frac{\gamma - 1}{2} Ma^2 \tag{3-341}$$

因为已假设流动为等熵流,可以利用式(3-139)将两种状态下的等熵过程中的压强、密度和温度关联起来。这里,两种状态分别为静态流动和绝热停滞状态。因此,可以把式(3-139)写为

$$\frac{p_t}{p} = \left(\frac{\rho_t}{\rho}\right)^{\gamma} = \left(\frac{T_t}{T}\right)^{\frac{\gamma}{\gamma - 1}} \tag{3-342}$$

将式(3-341)代入式(3-342)中,分别得到压强和密度的总静比等熵关系式:

$$\frac{p_t}{p}=\left[1+\left(\frac{\gamma-1}{2}\right)Ma^2\right]^{\frac{\gamma}{\gamma-1}} \tag{3-343}$$

$$\frac{\rho_t}{\rho}=\left[1+\left(\frac{\gamma-1}{2}\right)Ma^2\right]^{\frac{1}{\gamma-1}} \tag{3-344}$$

由式(3-341)、式(3-343)和式(3-344)给出的等熵关系分别与温度、压强和密度的总静比相关联,尤其与相应量热完全气体气流马赫数相关联。这些关系提供了一种在给定马赫数和静态条件下,计算绝热停滞状态的简单方法。

如果对式(3-341)、式(3-343)和式(3-344)求逆,就可以得到流动属性的静总比等熵关系:

$$\frac{T}{T_t}=\left[1+\frac{\gamma-1}{2}Ma^2\right]^{-1} \tag{3-345}$$

$$\frac{p}{p_t}=\left[1+\frac{\gamma-1}{2}Ma^2\right]^{-\frac{\gamma}{\gamma-1}} \tag{3-346}$$

$$\frac{\rho}{\rho_t}=\left[1+\frac{\gamma-1}{2}Ma^2\right]^{-\frac{1}{\gamma-1}} \tag{3-347}$$

每个等熵关系在马赫数为零时具有最大值1,也就是说静态值和滞止值相等。这是完全合理的,因为绝热停滞状态的定义是通过等熵地使流速降低至零而获得的。给定马赫数下的密度与马赫数为零处密度的分数变化由式(3-348)给出:

$$\frac{\rho-\rho_{Ma=0}}{\rho_{Ma=0}}=\frac{\dfrac{\rho}{\rho_t}-\left(\dfrac{\rho}{\rho_t}\right)_{Ma=0}}{\left(\dfrac{\rho}{\rho_t}\right)_{Ma=0}}=\frac{\dfrac{\rho}{\rho_t}-1}{1}=\frac{\rho}{\rho_t}-1 \tag{3-348}$$

马赫数函数的密度变化等熵方程在早期用于生成图3-9所示的曲线。

假设标准空气中$\gamma=1.4$,式(3-341)、式(3-343)和式(3-344)给出的等熵关系如图3-155所示。如上所述,静总比在马赫数为零时等于1。随着马赫数的增加,每个比率从1开始减少。由于在气动分析中经常使用这些关系,因此把这些方程的计算值表作为马赫数函数是非常普遍的。

马赫数为1时的等熵比值具有很大意义。令式(3-341)、式(3-343)和式(3-344)中的马赫数等于1,对于$\gamma=1.4$,可以得到以下值:

$$\frac{T}{T_t}=\left(1+\frac{\gamma-1}{2}\right)^{-1}=\left(1+\frac{1.4-1}{2}\right)^{-1}=1.2^{-1}=0.833 \tag{3-349}$$

$$\frac{p}{p_t}=\left(1+\frac{\gamma-1}{2}\right)^{-\frac{\gamma}{\gamma-1}}=1.2^{-3.5}=0.528 \tag{3-350}$$

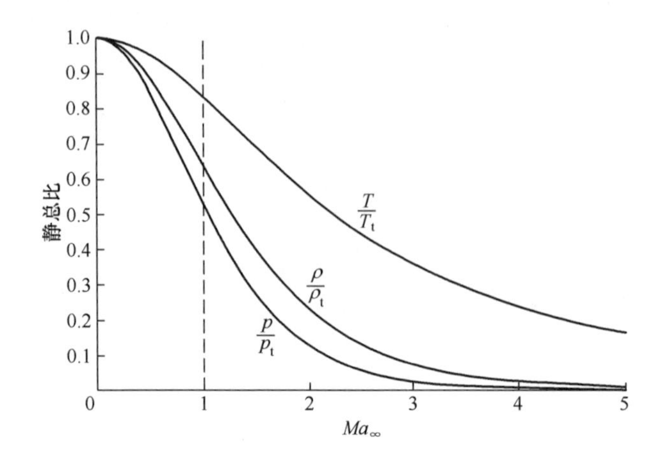

图 3-155　等熵流特性与马赫数关系

$$\frac{\rho}{\rho_t}=\left(1+\frac{\gamma-1}{2}\right)^{-\frac{1}{\gamma-1}}=1.2^{-2.5}=0.634 \tag{3-351}$$

声速状态下的这些值在许多应用场景中都十分有用,例如分析通过喷管的亚声速流和超声速流。

3.11.2　激波和膨胀波

在讨论跨声速和超声速流时,我们曾多次提到激波。当气流超过声速或马赫数为 1 时,开始出现激波。激波的存在导致阻力的增加,称为波阻。本节我们将更深入地了解激波和其他一些超声速现象,如马赫波和膨胀波。

3.11.2.1　马赫波

2.3.7 节介绍了声波"聚团"的概念(图 2.20),当飞行速度接近并超过声速或马赫数 1 时,声波会聚合成激波。为了进一步可视化这个概念,可以将其想像成一艘在水中移动的船。如果船的行进速度小于波速(波浪在水面上行进的速度),那么水面是平滑的。当船的速度大于波速时,波浪会"聚团"在船前,并形成弓形波。这类似于以超声速移动的物体前方会形成声波"聚团",产生激波(前面提到过类似的,有时可以使用地下水位来可视化激波的形状)。

想象一个处于亚声速流中具有锋利前缘的无限薄平板。由平板引起的压力扰动通过声波在流动中传播。理论上来说,因为流动为亚声速的,平板引起的压力扰动可传播到流动中的任何地方。当流动马赫数增加到 1 时,传播平板压力扰动的声波"聚团"形成无限弱的压缩波,称为马赫波。当流动马赫数进一步增加并超过 1 时,声波不能向上游传播太远,且马赫波相对于来流的方向形成一个角度 μ(称为马赫角),如图 3-156(a)所示。

马赫角的大小可通过如下方式获得。平板不断地在流动中向四面八方通过声波以声速发送其存在的“信号”。这些声波在半径范围内扩散,并随时间向下游移动。在 t 时刻,声波向下游移动的距离为 vt, 其大小取决于流速,如图3-156(b)所示。在 t 时刻,声波扩散的半径已增长到 at。

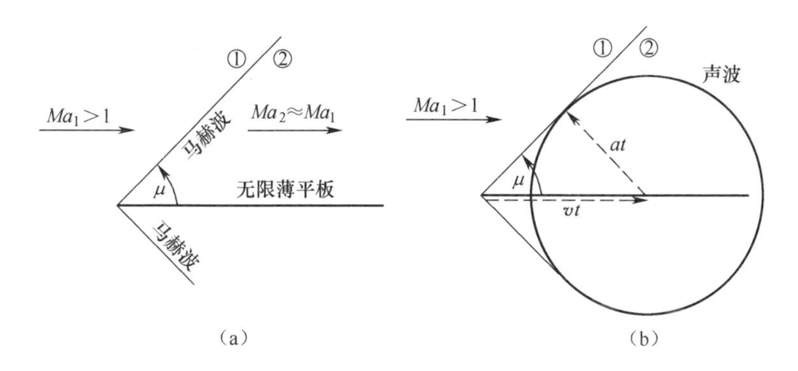

图 3-156 马赫波

在图 3-156 所示的几何图形中,可以得到

$$\sin\mu = \frac{at}{vt} = \frac{a}{v} = \frac{1}{Ma} \tag{3-352}$$

故马赫角 μ 为

$$\mu = \arcsin\frac{1}{Ma} \tag{3-353}$$

马赫角的大小与马赫数倒数的正弦成反比。因此,马赫角随着马赫数的增加而减小,使得马赫波更靠近产生声波的物体。当马赫数为 1 时,马赫角为 90°或者垂直,这与图 2. 20 中的声波图像一致。

在本例中,无限薄且前缘锋利的平板在二维方向上产生了一个平面的马赫波。同时,三维物体也产生了三维马赫波。超声速流动中的针状体将产生三维马赫锥,马赫角由式(3-353)给出。然而无论是二维还是三维,马赫波都会在超声速流中传播物体的压力扰动。马赫波是一个无限弱的压缩波,因此通过该波的性质变化是无穷小的。该过程是等熵压缩,因此马赫波上总压和总温都保持恒定。

前面讨论的声波和马赫波的许多特征都可以在图 3-157 中找到。这里使用流场可视化技术来拍摄以马赫数为 3 的速度运动的球体周围波系。球体在多孔平板上方越过时,弓形激波会产生较弱的压力扰动,如图中平板下的一系列圆圈。弱压力扰动合并成马赫波。平板上方的波是接下来要讨论的有限压缩波或激波。

图 3-157　以马赫数为 3 的速度移动的球体周围波系的流场可视化
（资料来源：马里兰州阿伯丁美国陆军弹道研究实验室）

3.11.2.2　正激波

当具有一定厚度的物体使气流产生一定程度的偏移时，由物体造成的气流扰动而产生的波聚集形成一种有限压缩波，称为激波。通过激波时气流特性的变化是有限的，但对于高马赫数其变化幅度可能非常大。在激波上游和下游可认为流动是等熵流，但穿过激波时流动是非等熵的。激波内存在的黏性和热传导损失会导致通过激波时熵增。

首先我们认识一下正激波，正激波是与气流成 90°角的激波。图 3-158(a)所示为部分弓形激波的实例，位于超声速流中钝体驻点的正上游。相比之下，通过尖锐楔形物的超声速流时，斜激波相对于气流方向形成小于 90°的夹角，如图 3-158(b)所示。使用流动可视化技术获得图 3-158 中的图像，将气流中的密度梯度捕获为暗带，因此，可以看出激波是一个具有高密度梯度且非常薄的区域。通过激波时，速度、压力和温度的梯度也非常高。正激波非常薄，名义厚度仅为10^{-5}英寸（2.5×10^{-5} cm）。在激波的内部，由于黏性和热传导，存在耗散现象。

如图 3-159 所示，正激波的理想模型是一条无限薄的垂直线，并且在穿过该波时流动特性不会连续变化。对于实际工程问题，激波内复杂的黏性和热传导物理特性不是我们关注的重点。相反，我们更关注的是经过激波后，流动特性会发生什么变化。因此，从这方面来考虑正激波的理想模型非常适用。激波上游（区域 1）的流动是一个具有马赫数 Ma_1、速度 v_1、静压 p_1、静态密度 ρ_1、静态温度 T_1、总压 $p_{t,1}$ 和总温 $T_{t,1}$ 的均匀超声速流。激波下游（区域 2）的气流也是均匀的，但是大部分流动特性已经改变。通常正激波会将超声速流动不连续地减速至亚声速马赫数，即 $Ma_2<1$。虽然速度降低，但是静压、静态密度和静态温度

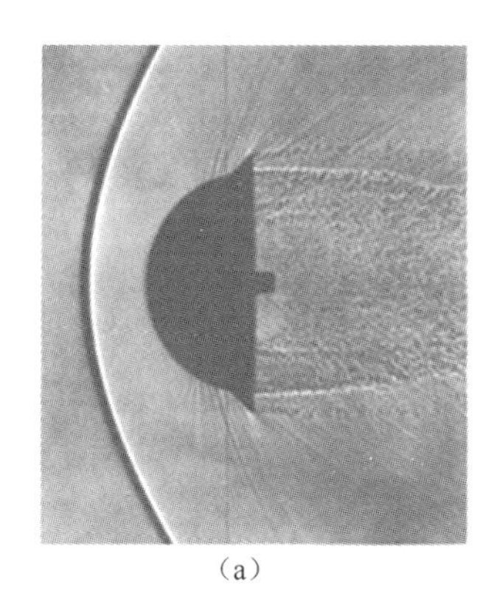

(a)

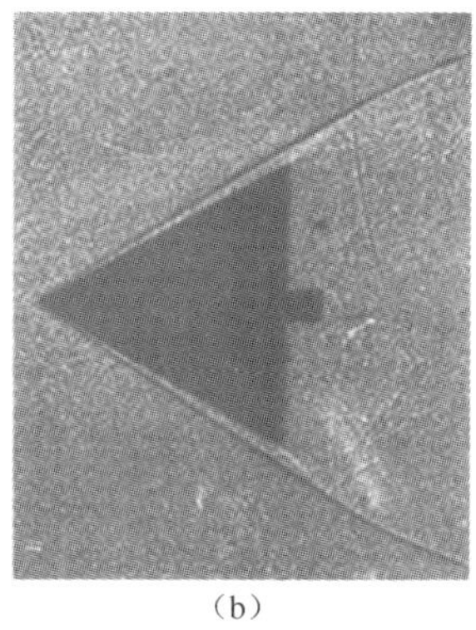

(b)

图 3-158 超声速流中的钝体和尖鼻楔,其中气流是从左到右。
弓形激波在钝体驻点的上游是接近正交的,楔形体的尖鼻处附着斜激波
(a)钝体;(b)尖鼻楔。
(资料来源:E. P. Hartman,"Adventures in Research:A History of the Ames Research Center, 1940—1965 年," NASA SP-4302, 1970 年)

在穿过正激波时均会不连续地增加。由于在穿过激波时熵增加,即 $s_2 > s_1$,所以在穿过激波时存在总压损失,即 $p_{t,2} < p_{t,1}$。熵增加是由于激波内部的黏性耗散和热传导。既然在激波内部存在耗散现象,因此没有热量增加或损失,那么通过正激波的气流是绝热的,这使得通过激波时总温恒定,即 $T_{t,2} = T_{t,1}$。

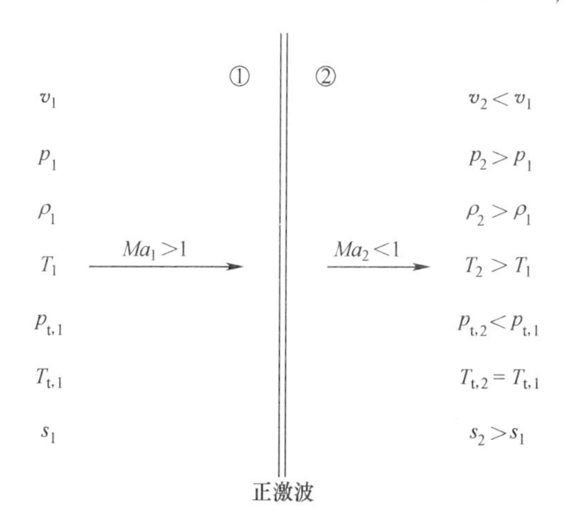

图 3-159 正激波

将流体动力学的基本方程——连续性、动量和能量方程(见 3.6 节)——应用于正激波的上游和下游流动中,就有可能得到通过激波的流动特性关系。推导过程超出了本书的范畴,因此这里只提供一些结果。式(3-354)、式(3-355)

和式(3-356)提供了通过正激波的马赫数 Ma_2、静压比 p_1/p_2 和静态温度比 T_1/T_2。

$$Ma_2^2 = \frac{(\gamma - 1)Ma_1^2 + 2}{2\gamma Ma_1^2 - (\gamma - 1)} \tag{3-354}$$

$$\frac{p_2}{p_1} = \frac{2\gamma Ma_1^2 - (\gamma - 1)}{\gamma + 1} \tag{3-355}$$

$$\frac{T_2}{T_1} = \frac{a_2^2}{a_1^2} = \frac{[2\gamma Ma_1^2 - (\gamma - 1)][(\gamma - 1)Ma_1^2 + 2]}{(\gamma + 1)^2 Ma_1^2} \tag{3-356}$$

这些正激波特性仅是上游马赫数 Ma_1 和比热容比 γ 的函数,其中 γ 与气体种类有关。通常我们处理“标准”空气的流动时,其比热容比是恒定的且等于 1.4。将 $\gamma = 1.4$ 代入式(3-354)、式(3-355)和式(3-356),得

$$Ma_2^2 = \frac{Ma_1^2 + 5}{7Ma_1^2 - 1} \tag{3-357}$$

$$\frac{p_2}{p_1} = \frac{7Ma_1^2 - 1}{6} \tag{3-358}$$

$$\frac{T_2}{T_1} = \frac{a_2^2}{a_1^2} = \frac{(7Ma_1^2 - 1)(Ma_1^2 + 5)}{36Ma_1^2} \tag{3-359}$$

式(3-354)、式(3-355)和式(3-356)所示曲线如图 3-160 所示,可以看出通过正激波的下游流动马赫数、压强比和温度比的变化,且都是上游流动马赫数的函数。

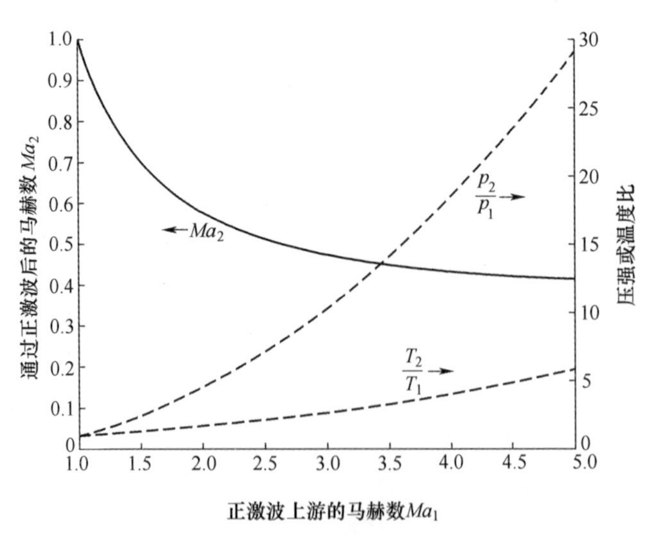

图 3-160　通过正激波后的流动特性

例3.16 正激波特性

对于图3-157中以马赫数为3的速度移动的球体,弓形激波是在驻点前面的正激波。假设球体在海平面上空飞行,试计算正激波下游流动的马赫数、压强和温度。

解:

根据式(3-357),通过正激波后的马赫数为

$$Ma_2^2=\frac{Ma_1^2+5}{7Ma_1^2-1}=\frac{3^2+5}{7\times3^2-1}=\frac{14}{62}=0.2258$$

根据式(3-358)和式(3-359),通过正激波后的压强和温度比为

$$\frac{p_2}{p_1}=\frac{p_2}{p_{\mathrm{SSL}}}=\frac{7Ma_1^2-1}{6}=\frac{7\times3^2-1}{6}=\frac{62}{6}=10.333$$

$$\frac{T_2}{T_1}=\frac{T_2}{T_{\mathrm{SSL}}}=\frac{(7Ma_1^2-1)(Ma_1^2+5)}{36Ma_1^2}=\frac{(7\times3^2-1)(3^2+5)}{36\times3^2}=\frac{868}{324}=2.679$$

海平面处压强和温度的值分别为2116 磅/英尺^2 和459.67°R。将这些值代入压强和温度比公式来求解通过正激波后的压强和温度,有

$$p_2=9.333p_{\mathrm{SSL}}=10.333\times2116\ \frac{\text{磅}}{\text{英尺}^2}=21865\ \frac{\text{磅}}{\text{英尺}^2}$$

$$T_2=2.679T_{\mathrm{SSL}}=2.679\times459.67°\mathrm{R}=1231.5°\mathrm{R}$$

3.11.2.3 斜激波和膨胀波

图3-158所示为通过楔形物的超声速流动,当超声速流动折转靠近自身时,会形成斜激波。图3-161所示为超声速流经过角度为θ的楔形物时产生的理想斜激波。当流动通过斜激波时会均匀地偏转θ。在激波下游,所有气流流线均平行于楔形物表面,且彼此平行。斜激波以相对于气流β的激波角附着在楔形物的顶点。

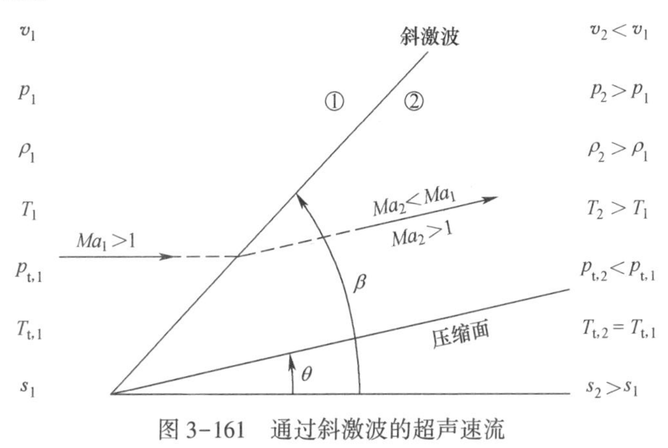

图3-161 通过斜激波的超声速流

通过斜激波的流动特性会不连续地变化,这与正激波一样。斜激波和正激波的主要区别在于,通过斜激波后马赫数 Ma_2 依然是超声速的。通过斜激波后的其他流动特性与正激波的趋势相同。然而,同样地,给定上游马赫数 Ma_1,斜激波的强度小于正激波,因此流动特性的变化幅度较小。通过斜激波后的所有流动特性的变化都是不连续的,这与正激波一样。

斜激波的强度和激波角 β 随着气流偏转角 θ 的增加而增大。在某些偏转角大的情况下,斜激波开始分离并在物体前方形成正激波。实际上,正激波是斜激波的一种极限情况,即激波角为 90°。

当超声速流折转靠近自身时会形成斜激波,而超声速流离开自身时则会产生膨胀波,图 3-162 所示为马赫数为 Ma_1 的超声速流以膨胀角 θ 偏转通过。膨胀波由一系列以转弯拐角为中心的马赫波组成。膨胀波持续将上游超声速流偏移通过膨胀波,这样气流会平行于膨胀波下游的偏转表面。由于上游气流通过的是一系列马赫波,因此气流特性的变化是平滑、连续且等熵的。气流通过膨胀波时马赫数和速度会增加,而静压、静态密度和静态温度都会降低。由于膨胀波过程是等熵的,因此总压、总温和熵将保持不变。在许多方面,膨胀波是激波的“反向面”。

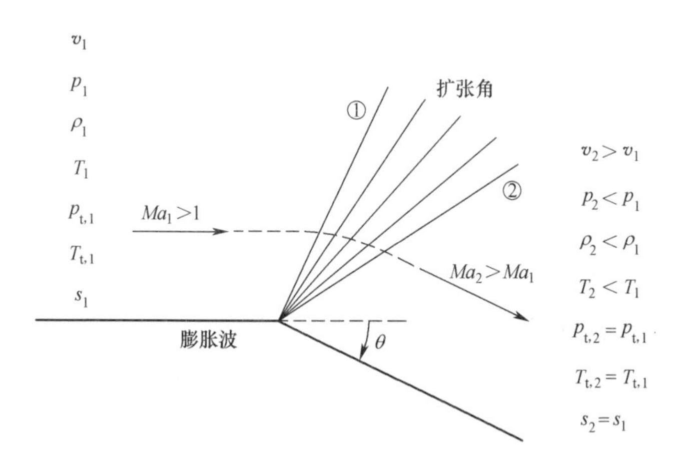

图 3-162　通过膨胀波的超声速流

3.11.3　FTT:飞行中的激波可视化

前面例举了几个激波可视化的示例,例如图 2-21 中 Ernst Mach 拍摄的以超声速行进的子弹上的激波照片,以及图 3-145 的风洞中跨声速机翼上的激波照片。在这些示例中使用光学系统就可以使流动中的密度梯度可视化。密度在穿过激波时急剧增加,因此利用这些方法可以使它们可视化。通过可视化以跨声速和超声速移动的物体周围的激波来提供关于流动的气动信息。由于系统的机械复杂性和尺寸限制,这些类型的光学技术习惯上用于地面试验设施中。目前的飞行试验技术探讨将这些流动可视化技术应用于飞机超声速飞行中,其中飞机上或周围的激波是可以实现可视化的。

早在20世纪40年代,当飞行员高速俯冲时,他们注意到在飞机机翼表面会出现薄纱似的细丝“跳舞”现象。当飞机接近跨声速时,他们看到了机翼上的激波。这些有关激波目击事件最早的官方报告可能是由陆军航空队的试飞员Frederick A. Borsodi少校提供的。1944年7月,Borsodi驾驶北美P-51D“野马”战斗机进行飞行试验,以评估可压缩性对飞机操纵性的影响。他当时正在进行一系列全速俯冲机动飞行,在马赫数为0.86时,飞机出现了严重的尾翼抖振。在抖振时,Borsodi报告在他的机翼上(最大厚度处)看到激波,从翼根延伸到翼尖。在这次事故发生后,他在飞机上安装了一个摄像系统,这样他就可以拍摄飞行中的激波。他成功地获取了激波的照片,并分享给其他飞行员和工程师,包括著名的空气动力学家冯·卡门。

Borsodi确实看到了机翼的激波,通过激波密度梯度的阳光折射即可看到。他当时经历的抖振是由于机翼表面上的激波振荡造成的,这导致了气流的不稳定和循环分离以及冲击飞机尾翼的湍流尾流。NACA试飞员George E. Cooper(后来因其飞行品质评定量表而闻名,将在第6章讨论)也在他的P-51俯冲试飞中看到了这些激波。他也在飞行中拍摄到这些激波,并在1948年发表了第一份报告,该报告详细介绍了一种在飞行中可视化激波的方法[23]。

该方法是基于与风洞中使用的阴影流可视化技术相同的物理方法。风洞阴影图使用的是人造光源,而实际飞行中依靠的是阳光产生激波的自然阴影成像。如图3-163所示,飞行中的阴影图是由平行的太阳光线通过密度不连续的激波折射产生的,其中空气密度从“低密度介质”增加到“高密度介质”。通过激波的密度会随着与机翼表面的垂直距离而变化,在最接近机翼表面时密度最大,因此光折射量的变化会形成一种如图3-163所示的波形,即激波后直接是一条暗带(阴影),后面接着是一条亮带(光亮)。阴影图法的成功取决于太阳光线相对于机翼表面的合适方向。Cooper是第一个以指定的最佳太阳光角度获取飞行中激波的阴影图的试飞员。

Cooper提供的P-51战斗机的阴影图表明,在跨声速马赫数下激波的前后振荡振幅约2~3英寸(5~8cm)时会导致尾部抖振。这些照片还表明,随着马赫数的增加,激波会朝着机翼后缘方向移动。图3-164所示为Cooper报告中的阳光阴影图,其中可以看到来自飞机座舱罩和机翼的激波。

最近,NASA的研究人员在洛克希德L-1011运输机跨声速飞行期间进行了更精确的测量,以改进飞行中基于太阳光阴影图的激波可视化方法[29]。图3-165所示为位于洛克希德L-1011飞机翼尖附近的正激波的自然阴影图。如今,当太阳处于恰当的角度时,乘客在商用客机的机翼上看到激波跳动的现

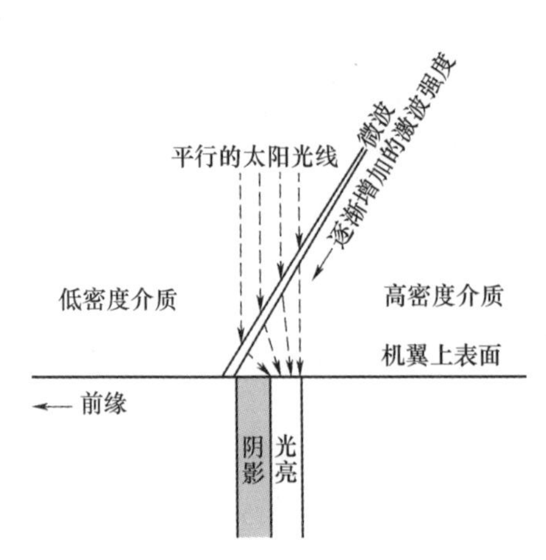

图 3-163　飞行中机翼表面的阴影图
（资料来源：改编自 Cooper 和 Rathert，NACA RM A8C25，1948 年，文献[23]）

图 3-164　飞行中机翼表面激波的阳光阴影图
（资料来源：Cooper 和 Rathert，NACA RM A8C25，1948 年，文献[23]）

象并不少见。这与 20 世纪 40 年代进行高速俯冲的试飞员所看到的自然阴影图相同。我们现在也了解的飞行中在 F-18 机翼上看到的东西是什么了。当飞机加速通过跨声速流动状态时，由亮线和暗线构成的激波的自然阴影图在机翼上均可见。

一种更先进的流动可视化技术是在跨声速或超声速飞行中捕获整个飞机周围的激波。具备可视化整个飞机的激波位置及其相对强度的能力就可以提供不同超声速构型的空气动力学原理。这里采用一种比阴影图更高级的技术，称为纹影成像，该技术仍然是基于激波密度梯度和阳光折射。用太阳作为光源的地基纹影系统已经捕获过超声速飞行的飞机上的激波图像。但是，这些系统使用的是复杂的远程成像光学器件，它们不提供激波结构的细节空间分辨率。

新提出的合成纹影技术应用计算机成像处理技术获得飞行中激波的更高分辨率图像。有这样一种方法，即使用背景纹影法在图像中获取有和无超声速飞机的背景图像。由背景图像的扭曲获得激波，这种扭曲是由于激波密度梯度造成的，并由有和无超声速飞机图像的比较得知的。背景图像可以是一个自然的地面图像，是一个必须在飞机的飞行路径上方飞越背景图像时捕获飞机图像。图 3-166 所示为 T-38 超声速飞机的背景纹影图像，是 T-38 飞过以沙漠为背景图像时由位于 T-38 上方数千英尺处的 NASA 比奇“空中国王”飞机拍摄的。

3.11.4　声爆

如上所述，由于飞机超声速飞行会产生激波——压力波的“堆积”，进而导致气流特性（如马赫数、温度和压力）的不连续变化。对于以超声速飞行的飞

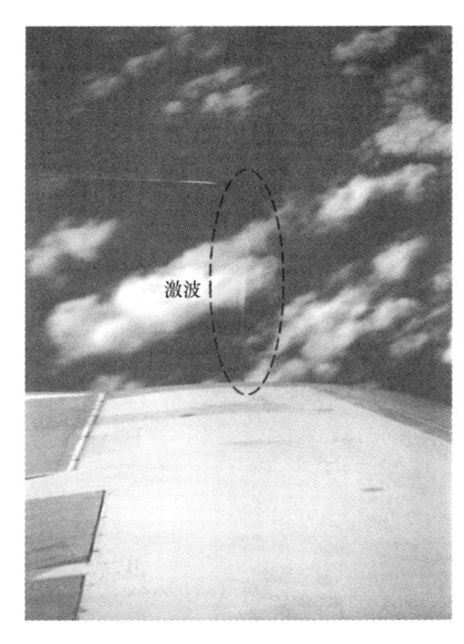

图 3-165 洛克希德 L-1011 飞机翼尖上的激波(气流从右到左)
(资料来源:美国国家航空航天局 Carla Thomas 提供)

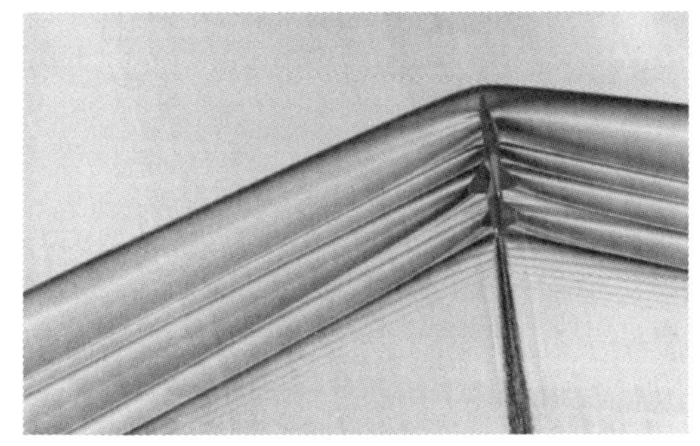

图 3-166 超声速飞行中 T-38 的背景纹影图像
(资料来源:美国国家航空航天局)

机,有两个从飞机发出的主要激波系统,即飞机机头上的弓形激波和飞机尾翼上的尾部激波,如图 3-167 所示。其他飞机部件也会产生激波,如机翼、发动机和座舱罩。这些部件的激波离开飞机上,与距飞机一定距离的两个主要激波之一合并。虽然在图 3-167 中描绘为二维直线,但弓形激波和尾部激波是三维的锥形波结构。随着锥形激波基径的不断增加,这些锥形激波一边紧跟在飞机下游,一边向外扩张。相对于自由流或飞行方向,锥形激波形成的角度由自由流马赫数确定。

通过飞机机头的弓形激波,局部压强不连续地增加到大于自由流静压。然后,压强向着机尾的方向连续减小到低于自由流静压。最后气流通过尾部激波,压强再次不连续地增加,恢复到自由流静压。刚刚描述的压强分布类似于字母"N"的形状,因此称为 N 波。由超声速飞机和 N 波产生的机头和机尾激波的简化图如图 3-167 所示。激波超压是很快的,N 波前面的气压几乎是不连续的变化的。实际上,由于激波引起的飞机周围的压强场要复杂得多,近场、中场和远场压强曲线明显不同。部分是由于从飞机发出的不仅仅是两个不同的激波,而是存在多个不同强度和几何形状的激波,并且当它们从飞机上划过时会合并。如图 3-167 所示,当 N 波前后的压强突然变化时,在地面上可以听到有时感觉像是超声速飞机的独特双音响。这种双音响在约 1/10s 的时间间隔内发生。

由于飞机以超声速飞行,飞行速度比它产生波的传播速度要快,所以地面观察者听到声爆之前,飞机已经越过地面上的观察者。飞机内部没有听到声爆,这是因为飞机速度大于声波传播的速度。只要飞机处于超声速飞行状态,它

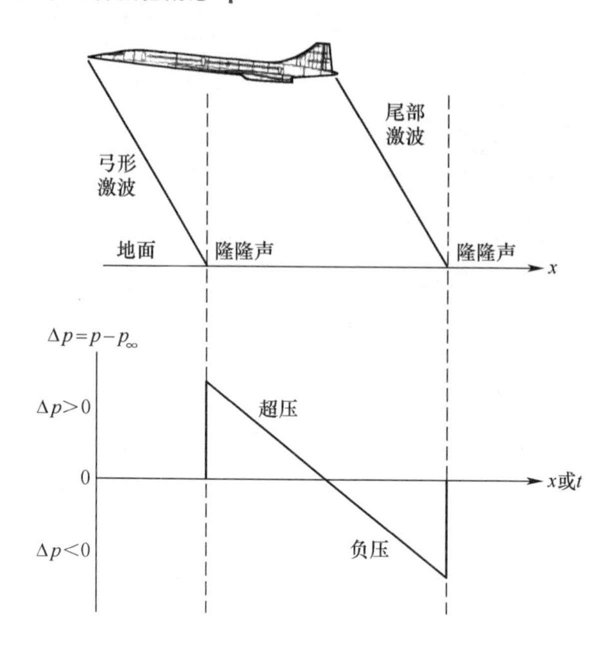

图 3-167 通过机头和机尾激波的 N 波压力分布

的锥形声爆就会紧随飞机并且掠过地面,沿着地面路径产生连续的声爆区域。对于飞机来说,每 1000 英尺(300m)高度,地面上的声爆区域宽度约为 1 英里(1.6km)。因此,如果飞机在 45000 英尺(13700m)的高度以超声速飞行,则扫过地面的声爆区域的宽度约为 45 英里(72km)。飞机声爆锥的实际运动受许多大气因素的影响,如风向、风速和大气湍流。在飞机飞过的飞行轨迹正下方可以感受到最强的声爆,其强度随着距该中心线横向距离的增大而减小。

声爆的强度是许多变量的函数,主要影响因素是飞机的高度。飞机飞得越高,声爆的强度就越小,因为激波会随着距离的增加而衰减。从飞机发出的激波必须穿过大气层,因此声爆强度也会受到大气特性的影响,如温度、压强、湿度、污染、风和湍流。随着超声速马赫数的增加,声爆强度也会随之增加,正如预期的那样,激波的强度也会随着马赫数的增加而增加。声爆的超压曲线也受到飞机是否机动飞行的影响,因为机动飞行会改变飞行路径和机翼载荷。

飞机的几何形状、尺寸和重量都是影响声爆强度的因素。对于细长形状的飞机(飞机最大截面积与飞机长度的比值较低)来说,激波的强度和声爆的强度会较低。随着飞机重量的增加,因为需要更大的升力系数和攻角,有效的激波偏转角会增加。因此,较轻、较细长的飞机比较重、非细长飞机产生的声爆较弱。表 3-15 所列为在大约相同的马赫数和高度飞行条件下"协和"号飞机与洛克希德 F-104 星际战斗机(图 3-178)的声爆超压。可以发现,更轻、更纤细的 F-104 产生的超压不到较重、不那么细长的"协和"号飞机的一半(飞机的横截面积包括机翼截面积,其中"协和"号飞机的机翼比 F-104 大得多)。

表 3-15 各种飞机的声爆超压

飞　机	马赫数	高　度	超　压
洛克希德 SR-71	3.0	80000 英尺(24400m)	0.9 磅/英尺^2 (43.1Pa)
“协和”SST	2.0	52000 英尺(15800m)	1.94 磅/英尺^2 (92.9Pa)
洛克希德 F-104	1.93	48000 英尺(14600m)	0.8 磅/英尺^2 (38.3Pa)
航天飞机(近地)	1.5	60000 英尺(18300m)	1.25 磅/英尺^2 (59.9Pa)

资料来源:NASA Armstrong Fact Sheet:Sonic Booms。

声爆强度是通过测量其超压确定的,即在 N 波前方的海平面大气压(14.7 磅/英寸^2,2116 磅/英尺^2,101300Pa)的压强变化。气压的这种变化通常仅是每平方英寸几磅。表 3-15 给出了在给定高度以超声速飞行的各种飞机的声爆超压。超压会对地面上的人和物体产生影响。在小于 1 磅/英尺^2(0.007 磅/英寸^2,48Pa)的情况下,超压作为声爆的一种,对地面上的人员建筑物或其他物体不会造成伤害或损坏。然而,即使在这样没有造成伤害的较低强度的水平下,仍然会产生刺激或令人讨厌的声爆。在 2~5 磅/英尺^2(0.014~0.035 磅/英寸^2,96~240Pa)的超压下,地面上的建筑物可能会造成轻微损坏。在更高的超压下,约 1000 磅/英尺^2(7 磅/英寸^2,48000Pa),可能对人类耳膜或内部器官(如肺)造成伤害。

公众对声爆的关注影响了商用超声速运输机(SST)的发展。由于声爆问题,在美国,禁止在陆上进行商用超声速飞机飞行。在指定的区域中,允许军用飞机在美国的陆地上进行超声速飞行。目前,还没有工业标准适用于新飞机允许的声爆特性。过去已经研发了两型商用 SST:苏联的图波列夫 Tu-144(图 3-168)和英国的“协和”号运输机(图 3-169)。

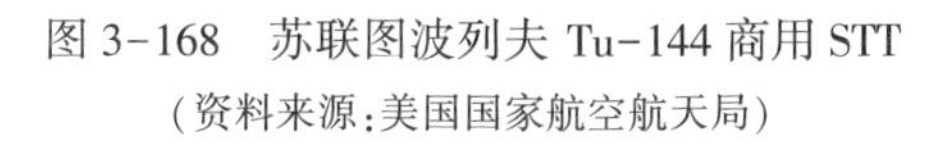

图 3-168 苏联图波列夫 Tu-144 商用 STT
(资料来源:美国国家航空航天局)

图 3-169 英国“协和”号商用 STT
(资料来源: Eduard Marmet, “British Airways Concorde G-BOAC” https://en.wikipedia.org/wiki/File:British_Airways_Concorde_G-BOAC_03.jpg, CC-BY-SA-3.0, License at https://creativecommons.org/licenses/by-sa/3.0/legalcode)

苏联研发出第一架商用超声速运输机图波列夫 Tu-144,在 66000 英尺(20000m)处能够以马赫数为 2.15 的速度飞行。Tu-144 的原型机于 1968 年 12 月 31 日首飞。Tu-144 机身细长,具有大型双三角翼,前机身上有两个小的、可伸缩的鸭翼,还有一个可以“下垂”的机头,以提高起飞和降落时驾驶员的视野。Tu-144 由 4 台带有加力燃烧室的科尔索夫涡扇发动机提供动力。Tu-144 于 1977 年投入商用服务,但在 1978 年结束这项服务之前只执行了 55 次客运任务,此后该飞机又执行商用货运任务直到 1983 年。苏联总共建造了 16 架 Tu-144 超声速运输机。

“协和”号飞机是一架以马赫数为 2 的速度飞行的超声速运输机,由英国飞机公司和法国航空公司合资研发。“协和”号 SST 是商业飞机,在 1976 年至 2003 年开展客运服务。由于在陆地上空飞行受限,“协和”号飞机分别从英国伦敦和法国巴黎以超声速飞越大西洋到美国纽约和华盛顿。该超声速飞机由 4 台带加力燃烧室的科以列索夫涡扇发动机提供动力,飞机最多可以搭载 128 名乘客,在 60000 英尺(18000m)高度最高可以马赫数为 2.04 的速度飞行。这架飞机有细长的机身、大型双三角翼和一个能够“下垂”的机头,以便在起飞和着陆时提供前方视野。制造的 20 架“协和”号 SST,其中 6 架是原型机或验证机,另外 14 架投入商用服务。虽然在经济上从未取得过显著的成功,但“协和”号飞机证明了商用超声速运输技术的可行性。

虽然目前没有超声速客机投入使用,但是研究商用超声速运输飞机的步伐从未间断,包括解决如何降低声爆这一关键问题。最近人们开始关注小型商用超声速公务机的开发。一些重要的、与声爆相关的飞行试验已经完成,并且收集了数据以更好地了解声爆和评估降低声爆的概念。下面介绍两个这样的飞行试验。

经过高度改进的诺斯罗普 F-5 飞机的飞行试验于 2003 年和 2004 年进行,主要是评估飞机形状对显著降低声爆强度的能力。F-5 超声速喷气式飞机的机身下部对连接从机头到发动机进气口的整流罩进行了改进,如图 3-170 所示。国家航空航天、美国国防部高级研究计划局和诺斯罗普·罗鲁曼(Northrop Grumman)联合计划在两年内对其进行了 21 次飞行试验。人们通过适当地改变飞机几何形状来证明降低声爆强度的可行性。

2006 年,佐治亚州萨凡纳的湾流航空航天公司与美国国家航空航天局合作,对专利“安静长钉”(Quiet Spike)验证机进行飞行试验,以探索削减声爆的途径。作为超声速商务喷气机设计的一部分,湾流公司在机头上使用细长的伸缩臂来削弱超声速飞行中的弓形激波。伸缩臂在超声速飞行时展开,并且在亚声速飞行期间缩回,包括起飞和着陆阶段。伸缩臂旨在削弱弓形激波的强度,其作用类似于使飞机机身更长、更纤细。美国国家航空航天局 F-15B 飞机机头安装了“安静长钉”伸缩臂,并进行了超过 50 次的飞行试验(图 3-171),测量了声爆强度的降低。

图 3-170　诺斯罗普 F-5 型超声速吊杆演示(SSBD)飞机
(资料来源:美国国家航空航天局)

图 3-171　美国国家航空航天局 F-15B 飞机飞行试验
(资料来源:美国国家航空航天局)

3.11.5　超声速翼型的升力和阻力

在了解超声速流时,我们发现它与亚声速流有根本的区别。激波和膨胀波的出现显著改变了流动模式和超声速流动中的压强分布。基于这些差异,从压强分布导出的物体(如一个翼型)上的力和力矩在亚声速和超声速流之间是不同的。

超薄型超声速翼型(近似于薄平板)上的超声速流动,如图 3-172 所示。回顾 3.11.2 节,激波的强度随着气流偏转角的增大而增大。在超声速流中,具有大前缘半径的厚机翼在其前缘处具有强激波,可能是分离的激波,进而产生高的波阻。因此,超声速机翼通常较薄且具有尖锐而不是钝的前缘,以减小波阻。

图 3-172 中的平板置于马赫数为 Ma_∞、自由流静压为 p_∞ 的超声速流中,其攻角为 α。在到达板前缘时,超声速流在板的底部转变,产生从板前缘的底部发出的斜激波。不同的是,超声速流在板的顶部转变,在板前缘的上表面处产生膨胀波。在板后缘处,靠近下表面的气流通过膨胀波向自由流方向恢复,上表面气流则通过斜激波向自由流方向恢复。

在通过板底部的斜激波时,自由流静压增加,使得 $p_{\text{lower}} < p_\infty$。该压强在激波后面的整个区域是均匀的,因此这是在板表面感受到的压力。板表面上方的自由流经过前缘处的膨胀波时压强降低,使得 $p_{\text{upper}} < p_\infty$。在板表面上压强较低。板下表面的压强大于上表面的压强,因此该压差产生垂直于平板的力,可以将其分解为升力 L 和波阻 D_w,它们分别平行和垂直于自由流方向。

为了获得压强的实际值,我们需要在板的上下表面上计算通过斜激波和膨胀波后气流的特性。这可以使用激波-膨胀波理论来计算,但超出了本书的范围。使用这种方法,我们可以计算平板或具有更复杂的几何形状表面上压强的实际值。然后,我们需要将这些压强值在物体表面进行积分。这种积分对于简

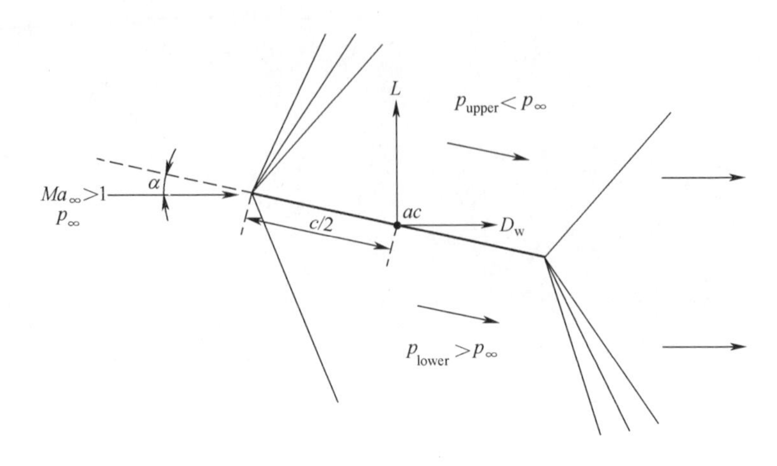

图 3-172　通过薄平板上的超声速流

单的几何形状(如平板)来说很简单,但是对于更复杂的几何形状来说,它变得更加复杂。

另一种方法基于超声速流的线性控制方程的闭合形式,气动量的近似表达式只是自由流马赫数和攻角的函数。这种线性化的超声速理论也超出本书的范围,但该理论结果下面有介绍。基于该理论,超声速升力系数 c_l 和波阻系数 $c_{d,w}$ 分别为

$$c_l = \frac{4\alpha}{\sqrt{Ma_\infty^2 - 1}} \tag{3-360}$$

$$c_{d,w} = \frac{4\alpha^2}{\sqrt{Ma_\infty^2 - 1}} = c_l\alpha \tag{3-361}$$

式中:Ma_∞ 为自由流的超声速马赫数; α 为攻角。

这些系数只是自由流马赫数和攻角的函数,与物体其他几何参数无关。因此,这些方程应用于近似薄平板的翼型,对于具有厚度和弯度的翼型,进一步使用线性化超声速理论,可以将其他相关的参数项加到波阻系数项中,进行稍复杂的推导,如

$$c_{d,w} = \frac{4\alpha^2}{\sqrt{Ma_\infty^2 - 1}} + f\left(\frac{t}{c}\right) + g(C) \tag{3-362}$$

式中:$f\left(\frac{t}{c}\right)$,$g(C)$ 分别为与翼型厚度和弯度相关的函数。

在超声速流中,翼型的气动中心相对于亚声速流向后移动,位于翼型的弦线中点处,则有

$$x_{\text{ac,supersonic}} = \frac{c}{2} \tag{3-363}$$

通过式(3-360)对攻角求导数,可获得超声速流中机翼的升力线斜率:

$$a_{\text{supersonic}} = c_{l_\alpha} = \frac{\partial c_l}{\partial \alpha} = \frac{4\alpha^2}{\sqrt{Ma_\infty^2 - 1}} \tag{3-364}$$

其中,超声速升力线斜率仅是自由流马赫数的函数。

将式(3-360)除以式(3-361),得到超声速翼型的无黏升阻比为

$$\left(\frac{L}{D}\right)_{\text{supersonic}} = \frac{c_l}{c_{d,\text{w}}} = \frac{1}{\alpha} \tag{3-365}$$

因为只考虑基于波阻,没有考虑黏性因素,故上式为无黏升阻比。超声速升阻比与攻角成反比。

由式(3-360)和式(3-361)中的线性化超声速理论给出的超声速升力和阻力系数,与3.14节给出的其他速度下的数值进行了定量比较。

例3.17 超声速翼型的气动性能

洛克希德F-16超声速飞机有一个NACA 64A204翼型剖面,厚度比$t/c=4\%$。试计算翼型在马赫数为1.4、攻角为4.6°时的升力系数、波阻系数、升力线斜率以及升阻比。

解:

F-16机翼公认为是薄翼,因为其厚度仅为翼弦长度的4%。基于此,翼型部分可以用薄平板近似,用线性化超声速理论得到的方程求解。

首先,将攻角从度转换为弧度:

$$\alpha = 4.6° \times \frac{\pi}{180} = 0.08029\text{rad}$$

使用式(3-360)、式(3-361)、式(3-364)和式(3-365),有

$$c_l = \frac{4\alpha}{\sqrt{Ma_\infty^2 - 1}} = \frac{4 \times 0.08029}{\sqrt{1.4^2 - 1}} = 0.3278/\text{rad}$$

$$c_{d,\text{w}} = c_l\alpha = 0.3278 \times 0.08029 = 0.002113/\text{rad}$$

$$c_{l_\alpha} = \frac{4}{\sqrt{Ma_\infty^2 - 1}} = \frac{4}{\sqrt{1.4^2 - 1}} = 4.082/\text{rad} = 0.07125/(°)$$

$$\left(\frac{L}{D}\right)_{\text{supersonic}} = \frac{1}{\alpha} = \frac{1}{0.08029} = 12.45$$

3.11.6 超临界翼型

如上所述,跨声速阻力发散限制了飞机的最大亚声速巡航速度。阻力的增加是由于翼型上表面气流的加速和局部超声速流动产生的波阻。因此,人们认为通过正确设计翼型上表面形状有利于改变其跨声速阻力特性。事实的确如此。我们可以设计特定的翼型——超临界翼型,来抑制跨声速阻力的增加和发

散,以提高亚声速巡航速度。超临界翼型减小了上表面弦线中点附近区域的曲率,因此具有比传统机翼更平坦的上表面,其后缘附近的弯度也大于传统机翼。传统翼型与超临界翼型的对比如图 3-173 所示。

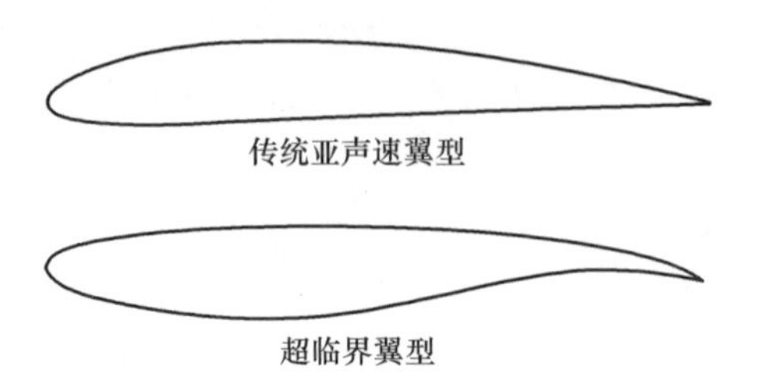

图 3-173　传统亚声速翼型和超临界翼型

超临界翼型的跨声速流动模式和其表面的压强分布与传统翼型的对比如图 3-174 所示。超临界翼型上表面的激波与传统翼型相比更靠近尾部且更弱。与传统翼型相比,这种更靠近尾部、更弱的激波削弱了机翼表面上的边界层流动分离,因而升力损失更小且阻力更小。超临界翼型更加平坦的上表面产生近似恒定的表面压强分布,向该部分的尾端产生更大的升力。

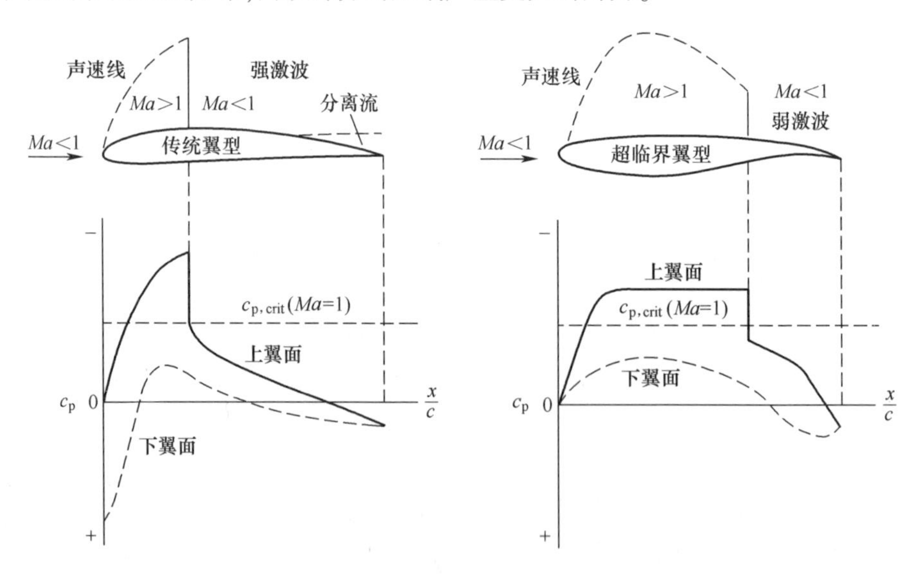

图 3-174　传统翼型和超临界翼型的跨声速流动模式和压强分布

超临界翼型阻力发散马赫数曲线如图 3-175 所示。将超临界翼型的阻力发散特性与传统的亚声速翼型(NACA 64-212)进行比较。NACA 64-212 是一种层流式、厚度为 12%的低弯度翼型。这种翼型在一些通用航空飞机和早期喷气式飞机上使用过。从图 3-175 可以看出,在高亚声速马赫数下每种翼型的阻力发散非常明显。NACA 64-212 翼型的阻力发散马赫数约为 0.68,超临界翼型的阻力发散马赫数约为 0.8。因此,通过这种比较,我们能够看出超临界机翼的阻力发散马赫数明显增大 0.12。阻力发散马赫数的增加使得具有超临界翼型的飞机能够以更高的亚声速马赫数巡航。

除了跨声速气动优势外,使用超临界翼型可以降低机翼的结构重量。为了更有效地布置内部结构,超临界翼型较厚的横截面提供了更大的内部空间。由于超临界翼型的阻力发散马赫数更大,可以设计一种具有较小后掠角的机翼,从而实现更轻的翼型结构。

超临界翼型由空气动力学家理查德·惠特科姆(1921—2009 年)设计。惠特科姆是 20 世纪 60 年代美国国家航空航天局兰利研究中心跨声速空气动力学分会主任。惠特科姆在美国国家航空航天局兰利研究中心 8 英尺的跨声速风洞中进行了一系列试验,通过试验验证了超临界翼型的可行性。超临界翼型的第一次试飞是在改装超临界机翼的北美 T-2C“七叶树”教练机上。美国国家航空航天局后来改装了一架 F-8 战斗机(沃特 TF-8A“十字军”战士)作为超临界机翼(SCW)试验机(图 3-176)。SCW 的飞行试验证明,超临界机翼可提高巡航速度、燃油效率和航程。现代大多数以高亚声速马赫数巡航的飞机,如商用客机,在机翼设计时采用超临界翼型。

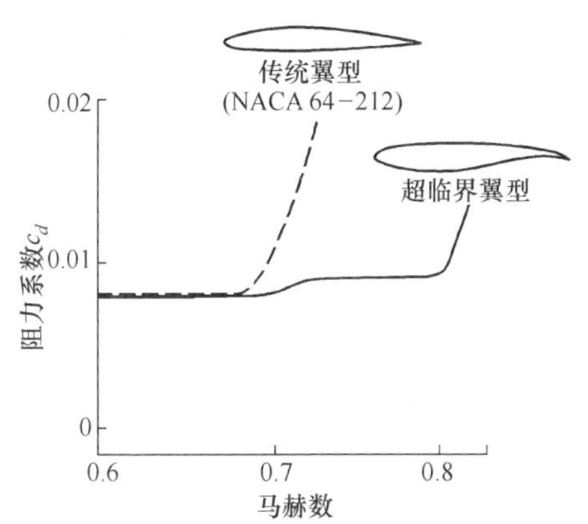

图 3-175　超临界翼型阻力系数与马赫数关系曲线

图 3-176　美国国家航空航天局 TF-8A 超临界机翼飞行试验

(资料来源:美国国家航空航天局)

3.11.7　超声速飞机机翼

如 3.10.2 节所述,当飞机以临界马赫数高速飞行时,机翼上开始产生激波,进而导致阻力发散、高波阻以及潜在的稳定性和操纵问题。在本节和接下来的几节中,我们将讨论几种减小跨声速和超声速阻力或者延迟阻力发散的方法。

我们将讨论在跨声速和超声速飞行时最适合采用的机翼或机身几何形状的设计特征。本节我们重点研究超声速飞机的机翼。

到20世纪40年代,高性能螺旋桨飞机和新型喷气式飞机的飞行速度接近声速。这些飞机采用平直翼设计,厚度比一般为14%~18%。在当时,减小机翼剖面厚度是增加临界马赫数的唯一方法。即使是第一架突破声速的飞机——贝尔X-1,也是采用较薄的平直翼设计。关于延迟阻力发散的后续改进主要集中在机翼平面形状的设计上。我们将讨论3种不同的超声速机翼平面设计方法,包括低展弦比平直翼、掠翼和三角翼。在某些方面,三角翼可被认为是后掠翼的一个分支。

3.11.7.1 低展弦比薄平直翼

在3.11.5节中,基于超声速线性化理论的薄翼型的波阻系数为

$$c_{d,\mathrm{w}}=\frac{4\alpha^2}{\sqrt{Ma_\infty^2-1}} \tag{3-366}$$

而具有一定厚度和弯度翼型的波阻系数为

$$c_{d,\mathrm{w}}=\frac{4}{\sqrt{Ma_\infty^2-1}}\alpha^2+f\left(\frac{t}{c}\right)+g(C) \tag{3-367}$$

因此,超声速翼型的波阻随攻角α、厚度比t/c以及弯度的变化而变化。在低攻角时,无弯度薄翼的波阻较低。

文献[12]中给出有限翼展薄机翼或有限展弦比薄机翼的波阻系数为

$$c_{D,\mathrm{w}}=c_{d,\mathrm{w}}\left(1-\frac{1}{2\mathrm{AR}\sqrt{Ma_\infty^2-1}}\right) \tag{3-368}$$

该方程的定性分析是:有限翼展薄机翼的波阻随展弦比的减小而减小。需要指出的是,在超声速流中计算机翼的波阻要比在亚声速流中复杂得多,然而基础工程关系都是适用的,至少在近似预估时是适用的。超声速机翼升力和阻力的计算通常采用计算流体动力学的方法。基于超声速线性化理论和经验常数,可得到近似工程解。为了分析,我们认为波阻系数随展弦比的减小而减小。基于此,早期的超声速飞机倾向于采用较薄且展弦比低的机翼设计。虽然低展弦比有利于超声速飞行,但不利于低速飞行(大展弦比机翼更有利)。这些低展弦比机翼越来越薄以至于产生了其他非空气动力学问题,如飞机载重带来的结构问题和起落架、燃油、副翼驱动器的装配问题。

图3-177中的道格拉斯X-3"短剑"飞机是专门设计用来验证低展弦比薄翼飞机的长时间高马赫数超声速飞行的。X-3拥有超纤细的机身,在单座驾驶舱前有一个又尖又长的机头,机身长度为66.75英尺(20.35m),大约是其短粗翼展(长度22.7英尺(6.92m))的3倍。它的最大起飞重量为22100磅

(10800kg),机翼面积为166.5英尺^2(15.47m^2),因此,X-3的翼载高达132.7磅/英尺^2(647.9kgf/m^2)。由于机翼非常小,它的起飞速度高达260kn(299英里/h,482km/h)。X-3是第一架利用钛制造主要结构部件的飞机,其机翼是由一块坚固的钛制造而成。

图3-177 具有低展弦比薄翼的道格拉斯X-3"短剑"飞机
(资料来源:美国国家航空航天局)

X-3机翼的特点是薄和展弦比低,翼型剖面呈六边形,最大厚度比为4.5%,机翼展弦比为3.09。在机翼3/4弦线处安装角、上反角和后掠角均为零(将在第6章中了解机翼上反角的重要性)。机翼前缘又薄又锋利,因此地面人员需要警惕被割伤的潜在危险。X-3机身和机翼的设计重点在于最小化波阻。

X-3由两台威斯汀豪斯J34加力涡轮喷气发动机提供动力,由于原计划中高推力的通用电气公司的J79涡轮喷气发动机在首飞时未准备好,因此采用低推力发动机替代。X-3被设计成以高达马赫数2的持续巡航速度飞行,因动力不足无法在平飞时达到超声速。X-3在1952年10月20日成功首飞。后来在第51次飞行试验中,X-3终于达到了最高速度,即马赫数为1.2,尽管这是在一次30°的俯冲中达到的。

虽然X-3没有实现高马赫数飞行的目标,但在超声速飞机设计的许多其他领域它都遥遥领先。它的低展弦比薄机翼的数据用来设计后来的几型超声速飞机,其中最著名的是洛克希德F-104"星际战士",如图2-34所示,其三视图如图3-178所示。与X-3类似,F-104机翼小且展弦比低,厚度比为3.36%,展弦比为2.45。X-3还通过将大多数负载分配在机身、少数负载分配在机翼这样的分配方式来获得超声速飞机所需要的重要的稳定性和操纵数据,即所谓的机身负载分配。

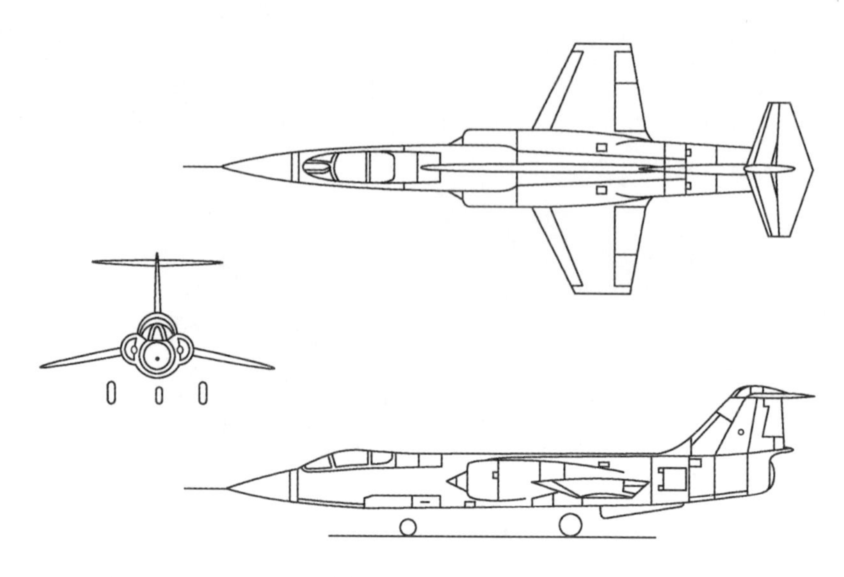

图 3-178　F-104“星际战士”(飞行马赫数能够达到 2)的三视图
(资料来源:美国国家航空航天局)

3.11.7.2　掠翼

使用后掠翼来增加临界马赫数的方法是由德国空气动力学家 Adolf Busemann(1901—1986 年)于 1935 年独立提出的,后来在 1945 年由美国空气动力学家 Robert T. Jones (1910—1999 年)提出。1935 年 9 月,在意大利罗马召开的第五届 Volta 大会上的“高速航空”主题组讨论会上,Busemann 针对高速飞行提出了后掠翼的想法。尽管有许多世界级的空气动力学家和工程师出席,但 Busemann 关于后掠翼可能减少超声速阻力的报告几乎没有引起注意。但这并没有阻止在 Busemann 的领导下在德国布劳恩施维格航空研究实验室进行后掠翼超声速研究。直到第二次世界大战后,美国才发现了德国关于后掠翼研究的大量技术数据。Adolf Busemann 协助进行了数据转移并最终定居美国,然后继续在 NACA 兰利纪念航空实验室进行研究。与此同时,NACA 的空气动力学家 Robert T. Jones 独立提出了利用后掠翼实现超声速飞行的构想。

事实上,在 1935 年之前,后掠翼并不新鲜。后掠翼飞机已经在飞行了,但这些是没有尾翼的亚声速飞机。正如我们将在第 6 章学到的,无尾飞机的后掠翼设计具有稳定性和操纵性优势,这种结构在 20 世纪 30 年代用于滑翔机和动力飞机的设计。但将后掠翼应用于超声速飞行是 1935 年才提出的新想法。

在 1939 年末,Hubert Ludweig 在布伦瑞克首次进行了后掠翼风洞测量,Busemann 时任德国航空研究所所长。图 3-179 所示为来自 Hubert 试验的升阻系数数据,其中对掠角 $\varphi = 0°$ 的无掠翼和掠角为 $\varphi = 45°$ 的后掠翼进行试验,马赫数分别为0.7和0.9,雷诺数为450000,中心弦长 l_i = 23mm(0.91英寸)。在相同的升力系数下,后掠翼的阻力系数显著低于无掠翼的阻力系数。例如,通过比较升力系数 $c_L = 0$、马赫数为0.9时的数据可以看出,无掠翼的阻力系数 c_D 约为0.1,而后掠翼的阻力系数约为0.04。在较高升力系数 $c_L = 0.7$、马赫数为0.9时,无掠翼的阻力系数 c_D 约为0.26,而后掠翼的阻力系数约为0.18。这是首次通过风洞试验验证了 Busemann 提出的用后掠翼减少波阻的理论预测。

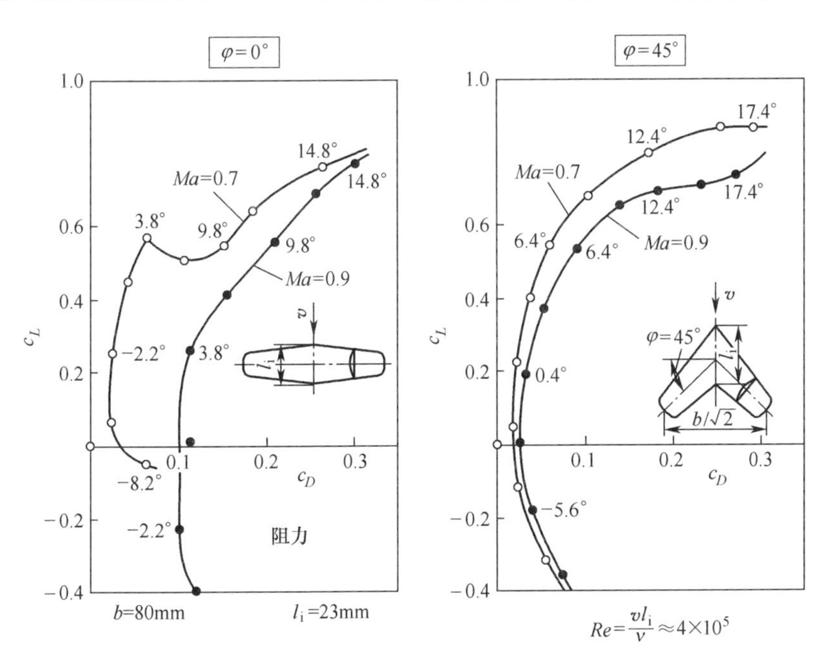

图3-179 使用掠翼的首次风洞飞行试验数据(休伯特·路德维格(Hubert Ludweig),1939年)
(资料来源:德国航空航天中心许可复制)

德国关于掠翼的研究并没有局限在实验室里。1944年8月16日,他们设计并驾驶了第一架掠翼喷气式飞机Ju-287。Ju-287是高速重型轰炸机的试验原型机。有趣的是,这架喷气式飞机具备前掠翼而不是后掠翼。它有一个66英尺(20m)长的翼展,其前掠角为25°。从气动角度来看,机翼前掠或者后掠在减小波阻方面差异不大。但对于前掠翼存在待解决的问题,如高速时的气动弹性效应。

Ju-287的前掠翼是基于其他考虑而选择的。风洞试验表明,后掠翼会首先在翼尖处失速,引发副翼失效及稳定性问题。之所以选择前掠翼,是因为它首先在机翼根部失速,是可接受的失速行为。另一个因素是机翼结构和炸弹仓的位置。若采用后掠翼设计,翼梁通过机身通道干扰了炸弹仓的位置。而在前掠翼的设计中,翼梁则通过了炸弹仓理想位置的后侧。

Ju-287 由 4 台 Jumo 004B 涡轮喷气发动机提供动力,2 个安装在机翼下,2 个安装在机身两侧,靠近机头。Ju-287 原型机完成了 17 次试飞,最高时速达到 340 英里(550km/h)。1945 年第二次世界大战结束前,这架原型机在一次轰炸中被摧毁。另外 2 架原型机也在制造中,但在战争结束前未完工,后被俄罗斯军队占据。尽管 Ju-287 从未飞到跨声速马赫数,风洞试验已经证明其依靠掠翼增加临界马赫数和减少波阻的可行性。最后需要说明的是,Ju-287 的德国设计师 Hans Wocke 在 20 世纪 60 年代还设计了 HFB 320“汉萨”喷气式飞机(Hansa Jet),这是一架具有前掠翼布局的商务机。“汉萨”喷气式飞机是史上唯一投入生产的前掠翼喷气机,量产了 47 架。

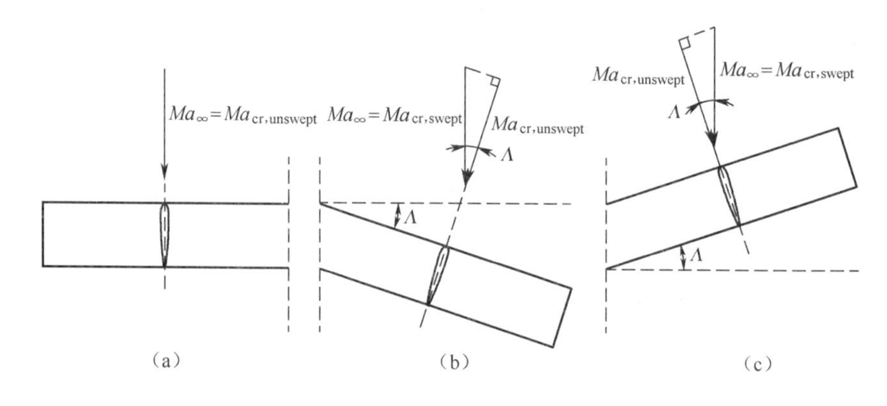

图 3-180 垂直于机翼前缘的机翼后掠角与马赫数的关系

(a)平直式无掠翼;(b)后掠翼;(c)前掠翼。

下面研究掠翼如何提高临界马赫数。第一种解释过于简化,但它为提高临界马赫数提供了一个上界。给出气流中一个平直式无掠翼,其自由流马赫数等于机翼剖面临界马赫数,如图 3-180(a)所示。假设机翼掠角为 Λ,如图 3-180(b)所示。掠翼的翼型剖面与平直翼相同,因此具有临界马赫数 $Ma_{cr,unswept}$,但掠翼剖面的临界马赫数与自由流方向成 Λ 角。因此,掠翼“看到”的临界马赫数为

$$Ma_{cr,swept}=\frac{Ma_{cr,unswept}}{\cos\Lambda} \tag{3-369}$$

由于 $\cos\Lambda<1$,故有 $Ma_{cr,swept}>Ma_{cr,swept}$。因此,因子 $1/\cos\Lambda$ 的存在导致了掠翼临界马赫数的增加。这种情况也同样适用于前掠翼,如图 3-180(c)所示。

例如,若平直翼的临界马赫数 $Ma_{cr,unswept}=0.75$,依据式(3-369),掠角为 20°的机翼具有更高的临界马赫数,即

$$Ma_{cr,swept}=\frac{Ma_{cr,unswept}}{\cos\Lambda}=\frac{0.75}{\cos 20^\circ}=0.80 \tag{3-370}$$

式(3-369)给出了掠翼临界马赫数的上界。该方程假设当掠翼由于展向流

动而具有高度的三维性时，经过掠翼的流动可被建模为简单的单个翼型剖面上的二维流动。

从另一个角度来看，掠翼使得机翼剖面看起来更薄。图 3-181 左侧所示为一平直无掠翼，自由流经过的是一个弦长为 $c_{unswept}$ 的翼型剖面。而对于掠翼，如图 3-181 右侧所示，自由流经过的翼型剖面厚度为 t，与无掠翼相同，但弦长 c_{swept} 更长。由于有掠翼的 t/c 比无掠翼的小，$t/c_{unswept} < t/c_{swept}$，气流会“看到”一个较薄的机翼。如前所述，较薄翼型的波阻更小，临界马赫数更大。

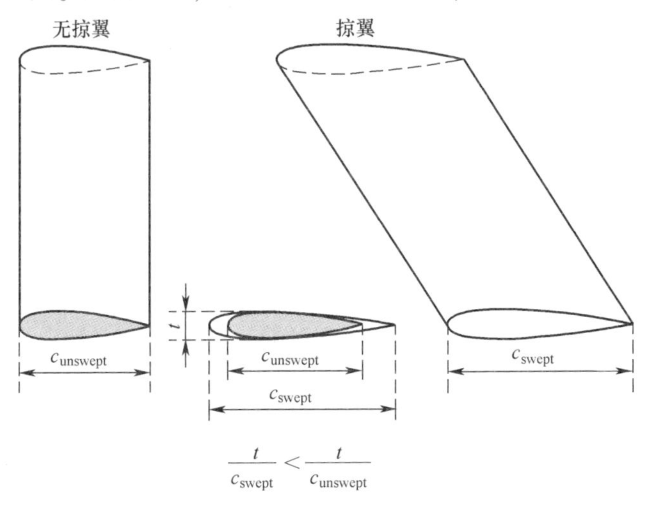

图 3-181 利用掠翼降低厚度与弦长之比
（资料来源：改编自 Talay，NASA SP 367，1975 年，文献[65]）

图 3-182 所示为掠翼对阻力系数（自由流马赫数的函数）的影响。临界马赫数和阻力发散马赫数随着机翼掠角的增大而增大。跨声速阻力系数的峰值随着机翼掠角的增大而减小。

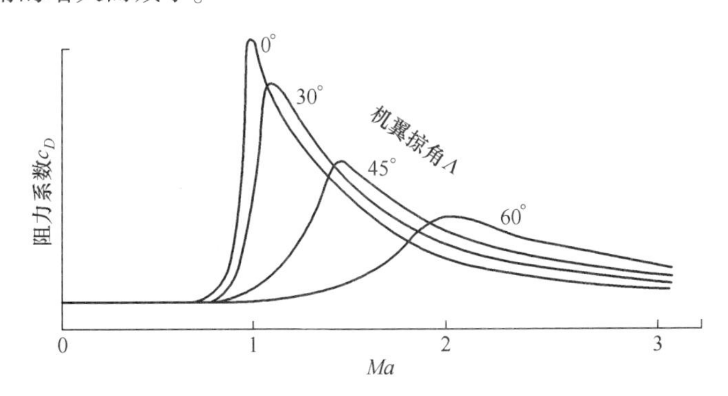

图 3-182 掠翼对阻力系数的影响
（资料来源：Hurt，US Navy NAVWEPS 00-80 T-80，1965 年，文献[39]）

尽管在跨声速和超声速情况下阻力系数降低,但掠翼通常会降低升力。掠翼对亚声速升力系数的影响如图 3-183 所示,图中掠翼的升力系数曲线与无掠翼的升力系数曲线进行对比。在亚声速下,对于给定展弦比的机翼,掠翼会减小升力线斜率 $dc_L/d\alpha$ 和最大升力系数 $c_{L,\max}$,同时增大失速攻角。升力系数的降低也会导致机翼升阻比 L/D 的降低。对于掠翼飞机,低速飞行时由于升力系数的降低会要求更大的起降速度,同时也会导致驾驶舱视野变差(大攻角)。为了将起降速度和失速攻角降低到可接受的水平,需要使用增升装置。气动失速往往发生在掠翼翼尖附近外侧的操纵面位置,这可能会导致可控性问题。掠翼引起的稳定性和操纵失效等其他问题将在第 6 章讨论。

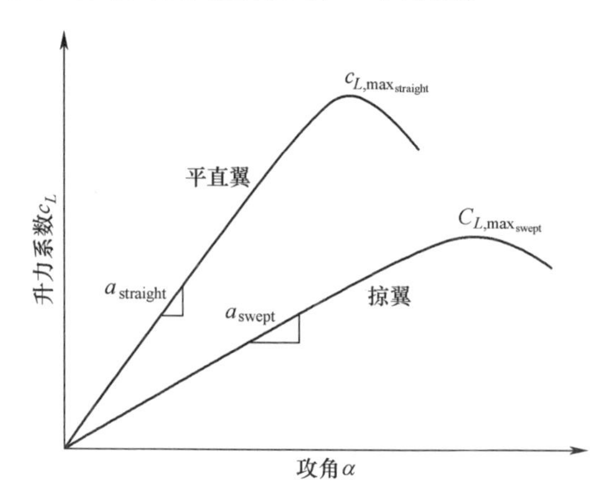

图 3-183　掠翼对亚声速升力系数的影响

3.11.7.3　三角翼

掠翼的极限情况,即当机翼梢根比 $\lambda = c_t/c_r \to 0$ 时,掠翼可视为三角翼。简单的三角翼为三角形平面形状,但基本形状有几种变化形式,如图 3-184 所示。三角翼在各种超声速飞机设计中得到了广泛应用。三角翼的设计由德国空气动力学家 Alexander M. Lippisch(1894—1976 年)于 20 世纪 30 年代首先提出。Lippisch 设计了几架三角翼飞机和滑翔机,但机翼部分较厚。20 世纪 50 年代,在 Lippisch 工作的基础上,英国人建造了几架三角翼喷气式飞机,包括“火神”轰炸机(Avro Vulcan)和格罗斯特“标枪”战斗机(Gloster Javelin)。20 世纪 50 年代,美国采用 NACA 空气动力学家 Robert T. Jones 针对薄三角翼提出的气动理论,成功地制造了几架超声速三角翼飞机。许多早期的三角翼飞机是由康维尔飞机公司设计和制造的,包括美国第一架三角翼飞机 XF-92“标枪”战斗机,如图 3-185 所示。除了三角翼,XF-92 还有一个巨大的三角形垂直尾翼。随后,康维尔飞机公司又成功制造了其他三角翼飞机,包括 F-102“三角剑”截击机、F-106“三角标枪”截击机(图 3-201)和 B-58 超声速轰炸机。三角翼以各种布局应用于部分现代超声速飞机,如图 3-184 所示。比较著名的是航天飞机上使用的双三角结构(图 1-79)和“协和”超声速飞机上使用的尖拱形三角翼(图 3-169)。

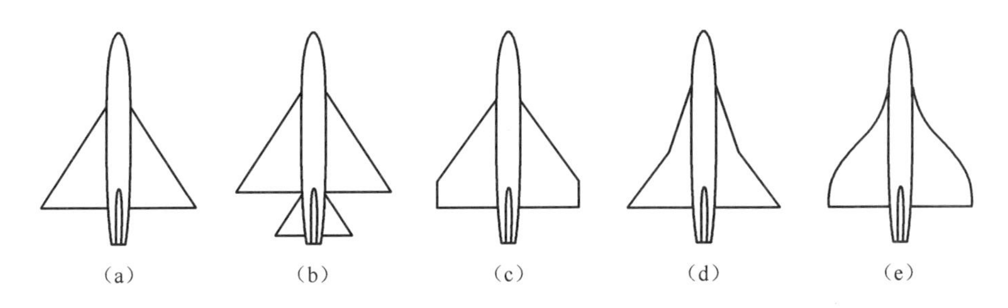

图 3-184 三角翼结构

(a)简单无尾三角翼;(b)简单有尾三角翼;(c)切尖三角翼;(d)双三角翼;(e)尖拱形三角翼。

由于较高的掠翼前缘所引起的非线性效应,三角翼的空气动力学原理很复杂且气流是三维流动。然而,对于小攻角和低展弦比,可将线性理论即低展弦比机翼理论应用于三角翼,其中假设气流在垂直于气流方向的平面上是二维的。利用该线性理论,给出了小攻角下低展弦比三角翼的升力系数 c_L 和诱导阻力系数 $c_{D,\mathrm{i}}$ 分别为

$$c_L = \frac{\pi \mathrm{AR}}{2}\alpha \tag{3-371}$$

$$c_{D,\mathrm{i}} = \frac{c_L^2}{\pi \mathrm{AR}} = \frac{\pi \mathrm{AR}}{4}\alpha^2 \tag{3-372}$$

式中:AR 为三角翼展弦比;α 为绝对攻角。

三角翼的展弦比 AR 定义为

$$\mathrm{AR} = \frac{2b}{c_0} \tag{3-373}$$

式中:b 为后缘翼展;c_0 为中线弦长。

式(3-371)和式(3-372)与马赫数无关,且在线性理论的范围内可用来推导出这两个公式关系,两个公式均适用于亚声速和超声速流,尽管只适用于小攻角和低展弦比。

虽然我们一直关注掠翼在超声速方面的特性,但这种机翼在亚声速下也必须具有令人满意的气动性能。在我们讨论三角翼的其他超声速特性之前,有必要对这类机翼的亚声速气动特性以及在两种飞行状态下正常运行所需要的条件进行权衡。

对于攻角不“小”的情况,三角翼上的亚声速流是由一对沿上表面扫掠前缘

的旋涡主导的,如图 3-186 所示。这对旋涡是由机翼下方的高压空气产生的,空气沿着机翼前缘流动到机翼上表面的低压区。在试图绕过锋利的前缘时,流动分离并产生螺旋状的主旋涡,而主旋涡会与前缘内侧的表面分离。主旋涡是高速、水平的“龙卷风”,它会沿着机翼前缘产生低压、吸力区域。攻角较大时,前缘吸力显著增加升力。这种额外的升力称为涡升力,这种效果可持续到比平直翼大得多的攻角。三角翼的失速攻角高达 25°~35°。虽然三角翼的升力曲线可延伸到非常高的攻角,但相比平直翼,升力线斜率较小,约为 0.05/(°),升力系数最大值只能达到 1.3。这导致着陆时要求的攻角非常高,使驾驶员的视野变差,这需要创造性的工程解决方案。例如,三角翼飞机的超声速运输、苏联 Tu-144 和安杰洛-法国“协和”号飞机在着陆过程中都会垂下机头来改善前方视野,分别如图 3-168 和图 3-169 所示。

前缘吸力产生合力,不但增加了飞机升力,而且在阻力方向上有分量。尽管涡升力增加较大,但阻力的增加同样足够大,使得三角翼亚声速升阻比低于平直翼亚声速升阻比。三角翼升阻比可通过最小化机翼前缘附近的流动分离来提高,这可以通过圆滑而不是尖的前缘来实现。虽然这在亚声速下对气动特性有利,但圆滑的前缘会导致超声速下的高波阻,这与超声速流中钝体与锥体相比阻力会增加类似。由于使用大后掠的三角翼布局的主要目的是用于超声速飞行,所以设计方更倾向于保持尖锐的前缘。

图 3-185　美国第一架三角翼飞机——康维尔 XF-92A“标枪”战斗机
(资料来源:美国国家航空航天局)

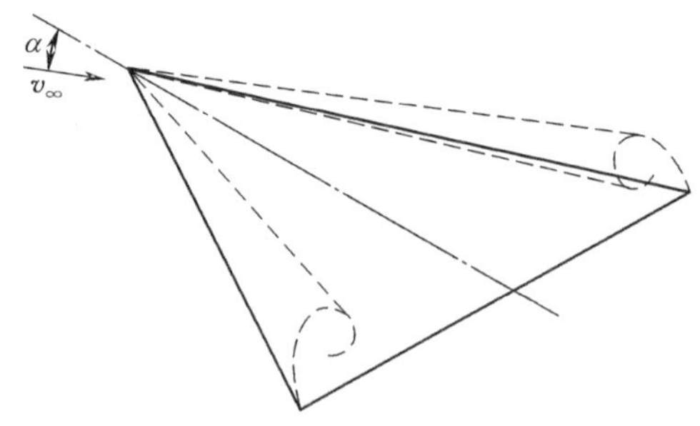

图 3-186　三角翼亚声速流

下面讨论商用客机和军用喷气式战斗机的掠翼。对于这两种不同类型的飞机,机翼掠角存在显著差异。是什么决定了机翼的掠角?为了回答这个问题,考虑不同掠角机翼上的超声速流动,如图 3-187 所示。由于流动是超声速的,所以从机翼的顶点发出一个马赫锥(流动是三维的,所以形成一个马赫锥,而不仅仅是一个马赫波,如 3.11.2.1 节所述)。两个机翼的超声速马赫数 Ma_∞ 是相等

的,因此马赫锥角 μ 也是相等的。马赫角定义由式(3-353)给出,则有

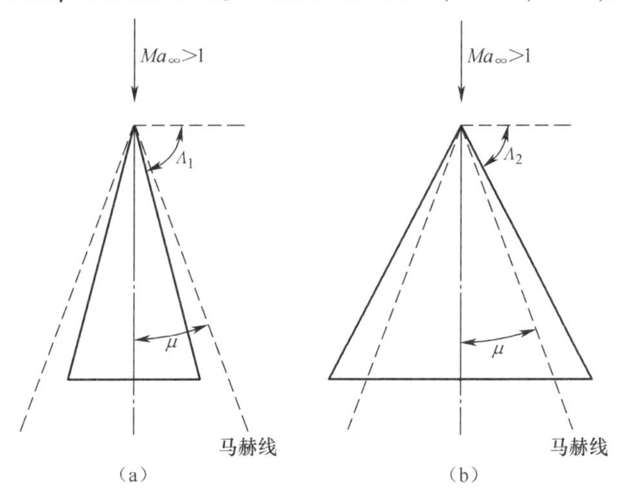

图 3-187 机翼掠角与马赫锥关系图

(a)马赫锥内的机翼前缘;(b)马赫锥外的机翼前缘。

$$\mu = \arcsin \frac{1}{Ma_\infty} \tag{3-374}$$

左翼掠角为 Λ_1,小于右翼掠角 Λ_2。在图 3-187(a)中,机翼前缘位于马赫锥内,因此垂直于前缘的自由流马赫数分量是亚声速的。即使机翼上的气流是超声速的,它也被称为亚声速前缘。在图 3-187(b)中,机翼前缘位于马赫锥外,因此垂直于前缘的自由流马赫数分量为超声速的。对于这种超声速前缘,激波在前缘形成,产生额外的波阻,大于亚声速前缘的情形。

因此,为了减小波阻,应选择使前缘位于马赫锥内的机翼掠角。如果根据飞机的最大飞行马赫数或巡航马赫数来选择掠翼,由于马赫锥角随来流(巡航或最大飞行)马赫数的减小而增大,所以大于该马赫数对应的掠角的机翼前缘都在马赫锥内。因此,对于飞行速度最大或接近声速巡航马赫数的商用客机,马赫锥角很大,接近 90°,所以机翼掠角可以很小。对于最大马赫数为 2.5 的军用喷气式飞机,马赫锥角为 23.6°,所需机翼掠角不小于 66.4°。

在来流马赫数为 1.53 的情况下,机翼掠角对最小阻力的影响如图 3-188 所示。正掠角对应后掠翼,负掠角对应前掠翼。自由流马赫数对应的马赫锥角为 40.8°。机翼掠角为±43°时,最小阻力近似等于常数。这些掠角对应于超声速前缘机翼,其中掠角(绝对值)大于马赫锥角。当掠角(绝对值)大于 43°时,机翼前缘为亚声速,阻力系数急剧降低。

3.11.7.4 可变后掠翼

我们看到,可以设计一种低展弦比后掠翼,它在超声速下具有改进的气动性

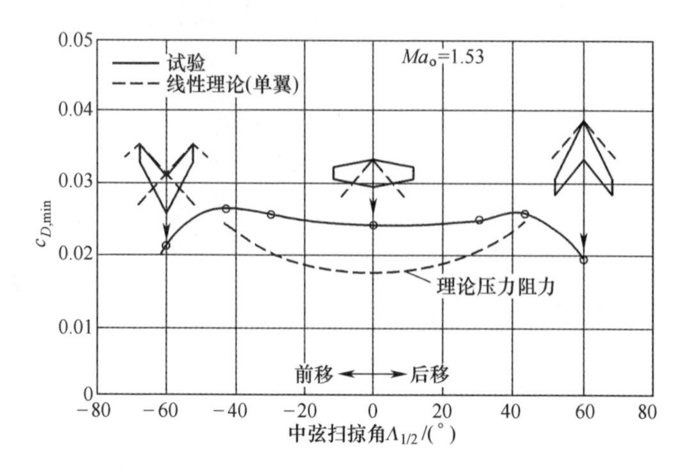

图 3-188 掠翼对最小阻力的影响

（资料来源：Vincenti，NACA TR-1033，1951 年，文献[71]）

能和效率。然而，后掠翼可能具有较差的亚声速气动特性，如高诱导阻力、低升阻比或低升力线斜率。该问题的一个解决方案是使用可变后掠翼，其中机翼的后掠角在飞行过程中可以变化。这个概念的优点如图 3-189 所示，其中最大升阻比 $(L/D)_{\max}$ 与 3 种机翼布局的马赫数相对应，分别为最佳平直翼、最佳后掠翼和可变后掠翼。平直翼在亚声速下具有较高的 $(L/D)_{\max}$，但在超声速时气动性能较差，可能根本无法超声速飞行。相比之下，后掠翼在亚声速下具有较差的 $(L/D)_{\max}$，在超声速下具有比最佳平直翼更高的 $(L/D)_{\max}$。可变后掠翼具有平直翼和后掠翼的气动优势，几乎匹配其在亚声速和超声速下的最佳升力-阻力性能。采用可变后掠翼的缺点是涉及额外的重量和机械复杂性。

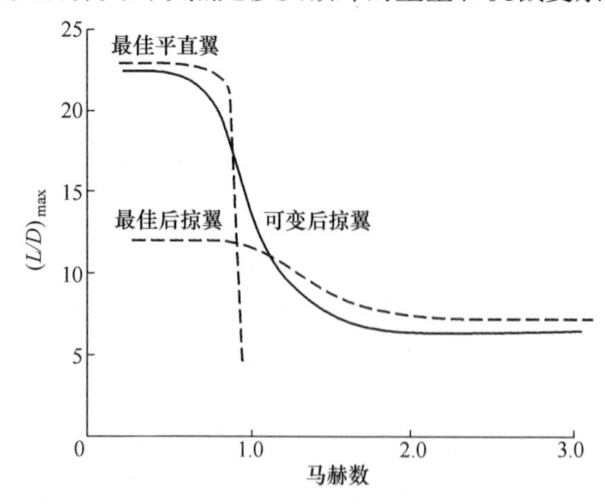

图 3-189 最大升阻比 $(L/D)_{\max}$ 与 3 种机翼布局对比图

（资料来源：Talay，NASA SP-367，1975 年，文献[65]）

可变后掠翼可以设置为近平直翼角,以适应亚声速飞行,例如,起飞、着陆和爬升,在跨声速和超声速飞行时可变成大扫掠角,中等后掠角可用于高亚声速巡航。机翼后掠的变化在通用动力 F-111 战斗轰炸机从近平直翼到大后掠机翼的后掠序列中显示,如图 3-190 所示。F-111 机翼后掠变化可从 16°(机翼最大限度展开)到最大后掠 72.5°。通过将机翼从最大后掠位置移动到最小后掠位置,翼展从 32 英尺(9.75m)增加到 63 英尺(19.2m)。翼展的增加使机翼展弦比从 1.95 增加到 7.56,这在亚声速下提供了 15.8 的最大升阻比。如图 3-190 所示,当机翼后掠最大时,机翼和水平尾翼形成三角翼布局。

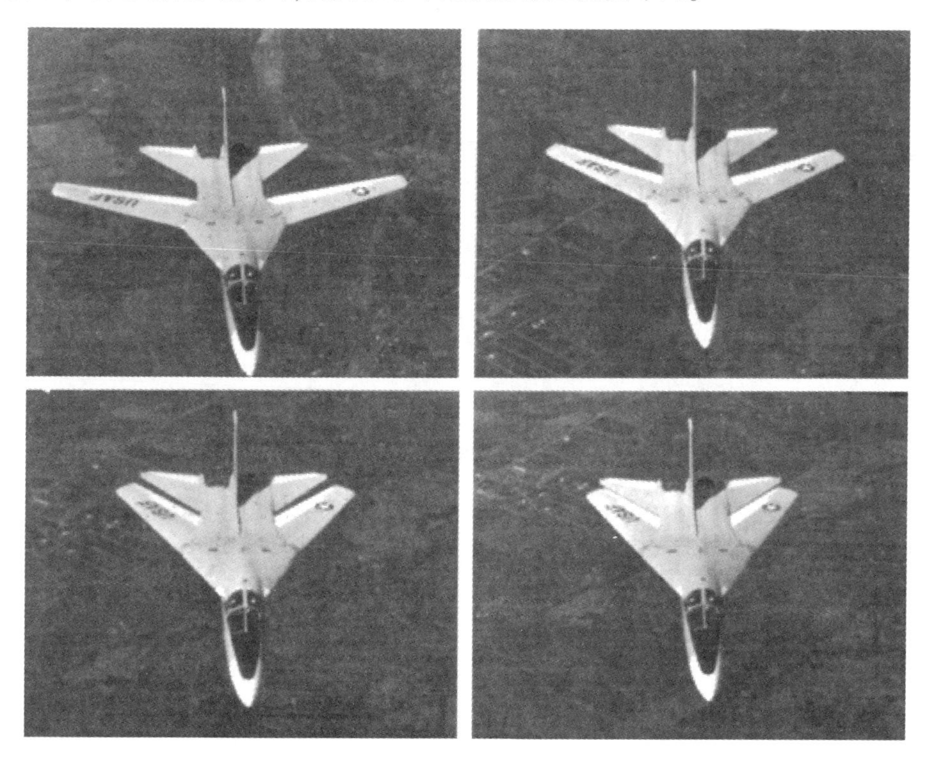

图 3-190 通用动力 F-111 战斗轰炸机的机翼后掠序列
(资料来源:美国空军)

可变后掠翼的旋转或枢轴点位于机身中心线的外侧,例如 F-111 和其他现代后掠翼飞机上的可变后掠翼。如果枢轴点位于中心线上,则机翼重量的向后移动导致飞机重心(CG)显著向后移动。这种重心后移增加了纵向稳定性,称为静稳定裕度(将在第 6 章讨论)。稳定性增加不一定是好事,因为它降低了飞机的机动性。重心后移还需要更进一步的纵向配平,因此增加了配平阻力。这种枢轴点在中心轴上的重心后移可以通过在机翼旋转时向前平移机翼来消除,但这极大地增加了机械复杂性。由美国国家航空航天局研发的替代解决方案是使用外侧枢轴点,这不会导致重心随机翼后掠而后移。

第一架可变后掠翼飞机是贝尔 X-5 试验机,其机翼后掠角可以在飞行中改变,如图 3-191 所示。该设计类似于德国梅塞施密特 P. 1011 原型战斗机,它具有可变后掠翼,但机翼后掠只能在地面上手动切换。梅塞施密特 P. 1011 从来没有飞行过,并在第二次世界大战后被美国捕获。随后德国可变后掠翼飞机被运往美国的贝尔工厂,贝尔工程师在设计 X-5 之前对其进行了研究。然而,与 P. 1011 不同,贝尔 X-5 可以在飞行中切换机翼后掠角为 20°、40°或 60°三个后掠位置。

贝尔 X-5 的首飞是在 1951 年 6 月 20 日。两架 X-5 飞机制造成功后,完成了马赫数为 0. 9 的飞行试验。对于可变后掠翼飞机,在跨声速下获得了非常有价值的空气动力学、稳定性和操纵性数据。不幸的是,X-5 的旋转特性很差,当飞机机翼处于 60°后掠角位置时,由于机翼旋转问题会导致后掠角不可恢复。

图 3-191　贝尔 X-5 可变后掠翼试验机

(资料来源:美国国家航空航天局)

图 3-192 中的贝尔 X-5 显示了机翼后掠角对气动性能的影响。对于 20°和 59°的机翼后掠角,分别绘制了升力系数 c_L、阻力系数 c_D 和剩余推力 $F_n - D$ 与马赫数的关系曲线。剩余推力是推力 F_n 减去阻力 D,它是飞机加速或爬升能力的指标。如果剩余推力为正,则飞机具有比阻力更大的推力,并且可以加速到更大的速度或爬升到更高的高度。如果剩余推力为负,则推力小于阻力,并且飞机不能加速或爬升(将在第 5 章讨论更多有关剩余推力的内容)。

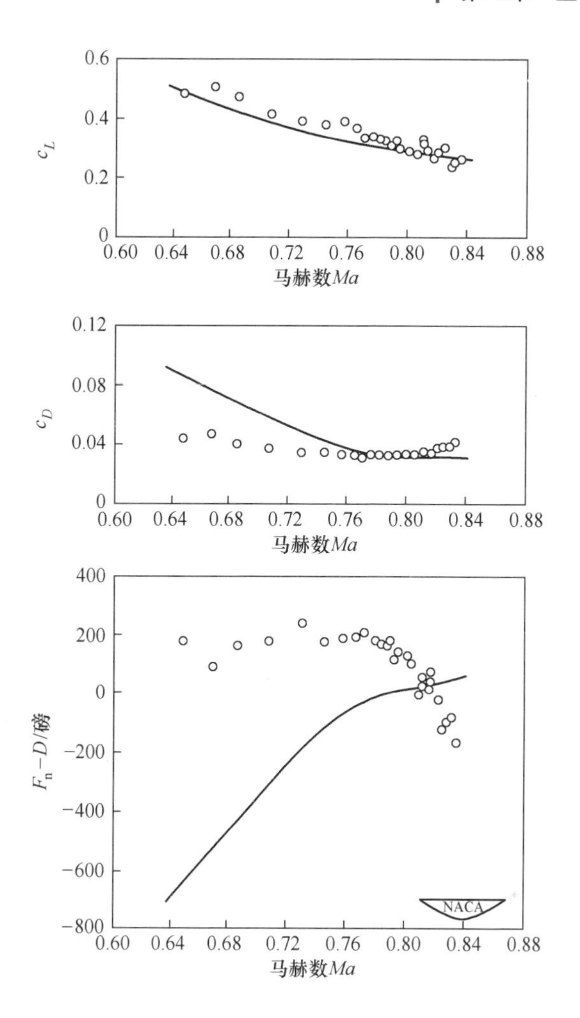

图 3-192 20°和 59°机翼后掠角、高度约 42000 英尺、未加速飞行时,贝尔 X-5 的升力系数、阻力系数和剩余推力

○—20°; —— — 59°。

(资料来源:Bellman,NACA RM L53A09C,1953 年,文献[16])

在较低的亚声速马赫数下,与 59°后掠角相比,20°后掠角具有较高的升力系数和更低的阻力系数。低速飞行时,后掠角为 20°时剩余推力是正的;由于后掠角为 59°时的阻力高,则剩余推力是负的。随着飞机跨声速马赫数约 0.81 时,趋势发生逆转,较高的机翼后掠角显示出明显的优势,虽然两个后掠角的升力保持大致相同,但是在马赫数超过 0.81 的跨声速时,后掠角较高的后掠翼的阻力较小。59°后掠角的阻力系数随着马赫数的增加而减小,而 20°后掠角的阻力系数随着马赫数的增加而增大。这导致跨声速区域中 59°后掠角的剩余推力为正,而 20°后掠角的剩余推力为负。如前所述并如图 3-188 所示,直至使用更

大的掠角才能实现机翼后掠的优势。

X-5 成功展示了可变后掠翼飞机的技术可行性和气动优势。可变后掠翼布局已用于设计各种类型飞机,包括通用动力 F-111 战斗轰炸机、F-14“雄猫”战斗机、B-1“枪骑兵”轰炸机、“龙卷风”战斗轰炸机和米格-23 战斗机。

可变掠翼不限于后掠。几种可变掠翼飞机概念,包括可变前掠翼飞机概念已被提出,但没有一架可变掠翼飞机已经制造出或成功飞行。另一种创新的可变掠翼概念是斜置机翼,其中单个机翼围绕其中心点旋转。因此,一个翼尖向前移动,另一个向后移动,形成机身一侧有前掠翼、另一侧有后掠翼的飞机布局。

第二次世界大战期间德国人研究了斜置机翼概念,例如,具有单斜置机翼的 Blohm 和 Voss BV P. 202 飞机设计和具有两个斜置机翼的 Messerschmitt Me P. 1109 设计(一个在机身顶部、一个在机身底部)。Me P. 1109 的两个斜置机翼向相反方向旋转,形成了一种奇特的掠翼双翼布局。这些斜置机翼飞机都没有制造。

20 世纪 70 年代,美国国家航空航天局空气动力学家 Robert T. Jones 重新启动了斜置机翼概念,并且主持了马赫数达到 1.4 的运输机大小的斜翼机的分析研究和风洞研究。美国国家航空航天局的研究表明,斜置机翼有潜在的优点,足以促进 AD-1 试验机的设计和制造。如图 3-193 所示,美国国家航空航天局 AD-1 有一个斜置机翼,它可以从 0°掠角的平直机翼布局旋转到 60°的斜掠。掠角为 0°时,AD-1 的翼展为 35 英尺 4 英寸(9.8m)。在掠角为 60°时,翼展减小到 16 英尺 2 英寸(4.9m)。AD-1 是一种小型亚声速单座飞机,由两台小型喷气发动机提供动力,最高时速为 200 英里/h(320km/h,290 英尺/s)。AD-1 飞行研究计划的目标是评估斜置机翼飞机的低速气动特性和飞行品质,而不是探索斜置机翼的跨声速气动特性。AD-1 的首飞在 1979 年 12 月 21 日。1979—1982 年,

图 3-193 1980 年展示多个机翼位置的美国国家航空航天局 AD-1 斜翼试验机

(资料来源:美国国家航空航天局)

AD-1 进行了 79 次科研飞行,其中包括在满掠角 60° 时的飞行。不幸的是,AD-1 在掠角大于约 45°时表现出差的操纵品质和气动弹性效应。在 AD-1 试验计划之后,打算对安装在 F-8 战斗机上的斜置机翼进行飞行试验,但这并未付诸实践。关于斜置机翼的概念,研究人员已经做了很多工作,包括亚声速、跨声速和超声速风洞试验,计算流体动力学研究以及几种斜置机翼无人机的飞行试验。

3.11.8 跨声速和超声速面积律

正如所讨论的那样,在跨声速和超声速马赫数下飞行会导致激波的产生,并伴有明显的波阻。我们已经了解,具有薄掠翼的尖锐的物体有利于减少波阻。基于这些理论知识,20 世纪 50 年代的工程师们设计了新的喷气式飞机,它具有光滑的机身和薄翼,能够以跨声速和超声速飞行。

一个经典的例子就是康维尔 F-102 三角翼战斗机的设计,这是一种带有大型三角翼的新型喷气式飞机。康维尔在 20 世纪 50 年代初制造了两架 YF-102 原型机,准备为美国空军开始生产飞机前进行飞行试验。然而,F-102 设计的风洞试验揭示了一个潜在的严重的气动问题。试验数据表明,F-102 的跨声速阻力比预期的要高得多,以至于不知道飞机是否会有正的剩余推力以加速到超声速。随后,在 1954 年 YF-102 原型机飞行试验中,风洞数据证实飞机无法在水平飞行中加速到超声速。

NACA 一直与康维尔在一起研究 YF-102 跨声速阻力问题,在兰利 8 英尺高速风洞中收集有价值的数据,该风洞带有用于实现跨声速的开槽壁(关于开槽壁风洞的讨论见 3.7.4.5 节)。NACA 空气动力学家 Richard T. Whitcomb 在解释跨声速阻力问题方面取得了突破,更进一步地,他提出了一个针对此问题的解决方案。

首先,Whitcomb 提出了一个关键的关系,即低展弦比机翼-机身组合的跨声速波阻与具有相同纵向横截面积分布的旋成体相同。换句话说,在面积与长度相同的位置,如果沿翼身纵轴的每个轴向位置测量横截面积并形成轴对称体,则该等效体具有与翼身组合体相同的波阻。然后 Whitcomb 推断出跨声速阻力上升主要取决于垂直于自由流方向的横截面积的轴向分布。

该等效体概念如图 3-194(a)所示,其中翼身部件 *A—A* 的横截面积等于翼身部件 *B—B* 等效体的横截面积。等效体具有明显的"凸起",这是由机翼横截面积造成的。该等效体的阻力系数与马赫数的关系如图 3-194(b)所示,其中阻力系数值在跨声速马赫数下增加至较高水平。面积分布中凸起的存在产生强烈的激波并且引起波阻显著增加。如果可以使该等效体变平滑,即使得面积没有突然增加,则可避免强激波并且阻力系数要低得多,如"光滑体"的阻力系数所示。这是跨声速面积律的核心:为了最小化跨声速波阻,垂直于自由流方向的横截面积应随轴向距离平滑地变化。

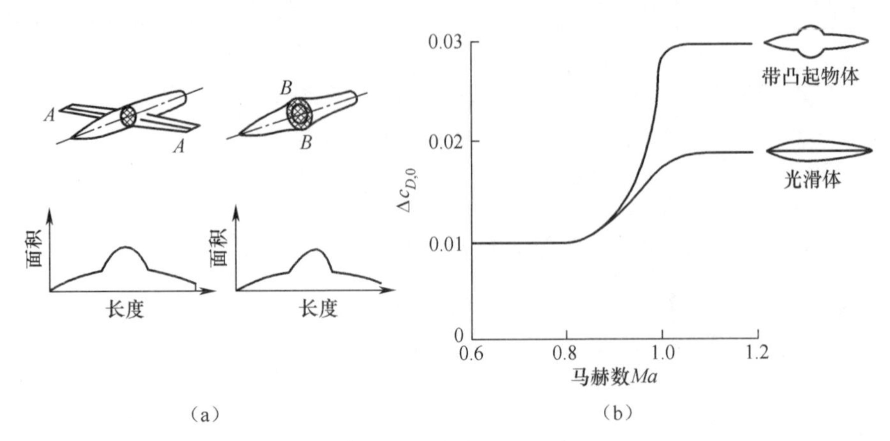

图 3-194　跨声速面积律

(a)等效体概念;(b)两个物体阻力系数的变化。

(资料来源:Loftin,NASA SP-468,1985 年,文献[50])

对于具有机翼、尾翼和其他非平滑配置的飞机,如何实现面积沿轴向平滑地变化?讨论图 3-195 所示的两种翼身布局。图 3-195(a)中的翼身组合体是由恒定直径的机身和机翼组成的。机身和机翼的横截面积绘制在机翼下方。对于这种翼身形状,没有应用面积律,因为等效体在机翼位置处的面积分布中有突然的不连续变化或凸起,这会导致高波阻。

在图 3-195(b)中,通过减小机翼位置处的机身横截面积,将面积律应用于翼身形状,从而显示出平滑面积分布。机身"腰部"的这种变窄使机身具有独特的外观,有时被称为"可乐瓶"机身,因为它与软饮料瓶的形状相似。为了实现平滑的面积分布,在其他位置(如尾部和驾驶舱区域)需要调整机身面积。这些面积调整并不总是减少面积,有时可能需要增加机身面积以产生平滑面积分布。

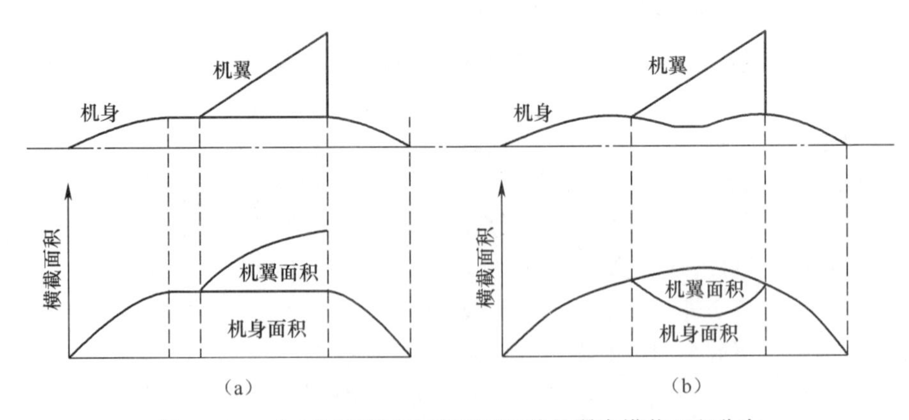

图 3-195　未应用面积律和应用面积律的翼身横截面积分布

(a)未应用面积律;(b)应用面积律。

图3-196显示了未应用面积律和应用面积律的翼身的阻力系数随马赫数的变化。应用面积律的翼身的阻力系数的增幅大约是未应用面积律的翼身的1/2。图3-196还显示了使用气动线性理论预测两种类型翼身的阻力系数变化。

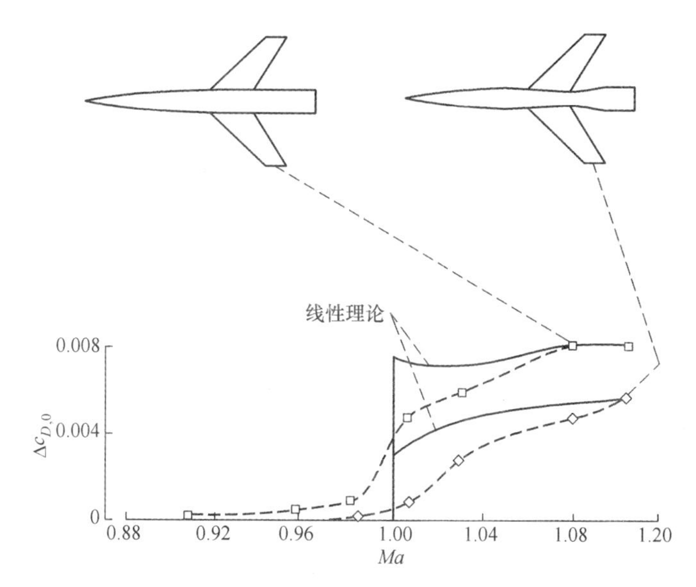

图3-196 应用面积律和未应用面积律的翼身阻力系数变化趋势曲线
（资料来源：Jones，NACA TR-1284，1953年，文献[43]）

回到YF-102的跨声速阻力问题，康维尔通过调整机身面积使横截面积的轴向分布尽可能平滑以满足跨声速面积律。除了在某些位置“挤压”机身以容纳机翼面积外，还对机头和座舱盖进行了改进，并且在飞机的后端安装了凸起，这增加了横截面积，使该区域的面积分布更加平滑。在面积律修正之前和之后，YF-102的横截面积分布如图3-197所示。注意如何通过增加机头和尾部的横截面积以及减小机翼区域的面积来使面积分布更平滑。未应用面积律修正的YF-102原型机和修正后的批量生产型F-102A的照片分别如图3-198所示。在未应用面积律修正的YF-102和应用面积律修正的F-102A之间，机头、机身中部和尾部区域的差异是明显的。

应用面积律修正的YF-102于1954年12月20日升空，并在爬升高度的过程中加速到超声速。修正后的飞机的阻力系数显著下降，如图3-199所示。未修正的YF-102原型机的阻力系数为图3-199中的实线。原型机的总横截面积分布包括各组件横截面积的分布，显示在图的左上方。未修正的飞机的这种面积分布被视为沿轴向区域发生突变。应用面积律修正的飞机在图3-199中显示为虚线，其横截面积分布如图中右下方的虚线曲线所示，是平滑的，面积分布没有突变。面积律修正后的阻力系数远低于没有修正的原型机布局。“修正机

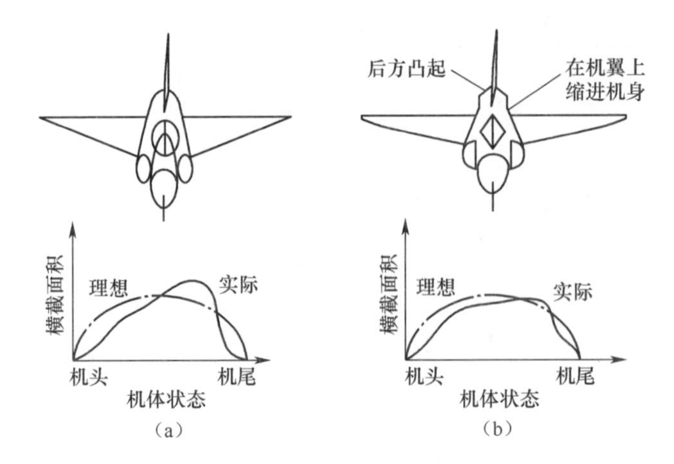

图 3-197　未应用面积律修正和应用面积律修正的 YF-102 的横截面积分布对比
(a)未应用面积律;(b)应用面积律。
(资料来源:Talay,NASA SP-367,1975 年,文献[65])

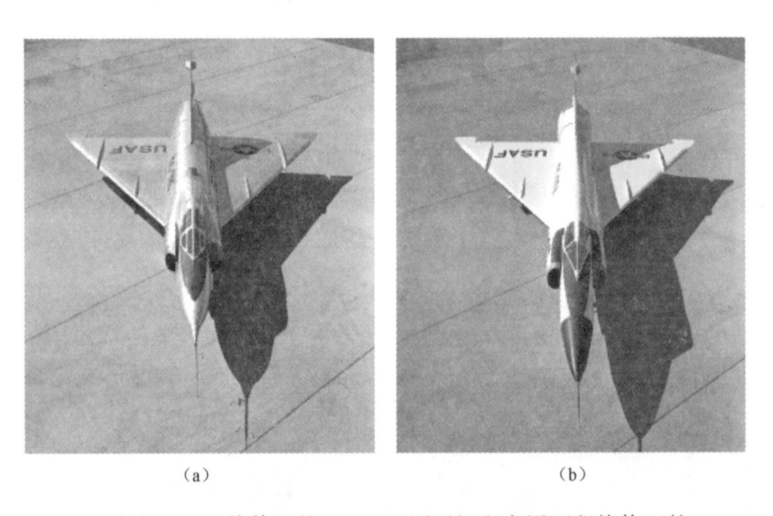

图 3-198　未应用面积律修正的 YF-102 原型机和应用面积律修正的 F-102A
(a)未应用面积律修正;(b)应用面积律修正。
(资料来源:美国国家航空航天局)

头”的布局改善了机头的面积律,使得阻力系数进一步降低。

康维尔 F-102 是应用跨声速面积律的第一架飞机,并取得了巨大成功。NACA 空气动力学家 Richard Whitcomb 因此成果获得 1954 年科利尔奖(面积律的认证花费了几年时间,因此 Whitcomb 的成果直到 1954 年被解密时才得到认可)。他的科利尔奖杯上标注的是:“由于面积律的发现和试验验证,对相同动力下极大提高飞机速度和量程范围的基础理论有着重大贡献。”

面积律的研究并没有到此结束。1953 年 NACA 空气动力学家 Robert T.

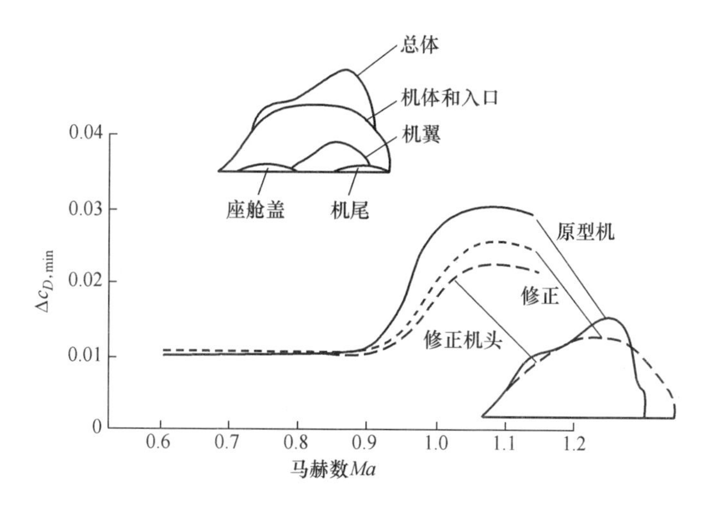

图 3-199 YF-102 原型机应用和未应用面积律修正的阻力系数变化与马赫数关系图
(资料来源:Loftin,NASA SP-468,1985 年,文献[50])

Jones 将跨声速面积律概念拓展到超声速,得到了超声速面积律。如图 3-200(a)所示,跨声速面积律应用于垂直于自由流方向的平面中的机体横截面积。不同的是,如图 3-200(b)所示,超声速面积律应用于与自由流马赫线平行的倾斜平面中的横截面积。这些马赫线平面与来流成一定角度,即 $\mu=\arcsin(1/Ma_\infty)$。这些倾斜平面的角度随马赫角和自由流马赫数而变化,因此将相关的横截面积改变为马赫数的函数。为使飞机在一定的超声速马赫数范围内有效工作,在设计时必须考虑这一点。

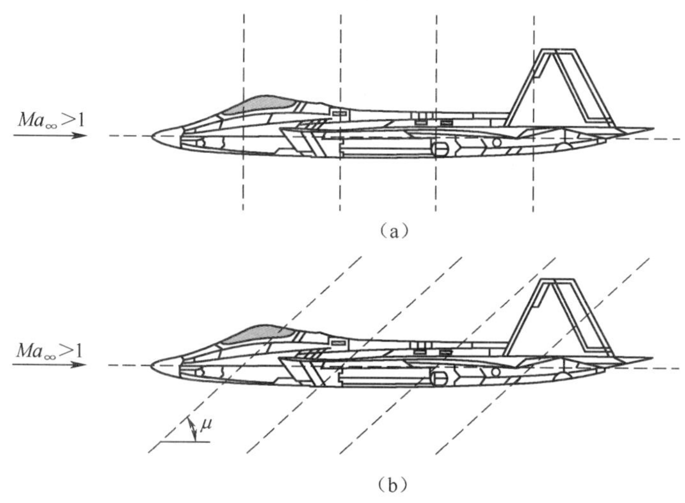

图 3-200 应用面积律的横截面积
(a)跨声速,垂直于自由流的平面;(b)超声速,与马赫线平行的倾斜平面。

康维尔 F-102 最终设计经过修改以纳入面积律,康维尔 F-102 后续的 F-106“三角标枪”从一开始就采用了面积律概念。机身面积律在 F-106(1956 年 12 月 26 日首飞)的俯视图中清晰可见,如图 3-201 所示。面积律概念适用于

图 3-201　面积律应用于康维尔 F-106“三角标枪”
(资料来源:美国国家航空航天局)

许多其他跨声速和超声速飞机(如图 5.23 中的 T-38 教练机的三视图)。面积律不局限于军用飞机,也适用于跨声速和超声速飞行系统中的任何其他航空航天飞行器,包括消耗性导弹、火箭助推器和商用飞机。

3.11.9　内部超声速流

我们一直关注机翼和机身上的超声速流,或各部件上的外部超声速流。还有许多内部超声速流,这些流动被固体边界限制在所有壁面上,包括风洞、喷气发动机喷管和火箭喷管的超声速流。这些流动也可能涉及化学反应和高温效应,但我们更加关注通过可变横截面积管道的超声速流,假设这种气流是无黏、等熵的。

如图 3-202 所示,假设无黏、等熵、可压缩流通过横截面积不断变化的管道。在管道横截面积为 A 的位置,气流的速度为 v,压强为 p 和密度为 ρ。距该位置下方一小段距离,管道横截面积增量为 dA,因此该位置的管道横截面积为 $A + dA$。气流特性的增量分别为 dv、dp 和 $d\rho$,因此该位置的速度为 $v + dv$、压强为 $p + dp$、密度为 $\rho + d\rho$。所以该气流实际上是可压缩的,因为气流密度是可变的。

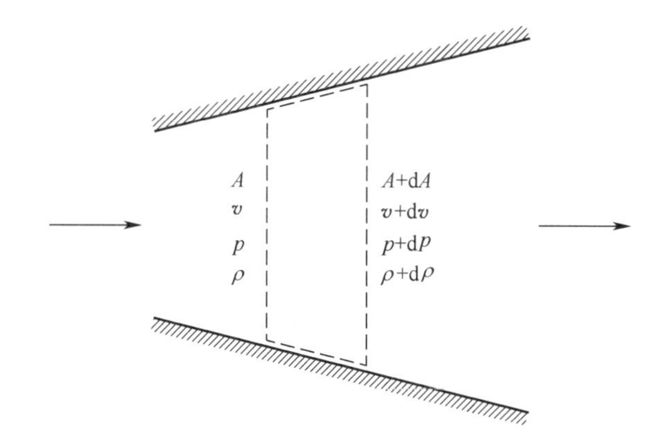

图3-202 无黏、等熵、可压缩流通过横截面积不断变化的管道

由于管道壁没有气流通过，通过横截面积 A 的质量流率等于通过横截面积 $A+dA$ 的质量流率。这是质量守恒定律的简单表述，其连续方程(3-143)表示为

$$\rho Av = 常数$$

将连续方程应用到通过截面 A 和截面 $A+dA$ 的质量流率，得

$$\rho Av = (\rho + d\rho)(A + dA)(v + dv) \tag{3-375}$$

展开方程的右边，得

$$\rho Av = (\rho A + \rho dA + Ad\rho + d\rho dA)(v + dv)$$

$$\rho Av = \rho Av + \rho vdA + Avd\rho + vd\rho dA + \rho Adv + \rho dAdv + Ad\rho dv + d\rho dAdv \tag{3-376}$$

忽略二阶小量，得

$$0 = \rho vdA + Avd\rho + \rho Adv \tag{3-377}$$

两边同时除以 ρvA，得

$$0 = \frac{dA}{A} + \frac{d\rho}{\rho} + \frac{dv}{v} \tag{3-378}$$

压强的变化可以用密度和速度的变化来表示，通过欧拉方程(3-165)，得

$$dp = -\rho vdv$$

求出密度为

$$\rho = -\frac{dp}{vdv} \tag{3-379}$$

把式(3-379)代入式(3-378)，得

$$0 = \frac{dA}{A} - \frac{d\rho vdv}{dp} + \frac{dv}{v} \tag{3-380}$$

由式(3-320)可知，等熵流中的声速为

$$a^2 = \frac{dp}{d\rho} \tag{3-381}$$

将式(3-381)代入式(3-380),得

$$0 = \frac{dA}{A} - \frac{vdv}{a^2} + \frac{dv}{v} \tag{3-382}$$

将式(3-382)变形,得

$$\frac{dA}{A} = \frac{vdv}{a^2} - \frac{dv}{v} = \frac{v}{v}\left(\frac{vdv}{a^2} - \frac{dv}{v}\right) = \left(\frac{v^2}{a^2} - 1\right)\frac{dv}{v} \tag{3-383}$$

或

$$\frac{dA}{A} = (Ma^2 - 1)\frac{dv}{v} \tag{3-384}$$

式(3-384)是面积-速度关系式,气体在无黏、等熵的管道截面内流动,将可压缩流的速度变化与面积变化相关联。马赫数对这种关系会产生很大的影响。通过将式(3-384)变形,我们可以更直观地看出面积变化对速度变化的影响:

$$\frac{dv}{v} = \frac{1}{Ma^2 - 1} \times \frac{dA}{A} \tag{3-385}$$

若等熵流是亚声速的,马赫数小于1, $Ma^2 - 1$ 项是负数,故横截面积增加($dA>0$)导致速度降低($dv<0$);相反,若横截面积减少($dA<0$),则气流速度增加($dv>0$)。对于超声速流,马赫数大于1,(Ma^2-1)项是正数,故随着管道横截面积增加($dA>0$),气流速度增加($dv>0$);横截面积减少($dA<0$),气流速度降低($dv<0$)。

对于横截面积不变的情况 ($dA = 0$),式(3-385)中速度项保持不变($dv = 0$)。我们假设气流是无黏、等熵的,不管入口和出口之间可能存在多大的压强差,流向等截面导管的气流不存在加速或减速的物理机制。但由于黏度或传热等物理机制,流动通过一个恒定截面积的管道时速度发生变化。这些类型的气流称为范诺流和瑞利流,二者分别涉及摩擦和传热效应,这超出了本书的范围。

欧拉方程(3-165)给出了由速度变化引起的压强变化。亚声速流的速度和压强变化随横截面积的变化如图3-203所示,超声速流的速度和压强随横截面积的变化如图3-204所示。根据式(3-385),在声速条件下 ($Ma = 1$),得

$$\frac{dv}{v} = \frac{1}{0}\frac{dA}{A} \tag{3-386}$$

这似乎表明速度变化是无限的。然而回到式(3-384),声速产生的条件为

$$\frac{dA}{A} = 0 \tag{3-387}$$

这就解决了这个难题,因为式(3-386)变成了0/0的未定式,根据洛必达法

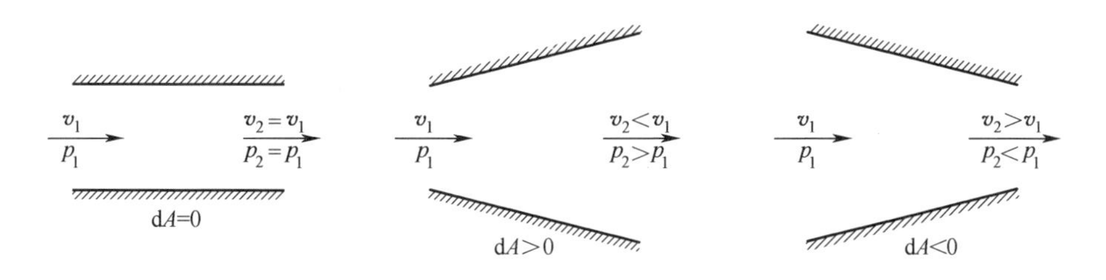

图 3-203 亚声速时,等熵流通过横截面积不断变化的管道

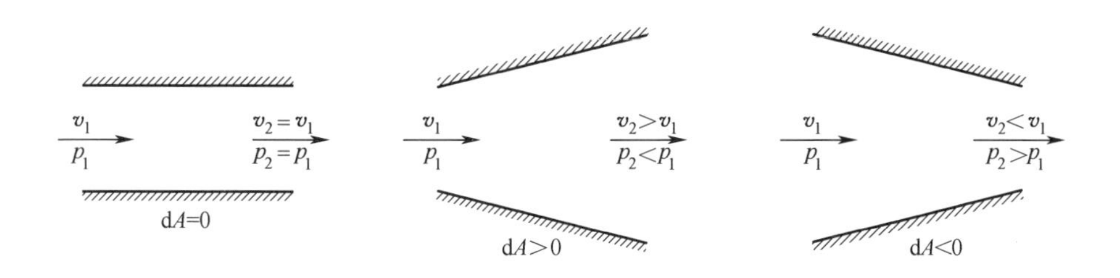

图 3-204 超声速时,等熵流通过横截面积不断变化的管道

则,它可能是一个有限数。式(3-387)中面积导数为 0,说明管道横截面积具有最小值。

声速情况发生的这个最小横截面积区域称为喉道。喉道处的条件通常用星号上标表示,因此喉道面积用 A^* 表示。如果亚声速流在横截面积减小的管道中加速,可能达到的最大速度为横截面积最小时的声速。无论管道的出口和入口之间的压强差多大,气流都不可能在收缩的管道中加速到超声速。为了使气流从声速加速到超声速,必须在喉道下游增加管道面积。因此,为了在管道中得到超声速气流,在气流速度接近零时就必须使用收敛-发散管道或喷管,如图 3-205 所示。

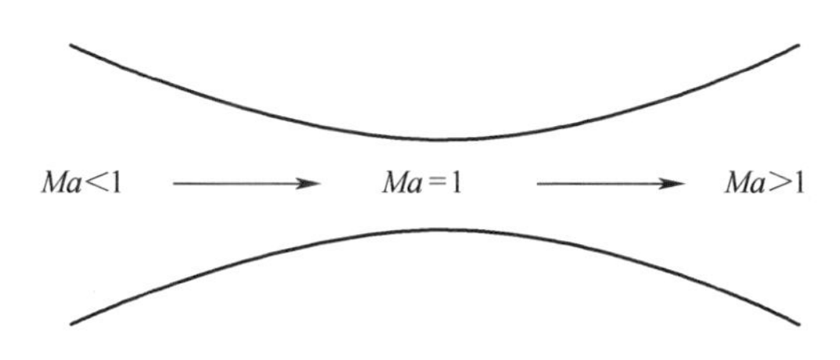

图 3-205 气流通过收敛-发散的超声速管道或喷管

假设喉道的上游和下游面积不同,其内部存在超声速气流。使用连续方程,在管道任何位置时气体质量流率都与喉道处气流状态相关:

$$\rho A v=\rho^* A^* v^* \tag{3-388}$$

式中：ρ,v 分别为横截面积为 A 时的气体密度和速度；ρ^*,v^* 分别为横截面积为 A^* 时(喉道处)的气体密度和速度。

由于喉道处的马赫数 Ma^* 为1,因此喉道处的速度等于喉道处的声速 a^*,式(3-388)变为

$$\rho A v = \rho^* A^* a^* \tag{3-389}$$

管道中任意截面积与喉道处截面积的比为

$$\frac{A}{A^*} = \frac{\rho^* a^*}{\rho v} \tag{3-390}$$

或

$$\frac{A}{A^*} = \frac{\rho^*}{\rho_t}\frac{\rho_t}{\rho}\frac{a^*}{a}\frac{a}{v} = \frac{\rho^*}{\rho_t}\frac{\rho_t}{\rho}\frac{a^*}{a}\frac{1}{Ma} \tag{3-391}$$

式中：ρ_t 为绝热停滞状态时密度；a 为横截面积为 A 处的声速；Ma 为横截面积为 A 处的马赫数。

使用式(3-326)给出的声速定义,得

$$\frac{A}{A^*} = \frac{\rho^*}{\rho_t}\frac{\rho_t}{\rho}\frac{\sqrt{\gamma R T^*}}{\sqrt{\gamma R T}}\frac{1}{Ma} = \left(\frac{\rho^*}{\rho_t}\right)\left(\frac{\rho_t}{\rho}\right)\left(\frac{\sqrt{T^*}}{\sqrt{T}}\right)\left(\frac{1}{Ma}\right) \tag{3-392}$$

或

$$\frac{A}{A^*} = \frac{\rho^*}{\rho_t}\frac{\rho_t}{\rho}\sqrt{\left(\frac{T^*}{T_t}\right)\left(\frac{T_t}{T}\right)}\frac{1}{Ma} \tag{3-393}$$

式中：T_t 为总温。

由于通过管道的流动是等熵的,由密度的等熵关系式(3-347)可知,静态密度与绝热状态下密度有关。因此,横截面积为 A 时密度比为

$$\frac{\rho}{\rho_t} = \left(1 + \frac{\gamma - 1}{2}Ma^2\right)^{-\frac{1}{\gamma-1}} \tag{3-394}$$

喉道处的密度比为

$$\frac{\rho^*}{\rho_t} = \left[1 + \frac{\gamma - 1}{2}(Ma^*)^2\right]^{-\frac{1}{\gamma-1}} = \left(\frac{\gamma + 1}{2}\right)^{-\frac{1}{\gamma-1}} \tag{3-395}$$

式中：Ma^* 在喉道处为1。

类似地,使用温度的等熵关系式(3-345),温度比为

$$\frac{T}{T_t} = \left(1 + \frac{\gamma - 1}{2}Ma^2\right)^{-1} \tag{3-396}$$

$$\frac{T^*}{T_t} = \left(\frac{\gamma + 1}{2}\right)^{-1} \tag{3-397}$$

使用压强的等熵关系式(3-346),压强比如下：

$$\frac{p}{p_t}=\left(1+\frac{\gamma-1}{2}Ma^2\right)^{-\frac{\gamma}{\gamma-1}} \tag{3-398}$$

$$\frac{p^*}{p_t}=\left(\frac{\gamma+1}{2}\right)^{-\frac{\gamma}{\gamma-1}} \tag{3-399}$$

将式(3-394)、式(3-395)、式(3-396)和式(3-397)代入式(3-393),得

$$\frac{A}{A^*}=\left(\frac{\gamma+1}{2}\right)^{-\frac{1}{\gamma-1}}\left(1+\frac{\gamma-1}{2}Ma^2\right)^{\frac{1}{\gamma-1}}\sqrt{\left(\frac{\gamma+1}{2}\right)^{-1}\left(1+\frac{\gamma-1}{2}Ma^2\right)}\frac{1}{Ma} \tag{3-400}$$

将上式两边平方,得

$$\left(\frac{A}{A^*}\right)^2=\left(\frac{\gamma+1}{2}\right)^{-\frac{2}{\gamma-1}}\left(1+\frac{\gamma-1}{2}Ma^2\right)^{\frac{2}{\gamma-1}}\left(\frac{\gamma+1}{2}\right)^{-1}\left(1+\frac{\gamma-1}{2}Ma^2\right)\frac{1}{Ma^2}$$

$$\left(\frac{A}{A^*}\right)^2=\frac{2}{\gamma+1}\left(1+\frac{\gamma-1}{2}Ma^2\right)^{\frac{\gamma+1}{\gamma-1}}\frac{1}{Ma^2} \tag{3-401}$$

式(3-401)称为马赫-面积关系式,表明马赫数是管道的面积比 A/A^* 的函数。在给定马赫数的情况下,可以直接求解面积比;但是对于给定面积比,马赫数的求解需要迭代。马赫数和面积比的对应关系数值列表可以在许多教科书或其他地方中找到。马赫数-面积关系如图 3-206 所示,一个面积比与两个马赫数值相对应,分别为亚声速马赫数和超声速马赫数。如预期一样,马赫数为 1 时,面积比为 1。

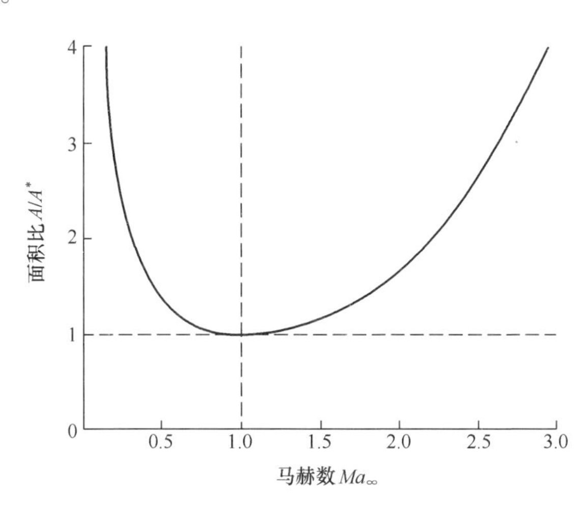

图 3-206 马赫数-面积关系图

使用马赫数-面积关系式(3-401)和等熵关系式(3-345)~式(3-347),可以容易地计算出通过收敛-扩散管道或喷管的气流特性。假设喷管面积分布和

驻点状态是已知的，根据马赫数-面积关系可以得到马赫数。如果已知每个截面积对应的马赫数，可以使用等熵关系式计算出通过喷管的气体压强、温度和密度。

例 3.18 超声速喷管

如下图所示，收敛-扩散式喷管喉道截面的直径 $d^* = 1.2\text{m}$，出口直径 $d_e = 2.0\text{m}$。驻点压强 p_t 和温度 T_t 分别为 12.25Pa 和 1000K。假设在超声速出口条件下通过喷管的流动是等熵流，计算喷管喉道截面和喷管出口处的马赫数、压强和温度。

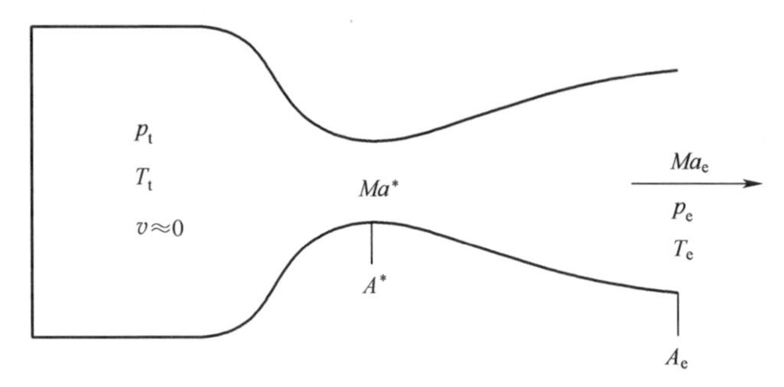

解：

喷管喉道截面的马赫数 Ma^* 为 1。分别使用式(3-397)和式(3-399)，喷管喉道截面的温度 T^* 和压强 p^* 分别为

$$\frac{T^*}{T_t} = \left(\frac{\gamma + 1}{2}\right)^{-1} = \left(\frac{1.4 + 1}{2}\right)^{-1} = 0.8333$$

$$T^* = 0.8333T_t = 0.8333 \times (1000\text{K}) = 833.3(\text{K})$$

$$\frac{p^*}{p_t} = \left(\frac{\gamma + 1}{2}\right)^{-\frac{\gamma}{\gamma+1}} = \left(\frac{1.4 + 1}{2}\right)^{-\frac{1.4}{1.4-1}} = 0.5283$$

$$p^* = 0.5283T_t = 0.5283 \times 12.25\,\frac{\text{N}}{\text{m}^2} = 6.472\,\frac{\text{N}}{\text{m}^2}$$

喷管喉道横截面积 A^* 和喷管出口面积 A_e 为

$$A^* = \frac{\pi}{4}(d^*)^2 = \frac{\pi}{4} \times (1.2\text{m})^2 = 1.13\text{m}^2$$

$$A_e = \frac{\pi}{4}(d_e)^2 = \frac{\pi}{4} \times (2.0\text{m})^2 = 3.14\text{m}^2$$

喷管出口处的面积比为

$$\frac{A_e}{A^*} = \frac{3.14\text{m}^2}{1.13\text{m}^2} = 2.78$$

根据式(3-401)马赫数-面积关系式可知喷管出口面积比与出口马赫数有关，即

$$\left(\frac{A_e}{A^*}\right)^2=\left[\frac{2}{\gamma+1}\left(1+\frac{\gamma-1}{2}Ma_e^2\right)\right]^{\frac{\gamma+1}{\gamma-1}}\frac{1}{Ma_e^2}$$

利用已知的面积比,通过迭代求解马赫数(或者可以使用马赫数-面积关系的对应关系数值列表)。当喷管出口面积比为2.78时,马赫数-面积关系式有两个解,即有两个马赫数解,亚声速马赫数为0.2140、超声速马赫数为2.557。本书对超声速解重点研究。

根据喷管出口马赫数 $Ma_e=2.557$,以及式(3-396)和式(3-398),喷管出口温度 T_e 和压强 p_e 为

$$\frac{T_e}{T_t}=\left(1+\frac{\gamma-1}{2}Ma_e^2\right)^{-1}=\left(1+\frac{1.4-1}{2}\times 2.557^2\right)^{-1}=0.4333$$

$$T_e=0.4328T_t=0.4333\times 1000\text{K}=433.3\text{K}$$

$$\frac{p_e}{p_t}=\left(1+\frac{\gamma-1}{2}Ma_e^2\right)^{-\frac{\gamma}{\gamma-1}}=\left(1+\frac{1.4-1}{2}\times 2.557^2\right)^{-\frac{1.4}{1.4-1}}=0.0535$$

$$p_e=0.05332p_t=0.05357\times 12.25\ \frac{\text{N}}{\text{m}^2}=0.6562\ \frac{\text{N}}{\text{m}^2}$$

3.12 黏 性 流

如3.2.6节所述,黏性流的质量、动量或热量传输特性很重要。每种传输特性都与气流性质的梯度相关。化学物质的梯度流动导致了物质质量通过扩散传输,热传导发生在具有温度梯度的气流中。然而对于我们讨论的大多数气流,这两种传输现象并不重要,因此当我们讨论黏性流时,主要关注的是黏性,这与动量的传输有关。

在这种情况下,“黏性流”这个词可能会让人联想到黏稠的液体,但并非必然如此。虽然黏稠液体的流动肯定是黏性的,但飞机机翼上看似“滑”的空气流也是如此。黏性流只是简单的带有摩擦力的流体运动。我们使用“简单”一词来描述黏性流有点随意,因为与气流相关的复杂非线性物理特性并非如此简单。黏性流的复杂物理学特性使得空气动力学理论的大部分内容都是基于无黏流动的假设。然而,无黏流假设在处理气动阻力时会出现困难。假设气流无黏、不可压缩,我们联想到达朗贝尔的零阻力悖论。现在,我们知道摩擦力的存在是获得有限阻力的必需条件(已知无黏流必须是不可压缩的,才能得出达朗贝尔悖论,因为可压缩流可能由于激波而存在有限的波阻,即使假设流动是无黏的)。对于固体表面上的气流,我们讨论了如何将摩擦的影响限制在靠近物体的一个称为边界层的薄区域。我们已经了解,这个薄边界层对气动阻力的影响很大,导致翼型的型阻和整个飞机的零升废阻力。现在,我们试图更详细地了解黏性流的

本质,包括如何计算表面摩擦阻力。

3.12.1 表面摩擦力和剪应力

假设无黏流和黏性流分别在平板顶部以自由流速度 v_∞ 流动,如图 3-207 所示。速度 v 在垂直方向,即 y 方向上的变化称为速度剖面。对于无黏流,速度剖面是均匀的且等于自由流速度 v_∞,即使在平板表面也是如此。在平板正上方的自由流速度与平板表面的零速度之间存在相对速度。这种无黏流和固体表面之间的相对速度称为滑移。由于这种滑移条件,没有切向力(剪应力)施加在流体上。法向力可以通过流体施加,这样平板就可以受到自由流的压力。

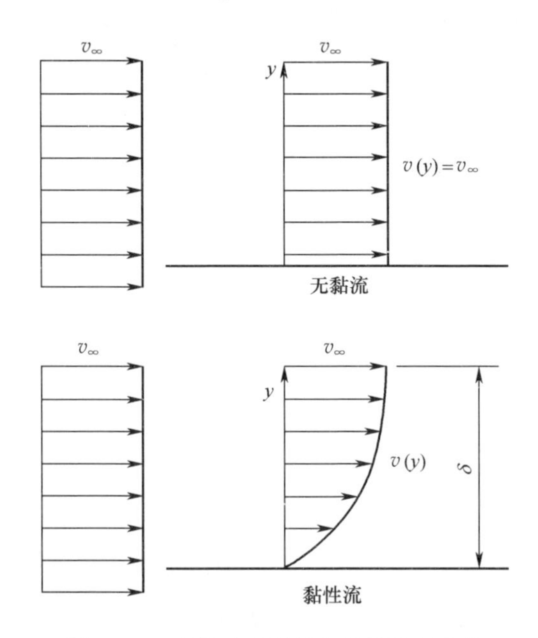

图 3-207 平板上无黏流和黏性流的比较

实际上,流体分子和平板表面分子之间存在分子间的吸引力,这导致流体分子吸附到平板表面上。这种分子间吸引力或表面摩擦改变了平板表面处的滑移条件,不变的是表面处的气流速度仍然为零。无滑移条件导致气流受到切向摩擦力(剪应力)。垂直方向的力(压力)仍然可以通过流体"感觉到",就像无黏流一样。无滑移条件和摩擦力的存在是黏性流区别于无黏流的两个主要物理特征。

让我们更仔细地分析单位面积切向摩擦力或剪应力的性质。如果对固体和气流施加剪应力,则固体可以抵抗剪应力而不会形变,而气流则不能。在较大的力的作用下(单位面积),固体开始改变形状,所产生的剪应力 τ_{solid} 与单位长度 $\Delta x/L$ 或应变 ε 成正比,如胡克定律所示:

$$\tau_{\mathrm{solid}} = E\frac{\Delta x}{L} = E\varepsilon \tag{3-402}$$

式中:比例常数 E 为杨氏弹性模量。

对于流体,剪应力 τ_{fluid} 与每单位长度的变形率 $(\Delta x/L)/\Delta t$ 或应变率成正比,如牛顿摩擦定律所示:

$$\tau_{\mathrm{fluid}} = \mu\frac{\Delta x/L}{\Delta t} = \mu\Delta\frac{v}{L} \tag{3-403}$$

式中:常数 μ 为黏性系数;$\Delta\dfrac{v}{L}$ 为速度梯度。

黏性系数在3.2.6节中作为流体的(动量)传输特性引入。将式(3-403)应用于图3-207中的一般速度剖面,得

$$\tau_{\mathrm{fluid}} = \mu\frac{\mathrm{d}v(y)}{\mathrm{d}y} = \mu\frac{\mathrm{d}v}{\mathrm{d}y} \tag{3-404}$$

因此,我们可知,对于流体每单位面积的剪应力或摩擦力与流体黏性系数 μ 和速度梯度 $\mathrm{d}v/\mathrm{d}y$ 成线性关系。满足式(3-404)的流体称为牛顿流体。

3.12.2 边界层

考虑平板上均匀的黏性流。由平板的表面摩擦引起的无滑移条件会造成切向剪应力,从而减缓流体层的流速。随着到平板的前缘下游距离 x 的增加,气流在 y 方向恢复到自由流速度的高度增加。沿平板的3个 x 位置处的速度分布如图3-208所示。这3个位置的平板表面处的速度为零并且在高度 $\delta(x)$ 处恢复到自由流速度 v_∞,该高度是下游距离 x 的函数。这个靠近平板表面的黏性流薄区域称为边界层,高度 $\delta(x)$ 为边界层厚度,它随着距平板前缘的距离增大而增大,如图3-208所示。正如本章开头所讨论的,边界层概念是Ludwig Prandtl 1904年提出的。边界层边缘被定义为沿着平板 x 方向连接每个边界层高度的线,如图3-208中的虚线所示。

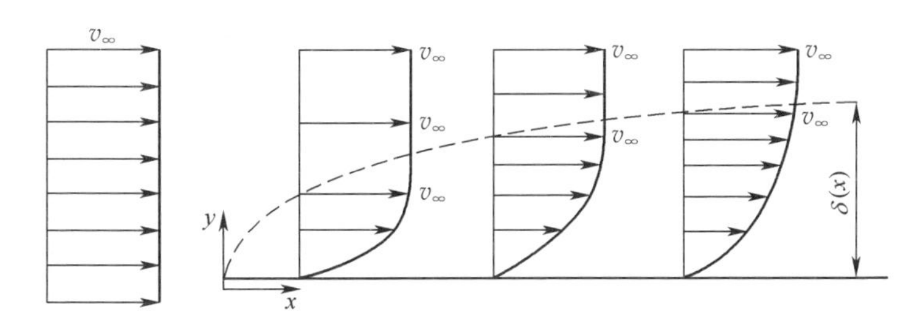

图3-208 平板上边界层的增长

外部气流将边界层视为有效体,它比实际形状更厚或“更胖”。那么,黏性流是否会导致机体的表面压强分布与无黏流不同呢?答案是“不”,只要黏性效

应不引起流动分离,就不会显著改变压强分布。当黏性流受到切向摩擦力时,法向力(压力)被视为通过边界层施加的作用力。另一种说法是从边界层的边缘到机体表面没有压强梯度。因此,可以对流过机体上的气流进行无黏分析,压强分布的结果以及由此压强分布产生的升力和阻力适用于黏性流情况。这是Prandtl 边界层理论的一个重要结论,因为无黏流的气动分析比黏性流的气动分析简单得多。

边界层可以是层流或湍流,或是从层流到湍流的过渡流态。正如 3.2.6 节中描述的奥斯本·雷诺(Osborne Reynolds)的管道流动试验一样,边界层气流的性质与雷诺数相关。当雷诺数较小时,边界层是层流;当雷诺数很大时,边界层是湍流。式(3-33)、式(3-34)和式(3-35)中定义的标准是适用的,其中雷诺数低于 100000 的流动是层流,而雷诺数高于 500000 的流动是湍流。我们使用这些标准来预测机体(如飞机机身或机翼)边界层的性质。边界层厚度从机身前端或机翼前缘开始,并随着下游距离的增大而增大。在其起点下游的位置 x 处的局部雷诺数 $Re_{x,\infty}$ 为

$$Re_{x,\infty}=\frac{\rho_\infty v_\infty x}{\mu_\infty} \tag{3-405}$$

式中:ρ_∞,v_∞,μ_∞ 分别为自由流密度、速度和黏性系数。

该局部雷诺数的值决定了该位置的边界层是层流还是湍流。

如前所述,由于黏性效应,边界层中存在速度剖面。对于层流和湍流,该速度剖面的形状明显不同。层流是平滑而规则的,而湍流则是混沌和随机的。湍流的混沌特性导致靠近机体表面的高速和低速流体微元混合加速。这导致“更胖”或更饱满的湍流速度剖面,其中机体表面附近的平均速度大于层流,如图 3-209 所示。

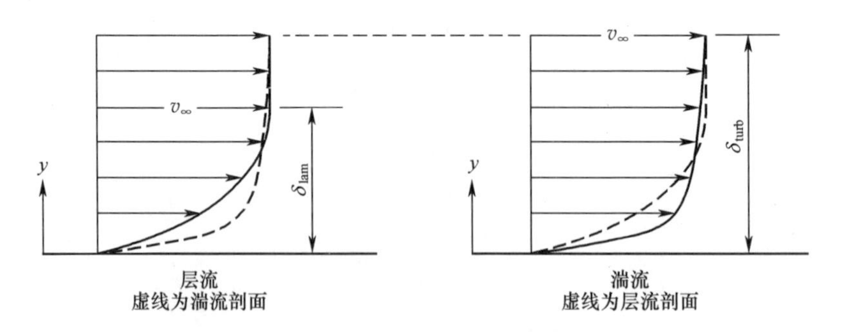

图 3-209 平板上层流和湍流边界层的比较

接下来我们分析对层流和湍流边界层速度剖面做出的假设是否有意义。如图 3-209 所示,我们利用两个速度剖面计算平板表面到垂直高度 δ_{turb} 之间的流体质量流。层流速度分布的流体质量流(单位宽度)是通过距离 δ_{lam} 的质量流

与通过距离 $\delta_{turb}-\delta_{lam}$ 的质量流之和，即

$$\dot{m}=\rho_{\infty}\int_{0}^{\delta_{lam}}v_{lam}(y)\,dy+\rho_{\infty}v_{\infty}(\delta_{turb}-\delta_{lam}) \tag{3-406}$$

湍流速度剖面的流体质量流(单位宽度)是通过距离 δ_{turb} 的质量流，即

$$\dot{m}=\rho_{\infty}\int_{0}^{\delta_{turb}}v_{turb}(y)\,dy \tag{3-407}$$

由于边界层顶部是气流的流线，没有质量穿过该边界。因此，通过两个速度剖面的质量流是相等的。使式(3-406)等于式(3-407)，得

$$\rho_{\infty}\int_{0}^{\delta_{lam}}v_{lam}(y)\,dy+\rho_{\infty}v_{\infty}(\delta_{turb}-\delta_{lam})=\rho_{\infty}\int_{0}^{\delta_{turb}}v_{turb}(y)\,dy \tag{3-408}$$

假设每个速度剖面的积分是平均速度和边界层厚度的乘积，得

$$\rho_{\infty}(v_{lam})_{avg}\delta_{lam}+\rho_{\infty}v_{\infty}(\delta_{turb}-\delta_{lam})=\rho_{\infty}\int_{0}^{\delta_{turb}}v_{turb}(y)\,dy \tag{3-409}$$

式中：$(v_{lam})_{avg}$，$(v_{turb})_{avg}$ 分别为层流速度和湍流速度的平均值。

求解层流与湍流边界层厚度的比值，得

$$\frac{\delta_{lam}}{\delta_{turb}}=\frac{v_{\infty}-(v_{turb})_{avg}}{v_{\infty}-(v_{lam})_{avg}}<1 \tag{3-410}$$

该比值小于1，这是因为湍流边界层速度分布比层流速度分布更“胖”或更“饱满”，使得湍流边界层的平均速度大于层流边界层的平均速度。式(3-410)简单地表明层流边界层厚度小于湍流边界层厚度，即

$$\delta_{lam}<\delta_{turb} \tag{3-411}$$

式(3-411)定义了边界层厚度的相对大小，并证实了湍流边界层速度分布比层流边界层速度分布更“饱满”，用数学式可以表示为

$$\left(\frac{dv}{dy}\right)_{y=0,turb}>\left(\frac{dv}{dy}\right)_{y=0,lam} \tag{3-412}$$

式中：$(dv/dy)_{y=0,lam}$，$(dv/dy)_{y=0,turb}$ 分别为平板表面 $y=0$ 处的层流速度分布和湍流速度分布的斜率的倒数。

可以使用相当简单的方程来计算平板上的层流和湍流边界层厚度的定量值。层流边界层厚度 δ_{lam} 可以从理论方程获得：

$$\delta_{lam}=\frac{5.2x}{\sqrt{Re_x}} \tag{3-413}$$

式中：x 为到平板前缘的距离；Re_x 为局部雷诺数，$Re_x=\rho vx/\mu$。

层流边界层厚度的试验测量值与式(3-413)的一致。根据式(3-413)，层流边界层厚度随着 $x/\sqrt{x}$ 或距平板前缘距离的平方根 $\sqrt{x}$ 的增大而增大。

对于湍流，理论上无法得到湍流边界层厚度的方程。虽然仍然没有充分解释和预测湍流性质的理论，但有几种基于经验的模型可以让我们预测湍流并计

算相关的力和力矩。因此,尽管我们仍然缺乏对湍流的理论理解,但基于湍流的经验知识使我们能够设计和试飞具有通常为湍流边界层的航空航天器。根据经验数据,平板湍流边界层厚度为

$$\delta_{\text{turb}} = \frac{0.37x}{Re_x^{0.2}} \tag{3-414}$$

式中:x 为距离平板前缘的距离;Re_x 为局部雷诺数,$Re_x = \rho vx/\mu$。

湍流边界层厚度随 $x/x^{1/5}(x^{4/5})$ 增长,这意味着它比层流边界层增大得更快,层流边界层厚度随 $x^{1/2}$ 的比例增大。层流和湍流边界层厚度都是雷诺数的函数,这与我们之前讨论的一致。

湍流边界层的速度剖面更“饱满”的意义是什么?如上所述,湍流边界层中的平均速度大于层流边界层中的平均速度。在宏观层面上,这种较高的平均速度转化为湍流边界层中较大的平均动能。这对边界层保持附着在表面上的能力具有显著影响。流体运动是压差的结果,其中流体向压降的方向流动,即顺压梯度。黏性耗散了动能,这减缓了边界层中的流动,但只要顺压梯度足以克服这种摩擦,流动就会继续沿相同的方向移动。如果气流使得压强随距离增加(称为逆压梯度),则流体运动因为逆压梯度和摩擦而延迟。如果这些减速因素克服流体分子的动量,则气流反转方向进而流动分离。如果边界层是湍流,则与层流边界层相比,气流具有更高的平均动能足以抵抗逆压梯度从而延迟流动分离。

将流体分子想象为在高度为 h 的山顶上的一个球,如图 3-210 所示。下坡表示顺压梯度,上坡表示逆压梯度。如果没有摩擦,球会从山上滚下来然后回到山上,在它开始的同一高度结束(假设球再次到达高度 h 处时停止)。但如果存在摩擦,球的运动在下坡时减慢,就像边界层中的摩擦从流体分子中获取能量一样并使它减慢,球滚上坡并停在低于其起始高度的位置,然后沿着斜坡向下滚动。同理,流体分子因逆压梯度而速度减慢,并且如果它具有不足的能量,那么运动停止并反转。湍流边界层中的流体分子比层流边界层中的流体分子具有更大的动能,因此它们可以继续向下游移动。

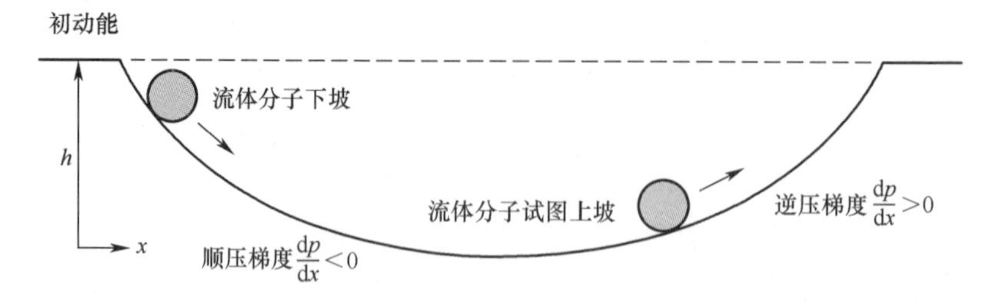

图 3-210　在有利和不利的压强梯度下,流体分子向下滚动并向上滚动的流动分离类比

考虑在简单平板上的流动,如图 3-211 所示,其中 x 方向存在逆压梯度。由

于表面摩擦对流体分子的作用,最靠近平板表面的流体因黏性摩擦而减慢。如果流动能量不足以抵抗逆压梯度,则流体减速、停止,并反转方向流动,形成分离流区域。分离流线将分离的流动与未分离的流动分开。湍流边界层延迟流动分离的能力可显著降低由流动分离导致的压差阻力。

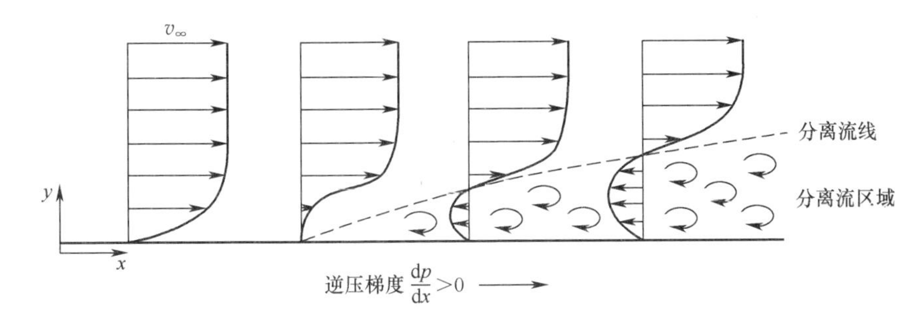

图 3-211 逆压梯度下的反向流动

为了说明这一点,图 3-212 显示了球体上的层流和湍流边界层流动。自由流雷诺数很低,因此球体上的流动是层流。在图 3-212(a)中,层流边界层刚好超过球体的顶部和底部,在球体后面形成一个大的分离尾流区域,由于流动分离,该区域伴随着较大的压差阻力。

在图 3-212(b)中,边界层转换线①连接到球体的前半部分。转换线导致层流边界层转变为湍流边界层。由于湍流边界层具有比层流边界层更高的平均动能,因此流动能够保持良好地附着在层流分离点之后,最终在球体的后部分离。由于湍流边界层将流动分离延迟到球体的后部位置,所以分离的尾流尺寸远小

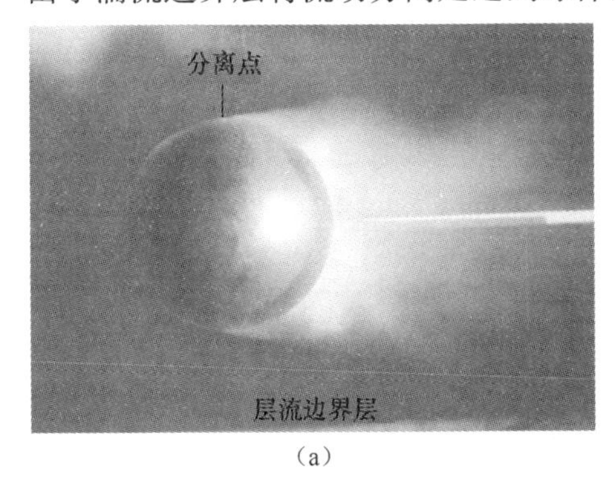

(a)

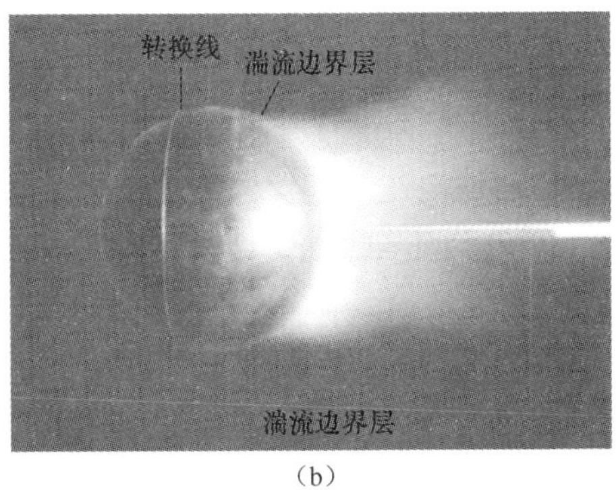

(b)

图 3-212 球体上层流和湍流边界层流动的比较(流动从左到右)
(资料来源:经德国航空航天中心许可,德国航空航天中心档案馆,Gottingen,1914 年,拍摄者注释)

① 边界层转换线通常用于风洞试验,以确保亚尺度模型上的边界层是湍流,代表全尺寸飞行器上的流动。

于层流边界层对应的尺寸。因此,湍流边界层显著减小了由于流动分离引起的压差阻力。这种由于湍流边界层引起的阻力显著减小的原理有利于高尔夫球的设计,其中表面凹坑或其他不规则形状阻碍了边界层脱离,促进湍流形成并延迟流动分离。

通过观察圆柱体上的压强分布可以看到类似的结果,如图 3-213 所示。表面压力系数是围绕圆柱体的顶部和底部绘制的,从驻点($\theta = 0$)开始到圆柱体的最后的点($\theta = \pm 180°$)(注意,压力系数在图 3-213 中给出的符号是 p,而不是 c_p)。如果假设气流为无黏流,则压强分布的前后关于圆柱对称。在无黏流中圆柱体周围的压力系数为

$$c_p(\theta) = 1 - 4\sin^2\theta \tag{3-415}$$

无黏流压力系数在前驻点($\theta = 0°$)处等于 1,在圆柱体的顶部($\theta = 90°$)为 -3,并且在后驻点($\theta = 180°$)处再次等于 1,如图 3-213 所示。由于无黏流压强分布关于穿过圆柱体中心的轴线对称,因此前半部分上的压力等于后半部分上的压力,并且在流动方向上没有净力或在圆柱体上没有阻力。这个零阻力结果是达朗贝尔悖论,在本章前面讨论过,并且是无黏流假设的结果。

图 3-213 中的另一种压强分布是基于圆柱体直径的雷诺数 Re_d 增加的黏性流。在雷诺数为 314000 时,边界层是层流,气流在距前驻点约 80°的位置处分离。压力系数在圆柱体后端的分离区域中保持恒定,约为-0.8。在雷诺数为 426000 时,边界层是湍流,因此气流保持附着在层流分离点的下游,直到离驻点约 130°。压力系数在流动分离区域中近似恒定,约为-0.35。压力系数分布结果与图 3-212 中所示的球体上层流和湍流边界层气流的可视化一致。由于分离区域较小并且压力系数较高,因此对于湍流来说,由于气流分离引起的压差阻力相对于层流边界层而言要小得多。

例 3.19 边界层厚度的计算

空中客车 380 是世界上最大的客机,长度为 238.6 英尺,翼展为 261.7 英尺,最大起飞重量为 1270000 磅。假设翼弦近似为长度为 35 英尺的平板。如果飞机在 8000 英尺的高度以 160kn 的速度飞行,假设气流为层流和湍流,计算机翼后缘边界层的厚度。

解:

根据附录 C,海拔 8000 英尺的自由流密度和温度为

$$\rho_\infty = \Sigma\rho_{SSL} = 0.78609 \times 0.002377\ \frac{\text{slug}}{\text{英尺}^3} = 0.001869\ \frac{\text{slug}}{\text{英尺}^3}$$

$$T_\infty = \Theta T_{SSL} = 0.94502 \times 519°\text{R} = 490.5°\text{R}$$

根据 Sutherland 定律方程(3-16),自由流黏度系数为

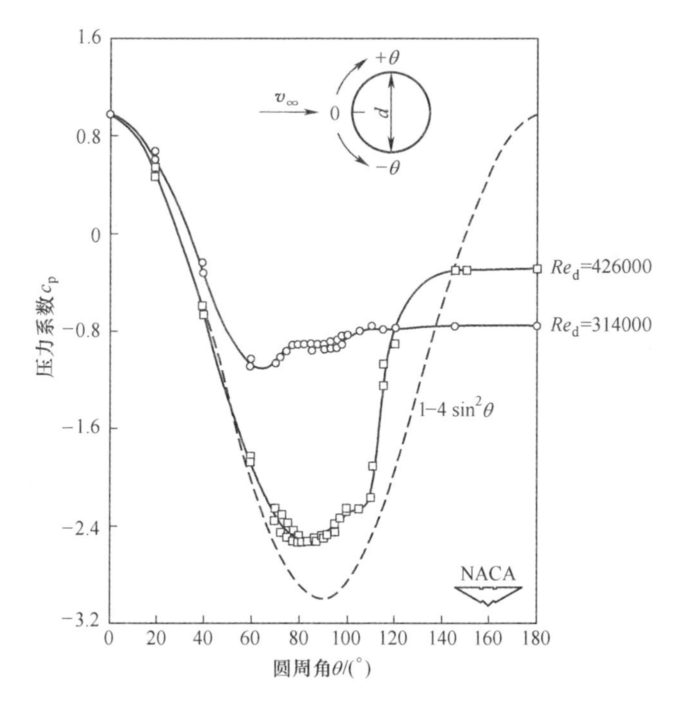

图 3-213 圆柱体周围的表面压强分布与雷诺数的函数关系(标记符号为 $-\theta$)
(资料来源:改编自 F. E. Gowen 和 E. W. Perkins,"Drag of Circular Cylinders for a Wide Range of Reynolds Numbers and Mach Numbers" NACA Report RM A52C20,图 5a,1952 年 6 月 19 日)

$$\mu_\infty = \left(\frac{T_\infty}{T_{ref}}\right)^{\frac{3}{2}} \frac{T_{ref} + S}{T_\infty + S} \mu_{ref}$$

$$\mu_\infty = \left(\frac{490.5°R}{491.6°R}\right)^{\frac{3}{2}} \frac{491.6°R + 199°R}{490.5°R + 199°R} \times (3.584 \times 10^{-7}) \frac{slug}{英尺 \cdot s}$$

$$= 0.9982 \times \left(3.584 \times 10^{-7} \frac{slug}{英尺 \cdot s}\right) = 3.578 \times 10^{-7} \frac{slug}{英尺 \cdot s}$$

将速度统一单位,得

$$v_\infty = 160kn \times \frac{6076\text{英尺}}{1nm} \times \frac{1h}{3600s} = 270.0 \frac{英尺}{s}$$

基于弦长 c 的雷诺数为

$$Re_c = \frac{\rho_\infty v_\infty c}{\mu_\infty} = \frac{0.001869 \frac{slug}{英尺^3} \times \left(270.0 \frac{英尺}{s}\right) \times 35\text{英尺}}{3.578 \times 10^{-7} \frac{slug}{英尺 \cdot s}} = 4.936 \times 10^7$$

根据式(3-413),机翼后缘处的层流边界层厚度为

$$\delta_{\mathrm{lam}}=\frac{5.2c}{\sqrt{Re_{\mathrm{c}}}}=\frac{5.2\times35\text{ 英尺}}{\sqrt{4.936\times10^{7}}}=0.02591\text{ 英尺}=0.3109\text{ 英寸}$$

根据式(3-414),机翼后缘处的湍流边界层厚度为

$$\delta_{\mathrm{turb}}=\frac{0.37c}{Re_{\mathrm{c}}^{\;0.2}}=\frac{0.37\times35\text{ 英尺}}{(4.936\times10^{7})^{0.2}}=0.3746\text{ 英尺}=4.495\text{ 英寸}$$

机翼后缘的层流边界层厚度为0.3109英寸,而湍流边界层厚度为4.495英寸。湍流与层流厚度的比值为

$$\frac{\delta_{\mathrm{turb}}}{\delta_{\mathrm{lam}}}=\frac{4.495\text{ 英寸}}{0.3109\text{ 英寸}}=14.46$$

因此,湍流边界层厚度约为层流边界层厚度的14.5倍。

3.12.2.1 边界层转捩

考虑平板上的流动,如图3-214所示,其中 x 是前缘下游的距离, y 是平板表面上方的垂直高度。平板上游的气流是均匀的,具有自由流速度 v_∞。可以使用式(3-405)在平板前缘下游的任何位置 x 处计算局部雷诺数。平板上的边界层开始为层流,并且该区域中的局部雷诺数小于100000。在某个下游距离 x_1 处,局部雷诺数达到约100000,并且层流边界层开始向湍流边界层转捩。边界层转捩在平板前缘下游距离 x_2 处完成。转捩发生在点 x_1 和 x_2 之间有限的距离上,称为边界层转捩区域。因此,转捩可以更精确地定义为在一定范围的雷诺数下发生的从层流到湍流的空间和时间的变化。

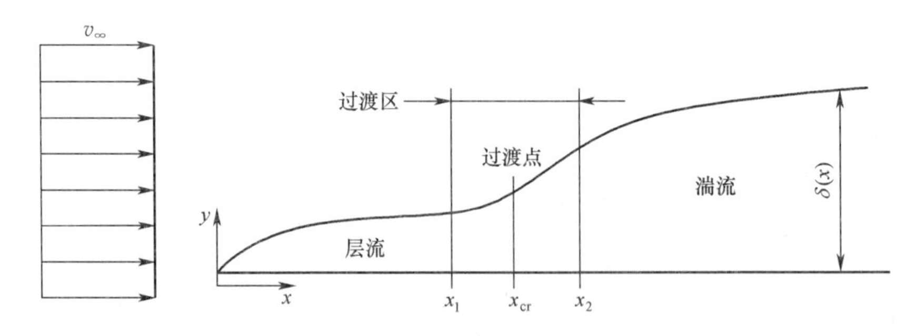

图3-214 层流到湍流边界层的过渡

简单起见,转捩区域通常建模为单个点,表示为转捩点,距前缘的距离称为临界点或临界距离 x_{cr}。对应于临界距离的局部雷诺数称为临界雷诺数 Re_{cr},有

$$Re_{\mathrm{cr}}=\frac{\rho_\infty v_\infty x_{\mathrm{cr}}}{\mu_\infty}\tag{3-416}$$

临界雷诺数表示边界层从层流转变为湍流的雷诺数。

那么,实际上发生了什么使边界层从层流转变为湍流?这个问题的答案通常从稳定性的角度出发,特别是层流边界层的稳定性及其在平衡状态受到干扰时的行为。使用这种稳定性理论,可以证明当雷诺数高于某个值时层流是不稳定的,但是不能这样的分析就证明层流变成了湍流。尽管根据试验我们知道层流确实变成了湍流。有一些基于经验的方法来预测转捩,但由于缺乏湍流理论,转捩理论很可能在相当长的一段时间内不被发现,但不会一直这样。

边界层可以从层流转变为湍流,如图3-212中围绕圆柱体的转捩线。虽然边界层转捩线常用于风洞试验以获得湍流边界层,但它通常也应用于真实的飞行情况中。真实飞机的表面通常是不平滑的,因为有诸如铆钉头、边缘和间隙之类的突起会扰乱表面平滑度。而且在大气层时飞机表面(例如机翼前缘和飞机机头)还会出现虫子、污垢和其他碎屑。因此,真实飞机在大气层内的飞行涉及在粗糙表面或具有许多边界层转捩的表面上的高雷诺数气流,进而出现湍流。事实上,难以确认在飞行中的全尺寸飞机表面上存在层流。

3.12.3 表面摩擦阻力

我们开始讨论黏性流时,将流体的剪应力定义为黏度系数μ和速度梯度的乘积。然后,我们讨论了层流和湍流的边界层速度分布的细节。基于此,我们定义平板或壁面的剪应力τ_w为

$$\tau_w = \mu \left(\frac{dv}{dy}\right)_{y=0} \tag{3-417}$$

式中:μ为黏度系数;$\left(\frac{dv}{dy}\right)_{y=0}$为壁面的边界层速度梯度。

之前我们确定湍流边界层速度分布比层流边界层速度分布更"饱满",因此由式(3-412),有

$$\mu \left(\frac{dv}{dy}\right)_{y=0,\text{turb}} > \mu \left(\frac{dv}{dy}\right)_{y=0,\text{lam}} \tag{3-418}$$

因此,可以得出结论:湍流边界层的壁面剪应力大于层流边界层的壁面剪应力,或者说

$$\tau_{w,\text{turn}} > \tau_{w,\text{lam}} \tag{3-419}$$

局部表面摩擦系数c_{f_x}可定义为

$$c_{f_x} \equiv \frac{\tau_w(x)}{\frac{1}{2}\rho_\infty v_\infty^2} \equiv \frac{\tau_w(x)}{q_\infty} \tag{3-420}$$

式中:$\tau_w(x)$为局部壁面剪应力,它是局部距离x的函数;q_∞为自由流动压。

式(3-420)定义了无量纲系数,该系数取决于局部距离x。

类似于之前关于层流边界层厚度的讨论，层流边界层理论可用于获得层流表面摩擦系数 $c_{f_{x,\mathrm{lam}}}$ 的方程。

$$c_{f_{x,\mathrm{lam}}}=\frac{0.664}{\sqrt{Re_x}} \tag{3-421}$$

层流表面摩擦系数与雷诺数的平方根成反比，层流边界层厚度也是如此。将式（3-421）代入式（3-420），层流壁面剪应力 $\tau_{w,\mathrm{lam}}$ 为

$$\tau_{w,\mathrm{lam}}=c_{f_{x,\mathrm{lam}}}q_\infty=0.664\frac{q_\infty}{\sqrt{Re_x}} \tag{3-422}$$

层流壁面剪应力是沿平板的距离 x 的函数，随 $x^{-1/2}$ 而变化。

平板表面摩擦阻力 D_f' 是通过剪应力 τ_w 在整个平板长度 L 上对 τ_w 的积分得到的，即

$$D_f'=\int_0^L\tau_w\mathrm{d}x \tag{3-423}$$

D_f' 为每单位跨度的表面摩擦阻力。将式（3-422）代入式（3-423），可得每单位跨度的平板层流壁面摩擦阻力：

$$D_{f,\mathrm{lam}}'=0.664q_\infty\int_0^L\frac{\mathrm{d}x}{\sqrt{Re_L}}=\frac{0.664q_\infty}{\sqrt{\rho_\infty v_\infty/\mu_\infty}}\int_0^L\frac{\mathrm{d}x}{\sqrt{x}}=\frac{0.664q_\infty}{\sqrt{\rho_\infty v_\infty/\mu_\infty}}\left[2x^{1/2}\right]_0^L \tag{3-424}$$

计算积分，可得

$$D_{f,\mathrm{lam}}'=\frac{0.664q_\infty}{\sqrt{\rho_\infty v_\infty/\mu_\infty}}(2\sqrt{L})=\frac{1.328q_\infty L}{\sqrt{\rho_\infty v_\infty/\mu_\infty}}=1.328\frac{q_\infty L}{\sqrt{Re_L}} \tag{3-425}$$

式中，雷诺数 Re_L 基于总平板长度 L。平板层流表面摩擦阻力是自由流动压、自由流雷诺数和平板长度的函数。在更高的速度（更大的动压）、更长的平板或更低的雷诺数下，表面摩擦阻力更大。

平板的总表面摩擦系数 c_f 定义为

$$c_f\equiv\frac{D_f}{q_\infty S_w} \tag{3-426}$$

式中：S_w 为暴露于气流的浸湿区域（式（3-426）中，由于总表面摩擦系数的定义对任意跨度、不仅仅是单位跨度的平板阻力有效，因此阻力项上方没有用撇（′）标识）。将式（3-425）代入式（3-426），可得平板的总层流摩擦系数为

$$c_{f,\mathrm{lam}}=\frac{D_{f,\mathrm{lam}}'}{q_\infty L(1)}=1.328\frac{q_\infty L}{\sqrt{Re_L}}\frac{1}{q_\infty L(1)}=\frac{1.328}{\sqrt{Re_L}} \tag{3-427}$$

对于湍流边界层，湍流表面摩擦系数 $c_{f_{x,\mathrm{turb}}}$ 为

$$c_{f_{x,\mathrm{turb}}}=\frac{0.0592}{Re_x^{0.2}} \tag{3-428}$$

将式(3-428)代入式(3-420),湍流表面剪应力 $\tau_{\mathrm{w,turb}}$ 为

$$\tau_{\mathrm{w,turb}}=c_{f_{x,\mathrm{turb}}}q_\infty=0.0592\frac{q_\infty}{Re_x^{0.2}} \tag{3-429}$$

将式(3-429)代入式(3-423),每单位跨度的平板湍流表面摩擦阻力为

$$D'_{\mathrm{f,turb}}=0.0592q_\infty\int_0^L\frac{\mathrm{d}x}{Re_x^{0.2}}=\frac{0.0592q_\infty}{(\rho_\infty v_\infty/\mu_\infty)^{0.2}}\int_0^L\frac{\mathrm{d}x}{x^{0.2}}$$

$$D'_{\mathrm{f,turb}}=\frac{0.0592q_\infty}{(\rho_\infty v_\infty/\mu_\infty)^{0.2}}\left[\frac{5}{4}x^{4/5}\right]_0^L=0.074\frac{q_\infty L^{4/5}}{(\rho_\infty v_\infty/\mu_\infty)^{0.2}}=0.074\frac{q_\infty L}{Re_L^{0.2}} \tag{3-430}$$

将式(3-425)代入式(3-426),可得平板的总湍流表面摩擦系数。

$$c_{f_{x,\mathrm{turb}}}=\frac{D'_{\mathrm{f,turb}}}{q_\infty L(1)}=0.074\frac{q_\infty L}{Re_L^{0.2}}\frac{1}{q_\infty L(1)}=\frac{0.074}{Re_L^{0.2}} \tag{3-431}$$

对比式(3-431)与式(3-427),会发现层流的平板表面摩擦系数随平板长度的平方根 $L^{-1/2}$ 的变化而变化,而湍流随 $L^{-1/5}$ 的变化而变化。

基于平板长度的雷诺数的层流和湍流平板表面摩擦系数的变化分别由式(3-427)和式(3-431)给出,如图3-215所示。

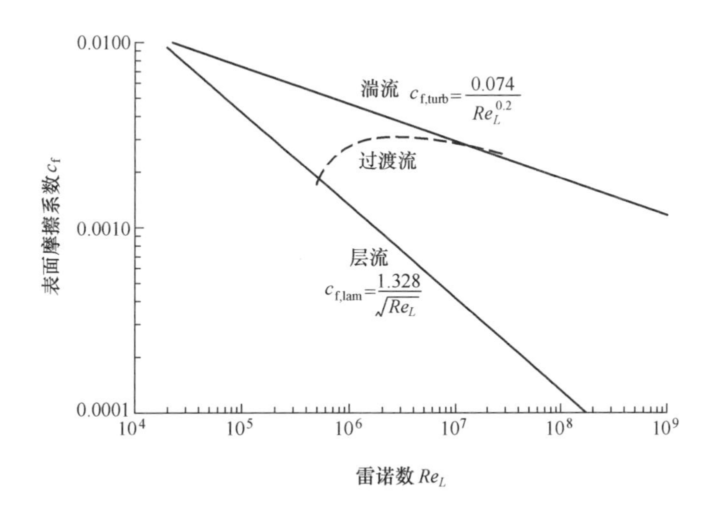

图3-215 平板表面摩擦系数随雷诺数的变化

文献[53]给出了一些其他经验导出的表面摩擦系数方程,用于高雷诺数的湍流边界层和转捩边界层。对于高雷诺数下的湍流边界层,比式(3-431)稍复杂的方程提供了另一个湍流平板表面摩擦系数 $c_{\mathrm{f,turb\ high}\ Re}$,有

$$c_{\mathrm{f,turb\ high}\ Re}=\frac{0.445}{(\lg Re_L)^{2.58}} \tag{3-432}$$

在雷诺数大于 10000000 时,式(3-432)可能比式(3-431)更准确。

基于试验的转捩边界层的摩擦系数 $c_{\mathrm{f,trans}}$ 为

$$c_{\mathrm{f,trans}}=\frac{0.445}{(\lg Re_L)^{2.58}}-\frac{1700}{Re_L} \tag{3-433}$$

尽管存在许多决定边界层状态的其他因素,但这种转捩区的表面摩擦系数在约 500000~30000000 的雷诺数之间适用。

图 3-215 所示的平板表面摩擦方程适用于低速、不可压缩流,其中假设密度为常数。事实上,到目前为止我们讨论过的关于黏性流的一切都与不可压缩的黏性流有关。如果我们考虑可压缩的黏性流,需将密度视为变量。通过可压缩的边界层后压强仍然是恒定的,因为边界层外是不可压缩流。分析可压缩边界层超出了本书的范围,适用于黏性流的高级课程。

对于不可压缩边界层,表面摩擦系数是雷诺数的函数。对于可压缩边界层,表面摩擦系数则是雷诺数和马赫数的函数。对于层流和湍流,可压缩流的平板表面摩擦系数的计算需要数值解法。假设雷诺数保持不变,可压缩流的平板表面摩擦系数随着自由流马赫数的增加而减小。对于可压缩湍流边界层,就不可压缩值的变化而言,这种减小的比例大于可压缩层流边界层减小的比例。

例 3.20 表面摩擦阻力的计算

对于例 3.19 中的空中客车 380,假设分别为层流、湍流和过渡流时,试计算机翼 100 英尺宽处的表面摩擦阻力。

解:

从例 3.19 可以看出,自由流密度为 0.001869slug/英尺^3,自由流速度为 270.0 英尺/s,基于弦长为 35 英尺的雷诺数为 4.913×10^7。自由流静压为

$$q_\infty=\frac{1}{2}\rho_\infty v_\infty^2=\frac{1}{2}\times0.001869\ \frac{\text{slug}}{\text{英尺}^3}\times\left(270.0\ \frac{\text{英尺}}{\text{s}}\right)^2=68.13\ \frac{\text{磅力}}{\text{英尺}^2}$$

根据式(3-427),层流表面摩擦系数为

$$c_{\mathrm{f,lam}}=\frac{1.328}{\sqrt{Re_c}}=\frac{1.328}{\sqrt{4.913\times10^7}}=0.0001891$$

层流表面摩擦阻力如下:

$$\begin{aligned}D_{\mathrm{f,lam}}&=c_{\mathrm{f,lam}}q_\infty S_{\mathrm{w}}=0.0001891\times68.13\ \frac{\text{磅力}}{\text{英尺}^2}\times(35\ \text{英尺}\times100\ \text{英尺})\\&=45.09\ \text{磅力}\end{aligned}$$

根据式(3-431),湍流表面摩擦系数为

$$c_{f,turb} = \frac{0.074}{Re_c^{0.2}} = \frac{0.074}{(4.913 \times 10^7)^{0.2}} = 0.002141$$

湍流表面摩擦阻力为

$$D_{f,turb} = c_{f,turb} q_\infty S_w = 0.002141 \times 68.13 \frac{磅力}{英尺^2} \times (35 英尺 \times 100 英尺)$$
$$= 510.5 磅力$$

根据高雷诺数下的湍流表面摩擦系数的替代式(3-432),得

$$c_{f,turb\ high\ Re} = \frac{0.445}{[\lg(4.913 \times 10^7)]^{2.58}} = 0.002354$$

此时,对应的湍流表面摩擦阻力为

$$D_{f,turb\ high\ Re} = c_{f,turb\ high\ Re} q_\infty S_w = 0.002354 \times 68.13 \frac{磅力}{英尺^2} \times (35 英尺 \times 100 英尺)$$
$$= 561.3 磅力$$

因此,我们估计了 510.5 磅力和 561.3 磅力的湍流表面摩擦阻力。这两个湍流阻力预测都比层流边界层大一个数量级,突出了层流显著降低阻力的一面。

根据式(3-342),转捩的表面摩擦系数为

$$c_{f,trans} = \frac{0.445}{(\lg Re_L)^{2.58}} - \frac{1700}{Re_L}$$

$$c_{f,trans} = \frac{0.445}{[\lg(4.913 \times 10^7)]^{2.58}} - \frac{1700}{4.913 \times 10^7} = 0.002320$$

转捩的表面摩擦阻力为

$$D_{f,trans} = c_{f,trans} q_\infty S_w = 0.002320 \times 68.13 \frac{磅力}{英尺^2} \times (35 英尺 \times 100 英尺)$$
$$= 553.2 磅力$$

转捩边界层的表面摩擦阻力的预测值高于湍流边界层表面摩擦阻力两个预测值的其中一个,低于另一个。由于转捩边界层由一层层流边界层和湍流边界层组成,我们可以预测转捩区阻力值界于层流和湍流边界层的阻力值之间。

3.12.4 气动失速与偏离

在本节中,我们将研究飞行包线的低速边界,该边界在第 2 章中定义为气动升力或气动失速边界(图 2-22)。在该气动失速边界上,由于机翼上的流动分离造成了升力损失。如果不纠正,失速可能导致飞机从控制飞行中偏离。与气动失速相关的失速速度是飞机能够保持稳定水平飞行的最低空速。虽然关于失速和失速速度的定义还有其他的说法,但我们主要讨论这种类型的气动失速。

在飞行中,由于意外的气动失速后偏离而造成的后果可能是灾难性的。

1896年,航空先驱 Otto Lilienthal 驾驶滑翔机失速后坠毁遇难。莱特兄弟在1901年初次驾驶载人滑翔机时就遭遇意外失速。基于他们对失速的经验以及对利连索尔(Lilienthal)因失速而死亡的了解,莱特兄弟为他们的飞机选择了鸭翼结构,该构型与传统的平尾相比,具有更好的失速特性。前鸭翼先于主机翼失速,导致飞机机头下降和减少攻角。即使在现代,因失速和偏离而造成的航空事故也非常多。由于所有飞机在起飞、降落和其他低速操作时,都必须在其飞行包线的低速边界附近飞行,因此了解飞机沿该边界的特性是非常重要的。定义或分类失速和偏离有许多的方法。在讨论其中的一些后,我们将探索与失速和偏离相关的飞行试验技术。

3.12.4.1 失速定义

关于失速和失速速度的定义有几种方法。它们的定义可能基于气动升力限制和升力损失或其他限制因素,例如,失控的飞机运动、高下降率、控制效率问题或过度的抖振。由于几何结构、机翼平面、机翼形状和其他原因,不同类型飞机的失速定义也不尽相同。对于给定的飞机类型,失速特性可能会根据飞机的构型(襟翼、起落架、减速板等装置的位置)、重心位置、攻角的变化率或其他原因而改变。例如,失速特性和失速速度通常是不同的,它们取决于襟翼是否延长。机翼和翼型的几何形状在飞机失速特性中有重要影响。

气动失速是由机翼超过临界或失速攻角 α_s 导致的。机翼上方的流动不能保持附着状态,存在大量的流动分离,导致升力的损失严重。在风洞试验中,大范围的流动分离将在失速机翼上显现,如图 3-216 所示,可以看到气流在机翼上反向流动以及沿翼展方向流动,形成巨大的分离"气泡",将会破坏升力。通过使用瓷土、混合煤油、泥土粉末和荧光颜料使表面流动可见化。在开启风洞之前,这些混合物被用在机翼表面。当气流流过机翼表面时,煤油就会蒸发,留下黏土粉末的条纹,标记表面流动的痕迹。

假设一架飞机在恒定高度下以 1g 平稳飞行。飞机的升力 L 等于重力 W,因此有

$$L = W = q_\infty S c_{\mathrm{L}} = \frac{1}{2}\rho_\infty v_\infty^2 S c_{\mathrm{L}} \tag{3-434}$$

根据式(3-434),如果飞机减速(减小 v_∞),则攻角必须增加,以产生更高的升力系数 c_L 来保持平稳、恒定高度(恒定 ρ_∞)飞行。假设机翼面积 S 是常数。如果飞机减速至失速速度 v_s,此时失速攻角为 α_s,最大升力系数为 $c_{L,\max}$。对于 1g 平稳飞行的失速速度,此时升力等于重力,如 2.3.7.1 节式(2.48)所示。将该式变形,得

$$v_s = \sqrt{\frac{2W}{\rho_\infty S c_{L,\max}}} = \sqrt{\frac{2}{\rho_\infty c_{L,\max}} \frac{W}{S}} \tag{3-435}$$

式中,重量除以机翼参考面积 W/S 称为翼载。

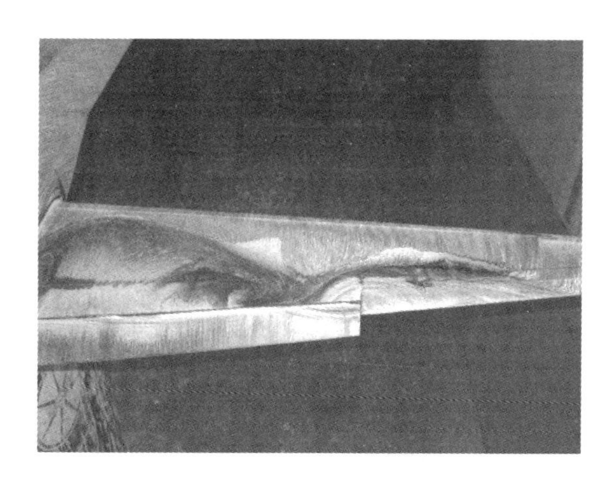

图 3-216 机翼上的失速图像,有着大范围的反向和沿翼展气流
(使用瓷土将表面流动可视化,气流方向从上到下)
(资料来源:华盛顿大学航空实验室,"Wing Airflow Patlern",https://en. wikipedia. org/wiki/File:Wing_air_flow_pattern. jpg,CC-BY-SA-3. 0,License at https://creativecommons. org/licenses/by-sa/3-0/legalcode)

由式(3-435)可知,气动失速速度与飞机翼载 W/S 的平方根成正比,与最大升力系数 $c_{L,\max}$ 的平方根成反比。

翼载是影响失速速度、爬升率、盘旋性能、起飞和着陆距离等其他飞机性能特性的重要参数。在给定重量时,高翼载的飞机比低翼载的飞机具有更小的机翼。从历史上看,随着飞机巡航速度的提高,翼载随着机翼尺寸的减小而增大,以提升高速性能。更大的翼载导致了高速飞机更高的失速速度。不同型号飞机的翼载和失速速度如表 3-16 所列(在 SI 单位中,翼载通常用不统一的单位 kgf/m^2 来表示)。失速速度随翼载的增大而增大。

表 3-16 部分飞机的翼载和失速速度

飞 机	主要用途	翼载 W/S	失速速度 v_s
莱特兄弟"飞行者"一号	第一次载人飞行	1.47 磅/英尺^2(7.18kg/m^2)	22 英里/h(35km/h)
施韦策(Schweitzer)2-33	滑翔机训练	4.74 磅/英尺^2(23.1kg/m^2)	36 英里/h(58km/h)
"比奇富豪"A36 教练机	通用航空飞机	20.2 磅/英尺^2(98.6kg/m^2)	59 英里/h(95km/h)
P-15"野马"战斗机	第二次世界大战战斗机	41.2 磅/英尺^2(201kg/m^2)	95.4 英里/h(154km/h)
T-38A 教练机	军用喷气式教练机	69.51 磅/英尺^2(339kg/m^2)	146 英里/h(235km/h)
波音 777-300	商用客机	143 磅/英尺^2(698kg/m^2)	165 英里/h(265km/h)

飞机具有较低的失速速度是有利的,因为可以以较低的速度起飞和着陆。如前所述,最大升力系数可使用增升装置(如襟翼)进一步提高,从而可以通过提高最大升力系数 $c_{L,\max}$ 进一步降低失速速度。一些增升装置也能增加机翼面

积 S,这也导致失速速度进一步下降。

对于某些类型的飞机或飞机构型,基于最大升力系数的失速速度的定义是不恰当的。在空速高于气动失速速度时,其他限制因素可能更为关键。这些因素有可能是失控的飞机运动、高下降率、控制效率问题或过度的抖振。在气动失速之前,飞机可能会在俯仰轴、滚转轴或偏航轴,或这些轴的组合中出现非预期、失控的运动。失控运动是指飞机在3个轴的任意运动,并不是飞行员使用控制输入的直接结果。这些失控运动可以来自飞机姿态的微小、非预期变化(如小俯仰或机翼滚转),以致大的偏离,例如,飞机机头从水平线下降至接近垂直的姿态。具有低展弦比、高后掠的薄机翼或三角翼的飞机在高攻角时倾向于动态机翼摇摆运动。这种摇摆运动是由薄机翼或薄机身前体的不稳定涡旋脱落造成的。对于这种高攻角行为类型的飞机,失速可能由机翼来回摆动的特定振幅来定义,如一个±20°的摇摆倾斜角。

高攻角时,大升力系数会引起大诱导阻力。如式(3-279)所示,诱导阻力系数与升力系数的平方成正比。阻力增加过大可能引起下降率过高,这是不可接受的,特别是飞机在接近地面的低海拔处着陆时。虽然不可接受的高下降率可采取稳定下降的方式解决,但仍然伴随着危险情况。下降率可能过高以至于很难抑制下降速度,这使得飞机安全着陆极其困难或几乎不可能。在这种情况下,失速可以用最大允许下降率下的最小速度来定义。

控制效率或者控制权限缺乏问题也可定义失速,通常涉及增加攻角的俯仰控制。当飞行员拉回驾驶杆时,飞机机头通常会向上翘起。在这种类型的失速现象中,尽管有继续拉回驾驶杆,但在气动失速前机头停止上仰。换一种说法,在气动失速前,飞机可以达到俯仰控制极限,此时驾驶杆处于后拉的极限位置,攻角无法进一步增加。

最后,失速可由在高攻角时感受到的过度抖振来定义。这种抖振可能是机翼的分离流动撞击飞机尾部的结果。此外,这种抖振可能发生在攻角低于气动失速攻角时。

3.12.4.2 失速的气动特性

在3.8节中,翼型升力系数曲线作为升力系数对相对攻角的函数引入(图3-90)。到目前为止,我们的注意力一直集中在线性升力范围,其中升力系数随攻角线性变化。这部分的升力系数曲线用于大多数标准飞行。升力系数曲线的非线性部分从气动失速附近开始,此时对应最大升力系数 $c_{L,\max}$。之前已经证明,失速攻角 α_s 处对应升力系数的峰值,之后升力系数随攻角的增大而降低。

要弄清楚的是,失速是由于超过临界攻角,与空速无关。例如,如果我们在风洞中放置一个攻角为0°的翼型,气流速度低于翼型失速速度,那么翼型上的气流不会分离,也不会出现气动失速。如果我们把机翼攻角设置为失速攻角,气流速度超过其失速速度,翼型上的流动就会分离并且翼型将会失速。那么飞机为什么不能低于失速速度飞行呢?如果我们将飞机的机翼攻角设置在其失速攻角以下,速度低于其失速速度,那么由升力系数和动压表示的升力将小于飞机重力。失速速度与失速有关,随着空速的降低,攻角持续增加至失速攻角,以试图保持升力等于重力。

对于没有增升装置的常规翼型,最大升力系数约为1.8~1.9,失速攻角通常约为15°~18°。然而,升力系数随攻角的变化率方面的失速特性可能大有不同,取决于几个因素。这可以从失速后升力系数曲线随攻角的变化形状看出,如图3-217所示。失速可以是平缓的,即升力系数在失速后随攻角的增大而逐渐减小;也可以是突变的,即升力系数在失速后迅速减小。失速行为的差异可能会对飞行安全产生影响,因为突变失速的变化率更高,对于飞行员来说,收到的因为流动分离而造成的机体抖振的警告可能比渐变失速的要少。

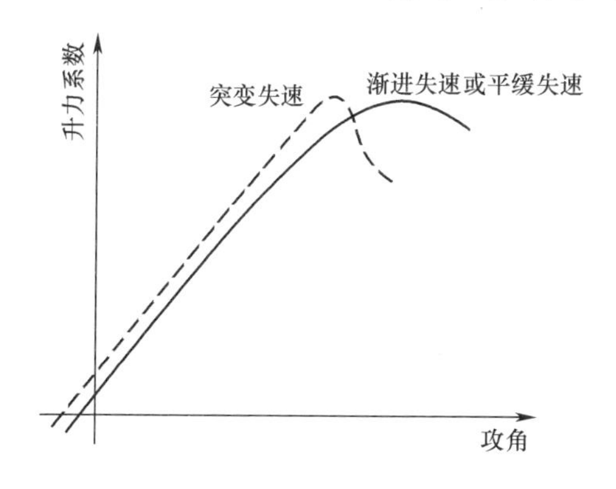

图3-217 渐变失速和突变

不管是渐变失速还是突变失速,影响失速类型的主要因素之一是翼型的形状。前缘半径较大的中等或厚翼型部分更倾向于渐进或平缓失速,前缘半径较小的薄翼型倾向于突变失速。失速行为与翼型的流动分离特性相关。如图3-218所示,有着圆形前缘的厚翼型推迟流动分离直至翼型后缘。在这里,“厚”翼型的定义是厚度比大于等于13%。流动分离从翼型后缘开始,随着攻角的增加向翼型前缘移动。随着分离区域的增大和攻角的增加,升力损失逐渐增大。通常,由失速引起的俯仰力矩变化很小。较薄翼型的流动分离开始于翼型前缘,对应的攻角通常比厚翼型的攻角低。这里的“薄”翼型定义是厚度比约为6%~13%。失速开始于翼型前缘的一个分离气泡,之后迅速蔓延超过翼型长度。这种失速会引起升力突然损失和俯仰力矩突然变化。

对于一个非常薄的翼型,其厚度比不到6%且前缘锋利,失速仍从翼型前缘的分离气泡开始,但是失速的进程不同。随着攻角的增大,分离气流扩散到整个翼型长度。此时,有一个分离流的动气泡从前缘延伸到后缘,从而翼型获得最大

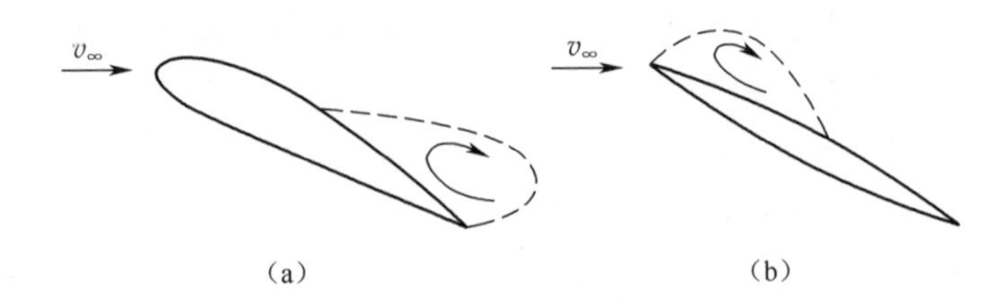

图 3-218　后缘分离和前缘分离机翼失速
(a)后缘分离;(b)前缘分离。

升力。如果攻角进一步增大,翼型失速会有一个平稳的升力损失,但有较大的俯仰力矩变化。

另一个影响分离点的主要因素为雷诺数。雷诺数较大时,湍流边界层会延迟流动分离,正如前文讨论过的在球体上的流动。高雷诺数倾向于延迟流动分离,并将分离点进一步移至机翼后缘。

到目前为止,我们所讨论的流动分离和失速特性均基于一个稳定的攻角或者一个正在缓慢增加的攻角的假设。如果攻角迅速增加,由于流动分离的不稳定性、非线性气动特性,动态失速行为可能与静态情况有很大不同。动态失速攻角可能大于静态失速攻角。当攻角迅速增加时,在翼型前缘将产生一个涡流在翼型上表面流动,激活边界层流动和延迟流动分离。因此,失速发生前,攻角会动态增加到一个明显更大的角度,动态失速攻角可能明显大于静态失速攻角。在动态条件下,可以得到较高的最大升力系数。然而,当动态失速发生时,升力损失往往比静态失速的升力损失更突然。

我们现在考虑与三维机翼失速相关的流动分离。影响失速的与机翼几何形状有关的两个主要因素是机翼展弦比和平面形状。之前已讨论过展弦比的影响,即随着展弦比的增大,最大升力系数增加,失速攻角减小。

机翼平面形状对引起失速的流动分离进程的影响如图 3-219 所示。在接近失速的大攻角下,矩形平面的流动分离开始于机翼后缘的根部。随着攻角的增大,分离气流逐渐向机翼前缘和翼尖移动。对于梯形平面机翼,分离气流开始于整个机翼后缘并且均匀地向前推进。流动气流开始于后掠翼翼尖,向内移动至前缘和翼根。

根据图 3-219 所示的失速区扩大模式,矩形翼从保持附着气流的角度来看是有利的,在机翼外侧,即副翼所在的位置。附着的气流使副翼能够在更大的攻角控制滚转。在大攻角时,后掠翼在滚转控制方面是最差的,流动分离从翼尖开始,使得副翼在大攻角时失效。流动分离从机翼根部开始的另外一个好处是分离气流产生的湍流尾流冲击水平尾翼,产生抖振,警告飞行员即将失速。这样,飞行员就能在流动分离扩散到整个机翼之前意识到即将失速。

我们必须谨记,飞机左右机翼上的流动分离模式和失速区扩大可能不是对

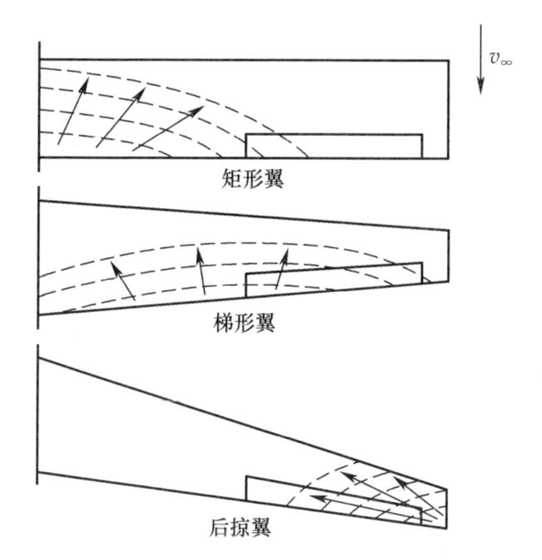

图 3-219 不同机翼类型的气动失速区扩大过程

称的。这种不对称可能是由不均匀的自由流、飞机的侧滑或者左右机翼几何形状的细微差别引起的。因此,由于流动分离而造成的升力损失或许也不是对称的,从而导致不对称的飞机运动,例如,机翼自由倾斜或者机翼“下垂”。

前面已经提及失速警告,我们用“修复”类型的一些见解来总结这一节,可以纳入机翼设计来防止、推迟、警告或者减轻气动失速的严重程度。与根部失速优先的概念保持一致:为了确保机翼翼根部分先于翼尖部分失速,机翼可以设计成扭转的。这可以通过几何扭转来实现,翼根部分设定为大于翼尖的安装角,或者气动扭转,即翼根形状与翼尖形状不同,先于翼尖失速。

除了各种前缘增升装置,如翼缝和缝翼,其他类型的机翼装置或附件也可以用于改善失速特性。一个锋利的小型失速条可连接至机翼前缘,通常靠近翼根。锋利的失速条使失速从它附着的地方开始,使得翼根先失速。沿机翼前缘安装的其他装置包括小型鳍状装置,称为涡流发生器。在大攻角时,涡流发生器产生的涡流为机翼边界层提供能量,延迟流动分离。在另一种涡流式设计中,在机翼前缘可做一个切口或者斜面,称为下垂前缘,能产生一个涡流为边界层提供能量。最终,称为失速栅的平板装置可沿翼弦方向放置,以防止流动分离沿翼展方向扩展。

从预警的角度处理失速,有几种类型的装置用于对失速攻角的感知或监控。其中最简单的可能是可看见的失速警示灯或可听见的失速警告,当接近失速攻角时,这些警告就会激活。这些预警装置通常通过感知机翼前缘的压强来工作。许多现代飞机都有攻角指示器,能够向飞行员显示攻角数据或信息。

其他类型机械装置的使用是为了防止飞机失速。例如向前推动升降舵操纵杆,当接近失速时可减小攻角。例如失速预警振杆器,可以振动或颤动操纵杆提供失速的触觉警告。这些类型的设备通常依赖于测量攻角的传感器。在电传飞控系统中,即飞机的控制没有机械地连接到操纵面,飞控计算机能够限制飞行员需求的攻角。攻角限制器可以在整个飞行状态范围内提供失速保护。

3.12.4.3 过失速气动特性

下面讨论一些与飞机过失速相关的空气动力学原理和飞机行为。通常,过失速区飞行等同于大攻角飞行。在达到失速前,假设飞机的气动特性是线性的。过失速空气动力学的主要特征是非线性的气动特性,这使得精确预测过失速气动特性十分困难,因此预测过失速飞机运动也极其困难。

有意要求在过失速区操控飞机是极少数情况。飞行训练可以在该区域进行,或一些特技飞机也可以在该区域进行常规操作。随着推力矢量飞机的出现,过失速区的机动操作可以为军用飞机提供一些优势。持续的过失速机动有时称为超机动。大攻角的过失速机动已经由推力矢量飞机验证,例如,罗克韦尔 X-31 能够在攻角高达 70°时控制飞机。

通常,过失速区是无意识进入的并且取决于几个因素,包括飞机的类型、进入的姿态、飞行员输入或者其他因素,飞机可以脱离控制飞行。偏离是飞机脱离控制后的一个过渡状态,最后会恢复到可控飞行或持续的失控状态,例如,偏离后螺旋运动、深度失速或尾旋。偏离后螺旋运动是不稳定的、失控的飞机运动,例如,在飞机的一个或多个轴上滚转。深度失速是一种半稳定、失去控制的飞行状态,在这种状态下,飞机以过失速攻角维持飞行,旋转运动可忽略不计。飞机在深度失速时,可能会在偏航、滚转或俯仰 3 个自由度上出现低速振荡运动。尾旋是飞机在以过失速区的攻角偏航时的持续旋转。尾旋中的旋转运动可以是偏航、滚转或俯仰 3 个自由度上的低速振荡。我们将在后面部分进一步讨论尾旋。

飞机在偏离时的行为包括大幅度且发散的非指令运动。非指令运动定义为在正常意义上不响应飞行员输入的飞机运动。例如,如果输入是右杆,正常意义上期望飞机向右滚转,但实际却是机头上仰,这就是一种非指令运动。

需要明确的是,飞机偏离前不必先失速,因为还有其他可能导致偏离的情况。例如,航向稳定性差会导致最后偏航发散以及从受控飞行偏离。在大攻角时,从机身前体流出的不对称旋涡可能会导致高侧向力和偏航力矩,从而导致大攻角方向发散运动,包括麦克唐纳·道格拉斯 F-4“幻影”在内的几架军用飞机都存在大攻角方向的运动发散问题。

NACA 0012 翼型剖面失速后的升力系数曲线如图 3-220 所示,攻角从 0°~180°。这一独特的气动数据来自 Darrieus 风力涡轮(一种垂直轴风力涡轮)中使用的各种翼型剖面的风洞试验(详见文献[62])。基于翼型弦长的雷诺数 Re_c 为 1×10^7。约 15°以下攻角的升力系数曲线类似于我们所熟悉的翼型升力系数曲线。对于诸如 NACA 0012 的对称翼型而言,升力系数在零攻角处为 0。升力系数与攻角线性相关,直到大约 15°的失速攻角附近,此时最大升力系数约为

1.4。超过失速攻角后，升力系数以几乎垂直的斜率急剧下降，达到最小值约为0.86。超过约25°的攻角，升力系数随攻角的增加而再次增加，其升力线斜率小于较低攻角范围时的斜率。升力系数在约45°的攻角处达到约1.1的第二峰值。在45°的攻角处翼型的第二次失速比15°攻角处翼型的第一次失速更加平滑。升力系数在约92°的攻角处平滑地减小到0，此时翼型处于接近垂直的姿态。攻角超过90°时，翼型“向后”，后缘指向自由流。由于翼型在风洞中从0°到180°连续旋转，攻角大于92°时，升力系数是负的，因其对应于负攻角。翼型“向后”的趋势类似于翼型的正方向，但是升力系数的大小与对应的攻角相比较低。升力系数在攻角为180°时返回到0，此时它向自由流提供了一个“向后”但又对称的轮廓。

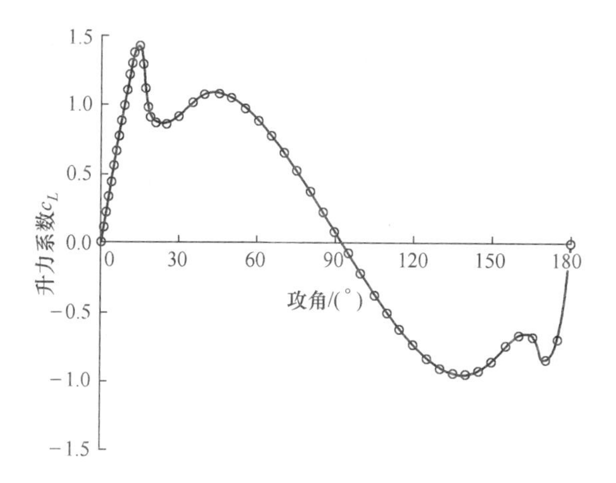

图3-220 NACA 0012翼型的升力曲线，攻角从0到180°，基于弦长的雷诺数为1×10^7
(资料来源：文献[62]的数据)

3.12.4.4 尾旋

尾旋是飞机最复杂的运动之一。它是耦合运动，是关于两个或更多个彼此相互作用的飞机轴的运动。可以有意或无意地从任何飞行姿态进入尾旋。故意尾旋在第一次世界大战中被用作战斗期间的逃生机动或作为快速失去高度的手段。偏离可能会也可能不会导致飞机尾旋，但尾旋必须以偏离为先导。飞机尾旋的两个必要因素是气动失速和偏航运动。一侧或两侧机翼必须气动失速从而使飞机进入尾旋，并且必须存在偏航运动。偏航运动可能是由于失速后两侧机翼之间的升力和阻力不平衡或者由于另一种类型偏离产生的侧向力而导致的。

进入尾旋后，飞机围绕垂直旋转轴自动旋转做偏航运动，且具有高下降率并快速失去高度，如图3-221所示。除了偏航运动，在所有3个飞机轴上都可能存在振荡运动。在尾旋的进程中，尾旋特性从转弯到转弯是可重复的，使得尾旋可以被定义为具有角速度 Ω 和旋转半径 R_s 的稳定螺旋旋转，半径 R_s 可以小于翼展。直立尾旋如图 3-221 所示，但尾旋也可能与飞机倒飞有关。

尾旋自由体受力如图 3-222 所示。飞机处于机头朝下的姿态，相对于垂直轴成角度 θ，围绕垂直旋转轴以角速度 Ω 旋转，并以速度 v_∞ 下降。飞机没有围绕其重心旋转，因此尾旋具有半径 R_s，即从飞机重心到垂直旋转轴的距离。即使机翼失速，机翼产生的气动力 F_R 仍然存在。该合力可以分解成平行于速度矢量的阻力 D 和垂直于速度的升力 L。因此，在尾旋中，作用在飞机上的力在其重心处是升力 L、阻力 D 和重量 W。

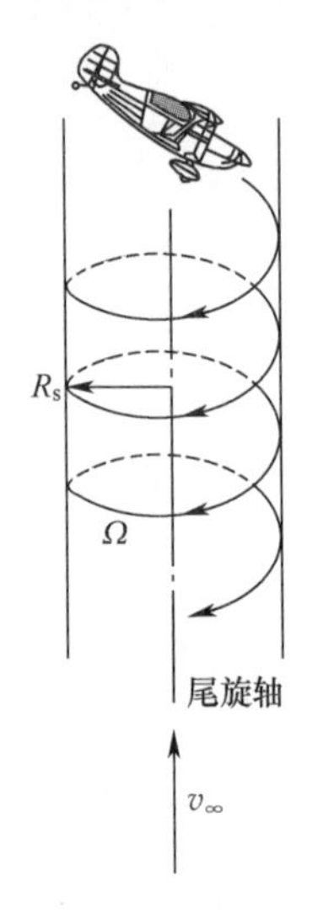

图 3-221　尾旋几何描述

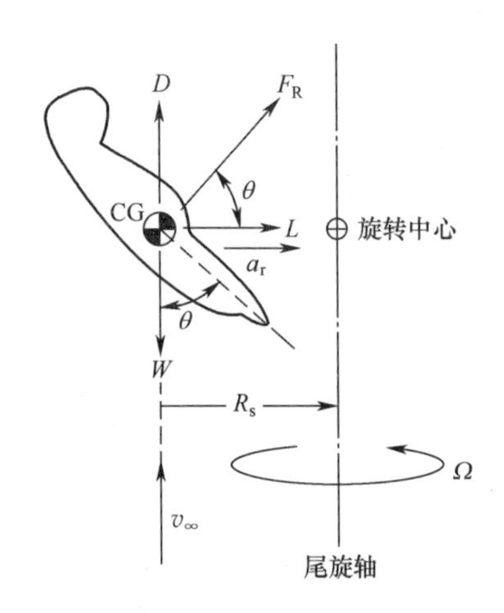

图 3-222　尾旋自由体受力图

观察一下自由体受力图，我们可能会想要增加另一个水平力以平衡升力并“保持飞机处于平衡状态”或“保持飞机处于尾旋状态”，但实际上飞机处于加速状态并且不在平衡状态。增加的力通常称为离心力，这是不正确的。由于飞机偏航运动时正在下降并转向，因此总速度矢量是垂直分量 v_∞ 和偏航分量（图中未示出）的矢量和。偏航速度分量在方向上连续变化，这改变了总速度矢量的方向。由于速度矢量随时间变化，因此存在加速度。如果有另一种平衡升力的力，则飞机将处于平衡状态，并且根本不会转弯。需要径向升力才能使飞机偏航。

在垂直方向 z 上应用牛顿第二定律，有

$$\sum F_z = W - D = mg - D = 0 \tag{3-436}$$

式中：m 为飞机质量；g 为重力加速度。

式（3-436）简单说明飞机在垂直方向上处于平衡状态，重量由阻力平衡。为了求解飞机的质量，有

$$m = \frac{D}{g} \tag{3-437}$$

沿着自旋半径,在径向方向上应用牛顿第二定律,有

$$\sum F_{\mathrm{r}} = L = ma_{\mathrm{r}} \tag{3-438}$$

式中:m 为飞机质量; a_{r} 为径向加速度。

假设尾旋飞行路径是个圆,则径向加速度 a_{r} 为

$$a_{\mathrm{r}} = \frac{v_{\mathrm{r}}^2}{R_{\mathrm{s}}} = \frac{(\Omega R_{\mathrm{s}})^2}{R_{\mathrm{s}}} = \Omega^2 R_{\mathrm{s}} \tag{3-439}$$

式中: v_∞ 为径向速度;Ω 为角速度(rad/s); R_{s} 为自旋半径。

将式(3-334)代入式(3-333),得

$$L = m\Omega^2 R_{\mathrm{s}} \tag{3-440}$$

求解自旋半径 R_{s}, 代入式(3-437),得

$$R_{\mathrm{s}} = \frac{L}{m\Omega^2} = \frac{L}{D}\frac{g}{\Omega^2} \tag{3-441}$$

由此可见,自旋半径与飞机升阻比 L/D 成正比,与角速度 Ω 成反比。

采用图 3-222 中的几何描述,自旋半径可能与机身轴线和垂直轴的角度 θ 相关,如

$$R_{\mathrm{s}} = \frac{g}{\Omega^2}\tan\theta \tag{3-442}$$

随着尾旋变得平缓 (θ 增加),尾旋半径减小,尾旋速率增加。根据文献[51],对于典型的通用航空飞机,尾旋半径约为翼展的 0.2 倍, θ 为 45°;在平缓尾旋中,尾旋半径减小到翼展的 0.06 倍, θ 等于 60°。

尾旋速率小于 60(°)/s 为慢速,60~120(°)/s 为快速,大于 120(°)/s 为超快速。英国索普维斯(Sopwith)“骆驼”战斗机(图 3-223)是第一次世界大战中最成功的双翼战斗机之一,具有危险的尾旋特性,导致许多飞行员死亡。在一次事故中,“骆驼”战斗机的尾旋令人眼花缭乱,速度可达到 180~240(°)/s,而每次尾旋都会降低 100~200 英尺的高度。

在设计飞机构型和飞行控制系统时,偏离、失速或尾旋的改出是重点考虑因素。1916 年之前,在为尾旋找到任何可以改出的方法之前,无意尾旋对于飞行员和飞机来说很可能是致命的。1912 年 8 月 25 日,英国皇家海军的帕克(Parke)中尉(1889—1912 年)在阿弗罗(Avro)G 型双座双翼机上(图 3-224)首次记录并见证了尾旋改出。经过 3h 的评估飞行后,帕克从一个约 600~700 英尺(180~210m)的高度下降到陆地,在发动机空转的情况下,采取急转弯、下降、左转的方式着陆。评估时由于滑行太陡了,他把机头抬升,不经意间进入左转尾旋。帕克试图通过增加发动机加力来改出,然后将控制杆拉回使方向舵向左满偏转,这增加了尾旋速度。这两次尝试均没有改出尾旋,现在高度只有 50 英尺(15m)左

右。然后他用力拉右方向舵,尾旋几乎立即停止,飞机又回到了可控状态。帕克估计已经恢复到大约5~6英尺(1.5~1.8m)的高度。这种创纪录的尾旋改出被称为“帕克潜水”。帕克幸运地发现了尾旋改出技术,这在航空领域已经广为人知,但在飞行训练中并没有正式教导,因为故意尾旋涉及的风险被认为太高了。

图3-223 英国索普维斯“骆驼”战斗机,以其臭名昭著的尾旋特性而闻名
(资料来源:英国皇家空军摄影师,具体不详 PD-UKGov)

图3-224 阿弗罗G型双翼机
(资料来源:作者不详,1912年,圣地亚哥航空航天博物馆,圣地亚哥航空航天博物馆档案馆,无版权限制)

在1915年后的一段时间内,来自英国法恩伯勒皇家飞机制造厂的英国物理学家 Frederick A. Lindemann(1886—1957年)对尾旋开始了第一次系统研究。Lindemann 分析了尾旋并提出了理论上的尾旋改出技术。不幸的是,在那个时候,故意尾旋被认为太危险了,无法真正验证他的理论。Lindemann 毫不气馁地要求自己接受飞行训练,这样他就可以验证自己的理论。在1917年夏天,他获得了许可,在皇家飞机制造厂的 B. E. 2E 双翼机上尝试了几种飞行,进入并成功地从尾旋中改出,证明了他的尾旋改出方法。

此外,Lindemann 还是收集有关尾旋的飞行数据的第一人。在尾旋期间,他使用安装在驾驶舱内的仪器记录空速、正常加速度、下降率和飞机姿态。意识到垂向的飞机空速指示器在尾旋过程中遇到的攻角不准确,Lindemann 安装了额外的皮托管,以获得更准确的读数。一个弹簧式加速计安装在飞行员座椅上,以测量法向加速度。他还试图用一种与流动对齐的彩色纸条来测量尾旋中的攻角,以表明流动角与其后面的测量尺度相对应。使用该装置,由于彩色纸条的摆动,攻角测量范围只能在2°~3°内。尾旋径直飞向地面上的摄像机暗箱(一种针孔摄像机)上方,观察者可以从中估计尾旋速度和半径。Lindemann 的报告称,BE2 的典型尾旋每个周期时间约为4s,转弯半径约为20英尺(6m)。尾旋非常陡峭,Lindemann 报告了在尾旋过程中的俯仰姿态(机身轴线与垂直轴之间的角度)约为20°。除了验证他的尾旋改出技术外,Lindemann 还推导了一些关于尾旋的气动特性。他得出结论,由于下降率和尾旋速度不变,流动是定常的。他还推断出一侧机翼的攻角必须大于失速攻角,即一个机翼失速,以维持稳定的尾旋。

尾旋改出特性受到若干因素的强烈影响,包括重心位置、尾部位置和方向舵的大小。随着重心向后移动,尾旋磁化率增加,尾旋改出的难度上升。如果重心位置太靠后,飞机可能无法从尾旋中改出。尾旋改出涉及将攻角减至低于失速攻角并停止偏航中的旋转。其主要控制面是升降舵,用来减小攻角;以及方向舵,用来停止偏航运动。在飞机处于过失速攻角时,这些尾部操纵面处在被机翼或机身“挡住”的位置,使得其控制效果显著降低或完全丧失。从这种气动角度来看,倒立尾旋可能比直立或直立尾旋更容易改出,因为垂尾完全处于气流中,增加了其操纵效率。然而,从飞行员的角度来看,倒立尾旋可能比直立尾旋更加迷茫和不舒服,使得改出更加困难。

尾旋改出所需的精确控制输入取决于飞机类型,更具体地讲,取决于飞机的质量分布。对于类似于早期飞机(单发、轻型飞机)的飞机类型,使用与尾旋方向相反的下行升降舵和方向舵是其典型的改出技术。对于机翼具有更大质量分布的飞机,称为翼载式飞机,例如轻型双发飞机,在舵输入时,下行升降舵输入通常是最重要的。对于机身装载的大部分质量都在机身中的飞机,例如具有机身掩埋式发动机和小展弦比机翼的军用战斗机,副翼输入、滚转进入尾旋以及防尾旋方向舵可能是必需的。

飞机偏离和尾旋的数据是从各种方法中获得的。专门的垂直尾旋风洞用于获取动态缩比模型的数据,如3.7.4.5节所述。传统的风洞也可用于收集在一定范围的攻角和方向的飞机构造的气动数据。无线电控制模型也已成功使用。由于预测过失速气动特性的困难,用于获得偏离和尾旋数据的载人飞行试验是危险的,但通过适当的准备和培训,可以使飞行试验风险可以控制。在下一节中,我们将讨论几种飞行试验技术,以获得在飞行中的全尺寸飞机的失速、偏离和尾旋数据。

例 3.21 尾旋速度的计算

试计算克里斯汀“鹰Ⅱ”双翼机的尾旋角速度,翼展为19英尺11英寸,考虑45°的俯冲尾旋和较平缓的30°的俯冲尾旋。

解:

使用式(3-442),获得自旋角速度(以rad/s为单位)。

$$R_s = \frac{L}{m\Omega^2} = \frac{L}{D}\frac{g}{\Omega^2}$$

$$\Omega = \sqrt{\frac{g}{R_s \tan\theta}}$$

角度θ是相对垂直轴测量的,因此45°的俯冲尾旋对应θ为45°、30°的俯冲

尾旋对应 θ 为 60°。θ 为 45°时,尾旋半径为 0.2b;θ 为 60°时,尾旋半径为 0.06b。

对于更陡峭的尾旋,有

$$\Omega = \sqrt{\frac{g}{0.2b}\tan 45^\circ} = \sqrt{\frac{32.2\,\frac{\text{英尺}}{\text{s}^2} \times \tan 45^\circ}{0.2 \times 19.92\,\text{英尺}}} = 2.84\,\frac{\text{rad}}{\text{s}} = 163\,\frac{(^\circ)}{\text{s}}$$

对于较平缓的尾旋,有

$$\Omega = \sqrt{\frac{g}{0.06b}\tan 60^\circ} = \sqrt{\frac{32.2\,\frac{\text{英尺}}{\text{s}^2} \times \tan 6^\circ}{0.06 \times 19.92\,\text{英尺}}} = 6.83\,\frac{\text{rad}}{\text{s}} = 391\,\frac{(^\circ)}{\text{s}}$$

3.12.5 FTT:失速、偏离和尾旋飞行试验

失速、偏离和尾旋飞行试验探索飞机飞行包线的较低空速边界。所有飞机都需要进行失速飞行试验,但通常只需要对用于特技飞行或在失速攻角附近进行机动的飞机进行偏离和尾旋试验。由于大攻角气动特性的非线性和难以预测的固有特性,失速、分离和尾旋飞行试验通常被认为是高风险的。

执行失速、偏离或尾旋飞行试验的原因有很多。失速试验确定了飞行包线的低速边界。在这些飞行试验中可以获得飞机行为和飞行特性,包括飞机对偏离或尾旋的敏感性以及任何相关的预警标志。试验还确定用于失速、分离和尾旋的最佳改出方法。飞行试验数据可用于验证或改进飞机的气动模型,确定对其他飞机系统的影响,例如对结构、航空电子设备或大气数据系统的影响。

为了了解失速和偏离飞行试验技术,以克里斯汀"鹰Ⅱ"特技双翼机为例(图3-225)进行介绍。克里斯汀"鹰Ⅱ"是一款高性能、单引擎双翼飞机,专为特技飞行而设计。它是一种自制飞机,成套出售,由个人制造和组装。该飞机具有交错的双翼机翼(顶翼位于底翼前方),翼展相等,机身尾部水平安定面带有可偏转的升降舵,单个垂直尾翼带有可偏转的升降舵。机翼结构是木质的,带有织物覆盖物。机身和尾部采用铬钢焊接管结构,前机身由铝板覆盖,后部由织物覆盖。机身驾驶舱的两个座椅纵向布置,飞行员位于后座,乘客位于座舱盖下的前排座位。该飞机具有尾轮起落架构型——铝制弹簧主轮和可转向尾轮。该飞机通常由单个莱康明 AEIO-360-A1D 吸气、风冷、水平对置的四缸活塞发动机提供动力,输出功率为 200 马力(149kW)。该发动机设计用于特技飞行,具有能够支持持续倒飞燃油供应的燃油系统。克里斯汀"鹰Ⅱ"的首飞是在 1977 年 2 月。图 3-226 和表 3-17 分别给出了克里斯汀"鹰Ⅱ"的三视图和选用规格。

图 3-225 克里斯汀“鹰”Ⅱ特技双翼机
(资料来源:作者提供)

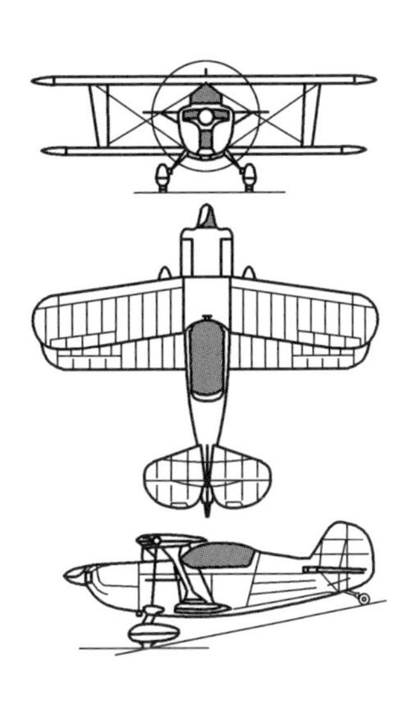

图 3-226 克里斯汀“鹰Ⅱ”特技双翼机的三视图
(资料来源:Richard Ferriere 提供,经许可)

表 3-17 克里斯汀“鹰Ⅱ”的选用规格

项 目	规 格
主要功能	通用航空,运动特技飞行
制造商	自制(由 Aviat Aircraft、Afton、Wyoming 提供的套件)
首飞	1977 年 2 月
机组人员	1 名飞行员+1 名乘客
推进装置	莱康明 AEIO-360-A1D 四缸发动机
发动机功率	200 马力(149kW)
空重	1025 磅(464.9kg)
最大总重	1578 磅(715.8kg)
长度	17 英尺 11 英寸(5.46m)
高度	6 英尺 6 英寸(1.98m)
翼展	19 英尺 11 英寸(6.07m)
机翼面积	125 英尺^2(11.6m^2)
翼载	12.62 磅/英尺^2(61.62kgf/m^2)
翼型	对称,厚度 15%
最高空速	184 英里/h(296km/h)
实用升限	17000 英尺(5200m)
过载系数限制	+6.0g,-4.0g

失速和尾旋试验通常在飞机总重量下以各种构型执行，包括不同的重心位置和各种襟翼、缝翼或起落架位置。通常研究重心位置的前限和后限，其对失速和尾旋特性具有显著影响。对于可以携带如油箱、武器、吊舱或其他设备等装载物的飞机，试验是在各种货物装载的情况下进行的，包括无货物、对称货物装载和最大不对称货物装载。还可以研究推力影响，如停车或开启。我们可能对在高过载系数下的失速感兴趣，其中失速是在恒定的高度转弯或机翼从俯冲水平拉出的情况下进行的，可以评估直立和倒置的失速。将以最大总重、重心位置以及发动机空转时对克里斯汀“鹰Ⅱ”进行飞行试验。由于克里斯汀“鹰Ⅱ”没有襟翼和固定起落架，因此只有一种飞机构型。此时应关注于1g、机翼水平、发动机停车、直立失速。

根据表3-17中的信息并使用式(2.48)，克里斯汀“鹰Ⅱ”的失速速度v_s为

$$v_s = \sqrt{\frac{2W}{\rho S c_{L,\max}}} = \sqrt{\frac{2W_{\max\ gross}}{\rho_{SSL} S c_{L,\max}}} \tag{3-443}$$

在最大总重$W_{\max\ gross}$和标准海平面密度ρ_{SSL}的条件下计算失速速度，NACA 0015翼型的最大升力系数约为1.48。将值插入式(3-443)，预测的失速速度为

$$v_s = \sqrt{\frac{2 \times 1578\text{磅}}{0.002377\dfrac{\text{slug}}{\text{英尺}^3} \times 125\text{英尺}^2 \times 1.48}} = 84.4\frac{\text{英尺}}{\text{s}} = 57.6\frac{\text{英里}}{\text{h}} \tag{3-444}$$

失速、偏离和尾旋飞行试验都是危险的。必须做出适当的准备以尽可能降低风险。一种潜在的危险是飞机脱离受控飞行而不会改出的可能性。为了降低这种风险，试验总是在尽可能高的高度进行，以提供更多的改出时间。如果无法改出，则可以跳伞或从飞机上弹出。如果飞机无法改出，则指定高度限制以进行跳伞或弹出。在克里斯汀“鹰Ⅱ”中，将佩戴紧急降落伞背包。如果飞机失控并降至指定的弹出高度以下，将执行手动弹出。克里斯汀“鹰Ⅱ”将从海平面高度附近的机场起飞，爬升至至少海拔5000英尺(1500m)的高度进行试验。弹出高度为1500英尺(460m)，如果飞机到这个高度没有恢复受控飞行，乘坐人员会被弹出。

在更大更复杂的飞机中，如果需要，通常在飞机上安装紧急改出装置——尾旋改出降落伞(反尾旋降落伞)，以帮助改出。反尾旋降落伞是一个小型降落伞，存放在一个固定在飞机的尾端的圆柱形容器中。反尾旋降落伞在飞机后面完全展开，帮助进入偏离或尾旋的飞机改出。从飞机改出到受控飞行之后，通过切断装置使降落伞从飞机上脱离，使飞机能够正常飞行，而不会出现降落伞缠绕

在尾部的风险情况。

其他试验准备包括特殊仪器或设备,例如具有攻角和侧滑角叶片的大气数据棒,可以以更高的采样率捕捉失速、偏离或尾旋的动态大气数据。可能有几台相机安装在飞机驾驶舱的外部和内部,以捕捉失速、偏离或尾旋的多个不同的视图。必须确保重量的增加,例如相机在飞机上的位置,尤其是翼尖上的位置,不能显著改变尾旋特性。在过去,飞机和飞行员常常因为增加的设备降低了尾旋改出能力或无法改出而造成损失。在驾驶舱中,可以显示额外的测量值,如攻角、侧滑角、偏航率、偏航方向或方向舵位置。从人为因素的角度来看,飞行员约束系统必须在高正(负)过载系数和倒置飞行时,将飞行员固定在他或她的座位上。关键开关和控制杆必须具备可达性,以便于飞行员检查,如反尾旋降落伞的布置。对于地面观察者或摄像机,飞机的外部可以涂漆以使其高度可见,特别是当它处于尾旋、回转或翻滚的姿态时。机翼可以涂上不同的颜色,或者可以沿翼展或机身涂上宽条纹,以使飞机姿态更加清晰。在完成这些改进之后,必须检查试验飞机是否仍然可以代表生产型飞机,否则试验数据可能仅适用于经过改进的试验飞机,而不适用于将投入运营的飞机。

完成准备工作后,可以驾驶克里斯汀"鹰Ⅱ"飞行并进行失速、偏离和尾旋试验。系上紧急降落伞背包,打开飞机左侧的侧铰式座舱盖,然后爬上驾驶舱后座椅。出于对重量和平衡考虑,飞行员在驾驶舱后部驾驶,以保持飞机重心在前限和后限之间。启动发动机,滑行至跑道,并完成起飞前的检查。准备起飞,将油门向前推,起飞,然后开始爬升。在达到5000英尺的试验高度时,可以平飞并准备第一次失速试验。

执行不同的失速类型并系统地表征飞机的失速行为。按照正常的飞行试验累积方法,将从良性、风险最低的失速开始,逐步进展到可能具有更高风险的更激进的失速。遵循美国空军制定的指南,如表3-18所列。对于最良性的失速,即A阶段失速,将使用正常的控制输入接近失速,并在第一个失速指示处改出。这种失速指示可能是俯冲下降,任何轴上的非指令运动,持续的,无法忍受的抖振或达到操纵杆拉到极限位置,攻角不会增加。如果飞机从A阶段进入偏离或尾旋,则飞机被认为对偏离或尾旋极度敏感。如果飞机不偏离或不尾旋,将进入B阶段失速,使用正常的控制输入接近直到达到失速,在此情况下,应用1s恶化输入。恶化输入是错误的控制输入,如交叉控制,左舵输入应用于右侧滚转(控制杆向右),反之亦然。如果飞机在B阶段进入偏离或尾旋,则认为飞机对分离或尾旋敏感。如果飞机没有进入偏离或尾旋,将执行C阶段,这与B阶段相似,除了在失速处恶化输入的时间更长,最长可达3s。如果C阶段失速的恶化输入使飞机偏离或尾旋,则认为飞机能够一定程度上抵抗分离或尾旋。如果飞机C阶段恶化输入没有导致偏离或尾旋,则认为其对偏离或尾旋具有极强的抵抗力。最激进的失速进入类型是D阶段,在此阶段中,恶化输入最多可达15s或者旋转三圈。

表 3-18　飞行试验中的失速类型(改编自文献[63])

失速类型	飞行员输入	如果飞机偏离或尾旋,偏离/尾旋的敏感性
A 阶段	失速时没有恶化, 在出现第一个失速指示时改出	极其敏感
B 阶段	恶化 1s	敏感
C 阶段	恶化 3s	如果飞机偏离或尾旋,有抗性; 如果飞机不偏离或尾旋,高抗性
D 阶段	恶化 15s 或三圈尾旋	—

首先以预测的失速速度的 1.2 倍(式(3-444)或 $1.2v_s$,等于 70 英里/h(113km/h))的空速降低推力并配平平飞 v_s。第一个失速进入的是 A 阶段。保持舵无偏转,使发动机空转并慢慢拉回控制杆,增加攻角并且每秒降低空速 1 英里/h,以避免接近失速时的任何动态效应。机头正在慢慢上仰,此时看到空速指示器示数正在逐渐变低。在 59 英里/h(95km/h)的速度下,在俯冲下降之前,伴随着轻微的左翼下降,可以感受到轻微的抖振。这时高度计显示仅损失了大约 200 英尺(60m)的高度。快速释放控制杆上的拉杆力,降低机头并全动力运行。空速迅速增加,之后处于受控飞行中。从这个试验中得出结论,飞机对偏离或尾旋不敏感。获得的失速速度略高于预测,事实上,预测时用到的最大升力系数基于二维翼型而不是三维机翼,从而导致较低的预测失速速度。

爬升到 5000 英尺的高度,准备执行 B 阶段失速,恶化输入 1s。如果飞机偏离或尾旋,注意尾旋的典型描述性元素。注意尾旋进入时的特性,包括尾旋每圈的高度损失以及空速指示。在尾旋过程中,将使用表 3-19 中所列的 SARO 尾旋模式修正来描述尾旋特性。首字母缩略词 SARO 代表感知、姿态、速度和振荡。感知描述处于直立还是倒置。姿态描述了飞机俯仰姿态的陡峭程度,如表 3-19 中给出的攻角范围量化。速率描述尾旋速率,由表 3-19 中给出的角速率范围量化。最后,通过振荡描述主观评估尾旋振荡的特性,从轻微到剧烈。在尾旋振荡期间也可能感受到正和负的加速度力。对于尾旋改出,注意控制效率、改出所需要的圈数、恢复姿态以及尾旋中的高度损失。

表 3-19　SARO 尾旋模式修正[63]

感　知	姿　态	速　率	振荡
直立($+\alpha$)	非常陡峭($\alpha_s < \alpha < 35°$)	慢(最高 60(°)/s)	平稳
倒置($-\alpha$)	陡峭($35° < \alpha < 70°$) 平缓($\alpha \geqslant 35°$)	快(最高 60~120(°)/s) 慢(>120(°)/s)	温和的振荡 振荡 高度振荡 剧烈振荡

在 5000 英尺的高度再次配平飞行，并将飞机空速修正到为 $1.2v_s$ 或 70 英里/h。在使发动机空转后，慢慢地拉动控制杆，进入 B 阶段失速。在失速中，会发生像前一次失速一样的抖振，接着是俯冲下降，以及左机翼轻微下沉。为了实现 B 阶段恶化输入，可以使用左方向舵，将杆保持在相同的后部位置，没有滚转输入。飞机向左侧滚转，看起来几乎倒飞，俯冲下降然后开始向左偏航。开始尾旋后，可以直视机身顶部；朝向机头，可以看到地面上的一个地标——一个小山丘上的小房子。由于地面在一片模糊中呼啸而过，所以请注意 SARO 描述器。感知是直立，姿态似乎是陡峭，速度很快，振荡是轻微的振荡。空速指示器稳定在失速速度，刚好低于 60 英里/h。地标现在已经模糊地看见了两次，并且即将第三次出现，这也是开始尾旋改出的时候。

山上的房子进入视线，执行尾旋改出控制输入，通过前推控制杆向右偏转方向舵，以减小攻角。转了一圈后，飞机还在尾旋，确认方向舵已向右偏转到极限位置并继续前推控制杆，使尾旋偏航率增加。现在控制杆位于前限位置，飞机仍在尾旋。这时高度计显示正急速失去高度。试图保持冷静并从逻辑上思考尾旋，确定飞机是直立尾旋并向左旋转，那么反向偏转方向舵是正确的。考虑 SARO 观察值，看到尾旋是平缓的，这令人惊讶，因为发动机空转后期望飞机以更小的 θ 角(图 3-222)尾旋。重新检查油门杆，它没有完全拉回到空转状态。在螺旋桨的陀螺力作用下，尾旋变得平缓，尾旋中飞机的机头上仰。将油门杆拉回到空转位置，飞机机头略微下降。仍然执行尾旋改出右偏方向舵和前推驾驶杆输入。再转一圈之后，机头向下倾斜，尾旋停止，此时处于陡峭的俯冲可控飞行中。此时可以全动力运转并退出俯冲，并注意到刚刚超过弹出高度。在高海拔地区进行试验需要很好的判断力。由于飞机在 B 阶段失速后偏离并尾旋，因此将其归类为对偏离和尾旋敏感。今天已经进行了足够多的尾旋试验，返回机场反思并吸取经验教训。

3.13 高超声速流

现在是时候停下来回顾有关流动状态的物理特性了。回顾表 2-6 中以马赫数表示的各种流动状态。我们已经讨论了亚声速流，马赫数小于 1；跨声速流，马赫数约为 0.8~1.2；超声速流，马赫数约为 1.2~5。现在讨论高超声速流状态，即理论上马赫数从 5 到无穷大。正如第 2 章所强调的那样，以马赫数作区别是有点不规范，因为表示这些不同流动状态的流动变化现象是连续的，而不是一种非连续的阶跃过程。这些主要变化不仅是马赫数的函数，而且可能取决于几何形状。同样，从超声速到高超声速流的转变也是如此。随着马赫数的增加，高超声速流的物理特征变得更加显著。

除了大马赫数，高超声速飞行具有急剧增加温度的特性。很简单，高超声速流是高温流动。我们已经知道,在超声速飞行时,会遇到急剧增加的跨声速阻力,即"音障";同样地,高超声速飞行面临着一个"热障",在非常高的马赫数下空气流动产生的高温甚至可以熔化钢。高马赫数和高温的影响使高超声速下安全飞行成为最具挑战性的飞行之一。

在下面的讨论中,我们将高超声速流的影响分为高马赫数产生的影响和高温产生的影响。通过这样做,我们将高温产生的热化学效应与高马赫数对流体动力学的影响分离。我们可以在无黏高超声速流动的背景下解释这两种现象。从高马赫数和高温对靠近物体表面边界层上的影响角度,对黏性高超声速流做简单讨论。高超声速飞行通常在很高的高度进行,由于高空空气密度很低,以至于连续介质假设可能并非正确。这个空气动力学领域,称为稀薄气体动力学,与高超声速流相关联。在即将介绍的高超声速飞行试验技术中,有一些高超声速流现象的实例。我们通过简要讨论与高超声速飞行相关的不同类型飞行器的方式,开始讨论高超声速流。

3.13.1 高超声速飞行器

第二次世界大战后,火箭推进的不断发展使得飞行的马赫数越来越高。如1.3.5.3节所述,Bumper-WAC火箭于1949年2月24日发射,成为第一个以马赫数大于5进行高超声速飞行的物体。第一个以高超声速飞行的人是苏联宇航员尤里·加加林,其乘坐的"东方"号载人太空飞船在再入地球大气层时速度超过17000英里/h(27000km/h)或马赫数为25。"阿波罗"号宇宙飞船从月球返回,以马赫数36进入地球大气层,是载人航天飞行器中飞行速度最快的。

用于这些里程碑飞行的高超声速飞行器可以归类为不同类型。Bumper-WAC火箭和其他高超声速火箭或导弹作为高超声速加速器,旨在将航天器尽可能快的加速到高超声速。这与设计用于达到高超声速和长时间巡航的高超声速巡航器形成对比。然而火箭推进可能用于更有效的吸气式高超声速加速器,高超声速推进系统是高超声速巡航所必需的。我们将在第4章中讨论一些潜在的吸气式高超声速的推进系统。"东方"号载人飞船,"阿波罗"号宇宙飞船和其他太空飞行器从轨道或更远处返回地球的超声速飞行器,其设计用于从高超声速减速到低亚声速。

在空气动力学上,这3种类型的高超声速飞行器是完全不同的。高超声速再入飞行器设计用于产生高阻力以使飞行器从轨道或更高的速度减速。相反,高超声速加速器和巡航飞行器需要低阻力。高超声速升阻比对于巡航飞机而言是有用的,但可能对希望尽快爬出厚厚的大气层的加速器没有益处。然而,高超声速飞行器的整体气动效率,体现为升阻比,通常很低。基于文献[47],最大升阻比 $(L/D)_{max}$(与马赫数 Ma_∞ 相关)为

$$\left(\frac{L}{D}\right)_{\max}=\frac{4.5(Ma_{\infty}+1.6)}{Ma_{\infty}} \tag{3-445}$$

根据式(3-445)可绘制图3-227。可以看出,最大升阻比随着马赫数增加显著降低。超声速最大升阻比随着马赫数的增加逐渐变为与马赫数无关的量(稍后将讨论)。式(3-445)和图3-227表明预测的高超声速升阻比的最大值约为5。在实践中,高超声速飞行器的升阻比由于实际的物理特性和设计妥协相比理论值5要低得多。

一些高超声速飞行器的设计,采用了流量控制技术,能够得到更高的超声速升阻比。由文献[56]构思的尖脊翼是一个使用流量控制的简易外形,如图3-228所示。这种形状来源于已知的二维结构,以超声速或高超声速流流过如图3-228所示角度为 θ 的楔形物。楔形物上的超声速或高超声速流会产生角度为 β 的平面激波,如图中的阴影平面所示。尖脊翼的构成是由中心楔形,其角度等于二维楔角 θ 并且从该楔形中心到平面激波的前缘的直线连接。激波完全附着在前缘上,尖脊翼就像在平面激波的顶部“骑行”,因此这些类型的流量控制装置被称为乘波体。机翼下面被高压完全包围,等于斜激波后的压强,进而产生高升阻比。

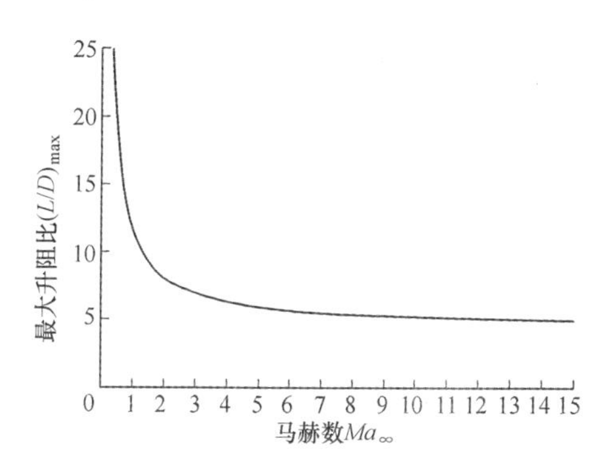

图3-227 最大升阻比与马赫数

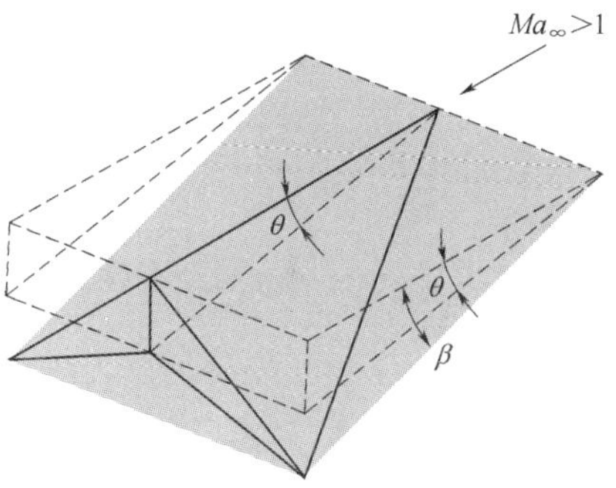

图3-228 高超声速尖脊翼乘波体

尖脊翼是一种“点设计”形状,用于单个自由流马赫数,在这种设计条件下,激波附着在前缘上。在其他非设计马赫数情况下,由于激波角不同,使激波不再附着在机翼前缘上。这导致机翼下方的高压空气溢出,降低了它的效率。除了其非设计性能外,还有其他关于乘波体概念的设计问题,例如尖锐前缘的冷却以及有效载荷的携带。

就像尖脊翼由楔形物上的已知流场设计一样,乘波体构型也可以从其他已知的流场构建,如流过锥体或其他物体的超声速或高超声速流。一旦这个已知的流场和激波形状被确定下来,乘波体几何形状可以通过“雕刻”,使得其前缘沿着激波方向。有几种先进的乘波体概念设计具有很好的气动特性,并解决了一些已提到的实际设计问题。

最后,有些自然物体会以超声速穿过大气层,如从太空进入地球大气层的陨星和小行星。陨星或小行星变得可见,是因为它进入大气后高温蒸发,称为流星。如果它在地球表面上作为固体物质保留下来,就称为陨石。据估计,每年都会有成千上万质量大于约 10g(0.35 盎司①)的陨石撞击地球表面。但是,大多数流星只有一粒沙子或一块小卵石那么大,质量小于几克,而且在大气中燃烧殆尽。如果流星来自于小行星,可能会由致密的石质或金属材料构成,而如果他们来自彗星,则通常可能是被称为“尘球”的低密度材料的聚集体。

流星以大约 11~72km/s(25000~160000 英里/h)的超声速进入地球大气层。不同流星速度的巨大差异是由于地球的自转,因为流星的轨迹可以与地球的自转速度(大约 30km/h(67000 英里/h)相同或相反。流星高超声速飞行产生的巨大动能使流星周围的空气电离,从而在天空中产生绚丽的外表和明亮的条纹。电离是在空气中从氧和氮原子中剥离电子的过程,产生“自由”电子,使空气成为导电等离子体。

最近在地球大气层中达到高超声速的自然物体的例子是 2013 年 2 月 15 日小行星以马赫数约为 60(68000km/s,42500 英里/s)的速度在俄罗斯车里雅宾斯克市上空穿透大气层。重约 10000t(9×10^6kg),直径近 20m(66 英尺)的巨大陨星在约 30km(18.6 英里,98000 英尺)高空爆炸,产生的光线比太阳更亮,向全世界发出冲击波。爆炸的陨星解体成了数百个碎片,许多碎片撞击地面成为陨石,其中有些碎片重达半吨。

3.13.2 高马赫数效应

高超声速飞行与高马赫数飞行同义。我们已经看到,在低马赫数流、亚声速流和超声速流之间,流动物理特性存在根本差异。一旦飞行速度接近声速,气流中就会产生激波,这是亚声速流中没有的现象。随着马赫数的增加,激波的位置和强度发生显著变化。

对于细长的物体,如图 3-229 所示的 7.5°二维楔形物,激波附着在物体上(顶端)。平面激波角 β 是自由流马赫数 Ma_1 的函数(图 3-229 中的单个自由流马赫数描述了激波角)。在低超声速马赫数下,激波角很大。随着马赫数的增加,激波角逐渐减小,且逐渐靠近楔形表面,如图 3-229 所示。激波角的数值如表 3-20 所列。在马赫数为 2 时,激波角为 36.7°;在马赫数为 10 时,激波角减小到 11.9°;在马赫数非常高,为 50 和 100 时,激波角分别为 9.16°和 9.05°。随着马赫数的增加,激波角看起来趋于恒定值。在理论上,马赫数无穷大时,激

---

① 1 盎司(重量单位)= 28.350g = $\frac{1}{16}$磅。

波角收敛到 9.01°。因此,我们看到在非常高的马赫数下,激波角变得恒定或与马赫数无关。高超声速飞行的这种特征——某些量独立于马赫数,称为马赫数无关原理。本节后面将对此原理进行详细说明。

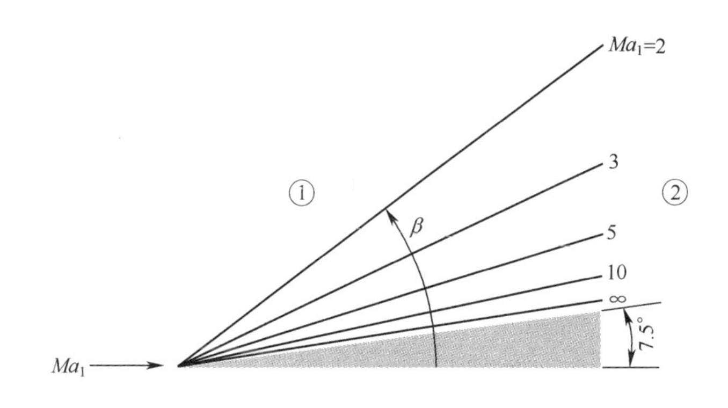

图 3-229 增加马赫数对薄楔形体激波角的影响

表 3-20 还显示,随着马赫数的增加,激波的强度急剧增加。将区域②中激波背后的流动特性与区域①中的自由流特性进行比较,激波后面的压强和温度相对于自由流 p_2/p_1 和 T_2/T_1 的比分别作为马赫数的函数给出。在低超声速马赫数为 2 时,激波后面的压强是自由流状态下的 1.5 倍;在高超声速马赫数为 5 时,压强比为 2.37;在非常大的高超声速马赫数下,激波后面的压强和温度比对应的自由流状态下的值大几个数量级。马赫数无关原理不适用于压强或温度比,因为当马赫数接近无穷大时,它们都接近无穷大。这些值随着与激波垂直的马赫数的平方增加而增加。

表 3-20 楔形角度为 7.5°时激波角 β 与自由流马赫数 Ma_1 的关系

Ma_1	β	$\frac{p_2}{p_1}$	$\frac{T_2}{T_1}$
2	36.7°	1.50	1.13
3	25.2°	1.74	1.18
5	17.1°	2.37	1.30
10	11.9°	4.77	1.73
20	9.87°	13.5	3.22
50	9.16°	73.8	13.3
100	9.05°	288	49.1
∞	9.01°	∞	∞

图 3-230 所示为增加马赫数对钝体的影响。这里,简单球体前方的弓形激

波被描绘为自由流马赫数 Ma_1 的函数。弓形激波与球体分离并且位于上游，之间的一段距离称为激波脱体距离，该距离沿着球体的中心线测量，平行于自由流方向。随着马赫数的增加，激波脱体距离会减小，当马赫数接近无穷大时，弓形激波会趋近球体前方的极限距离。因此，激波脱体距离表现出高超声速钝体的马赫数独立性，类似于高超声速细长体的极限激波角。

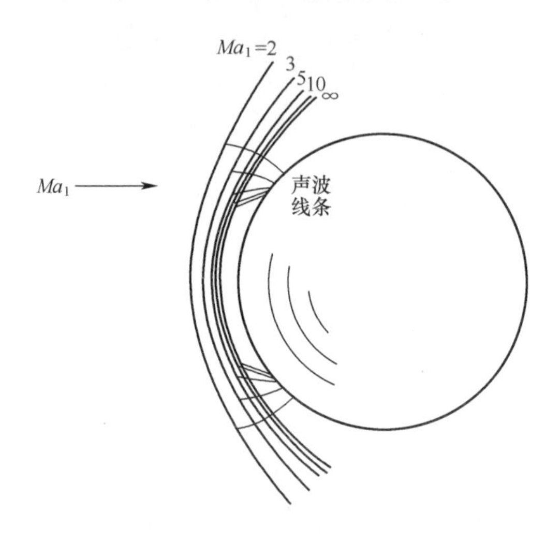

图 3-230　增加马赫数对球体激波脱体距离的影响
（资料来源：转载自文献[25]，图 8）

比较钝体和细长体之间的激波形状是件很有趣的事情。与细长楔形物上的直的平面激波不同，球体上的弓形激波是高度弯曲的。激波曲率导致流动特性的横向（垂直于自由流方向）梯度。球体前方的弓形激波部分垂直于自由流方向，因此流动通过正激波后从超声速或高超声速减速到亚声速。然后，对于不同的马赫数，流体在球体前方加速并达到超声速，亚声速和超声速流之间的分界线显示为声速线，如图 3-230 所示。在远离球体的中心线的位置，激波会随着激波角的减小从正激波变为斜激波。

下面回到马赫数无关原理的问题上。正如我们已经看到的，在楔形物和球体上的流动，当马赫数增加到高超声速值时，有一些物理量会成为固定值。这种现象可以通过分析验证并通过试验观察到。如果将 3.6.4 节中给出的流动控制方程施加适当的边界条件，则对于非常大的马赫数的极限情况，它们会逐渐成为与马赫数无关的形式。在图 3-231 所示的试验数据中，很明显可以看出马赫数无关原理，其中球体和圆柱体的阻力系数被绘制为马赫数的函数。虽然阻力系数在跨声速和低超声速时变化很大，但它在高超声速马赫数下达到了接近恒定的值。

马赫数无关原理适用于某些流动几何参数，如激波角、激波脱体距离和激波

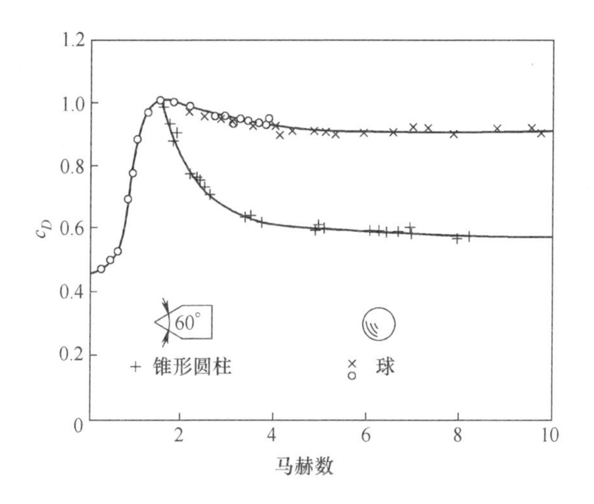

图 3-231 高超声速阻力系数的马赫数无关原理
(资料来源:转载自 Introduction to Hypersonic Flow, G. G. Chernyi, 图 1.8,第 49 页,1961 年,文献[20],经 Elsevier 许可)

形状,以及某些无量纲气动系数,如压力系数 c_p。由于升力和波阻系数 c_L 和 c_{D_w} 分别可以从压力系数导出,因此它们也成为马赫数无关的量(高超声速下)。

球体的阻力系数在马赫数约为 5 时与马赫数无关,而锥形圆柱体对应的马赫数约为 6 或 7。这是因为马赫数无关是与激波法线的马赫数平方有关的函数($Ma_1^2 \sin^2\beta$),其中 Ma_1 为自由流马赫数,β 为激波角,而不是单独的自由流马赫数的函数。因此,当与激波垂直的马赫数非常大时,马赫数无关原理成立,即

$$Ma_1^2 \sin^2\beta \gg 1 \tag{3-446}$$

由于激波角 β 取决于物体的几何形状,因此使马赫数无关原理成立的自由流马赫数也取决于物体几何形状。在钝体(如球体)的驻点处,激波接近垂直,$\beta=90°$,即 $\sin\beta = 1$。对于细长体,如锥形圆柱体,激波倾斜,$\beta<90°$, $\sin\beta < 1$。因此,如式(3-446)所示,在相同的自由流马赫数下,就法向马赫数的平方而言,钝体与细长体相比要大得多,并且在较低的自由流马赫数下使马赫数无关原理成立。

3.13.3 高温效应

如上所述,高超声速流是高温流动。假设一架高超声速飞行器以马赫数为 10 的速度飞行,飞行海拔高度为 150000 英尺(45700m)。与此高度相对应的静态温度为 479.1°R(19.43℉,266.2K)。假设飞行器的前端为钝形,则在前方存在正激波。在马赫数为 10 时,流过正激波的静态温度比为 20.4,即激波下游的

静态温度是自由流静态温度的 20.4 倍,或者说为 9774°R(9314℉,5430K)。除了激波之外,黏性高超声速流由于边界层中的表面摩擦而产生高温,其中流体的高动能被转换成热。

上面针对正激波计算的温度,均假设空气是具有恒定比热容的理想气体。实际上,气体在高超声速下不再像具有恒定比热容的理想气体那样,并且预测的温度不准确。正激波下游的温度仍然非常高,但它与用理想气体进行的预测不同。以前,有人指出气体(如空气)的温度是气体分子的随机运动的度量。到目前为止,在我们讨论的非高超声速飞行条件下,这是一个准确的说法。然而,在高超声速下,流体中的能量不仅仅是气体分子的随机运动的能量。

首先观察随着气温升高在分子水平上发生的现象。空气主要由氮和氧分子组成,其分子分别由两个氮原子和氧原子形成。将双原子分子模拟为"哑铃"形状,两个球形原子通过连杆连接,如图 3-232 所示。空气中的双原子分子具有几种自由模式,随着温度的升高而被激发。在正常情况下,即非高超声速的压强和温度条件下,分子具有平动和转动动能。双原子分子具有 3 种平动动能模式,其中分子可以在三维空间中线性平移(图 3-232(a))。重点是要注意,温度只是这种平动动能的量度。

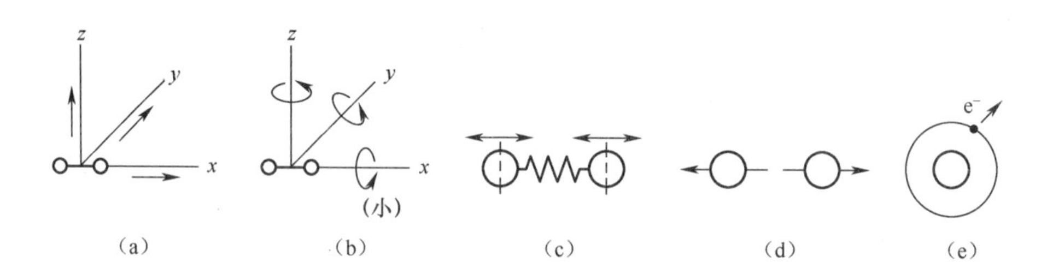

图 3-232 温度升高对双原子分子的影响

(a)平动;(b)转动激发;(c)振动激发;(d)解离;(e)电离。

分子具有两种转动动能模式,其中分子可以围绕其轴自转或自旋(图 3-232(b))。分子绕其分子间轴(连接两个原子的轴)旋转的能量与其他轴相比非常小,通常被忽略,因此双原子分子被认为具有两种转动动能模式。

随着温度的升高,双原子分子的单一振动能量模式被激发,类似于由弹簧连接的原子的线性"来回"振动(图 3-232(c))。随着温度进一步升高,分子解离,分子的键断裂,原子分开(图 3-232(d))。随着空气分子的解离,空气变成化学反应气体。最后,在非常高的温度下,电子从解离的原子中被剥离,成为空气中的自由电子(图 3-232(e))。这种电离过程使空气成为导电的电离等离子体,并吸收无线电波,在航天器进入大气的某些阶段导致无线电通信联络中断。由于温度升高引起的气体的振动激发、解离和电离称为高温效应。

温度升高对空气分子的影响如图 3-232 所示,其会消耗一部分流体动能。

如果不考虑这些高温效应,则高超声速流体温度会被预测得过高,因为流动更多的动能将被转化成平动动能,这是温度的量度。对于前面给出的正激波示例,高温效应下的实际温度比为 11.85,而不是用理想气体假设预测的 20.4。正激波下游的实际温度为 5677°R(5217℉,3154K),这仍然是一个非常高的温度,但比 9774°R(9314.3℉,5430K)的理想气体预测值要小得多(另外说明,钢的熔点约为 3310°R(2850℉,1839K))。在这么高的温度下,理想气体的假设不再有效,并且气体的比热容比不是恒定的。气体必须作为非理想气体处理,这比理想气体更难以分析。高声速,高温流动分析数据的表格,可用于高超声速流动的设计和分析。例如,文献[78]提供了高超声速高温流的正激波特性表,类似于 NACA 报告 1135 号(文献[6])中的理想气体正激波表。

与高超声速流相关的流动状态和高温效应如图 3-233 所示,适用于压强为 1 大气压(101300N/m^2,2116 磅/英尺^2)的空气。从超声速到高超声速的流动状态的过程以及与马赫数的关系显示在图的左侧。右侧显示了总温的标度。回想一下,总温是指流体在等熵中绝热停滞时获得的温度。因此,随着流体马赫数的增加,当流体停止时,流体中有更多的能量来增加总温。

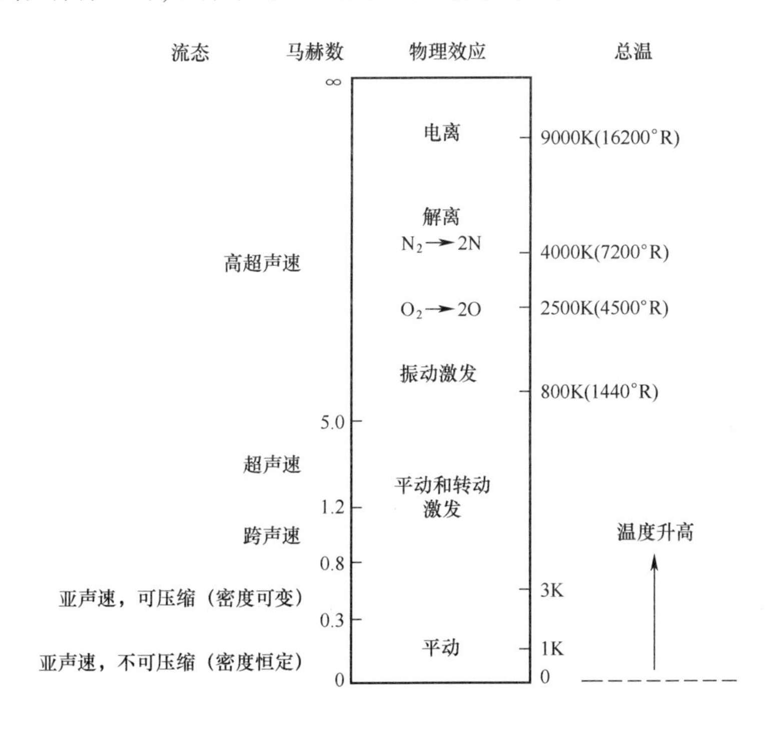

图 3-233 空气流动状态和高温效应范围

在非常低的温度下,低于约 3K(-454℉,914°R)时,空气中的氧和氮分子仅具有平动动能。随着温度升高到正常条件,约 800K(980℉,1440°R)时,分子同时具有平动动能和转动动能,这是亚声速、跨声速和低超声速飞行的流动状态。进入超声速流动状态,温度高于约 800K,分子振动激发。氧分子开始解离成氧原子的温度约为 2500K(4000℉,4500°R),完全解离约 4000K(6700℉,7200°R)。氮分子在约 4000K 时开始解离,约 9000K(15700℉,16200°R)时完全解离。氧原子和氮原子的电离在约 9000K 开始。

因此,我们看到与高超声速飞行相关的高温可以将飞行器周围的“普通”空气变成化学反应气体,可能是电离的气体。那么,这些高温效应如何影响高超声速飞行器的飞行? 前文已经提到空气的电离可以导致航天器的大气进入“无线电通信联络中断”现象。此外,对高超声速飞行器还有其他重要的气动影响。

压强不受化学反应气体的高温效应的强烈影响。因为压强是一个“机械”变量,故不受流体化学性质的强烈影响。然而,由于高温效应,表面压强的微小变化可能对飞行器升力、阻力或力矩产生显著的影响。

也许在高超声速飞行中,高温的最主要影响是加剧气动加热。正如我们一直讨论的那样,正激波下游,极热的激波层会将其热能辐射到飞行器中。来自激波辐射的热量占据了进入高超声速飞行器总热量的很大百分比。对于“阿波罗”太空舱,从月球返回并以马赫数为 36 的速度进入地球大气层,辐射热传递大约是飞行器的总热负荷的 30%。除了来自极热激波层的热辐射之外,由于边界层中高超声速动能的黏性耗散,存在显著的对流传热。与低速飞行器不同,高超声速飞行器的高传热率是高超声速飞行器设计中的主要考虑因素。

3.13.4 黏性高超声速流

Prandtl 的边界层理论认为,黏度和热传导的影响受限于靠近物体表面的薄层。可以分开分析无黏流和黏性流,这大大简化了许多空气动力学问题。在亚声速和低超声速时,边界层、表面摩擦和热传导的黏性效应通常可以忽略不计。在超声速和高超声速时,表面摩擦和热传导的影响变得显著。由于边界层中高动能的黏性耗散引起的一些高温效应在上一节中已进行了讨论。

高超声速飞行器的边界层除了受到表面摩擦和对流传热效应外,还可能产生移位效应,这也是必须考虑的因素。高超声速下的边界层厚度比在较低速度下显著增大,从而使得物体有效厚度增加并且使流体移位到边界层之外。高超声速黏性边界层与边界层外的非黏性流体之间的这种相互作用称为高超声速黏性相互作用。

高超声速飞行通常是指在非常高的高度飞行,那里空气密度非常低。因此,高超声速飞行可以处于相对较低的雷诺数,其中边界层趋向于层流。鉴于此,由式(3-413)得出,从层流边界层开始,其厚度 δ 与雷诺数的平方根成反比,即

$$\delta \propto \frac{1}{\sqrt{Re_x}} = \frac{1}{\sqrt{\frac{\rho v x}{\mu}}} = \sqrt{\frac{\mu}{\rho v x}} \tag{3-447}$$

式中:Re_x 为沿着平板或其他物体表面的基于长度 x 的雷诺数。

如果用表面温度或壁温 T_w 来估计雷诺数中的密度 ρ 和黏度 μ,则式(3-447)变为

$$\delta \propto \frac{1}{\sqrt{Re_{x,w}}} = \sqrt{\frac{\mu_w}{\rho_w v_\infty x}} \tag{3-448}$$

式中:v_∞ 为边界层外的自由流速度;$Re_{x,w}$ 为壁温下的雷诺数。

式(3-448)乘以 $\sqrt{\mu_\infty/\mu_\infty}$ 和 $\sqrt{\rho_\infty/\rho_\infty}$,得

$$\delta \propto \sqrt{\frac{\mu_\infty}{\rho_\infty v_\infty x}}\sqrt{\frac{\mu_w}{\mu_\infty}}\sqrt{\frac{\rho_\infty}{\rho_w}} = \frac{1}{\sqrt{Re_{x,\infty}}}\sqrt{\frac{\mu_w}{\mu_\infty}}\sqrt{\frac{\rho_\infty}{\rho_w}} \tag{3-449}$$

式中:$Re_{x,\infty}$ 为在自由流条件下计算的雷诺数。

假设黏度系数和壁-自由流的温度比 T_w/T_∞ 成线性关系(这是比式(3-16)给出的萨瑟兰定律更简单的黏度假设,使得推导更加容易)。因此,可以假设

$$\sqrt{\frac{\mu_w}{\mu_\infty}} \propto \sqrt{\frac{T_w}{T_\infty}} \tag{3-450}$$

利用理想气体状态方程和通过边界层的压强恒定的原理,当壁面压强等于自由流压强时,自由流密度与壁面温度对应的密度之比为

$$\frac{\rho_\infty}{\rho_w} \propto \frac{\rho_\infty}{RT_\infty}\frac{RT_w}{\rho_\infty} = \frac{T_w}{T_\infty} \tag{3-451}$$

这表明该密度比和壁-自由流温度比成比例。将式(3-450)和式(3-451)代入式(3-449),得

$$\delta \propto \frac{1}{\sqrt{Re}}\sqrt{\frac{T_w}{T_\infty}}\sqrt{\frac{T_w}{T_\infty}} = \frac{1}{\sqrt{Re}}\frac{T_w}{T_\infty} \tag{3-452}$$

式中,雷诺数的下标已被删除。

假设等熵流,壁温 T_w 等于流动总温 T_t,因此壁-自由流温度比由总温与自由流温度的等熵关系式(3-341)给出。

$$\frac{T_w}{T_\infty} = \frac{T_t}{T_\infty} = 1 + \frac{\gamma - 1}{2}Ma_\infty^2 \tag{3-453}$$

将式(3-453)代入式(3-452),得

$$\delta \propto \frac{1}{\sqrt{Re}}\left(1 + \frac{\gamma - 1}{2}Ma_\infty^2\right) \tag{3-454}$$

在高超声速下,$Ma_\infty^2 \gg 1$,因此式(3-454)变为

$$\delta \propto \frac{\gamma - 1}{2} \frac{Ma_\infty^2}{\sqrt{Re}} \tag{3-455}$$

因此,可以看出边界层厚度随着马赫数的平方而增长。这样,在相同雷诺数下,边界层厚度在高超声速下可能比在低速下大几个数量级。

厚的高超声速边界层将有效厚度(位移厚度)添加到平板或其他物体表面上,使得平板或其他物体“看起来”更厚。边界层外部的无黏流围绕着这种厚的边界层,好像它是阻碍流体的真实物体。如图 3-234 所示,简单平板上的超声速流不会产生激波(假设平板前缘非常锋利),平板上的表面压强 p_w 等于自由流压强 p_∞。在高超声速流中,厚边界层有效地钝化了板的前缘,使高超声速流偏转,产生了激波,并且使表面压强增加到高于自由流压强,$p_w > p_\infty$。表面摩擦阻力和对流传热也由于边界层变厚而增大。

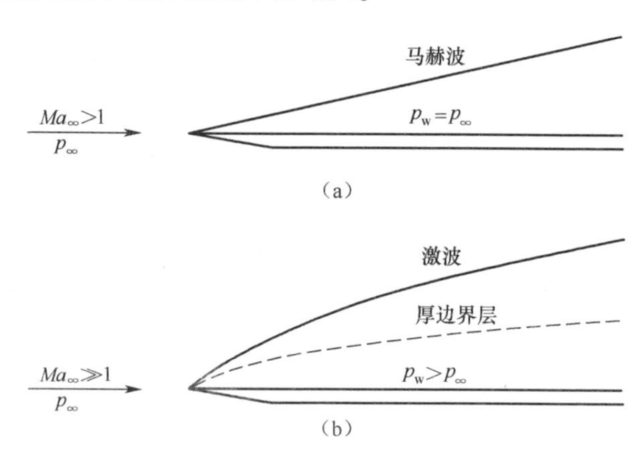

图 3-234　超声速流平面和高超声速流平面
(a)超声速流平面;(b)高超声速流平面。

在某些情况下,仍然可以使用无黏流的假设来分析具有厚边界层物体上的高超声速流。如图 3-235 所示,将边界层位移厚度添加到原来几何结构中,来形成一个新的几何体,便可以使用无黏流原理进行分析。

如 3.13.2 节所述,激波随着马赫数的增加而靠近物体。高超声速厚边界层在物体与激波之间所占的流动比例大于在激波不太接近物体且边界层不那么厚的较低速度下所占的流动比例。这将在激波和物体表面之间产生混合的无黏和黏性的激波层,其中无黏和黏性效应在分析中不能分开考虑。

除了边界层产生的激波外,可能还有其他冲击边界层的激波。这种激波-边界层相互作用并不是高超声速流所特有的,因为它在较低的超声速马赫数下也被发现,但是在高超声速下由于更强的激波而加剧,这导致经过激波的压强迅速升高,并且越厚的层流边界层,其承受逆压梯度的能力越低。因此,另一个与黏性相关的问题是激波引起的流动分离,这可能显著影响飞行器的气动特性和

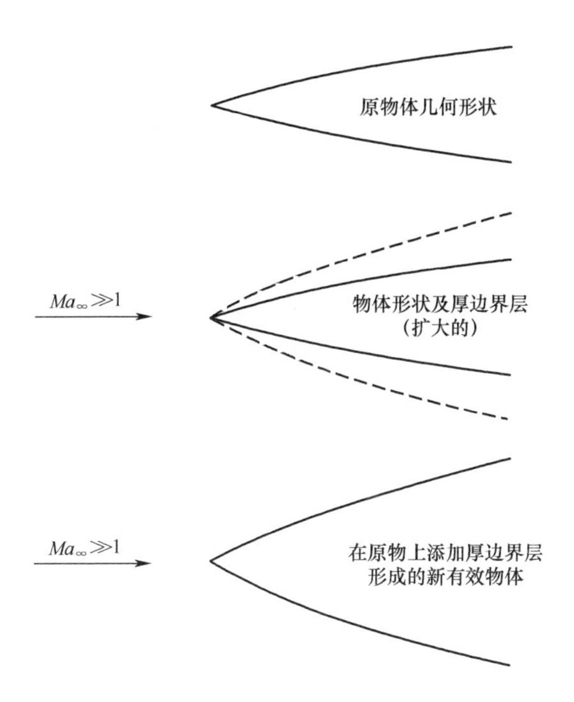

图 3-235 在原物体上添加厚边界层形成的有效物体(未显示激波)

对流传热。除了由于流动分离引起的压差阻力的增加之外,流动分离区域也会显著改变物体上的压强分布。当这种流动分离发生在飞行器的操纵面上或附近时,它会影响飞行器的稳定性和控制。激波撞击边界层的位置往往是局部强加热点,对飞行器的气动热有很大的影响。

3.13.5 低密度效应

高超声速飞行通常在密度很小的高海拔区域飞行。对于高超声速飞行器,在大约 200000 英尺(61000m)的高度上,低密度效应可能变得非常显著。由于高超声速飞行器在大气层的高空稀薄气体区域飞行,因此对飞行器上低密度流动的研究被称为稀薄气体动力学。

如 3.3.1 节所述,连续介质假设在高海拔区域可能无效。由于空气密度可能很低,必须考虑单个气体分子的运动。将克努森数(Kn)定义为分子碰撞之间的平均自由程与飞行器特征长度之比,并将其作为决定流动是连续流还是非连续流的参数。连续流和非连续流之间的分界线是统一的克努森数,非连续流假设为 $Kn \geqslant 1$。

在非连续流区,流体动力学的基本方程不再有效。低密度会影响高超声速飞行器的气动和传热特性,并且其模型用来表示飞行器上的流动。在这些低密度的流动条件下,激波变得"模糊",并与靠近物体的气流融合。除了马赫数和雷诺数外，在低密度流动中，克努森数也成为影响飞行器气动和热传递特性的一个重要参数。

3.13.6 无黏高超声速流的近似分析

与其他情况一样，高超声速气动专家通常对预测飞行器上的气动力和力矩感兴趣，这涉及预测表面压强分布。考虑到高超声速飞行的复杂物理特性，预测高超声速物体表面压强分布将非常困难。同时，也存在一些高超声速流问题，这些问题可以通过非常简单的分析来解决。尤其是几个简单的公式为无黏高超声速流提供了极好的近似。本节介绍了两种方法：一种是基于超声速激波-膨胀波理论；另一种是基于17世纪牛顿的理论。

考虑在攻角 α 处的平板上的高超声速流。如图3-236(a)所示，板上有一个激波和膨胀波系统。高超声速流在板的顶部膨胀，然后通过后缘的激波进行偏转和再压缩。气流通过板下表面上的激波进行偏转和压缩，然后通过后缘的膨胀波进行膨胀，以汇合来自上表面的气流。通过激波和膨胀波系统的流动性能可以使用激波-膨胀波理论来计算，正如超声速流所讨论的那样。

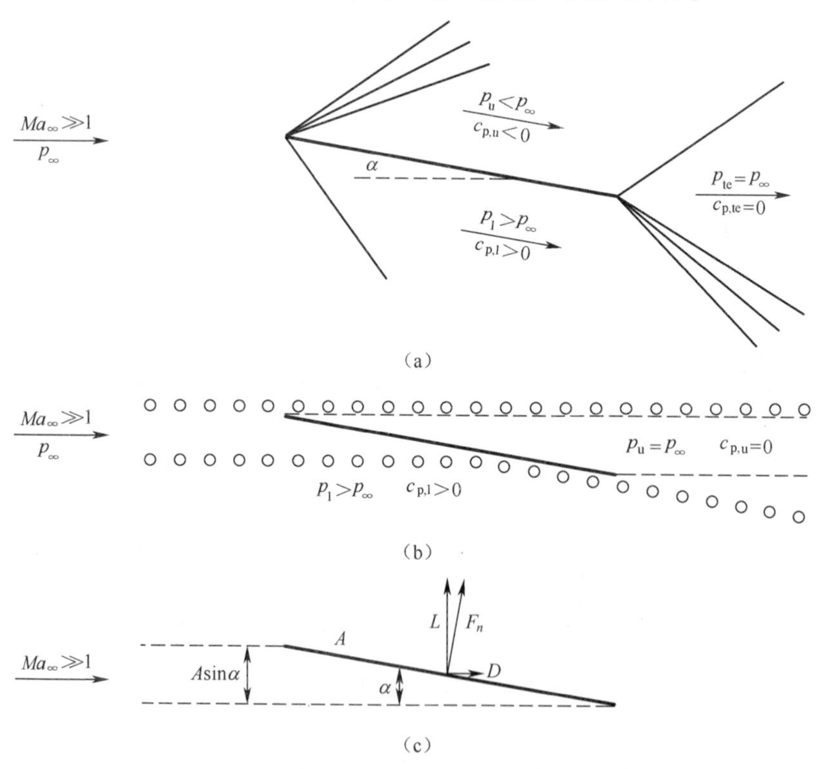

图3-236 平板上的高超声速流

(a)激波=膨胀波理论；(b)牛顿碰撞理论；(c)牛顿理论在平板几何形状上。

如果对高超声速流做出某些假设,则可以大大简化这些精确的激波-膨胀波方程,以获得高超声速流的近似公式。为了获得这些简化的方程,假设自由流马赫数具有非常大但有限的值。假设攻角和流动的速度变化或扰动很小。流体的小扰动假设要求物体是流线型的。在推导适用于高超声速流的精确激波-膨胀波方程的这些极限形式时,引入了一个新的高超声速相似性参数 K,定义为

$$K \equiv Ma_\infty \theta = Ma_\infty \alpha \tag{3-456}$$

式中:θ 为流动偏转角(以弧度表示),其在平板示例中等于攻角 α(以弧度表示)。

对于高超声速飞行,高超声速相似参数 $Ma_\infty \theta$ 起着控制参数的作用,基本上取代了单独的马赫数 M_∞ 的作用。

虽然激波-膨胀波方程的近似形式的推导超出了本书的范围,但给出了一些相关的结果。假设高超声速马赫数高,但有限,小攻角、小扰动、激波后的压力系数 $c_{p,\mathrm{shock}}$ 的近似方程为

$$c_{p,\mathrm{shock}} = \left[\frac{\gamma+1}{2} + \sqrt{\left(\frac{\gamma+1}{2}\right)^2 + \frac{4}{K^2}}\right]\alpha^2 \tag{3-457}$$

类似地,膨胀波后的压力系数 $c_{p,\mathrm{expansion}}$ 的近似方程为

$$c_{p,\mathrm{expansion}} = \frac{2}{\gamma K^2}\left[1 - \left(1 - \frac{\gamma-1}{2}K\right)^{\frac{2\gamma}{\gamma-1}}\right]\alpha^2 \tag{3-458}$$

式(3-457)和式(3-458)中的压力系数仅是高超声速相似性参数 K、攻角 α 和比气体常数 γ 的函数。

回到平板示例,平板的升力和阻力系数 c_L 和 c_D 分别为

$$c_L = (c_{p,l} - c_{p,u})\cos\alpha \approx c_{p,l} - c_{p,u} \tag{3-459}$$

$$c_D = (c_{p,l} - c_{p,u})\sin\alpha \approx (c_{p,l} - c_{p,u})\alpha = c_L \alpha \tag{3-460}$$

式中:$c_{p,l}$,$c_{p,u}$分别为平板下表面和上表面的压力系数,在小攻角情况下 $\cos\alpha \to 1$,$\sin\alpha \to \alpha$。

由于板下表面经受激波压缩,因此下表面压力系数由式(3-457)给出。上表面的膨胀流的压力系数由式(3-458)给出。将式(3-457)和式(3-458)分别代入式(3-459)中,对于 $c_{p,l}$和 $c_{p,u}$,升力系数为

$$c_L = \left\{\frac{\gamma+1}{2} + \sqrt{\left(\frac{\gamma+1}{2}\right)^2 + \frac{4}{K^2}} + \frac{2}{\gamma K^2}\left[1 - \left(1 - \frac{\gamma-1}{2}K\right)^{\frac{2\gamma}{\gamma-1}}\right]\right\}\alpha^2 \tag{3-461}$$

式(3-461)提供了对于已知的高超声速马赫数,攻角和比气体常数的板上

升力系数的近似值。阻力系数是升力系数乘以攻角，如式(3-460)所示。

将假设最简化，可以假设板上表面上的压强等于自由流压强。在这种情况下，$c_{p,u}=0$，因此式(3-461)变为

$$c_L=\left[\frac{\gamma+1}{2}+\sqrt{\left(\frac{\gamma+1}{2}\right)^2+\frac{4}{K^2}}\right]\alpha^2 \tag{3-462}$$

接下来，我们考虑牛顿在 1687 年的 3 卷著作《自然哲学的原理数学》中第二卷关于流体力学的假设中所建立的模型。牛顿认为流体是由相同的、无相互作用的粒子组成的均匀流。他假设当流体颗粒撞击物体时，如图 3-236(b)所示的流体板，它们的法向动量转移到物体上，从而对物体产生压力。在牛顿理论中，假设粒子沿着物体表面“滑动”，保持其切向动量，如图 3-236(b)所示。流体颗粒不会影响流体“屏蔽”的表面。在被“屏蔽”的表面，假设压强等于自由流压强，使压力系数等于零。牛顿理论是为预测低速流体的动态流动而发展起来的，但事实证明它是不准确的。然而，牛顿理论在无黏高超声速流的预测中找到了一席之地，其准确性要好得多。

再次考虑图 3-236(b)所示的高超声速流的牛顿模型，以及图 3-236(c)中的几何和力定义。根据牛顿第二定律，板上的法向力 F_n 等于垂直于板的流动动量的时间变化率。将牛顿第二定律应用于定常流速 v_∞，得

$$F_n=\frac{\mathrm{d}}{\mathrm{d}t}(mv_\infty)_n=\dot{m}_\infty v_{\infty,n} \tag{3-463}$$

式中：$\dot{m}_\infty$ 为通过横截面积 $A\sin\alpha$ 的质量流速；$v_{\infty,n}$ 为垂直于板的速度。

通过面积 $A\sin\alpha$ 的质量流为

$$\dot{m}_\infty=\rho_\infty v_\infty A\sin\alpha \tag{3-464}$$

垂直于板的速度为

$$v_{\infty,n}=v_\infty\sin\alpha \tag{3-465}$$

将式(3-464)和式(3-465)代入式(3-463)，得

$$F_n=(\rho_\infty v_\infty A\sin\alpha)(v_\infty\sin\alpha)=\rho_\infty v_\infty^2 A\sin^2\alpha \tag{3-466}$$

压力仅取决于相对于自由气流方向的物体方向。

假设板的上表面压强是 p_∞，有

$$\frac{F_n}{A}=p-p_\infty=\rho_\infty v_\infty^2\sin^2\alpha \tag{3-467}$$

将式(3-467)除以自由流动压，牛顿理论中的压力系数 c_p 为

$$c_p=\frac{p-p_\infty}{\frac{1}{2}\rho_\infty v_\infty^2}=\frac{\rho_\infty v_\infty^2\sin^2\alpha}{\frac{1}{2}\rho_\infty v_\infty^2}=2A\sin^2\alpha \tag{3-468}$$

式(3-468)是牛顿的正弦平方定律,它预测了与自由流高超声速流方向成α角的表面的压力系数。

如图3-236(c)所示,板上的升力L和阻力D为

$$L = F_n\cos\alpha = \rho_\infty v_\infty^2\ A\sin^2\alpha\cos\alpha \tag{3-469}$$

$$D = F_n\sin\alpha = \rho_\infty v_\infty^2\ A\sin^3\alpha \tag{3-470}$$

升阻比为

$$\frac{L}{D} = \frac{\rho_\infty v_\infty^2\ A\sin^2\alpha\cos\alpha}{\rho_\infty v_\infty^2\ A\sin^3\alpha} = \frac{\cos\alpha}{\sin\alpha} = \cot\alpha \tag{3-471}$$

根据牛顿理论,升力系数和阻力系数分别为c_L和c_D,有

$$c_L = \frac{L}{\frac{1}{2}\rho_\infty v_\infty^2 A} = \frac{\rho_\infty v_\infty^2\ A\sin^2\alpha\cos\alpha}{\frac{1}{2}\rho_\infty v_\infty^2 A} = 2\sin^2\alpha\cos\alpha \tag{3-472}$$

$$c_D = \frac{D}{\frac{1}{2}\rho_\infty v_\infty^2 A} = \frac{\rho_\infty v_\infty^2\ A\sin^3\alpha}{\frac{1}{2}\rho_\infty v_\infty^2 A} = 2\sin^3\alpha \tag{3-473}$$

升力、阻力和压力系数是仅与自由流方向相关α的函数,与马赫数或其他流动特性无关。对于我们的平板示例,平板相对于自由流的角度是攻角,但情况并非总是如此。例如,牛顿理论预测的表面压力以及随后的升力和阻力对于攻角为α的平板和攻角为零的半顶角为α的右圆锥是相同的。牛顿理论并没有对物体的类型或几何形状作约束,就像在板和锥体上给出的比较一样(由于这个原因,我们使用大写字母表示从牛顿理论推导出的升力和阻力系数。这些系数可以应用于使用小写字母的二维表面,或者应用于三维物体,例如对于圆锥,大写字母是合理的。)

将牛顿理论对二维楔形和轴对称锥面上压力系数的预测与图3-237中的精确解进行比较。牛顿理论的精度随着马赫数的增加而提高,因此这种比较是针对$Ma_\infty = \infty$进行的。牛顿理论与小攻角下的精确解比较吻合,大攻角下相对圆锥体,解仍比较吻合。可见,牛顿理论更符合三维圆锥流,而不是二维楔形流。

例3.22 高超声速升力和阻力的计算

高超声速飞机的机翼可以用面积为200英尺^{2}的翼板来近似计算。该飞机的飞行速度为马赫数8,机翼的攻角为12°。利用高超声速小扰动理论和牛顿理论,试计算机翼的升力系数、阻力系数和升阻比。

解:

首先,将攻角从度转换为弧度,即

$$\alpha = 12° \times \frac{\pi}{180} = 0.2094\text{rad}$$

根据式(3-456),高超声速相似参数为

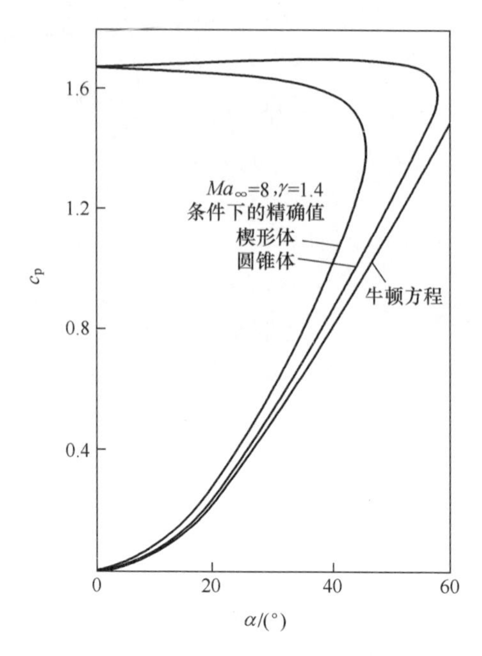

图 3-237　根据牛顿理论和 $Ma_\infty=\infty$ 和 $\gamma=1.4$ 精确解得出的楔体和圆锥体上的表面压力系数

（资料来源：转载自 Introduction to Hypersonic Flow, G. G. Chernyi, 图 3-2a, 第 100 页，1961 年，文献[20]，经 Elsevier 许可）

$$K = Ma_\infty \alpha = 8 \times 0.2094 = 1.675$$

利用高超声速小扰动理论，机翼升力系数由式(3-462)表示为

$$c_L = \left[\frac{\gamma+1}{2} + \sqrt{\left(\frac{\gamma+1}{2}\right)^2 + \frac{4}{K^2}}\right]\alpha^2$$

$$= \left[\frac{1.4+1}{2} + \sqrt{\left(\frac{1.4+1}{2}\right)^2 + \frac{4}{(1.6752)^2}}\right] \times 0.2094^2 = 0.1268$$

根据式(3-460)，机翼阻力系数为

$$c_D = c_L\alpha = 0.1268 \times 0.2094 = 0.02655$$

将升力系数除以阻力系数，从高超声速小扰动理论得到的机翼升阻比为

$$\frac{L}{D} = \frac{c_L}{c_D} = \frac{0.1268}{0.02655} = 4.776$$

使用牛顿理论，由式(3-472)给出的机翼升力系数为

$$c_L = 2\sin^2\alpha\cos\alpha = 2\sin^2 12°\cos 12° = 0.08457$$

根据式(3-473)，牛顿理论的机翼阻力系数为

$$c_D = 2\sin^3\alpha = 2\sin^3 12° = 0.01797$$

根据牛顿理论，机翼的升阻比由式(3-471)给出，有

$$\frac{L}{D} = \cot\alpha = \cot 12^\circ = 4.705$$

3.13.7 气动热

高速气流具有高动能。这种高动能在边界层、机体表面和机体周围的空气中以热能的形式耗散。热能主要由边界层中的摩擦产生。因此,摩擦导致了边界层中的表面摩擦阻力和热传递。回想 3.2.6 节,剪应力与动量传递有关,传热与热传递有关。如果我们假设这两个传输过程的机制是相同的(这个假设的推导超出了本书的范围),那么这两个黏性效应可以通过雷诺相似来关联,即

$$St \approx \frac{c_f}{2} \tag{3-474}$$

式中:c_f 为 3.12.3 中定义的表面摩擦系数;St 为 3.4.7 节中定义的斯坦顿数。

式(3-474)和普朗特数接近 1 的试验数据相匹配,满足我们对这几种类型流动的研究需求。因此,如果能够预测表面摩擦系数,那么式(3-474)提供的计算斯坦顿数的方法就对计算气动热十分有用。

从基础物理可知,传热的 3 种机制是热传导、对流传热和辐射传热。传导是物质内或两种物质之间的传热,该物质可以是固体材料或者如空气的流体。热量转移是由粒子之间的碰撞引起的,其中较高能量的粒子将能量传递给较低能量的粒子。传导不依赖于整个物质的任何运动。热传导在 3.2.6 节中有介绍,其中热传输遵循傅里叶定律,由式(3-15)给出。

对流传热取决于流体的整体运动。由于气动热与高速飞行器有关,我们不得不关注由高速飞行器引起的流体大量运动导致的强制对流,3.4.7 节对此有详细描述。如果飞行器处于静止状态,由于温度随飞行器表面垂直方向梯度变化,传热的主要机制是传导。如果飞行器处于运动中,则由于温度梯度和大量流体运动而对流传热。因此,对流传热包括分子传导传热和全部的流体运动传热。

考虑在高速气流中运动的飞行器表面,气流速度 v_∞ 如图 3-238 所示。假设其为黏性流,在表面附近存在具有厚度为 δ 的边界层。如果飞行器表面的速度为零,边界层的速度分布由 $v = v(y)$ 给出,边界层边缘的速度等于自由流速度。表面摩擦系数 c_f 与表面的剪应力 τ_w 和速度梯度 dv/dy 有关,使用式(3-14)和式(3-420)给出:

$$c_f = \frac{\tau_w}{q_\infty} = \frac{\mu}{q_\infty}\frac{dv}{dy} \tag{3-475}$$

与速度边界层相似,温度剖面 $T = T(y)$ 描述了一个厚度为 δ_T 的热边界层,如图 3-238 所示。相较于速度边界层,热边界层的相对厚度由普朗特数决定。

回想一下,由式(3-41)可知普朗特数是动量传递与热传导的比。当普朗特数为 1 时,热边界层和速度边界层厚度相等。根据空气流动的气动特性,普朗特

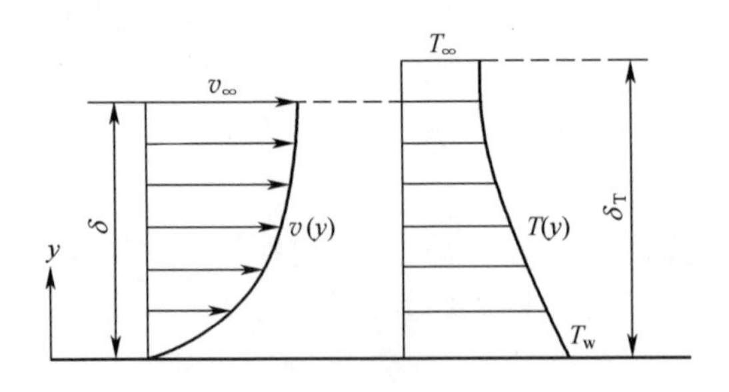

图 3-238 速度和热边界层

数为 0.71,动量的传递比热传导慢,因此速度边界层包含在热边界层内,即 $\delta < \delta_T$。

在靠近表面的薄边界层中,速度接近零,热传递通过传导实现。壁上的热通量(每单位面积的热流速率) $\dot{q}_w$,由傅里叶定律(式(3-15))给出,如下:

$$\dot{q}_w = k\left(\frac{dT}{dy}\right)_w = k\frac{T_0 - T_w}{\delta'} \tag{3-476}$$

假设传热方向很明显(温度从高到低)且 T_0 为总温,式中的减号可省略。

式中厚度 δ' 的值不是流体的属性,而是流体速度(雷诺数)、流体压力梯度、马赫数、壁面粗糙度的函数。h_c 通常定义为对流传热系数,即

$$h_c \equiv \frac{k}{\delta'} \tag{3-477}$$

式中,h_c 通过试验确定。

对流传热系数是流体类型和流动特性(如速度和黏度)的函数。因此,壁面热通量可以用对流传热系数表示为

$$\dot{q}_{c,w} = h_c(T_0 - T_w) \tag{3-478}$$

斯坦顿数可以根据对流传热系数来定义,即

$$St = \frac{h_c}{\rho_\infty v_\infty c_p} \tag{3-479}$$

将对流传热系数从式(3-479)代入式(3-478),得

$$\dot{q}_{c,w} = \rho_\infty v_\infty St c_p(T_0 - T_w) = \rho_\infty v_\infty St(h_0 - h_w) \tag{3-480}$$

式中:h_0, h_w 分别为壁上的总焓和焓。

对于高速气流,与总焓对应的温度远大于壁焓的温度,因此可以假设 $h_0 \gg h_w$,使得 $h_0 - h_w \approx h_0$。因此,式(3-480)变为

$$\dot{q}_c = \rho_\infty v_\infty St h_0 \tag{3-481}$$

类似地,假设总焓远大于静态焓 h_∞,因此,有

$$h_0 = h_\infty + \frac{v_\infty^2}{2} \approx \frac{v_\infty^2}{2} \tag{3-482}$$

将式(3-482)代入式(3-481),得

$$\dot{q}_{c,w} = \rho_\infty v_\infty St \frac{v_\infty^2}{2} = \frac{1}{2}\rho_\infty v_\infty^3 St \tag{3-483}$$

式(3-483)给出了与自由流密度、速度和斯坦顿数相关的壁面热通量表达式。热通量随速度的立方变化,这导致高速气流具有非常高的加热速率。气动阻力随速度的平方而变化,热通量随速度的变化率高于气动阻力。

虽然加热速率 $\dot{q}$ 是一个重要的考虑因素,但对于飞行器,积累的总热量输入 Q 也很重要。相对低的加热速率对于飞行器可能不是问题,但是如果长时间施加这种低加热速率,则输入到飞行器的总热量是不可接受的。输入到质量为 m 的机体的总热量为

$$Q = \frac{1}{4}\frac{c_f}{c_D}(mv_\infty^2) \tag{3-484}$$

式中: c_f 为表面摩擦系数; c_D 为表面阻力系数。

总热输入随着物体的动能 (mv_∞^2) 而增加,并且与表面摩擦阻力和总阻力的比 (c_f/c_D) 成比例。随着机体的动能增加,更多的热进入机体是完全合理的。

阻力项的比决定着热负荷最小化的机体形状。机体的总阻力是压差阻力和表面摩擦阻力的总和。为了使热量最小化,需要使相对于总阻力的表面摩擦阻力最小化。这种类型的机体是钝的,具有高的压差阻力和低的摩擦阻力。相比之下,锋利细长的机体具有低的压差阻力和高的摩擦阻力。因此,钝体,或者更确切地说,钝头机体导致比尖锐机体具有更低的热负荷。可以证明,传递到机体驻点的对流热量 $\dot{q}_{c,stag}$ 与机体的机头半径 R_{nose} 的平方根成反比。因此,钝头机体的大机头半径导致驻点低的热传递。

第三种热传递由电磁辐射产生,如可见光、红外线或紫外线辐射。来自太阳或明火的热量就是辐射传热。如前所述,高超声速飞行导致强烈的激波,温度大幅上升。这种极端的温度可以使激波后面的空气成为辐射等离子体。该等离子体辐射电磁能,导致机体上辐射热通量。辐射热通量 $\dot{q}_R$ (每单位面积的传热速率)与自由流速度的高动能成正比,范围从 v_∞^5 到 v_∞^{12}。因此,超声高速流导致显著的辐射传热。由辐射传热引起的加热驻点与机头半径成正比,因此钝头的机体比细长的机体吸收更多的热辐射。

例 3.23 气动热的计算

X-30 高超声速航天飞机(图 1-83)以马赫数 10 的速度在 30km 高度飞行。飞机下表面会压缩超燃冲压发动机前方的气流。假设下表面的前体长度为 32m,试计算前体表面的热通量。

解:

使用附录 C 中的信息,海拔 30000m 的自由流密度和温度分别为

$$\rho_\infty = \Sigma\rho_{\mathrm{SSL}} = 0.01503 \times 1.225\,\frac{\mathrm{kg}}{\mathrm{m}^3} = 0.01841\,\frac{\mathrm{kg}}{\mathrm{m}^3}$$

$$T_\infty = \Theta T_{\mathrm{SSL}} = 0.78608 \times 288\mathrm{K} = 226.6\mathrm{K}$$

根据萨瑟兰定律，使用式(3-16)，自由流黏度系数为

$$\mu_\infty = \left(\frac{T_\infty}{T_{\mathrm{ref}}}\right)^{\frac{3}{2}} \frac{T_{\mathrm{ref}} + S}{T_\infty + S}\mu_{\mathrm{ref}}$$

$$\mu_\infty = \left(\frac{226.6\mathrm{K}}{273 - 15\mathrm{K}}\right)^{\frac{3}{2}} \frac{273 - 15\mathrm{K} + 110.6\mathrm{K}}{226.6\mathrm{K} + 110.6\mathrm{K}} \times (17.16 \times 10^{-6})\,\frac{\mathrm{kg}}{\mathrm{m}\cdot\mathrm{s}}$$

$$\mu_\infty = 0.8599 \times \left(17.16 \times 10^{-6}\,\frac{\mathrm{kg}}{\mathrm{m}\cdot\mathrm{s}}\right) = 1.47 \times 10^{-5}\,\frac{\mathrm{kg}}{\mathrm{m}\cdot\mathrm{s}}$$

自由流速度可由马赫数和声速计算得出，即

$$v_\infty = Ma_\infty a_\infty = Ma_\infty\sqrt{\gamma RT_\infty} = 10 \times \sqrt{1.4 \times \left(287\,\frac{\mathrm{J}}{\mathrm{kg}\cdot\mathrm{K}} \times 226.6\mathrm{K}\right)} = 3017\,\frac{\mathrm{m}}{\mathrm{s}}$$

基于前体长度的雷诺数计算如下：

$$Re_L = \frac{\rho_\infty v_\infty L}{\mu_\infty} = \frac{0.01841\,\frac{\mathrm{kg}}{\mathrm{m}^3} \times 3017\,\frac{\mathrm{m}}{\mathrm{s}} \times 32\mathrm{m}}{1.476 \times 10^{-5}\,\frac{\mathrm{kg}}{\mathrm{m}\cdot\mathrm{s}}} = 1.204 \times 10^8$$

根据式(3-431)，湍流表面摩擦系数为

$$c_{\mathrm{f,turb}} = \frac{0.074}{Re_L^{0.2}} = \frac{0.074}{(1.204 \times 10^8)^{0.2}} = 0.001791$$

使用雷诺相似，根据式(3-474)，斯坦顿数为

$$St \approx \frac{c_{\mathrm{f}}}{2} = \frac{0.001791}{2} = 8.955 \times 10^{-4}$$

使用式(3-483)，壁上的热通量为

$$\dot{q}_{\mathrm{c,w}} = \frac{1}{2}\rho_\infty v_\infty^3 St$$

$$\dot{q}_{\mathrm{c,w}} = \frac{1}{2} \times 0.01841\,\frac{\mathrm{kg}}{\mathrm{m}^3} \times \left(3017\,\frac{\mathrm{m}}{\mathrm{s}}\right)^3 \times (8.955 \times 10^{-4}) = 2.264 \times 10^5\,\frac{\mathrm{J/s}}{\mathrm{m}^2}$$

3.13.8 FTT：高超声速飞行试验

高超声速飞行试验是可尝试的最困难和最复杂的试验之一。高超声速飞行产生非常极端的热环境，飞机结构和系统都将承受巨大的热负荷。高超声速飞行试验通常在非常高的高度飞行，而且需要额外的非气动飞行控制系统。进行高超声速飞行试验的第一个困难是让飞机达到所需的超声速飞行条件，这通常使用火箭动力来实现，因为吸气式高超声速发动机仍然是一个尚未实现的梦。

要了解高超声速飞行试验所涉及的众多因素，可以搭乘火箭发动机推进的北美X-15试验机进行高超声速飞行，如图3-239所示。

图3-239 北美X-15高超声速试验机
（资料来源：美国国家航空航天局）

X-15高超声速研究项目是由美国国家航空航天局、美国空军、美国海军和北美航空公司在20世纪50年代和60年代联合发起的一次探索尝试。X-15试验机旨在探索高超声速和太空边缘飞行情况下的各种状况。X-15的初始设计目标包括高达马赫数为6的高超声速飞行、飞行高度接近太空达到250000英尺（76000m）。初始飞行试验有4个具体目标：①获取飞行数据验证高超声速气动理论、传热理论及风洞数据；②研究在温度高达120℉（920K，1660°R）、高载荷情况下的飞机结构；③研究离开和进入大气层时相关联的高超声速稳定性和控制的问题；④研究飞行在近太空环境中的生理影响，包括失重和高过载对飞行员表现及任务的影响。在X-15飞行试验计划结束时，都达到或超越了这些目标。

X-15高超声速飞机由位于加利福尼亚州洛杉矶的北美航空公司（NAA）在NACA的技术帮助下设计和制造。作为一家飞机公司，NAA拥有丰富的资产，设计和制造了许多非常成功的飞机，如T-6得克萨斯飞行员教练机、P-51“野马”战斗机、B-25米切尔轰炸机和F-86“军刀”喷气式战斗机。他们还设计和制造出了更出名的航天飞行器，包括XB-70“瓦尔基里式”轰炸机，“土星”五号火箭的第二级以及飞向月球的“阿波罗”指挥和服务舱。几年后，北美航空公司与罗克韦尔国际公司合并，使其成为设计和制造航天飞机轨道飞行器团队的一员。

X-15是一种单座、中翼火箭动力飞机，长49.5英尺（15.1m），翼展22.36英尺（6.815m）。X-15的三视图如图3-240所示，部分技术指标如表3-21所列。X-15推进装置是反作用电动机XLR-99可变推力液体火箭发动机，燃烧无水氨和液氧（LOX）。飞机上的LOX储罐可容纳1003加仑（3797L）液氧，燃油箱可容纳1445加仑(5470L)无水氨。如果消耗完所有推进剂,则最大推力下的火箭发动机燃烧时间为85s。X-15具有散热结构,机体的外壳可以吸收高超声速飞行产生的巨大摩擦热。飞机的外壳由一种称为Inconel-X的镍铬合金制成,而驾驶舱由铝制成,与机体表面隔离。

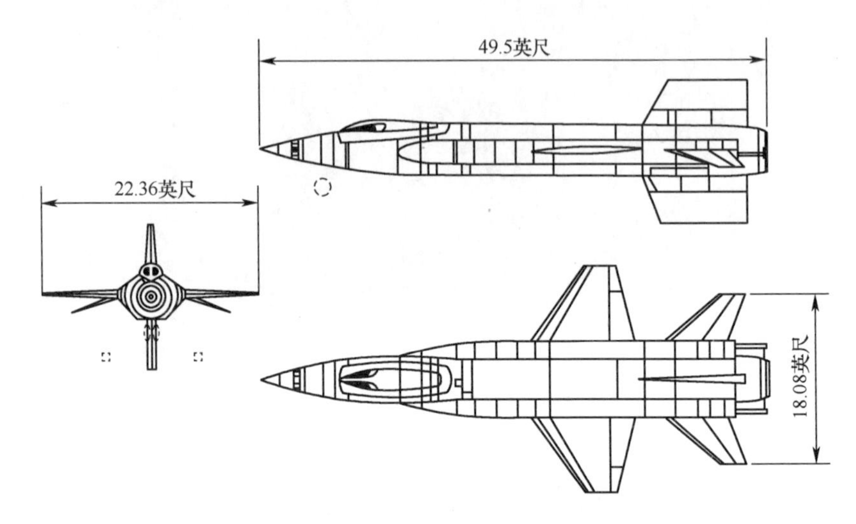

图3-240　X-15高超声速试验机三视图
(资料来源:美国国家航空航天局)

表3-21　X-15高超声速试验机的部分技术指标

项　目	技术指标
主要功能	高超声速研究
制造商	北美航空NAA,洛杉矶,加利福尼亚
首飞时间	1959年6月8日
机组人员	飞行员1名
动力装置	感应电动机XLR-99火箭发动机
最大推力	57000磅力(253000N)
最小推力	28000磅力(125000N)
发射重量	31275磅(14186kg)
燃尽重量	12295磅(5577kg)
长度	49.5英尺(15.1m)
翼展	22.36英尺(6.815m)
翼面积	200英尺^2(18.6m^2)
翼载	170磅/英尺^2(830kgf/m^2)
翼展弦比	2.50
翼型	NACA 65-005(改进)

为了达到高超声速,使用两级飞机系统。NASA B-52 高空轰炸机作为第一级,X-15 作为第二级。X-15 悬挂在大型 B-52 轰炸机右翼下方的塔架上。B-52 载机到 X-15 有连接,为火箭飞机在爬升至投放高度期间提供动力和增压。B-52 还携带液氧在飞行中补充 X-15 的氧气罐。与最早版本的贝尔 X-1 不同,从地面起飞时飞行员必须在 X-15 驾驶舱内,因为没有办法从 B-52 运载机进入 X-15 的驾驶舱。

在 X-15 飞行中,需要穿上一套全加压服,因为驾驶舱在 35000 英尺(10700m)以下没有加压。当驾驶舱在极高的高度处减压时,它还可以为身体提供保护。爬上 X-15 驾驶舱并将自己固定在弹射座椅上。弹射座椅为"低空,低速"飞行包线时提供逃生能力而设计。当然,对 X-15 飞行包线而言,"低空"高达 120000 英尺(36600m),"低速"是指马赫数小于 4 的速度。除了这些限制,X-15 机身和驾驶舱是为了保护飞行员而设计的。

驾驶舱设计看起来非常传统,类似于这个时代的军用飞机,但同时有一些明显的特点(图 3-241)。驾驶舱有一个传统的中央控制杆,可以控制全动平尾的偏转。左侧和右侧平尾像传统升降舵一样对称上下运动,用于俯仰控制;而对于滚转控制,则需要两侧平尾差动偏转(这种全动、旋转的尾翼是 X-15 的另一个先进设计特征,因为当时该技术是还没有经过验证)。左右脚踏,用来偏转方向舵以实现偏航控制。然而,除了中央控制杆之外,驾驶舱内还有两个额外的控制杆,即左右侧杆控制器。

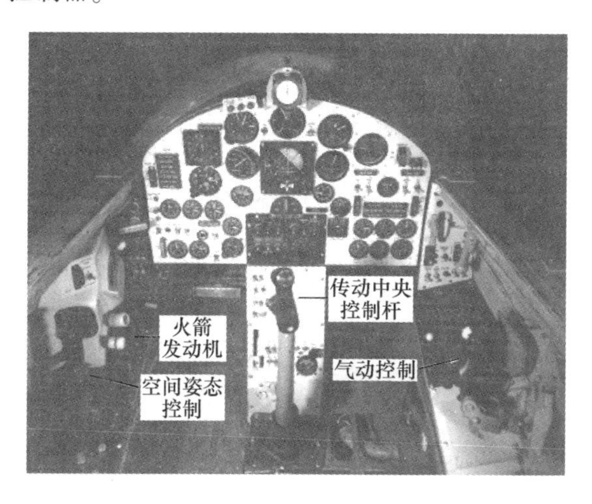

图 3-241 X-15 驾驶舱布局

(资料来源:美国国家航空航天局,并添加了注释)

右侧杆控制器与中央控制杆机械连接,可以控制气动控制面。在动力飞行和进入大气层时,飞行员手臂和身体的其他部分将承受高过载,使得对中央控制杆的操作更加困难,这时可以使用右侧杆。飞行员手臂将通过扶手稳定,侧杆为手动控制，在高过载情况下提供更精确的飞机控制。尽管它在 X-15 中的应用非常成功，但是在长达 20 年的时间里，侧杆控制器没有应用于高过载飞机，直到通用动力公司（现为洛克希德·马丁公司）将该技术用于 F-16 的设计上。

当 X-15 在大气层之外时，那里空气太薄，无法操作传统的气动控制面，可使用左侧杆控制器。左侧杆激活反应控制系统（RCS）推进器，该推进器从过氧化氢的分解中排出高压气体。飞机机头上的 RCS 喷管提供俯仰和偏航控制，而滚转则由机翼上的 RCS 推进器控制。X-15 RCS 正在引领未来航天器应用的技术发展道路。在后来的 X-15 升级改造中，自适应飞行控制系统将 RCS 与气动控制系统自动混合。

火箭发动机控制杆位于驾驶舱的左侧，通常也是喷气发动机油门的位置。XLR-99 火箭发动机是可变推力的，允许将推力设置为 40%~100%，从而产生 28000~57000 磅力（125000~254000N）的推力。也可以使用控制杆关闭火箭发动机。

发射在加利福尼亚州的爱德华空军基地进行。B-52 起飞，X-15 悬挂在机翼上，如图 3-242 所示。在爬升到投放高度的过程中，B-52 会“加满”液氧储罐，以补充用于预冷却火箭发动机蒸发掉的液氧。飞机蒙皮必须能够承受 1000 多度的高温、高超声速飞行，然而飞机结构和内部部件也必须受到保护，以免被储存在约-300~-240℉（200~160°R，122~89K）温度下的超冷液态氧和液态氮冻结。

图 3-242　X-15 在 B-52 载机的机翼下方高空飞行
（资料来源：美国国家航空航天局）

B-52 在 45000 英尺（13700m）的投放高度改平，并稳定在马赫数为 0.8 的投放速度，准备释放。X-15 计划第一次收集飞行员在一系列速度和不同过载（包括失重环境）的高应激情况下的生物医学数据。这种类型的监测在载人航天飞行中很常规。在飞行的几个关键阶段，例如从 B-52 释放、发动机停车、返回大气层的退出和着陆，X-15 飞行员的心率测量范围约为 145~185 次/min，这比正常静态心率快约 60~70 次/min。虽然心率处于一个高水平，但这是正常和可接受的，因为飞行员的表现没有受到影响或退化。这种类型的医学数据在评估航天飞行中飞行员的表现是非常宝贵的。

释放前的检查，包括飞行控制和操纵面配平设置。如图 3-243 所示，释放之前有一个倒计时，然后 X-15 从 B-52 载机上分离。释放是自由落体下降，所以飞行员在座位上“变得很轻”。飞行员不需担心与载机再次接触，因为工程师已经详细研究了自由落体机动，包括进行风洞试验以了解分离特性。将火箭发动机油门杆朝向飞行员滑动，从“关闭”到“开启”，然后向前推到最大。当火箭飞机加速时，会感觉到 57000 磅力(254000N)的推力将人推回座位。释放重量为 31275 磅(14186kg)，约为 2g 的纵向加速度将人推回座椅。使用右侧杆控制器将 X-15 的机头向上拉，将航迹角(飞机纵轴与地平线之间的角度)设定为约 40°。

图 3-243　X-15 从 B-52 载机上释放
(资料来源：美国国家航空航天局)

X-15 有两种不同的飞行剖面——最大高度剖面和最大速度剖面，如图 3-244所示。对于最大速度剖面，飞行员在释放后进入爬升姿态，并在海拔 75000 英尺(22900m)处进行了一次负 2g 过载的俯冲以进入水平飞行。平飞后，火箭发动机关闭，然后保持恒定的高度，直到开始滑翔落地。从最大速度剖面可以看出飞机的最大马赫数和最大气动热。

最大高度剖面，如图 3-245 所示。火箭发动机全功率运行保持爬升姿态。当推进剂耗尽燃料时(重量为 12295 磅(5577kg))，最大纵向加速度增加到约 4g。推进剂流量为 13000 磅/min(5900kg/min)，火箭发动机 80s 内消耗 18000 磅(8200kg)的氨和 LOX。X-15 正以极高的速度加速到高超声速。在这种高速下，空气的表面摩擦力使飞机温度迅速升高。实际上可以听到飞机“噼啪”的声

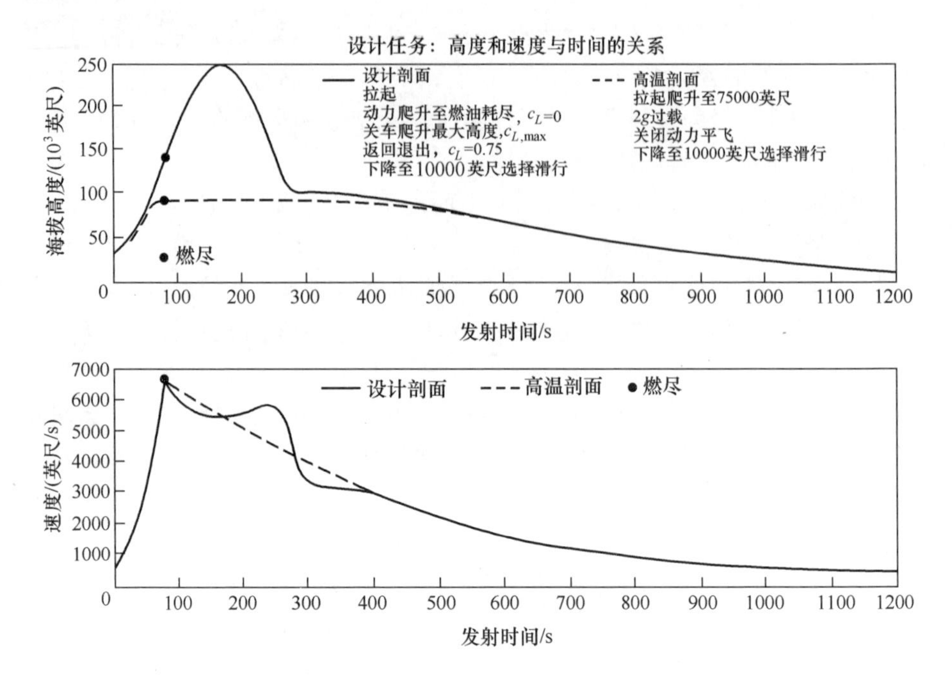

图 3-244　两个 X-15 任务剖面图,最大高度剖面图(“设计”)和最大速度剖面图(“高温”)
(资料来源:美国国家航空航天局)

音——飞机表面因加热而弯曲。在 84s 后关闭火箭发动机。此时高度为 158000 英尺(48200m),飞行速度超过 3800 英里/h(6100km/h,5600 英尺/s),高超声速马赫数为 5.2。X-15 现在在弹道弧上“滑行”,仍以惊人的速度爬升。释放后仅 2.5min,在弧的远地点达到最大海拔 250000 英尺(76000m),超过地球表面 47 英里,在那里可以看到地球的弧线。只要超过 50 英里(80km)的海拔限制,就可以获得美国空军宇航员的殊荣。经历失重后,需要收集有关人类在近太空环境中生理功能的更多信息。在太空飞行出现之前,失重对人类的影响受到很真切的关注,而 X-15 提供了有关这一项目的宝贵数据。

在这个极端高度,由于大气过于稀薄,气动控制是无效的,因此从右侧杆切换到左侧杆控制器,以操作过氧化氢反应控制推进器。可以使用这些推进器来保持所需的飞机姿态,这对于开始下降到较厚的大气区域至关重要。当 X-15 下降到更厚的大气层时,气动阻力开始增加,飞机减速。如果我们能够看到 X-15 飞机上的激波,当它以高超声速马赫数和较低的超声速马赫数下降时,它们看起来如图 3-246 中的纹影照片所示。这些照片来自 NACA 超高速自由飞行试验。在这种独特的地面试验中,3~4 英寸(7.6~10cm)长的 X-15 模型是用特殊的喷射器推进,可以将其加速到非常高的马赫数。这些模型“自由飞行”时飞过观察站,在这里可以捕捉到激波模式的照片。比较图 3-246 中不同马赫数下 X-15 上的激波模式。可以看出激波角在马赫数从 3~5 再至 6 的过程中急剧

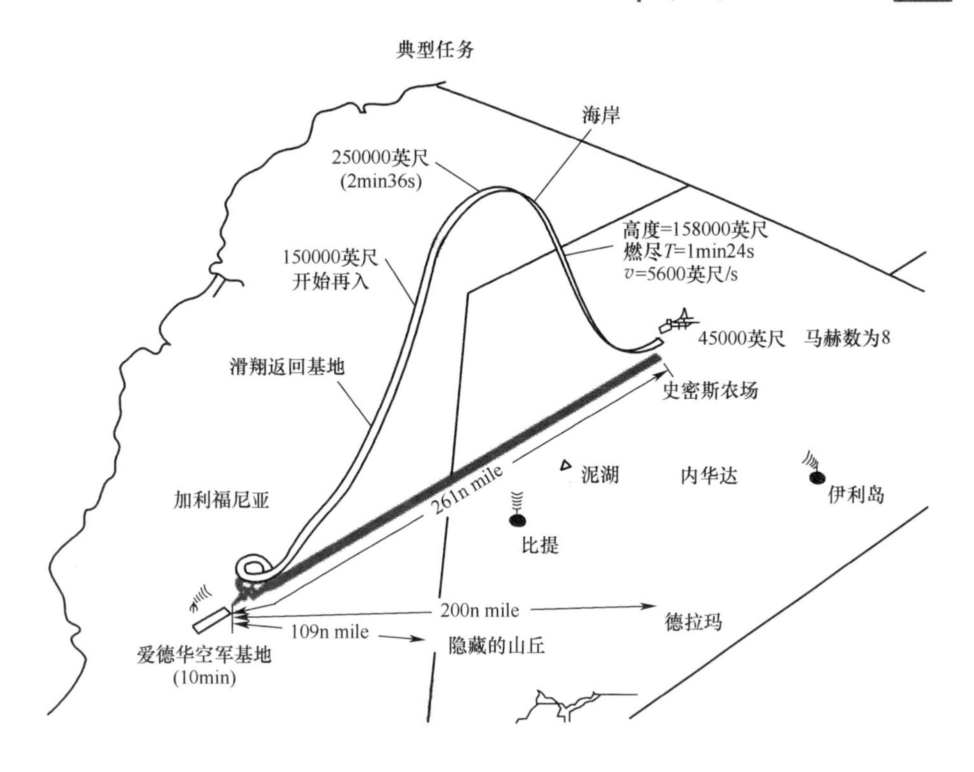

图 3-245　X-15 最大高度任务曲线图
(资料来源:美国国家航空航天局)

减小。马赫数为 6 处的较小激波角导致来自飞机前端的激波撞击主翼的外侧部分(在这里布置有副翼操纵面)。值得关注的是激波是否使副翼上的流动分离,使其效率变低。

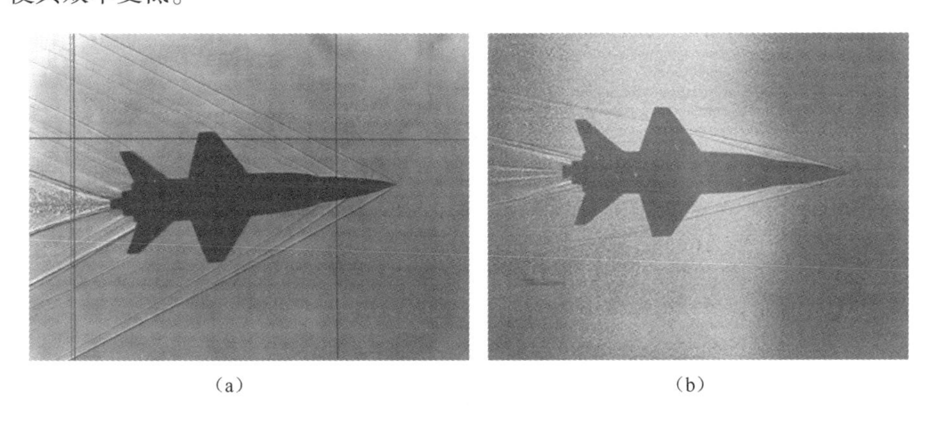

(a)　　　　　　(b)

图 3-246　X-15 模型在马赫数为 3.5 和马赫数为 6 时激波的比较
(a) $Ma=3.5$;(b) $Ma=6$。
(资料来源:美国国家航空航天局)

飞行结束后,工程师分析了超声速和高超声速气动数据,高超声速停车滑翔时形成的阻力极曲线如图 3-247 所示,并得出最大升阻比与马赫数的关系图,如图 3-248 所示。马赫数为 3 和马赫数为 5 时的阻力极曲线的形状是抛物线,类似于飞机亚声速飞行的极曲线。在给定的升力系数下,马赫数为 5 时的阻力系数小于马赫数为 3 时的阻力系数。马赫数为 5 时的零升阻力系数约为 0.04,显著小于马赫数为 3 时的 0.062(近似值)。这与零升阻力系数随马赫数增加而减小的趋势一致,如图 3-45 所示。图 3-248 中的数据证实了最大升阻比随着马赫数的增加而减小,还强调了这样一个事实,即高超声速升阻比通常很小,X-15 的最大升阻比在马赫数为 5 时只有约 2.4。X-15 风洞试验数据与飞行试验数据吻合较好,但超声速和高超声速理论对升阻比预测过高。

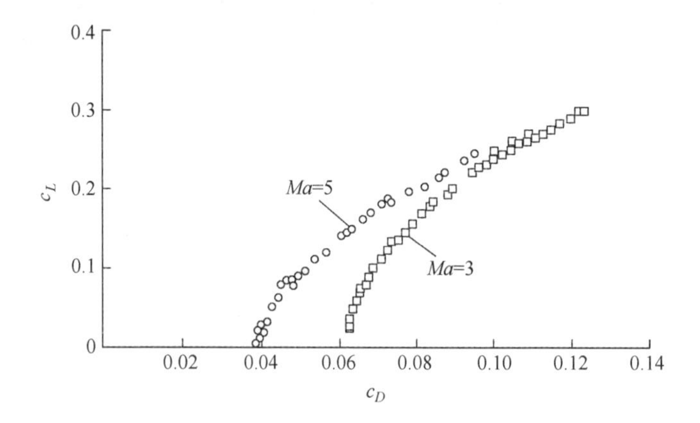

图 3-247　X-15 停车飞行数据中的阻力极曲线
(资料来源:Hopkins 等,NASATM-X-713,1962 年,文献[38])

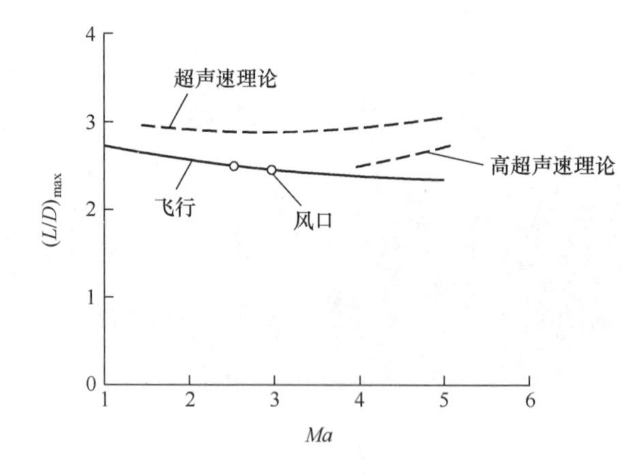

图 3-248　X-15 停车飞行的最大升阻比
(资料来源:Hopkins 等,NASATM-X-713,1962 年,文献[38])

阻力与边界层特性相关,在湍流边界层中,表面摩擦阻力相比层流边界层要高得多。后来的分析表明,X-15 在超声速和高超声速下大部分表面具有湍流边界层。这种湍流是由于飞机蒙皮的粗糙度和不规则性引起的,从而改变了边界层特性。

飞行员和飞机在拉起阶段承受着相当大的过载,最大可达 6g。继续下降和减速,为最后的亚声速滑翔准备并着陆于爱德华空军基地罗杰斯干湖床。在 29000 英尺(8800m)的高度进入 360°的圆形或盘旋航线,空速为 300KIAS(560km/h)。在 5500 英尺(1680m)的高度,即离地面 3300 英尺(700m)(湖床在 2200 英尺(670m)的高度),抛弃垂直尾翼的下部,以提供地面空隙。在 3000 英尺(900m)、800 英尺(240m)的高空以 260KIAS(480km/h)开始释放着陆照明弹。在离地面 250 英尺(76m)时以 230KIAS(430km/h)放下主起落架,包括机身后端两个窄滑板和一个前轮起落架(图 3-249)。飞机以约 8°攻角,184KIAS(340km/h)的速度在湖床着陆。装有火箭发动机的 X-15 飞行到 25 万英尺的临近空间高度,在返回地球的过程中,从释放点到着陆飞行了近 300 英里(480km),总飞行时间为 12min。

着陆后,飞行员爬出 X-15 驾驶舱,把飞机检查一遍。观察到左机翼和左平尾在飞行之前涂抹了温敏材料的部位(图 3-250)。涂料显示出了不同颜色的图案,表明在高超声速飞行中获得了不同表面温度。这是用来收集飞行数据以验证各种现有传热预测模型的试验技术之一。在飞机的右侧还安装了热电偶仪表,以收集量化的传热数据。飞行数据显示机翼前缘附近的表面温度大于 1300℉(1760°R,980K),大部分飞机结构上的温度高于 1000℉(1460°R,810K)。与现有的时间传热模型相比,X-15 飞行试验数据表明,该模型对传热的预测超出了 30%~40%。X-15 飞行数据有助于修正这些传热模型,这些传热模型之后将应用于未来载人航天器的设计之中。

图 3-249　X-15 在湖床上着陆
(资料来源:美国国家航空航天局)

图 3-250　X-15 机翼和平尾的温敏涂料
(资料来源:美国国家航空航天局)

X-15是世界上第一架高超声速飞机。X-15在1959年6月8日实现首飞，由北美试飞员Scott Crossfield驾驶进行无动力滑翔飞行。X-15的第199次也是最后一次飞行是由美国局试飞员William H. Dana于1968年10月24日执行的。前后共有12名来自美国空军、美国海军和国家航空航天局的试飞员驾驶X-15,其中包括第一个登上月球的人—阿姆斯特朗。X-15计划也许是有史以来最成功的载人高超声速飞行研究计划。3架X-15飞机在近10年的时间里执行了199次高超声速研究飞行,创造了非官方的高度和速度记录——1963年第91次飞行达到最大高度354200英尺(107960m,67.1英里),1967年第188次飞行最大时速达到4520英里(7274km/h),马赫数为6.70。X-15在真实飞行环境中探索了很多载人高超声速飞行领域。它教我们如何驾驶高超声速飞机,同样重要的是,如何驾驶高超声速飞机执行飞行试验。X-15计划收集了大量关于高超声速空气动力学、稳定性和控制、结构、材料和许多对高超声速飞行器设计重要的其他领域的数据。X-15计划的高超声速数据有助于许多未来必须进行高超声速飞行的航天器的设计和研发,如“水星”号、“双子座”号、“阿波罗”号载人飞船和航天飞机。

1956年10月,NACA研究飞机委员会审查了X-15项目的进展。著名的美国空气动力学家Hugh L. Dryden谈到了该计划的目标,“为尽快实现载人飞机在高超声速和高空飞行,探索性地从想象的问题中分离出现实,并了解实际情况和预期之外的问题①”。Hugh Dryden的声明远远超出了X-15的高超声速飞行范围,成为飞行研究和科学探索的追求。

3.14 升力和阻力理论概述

本章提出了不可压缩流($Ma_\infty=0$)、亚声速可压缩流($0.8<Ma_\infty<1.2$)、超声速流($1.2<Ma_\infty<5$)和高超声速流($Ma_\infty>5$)升阻特性预测的理论。关于翼型的气动理论预测的总结如表3-22所列。所有的升力和阻力预测都是关于攻角的函数。不可压缩流和高超声速流的预测与马赫数无关,而亚声速可压缩流和超声速流的预测是马赫数平方的函数。不可压缩、亚声速可压缩和超声速的预测值与攻角呈线性关系,而高超声速理论预测与攻角呈非线性关系,符合不同流态的物理性质。

不可压缩压力系数在表3-22中简单地用$c_{p,0}$表示,它通常由试验数据或数值分析得到。对于亚声速可压缩流,这个压力系数是基于普朗特-格劳特规则来调整的。超声速线性理论和高超声速牛顿理论提供了压力系数的预测。

---

① Gorn, M.H., Expanding the Envelope: Flight Research at NACA and NASA,莱克星顿肯塔基大学出版社,2001年,第3页。

表 3-22　不同流态的翼型升力和阻力预测

参　数	不可压缩	亚声速,可压缩	超声速	高超声速(牛顿理论)
压力系数 c_p	$c_{p,0}$	$\frac{c_{p,0}}{\sqrt{1-Ma_\infty^2}}$	$\frac{2\alpha}{\sqrt{Ma_\infty^2-1}}$	$2\sin^2\alpha$
升力系数 c_l	$2\pi\alpha^*$	$\frac{2\pi\alpha}{\sqrt{1-Ma_\infty^2}}$	$\frac{4\alpha}{\sqrt{Ma_\infty^2-1}}$	$2\sin^2\alpha\cos\alpha$
阻力系数 c_d	0	0	$\frac{4\alpha^2}{\sqrt{Ma_\infty^2-1}}$	$2\sin^3\alpha$
升力曲线斜率 c_{l_α}	2π	$\frac{2\pi\alpha}{\sqrt{1-Ma_\infty^2}}$	$\frac{4}{\sqrt{Ma_\infty^2-1}}$	$4\sin\alpha-6\sin^3\alpha$
升阻比 L/D	∞	∞	$\frac{1}{\alpha}$	$\cot\alpha$
气动中心 x_{ac}	$\frac{c^*}{4}$	$\frac{c}{4}$	$\frac{c}{2}$	—

*　对称翼型的预测。

飞机以 4°的攻角飞行时,基于这些不同理论的升力系数如图 3-251 所示。不可压缩的结果对应马赫数为零的自由流。亚声速可压缩曲线由马赫数从 0 到 1 计算得出。超声速结果由马赫数从 1 到 5 计算得出。最后,高超声速的预测与马赫数无关,这里仅给出马赫数 5 的值。

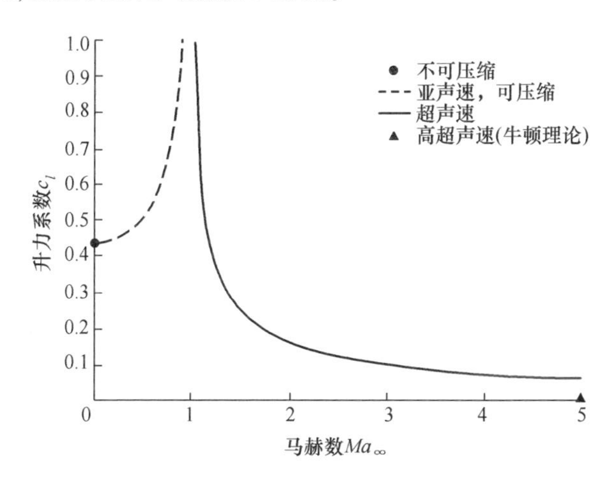

图 3-251　理论升力系数与马赫数的关系图(攻角 4°)

预测的不可压缩升力系数为 0.44,随着马赫数接近 1,该系数逐渐增大到无穷大。超声速理论还预测了马赫数为 1 时的升力系数为无穷大,并且在马赫数无穷大时趋近于零。高超声速牛顿理论预测升力系数为 0.0097。

使用表 3-22 中的公式预测的阻力系数如图 3-252 所示。不可压缩、亚声速可压缩理论可得出阻力为零的情况。实际上,我们知道亚声速阻力系数从一个较低的数值逐渐增加到马赫数接近 1 时的最大值。超声速理论预测马赫数为 1 时阻力系数为无穷大,并且在无穷大马赫数时趋近于 0。高超声速牛顿理论预测的阻力系数很小,等于 0.00068。牛顿理论不包括任何显著增加阻力系数的黏性效应。

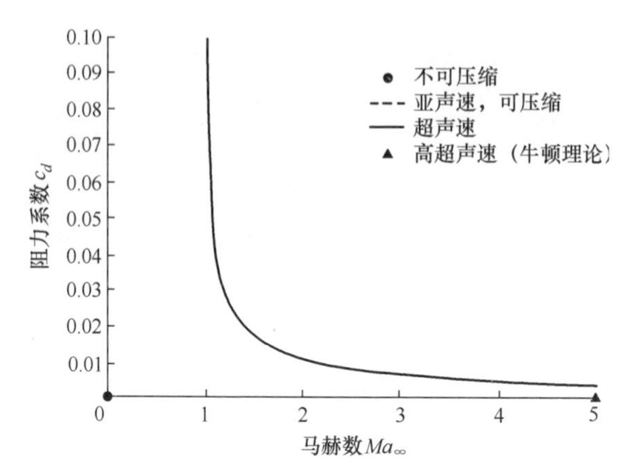

图 3-252 理论阻力系数与马赫数的关系(攻角为 4°的情况下)

最后,对于升阻比 L/D,不可压缩和亚声速可压缩理论预测其值无穷大,因为预测是在零阻力情况下进行的。超声速和高超声速理论预测 L/D 为 14.3。可见,这时高超声速与超声速理论预测值非常接近,因为对于小攻角,有 $\cot\alpha = 1/\tan\alpha \approx 1/\alpha$,牛顿理论预测与超声速理论相同。这两种理论由于都没有考虑任何黏性效应,所以对 L/D 的预测都太高。

综上所述,所提出的各种理论为预测机体从低速、不可压缩流加速到高超声速的气动特性的计算提供了一些简单的方程。这些简单的气动预测在定性分析或更复杂、更高保真方法的"健全性检查"中会发挥很大用处。

参 考 文 献

[1] Abbott, I. H. and von Doenhoff, A. E. , *Theory of Wing Sections*, Dover, New York, 1959.

[2] Abbott, I. H. , von Doenhoff, A. E. , and Stivers, "Summary of Airfoil Data," NASA Technical Report 824, 1945.

[3] Abzug, M. J. and Larrabee, E. E. , *Airplane Stability and Control: A History of the Technologies That Made Aviation Possible*, *Cambridge University Press*, Cambridge, United Kingdom, 2nd edition, 2005.

[4] *Aerodynamics*, USAF Test Pilot School, Edwards AFB, California, January 2000.

[5] *Aircraft Performance*, USAF Test Pilot School, Edwards AFB, California, January 2000.

[6] Ames Research Staff, "Equations, Tables, and Charts for Compressible Flow," NACA Report 1135, Ames Aeronautical Laboratory, Moffett Field, California, 1953.

[7] Anderson, D. A., Tannehill, J. C., and Pletcher, R. H., *Computational Fluid Mechanics and Heat Transfer*, Hemisphere Publishing, McGraw-Hill, New York, 1984.

[8] Anderson, J. D., Jr,*A History of Aerodynamics*, Cambridge University Press, New York, 1998.

[9] Anderson, J. D., Jr,*Computational Fluid Dynamics*, 1st edition, McGraw-Hill, New York, 1995.

[10] Anderson, J. D., Jr,*Fundamentals of Aerodynamics*, 3rd edition, McGraw-Hill, New York, 2001.

[11] Anderson, J. D., Jr, *Hypersonic and High-Temperature Gas Dynamics*, 2nd edition, AIAA Education Series, Reston, Virginia, 2006.

[12] Anderson, J. D.,Jr, *Introduction to Flight*, 4th edition, McGraw-Hill, Boston, Massachusetts, 2000.

[13] Ashley, H. and Landahl, M., *Aerodynamics of Wings and Bodies*, Dover Publications, Inc., New York, 1965.

[14] Baals, D. D. and Corliss, W. R,*Wind Tunnels of NASA*, NASA SP-440, US Government Printing Office, Washington,DC, 1981.

[15] Barlow, J. B., Rae, W. H., and Pope, A.,*Low-Speed Wind Tunnel Testing*, 3rd edition, John Wiley & Sons, Inc., New York, 1999.

[16] Bellman, D. R., "Lift and Drag Characteristics of the Bell X-5 Research Airplane at 59° Sweepback for Mach Numbers from 0. 6 to 1. 03," NACA RM L53A09c, February 17, 1953.

[17] Beggs, G.,*Spins in the Pitts Special*, self-published, Odessa, Texas, March 2001.

[18] Brinkworth, B. J., "On the Early History of Spinning and Spin Research in the UK,Part 1: The Period 1901—1929,"*Journal of Aeronautical History*,Paper No. 2014/03, 2014.

[19] Campbell, J. F. and Chambers, J. R.,*Patterns in the Sky: Natural Flow Visualization of Aircraft Flow Fields*, NASA SP-54, January 1994.

[20] Chernyi, G. G.,*Introduction to Hypersonic Flow*, Academic Press, New York, 1961.

[21] Chung, T. J.,*Computational Fluid Dynamics*, Cambridge University Press, Cambridge, UK, 2002.

[22] Coe, P. L., "Review of Drag Cleanup Tests in Langley Full-Scale Tunnel (From 1935 to 1945) Applicable to Current General Aviation Airplanes," NASA TN D-8206, June 1976.

[23] Cooper, G. E. and Rathert, G. A., Jr, "Visual Observations of the Shock Wave in Flight," NACA RM A8C25, May 24, 1948.

[24] Corda, S., Stephenson, M. T., Burcham, F. W., and Curry, R. E., "Dynamic Ground Effects Flight Test of an F-15 Aircraft," NASA TM 4604, September 1994.

[25] Cox,R. N. and Crabtree, L. F.,*Elements of Hypersonic Aerodynamics*,The English Universities Press, Ltd., London, Great Britain, 1965.

[26] Drela, M., "XFOIL: An Analysis and Design System for Low Reynolds Number Airfoils," in: T. J. Mueller (Ed.),*Low Reynolds Number Aerodynamics*, *in*: *Lecture Notes in Engineering*, Springer-Verlag, New York, 1989.

[27] Ferri, A., "Completed Tabulation in the United States of Tests of 24 Airfoils at High Mach Numbers," NACA Report L5E21, June 1945.

[28] Fillipone, A.,*Aerospace Engineering Desk Reference*, Butterworth-Heinemann, Elsevier Inc., Oxford, UK, 1st edition, 2009.

[29] Fisher, D. F., Haering, E. A., Noffz, G. K., and Aguilar, J. I., "Determination of Sun Angles for Observations of Shock Waves on a Transport Aircraft," NASA TM-1988-206551, September 1998.

[30] Fisher, D. F., Del Frate, J. H., and Zuniga, F. A., "Summary of In-Flight Flow Visualization Obtained From the NASA High Alpha Research Vehicle," NASA TM-101734, January 1991.

[31] Gallagher, G. L., Higgins, L. B., Khinoo, L. A., and Pierce, P. W., *Fixed Wing Performance*,

USNTPS-FTM-NO. 108, US Naval Test Pilot School, Patuxent River, Maryland, September 30, 1992.

[32] Gardner, John J., "Drag Measurements in Flight on the 10-Percent-Thick and 8-Percent-Thick Wing X-1 Airplanes," NACA RM L8K05, 1948.

[33] Gibbs-Smith, C. H., *Sir George Cayley's Aeronautics, 1796—1855*, Her Majesty's Stationary Office, London, England, 1962.

[34] Hansen, J. R., Editor, *The Wind and Beyond: A Documentary Journey into the History of Aerodynamics in America*, Vol. 1: The Ascent of the Airplane, National Aeronautics and Space Administration, NASA SP2003-4409, Washington, DC, 2003.

[35] Hassell, J. L., Jr, Newsom, W. A., Jr, and Yip, L. P., "Full-Scale Wind Tunnel Investigation of the Advanced Technology Light Twin-Engine Airplane (ATLIT)," NASA TP 1591, May 1980.

[36] Hoerner, S. F. and Borst, H. V., *Fluid Dynamic Lift*, self-published, Brick Town, New Jersey, 1965.

[37] Hoerner, S. F., *Fluid Dynamic Drag*, 2nd edition, self-published, Midland Park, New Jersey, 1985.

[38] Hopkins, E. J., Fetterman, D. E., Jr, and Saltzman, E. J., "Comparison of Full-Scale Lift and Drag Characteristics of the X-15 Airplane with Wind-Tunnel Results and Theory," NASA TM-X-713, March 1962.

[39] Hurt, H. H., Jr, *Aerodynamics for Naval Aviators*, US Navy NAVWEPS 00-80T-80, US Government Printing Office, Washington, DC, January 1965.

[40] Jacobs, E. N., Ward, K. E., and Pinkerton, R. M., "The Characteristics of 78 Related Airfoil Sections From Tests in the Variable-Density Wind Tunnel," National Advisory Committee for Aeronautics, NACA Report No. 460, 1935.

[41] Jenkins, D. R., "Hypersonics Before the Shuttle: A Concise History of the X-15 Research Airplane," Monographs in Aerospace History, NASA Publication SP-2000-4518, Washington, DC, June 2000.

[42] John, J. E. A., *Gas Dynamics*, Allyn and Bacon, Inc., Boston, Massachusetts, 1969.

[43] Jones, R. T., "Theory of Wing-Body Drag at Supersonic Speeds," NACA Technical Report 1284, July 8, 1953.

[44] Karamcheti, K., *Principles of Ideal-Fluid Aerodynamics*, 2nd edition, Robert E. Krieger Publishing Company, Huntington, New York, 1980.

[45] Kays, W. M., *Convective Heat and Mass Transfer*, McGraw-Hill Book Company, New York, 1966.

[46] Kuethe, A. M. and Chow, C. Y., *Foundations of Aerodynamics: Bases of Aerodynamic Design*, 5th edition, John Wiley & Sons, Inc., New York, 1998.

[47] Kuchemann, F. R. S., *The Aerodynamic Design of Aircraft*, 1st edition, Pergamon Press, Oxford, U. K., 1978.

[48] Lan, C. T. E. and Roskam, J., *Airplane Aerodynamics and Performance*, Design, Analysis, and Research Corporation (DARcorporation), Lawrence, Kansas, 2003.

[49] Lilienthal, O., *Birdflight as the Basis of Aviation*, unabridged fascimile of original work, first published in 1889, translated by A. W. Isenthal, Markowski International, Hummelstown, Pennsylvania, 2001.

[50] Loftin, L. K., *Quest for Performance: The Evolution of Modern Aircraft*, NASA SP-468, US Government Printing Office, Washington, DC, 1985.

[51] McCormick, B. W., *Aerodynamics, Aeronautics, and Flight Mechanics*, John Wiley & Sons, New York, 1979.

[52] Moulden, T. H., *Fundamentals of Transonic Flow*, Krieger Publishing Company, Malabar, Florida, 1991.

[53] Nicolai, L. M., *Fundamentals of Aircraft Design*, self-published, METS, Inc., San Jose, California, 1984.

[54] Niewald, P. W. , andParker, S. L, "Flight-Test Techniques Employed to Successfully Verify F/A-18E In-Flight Lift and Drag," *Journal of Aircraft*, Vol. 37, No. 2, March-April 2000, pp. 194-200.

[55] Nissen, J. M. , Burnett, L. G. , and Hamilton, W. T. , "Correlation of the Drag Characteristics of a P-51B Airplane Obtained from High-Speed Wind Tunnel and Flight Tests," NACA ACR No. 4 K02, February 1945.

[56] Nonweiller, G. T. , "Aerodynamic Problems of Manned Space Vehicles," *Journal of the Royal Aeronautical Society*, Vol. 63, 1959, pp. 521-528.

[57] Oswald, W. B. , "General Formulas and Charts for the Calculation of Airplane Performance," NACA-TR-408, 1932.

[58] Prandtl, L. and Tietjens, O. G. , *Applied Hydro and Aeromechanics*, Dover Publications, Inc. , New York, 1934.

[59] Raymer, D. P. , *Aircraft Design: A Conceptual Approach*, AIAA Education Series, American Institute of Aeronautics and Astronautics, Washington, DC, 2nd edition, 1992.

[60] Savile, D. B. O. , "Adaptive Evolution of the Avian Wing," *Evolution*, Vol. 11, 1957, pp. 212-224.

[61] Shapiro, A. H. , *The Dynamics and Thermodynamics of Compressible Fluid Flow*, Vol. 1, John Wiley & Sons, New York, 1953.

[62] Sheldahl, R. E. and Klimas, P. C. , "Aerodynamic Characteristics of Seven Airfoil Sections Through 180-Degree Angle-of-attack for Use in Aerodynamic Analysis of Vertical Axis Wind Turbines," Sandia National Laboratories Energy Report SAND80-2114, March 1981.

[63] "Stall/Post-Stall/Spin Flight Test Demonstration Requirements for Airplanes," US Air Force, MIL-S-83691A, April 15, 1972.

[64] Stillwell, W. H. , "X-15 Research Results," NASA SP-60, US Government Printing Office, Washington, DC, 1965.

[65] Talay, T. A. , *Introduction to the Aerodynamics of Flight*, NASA SP-367, US Government Printing Office, Washington, DC, 1975.

[66] Tennekes, H. , *The Simple Science of Flight: from Insects to Jumbo Jets*, The MIT Press, Cambridge, Massachusetts, 2009.

[67] Truitt, R. W. , *Hypersonic Aerodynamics*, The Ronald Press Company, New York, 1959.

[68] Tsien, H. S. , "Similarity Laws for Hypersonic Flows", *Journal of Mathematics and Physics*, vol. 25, 1946, pp. 247-251.

[69] Van Ness, H. C. , *Understanding Thermodynamics*, Dover Publications, New York, 1983.

[70] Van Wylen, G. J. and Sonntag, R. E. , *Fundamentals of Classical Thermodynamics*, 2nd edition, John Wiley and Sons, Inc. , New York, 1978.

[71] Vincenti, W. G. , "Comparison Between Theory and Experiment for Wings at Supersonic Speeds," NACA TR-1033, Washington, DC, 1951.

[72] Von Karman, T. , *Aerodynamics: Selected Topics in the Light of Their Historical Development*, Dover Publications, Inc. , New York, 2004.

[73] Wetmore, J. W. and Turner, L. I. , Jr, "Determination of Ground Effect from Tests of a Glider in Towed Flight," National Advisory Committee for Aeronautics, NACA Report No. 695, 1940.

[74] Whitcomb, R. T. , "Recent Results Pertaining to the Application of the Area Rule," NACA RM L53I15a, October 28, 1953.

[75] Whitcomb, R. T. , "Review of NASA Supercritical Airfoils," ICAS Paper No. 74-10, presented at the 9th Congress of the International Council of Aeronautical Sciences, Haifa, Israel, August 25-30, 1974.

[76] Whitcomb, R. T., "A Study of the Zero-Lift Drag-Rise Characteristics of Wing-Body Combinations Near the Speed of Sound," National Advisory Committee for Aeronautics, NACA Report 1273, 1956.

[77] White, F. M., *Viscous Fluid Flow*, McGraw-Hill, Inc., New York, 1974.

[78] Whittliff, C. E. and Curtis, J. T., "Normal Shock Wave Parameters in Equilibrium Air," Cornell Aeronautical Laboratory, Inc., Report No. CAL-111, Cornell University, Buffalo, New York, November 1961.

[79] Young, H. D. and Freedman, R. A., *University Physics*, 11th edition, Addison Wesley, San Francisco, California, 2004.

习　　题

1. 一架洛克希德 SR-71"黑鸟"侦察机以马赫数为 3 的速度在 80000 英尺的高空飞行,试计算这种飞行条件下每英尺的雷诺数。用萨瑟兰定律计算黏度系数。
2. 在高空滑翔机的机翼上安装了测量表面压强和温度的仪器,在测量点上,压强和温度分别为 $2.58\times10^4\text{N/m}^2$ 和 217.5K,试计算机翼上该点的空气密度。
3. 假设习题 2 中高海拔的滑行发生在火星上,此处的大气层组分主要是二氧化碳(二氧化碳的摩尔质量为 44kg/mol)。假设机翼上某点的压强和温度测量值与习题 2 相同。假设大气中的气体是理想气体,试计算火星大气中机翼上该点的空气密度。
4. 一个直径为 3.20 英尺、长度为 6.58 英尺的圆柱形燃料箱,在压强和温度分别为 2504 磅/英尺^2 和 62℉的条件下,充满气态氢,试计算燃料箱的摩尔数。
5. 在压强为 2100 磅/英尺^2,温度为 53℉的条件下,向燃料箱中填充氢气。使用范德瓦耳斯方程确定,在这种情况下,理想气体状态方程对氢气是否适用。氢的范德瓦耳斯常数为

$$a = 25\times10^3\ \frac{\text{N}\cdot\text{m}^4}{(\text{kg}\cdot\text{mol})^2}$$

$$b = 2.66\times10^{-2}\ \frac{\text{m}^3}{\text{kg}\cdot\text{mol}}$$

6. 航天飞机主起落架轮胎的设计着陆速度高达 260 英里/h。主起落架轮胎仅用于一次航天飞机着陆。轮胎充满氮气,并充气至最大压强 340 磅/英尺^2。轮胎必须经受从太空中的-40℉到着陆时的 130℉ 的较大环境温度差。每个轮胎的直径为 44.9 英寸,宽度为 16 英寸。安装轮胎的机轮直径为 21 英寸,宽度为 16 英寸。在 340 磅/英尺^2 的压强和 130°R 的温度下计算轮胎中氮气的质量和重量。
7. 平直矩形机翼以 4°攻角安装在亚声速风洞中。翼展为 3 英尺,横跨风洞试验段的宽度。机翼有一个 9 英寸弦长的 NACA 0012 翼剖面。风洞试验条件:自由

流速度为200英里/h,自由流压强为14.55磅/英寸^2,自由流温度为50℉。风洞力平衡测量机翼上的法向力和轴向力(法向力和轴向力分别定义为垂直和平行于中心线的力,正法向力指向机翼上表面,正轴向力指向机翼后缘)。在试验条件下,力平衡测得104.14磅的法向力和-5.726磅的轴向力,试计算试验条件下的升力和阻力系数。

8. 对于习题7中描述的风洞试验条件,是基于翼弦计算雷诺数。请问机翼的边界层流动是层流还是湍流?计算机翼后缘的边界层厚度。翼剖面很薄,所以假设机翼上表面从前缘到后缘的距离等于弦长。
9. 飞机在自由流压强p_∞、密度ρ_∞和温度T_∞分别为4.372磅/英寸^2、0.02868磅/英尺^{2}和-46.9℉的条件下飞行。机翼上一点的压强p_{wing}测量值为1132磅/英尺^2。假设流动为等熵流,试计算机翼上该点的密度和温度。
10. 火箭喷管的出口直径$d=27.3$cm。从喷管流出的排气马赫数$Ma_e=2.3$,温度$T_e=787$K,压强$p_e=101325$N/m^2。假设排气是理想气体,试计算喷管出口的流速。
11. 直径为1.75英寸的燃油管路以6.024磅/s的质量流量供应汽油。假设汽油密度为0.026磅/英寸^3,试计算燃油管中的流速。
12. 喷管的入口面积$A_i=1.50$m^2,出口面积$A_e=4.25$m^2。喷管入口速度$v_i=12.3$m/s,出口压强$p_e=1.1$Pa。假设在标准海平面条件下空气不可压缩,试计算喷管出口速度和入口压强。
13. 无黏、绝热流的速度和总温分别为238m/s和314K,试计算流动的静态温度和马赫数。
14. 北美AT-6A得克萨斯飞机是第二次世界大战时期的高级飞行员教练机,它的机翼在翼根处具有NACA 2215翼型,在翼尖处具有NACA 4412翼型。请"解码"这些NACA翼型名称。
15. 试利用图3-100左上角的坐标,绘制NACA 2412翼型的大致比例图。x轴和y轴以翼弦百分比为单位。
16. 考虑NACA2412翼剖面的数据,如图3-100所示。试计算:①最大升阻比$(L/D)_{max}$,②最大升力系数$c_{L,max}$,③失速攻角α_s,④最小阻力系数$c_{D,min}$,⑤最小型阻系数$c_{D,0,min}$,⑥零攻角下的俯仰力矩系数$c_{M,c/4}$。
17. 洛克希德U-2侦察机的翼展为103英尺。当U-2飞离地面30英尺时,计算其诱导阻力减小的百分比。
18. 计算在攻角为8°、马赫数为0.71的情况下,NACA 4412翼型的升力系数和1/4弦点的力矩系数。
19. 基于普朗特-格劳特压缩性修正,计算导致升力系数变化10%时的马赫数。
20. 一只普通的渡鸦以18.02英里/h的速度在加利福尼亚州南部的沙漠上空500英尺的高度翱翔。渡鸦的翅膀呈椭圆形,跨度4.430英尺,面积3.150

英尺^2。计算此飞行条件下 2.020 磅的渡鸦的升力系数和诱导阻力系数(使用阻力计数,500 英尺高度的自由流密度为 0.0023423slug/英尺^2)。

21. 试计算将飞机失速速度降低 5%所需的机翼面积变化百分比。
22. 诺斯罗普 T-38A 襟翼向上时的最大升力系数为 0.86,襟翼向下时的最大升力系数为 1.03。在海平面的条件下,对于两种襟翼构型,试计算 T-38A 的失速速度。T-38A 质量为 12000 磅,机翼参考面积为 170 英尺^2。以英尺/s 和 kn 为单位计算失速速度。计算襟翼构型变化引起的失速速度变化(以节为单位)和百分比变化。
23. 一名跳伞运动员降落的最终速度是 120 英里/h。计算 2000m 高空跳伞运动员驻点的压强、密度和温度(2000m 高空的自由流密度、压强和温度分别为 1.0066kg/m^2、79501N/m^2 和 275.16K)。
24. 一架飞机进行了一次模拟飞行,以获得气动数据。在机动的某一点上,空速为 489.1kn,高度为 27000 英尺,航迹角为 8.72°,攻角为 5.26°,飞机质量为 10923 磅。机载加速计与机身轴线对齐,测得轴向和法向过载系数分别为 0.07471 和−2.231。推力模型用于获得 1227.1 磅的推力。飞机的机翼面积为 220 英尺^2。试计算飞机在这种飞行条件下的升力和阻力系数(假设自由流密度为 0.0009932slug/英尺^2)。
25. 一架飞机在 1800m 高度以马赫数 0.13 的速度飞行。机翼表面某一点压强为79887N/m^2。假设流动无黏,试计算机翼上这一点的马赫数是多少?如果是黏性流,机翼表面该点的压强和马赫数是多少(假设 1800m 高空的自由流压强为 81494N/m^2)?
26. 一架飞机在高空超声速飞行,总温 $T_{t,\infty}=867.1°R$。飞机的发动机入口有一个圆形截面,入口直径为 3.1 英寸。正激波位于入口。入口上游的 $Ma_\infty=2.47$。测得正激波下游的静压 $p_2=11.78$ 磅/英寸^2。假设流体为理想气体,计算通过入口的质量流量 $\dot{m}$ 和自由流动压 q_∞。
27. 一个高超声速飞机模型在使用氦作为试验气体($\gamma=1.667$)的风洞中进行试验。在马赫数为 3 的情况下,模型钝头前方产生一个正激波。对于马赫数为 3 的试验条件,假设海平面压强和温度分别为 101325N/m^2 和 288K,试计算正激波后的马赫数、压强和温度。
28. 一架飞机在火星大气中飞行,马赫数为 3.2,高度为 50000m。在这个马赫数下,飞机机头前面产生一个正激波。假设火星大气是由二氧化碳组成的理想气体(可能用到 1atm 和 293.15K),火星大气的压强和温度可由下式近似:

$$p(h)=0.699e^{-0.0009h}$$

$$T(h)=-0.00222h+249.75$$

式中:h 为高度(米);p 为压强(N/m^2),T 为温度(K)。试计算正激波后的温度、压强和温度。

29. 洛克希德 NF-104A 是一种改进的 F-104,装有一个小型液体燃料火箭发动机,以实现高空高马赫数飞行。假设 NF-104A 机翼近似于一个薄的平板,参考面积为 212.8 英尺^2。NF-104A 在 52000 英尺的高度水平飞行,大气压强为 221.38 磅/英尺^2。如果 NF-104A 的重量为 19000 磅,计算并绘制关于马赫数函数的飞机攻角,马赫数为 1.0~2.5。假设机翼升力系数对于翼剖面具有相同的值(实际的 NF-104A 机翼具有双凸翼型,最大马赫数为 2.2)。
30. 飞机的机翼后掠角为 20°。如果飞机在海平面飞行,空速为 285.5m/s,垂直于机翼前缘的马赫数是多少?试在这种飞行状态下对机翼上的流动进行描述。
31. 超声速风洞设计在试验段入口产生马赫数为 2.5 的气流(如下图所示)。风洞喷管的出口直径为 18 英寸。风洞储压罐压强 p_r 和温度 T_r 分别为 3788.5 磅/英尺^2 和 877.5°R。试求试验段入口(喷管出口)的速度、通过喷管的气流量和喷管喉道直径。假设整个风洞中气体为理想气体,并且流动为等熵流。

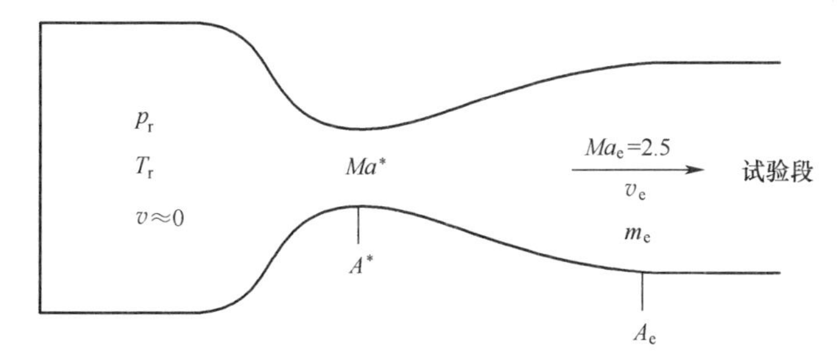

32. 氦气通过一根直径为 2.25 英寸的管子,以 0.378 磅/s 的质量流速进行流动,其压强和温度分别为 80 磅/英尺^2 和 52℉,计算氦气流动的速度。
33. 一辆汽车以 70 英里/h 的速度在海平面上行驶。车顶长 6 英尺,假设车顶近似于一个平板,试绘制车顶上的层流和湍流边界层厚度(英寸),并计算车顶后缘的层流和湍流边界层厚度。
34. 滑翔机的翼展为 75 英尺,展弦比为 25.5。假设机翼为矩形平板,以 100kn 的空速在海平面和 100000 英尺的高度($\rho = 3.318 \times 10^{-5}$slug/ 英尺^2, $T = 408.8$°R) 飞行,试计算机翼上的表面摩擦阻力。
35. 高超声速导弹的头部呈细长的正圆锥体,半顶角为 2.5°。导弹以马赫数为 8 的速度飞行,飞行高度为 80000 英尺(ρ=58.51 磅/英尺^2),在自由流方向和导弹中心线之间测量得攻角为 15°。应用牛顿理论,假设导弹前锥的参考面积为 65 英尺^2,试计算导弹机头的升力、阻力和升阻比。
36. 洛克希德 SR-71“黑鸟”侦察机的机身长度为 102.25 英尺。假设平板长度等于机身长度,马赫数为 1~3,试计算并绘制 80000 英尺($\rho = 8.571 \times 10^{-5}$ slug/英尺^3, $T = 397.9$°R) 处板上的热通量,单位为 Btu/(s·英尺^2)。

37. 北美 X-15 高超声速火箭动力飞机有一个简单的楔形垂直尾翼。楔形垂尾的半角为 3°，弦长为 10.25 英尺。假设 X-15 在 100000 英尺的高度飞行，动压为 1500 磅/英尺^2。使用简单的牛顿流体力学，如果垂尾上游的气流侧滑角为 2°(气流来自飞行员的左前方)，试计算楔形垂尾左右两侧的压力系数。在求解数值之前，先写出压力系数的方程，同时计算该飞行状态下的自由流马赫数，以验证牛顿流体力学是否适用(假设 100000 英尺处的自由流压强 p_∞ = 23.085 磅/英尺^2)。

第4章

推　　进

X-43A①高超声速飞机首飞的艺术概念图
（资料来源：美国国家航空航天局）

4.1 引　　言

许多航空航天飞行器的重大进步都是通过推进技术的进步实现的。由于推进系统能够使航空航天飞行器飞行得越来越快，因此需要新的飞行器构型和技术来实现飞行包线的扩展。从这个角度看，推进技术的突破推动了航空航天飞行器的发展。对于飞机而言，从螺旋桨驱动飞机到喷气式动力飞机的进步充分说明了这一点，其中空速的大幅度提高促进了飞机设计的显著进步，例如后掠翼和全动水平尾翼。火箭推进技术的进步，使我们能够将飞行器发射到地球轨道以及更远的月球和行星上。新的太空推进力，如太阳能和离子推进力，可以实现

① NASA 的 X-43A 是一款无人驾驶的高超声速试验机，由氢燃料吸气式超声速燃烧冲压发动机（即超燃冲压发动机）提供动力。由两个超燃冲压发动机驱动的 X-43A 飞行器共生产了3架，其中第二架在2004年3月27日马赫数达到6.8，第三架在2004年11月16日马赫数达到9.6。吸气式超燃冲压发动机推进技术的发展拓展了在可感知的大气中高速飞行的边界，使飞机能够进入太空。

飞行器在深太空进行长时间旅行。除了性能优势之外,推进技术的进步还促进了推进效率的显著提高,可靠性的提高以及飞机噪声的降低。推进器的进步使飞机变成了"时间机器",缩短了飞机飞往全球的时间。在19世纪,有篷货车可能需要一年或者更长的时间才能横跨美国。现在,我们可以在五六个小时内从美国的海岸飞到另一边海岸。

推进技术的研究在很大程度上依赖于航空动力学、热学、力学和化学的基础领域。许多推进系统涉及气体或液体的流动,这种流动随着其通过管道的面积会发生变化。这些内流经常受到摩擦(边界层)和传热的影响。内流可能是亚声速的,也可能是超声速的,这可能涉及压缩效应和激波。在大多数推进概念中,燃料的化学能转换产生推力,这种转换涉及化学反应,所以推进流动可能包括化学效应。

在本章中,我们研究几种不同类型的推进装置,可分为吸气式发动机和非吸气式发动机。吸气式发动机包括内燃机、冲压发动机、涡轮螺旋桨发动机、涡喷发动机和涡扇发动机。这种类型的发动机吸入或"呼出"大气空气,从而提供氧化剂与化学燃料燃烧。非吸气式推进装置的例子包括不同类型的火箭,包括固体和液体燃料、电力、太阳能和核火箭。这些装置不依赖大气来产生推力。固体火箭和液体火箭依靠携带氧化剂和燃料的化学燃烧来产生推力。由于非吸气式发动机不需要大气中的空气来产生推力,所以他们能够在大气层外工作,包括在外太空。每一种类型的推进装置在其飞行包线中都有其适用范围及局限性。

4.1.1 推进推力的概念

本节是推进推力概念的简要介绍。在涉及牛顿力学定律和经典热力学基础知识的同时,后续部分可以得出推进推力的数学和量化细节。

推进推力的概念早已有之,汽转球便是其中一个例子。如图4-1所示,汽转球有时以其发明者亚历山大港的希罗的名字命名,称为希罗引擎,希罗是公元1世纪的希腊数学家和工程师。汽转球由一个中空的球体组成,它安装在一个装有热水的大锅上。蒸汽向上流入球体,并通过L形管排出,导致球体旋转。这个基本的蒸汽轮机装置依赖于推进力作用的概念,但是在希罗时代还没有理解其如何工作的基本物理原理。

现在让我们用一个简单的例子来探讨推进推力的概念。考虑一个刚性的体积球,如图4-2所示,在压力 p_0 处填充气体,压力 p_0 大于外部环境压力 p_a。由于力在球体周围的各个方向都是平衡的,所以球体处于平衡状态,并且保持静止。如果我们在球体的右侧开一个洞,如图4-2所示,高压气体就会开始逸出。让我们假设一个供气管链接到球体上,使球体充气的速度与气体从孔中逸出的速度一样快;还假设供气管道的连接不会干扰球的运动。通过向球体中加入气体来弥补逸出的气体,球体内部的气体压力保持在恒定的压力 p_0。在这种稳定

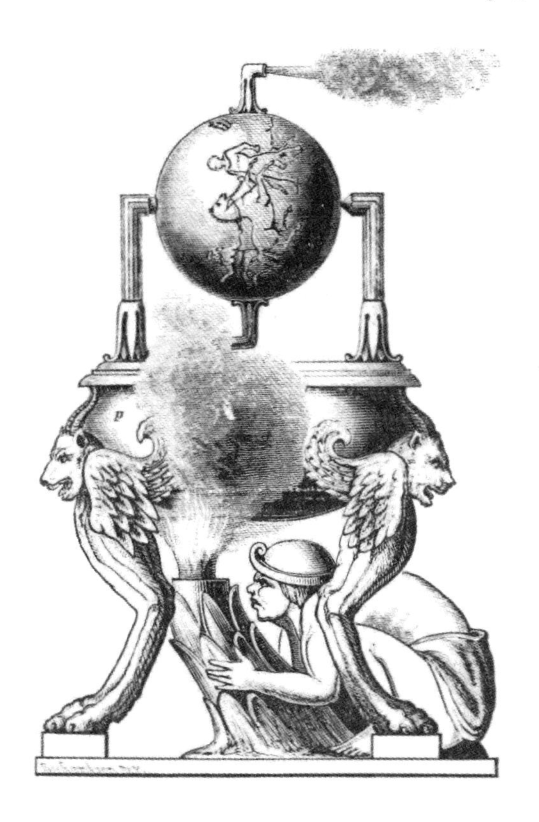

图 4-1　亚历山大港的汽转球

(资料来源:Popular Science Monthly,1878 年,D-old-70)

条件下,气体以恒定速度 v_e 从孔中逸出。

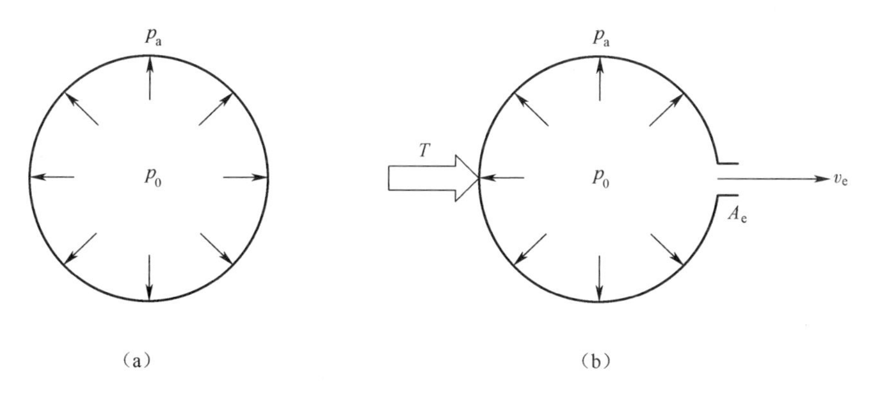

图 4-2　流体动量和反应力的示例

(a)刚性球体中充满了平衡状态的高压气体;(b)刚性球体中有逸出的高压气体和稳定推力。

当高压气体从球体中的出口孔逸出时,保持球体不向左移动所需的力 T 为

$$T = (p_0 - p_a)A_e \tag{4-1}$$

式中：A_e 为出口孔的区域。

因此，力或推力 T 等于压力差乘以压强差作用的区域面积。

应用牛顿第二定律，这个力等于逸出气体的动量变化率，即

$$T = (p_0 - p_a)A_e = \frac{d}{dt}(mv)_e = \left(\frac{dm_e}{dt}\right)v_e = \dot{m}_e v_e \tag{4-2}$$

式中：m_e 为逸出气体的质量；$\dot{m}_e$ 为逸出气体的质量流量。

逸出气体的速度 v_e 是恒定的，因此时间导数仅作用于式(4-2)中的质量项。由逸出气体产生的力或推力 T 等于逸出气体的质量流量 $\dot{m}_e$ 乘以排气速度 v_e。

从根本上说，吸气式和非吸气式发动机都基于这种相同的推进物理原理，推力装置和飞行器受到的力是来自从发动机耗尽或喷出的流体或物质的动量。力是飞行器运动方向上压力和剪切应力分布积分的结果，称为推力。通常，由于发动机的几何复杂性，通过逐个地整合发动机内外的压力和剪切应力的分布来推导推力是不实际的。推力的这种力-动量的证明方法在推导发动机推力方面非常有用。

图 4-3 所示为式(4-2)在 3 种完全不同类型的推进装置中的应用：螺旋桨发动机、吸气式涵道发动机(冲压式喷气发动机或涡轮喷气发动机)和非吸气式火箭发动机。在每种情况下，推进装置通过增加流体的动量产生推力。在螺旋桨的情况下，流体是空气，冲压式喷气发动机或涡轮喷气发动机的流体是空气与燃烧气体的混合，用于火箭的仅有燃烧气体。对于吸气式发动机，动量涉及排气速度和自由流速度之间的速度变化 $(v_e - v_\infty)$。

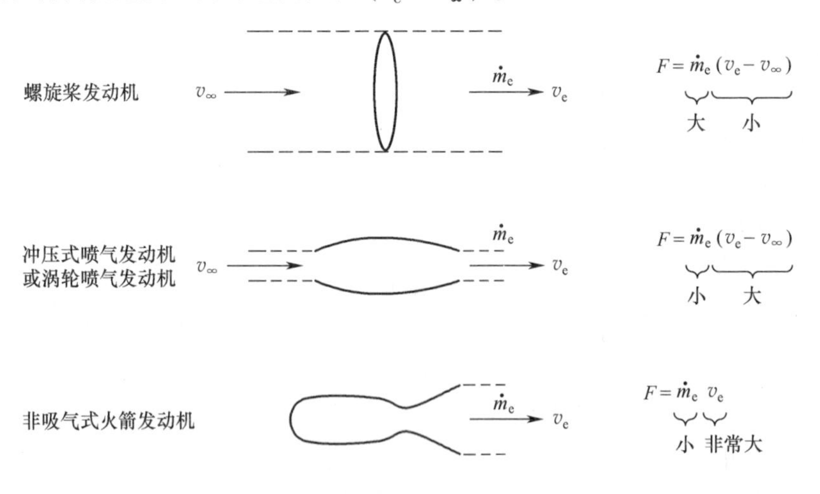

图 4-3 流体动量-反作用力原理适用于不同类型的推进方式

(资料来源：改编自 J. L. Sloop, Liquid Hydrogen as a Propulsion Fuel, 1945—1959 年, NASA SP-4404, 1978 年)

对于每种类型的推进装置,流体质量流量和流体排出速度的相对大小是不同的。大流量的空气,以自由流速度 v_∞ 进入螺旋桨区域并以略微增加的速度 v_e 离开,因此空气质量流量 $\dot{m}_e$ 很大而速度变化 $(v_e - v_\infty)$ 在流管中传给空气的量很小。对于冲压式喷气发动机或涡轮喷气发动机,空气质量流量 $\dot{m}_e$ 很小,而速度变化 $(v_e - v_\infty)$ 很大。火箭的质量流量 $\dot{m}_e$ 很小,而排气速度 v_e 非常大。

推进装置通过机械或热化学方式增加流体的动量。流体可以是通过螺旋桨或吸入冲压式喷气发动机或涡轮喷气发动机的周围空气。流体也可以是火箭上携带的燃烧并排出的推进剂。存储在推进剂中的能量转换成废气的动量。从热力学角度来看,发动机对流体做功,因此它称为推进装置的做功流体。能量以机械能形式增加到工作流体中,如螺旋桨就是这种情况,或通过化学能的释放来增加能量,如冲压式喷气发动机,涡轮喷气发动机或非吸气式火箭发动机为这种情况。表4-1总结了一些不同类型化学推进剂的特性,定义了做功流体和化学能源。

表4-1　不同类型化学推进剂的特性

推进类型	引擎类型	做功流体	推进剂
吸气式	内燃机+螺旋桨	空气	空气+燃料
	涡轮螺旋桨飞机	空气	空气+燃料
	涡轮喷气发动机和涡轮风扇	空气	空气+燃料
	冲压发动机和超燃冲压发动机	空气+燃料	空气+燃料
	吸气式火箭	空气+液体或固体燃料	空气+液体或固体燃料
非吸气式	液体火箭	液体推进剂	液体推进剂
	固体火箭	固体推进剂	固体推进剂
	混合火箭	混合推进剂	混合推进剂

在推进流体的分析中,仍然存在相当普遍的使用不统一的英制单位,例如磅质量(lb_m)、英国热量单位(Btu)和马力(hp)。下面讨论这些不统一的单位,以及把它们转换成标准单位的方法。

功定义为力乘以距离。国际上功的单位焦耳(J)定义为1牛顿的力乘以1米的距离。国际上功的单位焦耳(J)定义为

$$1\text{J} = 1\text{N} \cdot \text{m} = 1\,\frac{\text{kg} \cdot \text{m}^2}{\text{s}^2} \tag{4-3}$$

在英制单位中,功定义为1磅的力乘以1英尺的距离。能量和功具有相同的单位,因此,能量和功单位有时用不统一的英制单位Btu表示。Btu定义为将1磅水的温度升高1华氏度所需的能量。Btu的单位转换如下:

$$1\text{Btu} = 778\ \text{英尺} \cdot \text{磅} = 1055\text{J} \tag{4-4}$$

功率定义为做功的速度。国际的功率单位瓦特(W)定义为J/s。就国际标准单位而言,瓦特由下式给出:

$$1\mathrm{W} = 1\ \frac{\mathrm{J}}{\mathrm{s}} = 1\ \frac{\mathrm{N \cdot m}}{\mathrm{s}} = 1\ \frac{\mathrm{kg \cdot m^2}}{\mathrm{s^3}} \tag{4-5}$$

注意,不要将瓦特(W)与做功符号 W 混淆。

在英制系统中,经常使用马力和英国热量单位每小时(Btu/h)这样不一致的单位。这些单位的转换如下:

$$1\ 马力 = 550\ \frac{英尺 \cdot 磅}{\mathrm{s}} = 2546.7\ \frac{\mathrm{Btu}}{\mathrm{h}} = 745.7\mathrm{W} \tag{4-6}$$

4.1.2 发动机站位号

在推进装置中,已经开发了一种编号系统来识别通过发动机的流动方向上的站位。有一些普遍接受的站位编号约定,但应始终确保理解所应用的编号方案。对于吸气式和非吸气式发动机,典型的站位号如图4-4所示。

站位号指定特定发动机部件的流出口或入口。下面首先描述吸气式发动机站位号,如图4-4(a)、(b)、(c)所示。入口或扩散器入口和出口分别指定为站1和站2。对于具有涡轮机械的发动机,如涡轮喷气发动机,站2也是压缩机部分的入口,站3是压缩机的出口,如图4-4(b)、(c)所示。对于没有涡轮机械的发动机,如冲压式喷气发动机,站2指定燃油的引射位置,站3指定火焰稳定器位置,如图4-4(a)所示。对于两种类型的吸气式发动机,燃烧室的入口和出口分别表示为站3和站4。对于冲压式喷气发动机,站4是喷口的入口,站8是喷口喉部,站9是喷口出口。对于涡轮喷气发动机,站4和站5分别是涡轮部分的入口和出口。如图4-4(b)所示,如果涡轮喷气发动机没有加力燃烧室,则流体离开涡轮机并进入站5的会聚喷口并从站9处的喷口流出。在这种情况下省略了几个站位号,因此喷口出口站位对所有的吸气式发动机都是一样的。如图4-4(c)所示,带有加力燃烧室的涡轮喷气发动机在站5和站6之间有燃料喷射和火焰保持部分。加力燃烧室燃烧区位于站6和站7之间。站7是收敛-扩散喷口的入口,站8是喷口喉部,站9是喷口出口。

非吸气式火箭发动机的站位号方案如图4-4(d)所示。火箭发动机推进剂注入到站i的燃烧室中。站c包括燃烧室及收敛-扩散喷口的入口。喷口喉部为站th,喷口出口为站e。

站位号也用作下标,以识别整个发动机的当地流量属性。例如,T_3 是涡轮喷气发动机压缩机出口处或其燃烧室入口处的温度,而 p_c 是火箭发动机燃烧室中的压力。在文中,我们遵循图4-4中给出的发动机站编号,用于指定发动机位置和通过发动机的流体特性。

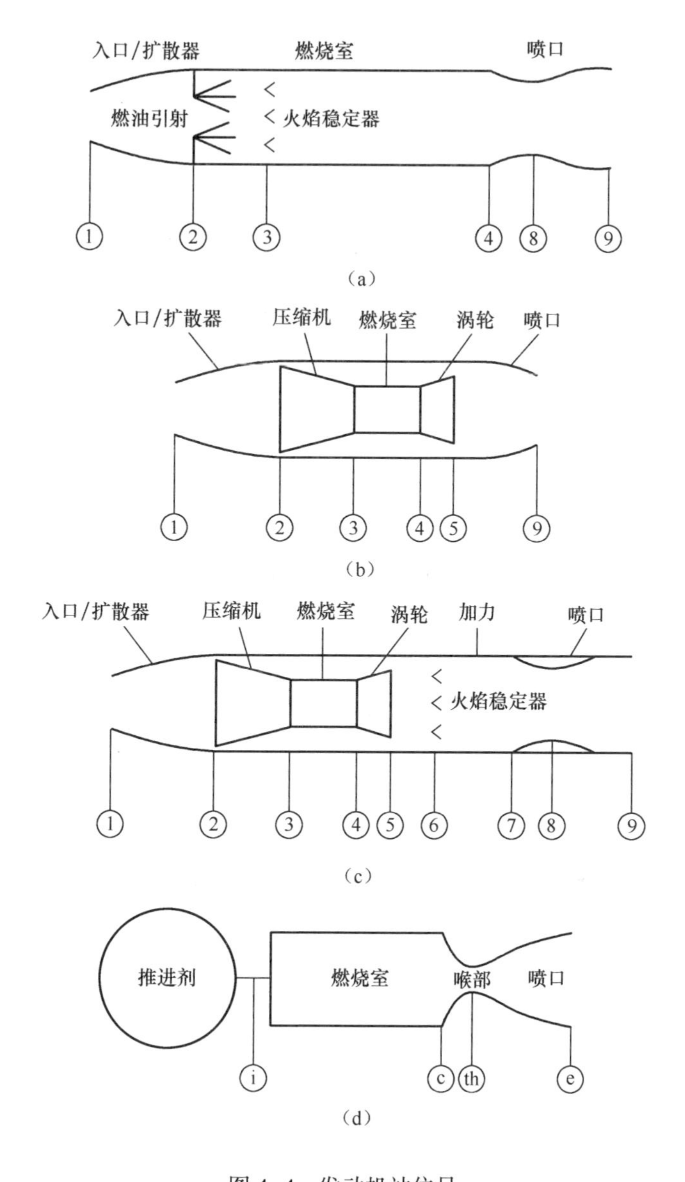

图4-4　发动机站位号

(a)冲压式喷气发动机;(b)没有加力燃烧室的涡轮喷气发动机;
(c)带有加力燃烧室的涡轮喷气发动机;(d)火箭发动机。

4.2　带加热与做功的推进系统流动

在第3章中,我们推导出了流体运动的控制方程,获得连续方程,动量方程和能量方程。这些基本方程适用于通过推进装置的流动,如喷气发动机和火箭。

在本节中,我们研究了连续方程和能量方程在推进装置流动中的应用。在下一节中,我们通过应用牛顿第二定律得到使用各种推进装置产生的不同推力。

考虑图 4-5 所示的推进装置,包括进气口、燃油流入口和排气口。空气的质量流量 $\dot{m}_i$ 通过区域 A_i 进入装置。将燃料的质量流量 $\dot{m}_f$ 注入装置中,与空气混合并燃烧。燃烧产物的质量流量 $\dot{m}_e$ 通过区域 A_e 从装置中排出。

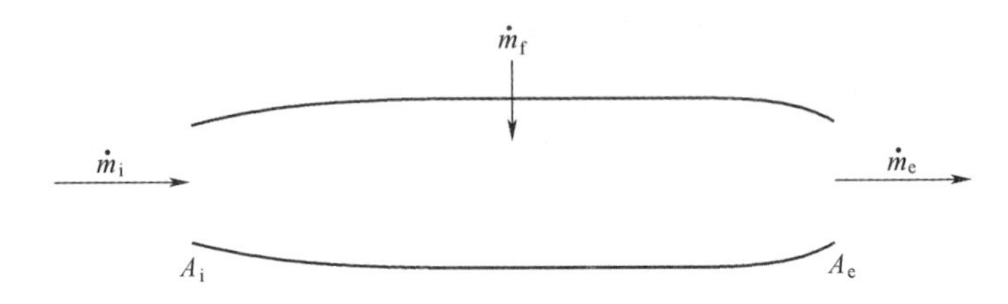

图 4-5　质量守恒定律应用于推进装置

将质量守恒定律应用于该推进装置,进出装置的质量流量为

$$\dot{m}_i + \dot{m}_f = \dot{m}_e \tag{4-7}$$

$$\rho_i v_i A_i + \dot{m}_f = \rho_e v_e A_e \tag{4-8}$$

式中:ρ_i,v_i 分别为流入气体的密度和速度;ρ_e,v_e 分别为排气密度和速度。

现在考虑将推进装置作为热力学系统,如图 4-6 所示。气流以速度 v_i 和温度 T_i 进入控制系统的边界(在图中以虚线示出)。燃烧产物以速度 v_e 和温度 T_e 离开。通过燃烧燃料将每单位质量的热量 δq 加入到装置中。如果装置中有涡轮机(或螺旋桨),则推进系统完成每单位质量的做功为 δw_t。

将式(3-94)形式的热力学第一定律应用于系统,得

$$\delta q + \delta w_t = \mathrm{d}h - v\mathrm{d}p \tag{4-9}$$

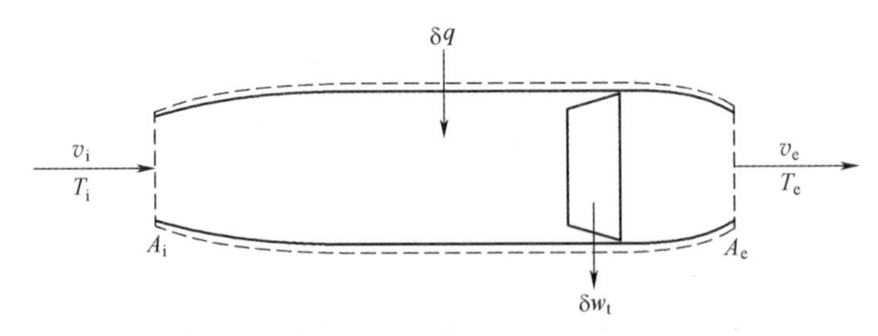

图 4-6　能量守恒定律应用于推进装置

用欧拉方程(3-165)代替压力变化 dp,得

$$\delta q + \delta w_t = \mathrm{d}h - v(-\rho v\mathrm{d}v) = \mathrm{d}h - \frac{1}{\rho}(-\rho v\mathrm{d}v) = \mathrm{d}h - v\mathrm{d}v \tag{4-10}$$

从装置入口到出口进行积分,有

$$\int_i^e \delta q + \int_i^e \delta w_t = \int_i^e \mathrm{d}h + v\mathrm{d}v \tag{4-11}$$

$$q + w_t = (h_e - h_i) + \frac{1}{2}(v_e^2 - v_i^2) \tag{4-12}$$

$$q + w_t = \left(h + \frac{v^2}{2}\right)_e - \left(h + \frac{v^2}{2}\right)_i = h_{t,e} - h_{t,i} \tag{4-13}$$

式中:q 为通过设备每单位质量增加的总热量;w_t 为设备对每单位质量做的总功。

式(4-13)表明由推进装置完成的加热和做功体现在离开和进入装置的气流总焓的差。

假设比热容恒定,式(4-13)中的焓可以用温度表示,得

$$q + w_t = \left(c_p T + \frac{v^2}{2}\right)_e - \left(c_p T + \frac{v^2}{2}\right)_i = c_p(T_{t,e} - T_{t,i}) \tag{4-14}$$

因此,我们看到由推进装置完成的加热和做功是由于离开和进入装置的流体总温差造成的。式(4-14)与流体流动的能量方程,即式(3-191)相同,增加了非绝热过程中热的项和工作涡轮机或螺旋桨做功的项。

仔细检查涡轮机或螺旋桨的工作情况。每单位质量的做功很简单,有

$$w_t = \frac{W}{m} \tag{4-15}$$

式中:W 为涡轮机或螺旋桨输送的功;m 为质量。

如果按时间划分做功和质量,得

$$w_t = \frac{W}{m} = \frac{W/t}{m/t} = \frac{P}{\dot{m}} \tag{4-16}$$

式中:$\dot{m}$ 为通过涡轮机或螺旋桨的质量流量;P 为由做功 W 相关的涡轮机或螺旋桨提供的功率。

使用式(4-13)和式(4-14),可以将功率写为

$$P = \dot{m}(h_{t,e} - h_{t,i}) = \dot{m}\, c_p(T_{t,e} - T_{t,i}) - q \tag{4-17}$$

假设绝热过程($q=0$),则

$$P = \dot{m}(h_{t,e} - h_{t,i}) = \dot{m}\, c_p(T_{t,e} - T_{t,i}) \tag{4-18}$$

因此,涡轮机或螺旋桨功率是质量流率和总焓或总温差的函数。

以上得出的用于流过完整推进装置(如喷气发动机)的概念和方程同样适用于通过发动机部件的流体。因此,这些方程可以应用于通过诸如压缩机、燃烧器或涡轮机部件的流体,如以下示例中所示。

例 4.1 适用于喷气发动机燃烧室的能量方程

空气以 326 英尺/s 的速度和 1155°R 的温度进入喷气发动机的燃烧室。燃料在燃烧室中燃烧,每单位质量的热量增加 252.7Btu/磅。燃烧产物在 2205°R

的温度下离开燃烧室。试计算离开燃烧室的燃烧产物的速度,假设定压比热容为 6020 英尺 · 磅/(slug · °R)。

解:

将每单位质量的热量转换为统一的英制单位。

$$q = 252.7\,\frac{\text{Btu}}{\text{磅}} \times \frac{778\text{ 英尺}\cdot\text{磅}}{1\text{Btu}} \times \frac{32.2\text{ 磅}}{1\text{slug}} = 6.331 \times 10^{6}\,\frac{\text{英尺}\cdot\text{磅}}{\text{slug}}$$

根据式(4-14),得

$$q + w_{\mathrm{t}} = \left(c_p T + \frac{v^2}{2}\right)_{\mathrm{e}} - \left(c_p T + \frac{v^2}{2}\right)_{\mathrm{i}}$$

求解出口速度,得

$$v_{\mathrm{e}} = \sqrt{\left[q + w_{\mathrm{t}} + c_p(T_{\mathrm{i}} - T_{\mathrm{r}}) + \frac{v_{\mathrm{i}}^2}{2}\right]}$$

$$v_{\mathrm{e}} = \sqrt{2 \times \left[6.331 \times 10^{6}\,\frac{\text{英尺}\cdot\text{磅}}{\text{slug}} + 0 + \left(6020 \times 10^{6}\,\frac{\text{英尺}\cdot\text{磅}}{\text{slug}\cdot{}^{\circ}\text{R}}\right)(1150^{\circ}\text{R} - 2205^{\circ}\text{R}) + \frac{\left(326\,\frac{\text{英尺}}{\text{s}}\right)^2}{2}\right]}$$

$$= 355\,\frac{\text{英尺}}{\text{s}}$$

4.3 推力方程的推导

在本节中,推力方程是针对火箭发动机,吸气式发动机和螺旋桨而得出的。吸气式发动机的推导适用于冲压式喷气发动机和涡轮喷气发动机,因为推导没有区分吸气式发动机内部的内容,即发动机内部是否有涡轮机械或其他机械部件。这些基本方程确定了每种推进系统推力的主要因素,并提供了对不同类型推进系统之间差异的深入了解。

对火箭和吸气式发动机建模,安装在处于自由流动中的刚性挂架上。该模型可以代表安装在飞行中的飞机机翼挂架上的发动机,或者安装在风洞流动中的尾支撑上。在推导推力方程时,挂架提供了一种提取推力反作用力的作用。

用控制体积的方法推导推力方程,即围绕发动机控制体积。在推力方向上施加流体动量的动量方程,并且识别力和动量通量。假设流体为定常流动,即流体属性不会随时间变化,尽管它们可能在空间中从一点到另一点变化。因此,在定常流动的假设下,动量方程中的时间导数项可以忽略不计。力的项可以是表面力或质量力。表面力是由压力和黏性剪切应力引起的,其围绕控制体积作用在控制表面上。与压力相比,黏性力很小,因此可以忽略。质量力作用于流体的质量或体积,并且可能是由于重力或电磁源。由于质量力的贡献对于我们感兴趣的推进流动通常可以忽略不计,因此它们也被忽略了。由于一维流动的基本假设,动量方程中的动量通量的项减少到恒定质量流量乘以速度的项,其中流体密度和速度在给定的横截面积上是恒定的。

3.6 节讨论了定常无黏流动的基本动量方程。在这里,我们引入了动量方程的一个整体形式,它仍然是牛顿第二定律的表达式。这种形式的定常无黏流动量方程的 x 分量为

$$\sum F_x = \int_S \rho v_x (\boldsymbol{v} \cdot \hat{\boldsymbol{n}}) \mathrm{d}S \tag{4-19}$$

式中:F_x 为力在 x 方向上的分量;ρ 为流体密度;$\boldsymbol{v}$ 为流体速度;v_x 为流体速度在 x 方向上的分量;$\hat{\boldsymbol{n}}$ 为法向量;S 为积分面。

式(4-19)的左边是 x 方向力的总和,式(4-19)的右边是动量流量或动量通量在 x 方向上的通过控制面的净流速。

上述方法得出发动机的卸装推力,即不会由于发动机安装在飞行器上而造成任何安装损失的发动机推力。这些安装的损耗局限于发动机安装类型,例如,用于安装在机翼上的吊舱式发动机或用于埋在飞机机身中的发动机。对于任何发动机,卸装推力是相同的,而安装推力随特定的发动机安装而变化。

4.3.1 受力核算

除了由推进装置产生的推力之外,阻力作用在与推力相反的方向上。与推力类似,阻力是在与飞行器运动相反方向上的压力和剪切应力分布的积分结果。如果推力大于阻力,则飞行器加速;如果推力等于阻力,则飞行器处于平衡状态并且以恒定速度运动。如果推力小于阻力,则飞行器减速。推力和阻力之差在定义飞行器性能方面起着关键作用。

推力和阻力之间的区别并不总是那么清楚。可能不足以说明推力是由于发动机内部气流流动而产生力的结果,阻力是由于外部气流流过发动机和飞行器的合力。有些情况下,推进气流与外部气流作用在相同表面上,因此推力和阻力之间的区别可能不清楚。当推进系统与飞行器外部形状高度集成时,例如高超声速飞行器的情况,这个问题更加严重。

原则上,一个力只要它能在所有力的总和中得到恰当的解释,称其为“推力”还是“阻力”其实并不重要。通过定义算力体系,我们可以确保正确地计算所有的力,并确保以准确统一的方式完成。通常,在新飞行器的设计过程中,公司建立了算力体系或推力-阻力“记账”系统。该过程通常还指定空气动力学家或推力工程师是否负责执行分析中特定力的簿记,这确保了力不会被空气动力学家和推进工程师同时计算两次。强制核算系统对于关联理论设计分析,风洞试验和飞行试验的结果至关重要。在比较不同飞机设计的性能时,也需要定义算力体系。

实际使用的算力体系通常是为特定的飞机构型量身定制的,但也可能与之

前的气动和推进构型类似的飞机设计有一些共性。识别确定力是作为推力还是作为阻力记账,可以根据功率设置改变时力是否发生变化来确定。例如,在加力喷气发动机中,当选择加力动力时喷口打开,因此,由于将更多的外部喷口区域暴露于自由流动而导致气动力变化,有可能被计入推力变化。然而,将更多的喷口区域暴露于自由流也会产生更大的阻力,因此将其作为阻力记账是可以接受的。

对于不同的飞机构型,在力的处理上也有明显的差异。例如,具有集成或埋在机身中推进系统的飞机计入的力,如 F-18,与具有吊装推进系统的飞机非常不同,如波音 777 这样的商用客机,发动机安装在机翼下方的短舱中。这种特殊差异是由于通过发动机进气口和喷口的气动和推进流是如何相互作用的,也影响了如何处理力的计算。

最终,算力体系应该在安装的净推进力 $F_{\mathrm{n,installed}}$ 和机体系统阻力 D 之间完成运动方向上的总不平衡力 ΔF 的测定,即。

$$\Delta F = F_{\mathrm{n,installed}} - D \tag{4-20}$$

安装的净推进力是从安装在机身上的发动机的净推力获得的,并且包括对发动机推力的其他力的贡献,例如由于功率设置或控制面配平设置的影响。阻力项由飞行方向上的外部气动力和其他贡献组成,包括由于控制面配平设置产生的影响。阻力的确定通常涉及阻力累积,来自所有飞机部件(如机翼、起落架、尾翼和鼓包)的贡献合计。

4.3.2 火箭发动机的卸装推力

如图 4-7 所示,考虑安装在刚性挂架上的火箭发动机,处于在静压为 p_∞ 的高度下,速度为 v_∞ 的自由流动中。推进剂在火箭发动机燃烧室中燃烧,燃烧产物通过具有出口区域 A_e 的排气喷口排出。排气速度和压力分别为 v_e 和 p_e,假设在喷口出口平面上是恒定的。火箭发动机定位以便使排放气流仅在 x 方向上。自由流动状态,推进剂质量流量和喷口出口状态假设是定常的。火箭发动机的推力在负 x 方向,与火箭排气速度方向相反。

为获得火箭发动机推力方程,在火箭发动机周围绘制一个控制体积,由控制界面界定,如图 4-7 中的虚线所示。控制体积的左侧远离火箭发动机,使得沿该边界的区域 A 上 x 方向速度和压力分别是自由流值 v_∞ 和 p_∞。控制表面的右侧与火箭喷口的出口平面重合,使得喷口出口区域 A_e 上 x 方向速度和压力分别为 v_e 和 p_e。沿着喷口出口区域外侧的右侧边界的 x 方向速度和压力是自由流数值。控制面的上下边界远离发动机并平行于自由流,因此没有垂直于这些边界的流动。上边界穿过支撑火箭发动机的塔架,使得控制表面上的反作用力是推力反作用力 T。推进剂的质量流量 $\dot{m}_p$ 通过平行于 y 轴的挂架供给发动机,它是氧化剂质量流量 $\dot{m}_{ox}$ 和燃料的质量流量 $\dot{m}_f$ 之和。

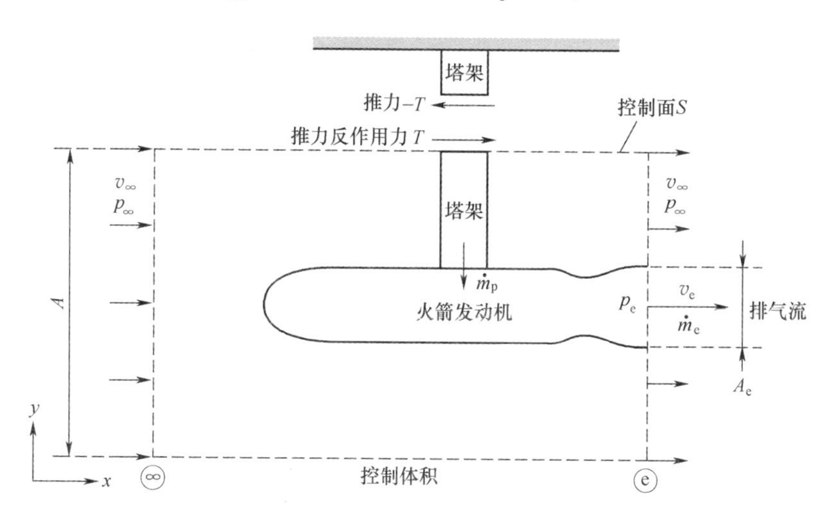

图 4-7　用于确定推力的火箭发动机和控制体积

将由式(4-19)给出的定常无黏流的 x 动量方程应用于控制体积,x 方向上的力的总和为

$$\sum F_x = T + p_\infty A - p_\infty(A - A_e) - p_e A_e = T + (p_\infty - p_e)A_e \quad (4-21)$$

由于除了喷口出口区域之外,整个控制面周围的压力具有恒定的 p_∞ 值,因此在该区域上存在力的作用。推力项处于正 x 方向,但这是挂架对推力施加的反作用力。火箭发动机在负 x 方向产生推力,推动火箭向这个方向发射。

式(4-19)中对动量项的唯一贡献来自通过喷口出口的流量,因此该式的右侧为

$$\int_{CS} \rho v_x(\boldsymbol{v} \cdot \hat{\boldsymbol{n}})\mathrm{d}S = \rho_e v_e(v_e)A_e = \dot{m}_e v_e \quad (4-22)$$

式中:$\rho_e v_e A_e$ 为排放气流通过喷口出口区域 A_e 的质量流量 $\dot{m}_e$ 。

推进剂质量流量 $\dot{m}_p$ 对 x 向动量方程没有贡献,因为它垂直于 x 轴。排气质量流量 $\dot{m}_e$ 乘以排气速度 v_e 是通过喷口出口区域 A_e 的动量通量或动量流量的净流速。该项是正数,因为排气速度 v_e 和法向矢量 $\hat{\boldsymbol{n}}$ 都在正 x 方向上,使得它们的点积为正数。使用该约定,来自控制表面的流出为正项,而流入为负项。

将式(4-21)和式(4-22)代入式(4-19)并求解火箭推力,得

$$T = \dot{m}_e v_e + (\rho_e - \rho_\infty)A_e \quad (4-23)$$

喷口外的质量流量 $\dot{m}_e$ 等于推进剂的质量流量 $\dot{m}_p$ 进入发动机。在式(4-23)中,火箭发动机的推力为

$$T = F_{n,unistalled} = \dot{m}_e v_e + (\rho_e - \rho_\infty) A_e \tag{4-24}$$

式中，$F_{n,unistalled}$ 也用来强调推力 T 是火箭发动机的净卸装推力。

式(4-24)表明火箭发动机推力是推进剂质量流量、喷口排气流速、喷口出口面积以及喷口出口压力和自由流压力之差的函数。火箭推力与飞行速度 v_∞ 无关。

推力是动量流量项 $\dot{m}_p v_e$ 和压力面积项 $(\rho_e - \rho_\infty) A_e$ 的总和。动量流量项对推力有积极贡献。压力面积项可以对推力具有正或负贡献，这取决于喷口出口平面压力相对于自由流压力的大小。基于喷口出口平面压力和环境压力之差建立喷口排气流量。喷口排气流可以是未膨胀($\rho_e > \rho_\infty$)，过度膨胀($\rho_e < \rho_\infty$)或完全膨胀($\rho_e = \rho_\infty$)。有人可能会问，这些喷口膨胀情况中的哪一个产生最大推力？

为了回答这个问题，考虑通过喷口的超声速气流，其中在特定喷口出口区域，我们称之为 $A_{e,optimum}$，喷口完全膨胀，使得喷口出口压力等于环境压力，$p_e = p_\infty$。如果我们使喷口稍微长一些，则超声速流进一步扩展到更大的喷口出口区域 $A_{e,longer}$，并且出口压力降低到低于自由气流压力。式(4-24)中的压力面积项 $(p_e - \rho_\infty) A_e$ 具有负贡献，减小了推力。如果我们使喷口比完全膨胀的喷口稍短，则流动扩展到较小的喷口出口区域 $A_{e,shorter}$，并且出口压力大于自由气流压力。然而，由于喷口出口面积小于匹配压力情况，$A_{e,shorter} < A_{e,optimum}$，压力面积项也更小，并且尽管出口压力增加，推力还是减小。因此，当喷口完全膨胀时，在出口压力与自由流压力 $\rho_e = \rho_\infty$ 匹配的情况下获得最大推力。在式(4-24)中设定 $p_e = p_\infty$，我们得到了一个完美膨胀喷口的火箭发动机推力方程，简单地给出，即

$$T = \dot{m}_p v_e \tag{4-25}$$

式中，推力仅是推进剂质量流量和喷口排气流速的函数。当 $\dot{m}_e = \dot{m}_p$，式(4-25)表明推力仅取决于喷口排气平面的情况，从而获得完美膨胀的喷口。

例 4.2 火箭发动卸装推力的计算

火箭发动机的喷口出口面积为 1.2m^2，喷口排气速度为 2350m/s，排气流量完全膨胀，试计算火箭发动机卸装推力，推进剂质量流量为 1.823kg/s。

解：

火箭发动机卸装推力由式(4-24)给出，即

$$T = F_{n,unistalled} = \dot{m}_e v_e + (p_e - p_\infty) A_e$$

对于完美膨胀的喷口，$p_e = p_\infty$，因此卸装推力为

$$T = \dot{m}_p v_e = 1.823 \frac{\text{kg}}{\text{s}} \times 2350 \frac{\text{m}}{\text{s}} = 4284\text{N}$$

4.3.3 冲压式喷气发动机和涡轮喷气发动机的卸装推力

吸气冲压式喷气发动机或涡轮喷气发动机的推力方程的推导遵循与上一节中用于非吸气式火箭发动机相同的流程。控制体积分别在速度 v_∞ 和压力 p_∞ 的自由流中围绕发动机,如图 4-8 所示。控制面的设置与火箭发动机控制体积相同。左侧控制面远离发动机,右侧表面与喷口出口平面对齐,并且上表面和下表面平行于自由流动。与火箭发动机情况的主要区别在于增加了吸气式发动机的进气口,该进气口通过左边界面上的一个区域 A_∞ 获取自由流空气的质量流量 $\dot{m}_\infty$。燃油以质量流量 $\dot{m}_f$ 进入发动机。空气和燃油在发动机中燃烧并作为燃烧产物通过面积为 A_e 喷口排气,其速度为 u_e,质量流量 $\dot{m}_e=\dot{m}_\infty+\dot{m}_f$。喷口出口平面处的压力是 p_e,可以与自由流压力 p_∞ 不同。

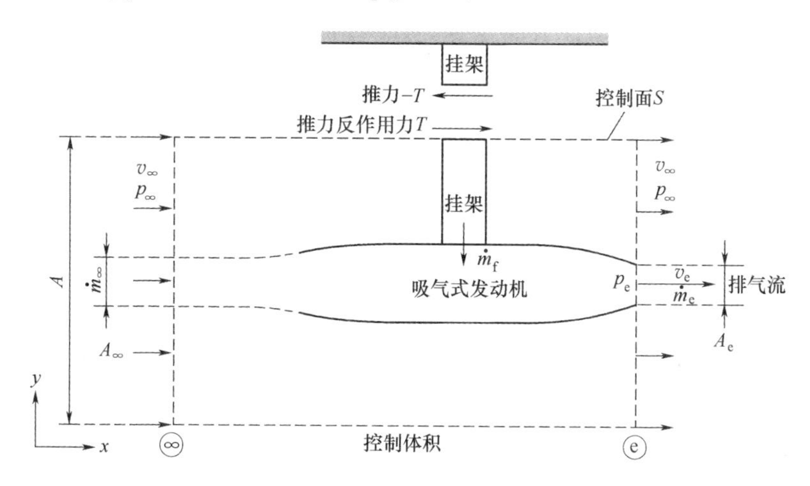

图 4-8 用于确定推力的吸气式发动机和控制体积

将由式(4-19)给出的定常无黏流的 x 动量方程应用于控制体积,x 方向上力的总和为

$$\sum F_x = T + p_\infty A - p_\infty (A - A_e) - p_e A_e = T + (p_\infty - p_e) A_e \quad (4-26)$$

由于除了喷口出口区域之外,整个控制面周围的压力具有恒定的 p_∞ 值,因此在该区域上存在力的作用。推力项处于正 x 方向,但回想一下,这是挂架对推力的反作用力。发动机在负 x 方向上产生推力,推动发动机朝这个方向前进。

式(4-19)中的动量项来自通过进气口和喷口出口的流量,因此该式的右侧由下式给出:

$$\int_{CS} \rho v_x (\boldsymbol{v} \cdot \hat{\boldsymbol{n}}) \mathrm{d}S = \rho_e v_e (v_e) A_e - \rho_\infty v_\infty (v_\infty) A_\infty = \dot{m}_e v_e - \dot{m}_\infty v_\infty \quad (4-27)$$

式中:$\rho_\infty v_\infty A_\infty$ 为自由流空气通过入口的质量流量 $\dot{m}_\infty$;$\rho_e v_e A_e$ 为排放气流通过

喷口出口区域 A_e 的质量流量 $\dot{m}_e$。

燃油质量流量 $\dot{m}_f$ 对 x 动量方程没有贡献,因为它垂直于 x 轴。对于入口和出口流量,质量流量乘以速度是动量或动量流量的净流量。通过控制表面的流出气流得到正项,而通过控制面的气流流入得到负项。

将式(4-26)和式(4-27)代入式(4-19)并求解吸气式发动机推力,得

$$T = \dot{m}_e v_e - \dot{m}_\infty v_\infty + (p_\infty - p_e)A_e \tag{4-28}$$

将这个吸气式发动机的推力方程与非吸气式火箭发动机的式(4-23)进行比较,除了增加空气入口动量项 $\dot{m}_\infty v_\infty$ 用于吸气外,它们是相同的。

喷口外的质量流量 $\dot{m}_e$ 等于燃油质量流量 $\dot{m}_f$ 和自由流空气的总和 $\dot{m}_\infty$。在式(4-28)中使用它,吸气式发动机的推力为

$$T = F_{n,\text{uninstalled}} = (\dot{m}_\infty + \dot{m}_f)v_e - \dot{m}_\infty v_\infty + (p_e - p_\infty)A_e \tag{4-29}$$

式中,$F_{n,\text{uninstalled}}$ 用于强调推力 T 是发动机的净卸装推力。

式(4-29)指出吸气式发动机推力是燃油和空气质量流量、喷口排气和自由气流速度、喷口出口区域,以及喷口出口压力和自由流压力之差的函数。

式(4-29)中的推力是3个项的和:动量推力;$(\dot{m}_\infty + \dot{m}_f)v_e$ 或 $\dot{m}_e v_e$,冲压阻力 $\dot{m}_\infty v_\infty$ 和压力推力 $(p_e - p_\infty)A_e$。动量推力是通过喷口的排气流量通量,这对推力有积极作用。冲击阻力是发动机进气流动量的时间变化率,这是对推力的负贡献(阻力项)。冲压阻力是减慢入口处自由气流所带来的阻力。压力推力是压力面积力,其以与火箭发动机喷口完全相同的方式作用在喷口出口区域 A_e 上。该项对推力为正或负贡献,取决于出口压力相对于自由流压力的大小。对于完全扩展的喷口,获得了最大推力,如前一节中针对火箭喷口所述。对于完全扩展的喷口,吸气式发动机推力方程为

$$T = (\dot{m}_\infty + \dot{m}_f)v_e - \dot{m}_\infty v_\infty \tag{4-30}$$

假设燃油质量流量远小于空气质量流量,$\dot{m}_f \ll \dot{m}_\infty$,则式(4-30)变为

$$T = \dot{m}_\infty v_e - \dot{m}_\infty v_\infty = \dot{m}_\infty(v_e - v_\infty) \tag{4-31}$$

式(4-31)表明推力与进入发动机进气口的空气质量流量和离开和进入发动机的流速之差成正比。通过较大的发动机进气口增加推力,该进气口可以摄取较大质量的空气流量或者通过增加排气流速和飞行速度之间的差值。

喷口排气流量和喷口出口区域上的压力面积力都是喷口相关的推力贡献项。这些项定义为总推力 F_g,有

$$F_g = (\dot{m}_\infty + \dot{m}_f)v_e + A_e(p_e - p_\infty) \tag{4-32}$$

假设没有损失,总推力是发动机喷口产生的推力。

冲压阻力 D_{ram} 定义为

$$D_{\text{ram}} \equiv \dot{m}_{\infty} v_{\infty} \tag{4-33}$$

将式(4-32)和式(4-33)中的定义代入式(4-29),吸气式发动机的卸装推力可以简单地写为总推力和冲压阻力之间的差值,即

$$T = F_{\text{n,uninstalled}} = F_{\text{g}} - D_{\text{ram}} \tag{4-34}$$

由于冲压阻力减小了总推力,我们有理由将卸装推力称为净推力。吸气式发动机的推力方程表明,假设没有安装损失,发动机产生的净推力等于通过发动机喷口的气流量减去入口冲压阻力产生的总推力。

4.3.4 吸气式发动机的安装推力

考虑一个安装在机翼短舱或整流罩中的吸气式发动机,如图 4-9 所示。单独的发动机的净卸装推力 $F_{\text{n,uninstalled}}$由式(4-34)给出,即总推力 F_{g}减去进气道冲压阻力 D_{ram}。发动机在短舱中的安装引入了几个力,这些力添加到净卸装的推力中,产生了安装后的净安装推力 $F_{\text{n,installed}}$,如图 4-9 所示。

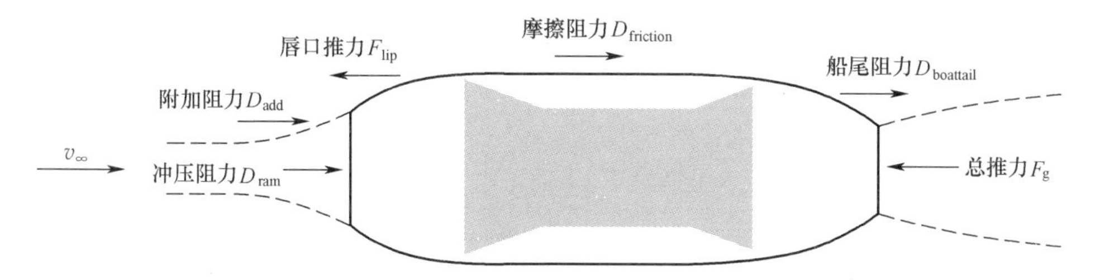

图 4-9　吸气式发动机的安装推力

(资料来源:改编自 Aircraft Propulsion,S. Farokhi,图 3-13,第 125 页,2014 年,文献[3],经 John Wiley & Sons,Inc. 许可)

进入入口的自由空气流形成捕捉的空气流管,如图 4-9 中入口的虚线所示。该捕捉的流管形状根据飞行速度和发动机的质量流量要求而变化。作用在该捕捉流管表面上的压力和剪切应力导致了阻力,称为入口前或附加阻力 D_{add}。可以看出,无论捕捉的流管形状如何,附加阻力都是对推力负作用的。

流过整流罩的空气在其表面上产生压力和剪切应力分布,当其合成时,产生可在推力方向上分解的力。由于表面摩擦引起的对机舱的黏性阻力合成摩擦阻力 D_{friction},这对卸装推力有负作用。

整流罩前缘或唇缘上方流过的气流非常类似于翼型的前缘和上表面上的流动。压力分布在整流罩唇缘上的积分导致抽吸力,其在推力方向上的分量称为唇口推力 F_{lip},其对卸装推力做出积极贡献。附加阻力和唇口推力之差称为溢出阻力 D_{spillage},定义为

$$D_{\text{spillage}} \equiv D_{\text{add}} - F_{\text{lip}} \tag{4-35}$$

类似地,流过整流罩后端的空气产生压力分布,当其合成时,产生称为船尾阻力 $D_{boattail}$。

总之,净安装推力 $F_{n,installed}$ 为

$$F_{n,installed} = F_g - D_{ram} - D_{add} + F_{lip} - D_{friction} - D_{boattail} \tag{4-36}$$

就卸装推力而言,式(4-36)可以写为

$$F_{n,installed} = F_{n,uninstalled} - D_{spillage} - D_{friction} - D_{boattail} \tag{4-37}$$

4.3.5 螺旋桨的推力方程

在本节中,建立了螺旋桨驱动飞机的推力方程。忽略飞机机身、发动机、整流罩等的影响,以获得仅由无涵道螺旋桨产生的推力。无涵道螺旋桨完全在气流中,与涵道螺旋桨形成对比,涵道螺旋桨被机械涵道包围。螺旋桨可近似为无限薄的圆形驱动盘,可以认为是具有无限数量叶片的螺旋桨。驱动盘具有与螺旋桨相同的直径,并具有横截面积 A_p。假设螺旋桨驱动器盘上的负载是均匀的。螺旋桨安装在发动机上,发动机由垂直的刚性挂架支撑;然而,这时假设发动机或挂架对气流没有影响。发动机和挂架也纳入作为获得推力反作用的一种手段。

不可压缩空气流管流过螺旋桨驱动盘,如图 4-10 所示。流管的侧面是流动的流线,使得没有气流通过这些侧边界。流管的流入和流出边界分别具有 A_i 和 A_e 的圆形横截面区域。流入和离开边界尽量的远离螺旋桨流,使得边界静压等于自由流静压 p_∞。入口和出口边界速度分别为 v_∞ 和 v_e。沿流道管壁边界,速度和压力变化不等于自由流值。由于流动是不可压缩的,因此整个流场具有恒定的密度 ρ_∞。根据不可压缩流的伯努利方程,随着空气加速,从区域 A_i 到区域 A_e,流管横截面积连续减小。

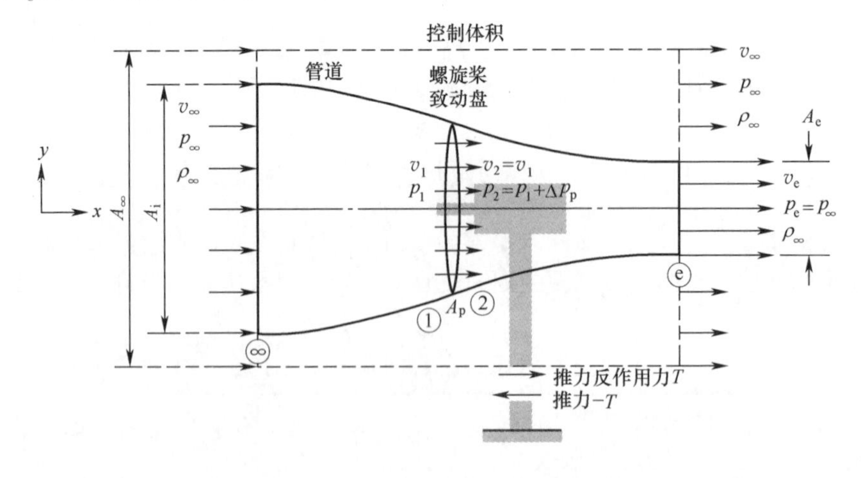

图 4-10 螺旋桨分析控制体积

圆柱形控制体积围绕螺旋桨流管。控制体积的左侧和右侧具有相等的面积 A_∞。左边界和右边界分别与流管入口和出口平面重合。左侧和右侧边界处的速度和压力分别等于自由流速度 v_∞ 和压力 p_∞。控制体积的圆柱形表面(图4-10中的上下边界)与自由流流线平行。沿该表面的速度 v_∞ 和压力 p_∞ 分别等于自由流值。

站1和站2分别位于螺旋桨驱动器的上缘和下缘,使得 $A_1=A_2=A_p$。位于螺旋桨上缘的站1处的流速大于自由流速度 Δv_p,使得

$$v_1 = v_\infty + \Delta v_p \tag{4-38}$$

允许气流以恒定的均匀速度通过螺旋桨盘,使得 $v_1=v_2$。如果通过螺旋桨增加流速使得 $v_2>v_1$,这就意味着在无限薄的圆盘上有无限的流动加速度。由旋转螺旋桨引起的任何气流旋转都被忽略。

与速度不同,静压通过螺旋桨的静压量 Δp_p 不连续地增加,从螺旋桨上游的均匀压力 p_1 增加到螺旋桨下游的均匀压力,$p_2=p_1+\Delta p_p$。从物理意义上来说,这种压力的增加是由于气流流经螺旋桨圆盘增加的能量。假设螺旋桨的上游和下游具有恒定压力,则可以不知道各个螺旋桨叶片上的详细压力分布。

在远下游出口平面(站位e),气流是均匀的,流线平行于自由流。出口气流压力等于自由流压力 $p_e=p_\infty$,并且出口流动速度比自由流速度大 Δv,使得 $v_e=v_\infty+\Delta v$。

现在将伯努利方程应用于螺旋桨的上游(站1)和下游(站2)的不可压缩流。伯努利方程不能应用于通过螺旋桨盘的流动,这是因为螺旋桨正在为该位置的气流增加能量。对于驱动盘上游的流量,有

$$p_\infty + \frac{1}{2}\rho_\infty v_\infty^2 = p_1 + \frac{1}{2}\rho_\infty v_1^2 \tag{4-39}$$

在驱动盘的下游,有

$$p_2 + \frac{1}{2}\rho_\infty v_2^2 = p_\infty + \frac{1}{2}\rho_\infty v_e^2 \tag{4-40}$$

使用式(4-39)和式(4-40)求解螺旋桨盘上的压差,得

$$p_2 - p_1 = \Delta p_p = \left(p_\infty + \frac{1}{2}\rho_\infty v_e^2 - \frac{1}{2}\rho_\infty v_2^2\right) - \left(p_\infty + \frac{1}{2}\rho_\infty v_\infty^2 - \frac{1}{2}\rho_\infty v_1^2\right) \tag{4-41}$$

回想一下,通过螺旋桨盘,速度是连续的($v_1=v_2$),而压力是不连续的($p_1\neq p_2$)。因此,式(4-41)可简化为

$$\Delta p_p = \frac{1}{2}\rho_\infty v_e^2 - \frac{1}{2}\rho_\infty v_\infty^2 = \frac{1}{2}\rho_\infty (v_e^2 - v_\infty^2) \tag{4-42}$$

螺旋桨推力 T 等于驱动盘上的力,还等于桨盘上的压力差(p_2-p_1)乘以桨盘面积 A_p,即

$$T = (p_2 - p_1)A_p = [(p_1 + \Delta p_p) - p_1]A_p = \Delta p_p A_p \tag{4-43}$$

此式表明螺旋桨推力简单地等于螺旋桨盘上的压力上升 Δp_p 乘以桨盘面积。将式(4-42)代入式(4-43),得

$$T = \Delta p_p A_p = \frac{1}{2}\rho_\infty (v_e^2 - v_\infty^2)A_p = \frac{1}{2}\rho_\infty (v_e + v_\infty)(v_e - v_\infty)A_p \tag{4-44}$$

现在将动量方程的 x 分量(式(4-19))应用于螺旋桨管流周围的控制体积。

$$\sum F_x = T + p_\infty A_\infty - p_\infty A_\infty = \int_S \rho v_x (\boldsymbol{v} \cdot \hat{\boldsymbol{n}})\,\mathrm{d}S = \rho_\infty v_e^2 A_e - \rho_\infty v_\infty^2 A_i \tag{4-45}$$

式中:$\rho_\infty v_e^2 A_e$ 为通过出口区域 A_e 离开管流控制体积的动量通量;$\rho_\infty v_\infty^2 A_i$ 为通过入口区域 A_i 进入管流控制体积的动量通量。

将式(4-45)简化,有

$$T = \rho_\infty v_e^2 A_e - \rho_\infty v_\infty^2 A_i = (\rho_\infty v_e A_e)V_e - (\rho_\infty v_\infty A_i)v_\infty \tag{4-46}$$

通过螺旋桨管流的质量流量 $\dot{m}$ 是恒定的,有

$$\dot{m} = p_\infty v_\infty A_i = \rho_\infty v_e A_e = \rho_\infty v_1 A_p \tag{4-47}$$

式中:$\rho_\infty v_\infty A_i$,$\rho_\infty v_e A_e$ 和 $\rho_\infty v_1 A_p$ 分别为通过管流入口、出口和螺旋桨的质量流量。

将式(4-47)代入式(4-46),得

$$T = \dot{m}(v_e - v_\infty) = (\rho_\infty v_1 A_p)(v_e - v_\infty) \tag{4-48}$$

设式(4-48)等于式(4-44),得

$$T = (\rho_\infty v_1 A_p)(v_e - v_\infty) = \frac{1}{2}\rho_\infty (v_e + v_\infty)(v_e - v_\infty)A_p \tag{4-49}$$

通过螺旋桨 v_1 的速度求解式(4-49),得

$$v_1 = \frac{v_e + v_\infty}{2} \tag{4-50}$$

式(4-50)表明螺旋桨的速度等于螺旋桨上游远处和下游远处速度和的平均值。

在管流出口处求解式(4-50),得

$$v_e = 2v_1 - v_\infty \tag{4-51}$$

将式(4-51)代入式(4-48),得

$$T = \dot{m}(v_e - v_\infty) = \dot{m}(2v_1 - v_\infty - v_\infty) = 2\dot{m}(v_1 - v_\infty) \tag{4-52}$$

通过回顾螺旋桨的速度大于自由流速度,如式(4-38)所示,有

$$T = 2\dot{m}(v_\infty + \Delta v_p - v_\infty) = 2\dot{m}\Delta v_p \tag{4-53}$$

因此,我们看到螺旋桨推力与通过螺旋桨的质量流量 $\dot{m}_p$ 和通过螺旋桨的速度增加 Δv_p 成正比。

例 4.3 螺旋桨推力计算

螺旋桨驱动的飞机以 170 英里/h 的空速和 3000 英尺的高度飞行(空气密度为 0.002175slug/英尺^3。螺旋桨直径为 5 英尺,其远处下游空气管流速度为 320 英尺/s,试计算螺旋桨的推力和螺旋桨盘的速度。

解:

将空速转换为统一的单位:

$$v_\infty = 170\frac{\text{英里}}{\text{h}} \times \frac{5280\text{ 英尺}}{1\text{ 英里}} \times \frac{1\text{h}}{3600\text{s}} = 249.3\frac{\text{英尺}}{\text{s}}$$

计算螺旋桨盘的面积:

$$A_p = \frac{\pi}{4} \times (5\text{ 英尺})^2 = 19.6\text{ 英尺}^2$$

应用式(4-44),螺旋桨推力为

$$T = \frac{1}{2}\rho_\infty(v_e^2 - v_\infty^2)A_p$$

$$= \frac{1}{2} \times 0.002175\frac{\text{slug}}{\text{英尺}^3} \times \left[\left(320\frac{\text{英尺}}{\text{s}}\right)^2 - \left(249.3\frac{\text{英尺}}{\text{s}}\right)^2\right] \times 19.6\text{ 英尺}^2$$

$$= 857.9\text{ 磅力}$$

根据式(4-50),螺旋桨盘的速度为

$$v_1 = \frac{v_e + v_\infty}{2} = \frac{320\dfrac{\text{英尺}}{\text{s}} + 249.3\dfrac{\text{英尺}}{\text{s}}}{2} = 284.7\frac{\text{英尺}}{\text{s}}$$

4.4 螺旋桨驱动和喷气发动机推力及功率曲线

现在已经推导出了各种推进动力产生的推力方程,让我们来看看这些推进类型的推力和功率如何随速度变化。火箭,喷射和螺旋桨驱动推进的推力方程汇总如表 4-2 所列。

表 4-2 选用推进类型的推力方程汇总

推进类型	推力方程
火箭	$T = \dot{m}_p v_e$
喷气式	$T = F_g - D_{ram} = \dot{m}_e v_e - \dot{m}_\infty v_\infty \approx \dot{m}_\infty(v_e - v_\infty)$
螺旋桨驱动	$T = 2\dot{m}_p \Delta v_p$

虽然推力通常用于描述喷气发动机的推进输出,但是功率通常用于螺旋桨驱动的活塞发动机。功率 P 定义为每单位时间 t 的做功。做功 W 定义为通过

距离 x 作用的力 F,其中位移与力的方向相同。力是由推进装置产生的推力 T。因此,功率可以表示为

$$P=\frac{\Delta W}{\Delta t}=\frac{T\Delta x}{\Delta t}=Tv_{\infty} \tag{4-54}$$

式中:$\Delta x/\Delta t$ 为飞机的飞行速度 v_{∞}。

功率单位通常以英制单位的马力和以国际单位制的瓦特给出。这些系统之间的单位转换由式(4-5)和式(4-6)给出。

火箭,喷气式和螺旋桨驱动的活塞式发动机推进的典型推力和功率曲线如图 4-11 所示。非吸气式火箭推力是恒定的,与飞行速度无关。因此,由火箭推力计算的功率仅仅是恒定推力乘以飞行速度,如式(4-54)所示,随着速度的增加导致功率的线性增加。

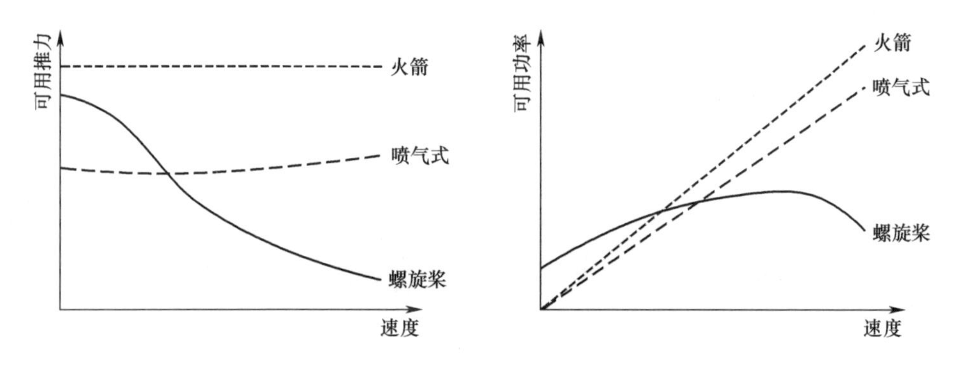

图 4-11　所选类型的推进推力和可用功率随速度的变化关系

喷气发动机可用推力随着飞行速度几乎恒定。马赫数约为 0.3 时推力略微下降。在低速时,冲压阻力 D_{ram} 增加的力度大于总推力,导致可用推力的净减少。当速度增加到马赫数大约为 0.3 后,入口处的密度和压力增加,导致冲压阻力恢复,这使得总推力比由于冲压阻力引起的减小更多。因此,马赫数大于 0.3 时,可用推力随着速度增加而增加,出于实际工程目的,这些推力变化相对较小,使得喷气发动机可用推力通常假设为随速度恒定。

螺旋桨-活塞发动机组合的可用功率 P_{A} 为

$$P_{\mathrm{A}}=T_{\mathrm{A}}v_{\infty}=\eta_{P}P=\eta_{P}Tv_{\infty} \tag{4-55}$$

式中:P 为从发动机到螺旋桨轴的功率输出;η_{P} 为螺旋桨效率。

螺旋桨效率降低了发动机的功率输出,如图 4-11 所示(螺旋桨效率在 4.5.8.4 节中讨论)。根据可用的指定功率和式(4-54),螺旋桨可用推力如图 4-11 所示变化。螺旋桨驱动的活塞发动机推力随着飞行速度增加而减小,这是由于螺旋桨在高速下损失造成的。

4.4.1 FTT:飞行中推力测量

飞机性能由推进系统产生的推力和飞机机体引起的空气阻力驱动。因此,为了评估性能,必须准确地知道推力和阻力。理想情况下,我们希望将推力与阻力分开,这需要对这些力进行单独测量。实现这一目标的一个关键要求是使用算力体系,其中明确定义了推力-阻力的计算,如 4.3.1 节所述。

在第 3 章中,我们讨论了几种预测气动阻力的方法,包括使用各种分析方法,例如计算流体动力学,或地面技术,如风洞试验。通常,需要飞行试验数据来验证整个飞机的阻力预测。我们讨论了某些飞行试验技术以测得气动阻力,但除非飞机无推进动力,否则这些试验技术必须具备推进系统的模型。因此,飞行中推力确定对于精确预测气动阻力和验证推力模型至关重要。在对气动和推进模型进行飞行验证后,性能预测的准确性大大提高。在目前的飞行试验技术中,我们讨论了 3 种飞行推力测量方法,即使用应变计直接测量法、气体发生器法和排气喷口穿过耙子法。

对于这些飞行中的推力飞行试验技术,需驾驶康维尔 F-106"三角镖",如图 4-12 所示。"三角镖"是美国空军的全天候单引擎三角翼超声速拦截飞机。在 20 世纪 50 年代,F-102、F-104 和 F-106 等飞机的设计专门用于拦截敌方高空核轰炸机。它们具有加速到高超声速并爬升到高空以拦截敌机的性能。F-106 是喷气式飞机世纪系列之一,包括 F-100、F-101、F-102、F-104 和 F-105。这些飞机是美国第一批战斗轰炸机和拦截飞机,具有超声速性能。F-106 于1956 年 12 月 26 日首飞。

图 4-12 带有翼下发动机短舱的康维尔 F-106"三角镖"
(资料来源:美国国家航空航天局)

F-106 体现了超声速飞机的许多气动特性,在第 3 章中讨论过,包括一个薄的 60°后掠三角翼和细长的可展曲面的机身,如图 4-13 所示的三视图(另见图 3-201)。F-106 由配备加力燃烧室的单个普拉特惠特尼 J75-17 轴流涡轮喷气发动机提供动力,能够在高空进行马赫数为 2.3 的飞行。F-106B 是单座版

F-106A的双座改型版。表4-3所列为康维尔F-106“三角镖”选定的技术规格。

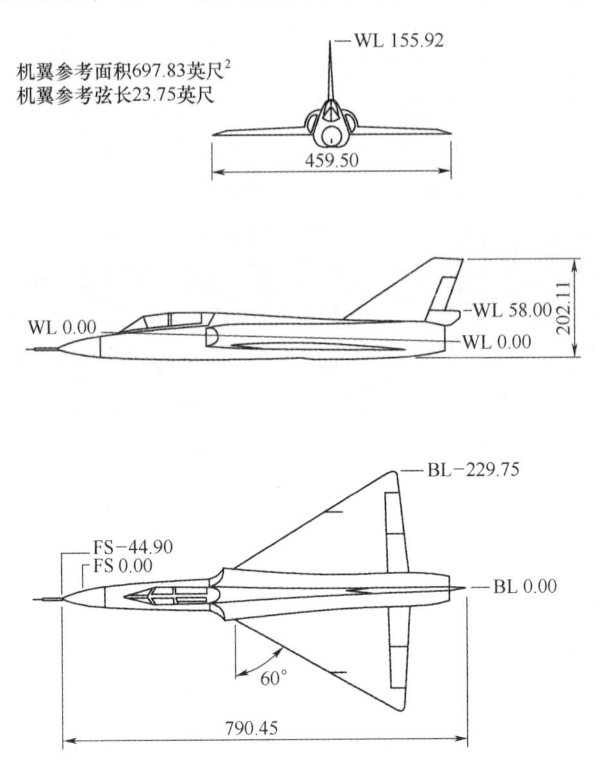

图4-13 康维尔F-106“三角镖”的三视图(图中单位:英尺)
(资料来源:美国国家航空航天局)

下面将介绍F-106B飞机,该飞机在20世纪70年代被美国国家航空航天局改进用于推进飞行研究。该飞机经过改装后可装载两台通用电气J85-GE-13燃气涡轮喷气发动机,安装在发动机舱内,在机翼下方,如图4-12所示。其他飞机改装包括安装用于翼下J85发动机的燃料供应系统和J85发动机节气门控制装置以及后驾驶舱中的发动机仪表(图4-14)、J85发动机传感器和数据采集系统。关于这种改进的F-106飞机和翼下发动机安装的更多细节在文献[6]中给出。

J85发动机短舱位于飞机中心线外侧6.11英尺(1.86m)处。短舱相对于机翼弦线以4.5°角向下倾斜,使得机舱的后端在其后缘处与机翼下表面相切。每个机舱通过3个轴承支撑杆,沿着短舱在前部、中部和后部位置附连到机翼,这允许发动机在轴向推力方向上自由平移。除了作用在发动机推力方向上的载荷之外,前向和后向连杆将作用在短舱上的所有载荷直接传递到机翼。中心连杆通过称重传感器将轴向载荷传递给机翼。使用安装在测力传感器上的应变计测量短舱上的轴向力。

表4-3 康维尔F-106“三角镖”的选用规格

项目	规格
主要功能	全天候,超声速拦截器和训练器
生产厂家	加利福尼亚州,康维尔,圣迭戈
首飞	1956年12月26日
成员	1名飞行员+1名教练飞行员或飞行试验工程师
动力设备	J75-17加力涡轮喷气发动机
推力(军用)	17000磅力(75.6kN),军用功率
推力(最大)	24500磅力(109kN),最大加力
空重	25140磅(11400kg)
最大起飞重量	40080磅(18180kg)
长度	65.87英尺(20.08m)
高度	20.3英尺(6.19m)
翼展	38.29英尺(11.67m)
翼面积	697.83英尺^2(64.83m^2)
机翼根稍比	2.10
后掠角	60°
翼型	NACA 0004-75经过改装
最大速度	1525英里/h(2455km/h),马赫数为2.3,40000英尺
使用升限	57000英尺(17400m)

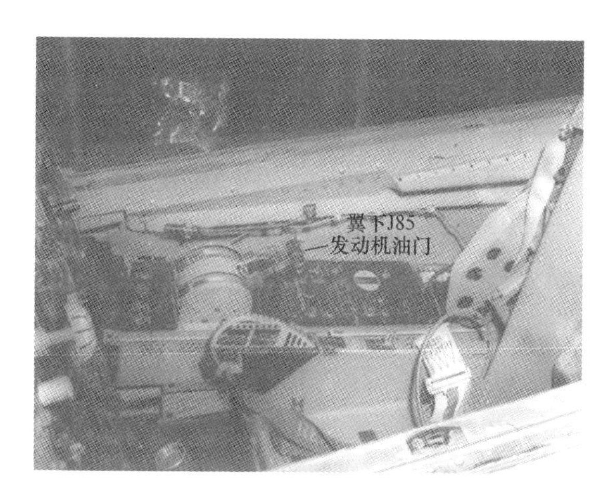

图4-14 康维尔F-106B尾部驾驶舱,带有用于翼下J85发动机的油门控制装置
(资料来源:美国国家航空航天局并添加了注释)

假设一个稳态条件(零轴向加速度),称重传感器提供直接测量发动机总推

力减去总阻力,如图4-15所示(短舱的4.5°倾斜角被忽略)。J85翼下发动机是一个吊舱式发动机,因此总阻力包括短舱阻力、称重传感器测量安装推力,如4.3.4节所述。对于埋设在发动机安装结构上推力测量应变片的发动机,直接测力类似于净推力,如式(4-34)所示。在埋设装置可能存在其他潜在的轴向力,包括密封件、电缆和管道线等,当使用直接推力测量技术时,必须考虑或减少到零。文献[1]中给出了F-15使用安装在发动机支撑结构上的应变计,达到马赫数为2的飞行速度时,埋入式涡扇发动机直接推力测量的细节。

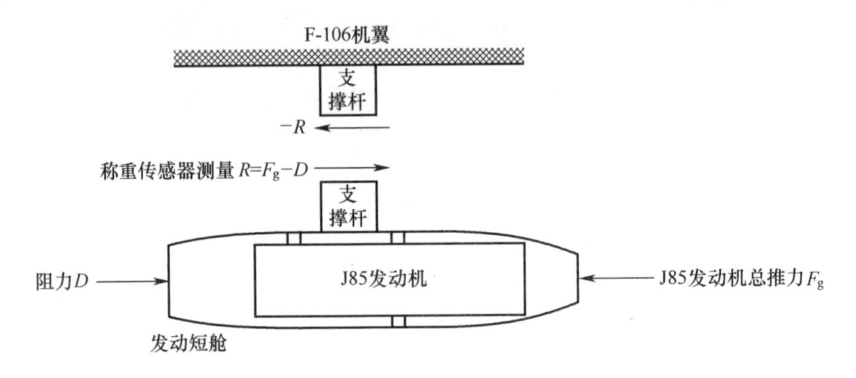

图4-15 F-106翼下发动机称重传感器测量推力减阻力

从概念上讲,直接测量技术可能是获得飞行中推力的最直接的方法。然而,发动机产生的推力传递到机体的方式可能非常复杂。在过去,由于载荷感应应变计的安装和校准困难以及无法考虑第二个载荷路线,直接推力测量提供的精度低于期望的精度。各种各样的发动机类型,装置以及入口和喷口几何形状加剧了这种困难。通常,与埋入式发动机相比,应变计安装和第二个载荷路线问题对于吊舱式发动机(如用于翼下J85发动机)的问题较小。应变计问题通常与温度变化有关,例如由于高度变化,超声速飞行或加力使用引起的温度变化。通过根据温度进行全面的应变计校准或通过将推力测量系统保持在恒定温度,可以降低与温度相关的误差。在F-106系统上完成了该工作,其中使用加热器和绝缘毯来保持恒定的温度。直接力法对应的仪器要求可以远低于分析飞行中确定技术所需的仪器要求,其通常需要分布在整个发动机中的大量传感器。经过仔细规划,安装和校准仪器,可以通过直接力测量获得高精度。

起飞后,飞行员在海拔15000英尺(4570m)处以马赫数为0.6的平飞速度配平飞机,那么现在处于第一个推进试验点。可以使用驾驶舱右侧仪表板上的发动机控制装置控制J85翼吊发动机,如图4-14所示。控制两个J85发动机的功率设置,这会改变配平条件。驾驶员控制F-106 J75发动机,根据需要调节J75发动机功率,以获得试验点所需的配平马赫数。将两个J85发动机油门推到部分功率。J85发动机的额外推力导致试验点马赫数增加。飞行员根据需要降低了 F-106 J75 发动机的功率,以获得马赫数为 0.6 的配平瞬间。数据系统记录试验点的 J85 发动机数据和短舱称重传感器数据。如前所述,称重传感器可直接测量短舱推力减去阻力。

数据采集系统记录发动机气体路径中各个站位流动特性的飞行中测量值。在气体发生器法中,这些飞行中的测量与地面试验中进行计算推力测量类似。例如,压缩机风扇压力比和风扇速度的飞行中测量可以与地面试验导出的校准曲线一起使用以获得发动机空气质量流率。在飞行中测量的确切参数取决于所应用的地面试验模型或校准曲线。地面试验数据库可以包括来自分析预测和海平面试验台或高度试验单元的地面试验数据。如果从海平面的静态试验中采集地面试验数据,则必须将数据外推至飞行条件下的空速和高度,这可能导致不准确。

用于计算飞行中推力的最终方法是横穿或摆动耙子法。下面将激活系统,该系统将仪表化的耙子移动到飞行中的 J85 发动机的排气流中。耙子装有传感器,用于测量喷口排气平面中的静压和总压,总温度和流动方向。根据这些测量,可以计算喷口排气质量流量和发动机总推力。发动机热排气流中横穿耙子的生存力和翘曲是这些系统的主要问题。耙子自动完成了发动机排气平面的横穿,可以在更高的功率设置下移动到下一个试验点。

随后,在不同的 J85 功率设置下完成马赫数 0.6 试验点,直到使用完全加力达到最大推力。在马赫数为 0.6 的试验点之后,使用相同的 J85 推力设置过程,可以在 25000 英尺(7620m)的高度获得马赫数高达 1.3 的推力数据,然后调整 J75 推力,获得所需马赫数的试验点。因此,在从亚声速到低超声速的马赫数范围内,可以获得从小推力设置到最大推力的发动机推力水平的飞行中的推力数据。

4.5 吸气式推进器

本节中讨论的所有发动机都“呼吸”大气中的空气,空气与各种燃料混合,作为氧化剂使用。这种是由吸气式发动机提供动力飞行器的运行限制在可感大气范围内。本节将讨论 5 种不同的吸气式发动机:内燃机、冲压式喷气发动机、涡轮喷气发动机、涡轮风扇发动机以及涡轮螺旋桨发动机。这 5 种类型的发动机可以根据 3 种类型的吸气式推进器进行分类:内燃机-螺旋桨组合,无活动部件的吸气式发动机(冲压式喷气发动机),以及利用涡轮机械的吸气式发动机(涡轮喷气发动机、涡轮风扇发动机和涡轮螺旋桨发动机)。

不同类型的吸气式发动机的近似飞行包线如图 4-16 所示(高度-马赫数图)。往复式发动机运行速度通常从零空速到高亚声速,海拔高度从海平面到大约 35000 英尺(11000m)。涡轮螺旋桨发动机的亚声速马赫数和高度略高一些,可达到约 50000 英尺(15000m)。涡轮风扇和涡轮喷气发动机可实现超声速飞行,马赫数分别可达约 3 和 4,高度分别达到 70000 英尺(21000m)和 80000 英尺(24000m)。内燃机、涡轮喷气发动机、涡轮风扇发动机和涡轮螺旋桨发动机能够静态运行,即零空速运行。亚声速冲压式喷气发动机和超声速燃烧冲压喷气发动机不能在零空速下运行,因为它们依靠飞行器的前飞运动来完成气流的吸入和压缩,以提供给发动机。冲压式喷气发动机可以在高亚声速马赫数下运行,虽然效率很低。在马赫数为 3~5 和约 50000 英尺(15000m)以上的高空,其操作可达到最佳状态。超声速冲压发动机运行所必需的两个条件是高空和高马赫数超声速飞行(马赫数为 6 及以上),其马赫数上限仍有待确定。

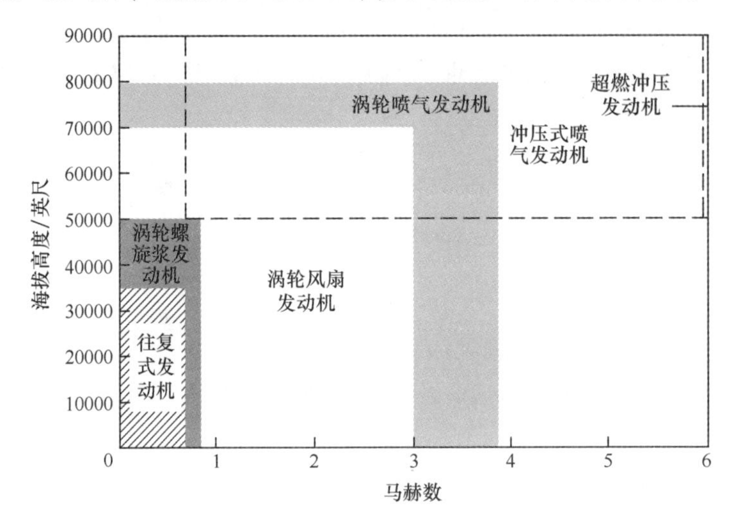

图 4-16　不同类型的吸气式推进装置的近似飞行包线

4.5.1　吸气式推进器性能参数

本节定义了在评估吸气式发动机性能时一些重要参数和关系。图 4-17 所示为一个带有进气道/扩散器、燃烧室和喷口的吸气式发动机。从这种吸气式发动机的综合描述中所产生的关系适用于下面讨论的各种类型的吸气式发动机,如冲压式喷气发动机、涡轮喷气发动机以及涡轮风扇发动机。本节中使用的站位号和流量特性也在图 4-17 中给出。

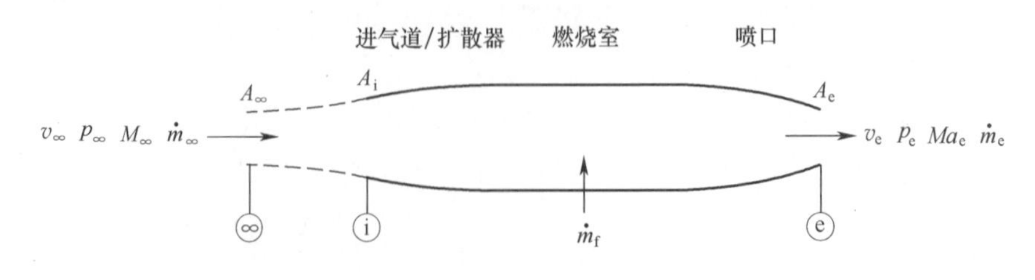

图 4-17　吸气式发动机流量特性

假设管流具有速度 (v_∞)、压力(p_∞)、马赫数(Ma_∞) 和质量流率($\dot{m}_\infty$) 的自由流空气进入发动机进气道。自流空气的流管面积 A_∞ 可能与进气道面积 A_i 不同,这取决于飞行速度和发动机的质量流量要求。扩散器使气流减速并增加其压力和温度,使其达到进入燃烧室的最佳条件。在燃烧室中添加大量燃油 ($\dot{m}_f$),与空气混合并燃烧。燃烧产物通过喷口排出,设其面积为 A_e、速度为 v_e、压力为 p_e、马赫数为 Ma_e、质量流率为 $\dot{m}_e$。结合 4.3.3 节,带有完全扩展喷口的吸气式发动机的卸装推力由下式给出:

$$T = \dot{m}_e v_e - \dot{m}_\infty v_\infty \tag{4-56}$$

4.5.1.1 推重比

除推力外,另一个重要的推进参数是发动机或推进系统的重量。显然,发动机或推进系统轻一些更好。然而,推力或重量的个体大小不足以描述完整的推进性能,并且在比较不同的发动机或推进类型时可能没有意义。因此,我们将这两个参数组合起来形成一个无量纲的参数:推重比,即 T/W。通常,推力 T 取海平面处的最大静态(零速度)推力,而重量 W 取飞行器最大总重量。根据动力设置或飞行条件(海拔高度和空速)的变化,推力可能会有所不同。根据燃料或推进剂的消耗或不同的有效载荷构型,重量可能会有所不同。由于希望将推力最大化并使重量最小化,因此总体目标是使推重比最大化。正如我们在第 5 章中进一步探讨的那样,推重比在飞行器性能中起着重要的作用。可以看出,推重比越高,航空器加速或爬升的能力越大。

为了解推重比,表 4-4 所列为指定航空航天器的 T/W, 除非另有说明,表中使用是最大海平面静推力和最大总重量的值。通常,喷气式运输机的推重比约为 0.15~0.25。如表 4-4 所列,商务级喷气式飞机通常推重比略高(庞巴迪 Learjet 85 型机)。超高空喷气式飞机的推重比约 0.5(如表 4-4 中的洛克希德 U-2)。喷气式战斗机的典型推重比约 0.5~0.9,重量轻时值可能略大于 1,表 4-4中的 F-16 战机,其推重比在最大总重量时为 0.615,在重量轻时为 1.05。推重比大于 1 意味着飞行器可以在垂直爬升中加速。这是火箭的必要条件,其典型推重比大于 1.2(如表 4-4 中的航天飞机和阿特拉斯-5 型运载火箭)。

表 4-4 特定航空航天器的推重比

机　型	推力 T①	重量 W②	推重比 T/W
波音 767	63300 磅力(282kN)	412000 磅(186880kg)	0.154
庞巴迪 Learjet 85	10526 磅力(46.82kN)	33500 磅(15195kg)	0.314
洛克希德 U-2	19000 磅力(84.5kN)	40000 磅(18144kg)	0.475

续表

机　　型	推力 T①	重量 W②	推重比 T/W
洛克希德 SR-71	68000 磅力(302.5kN)	143000 磅（64864kg）	0.476
诺斯洛普 T-38A	5800 磅力(25.8kN)	12093 磅（5485kg）	0.480
洛克希德 F-16	29500 磅力(131kN)	48000 磅（21772kg）	0.615
洛克希德 F-16，轻重量	29500 磅力(131kN)	28000 磅（12701kg）	1.05
航天飞机	6.78×10^6 磅力(30159kN)	4.4×10^6 磅（1996000kg）	1.54
阿特拉斯-5 型运载火箭	1.931×10^6 磅力(8590kN)	1.205×10^6 磅(546578kg)	1.60

① 最大静态,海平面推力。

② 最大毛重,除非另有说明。

4.5.1.2　比冲

理想情况下,推进系统以最小的燃油消耗产生最大的推力。这种推进效率的测量由比冲 I_{sp} 表达,定义为燃油每单位重量流量 $\dot{W}_f$ 所产生的推力 T,有

$$I_{sp} \equiv \frac{T}{\dot{W}_f} = \frac{T}{\dot{m}_f g_0} \tag{4-57}$$

式中:$\dot{m}_f$ 为燃料的质量流量;g_0 为海平面重力加速度。

假设使用一组统一的单位,则比冲的单位为 s。比冲最大化对应于推力最大化或燃料消耗最小化。

图 4-18 对比显示了几种不同推进循环的比冲,图中显示了比冲与飞行马赫数的对应关系。通常,比冲随着马赫数的增加而显著降低。但非吸气式火箭发动机是个例外,它可保持近似恒定的约 400s 的比冲,而与飞行马赫数无关。根据式(4-25),火箭发动机的推力与飞行速度无关。由于火箭发动机不摄取自由流的空气,因此它不受马赫数相关的空气摄入损失的影响。

涡轮喷气发动机和涡轮风扇发动机提供最高的比冲大约数千秒,在低亚声速马赫数至低超声速马赫数情况下高达 7000~8000s。涡扇发动机与涡轮喷气发动机相比具有更高的比冲。在涡轮喷气发动机或涡轮风扇发动机上增加一个加力,在低超声速马赫数下可以产生大约 4000s 的最大比冲,马赫数约为 3 时减少到大约 2000s。马赫数为 3~5 时,冲压式喷气发动机效率更高,有 1000~2000s 的比冲。马赫数高至 5~6 后,超燃冲压发动机可提供最佳的比冲,尽管这个推力循环的许多实际应用方面仍有待证明,特别是对于非常高的马赫数。

4.5.1.3　燃油消耗率

发动机的燃油消耗率是指燃油燃烧的速率,通常量化为燃油的质量或重量流动速率。燃油消耗率为燃料消耗率除以产生的推力或功率,是发动机产生每

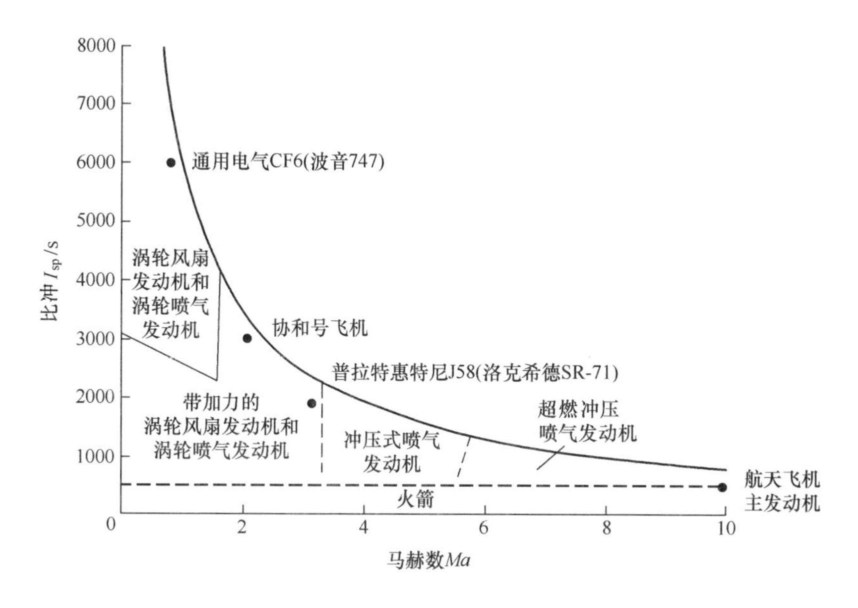

图 4-18 不同类型推进系统的比冲对比

单位推力或功率所用的燃油效率的度量。

对于喷气发动机,燃油消耗率表示为单位推力燃油消耗量(TSFC),定义为发动机产生每单位推力 T 所用燃油的重量流量 $\dot{W}_f$,表达式如下:

$$\text{TSFC} \equiv \frac{\dot{W}_f}{T} \tag{4-58}$$

英制系统中,TSFC 的单位通常以每磅力推力每小时的燃油磅数给出,即(磅/h)/磅力。国际单位制系统中,TSFC 的单位通常以推力每牛顿每秒的燃料克数给出,即(g/s)/N。在执行计算时,这些单位应转换为统一的国际单位制单位 N/(N · s),如下面所示例子。在两个单位系统中,TSFC 的单位为 1/时间,因此其数值在两个系统中是相同的。由于 TSFC 在各种单位中被引用,在处理它时需谨慎。涡轮喷气发动机的 TSFC 通常为 0.75~1.1(磅/h)/磅力,涡轮风扇发动机的典型 TSFC 值为 0.3~0.75 (磅/h)/磅力。

往复活塞发动机的燃油消耗通常根据燃油消耗率 c 给出,c 定义为每单位时间每单位功率所消耗的燃油重量,即

$$c \equiv \frac{\dot{W}_f}{P} \tag{4-59}$$

式中:P 为发动机功率;c 的单位通常以不统一的英制单位每马力每小时的燃料磅数给出,即(磅/h)/马力,c 的统一单位为(包括英制和国际单位制单位):

$$[c] = \frac{\text{磅}}{(\text{英尺}\cdot\text{磅}/\text{s})/\text{s}} \text{或} \frac{\text{N}}{\text{J/s}} \tag{4-60}$$

例 4.4 比冲

航天飞机使用了两个 Thiokol(现在称为 ATK)固体火箭助推器,每个在海平面可产生 2800000 磅力的推力。如果推进剂的质量流量为 11814 磅/s,试计算比冲。

解:

根据式(4-57),比冲为

$$I_{sp} \equiv \frac{T}{\dot{W}_f} = \frac{T}{\dot{m}_f g_0} = \frac{2800000\,\text{磅力}}{11814\,\frac{\text{磅}}{\text{s}} \times \frac{1\text{slug}}{32.2\,\text{磅}}} = 237.0\text{s}$$

例 4.5a 单位推力燃油消耗量(英制单位)

麦克唐纳・道格拉斯 F-18"大黄蜂"战斗机使用通用电气 F404 喷气发动机,在燃油流量为 8965 磅/h 时具有 11000 磅力(最大,非加力推力)的军用推力,在燃油流量为 30798 磅/h 时具有 17700 磅力(满加力)的最大推力,试计算这些条件下的推力比燃油消耗率。

解:

根据式(4-58),军用推力的单位推力燃油消耗量为

$$\text{TSFC} \equiv \frac{\dot{W}_f}{T} = \frac{8965\,\text{磅}/\text{h}}{11000\,\text{磅力}} = 0.815\,\frac{\text{磅}}{\text{磅力}\cdot\text{h}}$$

最大推力下的单位推力燃油消耗量为

$$\text{TSFC} \equiv \frac{\dot{W}_f}{T} = \frac{30798\,\text{磅}/\text{h}}{17700\,\text{磅力}} = 1.74\,\frac{\text{磅}}{\text{磅力}\cdot\text{h}}$$

例 4.5b 单位推力燃油消耗量(国际单位制单位)

波音 747 珍宝客机的单位推力燃油消耗量为 17.1g/(kN・s),试将此 TSFC 转换为统一的国际单位制单位。

解:

将 TSFC 转换为统一的国际单位制单位,有

$$\text{TSFC} = 17.1\,\frac{\text{g}}{\text{kN}\cdot\text{s}} \times \frac{1\text{kg}}{1000\text{g}} \times 9.81\,\frac{\text{m}}{\text{s}^2} \times \frac{1\text{kN}}{1000\text{N}} = 1.678 \times 10^{-4}\,\frac{\text{N}}{\text{N}\cdot\text{s}}$$

4.5.1.4 推进效率

推进系统将发动机功率转换成推进功率,以推动飞机飞行。推进系统执行这种转换的效率定义为推进效率 η_p,有

$$\eta_p = \frac{\text{推进功率}}{\text{发动机功率}} \tag{4-61}$$

推进功率(thrust power)定义为推力 T 和自由流速度 v_∞ 的乘积,即

$$\text{推进功率} \equiv Tv_\infty \tag{4-62}$$

在图4-17中,吸气式发动机定义为这样一种装置,它吸收质量流量为 $\dot{m}_\infty$,自由流速度为 v_∞ 的自由流空气,通过燃料燃烧增加其动能,并将产物以质量流量 $\dot{m}_e$ 和速度 v_e 排出。发动机功率(engine power)可以定义为流体排出发动机的动能 KE_e 和进入发动机的动能 KE_∞ 之间在时间上的变化率,即

$$\text{发动机功率} \equiv \frac{d}{dt}(KE_e - KE_\infty) \tag{4-63}$$

将式(4-62)和式(4-63)代入推进效率的定义式(4-61),有

$$\eta_p = \frac{Tv_\infty}{\dfrac{d}{dt}(KE_e - KE_\infty)} \tag{4-64}$$

动能可以用自由流和排气流的质量流量和速度表示,有

$$\frac{d}{dt}(KE_e - KE_\infty) = \frac{d}{dt}\left(\frac{1}{2}\dot{m}_e v_e^2 - \frac{1}{2}\dot{m}_\infty v_\infty^2\right) \tag{4-65}$$

用式(4-56)代替推力,则推进功率可写为

$$Tv_\infty = (\dot{m}_e v_e - \dot{m}_\infty v_\infty)v_\infty \tag{4-66}$$

将式(4-65)和式(4-66)代入式(4-64),有

$$\eta_p = \frac{(\dot{m}_e v_e - \dot{m}_\infty v_\infty)v_\infty}{\dfrac{1}{2}\dot{m}_e v_e^2 - \dfrac{1}{2}\dot{m}_\infty v_\infty^2} \tag{4-67}$$

假设燃料质量流量 $\dot{m}_f$ 相对于自由空气流质量流量 $\dot{m}_\infty$ 很小,即 $\dot{m}_f \ll \dot{m}_\infty$,则

$$\dot{m}_e = \dot{m}_\infty + \dot{m}_f \approx \dot{m}_\infty \tag{4-68}$$

将式(4-68)代入式(4-67),推进效率为

$$\eta_p = \frac{(\dot{m}_\infty v_e - \dot{m}_\infty v_\infty)v_\infty}{\dfrac{1}{2}\dot{m}_e v_e^2 - \dfrac{1}{2}\dot{m}_\infty v_\infty^2} = \frac{\dot{m}_\infty (v_e - v_\infty)v_\infty}{\dfrac{1}{2}\dot{m}_\infty (v_e^2 - v_\infty^2)} = \frac{2v_\infty}{v_e + v_\infty} = \frac{2}{\dfrac{v_e}{v_\infty} + 1} \tag{4-69}$$

该方程给出了作为发动机排气速度与自由流速度之比 v_e/v_∞ 与推进效率的函数。根据式(4-69),当排气速度 v_e 等于自由流速度 v_∞ 时,或当速度比 $v_e/v_\infty = 1$ 时,将获得1或100%的推进效率。当然,排气速度等于飞行速度的发动机将产生零推力。实际上,推力方程表明,随着排气速度相对于自由流或飞行速度的增加,推力随之增加。图4-19所示为推进效率与排气速度与飞行速度

之比 v_e/v_∞ 的关系曲线,以及无量纲的比推力,即

$$\frac{T}{\dot{m}_\infty v_\infty}=\frac{v_e}{v_\infty}-1 \tag{4-70}$$

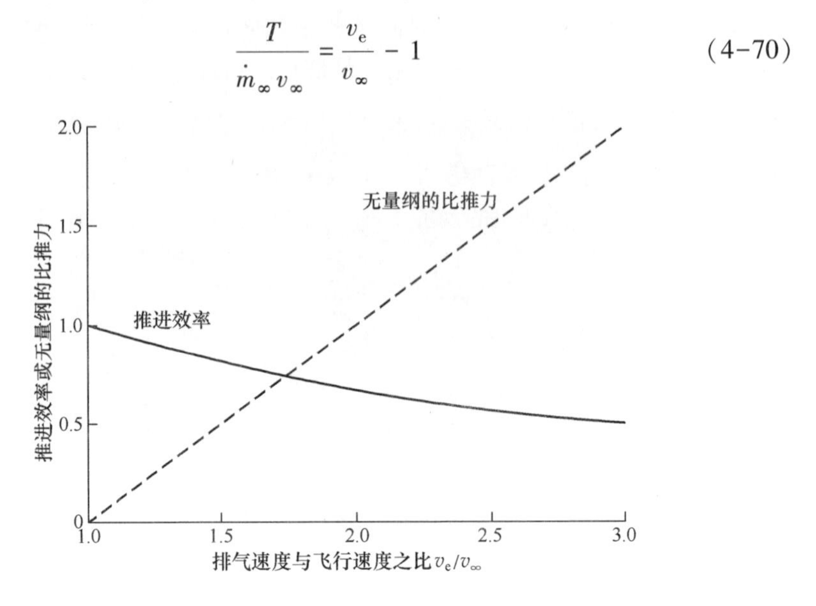

图 4-19　推进效率和无量纲的比推力对比图

这只是式(4-56)的重新排列。毫无疑问,低推力发动机比高推力装置具有更高的推进效率,反之亦然。因此,吸收大量空气并且向自由流施加较小的速度增量的推进装置(如螺旋桨),比吸收较少空气并且大量增加自由流速度的推进装置(如喷气发动机或火箭发动机)更有效。

4.5.2　冲压式喷气发动机

冲压式喷气发动机可能是在概念和机械结构上最简单的吸气式发动机。与内燃机内部复杂的活动机械或喷气发动机中快速旋转的涡轮机械相比,冲压式喷气发动机可能根本没有活动部件。冲压式喷气发动机是一种高速推进装置,可提供马赫数为 3~5 的最佳性能。

冲压式喷气推进器的概念设想于 20 世纪初,1909 年由 Lake 在美国完成了亚声速冲压发动机循环的第一项专利。随后,法国人 Rene Lorin(1877—1933 年)在 1913 年获得了基于压缩的冲压式喷气发动机的专利。Lake 和 Lorin 都没有能够根据他们的概念制造发动机,因为他们所处的时代还存在许多技术局限性,特别是缺乏和冲压式喷气发动机运行相关的高温材料。

轴向对称冲压式喷气发动机的主要部件如图 4-20 所示。图中描述了发动机的流动特性。空气进入发动机的进气道,可以有几种不同的设计。图 4-20 显示了一个尖头中心体的进气道。下面我们描述超声速飞行中冲压式喷气发动机的气流。

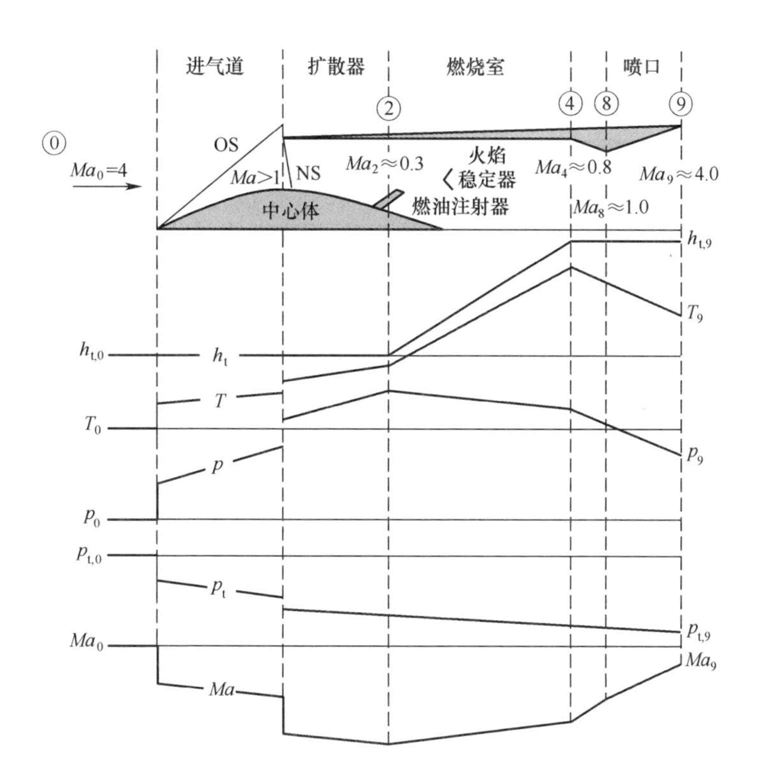

图 4-20 冲压式喷气发动机部件及内部气流参数

(资料来源:改编自 Aircraft Propulsion,S. Farokhi,图 12.43,第 886 页,2014 年,文献[3],经 John Wiley & Sons,Inc. 许可)

超声速自由流闯进进气道中心体,产生倾斜激波。自由流通过这个倾斜激波,并被压缩,提高了静压和温度,并降低了总压力。在倾斜冲击(OS)波的下游,气流仍然是超声速的,但马赫数低于自由流马赫数。进气道压缩系统以正常冲击(NS)波终止,正常激波使气流减速到亚声速,并使得静压和温度进一步升高,总压力进一步降低。气流进入扩散器,涵道面积增加,这进一步降低了马赫数、静压,以及静温。气流以马赫数约 0.3 的速度进入燃烧室,燃油通过燃油注射器加入,燃油和空气在燃烧室中混合并燃烧,燃烧火焰由火焰稳定器稳定,燃烧产生的热量增加了静态温度和马赫数,而静态压力和总压力则降低了。燃烧产物离开燃烧室并以马赫数约 0.8 的速度进入收缩-扩散喷口。亚声速气流在喷口的收缩部位加速,在喷口喉道处马赫数达到 1。气流在喷口的扩散部位膨胀,并在喷口出口处加速到马赫数约为 5。经过喷口后,静压、静态温度和总压力均降低了。

尽管冲压式喷气发动机有它的简易性和优点,但也存在局限性和缺点。如果我们面前的桌子上放有一个冲压式喷气发动机,我们就无法“启动”它并让空气流过发动机。在这种静止状态下,冲压式喷气发动机缺少吸入空气、压缩空气和产生推力的机械装置,换句话说,冲压式喷气发动机不能产生静态推力。冲压式喷气发动机必须在运行状态下才能产生推力,在亚声速飞行条件下,虽然它可以运行,但其性能和效率很差,并且在低速时它可能无法产生正推力(推力大于阻力)。冲压式喷气发动机的性能在超声速时达到最佳,从马赫数约为 2~3 开始,通过倾斜激波和正常激波实现空气冲压。

随着飞行马赫数的增加,进入冲压式喷气发动机燃烧室的气流温度急剧增加。在马赫数约为 6 时,气流温度特别高,以至于进入燃烧室的空气中的氧分子和氮分子分解为氧原子和氮原子。这种称为离解的空气化学反应吸收了高温气流中的大部分化学能,导致燃烧不充分和推力低。由于这种对燃烧有影响的高温效应,冲压式喷气发动机具有马赫数约为 6 的上限。这个问题可以通过在超燃冲压发动机中进行燃烧来解决,这将在下文中论述。

冲压式喷气发动机推进器已在各种导弹设计中得到广泛应用,但在有人驾驶飞机方面仅取得了有限的成功。由于冲压式喷气发动机不能产生静态推力,因此需要一个一级推进系统来将装置加速到运行速度,通常马赫数约为 3。一级系统可以是固体火箭发动机或喷气发动机。

冲压式导弹的一个典型案例是美国海军的 Talos 导弹(黄铜骑士舰对空导弹),如图 4-21 所示。Talos 导弹是在 20 世纪 50 年代中期开发的,是美国海军第一次使用冲压发动机系统。固体火箭助推器作为导弹的第一级推进系统,将其加速到马赫数约为 2.2 后投放。冲压式喷气发动机在 70000 英尺(21000m)的高度上从马赫数为 2.2 运行至约 2.7 并进行巡航。Talos 导弹有一个带有中心体整流锥的进气道,通过锥形激波压缩超声速自由流。图 4-22 所示 Talos 冲压式喷气发动机的剖视图,可看出发动机在设计上相对简单。

图 4-21　第一级火箭发动机点火状态下的 Talos 导弹
(资料来源:美国海军)

载人冲压式喷气飞机的例子很少,20 世纪 50 年代,法国工程师 Rene Leduc

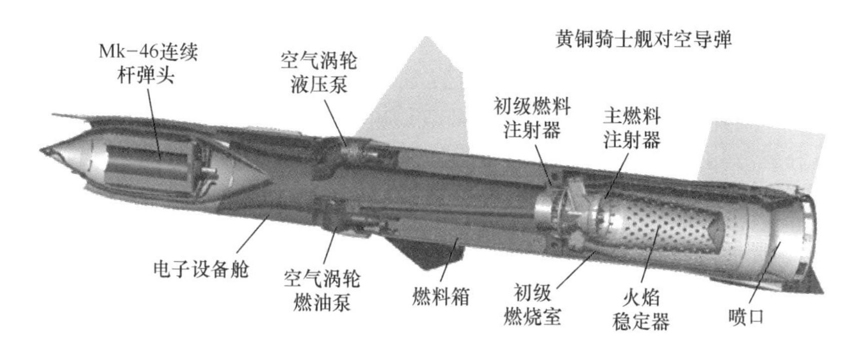

图 4-22 Talos 冲压式喷气发动机导弹剖视图
(资料来源:经 Phillip R. Hays 许可)

设计并制造了几种不同型号的载人冲压式喷气试验机。例如,图 4-23 所示 Leduc 020 飞机,类似于带有机翼的"飞行冲压式喷气发动机"。飞机的机头是冲压式喷气发动机的中心体压缩整流锥。飞行员坐在这个中心体内,中心体有一个清晰的挡风玻璃,使得飞行员的视线不受限制。为解决冲压式喷气发动机无法产生静态推力的问题,Leduc 的冲压式喷气飞机由一架经过特殊改装的四引擎运输机运载,在空速达到冲压式喷气发动机可以运行的亚声速时投放。Leduc 冲压式喷气飞机于 1949 年 4 月 21 日首飞,运载机将 Leduc 投放后,试飞员 Jean Gonord 使用冲压式喷气动力进行了爬升。Leduc 冲压式喷气飞机的飞行试验持续了数年,仅 Leduc 021 就进行了近 250 次自由飞行。最终,具有更高性能和效率的涡轮喷气推进器取代了 Leduc 冲压式喷气飞机。

图 4-23 法国 Leduc 020 冲压式喷气试验机
(资料来源:用户 Alain31-commonswiki,"Leduc 020"https://en.wikipedia.org/wiki/File:Leduc020.jpg, CC-BY-SA-3.0,License at https:// creative commons.org/licenses/ BY-SA/ 3.0/legalcode)

冲压式喷气推进器的应用并不仅限于导弹和飞机。Hiller 飞机公司在 20 世纪 50 年代设计并制造了几架冲压式喷气直升机原型。图 4-24 所示的 Hiller YH-32"大黄蜂"就是一个例子,该型机使用两个 Hiller 8RJ2B 冲压式喷气发动机,安装在旋翼桨叶的尖端上。每个小型冲压式喷气发动机重 13 磅(5.9kg),推力约为 40 磅力(178N),产生约 90 马力(67W)的总功率。由于冲压式喷气发动机不能产生静态推力,使用一个小型电动机启动旋翼以 50r/min 的速度旋转,从而产生穿过冲压式喷气发动机的推力流。一旦启动,冲压式喷气发动机以大约 550r/min 的速度旋转主旋翼。

图 4-24 Hiller YH-32"大黄蜂"冲压式喷气直升机
(资料来源:美国空军照片,由 Ray Watkins 收藏并提供)

使用旋翼尖端产生推进力的一个优点是没有主旋翼产生的扭矩。在传统的直升机中,主旋翼桨叶由连接到直升机的发动机驱动旋转,这将在直升机上产生与旋翼旋转方向相反的扭矩。冲压式喷气直升机没有产生这种扭矩,因此不需要传统的反扭矩尾桨。这使得冲压式喷气直升机在机械设计上比传统动力的直升机更简单。但其旋翼尖端速度仍然需要保持亚声速,和传统直升机一样,这意味着其发动机在亚声速下运行,性能和效率将非常差。这导致了它的整体性能较差,包括高油耗、低航程,以及较低的最大空速,只有约 80 英里/h(129km/h)。冲压式喷气发动机及其排放也被证实非常嘈杂且具有很高的可见度。虽然冲压式喷气发动机的排气尾焰看起来非常壮观,但从飞行操作的角度来看,噪声和很高的可见度并不是个优点。尽管美国陆军和美国海军对 Hiller 冲压式喷气直升机的军用版本进行了评估,但考虑到其缺陷,以及对更常规的涡轮动力直升机的改进,冲压式直升机的概念还是被放弃了。

例 4.6 冲压式喷气发动机的性能

冲压式喷气发动机导弹在高度 55000 英尺的上空以马赫数为 4.5 的速度飞行,产生 1200 磅力的推力,燃油流量为 0.654 磅/s,试计算冲压式喷气发动机的比冲和单位推力燃油消耗量。

解:

根据式(4-57),比冲为

$$I_{sp} \equiv \frac{T}{\dot{W}_f} = \frac{1200\text{磅力}}{0.654\dfrac{\text{磅}}{\text{s}}} = 1835\text{s}$$

根据式(4-58),单位推力燃油消耗量为

$$\text{TSFC} \equiv \frac{\dot{W}_f}{T} = \frac{0.654\dfrac{\text{磅}}{\text{s}} \times \dfrac{3600\text{s}}{\text{h}}}{1200\text{磅力}} = 1.962\frac{\text{磅}}{\text{磅力}\cdot\text{h}}$$

4.5.3 燃气发生器

燃气涡轮发生器,通常简称为燃气涡轮或燃气发生器,是许多使用涡轮机械的吸气式发动机的核心构造模块。涡轮喷气发动机、涡轮风扇发动机以及涡轮螺旋桨发动机的核心都包含一个燃气发生器,并在其周围添加其他必要的组件。燃气发生器可以认为是内燃机,因其内部发生的燃烧改变了工作流体的成分,从空气和燃料到燃料-空气混合物的燃烧气体产物。飞机发动机中的燃气发生器的作用是产生供应发动机使用的高温高压气体以产生推力。

燃气涡轮发动机的发明远远超越了它所处的时代。1791 年,英国发明家 John Barber(1734—1801 年)取得燃气涡轮发动机的专利权,如图 4-25 所示。燃烧木材、煤、燃油或其他可燃材料燃烧以产生热气,收集在接收器中并冷却,然后将气体压缩并用泵压进燃烧室(Barber 称为“爆炸装置”)并点燃。高温高压燃烧产物排放到桨轮叶片上,以产生动能。但是,18 世纪后期的材料和制造技术不足以让 Barber 制造他所设计的发动机。Barber 的燃气涡轮概念基本上是合理的,现代制造的功能性设备足以证明。

如图 4-26 所示,燃气发生器由压缩机、燃烧室以及涡轮 3 个主要部件组成。燃气发生器的站位号从 2 号开始,位于压缩机入口或压缩机正面。这样做是为了与包含燃气发生器的吸气式发动机未来的站位号一致,其余的发动机部件位于压缩机的上游。

大量气流通过进气道供给压缩机(图 4-26 中的站位 2)。压缩机圆形进气道区域的直径或发动机工作面(x)通常由该气团流率大小排列。压缩机的功能是将空气的压力和温度增加到有效燃烧的最佳条件。压缩机将空气“挤压”到较小的体积,使空气在已经减小的体积中发生燃烧。压缩机由涡轮机驱动,涡轮通过杆轴或线轴与压缩机连接。

压缩机可以是轴流式或离心式。在轴流式压缩机中,气流方向平行于旋转轴线,轴向通过压缩机。轴流式压缩机由交替排列的旋转叶片(称为转子)和固定叶片(称为定子)组成。压缩机叶片具有翼型横截面和非常低的根稍比。空气由每组旋转叶片和固定叶片(统称为压缩机级)进行机械压缩,逐渐增加了空气的压力和温度。随着气流被压缩,横截面积随密度的变化成比例地减小,压缩

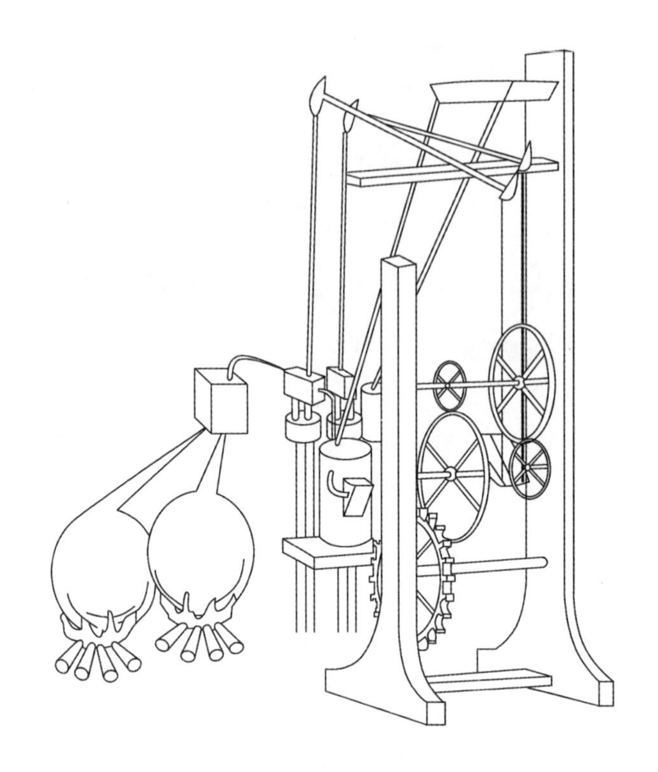

图 4-25　John Barber 的专利——燃气发生器(1791 年)
(资料来源:John Barber,PD-old-100)

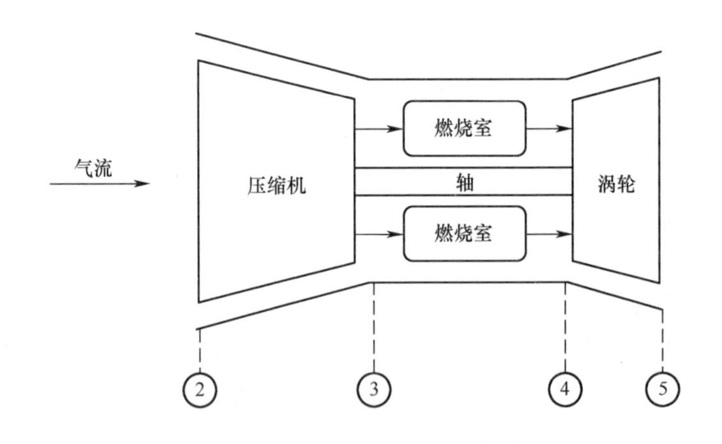

图 4-26　燃气发生器的组成

机的直径在经过每一级时也随之逐渐减小。

压缩机通常有多级,在现代喷气发动机中多达 20 级。每个压缩机级仅将空气压力增加一小部分,可能只有 10%~15%,这使得压缩过程更加有效。为获得更高的效率,可能存在双压缩机,每个都具有多个独立的以不同速度旋转的级。上游低压压缩机(LPC)的运行压力低于下游高压压缩机(HPC)。在这些双压缩机结构中,还存在双同轴转子,连接到独立的涡轮。现代喷气发动机中的压缩机可具有15或20的总压力比,这意味着离开压缩机的压力比进入时的压力高15或20倍。

在离心式压缩机中,气流在压缩过程中绕旋转轴转动90°。如图4-27所示,空气进入叶轮中心的压缩机,并通过气流的旋转和加速进行压缩。然后,空气进入扩散器,速度降低并且压力增加,随后,将气流体送入歧管,然后将其倾倒入燃烧室。与轴流式压缩机相比,离心式压缩机效率较低并且具有较大的剖面面积,这导致较高的气动阻力。多个离心压缩机用于提高效率。离心式压缩机的最大压力比约为5:1。

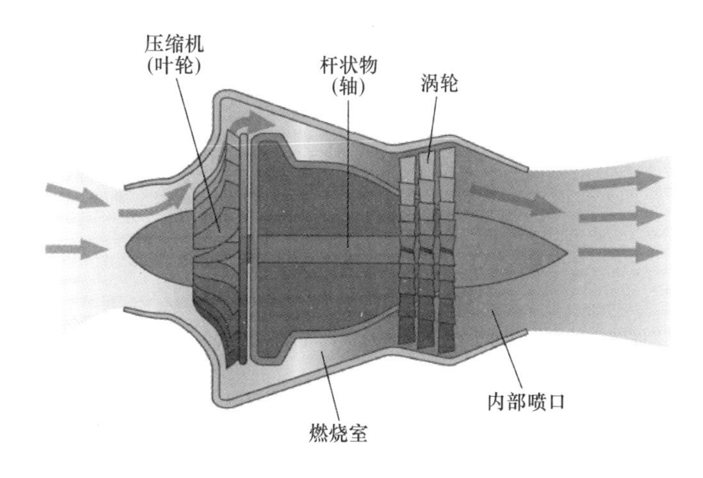

图4-27 离心式压缩机

(资料来源:改编自用户:Tachymeter,"Turbojet Operation Centrifugal Flow"
https://en.wikipedia.org/wiki/File:Turbojet_operation-centrifugal_flow-en.svg,
CC-BY-SA-3.0,License at:https://creativecommons.org/licenses/by-sa/3.0/legalcode)

空气离开压缩机并以高压、高温和低速进入燃烧室(图4-26中的站位3)。进入燃烧器的气流速度通常马赫数只有0.3或更小。在燃烧室中,空气与燃料混合点燃,并在接近恒定压力下燃烧(图4-26中的站位3到站位4)。进入燃烧室的空气中大约有一半不与燃料混合,而是沿着燃烧室表面流动以提供冷却,这种空气称为二级气流。二级气流在离开燃烧室之前加热,随后与已混合燃油并燃烧的一级气流混合。燃烧气体设计为在均衡的温度下离开燃烧器,不超过涡轮机的材料极限。

燃烧产物以约1750~2000K(2700~3100℉)的最高温度进入另一组转子和定子,即涡轮机(图4-26中的站位4),这超出了涡轮叶片材料(通常是镍基超合金)的材料温度极限。使用了几种冷却策略以使涡轮机叶片能够在极高温度环境中存留下来。通过使冷却空气循环通过叶片内涵道并使空气冷却附在其表面上流动,涡轮机叶片在内部和外部主动冷却。冷却空气从压缩机抽出,用于涡轮机中的主动冷却。涡轮叶片还可以含陶瓷或其他高温涂层,用于热保护。涡轮机进气道温度通常是发动机运行和最大性能的限制因素。由于燃烧器和涡轮机都处理热燃烧气体,因此它们统称为发动机的“热部位”。

高温高压燃烧气体产物通过涡轮机膨胀,降低了压力和温度。压缩机对工作流体(空气)做功,而涡轮机从工作流体(燃烧气体产物)中提取功。旋转涡轮通过杆轴或线轴与压缩机连接,使压缩机旋转。涡轮机使用大约75%的燃烧能量来驱动压缩机。

涡轮机级数比压缩机级数少,因为膨胀过程相对于压缩过程,可以在更大的压力增量下进行。压缩过程中压力的增加导致不利的边界层压力梯度,使得它们更易于流动分离。通过涡轮机后压力的降低形成有利的压力梯度,使其不易于流动分离。由于这些有利的压力梯度,涡轮机的效率通常高于压缩机。涡轮机排出的气体(图4-26中的站位5)供给发动机附加的功并产生推力。

4.5.3.1 燃气发生器的理想循环:布雷顿循环

下面借助图4-28所示的压力-体积图和温度-熵图仔细观察通过燃气发生器的气流的热力学细节。燃气发生器的理想循环称为布雷顿(Brayton)循环,以美国机械工程师和发明家 George Brayton(1830—1892年)的名字命名,他在1872年获得了采用恒压燃烧的单缸内燃机的专利。布雷顿循环假设通过压缩机和涡轮机的气流是等熵的,即绝热和可逆的。

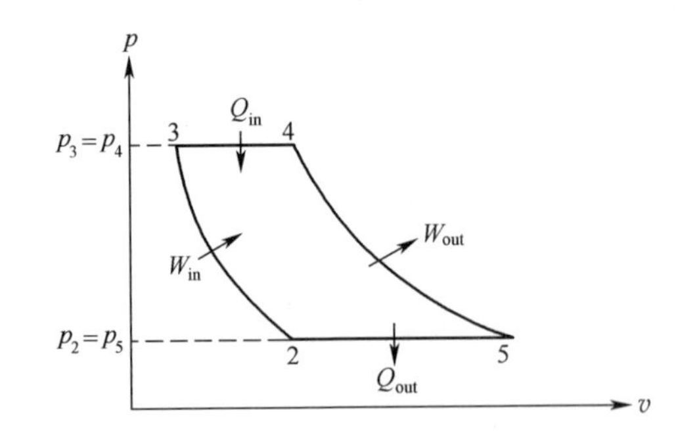

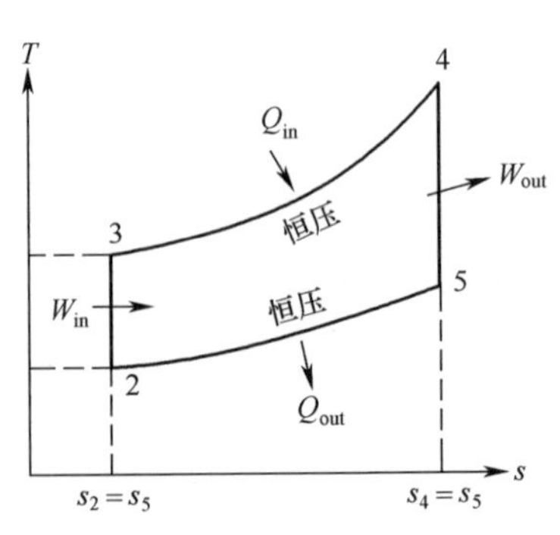

图4-28 燃气发生器的理想布雷顿循环

理想的燃气发生器循环在标记为站位2的热力学状态下开始,此处空气分别以静压 p_2 和温度 T_2 进入压缩机。压力从状态2增加到状态3,进入系统工作以驱动压缩机。由于压缩过程假设为等熵的,因此温度沿着恒定的熵线或等熵线从状态 2 向状态 3 增加，在温度 T_3 时离开压缩机。

燃烧过程发生在状态 3 和状态 4 之间。假设燃烧沿着恒压线或等压线发生，使得状态 3 和状态 4 处的压力相等（$p_3 = p_4$）。由于管壁摩擦和湍流混合损失，熵在燃烧过程中增加了（$s_4 > s_3$）。向气体中加入热量，将气体总温度从 $T_{t,3}$ 增加到 $T_{t,4}$，其中 $T_{t,4}$ 是极限温度，通常由涡轮机设定。考虑从热障涂层和叶片冷却获得的益处，最大涡轮机进气道温度通常由涡轮叶片材料的温度极限设定。目前，最先进的、最大涡轮机进气道温度约为 2000K（3600°R）。喷气发动机飞机的最大飞行马赫数会受到最大涡轮机进气道温度的限制。

对于理想的涡轮机过程，从状态 4 到状态 5 没有损失，因此气体的熵保持恒定（$s_4 = s_5$），温度沿着等熵线从 T_4 减小到 T_5。气流做功，将气体压力从 p_4 降低到 p_5。在布雷顿循环中，气体返回其初始状态 2 以完成理想的热力循环。在实际的燃气发生器过程中，没有闭合的热力循环，因为工作流体作为燃烧产物离开了涡轮机。

4.5.3.2 基于燃气发生器的吸气式发动机

几种不同的吸气式涡轮发动机都是在核心围绕着一个基础的燃气发生器来构造的，如图 4-29 所示。这些是涵道式发动机，其中工作流体（空气）的动量在流过涵道时增加。工作流体被机械压缩，与燃料一起燃烧，通过涡轮机膨胀以驱

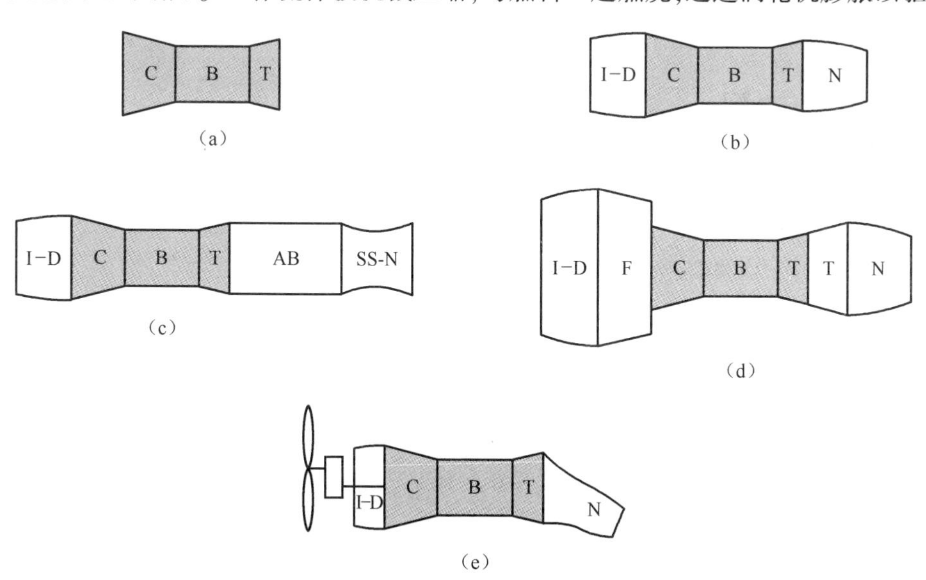

图 4-29 基于燃气发生器的吸气式涡轮发动机

I-D—进气道-扩散器；C—压缩机；B—燃烧器；T—涡轮；N—喷口；SS-N —超声速喷口；AB—加力；F—风扇。

（a）燃气发生器；（b）涡轮喷气发动机；（c）有加力的涡轮喷气发动机；

（d）涡轮风扇发动机；（e）涡轮螺旋桨发动机。

动压缩机，并通过喷口膨胀产生推力。这些基于涡轮的发动机相对于冲压式喷气发动机的显著优点是它们可以产生静态推力。它们可以机械压缩自由流动空气的能力使得这些发动机能在零空速下产生推力。这种能力是有代价的，因为它必须通过涡轮驱动压缩机来使气流做功。

由压缩机(C)、燃烧器(B)和涡轮(T)组成的基本燃气发生器如图4-29(a)所示。涡轮喷气发动机由燃气发生器和压缩机上游的进气道和扩散器(I-D)，以及涡轮机下游的排气喷口(N)组成，如图4-29(b)所示。涡轮喷气发动机(或涡轮风扇发动机)可以在涡轮机下游增添加力燃烧室，通过额外的燃油喷射和燃烧，使推力显著增加。如图4-29(c)所示。图4-29(d)所示为基本的涡轮风扇发动机，在进气道和压缩机之间增加了一个风扇(F)，并增加了一个额外的涡轮(T)来驱动风扇。一些通过风扇的进气道空气绕过压缩机并在发动机周围排出，很像涵道式螺旋桨。涡轮螺旋桨发动机由一个基础的燃气发生器和用于驱动螺旋桨的涡轮组成，如图4-29(e)所示。通过变速箱将燃气发生器轴的旋转速度降低到适合于螺旋桨的旋转速度。涡轮喷气发动机、涡轮风扇发动机和涡轮螺旋桨发动机将在以下部分中详细论述。

4.5.4 涡轮喷气发动机

基础的涡轮喷气发动机是通过在燃气发生器上增加进气道和排气系统构成的，排气系统可能由一个喷口组成，或者可能包含一个加力燃烧室管道，在该管道中增加额外燃料以大幅地产生更多的推力。我们通过研究燃气发生器上增加进气道和喷口后热力循环的变化作为开始，来构造理想的涡轮喷气发动机。

4.5.4.1 理想涡轮喷气发动机的热力循环

理想涡轮喷气发动机的热力循环如图4-30所示，图中的进气道装在压缩机的上游，喷口加装在涡轮机的下游。通过进气道进入的空气流压缩后，压力和温度增加，而体积减小(状态0→2)。在 $T-s$ 关系图中，进气流流动过程被认为是等熵过程，与进入压缩机的空气流具有相同的等熵线，而在 $p-V$ 关系图中，两者的常量 pV^{γ} 具有相同的取值。状态3→4的恒压燃烧过程与燃气发生器相同。气流通过燃气发生器涡轮后体积膨胀(状态4→5)，在喷口处进一步膨胀(状态5→9)，该过程压力和温度减小，体积增加。与进气流流动过程相似，在理想情况下，喷口处气流流动过程也被认为是等熵过程。

4.5.4.2 涡轮喷气发动机流动特性及推力

一台涡轮喷气发动机的组成，如果不包含加力燃烧室部分，如图4-31所示，燃气发生器构成该发动机的核心。进气道的功能是获取大量所需空气流，并且在压缩机的进气道处使空气流高效地加速到亚声速，在加速空气流的过程中，

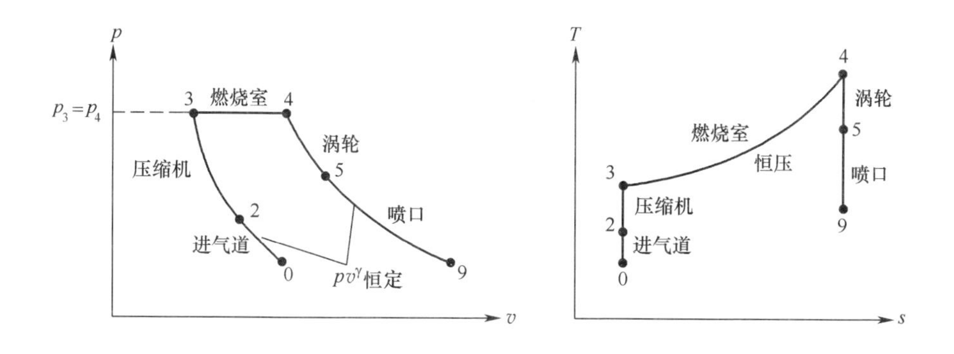

图 4-30 理想涡轮喷气发动机的循环

进气道同样会对空气产生一定的压缩效应,这使得气流的压力增加,进气道必须能高效地在速度为零到超声速相当宽的速度范围内工作。在给定的速度范围内,进气道设计成气流损失最小的几何形状。

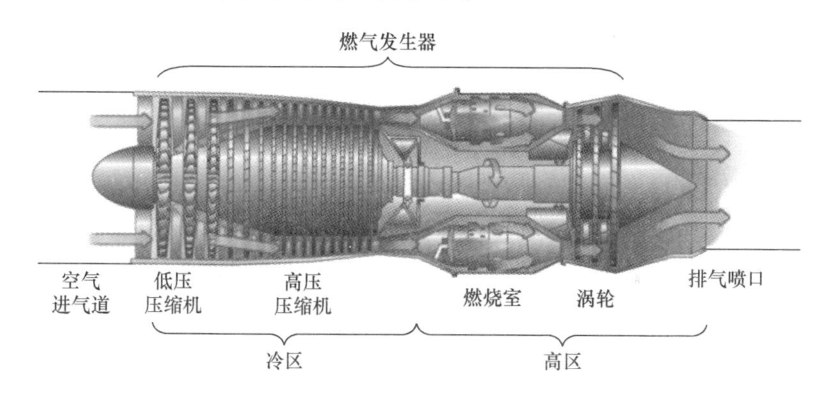

图 4-31 涡轮喷气发动机的组件
(资料来源:改编自美国联邦航空局 Airplane Flying Handbook 中
图 14-1, FAA-H-8083-3A, 2004 年)

亚声速下进气道只能设计成固定的几何形状,即扩张型涵道(回想亚声速气流在扩张涵道中的加速过程)。为了达到期望的推力水平,进气道的横截面必须足够大,使发动机能够获取大量所需的气流。当飞机的马赫数达到超声速时,亚声速进气道这一固定几何构型前端会产生激波,降低进气道的效率。当马赫数达到 1.6~1.8 时,为使进气道高效率地工作,需要其采用可变几何构型设计,进气道的几何形状随着马赫数的变化而变化。超声速进气道的设计中,激波的位置和强度是获取可接受的高工作效率和性能所考虑的主要因素。亚声速和超声速进气道的细节将在 4.5.7 节中探讨。

涡轮喷气发动机的压缩机、燃烧室和涡轮的工作方式与燃气发生器相同。

压缩机压缩通过进气道进入发动机的空气,空气的压力和温度增加,压缩后的气体进入燃烧室。通常来讲,与燃气发生器一样,会有一个低压压缩区和高压压缩区。压缩区的工作温度比燃烧室和涡轮低得多,因此,这里称为发动机的冷区。随后空气从压缩机提取出来,该过程称为引气,从压缩机引出的气流具有多种不同作用,包括涡轮冷却、舱室增压、进气道除冰加热。燃油和来自压缩机的空气混合后,在燃烧室中燃烧。涡轮在燃烧后产生的膨胀高温气体的作用下运转以驱动压缩机和飞机上其他部件,如燃油泵、滑油泵和液压泵工作。发动机的热温区是指燃烧室和涡轮,它们工作时温度比压缩机区域高得多。

气流离开涡轮后进入喷口,体积进一步膨胀,气流的压力减小,速度增加。排气喷口的功能是提高离开涡轮气流的速度和动量,以产生推力来推动飞机。对于低推力的亚声速飞机而言,排气喷口可以采用简单的收缩型管道设计,在收缩的区域气流的速度增加,压力减小。超声速飞机需要一个收缩-扩张型喷口,这里离开涡轮的亚声速气流在收缩区加速,在喷口喉结处马赫数达到1,然后气流在扩张区域进一步加速至超声速。气流的膨胀是由涡轮出口或者喷口入口压力和喷口出口处环境压力控制的。大多数的收缩-扩张型喷口采用可变形设计,通过喷口喉结处和出口区域形状的改变得到最大推力。

加力燃烧室(未在图4-31中显示)是一个长的管道,它装在一些涡轮喷气发动机的背部,加力燃烧室中额外的燃油注入排出气流中。这种额外燃油的燃烧可以提升50%~80%的推力,但是会明显地增加燃油的消耗。加力燃烧室一般应用于军用飞机的加速和机动过程中。“协和”号超声速飞机使用加力以维持马赫数为2的巡航速度。与加装涡轮的燃气发生器相比,燃烧室腔内几乎呈现“空”的状态。燃烧室的长度应该能够有充足的时间给离开涡轮的高速气流注入燃油,两者混合并燃烧。喷射栅栏使燃油注入并分散在燃烧室整个截面区域上。燃烧室中的燃烧依靠火焰稳定器来稳定,它是一种小的陡峭可产生再循环低速流动容积来维持火焰稳定。加力燃烧室的工作依赖于离开涡轮后气流中用来和注入的燃油混合燃烧的剩余氧气量。也就是说,离开涡轮的燃烧室燃烧产生的高温气体中仍还含有未燃尽的氧气,能够在加力燃烧室中继续燃烧。

图4-32所示为通用电气J85无加力燃烧室涡轮喷气发动机的剖视图。该发动机为塞斯纳A-37攻击机提供动力。加力燃烧室应用于诺思罗普的T-38和F-5战斗机上,增加的加力燃烧室涵道大致上使发动机的长度增加了一倍。

涡轮喷气发动机轴向分布的气流特性如图4-33所示。图中给出了在发动机横截面上的静压、静温和速度沿发动机轴向距离变化的曲线。通过压缩机压缩后的气流压力增加至原来的10倍。由于恒速压缩更加的高效,因此压缩过程中保持气流的速度恒定。在燃烧室中燃烧会使温度达到很高,同时压力不变。气流通过涡轮时体积膨胀,温度和压力减小。由于气流通过涡轮驱动压缩机做功,因此气流压力下降很明显。气流通过排气喷口体积进一步膨胀,同时速度明

图 4-32 通用电气 J85 无加力燃烧室涡轮喷气发动机剖视图
（资料来源：Sanjay Acharya，“J85-GE-17A Turbojet Engine” https://en.wikipedia.org/wiki/File:J85_ge_17a_turbojet_engine.jpg，CC-BY-SA-3.0，License at：https://creativecommons.org/licenses/by-sa/3.0/legalcode）

显增加。图中展示了有无加力燃烧室时两种温度分布情况。没有加力燃烧室时，气流通过喷口扩张处时温度保持恒定。有加力燃烧室工作时，温度会升至很高的水平。

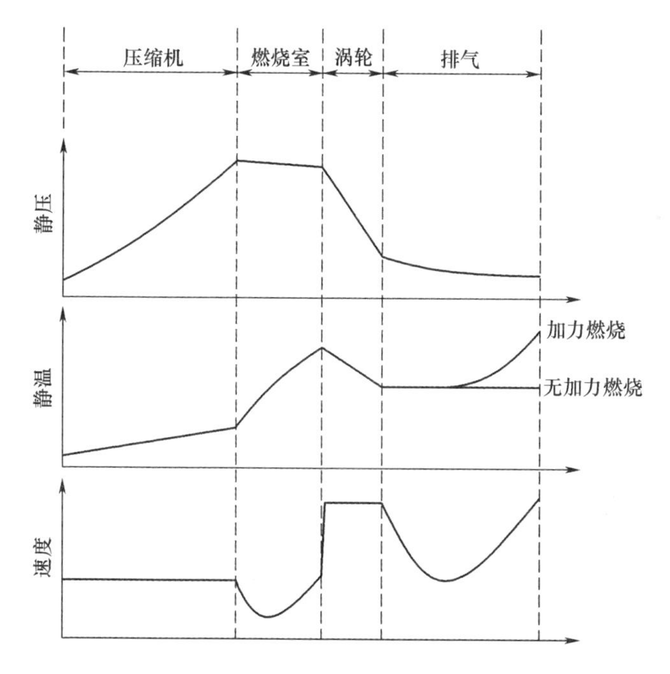

图 4-33 涡轮喷气发动机轴向分布的气流特性

4.5.4.3 涡轮喷气发动机的诞生

以燃气涡轮为动力的飞行器发明时间远早于它应用的时间，法国人 Maxime Guillaume 于 1921 年申请他的第一个专利。Guillaume 的发明是一个现代版喷气发动机。它是一台轴流发动机,具有供给的燃烧室轴流压缩机,压缩机靠轴流涡轮驱动。就 Guillaume 当时的技术并没有足够的能力制造出这样的飞行器发动机,因此当时该发动机并没有制造出来。

纵观喷气发动机的发展进程,有各种各样工程细节上的、制造工艺上的、材料上的问题必须解决。发动机内部气流的流动环境使发动机各种部件处于高应力、高压力、高温状态下。转动组件必须具有足够的性能和效率,使其在这种环境下也能够保持较高的机械容差和与发动机外壳之间的间隙。由于飞行器对重量要求非常严格,当发动机装在飞行器上时,这些问题就会变得更加严峻。

实际意义上喷气发动机的诞生靠两个人,英国的 Fank Whittle(1907—1996年)和德国的 Hans von Ohain(1911—1998 年)努力的结果,他们的工作几乎同时进行,又相互独立。von Ohain 设计制造了第一款轴流涡轮喷气发动机,并于 1937 年 9 月成功进行了第一次地面试验。有趣的是第一款发动机以气态氢作为燃料,这是因为其与碳氢化合物相比具有更宽的燃烧范围,同时可以避免当时液态碳氢化合物仍未解决的燃烧问题。von Ohain 后来的喷气发动机才以液态碳氢化合物作为燃料。在这些发动机尚未进行地面试验之前,von Ohain 已经同德国的飞机制造师 Ernst Heinkel 展开合作,Ernst Heinkel 致力于发展速度更快、飞行海拔更高的飞机。他们的共同努力造就了第一架喷气式动力飞机,即 1939 年 8 月 27 日装备一台 von Ohain 设计的 HeS 3b 型涡轮喷气发动机的 Heinkel He 178 飞机(图 4-34)。HeS 3b 型涡轮喷气发动机以汽油作为燃料,可以产生大致 1000 磅力(4448N)大小的推力。

图 4-34 第一架喷气式飞机——Heinkel He 178
(资料来源:美国空军,PD-US)

1930 年 1 月, Heinkel He 178 飞机首飞的 9 年前,英国皇家空军军官 Fank Whittle 申请了一项离心气流涡轮发动机的专利。Whittle 花费了数年时间努力想获得政府的支持来开发、制造他的第一台发动机,但并没有成功。最终在 1935 年,他收到了一项私人资金支持来建造他的第一台发动机。与 von Ohain 的轴流发动机不同,Whittle 的发动机是一款离心发动机。1937 年 4 月,使用单级压缩机和单级涡轮的 Whittle 涡轮发动机成功进行了地面试验。1941 年 5 月 15 日，Gloster E. 28“先驱者”试验机问世，Whittle 涡轮发动机为其提供动力，实现了它的首飞(图 4-35)。

图 4-35 Gloster E. 28“先驱者”喷气发动机动力飞机
(资料来源：S. A. Pevon，皇家空军官方摄影师，PD-UKGov)

表 4-5 所列为世界上最初两架涡轮喷气式飞机以及它们发动机的比较。Heinkel He 178 飞机和 E. 28 飞机具有相同的长度，前者比后者的重量多了 700 磅，前者具有更小的机翼。由于轴流式喷气发动机的直径比“先驱者”的小，加上更小的机翼使得其比 E. 28 飞机具有更加细长的机身。HeS 3b 喷气发动机产生的最大推力比 Power Jets W. 1 发动机大 130 加仑。Heinkel He 178 飞机最快的飞行速度比 E. 28 飞机快 100 英里/h(160km/h)。这两款飞机性能的不同可能是由于机身和机翼尺寸不同，导致其在空气动力学上的影响不同。两架飞机的推力-重力比基本相同。

表 4-5 最早的两架喷气式动力飞机的比较

飞　机	Heinkel He 178	Gloster E. 28
喷气发动机制造者	Hans von Ohain	Fank Whittle
飞机设计者	Ernst Heinkel	Gloster Carter
第一架飞机问世时间	1939 年 8 月 27 日	1941 年 5 月 15 日
飞机机身长度	24. 5 英尺(7. 48m)	25. 3 英尺(7. 74m)
翼展	23. 25 英尺(7. 20m)	29 英尺(8. 84m)
机翼面积	85 英尺^2(7. 9m^2)	146 英尺^2(13. 6m^2)
空机重量	3572 磅(1620kg)	2886 磅(1309kg)

续表

飞　　机	Heinkel He 178	Gloster E. 28
最大重量	4406 磅(1998kg)	3750 磅(1701kg)
动力装置	Heinkel HeS 3b 涡轮喷气发动机	Power Jets W. 1 涡轮喷气发动机
推力	9921 磅力(4413N)	8601 磅力(13760N)
推重比	0. 225	0. 229
最大速度	435 英里/h(700km/h)	338 英里/h(544km/h)

美国也同样渴望进入喷气发动机时代,于是它与英国签署了一份协议,英国人给了美国一台 Whittle 发动机和一套发动机图纸,这次发动机硬件和信息上的共享使美国于 1942 年 3 月 18 日进行了喷气发动机的第一次地面试验。1942 年 10 月 3 日美国第一架喷气式动力飞机实现了首飞,即 Bell XP-59A“空中彗星”,该飞机依靠两台通用电气公司的 GE1-A 涡轮喷气发动机提供动力(图 4-36)。

图 4-36　美国第一架喷气式飞机——Bell XP-59A“空中彗星”
(资料来源:美国空军)

4.5.4.4　喷气发动机的命名规则

以下是喷气发动机字母和数字混合编写形式的命名方式。商业发动机制造商使用它们自己的命名系统。以下还有少许以主要商业发动机公司发动机命名的例子。

通用电气的 CF6-50E2 高涵道比涡轮风扇发动机如下:

GE	公　　司	通 用 电 气
CF6	型号或类型	商业版风扇 6
50	具体的发动机系列	原始的,典型的起飞推力值
E2	具体的飞机型号	波音 747

罗·罗公司(Rolls Royce)公司 RB.211 Trent 高涵道比涡轮风扇发动机如下：

RB	公司	罗尔斯·罗伊斯(罗·罗公司)
211	发动机类型	研发过程中的数字代号
Trent	具体的发动机系列	罗·罗公司用英国的一条河流来命名已经投入使用的喷气发动机

美国军方有自己的发动机命名系统,其中包括用于军用飞机的商业发动机重新命名。

表4-6所列为美国军方用于吸气发动机的命名符号和描述。除了表中的命名,还可能在发动机名字后加一个后缀来进行小的区分和改动。这些可以从下面美国军方命名系统的例子中看出来。

表4-6 美国军方用于吸气发动机的命名符号和描述

状态前缀(选型)	发动机类型	发动机型号	发动机制造商	具体的型号
X-试验机	C-旋转燃烧室	100~399 空军	AD-阿里逊公司	100~399 空军
Y-原型机	F-涡轮风扇发动机	400~699 海军	CF-CF 国际公司	100~399 空军
	J-涡轮发动机	700~999 陆军	GE-通用电气	100~399 空军
	O-对置活塞发动机		LD-莱康明公司	
	P-其他发动机		PW-普惠公司	
	R-径向配置活塞发动机		RR-劳斯莱斯公司	
	T-涡轮螺旋桨发动机或涡轮轴发动机			
	V-活塞发动机			

以下是普惠 YF119-FW-100L 涡轮风扇发动机命名的解释,该款发动机用在 YF-22 和 YF-22 先进战术原型机(ATF)上。

Y	状态前缀	YF-22 和 YF-23 ATF 原型机上的原型发动机
F	发动机类型	涡轮风扇发动机
119	型号编号	模型 119
PW	发动机制造商	普惠公司
100	具体的发动机型号	具体的型号 100
L	小的改动	改版发动机

通用电气 F404-GE-402 涡轮风扇发动机的名字解释如下,该款发动机用在

波音 F/A-18CD“大黄蜂”上。

F	发动机类型	涡轮风扇发动机
404	型号的数字编号	型号 404
GE	发动机制造商	通用电气
401	具体的发动机型号	具体的型号 402

通用电气 F404-GE-IN20 发动机的名字解释如下,该款发动机用在印度轻型战机“光辉”上。

F	发动机类型	涡轮风扇发动机
404	型号的数字编号	型号 404
GE	发动机制造商	通用电气
IN20	具体的发动机型号	印度空军的 F404 发动机

4.5.5 涡扇发动机

如 4.5.1.4 节所述,涡轮喷气发动机的推进效率较低,因为它所需的空气流动速度相对小并且增大了排气的流动速度。通过提高入口处空气流速以及降低排气速度可提高其推进效率。涡扇发动机就是通过在压缩机前加装一个大型管道风扇来实现这一目的的,这样可以提高入口质量流量并从排气中提取能量。排出气流的动能部分用于提高进气道流量、流速以及降低流出速度,从而提高发动机净推进效率。大多数现代商用和军用喷气式飞机使用涡扇发动机,这是由于与涡轮喷气发动机相比,在涡扇发动机性能没有下降的情况下效率显著提高。

涡扇发动机的组成与涡轮喷气发动机相同,增加了一个涡轮级用来驱动压缩机前面的大型风扇。一个高涵道比、双轴涡扇发动机的组成如图 4-37 所示。分开的低压与高压涡轮级在不同的压力下工作,并以不同的速度旋转。它们还驱动单独的同心轴或线轴。附加低压涡轮级可以驱动附加低压压缩机级,它处于高压压缩机的上游。风扇气流通过旁路喷口排出,发动机总推力的相当大的一部分由此产生。

涵道比定义为通过风扇的空气质量流量 $\dot{m}_{\text{fan}}$ 与通过燃气发生器或核心机的空气质量流量 $\dot{m}_{\text{core}}$ 的比值,涵道比的符号为 α(不要与迎角混淆),则有

$$\alpha = \frac{\dot{m}_{\text{fan}}}{\dot{m}_{\text{core}}} \tag{4-71}$$

进入发动机的总空气质量流量 $\dot{m}_{\infty}$ 是通过核心机与扇页的空气质量流量的总和,以涵道比的形式表示为

$$\dot{m}_{\infty} = \dot{m}_{\text{core}} + \dot{m}_{\text{fan}} = (1 + \alpha)\,\dot{m}_{\text{core}} \tag{4-72}$$

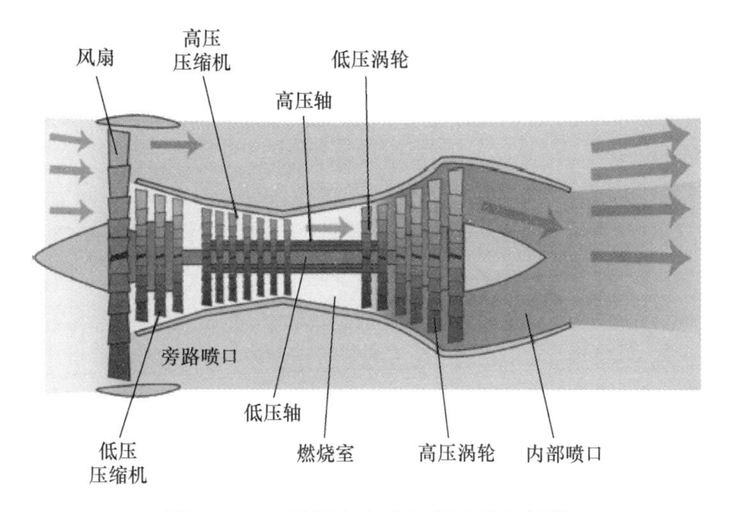

图 4-37 双轴涡扇发动机高涵道比部件

（资料来源：改编自 K. Aainsqatsi，"Turbofan Operation" https://en.wikipedia.org/wiki/File:Turbofan_operation.svg，CC-BY-SA-3.0，License at https://creativecommons.org/licenses/by-sa/3.0/legalcode）

需要在发动机的性能与效率和涵道比之间权衡，随着涵道比的增加发动机效率提高，但风扇直径增大，使得飞机横向面积增大，从而增加了空气阻力。纯涡喷发动机涵道比为0，是一种极端情况，因为通过风扇的空气质量流动速率为0。早期的涡扇发动机涵道比较低，在1~2之间。现代军用飞机的涵道比通常小于1，这是燃油效率和性能的一个折中。现代商用客机的涵道比为5~10。未来飞机可能具有10~20的超高涵道比，具有更高的潜在效率。

表4-7所列为一些涡扇发动机的涵道比和其他主要技术规格。军用战斗机使用的涡扇发动机涵道比较低，约为0.3∶1。商用和军用运输机（如波音757、777和C-17）使用的涡扇发动机涵道比较高，约为6∶1。波音787所使用的现代涡扇发动机具有更高的涵道比，约为10∶1。从表中可以明显看出，随着涵道比的增加，单位推力燃油消耗量（TSFC）与风扇尺寸也随之增加。

表 4-7 涡扇发动机选用规格

发动机	飞机	风扇直径/英寸	单位推力燃油消耗量（磅/（磅力·h））	涵道比 α	风扇压力比
通用电器 F404	F-18	31	0.81①	0.34∶1	3.9∶1
普惠 F100	F-15，F-16	35	0.76①	0.36∶1	3.0∶1
普惠 PW2000	B757，C-17	78.5	0.33	5.9∶1	1.74∶1
普惠 PW4000	B777	112	—	6.4∶1	1.7∶1
罗·罗 T100	B787	112	—	10∶1	—

① 军用功率（最大值，非加力燃烧）。

在高涵道比的涡扇发动机中,风扇气流的推力通常比核心机气流的推力大得多。风扇气流推力可能高达发动机总推力的75%,在某些方面风扇类似一个周围有涵道的大螺旋桨。然而,与传统螺旋桨不同的是,风扇是由大量的叶片组成,这些叶片可能多达50个,周围覆盖着保护层。风扇的功能有点像单级压缩机,增加了通过风扇的气流压力。这通常表示为风扇压力比,如表4-7所列。军用涡扇发动机可以将风扇流动的压力提高2~3倍,而商用发动机可以将压力提高70%左右。

如图4-37所示,在高涵道比的涡扇发动机中,风扇排气流与核心机排气流是分离的。在一些涡扇发动机,如图4-38所示的低涵道比发动机中,风扇罩延伸到发动机的后部,与发动机核心机形成共同的喷口。这提供了混合冷却,低速风扇排出气流及热量,高速核心机排出气流。这种风扇与核心气流的混合,在喷口膨胀之前,可以提供额外的推力,尽管由于风扇风道较长会造成重量的增加。

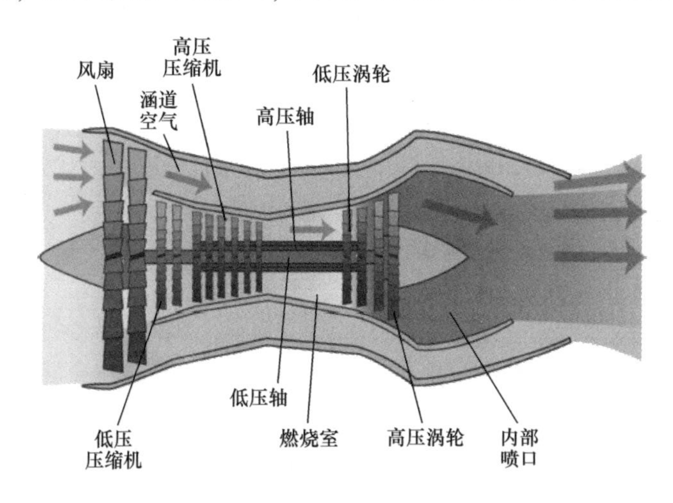

图4-38　低涵道比双轴涡扇发动机部件

(资料来源:改编自K. Aainsqatsi,"Turbofan Operation" https://en.wikipedia.org/wiki/File:Turbofan_operation_lbp.svg,CC-BY-SA-3.0,License at https://creativecommons.org/licenses/by-sa/3.0/legalcode)

例4.7　涵道比和质量流量

如果总空气质量流量为$\dot{m}_\infty$,一台罗·罗T1000高涵道比涡扇发动机的质量流量为2610磅/s,试计算通过发动机核心机与风扇的质量流量。

解:

总空气质量流量可以由通过发动机核心机的质量流量来表示,根据式(4-72),有

$$\dot{m}_\infty = (1+\alpha)\,\dot{m}_{\text{core}}$$

从表4-7中可以看出,T1000的涵道比为10。通过发动机核心机来计算质

量流量问题，即

$$\dot{m}_{core}=\frac{\dot{m}_{\infty}}{1+\alpha}=\frac{2610\ \frac{kg}{s}}{1+10}=237.3\ \frac{kg}{s}$$

涵道比由式(4-71)定义为

$$\alpha=\frac{\dot{m}_{fan}}{\dot{m}_{core}}$$

计算风扇质量流量方法为

$$\dot{m}_{fan}=\alpha\,\dot{m}_{core}=10\times237.3\ \frac{kg}{s}=2373\ \frac{kg}{s}$$

4.5.6 涡轮螺旋桨发动机和涡轴发动机

涡轮螺旋桨发动机利用螺旋桨产生推力，螺旋桨由燃气发生器驱动。燃气发生器涡轮机把几乎所有的输出功率都用于驱动螺旋桨。燃气发生器产生的高速排气约占总推力的10%。基本的涡轮螺旋桨发动机由两个主要组件组成，即燃气发生器部分和动力部分。燃气发生器部分的基本部件包含燃气发生器、压缩机、燃烧室和涡轮机。动力部分包括动力涡轮机、减速齿轮箱和螺旋桨传动轴。由进气道和排气管分别将空气引入压缩机并流出涡轮机。一些高速排气通过喷口进一步膨胀以产生推力。

在自由动力涡轮螺旋桨构型中，螺旋桨由动力涡轮驱动，动力涡轮是独立的，或者不受驱动压缩机的燃气发生器涡轮约束。这样，动力涡轮机可以以燃气发生器涡轮机不同的速度旋转，这避免了对特殊变速器的需要。动力涡轮机带动大直径螺旋桨旋转，因此需要减速齿轮箱以防止螺旋桨以过高的速度旋转，这会使螺旋桨过载。减速齿轮箱将涡轮机的低扭矩、高转速转换成螺旋桨的大扭矩、低转速。涡轮螺旋桨发动机比具有相同尺寸燃气发生器的涡轮喷气发动机重约1.5倍，这是由于动力涡轮机、减速齿轮箱、螺旋桨和螺旋桨控制器的额外重量造成的。

在逆流涡轮螺旋桨发动机中，燃气发生器“向后”放置。反向流动、自由动力涡轮的涡轮螺旋桨发动机的部件如图4-39所示。进气道朝向发动机后部，排气管位于前端。将空气入口放置在发动机的后部有利于防止碎屑或异物的摄入。盖板覆盖进气道以防止异物损坏(FOD)。入口空气先通过轴向压缩机部分，然后是离心式压缩机。流体离开离心压缩机，仍然流向发动机的前部，进入燃烧室或燃烧器罐与燃料混合燃烧。燃烧气体沿相反方向离开，流向发动机的后部。接着气流旋转180°并进入涡轮机，从而驱动压缩机的压缩机涡轮机和驱动螺旋桨的动力涡轮机旋转。在离开涡轮机后，排气再次转动180°，通过排气管(图中未示出)离开发动机，产生少量推力。尽管由于离心旋转机构而具有更大的直径,在燃气发生器内部的气流反转使发动机比轴流式发动机更紧凑(更短)。

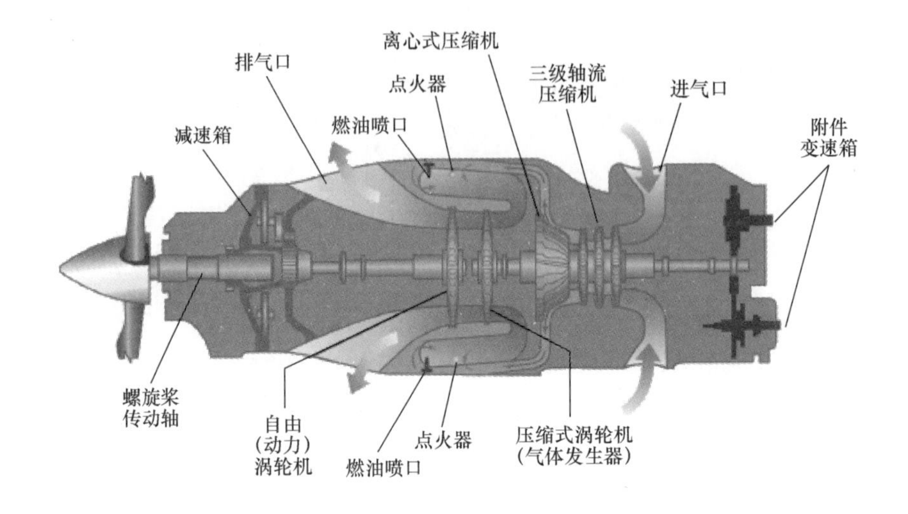

图 4-39 逆流动、自由动力涡轮的涡轮螺旋桨发动机的组件
(资料来源:美国联邦航空局 Airplane Flying Handbook 中图 14-5,FAA-H-8083-3A,2004 年)

涡轮螺旋桨飞机具有与任何螺旋桨驱动飞机相同的空速限制,这是受接近声速的螺旋桨的可压缩性影响决定的。通常,涡轮螺旋桨飞机在低于 450 英里/h (720km/h)的飞行速度下最有效。双引擎 Beechcraft C-12 Huron 是涡轮螺旋桨飞机的一个例子,如图 4-40 所示。C-12 被美国军方用于各种飞行作业,包括乘客、医疗、货物运输和侦察任务。C-12 由两台 Pratt & Whitney PT-6A 涡轮螺旋桨发动机提供动力,每台发动机的功率为 850 轴马力(635kW)。

图 4-40 美国空军 C-12 Huron,由两台 Pratt & Whitney PT-6A 涡轮螺旋桨发动机提供动力
(资料来源:美国空军)

涡轮轴发动机类似于涡轮螺旋桨发动机,但不是转动螺旋桨,而是使用涡轮轴发动机功率输出来转动驱动轴。驱动轴可以转动螺旋桨或旋翼,如在旋翼飞行器中那样。与涡轮螺旋桨发动机不同,涡轮轴发动机的热排气进一步在涡轮机中膨胀到较低压力,从而提取更多的功,这增加了驱动轴功率。因此,涡轮轴发动机的排气对总推力贡献很小。由于涡轮轴发动机具有高功率输出,重量轻、尺寸小,因此具有多种应用,包括用于旋翼飞行器、辅助动力单元、船舶、坦克和其他工业发电设备。

如图 4-41 所示,洛克希德·马丁公司的 F-35"闪电"Ⅱ是一种短距离起飞和垂直着陆(STOVL)涡轮轴发动机独特应用的超声速飞机。F-35 的 STOVL 推进系统如图 4-42 所示。F-35 配备单个 Pratt & Whitney F135-PW-600,低涵道

图 4-41 洛克希德·马丁公司的 F-35"闪电"Ⅱ短距离/垂直起降(STOVL)飞机
(资料来源:美国空军)

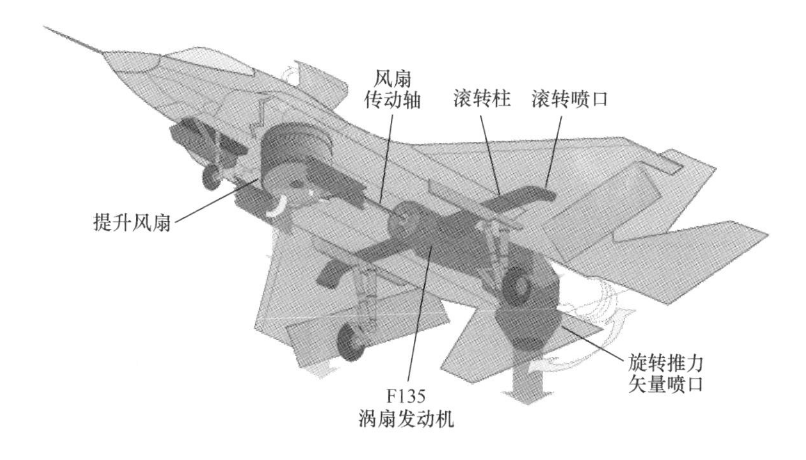

图 4-42 洛克希德·马丁公司 F-35 飞机的 STOVL 推进系统
(资料来源:Tosaka,"F-35B Joint Strike Fighter (Thrust Vectoring Nozzle and Lift Fan)",https://en.wikipedia.org/wiki/File:F-35B_Joint_Strike_Fighter_(thrust_vectoring_nozzle_and_lift_fan).PNG,CC-BY-SA-3.0,License at https://creativecommons.org/licenses/by-sa/3.0/legalcode)

比涡扇发动机,带有可向下旋转 90°的旋转喷口嘴和位于驾驶舱后方的水平安装的升力风扇。在前进飞行中,动力装置像传统的涡轮风扇发动机一样运转。在悬停模式下,动力装置既可以用作涡轮风扇也可以用作涡轮轴发动机。一部分发动机功率用于转动轴,该轴驱动升力风扇,向下吹出未加热的空气,产生大约 20000 磅力(89000N)的推力。涡轮风扇仍在运行,通过飞机后部的旋转喷口排气口提供大约 18000 磅力(80000N)的垂直推力。大约 10%的发动机推力也可以转移到机翼下方的两个滚转柱上,用于姿态控制。

4.5.7 更多关于吸气发动机的进气道和喷口信息

进气道和喷口口是任何涵道式吸气式发动机的基本组成部分,例如冲压式喷气发动机、涡轮喷气发动机和涡轮风扇发动机。进气道必须为发动机提供有效的方式以摄取所需的空气流量。喷口必须有效地将发动机的燃烧产物膨胀到高速以产生推力。与已经讨论的其他内部发动机部件不同,进气道和喷口暴露于通过发动机的内部流体和外部空气流,两者皆会影响进气道和喷口的运转及性能。通过进气道的气流压力随着下游距离的增加而增大,而喷口处的气流随着膨胀而压力减小。进气道中存在不利的压力梯度,而喷口流动具有良好的压力梯度。进气道气流边界层分离的潜在风险由于不利的压力梯度而加剧。在这一节中,除了定义一些量化效率参数之外,还提供了关于进气道和喷口的更多细节。

4.5.7.1 进气道要求和总压恢复

进气道必须向压缩机或风扇入口(称为“面”)输送所需的空气质量流量,但对于如何输送这种空气流量还有其他几个关键要求。自由气流必须根据飞行阶段加速或减速到压缩机可接受的适当亚声速马赫数。通常,该马赫数为 0.4~0.6。如果飞行速度低于这些马赫数,则在起飞和慢速飞行期间,自由气流必须由进气道加速。在较高的马赫数飞行时,通常在巡航和下降期间,进气道必须减速自由气流。输送的空气质量流必须在压缩机或风扇面上具有尽可能均匀的速度剖面。流动不均匀性或流动畸变会对压缩机或风扇的运行和性能产生极大的不利影响,引起可能导致叶片失效的振动或推力损失。进气道必须尽可能对飞机姿态不敏感,包括迎角或侧滑角,以及大气扰动和湍流。

有几种方法可以表征进气道的效率和性能。一个衡量流体通过任何发动机部件效率的标准是部件入口和出口之间的流体总压力的变化。对于等熵过程,由于摩擦或激波没有损失,总压保持不变。基于压力的总效率定义为离开部件流体的总压与进入其中流体总压的比率。进气道总压恢复 π_d 表示为

$$\pi_d \equiv \frac{p_{t_2}}{p_{t_\infty}} \tag{4-73}$$

式中：p_{t_2} 为进气道出口处的总压；p_{t_∞} 为进入进气道的自由流总压。

进气道总压恢复的最大值为1,对应于等熵过程。在低亚声速下,进气道流动接近等熵过程。在较高的亚声速和超声速下,进气道流动通常是非等熵绝热过程,因此通过进气道的流体总压恢复通常小于1。总压比随着飞行马赫数的增加而减小。对于亚声速进气道,总压损失主要是由于黏性效应,而对于超声速进气道,损失主要是由于激波。对于现代喷气式运输机,进气道总压恢复通常很高,为0.97或更高。

4.5.7.2 亚声速进气道

亚声速进气道典型的是固定几何形状,通常尺寸适合于巡航飞行状态,对于亚声速运输飞机而言,马赫数为0.8~0.9。由于进气道几何形状不能改变,自由气流流量会根据飞行速度和发动机的质量流量需求进行调整,如图4-43所示。在静止(零空速)或低空速条件下,例如在起飞期间,发动机需要比巡航设计条件更大的空气质量流量以产生高推力。因此,固定几何形状进气道加速了大流量的自由流空气(横截面积 A_∞ 大于进气道面积 A_l)进入进气道,如图4-43(a)所示。在其巡航设计条件下,如图4-43(b)所示,进气道吸入大量自由流空气,其横截面积与进气道面积相同($A_\infty = A_l$)。在大于巡航设计条件的空速时,自由流速度很高,必须减速进入进气道,如图4-43(c)所示。这种较低的推力条件($A_\infty < A_l$)需要较小的空气质量流量,因此未进入进气道的自由流空气会从进气道进口周围溢出。

注意进气道前缘(或称为“进气道唇口”)的形状,如图4-43所示。如果进气道位于吊装式发动机上,例如在商用客机上,则进气道前缘称为蓬罩唇口,因为吊装式发动机被发动机罩覆盖。亚声速进气道具有圆形进气道唇口,其曲率半径非常类似于翼型的前缘。这种前缘形状促进了亚声速空气的平滑流动,并避免了唇口周围和进入进气道涵道气流的边界层分离。这种形状也最适合减少进气道周围的外部气动阻力。如果设计得当,圆形进气道唇口周围的流动会产生空气动力学吸力,类似于翼型上表面上的吸力。该吸力在推力方向上具有分量,导致进气道唇口推力。亚声速进气道唇口的圆形形状对于超声速进气道是不利的,因为钝形前缘将导致分离的激波和大的总压损失。超声速进气道具有锋利的唇口,非常像超声速翼型前缘。

4.5.7.3 超声速进气道

在超声速时,进气道必须尽可能有效地使流速减速到亚声速(例外情况是设计用于超燃冲压发动机的超声速进气道,其进入燃烧室的流体是超声速的。超燃冲压发动机将在4.8.1节中讨论)。如前所述,由于激波损失,超声速飞行速度下的总压恢复急剧下降。

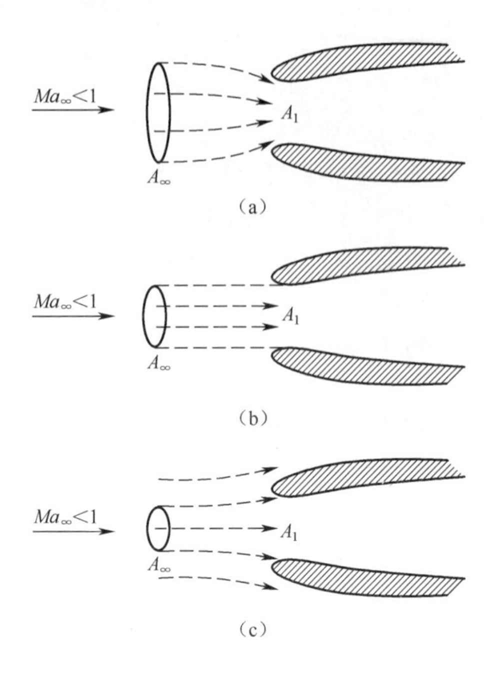

图 4-43　亚声速、固定几何形状进气道流动条件
(a)低速;(b)巡航;(c)高速。

最简单的超声速进气道类型是固定几何形状的皮托管或正激波进气道,如图 4-44 所示。进气道几何形状通常是圆形开口,其可以是轴对称的,也可以不是。在超声速时,在进气道入口处产生单个正激波,使超声速自由流减速到激波后的亚声速。在进气道的设计马赫数下,正激波附着在进气道唇口上,自由气流捕获区域等于进气道进口区域。进气道唇口尽可能锋利,以便正激波可以保持附着。由于进气道唇缘描述的有限角度,可能存在从进气道唇口发出的弱斜激波。在非设计马赫数下,正激波可以从进气道唇口分离,并且自由气流在进气道开口周围溢出。

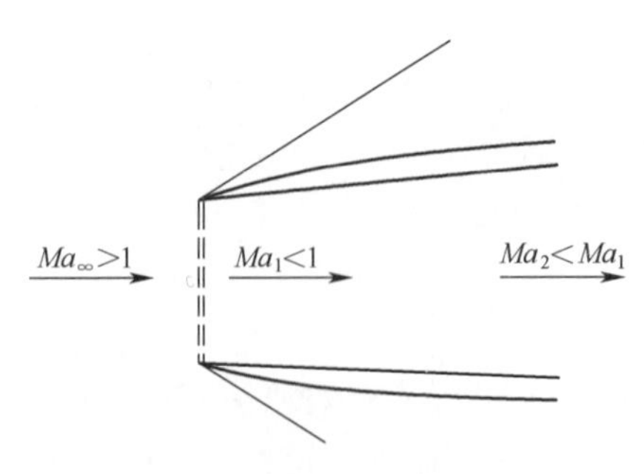

图 4-44　正激波进气道

正如在第3章中所述的那样,斜激波的总压损失小于正激波。因此,对于具有比正激波进气道更高压力恢复的超声速进气道,它必须具有基于斜激波而不是正激波的压缩系统。图4-45描绘了一个进气道和多个斜激波,超声速进气道的斜激波是从二维或轴对称斜坡产生的,并使自由流偏转。自由气流通过两个斜激波和一个正激波压缩和减速。由于斜激波后面的马赫数总是超声速的,因此进气道压缩系统必须在正激波下终止以获得亚声速进气道出口流。即使气流最终必须通过正激波,这个正激波上游的马赫数也会因斜激波而减小,因此总压损失小于更高马赫数下流经单个正激波的自由流。

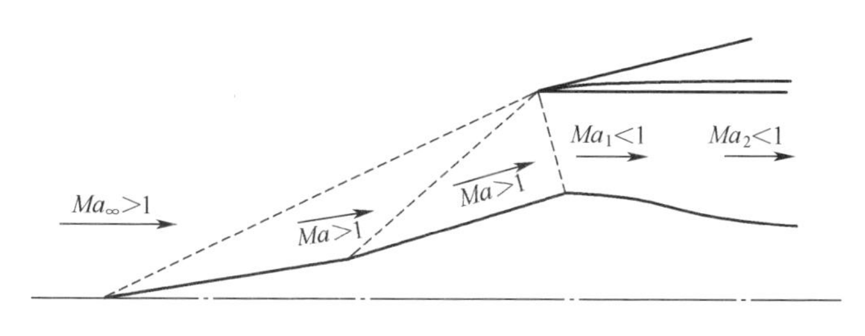

图4-45 带有多个斜激波的超声速进气道终止于正激波

可以看出,通过增加压缩过程中的斜激波的数量,总压力恢复得到了改善。当斜激波具有相同的强度时,使用在单个正激波中终止的多个斜激波获得最大总压恢复,并且每个斜激波的总压损失是相同的。这一结果由奥地利物理学家Klaus Oswatisch在1944年得到,如图4-46所示,描绘了最大总压力恢复值p_{t_2}/p_{t_0}与作为斜激波数n的函数的飞行马赫数的关系(n是斜激波的数量,因此$n=2$对应于两个斜激波和单个正激波,并且$n=0$对应于没有斜激波和单个正激波)。例如,在自由流马赫数为4时,3个斜激波和单个正激波下大约62%的自由流总压被恢复($p_{t_2}/p_{t_0}\approx 0.62$),而单个正激波下总压恢复率仅为14%左右($p_{t_2}/p_{t_0}\approx 0.14$)。

在极限条件下,当斜激波数量为无穷时($n=\infty$),总压力恢复率最高。这可以通过等熵压缩斜坡得到,如图4-47所示,其中气流以极小的增量转弯,产生非常弱的波,等熵压缩气流。这种流动高效转弯类型已经在二维进气道斜坡上使用,作为等熵压缩尖峰的轮廓,是轴对称进气道的中心。虽然总压力恢复得非常好,但是与直表面相比,等熵斜坡或尖峰的问题包括其制造中的机械和结构复杂性。此外,在等熵转弯结束时,流体已远离发动机的轴向中心线。将流体转回中心线的要求增加了进气道的长度和重量。

洛克希德·马丁公司的F-16“战隼”具有固定几何形状的正激波式进气道,带有两个固定斜坡,如图4-48所示。进入F-16进气道后,低空流体在6°斜坡转弯,然后是6.67°等熵压缩斜坡,低空总转弯12.67°。当马赫数大于1.4时,F-16固定几何形状进气道的总压力恢复急剧下降。在高超声速马赫数时,

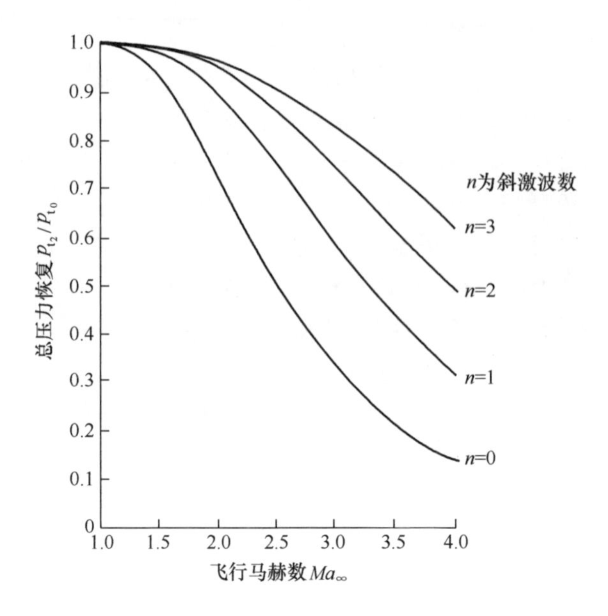

图 4-46　多个斜激波和单个正激波的最优总压力恢复
（资料来源：改编自 Oswatisch，文献[15]）

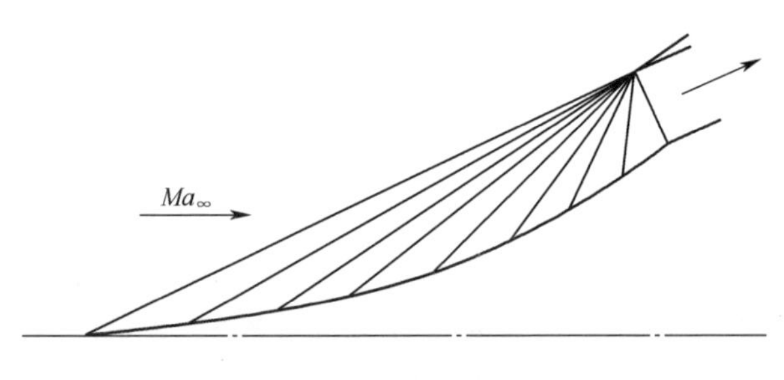

图 4-47　等熵压缩斜坡

固定几何形状的正激波进气道的总压恢复不良，限制了它的使用，使马赫数低于 1.8。

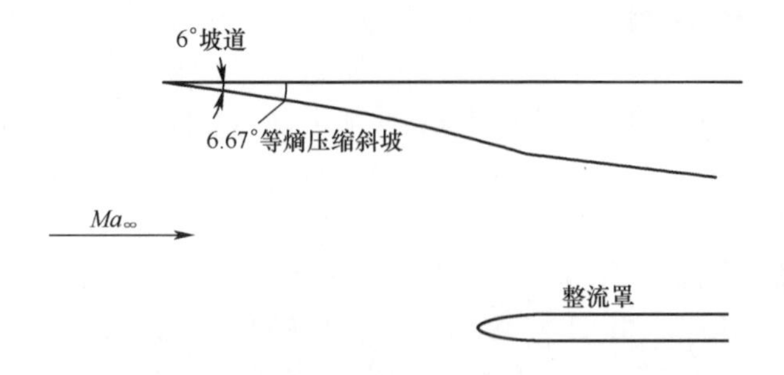

图 4-48　固定在 F-16“战隼”上的双斜坡进口

虽然多个进气道斜坡显著增加了总压恢复,但如果进气道斜坡几何形状固定,则进气道效率仅在一个马赫数(或小的马赫数范围)下得到改善。为了使进气道在宽范围的亚声速和超声速马赫数下有效,进气道斜坡几何形状随马赫数变化。这是通过可变几何超声速进气道实现的,其中进气道斜坡移动以改变它们相对于低的角度并改变管道中的面积变化。对于具有矩形横截面的进气道,例如在波音 F-15“鹰”或格拉曼 F-14“雄猫”上,可移动斜面是围绕铰链线旋转的平面表面。F-15 上的多坡道可变几何形状进气道如图 4-49 所示。F-15 和 F-14 的可变几何形状进气道比相应的马赫数下的固定几何形状 F-16 进气道显著提高了进气道总压力恢复。可变几何形状进气道也使这些飞机能够以更高的马赫数飞行。

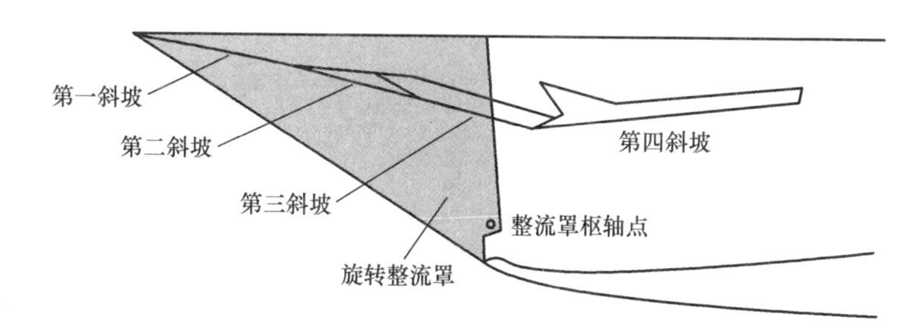

图 4-49 F-15“鹰”战斗机上可变几何形状的多斜坡进气道
(资料来源:改编自 F.W. Burcham, T.A. Maine, C.G. Fullerton 和 L.D. Webb“Development and Flight Evaluation of an Emergency Digital Flight Control System Using Only Engine Thrust on an F-15 Airplane”中图 10,NASA TP-3627,1996 年 9 月)

4.5.7.4 喷口要求和类型

推进系统喷口的主要功能是将排气扩展到高速,从而产生推力。与进气道一样,喷口暴露在内部和外部气流中,两者相互作用并相互影响。在飞行器喷口的设计和安装中,必须考虑喷口的外部气动阻力。喷口还暴露于燃烧产物的高温下,这可能需要对喷口冷却。

至少从流体动力学的角度来说,喷口流动中的有利压力梯度使得喷口的设计比具有不利压力梯度的进气道稍微容易一些。然而,喷口的机械设计可能相当复杂,特别是如果需要可变几何形状。一个更加复杂的机械设计问题是推力矢量化的要求,其中喷口旋转或叶片偏转使推力指向不同的方向。

用于喷气发动机的喷口有两种基本类型,分别是收敛喷口和收敛-扩散喷口(或称为 C-D 喷口),如图 4-50 所示。C-D 喷口在机械上比简单的收敛喷口更复杂也更重。收敛喷口是亚声速飞行器中常用的一种简单收敛面涵道。收敛-扩散喷口用于具有加力燃烧发动机的超声速飞机,其最佳的发动机性能要求喷口面积比可变。C-D 喷口是在区域内收敛然后扩散的涵道。喷口喉部是 C-D

喷口中最小区域的位置。

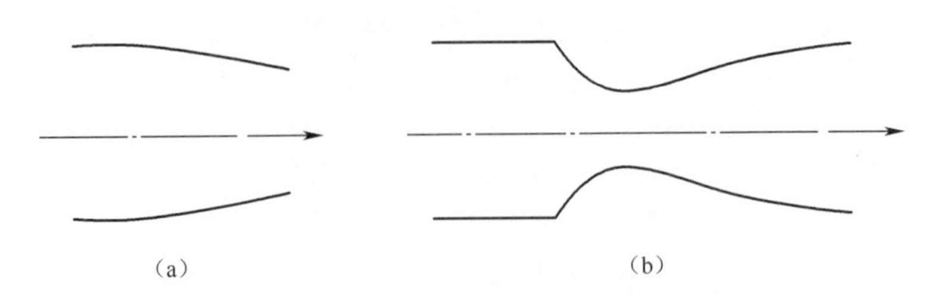

图 4-50　喷气发动机喷口的类型
(a)收敛;(b)收敛-扩散。

4.5.7.5　喷口效率和性能参数

与第 3 章中讨论的喷口气流一样,等熵流假设通常可以应用于推进喷口,其中假设黏性和热损失为零。与进气道气流相似,喷口气流损失或不可逆的度量可量化为喷口总压比 π_n,定义为

$$\pi_n \equiv \frac{p_{t_9}}{p_{t_7}} \tag{4-74}$$

式中:p_{t_7},p_{t_9} 分别为喷口入口和出口处的总压。

一个喷口的总压比对应于等熵喷口流动。

一个重要的喷口性能品质参数是喷口压力比(NPR),定义为

$$\mathrm{NPR} \equiv \frac{p_{t_7}}{p_\infty} \tag{4-75}$$

式中:p_{t_7} 为进入喷口的气流的总压;p_∞ 为自由流环境静压。

这些参数直接类比于蓄水池或水箱中的总压 p_{t_7},水池或水箱连接到喷口,该喷口以静压 p_∞ 排放到环境大气中。如 4.3.2 节所述,对于完全膨胀的喷口,在喷口出口压力等于环境压力的情况下,推力最大。因此,NPR 确定所需的喷口出口面积,以获得完全膨胀的喷口和最大推力(总压-静压比用于确定马赫数,由此可得到面积比)。环境静压是高度的函数,因此 NPR 和最大推力所需的喷口出口面积随高度而变化,NPR 决定了喷口的气流特性和性能。喷口压力比用作度量,以帮助决定最好何时使用收敛喷口而不是 C-D 喷口。通过对这些不同喷口类型产生的总推力进行分析,可以确定当 NPR 大于 5 或 6 时,C-D 喷口产生的推力显著大于收敛喷口。

当超声速气流通过扩散喷口膨胀时,马赫数增加,静压降低。我们已经说明了完全膨胀的情况,其中喷口出口压力等于环境压力。现在讨论喷口膨胀的其他两种可能性。当喷口出口压力大于自由流环境压力时,喷口气流欠膨胀。注意,超声速气流膨胀会降低压力,所以欠膨胀流会进一步膨胀,从而将压力降低

到环境压力。如果喷口出口压力小于自由流环境压力，则喷口气流过膨胀。这里，气流已经“过多”地膨胀，使得喷口出口压力降低到环境压力之下。

3个喷口排气流的情况如图4-51所示，其中p_{t_7}是喷口入口处的总压，p_9是喷口出口静压，p_∞是自由流环境静压。如果喷口出口平面压力与自由流环境压力之间的静压不匹配，则喷口出口流通过激波或膨胀波自行调节以匹配自由流压力。对于图4-51(b)中完全膨胀的喷口($p_9=p_\infty$)，没有压力错配，因此气流无须调整即可离开喷口。

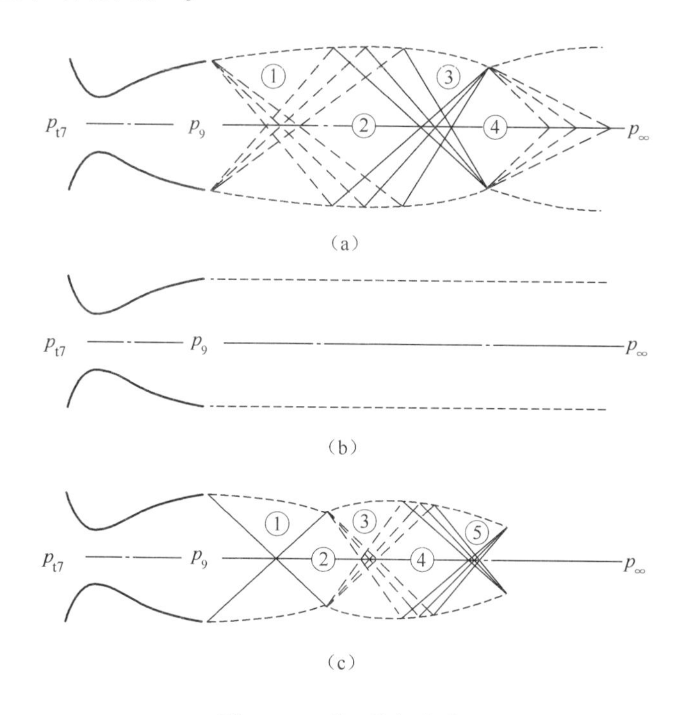

图4-51　喷口排气流动

(a)欠膨胀($p_9>p_\infty$)；(b)完全膨胀($p_9=p_\infty$)；(c)过膨胀($p_9<p_\infty$)。

对于图4-51(a)中的欠膨胀喷口($p_9>p_\infty$)，喷口出口压力高于环境压力，因此从出口发出膨胀波以降低压力。气流通过第一次膨胀并匹配环境压力(区域1)，但是膨胀使气流转向，不平行于喷口的中心轴。气流通过另一个膨胀风扇再次调节，该风扇使气流方向与中心线(区域2)对齐。然而，这种额外的膨胀已将压力降低到环境压力之下。低压通过激波再次调节以增加压力(区域3)。压力与环境压力相匹配，但气流再次未对准。通过另一个激波(区域4)与中心线重新对准，然后另一个压力过增。这种交替膨胀和压缩波的过程持续进行，压力不匹配减小，波浪变得越来越弱，直到喷口出口低压与环境压力平衡。这种情况与图4-51(c)中的过膨胀喷口类似，只是喷口出口压力开始低于环境，需要激波来增加压力。

图 4-52 所示为过度膨胀喷口气流的照片。伴随压力升高的温度升高使排气显著可见,排气流在交替激波模式中调节到环境空气压力。这些类型的流动模式通常在军用飞机加力燃烧的喷气排放中见到。

图 4-52 洛克希德 SR-71“黑鸟”在起飞时加力燃烧室排气流动中的过膨胀喷口排气流
(资料来源:美国国家航空航天局)

4.5.7.6 推力矢量喷管

喷口排气流的推力矢量可以给飞机性能和机动性带来益处。它可以使飞机具有垂直起降的能力,或者可以显著降低飞机的起飞和着陆距离。推力矢量改变了飞机喷气推进力的作用,从仅提供推进推力,到与飞机飞控系统集成。当传统的气动飞行控制无效时,通过使用推力矢量作为低速和大迎角飞行控制来实现飞机超机动性的概念。推力矢量使无尾飞机的飞行得以实现,飞机的垂直尾翼尺寸可以明显缩小或取消。

引入推力矢量使得喷口机械设计更加困难。过去已经使用了各种方案,包括喷口排气流中的叶片或桨叶的偏转或喷口作为一个单元的旋转。前面提到的洛克希德·马丁公司 F-35 的推力矢量方案能够将整个喷口单元旋转 90°,如图 4-42 所示。

英国航空航天 AV-8 Harrier VTOL 军用飞机上使用了第一个可操作推力矢量喷口,该军用飞机于 1968 年投入使用。鹞式推进系统通过安装在机身两侧前部或尾部的 4 个旋转喷口引导发动机压缩机空气和涡轮机排气。通过旋转喷口并调整每个喷口的推力比例,鹞式飞机可以垂直起降、悬停、向前或向后移动。

洛克希德·马丁公司的 F-22“猛禽”战斗机在其两台普惠 F119-PW-100 加力涡轮风扇发动机上采用了推力矢量喷口。位于喷口上方和下方的可移动水平搭接表面上下移动,在发动机俯仰轴上提供推力矢量。发动机推力可上下移动20°。发动机推力矢量集成在飞机飞控系统中,因此矢量推力与传统的飞控系统一起使用,这增强了飞机的机动能力。通过沿相同方向喷口矢量,可以进行俯仰输入。由于有两个发动机,差动推力矢量也提供横滚输入。

4.5.8 往复式活塞发动机-螺旋桨组合

对于早期的大部分航空业来说,主要的推进方式是汽油燃料、往复式、内燃机、活塞式发动机驱动螺旋桨。随着这个时代蒸汽动力的出现,人们进行了一些在重于空气的飞行器上使用蒸汽机的早期尝试,但这些发动机太重了,特别是其输出功率也低。重于空气的飞行器需要具有高功重比的动力装置,这意味着它们要以尽可能轻的重量产生尽可能高的功率输出。

许多早期的飞机设计人员意识到,他们可用的动力装置(大多数是专为工业或汽车应用而设计)不适用于比空气重的机器。一些飞机设计师中开始自己努力制造专门为飞机设计的发动机。也许这些早期发动机设计师中最成功的是Charles Manley,他协助著名的史密森学会秘书 Samuel Pierpoint Langley 努力研究第一架载人且重于空气的飞机。Manley 设计并制造了一个水冷式直流汽缸,径向发动机,功率为 52 马力(39kW),重 208 磅(94.3kg),功率重量比为 0.25 马力/磅(0.41kW/kg)。Manley 的径向发动机是当时世界上最先进的飞机发动机。莱特兄弟还在机械师查理泰勒的帮助下建造了自己的飞机发动机。他们制造了一台水冷式四缸直列式发动机,功率为 12 马力(8.9kW),重约 200 磅(91kg),功率重量比为0.06 马力/磅(0.1kW/kg),大约是 Manley 发动机的1/4。

在接下来的几十年里,往复式活塞发动机的功率输出急剧增加。例如,在3.7.6 节中讨论的北美 XP-51 有一个液体冷却的 12 缸活塞发动机,重 1645 磅(746kg),起飞时产生近 2000 马力(1490kW)。其功重比约为 1.21 马力/磅(1.99kW/kg),比莱特兄弟的发动机大 20 倍。往复式活塞发动机-螺旋桨组合仍然是当今低空低速飞机的最佳选择,这些飞机速度相对较低,低于约250 英里/h(400km/h),飞行高度低于约 20000 英尺(6000m)。这是许多通用航空飞机和一些无人驾驶飞行器的空速-高度限制。

4.5.8.1 往复活塞内燃机

在讨论早期的飞机发动机时,有人说 Charles Manley 的发动机是径向设计,而莱特兄弟的是一个直列发动机。径向和直列式发动机之间的区别在于发动机汽缸的布置,以及发动机中容纳移动活塞的结构。在径向发动机中,汽缸沿发动机中心的径向线布置。径向发动机通常用于早期的飞机设计,现在通常安装在老式飞机上,如图 4-53 所示的斯蒂尔曼双翼飞机。对于直列式发动机,汽缸排列在同一平面内或同一条直线上,如图 4-54 所示。在图中所示的水平对置发动机中,汽缸水平安装,左右汽缸彼此相对。水平对置的发动机装置目前在大多数通用航空飞机上普遍使用。

图 4-53　波音斯蒂尔曼飞机上的空冷、径向、往复式发动机-螺旋桨组合

（资料来源：用户 Groman123，“Boeing Stearman”https://commons. wikimedia. org/wiki/File:Boeing_Stearman_(20285733933).jpg, CC-BY-SA-2. 0,License at https://creativecommons. org/licenses/by-sa/2. 0/legalcode）

图 4-54　莱康明 IO-540 气冷水平对置往复式发动机-螺旋桨组合

（资料来源：图片由 Avco 公司分部 Lycoming Engines 提供，版权所有）

在比较这些发动机类型的图片时，很明显，径向发动机比直列式发动机具有更大的气流横截面，导致更高的气动阻力。更高的气动阻力对飞机性能的影响是直列式发动机在小型飞机中被普遍接受使用的原因。对于这两种发动机类型，在发动机汽缸周围都有一个气动覆盖物，即发动机整流罩。具有径向发动机的早期飞机没有整流罩，并且由于暴露在气流中的发动机汽缸而受到显著的气动阻力。如图 4-53 所示，斯蒂尔曼双翼飞机是一架带有无整流罩径向发动机。

在 20 世纪 20 年代和 30 年代，NACA 进行了多次风洞研究，目的是通过使用发动机整流罩显著降低空气阻力。人们发现，称为“NACA 整流罩”的径向发动机阻力低于没有整流罩情况下的 1/5。这是飞机设计的空气动力学效率的突破。NACA 因为开发用于径向风冷发动机的低阻力整流罩而获得了 1929 年科利尔奖杯。

这两种发动机类型通常都是空气冷却的,其中发动机由汽缸和其他发动机部件上流过的气流冷却。每个汽缸周围都有一系列冷却装置,以最大化冷却表面区域,以便在发热的发动机和较冷的空气流之间进行对流传热。整流罩在发动机冷却中起着重要作用。虽然整流罩外侧的空气对于空气动力学阻力很重要,但整流罩内部的空气必须适当地引导以冷却发动机汽缸。事实上,精心设计的整流罩实际上可以比没有整流罩的情况下改善发动机的冷却。虽然风冷式飞机发动机非常普遍,但有时也会使用汽车中使用的流体冷却剂和散热系统。

图 4-55 所示为水平对置的往复式活塞四缸飞机发动机的原理图。汽缸安装在中央发动机壳体上。每个汽缸容纳一个活塞,该活塞在汽缸内做往复运动。活塞通过连杆连接到发动机壳体中的中心曲轴。即使汽缸水平安装,通常也可以用汽缸的"顶部"和"底部"来描述,特别是在提到活塞的运动时。汽缸底部安装在发动机壳体上,汽缸顶部离发动机壳体最远。活塞的线性往复运动在曲轴中转换为旋转运动,如图 4-56 所示。曲轴的旋转运动使连接在法兰上的螺旋桨旋转。当螺旋桨直接连接到发动机的曲轴时,螺旋桨以与发动机曲轴相同的转速旋转。这种类型的布置称为直接驱动发动机。一些发动机在发动机和螺旋桨之间具有减速齿轮,以将螺旋桨转速降到低于发动机的转速,即变速发动机。

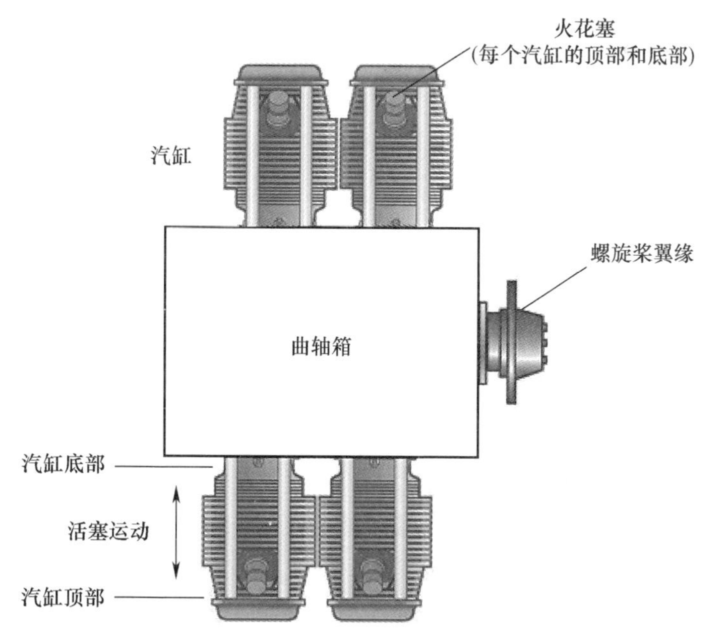

图 4-55　水平对置的往复式活塞四缸飞机发动机

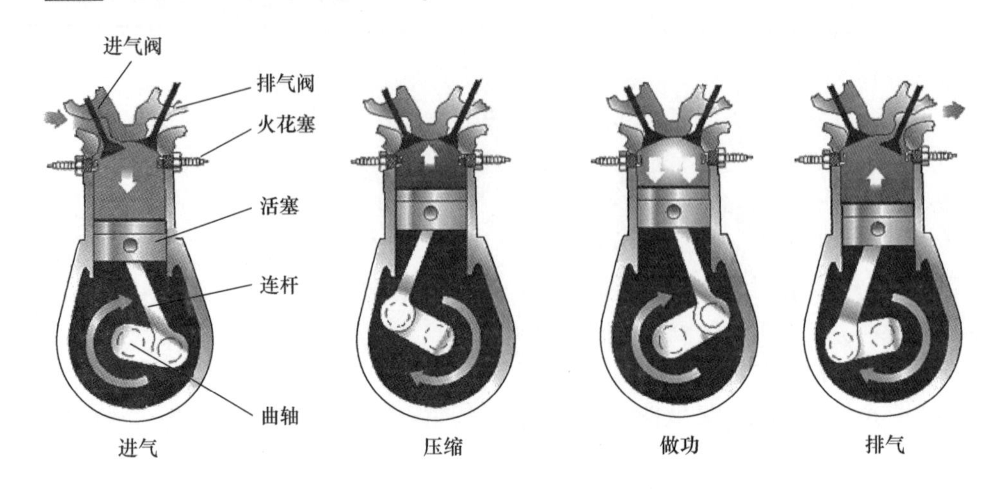

图 4-56 四冲程内燃机循环
(资料来源:改编自文献[4]中图 6-5,美国联邦航空管理局)

连接到发动机的其他部件和附件通常包括起动器、磁发电机和点火系统接线、用于产生电力的交流发电机或发电机以及用于为驾驶舱仪表提供动力的真空泵。润滑系统使滑油循环到发动机的运动部件,包括活塞和曲轴。

许多(不是绝大多数)往复式内燃机飞机发动机燃烧航空汽油是一种专门为飞机使用而设计的特殊汽油混合物。一些飞机发动机已经通过认证可使用汽车汽油。最近通用航空发动机制造商致力于开发可以使用基于煤油燃料的飞机柴油发动机。

往复式内燃机在四冲程过程中运行,由进气冲程、压缩冲程、动力冲程和排气组成,如图 4-56 所示。在进气冲程中,活塞移动到汽缸的底部,进气阀在汽缸的顶部打开。通过化油器或燃油喷射系统向汽缸供应燃料和空气。化油器系统使用化油器通过打开的进气阀向每个汽缸提供混合的燃料-空气混合物。在燃料喷射系统中,燃料直接喷射到汽缸中,并且空气通过进气阀吸入汽缸。使用进气系统向发动机供应空气,该进气系统通常包括某种空气过滤器以从摄入的自由空气中去除污染物。为了获得额外的动力,特别是在更高的高度,一些飞机发动机具有提供额外压缩摄入空气的部件。增压器是发动机驱动的空气压缩系统,而涡轮增压器是由发动机排气驱动的涡轮驱动系统。一旦燃料-空气混合物进入汽缸,进气阀就关闭了。

活塞朝向汽缸顶部移动,在压缩冲程中压缩燃料-空气混合物。当活塞在靠近汽缸顶部达到行程极限之后,燃料-空气混合物被来自火花塞的电火花点燃。每个汽缸都有两个火花塞,以提高燃烧效率并提供冗余。火花塞由磁电机驱动,磁发电机是一种发动机驱动的发电机。燃料-空气混合物的燃烧在汽缸中产生高压,驱使活塞朝向汽缸的底部移动。在动力冲程中,燃料-空气燃烧产生动力来转动曲轴和螺旋桨。在动力冲程结束时,汽缸顶部的排气阀打开,燃烧产物通过排气系统排出。在排气冲程完成时,汽缸准备接受另一次燃料-空气摄入,并且循环再次以进气冲程开始。由于发动机具有多个汽缸,通常为4个或更多汽缸,所以四冲程过程在各个汽缸之间进行,使得每个汽缸依次产生动力。该发动机此时产生连续且平稳的动力。

4.5.8.2 汽油燃料内燃机理想循环:奥托循环

以汽油为燃料的往复式内燃机的运行近似于理想的奥托(Otto)循环,以德国工程师 Nikolaus Otto(1832—1891年)命名,他是第一个实用的四冲程内燃机的设计者。奥托循环是一个恒定容积的燃烧过程,与布雷顿循环的恒定压力燃烧形成对比,后者近似于燃气发生器循环。内燃机单缸活塞四冲程奥托循环如图4-57中 p-V 图所示。

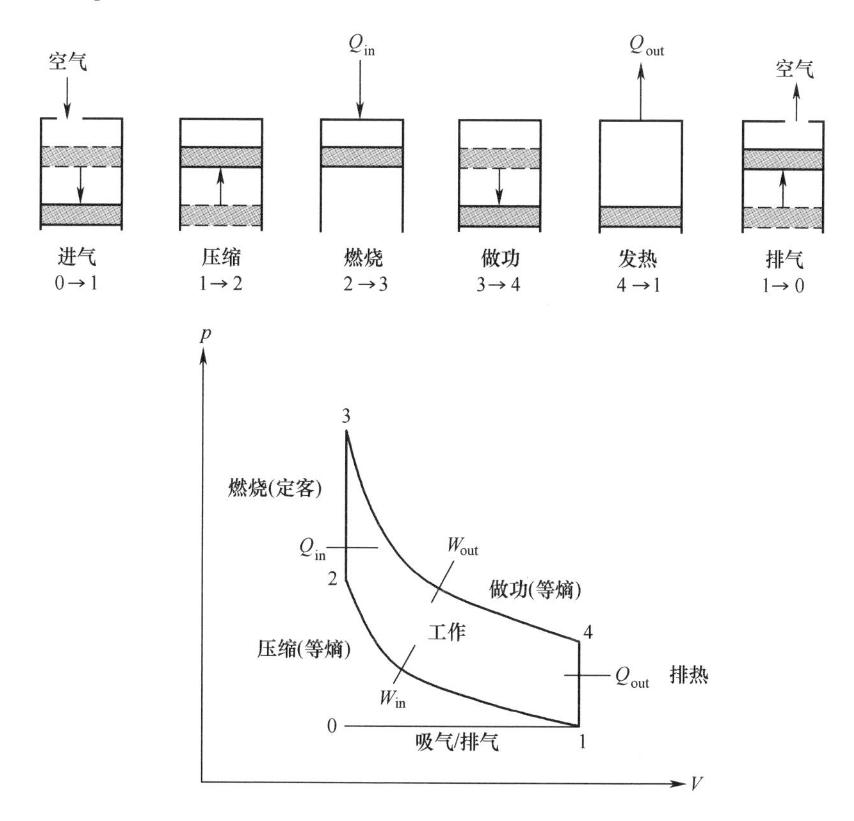

图4-57 内燃机理想的奥托循环

在进气冲程(状态0→1),随着活塞从汽缸的顶部移动到底部并且燃料-空气混合物进入汽缸,体积增加。在理想的奥托循环中,体积以恰当的速率增加,使得在进气冲程期间压力保持恒定。在压缩冲程(状态1→2)期间,活塞从汽缸

的底部移动到顶部,压缩燃料-空气混合物并减小容积。假设压缩过程是等熵的,因此根据式(3-139),有

$$\frac{p_1}{\rho_1^{\gamma}}=\frac{p_2}{\rho_2^{\gamma}}=C \tag{4-76}$$

式中:C 为常数;γ 为气态燃料-空气混合物的比热容比。

利用体积 $V=1/\rho$,有

$$p_1V_1^{\gamma}=p_2V_2^{\gamma}=C \tag{4-77}$$

因为质量是常数,故有

$$p_1\mathcal{V}_1^{\gamma}=p_2\mathcal{V}_2^{\gamma}=C \tag{4-78}$$

式中:$\mathcal{V}$为燃料-空气混合物体积。

因此,等熵压缩过程中任意一点的压强 p 可以用体积$\mathcal{V}$表示为

$$p=C\mathcal{V}^{-\gamma} \tag{4-79}$$

利用式(4-79),活塞对系统(汽缸内的燃料和空气)所做的功 W_{in} 为

$$W_{\text{in}}=-\int_{\mathcal{V}_1}^{\mathcal{V}_2}p\mathrm{d}\mathcal{V}=-C\int_{\mathcal{V}_1}^{\mathcal{V}_2}\mathcal{V}^{-\gamma}\mathrm{d}\mathcal{V}=-\frac{C}{\gamma-1}(\mathcal{V}_2^{1-\gamma}-\mathcal{V}_1^{1-\gamma}) \tag{4-80}$$

将式(4-78)代入式(4-80),得到了活塞对汽缸中气体所做功的表达式,它是压缩过程中初始和最终状态(分别为状态 1 和 2)的函数。

$$W_{\text{in}}=-\frac{p_2\mathcal{V}_2^{\gamma}}{\gamma-1}(\mathcal{V}_2^{1-\gamma})+\frac{p_1\mathcal{V}_1^{\gamma}}{\gamma-1}(-\mathcal{V}_1^{1-\gamma})=-\frac{1}{\gamma-1}(p_2\mathcal{V}_2-p_1\mathcal{V}_1) \tag{4-81}$$

在压缩过程完成后,燃料-空气混合物被点火,燃烧非常迅速地发生。由于活塞尚未开始向下移动,因此燃烧基本上处于恒定容积(状态 2→3)。根据热力学的第一定律,可以将增加的热量 δq 与增量温度变化 $\mathrm{d}T$ 相关联,用于恒定体积过程($\mathrm{d}V=0$):

$$\delta q=\mathrm{d}e+p\mathrm{d}V=\mathrm{d}e=c_V\mathrm{d}T \tag{4-82}$$

使用式(4-82),燃烧过程加到系统中的热量 Q_{in} 为

$$Q_{\text{in}}=c_V(T_3-T_2) \tag{4-83}$$

式中:T_2,T_3 分别为燃烧过程开始和结束时的温度。

在动力冲程(状态 3→4)期间,燃烧气体对活塞做功,在汽缸中向下移动。假设这种扩展是等熵发生的,因此可以使用式(4-81)的结果给出做的功 W_{out},即

$$W_{out}=\int_{\mathcal{V}_3}^{\mathcal{V}_4}p\mathrm{d}\mathcal{V}=-\frac{1}{\gamma-1}(p_3\mathcal{V}_3-p_4\mathcal{V}_4) \tag{4-84}$$

式(4-84)中功的积分现在是正的,因为气体(系统)正在对活塞做功,而不是活塞对系统做功。

当排气阀打开时,热量离开汽缸(状态 4→1)。这发生在恒定的体积过程中,因此热量损失 Q_{out} 为

$$Q_{out}=c_V(T_1-T_4) \tag{4-85}$$

当活塞移动到汽缸底部(状态 1→0)时,排气冲程完成,汽缸准备重新启动循环。

系统完成的净功 ΔW 等于加到系统的热量 Q_{in} 和离开系统的热量 Q_{out} 之间的差值,即

$$\Delta W=W_{out}-W_{in}=Q_{in}-Q_{out} \tag{4-86}$$

该净功由 $p-V$ 图上循环曲线所包围区域表示,如图 4-57 所示。

4.5.8.3 柴油燃料内燃机理想循环:柴油循环

内燃机可以使用各种燃料工作。在早期航空发展中,汽油燃料发动机得到广泛应用,并且仍广泛用于现代通用航空。尽管柴油发动机比汽油发动机具有一些优势,包括其更高的燃油消耗率,但柴油燃料航空发动机尚未得到广泛认可。柴油燃料优于汽油还体现在安全优势,因为柴油蒸气不像汽油蒸气那样容易点燃或爆炸。然而,柴油发动机的较低功重比使它们比汽油发动机重,这对于飞机应用来说是一个显著缺点。

最近关于航空汽油的高成本和未来可用性的问题引起了对柴油燃料航空发动机的新关注。柴油发动机技术的进步使其具有更高的功重比,更加可行。一些飞机制造商已开发或正在开发具有柴油动力的飞机,能够使用基于煤油的喷气燃料或汽车柴油燃料。

1897 年,德国工程师 Rudolph Diesel 提出了以他的名字命名的理想热力循环。理想的柴油发动机循环如图 4-58 中的 $p-V$ 图所示。空气在进气冲程期间(状态 0→1)进入发动机汽缸,并且在压缩冲程期间(状态 1→2)被等熵压缩。与奥托循环不同,在压缩过程中只有空气被压缩,而不是燃料和空气。因为在压缩期间不存在自动点火的风险,柴油循环比奥托循环具有更高的压缩比。这是有利的,因为如果它们都以相同的压缩比运行,则柴油循环的效率低于奥托循环的效率。然而,通过以比奥托发动机更高的压缩比运行,柴油发动机的效率可以超过奥托发动机的效率。在压缩过程之后,燃料喷射到汽缸中并被压缩产生的热量点燃。柴油发动机利用燃料-空气混合物的压缩点火,而奥托发动机使用火花点火。在理想的柴油循环中,燃料-空气混合物的燃烧在恒定压力(状态

2→3)下发生,与理想奥托循环中的恒定体积燃烧过程相反。在动力冲程期间,燃烧气体以等熵状态膨胀(状态 3→4)。在动力冲程结束时,汽缸排气阀打开,并且热量以恒定容积或等容过程(状态 4→1)传递出汽缸。最后,排气冲程以恒定压力完成,过程中体积减小(状态 1→0),循环返回到其起始点。

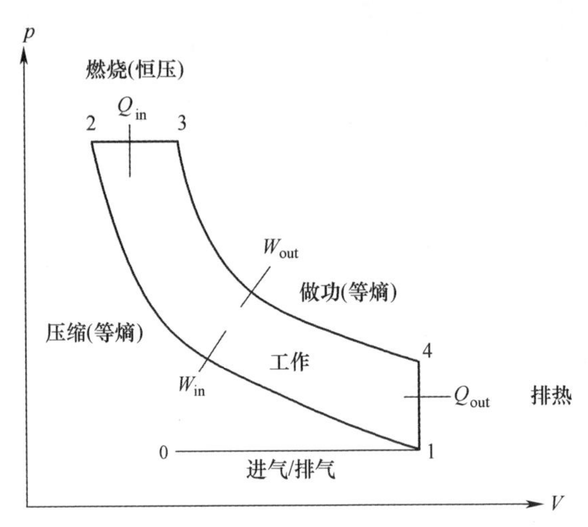

图 4-58 理想的柴油发动机循环

我们从热力学角度研究柴油机循环。如图 4-58 中的 W_{in} 所示,在压缩过程期间(状态 1→2),活塞对系统(汽缸中的空气)做功。由于这种压缩是等熵发生的,因此在此过程中没有热量损失或增加。在恒压燃烧过程期间(状态 2→3),由于燃料和空气的燃烧,热量 Q_{in} 被加到系统中。在动力冲程期间(状态 3→4),系统对活塞做功 W_{out}。这是一种等熵膨胀,因此没有热量损失或增加。当排气阀打开,燃烧产物离开汽缸时,热量 Q_{out} 在等容过程(状态 4→1)中离开系统。与奥托循环一样,柴油循环产生的净功等于循环过程中系统所产生的热量和热损失之间的差,如 $p-V$ 图中循环所包围的面积所示。

理想柴油机循环的热效率 η_{diesel} 为

$$\eta_{diesel} = 1 + \frac{Q_{out}}{Q_{in}} = 1 + \frac{c_V(T_1 - T_4)}{c_V(T_3 - T_2)} = 1 - \frac{1}{\gamma} \frac{T_1\left(\dfrac{T_4}{T_1} - 1\right)}{T_2\left(\dfrac{T_3}{T_2} - 1\right)} \tag{4-87}$$

4.5.8.4 螺旋桨

内燃机产生的动力用于使连接到螺旋桨的发动机曲轴旋转,发动机输送到曲轴的功率称为制动马力(BHP),输送到传动轴的功率称为轴马力(SHP)。在大多数通用航空飞机中,非减速驱动发动机的曲轴均直接连接到螺旋桨,则轴马力等于制动马力。对于齿轮传动发动机,例如在涡轮螺旋桨飞机上,发动机与螺旋桨之间存在减速齿轮,可以将发动机转速降低到较低的螺旋桨转速。在这种情况下,由于减速齿轮的损失轴马力会小于制动马力。在任何一种情况下,螺旋桨可将发动机的轴马力转换为推进马力。

螺旋桨将发动机功率转换为推力。螺旋桨产生的推力与通过螺旋桨的空气流量,以及螺旋桨赋予这些空气的速度增量成正比。然而,与喷气发动机赋予少量空气一个大的速度变化不同,大直径的螺旋桨赋予大体积的空气一个小的速度变化。

在许多方面,螺旋桨可以认为是旋翼,虽然旋翼使其空气动力学特性更加复杂。类似于在第3章讨论过的翼型可压缩性问题,螺旋桨可以利用压缩效应使桨尖速度接近高亚声速或近声速。这些压缩问题会严重降低螺旋桨的效率,是限制螺旋桨驱动飞机最大速度的因素。

除了产生推力之外,旋转螺旋桨对飞机还会产生其他的影响。在单发飞机上,旋转螺旋桨产生螺旋气流或空气,称为滑流,它绕着飞机机身和尾部流动。由于螺旋桨正在给自由气流增加能量,滑流速度会大于自由气流,导致其流经的飞机表面升力或阻力增加(回想一下气动力与速度的平方成正比)。力的增加幅度会改变飞机的瞬间状态,影响稳定性和控制。例如,当螺旋式气流到达飞机的尾部时,可能会冲击垂直安定面,在飞机上产生偏航力矩。在起飞和爬升期间,螺旋桨以最大转速转动,滑流效应在这种高功率输出时更为显著。

螺旋桨可以以牵引构型安装到飞行器,其中推力作用是在空气中拉动飞机,或者也可以以推动构型连接到飞机,这时推力作用是推动飞机。在牵引构型中,螺旋桨在飞机上面向前方,而在推动构型中面向机尾。比奇飞机“富豪”(图2-23)是一个牵引构型螺旋桨飞机的例子,而“莱特飞行者”号(参见第1章开头的照片)飞机是推动构型螺旋桨。还有一些飞机,例如赛斯纳“空中大师”飞机(图1-19),同时具备牵引和推动两种螺旋桨。

如图4-59所示,飞机螺旋桨组件通常包括螺旋桨叶片、安装桨叶的中心桨毂以及覆盖在桨毂上用来减小空气阻力的整流罩。在最简单的形式中,螺旋桨组件可以是双叶片螺旋桨,由一片木头或金属构造,用螺栓固定在发动机上。螺旋桨可能有两个或更多叶片,一些螺旋桨的叶片甚至多达8个。如果我们在横截面上切割螺旋桨叶片,可以看到螺旋桨沿着叶片长度部分,由一系列不同的翼型组成。翼型的方向从尖端到叶片根部变化,因此在叶片上的不同翼型剖面可以看到略有不同的局部迎角 α。这样的结果是,沿着叶片长度方向,这些局部迎角理想情况下大致相等。在了解了螺旋桨的几何形状和气流之后,我们将进一步详细讨论这点。

考虑每个翼型剖面相对于风会产生空气动力局部迎角,这种空气动力可以

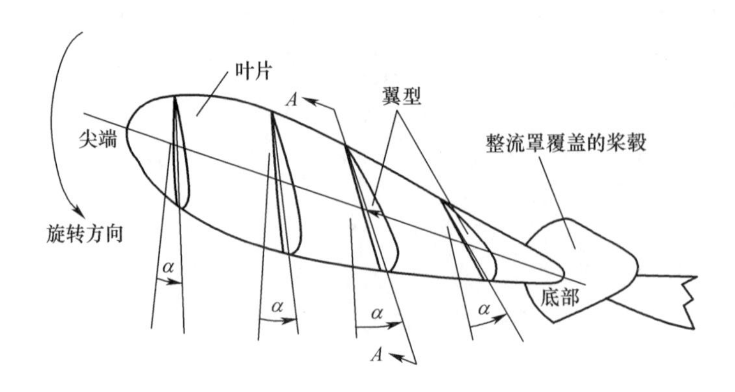

图 4-59　螺旋桨部件和机翼部分
(资料来源:Talay,NASA SP367,文献[17])

分解成分量,其中包括螺旋桨推力分量。理想情况下,推力沿着恒定的叶片长度方向,如果螺旋桨是实心圆盘,半径等于螺旋桨叶片半径,螺旋桨盘具有恒定的载荷。选择合适的桨面翼型及叶片方向,叶片的局部迎角可以实现基本相同,以提供恒定的桨盘负载。

想象一下,我们剖开图 4-59 中螺旋桨叶片的 A—A 截面,如图 4-60 所示,朝着整流罩看,螺旋桨的弧形翼型与旋转中心距离为 r。螺旋桨处于速度为 v_∞ 的自由气流中并且以恒定的角速度 $r\omega$ 旋转。这个位于螺旋桨旋转平面和叶片截面弦线之间的角度定义为桨叶角 β(不要与侧滑角 β 混淆)。

如图 4-60 所示,螺旋桨可以认为是一个小的旋翼在相对风中“飞行”,相对风是自由流速度 $\boldsymbol{v}_\infty$ 和自由流旋转引起的流速 $\boldsymbol{v}_{\text{rot}}$ 的矢量和。螺旋桨“看到的”相对速度 $\boldsymbol{v}_{\text{rel}}$ 为

$$\boldsymbol{v}_{\text{rel}}=\boldsymbol{v}_\infty+\boldsymbol{v}_{\text{rot}}=\boldsymbol{v}_\infty+\boldsymbol{r}\times\boldsymbol{\omega} \tag{4-88}$$

由螺旋桨或切向速度引起的速度 $\boldsymbol{v}_{\text{rot}}$,等于叶片截面径向矢量 $\boldsymbol{r}$ 与旋转螺旋桨的角速度 $\boldsymbol{\omega}$ 的交叉乘积。由式(4-88)可知在螺旋桨尖端有最高的相对速度,同时 $\boldsymbol{r}$ 达到最大值。

角速度 ω 与螺旋桨的转速相关,即

$$\omega=2\pi n \tag{4-89}$$

式中:n 为螺旋桨的转速(rad/s)

叶片翼型剖面的相对速度 $\boldsymbol{v}_{\text{rel}}$ 和弦线之间的角度是局部迎角 α。相对速度与螺旋桨旋转平面之间的角度定义为螺旋桨螺旋角或前进角 ϕ。桨叶角是螺旋角与翼型剖面迎角的总和,即

$$\beta=\phi+\alpha \tag{4-90}$$

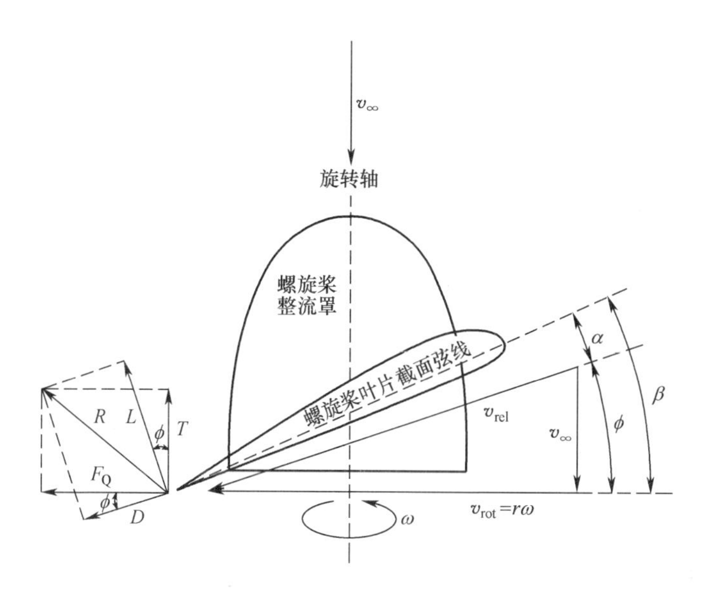

图 4-60 螺旋桨翼型剖面局部气流速度、气流角度和力(图 4-59 中的 A—A 截面)

螺旋角可以用自由流速度和切向速度表示,即

$$\phi = \arctan\left(\frac{v_\infty}{v_{rot}}\right) = \arctan\left(\frac{v_\infty}{r\omega}\right) \tag{4-91}$$

将式(4-89)代入式(4-91),可以写为

$$\phi = \arctan\left(\frac{v_\infty}{r2\pi n}\right) = \arctan\left(\frac{v_\infty}{\pi nD}\right) = \arctan\left(\frac{J}{\pi}\right) \tag{4-92}$$

式中:D 为螺旋桨直径;J 为无量纲的螺旋桨前进比,有

$$J \equiv \frac{v_\infty}{nD} \tag{4-93}$$

如图 4-60 所示,由于翼型剖面迎角为 α,处于相对风 v_{rel} 中,存在作用在截面上的力 R。合成的空气动力 R 在螺旋桨旋转平面可以分解为与自由流速度平行的推力 T 和扭矩 F_Q。推力是使飞机通过空气向前移动的力。转动螺旋桨时,发动机必须克服扭矩力。因此,并非所有的发动机动力均可转换为推力,必须使用一些动力来对抗扭矩。

或者,其合力可以分解为与相对风 v_{rel} 平行的升力 L 和垂直的阻力 D。叶片部分的推力可以由升力和阻力表示为

$$T = L\cos\phi - D\sin\phi \tag{4-94}$$

同理,扭矩力可以写为

$$F_Q = D\cos\phi - L\sin\phi \tag{4-95}$$

为了获得在每个叶片的长度上(飞机螺旋桨可能有两个或更多的叶片)的总推力和扭矩力,将每个螺旋桨叶片剖面的贡献累加。

设想我们正在查看螺旋桨叶片的局部位置,与螺旋桨中心距离为 r。因此,叶片迎角 α、桨叶角 β 和螺旋角 ϕ,从螺旋桨根部到尖端变化不等,即 $\alpha = \alpha(r)$,$\beta = \beta(r)$,$\phi = \phi(r)$。尽管桨叶角沿叶片长度变化,但有时会在距离桨毂叶片长度 75%的地方取一个代表性的测量角度。

如上所述,沿着具有近似恒定的局部迎角的叶片长度,可以获得恒定的螺旋桨载荷。由于螺旋桨在旋转,切向速度 v_{rot} 随着距离螺旋桨中心的长度而增加。因此,从图 4-61 可以看出螺旋角从螺旋桨根部的大角度变化到尖端处的较小角度。沿着叶片长度保持恒定的局部迎角,根据式(4-90),叶片角度从根部到尖端增加,螺旋角也是如此。因此,螺旋桨叶片从桨尖扭转到根部,同时螺旋角也从叶尖到根部增加,如图 4-61 所示。总之,要获取一个沿着叶片长度的迎角常数,以及恒定的螺旋桨载荷,需要考虑到螺旋桨沿叶片切向速度变化而扭曲的情况。

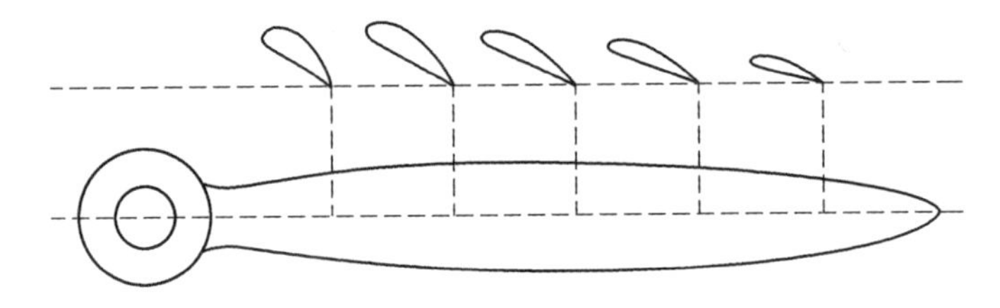

图 4-61　螺旋桨叶片从根部到尖端的角度变化

对于一些称为固定螺距的螺旋桨,叶片长度沿其长度固定,无法改变(这里“螺距”与桨叶角同义,是常用的术语①)。由于固定的螺距设置不是所有空速和最佳空速的发动机功率设置,螺旋桨桨叶角度设置为单次飞行中的有效运行条件,如巡航或爬升。在其他类型的螺旋桨中,有一种可控螺距螺旋桨,其叶片角度可以调节到飞行中所需的角度,可使螺旋桨在给定空速和功率的最佳匹配下运行。对于恒速螺旋桨,无论功率设定或空速如何变化,其调速器用于自动控制桨叶角,以提供所需的恒定发动机转速。例如,在起飞期间,将螺旋桨设定为小的桨叶角或低螺距以获得最大推力。小的桨叶角对应于小叶片迎角,可以减小发动机必须克服以转动螺旋桨的扭矩力。较低的扭矩力使发动机以较高的转速旋转螺旋桨,这赋予通过螺旋桨的空气更高的速度,从而增加推力。在巡航飞行时情况则相反,螺旋桨多设置为大桨叶角或高螺距,使发动机以较低转速运

① 准确地说,推进器螺距与桨叶角并不相同。螺距或几何螺距是螺旋桨旋转一圈前进的距离(以英寸为单位)。类似于使用螺丝刀将螺丝旋转 360°后螺丝前进的距离。

转,更加省油。

毫无疑问,桨叶剖面的迎角是控制螺旋桨性能的关键参数。这类似于机翼上翼型剖面的迎角的重要性。根据图4-60和式(4-90)可知,桨叶角和螺旋角是设定叶片迎角的两个重要参数。基于此,使用式(4-93),我们选择使用桨叶角β和螺旋桨推进比J来评估螺旋桨性能。图4-62所示为典型的螺旋桨效率图,其中螺旋桨效率η_P相对于螺旋桨推进比J的对应关系可作为桨叶角β的函数。螺旋桨效率η_P(不要与推进效率混淆)定义为

$$\eta_P = \frac{P_A}{P} = \frac{T_A v_\infty}{P} \tag{4-96}$$

式中:P_A为可用的螺旋桨功率;P为发动机轴马力;T_A为可用的推力。

螺旋桨效率是发动机轴功率转换成旋转螺旋桨功率的百分比的度量,效率为1则意味着发动机轴功率100%用于旋转螺旋桨。实际上,螺旋桨系统存在摩擦损失和其他损失,螺旋桨效率始终小于1,0.85~0.88的效率是可实现的。基于螺旋桨最大效率的包络,如图4-62所示,功率的典型趋势可从螺旋桨驱动的发动机看出,如图4-63所示。由于螺旋桨效率的原因,超出速度范围的功率会有一定损失。

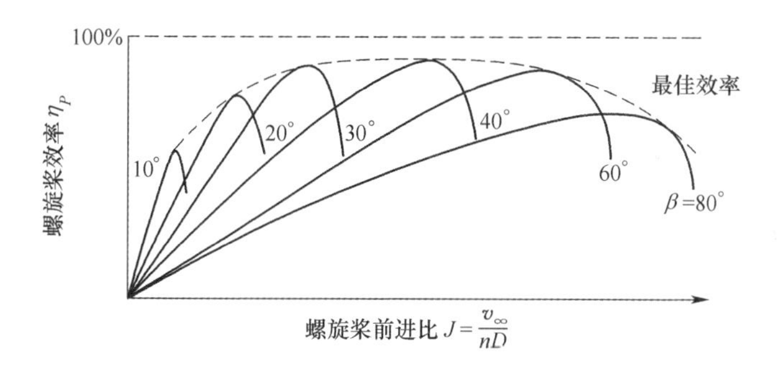

图4-62 螺旋桨效率图

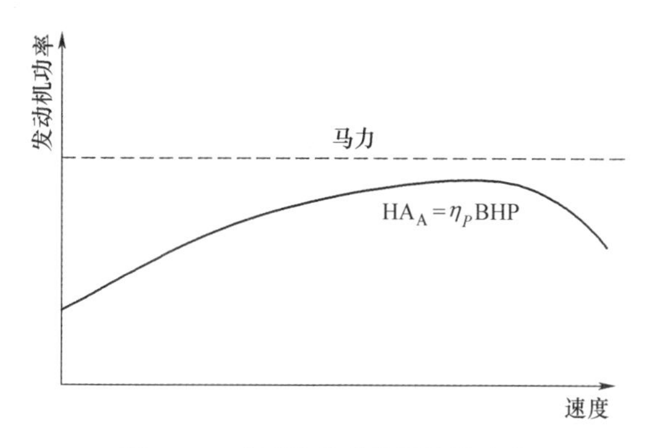

图4-63 典型的发动机螺旋桨功率

对于固定的桨叶角,螺旋桨效率随着前进比的增加而增加到最大值,然后逐渐减小。因此,固定螺距螺旋桨具有作为前进比的函数的窄范围效率,反映在空速和螺旋桨转速或发动机功率设定。如果绘制一条直线,将螺旋桨效率的峰值连接到不同的叶片角度,如图 4-62 中的虚线所示,可以找到提供最佳或最佳效率的叶片角度,作为前进比的函数,这为选择可控螺距螺旋桨的适当桨叶角作为空速和功率设定的函数提供了所需的信息。

关于变螺距螺旋桨最后一点需要注意的是,有些螺旋桨能够在飞行中顺桨,叶片角度设定为高角度,使螺旋桨不产生向前推力。当发动机在飞行中停止产生动力时,采用顺桨设置使螺旋桨处于最小阻力配置以增强发动机输出机动性或滑翔。通常,当放置在顺桨位置时,螺旋桨停止旋转。一些可变螺距螺旋桨的另一个特征是能够设置叶片反向螺距,即叶片处于大的负向迎角。反向螺距使其着陆后产生负推力,减少着陆滑跑距离。

4.5.8.5 电动机-螺旋桨组合

本节简要介绍使用电动机而不是内燃机来驱动螺旋桨的飞机推进。电源可能是电池、燃料电池、太阳能电池或能量集束。迄今为止,这种类型的推进器大多已经应用于轻型飞机,例如动力滑翔机、超轻型飞机、小型通用航空飞机或无人驾驶飞行器。

1973 年 10 月 23 日,载人电动飞机在奥地利改装的 Brditschka HB-3 电动滑翔机上首飞。电动滑翔机采用一个 10kW(13 马力)的电动机旋转单个螺旋桨进行改装。电动机使用镍铬电池提供动力,只能飞行约 12min,爬升最大高度约 400m(1300 英尺)。

与碳氢化合物燃料推进器相比,电动飞机推进的技术优势包括较低的冷却阻力、与高度无关的恒定功率输出以及较小的整体系统复杂性和尺寸。运营效益可能包括降低运营成本、极其安静的运行以及无尾气排放。电动飞机推进的一些问题包括能量存储的重量、某些类型电池的可靠性和安全性以及低比功率(每单位重量的功率)输出。利用现有技术,航空电动机具有小于约 100kW(130 马力)的功率输出。

空客 E-Fan 原型机是研发电动飞机的一个例子,如图 4-64 所示。E-Fan 是一种双座双电动机低翼单翼飞机,全部采用复合材料制造。飞机由两个电动机驱动的涵道变桨距风扇驱动。飞机长度为 6.67m(22 英尺),翼展 950m(31 英尺),最大起飞重量 550kg(1200 磅)。推进系统总静推力为 1.5kN(430 磅力),巡航速度约为 160km/h(100 英里/h)。

电动飞机的电力由 250V 锂聚合物电池组提供,总质量为 167kg(368 磅),安装在机翼的内侧。电池为飞机提供约 1h 的续航能力。该系统具有备用电池,主电池发生故障或不能放电时,为应急着陆提供电动力。电力驱动两个电动机,

图 4-64 空客 E-Fan 原型电动飞机(2015 年)

(资料来源:Dick Schwarz, "E Fan Airbus" https://de.wikipedia.org/wiki/Datei:E_FAN_Airbus_DS_20140524_1237.jpg,CC-BY-SA-3.0,License at https://creativecommons.org/licenses/by-sa/3.0/legalcode)

每个电动机为八叶涵道风扇提供 30kW(40 马力)的电力。

这种电动飞机设计的一个独特之处就是电动起落架。该飞机具有前后可收放的主起落架和每个机翼下方的小型轮式支架。主起落架由 6kW(8 马力)的电动机驱动,使飞机成为地面上的电动车。E-Fan 在不使用涵道风扇推进器情况下可以使用电动机轮滑行并加速到 60km/h(37 英里/h)。

空客公司的目标是为飞行员培训市场设计 E-Fan 原型机,为商用区域航空运输市场提供其他电动飞机设计。但因为电动飞机尚没有飞机规章和取证要求,在这些市场中应用电动飞机仍存在问题。

4.5.9 吸气式发动机热力循环总结

本节总结各种吸气式发动机热力循环和过程,以便于比较。吸气式发动机包括冲压式喷气发动机、涡轮喷气发动机、涡轮风扇发动机、涡轮螺旋桨发动机和内燃机。这些吸气式发动机的运行可以用理想的热力循环来近似。表 4-8 总结了每种类型吸气式发动机的热力循环和燃烧过程。

表 4-8 吸气式发动机热力循环和燃烧过程的总结

吸气式发动机类型	热力循环	燃烧过程
冲压式喷气发动机、涡轮喷气发动机、涡轮风扇发动机	布雷顿循环	恒压
内燃机(汽油)	奥拓循环	定容
内燃机(柴油机)	柴油机循环	恒压
间歇内燃机(PDE)	汉弗莱循环	定容

4.5.10 GTT:发动机试验单元和试验台

目前的 GTT 描述了一些用于在专门的地面设施中测试推进系统的技术。

这些包括室内和室外试验单元和试验台,可供完整的发动机运行到全功率。推进系统的地面试验可以显著减少飞行试验次数,并可能显著降低飞行试验风险。

在喷气发动机的早期开发中,人们认识到需要地面设施和地面试验技术来测试这些发动机。其中最早的例子之一是德国人于1944年创建巴伐利亚汽车工程(BMW)喷气发动机试验设施。在第二次世界大战后,宝马工厂拆除,大部分设备被带到美国,成为位于田纳西州塔拉霍马的美国空军阿诺德工程开发中心(AEDC)发动机试验设施(ETF)。在1954年5月3日,AEDC进行了第一次涡轮喷气发动机试验。除了AEDC等军事推进试验设施外,还有一些由民用商业发动机公司以及政府研究机构(如美国国家航空航天局)运营的民用试验设施。

试验可以在多种推进系统上进行,包括吸气喷气发动机和非吸气式火箭发动机。试验对象可以是适合飞行的完整发动机,可以是更重的不可飞行的"试验样件硬件",这种硬件比飞行样件简单,成本低,并且更具生存能力。既可以测试完整的发动机,也可以试验发动机的部件,如入口或喷口系统。如图4-65所示,在AEDC试验单元中测试一个完整的喷气发动机。发动机灼热的排气可通过特殊的排气系统中排出。在发动机入口上方放置一个大的圆锥形筛网,可以防止碎屑或异物掉入。

图4-65　喷气发动机试验单元,位于阿诺德工程开发中心(AEDC)
(资料来源:美国空军)

在推进系统的研发和运行中可以进行各种各样的试验。试验可以采集关于发动机性能、可操作性或耐久性的信息。通过在特殊试验条件下运行发动机,地面试验可以在很短的时间内模拟发动机的整个寿命。推进地面试验的目标可能是纯粹的研究和开发。实验发动机或推进系统可在地面进行测试,但模拟飞行条件很难,并且很昂贵。因此,测试引擎通常需要大量的仪器来收集所需的数据。

一些室内发动机试验单元能够模拟飞行条件,包括高马赫数和高高度。

除了正常的试验条件、海平面试验条件外，一些试验单元可以模拟高达100000英尺(30500m)的高度飞行条件。有几种设备可以测试马赫数低于5的低超声速的吸气式发动机，以及一些非常专业的设施可以提供更高马赫数的试验条件。在这些超声速速度下模拟飞行的一个关键方面是总温度或总焓的匹配。图4-66所示为AEDC试验单元中高超声速发动机的组件。

图4-66 发动机试验单元，阿诺德工程开发中心(AEDC)中的高超声速推进系统的组件
(资料来源：美国空军)

如图4-67所示，许多商用喷气发动机在室外试验台或室内试验设施上进

图4-67 在室内试验设施中，安装有喇叭口的涡扇发动机
(资料来源：Cherry Salvesen，"Test Facility"https://commons.wikimedia.org/wiki/File:Test_Facility.jpg，CC-BY-SA-3.0，License at https://creativecommons.org/licenses/by-SA/3.0/legalcode)

行试验。其中涡轮风扇发动机安装有供应动力、燃料、仪表连接和其他操作要求的装置。这种试验是在零空速下进行的,可以将一个称为喇叭口的装置放置在发动机入口上,以便将空气平稳地转入发动机。室外发动机试验台可以利用特殊设备来模拟不同的环境条件。类似于小型风洞的风力发电机可用于将空气吹过发动机入口以模拟侧风。一种大的球形结构,称为湍流控制球,可以放置在发动机入口上方,以消除风和湍流引起的大气扰动。其他类型的专业试验,例如在不良条件下试验发动机,包括摄入高尔夫球大小的冰雹或季风雨量的水。发动机风扇叶片被操纵并在发动机全功率运转时分离,以评估风扇叶片和发动机吸入的影响。最有趣的引擎吸入试验之一就是使用冷气空气炮将鸟类尸体射入发动机,以模拟鸟类撞击。

4.5.11 FTT:飞行发动机试验台

在上一节中,讨论了在室内试验单元或室外试验台上试验整个发动机的地面试验技术。目前 FTT 讨论的是飞行发动机试验台,在飞机上搭载全尺寸吸气式发动机进行飞行试验。虽然一些地面设施可以复现飞行包线的某些部分,但实际的飞行环境中,真实的大气特征,包括湍流、风切变、温度变化和其他特征通常无法替代。飞行发动机试验台还可以通过一系列飞行剖面运行进行试验,例如起飞、爬升、下降、着陆以及可能难以在地面设施中实时模拟的其他机动。下面给出几个飞行发动机试验台试验的例子。

在 20 世纪 60 年代,洛克希德“星座版”(Constellation)改装为飞行引擎试验台,如图 4-68 所示。“星座版”是由螺旋桨驱动的四发客机,是洛克希德公司分别在 20 世纪 40 年代和 50 年代设计和制造的。该飞机采用独特的三垂直尾翼配置和海豚形机身。发动机试验台“星座版”在机身上部增加了一个支撑结构,用于安装试验发动机。

诺斯罗普 P-61“黑寡妇”(Black Widow)是第二次世界大战期间专门设计的夜间攻击机(“黑寡妇”还用于在第 3 章所述的空气动力学飞行试验技术中牵引 XP-51)。双发动机 P-61 采用双尾撑构型,单个水平尾翼,连接两个垂直尾翼。第二次世界大战后,NACA 使用经过改进的 P-61 作为冲压式喷气发动机的亚声速飞行试验台。如图 4-69 所示,冲压式喷气发动机安装在机身下方。

在 20 世纪 70 年代,AVCO 莱康明改进了北美 AJ-2“野人”作为发动机试验台。AJ-2 是美国海军舰载机,由北美航空公司在第二次世界大战后设计和制造。这架飞机在机翼上安装了两台活塞式发动机,在机身上安装了一个涡轮喷气发动机。改装后的 AJ-2 由莱康明公司组织飞行,试验其涡轮风扇发动机,该发动机安装在机身下方,如图 4-70 所示。试验发动机可以回收到飞机的机身弹舱中。

图 4-68 洛克希德 L-749“星座版”飞行引擎试验台
(资料来源:由 Michel Gilland 提供,“Lockheed L-749, CEV” https://commons. wikimedia. org/wiki/File: Lockheed_L-749_Constellation,_CEV_-_Centre_d%27essais_en_ Vol_AN0665578.jpg, GFDL-1. 2, License at https://commons. wikimedia. org/wiki/Commons:GNU_Free_ Documentation_License,_version_1. 2)

图 4-69 诺斯罗普 P-61“黑寡妇”在飞行中试验冲压式喷气发动机
(资料来源:美国国家航空航天局)

过去使用过多种不同类型的飞机作为喷气发动机试验平台,而目前大多用大型四发运输机作为亚声速喷气发动机的试验平台。目前,发动机试验平台由多种飞机的商用发动机制造商承办,如波音 747、波音 757 和几种空客型号。使用四发飞机将其中一个发动机用试验发动机替换,一旦出现不利,飞机可以通过其余的 3 个发动机安全地飞行。飞机客舱通常有足够的空间,容纳数据采集设备和工程师实时测试监控站。通过这种方式,客舱成为飞行中的控制室,可配备

图 4-70　北美 AJ-2“野人”攻击机装配 AVCO 莱康明涡扇发动机进行飞行试验
（资料来源：美国海军）

工程师和技术人员，以监控飞行期间的发动机试验。这为试验位置提供了最大的灵活性，因为控制室和数据采集器可以与飞机一体化。

4.6　火箭推进器

火箭推进器大概是最早的飞行推进形式，可追溯到 11 世纪或 12 世纪，当时中国人发射了火药填充的竹筒作为烟花。一段时间后，他们将这些基本的固体火箭发动机连接到箭头上，制造出各种各样的火箭动力武器。虽然这些火箭动力箭头的准确性有很大问题，但箭杆提供了一些飞行稳定性。后来在 19 世纪早期，William Congreve 在英格兰开发出了固体推进剂火箭。据推测，这些火箭可能精度不高，射程为 2700m（3000 码①）。英国人在 1812 年的战争中使用过 Congreve 的火箭，包括在巴尔的摩的麦克亨利堡向美国军队开火，在美国国歌“The Star Spangled Banner”中以“the rockets' red glare”记录下来。虽然在 18 世纪和 19 世纪火箭被开发用于军事，但是在 20 世纪火箭推进技术才取得了显著进步。在 20 世纪，火箭推进取得了巨大进步，尤其是在俄罗斯、德国和美国。在第 1 章中，讨论了 Robert Goddard（1882—1945 年）在火箭推进方面的开创性成就。

在火箭推进，特别是其对太空旅行的潜在应用方面，最早的梦想家之一是俄罗斯教师 Konstantin Tsiolkovsky（1857—1935 年）。1903 年，Tsiolkovsky 发表了一篇题为 *Exploration of Space with Reaction Devices* 的论文，讨论了使用火

① 1 码 = 0.9144m。

箭逃离地球轨道的问题。他是第一个公布火箭方程式的人，将火箭的燃尽速度、排气速度和初始与末端质量比联系起来（火箭方程和相关术语在本节后面介绍）。1929年，Tsiolkovsky发表了多级火箭的概念，实现了太空飞行进入和超越地球轨道。Tsiolkovsky的火箭概念包括使用液态氧和液态氢作为推进剂。除了他在火箭科学方面取得的重大成就外，Tsiolkovsky还为早期航空做出了贡献，包括在1894年设计单翼飞机，1897年建造第一个俄罗斯风洞等。

Tsiolkovsky关于将火箭推进用于太空旅行的想法已成为现实。在理论上，火箭携带燃料和氧化剂，使它们能够在大气层内部或外部运行，包括在真空空间或水下。目前，火箭推进器应用广泛。火箭推进器用作运载火箭的主要推进装置，其将有效载荷从地球表面提升到地球轨道并进入地球轨道以外的空间。它用于轨道航天器的空间推进，包括在轨机动、站点保持（将航天器保持在正确的轨道上）和姿态控制。太空推进器还包括将航天器送往其他天体和进入深空的火箭发动机。

在最常见类型的火箭推进，即化学火箭推进中，燃料和氧化剂可以是液体、固体或气体形式的化学物质。储存在推进剂中的能量通过化学燃烧转化为燃烧产物，使其以高速喷射，产生推力。化学火箭无论是液体、固体还是气体，其最大能量受到化学推进剂中的能量限制，从根本上限制了化学火箭推进器的性能。

我们讨论了两种类型的化学火箭推进器，即液体推进剂火箭发动机和固体推进剂火箭发动机。其他类型的火箭推进器可能不是化学燃烧。在其他类型的火箭推进中，产生推力的高动能喷射剂通过来自其他能源的热量产生，如核反应或太阳辐射。喷射的物质可以是液体、气体、称为等离子体的电离气体，甚至是能量包。我们简要描述这些更奇特的火箭推进形式，包括核、电和太阳能。在我们讨论各种类型的火箭推进之前，首先要讨论火箭推进的热动力学。

4.6.1 推力室热动力学

如图4-71所示，化学火箭推进系统的基本组成部分包括推进剂系统、燃烧室和排气喷口。推进剂系统由储存箱和将推进剂输送到燃烧室的进料系统组成。在液体推进剂系统中，推进剂可以存储在一个或多个罐中，在固体推进剂系统中，它们可以是电动机的组成部分。推进剂进料系统可能包括惰性气体、泵、阀、进料管道或其他部件的附加罐。推进剂在燃烧室中燃烧，燃烧产物通过排气喷口产生推力。燃烧室和排气尾喷口的组合称为推力室。

站位号和流动特性如图 4-71 所示。推进剂在站位 i 注入燃烧室,以总压力 p_c 和总温度 T_c 燃烧。燃烧室连接到一个收敛-扩散的超声速尾喷口。尾喷口具有声速喉部,横截面积为 A_{th} (站位 th),出口横截面积为 A_e 。尾喷口出口(站位 e)的流动特性有速度 v_e 、压力 p_e 、温度 T_e 和质量流量 $\dot{m}_e$ 。尾喷口出口质量流量等于推进剂的质量流量 $\dot{m}_p$ 。尾喷口流出的自由气流(站位∞),其压力和温度分别为 p_∞ 和 T_∞ 。

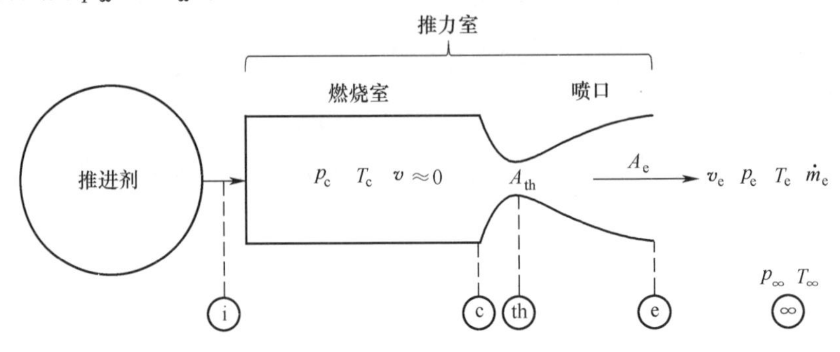

图 4-71　火箭推力室的命名和流动特性

在图 4-72 中的温度-熵曲线上,可看到火箭发动机推力室的流量变化。推进剂分别以静温 T_i 和静熵 s_i 进入燃烧室。燃烧室在恒定压力 p_{t_c} 下,通过推进剂的燃烧产生一定的热量。恒压加热将静温升高到 T_c, 静熵增加到 s_c 。加入的热量(每单位质量)等于推进剂的热值 Q_R 。从状态 i 到 c 的推进剂总温度的增加可表示为

$$T_c = T_i + \frac{Q_R}{c_p} \tag{4-97}$$

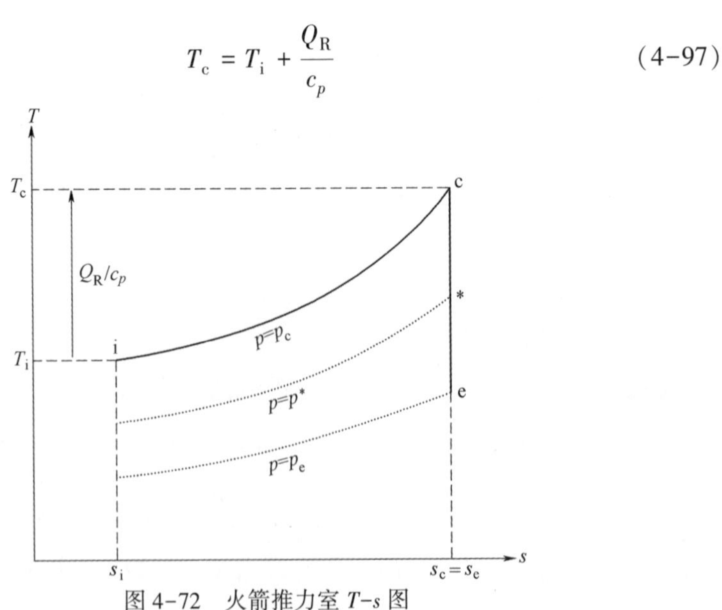

图 4-72　火箭推力室 T-s 图

假设发生绝热反应，总温 T_c 称为绝热火焰温度。如图 4-72 所示，由于燃烧室内的速度大约为零（$v_c \approx 0$），静温和总温相等，因此加热量 Q_R 会使静温从 T_i 增加到 T_c，等于 Q_R/c_p。燃烧室中的静压和总压也相等，从站位 i 到站位 c，$p = p_c$。

燃烧产物进入超声速排气喷口（站位 c），在尾喷口喉部（站位 *）加速到声速状态，并以速度 v_e、压力 p_e 和温度 T_e 离开尾喷口（站位 e）。假设通过尾喷口的气流是等熵的（恒定熵），则 $s_c = s^* = s_e$。由于通过推力室的气流是等熵的，则通过尾喷口的总压简单地等于燃烧室中的总压，即 $p_c = p_t^* = p_e$。

4.6.2　火箭推进性能参数

本节定义了在评估火箭发动机性能时重要的具体参数及其关系。图 4-71 给出火箭推力室的命名，随后给出了具体参数及其关系。假设通过推力室的气流是等熵的，那么总压和总温是恒定的。在本节中，我们简单地使用 p_t 和 T_t 分别表示推力室中的总压和总温。除了假设通过推力室的气流等熵之外，还假设燃烧产物（做功流体）是具有恒定组分、恒定比热的理想气体。在这些条件下，理想气体状态方程是有效的。以下定义和关系，无论是在静态（零速度）还是自由流速度 v_∞ 条件下，均适用于火箭发动机飞行。

4.6.2.1　推力

火箭发动机产生的推力是一个明显的性能参数。根据式（4-24），火箭发动机的推力 T 为

$$T = m_p v_e + (p_e - p_\infty) A_e \tag{4-98}$$

非吸气式火箭发动机和吸气式发动机之间的一个基本区别是火箭发动机可以在无空气环境中操作，例如在真空的空间中，环境压力 $p_\infty = 0$。在这种情况下，火箭推力为

$$T_{vac} = m_p v_e + p_e A_e \tag{4-99}$$

式中：T_{vac} 为真空推力。

真空推力比海平面推力高 10%~30%。在给定喷口条件下，最大推力值是在真空中，其中 $p_\infty = 0$。这种条件并不适用于理想扩展喷口的最大推力条件，因为如果喷口气体完全扩展到 $p_e = p_\infty = 0$，则推力在真空中最高（参见 4.3.2 节）。

对于理想扩展的喷口，火箭发动机的推力很简单，有

$$T = m_p v_e \tag{4-100}$$

式（4-98）和式（4-100）中的火箭推力与火箭的飞行速度无关。可以通过增加推进剂质量流量或增加排气速度来获得更高的推力。

4.6.2.2　排气速度

从上一节可以看出，排气速度是影响火箭推力的重要参数。让我们更仔细

地研究一下排气速度。假设通过喷口的排气流是等熵的,则总焓 h_c 在推力室中是恒定的,可以使用喷口出口静焓 h_e 和速度 v_e 来表示,即

$$h_c = h_e + \frac{v_e^2}{2} \tag{4-101}$$

加入焓的定义,式(4-101)变为

$$c_p T_t = c_p T_e + \frac{v_e^2}{2} \tag{4-102}$$

式中: c_p 为恒定压力下的比热容, T_t 为腔室或喷管总温,在整个推力腔中是恒定的。

对于排气速度 v_e, 有

$$v_e = \sqrt{2c_p(T_t - T_e)} = \sqrt{2c_p T_t\left(1 - \frac{T_e}{T_t}\right)} \tag{4-103}$$

实际上,排气速度在喷口出口平面上不均匀,具有不均匀的速度分布。式(4-103)中的排气速度表示有效排气速度,是平均等效排气速度。

式(3-124)中,比热容可用 γ 和比气体常数 R 表示。由于气流是等熵的, $T_{t,e} = T_t$, 则温度比可以用压力比表示为 p_e/p_t, 使用等熵关系,式(3-139)和式(4-103)可以结合为

$$v_e = \left\{\frac{2\gamma R T_t}{\gamma - 1}\left[1 - \left(\frac{p_e}{p_t}\right)^{(\gamma-1)/\gamma}\right]\right\}^{1/2} \tag{4-104}$$

由式(3-57)得,比气体常数 R 等于理想气体常数 $\mathcal{R}$ 除以摩尔质量 $\mathcal{M}$, 则式(4-104)可以变换为

$$v_e = \left\{\frac{2\gamma \mathcal{R} T_t}{(\gamma - 1)\ \mathcal{M}}\left[1 - \left(\frac{p_e}{p_t}\right)^{(\gamma-1)/\gamma}\right]\right\}^{1/2} \tag{4-105}$$

式(4-105)表明,低分子质量的气体会增加排气速度,从而增加推力。这解释了为什么氢这种最低分子质量物质是许多种火箭发动机的首选工作流体。

由于排气速度是评估火箭发动机性能的重要参数,如何从发动机试验中获得该参数的值?观察式(4-105),必须测量燃烧室中的总温、总压以及尾喷口出口的压力。若存在能够在燃烧室和尾喷口流的恶劣环境中使用的专用仪器,这些可以测量。另外,可能需要多次测量以充分表征非均匀流动。重新整理式(4-100),得到排气速度的表达式,可以提供一个更简单的解决方案:

$$v_e = \frac{T}{\dot{m}_p} \tag{4-106}$$

式(4-106)中的排气速度可以通过测量推力和推进剂流速获得,这可能比内流压力和温度更容易测量。火箭发动机的推力可以在带有测力传感器的试验台上测量,推进剂流速可以用各种类型的流量计测量。

4.6.2.3 推力室质量流量

通过超声速尾喷口的质量流量 $\dot{m}_e$ 为

$$\dot{m}_e = \frac{A^* p_t}{\sqrt{RT_t}} \sqrt{\gamma \left(\frac{2}{\gamma + 1}\right)^{(\gamma+1)/(\gamma-1)}} = \dot{m}_p \tag{4-107}$$

式中：p_t，T_t 分别为燃烧室的总压和总温；A^* 为尾喷口喉部面积；R 为比气体常数；γ 为比热容比。

由于尾喷口排气和推进剂质量流量相等，即 $\dot{m}_e = \dot{m}_p$，式(4-107)根据燃烧室特性和尾喷口喉部面积提供了推进剂质量流量。

4.6.2.4 比冲

与吸气式发动机类似，非吸气式火箭发动机中的比冲 I_{sp} 可以定义为

$$I_{sp} \equiv \frac{T}{\dot{w}_p} = \frac{T}{\dot{m}_p g_0} \tag{4-108}$$

式中：T 为火箭推力；$\dot{w}_p$ 为推进剂质量流量；$\dot{m}_p$ 为推进剂质量流量；g_0 为海平面处的重力加速度。

对于火箭比冲，式(4-108)中的重量或质量流量包括燃料和氧化剂，而吸气比冲只有燃料质量流量。假设使用一组统一的单位，则比冲的单位为秒(s)。比冲最大值对应于推力最大值或推进剂消耗量最小值。

将式(4-100)中理想扩展尾喷口的推力值代入式(4-108)，得

$$I_{sp} = \frac{T}{g_0 \dot{m}_p} = \frac{\dot{m}_e v_e}{g_0 \dot{m}_p} = \frac{v_e}{g_0} \tag{4-109}$$

再将式(4-104)，即尾喷口出口速度的表达式，代入式(4-109)中，得

$$I_{sp} = \frac{1}{g_0} \left\{ \frac{2\gamma R T_t}{\gamma - 1} \left[1 - \left(\frac{p_e}{p_t} \right)^{(\gamma-1)/\gamma} \right] \right\}^{1/2} \tag{4-110}$$

从式(4-109)和式(4-110)可以看出火箭比冲最大化时的一些影响因素。式(4-109)清楚地表明，比冲与排气速度 v_e 成正比。它表明排气速度越高，比冲越高。这也可以通过式(4-110)出口压力与总压比值 p_e/p_t 看出。该压力比值越低，排气速度越高，在式(4-110)中的比冲值越高。

式(4-110)还表明，在较高的燃烧室总温 T_t 下可以获得更高的比冲。根据式(4-97)，燃烧室总温的升高取决于推进剂的反应热 Q_R。更高能量、高反应活性的推进剂具有更高的反应热并导致更高的室内总温。表 4-9 提供了一些火箭发动机推进剂的摩尔质量、绝热火焰温度和比冲。正如所料，更高能量、更低摩尔质量的推进剂可提供更高的比冲。

表 4-9 一些火箭发动机液体推进剂的理论性能

氧化剂	燃料	摩尔质量 $\mathcal{M}$/(kg/mol)	绝热火焰温度 T_c/K	特征速度 c^*/(m/s)	比冲 I_{sp}/s
氟	氢	8.9	3080	2530	390
氟	肼	18.5	4550	2130	340
氧	氢	8.9	2960	2430	300
氧	甲烷	20.6	3530	1835	295
氧	RP-1(煤油)	21.9	3570	1770	285

最后,可以看出比冲与比气体常数 R 成正比。回顾比气体常数的定义,为理想气体常数$\mathcal{R}$除以摩尔质量 $\mathcal{M}$,摩尔质量越低,比气体常数的值越大。因此,使用低摩尔质量或轻质气体(如氢)作为火箭发动机工作流体来增加比冲的值。总之,液体火箭发动机的比冲可以通过使用更高的排气速度、更高的燃烧室温度,以及更低的摩尔质量气体来增加。火箭发动机比冲与马赫数的关系如图 4-18 所示。火箭发动机的比冲与马赫数无关,其最大值约为 400~450s。

4.6.2.5 特征排气速度

燃烧室和推进剂的性能可以用一个参数来表征,即特征速度 c^*,定义为

$$c^* \equiv \frac{p_t A^*}{\dot{m}_p} \tag{4-111}$$

式中:p_t 为燃烧室总压;A^* 为喷口喉部面积;$\dot{m}_p$ 为推进剂质量流量。

对于给定的推力室,这 3 个量很容易通过试验获得,不同推力室可以通过比较特征速度来进行性能比较。

将式(4-107)中的推进剂质量流量代入式(4-111),可以给出与喷口几何形状无关的特征速度式:

$$c^* = \sqrt{\frac{RT_t}{\gamma\left(\dfrac{2}{\gamma+1}\right)^{(\gamma+1)/(\gamma-1)}}} \tag{4-112}$$

燃烧室温度、比热容比和比气体常数取决于推进剂的选择。因此,特征速度对于比较燃烧室设计和推进剂组合是有用的。表 4-9 给出了一些所选推进剂组合的特征速度值。

c^* 效率定义为试验测量的 c^* 除以其理论最大值,式(4-111)即是试验测量的 c^*,式(4-112)是 c^* 的理论最大值,它衡量燃烧室中化学能释放的完整程度和燃烧室将推进剂化学能转换成高压高温气体的效率。c^* 效率通常为 92%~99.5%。

4.6.2.6 推力系数

将式(4-105)的质量流量和式(4-107)的排气速度分别代入火箭推力的式(4-98),得到理想的推力方程:

$$T = p_t A^* \sqrt{\frac{2\gamma^2}{\gamma - 1}\left(\frac{2}{\gamma + 1}\right)^{(\gamma+1)/(\gamma-1)}\left[1 - \left(\frac{p_e}{p_t}\right)^{(\gamma-1)/\gamma}\right]} + \left(\frac{p_e}{p_t} - \frac{p_\infty}{p_t}\right)\frac{A_e}{A^*} \tag{4-113}$$

将式(4-113)除以 $p_t A^*$,火箭喷口推力系数 c_T 的定义为

$$c_T = \frac{T}{p_t A^*} = \sqrt{\frac{2\gamma^2}{\gamma - 1}\left(\frac{2}{\gamma + 1}\right)^{(\gamma+1)/(\gamma-1)}\left[1 - \left(\frac{p_e}{p_t}\right)^{(\gamma-1)/\gamma}\right]} + \left(\frac{p_e}{p_t} - \frac{p_\infty}{p_t}\right)\frac{A_e}{A^*} \tag{4-114}$$

式(4-113)表明,推力系数与燃烧室温度无关,因此与推进剂选择无关,仅与喷管的几何形状有关。式(4-113)中的压力项与喷管流量有关,即是喷口面积比的函数。因此,推力系数可以严格地视为喷口参数。推力系数与腔室燃烧温度和气体摩尔质量无关,这似乎是不寻常的,因为这些参数通过排气速度方程对推力产生起着如此重要的作用。然而,考虑到我们只是处理通过喷口的等熵、超声速流动,推力系数仅是喷口几何形状和压力分布的函数是合理的。

代入式(4-114)中的推力系数的定义和式(4-111)中的特征速度,推力可写为

$$T = c_T p_t A^* = c_T \dot{m}_p c^* \tag{4-115}$$

式(4-115)是火箭发动机推力的简单表达式,其以推进剂的形式表征质量流量 $\dot{m}_p$,通过特征速度 c^* 表征燃烧室的性能,通过推力系数 c_T 表征喷口性能。

例 4.8 火箭发动机性能参数的计算

火箭发动机分别使用液态甲烷和液态氧作为其燃料和氧化剂。火箭发动机燃烧室中的压力和温度分别为 45 个标准大气压和 3480K。燃烧产物的比热容比为 1.22,喷管喉部面积为 0.180m^2。假设火箭喷管完全膨胀到 1 个标准大气压,试计算排气速度、排气质量流量、比冲、特征速度和推力系数。

解:

从表 4-9 可以看出,氧-甲烷推进剂混合物的分子量为 20.6kg/(kg · mol)。混合物的比气体常数为

$$R = \frac{\mathcal{R}}{\mathcal{M}} = \frac{8314\,\dfrac{\mathrm{J}}{\mathrm{kg \cdot mol \cdot K}}}{20.6\,\dfrac{\mathrm{kg}}{\mathrm{kg \cdot mol}}} = 403.6\,\frac{\mathrm{J}}{\mathrm{kg \cdot K}}$$

使用式(4-104),排气速度为

$$v_e = \left\{ \frac{2\gamma R T_t}{\gamma - 1} \left[1 - \left(\frac{p_e}{p_t} \right)^{(\gamma-1)/\gamma} \right] \right\}^{1/2}$$

$$v_e = \left\{ \frac{2 \times 1.22 \times 403.6 \dfrac{\text{J}}{\text{kg} \cdot \text{K}} \times 3480\text{K}}{1.22 - 1} \left[1 - \left(\frac{1\text{atm}}{45\text{atm}} \right)^{(1.22-1)/1.22} \right] \right\}^{1/2} = 2781 \frac{\text{m}}{\text{s}}$$

使用式(4-107),排气质量流量为

$$\dot{m}_e = \frac{A^* p_t}{\sqrt{R T_t}} \sqrt{\gamma \left(\frac{2}{\gamma + 1} \right)^{(\gamma+1)/(\gamma-1)}}$$

$$\dot{m}_e = \frac{0.180 \times \left(45\text{atm} \times \dfrac{101325\text{N/m}^2}{1\text{atm}} \right) A^* p_t}{\sqrt{403.6 \dfrac{\text{J}}{\text{kg} \cdot \text{K}} \times 3480\text{K}}} \sqrt{1.22 \times \left(\frac{2}{2.22} \right)^{2.22/0.22}} = 451.8 \frac{\text{kg}}{\text{s}}$$

由式(4-109),比冲为

$$I_{sp} = \frac{v_e}{g_0} = \frac{2781 \dfrac{\text{m}}{\text{s}}}{9.8 \dfrac{\text{m}}{\text{s}^2}} = 283.8\text{s}$$

由式(4-112),特征速度为

$$c^* = \sqrt{\frac{R T_t}{\gamma \left(\dfrac{2}{\gamma + 1} \right)^{(\gamma+1)/(\gamma-1)}}} = \sqrt{\frac{403.6 \dfrac{\text{J}}{\text{kg} \cdot \text{K}} \times 3480\text{K}}{1.22 \times \left(\dfrac{2}{2.22} \right)^{2.22/0.22}}} = 1817 \frac{\text{m}}{\text{s}}$$

由式(4-114),推力系数为

$$c_T = \frac{T}{p_t A^*} = \sqrt{\frac{2\gamma^2}{\gamma - 1} \left(\frac{2}{\gamma + 1} \right)^{(\gamma+1)/(\gamma-1)} \left[1 - \left(\frac{p_e}{p_t} \right)^{(\gamma-1)/\gamma} \right]} + \left(\frac{p_e}{p_t} - \frac{p_\infty}{p_t} \right) \frac{A_e}{A^*}$$

由于喷口理想扩展,$p_e = p_\infty$,则推力系数为

$$c_T = \sqrt{\frac{2 \times 1.22^2}{0.22} \times \left(\frac{2}{2.22} \right)^{2.22/0.22} \left[1 - \left(\frac{1\text{atm}}{45\text{atm}} \right)^{0.22/1.22} \right]} = 1.531$$

4.6.2.7 火箭方程

在本节中,我们给出火箭方程,该方程将火箭飞行器的速度变化 Δv、发动机比冲 I_{sp} 与推进剂质量的减少联系起来。这个关系最早由 Konstantin Tsiolkovsky 于 20 世纪初提出。

如图 4-73 所示,对火箭飞行轨迹中的一个点进行分析,它有一个速度 v 和一个飞行航迹角 θ。假设火箭是总质量为 m 的点质量,其中包括结构、有效载

荷、推进剂的质量。作用在火箭上的力是发动机推力 T、空气动力阻力 D 和它的重力 W(等于总质量乘以重力加速度)。推力和阻力沿与速度矢量平行的方向相互作用,重力垂直向下。

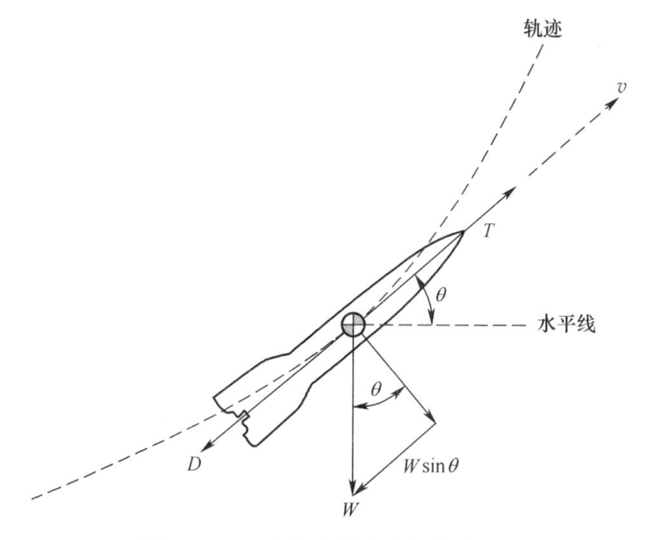

图 4-73 飞行中火箭的自由体受力图

与速度矢量平行的方向,应用牛顿第二定律,得

$$\sum F_{\parallel v} = m\frac{\mathrm{d}v}{\mathrm{d}t} \tag{4-116}$$

$$T - D - W\sin\theta = T - D - mg\sin\theta = m\frac{\mathrm{d}v}{\mathrm{d}t} \tag{4-117}$$

通过式(4-108)可知,推力与推进剂的比冲和质量流量 $\dot{m}_{\mathrm{p}}$ 有关。将这种关系代入式(4-117),可以获得推力:

$$\dot{m}_{\mathrm{p}} g_0 I_{\mathrm{sp}} - D - mg\sin\theta = m\frac{\mathrm{d}v}{\mathrm{d}t} \tag{4-118}$$

当火箭沿其轨迹上升时,推进剂质量被发动机消耗,因此在火箭总质量中,推进剂质量流量不断减少:

$$\dot{m}_{\mathrm{p}} = -\frac{\mathrm{d}m}{\mathrm{d}t} \tag{4-119}$$

将式(4-119)代入式(4-118),得

$$\left(-\frac{\mathrm{d}m}{\mathrm{d}t}\right) g_0 I_{\mathrm{sp}} - D - mg\sin\theta = m\frac{\mathrm{d}v}{\mathrm{d}t} \tag{4-120}$$

将式(4-120)乘以 dt,除以 m,整理得

$$\mathrm{d}v = -g_0 I_{\mathrm{sp}}\frac{\mathrm{d}m}{m} - \frac{D}{m}\mathrm{d}t - g\sin\theta\mathrm{d}t \tag{4-121}$$

由式(4-121)可知,速度的变化可以表示为不断减小的质量、气动阻力和重力效应的函数。首先看一下最简单的情况,其中的气动阻力和重力效应与推力相比,可忽略不计(回想一下,式(4-121)右侧的第一项是随比冲和质量变化的推力)。这种情况可能代表火箭在没有大气层的空间中飞行,并且重力效应与推力相比较小。对于这种情况,式(4-121)变为

$$dv = -g_0 I_{sp}\frac{dm}{m} \tag{4-122}$$

将式(4-123)从初始状态(其中速度和质量分别为 v_1 和 m_1)整合到最终状态(其中速度和质量分别为 v_2 和 m_2),有

$$\int_{v_1}^{v_2} dv = -g_0 I_{sp}\int_{m_1}^{m_2}\frac{dm}{m} \tag{4-123}$$

$$v_2 - v_1 \equiv \Delta v = g_0 I_{sp}\ln\frac{m_1}{m_2} \tag{4-124}$$

式(4-124)是火箭方程式,火箭发动机从初始状态到最终状态,在一个具有比冲 I_{sp} 中燃烧一定量的推进剂质量($m_2 - m_1$),火箭的速度变化为 Δv。

假设初始状态处于发射离地状态,即速度为零,质量为 m_i,最终状态为燃尽状态,速度为 v_b 且质量为 m_f。假设所有推进剂完全消耗,则式(4-124)变为

$$v_b = g_0 I_{sp}\ln\frac{m_i}{m_f} = g_0 I_{sp}\ln\frac{1}{MR} \tag{4-125}$$

其中,质量比 MR 的定义为

$$MR \equiv \frac{m_f}{m_i} \tag{4-126}$$

已经消耗的推进剂质量 $m_p = m_i - m_f$。式(4-125)给出了火箭在升空后消耗所有推进剂后的最终燃尽速度。

现在考虑重力效应不可忽略。对于这种情况,式(4-121)变为

$$dv = -g_0 I_{sp}\frac{dm}{m} - g\sin\theta dt \tag{4-127}$$

将式(4-127)从时间为 t_1 的初始状态进行积分,其速度和质量分别为 v_1 和 m_1,到时间为 t_2 的最终状态,其速度和质量分别为 v_2 和 m_2,有

$$\int_{v_1}^{v_2} dv = -g_0 I_{sp}\int_{m_1}^{m_2}\frac{dm}{m} - \int_{t_1}^{t_2} g\sin\theta dt \tag{4-128}$$

$$v_2 - v_1 = g_0 I_{sp}\ln\frac{m_1}{m_2} - (g\sin\theta)_{av}(t_2 - t_1) \tag{4-129}$$

$$\Delta v = g_0 I_{sp}\ln\frac{m_1}{m_2} - (g\sin\theta)_{av}\Delta t \tag{4-130}$$

式中:$(g\sin\theta)_{av}$ 为由重力和飞行航迹角引起的加速度的时间平均值;Δt 为推进

剂燃烧的时间段（$t_2 - t_1$）。

获取时间平均值的表达式超出了本书的范围；然而，假设这些量是已知的，式（4-130）提供了获得包括重力效应的速度变化 Δv 的方法。式（4-128）中的重力项也可以使用数字计算机上的数值积分获得，对于已知的飞行轨迹，其高度（可以从中计算 g）和飞行航迹角 θ 可以定义为关于时间的函数。

类似地，积分式（4-121）中考虑气动阻力的影响超出了本书的范围。可以简化假设以获得闭式解，或者像重力项的情况一样可以应用数值积分来获得方程的解。

例 4.9 V-2 火箭燃尽速度

V-2 火箭（图 1-76）的总发射质量为 12500kg，其中燃料为 3800kg，液氧为 4900kg。V-2 液体火箭发动机具有 200s 的比冲。假设消耗 90%的推进剂，试计算其燃尽速度，忽略重力效应和气动阻力。

解：

总推进剂质量 m_p 为

$$m_p = 3800\text{kg} + 4900\text{kg} = 8700\text{kg}$$

假设消耗 90%的推进剂，最终的燃尽质量 m_f 为

$$m_f = m_i - 0.9m_p = 12500\text{kg} - 0.9 \times 8700\text{kg} = 4670\text{kg}$$

使用式（4-125），忽略重力效应和气动阻力，燃尽速度 v_b 为

$$v_b = g_0 I_{sp} \ln \frac{m_i}{m_f} = 9.81\,\frac{\text{m}}{\text{s}^2} \times 200\text{s} \times \ln \frac{12500\text{kg}}{4670\text{kg}} = 1931.7\,\frac{\text{m}}{\text{s}}$$

$$v_b = 1931.7\,\frac{\text{m}}{\text{s}} = 6889.3\,\frac{\text{km}}{\text{h}} = 4280.8\,\frac{\text{mile}}{\text{h}}$$

4.6.3 液体推进剂火箭推进器

液体火箭发动机之所以如此命名，是因为它使用液体推进剂。推进剂包括氧化剂和燃料，它们在低压下储存在一个或多个薄壁罐中。推进剂可以是液体双组元推进剂，由与液体燃料分离的液体氧化剂组成，或者是单组元推进剂，由氧化剂和燃料在单一液体中化学结合形成。双组元推进剂存储在分开的罐中，而单组元推进剂存储在单个罐中。液体推进剂通常占液体推进剂火箭总发射重量的 25%。液体推进剂火箭发动机系统的基本部件是推进剂储罐、燃烧室、相关的进料系统管道、阀门、用于将推进剂从储罐移动到燃烧室的调节器、推进剂喷射系统、点火系统和排气尾喷口。

使用喷射器系统将燃料和氧化剂喷射到燃烧室中，喷射器系统通常由以一种形式排列的一系列小孔组成，以优化燃料和氧化剂的混合。燃料和氧化剂喷射可以是同轴的，使得氧化剂同轴地喷射在中心燃料喷射口周围。喷射器包括喷头喷射器、撞击喷射器和涡流喷射器等类型。在喷头喷射器中，燃料和氧化剂

通过喷射器面板注入,喷射器面板上有许多小孔,类似于浴缸喷头。在撞击喷射器中,喷射的燃料和氧化剂在喷射面下游短距离内相互瞄准,彼此撞击,改善了混合程度。推进剂以涡流方式注入涡旋喷射器中,这也可以改善混合程度。

一旦燃料和氧化剂混合,就需要点火源来引发燃烧。可以使用烟火、电火花或化学点火。在液体推进剂火箭发动机中点火的时间是至关重要的。如果在点火之前,过量的推进剂积聚在燃烧室中,则可能发生推进剂的硬启动或爆炸点火,这可能过压或破坏燃烧室。

使用自燃性推进剂引发燃烧,可能发生推进剂彼此自发地点燃现象。燃烧完成后,推进剂转换为非自燃的初级燃料和氧化剂。一些液体火箭发动机仅在自燃推进剂上运行。氢和四氧化二氮是常见的自燃物质和氧化剂的组合。自燃式推进剂系统的优点包括简单性、可靠性和重启能力,因为燃料和氧化剂仅需要混合以引发燃烧。缺点是由于其毒性、腐蚀性以及较低的比冲而难以控制。自燃推进剂系统通常用于航天器机动系统和运载火箭的上一级。

燃烧室和喷口暴露在极高温度的燃烧气体中。可以通过被动或主动冷却技术提供热保护。被动热保护包括在燃烧室或喷口的壁上涂隔热或烧蚀涂层。主动冷却涉及燃料室中或喷口壁上的燃料或其他流体的循环。再生冷却是用于主动冷却的燃料循环,然后在发动机中燃烧。

推进剂进料系统可能是一个压力进料系统或泵进料系统。在压力进料系统中,推进剂通过高压惰性气体(如氮气)移动。泵进料系统使用涡轮泵和其他类型的涡轮机械来移动推进剂。在这两种类型的系统中,通常都需要一系列压力调节器、单向回阀和精密流量阀。超声速喷口加速和排出热燃烧气体以产生推力。通过打开和关闭合适的推进剂阀门,可以启动、停止和重启液体推进剂火箭发动机。通过控制推进剂的流量可以改变或者油门控制液体推进剂发动机的推力。

单组元推进剂液体火箭发动机的推进装置相对简单,其具有低推力和低比冲。它们通常用于航天器姿态控制。单组元推进剂火箭发动机的基本部件如图 4-74所示。推进剂储罐填充有单组元推进剂,如氢或过氧化氢。许多单组元推进剂系统使用气体压力进料系统,利用高压惰性气体从储罐中移出单组元推进剂。单组元推进剂通过催化剂基座(如铂网)将其分解成热燃烧气体。分解

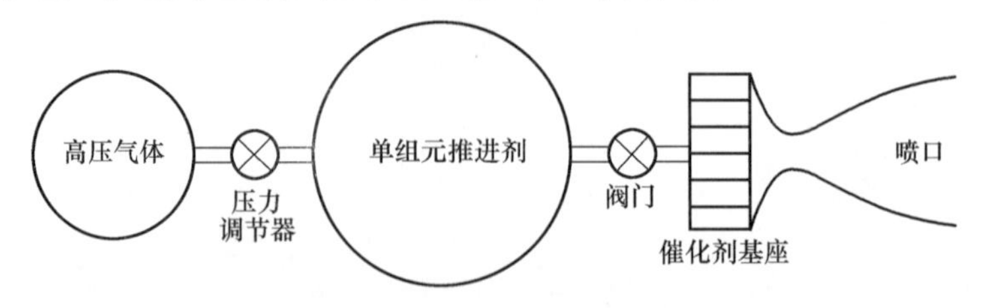

图 4-74　液体单组元推进剂火箭发动机

的产物通过超声速喷口加速和排出以产生推力。单组元推进剂推进器也可以简单地通过喷口排出高压冷气推进剂(如氮气)。单组元推进剂火箭可以打开和关闭,非常适合用作姿态控制动力。

大型推力火箭发动机通常是双组元推进剂型。液体双组元推进剂氧化剂有液氧和硝酸。液体双组元推进剂燃料有煤油、汽油、醇和液氢。推进剂通常是液化气体或低温推进剂,需要在非常低的温度下储存。液氧和液氢分别在约-183℃(90.2K,-297℉)和-253℃(20.2K,423℉)的温度中存储。低温储罐必须通风,以释放液体推进剂喷雾器产生的高压。推进剂可以使用压力进料或泵进料系统输送燃料到推力室。

压力进料双组元火箭系统如图 4-75 所示。进料系统由推进剂储罐、高压气罐、罐和推力室之间的管道、阀门和调节器组成,高压气罐通常装有惰性气体如氦气。该系统的操作包括打开推进剂罐上游和下游的阀门,允许高压气体“排放”到推进剂罐中,将推进剂推入推力室。因此,这种类型的进料系统有时称为排气系统。进入推进剂罐的气压由压力调节器控制,压力调节器保持所需的恒定设定压力,直到高压罐中的压力降低到低于调节器设定的压力。压力进料系统的一个优点是简单性和可靠性。移动推进剂不需要机械泵或其他机械装置,因为移动推进剂的动力只是将高压气体吹入推进剂罐。压力进料系统的缺点是需要较重、较厚壁的罐来控制高压系统压力,可能以每平方英寸数百甚至数千磅的压力运行。

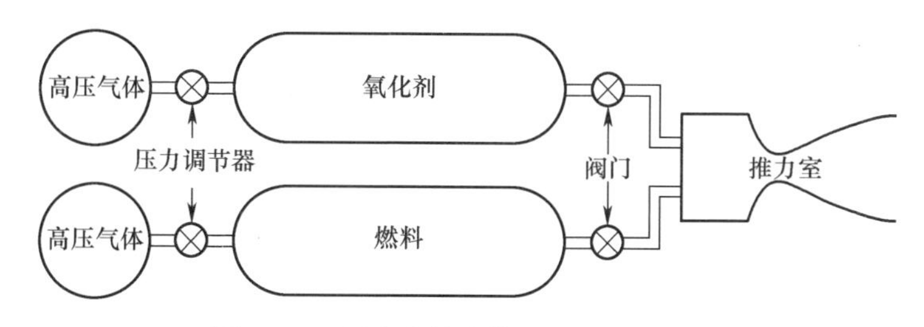

图 4-75　压力进料液体双组元火箭系统

泵进料式双组元推进剂液体火箭系统如图 4-76 所示。与压力进料系统一样,氧化剂和燃料储存在分开的罐中,但这些推进剂使用泵而不是高压气体输送到推力室。由热燃气轮机分别驱动单独的氧化器和燃料泵。涡轮机由燃气发生器提供动力,燃气发生器基本上是另一种燃烧装置,可以燃烧与火箭发动机相同的推进剂。由于涡轮机由燃气发生器驱动,这种类型的泵进料发动机称为燃气发生器循环火箭发动机。在一些火箭发动机中,燃气发生器可以使用其他推进剂,如过氧化氢。对于大型火箭发动机,泵进料系统中的推进剂流量可能非常高,可能是每秒数百加仑的推进剂,需要大型复杂的涡轮泵和燃气发生器系统。

图 4-77 所示为 Rocketdyne F-1,一个大型泵送双组元火箭发动机的例子。

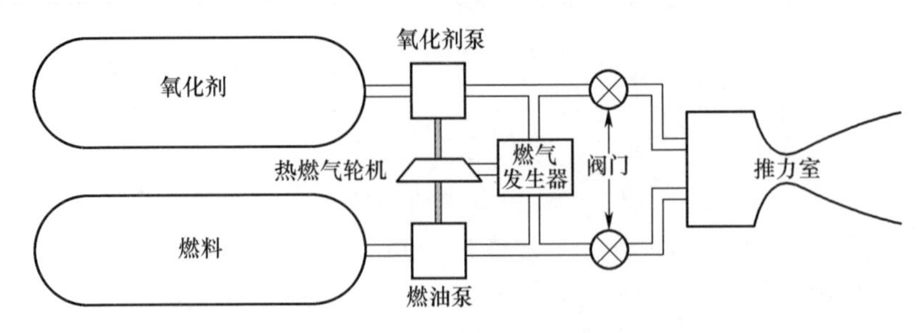

图 4-76　泵进料式液体双组元推进剂液体火箭系统

F-1 火箭发动机是在 20 世纪 50 年代开发的,用于在 20 世纪 60 年代和 70 年代飞往月球的土星五号火箭(图 1-72)。在“土星”五号火箭的 S-IC 第一阶段有 5 个 F-1 发动机。每架 F-1 发动机在海平面上产生 1.5×10^6 磅力(6.7×10^6N)的推力,具有 260s 的比冲。F-1 仍然是已飞行过的最强大液体燃料火箭发动机,具有单个推力室和单喷口。以任何标准来看,F-1 都是大型发动机,其长度为 19 英尺(5.8m),喷口出口直径为 11 英尺 7 英寸(3.53m),飞行重量为 18500 磅(8390kg)。

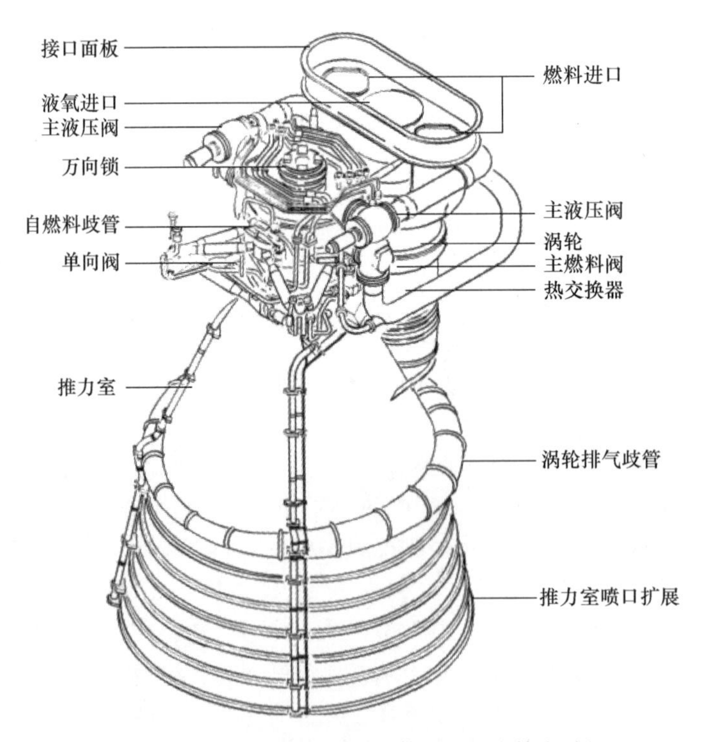

图 4-77　F-1 涡轮泵进料,液体双组元火箭发动机
(资料来源:美国国家航空航天局)

F-1推进剂是RP-1煤油和液氧。推进剂通过由热燃气轮机分别驱动燃料和氧化剂泵供给燃烧室。涡轮泵系统暴露在极端温度范围内,进入涡轮机的1465℉(1069K,796℃)热气,流经泵的-300℉(89K,-184℃)液氧。涡轮泵中F-1推进剂流量是惊人的。氧化剂流速为24811加仑/min(3945磅/s,1789kg/s),燃料流速为15471加仑/min(1738磅/s,788.3kg/s)。在"土星"五号第一阶段有五台F-1发动机,总推进剂流速为204410加仑/min或3357加仑/s(473.6磅/s,214.8kg/s)。每台发动机的额定燃烧持续时间约为2.5min(150s)。在第一段燃烧之后,"土星"五号火箭在220000英尺(67000m,41.7英里)的高度上的速度约为6200英里/h(9980km/h)。

将推进剂注入推力室,燃烧温度为5970℉(3572K,3299℃),室压为965磅力/英寸^2(678kN/m^2)。使用自燃推进剂启动燃烧,然后在燃烧形成后切换为主要燃料和氧化剂。

推力室有喷口延伸,其喷口的膨胀比(喷口出口区域与喉部区域的比值)从10∶1增加到16∶1。涡轮泵排气歧管缠绕在推力室周围。沿喷口壁喷射较冷的涡轮泵排气,以便为较高温度的喷口气流提供气膜冷却。

4.6.4 固体燃料火箭推进器

与推进剂分离的液体推进剂火箭不同,固体推进剂火箭中的燃料和氧化剂混合成组合的固体推进剂。如前所述,固体推进剂火箭可以追溯到最早的火箭推进形式。固体推进剂火箭发动机已经达到很高的技术进步程度,能够以相对较低的成本提供可靠、高推力的性能。固体燃料火箭能够将小的有效载荷(如小于约2000kg(4400磅))发射到近地轨道(LEO)或将有效载荷约500kg(1100磅)的物体发射到地球轨道以外。固体火箭第一级发动机最高比冲可达280s,通常为175~250s。相比之下,氢氧液体推进剂火箭发动机的比冲量超过450s。相对于液体推进剂火箭发动机,性能较低的固体推进剂火箭发动机不适合作为较大空间运载火箭的主要推进器。与航天飞机一样,固体推进剂"捆绑"助推器连接到液体推进剂火箭上,以增加其发射重量的能力。它们还用于将卫星送入地球轨道的助推系统末级推进。

固体火箭发动机中的推进剂称为推进剂药柱。推进剂药柱黏合在金属或复合材料圆筒(即火箭发动机壳体)内部,如图4-78所示。推进剂药柱必须具有结构力学性能,以抵抗火箭地面操纵和飞行中的开裂。药柱中的裂缝可能导致推进剂的灾难性爆炸。发动机壳体是一种压力容器,设计用于高压和高温燃烧。发动机外壳可以由各种材料制成,从用于简单火药火箭的纸板到用于航天飞机固体火箭助推器的钢。高强度重量比的复合材料,如碳纤维,也可用于固体火箭发动机壳体。发动机壳体可以填入绝缘材料,以保护其免受燃烧推进剂的高温影响。

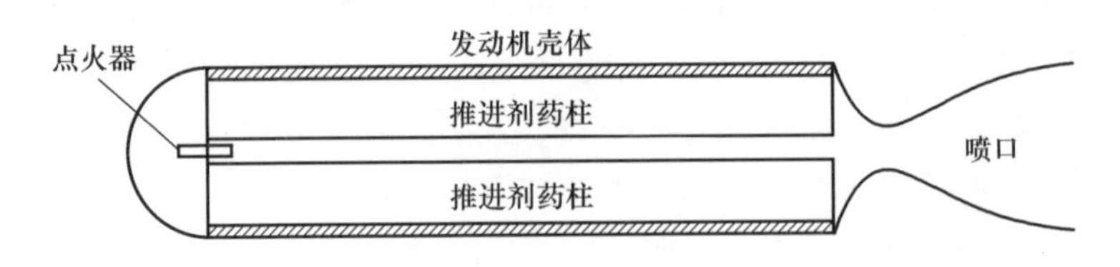

图 4-78　固体火箭发动机

在药柱的中心有一个孔,称为穿孔,可以有各种横截面形状。由于药柱从穿孔的内表面向外燃烧到壳体,因此穿孔图案设计成可获得所需的推进剂燃烧速率,以获得期望的发动机推力。图 4-79 所示为各种固体火箭发动机穿孔形状及其相关的推力剖面。推力剖面的类型在每个推力剖面的顶部给出。例如,递增推力剖面中推力级别随时间不断增加,而推力在燃烧期间呈递减趋势。

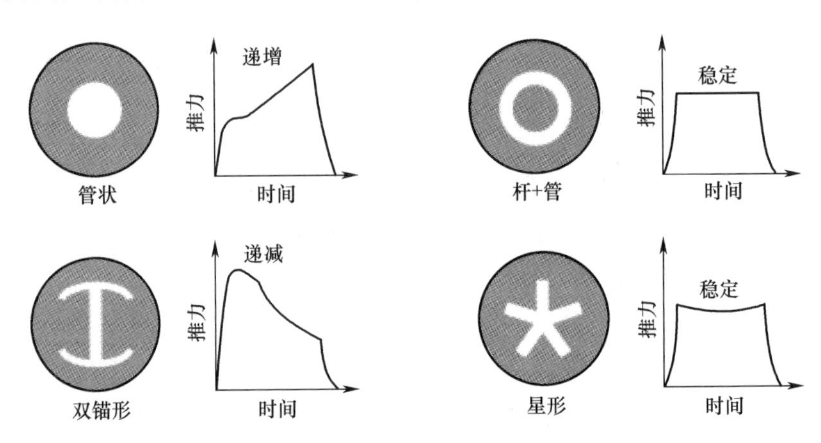

图 4-79　各种固体火箭发动机穿孔形状和推力剖面

燃烧过程消耗固体推进剂并产生高温高压气体,该气体通过尾喷口排出以产生推力。由固体发动机产生的推力与燃烧气体质量流量成正比。推进剂消耗率等于燃烧气体的质量流量(每单位时间的质量) m_g,m_g 为

$$m_g = \rho_g A_b r \tag{4-131}$$

式中:m_g 为固体推进剂的密度;A_b 为燃烧的推进剂表面积;r 为燃烧表面的衰退速率或燃烧速率(每单位时间的衰退线性距离)。

衰退速率 r 可以使用经验公式获得,该公式通常是由推进剂类型、推进剂温度、燃烧压力和其他因素所构成的函数。由于较大的燃烧气体流量产生较高的推力,从式(4-131)可以看出,通过增加固体推进剂密度、表面燃烧面积或推进剂衰退率可以获得更高的推力。

点火器安装在发动机的顶部或头端,位于穿孔的中心。点火后,固体推进剂的燃烧发生在药柱暴露的内表面上,使推进剂从壳体的中心区域由内到外的消

耗。而固体燃料燃烧产生的热气通过发动机底部的喷口排出。与液体火箭发动机不同,固体火箭发动机不需要推进剂进料系统,因此没有阀门、管道、压力调节器或其他进料系统组件。由于缺少用于关闭推进剂流量的阀门,固体火箭的推力终止可以通过吹掉火箭喷口或打开燃烧室壁上的通风口来实现。这两种方法都会导致燃烧室压力急剧下降,从而熄灭燃烧过程。先进的固体火箭喷口几何形状或燃烧室通风可以进行控制,从而实现切断、重启或油门控制功能。

固体推进剂的类型主要分为两种,即同质的、非同质的或复合的。不同类型的推进剂之间的区别是构成推进剂的燃料和氧化剂的组合方式。在同质推进剂中,燃料和氧化剂在分子水平上结合,即推进剂的分子包含燃料和氧化剂。常见类型的同质固体推进剂是两种单组分推进剂的组合,硝化甘油和硝酸纤维素,也称为双基推进剂。硝酸甘油($C_3H_5(NO_2)_3$)和硝酸纤维素($C_6H_7O_2(NO_2)_3$)的分子式包含烃基燃料和氧原子。在这种双组元固体推进剂中,硝酸甘油溶解在硝酸纤维素凝胶中。由于硝酸甘油是一种不稳定的高能单组元推进剂,低能硝酸纤维素推进剂可作为组合固体推进剂的稳定剂。这些类型的双基推进剂具有约 235s 的比冲。

固体推进剂的组成通常含有其他添加剂,以延迟分解,提高性能,改善力学性能或用于其他目的。例如,有时添加金属粉末,如铝、镁、硼和铍,以增加推进剂比冲和燃料密度。通过使用金属添加剂,双组元推进剂的比冲增加到约 250s。

非同质(或复合)推进剂由混合并悬浮在塑料状或橡胶状燃料胶黏剂中的氧化剂组成。研磨晶体或粉末形式的氧化剂通常是硝酸铵基(AN)或高氯酸铵基(AP)物质,但也使用硝酸钾、氯酸钾、高氯酸硝铵和其他物质。燃料胶黏剂可以是合成橡胶或普通塑料,例如羟基封端的聚丁二烯(HTPB)、聚丁二烯丙烯腈(PBAN)或聚氨酯。粉末金属也可以结合到胶黏剂中以增加性能。使用复合推进剂可以实现近 300s 的比冲。

世界上最大的固体火箭发动机,轨道 ATK 太空发射系统(SLS)五段式助推器(FSB)如图 4-80 所示。NASA SLS 是用于取代太空运输系统或航天飞机的重型火箭系统。由航天飞机及四段式固体火箭助推器构成的 FSB 由 5 个复合推进剂段组成,每个推进剂段使用高氯酸铵氧化剂和铝燃料混合成聚丁二烯丙烯腈(PBAN)燃料胶黏剂。SLS 使用 2 个直径 12 英尺(3.7m)、长 177 英尺(53.9m)的固体火箭发动机,总推进剂重量约为 1400000 磅(640000kg)。两个固体火箭助推器产生大约 7200000 磅力(32000000N)的推力,提供了发射时总飞行器推力的约 75%。FSB 燃烧约 2min,每秒消耗约 5.5t(11000 磅,5500kg)推进剂。SLS 五段式助推器的地面发射台如图 4-81 所示。

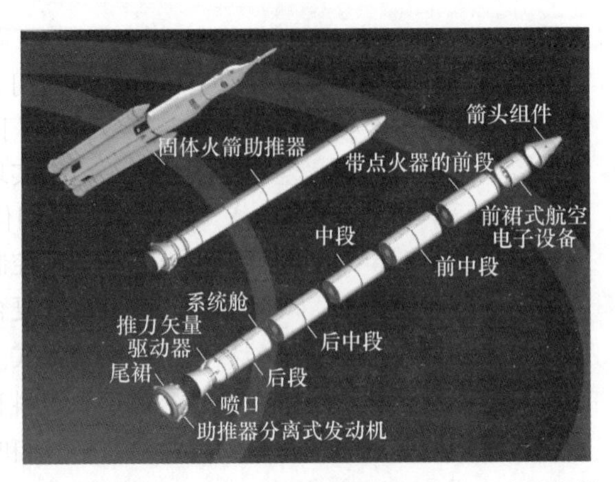

图 4-80　轨道 ATK 太空发射系统(SLS)五段式助推器

(资料来源:美国国家航空航天局)

图 4-81　最大的固体火箭发动机的地面发射台,即 SLS 五段式助推器

(资料来源:照片由 Orbital ATK 提供并许可使用)

4.6.5　混合推进剂火箭推进器

顾名思义,混合火箭发动机结合了液体和固体火箭发动机的各个方面。混合火箭的推进剂由液体或气体成分和固体成分组成。虽然使用液体或气体燃料和固体氧化剂的混合火箭是可能的,并且已经在过去进行了试验,但是通常使用液体或气体氧化剂和固体燃料可获得更好的性能和操作性。

常见的混合氧化剂包括液态或气态氧、一氧化二氮和过氧化氢。混合火箭中使用的许多固体燃料是普遍存在的无害物质,人们通常不会认为与火箭燃料有关。这些常见的混合火箭固体燃料包括有机玻璃(聚甲基丙烯酸甲酯)、石蜡、HTPB 合成橡胶和各种其他类型的合成塑料。为了提高性能,可以将高能添加剂(如镁、铝、铍和锂)混合到固体燃料中,然后固体燃料用作这些添加剂的胶黏剂。

典型的液氧化器固体燃料混合火箭发动机系统如图 4-82 所示。该系统的基本组成部分是液体氧化剂存储罐和带有附加排气喷口的固体燃料室。在图4-82所示的简单压力进料系统中,使用高压惰性气体(如氦气)迫使氧化剂进入固体燃料室。也可以使用泵进料系统,涡轮泵代替高压气源,氧化剂流入燃烧室。还需要一系列阀门和调节器来控制加压气体和液体氧化剂的流量。

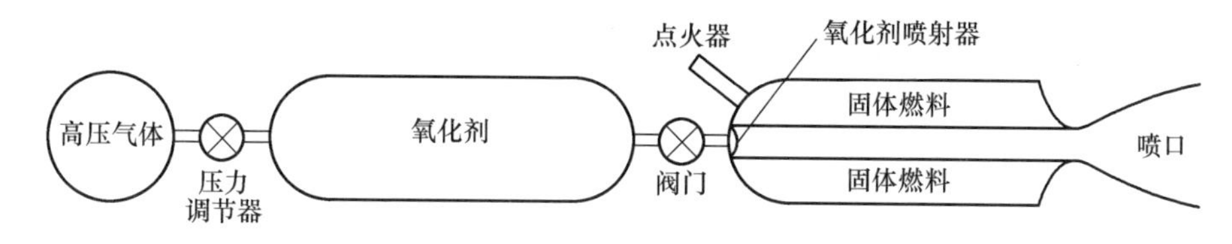

图4-82 混合火箭发动机系统

点火系统提供了一个热源,在发动机的头部汽化固体燃料。这可以通过向燃烧室中注入诸如三乙基铝(TEA)和三乙基硼烷(TEB)的混合物,或使用丙烷或氢燃料的点火系统来完成。加压氧化剂注入燃烧室并与汽化燃料反应。电火花点火器系统也可以与气态氧化剂一起使用以点燃气态燃料-氧化剂混合物。氧化剂流体也使燃烧火焰从发动机的头端沿固体燃料方向扩散。

氧化剂和汽化燃料的燃烧发生在固体燃料表面上方的边界层内扩散区域,如图4-83所示。相对于固体和液体火箭发动机中的燃烧,这种类型的燃烧是一个缓慢的过程,因为它依赖于固体燃料在其表面的蒸发,随后在狭窄的火焰区域中混合汽化的燃料和氧化剂。在燃烧期间,燃料表面蒸发或后退的所得速率(称为燃料递减率)很低。混合发动机的燃料递减率可以比固体燃料发动机小一个数量级。例如,如果固体发动机的燃料递减速率约为1cm/s,则混合发动机的递减速率可以小得多,约为0.1cm/s。

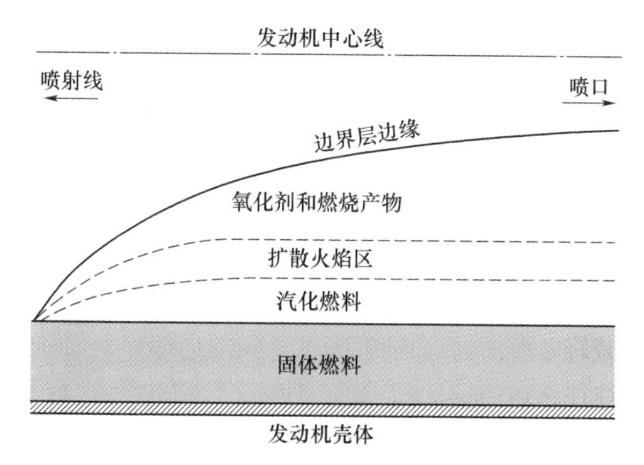

图4-83 燃料和氧化剂在扩散火焰区的混合火箭燃烧

最简单的燃料药柱几何形状有一个孔或端口通过发动机的中心。图4-84

中的“车轮”多端口设计所示,在燃料药柱中使用多个燃烧口使得燃料表面积变大,这增加了递减率、燃料流量、燃烧效率和发动机推力。多端口设计还使得送出燃料药柱进入喷口上游混合室的湍流增加,改善了未反应燃料和氧化剂的混合和燃烧。但是多端口设计存在一些缺点,包括与固体发动机(在给定的混合动力发动机圆柱形容积下由于许多孔或端口而包含较少的燃料)相比容积效率低、结构完整性问题以及难以将所有燃料段以相同的均匀速率燃烧。

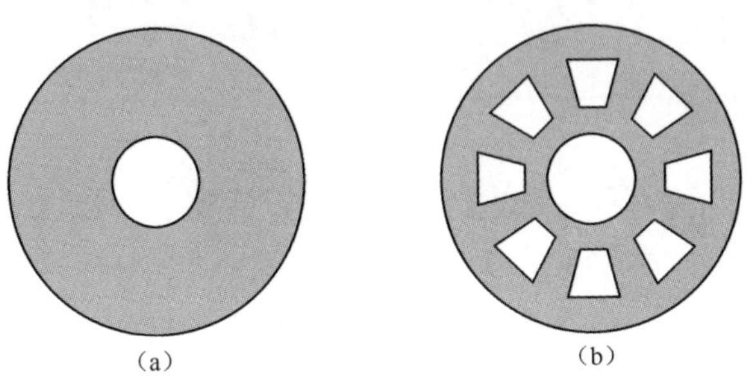

图 4-84 单端口和多端口“车轮”燃料药柱
(a)单端口;(b)多端口。

一些混合动力发动机具有预燃烧室或汽化室,位于固体燃料药柱上游,发动机的前端,以帮助启动燃烧。一些混合动力发动机还具有位于固体燃料药柱下游和喷口上游的后混合室,以在从喷口排出之前燃烧任何残余燃料和氧化剂。

混合燃烧的一个缺点是不稳定趋向。这些燃烧不稳定性表现为大压力振荡,其频率接近推进剂进料系统或燃烧室容积的固有频率。由于过高的压力或高的传热速率,这可能导致火箭发动机发生故障。这并不意味着燃烧不稳定性仅限于混合火箭,因为它有时也存在于液体和固体推进剂火箭发动机中。燃烧不稳定性的机理仍然没有得到很好的理解,“修复”通常留给试错法试验测试。更突出的问题是需要在全尺寸样件上进行测试,因为不稳定性往往不会按比例减小,这将允许使用更便宜的亚尺寸硬件进行测试。

液体和混合推进剂火箭的燃烧不稳定性可以根据振荡的频率进行分类。小于 100Hz(每秒 100 个周期)的低频振荡,称为“功率振荡”,是由于燃烧过程的固有频率与推进剂进给系统之间的耦合造成的。1000Hz 量级的高频振荡称为“发动机啸声”,与燃烧室容积的声学振动模式有关。通常可以通过设计合适的推进剂喷射器来减轻喘振。由于存在许多不同的燃烧室振动模式,对于系统设计中的微小变化往往很敏感,因此“发动机啸声”不好理解,修复可能是难以捉摸的。

混合火箭推进在简单、安全、成本、性能和操作方面优于液体和固体火箭推进。由于阀门和管道的数量少得多,混合火箭发动机的机械复杂度优于液体火箭发动机,但与纯固体火箭相比却不那么明显。高密度混合固体燃料减少了整个系统的体积,与固体火箭相比优势不明显,但与液体火箭相比则优势非常明显。

就安全性而言,混合火箭燃料通常是非挥发性物质,例如橡胶或塑料,这相对于液体和固体火箭中使用的典型挥发性、腐蚀性或有毒燃料有内在的安全优势。混合火箭燃料的制造、储存和运输也更容易和更安全。混合火箭的燃料和氧化剂以不同的物质状态储存,使得意外混合导致爆炸的可能性降低,而不像液体火箭发动机中混合两种液体推进剂更有可能造成爆炸危险。混合燃料发动机中推进剂的分离也使得发动机的意外点火、爆炸和燃烧的可能性比固体火箭发动机小。混合推进器的相对机械简单性和安全性优势,使得其在处理较低的复杂性要求上,会转化为潜在的较低成本。

混合火箭发动机的比冲可以优于固体发动机和一些双组元推进剂液体发动机。混合推进剂的体积密度与固体发动机的体积密度相当,但混合物中使用的能量更高的液体氧化剂增加了混合物相对于固体氧化剂的性能。将高能添加剂结合到固体燃料中可以进一步提高混合火箭的性能。

混合火箭发动机与液体火箭发动机有许多有益的运行相似之处。通过控制液体推进剂流量,混合动力火箭发动机可以启动、停止、重新启动和油门控制,其性能类似于液体火箭发动机,但固体发动机做不到这一点。

与混合动力火箭推进相关的技术、试验和飞行经验远不如固体或液体火箭推进成熟。混合动力火箭推进已用于探空火箭,但大型混合动力火箭的开发、试验和飞行有限。迄今为止,所测试的最大的混合动力火箭发动机是250000磅力(1.1kN)的推力级发动机,这些发动机是在20世纪90年代NASA和DARPA计划中地面发射的。这些大规模混合动力发动机试验取得了有限的成功,因为存在燃烧不稳定性和燃烧口中不均匀燃烧的显著问题。小型混合式火箭发动机已在缩比复合Spaceship One和Spaceship Two两个亚轨道飞行器上飞行过。

4.6.6 火箭喷口的类型

在前面的章节中,我们讨论了与收敛-扩散喷口相关的(内部)空气动力学和推进。假设没有黏性和热损失,火箭喷口流量可以假设为等熵。如果还假设通过喷口的气流是一维的,那么其马赫数-面积关系(式(3-401))和流体属性的等熵关系式(式(3-345)~式(3-347)),通过具有确定面积分布的火箭喷口可提供马赫数和流体特性。火箭喷口的推力由式(4-24)给出,其中理想喷口的最大推力通过使流体完全膨胀到环境压力的膨胀比(喷口出口面积与喉部面积比)获得。因此,我们已经研究出了能够确定火箭喷口的空气动力学和推进力方面的关系。

火箭喷口和那些专为吸气式发动机设计的喷口之间的一个关键区别涉及它们的运行范围,特别是喷口出口处的环境条件。从海平面到外太空火箭均可以运行,其中喷口出口环境回压从海平面压力变化逐渐接近为零。在该环境条件范围内运行的火箭的喷口压力比 NPR(喷口总压除以喷口出口环境静压)可以在海平面上从大约 50 变化到真空中的无限大。为了将流体扩展到非常高的喷口压力比,需要非常大的喷口膨胀比。针对近空间运行而优化的火箭喷口可具有 100 的膨胀比。具有固定膨胀比的固定几何喷口对于单个高度(通常是非常高的高度)是最佳的。因此,喷口在所有低高度处都是次优运行。有几种机械方案可以在飞行期间改变喷口膨胀比,例如可扩展的喷口延伸,但这些增加了喷口设计的重量和复杂性。后面章节我们将讨论还有一些空气动力学方法可以使喷口在不同高度上更好地运行。

下面讲述目前正在使用和开发的一些喷口几何形状以及它们的优点和缺点。收敛-扩散火箭喷口主要有 3 类,即锥形、钟形和环形(也称为塞子或高度补偿喷口),如图 4-85 所示。图 4-85(c)、(d)、(e)所示的膨胀-偏转、尖锥和截断尖锥均是中心体或塞子位于喷口内的环形喷口的实例。如下所述,环形喷口提供高度补偿。目前使用最广泛的火箭喷管是钟形喷管,而环形喷管由于其复杂性,即使其理论性能高于其他喷管类型,也可能是最少使用的。

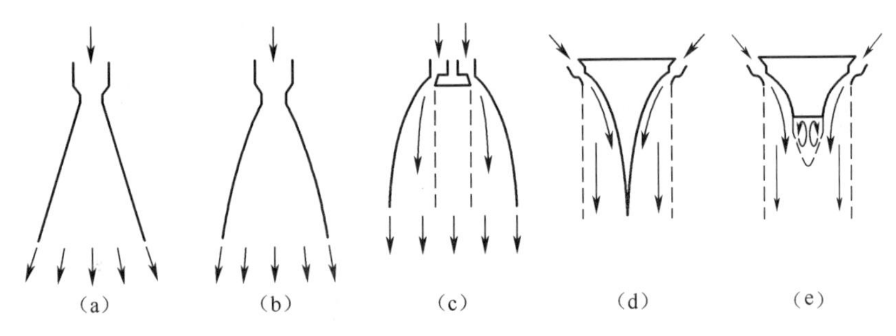

图 4-85　火箭发动机喷口的类型

(a)锥形;(b)钟形;(c)膨胀-偏转;(d)尖锥;(e)截断尖锥。

通常,所有这些类型的火箭喷口都具有圆形横截面,但也有例外。它们都有收敛-扩散部分,这两部分之间的区域或喉部最小。流动在收敛部分是亚声速的,在喉部是声速的,在扩散部分是超声速的。在这 3 个部分,扩散部分的设计对喷口性能最为关键。在收敛部分和喉部中的大而有利的压力梯度保持流体附着,使得这些区域可以承受各种几何形状而没有严重的损失。在扩散的超声速部分中有利的压力梯度小得多,并且流体更容易受到边界层分离的影响,这导致大的性能损失。另外,扩散部分的不正确轮廓也可能导致产生损耗的激波。这就是为什么喷口类型的主要区别在于发散截面的设计。

顾名思义,锥形喷口有一个带有简单锥形的发散截面,如图 4-85(a)所示。制造锥形喷口是最简单和最经济的。超声速部分的内壁以恒定角度从喉部发散。这种恒定的壁角导致发散损失:流体动量和推力的损失是因为离开喷口的流体不均匀并且与速度的轴向分量平行。虽然较小的扩散角会通过最大化的出口速度的轴向分量而产生更大的推力,但是与较大的扩散角相比,它会导致喷口更长、更重,而较大扩散角的喷口则更短且更轻,尽管性能低。最佳锥形喷口半角为12°~18°,这是长度/重量和性能之间的折中。目前,锥形喷口的用途仍较少。

如图4-85(b)所示,钟形火箭喷口比锥形喷口具有许多优点,使其成为当今火箭发动机最常用的喷口。钟形喷口更短、更轻,并且具有比锥形喷口更高的性能。钟形喷口轮廓在喉部的近下游处以大角度发散,然后在喷口出口处发散逐渐变小。这导致超声速流的有效扩展和小的扩散损失,因为出口流更均匀和平行。

所有固定膨胀比喷口都在一个高度上理想扩展。在所有其他高度,喷口过度膨胀或膨胀不足,性能不理想。通常,喷口在升空时过度膨胀并且在高高度处膨胀不足。环形喷口提供了该问题的解决方案。

环形喷口可以是膨胀-偏转型(图4-85(c))或空气喷射型(图4-85(d)、(e))。膨胀-偏转喷口具有环形喉部,该环形喉部围绕喷口底部的中心体或塞子。尖锥喷口具有多个单独或模块化的推力室,每个推力室具有小喷口,围绕轴对称的中心塞或锥中心体布置。对于尖锥轮廓,最有效的形状是等熵膨胀斜坡,但是这种斜坡往往过长且过重。截断的尖锥喷口要短得多,但必须将一个二次“流出”流体注入钝形基部,以减轻流动分离和基础阻力。塞子,中心体或底座的冷却是一个问题,增加了这些类型喷口的复杂性。

这两种环形喷口都具有热气体边界,可根据喷口出口环境回压进行调节,回压随高度而变化,所以称为高度补偿喷口。如图4-85(c)、(d)、(e)中的虚垂直线所示,热气体边界位于膨胀-偏转喷口的扩散部分内部,并且位于尖锥喷口外部。热气边界充当喷口的自调节空气动力内部(用于膨胀--偏转喷口)或外部(用于气动喷口)壁面。随着高度的增加和回压的降低,气体边界膨胀,热气体流动更多地喷射到喷口内部,从而改变喷口壁上的压力分布。随着高度升高和回压降低,热气边界向外扩展,改变了尖锥上的压力分布。高度补偿使这些喷口的非设计工况的性能优于锥形或钟形喷口。

与传统形状的喷口相比尖锥式喷口具有一些优点。与常规喷口的大型装置相比,小而模块化的尖锥式燃烧室的开发和测试更容易,成本也更低。模块化燃烧室的推力可以单独控制,提供推力矢量化能力,而不需要沉重和复杂的制动器和万向节来旋转喷口。尖锥式喷口的优点使得可以进行大规模样件的一些地面测试,但是这些类型的喷口没有显著的飞行经验。洛克希德·马丁公司所提出的X-33是一种单级入轨可重复使用的运载火箭设计,它采用了线性尖锥火箭发动机,模块化燃烧室呈直线形而非环形排列(图4-86)。

图 4-86　带有尖锥喷口的洛克希德·马丁 X-33 单级入轨可重复使用的运载火箭
(资料来源:美国国家航空航天局)

4.7　其他类型的非吸气式推进器

在本节中,描述了几种不依赖化学推进剂作为能源的非吸气式火箭推进器。从根本上说,在化学火箭推进器中,可用于加速飞行器的能量受到推进剂化学能的限制。这将化学火箭的最大比冲限制在 400~450s。其他类型的非化学火箭推进器没有这种限制,理论上可以提供更高的冲量来加速火箭。这些热火箭推进系统使用其他类型的能源,例如核能、电能或太阳能,来加热低摩尔质量的做功流体,通常是氢气。通过超声速喷口使热做功流体膨胀、加速和排出,热推进理论上可能达到超过 1000s 的极高比冲。

其中一些类型的热推进器可用于将火箭从地球表面发射到太空,而另一些热推进器仅适用于太空,用于诸如变轨或稳定等操作。这些类型的空间推进器是典型的低推力,但是这种低推力可以长时间应用,使得在长时间内将空间飞行器加速到高速成为可能。因此,这种类型的推进器可能有利于长时间的空间任务,例如星际任务或深空旅行。

4.7.1　核火箭推进器

从理论上讲,核能衍生推进剂的燃料能量密度可能是化学推进剂的百倍,预计核火箭所产生的排气速度是化学火箭的两倍,推进剂发射质量是其 1/2。用核火箭发动机预计可达到 500~1200s 的比冲,远远超过传统化学火箭推进器的可达到的最大值约 450s。由于这种潜力,过去已经进行了重要的核火箭推进研究和开发,尽管从未有过核动力火箭。从 20 世纪 50 年代中期到 20 世纪 70 年代初,美国完成了几种不同的核火箭设计并进行了地面试验。

所有核火箭推进器概念都有严重的环境和安全问题,必须加以解决。必须使用保护罩来保护设备和人员免受核反应辐射的破坏性影响。虽然核火箭发动机具有来自推进系统本身的固有辐射暴露风险,但其性能的提高可显著减少到遥远的世界(如火星)的旅行时间,从而显著减少宇航员受到的空间辐射。另外也存在核动力火箭发生事故或坠毁有关的危险,产生的放射性物质和碎片可能污染土地等。缓解这些问题通常涉及重型屏蔽或安全壳,这将显著增加火箭的重量。

从根本上说,核火箭推进器是基于核反应产生的热量加入做功流体,如氢气。与化学火箭推进不同,核火箭推进器中没有推进剂燃烧。根据式(4-104),在给定温度下使用最低摩尔质量做功流体获得最高排气速度。液态氢是做功流体的最佳选择,因为它是具有最低摩尔质量的元素。氨也被认为是一种做功流体,因为它具有更高的密度,易于处理,尽管它仅提供氢的一半比冲。然后热推进剂通过火箭喷口膨胀以产生推力。这些类型的基于核能的推进系统有时称为核热火箭发动机。

使用核能将热量传递给做功流体可以通过3种方式实现:使用放射性衰变、核聚变或核裂变。基于放射性衰变的核推进器依赖于放射性同位素的衰变产生热量。该技术已成功用于在太空飞行器、卫星和深空探测器中产生电能,但尚未成功应用于火箭推进器。我们研究了使用聚变的核火箭推进器,但由于缺乏对物理学的基本理解,因此没有提出任何实际概念。基于裂变的热火箭发动机通过诸如铀的放射性物质的裂变产生热量。做功流体通过核反应堆将热量从裂变反应传递到流体。核反应堆可以在2500K(4000℉)以上的温度下运行,从而为做功流体提供大量能量。然而,这也给必须在这些极端温度下运行的硬件设计带来了挑战。

固体核氢冷裂变反应堆是核热火箭发动机的核心,如图4-87所示。液态氢从储罐泵入反应器和火箭喷口周围的冷却回路。然后将氢气注入反应堆中,吸收核反应产生的热量,并以高温氢气的形式离开反应堆。热氢气通过超声速喷口加速到高的排气速度,产生推力以推进航天器。少量热氢气从反应器转移到涡轮机,涡轮机为泵提供动力。辐射屏蔽盾保护组件和人员免受反应堆辐射的影响。

也许核火箭推进器最密集的研究和开发是由美国原子能委员会、美国国家航空航天局和洛斯阿拉莫斯国家实验室在20世纪60年代和70年代进行的火箭飞行器应用核动力发动机(NERVA)计划。NERVA计划的目标是证明核热火箭发动机用于空间推进器的可行性。在该计划期间建造并试验了几种不同的核火箭发动机,其中许多具备飞行等级的部件。核热火箭发动机的地面试验达到约980kN(210000磅力)的推力水平,具有约850s的比冲。在这些试验中,氢气作为做功流体加热到约 2500K(4000℉)。在该计划结束时,一些人认为核火箭推进技术已可用于太空旅行。然而,随着美国载人航天开发计划的逐渐减少,1973 年核火箭推进的开发资金削减。最近美国国家航空航天局和其他组织对载人外太空任务使用核火箭推进器产生了新的兴趣。

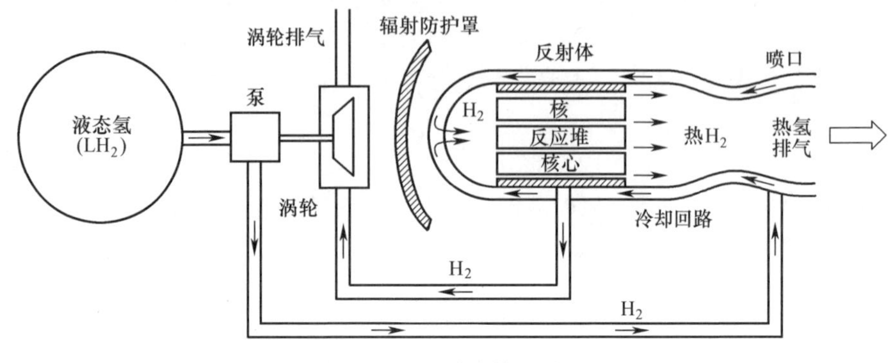

图 4-87　核热火箭发动机

4.7.2　电动航天器推进器

电力是电动航天器推进器的基础,虽然电力不会直接产生推力。电力可以通过各种手段提供,包括核能、太阳能、电池或其他来源。电源的尺寸、质量和效率是使这种类型的推进可行的关键。电动火箭发动机或推进器通常是低推力装置,其推力水平远小于 1N(0.2 磅力),但它们具有非常高的比冲。鉴于其非常低的推力水平,电动火箭必须运行很长时间,可能是数周甚至数月,以给航天器提供显著的速度。因此,这种类型的推进器可适用于进入深空的非常长时间的任务。电动推进器也用于轨道飞行器的空中姿态控制,其低推力是可接受的。

这里讨论了 3 种类型的电动航天器推进器,即电热推进器、静电推进器和电磁推进器。电热推进器在概念上类似于化学火箭推进器,其中工作流体加热然后通过排气喷口膨胀和加速以产生推力。然而,电热推进器使用电能来加热推进剂,而不是化学燃烧。静电和电磁推进器偏离热火箭发动机的概念,即工作流体通过喷口膨胀以产生推力。两者都基于磁流体动力学原理,即电离或电磁场对电离气体起作用以产生推力。

静电推进器基于电离推进剂并在静电电场中加速推进剂。在电磁推进器中,推进剂转换成导电等离子体,其通过电流和磁场的相互作用加速。静电和电磁推进器仅在空间真空中运行。

这些类型的电力推进器可获得的比冲范围如图 4-88 所示。在该图中还给出了各种类型的电力推进器的电力需求,这可能有重要意义。电力可以由航天器太阳能电池板或核电源提供。

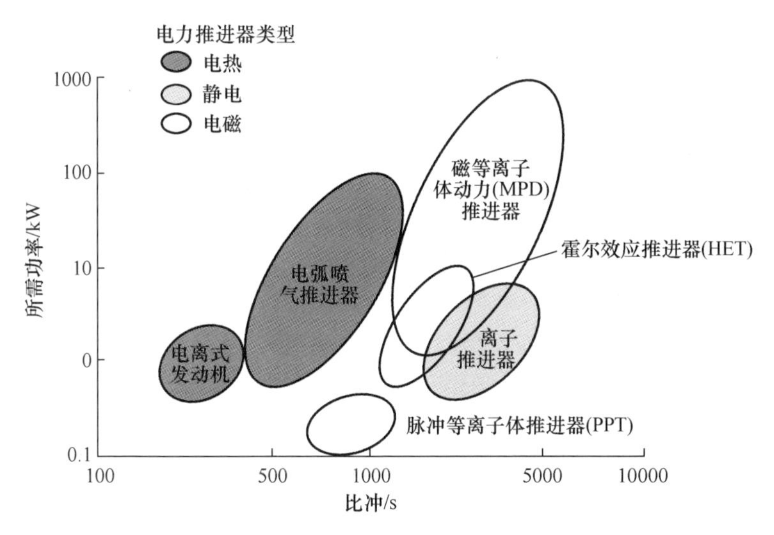

图 4-88 各种电力推进器的功率需求和比冲

(资料来源:改编自 Rocket Propulsion Elements,G. P. Sutton 和 O. Biblarz,图 19.1,2001 年,文献[16],经 John Wiley & Sons,Inc. 许可)

4.7.2.1 电热推进器

电热推进器类似于化学推进剂火箭发动机,其中推进剂加热然后通过喷口膨胀产生推力。推进剂是电热的,通常是通过电流流过电阻器或产生电弧放电。在这些推进器中可以使用各种推进剂,包括氢、氮、铵或分解的肼。

在电阻加热喷射推进器中,做功流体或推进剂通过电加热电阻器(如线圈或其他金属表面)加热。通过喷口膨胀后,阻燃喷射可产生约 200~300mN(0.04~0.07 磅力)的推力,具有约 200~400s 的比冲。电阻加热喷射推进器用于各种卫星,用于姿态控制和定点保持。

电弧喷射推进器如图 4-89 所示。电源供给位于腔室中心的阴极和位于阴极上游的环形阳极。非常高温的电弧,可能高达 15000K(26000℉),桥接了阴极和阳极之间的间隙。推进剂进料到推力室,在那里通过热放电的流体,可以达到极高的温度,在局部区域可能高达 20000K(35000℉)。热推进剂气体通过喷口膨胀,排气速度可达 1000~5000m/s(3000~16000 英尺/s)。电弧加热的电热推进器的推力水平较低,范围从约 200mN(0.04 磅力)到 1N(0.2 磅力),具有约 400~1200s 的比冲。较高推力装置需要大功率,大约 100kW 或更多。电弧喷气推进器可在各种卫星上运行。图 4-88 显示了比冲的范围和电阻喷射器和电弧喷射推进器所需的功率。

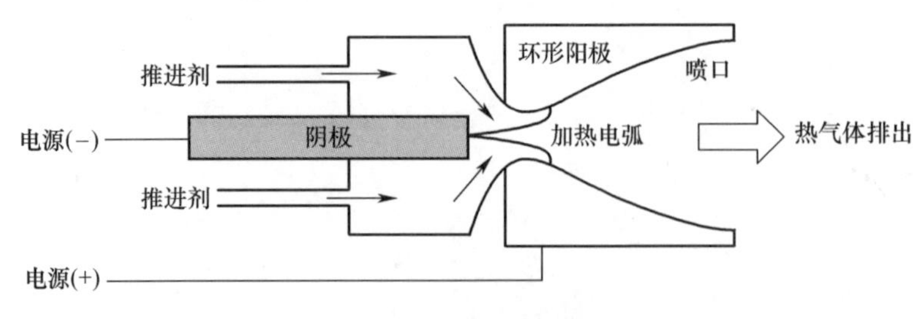

图 4-89　电弧喷气推进器

4.7.2.2　静电推进器

静电推进器是基于使用静电场将电离气体推进剂加速到高达 60000m/s (200000 英尺/s)非常高的速度。推进剂颗粒通过静电力或库仑力加速,由于它们的电荷引起颗粒的吸引或排斥。这种是不使用热力学膨胀和通过火箭喷口加速气体来产生推力。电离气体是指从气体中的原子中剥离电子,产生带正电荷的离子并使气体带正电荷。这些带正电的粒子在相同的方向上加速到高速,产生高动量,产生推力的粒子束。为了获得最高动量,有必要使用具有高摩尔质量的推进剂。这与在热火箭发动机中使用最低摩尔质量推进剂以获得高推力相反。

产生带电粒子的方式可以用来鉴别不同类型的静电推进器。电子轰击离子推进器通过用加热阴极发射的电子轰击单原子气体(如氙或汞)来产生带正电荷的离子。铯推进剂蒸气通过离子接触推进器中的热多孔钨接触电离器。在胶体静电推进器中,推进剂液滴通过电场给推进剂带正电荷或负电荷。

电子轰击离子推进器的组件如图 4-90 所示。将诸如氙或汞的气态推进剂注入电离室。电子从电加热的阴极发射并被吸引到阳极。电子与推进剂气体的原子碰撞,分裂电子并产生带正电的离子。通过阴极发射的电子在电离室中盘旋来增加由电离室周围线圈产生的磁场的电离效率,这增加了电子和推进剂原

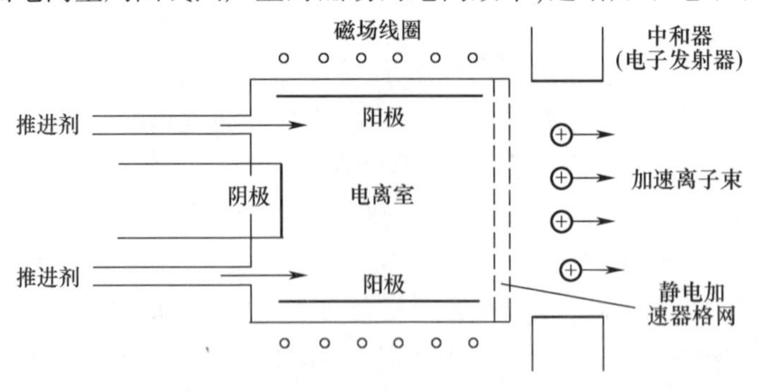

图 4-90　电子轰击离子推进器

子之间的碰撞次数。带正电荷的电离等离子体向静电加速器栅格移动，静电加速器栅格是一侧带正电荷而另一侧带负电荷的多孔电极。这种粒子加速类似于电子显像管中电子的加速方式。推进剂等离子体作为加速离子束离开腔室。为了防止在电离室和航天器上积聚负电荷，会延迟离子束的发射，带正电的电子束在离开电离室之后通过向电子束注入电子来电中和。

离子推进器的推力范围约为 0.01~200mN（2×10^{-6}~0.04 磅力），具有约 1500~5000s 的比冲。离子推力器的比冲范围和功率要求如图 4-88 所示。

4.7.2.3 电磁推进器

与静电推进器类似，电磁推进器不依赖于通过火箭喷口的推进做功流体的热力学膨胀和加速来产生推力。电磁推进器基于电磁理论的基本物理学，与电流和磁场的相互作用有关。在电磁推进器中，热量添加到推进剂中，将其转换成等离子体，这是一种由电子、正离子和中性粒子的混合物组成的通电热气体，在高温下导电。将电磁场施加到等离子体，其在等离子体内产生高电流。当电流与垂直磁场相互作用时，会产生与电流和磁场成直角的力，称为洛伦兹力。该力将推进剂加速到 1000~50000m/s（3000~160000 英尺/s）非常高的速度而产生推力。在本节中，我们简要讨论 3 种类型的电磁推进器：脉冲等离子推进器（PPT）、霍尔效应推进器（HET）和磁电动力学（MPD）推进器。这些推进器的功率要求和比冲如图 4-88 所示。

1）脉冲等离子推进器

脉冲等离子推进器（PPT）可能是电磁推进器中最简单的形式。PPT 的示意图如图 4-91 所示。从概念上讲，该装置包括两个带电电极板（一个阴极板，一个阳极板）和一个连接到电源电路中的电容器。

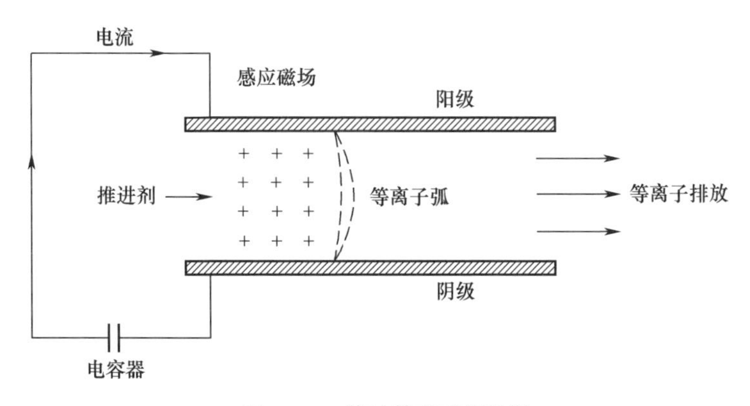

图 4-91 脉冲等离子推进器

PPT 的运行过程如下：电路中的电容器首先由电源充电；当电容器放电时，等离子弧桥接阴极板和阳极板；注入少量推进剂，等离子弧将推进剂蒸发成带电的等离子气体云。固体推进剂通常用于 PPT,尽管 PPT 设计为使用气态或液态推进剂。合成的氟碳固体聚四氟乙烯,通常以其商标名特氟纶而闻名,是最常用的 PPT 固体推进剂。将特氟纶固体进料到 PPT 中,随着等离子弧蒸发材料而烧蚀掉。

带电的等离子体气体完成阳极板和阴极板之间的电路,允许电流通过等离子云。载流等离子体感应出与电流方向垂直的磁场(图 4-91)。推进剂等离子体由电流和磁场相互作用产生的洛伦兹力加速。这个力与电流和磁场成直角,与带电板平行。因此,小的推进剂等离子体云以高速从 PPT 中排出,产生小而微弱的推力脉冲,当电容器放电时该脉冲结束。电容器由电源充电以重新启动循环。因此,当电容器充放电时,等离子体和推力以脉冲形式产生。在实践中,脉冲可以足够快,使得推力看起来是连续的和平滑的。PPT 设计成数百万个脉冲周期可以可靠地运行。

图 4-92 所示为一个脉冲等离子推进器,于 2000 年发射,用于"地球观测"1 号(EO-1)航天器的俯仰轴姿态控制。在图中所示的 PPT 顶部有两个指向相反方向的推进器。EO-1 PPT 使用固体特氟纶作为推进剂,其推力水平为 0.05~10mN(1×10^{-5}~2×10^{-3}磅),具有 900~1200s 的高比冲,功耗为 1~100W(3.4~340Btu/h,0.74~74 磅·英尺/s)。

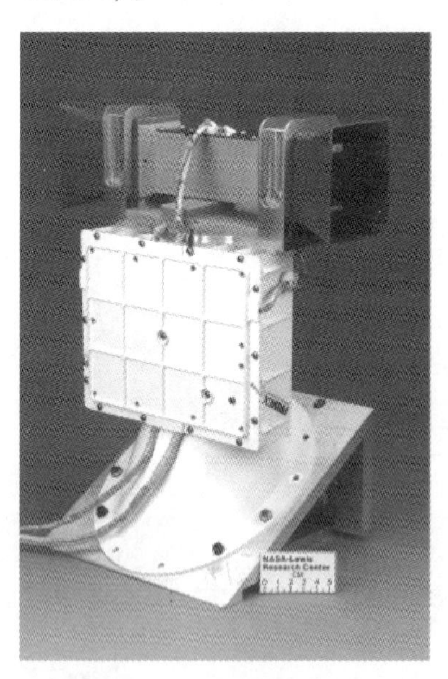

图 4-92　用于"地球观测"1 号航天器的脉冲等离子推进器
(资料来源:美国国家航空航天局)

2) 霍尔效应推进器

霍尔效应推进器(HET)使推进剂电离并加速电离气体以产生推力。圆柱形 HET 的示意图如图 4-93 所示。HET 的主体是一个圆柱形腔体,围绕中心体缠绕。电源连接到位于空腔开口附近的空心阴极和位于圆柱形空腔底部的阳极环。在腔的内环和外环处的强大电磁铁产生径向磁场。

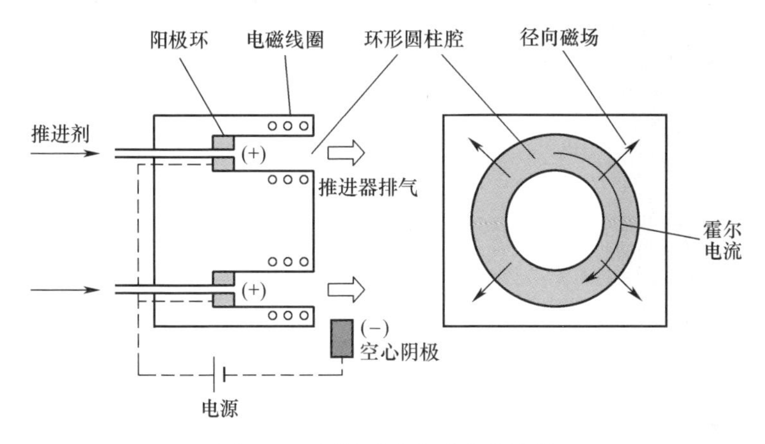

图 4-93 圆柱形霍尔效应推进器

HET 的运行过程如下:电子从带负电的阴极产生和放电,并被吸引向带正电的阳极。当这些电子向阳极加速时,强大的磁场将电子捕获在腔体入口附近。霍尔效应对电子起作用,产生横向于电流的电压差(从阴极到阳极的电子流)和垂直于电流的磁场。电压差产生的电流称为霍尔电流,其中电子在围绕空腔的圆形路径中运动,螺旋下降到阳极。推进剂通常是惰性高摩尔质量气体,例如氙或氪,在阳极处注入腔中。捕获的螺旋电子与推进剂原子碰撞,从原子中剔除其他电子,并产生电离推进剂气体。带正电的离子被吸引向带负电的阴极并加速离开腔,产生离子束。离子比电子质量大得多,因此它们不受磁场的影响。来自阴极的一些电子被吸引到离开推进器的离子,从而电中和离子束。总而言之,霍尔效应推进器在磁场中将电子捕获,这增强了它们与推进剂气体的相互作用和电离,然后推进剂气体通过电磁场加速以产生推力。

霍尔推进器的功率需求和可达到的比冲如图 4-88 所示。HET 具有 0.01~2000mN(2×10^{-6}~0.4 磅力)的推力范围,具有 1500~3000s 的比冲。高功率霍尔效应推进器在实验室中产生高达 3N(0.67 磅力)的推力。霍尔效应推进器通常用于商业通信卫星上,用于入轨和定点。

图 4-94 所示为一个 6kW 的氙气霍尔效应推进器实验室模型。该推进器的调节范围(输入功率)约为 1~10kW(3400~34000Btu/h,740~7400 磅・英尺/s),具有约 1000~3000s 的比冲。

3)磁等离子体动力推进器

磁等离子体动力(MPD)推进器的构型类似于图 4-89 所示的电热电弧喷射推进器。事实上,MPD 推进器有时称为 MPD 电弧推进器。二者的一个主要区

图 4-94　6kW 氙气霍尔效应推进器
（资料来源：美国国家航空航天局）

别是 MPD 推进剂排放没有热力学膨胀并通过排放喷口加速。推进剂进入腔室并通过加热电弧电离。各种各样的推进剂已经得到使用，包括氙、氢、氩和锂。导电等离子体允许电流在阳极和阴极之间流动，这形成了感应磁场，类似于脉冲等离子体推进器中的效应。由于电流和磁场的相互作用，推进剂等离子体洛伦兹力加速，并且以高速从 MPD 推进器中排出。

如上所述，MPD 推进器中的磁场是自感应的，或者是可以通过在排气室周围定位磁环（永磁体或电磁体）而施加的磁场。为了获得所需的推进剂加速度，MPD 推进器中的电磁场和磁场比电热电弧喷射推进器强得多。

MPD 推进器的功率要求和比冲如图 4-88 所示。与电热或静电推进器相比，MPD 推进器可能具有明显更高的功率需求。它们提供比电热推进器更大的比冲，与离子推进器相当的价值。

4.7.3　太阳能推进系统

太阳能推进系统的主要部件使用太阳光或太阳辐射作为动力。这些类型的系统通常需要非常大的日光聚光器或收集器，因此它们仅适用于地球轨道或深空任务等空间使用。与传统的化学火箭推进系统相比，这些是低推力系统。下面讨论两种完全不同的太阳能方案——太阳能热火箭和太阳帆。

4.7.3.1　太阳能热火箭

太阳能热火箭利用太阳辐射通过传统的火箭喷口加热和膨胀推进剂，从而产生推力（图 4-95）。推进剂是低摩尔质量的做功流体，例如氢气或氨气。使用氢气作为推进剂做功流体，预计可达到 700～1000s 的比冲。大型太阳能收集器，例如抛物面镜，聚焦太阳光以直接或间接方式加热推进剂。太阳辐射在直接加热方法中直接聚焦在推进剂上。使用间接方法用太阳光加热推进剂，注入热交换器。迄今为止，只完成了太阳能热火箭概念的小规模硬件地面试验评估。

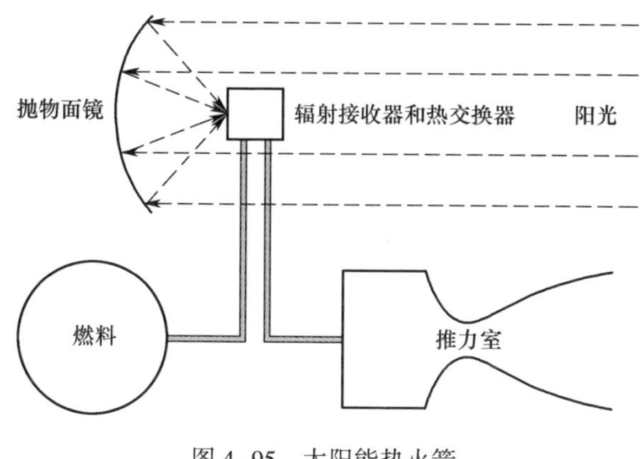

图 4-95 太阳能热火箭

4.7.3.2 太阳帆

在大航海时代①，欧洲帆船离开了“旧世界”的沿海水域，横渡印度洋和大西洋的广阔海域，寻找新的贸易路线、新的商业货物和“新世界”未发现的土地。这些远洋航行中的许多都在一艘相对较小的船上，专门用于勘探，称为帆船，如图 4-96 所示。典型的长度约为 75 英尺(23m)，帆船是宽梁的船舶，具有吃水浅的特点②，增强了其在未知深度的未知水域中航行的能力。帆船的行驶最高速度约为 8kn(9 英里/h，15km/h)，平均速度约为 4kn(4.6 英里/h，7.4km/h)，每天航行距离约为 100 英里(160km)。船上只有少量的船员，货舱空间充分，可供给一年左右的海上航行。

这艘远洋的探险船是由风推动的，风吹动着由亚麻或棉织成的三角形后帆。与古老的方形帆不同，三角形的风帆允许船只逆风而行，大大提高了船只探索海洋的能力。三角帆的功能非常类似于飞机机翼，其中横跨帆的空气流在帆的凹面和凸面之间产生压力差，从而产生推动船向前的空气动力。在大航海时代，由

---

① 大航海时代(也称为探索时代)，是 15 世纪和 16 世纪欧洲人进行全球探索的时期。来自葡萄牙、西班牙、英国、法国、荷兰的探险家前往非洲海岸、大西洋群岛和美洲。这一时期包括瓦斯科・达・伽马(Vasco de Gama)到印度的航行，克里斯托弗・哥伦布(Christopher Columbus)发现美洲，佩德罗・阿尔瓦雷斯・卡布拉尔(Pedro Alvares Cabral)对巴西的探索以及费迪南德・麦哲伦(Ferdinand Magellan)试图环游地球。

② “梁”是指船舶最宽处的宽度。相对于船的长度更大的梁，使得船更慢但也更稳定。吃水深度是指从船舶吃水线到船体底部的垂直距离。

图 4-96　大航海时代帆船的三角形后帆，该设计用于探险。图中显示的是维拉·克鲁兹(Vera Cruz)港口的船，为1500年佩德罗·卡布拉尔发现巴西时所乘坐的舰船的复制品

(资料来源：用户 jad99，"Schiff" https://commons.wikimedia.org/wiki/File:Schiff_(14009000674).jpg，CC-SA-2.0，License at https://creativecommons.org/licenses/by-sa/2.0/legalcode)

于三角帆的技术进步使大探险时期部分成为可能。

正如三角帆船的帆使帆船可以探索遥远的土地，太阳帆(也称为轻帆或光子帆)是一种低推力的太空推进概念，可以让太空船探索深空。太阳帆是一个巨大的，超薄的，轻质的表面，附着在航天器主体或有效载荷上。正如风吹动船帆，太阳帆被太阳辐射压力推动。太空中的所有飞船都受到太阳压力的影响，必须考虑其对航天器轨道，姿态或轨迹的效应。航天器利用太空压力执行姿态调整或允许它们在空间中的固定点保持静止。与传统的化学火箭不同，传统的化学火箭必须随身携带所有的推进剂，太阳帆的太阳能推进剂源是取之不尽的。太阳帆的推进剂工作材料是光子中的太阳能。另有一种概念是由大激光而不是太阳光来提供辐射能量，但严格地说，这是(激光)光束航行而不是太阳帆。

太阳帆的3种基本类型是方形帆、旋翼帆和旋转盘帆，如图 4-97 所示。方形帆的帆材料粘接到刚性框架结构，有点类似于普通风筝。旋翼帆和旋转盘帆均被旋转以提供稳定性并保持所需的方向。旋转运动是通过使用控制叶片来实现的。控制叶片即微型太阳帆，或者通过航天器的质心偏离帆的太阳压力中心来实现。对于所有太阳帆，结构框架通常由硬质轻质复合管组成，每英尺质量不到一盎司①。在火箭发射期间，帆材料折叠或收起，进入太空后展开。对于旋翼帆，旋转运动用于沿着结构辐条从中心毂延伸帆材料。除了在空间展开帆所需的可扩展结构和相关机构之外，太阳帆设计很少有移动部件。

帆材料通常由非常薄的轻质材料制成，具有反光涂层，使其具有镜面般的光

① 1盎司=28.3g。

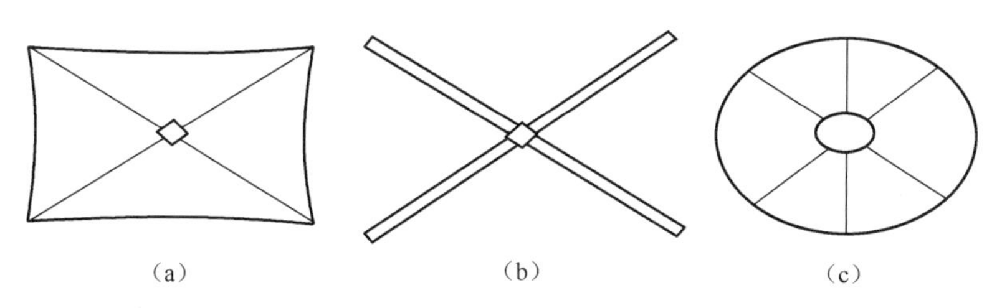

图4-97 太阳帆的类型

(a)方形;(b)旋翼帆;(c)旋转盘帆。

(资料来源:改编自美国国家航空航天局相关资料)

泽。材料厚度可以是一张纸厚度的1/100。目前的帆材料技术包括聚酯薄膜,例如镀铝聚酯薄膜,或太空级绝缘材料。正在研究的先进帆材料包括复合材料、碳纤维网。设计时必须规划太阳帆的轨迹,使其不会太靠近太阳,因为太阳辐射可能会使帆材料温度超出其极限。帆的温度是太阳距离、帆相对于入射太阳光的角度以及帆的反射率和发射率的函数。

由于太阳压力产生的推力非常低,太阳帆设计得往往非常大,帆的尺寸大约为数十米或数千米。让我们计算一个非常大的太阳帆获得的太阳压力。假设一个非常大的方形太阳帆,侧面尺寸为1000m×1000m(1km,0.6英里,3300英尺),帆面积为$10^6 m^2$(1.0×10^7英尺^2)。太阳帆概念基于光子具有动量的事实。爱因斯坦的能量E和质量m的等式可以用光子的动量p来表示:

$$E = mc^2 = pc \tag{4-132}$$

式中:c为光速。

求解光子的动量:

$$p = \frac{E}{c} \tag{4-133}$$

利用牛顿第二定律和式(4-133),由光子的动量所赋予的帆上的太阳压力F为

$$F = \frac{d}{dt}(mv) = \frac{d}{dt}(mc) = \frac{d}{dt}(p) = \frac{d}{dt}\left(\frac{E}{c}\right) = \frac{1}{c}\frac{dE}{dt} = \frac{P}{c} \tag{4-134}$$

式中:P为光子赋予的太阳能。

每单位面积的太阳能$\frac{P}{A}$称为太阳辐照度,在距离地球到太阳的距离为1AU(天文单位)时其值为$1360W/m^2$。因此,太阳压力为

$$F = \frac{P/A}{c}A_{sail} = \frac{1360W/m^2}{3\times10^8 m/s}\times(1000m)^2 = 4.53N \tag{4-135}$$

该结果假设来自帆的光子的完美反射,而实际上由于太阳辐射的吸收、帆曲率、帆材料中的皱纹和其他因素而存在损失。即使没有这些损失,我们也看到太

阳压力在 1km×1km 的帆中仅约 4.5N(约 1 磅力)。

用于该推进系统的太阳辐射燃料是取之不尽的,尽管作用在帆上的力很小,但经过长时间的加速,可以使其随着时间的推移达到高速。因此,在长距离航行中使用太阳帆推进是可行的。另一个优点是太阳帆推进系统具有很少的移动部件(如果有的话),使其成为长距离旅行的可靠系统。

第一个使用的太阳帆航天器是由日本宇宙航空研究开发机构(JAXA)于 2010 年 5 月 21 日发射的 IKAROS(由太阳辐射加速的行星际风筝飞行器),如图 4-98 所示。这个重达 315kg(694 磅)的航天器是第一个使用太阳帆作为其主要的太空推进器。2010 年 6 月,IKAROS 采用旋转运动和帆支撑架展开的方式展开了帆。在帆的旋转展开中,位于方形帆的角落中的小的 0.5kg(1.1 磅)尖端质量有助于将帆向外拉。该航天器有两个可以弹出的小型摄像机,因此它们可以拍摄部署帆的照片。方形太阳帆每侧 14m(46 英尺),表面积为 $196m^2$(2110 英尺^2)。由 7.5μm(0.00030 英寸)厚的聚酰亚胺薄膜制成,带有蒸发的铝涂层,帆的总质量仅为 2kg(4.4 磅),不包括尖端质量。航天器的姿态是使用 LCD(液晶二极管)面板控制的,位于帆的方形周边。可以打开和关闭 LCD 面板,改变它们的反射率以及由太阳能压力产生的动量传递。当 LCD 面板打开时,它会散射光并减少帆的那个区域的动量传递。当 LCD 面板关闭时,帆在该区域反射更多光线并且转移更多动量。航天器的圆形中心体位于帆的中心(图 4-98),包含几种科学仪器。嵌入帆中的薄膜太阳能电池为航天器提供动力。2010 年 7 月,人们对太阳帆成功推进加速航天器感到震惊。IKAROS 于 2010 年 12 月 8 日驶过维纳斯星球。到 2013 年 8 月,当飞船进入围绕太阳的轨道时,太空船的速度总计增加了约 400m/s(1300 英尺/s,900 英里/h)。

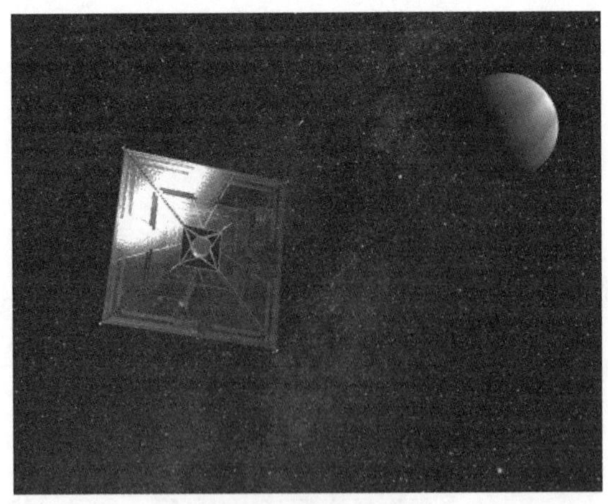

图 4-98 JAXA IKAROS

(资料来源:Mirecki,https://en.wikipedia.org/wiki/File :IKAROS.jpg,CC-BYSA-3.0,License at https://creativecommons.org/licenses/by-sa/3.0)

4.8 其他类型的吸气式推进器

在本节中,除了冲压式喷气发动机、涡轮喷气发动机、涡轮风扇发动机和内燃机之外,还描述了几种先进类型的吸气式推进装置。大多数这些推进类型仍在研发中,具有新推进能力和应用前景。其中几个适用于在超高高度以超声速的高速飞行。它们都依靠地球的大气层来提供氧气,因此,它们限制在可感知大气层中。

4.8.1 超燃冲压发动机

在冲压发动机中,通过入口的超声速自由流终止于正激波,变成亚声速自由流进入燃烧室,以亚声速进行燃烧。冲压式喷气发动机的最大飞行马赫数约为5,这是由于总的压力损失较大以及终端的正激波引起高温。高温导致空气分离引起推力损失和结构生存能力问题。如果以高于马赫数5的飞行速度飞行,则必须避免终端的正激波,这就需要超燃冲压发动机。

在超燃冲压发动机中,高超声速自由流动减速,但还没达到亚声速。由于没有终止的正激波,避免了大的正激波总压损失,静温上升较小,分离损失较少。由于自由流马赫数大,驻点温度非常高,因此向发动机结构的传热非常高。超燃速发动机中的燃烧以超声速发生,气流以马赫数为2~3的速度进入燃烧室,具体取决于自由流马赫数。与此相反,进入涡轮喷气发动机或涡轮风扇燃烧室的气流马赫数为0.3。超声速燃烧室中燃料喷射、混合和有效燃烧是超燃冲压发动机设计中非常困难的问题。

超燃冲压发动机的第一项专利于1965年由马里兰州劳雷尔市约翰斯·霍普金斯大学应用物理实验室的Frederick Billig和Gordon Dugger提交。该专利是用于超燃冲压发动机的导弹,如图4-99所示。图4-99(a)显示了超燃冲压发动机驱动的导弹,而图4-99(b)包括连接到超燃冲压发动机的非吸气式火箭助推器,需要将超燃冲压发动机加速到可以运行的高超声速马赫数。图中超燃冲压发动机的外形为轴对称,具有锥形尖钉入口的中心体。

图4-100所示为机体集成超燃冲压发动机的简化示意图。与亚声速涡轮喷气发动机或涡轮风扇发动机不同,它们倾向于悬挂在机翼下方,超燃冲压发动机与飞机的整个机体集成。飞机下表面是高超声速推进系统的一部分,机身前体有助于入口的自由流压缩,并且机身后部作为喷口的一部分使排气流膨胀。高超声速自由流体被前机身和入口压缩,通过一系列斜激波,减小局部马赫数,增加压力和温度。当流体从入口进入隔离室部分时,流体是超声速的。隔离室用于入口与下游燃烧器产生的燃烧前激波隔离。如果该燃烧前激波系统允许从上游进入入口,则入口可以不启动并瓦解进入发动机的流体。在较低的超声速

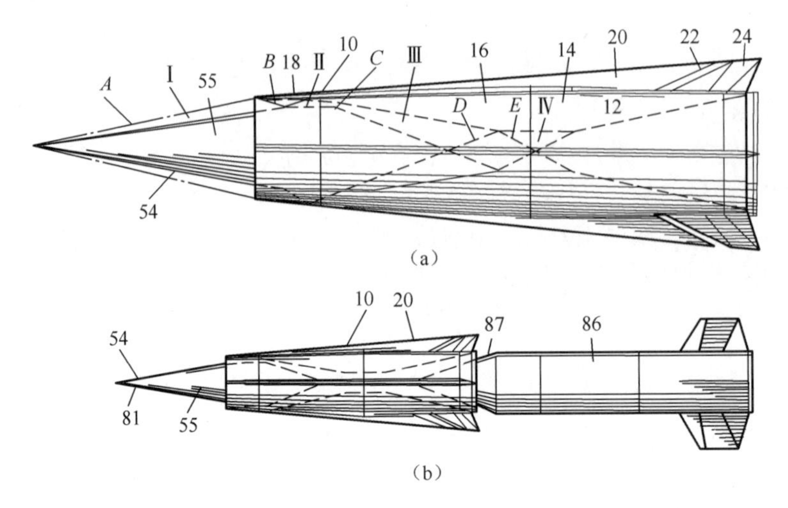

图 4-99　由 Billig 和 Dugger 申请专利的超燃冲压发动机导弹
(资料来源:美国设计专利 4291533 A,美国专利商标局,1965 年 12 月 30 日)

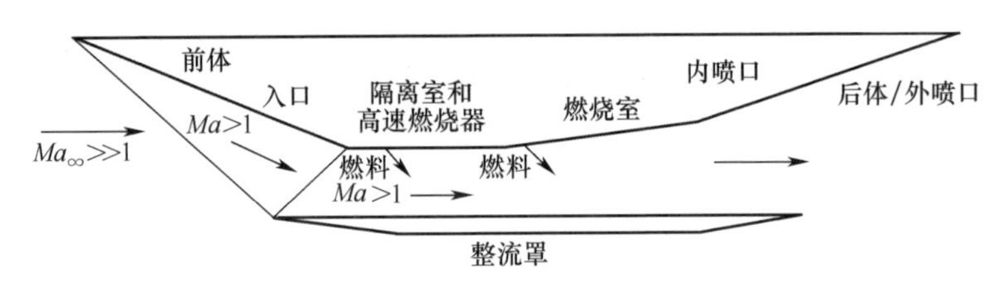

图 4-100　机体集成超燃冲压发动机的简化示意图

飞行时,离开入口的气流超过声速但马赫数较低,燃料喷射到燃烧室的下游位置,在隔离室位置处没有喷射燃料。在较高的超声速飞行速度下,隔离室不再需要隔离激波并用作燃烧室中燃料混合和燃烧的附加距离。在飞行速度更快时,燃料在隔离室的上游进一步喷射,隔离室现在用作高速燃烧室的一部分。燃烧产物离开燃烧器并在喷口中膨胀,该喷口由包括整流罩的内部喷口和由飞行器后机体形成的外部开口或斜接的喷口组成。

超燃冲压发动机的设计和开发仍处于研究和试验的最前沿。在无人驾驶飞船中进行了几次成功的超燃冲压发动机飞行演示,包括本章开头提到的超大型超燃冲压发动机 X-43A,为未来的实际应用铺平了道路。在这些高超声速发动机的设计中,仍有很大的创新和技术进步空间。大气层中的高超声速飞机或绕地球轨道的太空飞机的梦想可能取决于超燃冲压发动机的发展。

4.8.2　组合循环推进

下面介绍几种结合了不同类型推进循环的推进系统。这些组合循环推进系统可以使用冲压式喷气发动机、涡轮喷气发动机、火箭或其他推进类型的部分。这些推进循环中的每一个对于某些马赫数都是最佳的,组合使用可以为更宽的马赫数范围提供更有效的推进系统。通常,由于空气动力学、重量和其他收益的限制抵消了组合循环的优势,组合不同类型的推进循环的难度在于每种类型推进所需的部件和系统的有效集成。

高超声速吸气推进概念,如超燃冲压发动机,不能产生静推力,因此必须使高超声速飞行器加速到足够的速度,使超燃冲压发动机冲压的冲压喷气循环产生正推力,即推力大于阻力。解决这个问题的一个办法是,将超燃冲压发动机与能够将飞船加速到冲压发动机起始速度的低速推进系统集成在一起,通常低速推进系统马赫数约为3(我们将使飞行器加速到马赫数为3的推进系统称为“低速推进系统”,因为这是相对于正常超燃冲压发动机运行速度而言较低的速度)。

这种低速推进的潜在候选者包括非吸气式火箭、吸气式火箭和涡轮发动机。结合不同推进循环的推进系统称为组合循环推进系统。涡轮发动机与高超声速吸气推进系统的集成称为涡轮基组合循环(TBCC)推进系统,如图4-101(a)所示。将火箭用于低速系统,与高超声速系统集成,称为火箭基组合循环(RBCC)推进系统,如图4-101(b)所示。TBCC具有双流动路径构型,其中进入发动机的空气可以通过涡轮系统或高速超燃冲压发动机。进气门用于控制将气流引导到涡轮发动机还是超燃冲压发动机中。RBCC有一条流动路径,因为火箭是非吸气式的。当火箭低速运行时,可能需要关闭空气入口,但是在更高速度下,使富燃料火箭排气与空气混合以提供额外的燃烧和推力可能是有益的。这些集成低速和高速推进系统有望为高超声速飞行器提供动力,既可以像传统飞机一样起飞和着陆,又可以从亚声速到高超声速马赫数之间巡航,甚至可能飞入轨道。

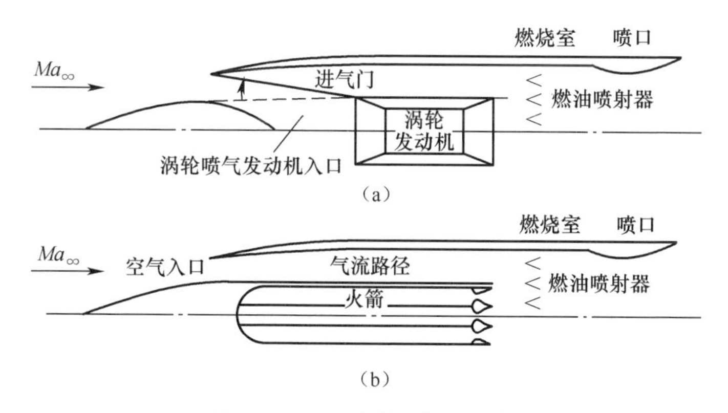

图4-101 组合循环推进系统

(a)涡轮基组合循环(TBCC)推进系统;(b)火箭基组合循环(RBCC)推进系统。

过去曾多次试图实现这种单级入轨或SSTO的概念,最近的一次是20世纪80年代末和90年代初期的X-30国家航天飞机(图1-83)。此飞机是真正的太空飞机,可以从传统的跑道起飞到太空,然后返回常规着陆,这至今仍然是一个备受追捧的航天梦想。

4.8.3 非定常波推进

在本节中,我们讨论两种可以产生间歇性推力的装置,即脉冲式喷气发动机和脉冲爆震发动机(PDE)。喷气发动机中的燃油和空气的燃烧可以认为是一个稳定的过程。发动机中空气以稳定的速率吸入并压缩,然后压缩后的空气在燃烧室中以稳定的速率与燃油混合并燃烧,产生的燃烧产物通过喷口排出以产生恒定的推力。本节讨论的基于非定常或间歇性燃烧工作原理的推进装置。燃烧室中燃油和吸入的空气混合燃烧后,产生全部燃烧产物通过喷口喷出,产生了一个推力脉冲。然后燃烧室重新填充燃油和空气再次进行以上的过程。通过这种非定常的燃烧过程,产生了间歇性的脉冲式推力,尽管脉冲的频率可能相当高。

这种非定常过程与内燃机单个汽缸产生力的过程具有一定的相似性。内燃机每个汽缸都经过进气、压缩、燃烧和排气,生成带动螺旋桨旋转的“脉冲”力。然而,内燃机是利用多个汽缸按照一定的顺序工作以产生基本恒定推力的。与喷气发动机燃烧过程压力是恒定的不同,内燃机和非定常发动机的另一个相似之处是其燃烧过程体积恒定。

4.8.3.1 脉冲式喷气发动机

脉冲式喷气发动机或称脉冲等离子体推进器是一种基于间歇性燃烧原理的喷气推进装置。它以循环脉冲的形式燃烧和形成推力,产生排出的气体以脉动形式的喷射,由此而得名。虽然喷气发动机具有高推重比,但它在相同的油耗下产生的推力低。脉冲式喷气发动机可以产生静推力,由于进气系统的限制,受限于600英里/h(960km/h,马赫数为0.8)亚声速的飞行速度。脉冲式喷气发动机是最简单喷气推进装置之一,几乎没有活动部件。目前,主要有两种脉冲式喷气发动机,分别是有阀脉冲式喷气发动机和无阀脉冲式喷气发动机。

有阀脉冲式喷气发动机的主要部件如图4-102所示,它是一种简单的管状装置,通常由钢制成,由进气口/扩散器、单向进气阀、燃烧室和带喷口的排气管构成。单向机械式的进气阀仅允许空气进入发动机。燃烧室中有一个或多个燃料喷口,以及用于启动的电子点火器,通常是指火花塞。

从燃烧室中的第一次燃油-空气进入开始,能够很好地描述脉冲喷射等离子体推进器的工作过程。在恒定体积的燃烧室中,燃油和空气的混合物通过电火花点燃,迅速燃烧,使气体压力大幅增加。尽管几乎所有的燃油都可以作为脉

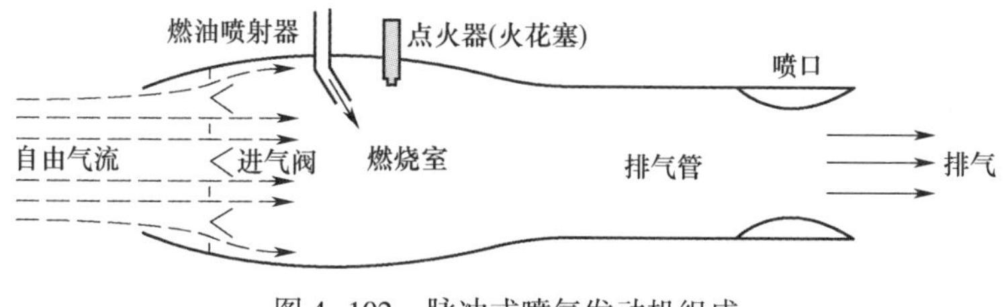

图 4-102　脉冲式喷气发动机组成

冲式喷气发动机的燃料,但通常使用丙烷。过去常用的颗粒状的燃料,例如锯末和煤粉末,通常不会在这种发动机中使用。

与风琴管的频率相类似,推进装置的燃烧频率取决于具有声学共振特性排气管的长度。其频率随着排气管的长度减小而增加,长度小于 1 英尺的短管频率是几百赫(次每秒),而 5~6 英尺(1.5~1.8m)长的管的频率是 50Hz。发动机在以接近管共振频率工作时,脉冲式喷气发动机发出独特的“嗡嗡”声。脉冲式喷气发动机以其产生的高强度噪声而闻名,因此不利于商业应用。

发动机燃烧室中的燃油和空气混合物燃烧产生的高压迫使单向进气阀关闭,产生的高温高压气体通过排气管的喷口喷出形成脉冲推力。高速的排气流使燃烧室压力降低到低于环境压力,使得进气阀打开,大量新鲜空气吸入到燃烧室中。以这种方式,燃烧室中交替性出现高压和低压,分别控制机械进气阀关闭和打开使空气进入和排出燃烧室。

单向进气阀有多种类型。两种最常见类型的进气阀是菊花阀和矩形阀网。顾名思义,菊花阀看起来花瓣从中心向周围变宽的花。菊花阀由薄金属片制成,位于管子中心圆盘截面的下部分,每片花瓣都有允许空气进入燃烧室的开口。中心菊花阀固定在圆盘上,这样每个花瓣都可以朝向燃烧室打开,就像一个“挡板”,当下游压力降低时允许空气进入燃烧室。矩形阀网格具有类似的工作方式,矩形网上有具有开口的金属挡板片。这种类型的挡板阀门由于工作频率高容易发生金属疲劳和断裂。当脉冲喷气式飞行器高于某一速度时,挡板阀可能不会打开足够大,不能吸入充足的空气使发动机发挥足够的性能,因此挡板式的阀门限制了最大飞行速度。

当燃油再次喷入燃烧室中时,它同时也流入到排气管中,遇到要排出的热废气。排气管中的燃油点燃并回到燃烧室中,从而再次开始燃烧过程。点火可以自行进行,因此只是在初次燃烧时使用火花塞点燃,随后的燃烧都不再需要。

无阀脉冲式喷气发动机没有运动部件。它的工作过程与有阀脉冲式喷气发动机相同,其几何形状作为一个“气动阀”来控制气流进出发动机。无阀脉冲式喷气发动机是一种 U 形金属管,两端开口,有进气管和位于 U 形管的一侧燃烧室。由于在进气和排气过程中都需要排出废气,进气管与排气口方向都朝后,由朝向后面的进气管产生推力。

无阀脉冲式喷气发动机的工作过程如下:空气进入进气管,然后与燃油一起在燃烧室中燃烧。高温燃烧产物从进气和排气口排出。高速气流通过这两个开口排出使燃烧室中形成低压力,这使新鲜的空气以及一些排出的废热气从进气管进入燃烧室。燃烧时,U 形管几何形状必须能够进行适当地“调整”,以创建一个能够自我维持的燃烧循环。

脉冲式喷气发动机作为航空航天器的推进装置尚未广泛接受。然而,它已经在工业应用中找到了一席之地,例如作为高输出加热器、旋风过滤器和工业干燥器。与冲压式喷气发动机类似,脉冲式喷气发动机已经尝试作为几种不同类型航天器的推力装置,包括作为直升机旋翼桨叶尖端的动力装置。也许脉冲式喷气发动机最重要的航空应用是作为巡航导弹的主要推进器。

在第二次世界大战期间,德国人开发了以 Argus As 014 带阀门的脉冲等离子体推进装置作为动力的 V-1 巡航导弹。该发动机以大约 45Hz 的频率工作,产生了独特的低频“嗡嗡”声;因此,V-1 巡航导弹称为“嗡嗡炸弹”。德国在 1944—1945 年生产了超过 30000 枚的 V-1 脉冲式喷气动力导弹。

V-1 巡航导弹长为 27.1 英尺(8.26m),翼展宽为 17.7 英尺(5.39m),总重为 5023 磅(2278kg),可携带重量为 2100 磅(953kg)炸药。脉冲式喷气发动机的长度为 12 英尺(3.7m),最大直径为 22 英寸(0.56m),重量为 344 磅(153kg)。脉冲式喷气发动机的尾管长 69 英寸(1.75m),直径 15 英寸(0.38m)。该发动机提供500 磅力(2224N)的静推力,飞行过程中最大推力约为 750 磅力(3300N)。V-1 可在约 4000 英尺(1200m)的高度以约 400 英里/h(644km/h)的速度飞行,其中速度的变化范围为 150 英里(240km)。该导弹在 200 英尺倾斜的斜坡(60m)上由蒸汽弹射器发射,使其加速到 250 英里/h(约 400km/h)。

1944 年,美国从截获的几枚德国导弹逆向工程了 V-1 巡航导弹和 Argus 脉冲式喷气发动机,并生产约 1000 枚复制品,命名为 JB-2“潜鸟”(图 4-103)。在

图 4-103 美国海军 JB-2“潜鸟”脉冲式喷气导弹发射,加利福尼亚州穆古角海军基地,1947 年。喷气发动机在导弹的顶部,用于发射的固体火箭发动机在底部

(资料来源:美国海军)

JB-2 导弹的弹体由共和航空公司制造,脉冲式喷气发动机由福特汽车公司生产。JB-2导弹给予美国珍贵的脉冲式喷气推进器和巡航导弹先进的研发工程经验。

4.8.3.2 脉冲爆震发动机

脉冲爆震发动机(PDE),有时也称为脉冲爆震波发动机(PDWE),是另一种形式的基于间歇燃烧原理的喷气推进装置。类似于脉冲式喷气发动机,脉冲爆震发动机是一种相对简单的机械装置。脉冲爆震发动机可以产生静推力,理论上可以在亚声速到低超声速飞行速度下工作。

脉冲爆震发动机基于定容燃烧原理(汉弗莱循环),不同于作为理想涡轮喷气发动机的基础恒压燃烧原理(布雷顿循环)。汉弗莱循环和布雷顿循环燃烧过程中压力-体积关系与温度-熵关系对比如图 4-104 所示,汉弗莱循环的状态变化历程为 1→2→3→4→1,而布雷顿循环为 1→2→5→6→1。

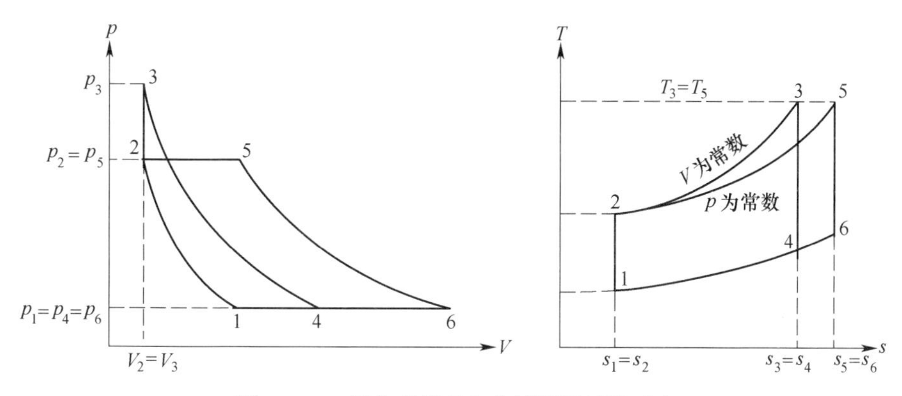

图 4-104 汉弗莱循环和布雷顿循环的对比

(资料来源:改编自 Aircraft Propulsion, S. Farokhi, 图 1.23, 第 13 页, 2014 年, 文献[3], 经 John Wiley & Sons. Inc. 许可)

汉弗莱循环的燃烧过程中(状态 2→3)体积恒定,而在布雷顿循环中恒定压力(状态 2→5)。汉弗莱循环,恒定体积燃烧使燃烧室中的压力增加($p_3>p_2$),该过程会提高循环效率。通过温度-熵关系图可以看出,汉弗莱循环和布雷顿循环燃烧过程中在增加相同温度时($T_3=T_5$),汉弗莱循环熵增加低于布雷顿循环($s_3<s_5$)。PDE 预计的单位推力燃油消耗量超过冲压式喷气发动机,与加力涡轮喷气发动机相当。PDE 燃烧原理与其他喷气发动机(包括涡轮喷气发动机和脉冲式喷气发动机)根本上不同。这些其他形式的推进装置的燃烧基于爆燃原理,其亚声速下燃油-空气混合物的燃烧过程是稳定的,其中压力有小幅的增加。理想的布雷顿循环中,压力的增加假设很小,以至于可以认为压力是恒定的。脉冲爆震发动机中的燃烧基于爆震(detonation)原理,该过程中的超声速爆

震波用于压缩和点燃燃油-空气混合物,使压力大幅增加。该燃烧过程进行的时间很短以至于混合物没有来得及膨胀扩张,因此过程中体积是接近恒定的。

与脉冲式喷气发动机类似,有两种主要类型的脉冲爆震发动机,即有阀门式和无阀门式 PDE。PDE 的基本循环过程也类似于脉冲喷气式发动机。考虑一个脉冲爆震发动机的管状装置,其燃烧室中充满了燃油-空气混合物。当混合物引爆,这需要相当多的能量。目前已有几种不同的可以启动引爆的方案,但仍然是一个活跃的研究领域。爆震波加速通过燃烧室,显著增加了压力和温度。爆震波继续沿着排气管传播并通过喷口排出。高速波离开腔管后使燃烧室压力降低并低于环境压力,然后打开进气阀系统使大量新鲜的空气进入腔管中并重新开始爆震燃烧循环过程。爆震的频率可以很高,大约为 60Hz(60 次/s)。鉴于非常高的燃烧循环频率,需要一个能够非常快速开关的机械阀。目前有一些成功使用旋转式阀门的例子,旋转式阀门在打开或者关闭进气道之间进行转换。非定常的燃烧还会产生很高的噪声和明显的振动问题,在成功应用于飞行器前必须解决这些问题。目前关于脉冲爆震发动机推进的研究和发展以及脉冲爆震发动机的设计和测试试验仍在继续进行。

参考文献

[1] Conners, T. R. and Sims, R. L., "Full Flight Envelope Direct Thrust Measurement on a Supersonic Aircraft," NASA TM-1998-206560, July 1998.

[2] Covert, E. E., editor, *Thrust and Drag: Its Prediction and Verification*, Progress in Aeronautics and Astronautics Vol. **98**, American Institute of Aeronautics and Astronautics, New York, New York, 1985.

[3] Farokhi, S., *Aircraft Propulsion*, 2nd edition, John Wiley & Sons, New York, 2014.

[4] Federal Aviation Administration, US Department of Transportation, *Pilot's Handbook of Aeronautical Knowledge*, FAA-H-8083-25A, Oklahoma City, Oklahoma, 2008.

[5] Foa, J. V., *Elements of Flight Propulsion*, John Wiley & Sons, New York, 1960.

[6] Groth, H. W., Samanich, N. E., and Blumenthal, P. Z., "In-flight Thrust Measuring System for Underwing Nacelles Installed on a Modified F-106 Aircraft," NASA TM X-2356, August, 1971.

[7] *Handbook of Aircraft Fuel Properties*, CRC Report No. 635, 3rd edition, Coordinating Research Council, Inc., Alpharetta, Georgia, 2004.

[8] Hill, P. G. and Peterson, C. R., *Mechanics and Thermodynamics of Propulsion*, 2nd edition, Addison-Wesley, Reading, Massachusetts, 1992.

[9] Kerrebrock, J. L., *Aircraft Engines and Gas Turbines*, 1st edition, MIT Press, Cambridge, *Massachusetts*, 1981.

[10] Loftin, L. K., *Quest for Performance: the Evolution of Modern Aircraft*, NASA SP-468, US Government Printing Office, Washington, DC, 1985.

[11] Lucian of Samosata, *True History*, translated by Francis Hicks, A. H. Bullen, London, England, 1894.

[12] Mattingly, J. D., *Elements of Gas Turbine Propulsion*, 1st edition, McGraw-Hill, Inc., New York, 1996.

[13] MIDAP Study Group, "Guide to In-Flight Thrust Measurement of Turbojet and Fan Engines," Advisory Group for Aerospace Research and Development, AGARDograph No. 237, January 1979.

[14] Moore, M. D. and Fredericks, B., "Misconceptions of Electric Propulsion Aircraft and their Emerging Aviation Markets," 52nd Aerospace Sciences Meeting, National Harbor, Maryland, 13-17 January 2014, pp. 52-58.

[15] Oswatisch, K., "Pressure Recovery for Missiles with Reaction Propulsion at High Supersonic Speeds (The Efficiency of Shock Diffusers)," NACA TM 1140, January 1944.

[16] Sutton, G. P. and Biblarz, O., *Rocket Propulsion Elements*, 7th edition, John Wiley and Sons, Inc., New York, 2001.

[17] Talay, T. A., *Introduction to the Aerodynamics of Flight*, NASA SP-367, US Government Printing Office, Washington, DC, 1975.

[18] Van Wylen, G. J. and Sonntag, R. E., *Fundamentals of Classical Thermodynamics*, 2nd edition, John Wiley and Sons, Inc., New York, 1978.

[19] Waltrup, P. J., White, M. E., Zarlingo, F., and Gravlin, E. S., "History of Ramjet and Scramjet Propulsion Development for US Navy Missiles," *The Johns Hopkins APL Technical Digest*, Vol. 18, No. 21, 1997, pp. 234-243.

[20] Yechout, T. R., *Introduction to Aircraft Flight Mechanics*, 2nd edition, American Institute of Aeronautics and Astronautics, Inc., Reston, Virginia, 2014.

习　题

1. 空气以 290 英尺/s 的速率进入喷气发动机的燃烧室和 195 英尺/s 的速率排出燃烧室，假设每增加一磅重量的空气，热量增加 770.8Btu，计算燃烧室中温度的增量。假定比热容恒定为 6020 英尺·磅/(slug·°R)。
2. 假设焓值为 290000J/kg 的空气以 160m/s 的速度进入发动机，燃油在发动机中燃烧过程中每增加单位质量空气，产生的气流增加 54000J 的热量，气流以 300m/s 的速率排出发动机，此时气流的焓值为 283000J/kg。计算发动机消耗单位质量空气所做的功。
3. 直径为 1.70m 的螺旋桨的飞机在海拔 3000m（空气密度 0.9092kg/m^3）以 311.0km/h 的速度飞行时产生的推力为 6140N。计算流过螺旋桨桨面的空气速度和流量。
4. 表征火箭发动机性能的推力和比冲通常是在海平面和真空中条件下确定的。航天飞机主机(SSME)在海平面推力为 1859kN，真空推力为 2279kN。假设在海平面下发动机排出的用于推进的气体速率为 163.4kg/s 且真空中排出的用于推进的气体速率为 156.6kg/s，计算海平面和真空中的 SSME 的比冲。
5. 计算火箭发动机产生的推力为 9900 磅力，比冲为 303s 时所需推进气体流的速率。
6. 洛克希德 SR-71"黑鸟"侦察机由两台 Pratt & Whitney J58 空气涡轮喷气发动机提供动力。以马赫数为 3 的速度飞行时，每个 J58 发动机产生 32500 磅力的推力。如果 J58 发动机燃油消耗为 9200 加仑，计算推力燃油油耗比（J58 发动机中燃烧的 JP-7 喷气燃料的密度为 6.67 磅/加仑）。

7. 涡轮喷气式飞行器(发动机1),排出发动机的气体速率为2400英尺/s。另一架涡轮喷气式飞行器(发动机2),其排出的气体速率为800英尺/s。假设两架飞机在海平面(空气密度为0.002377slug/英尺^3)以350.0英里/h的速度飞行,计算两个发动机的推进效率,发动机2与发动机1具有相同的推力时发动机2的进气区域要比发动机1大多少?假设推力相同,比较两个发动机的质量流量。
8. 通用电气GE90是一款具有8.4高涵道比的涡轮风扇发动机,风扇直径为3.124m,假设空气流m_∞的速率为1350kg/s,计算海平面条件下通过风扇空气的速率。
9. 冲压式喷气发动机在直连测试设备(direct-connect test facility)中进行测试,其中模拟通过发动机的内部空气流过程。空气以510英里/h的速度,31.7磅/s流量进入冲压式喷气发动机。燃料以1.44磅的流量注入发动机。在该试验条件下,测量推力为830磅力。如果排出气体流在发动机喷口处完全膨胀,计算冲压阻力(ram drag)和排出气体的速度。
10. 比冲为310s的火箭发动机产生3.885×10^6N的推力。假如圆柱形推进剂储箱直径为3.78m,计算密度为820kg/m^{3}的RP-1燃料的燃烧的时间为241s时所需储箱的长度。
11. 假设飞机起飞空速很小,可以忽略冲压阻力,计算飞机起飞时的推力,假设起飞空速很小,因此可以忽略冲压阻力。根据吸气式发动机的完整推力方程推出起飞推力的方程。

$$T=(\dot{m}_a+\dot{m}_f)v_e-\dot{m}_a v_\infty+A_e(p_e-p_\infty)$$

假设喷口完全张开和空气质量流量比燃料质量流量大得多。假如空气质量流量为112kg/s,发动机排出气体流速度为887m/s,计算起飞推力。假如燃料质量流量为2.5kg/s,考虑此燃料流时,计算起飞推力。同时,计算有无燃料流时起飞推力的百分比。
12. 氧-氢推进剂火箭发动机的规格列于表4-9中。计算火箭喷管喷出空气的速率以及喷口处的压力与燃烧的压力的比值,其中燃烧气体的比热容为1.21。
13. 阿波罗“土星”5号运载火箭运行的第一段使用了5个F-1火箭发动机,将人带上了月球。F-1发动机仍然保留着最初制造时最大的单燃烧室,液体燃料火箭发动机的构造,每个发动机可以产生约6.67×10^6N(1.5×10^6磅力)的推力。F-1火箭发动机中,RP-1煤油燃料和液态氧分别以1738磅/s和3945磅/s的流量进入燃烧室。假设火箭发动机喷口处排出空气流的压力、温度和密度分别为877磅/英尺^2、2462°R、1.671×10^{-4}slug/英尺^3,计算出喷口处气流的马赫数。假设喷口处气流密度均匀,排出的废气是比热容比为1.23的理想气体。喷口直径为11英尺7英寸。

14. 火箭垂直发射,并保持飞行轨道垂直,直到 41s 后燃尽。假设比冲为 250s,质量比为 0. 410,计算无重力效应的燃尽速度。假设轨道上平均重力加速度为 9. 69m/s^2,计算考虑重力效应时的燃尽速度。如果飞行轨道是水平的,考虑重力效应时的燃尽速度是多少?

第5章

性　能

Charles Lindbergh 驾驶“圣路易斯精神”号——瑞恩 NYP，
于1927年5月20日至21日成为历史上首个从纽约直飞巴黎的人
（资料来源：美国国家航空航天博物馆，史密森学会）

飞机在机库里进行了短短几天的完整组装，在4月28日，即飞机订购后60天，我第一次驾驶“圣路易斯精神”号飞机进行试飞，发现其实际性能要优于设计指标值，虽然它携带的油箱和机载设备的附加重量超过400磅，但在6.125s内滑跑了165英尺，最高空速表读数达到每小时126英里，而且爬升性能很优异。

Charles Lindbergh 对“圣路易斯精神”号首飞性能的记录①

① Charles A. Lindbergh, *We*(New York: G.P. Putnam's Sons, 1955), pp. 206。

5.1 引 言

研究航空史可以发现,人们总是想让飞机飞得更快、更高、更远,留空时间更长。1927 年,Charles Lindbergh 长距离、长航时的跨大西洋飞行正好可以佐证人们这一追求。在上述两章,更快、更高的飞行已经成为空气动力学和推进技术发展的动力。图 5-1 所示为各种飞机的飞行速度和飞行高度随时间发展的趋势。

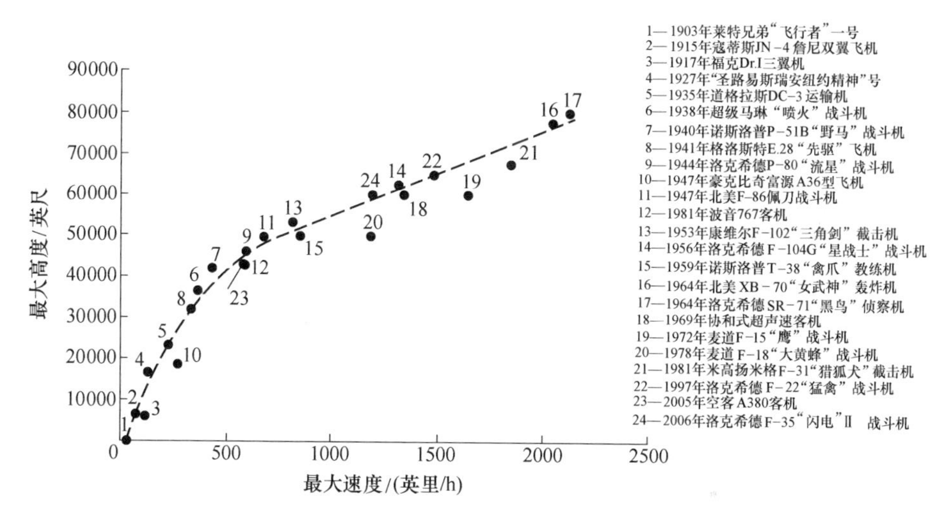

图 5-1 飞机速度和高度随时间发展的增长趋势

飞机性能可以认为是更大范围的飞机飞行力学研究的一个子集,其中包括性能、操纵性和稳定性以及气动弹性等科目。飞行力学是应用工程学科,而不是像空气动力学和热力学那样的基础学科。本章介绍飞机性能,第 6 章介绍操作性和稳定性。性能是一门工程学科,它取决于其他几个工程领域的输入,尤其是空气动力学和推进系统。一架飞机的空气动力学和推进系统特性就决定了这架飞机的性能,其气动升力和阻力特性体现在其机身上,推进系统决定了飞机的推力和阻力特性。前两章分别介绍了升力、阻力和推力的概念,以及预测或建模方法。本章将这些单独的预测或模型结合起来,以便我们预测飞机的性能。

性能预测和试验旨在回答以下有关飞机性能的问题:

(1) 飞机能飞多快?

(2) 飞机能飞多高?

(3) 飞机能飞多远?

(4) 飞机留空时间有多长?

(5) 飞机有效载荷有多大?

(6) 飞机起飞或降落需要多长跑道?

(7) 飞机能爬升多快?

(8) 飞机的机动性如何?

性能分析的内容通常围绕飞机的飞行剖面展开,如图 5-2 所示,通常包括起飞、爬升、巡航、机动(如水平和垂直平面翻滚)、下降和着陆。这章将讨论上述各种飞行情况下的性能问题。

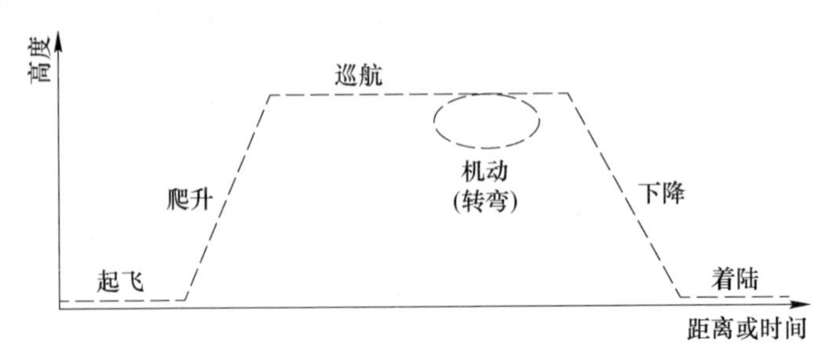

图 5-2 飞机性能分析中的典型状态

性能评估的数据可用于各种目的,更多的是技术驱动。性能评估的技术目标包括规范符合性、飞机飞行手册开发、飞机飞行包线确定或任务适用性确定。非技术目标与航空公司的制造商面向潜在客户的营销有关。如果飞机可以比竞争对手飞得更快或更远,飞机制造商就可销售更多的飞机。正如谚语所说"性能卖飞机"。

性能主要与作用在飞机上的力以及这些力对飞机飞行路线的作用有关。性能分析的数学计算主要涉及由牛顿第二运动定律所体现的受力方程。人们常常假设飞机是一个质点,其中飞机的总质量近似集中在重心处。作用于飞行器这个质点的典型力是在 2. 3. 5 节中讨论的 4 种力,分别是升力、阻力、推力和重力。利用这个简单的模型,应用牛顿第二定律,我们可以建立飞行器的受力图,并获得合理的性能评估结果。性能预测的准确性高度依赖于受力计算的保真度,影响最显著的是升力、阻力和推力的建模和预测。

在飞机性能分析中,飞机能量状态与运动状态的关系十分重要。飞机性能包括飞机增加或减少其能量状态的能力,它通常可以通过简单地分析飞机的初始和最终能量状态来确定,但忽略了飞机在这两个状态之间的实际轨迹或运动。通过指定飞机的势能和动能,或者更简单地说,飞机的高度和速度,就可以唯一确定其能量状态。这个观点允许我们使用能量概念的方法来评估飞机的几个性能特征。

将时间尺度与飞机性能问题相关联是非常富有洞察力的。在这里,我们指的是在分析中感兴趣的正在发生的实际现象的实际时间尺度。例如,飞机起飞或爬升通常需要几分钟,巡航飞行情况可能持续几个小时。这些例子说明,飞机性能的时间尺度相对较长,以分钟甚至小时为单位。这意味着性能涉及的是稳定状态,即物体处于平衡状态,或者随着时间的推移,变化可能相当缓慢的情况。我们关心的与性能问题相关的时间尺度如表5-1所列,将稳定性、操纵性和气动弹性3个科目中相关问题的时间尺度进行比较,发现稳定性和操纵性科目中的时间尺度很短,为秒量级,而气动弹性科目中的时间尺度更短,小于1s。在问题的数学公式和可以做出的假设中,对涉及问题机理的时间尺度的理解是重要的。从更实用的角度来看,不管是在实验室还是在飞行中,如果要对这种现象进行有效的测量,那么了解适当的时间尺度是非常关键的。

表5-1 性能、操稳、气动弹性各科目中有关问题的时间尺度比较

科目	感兴趣的问题	时间尺度
性能	最大速度	长(数分钟或者数小时)
	升限	
	爬升率	
	航程	
	续航时间	
	航路优化	
操稳	稳定性	短(数秒)
	操纵性	
	机动性	
	飞行品质	
气动弹性	惯性、弹性和气动力(控制反转、发散、颤振等)之间的相互作用	非常短(不到1s)

飞机在可感大气层中飞行,由于它们与空气的相互作用而产生升力、阻力和推力,由于大气的特性,例如压力和温度,可能随高度而显著变化,这会极大地影响飞机的空气动力和推力特性,从而影响飞机的性能。因此,在评估飞机性能时,对大气及其属性的理解和定量定义至关重要。在开始讨论大气之前,我们必须先提供一些高度的定义。

5.2 高度定义

在之前的讨论中,我们一直不严格地使用着术语“高度”,但是现在我们要对这个术语有更精确的理解。假设正搭乘飞机或航天器飞行在地球表面上空的大气中,有几种方法可以定义飞机或飞行器在地球上方的垂直位置。

几何高度 h_g 是飞行器到平均海平面(MSL)的物理直线距离,定义为海洋表面对飞行器的平均高度。几何高度有时称为“卷尺”高度,因为如果用卷尺测量从海平面到飞行器位置的距离就会得到这个高度。几何高度的单位通常用“英尺 MSL”或“m MSL”表示。

我们通常关注的是飞机高于当地地势或地平面(AGL)的高度 h_{AGL}。由于当地地平面或地面高度 h_e 可能不同于海平面高度,因此飞行器相对于地面的高度不同于几何高度。如果地面高度已知,那么几何高度与飞行器高于地平面的高度有关:

$$h_g = h_{AGL} + h_e \tag{5-1}$$

如果不以平均海平面,而是以地球中心为基准点,我们可以将绝对高度 h_a 定义为几何高度 h_g 和地球半径 R_E 之和:

$$h_a = h_g + R_E \tag{5-2}$$

通常,绝对高度应用于航天,几何高度应用于航空。当涉及与太空飞行相关的非常远的距离时,我们必须考虑随距离不同而变化的重力加速度。通常情况下,当飞机在可感知大气层中飞行时这是不重要的。通过下述例题,让我们来看看重力加速度如何随高度变化。

例 5.1 高空的重力加速度

假设飞机在 50000 英尺(15200m)的几何高度飞行。那么在海平面重力加速度为常数,即 32.174 英尺/s²(9.8066m/s²)的条件下,这个飞行高度上实际的重力加速度是多少?

解:

根据牛顿万有引力定律,任意两个质量分别为 m_1、m_2 的物体在重力作用下在通过其连心线方向上的引力相互吸引,该引力大小与它们质量的乘积成正比,与它们距离 r 的平方成反比,计算公式为

$$F = \frac{Gm_1 m_2}{r^2} \tag{5-3}$$

式中:G 为万有引力常量(不要将它与重力加速度 g 混淆)。

现在,假设其中一个物体为飞行器,质量为 $m_{aircraft}$,另外一个物体为地球,质量为 m_E。位于 50000 英尺高度的飞行器,飞行器和地球中心点的距离 r 是飞行器的绝对高度 h_a。飞行器受到的引力 $F_{g,50000英尺}$ 就是飞行器的质量乘以绝对高度处的重力加速度 g。因此,根据式(5-3),50000 英尺处的引力为

$$F_{g,50000英尺} = m_{aircraft} g = \frac{Gm_E m_{aircraft}}{h_a^2}$$

可以得到绝对高度处的重力加速度为

$$g=\frac{Gm_E}{h_a^2} \tag{5-4}$$

现在,假设飞行器就在海平面上,那么 $r=R_E$。海平面上的飞行器感受到的万有引力 $F_{g,SL}$ 为

$$F_{g,SL}=m_{aircraft}g_0=\frac{Gm_E m_{aircraft}}{R_E^2}$$

g_0 为海平面的重力加速度,则有

$$g_0=\frac{Gm_E}{h_a^2} \tag{5-5}$$

对于一般项,根据式(5-4)和式(5-5),得

$$Gm_E=g_0 R_E{}^2=gh_a^2$$

最后,可以得到给定绝对高度处的重力加速度:

$$g=g_0\left(\frac{R_E}{h_a}\right)^2=g_0\left(\frac{R_E}{R_E+h_g}\right)^2 \tag{5-6}$$

该方程将当地重力加速度与海平面重力加速度联系起来。代入几何高度、海平面重力加速度和地球平均半径(R_E = 3959 英里 = 6371. 4km = 20903520 英尺)数据,可以得到 50000 英尺处的重力加速度为

$$g=g_0\left(\frac{R_E}{R_E+h_g}\right)^2=32.174\text{ 英尺}/s^2\times\left(\frac{20903520\text{ 英尺}}{20903520\text{ 英尺}+50000\text{ 英尺}}\right)^2$$
$$=32.021\text{ 英尺}/s^2 \tag{5-7}$$

可见,在 50000 英尺处的重力加速度仅比常用的海平面重力加速度常数值小 0. 476%。当飞行器的飞行高度降低时,这种差异会更小。因此,当涉及飞行器相关的计算时,我们可以忽略由于高度变化而引起的重力加速度的变化,在大多数情况下使用恒定的海平面重力加速度 32. 174 英尺/s^2(9. 8066m/s^2)。

值得注意的是,我们已经在计算中做了一个简单的假设。海平面重力加速度随位置变化略有不同,因为地球不是一个完美的球体,它是一个在赤道处凸出的扁球体。地球的半径从两极处的 3950 英里(6360km)到赤道处的 3963 英里(6378km)变化。R_E 的变化将使不同位置的海平面重力加速度产生细微差异,由于这些差异足够小,可以忽略不计。

现在我们定义另一个高度——位势高度 h,假设重力加速度是常数,则位势高度为海平面重力加速度值为 g_0 时的高度。让我们将这个位势高度与几何高度关联起来,假设有一架重量为 mg 的飞机,在给定的几何高度 h_g 飞行,对应的位势高度为 h。若飞机的高度变化不大,其势能变化很小。无论用几何高度还是位势高度进行衡量,这个势能的变化是相同的。将势能的变化通过位势高度 h、恒定重力加速度 g_0、几何高度 h_g 以及变化的重力加速度 g 用等式表达,可以

得到：

$$mg_0\mathrm{d}h = mg\mathrm{d}h_g \tag{5-8}$$

通过变换，得

$$\mathrm{d}h = \frac{g}{g_0}\mathrm{d}h_g \tag{5-9}$$

将式(5-6)代入式(5-9)，得

$$\mathrm{d}h = \left(\frac{R_E}{R_E + h_g}\right)^2 \mathrm{d}h_g \tag{5-10}$$

对式(5-10)从海平面到给定高度进行积分，得

$$\int_0^h \mathrm{d}h = \int_0^{h_g}\left(\frac{R_E}{R_E + h_g}\right)^2 \mathrm{d}h_g = \left[-\left(\frac{{R_E}^2}{R_E + h_g}\right)\right]_0^{h_g} \tag{5-11}$$

$$h = -\frac{R_E^2}{R_E + h_g} + \frac{R_E^2}{R_E} = \frac{-R_E^3 + R_E^2(R_E + h_g)}{(R_E + h_g)R_E} = \frac{-R_E^3 + R_E^3 + R_E^2 h_g}{(R_E + h_g)R_E} \tag{5-12}$$

$$h = \frac{R_E h_g}{R_E + h_g} \tag{5-13}$$

式(5-13)提供了位势高度 h 和几何高度 h_g 之间的换算关系。

现在，定义一个标准大气模型，它提供了压力、温度以及密度作为高度的函数。使用标准大气模型，我们可以定义几种其他类型的高度。气压高度 h_p 是基于气压测得的高度。它是通过假设测得的气压等于标准日值的标准大气模型高度。同样地，温度高度 h_T 和密度高度 h_ρ 分别定义为假设测得的温度和密度各自等于标准大气条件下的相应数值，从标准大气模型获得的高度。我们不久将基于标准大气更详细地讨论这些高度。

表 5-2 总结了已经讨论过的不同高度的定义。

表 5-2　不同高度定义

类型	符号	定义
几何(卷尺)高度	h_g	高于平均海平面的高度
地平面高度	h_{AGL}	高于当地海拔的高度
绝对高度	h_a	从地心测量的高度
位势高度	h	基于恒定重力加速度的高度
气压高度	h_p	与标准大气压相关的高度
温度高度	h_T	与标准温度相关的高度
密度高度	h_ρ	与标准密度相关的高度

5.3 大气的物理描述

地球大气在几乎所有航空航天器的运行和性能中起着至关重要的作用。所有航空器必须在大气层中运行,以产生维持飞行所需的升力,以及通常需要的推进力。航天器,或者至少是它们的火箭助推器,必须飞越大气层才能进入太空。航空航天器的气动特性和性能极度依赖于大气层的性质。

地球的大气层是一个高动态系统,其性质在三维空间和时间上不断变化。考虑到周边气候从一个地方到另一个地方,从一个时刻到另一个时刻都在发生变化,但由于开发并使用真正动态的大气模型来描述诸如压力、密度和温度等大气特性在三维空间和时间中的变化是不现实的。为此,我们开发的大气模型,在时间上是恒定的、静态的,并且只随着与地球表面直线距离而变化。然而,在建立大气模型之前,我们需要更好地了解地球的大气层。

大气层是环绕地球并保护地球的薄层气体。它为地球上的居民提供可呼吸的空气,并保护他们免受空间辐射带来的破坏性影响。如图5-3所示,从太空往下看,地球的大气层显得非常稀薄和脆弱。地球的直径大约为7918英里(12743km),大气的厚度大约仅为这个直径的2%,约为155英里(250km),这为我们提供了一些解决方案。我们可以将这层薄弱的大气层定义为航空器与航天器飞行领域的边界。在大气层之下,空气动力,如升力和阻力和气动加热力是显著的。在大气层之上,空气动力在航空航天飞行器的运动和控制中几乎没有任何作用。我们将距离地球表面100km(62英里)的这层边界界面,称为冯·卡门线。

图5-3 从外太空看地球的大气层

(资料来源:美国国家航空航天局)

5.3.1 大气层的化学成分

大气主要由氮分子和氧分子组成。大气中气体的化学组成,按体积百分比计,大约为78%的氮、21%的氧、1%的氩、0~5%的水蒸气、0.035%的二氧化碳和其他一些占比更少的微量物质。我们将大气中的这种混合气体称作空气。氮气是一种惰性气体,并不是直接维持生命所必需的,当然,氧气是生命体必不可少的。水蒸气是水的汽化不可见状态。水蒸气的百分比浓度是可变的,但即使在非常潮湿的条件下,水蒸气的浓度也很少超过5%。水蒸气的百分比浓度不应与相对湿度混淆,相对湿度是空气中水蒸气的百分比除以空气所能容纳的最大水蒸气量。当大气中的水蒸气凝结成液态或固态时,会产生许多可见的天气迹象,如云、雨、雪和冰雹。臭氧,作为一种微量气体,在航空航天器推进中具有重要意义,它的化学式是O_3,即每个分子由3个氧原子组成,而不是氧的2个氧原子(O_2)。大气中的臭氧层是过滤掉大部分来自太阳的有害紫外线辐射的关键。

大气中气体的总量随海拔升高而减少,但大约在90km(56英里)的高海拔地区,它们的相对比例保持不变,由于湍流混合,氮、氧、氩、二氧化碳和其他长期存在的化学气体的浓度在整个大气中是一致的。由于当空气上升时,水蒸气会凝结并改变状态,从而产生云、雨、雪和冰雹,因此水蒸气主要存在于远低于10000英尺(3000m)的低层大气中。高活性气体,如臭氧,在大气中寿命短,因此没有机会在大气中均匀混合。

当高度达到约50英里(264000英尺,80km)时,氮和氧的百分比浓度保持恒定。当这个百分比浓度随海拔升高而保持恒定时,大气压力随海拔升高而降低,并导致氮气和氧气压力随海拔升高而降低。重点考虑氧气,正是由于这种随高度逐步降低的压力,让氧气从肺部进入血液,使得我们在8000m(26000英尺)以上的高海拔地区无法呼吸和生存。因此,要在这些高海拔地区安全飞行,我们必须增加氧气压力或增加氧气量。

增加氧气压力是通过机舱增压实现的,这种方法通常用于大型商用和商务飞机。通过加压将更多的氧气从肺部推到血液中,但并不改变机舱空气中标称的21%氧含量。机舱增压要求飞机机身和驾驶舱区域结构设计能够承受由内部增压区域和外部低压大气之间的压差带来的应力。

增加氧气量确实会使氧气含量增加21%以上,但不一定提高了低压环境。由于肺部有更多的氧气可用,所以需要较少的压力使其移动到血流中。飞机供氧系统采用这种方法是可行的,主要用于飞行高度40000英尺(12000m),没有机舱增压的航空器上。某些航空器,如军用飞机,就采用了机舱增压和补充氧气相组合的方式。供氧系统也用作增压舱系统的冗余或备用系统。

5.3.2 大气分层

根据化学成分,大气可分为两层,分别是低于90km(56英里)的均质层和高于90km的非均质层。均质层中的化学成分是恒定的,由与5.3.1节所述相同比例的气体组成。在非均质层中,气体根据密度分成不同的层高密度气体如氧气和氮气,沉降到下层,而最轻的气体氢气,在最上层。

通常情况下,大气层根据温度进行分层。根据每一层内温度随海拔的变化,可以将大气分为五层。大气的五层从海平面开始往上分别为对流层、平流层、中间层、热层和外层,如图5-4所示。每个大气层的边界是无法精确的,因为它们会随着温度的季节性变化和地球上的地理纬度的变化而变化。然而,可以定义一些大体上的边界来区分不同的层。

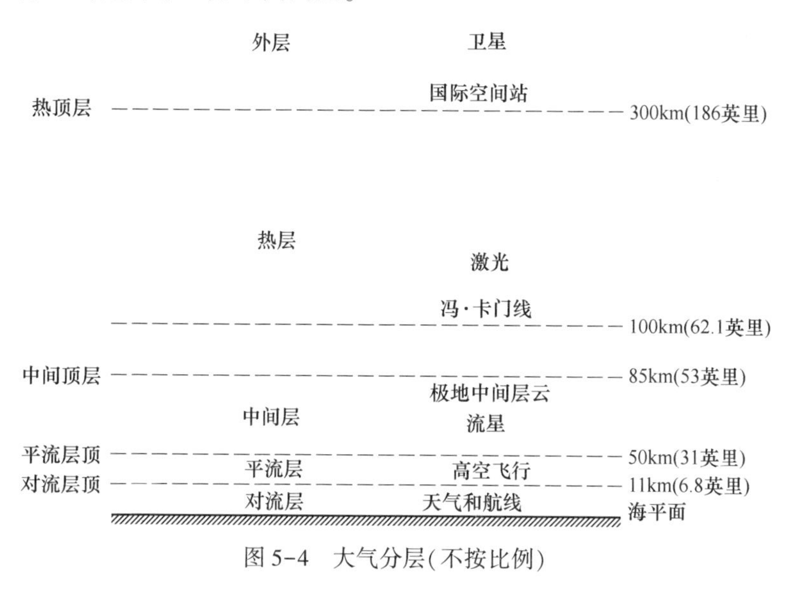

图5-4 大气分层(不按比例)

5.3.2.1 对流层

对流层是从海平面延伸到平均高度大约38000英尺(11.6km)处。这是地球表面的平均高度,它从两极的30000英尺(9km)到赤道的60000英尺(18km)不等。地球的大部分天气,包括云、雨和雪,都发生在对流层内。对流层通常认为是可感大气层的边界。对流层的质量约占大气的80%。许多民用航空,包括商业客机和通用航空飞行,都发生在对流层中。

对流层温度随海拔升高而降低,平均下降率约为-3.5℉/1000英尺或6.5℃/1000m。这个垂直温度下降率定义为温度递减率τ。因此,对流层温度从海平面的59℉(15℃)下降到38000英尺(11.6km)的-69℉(-56.1℃)。在此之上,从对流层顶,直到高达约6000英尺(18km)处,温度保持相对恒定,值为-69℉(-56.1℃)。

在对流层中,温度一般随高度而降低,但对流层中有孤立的薄层,其温度随高度而升高,称为逆温层。与对流层其他部分不同,在这些逆温层中,没有太多的大气混合,导致诸如冻雨和夏季烟雾的天气。对流层顶缺乏垂直混合将导致云层顶部水平扩张或分层,形成雷暴云特有的铁砧形状。

5.3.2.2 平流层

在对流层顶之上,平流层延伸到了165000英尺(50km)的高度。由于地球两极和赤道之间对流层高度的变化,平流层底部的变化在30000英尺(9km)到60000英尺(18km)之间。这一层是由非常干燥的空气组成的,具有显著的垂直稳定性,即空气的垂直混合很少,在平流层中几乎没有云的形成。极地平流层云是一个例外,它们是冬季在海拔50000~80000英尺(15~24km)的极地上空出现的彩虹云。

一些民用、商业航班和许多军事航班运行在平流层的下界。一些军事侦察机通常能够在平流层中飞得更高,例如巡航高度超过70000英尺(21km)的洛克希德U-2侦察机和巡航高度为80000英尺(24km)的洛克希德SR-71侦察机(已不再服役)。

保护地球免受紫外线辐射的臭氧层位于平流层内。臭氧分子吸收紫外线辐射会使平流层升温,平流层顶部以及平流层顶底部会加热到最高温度。由于这种太阳辐射加热,平流层的温度递减率是负的,即温度随高度的升高而升高,从60000英尺(18km)处的约-69℉(-56.1℃)上升到165000英尺(50km)的约26.3℉(-3.2℃)。

没有明确的边界来界定地球大气层的终点和太空的起点。相反,大气层随着高度的增加而持续地逐渐变薄。可以肯定地说,在平流层之上的某处标志着太空的边缘。美国空军支持宇航员在50英里(80km)以上飞行,而其他组织则以海拔100km(62英里)的冯·卡门线作为太空的起点。

5.3.2.3 中间层

中间层从地球表面上方约165000英尺(50km)延伸至约280000英尺(85km)。温度随着海拔高度的增加而下降,从165000英尺(50km)处的26.3℉(-3.2℃)到280000英尺(85km)处的-118℉(-83.3℃)。中间层顶部的恒温层是大气中最冷的区域。中间层吸收有害辐射,包括宇宙辐射和太阳的紫外线和X射线辐射。由于没有大气散射阳光,所以天空呈黑色。

大气层中最高的云是极地中间层的云,由于它们看起来像精美、闪亮的线,也称为夜光云或夜耀云,如图5-5所示。这些云位于太空的边缘,形成于海拔高度在47~53英里(75.6~85.3km)之间。夜光云的频率和强度一直都在增加,可能成为高层大气变化的可感知指标。这些云是如何形成的,它们是否应该归于外星物源,是流星尘埃还是地球资源,还是火箭尾气颗粒都还不确定。

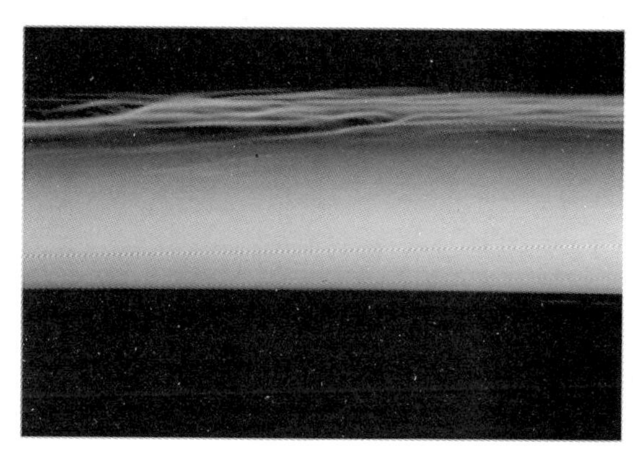

图5-5 从国际空间站看到的极地中间层云
(资料来源:美国国家航空航天局)

5.3.2.4 热层

热层是最厚的大气层,从地球表面上方53英里(85km)延伸到186英里(300km)。太阳紫外线辐射的吸收导致热层内的温度急剧上升,从53英里(85km)的-118℉(-83.3℃)到186英里(300km)的1340℉(1000K)。太阳活动的增加,如来自太阳耀斑和7年太阳活动周期的最大值,导致热层内的温度上升较大。

在大约62英里(100km)的高度以上,作用于航空航天飞行器的空气动力可以忽略不计。这100km的分界线表示为冯·卡门线。在大约100km(328000英尺)以上,气体粒子的间距相当远,因此粒子碰撞之间的距离(称为平均自由行程)近似大于3.3英尺(1m)。与此形成鲜明对比的是海平面的大气,平均自由行程为2.36×10^{-6}英寸(6×10^{-6}cm)。尽管在热层有如此大的气体粒子间距,但是在热层绕地球运行的航天器由于气体粒子撞击仍会遇到大气阻力。这种阻力明显小于对流层的空气动力阻力,但它确实影响航天器的轨道受力。事实上,航天器或卫星绕地球轨道在大约125英里(200km)以下运行可能是不现实的,因为轨道将在短短几天内下降,高空飞行器将脱离轨道回到地球。

5.3.2.5 外层和冷酷空间

外层是地球大气层的最外层,从186英里(300km)开始,最终与行星际介质融合。外层的温度维持在1340℉(1000K)不变,尽管这随着太阳周期的变化而变化。紫外线辐射将大量分子氧分解成原子氧,而原子氧可以与航天器材料高度反应。

外层上方的区域称为冷酷空间,充满了电磁辐射和宇宙粒子。例如,在1243英里(2000km)高度处的粒子密度约为每立方米100亿个粒子,因此冷酷空间不是空的空间。

冷酷空间是轨道空间飞行器的领域。例如,典型的航天飞机轨道位于地球上方约200英里(322km)处。国际空间站的轨道在地球上方205~270英里(330~435km)之间。这两个航天器都位于近地轨道(LEO)。

5.3.3 GTT:机舱加压试验

这种地面试验技术涉及了与飞机和航天器舱内加压有关的几个领域。虽然它与飞机结构有关,但也涉及关于大气层,特别是在高空的讨论。要在高空或太空飞行,飞机或航天器舱室必须加压,以保持乘客呼吸和舒适的环境。飞行器客舱的结构设计必须考虑到由机舱内部高压与外部大气低压之间的压力差所带来的应力。

通常情况下会建立一个设有由测试装置的试验舱,并在地面进行增压试验。进行地面试验是为了预测并验证机舱压力容器的结构完整性。机舱通常要进行数万个压力循环测试,机舱被加压和降压,以模拟机舱在飞行运行期间遇到的加压循环。一些舱内加压试验是使用水箱进行的,即机舱被浸入水池中并加压。

在投入商业使用之前,在正常的维修间隔时间内,对商用客机的机舱进行地面压力测试,以检查机舱压力容器是否有明显泄漏。机舱可以由喷气发动机、辅助动力装置或地面装置的高压空气进行加压。检查机舱加压系统的正常运行情况,并对一切明显泄漏进行密封。

在正常运行中,飞机或航天器舱内使用各种来源的压缩空气进行加压。高压空气通常会从喷气发动机的压缩机级“排出”,以给机舱加压。机舱加压的压力,与机舱高度相对应,随飞机巡航高度和飞机类型的变化而变化。一架波音767客机的机舱高度约为6900英尺(2100m),在39000英尺(1190m)的巡航高度时,对应机舱压力为11.4磅/英尺^2(78.6kPa)。机舱内部和外部大气之间的标准压差约8~9磅/英寸^2(55~62kPa)。

对航天器舱内加压,高压气体由储罐提供。自1961年起,俄罗斯航天器一直使用氮氧混合气体,以始终保持近海平面机舱高度(机舱压力为14.7磅/英寸^{2}或102kPa)。美国已将其航天器加压到更高的机舱高度,“水星”和“双子”座航天器的机舱压力约为25000英尺(7600m)(舱内压力为5.5磅/英寸^{2}或37.7kPa),阿波罗航天器的舱内压力约为27000英尺(8230m)(舱内压力为5.0磅/英寸^{2}或34.5kPa)。较低的机舱压力允许更轻的结构,因为机舱内部和外部空间环境之间的压差要小得多。美国航天器在发射前使用的纯氧环境略高于海平面舱内压力。在1967年的一次地面试验中,“阿波罗”1号太空舱发生火灾,造成3名船员死亡,这种高压纯氧舱环境被抛弃。此后,美国在发射时使用了具有海平面机舱高度的氮氧混合气体,在太空中再过渡到低压纯氧环境。

随着世界上第一架商用喷气式客机——英国的德·哈维兰(de Havilland)“彗星”号的出现,人们总结了关于机舱加压试验和加压飞机机身设计的重要经验。“彗星”号是第一架设计于3000英尺(9000m)以上的高空飞行的带有加压客舱的客机,它的原型于1949年7月27日首飞。“彗星”号提供的速度和舒适的客运服务一开始是非常成功的,它的设计是先进的,有着圆滑的空气动力学机身和现代喷气推进系统。“彗星”号机身设计的一个独特之处在于客舱内的较大方形窗户,如图5-6所示。

图5-6　德·哈维兰“彗星”号特有的方形客舱窗户
(资料来源:英国政府,英国官方摄影师,1949年,PD-UKGov)

1954年,“彗星”号发生了几次灾难性的飞行中解体,最终归因于这些方形窗户的设计和安装,以及对反复的机舱加压循环造成的金属疲劳认识不足。方形窗户的形状导致其小半径角的应力集中,而用于安装窗口的铆钉孔类型更加剧这一问题。用于安装窗户的冲铆形成了一个更粗糙、更不完美的孔,这会导致疲劳裂纹,该裂纹可以从孔中传播。

虽然“彗星”号的部分机身在运行期间进行了压力循环测试,但所使用的技术不足以确定最终导致飞行中解体的失效模式。事故发生后,对“彗星”号进行了更彻底的测试,包括将完整的机身浸没在大水箱里进行压力测试。在反复的压力循环中,模拟了3000多个飞行加压循环,机身结构在其中一个方形窗口的一角出现故障。从“彗星”号吸取的经验教训纳入了未来所有有加压舱的飞机的设计,包括在机身中使用椭圆形窗户,从而消除了小半径角的应力集中。

5.4　流体静力学方程

我们试图开发一种可用于工程分析的静态大气的标准模型。这种静态模型提供大气特性,如压力密度和温度,可作为地球表面上方距离的函数。模型开发的第一步,推导出一个量化大气压力随高度变化的表达式。

假设一个圆柱形流体单元,如图 5-7 所示。流体单元的单位截面积为 dA,单位高度为 dh_g。流体单元的重力 W 为

$$W = \rho g dA dh_g \tag{5-14}$$

式中:ρ 为流体单元密度;g 为重力加速度; $dAdh_g$ 为流体单元的体积。

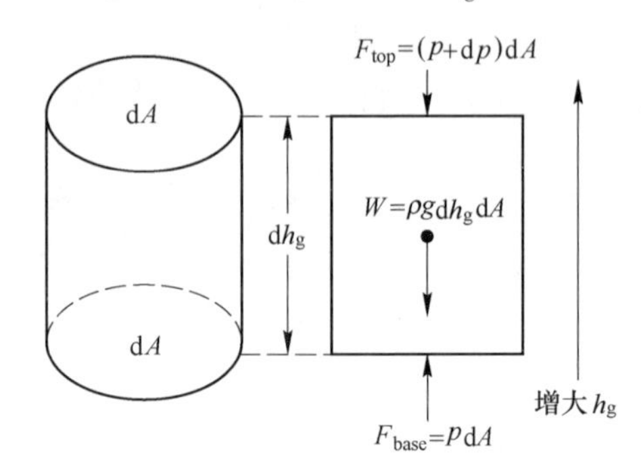

图 5-7 流体单元静力平衡时的受力情况示意图

流体底部的压力 p 是作用在底部截面 dA 上的。底部的压力为

$$F_{base} = \rho dA \tag{5-15}$$

流体单元所受到的压力随着高度 h_g 的增加而降低,一个高度小的变化 dh_g 对应压力一个小的变化 dp。因此,流体单元的顶部压力由下式给出:

$$F_{top} = (\rho + dp) dA \tag{5-16}$$

流体单元处于平衡状态,不会向上或向下移动,因此单元受力的总和为零。作用在流体单元上的力是其重力以及顶部和底部区域上的压力。把这些力相加,得

$$\sum F = 0 = F_{base} - F_{top} - W \tag{5-17}$$

将式(5-14)、式(5-15)、式(5-16)代入式(5-17),得

$$\sum F = 0 = \rho dA - (\rho + dp) dA - \rho g dA dh_g \tag{5-18}$$

求解压力的变化量 dp, 得

$$dp = -\rho g dh_g \tag{5-19}$$

这就是我们所期望的关系,把压力的变化 dp 和距离的变化 dh_g 联系起来。高度的增加(正向 dp)会导致压力的降低(负向 dp)。式(5-19)称为流体静力方程,它把处在静态平衡中的任何密度流体的压力变化与距离联系起来。该方程也适用水或任何其他流体中压力的变化,且压力是深度的函数。

我们可以用位势高度 h 和重力加速度常数 g_0 来描述流体静力方程。将式(5-9)代入式(5-19),得

$$dp = -\rho g_0 dh \tag{5-20}$$

对式(5-20)从压力为 p_{SL} 的海平面($h=0$)到海平面高度为 h 处积分,求解海平面高度为 h 处的压力:

$$\int_{p_{SL}}^{p} dp = -\rho g_0 \int_0^h dh \tag{5-21}$$

$$p - p_{SL} = -\rho g_0 h \tag{5-22}$$

可以求解出海平面上的压力

$$p = p_{SL} - \rho g_0 h \tag{5-23}$$

从式(5-23)可以看出,海平面之上,压力随高度的增加而减小。

例 5.2 空气柱的重量

使用流体静力方程来计算圆柱形空气柱的重量,其横截面积为 1 英寸^2,从海平面的地球表面延伸到大气层边缘。假设海平面的静压为 14.7 磅/英寸^2,大气层边缘的压力为零。另外,假设密度和重力加速度为常数。

解:

圆柱形空气柱如图 5-8 所示。

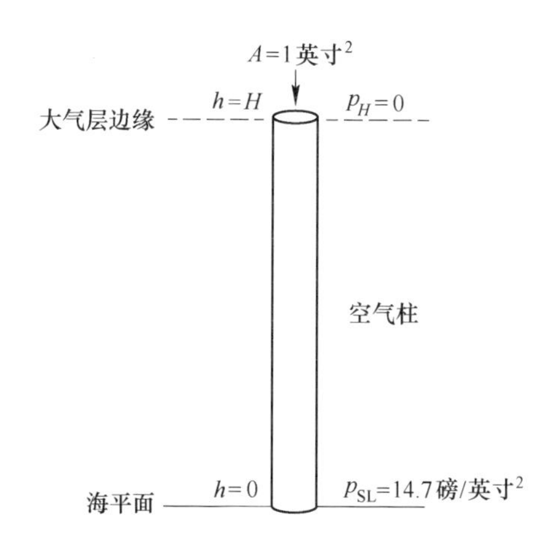

图 5-8 从海平面延伸到大气边缘的圆柱形空气柱

对流体静力方程式(5-20)从海平面到大气层边缘作积分运算:

$$\int_{p_{SL}}^{0} dp = -\rho g_0 \int_0^H dh$$

$$0 - p_{SL} = -\rho g_0 (H - 0)$$

$$p_{SL} = \rho g_0 H = \frac{W}{A}$$

式中:$\rho g H$ 为空气柱单位截面积(W/A)的重量。

那么,气柱的重量为

$$W = p_{SL}A = 14.7\ \frac{\text{磅}}{\text{英寸}^2} \times 1\ \text{英寸}^2 = 14.7\ \text{磅}$$

因此,可以看到,14.7 磅/英寸^2 的海平面气压可以解释为横截面积为 1 英寸^2,从海平面延伸到大气边缘的圆柱形中整个大气的重量(也可通过直接将边界条件代入式(5-23)中得到同样的结果)。

例 5.3 U 形管压力计

U 形管压力计是一种在实验室环境(如风洞)中测量压力的简单设备。该设备是一个充满已知密度液体(如汞或水)的 U 形玻璃管。管的一端连接到一个需要测定压力值的小孔或端口,另一端连接到参考压力端口,或简单地保持开放,以感知环境、大气压力。它主要测量两端之间的压差。试推导出使用 U 形管压力计测量压力的公式。

解:

考虑横截面积为 A,充满密度为 ρ 的液体的 U 形管压力计,假设压力表的两端之间存在压差 Δp,使得一侧液体被向下推,另一侧液体被向上拉。左右两侧的压力分别为 p 和 $p + \Delta p$。左侧和右侧液体的高度差是 ΔH。压力计内静态液体上受到的力如图 5-9 所示。

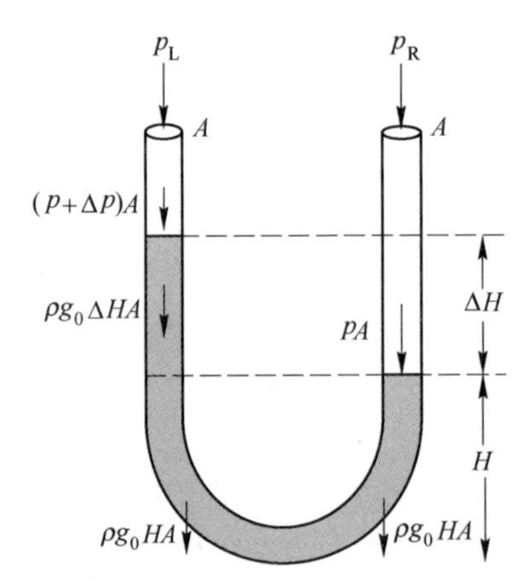

图 5-9 U 形管压力表内静态液体受力图

从压力计下部直到高度 H 的左侧和右侧的液体,具有相等的体积和重量 $\rho g_0 HA$。压力计左侧,高度为 ΔH 的液体的重量等于 $\rho g_0 \Delta HA$。左侧液体柱的压力为 $(p + \Delta p)A$。右侧液体柱的压力为 pA。由于液体是静止的,所以左侧的力与右侧的力平衡,如图 5-9 所示。因此,有

$$(p + \Delta p)A + \rho g_0 \Delta HA + \rho g_0 HA = pA + \rho g_0 HA \tag{5-24}$$

或者

$$\Delta p = -\rho g_0 \Delta H \tag{5-25}$$

式(5-25)将压力计测量的压力变化与压力计两端液体的高度差 ΔH 联系

起来。如果压力表的左侧有压力 p_L，右侧有压力 p_R，则压力计两端压差为

$$\Delta p = p_R - p_L = \rho g_0 \Delta H \tag{5-26}$$

如果其中一个压力是已知的参考压力,则可以确定另一侧的压力。例如,如果压力表的右侧对大气开放,它会受到已知的环境压力 p_a，那么压力计可以用来测量左侧压力 p_L：

$$p_L = p_a - \rho g \Delta H \tag{5-27}$$

因此,端口位置的压力可以根据压力计中液体的高度差和已知的环境或参考压力获得。由于压力计通常充满汞,"汞柱英寸数"或"英寸汞柱"用作压力单位。直到今天,它仍然是各种领域的压力单位,例如在气象学和飞机高度表中。

举一个计算实例,假设一个充满汞的U形管压力计用来测量风洞中机翼模型表面的压力。压力计的左侧连接到机翼表面的端口,右侧在海平面上向大气开放。已知海平面的大气压力和汞的密度(汞的密度为13.534g/cm³),当风洞开启时,压力计测量的压差 $\Delta p = 35.6\text{cmHg}$。

统一单位后,汞的密度为

$$\rho_{Hg} = 13534\,\frac{\text{g}}{\text{cm}^3} \times \frac{1\text{kg}}{1000\text{g}} \times \left(\frac{100\text{cm}}{1\text{m}}\right)^3 = 13534\,\frac{\text{kg}}{\text{m}^3}$$

根据式(5-27),机翼表面的压力为

$$p_L = p_a - \rho_{Hg} g \Delta H = 101325\,\frac{\text{N}}{\text{m}^2} - 13534\,\frac{\text{kg}}{\text{m}^3} \times 9.81\,\frac{\text{m}}{\text{s}^2} \times 0.356\text{m} = 54059\,\frac{\text{N}}{\text{m}^2}$$

5.5 标准大气

地球的大气层处于不断变化的状态,其中压力、密度和温度等大气特性随时间和位置的变化而变化。例如,如果我们分别在夏季和冬季测量6096m(20000英尺)处的温度,得到的结果则会有所不同。同样,如果我们在阿拉斯加和佛罗里达两个不同地点进行相同的温度测量,预计结果会由于地理位置不同而出现变化。这很重要吗?当然,如果我们在两个不同的日期或两个不同的地点进行飞机飞行试验,由于大气条件不同,在起飞、爬升、巡航或其他任务上可能会得到完全不同的性能结果。要客观地界定飞机的性能是不可能的。然而,如果我们把这些不同试验的数据标准化到一个共同的参考环境,那么我们就可以客观地定义性能。为了做到这一点,定义了标准大气。

标准大气是静态大气的理想化模型,不会随着时间或地点的变化而变化。该模型提供压力、温度和密度的值作为垂直距离的函数。通常认为标准大气中的空气符合理想气体状态方程的理想气体——假设大气中没有风或湍流,即空气相对于地球静止,空气是干燥的,不存在水汽。标准大气模型中的属性值表示一段时间内的平均值。

第一个标准大气模型是在 20 世纪 20 年代在美国和欧洲开发的。1952 年，国际民用航空组织(ICAO)引入了一个国际认可的大气层模型,并在这些年不断对大气模型进行改进和更新。如今,在低于 120km(74.6 英里)的情况下,有适用于不同纬度和不同季节的标准大气模型可用。在 120km 以上,针对太阳(黑子)活动的变化有不同的模型。还有由美国军方开发的寒冷、炎热、极地和热带模型。美国国家航空航天局最近开发了一个大气模型,除了压力、温度和密度之外,还包括风。该模型用于轨道仿真,例如航天飞机外部燃料箱的重返。

我们使用的是 1976 年的美国标准大气[28],和 1962 年的美国标准大气模型一样,它通常用于工程,这个时间指的是模型开发的年份。1976 年和 1962 年的大气模型在 50km(31 英里)以下是相同的,但是高于这个高度,1976 年的模型进行了改进并取代了 1962 年的模型。1976 年的标准大气模型代表了适度的太阳活动下,地球中纬度地区理想化的、常年的、平均的大气条件。该模型的适用范围从平均海平面以下 5km(3.1 英里)延伸至 1000km(621 英里)的高度。

5.5.1 标准大气模型的发展

我们希望开发一个理想的大气模型,其中空气的性质定义为地表(平均海平面)垂直距离的函数。在之前对气体(如空气)的分析中,我们通常根据其热力学变量(如压力、温度和密度)以及流速来定义空气的状态。因此,存在 4 个未知数(压力、温度、密度和速度),这需要 4 个方程或关系来求解这些未知数。我们假设大气是静止的,其速度是零。同样假设空气是理想气体,所以我们有一个理想的气体状态方程,它和压力、密度和温度有关。我们还建立了静力学流体的压力变化与密度和高度之间的关系,即流体静力学方程。高度是自变量,所以它不是一个额外的未知量。现在我们有 2 个方程(理想气体状态方程和流体静力学方程)用于求解 3 个未知的独立变量(压力、温度和密度),其中高度为自变量。我们需要一个附加关系来求解大气模型中的特性。对于这最后一个关系,我们基于来自地面站、气球、探空火箭、卫星和其他手段测量的经验数据,将温度定义为高度的函数。图 5-10 所示为标准大气模型发展的温度分布,最高可达 110km(68.4 英里)。

标准温度分布由表示温度随高度保持不变的等温区域或温度随海拔高度线性变化的梯度区域的线性部分组成。基准点的标准温度和位势高度用图 5-10 中的数字表示,连接线段的情况如表 5-3 所列。对于梯度区域,还列出了温度随高度的变化,称为温度递减率。接下来讨论与定义的标准温度分布相对应的标准压力和标准密度的计算。

根据流体静力学方程,式(5-20)重写如下:

$$dp = -\rho g_0 dh$$

用理想气体状态方程式(3-61)除以上式,得

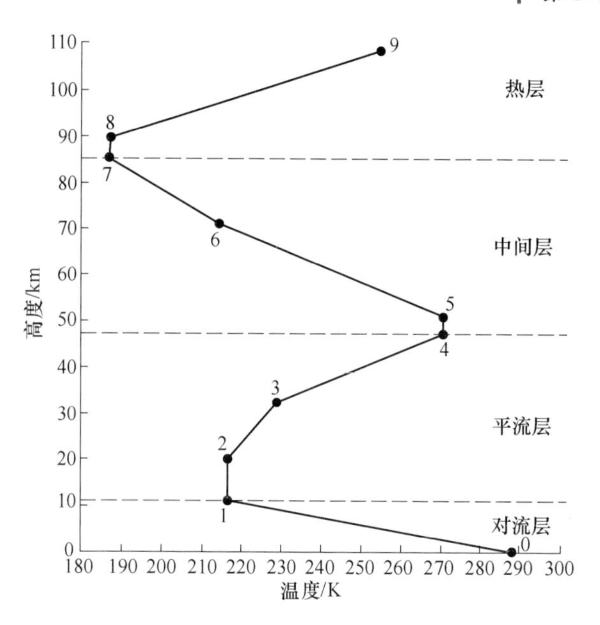

图 5-10 1976 美国标准大气中的温度分布

$$\frac{\mathrm{d}p}{p}=\frac{-\rho g_0 \mathrm{d}h}{\rho RT}=-\frac{g_0}{RT}\mathrm{d}h \tag{5-28}$$

表 5-3 1976 美国标准大气的参考高度、温度递减率和特性

参考点(图 5-10)	大气分层	位势高度		温度递减率		标准温度	压力	密度
		/km	/英尺	/(K/km)	/(K/(10^3 英尺))	/K	/(N/m^2)	/(kg/m^3)
0	对流层	0	0	-6. 5	-1. 9812	288. 15	101325	1. 2250
1	对流层顶	11	36089	0	0	216. 65	22632. 1	0. 36392
2	平流层	20	65617	1. 0	0. 3048	216. 65	5474. 89	8.8035×10^{-2}
3	平流层	32	1049867	02. 8	0. 85344	228. 65	868. 019	1.3550×10^{-2}
4	平流层顶	47	154199	0	0	270. 65	110. 906	1.4275×10^{-3}
5	中间层	51	167323	-2. 8	-0. 85344	270. 65	66. 9389	8.6160×10^{-4}
6	中间层	71	232940	-2. 0	-0. 6096	214. 65	3. 95642	6.4211×10^{-5}
7	中间层顶	84. 852	278386	—	0	186. 95	—	—
8	热层	89. 716	294344	—	—	187. 36	—	—
9	热层	108	354754	—	—	254. 93	—	—

式(5-28)是一个微分方程,它将压力的变化与高度的变化联系起来,是温度分布的函数。这个方程可以在标准大气的等温或梯度区域上积分,以提供所需压力随标准大气高度的变化。一旦发现压力变化,就用状态方程求出标准大气中密度的变化。下面对等温层和梯度层进行积分计算。

对于等温区域,将式(5-28)从该区域的底部到该底部之上的某个点进行积分,其中,底部的位势高度为 h_n,压力为 p_n,底部之上的点位势高度为 h,压力

为 p。其中下标 n 表示等温层底部的参考点,在标准大气中 n 是图 5-10 中的参考点 1、4 或 7。因此,有

$$\int_{p_n}^{p} \frac{\mathrm{d}p}{p} = -\frac{g_0}{RT}\int_{h_n}^{h} \mathrm{d}h \tag{5-29}$$

式中,在等温层上进行积分,温度 T 是一个常数,完成积分计算,得

$$\ln \frac{p}{p_n} = -\frac{g_0}{RT}(h - h_n) \tag{5-30}$$

求解压力,得

$$p = p(h) = p_n \mathrm{e}^{-\frac{g_0}{RT}(h-h_n)} \tag{5-31}$$

式(5-31)为理想结果,它提供了一个方程,将压力定义为标准大气等温区域的高度和温度的函数。

用状态方程来代替式(5-31)中的压力,有

$$\rho RT = (\rho_n RT_n)\mathrm{e}^{-\frac{g_0}{RT}(h-h_n)} \tag{5-32}$$

因为等温区域 $T = T_n$, 有

$$\rho = \rho(h) = \rho_n \mathrm{e}^{-\frac{g_0}{RT}(h-h_n)} \tag{5-33}$$

式(5-33)表示密度是标准大气等温区域的高度和温度的函数。现在,考虑标准大气的梯度区域。在每个梯度区域中,恒定的递减率 a_n 定义为

$$a_n = \frac{\mathrm{d}T}{\mathrm{d}h} = 常数 \tag{5-34}$$

式中: $\mathrm{d}T$ 为温度的变化; $\mathrm{d}h$ 为高度的变化; n 为梯度区域的底部参考点,可以是图 5-10 中参考点 0、2、3、5、6 或 8。

求解温度变化,有

$$\mathrm{d}T = a_n \mathrm{d}h \tag{5-35}$$

将式(5-35)代入式(5-28),得到一个关于压力变化的微分方程,它是梯度区域温度变化的函数,即

$$\frac{\mathrm{d}p}{p} = -\frac{g_0}{RT}\mathrm{d}h = -\frac{g_0}{RT}\frac{\mathrm{d}T}{a_n} \tag{5-36}$$

从梯度区域的底部到底部上的某个点进行积分。式中,底部的压力为 p_n,温度为 T_n, 底部上某个点的压力为 p, 温度为 T, 分别有

$$\int_{p_n}^{p} \frac{\mathrm{d}p}{p} = -\frac{g_0}{a_n R}\int_{T_n}^{T} \frac{\mathrm{d}T}{T}$$

$$\ln \frac{p}{p_n} = -\frac{g_0}{a_n R}\ln \frac{T}{T_n}$$

$$p = p_n \left(\frac{T}{T_n}\right)^{-\frac{g_0}{a_n R}} \tag{5-37}$$

式(5-37)表示压力是标准大气的梯度区域中温度的函数。为了获得压力

随高度变化的函数,将式(5-35)从梯度区域的底部积分到位势高度 h。

$$\int_{T_n}^{T} \frac{\mathrm{d}T}{T} = a_n \int_{h_n}^{h} \mathrm{d}h$$

$$T - T_n = a_n(h - h_n) \tag{5-38}$$

或者

$$\frac{T}{T_n} = 1 + \frac{a_n}{T_n}(h - h_n) \tag{5-39}$$

式(5-39)给出了温度关于标准大气梯度区域的高度的函数,将式(5-39)代入式(5-37),有

$$p = p(h) = p_n \left[1 + \frac{a_n}{T_n}(h - h_n)\right]^{-\frac{g_0}{a_n R}} \tag{5-40}$$

式(5-40)给出了压力作为标准大气梯度区域的高度的函数。

利用状态方程,可以求得梯度区域的标准密度:

$$\rho = \rho(h) = \rho_n \left[1 + \frac{a_n}{T_n}(h - h_n)\right]^{-\left(\frac{g_0}{a_n R}+1\right)} \tag{5-41}$$

我们经常对标准大气条件下海平面的空气特性感兴趣。下面给出了各种单位系统的压力、温度和密度的标准海平面值,由下标“SSL”表示。这些标准条件在第 3 章中进行了介绍,并在表 3-1 中列出。

$$p_{\mathrm{SSL}} = 29.92 \text{ 英尺汞柱} = 1 \text{ 标准大气压} = 2116 \text{ 磅力/英尺}^2 = 101320\mathrm{N/m^2} \tag{5-42}$$

$$T_{\mathrm{SSL}} = 15℃ = 59℉ = 288.15\mathrm{K} = 459.67°\mathrm{R} \tag{5-43}$$

$$\rho_{\mathrm{SSL}} = 1.225\mathrm{kg/m^3} = 0.002377\mathrm{slug}/\text{英尺}^3 \tag{5-44}$$

图 5-11 所示为标准大气条件下,从海平面到 20km(65600 英尺,12.4 英里)

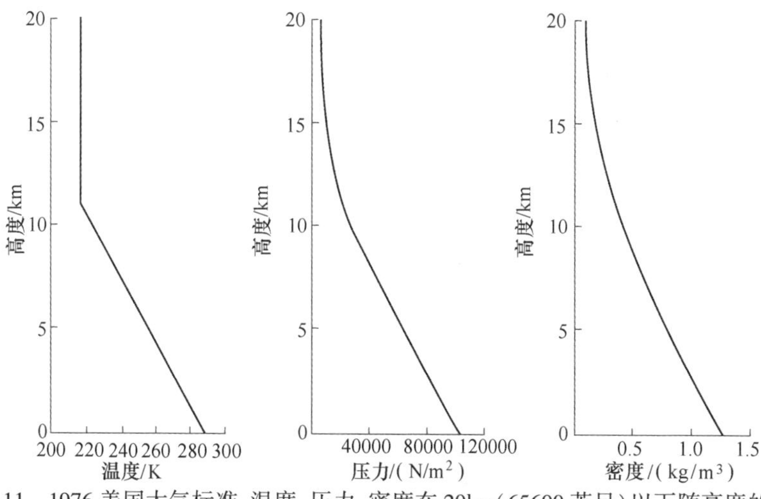

图 5-11　1976 美国大气标准,温度、压力、密度在 20km(65600 英尺)以下随高度的变化

处,温度、压力和密度随高度的变化。这个高度范围涵盖了大多数飞机的飞行范围。在 11km(36100 英尺)处直至对流层顶部,温度随高度呈线性下降,下降速度为 -6.5K/km(-1.98K/1000 英尺)。在对流层上方直至 20km 处,保持在 216.65K(-69.696℉)的标准温度不变。从海平面到 20km 的高度处,压力和密度值持续下降。标准大气的数值制作成表格,可被各种文献(包括附录 C)引用。

例 5.4 标准大气的计算

计算 6050m 高度处的标准压力、密度和温度。

解:

6050m 的高度处在对流层,这是标准大气的梯度区域。从表 5-3 可以得到梯度区域底部的压力、温度、密度和递减率(其中 $n = 0$):

$$\begin{cases} p_0 = 101325\ \dfrac{\text{N}}{\text{m}^2} \\ T_0 = 288.15\text{K} \\ \rho_0 = 1.2250\ \dfrac{\text{kg}}{\text{m}^3} \\ a_0 = -0.0065\ \dfrac{\text{K}}{\text{m}} \end{cases}$$

代入式(5-31),得

$$p = p(h) = 101325\ \frac{\text{N}}{\text{m}^2}\left[1 + \frac{-0.0065\ \frac{\text{K}}{\text{m}}}{288.15\text{K}}(h - 0)\right]^{-\frac{9.81\frac{\text{m}}{\text{s}^2}}{-0.0065\frac{\text{K}}{\text{m}}\times 287\frac{\text{N}\cdot\text{m}}{\text{kg}\cdot\text{K}}}}$$

在 6050m 处求解此方程,得

$$p = p \times 6050\text{m} = 101325\ \frac{\text{N}}{\text{m}^2} \times 0.86353^{5.2586} = 46839\ \frac{\text{N}}{\text{m}^2}$$

由式(5-41)可以求出 6050m 处的密度:

$$\rho = \rho(h) = 1.2250\ \frac{\text{kg}}{\text{m}^3}\left[1 + \frac{-0.0065\ \frac{\text{K}}{\text{m}}}{288.15\text{K}}(h - 0)\right]^{-\left(\frac{9.81\frac{\text{m}}{\text{s}^2}}{-0.0065\frac{\text{K}}{\text{m}}\times 287\frac{\text{N}\cdot\text{m}}{\text{kg}\cdot\text{K}}}+1\right)}$$

$$\rho = \rho \times 6050\text{m} = 1.2250\ \frac{\text{kg}}{\text{m}^3} \times 0.86353^{4.2586} = 0.65578\ \frac{\text{kg}}{\text{m}^3}$$

由式(5-38)可以求出 6050m 处的温度:

$$T = T(h) = 288.15\text{K} + \left(-0.0065\ \frac{\text{K}}{\text{m}}\right)h$$

$$T = T(6050\text{m}) = 288.15\text{K} + \left(-0.0065\,\frac{\text{K}}{\text{m}}\right) \times 6050\text{m} = 248.83\text{K}$$

5.5.2 温度比、压力比和密度比

用具体数值除以标准海平面值得到的无量纲比来表示温度、压力和密度通常很有用。采用这个惯例,定义温度比 Θ 、压力比 Δ 和密度比 Σ 如下:

$$\Theta \equiv \frac{T}{T_{\text{SSL}}} \tag{5-45}$$

$$\Delta \equiv \frac{p}{p_{\text{SSL}}} \tag{5-46}$$

$$\Sigma \equiv \frac{\rho}{\rho_{\text{SSL}}} \tag{5-47}$$

附录 C 中列表提供了这些比率的数值,可以计算任何给定高度的大气特性。

通过使用理想气体状态方程,可以将任何比率与其他比率相关联。例如,可以用压力比和温度比来表示密度比,即

$$\Sigma = \frac{\rho}{\rho_{\text{SSL}}} = \frac{p/RT}{p_{\text{SSL}}/RT_{\text{SSL}}} = \frac{p}{p_{\text{SSL}}}\frac{T_{\text{SSL}}}{T} = \frac{\Delta}{\Theta} \tag{5-48}$$

为避免计算大气属性出错,使用这些比率时必须小心。如果使用一致的英制或 SI 单位,则总是可以获得正确的结果。如果使用其他单位,涉及的转换因子是统一单位的倍数时,由于这些倍数抵消则可以获得正确的结果。如果转换需要添加恒定值,例如在温度转换的情况下不使用统一单位,则会产生错误的结果。下面的示例说明了这个问题。

例 5.5 使用统一单位的温度比、压力比和密度比计算对应标准海拔 17000 英尺下的压力、温度和密度。

解:

通过附录 C,对于标准海拔 17000 英尺,温度比、压力比和密度比分别为 0.88321、0.52060 和 0.58948。分别使用式(5-45)、式(5-46)、式(5-47),温度、压力和密度通过以下方式计算:

$$T = \Theta T_{\text{SSL}} = 0.88321 \times 519°\text{R} = 458.4°\text{R}$$

$$p = \Delta p_{\text{SSL}} = 0.52060 \times 2116\,\frac{\text{磅}}{\text{英尺}^2} = 1101.6\,\frac{\text{磅}}{\text{英尺}^2}$$

$$\rho = \Sigma \rho_{\text{SSL}} = 0.58948 \times 0.002377\,\frac{\text{slug}}{\text{英尺}^3} = 0.001401\,\frac{\text{slug}}{\text{英尺}^3}$$

例 5.6 使用不统一单位的温度、压力和密度比。计算对应标准海拔 17000 英尺下的压力、温度和密度。前一个例子的结果用于说明不统一单位的正确与否。

解:

使用例 5.5 计算的温度,采用统一单位,温度比为

$$\Theta \equiv \frac{T}{T_{SSL}} = \frac{458.4°R}{519°R} = 0.8832$$

结果与附录 C 中的值相匹配。现在,使用华氏温度单位来计算温度比,得

$$\Theta \equiv \frac{T}{T_{SSL}} = \frac{458.4°R - 459}{519°R - 459} = \frac{-0.6°F}{60°F} = -0.01$$

结果是错误的。

使用例 5.5 计算的压力,采用统一单位,压力比为

$$\Delta \equiv \frac{p}{p_{SSL}} = \frac{1101.6 \dfrac{磅力}{英尺^2}}{2116 \dfrac{磅力}{英尺^2}} = 0.5206$$

结果与附录 C 中的值相匹配。现在,使用不统一的磅力/英寸^2 单位来计算压力比,得

$$\Delta \equiv \frac{p}{p_{SSL}} = \frac{1101.6 \dfrac{磅力}{英尺^2} \times \dfrac{1 英尺^2}{144 英寸^2}}{2116 \dfrac{磅力}{英尺^2} \times \dfrac{1 英尺^2}{144 英寸^2}} = \frac{7.65 \dfrac{磅力}{英寸^2}}{14.69 \dfrac{磅力}{英寸^2}} = 0.5208$$

因为转换涉及的倍数抵消了,所以结果是正确的(舍入误差)。

使用例 5.5 计算的密度,采用统一单位,密度比为

$$\Sigma \equiv \frac{\rho}{\rho_{SSL}} = \frac{0.001401 \dfrac{slug}{英尺^3}}{0.002377 \dfrac{slug}{英尺^3}} = 0.5894$$

结果与附录 C 中的值相匹配。现在,使用不统一的磅力/英尺^{3}来计算压力比,得

$$\Sigma \equiv \frac{\rho}{\rho_{SSL}} = \frac{0.001401 \dfrac{slug}{英尺^3} \times \dfrac{32.2 磅力}{1slug}}{0.002377 \dfrac{slug}{英尺^3} \times \dfrac{32.2 磅力}{1slug}} = \frac{0.04511 \dfrac{磅力}{英尺^3}}{0.07654 \dfrac{磅力}{英尺^3}} = 0.5894$$

因为转换涉及的倍数抵消了,所以结果是正确的(舍入误差)。

5.6 大气数据系统测量

在评估飞机性能时,需要进行大气数据测量以确定飞机的飞行条件和姿态。

飞行条件包括飞机高度、空速,以及高速飞机的马赫数。姿态信息包括飞机迎角和侧滑角。这些参数大多数无法直接测量,它们必须通过测量其他流动特性来计算。用于获取这些类型大气数据参数的传感器集合称为大气数据系统。复杂的大气数据系统包括对测量值进行修正且处理大气数据的大气数据计算机,用于飞机上其他仪器或系统。

大气数据系统传感器可以安装在飞机上的各个位置或安装在单独的大气数据棒上,如图5-12所示。大气数据棒上的典型传感器包括用于测量压力、温度和气流角的传感器。大气数据棒用于在自由流中定位大气数据传感器,远离飞机的任何干扰效应。大气数据棒通常长度为几英尺,但传感器和电子设备的小型化允许制造更短的棒。当然,棒的长度必须适合飞机的尺寸。棒通常安装在机头上,使其尽可能远离无阻碍的自由流。大气数据棒可在跨声速和超声速时使用,但大气数据棒的设计必须能够应对在高速情况下,可能遇到的适量的定常和非定常气动载荷。

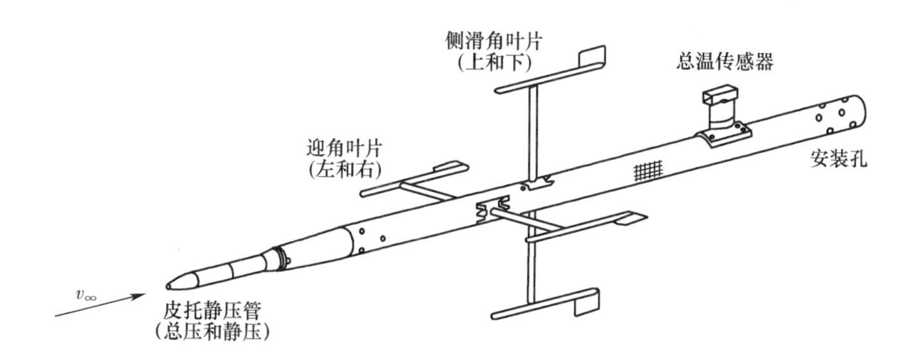

图5-12 飞行试验大气数据棒

通常通过测量自由流压力的全静压系统得到高度和空速。为了获取马赫数,除了这些全静压测量之外还需要测量温度。通常使用移动叶片装置(就像风向标一样)测量气流角。在本节中,我们将详细讨论在气流中如何获得这些不同的测量值,讨论全静压系统如何工作,如何测量高度和空速,不同类型的空速,以及与高度和空速测量相关的误差。我们将采用飞行试验技术来测量某型超声速飞机全静压系统的误差并校准。

5.6.1 全静压系统

如图5-13所示,飞机全静压系统的基本部件是皮托管、静压端口、压力传感器,以及连接不同组件的相关管道。最简单的形式是,皮托管是直管,与自由流平行放置,并且一端开放而另一端关闭。自由流以速度 v_∞ 从管道的开口端进入,在闭合端停留,从而测量出气流总压力 p_t。

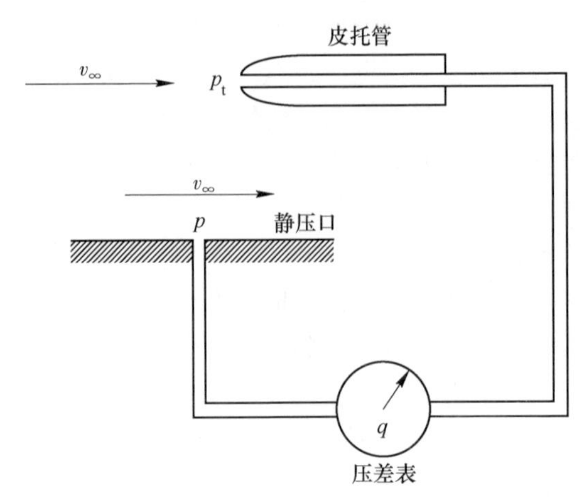

图 5-13　全静压系统

静态端口仅仅是与气流平行表面上的冲孔。静态端口只能感知流动流体中气体分子的随机运动,即流动静压 p,不像皮托管,能使气流速度降为零。有时静压端口与皮托管连接,在管道一侧测量静压,称为全静压管。在其他设备中,静压端口位于飞机的其他位置,通常在机身的一侧。为了使测量误差最小化,需要选择静压孔的位置,但依然存在误差需要修正。后来,我们研究了用于处理这种静压误差修正的飞行试验技术。

测量的总压和静压反馈给将测量值转换为高度或空速的机械或数字系统。获得高度只需要测量静压,获得空速则需要测量静压和总压。根据实测压力计算的空速值,随马赫数的变化而变化。通常情况下,尽管必须要对飞行的不同马赫数状态进行修正,但根据静压获得高度更为直接。

5.6.2　高度测量

在常规飞行操作和飞行试验操作期间,高度的精确测量对飞机的安全和高效运转至关重要。地形和障碍物的清除,以及在同一空域飞行飞机的垂直间隔的确定,都需要精确的高度信息。对于飞行试验,精确的高度数据对于试验数据的分析和比较至关重要。

5.2 节讨论了各种类型的高度,并在表 5-2 中进行了总结。在这节,我们将讨论几种可用于测量不同类型高度的技术和设备。特别地,我们讨论了最常见的高度测量仪器,即高度计。

当地海拔或地平面以上的高度 h_{AGL},可以直接使用无线电测量。无线电测高计最简单的形式是通过测量由飞机发射的无线电信号从地面反射回飞机所需要的时间来工作。通过掌握这个时间和无线电信号的速度(光速),便可以计算距离。现代无线电高度计使用更复杂的、更精确的方法,是通过测量无线电波频率的偏移来推断距离。此类高度测量用于地形警告系统,在飞行过低以至于快要接近地面时发出警告,或用于要求飞得非常接近地面的地形跟踪系统。

假设当地海拔已知,就可以根据无线电高度获得几何高度 h_g。全球定位系统(GPS)提供了更直接的几何高度测量方法。GPS 是一种基于卫星的系统,它通过测量几颗卫星接收无线电信号的时间来计算空间位置。GPS 接收器必须由 4 个或更多卫星接收数据,才能确定三维位置(纬度、经度和高度)。另外,使用差分 GPS(DGPS)能够确保高度的精确度在 3~5m(10~16 英尺)之内,是因为它使用地基系统校正了卫星 GPS 数据。

由于几何高度是基于随着高度变化的重力加速度的,因此理论上可以使用高灵敏度的加速度计测量几何高度。这在飞行器领域是不实际的,因为飞机的加速度会影响这些设备。

通过测量大气特性并使用由标准大气导出的关系分别可以获得压力高度、温度高度和密度高度 h_p、h_T 和 h_ρ。例如,可以通过测量大气温度并使用式(5-38)求解高度来获取温度高度。在性能试验中,我们关注作用于飞机的力。在动压作用下,力是空气密度的函数,所以使用密度高度似乎是最好的选择。实际上,因为使用了理想的气体状态方程获得密度,因此所有这些特性都可用于确定高度。然而,由于许多与非标准状态相关的因素,包括非标准温度递减率、逆温或由于季节,昼夜周期,和地理位置变化的大气特性,使用温度或密度高度所得结果往往不准确。

大气压力受这些问题影响最小,因此压力高度 h_p 是用于高度测量仪器的最佳选择。这种仪器称为高度计,它通过测量环境、大气压力并使用标准大气关系,见式(5-31)和式(5-40),来确定压力高度。高度计的功能组件如图 5-14 所示。高度计仪表盒与全静压系统的静压源连接,这样壳体内部压力与静压 p 相等。在盒子内部,有一个金属波纹管,或者更准确地说,是一系列的无液晶圆片或隔膜,它们被抽为真空,使波纹管内的压力接近为零(无液用来形容,指的是由于环境空气压力对隔膜的影响而运行的设备)。由于盒内的静压,波纹管会膨胀或收缩。波纹管连接到带动指针旋转的机械齿轮上,由于波纹管的膨胀或收缩,高度计指示面板上就显示出了所测高度。高度计内的机械齿轮的设计,要能够根据标准大气关系,见式(5-31)和式(5-40),将测量到的压力转换为高度。

式(5-40)中海平面的基准压力可以在高度计中进行机械调整,将值设置为当天的当地环境海平面气压。这种调整是通过转动气压刻度调节旋钮实现的(图 5-14),在气压调定区域的指示器上设定要求的压力,其中显示的大气压力单位为英寸汞柱(Hg)。当气压调定区域的压力设定为当地大气压力时,高度计便可以读取当地海拔。如果气压调定区域中的压力设置为 29.92 英寸汞柱(2116.4 磅/英尺^2,101325Pa),则高度计显示(标准日)压力高度。

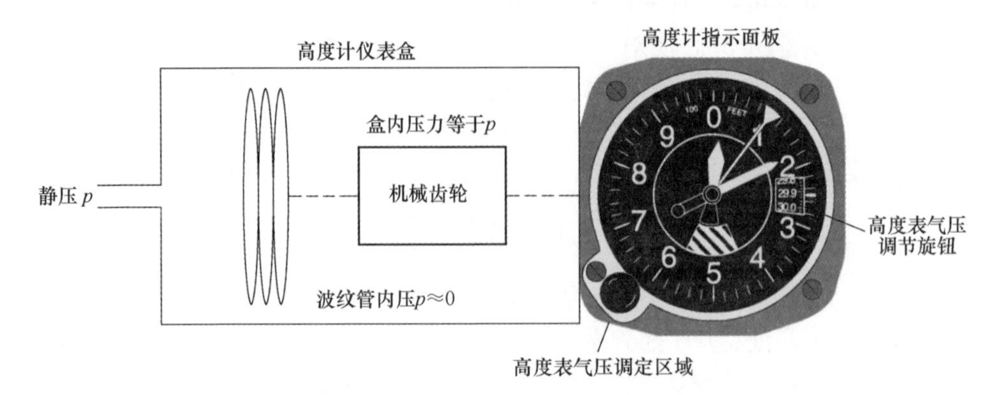

图 5-14　高度计原理图(指示器表面上的小针显示千英尺,较长针显示百英尺,细长的外部指针显示万英尺。该高度计显示海拔为 10180 英尺。高度表气压调定区域设定为 29.92 英寸汞柱。)

所有飞行高度为 18000 英尺(5490m)及其以上的飞机的高度计设定为 29.92 英寸汞柱,以便读取压力高度。通过这种方式,所有活动在这些高海拔地区的飞机,都可以使用同一基准或基准面测量高度,这有助于确保在同一空域飞行的两架飞机之间的垂直间隔。此外,在这些高海拔地区飞行的飞机通常是高速飞行,并且每隔几分钟就需要将高度计重置为当地气压,这是不切实际的。

对于飞行试验,高度计通常设置为 29.92 英寸汞柱,以便显示压力高度,这使在不同大气条件下采集的飞行试验数据得以标准化。性能飞行试验数据是在不同地理位置、一天中的不同时间和一年中不同的季节等各种大气条件下采集的。试验日的大气条件与规定的标准日大气条件相差甚远。作用于飞机上的力,例如阻力是空气密度的函数,而空气密度可能随非标准的条件变化很大。此外,推进系统的推力也会受到空气密度变化的影响。

为了提供一种比较性能结果的方法,将试验日数据简化为标准日条件。无论是在标准或非标准条件下的试验,试验日压力对应一个唯一的压力高度。在不同时间或不同位置进行的试验总是可以在相同的压力高度飞行。由于性能数据是在相同的压力高度下采集的,因此,试验日的数据可以校正为非标准的试验日温度数值,从而获得标准压力和温度条件下的数据。这些非标准的温度校正直接应用于飞行试验数据,而不是压力高度。为了将压力高度与位势高度关联到一起,需要对式(5-28)进行积分,并与试验日温度与海拔的变化相结合。虽然可以进行大气温度测量,但每次进行试验时都这样做是不实际的。

5.6.3　空速测量

准确测量空速对于常规操作和飞行试验中飞机的安全和高效飞行至关重

要。在飞机的低速和高速限制下,需要准确掌握空速,避免在低速限制下失速和潜在的失控,并防止在可能发生严重结构损坏的地方超出高速限制。

除了飞行操作方面,准确的空速信息对于飞行试验数据的分析和对比至关重要。飞机空速的测量已经从一种非常简单的近似技术演变成基于全静压系统的非常准确的方法。

在飞行的早期阶段,飞机机翼结构用金属丝支撑。这些金属丝在气流中振动,当振动随着空速的变化而变化时,产生音调变化的声音。这使得空速测量的一种粗略的方法成为可能,在开放式座舱的飞机上,驾驶员通过用他的"校准耳朵"倾听声调来估算空速。这个测量技术不是很准确,随着飞机性能飞速提高就变得不切实际。此外,随着飞机变得更先进,用于结构支撑的金属丝和开放式座舱很快就被淘汰了。

高度测量仅需要测量自由流静压,空速测量则需要同时测量静压和总压。空速表的组件与高度计类似,有一个连接到机械齿轮的金属波纹管,而机械齿轮能够使仪器表面的指示针旋转,如图5-15所示。静压源连接到仪表盒,这样仪表内部处于环境静压 p 之下。总压力源垂直于波纹管,使波纹管内部压力等于总压 p_t。因此,波纹管测量到总压和静压之差 Δp,由下式给出:

$$\Delta p = p_t - p \tag{5-49}$$

由于压力差 Δp,导致波纹管膨胀或收缩,并通过机械齿轮和杠杆的运动产生指示空速。仪表上显示的空速简称为"指示空速"。空速表还可以提供"真空速",即飞机飞行时相对于空气移动的速度,在后面的章节中将详细解释不同类型的空速。

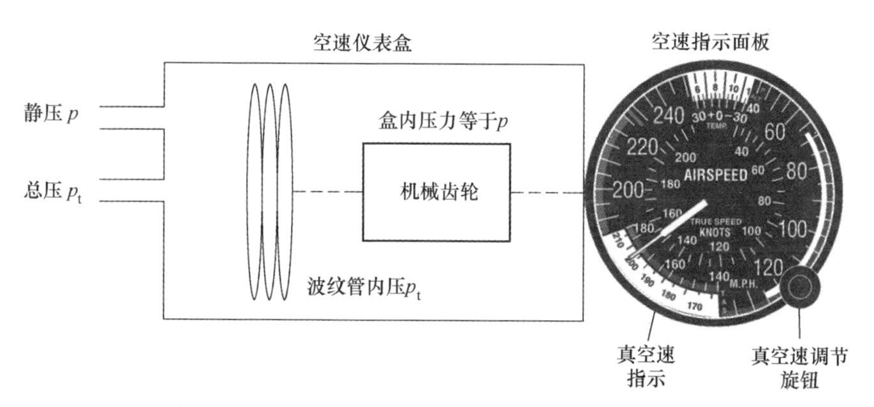

图5-15 空速指示器示意图(仪表指示的空速为176英里/时或152kn,真空速为202kn)

即使测量到相同的两个压力,空速的计算也会因气流马赫数的不同而明显不同,即气流是否是不可压缩、亚声速的或是可压缩、超声速的。我们已经建立将流体热力学性质(压力、温度或密度)与气流速度或马赫数相关联的方程,为定义这些不同飞行状态下的空速奠定了基础。我们从亚声速、不可压缩气流的低速状态开始。

5.6.3.1 亚声速不可压缩气流

如3.6.2节讨论的,等熵的、不可压缩流的控制方程是伯努利方程,见式(3-180)。在图5-13中将该方程应用于全静压系统,得

$$p + \frac{1}{2}\rho v^2 = p + q = p_t \tag{5-50}$$

式中:p为自由流静压;ρ为自由流密度;v为自由流速度;q为自由流动压;p_t为总压。

求解式(5-50),可得出速度:

$$v = \sqrt{2 \times \frac{p_t - p}{\rho}} = \sqrt{2 \times \frac{\Delta p}{\rho}} \tag{5-51}$$

根据式(5-51),等熵不可压缩气流的空速,便可通过测量压力差Δp和密度ρ计算。如图5-15所示,一个带有单个波纹管装置的空速指示器就可以进行压差测量。

如果式(5-51)中的密度是自由流空气密度,则方程给出的速度定为真空速v_t,有

$$v_t = \sqrt{2 \times \frac{p_t - p}{\rho_\infty}} = \sqrt{2 \times \frac{\Delta p}{\rho_\infty}} \tag{5-52}$$

式中,ρ_∞用于强调密度是自由流密度。获得自由流密度还需要测量自由流温度,假设它是理想气体状态,则密度便可求出。使用单独的温度传感器,并在空速仪表盒中增加另一个波纹管装置,这样测量温度是有可能实现的。

式(5-51)的适用性仅限于马赫数低于0.3或者空速小于200英里/h(相当于300英尺/s或100m/s)的气流。我们现在继续进行高速气流的空速测量。

5.6.3.2 亚声速可压缩气流

随着气流马赫数增加约0.3以上,恒定密度假设无效。只要没有激波存在,等熵气流的假设仍然有效。3.11.1节研究了静压、总压和马赫数之间的关系,其中总静压比为

$$\frac{p_t}{p} = \left[1 + \frac{\gamma - 1}{2} Ma^2\right]^{\gamma/(\gamma-1)} \tag{5-53}$$

求解式(5-53)得出马赫数:

$$Ma = \sqrt{\frac{2}{\gamma - 1}\left[\left(\frac{p_t}{p}\right)^{(\gamma-1)/\gamma} - 1\right]} \tag{5-54}$$

或者,从压力差 Δp 的角度,有

$$Ma=\sqrt{\frac{2}{\gamma-1}\left[\left(\frac{\Delta p}{p}+1\right)^{(\gamma-1)/\gamma}-1\right]} \tag{5-55}$$

真空速 v_t,可以通过下面方程与马赫数关联:

$$v_t=Ma\times a_\infty=Ma\sqrt{\gamma RT_\infty}=Ma\sqrt{\frac{\gamma p}{\rho_\infty}} \tag{5-56}$$

式中:a_∞,T_∞,ρ_∞ 分别为声速、温度和密度的自由流值。

将式(5-54)代入式(5-56),得

$$v_t=a_\infty\sqrt{\frac{2}{\gamma-1}\left[\left(\frac{p_t}{p}\right)^{(\gamma-1)/\gamma}-1\right]}=\sqrt{\frac{2\gamma p}{\rho_\infty(\gamma-1)}\left[\left(\frac{p_t}{p}\right)^{(\gamma-1)/\gamma}-1\right]} \tag{5-57}$$

重新调整总静压比,得

$$v_t=\sqrt{\frac{2\gamma}{\gamma-1}\frac{p}{\rho_\infty}\left[\left(\frac{p_t-p}{p}+1\right)^{(\gamma-1)/\gamma}-1\right]}$$

$$v_t=\sqrt{\frac{2\gamma}{\gamma-1}\frac{p}{\rho_\infty}\left[\left(\frac{\Delta p}{p}+1\right)^{(\gamma-1)/\gamma}-1\right]} \tag{5-58}$$

等熵可压缩气流的真实速度是自由流密度 ρ_∞、自由流静压 p 和压差 Δp 的函数。空速仪表只能测量压差而不能测量静压本身,如图 5-15 所示。因此,要测量静压,仪表内部需要第二个独立的波纹管仪表装置。为了获得自由流密度,需要第三个独立的波纹管装置和独立的温度探测器来测量自由流的温度。因此,要得到亚声速可压缩气流的真实速度,需要 3 个独立的波纹管装置和 1 个单独的温度探测器来测量压差,静压和温度(来获得密度)。

当气流可压缩、马赫数约大于 0.3 时,必须使用式(5-58),而不是式(5-52)。然而,式(5-58)是基于等熵气流的假设,所以它只有在气流中出现激波,尚未达到亚声速马赫数之前才有效。我们下面解决具有激波的超声速气流中的空速测量。

5.6.3.3 超声速可压缩气流

如 3.11.2 节所述,当气流变成超声速时,气流中会出现激波。观察式(5-58),确定空速需要测量自由流总压。但是,我们知道通过激波时总压会发生巨大变化。如图 5-16 所示,在超声速马赫数下,皮托管前面会形成一个弓形激波。因此,由皮托管测得的总压力值与式(5-58)中使用的自由流值不同。

皮托管前方的弓形激波是在皮托管钝头正前方的常规激波。通过这个常规激波的气流特性变化如图 5-16 所示。通过常规激波时有总压损失。由于激波内部的非等熵过程,在穿过激波时气流特性变化,激波气流的上游和下游可以认

为是等熵。因此,在常规激波后面,皮托管前面,总静压比可以用式(3-343)给出的等熵关系表示:

$$\frac{p_{t,2}}{p_2}=\left[1+\left(\frac{\gamma-1}{2}\right)Ma_2^2\right]^{\gamma/(\gamma-1)} \tag{5-59}$$

式中:下标“2”表示常规激波后面的特性。

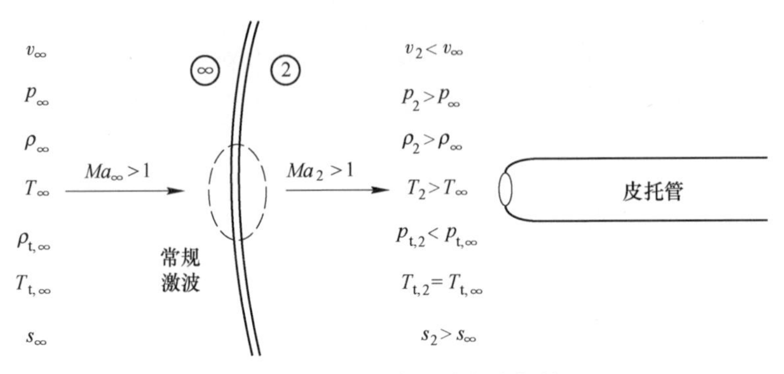

图 5-16　超声速气流中的皮托管

使用 3.11.2.2 节中常规激波关系,常规激波后的马赫数 Ma_2 为

$$Ma_2^2=\frac{(\gamma-1)Ma_\infty^2+2}{2\gamma Ma_\infty^2-(\gamma-1)} \tag{5-60}$$

下面方程得出穿过常规激波的静压比 p_2/p_∞ :

$$\frac{p_2}{p_\infty}=\frac{2\gamma Ma_\infty^2-(\gamma-1)}{\gamma+1} \tag{5-61}$$

式(5-59)乘以式(5-61),得到了常规激波后的总压比 $p_{t,2}$ 与自由流静压 p_∞ 的方程。

$$\frac{p_{t,2}}{p_\infty}=\left(\frac{p_{t,2}}{p_2}\right)\left(\frac{p_2}{p_\infty}\right)=\left[1+\left(\frac{\gamma-1}{2}\right)Ma_2^2\right]^{\gamma/(\gamma-1)}\frac{2\gamma Ma_\infty^2-(\gamma-1)}{\gamma+1} \tag{5-62}$$

将式(5-60)代入式(5-62),得

$$\frac{p_{t,2}}{p_\infty}=\left\{1+\left(\frac{\gamma-1}{2}\right)\left[\frac{(\gamma-1)Ma_\infty^2+2}{2\gamma Ma_\infty^2-(\gamma-1)}\right]\right\}^{\gamma/(\gamma-1)}\frac{2\gamma Ma_\infty^2-(\gamma-1)}{\gamma+1}$$

$$\frac{p_{t,2}}{p_\infty}=\left\{1+\left[\frac{(\gamma-1)^2Ma_\infty^2+2(\gamma-1)}{4\gamma Ma_\infty^2-2(\gamma-1)}\right]\right\}^{\gamma/(\gamma-1)}\frac{1-\gamma+2\gamma Ma_\infty^2}{\gamma+1}$$

$$\frac{p_{t,2}}{p_\infty}=\left[\frac{4\gamma Ma_\infty^2-2(\gamma-1)+(\gamma-1)^2Ma_\infty^2+2(\gamma-1)}{4\gamma Ma_\infty^2-2(\gamma-1)}\right]^{\gamma/(\gamma-1)}\frac{1-\gamma+2\gamma Ma_\infty^2}{\gamma+1}$$

$$\frac{p_{t,2}}{p_\infty}=\left[\frac{4\gamma Ma_\infty^2+(\gamma^2-2\gamma+1)Ma_\infty^2}{4\gamma Ma_\infty^2-2(\gamma-1)}\right]^{\gamma/(\gamma-1)}\frac{1-\gamma+2\gamma Ma_\infty^2}{\gamma+1}$$

$$\frac{p_{t,2}}{p_\infty}=\left[\frac{(\gamma^2+2\gamma+1)Ma_\infty^2}{4\gamma Ma_\infty^2-2(\gamma-1)}\right]^{\gamma/(\gamma-1)}\frac{1-\gamma+2\gamma Ma_\infty^2}{\gamma+1}$$

$$\frac{p_{t,2}}{p_\infty}=\left[\frac{(\gamma+1)^2Ma_\infty^2}{4\gamma Ma_\infty^2-2(\gamma-1)}\right]^{\gamma/(\gamma-1)}\frac{1-\gamma+2\gamma Ma_\infty^2}{\gamma+1}\tag{5-63}$$

式(5-63)是瑞利皮托管方程,它根据自由流马赫数 Ma_∞,将常规激波后的总压 $p_{t,2}$ 与自由流静压 p_∞ 相关联。在超声速气流中,常规激波后总压通过皮托管测量。静压也在飞机上的某个位置测量,必须校正后才可以提供自由流静压值。

将压力差值 Δp 代入式(5-63),得

$$\frac{p_{t,2}-p_\infty}{p_\infty}=\frac{\Delta p}{p_\infty}=\left[\frac{(\gamma+1)^2Ma_\infty^2}{4\gamma Ma_\infty^2-2(\gamma-1)}\right]^{\gamma/(\gamma-1)}\frac{1-\gamma+2\gamma Ma_\infty^2}{\gamma+1}-1\tag{5-64}$$

因此,为了获得自由流马赫数,需要测量压力差 Δp 和自由流静压 p_∞。一种称为马赫表的仪器有 2 个独立的波纹管装置,可以使用式(5-64)表示自由流马赫数。但是,马赫数是温度的函数,式(5-64)没有温度项。从式(5-64)获得马赫数本身就假设温度是标准温度。因此,正如指示马赫数,如果自由流温度与标准温度不同,则马赫数不准确。要获得真正的马赫数,需要进行温度测量以校正非标准温度的误差。

将式(5-56)代入式(5-64),得到关于真空速的关系:

$$\frac{\Delta p}{p_\infty}=\left[\frac{(\gamma+1)^2\left(\dfrac{v_t}{a_\infty}\right)^2}{4\gamma\left(\dfrac{v_t}{a_\infty}\right)^2-2(\gamma-1)}\right]^{\gamma/(\gamma-1)}\frac{1-\gamma+2\gamma\left(\dfrac{v_t}{a_\infty}\right)^2}{\gamma+1}-1\tag{5-65}$$

通过式(5-56)用自由流静压和密度表示自由流声速,得

$$\frac{\Delta p}{p_\infty}=\left[\frac{(\gamma+1)^2\left(\dfrac{v_t}{\sqrt{\gamma p/\rho}}\right)^2}{4\gamma\left(\dfrac{v_t}{\sqrt{\gamma p/\rho}}\right)^2-2(\gamma-1)}\right]^{\gamma/(\gamma-1)}\frac{1-\gamma+2\gamma\left(\dfrac{v_t}{\sqrt{\gamma p/\rho}}\right)^2}{\gamma+1}-1\tag{5-66}$$

式(5-66)确定超声速气流中真空速的理想关系。利用密度的测量值 ρ,自由流静压 p 和压差 Δp,可以迭代求解该方程得到真空速。至于亚声速压缩气流,需要空速仪内部有 3 个独立的波纹管装置以及 1 个单独的温度探测器来获

得超声速气流的真空速。

5.6.4 空速类型

到目前为止,我们已经介绍了真空速并讨论了不同飞行状态中的测量方法。在本节中,将明确经常用于航空航天工程和飞行试验的其他类型的空速。这些其他类型的空速包括当量空速、校正空速和指示空速。

5.6.4.1 真空速

表5-4所列为各种飞行状态下已经发展起来的的真空速 v_t 及相关公式。对于所有飞行状态,真实速度是自由流密度 ρ 、自由流静压 p 和压差 $\Delta p = p_t - p$(简单起见,表5-4参数中省略了自由流下标“ ∞ ”)的函数。

表5-4 真空速的公式总结

飞行状态	真空速 v_t 计算公式
亚声速,不可压缩	$v_t = \sqrt{2 \times \frac{p_t - p}{\rho}} = \sqrt{2 \times \frac{\Delta p}{\rho}}$
亚声速,可压缩	$v_t = \sqrt{\frac{2\gamma}{\gamma - 1} \frac{p}{\rho} \left[\left(\frac{\Delta p}{p} + 1 \right)^{(\gamma-1)/\gamma} - 1 \right]}$
超声速,可压缩	$\frac{\Delta p}{p_\infty} = \left[\frac{(\gamma+1)^2 \left(\frac{v_t}{\sqrt{\gamma p/\rho}} \right)^2}{4\gamma \left(\frac{v_t}{\sqrt{\gamma p/\rho}} \right)^2 - 2(\gamma - 1)} \right]^{\gamma/(\gamma-1)} \frac{1 - \gamma + 2\gamma \left(\frac{v_t}{\sqrt{\gamma p/\rho}} \right)^2}{\gamma + 1} - 1$

假设测量了这3个参数,在这些真速公式的基础上,可以建立一个真空速表,从全静压系统获得静压和压差测量值。获得自由流密度更加困难,通常需要测量自由流温度来获得。尽管有这些困难,但真空速表已经制造出来并应用于飞机上。然而,真空速表往往很复杂,难以校准,还有可靠性和准确性问题。但是除了在导航中可能用于辅助确定地面速度之外,飞行中通常不需要真空速。而且用全球定位系统(GPS)技术很容易获取地速,所以这在今天更不成问题。

5.6.4.2 当量空速

作为简化测量需求的第一步,真空速对自由流密度的依赖性通过假设密度等于常数标准海平面密度 ρ_{SSL} 消除。将其应用于亚声速可压缩气流的真空速公式(5-58),我们定义一个新的空速,当量空速 v_e 为

$$v_e = \sqrt{\frac{2\gamma}{(\gamma - 1)} \frac{p}{\rho_{SSL}} \left[\left(\frac{\Delta p}{p} + 1 \right)^{(\gamma-1)/\gamma} - 1 \right]} \tag{5-67}$$

通过比较式(5-58)和式(5-67),密度比 Σ 的平方根将真空速和当量空速

相关联，有

$$v_{t} = \sqrt{\frac{\rho_{SSL}}{\rho}} v_{e} = \frac{v_{e}}{\sqrt{\Sigma}} \tag{5-68}$$

因此，真空速等于经非标准海平面密度校正后的当量空速。由于密度比通常小于1，因此当量空速通常小于真空速。在标准海平面条件下，当量空速和真空速是相等的。使用当量空速的明显优势是不再需要测量密度或温度。

在处理飞行结构问题时，特别是在作用有恒定动压 q 衡量结构载荷的相关问题上，当量空速尤其有用。使用式(5-68)，动压可以写为

$$q = \frac{1}{2}\rho v_{t}^{2} = \frac{1}{2}\rho_{SSL} v_{e}^{2} \tag{5-69}$$

这样，我们看到恒定动压等于恒定的当量空速。因此，恒定动压飞行载荷数据可以通过以恒定的当量空速飞行来获得。根据式(5-69)，在恒定动压下的飞行与具体高度无关。

该高度独立于当量空速对于许多与性能相关的飞机速度是有用的，例如失速速度、着陆进场速度和襟翼极限速度。假设一架飞机稳定、平衡飞行，升力等于重力，因此使用式(5-69)，得

$$L = W = qSc_{L} = \left(\frac{1}{2}\rho v_{t}^{2}\right) Sc_{L} = \left(\frac{1}{2}\rho_{SSL} v_{e}^{2}\right) Sc_{L} \tag{5-70}$$

求解当量空速，得

$$v_{e} = \sqrt{\frac{2W}{\rho_{SSL} Sc_{L}}} \tag{5-71}$$

式中：W 为重量；ρ_{SSL} 为标准海平面密度；S 为机翼参考面积；c_{L} 为升力系数常数，使得在稳定的平衡飞行条件下，当量空速是恒定的。

因此，性能速度，如失速速度或着陆进场速度，与不随高度变化的恒定当量空速相对应。这大大简化了飞机的飞行，不管高度如何，其关键性能速度是相同的。

回到我们关于空速表的讨论，一个当量空速指标表仍然存在机械方面复杂的缺点，还有相关的校准、可靠性和准确性问题。尽管很复杂，但仍有几种飞机使用当量空速表，最出名的是航天飞机和3倍声速的SR-71“黑鸟”侦察机。这两种发动机都需要在较高的马赫数工作，因此要提高所使用当量空速的精度。

5.6.4.3 校正空速

为了进一步简化真空速公式，在式(5-58)中，将密度和压力设定为标准海平面值，还定义了校正空速 v_{c}，有

$$v_{c} = \sqrt{\frac{2\gamma}{\gamma - 1}\frac{p_{SSL}}{\rho_{SSL}}\left[\left(\frac{\Delta p}{p_{SSL}} + 1\right)^{(\gamma-1)/\gamma} - 1\right]} \tag{5-72}$$

校正空速公式中唯一的未知数是压差 Δp。在机械空速仪上，使用两个波纹管单元来测量压差 Δp，这使得该仪器更简单，校准可靠性和准确性问题更少。大多数空速仪使用式(5-72)给出的校正空速来设计。

通过比较式(5-67)和式(5-72)，校正空速和当量空速关系如下：

$$v_e = \frac{\sqrt{\frac{2\gamma}{\gamma-1}\frac{p}{\rho_{SSL}}\left[\left(\frac{\Delta p}{p}+1\right)^{(\gamma-1)/\gamma}-1\right]}}{\sqrt{\frac{2\gamma}{\gamma-1}\frac{p_{SSL}}{\rho_{SSL}}\left[\left(\frac{\Delta p}{p_{SSL}}+1\right)^{(\gamma-1)/\gamma}-1\right]}}v_c = fv_c \tag{5-73}$$

压力校正系数 f 定义为

$$f = \frac{\sqrt{\frac{2\gamma}{\gamma-1}\frac{p}{\rho_{SSL}}\left[\left(\frac{\Delta p}{p}+1\right)^{\gamma-1/\gamma}-1\right]}}{\sqrt{\frac{2\gamma}{\gamma-1}\frac{p_{SSL}}{\rho_{SSL}}\left[\left(\frac{\Delta p}{p_{SSL}}+1\right)^{(\gamma-1)/\gamma}-1\right]}} = \frac{v_e}{v_c} \tag{5-74}$$

因此，当量空速是校正空速，校正非标准海平面压力。除静压 p 和压差 Δp 之外，式(5-74)中的所有变量都是常值。通过将压力 p 设定为压力高度，并使用式(5-72)求解压差 Δp，可以为已校准的空速值创建一个压力校正系数表，作为压力高度的函数，如表5-5所列。因此，在给定的压力高度下，可以通过获得校正空速的压力校正系数来计算当量空速。

表5-5 压力校正系数 f

压力高度/英尺	校正空速 v_c/kn			
	100	150	200	250
0(海平面)	1.000	1.000	1.000	1.000
5000	0.999	0.999	0.998	0.997
10000	0.999	0.997	0.995	0.992
20000	0.997	0.993	0.987	0.981
30000	0.993	0.986	0.975	0.963
40000	0.988	0.974	0.957	0.937
50000	0.979	0.957	0.930	0.901

对校正空速的修正量 Δv_c 可以以表格或图的形式呈现，作为校正空速和压力高度的函数。然后将该修正量简单地与校正空速相加得到当量空速：

$$v_e = v_c + \Delta v_c \tag{5-75}$$

为了获得当量空速，校正空速的修正量通常称为压缩性修正。这种修正量与飞机型号无关，因此同一修正量适用于所有飞机。

由于静压 p 通常小于标准海平面压力 p_{SSL}，压力校正系数 $f<1$，校正空速通常大于当量空速。当压力等于标准海平面压力时，校正空速和当量空速相等。

在低空速时，例如失速速度，校正空速和当量空速之间的差异很小。这证明了性能速度应使用校正空速，例如起飞和着陆速度，因为这些速度通常定义为失速速度的倍数。

使用式(5-68)，当量空速与真空速有关：

$$v_c = \frac{v_e}{f} = \frac{\sqrt{\Sigma}}{f} v_t \tag{5-76}$$

已经确定当量空速通常小于真空速并且小于校正空速。密度比的平方根除以压力校正系数通常小于1，故校正空速通常小于真空速。

5.6.4.4 指示空速

指示空速 v_i 是在空速表的表盘上读取的空速。大多数空速表都设计为式(5-72)的校正空速。然而，由于仪表误差和全静压测量的误差，指示空速和校正空速不相等。

仪表误差包括由于仪表的机械或电气工作引起的误差。由于制造差异、机械化不理想、磁场、摩擦、惯性、滞后和测量误差，仪表可能存在固有误差。为了修正这些误差，需要定期对仪器进行实验室校准。

在下一节将要讨论的全静压系统误差，是因为总压或静压测量误差导致的误差。静压测量是主要的误差源，称为静压源位置误差。指示空速通过仪表修正量 Δv_{instr} 和位置修正误差量 Δv_{pc} 来调整，以给出修正的校正空速：

$$v_c = v_i + \Delta v_{instr} + \Delta v_{pc} \tag{5-77}$$

理想情况下，空速表利用机械设计和电气设计以产生尽可能小的误差，静压测量是在某一地点进行的，采用的方法误差小。空速测量和指示系统的设计目标是在关键的飞行状态下，如低速时，产生尽可能小的空速误差。一般情况下，飞行手册中提供的表格或图表会对校准后的空速进行指示修正。

5.6.4.5 空速转换和总结

总结一下对各种类型空速的讨论。假设你在飞机上飞行并且在驾驶舱中读取空速表，那么读取的数据就是指示空速，如果你想了解相对于飞行经过气团的速度，即了解真空速。如果想知道离失速速度有多近或者着陆进场飞多大速度，可能要使用当量空速，因为它不随高度变化。但是，大多数空速表的设计是显示校正空速。幸运的是，在低空、关键飞行状态下，校正空速通常接近当量空速。表5-6总结了不同类型的空速。

表 5-6 空速类型总结

空速	符号	描述
指示空速	v_i	从空速表中读取的空速
校正空速	v_c	修正仪器和位置误差的指示空速
当量空速	v_e	修正非标准海平面压力的校正空速
真空速	v_t	修正与空气质量相关的非标准海平面密度误差的当量空速

图 5-17 是一个不同空速相对大小的辅助记忆,并提供从一个空速到另一个空速的典型转换顺序(如下面的示例问题所示)。首字母缩写词“ICE-T”给出了指示空速、校正空速、当量空速和真空速的空速转换顺序。平方根符号上的每个字母的位置给出了每种空速类型的相对大小。这告诉我们指示空速和修正空速几乎相等,当量空速小于指示空速和修正空速,真空速比其他空速大。最后,平方根符号也是一个提醒,需要把密度比的平方根从当量空速转换到真空速。

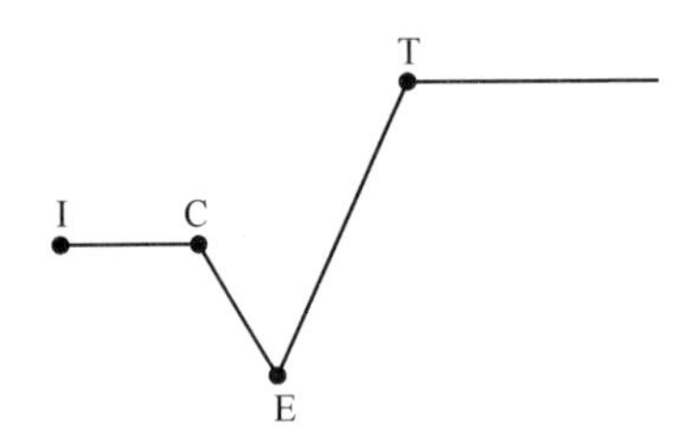

图 5-17 ICE-T 辅助记忆不同空速的相对大小

例 5.7 空速转换

一架 F-16 飞机在 10000 英尺的高度飞行,指示空速为 250kn。假设在标准大气条件下,试计算修正空速、当量空速和真空速。假设仪表误差 Δv_{instr} 为 -0.25kn,位置误差 Δv_{pc} 为+0.85kn。

解:

根据式(5-77),校正空速为

$$v_c = v_i + \Delta v_{instr} + \Delta v_{pc} = 250\text{kn} - 0.25\text{kn} + 0.85\text{kn} = 250.6\text{kn}$$

根据表 5-5,压力高度为 10000 英尺,校正空速为 250.6kn≈250kn,压力修正系数为 0.992。根据式(5-73),当量空速为

$$v_e = fv_c = 0.992 \times 250.6\text{kn} = 248.6\text{kn}$$

根据附录 C,在 10000 英尺,密度比 $\Sigma = 0.73860$。使用式(5-76),则真空速为

$$v_t = \frac{v_e}{\sqrt{\Sigma}} = \frac{248.6\text{kn}}{\sqrt{0.73860}} = 289.3\text{kn}$$

5.6.5 全静压系统误差

基本的全静压系统通常由总压管和静压口组成,用气动管连接到压力传感器。理想情况下,该系统能够准确测量自由流总压和静压。实际上,由于全静压系统误差,测得的压力与其自由流值不同。全静压系统误差的来源包括仪表(仪表误差)、压力管(压力滞后)以及压力测量的位置(位置误差)。

我们已经讨论了关于空速表的机械和电气工作的仪表误差。这些类型的仪表误差也适用于其他全静压仪表,如高度计。通常使用实验室或飞机的地面校准来量化仪表误差。

由于设备通过有限长度的气动管连接到皮托管和全静压口,有一个从压力口到仪表通过管道压力传递导致的滞后误差。实际上,这种滞后是由于管道中空气摩擦和惯性、系统中必须填充的空气体积有限以及压力波传播的速度有限造成的。滞后误差在巨大或快速的压力变化飞行条件下的影响更加显著,如爬升、下降、加速和减速飞行过程中。因为滞后误差取决于飞机上的特有装置,滞后误差通常通过飞机的地面校准获得。

最后,由于物理位置和总静压传感口的安装存在位置误差。总压位置误差通常很小,并假设为零。静压位置误差通常是全静压系统中主要的位置误差来源。我们将在下面更详细地讨论这些类型的位置误差。可以在文献[9]和文献[24]中找到大量与皮托管全静压系统相关的测量和误差的信息和数据。

5.6.5.1 总压位置误差

通常使用皮托管测量总压。一般来说,精确测量总压远没有自由流静压困难。主要的测量总压误差源是气流角,即当气流与管道成一定的角度时,误差的大小很大程度上依赖于皮托管的几何形状。

如果皮托管与亚声速气流中的气流方向对齐,则实际上总压测量与探头几何形状无关。几乎所有开口管都可以进行精确的总压测量。只要管子位置不在没有代表性的自由流总压的气流区域,例如边界层、机翼尾流、螺旋桨尾流或发动机排气,这个假设就有效。在高亚声速或跨声速下,皮托管不应当位于激波形成的声速区域。在超声速气流中,皮托管应在飞机形成的弓形激波的上游。如5.6.3.3节所述,在超声速气流中,皮托管前面仍然存在常规激波,但这一点是可以解释的。通常,在满足不同气流状态的所有要求的位置放置一个皮托管并不困难,但标准的安装位置可以实现包括机身前面、机翼或安装在短臂或支柱上的垂直尾翼的精确测量。

如果皮托管未与气流对齐,则总压在某些气流角开始下降,具体位置取决于管嘴的形状和管口相对于管子前部的大小。皮托管测量的总压的气流角范围,达到了一定的准确性(通常为1%),称为不敏感范围。早期皮托管是有小开口的半球形鼻形形状。测量总压力时,这些类型的管子的不敏感范围仅仅约为±5°。

从1951年到1953年,美国国家航空咨询委员会进行了一系列各种皮托管几何形状方面的风洞试验[10]。试验是在5个不同的风洞,分别是在亚声速、跨声速、超声速、马赫数从0.26~2.40,迎角最高可达67°的条件下进行的。试验包括几个皮托管的几何参数,包括管子正面的管口,管内入口形状和管嘴形状。从美国国家航空咨询委员会试验结果来看,认为可以获得可行的皮托管几何形状是合理的,而且在迎角或侧滑角上,可以提供接近±20°的不敏感范围。对于这些飞行条件,总压位置误差非常小,通常假设为零。

对于大迎角或侧滑角,必须对总压测量进行修正,或者使用专为高气流角设计的特殊类型的皮托管探头。旋转头探头有风标式尾翼,允许其旋转,使探头与气流方向平齐。虽然这种类型的探头对亚声速飞行试验工作有效,但操作使用起来不现实。德国空气动力学家G. Kiel于1935年设计了一种非移动式固定探头,总压管位于在另一个类似文丘里管的管内,起到屏蔽的作用。Kiel管在亚声速下,不敏感范围大于±40°。它已成功用于大迎角飞行试验中。

5.6.5.2 静压位置误差

静压位置误差通常是全静压系统中主要的误差源。该误差主要是由于静压口的位置引起,其次是由于静压孔口的尺寸和边缘形状造成的。假设遵循合适的设计指南,通常由第二个因素引起的误差很小。使用一个小而圆的,边缘清楚锐利,没有毛刺、损坏或变形的孔,得到的误差最小。

飞机飞行中周围的压力场随着马赫数和升力系数(或迎角)而变化。侧滑角为0°时飞机机身上的典型亚声速压力分布如图5-18所示,局部压力系数c_p定义为

$$c_p = \frac{\Delta p}{q_c} = \frac{p - p_\infty}{p_t - p_\infty} \tag{5-78}$$

式中:p为机身表面的局部压力,沿着机身侧面中间的一条线;q_c为总压和自由流静压之间的差值,有时称为可压缩动压q。参数q_c仅在针对不可压缩气流时等于动压$q = 1/2\rho v^2$。q_c与不可压缩动压不同,随着马赫数增加,可压缩性变得重要,它始终等于总压与自由流静压的差值。

当地压力比沿着机身的不同轴向位置的自由流压力更大($c_p > 1$)或更小($c_p < 1$)。有几个位置(图5-18中用虚线标出),其中当地压力等于自由流静压($c_p = 0$)。这些0静压位置误差的位置是最适合静压口的位置。通常,静压口位于机身的左右两侧,结合在一起以消除由侧滑引起的误差。一旦静压口位置确定后,就要通过飞行试验确定静压位置误差(将在下面的飞行试验技术中描述)。

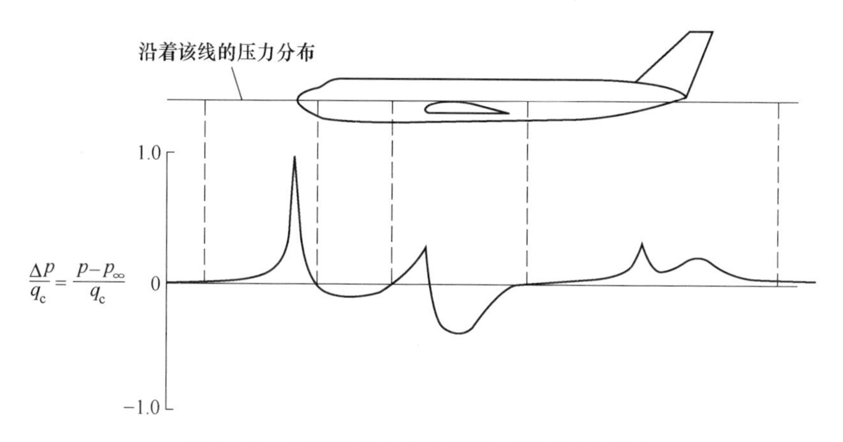

图 5-18 飞机机身上的典型的亚声速静压分布
(资料来源:改编自 E. A. Haering 的 Air Measurement and Calibration,NASA TM-104316,1995 年 12 月,图 3)

静压位置误差 Δp_{pc} 定义为

$$\Delta p_{pc} = p_s - p_\infty \tag{5-79}$$

式中:p_s 为在感应端口测量的静压;p_∞ 为自由流静压。

根据静压位置误差,可以确定其他位置误差校正值。如式(5-77)给出的,校正空速等于指示空速 v_i、校正仪表误差 Δv_{instr} 和位置误差 Δv_{pc} 之和,即

$$v_c \equiv v_i + \Delta v_{instr} + \Delta v_{pc} = V_{ic} + \Delta v_{pc} \tag{5-80}$$

式中:v_{ic} 为对仪表误差校正的指示空速。确切地说,速度的位置误差修正量还可以包括总压位置误差修正量,但我们是假设此误差为 0。因此,位置误差修正量只包括由于静压误差导致的修正量。

类似地,位置误差校正可以应用于高度和马赫数,如:

$$h_c = h_{ic} + \Delta h_{pc} \tag{5-81}$$

$$Ma = Ma_{ic} + \Delta Ma_{pc} \tag{5-82}$$

式中:h_{ic},Ma_{ic} 分别为仪表校正的指示高度和马赫数;Δh_{pc},ΔMa_{pc} 分别为高度和马赫数的位置误差修正量;h_c,Ma 分别为针对仪表和位置误差校正的高度和马赫数。

超声速飞机的典型高度和空速位置误差修正如图 5-19 所示。该图提供了位置误差修正量,以节(KIAS)为单位的指示空速的函数。当飞机从亚声速到超声速飞行时,在跨声速区域需要进行最大的修正量。在这个速度区域,修正量不连续地增加(以正或负幅度),然后,在反方向不连续地反转,其绝对值大致相同。

由式(5-79)定义静压位置误差系数 $\Delta p_{pc}/q_c$ 为

$$\frac{\Delta p_{pc}}{q_c} = \frac{p_s - p_\infty}{p_t - p_\infty} \tag{5-83}$$

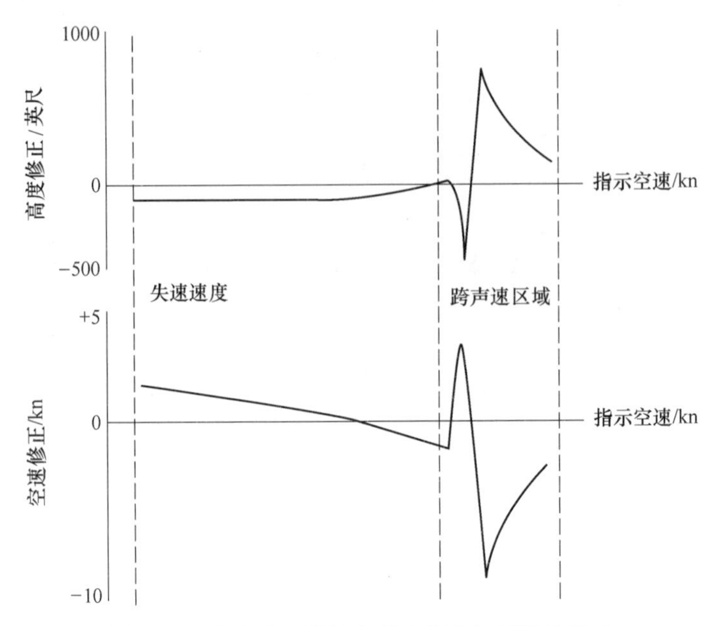

图 5-19　超声速飞机的高度和空速位置误差修正

用 q_c 将静压位置误差无量纲化,不同高度的位置误差曲线就重合成一条曲线。

5.6.6　其他大气数据测量

其他类型的大气数据测量非常重要,特别是对于飞行试验,包括测量大气温度和气流方向,通常是迎角和侧滑角。下面给出了对这些类型测量的简要介绍。

5.6.6.1　温度测量

理想情况下,需直接测量气流静态温度来计算真实速度和用于其他研究用途。要记住,静温就是当以气流的速度移动时测量的温度。一想到这,大家就会认为静温可以在壁面或机身的表面测量,就像测量静压一样。然而,由于有黏性边界层,壁速为零,这使得壁温与边界层外的静温不同。由于边界层外部自由流中的压力通过边界层作用到壁面上,所以壁面上的静压测量是有效的。或者,测量总温或临界温度测量比较容易,由此可以计算静温。测量总温的另一个好处是它不受激波存在的影响。由于激波是绝热过程,因此通过激波的总温是恒定的,对亚声速和超声速气流的总温测量是有效的。

通常使用安装在飞机机身蒙皮或大气数据棒上的探头测量大气总温,如图 5-12所示。总温测温探头的示意图如图 5-20 所示。通常使用校准电阻元件测量温度,其中电阻是温度的函数。气流进入探头口,翻转 90°之后停留在电阻传感元件上。气流的转动可保护传感元件免受污垢、沙子、昆虫等微小物体的撞击。探头通常处于屏蔽状态,以防止来自传感元件的辐射热量损失。探头的电功率非常低,以避免热量传导到传感元件。

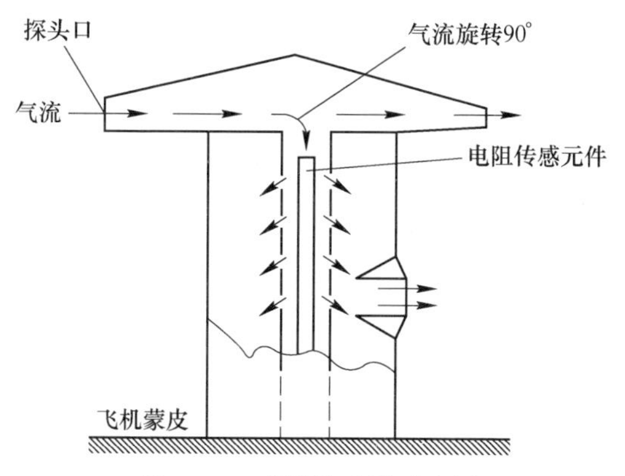

图 5-20 总温传感器示意图

(资料来源:摘自文献[2]中图 1-11)

总温 T_t 可通过绝热关系与静温 T_∞ 相关联,见式(3-345),即

$$\frac{T_t}{T_\infty} = 1 + \frac{\gamma - 1}{2} Ma_\infty^2 \tag{5-84}$$

求解静温,得

$$T_\infty = \frac{T_t}{1 + \frac{\gamma - 1}{2} Ma_\infty^2} \tag{5-85}$$

式中:Ma_∞ 为自由流马赫数。

实际上,并非所有的气流速度都可以转换为温度,因此探头测量的温度 T_r 与实际总温 T_t 不同。这些温度的差异通过温度恢复系数 r 得到,有

$$r \equiv \frac{T_r - T_\infty}{T_t - T_\infty} \tag{5-86}$$

对于设计合理的总温探头,恢复系数接近 1。恢复系数值通常通过的风洞中总温度探头校准来获得。

求解式(5-86),得到测量的温度 T_r:

$$T_r = T_\infty + (T_t - T_\infty) r = rT_t + (1 - r) T_\infty \tag{5-87}$$

除以静态自由流温度,得

$$\frac{T_r}{T_\infty} = r \frac{T_t}{T_\infty} + (1 - r) \tag{5-88}$$

将式(5-85)代入式(5-88),得

$$\frac{T_{\mathrm{r}}}{T_{\infty}}=r\left[1+\frac{\gamma-1}{2}Ma_{\infty}^{2}\right]+(1-r)=r+r\frac{\gamma-1}{2}Ma_{\infty}^{2}+1-r$$

$$\frac{T_{\mathrm{r}}}{T_{\infty}}=1+r\frac{\gamma-1}{2}Ma_{\infty}^{2} \tag{5-89}$$

式(5-89)类似于式(5-84),都包含恢复系数。求解式(5-89),得到静温:

$$T_{\infty}=\frac{T_{\mathrm{r}}}{1+r\frac{\gamma-1}{2}Ma_{\infty}^{2}} \tag{5-90}$$

已知从全静态测量获得探针测量值 T_{r}、恢复系数 r,以及指示马赫数 Ma_{∞},则使用式(5-90)可计算得到静温 T_{∞}。

5.6.6.2 气流方向测量

通常,气流方向的测量,尤其是迎角和侧滑角在飞行操作和飞行试验中很重要。如图5-12所示,使用旋转叶片测量迎角和侧滑角。叶片与当地气流方向对齐,很像地面上的风向标。用安装在飞机 $x-y$ 平面上的叶片测量迎角,用安装在飞机 $x-z$ 平面上的叶片测量侧滑角。当用于飞行试验中的大气数据棒时,在常规飞行操作中移动叶片通常安装在前机身上,靠近大飞机的头部。气流角叶片通常在特定安装位置进行校准。

图5-21 NASA F-18飞机机头上的嵌入式大气数据系统(FADS)研究

(资料来源:美国国家航空航天局)

另一种气流方向传感器系统使用几个静压测量,通常在探头的头部或飞机的头部。测压孔围绕探头或飞机头部的中心轴线周向布置。由于这些系统使用了一系列嵌入式测压孔,称之为嵌入式大气数据系统或FADS。它使用压差确定气流方向。FADS 安装的特定几何结构通常需要进行大量的风洞校准。

在一项 FADS 研究中,美国国家航空航天局 F-18 战机的机头上使用了 11 个测压孔测量(1 个总压和 10 个圆周静压),如图 5-21 所示。使用这个系统测量飞机的空速、高度和自由流流动方向。这些类型的嵌入式大气数据系统对于不能使用伸到气流中的常规探头的飞行器,如高加热率会破坏常规探头的超声速飞行器,或常规探头会损害隐身特性的隐身飞行器,尤其具有吸引力。

5.6.7 FTT:高度和空速校准

本节讨论了用于获得静压位置误差修正的飞行试验技术(FTTS)。对静压力的修正需要精确的高度、空速和马赫数信息。空速和马赫数也是总压力的函数;如前面所讨论的,在低迎角的时候这种测量误差小,可以忽略。

位置误差校准方法的目的是获得静压位置误差,$\Delta p_c = p_s - p_\infty$,由它可以计算出高度静压位置误差 Δh_{pc}、速度静压位置误差 Δv_{pc} 和马赫数静压位置误差 ΔMa_{pc}。在一些方法中直接测量静压位置误差 Δv_{pc},它可以提供高度位置误差。在其他方法中,静压位置误差由直接测量的速度或马赫数位置误差导出。

根据文献[9],可以根据 4 个参数之一对校准方法进行分类,从中导出位置误差,4 个参数分别是:①自由流静压;②总温度;③真空速;④马赫数。对于自由流静压法,需要测量传感端口的静压 p_s,测量或计算自由流静压 p_∞,从而得到静压位置误差 Δp_{pc}。对于温度方法,需要测量 p_s 并且通过测量总温度 T_t 和压力-温度测量得出 p_∞。对于真空速方法,需要测量 p_s 并且从自由流速度 v_∞ 和总温度 T_t 的测量导出 p_∞。而在马赫数方法中,则需要测量自由流马赫数 Ma_∞ 和感测静压 p_s,以马赫数法来获得 Δp_{pc}。

自由流静压方法和真空速方法最常用于飞行试验。使用这两种类型方法的主要 FTT 简要说明如表 5-7 所列。其中一些 FTT 只能在低海拔地区进行,而其他 FTT 则更适合高海拔地区。各种 FTT 也可能存在空速限制,这取决于飞机在不同高度的性能。通常,必须应用 FTT 的组合才能获得飞机静压位置误差的全包络校准。对于某些 FTT,飞机必须处于稳定的水平飞行,而对于其他 FTT,飞机则可以处于爬升、下降、加速或减速状态。

表 5-7 获得位置误差的主要大气数据校准方法

校准方法(FTT)	说明
自由流静压法(Δp_{pc} 来自测量的 p_s 和测量或计算的 p_∞)	
标准飞机	未经校准的飞机与校准的标准飞机紧密编队飞行时,在飞机上直接测量 p_s 和 p_∞。必须距离足够远以防止干扰效应,通常需要一个翼展的距离。需要精确的编队飞行,适用于飞机兼容能力范围内的任何高度和空速

续表

校准方法(FTT)	说明
尾弹或尾锥	将飞机静压与在弹体或压力管上测量的自由流静压进行比较,其中锥形拖曳装置悬挂在长压力管上,在飞机后面直接测量飞机高度的 p_s 和 p_∞ 在弹体或压力管上测量的自由流静压进行比较。尾管或机身不稳定性可能是不可预知的,可能会限制空速
雷达高度表	飞机校准雷达高度计测量高度,以获得低空水平飞行中的高度计位置误差。地面上的灵敏压力高度计(可以使用地面上的飞机高度计)提供地面高度。雷达高度加上地面压力高度可得到真实的高度
绕塔飞行	飞越绕飞塔的飞机,其高度高于地面,使用已知的塔高度、塔上或塔下飞机的偏差(通过光学网格瞄准飞机)和几何形状进行测量。p_s 直接在飞机上测量,p_∞ 根据由塔测得的飞行高度和压力梯度导出,可将飞机指示的高度与从塔测量的高度进行比较。仅适用于亚声速飞行
空间定位(跟踪雷达或地面摄像机)	用于测量飞机高度和地面速度的光学或雷达跟踪系统。3 个跟踪站呈三角形对飞机的直线距离和角度位置进行测量;p_s 直接在飞机上测量,p_∞ 根据地面上的 p 和 T 的测量值和假设的标准温度梯度计算得出。需要复杂的硬件和软件系统。适用于亚声速、跨声速、超声速飞行以及爬升、下降、加速和减速状态
真空速方法(Δp_{pc} 来自测量的 v_∞)	
地面速度航线	飞机的地速通过测量以恒定的空速飞行已知距离所需的时间得到。在直线航线或飞行三角航线的相反方向飞行不考虑风的影响。将平均地速与皮托静压系统导出的空速进行比较,以获得速度位置误差。仅适用于亚声速、低空
所有高度速度航线	因为适合所有高度,所以与地面速度航线不同,需要 GPS。比较 GPS 测得的地面速度变化修正量与皮托管静压系统导出的空速,以获得速度位置误差。可以适用于各种航线,包括平缓转弯和四叶草筋斗

选择使用哪种 FTT 要考虑几个参数的函数,包括所需的校正精度,需要校正的高度和空速范围,以及可用的仪器。所需的仪器级别因所选的 FTT 而有所不同。有些需要一般的手持式仪器,而有些则需要更复杂的仪器和数据采集系统。

对于空中数据校准飞行,可使用自由流静压方法,绕塔飞行进行高度和空速的校准,或使用真空速方法在地面速度航线上进行高度和空速的校准。为了这些校准,将进行诺斯罗普 T-38A“禽爪”(图 5-22)飞行试验。诺斯罗普 T-38A 是军方使用的,它具有小而低的纵横比,薄翼、全动水平尾翼和串联驾驶舱。T-38A首飞是在 1959 年,今天它仍然在世界各地服役。图 5-23 所示为 T-38A 的三视图。表 5-8 列出了诺斯罗普 T-38A“禽爪”选用的规格。

图5-22 诺斯罗普T-38A“禽爪”超声速教练机
（资料来源：美国空军）

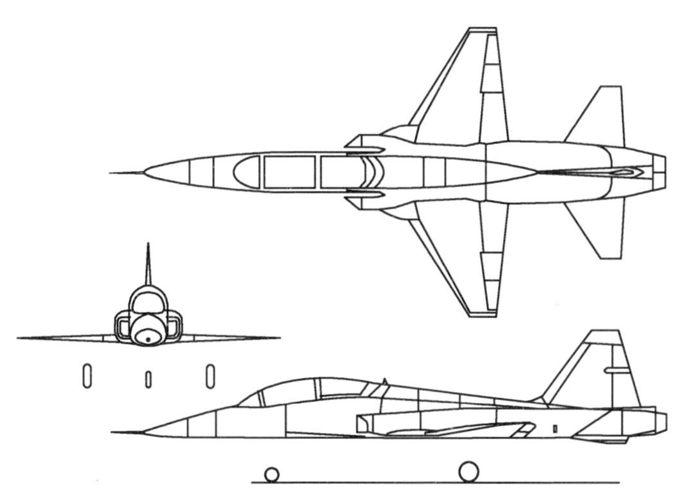

图5-23 诺斯罗普T-38A“禽爪”的三视图
（资料来源：美国国家航空航天局）

表5-8 诺斯罗普T-38A“禽爪”选用的规格

项　　目	规　　格
主要功能	先进的超声速喷气式教练机
生产厂家	加利福尼亚州洛杉矶市诺斯罗普公司
首飞	1959年3月10日
人员	1名飞行员+1名教练飞行员
发动机	2×J85-GE-5加力涡轮喷气发动机
军用推力(每台发动机)	2050磅力(9120N)军用推力

续表

项　　目	规　　格
最大推力(每台发动机)	2900 磅力(12900N),最大加力燃烧室
空机重量	7200 磅力(3270kg)
最大起飞重量	12093 磅(5485kg)
机身长度	46 英尺 4 英寸(14.1m)
机身高度	12 英尺 10 英寸(3.91m)
飞机翼展	25 英尺 3 英寸(7.70m)
机翼面积	170 英尺^2(15.8m^2)
翼型	NACA 65A004.8
最大速度	处于海平面时为 812 英里/h(1307km/h),马赫数为 1.08
实用升限	>50000 英尺(>15000m)
过载系数限制	+7.33g,-3.0g

在 T-38A 起飞后,不需要爬得太高,是靠近地面飞行的。因为将要执行的第一个位置误差校准 FTT 是绕塔飞行。在地面以上(AGL)1000 英尺(305m)平飞时,将飞机调整为 300kn(345 英里/h 或 556km/h),并在高度计中设定 29.92 英寸汞柱,以便表示压力高度。绕飞塔位于飞机右侧,坐落在一个大型干涸湖床的中间,旁边是一条宽阔的用油“涂”的黑色条纹,在干涸的湖床上绵延数英里。沿着这条黑色条纹准确地穿过塔楼,然后下降到地面以上 500 英尺(152m),保持 250kn,此时处于垂直于黑色飞越线的基线上。再向右转,在黑色的绕飞线上直行,下降到离地高度 200 英尺(61m)的位置。当 T-38A 在跑道上稳定时,下降到最后一个塔,绕飞高度 100 英尺(31m),并将油门向上推动首次加速到 300kn,然后保持高度和空速稳定,尝试将高度保持在±50 英尺(15m)范围内,空速保持在±5kn(6 英里/h,9km/h)内。要确保留空高度至少保持在一个翼展及以上的地面高度,以保证远离地面效应。

发出最后一个无线电呼叫,宣布还在飞行线上方,并声明当前空速为 300kn,靠近塔台时,后座会记录指示器高度 h_{ic}、指示速度 v_{ic}、室外空气温度 T_{ic} 和燃油重量(假设这些是经过仪器校正的测量值)。塔台人员已经看到 T-38A 转弯、下降,并在飞行线上排队,塔内德尔一名工程师正专注地通过小目镜观察,目光越过由电线组成网格图案的垂直框架,等待 T-38A 飞过。T-38A 在离地 100 英尺的高度以 300kn 的速度飞过绕飞塔。如图 5-24 所示,在 T-38A 飞过时,工程师获得飞机在金属栅格处的网格数据垂直位置 y。

利用图 5-24 所示的几何关系,T-38A 的“真实源”压力高度 h_c 计算为

$$h_c = h_{c,\text{tower}} + \Delta h = h_{c,\text{tower}} + \frac{d_{\text{fly by line}}}{d_{\text{grid}}} y \tag{5-91}$$

式中：$h_{c,tower}$ 为飞越塔的已知压力高度；$d_{fly\ by\ line}$ 为从瞄准装置到飞越线的已知距离；d_{grid} 为从瞄准装置到栅格的距离；y 为垂直栅格读数。

然后，高度位置误差校正很容易得出：

$$\Delta h_{pc} = h_c - h_{ic} \tag{5-92}$$

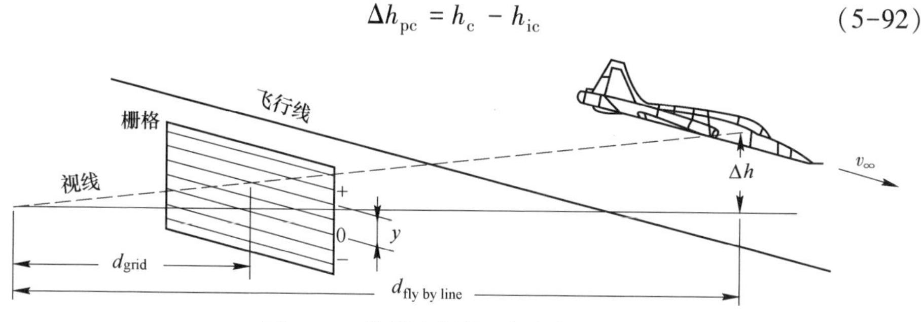

图 5-24　绕塔飞行的几何条件示意图

也可以根据飞机和塔架的温度测量值进行密度校正，为简单起见，我们忽略了这一点，可以根据该高度校正以及速度和马赫数校正获得静态位置误差校正。

驾驶 T-38A爬升到 1000 英尺，然后准备以不同的空速绕下一个塔楼飞行。T-38A 将在不同的空速下进行多次飞行，从 190kn（220 英里/h，350km/h）到 575kn（660 英里/h，1060km/h），提供了马赫数约为 0. 29~0. 87 的修正。

完成绕塔飞行后，需要设置另一个位置误差校准 FTT，即地速航向。沿着两个标志之间的测量距离航线的直线路径飞行。可以使用飞行线作为直线路径，以干涸的湖床边缘附近的地标为起点，以塔台为终点。这两点之间的距离是已知的，需要测量在这两点之间飞行的时间，还需要再次在低空沿此航线飞行，以便可以更准确地查看起点和终点标志。

再次沿着飞行线飞行，下降到离地 100 英尺的高度，并将 T-38A 的速度调整为 250kn。飞行线位于 240°的磁航向上，需要检查驾驶舱内磁罗盘的对齐情况。要保持这个航向并且不对飞机的任何侧风漂移进行校正，因为空速是在飞机前进的方向上测量，而不是沿着受风向影响的地面轨道测量。地面航速航迹的飞行路径几何关系如图 5-25 所示。最好是沿着零风的地速航线飞行，但是这样飞行会有一个顺风分量 v_{TW} 和一个侧风分量 v_{XW}。

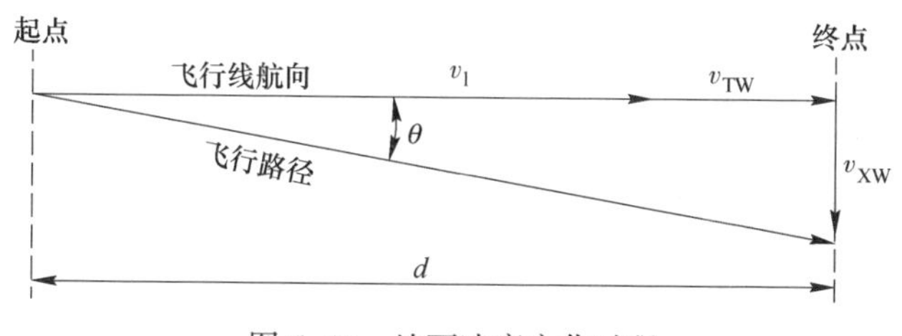

图 5-25　地面速度变化过程

随着起跑地标临近,后座人员记录了指示空速 v_{ic}、指示高度 h_{ic} 和外部空气温度 T_{ic},然后从驾驶舱的右侧向外看,并在地标经过时启动秒表。尽力保持在±1kn(1.15 英里/h,1.9km/h)严格公差的恒定空速下飞行,并且当终点接近时保持航向。当经过塔台终点时,后座停止计时并获得飞行已知距离 d 的时间 t_1。这段地面航线的速度为

$$\frac{d}{t_1}=v_t+v_{TW} \tag{5-93}$$

式中:v_t 为飞机真空速;v_{TW} 为顺风速度。

完成这项地面航线飞行后,做一个 180°的转弯,这种情况就可以向相反的方向飞行。这种反向航向技术抵消了逆风或顺风的影响,处于 60°磁航向、240°航向的相反方向上,进行第一次航行,塔台是起点,湖床边缘的地标是终点。再一次在航线上排队,保持 60°航向进行第二次航行,确保不修正侧风漂移。这也确保了两个航向飞行的速度矢量是平行的。在第二次地面航线飞完后,后座人员获得了时间 t_2。第二次地面航线飞行的速度为

$$\frac{d}{t_2}=v_t-v_{TW} \tag{5-94}$$

式中,顺风速度已从真实速度中减去。

令式(5-93)和式(5-94)相加,消除顺风速度,得到真实速度为

$$v_t=\frac{1}{2}\left(\frac{d}{t_1}+\frac{d}{t_2}\right) \tag{5-95}$$

由此可知,真实速度是从两个相反航向的地面航向运行中获得的速度的平均值。

校正空速 v_c 可以使用式(5-68)计算,假设校正空速等于当量空速 v_e,这是低空飞行时一个很好的假设,因此,有

$$v_c=v_e=\sqrt{\Sigma}v_t=\sqrt{\frac{\Delta}{\Theta}}v_t\approx\frac{v_t}{\sqrt{\Theta}} \tag{5-96}$$

式中:Θ 为温度比;Δ 为压力比;Σ 为密度比。

温度比、压力比、密度比分别由式(5-45)、式(5-46)和式(5-47)给出。压力比和温度比由高度和温度的测量值计算。由于地面飞行路线是靠近地面的因此压力比 Δ 可以假设为 1。

通过计算出的校正空速,速度位置误差为

$$\Delta v_{pc}=v_c-v_{ic} \tag{5-97}$$

可以从该速度的校正获得静态位置误差校正,从而获得高度和马赫数校正。

例 5.8 地速航线

T-38A 喷气式飞机使用地速航线 FTT 来获得速度位置误差校正。喷气式飞机飞行高度为 100 英尺,在两个 6000 千英尺宽的地标之间飞行。使用反向航向技术,喷气式飞机在一个方向上飞行,飞行时间 $t_1=18.27\text{s}$,在相反方向上飞

行，飞行时间 $t_2=19.68\text{s}$。T-38A 机组记录的指示速度 v_{ic} 为 190kn，外部空气温度 T_{ic} 为 71.3℉，试计算速度位置误差修正量 Δv_{pc}。

解：

根据式(5-95)，T-38A 真空速为

$$v_t=\frac{1}{2}\left(\frac{d}{t_1}+\frac{d}{t_2}\right)=\frac{1}{2}\times\left(\frac{6000\text{ 英尺}}{18.27\text{s}}+\frac{6000\text{ 英尺}}{19.68\text{s}}\right)=316.6\ \frac{\text{英尺}}{\text{s}}=187.6\text{kn}$$

根据式(5-45)，温度比 Θ 为

$$\Theta=\frac{T_{ic}}{T_{SSL}}=\frac{(71.3+459.69)°\text{R}}{518.69°\text{R}}=\frac{530.99}{518.69}=1.0237$$

根据式(5-96)，校准的空速为

$$v_c\approx\frac{v_t}{\sqrt{\Theta}}=\frac{316.6\ \frac{\text{英尺}}{\text{s}}}{\sqrt{1.0237}}=312.9\ \frac{\text{英尺}}{\text{s}}=185.4\text{kn}$$

根据式(5-97)，速度位置误差校正为

$$\Delta v_{pc}=v_c-v_{ic}=185.4\text{kn}-190\text{kn}=-4.6\text{kn}$$

5.7 非加速飞行的运动方程

飞机性能涉及飞行器在三维空间中的平移运动。将牛顿第二运动定律应用于飞行器的平移运动产生 3 个受力方程，每个受力方程对应于三维空间中的每个维度。我们局限于平行和垂直于运动方向的两个维度的运动。这种情况的受力图如图 5-26 所示。

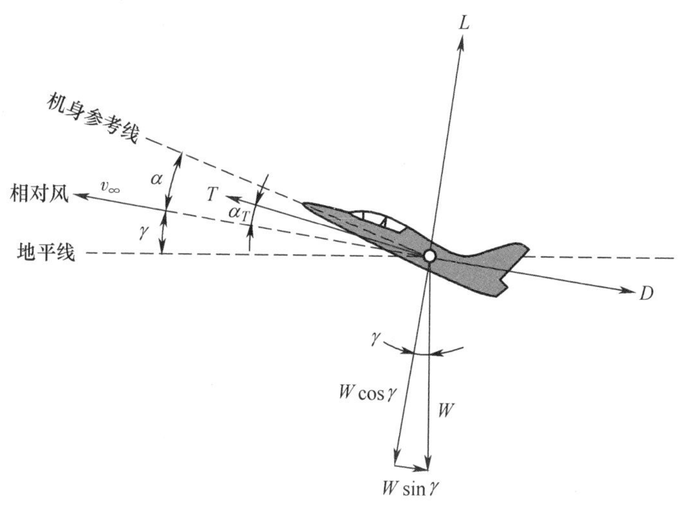

图 5-26 飞机在二维飞行中的受力图

飞机机翼处于水平姿态,以速度 v_∞ 和迎角 α 飞行,在机身参考线(FRL)和相对风(RW)之间沿着相对于地平线 γ 角度的飞行路径测量。虽然沿飞行路径方向绘制,但速度可能随时间而改变,因此飞机可能具有加速度 a。作用在飞机上的力是升力 L、重力 W、推力 T 和阻力 D。升力和阻力分别作用在垂直于和平行于相对风(RW)的方向上;重力垂直于地平线,指向地面;推力在推力矢量和相对风(RW)之间以推力角 α_T 作用于阻力的反方向上。

对图 5-26 应用牛顿第二定律的矢量形式,可以得到:

$$\sum \boldsymbol{F} = m\boldsymbol{a} = m\frac{\mathrm{d}\boldsymbol{v}_\infty}{\mathrm{d}t} \tag{5-98}$$

将式(5-98)分别分解为平行于速度的分量和垂直于速度的分量,有

$$\sum F_\parallel = ma = m\frac{\mathrm{d}v_\infty}{\mathrm{d}t} \tag{5-99}$$

$$\sum F_\perp = ma_r = m\frac{v_\infty^2}{R} \tag{5-100}$$

式中:$\sum F_\parallel$,$\sum F_\perp$ 分别为在平行和垂直于飞行路径方向的力的总和;m,a 分别为飞行器质量和飞行路径方向上的加速度。

如图 5-27 所示,垂直于飞行路径方向的加速度是径向或向心加速度 a_r,等于 v_∞^2/R,其中 R 是飞行路径的曲率半径。式(5-99)和式(5-100)是飞机二维加速运动的一般运动方程。

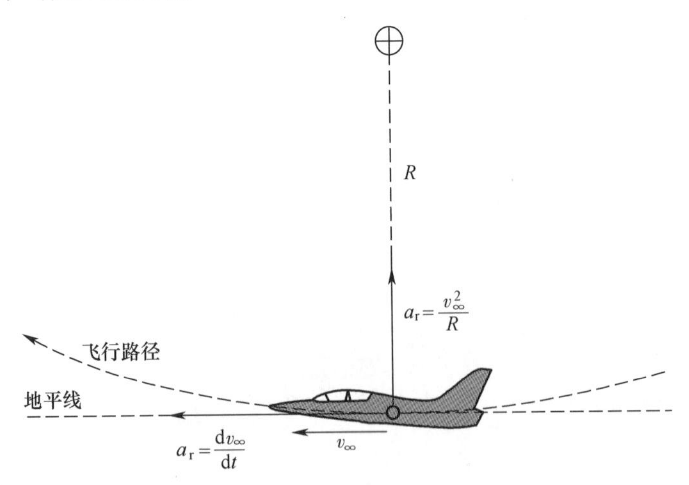

图 5-27 在二维飞行路径上,作用于曲线飞行的飞机加速度

将图 5-26 中的受力代入式(5-99)和式(5-100),得

$$T\cos\alpha_T - D - W\sin\gamma = \frac{W}{g}\frac{\mathrm{d}v_\infty}{\mathrm{d}t} \tag{5-101}$$

$$L - W\cos\gamma + T\sin\alpha_T = \frac{W}{g}\frac{v_\infty^2}{R} \tag{5-102}$$

性能方面我们感兴趣的问题分为两类:具有直线飞行路径的非加速运动和具有弯曲飞行路径的加速运动。假设飞机在飞行剖面的爬升、巡航和下降段期间处于非加速的直线飞行,飞机在起飞、着陆和转弯期间处于加速运动状态飞行。在加速飞行期间,速度可能在幅度、方向甚至两者上同时发生变化。

考虑非加速运动,其中速度是恒定的,加速度是零。通常情况下,推力角 α_T 很小,使得 $\cos\alpha_T \approx 1$ 和 $\sin\alpha_T \approx 0$。使用这些假设,式(5-101)和式(5-102)变为

$$T = D + W\sin\gamma \tag{5-103}$$

$$L = W\cos\gamma \tag{5-104}$$

式(5-103)和式(5-104)是在二维中非加速飞行的飞行器的运动方程。通过适当选择飞行路径角度 γ,这些方程可以应用于非加速水平(恒定高度),爬升或下降飞行。这3个飞行状态的运动方程是在第2章中介绍的,当时还介绍了受力图。表5-9总结了非加速飞行的运动方程,以及相关的飞行路径角。对于爬升飞行,假设为爬升角较小,使得 $\cos\gamma \approx 1$。因此,在这个近似中,升力等于重力。滑翔、非加速飞行是简单的下降、零推力非加速飞行。我们将这些未加速的运动方程应用于分析巡航、爬升和滑翔的性能。

表5-9 稳定、非加速飞行的运动方程

飞行状态	飞行路径角度 γ	$\sum F_z$	$\sum F_x$
水平,非加速飞行	$\gamma = 0$	$L = W$	$T = D$
爬升,非加速飞行	$+\gamma$	$L = W\cos\gamma \approx W$	$T = D + W\sin\gamma$
滑翔,非加速飞行($T = 0$)	$-\gamma$	$L = W\cos\gamma$	$D = W\sin(-\gamma)$

5.8 水平飞行性能

水平非加速飞行通常与飞行剖面的巡航段相关。假设飞机处于机翼水平姿态,以恒定的空速和恒定高度飞行。在本节中,我们感兴趣的是如何回答性能问题,例如“飞机可以飞多远以及飞行多长时间?”这分别是航程和航时的话题,均是重要的巡航性能指标。我们也对与巡航飞行相关的空速、燃料流量和高度上限感兴趣。

无论是飞往目的地的客机,还是往返于作战区域的战斗机或轰炸机,从飞机到达某处所花费的时间和距离来看,巡航性能是很重要的。巡航性能的要求通常由客户(如航空公司或军方)确定,以确保飞机满足其任务目标。巡航性能通

常没有飞行安全要求。

如前文推导的水平非加速飞行的飞机运动方程,4 个力是平衡的,升力等于重力,推力等于阻力:

$$L = W \tag{5-105}$$

$$T = D \tag{5-106}$$

这些简单的等式关系是评估巡航性能的基础。

5.8.1 水平、非加速飞行所需的推力

如式(5-106)所示,对于稳定、非加速的水平飞行,所需的推力 T_R 简单地等于飞机的总阻力。因此,得

$$T_R = D = D_0 + D_i = T_{R,0} + T_{R,i} \tag{5-107}$$

总阻力由零升力阻力 D_0 和由升力或诱导阻力引起的阻力 D_i 组成。因此,当需用推力和阻力相等时,总需用推力由零升力需用推力 $T_{R,0}$ 和升力诱导需用推力 $T_{R,i}$ 组成。因此,对于稳定的、水平的非加速飞行,零升力阻力 D_0、升力诱导阻力 D_i 和总阻力 D 曲线图,也是零升力需用推力 $T_{R,L=0}$、升力诱导需用推力 $T_{R,i}$ 和总需用推力 T_R 的曲线图,如图 5-28 所示。

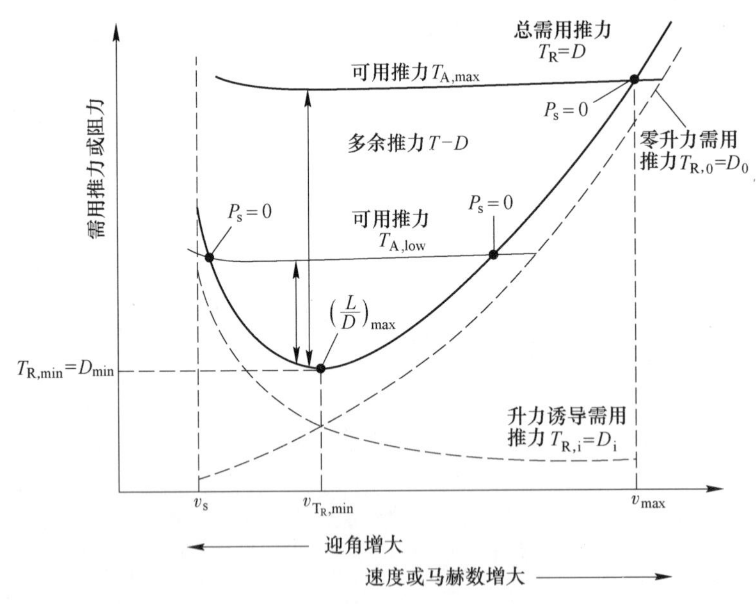

图 5-28 需用推力和可用推力

将式(5-106)除以式(5-105),得

$$\frac{T}{W} = \frac{D}{L} = \frac{1}{L/D} \tag{5-108}$$

如 2.3.5 节所述,水平非加速飞行的推重比 T/W 与升阻比 L/D 成反比。这

个简单的方程突出了由推重比所体现的飞机推进系统与由升阻比体现的飞机空气动力学之间的联系。在给定的飞机重量下,最大推重比在升阻比 $(L/D)_{\max}$ 最大时获得。

求解式(5-108),可以得出推力:

$$T_R = \frac{W}{L/D} = \frac{W}{c_L/c_D} \tag{5-109}$$

我们已经确定了保持稳定、水平、非加速飞行所需的推力 T_R。正如所预期的,所需的推力与升阻比成反比变化,使得在给定重量下所需的最小推力 $T_{R,\min}$ 在升阻比最大时获得:

$$T_{R,\min} = \frac{W}{(L/D)_{\max}} \tag{5-110}$$

由于升阻比体现了飞机的空气动力学效率,因此最大化空气动力学效率得到水平非加速飞行所需的最小推力是合适的。

式(5-108)中的升力 L 为

$$L = W = q_\infty S c_L \tag{5-111}$$

求解升力系数,得

$$c_L = \frac{W}{q_\infty S} \tag{5-112}$$

总阻力由式(3-230)给出,因此式(5-107)可以展开为

$$T_R = D = q_\infty S c_D = q_\infty S(c_{D,0} + c_{D,i}) = q_\infty S\left(c_{D,0} + \frac{c_L^2}{\pi e \mathrm{AR}}\right) \tag{5-113}$$

式中:$c_{D,0}$ 为零升力阻力系数;$c_{D,i}$ 为诱导阻力系数。

将式(5-112)和式(5-113)代入式(5-108),得

$$\frac{T}{W} = \frac{q_\infty S\left(C_{D,0} + \frac{c_L^2}{\pi e \mathrm{AR}}\right)}{W} = \frac{q_\infty S\left[c_{D,0} + \frac{1}{\pi e \mathrm{AR}}\left(\frac{W}{q_\infty S}\right)^2\right]}{W}$$

$$\frac{T}{W} = q_\infty c_{D,0}\frac{1}{W/S} + \frac{1}{q_\infty \pi e \mathrm{AR}}\frac{W}{S} \tag{5-114}$$

因此,对于稳定的水平非加速飞行,推重比 T/W 与飞机的机翼载荷 W/S 有关。式(5-113)乘以权重:

$$T_R = q_\infty S c_{D,0} + \frac{W^2}{q_\infty S \pi e \mathrm{AR}} = T_{R,0} + T_{R,i} \tag{5-115}$$

式中:$T_{R,0}$,$T_{R,i}$ 分别定义为所需的零升力推力和所需的升力诱导推力,如式(5-107)所示。

式(5-115)给出的所需推力是动压、零升力阻力系数、重量和其他与机翼相关的几何特性的函数。所有这些参数都与飞行状态或飞机机体有关,包括其重

量、空气动力学和机翼几何形状。所需推力不依赖于与推进系统相关的任何参数。

例 5.9 水平、非加速飞行中的推重比与机翼载荷的关系

使用下表给出的技术指标,计算和绘制波音 747 巨型喷气式客机在 900km/h的空速下稳定、水平、非加速飞行的推重比 T/W 与机翼载荷 W/S 的对应关系图。

参　　数	说明
重量	1600000N(轻)
	2830000N(重)
翼展	59.74m
机翼面积	520.2m^2
零升力阻力 $c_{D,0}$	0.036
展向效率因子 e	0.7
失速速度 v_s	200km/h

解:

以重量为 2830000N 的示例讲述计算过程,其他重量和机翼载荷的结果在下表中给出。首先,速度转换为 m/s,有

$$v_\infty = 900\frac{\text{km}}{\text{h}} \times 1000\frac{\text{m}}{\text{km}} \times \frac{1}{3600}\frac{\text{h}}{\text{s}} = 250.0\frac{\text{m}}{\text{s}}$$

机翼展弦比为

$$\text{AR} = \frac{b^2}{S} = \frac{(59.74\text{m})^2}{520.2\text{m}^2} = 6.861$$

对应于海平面 900km/s 速度的动压为

$$q_\infty = \frac{1}{2}\rho_\infty v_\infty^2 = \frac{1}{2} \times 1.225\frac{\text{kg}}{\text{m}^3} \times \left(250.0\frac{\text{m}}{\text{s}}\right)^2 = 38.281.25\frac{\text{N}}{\text{m}^2}$$

重量为 2830000N 的机翼载荷为

$$\frac{W}{S} = \frac{2830000\text{N}}{520.2\text{m}^2} = 5440.2\frac{\text{N}}{\text{m}^2}$$

机翼载荷通常以单位 kgf/m^2 表示。因此,可以得出:

$$\frac{W}{S} = 5440.2\frac{\text{N}}{\text{m}^2} \times \frac{1\text{kgf}}{9.81\text{N}} = 554.6\frac{\text{kgf}}{\text{m}^2}$$

使用式(5-114),推重比为

$$\frac{T}{W} = q_\infty c_{D,0}\frac{1}{W/S} + \frac{1}{q_\infty \pi e \text{AR}}\frac{W}{S}$$

$$\frac{T}{W}=\frac{38281.25\ \frac{\mathrm{N}}{\mathrm{m}^2}\times 0.036}{5440.2\ \frac{\mathrm{N}}{\mathrm{m}^2}}+\frac{5440.2\ \frac{\mathrm{N}}{\mathrm{m}^2}}{38281.25\ \frac{\mathrm{N}}{\mathrm{m}^2}\times\pi\times 0.7\times 6.861}=0.2627$$

机翼载荷范围内的推重比计算见下表,并在下图中绘制。

W/N	W/S/(kgf/m²)	T/W
2830000	554.6	0.2627
2800000	548.7	0.2654
2700000	529.1	0.2745
2600000	509.5	0.2844
2500000	489.9	0.2951
2200000	470.3	0.3067
2100000	450.7	0.3194
2000000	431.1	0.3332
1900000	411.5	0.3484
1800000	391.9	0.3651
1700000	372.3	0.3836
1600000	352.7	0.4043

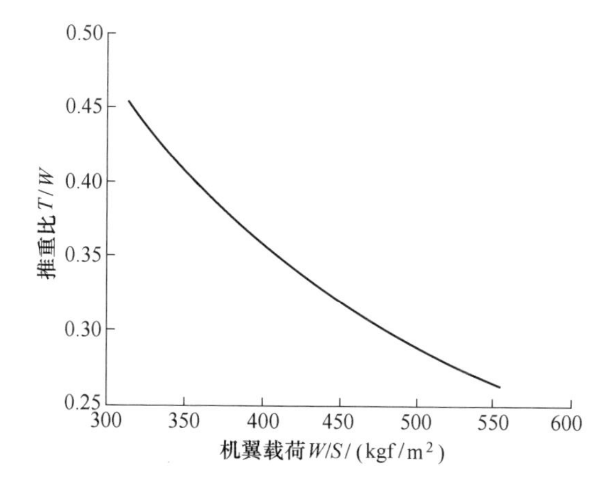

5.8.2 最小推力要求的速度和升力系数

现在我们来确定在给定重量、非加速、水平平稳飞行时最小推力所对应的飞行条件。式(5-110)给出了所需最小推力点对应于最大升阻比的条件。

为了得到与所需的最小推力点对应的速度,取式(5-115)关于速度 v_∞ 的导数,并将其设为零,即

$$\frac{\mathrm{d}T_{\mathrm{R}}}{\mathrm{d}v_{\infty}}=\frac{\mathrm{d}}{\mathrm{d}v_{\infty}}\left(q_{\infty}Sc_{D,0}+\frac{W^2}{q_{\infty}S\pi e\mathrm{AR}}\right)=0 \tag{5-116}$$

使用密度 ρ_{∞} 和速度 v_{∞} 展开动态压力 q_{∞}，得

$$\frac{\mathrm{d}T_{\mathrm{R}}}{\mathrm{d}v_{\infty}}=\frac{\mathrm{d}}{\mathrm{d}v_{\infty}}\left(\frac{1}{2}\rho_{\infty}v_{\infty}^2Sc_{D,0}+\frac{W^2}{\frac{1}{2}\rho_{\infty}v_{\infty}^2S\pi e\mathrm{AR}}\right)=0$$

$$\frac{\mathrm{d}T_{\mathrm{R}}}{\mathrm{d}v_{\infty}}=(\rho_{\infty}Sc_{D,0})v_{\infty}-\frac{4W^2}{\rho_{\infty}S\pi e\mathrm{AR}}\frac{1}{v_{\infty}^3}=0 \tag{5-117}$$

对速度进行求解，有

$$(\rho_{\infty}Sc_{D,0})v_{\infty}^4-\frac{4W^2}{\rho_{\infty}S\pi e\mathrm{AR}}=0 \tag{5-118}$$

$$v_{T_{\mathrm{R}},\min}=\left(\frac{4W^2}{\rho_{\infty}^2\ S^2c_{D,0}\pi e\mathrm{AR}}\right)^{1/4} \tag{5-119}$$

式中：$v_{T_{\mathrm{R}},\min}$ 是稳定的、水平的、非加速飞行的速度，所需推力最小，这也是与最小总阻力 $D_{\min}$ 相对应的速度，如图 5-28 所示。

将最小推力的速度式(5-119)代入式(5-111)，得

$$L=W=q_{\infty}Sc_L=\frac{1}{2}\rho_{\infty}v_{\infty}^2Sc_L=\frac{1}{2}\rho_{\infty}\left(\frac{4W^2}{\rho_{\infty}^2\ S^2c_{D,0}\pi e\mathrm{AR}}\right)^{1/2}Sc_{\mathrm{L}}$$

$$W=W\left(\frac{1}{c_{D,0}\pi e\mathrm{AR}}\right)^{1/2}c_L \tag{5-120}$$

求解升力系数：

$$(c_L)_{T_{\mathrm{R}},\min}=\sqrt{c_{D,0}\pi e\mathrm{AR}} \tag{5-121}$$

式中：$(c_L)_{T_{\mathrm{R}},\min}$ 为在最小推力速度下对应于稳定、水平、非加速飞行的升力系数。

求解零升力阻力系数：

$$c_{D,0}=\frac{(c_L)_{T_{\mathrm{R}},\min}^2}{\pi e\mathrm{AR}}=c_{D,\mathrm{i}} \tag{5-122}$$

在稳定水平非加速飞行的最小需用推力或最小阻力点，零升阻力等于诱导阻力。这在图 5-28 中以图形方式显示，它正是零升力需用推力(或阻力)曲线与需用升力诱导推力(或阻力)曲线的交点。因此，总阻力系数为

$$(c_D)_{T_{\mathrm{R}},\min}=c_{D,0}+c_{D,\mathrm{i}}=2c_{D,0}=2c_{D,\mathrm{i}} \tag{5-123}$$

因此，最小阻力等于零升力阻力的两倍或升力诱导阻力的两倍。

例 5.10　水平非加速飞行中最小推力的速度和升力系数

使用例 5.9 中的指标，假设飞机按所列重量计算，试计算波音 747 巨型喷气式飞机在海平面以稳定、水平、非加速最小推力飞行时的速度和升力系数。

解：

利用式(5-119)，最小推力的速度为

$$v_{T_{\mathrm{R}},\min}=\left(\frac{4W^2}{\rho_\infty^2\ S^2c_{D,0}\pi e\mathrm{AR}}\right)^{1/4}$$

$$v_{T_{\mathrm{R}},\min}=\left[\frac{4\times(2830000\mathrm{N})^2}{\left(1.225\dfrac{\mathrm{kg}}{\mathrm{m}^3}\right)^2\times(520.2\mathrm{m}^2)^2\times0.036\times\pi\times0.7\times6.861}\right]^{1/4}$$

$$=109.8\frac{\mathrm{m}}{\mathrm{s}}=395.2\frac{\mathrm{km}}{\mathrm{h}}$$

根据式(5-121)，最小推力的升力系数为

$$(c_L)_{T_{\mathrm{R}},\min}=\sqrt{c_{D,0}\pi e\mathrm{AR}}=\sqrt{0.036\times\pi\times0.7\times6.861}=0.7370$$

5.8.3 可用推力和最大速度

我们已经看到，稳定、水平、非加速飞行的需用推力与飞机机身特性有关，与推进系统无关。现在讨论可用推力 T_{A}，这直接关系到推进系统。4.4 节讨论了不同类型的推进装置产生的推力，如图 4-11 所示，推力的变化是空速的函数。无论推进类型如何，都是通过将油门设置为从最小推力水平到最大推力水平的理想设置来选择可用推力。

如图 5-28 所示，喷气发动机可用推力有两种不同的油门设置，即低推力油门设置 $T_{\mathrm{A,low}}$ 和最大推力油门设置 $T_{\mathrm{A,max}}$。如 4.4 节所述的喷气发动机，在两种油门设置下，可用推力随着速度的变化几乎恒定。

首先关注低推力油门设置的可用推力曲线。在低速或低马赫数和高速或高马赫数下，可用推力曲线与需用推力曲线相交于两点。在这些曲线的交点处，可用推力等于需用推力或阻力，因此飞机处于平衡或稳定、水平和非加速飞行状态。从能量角度来看，在这两个点处称为过剩功率的量为零($P_{\mathrm{s}}=0$)。过剩功率直接与剩余推力成比例，剩余推力定义为可用推力与需用推力之间的差值。

$$剩余推力\equiv T_{\mathrm{A}}-T_{\mathrm{R}}\tag{5-124}$$

较低速度点处的迎角大于较高速度点处的迎角。较高速度的平衡点代表飞机在水平飞行时，在选定的油门设置和给定重量下可获得的最大速度。

在这两个平衡飞行条件之间，可用推力大于需用推力或剩余推力为正。如果剩余推力大于零，则飞机可以加速、爬升或加速并爬升，在两个平衡点处的剩余推力为零。剩余推力的概念对于水平和爬升性能很重要。剩余推力越大，飞机的水平和爬升性能越好。

现在，假设发动机油门提前达到其最大推力设置，则此时的可用推力由图 5-28中的 $T_{\mathrm{A,max}}$ 曲线显示。飞机现在有正的剩余推力，即最大可用推力曲线与需用推力曲线之间的差值，以便它加速和(或)爬升。这种加速或爬升一直持

续到飞机达到平衡,这时最大可用推力等于需用推力。这种情况发生在最大可用推力曲线和需用推力曲线的高速交点处,此时 $P_s = 0$。由于推力处于最大值,因此该点代表飞机在稳定的水平飞行中可获得的最大速度。在较高的推力设置下,可能不存在低速平衡点。这是因为失速速度 v_s 可能使这个低速平衡点无法获得。

超声速飞机的可用推力和需用推力曲线如图 5-29 所示。跨声速阻力的快速增加导致需用推力的大幅增加,并且该区域中的剩余推力显著减小。对于某些飞机来说,剩余推力可能变得非常小,可能变为零,甚至变为负推力,这取决于空气动力学配置,例如外部仓库的携带,这会显著增加飞机的阻力。大气温度也会影响可用推力,温度升高导致推力降低。这些因素影响飞机加速通过跨声速区域的能力。剩余推力显著减少的飞行区域,使得可用推力和需用推力曲线“夹紧”在一起,称为跨声速的“夹点”。超声速飞机必须适当地设计和配置以保证通过该区域时有足够剩余推力的能力。

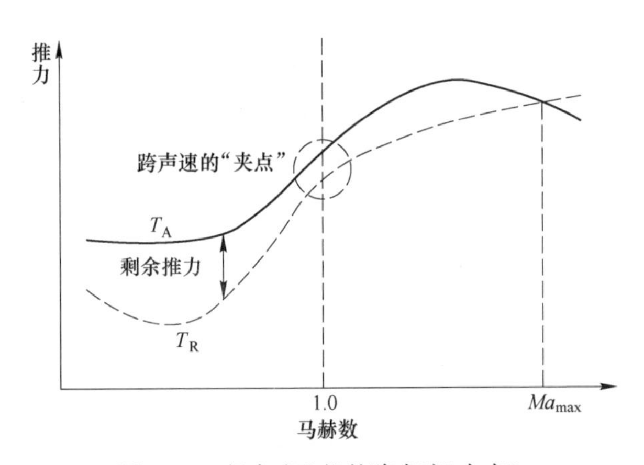

图 5-29　超声速飞机的跨声速“夹点”

例 5.11　水平、非加速飞行的需用推力、可用推力和最大速度

使用例 5.9 的内容,计算和绘制波音 747 巨型喷气式客机在海平面上从失速速度到 900km/h 速度的可用推力和需用推力。假设飞机的重量已在表格中给出,并从图中估计最大速度。

该飞机由 4 台普惠 JT9D-7A 高涵道流量比涡轮风扇发动机提供动力。每个发动机产生的静态海平面推力为 205063N。每台发动机的海平面推力 $T_{eng,SL}$ 随前进速度 v_∞ 的变化而变化,如下式所示:

$$T_{eng,SL} = 205063\text{N} - 681.53\frac{\text{kg}}{\text{s}} \times v_\infty + 2.236\frac{\text{kg}}{\text{m}} \times v_\infty^2$$

式中:v_∞ 的单位为 m/s。

解：

以 400km/s 的空速为例进行计算。速度范围的结果在下表中给出。首先，速度转换为 m/s，有

$$v_\infty = 400\frac{\text{km}}{\text{h}} \times 1000\frac{\text{m}}{\text{km}} \times \frac{1}{3600}\frac{\text{h}}{\text{s}} = 111.1\frac{\text{m}}{\text{s}}$$

机翼展弦比为

$$\text{AR} = \frac{b^2}{S} = \frac{(59.74\text{m})^2}{520.2\text{m}^2} = 6.861$$

从式(5-105)和升力的定义，可以得出：

$$W = L = \frac{1}{2}\rho_\infty v_\infty^2 S c_L$$

求解在稳定、水平、非加速飞行状态下的升力系数：

$$c_L = \frac{W}{\frac{1}{2}\rho_\infty v_\infty^2 S} = \frac{2830000\text{N}}{\frac{1}{2}\times 1.225\frac{\text{kg}}{\text{m}^3}\times\left(111.1\frac{\text{m}}{\text{s}}\right)^2\times 520.2\text{m}^2} = 0.7192$$

根据式(3-230)，飞机总阻力为

$$c_D = c_{D,0} + \frac{c_L^2}{\pi e\text{AR}} = 0.036 + \frac{0.7129^2}{\pi\times 0.7\times 6.861} = 0.07028$$

升阻比为

$$\frac{L}{D} = \frac{c_L}{c_D} = \frac{0.7196}{0.07028} = 10.233$$

根据式(5-109)，需用推力为

$$T_\text{R} = \frac{W}{L/D} = \frac{W}{c_L/c_D} = \frac{2830000\text{N}}{10.233} = 276556\text{N}$$

4 个发动机的总可用推力为

$$T_\text{A} = 4\times\left(205063\text{N} - 681.53\frac{\text{kg}}{\text{s}}\times v_\infty + 2.236\frac{\text{kg}}{\text{m}}\times v_\infty^2\right)$$

$$T_\text{A} = 4\times\left[205063\text{N} - 681.53\frac{\text{kg}}{\text{s}}\times 111.1\frac{\text{m}}{\text{s}} + 2.236\frac{\text{kg}}{\text{m}}\times\left(111.1\frac{\text{m}}{\text{s}}\right)^2\right]$$

$$T_\text{A} = 4\times 156944\text{N} = 627776\text{N}$$

v_∞/(km/h)	v_∞/(m/s)	c_L	c_D	L/D	T_R/N	T_A/N
200	55.56	2.878	0.5849	4.920	575169	696406
300	83.33	1.279	0.1444	8.856	319552	655186
400	111.1	0.7192	0.07028	10.233	276556	627776
500	138.8	0.4604	0.05005	9.199	307628	614155

续表

v_∞/(km/h)	v_∞/(m/s)	c_L	c_D	L/D	T_R/N	T_A/N
600	166.6	0.3198	0.04278	7.475	378597	614343
700	194.4	0.2349	0.03966	5.924	477743	628334
800	222.2	0.1799	0.03814	4.715	600175	656127
900	250.0	0.1421	0.03734	3.806	743556	697722

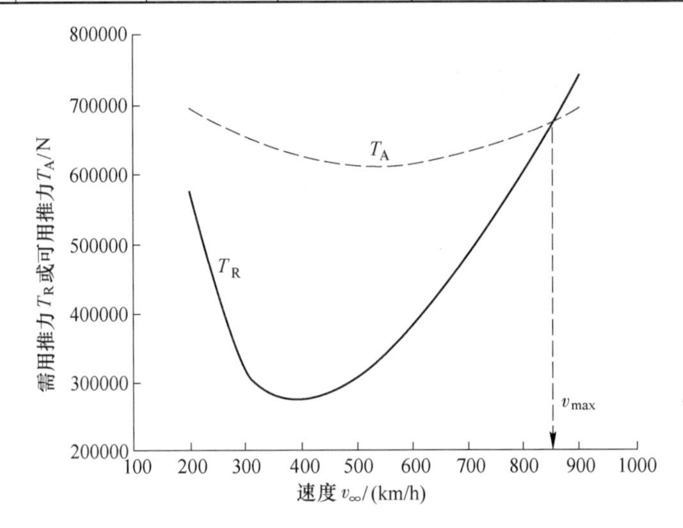

在速度范围内需用推力和可用推力的计算在表格中列出,并在下图中绘制出了最大速度。如图所示,最大速度是在可用推力曲线与需用推力曲线的交点处获得的。从图中可以看出,最大速度约为860km/h(通过计算更多的速度点可以得到更精确的值)。

5.8.4 需用功率和可用功率

推力通常用于描述喷气发动机的推力输出,而动力则用于描述驱动螺旋桨的发动机。因此,在后续的几个章节中,我们将描述与稳定、水平、非加速飞行相关的功率关系,类似于推力的阐述。如4.4节所述,功率定义为推力乘以飞行速度,因此需用功率 P_R 由需用推力 T_R 和速度的乘积给出:

$$P_R = T_R v_\infty \tag{5-125}$$

代入需用推力公式(5-109),得

$$P_R = T_R v_\infty = \frac{W}{L/D} v_\infty = \frac{W}{c_L/c_D} v_\infty \tag{5-126}$$

利用式(5-111),令稳定、水平、非加速飞行的升力和重力相等,则速度为

$$v_\infty = \sqrt{\frac{2W}{\rho_\infty S c_L}} \tag{5-127}$$

将式(5-127)代入到式(5-126),得

$$P_{\mathrm{R}} = \frac{W}{c_L/c_D}\sqrt{\frac{2W}{\rho_\infty S c_L}} = \sqrt{\frac{2}{\rho_\infty S}}\,W^{3/2}\,\frac{1}{c_L^{3/2}/c_D} \tag{5-128}$$

式(5-128)表明需用功率与 $c_L^{3/2}/c_D$ 成反比,而由式(5-109)可知,需用推力与 c_L/c_D 成反比。最小需用功率 $P_{\mathrm{R,min}}$ 出现在 $(c_L^{3/2}/c_D)_{\max}$ 时。相比之下,在$(c_L/c_D)_{\max}$ 时,最小需用推力为 $T_{\mathrm{R,min}}$。

使用式(5-113),需用功率也可以用飞机总阻力 D 表示,即

$$P_{\mathrm{R}} = T_{\mathrm{R}} v_\infty = D v_\infty = q_\infty S c_D v_\infty = q_\infty S\left(c_{D,0} + \frac{c_L^2}{\pi e \mathrm{AR}}\right) v_\infty \tag{5-129}$$

代入升力系数公式(5-112),得

$$P_{\mathrm{R}} = q_\infty S\left[c_{D,0} + \frac{1}{\pi e \mathrm{AR}}\left(\frac{W}{q_\infty S}\right)^2\right] v_\infty = \left(q_\infty S c_{D,0} + \frac{W^2}{q_\infty S \pi e \mathrm{AR}}\right) v_\infty \tag{5-130}$$

使用密度 ρ_∞、速度 v_∞ 展开动态压力 q_∞,得

$$P_{\mathrm{R}} = \frac{1}{2}\rho_\infty v_\infty^3 S c_{D,0} + \frac{W^2}{\frac{1}{2}\rho_\infty v_\infty S \pi e \mathrm{AR}} = P_{\mathrm{R,0}} + P_{\mathrm{R,i}} \tag{5-131}$$

式中:$P_{\mathrm{R,0}}$,$P_{\mathrm{R,i}}$ 分别为零升力需用功率和升力诱导需用功率,类似于式(5-115)中给出的零升力需用推力 $T_{\mathrm{R,0}}$ 和升力诱导需用推力 $T_{\mathrm{R,i}}$。

正如所预期的,与需用推力类似,需用功率取决于飞行条件(空速和高度)、重量和与机身相关的参数。它不依赖于任何推进相关的参数。

图5-30所示为零升力、升力诱导和总需用功率曲线。最小需用功率点对应于 $(c_L^{3/2}/c_D)_{\max}$ 处,而最小需用推力点对应于 $(c_L/c_D)_{\max}$ 处。最小需用功率对应的速度和升力系数在下面的章节中给出。

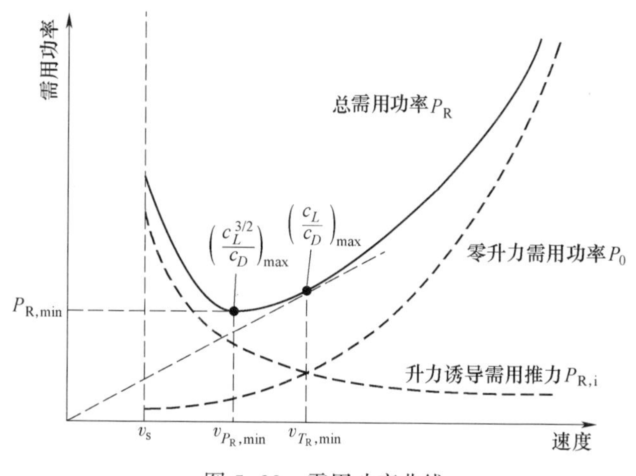

图5-30 需用功率曲线

4.4 节介绍了喷气式和螺旋桨驱动活塞式发动机的可用功率 P_A。这些可用功率曲线和需用功率曲线一起绘制在图 5-31 中。需用功率和可用功率曲线与需用推力和可用推力曲线相匹配。无论推进方式如何,可用功率和需用功率曲线的交点得到最大速度。正如所预期的一样,在功率曲线基础上,这些最大速度与推力曲线一致。这些是飞机在稳定、水平非加速飞行中的平衡点,单位剩余功率为零。

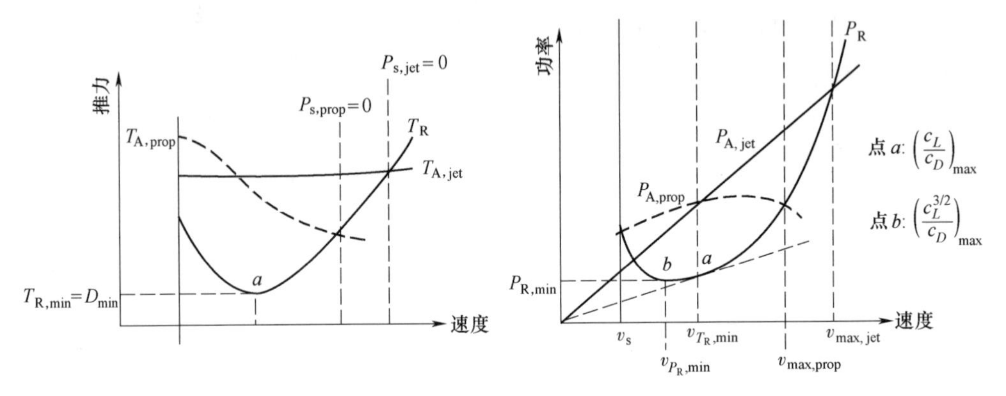

图 5-31 螺旋桨式飞机和喷气式飞机的推力和功率曲线

在图 5-32 中,需用功率 P_R 和可用功率 P_A 曲线可以在低速和高速处相交于两点,分别标记为点 1 和点 2。这可能发生在低可用功率设置或高海拔地区。这些点代表可用功率等于需用功率的稳定、水平的飞行状态。点 1 有一个配平速度 $v_{trim,1}$,比最小需用功率的速度 $v_{P_R,min}$ 慢,而点 2 的配平速度 $v_{trim,2}$ 比 $v_{P_R,min}$ 快。

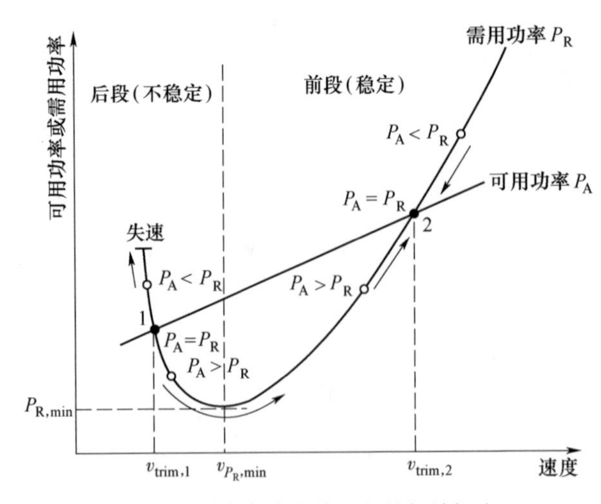

图 5-32 功率曲线前后段的相关概念

首先考虑在第2点的飞行,其可用功率等于需用功率,$P_A = P_R$,并且飞机以空速 $v_{trim,2}$ 进行稳定的水平飞行。如果飞机的速度增加到 $v_{trim,2}$ 以上,同时保持相同的功率设置,则可用功率小于需用功率,$P_A < P_R$。这种负的剩余功率会导致飞机减速,直至平衡回到点2的配平速度。现在假设空速从点2配平速度降低,同时保持相同的功率设置。在低速状态下,可用功率超过需用功率,$P_A > P_R$,这使得飞机加速回到点2的配平速度,这里可用功率再次等于需用功率。因此,我们看到飞机展现出速度稳定性,使得如果飞机受到来自其配平速度的扰动,无论是慢速还是快速,它始终会回到原始的、平衡的、配平的飞行状态。功率与速度曲线的这个稳定区域称为功率曲线的前段。

现在考虑低速、平衡点1,其可用功率等于需用功率,$P_A = P_R$,并且飞机以空速 $v_{trim,1}$ 稳定水平飞行。如果空速增加到 $v_{trim,1}$ 以上,同时保持相同的功率设置,这时可用功率大于需用功率,$P_A > P_R$。这种剩余功率导致飞机加速到更高的空速,伴随而来的是需用功率的进一步降低。随着飞机加速,需用功率继续降低,在 $v_{P_R,min}$ 达到最小值。在此之后需用功率开始增加,但仍然小于可用功率,因此飞机继续加速直到达到第2点,可用功率等于需用功率。返回到点1处的配平条件,假设空速从配平速度 $v_{trim,1}$ 减小,再次保持相同的恒定功率设置。在低速下,需用功率增加,使得可用功率小于需用功率,$P_A < P_R$。这导致空速进一步降低,进而导致需用功率的进一步增加。这种情况的危险是飞机可能继续减速进入失速状态。飞机保持平稳、水平飞行的唯一途径是增加可用功率。因此,飞机处于必须增加动力以减慢飞行。无论空速从点1的配平速度加速还是减速变化的两种情况下,飞机都表现出速度不稳定、偏离原来的平衡飞行条件。这个不稳定区域称为功率曲线的后段。

5.8.5 最小需用功率的速度和升力系数

在给定重量下,最小需用功率的条件与最小需用推力的条件不同。对应于最小需用功率的速度和升力系数,以与最小需用推力条件类似的方式获得。取式(5-131)关于速度 v_∞ 的导数,并令其为零,可以得出:

$$\frac{dP_R}{dv_\infty} = \frac{d}{dv_\infty}\left[\left(\frac{1}{2}\rho_\infty Sc_{D,0}\right)v_\infty^3 + \frac{W^2}{\frac{1}{2}\rho_\infty S\pi e AR}\frac{1}{v_\infty}\right] = 0$$

$$\frac{dP_R}{dv_\infty} = \left(\frac{3}{2}\rho_\infty Sc_{D,0}\right)v_\infty^2 - \frac{W^2}{\frac{1}{2}\rho_\infty S\pi e AR}\frac{1}{v_\infty^2} = 0$$

$$\left(\frac{3}{2}\rho_\infty Sc_{D,0}\right)v_\infty^4 - \frac{W^2}{\frac{1}{2}\rho_\infty S\pi e AR} = 0 \qquad (5\text{-}132)$$

求解给定速度：

$$v_\infty^4 = \frac{1}{\frac{3}{2}\rho_\infty S c_{D,0}} \frac{W^2}{\frac{1}{2}\rho_\infty S\pi e\text{AR}} = \frac{4}{3}\frac{W^2}{\rho_\infty^2 \; S^2 c_{D,0}\pi e\text{AR}} \tag{5-133}$$

$$v_{P_\text{R},\min} = \left(\frac{4}{3}\frac{W^2}{\rho_\infty^2 \; S^2 c_{D,0}\pi e\text{AR}}\right)^{1/4} \tag{5-134}$$

式中：$v_{P_\text{R},\min}$ 为稳定、水平、非加速飞行时的速度，此时需用功率最小。

根据式(5-119)，比较 $v_{P_\text{R},\min}$ 和 $v_{T_\text{R},\min}$，可以得出

$$v_{P_\text{R},\min} = \left(\frac{1}{3}\right)^{1/4} v_{T_\text{R},\min} = 0.7598 v_{T_\text{R},\min} \tag{5-135}$$

因此，如图 5-30 所示，最小需用功率的速度比最小需用推力或最小阻力的速度低 24%。

为了得到与最小需用功率相对应的升力系数，我们将式(5-134)代入式(5-111)，得

$$L = W = q_\infty S c_L = \frac{1}{2}\rho_\infty v_\infty^2 S c_L = \frac{1}{2}\rho_\infty \left(\frac{4}{3}\frac{W^2}{\rho_\infty^2 \; S^2 c_{D,0}\pi e\text{AR}}\right)^{1/2} S c_L$$

$$W = W c_L \sqrt{\frac{1}{3 c_{D,0}\pi e\text{AR}}}$$

求解升力系数，得

$$(c_L)_{P_\text{R},\min} = \sqrt{3 c_{D,0}\pi e\text{AR}} \tag{5-136}$$

式中：$(c_L)_{P_\text{R},\min}$ 为对应于最小功率速度下的稳定、水平、非加速飞行的升力系数。

根据式(5-121)，比较 $(c_L)_{P_\text{R},\min}$ 与 $(c_L)_{T_\text{R},\min}$，得

$$(c_L)_{P_\text{R},\min} = \sqrt{3}\,(c_L)_{T_\text{R},\min} = 1.7321\,(c_L)_{T_\text{R},\min} \tag{5-137}$$

因此，对应于最小需用功率的升力系数比最小需用推力或最小阻力的升力系数大约 73%。

求解式(5-136)的零升力阻力系数，得

$$c_{D,0} = \frac{(c_L)_{P_\text{R},\min}^2}{3\pi e\text{AR}} = \frac{c_{D,\text{i}}}{3} \tag{5-138}$$

在最小需用功率点，诱导阻力系数是零升力阻力系数的 3 倍。诱导阻力系数和零升力阻力系数在最小需用推力或最小阻力点处相等：

$$(c_D)_{P_\text{R},\min} = c_{D,0} + c_{D,\text{i}} = c_{D,0} + 3c_{D,0} = 4c_{D,0} \tag{5-139}$$

因此，在最小需用功率下的总阻力系数是零升阻力系数的 4 倍。比较式(5-123)给出的 $(c_D)_{P_\text{R},\min}$ 与 $(c_D)_{T_\text{R},\min}$，得

$$(c_D)_{P_\text{R},\min} = 2(c_D)_{T_\text{R},\min} \tag{5-140}$$

虽然,在最小功率点处的阻力系数是最小推力点的2倍,但是阻力没有那么高。这是因为在最小功率点处的速度和动压都低于最小推力点。考虑最小需用功率下的总阻力 $D_{P_{\mathrm{R}},\min}$ 与最小需用推力下的阻力 $D_{T_{\mathrm{R}},\min}$ 之比,可得

$$\frac{D_{P_{\mathrm{R}},\min}}{D_{T_{\mathrm{R}},\min}}=\frac{(q_\infty)_{P_{\mathrm{R}},\min}S(c_D)_{P_{\mathrm{R}},\min}}{(q_\infty)_{T_{\mathrm{R}},\min}S(c_D)_{T_{\mathrm{R}},\min}}=\frac{\frac{1}{2}\rho_\infty(v_{P_{\mathrm{R}},\min})^2(c_D)_{P_{\mathrm{R}},\min}}{\frac{1}{2}\rho_\infty(v_{T_{\mathrm{R}},\min})^2(c_D)_{T_{\mathrm{R}},\min}}$$

$$\frac{D_{P_{\mathrm{R}},\min}}{D_{T_{\mathrm{R}},\min}}=\left(\frac{v_{P_{\mathrm{R}},\min}}{v_{T_{\mathrm{R}},\min}}\right)^2\frac{(c_D)_{P_{\mathrm{R}},\min}}{(c_D)_{T_{\mathrm{R}},\min}} \tag{5-141}$$

将式(5-135)和式(5-140)代入式(5-141),得

$$\frac{D_{P_{\mathrm{R}},\min}}{D_{T_{\mathrm{R}},\min}}=\left(\frac{0.7598v_{T_{\mathrm{R}},\min}}{v_{T_{\mathrm{R}},\min}}\right)^2\frac{2(c_D)_{T_{\mathrm{R}},\min}}{(c_D)_{T_{\mathrm{R}},\min}}=2\times0.7598^2=1.155 \tag{5-142}$$

因此,在最小需用功率的总阻力仅比在最小需用推力的总阻力偏大约16%。

现在比较在给定重量下,升力相同的时候,最小需用功率的升阻比 $(L/D)_{P_{\mathrm{R}},\min}$ 与最小需用推力的升阻比 $(L/D)_{T_{\mathrm{R}},\min}$。升阻比的比值为

$$\frac{(L/D)_{P_{\mathrm{R}},\min}}{(L/D)_{T_{\mathrm{R}},\min}}=\frac{1/D_{P_{\mathrm{R}},\min}}{1/D_{PT_{\mathrm{R}},\min}}=\frac{D_{T_{\mathrm{R}},\min}}{D_{P_{\mathrm{R}},\min}} \tag{5-143}$$

将式(5-142)代入式(5-143)中,得

$$\frac{(L/D)_{P_{\mathrm{R}},\min}}{(L/D)_{T_{\mathrm{R}},\min}}=\frac{D_{T_{\mathrm{R}},\min}}{1.155D_{T_{\mathrm{R}},\min}}=\frac{1}{1.155}=0.8658 \tag{5-144}$$

因为最小需用推力下的升阻比是最大升阻比,有

$$\left(\frac{L}{D}\right)_{P_{\mathrm{R}},\min}=0.8658\left(\frac{L}{D}\right)_{T_{\mathrm{R}},\min}=0.8568\left(\frac{L}{D}\right)_{\max} \tag{5-145}$$

因此,在最小需用功率下的升阻比约为最大升阻比的86%。

表5-10给出了稳定、水平、非加速飞行需用推力和需用功率公式的总结,包括最小需用推力或最小需用功率条件下的关系,还提供了需用推力和需用功率关系的比较。

表5-10 稳定、水平、非加速飞行需用推力和需用功率汇总表

参数	需用推力	需用功率	对比关系
	$T_{\mathrm{R}}=q_\infty Sc_{D,0}+\frac{W^2}{q_\infty S\pi e\mathrm{AR}}$	$P_{\mathrm{R}}=q_\infty v_\infty Sc_{D,0}+\frac{W^2v_\infty}{q_\infty S\pi e\mathrm{AR}}$	$P_{\mathrm{R}}=T_{\mathrm{R}}v_\infty$
v	$v_{T_{\mathrm{R}},\min}=\left(\frac{4W^2}{\rho_\infty^2S^2c_{D,0}\pi e\mathrm{AR}}\right)^{1/4}$	$v_{P_{\mathrm{R}},\min}=\left(\frac{4}{3}\times\frac{W^2}{\rho_\infty^2S^2c_{D,0}\pi e\mathrm{AR}}\right)^{1/4}$	$v_{P_{\mathrm{R}},\min}=0.7598v_{T_{\mathrm{R}},\min}$

续表

参数	需用推力	需用功率	对比关系
	$T_R = q_\infty S c_{D,0} + \dfrac{W^2}{q_\infty S \pi e AR}$	$P_R = q_\infty v_\infty S c_{D,0} + \dfrac{W^2 v_\infty}{q_\infty S \pi e AR}$	$P_R = T_R v_\infty$
c_L	$(c_L)_{T_R,\min} = \sqrt{c_{D,0}\pi e AR}$	$(c_L)_{P_R,\min} = \sqrt{3c_{D,0}\pi e AR}$	$(c_L)_{P_R,\min} = 1.7321(c_L)_{T_R,\min}$
$c_{D,0}$	$(c_{D,0})_{T_R,\min} = c_{D,i}$	$(c_{D,0})_{P_R,\min} = \dfrac{c_{D,i}}{3}$	$(c_{D,0})_{P_R,\min} = 3(c_{D,0})_{T_R,\min}$
c_D	$(c_D)_{T_R,\min} = 2c_{D,0}$ 或 $2c_{D,i}$	$(c_D)_{P_R,\min} = 4c_{D,0}$ 或 $\dfrac{4}{3}c_{D,i}$	$(c_D)_{P_R,\min} = 2(c_D)_{T_R,\min}$
D	$D_{T_R,\min} = 2q_\infty S c_{D,i}$	$D_{P_R,\min} = \dfrac{4}{3}q_\infty S c_{D,i}$	$D_{P_R,\min} = 1.155D_{T_R,\min}$
$\dfrac{L}{D}$	$\left(\dfrac{L}{D}\right)_{T_R,\min} = \left(\dfrac{L}{D}\right)_{\max}$	$\left(\dfrac{L}{D}\right)_{P_R,\min} = 0.8658\left(\dfrac{L}{D}\right)_{\max}$	$\left(\dfrac{L}{D}\right)_{P_R,\min} = 0.8658\left(\dfrac{L}{D}\right)_{T_R,\min}$

5.8.6 航程和航时

通常,在飞行剖面图中设计巡航段的目的是为了抵达目的地。到目的地的距离和花费的时间是飞行的重要部分。本节将分析巡航性能的几个方面,尤其是与巡航性能相关的航程和航时。航程 R,即在给定载油量下飞行的总距离,通常按航空里程计算。航程的单位既可以是英制单位英里和海里也可以是国际制单位千米。航时即飞机在给定载油量下保持留空的时间。航时的单位是时间单位,一般为小时。

飞机设计师都想要最大限度地提高飞机的航程和续航能力。为了最大限度地提高飞机的航程 R,需要最大限度地增加飞机在空中运行的距离并使燃油消耗总量 W_f 最小化。为了最大限度地提高飞机的航时 E,需要最大限度地延长飞机在空中停留的时间并使燃油消耗总量 W_f 降至最低。航程和航时受飞行条件和与飞机相关因素的影响。飞行条件因素包括空速、高度和环境温度等;飞机相关因素包括机体空气动力、飞机和燃油重量以及飞机重心的位置。不同推进类型及相应的燃油消耗下,航程和航时都会相差很大。针对螺旋桨式飞机和喷气式飞机,我们分别建立了航程和航时方程。

为了建立方程量化航程和航时,我们定义了比航程 SR 和比航时 SE。它们分别定义为航程或航时与燃油消耗总量 W_f 的比值。

比航程的定义如下:

$$SR \equiv \frac{航程}{燃油消耗总量} = \frac{R}{W_f} = \frac{v_\infty \mathrm{d}t}{W_f} = \frac{v_\infty}{\mathrm{d}W_f/\mathrm{d}t} = \frac{v_\infty}{\dot{W}_f} \tag{5-146}$$

式中:v_∞ 为飞机速度;$\dot{W}_f$ 为燃油流量。

比航时的定义如下:

$$SE \equiv \frac{航时}{燃油消耗总量} = \frac{E}{W_f} = \frac{\mathrm{d}t}{\mathrm{d}W_f} = \frac{1}{\dot{W}_f} \tag{5-147}$$

式中,$\dot{W}_f$ 的单位为磅/h 或 N/h(国际制单位)。

假定一架飞机的重量为 W_0,由无燃油飞机重量 W_1 和燃油重量 W_f' 组成,即

$$W_0 = W_1 + W_f' \tag{5-148}$$

当燃油重量的变化量为 $\mathrm{d}W_f'$ 时,燃油消耗量为 $\mathrm{d}W_f$,飞机重量变化量为 $\mathrm{d}W$,因此有

$$\mathrm{d}W = \mathrm{d}W_f' = \mathrm{d}W_f \tag{5-149}$$

因此,燃油流量 $\dot{W}_f$ 为

$$\dot{W}_f = -\frac{\mathrm{d}W_f}{\mathrm{d}t} = \frac{\mathrm{d}W_f'}{\mathrm{d}t} = -\frac{\mathrm{d}W}{\mathrm{d}t} \tag{5-150}$$

或

$$\mathrm{d}t = -\frac{\mathrm{d}W}{\dot{W}_f} \tag{5-151}$$

航程 R 是从初始时间 t_0、位置 s_0、飞机重量 W_0 的状态到最终时间 t_1、位置 s_1、飞机重量 W_1 的状态之间距离增量 $\mathrm{d}s$ 的积分,即

$$R = \int_{s_0}^{s_1} \mathrm{d}s = \int_{t_0}^{t_1} v_\infty \mathrm{d}t = -\int_{W_0}^{W_1} \frac{v_\infty}{\dot{W}_f}\mathrm{d}W = -\int_{W_0}^{W_1} SR\mathrm{d}W \tag{5-152}$$

因此,航程为飞机的初始重量到最终重量具体航程的积分。

航时 E 是从初始时间 t_0、飞机重量 W_0 的状态到最终时间 t_1、飞机重量 W_1 的状态之间时间增量 $\mathrm{d}t$ 的积分,其中 $\mathrm{d}t$ 由式(5-151)给出:

$$E = \int_{t_0}^{t_1} \mathrm{d}t = -\int_{W_0}^{W_1} \frac{\mathrm{d}W}{\dot{W}_f} = -\int_{W_0}^{W_1} \frac{\mathrm{d}W}{\dot{W}_f} = -\int_{W_0}^{W_1} SE\mathrm{d}W \tag{5-153}$$

因此,航时为从飞机的初始重量到最终重量具体航时的积分。

现在将式(5-153)和式(5-152)应用到特定推进系统的飞机上,如螺旋桨

式飞机和喷气式飞机。

5.8.6.1 螺旋桨式飞机的航程和航时

螺旋桨式飞机燃油重量的变化量 dW_f' 为

$$dW_f' = dW_f = dW = -cPdt \tag{5-154}$$

式中:c 为燃油消耗率(比油耗),见 4.5.1.3 节;P 为发动机功率;dt 为消耗燃油时间的增量。

活塞发动机的燃油消耗率为单位时间单位功率消耗的燃油重量。

将式(5-154)代入式(5-150),得出燃油流量 $\dot{W}_f$ 为

$$\dot{W}_f = -\frac{dW}{dt} = -\frac{(-cP)dt}{dt} = \frac{cPdt}{dt} = \frac{cP_A}{\eta_P} = \frac{cT_A v_\infty}{\eta_P} \tag{5-155}$$

根据式(4-96),功率 P 已被可用功率和螺旋桨效率代替。而根据式(4-55),可用功率被可用推力 T_A 乘以速度 v_∞ 代替。

为了得到航程表达式,将式(5-155)代入式(5-152),得

$$R = -\int_{W_0}^{W_1} \frac{v_\infty}{\dot{W}_f} dW = -\frac{\eta_P}{c}\int_{W_0}^{W_1} \frac{dW}{T_A} \tag{5-156}$$

式中,假定螺旋桨效率 η_P 和燃油消耗率 c 为常量。

假设飞机处于稳定、水平、非加速飞行状态,升力等于重力,可用推力等于阻力。那么,用升力与重力之比(等于 1)乘以式(5-156),然后用阻力替换可用推力,得

$$R = -\frac{\eta_P}{c}\int_{W_0}^{W_1} \frac{L}{W}\frac{dW}{D} = -\frac{\eta_P}{c}\frac{c_L}{c_D}\int_{W_0}^{W_1}\frac{dW}{W}$$

$$R = \frac{\eta_P}{c}\frac{c_L}{c_D}\ln\frac{W_0}{W_1} \tag{5-157}$$

式(5-157)是布拉奎特航程公式(Breguet range formula),以法国飞机设计师、飞行员 Louis-Charles Breguet 的名字命名。20 世纪初的 Breguet 飞机公司后来成为法国航空公司。布拉奎特航程公式是针对螺旋桨驱动活塞式飞机的航程表达式。这个表达式说明,长航程螺旋桨式飞机应该具备较高螺旋桨效率 η_P、较大起飞重量与着陆重量比值 W_0/W_1、最大燃油重量 W_f' 和最小燃油消耗率 c。长航程飞机应当以最大升力阻力比 $(L/D)_{max}$ 飞行,这是最有效率的空气动力学飞行条件。

为了得到航时表达式,将式(5-155)代入式(5-153),得

$$E = -\int_{W_0}^{W_1}\frac{dW}{\dot{W}_f} = -\frac{\eta_P}{c}\int_{W_0}^{W_1}\frac{dW}{T_A v_\infty} \tag{5-158}$$

式中,假设螺旋桨效率 η_P 和燃油消耗率 c 为常量。

再次假设飞机处于稳定、水平、非加速飞行状态，升力等于重力，可用推力等于阻力。那么，用升力与重力之比（等于1）乘以式（5-158），用阻力替换可用推力，得

$$E=-\frac{\eta_P}{c}\int_{W_0}^{W_1}\frac{L}{W}\frac{\mathrm{d}W}{Dv_\infty}=-\frac{\eta_P}{c}\int_{W_0}^{W_1}\frac{L}{D}\frac{\mathrm{d}W}{v_\infty W}\tag{5-159}$$

或

$$E=\frac{\eta_P}{c}\frac{c_L}{c_D}\int_{W_0}^{W_1}\frac{\mathrm{d}W}{v_\infty W}\tag{5-160}$$

式中，假设升阻比 c_L/c_D 为常数。

根据升力的定义（这里等于重力）得到速度的表达式：

$$L=W=\frac{1}{2}\rho_\infty v_\infty^2 Sc_L$$

$$v_\infty=\sqrt{\frac{2W}{\rho_\infty Sc_L}}\tag{5-161}$$

将式（5-161）代入到式（5-160），得

$$E=-\frac{\eta_P}{c}\frac{c_L}{c_D}\int_{W_0}^{W_1}\sqrt{\frac{\rho_\infty Sc_L}{2W}}=-\frac{\eta_P}{c}\frac{c_L}{c_D}\sqrt{\frac{\rho_\infty Sc_L}{2}}\int_{W_0}^{W_1}\frac{\mathrm{d}W}{W^{3/2}}\tag{5-162}$$

式中，假设密度 ρ_∞ 为常数，这就意味着在估算航时时飞机处于恒定高度。完成积分后，得

$$E=2\times\frac{\eta_P}{c}\left(\frac{c_L^{3/2}}{c_D}\right)\sqrt{\frac{\rho_\infty S}{2}}\left[W^{-1/2}\right]_{W_0}^{W_1}$$

$$E=\frac{\eta_P}{c}\frac{c_L^{3/2}}{c_D}\sqrt{\frac{\rho_\infty S}{2}}\left(\frac{1}{\sqrt{W_1}}-\frac{1}{\sqrt{W_0}}\right)\tag{5-163}$$

式（5-163）是针对螺旋桨驱动活塞式飞机的布拉奎特航时公式。这个表达式说明，长航时、螺旋桨式飞机应该具备较高螺旋桨效率 η_P、非常大的机翼面积 S、最大燃油重量 W_f'（最大化 W_0 且最小化 W_1）和最小燃油消耗率 c。飞机应该在海平面上，以最大空气密度 ρ_∞，而且要处在和 $c_L^{3/2}/c_D$ 比值最大的飞行条件下飞行。航时与 $c_L^{3/2}/c_D$ 成正比，航程与 c_L/c_D 成正比。

5.8.6.2 喷气式飞机的航程和航时

喷气式飞机燃油重量的变化量 $\mathrm{d}W_f'$ 为

$$\mathrm{d}W_f'=\mathrm{d}W_f=\mathrm{d}W=-\mathrm{TFSC}\times T_A\mathrm{d}t\tag{5-164}$$

式中：TFSC 为单位推力燃油消耗量（见 4.5.1.3 节），单位推力燃油消耗量为单位推力燃油消耗的重量流量。

根据式(5-154),燃油流量 $\dot{W}_{\mathrm{f}}$ 为

$$\dot{W}_{\mathrm{f}}=-\frac{\mathrm{d}W}{\mathrm{d}t}=-\frac{-\mathrm{TFSC}T_{\mathrm{A}}\mathrm{d}t}{\mathrm{d}t}=\mathrm{TFSC}\times T_{\mathrm{A}} \tag{5-165}$$

将式(5-165)代入式(5-152),得到航程:

$$R=-\int_{W_0}^{W_1}v_{\infty}\frac{\mathrm{d}W}{\dot{W}_{\mathrm{f}}}=-\int_{W_0}^{W_1}v_{\infty}\frac{\mathrm{d}W}{\mathrm{TFSC}\times T_{\mathrm{A}}} \tag{5-166}$$

假设飞机处于稳定、水平、非加速飞行状态,升力等于重力,可用推力等于阻力。那么,用升力与重力之比(等于1)乘以式(5-166),然后用阻力替换可用推力,得

$$R=-\frac{1}{\mathrm{TFSC}}\int_{W_0}^{W_1}\frac{L}{W}\frac{v_{\infty}}{D}\mathrm{d}W=-\frac{1}{\mathrm{TFSC}}\frac{c_L}{c_D}\int_{W_0}^{W_1}\frac{v_{\infty}}{W}\mathrm{d}W \tag{5-167}$$

式中,假设推力燃油消耗量 TFSC 和升阻比 c_L/c_D 为常量。用式(5-161)替换速度,得

$$R=-\frac{1}{\mathrm{TFSC}}\frac{c_L}{c_D}\int_{W_0}^{W_1}\sqrt{\frac{2W}{\rho_{\infty}Sc_L}}\frac{\mathrm{d}W}{W}=-\frac{1}{\mathrm{TFSC}}\frac{\sqrt{c_L}}{c_D}\sqrt{\frac{2}{\rho_{\infty}S}}\int_{W_0}^{W_1}\frac{\mathrm{d}W}{\sqrt{W}} \tag{5-168}$$

式中,假设密度 ρ_{∞} 为常量,这就意味着在估算航程时飞机处于恒定高度。完成积分后,得

$$R=-\frac{2}{\mathrm{TFSC}}\frac{\sqrt{c_L}}{c_D}\sqrt{\frac{2}{\rho_{\infty}S}}\left[W^{-1/2}\right]_{W_0}^{W_1}$$

$$R=\frac{2}{\mathrm{TFSC}}\frac{\sqrt{c_L}}{c_D}\sqrt{\frac{2}{\rho_{\infty}S}}\left(\sqrt{W_0}-\sqrt{W_1}\right) \tag{5-169}$$

式(5-169)是喷气式飞机的航程公式,它告诉我们长航程、喷气式飞机应当具有较小机翼面积 S 、最大燃油重量 W_{f}' (W_0 和 W_1 之间的最大差值)以及最小单位推力燃油消耗量 TSFC。它应当在空气密度 ρ_{∞} 低的高海拔飞行,飞行条件为 $\sqrt{c_L}/c_D$ 值最大。

为了得到航时方程,先把式(5-165)代入式(5-152),得

$$E=\int_{t_0}^{t_1}\mathrm{d}t=-\int_{W_0}^{W_1}\frac{\mathrm{d}W}{\dot{W}_{\mathrm{f}}}=-\int_{W_0}^{W_1}\frac{\mathrm{d}W}{\mathrm{TSFC}\times T_{\mathrm{A}}} \tag{5-170}$$

假定为稳定、水平、非加速飞行,升力等于重力,可用推力等于阻力。因此,用升力与重力之比(等于1)乘以式(5-170),然后用阻力替换可用推力,得

$$E=-\frac{1}{\mathrm{TSFC}}\int_{W_0}^{W_1}\frac{L}{W}\frac{\mathrm{d}W}{D}=-\frac{1}{\mathrm{TSFC}}\frac{c_L}{c_D}\int_{W_0}^{W_1}\frac{\mathrm{d}W}{W} \tag{5-171}$$

式中,假设为单位推力燃油消耗量 TSFC 和升阻比 c_L/c_D 为常量,完成积分后,得

$$E=\frac{1}{\mathrm{TSFC}}\frac{c_L}{c_D}\ln\frac{W_0}{W_1} \tag{5-172}$$

式(5-172)是喷气式飞机的航时公式,由它可知长航时喷气式飞机应当具有较大初始与最终重量比 W_0/W_1、最大燃油重量 W_f' 以及最小单位推力燃油消耗量 TSFC,应当以最大升力阻力比 $(L/D)_{max}$ 飞行,这是最有效的空气动力学飞行条件。

螺旋桨式飞机和喷气式飞机的航程及航时公式总结如表 5-11 所列。

表 5-11 螺旋桨式飞机和喷气式飞机的航程及航时公式

参数	螺旋桨式飞机	喷气式飞机
航程 R	$\frac{\eta_P}{c}\frac{c_L}{c_D}\ln\frac{W_0}{W_1}$	$\frac{2}{\mathrm{TSFC}}\frac{\sqrt{c_L}}{c_D}\sqrt{\frac{2}{\rho_\infty S}}(\sqrt{W_0}-\sqrt{W_1})$
航时 E	$\frac{\eta_P}{c}\frac{c_L^{3/2}}{c_D}\sqrt{\frac{\rho_\infty S}{2}}\left(\frac{1}{\sqrt{W_1}}-\frac{1}{\sqrt{W_0}}\right)$	$\frac{1}{\mathrm{TSFC}}\frac{c_L}{c_D}\ln\frac{W_0}{W_1}$

例 5.12 航程和航时的计算

利用例 5.9 和例 5.11 的规定和结果,试计算波音 747 以空速 $v_\infty=400\mathrm{km/h}$ 在海平面飞行的航程和航时。假设初始重量 $W_0=2700000\mathrm{N}$,最终重量 $W_1=1900000\mathrm{N}$,单位推力燃油消耗量 $\mathrm{TSFC}=1.678\times10^{-4}\mathrm{N/(N\cdot s)}$。

解:

根据例 5.9,波音 747 机翼面积 $S=520.5\mathrm{m}^2$,又根据例 5.11 得到,波音 747 以 400km/h 飞行的升力和阻力系数分别为 0.7192 和 0.07028。

应用式(5-169),得到航程如下:

$$R=\frac{2}{\mathrm{TSFC}}\frac{\sqrt{c_L}}{c_D}\sqrt{\frac{2}{\rho_\infty S}}(\sqrt{W_0}-\sqrt{W_1})$$

$$R=\frac{2}{1.678\times10^{-4}\frac{\mathrm{N}}{\mathrm{N\cdot s}}}\times\frac{\sqrt{0.7162}}{0.07028}\times\sqrt{\frac{2}{1.225\frac{\mathrm{kg}}{\mathrm{m}^3}\times520.5\mathrm{m}^2}}\times(\sqrt{2700000}\mathrm{N}-\sqrt{1900000}\mathrm{N})$$

$$R=2.134\times10^6\mathrm{m}=2134\mathrm{km}$$

应用式(5-172),得到航时如下:

$$E=\frac{1}{\mathrm{TSFC}}\frac{c_L}{c_D}\ln\frac{W_0}{W_1}$$

$$E=\frac{1}{1.678\times10^{-4}\frac{\mathrm{N}}{\mathrm{N\cdot s}}}\times\frac{0.7162}{0.07028}\times\ln\frac{2700000\mathrm{N}}{1900000\mathrm{N}}=21430\mathrm{s}=5.95\mathrm{h}$$

5.8.7 FTT:巡航性能

水平飞行和巡航性能飞行试验旨在决定一架飞机的航程和航时,量化和了解这些巡航性能参数对所有飞机操纵至关重要。航程和航时是飞机机体及其推进系统特性的基本参数。飞机机体决定空气动力学、升力和阻力,以及可携带的燃油重量,而推力和燃油流量与推进系统有关。就涉及的机动类型而言,巡航性能的飞行试验通常是简单的,即当飞机在稳定、机翼处于水平状态飞行时进行数据采集,在这种稳定飞行条件下,飞机的升力等于重力、推力等于阻力。

1927 年 Charles Lindbergh 飞越大西洋的飞行,是展示飞机航程和耐力的一个传奇例子。当时 25 岁的 Lindbergh 是美国航空邮件飞行员,他是第一个独自不间断飞越大西洋,从纽约飞往法国巴黎的人。他驾驶着一架经过特别设计的单引擎瑞安 M-2 单翼飞机,就是指由加利福尼亚州圣地亚哥的瑞安航空公司设计并制造的瑞安 NYP(纽约到巴黎)(见第 5 章的首页照片和图 3-137)。这架飞机命名为“圣路易斯精神”号,以纪念 Lindbergh 在密苏里圣路易斯的投资商。Lindbergh 的长航程、长航时飞行是对当时飞机性能的证明。他从纽约花园城市(长岛)的罗斯福机场起飞, 33.5h 后在法国巴黎的勒布尔热机场降落,飞行距离全长约 3610 英里(5810km)。它是对人类极限的一个挑战,当 Lindbergh 降落在巴黎时,他已经大约 55h 没有睡觉。

对瑞安 M-2 的改型包括加长机翼 10 英尺(3.05m)和增加燃油容量 450 加仑(1700L),宽 36 英寸(91cm)、长 32 英寸(81cm)、高 51 英寸(129cm)的驾驶舱将 Lindbergh 的 6 英尺 3 英寸(1.9m)的框架固定。“圣路易斯精神”号满载总重 5135 磅(2300kg),空机重量 2150 磅(975kg)。瑞安 NYP 由一个用空气冷却的、带有 9 个油缸的赖特旋风式 J-5C 型径向发动机提供动力,发动机在 1800r/min 下能产生 223 马力(166kW)动力。瑞安 NYP 的三视图如图 5-33 所示,表 5-12 给出选用规格的具体说明。

接下来将在“圣路易斯精神”号上进行巡航性能飞行试验。如图 5-34 所示,爬进狭窄的驾驶舱坐在飞行员座椅上,它是一个简单的柳条座椅。左侧有常规的飞行控制杆、飞行控制舵和节流杆。仪表板很少,仅有基本的飞行仪表。无法从驾驶舱看到前方,驾驶舱前挡风玻璃由大容量的机身油箱代替。带有一个倾斜的镜子的潜望镜装置从机身左侧延伸(潜望镜在机身左侧的伸出位置如图 5-34所示)出去。通过座舱仪表盘上一个 3 英寸 × 5 英寸(7.6cm × 12.7cm)的小矩形孔可以看到倾斜的潜望镜,就能看到前方情况。紧邻矩形孔的水平滑动操作杆可以收回潜望镜,以减少气动阻力。

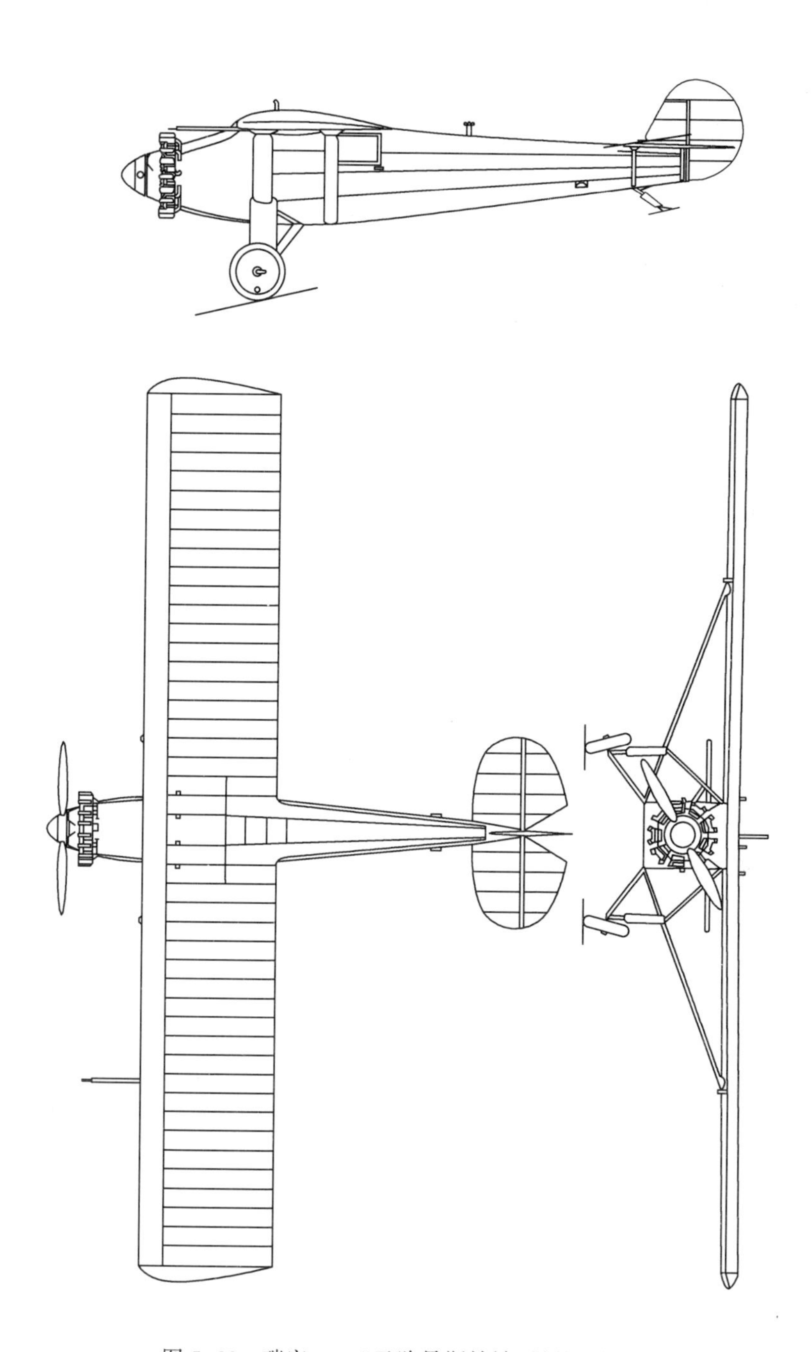

图 5-33 瑞安 NYP“圣路易斯精神”号的三视图

（资料来源:Kaboldy,“Ryan NYP” https://en. wikipedia. org/wiki/File:Ryan_NYP. svg, CC-BY-SA-4. 0,License at https://creativecommons. org/licenses/by-sa/4. 0/legalcode）

表 5-12　瑞安 NYP“圣路易斯精神”号选用的规格

项　目	规　格
基本功能	长航时飞行,第一架跨越大西洋的飞机
制造商	加利福尼亚州圣地亚哥瑞安航空公司
首飞	1927 年 4 月 28 日
机组人员	1 名飞行员
动力装置	空气冷却的、带有 9 个油缸的赖特旋风式 J-5C 型径向发动机
发动机功率	在 1800r/min 时为 223 马力(166kW)
燃油容量	450 加仑(1700L)汽油
空机重量	2150 磅(975kg)
最大起飞重量	5135 磅 (2330kg)
燃油馏分	0.526
功率重量比	23.6 英制马力/磅 (10.7 马力/kg)
长度	27 英尺 7 英寸(8.41m)
翼展	46 英尺(14m)
翼弦	7 英尺(2.1m)
机翼面积	319 英尺^2(29.6m^2)
机翼翼型	克拉克 Y 翼
机翼载荷①	16.5 磅/英尺^2(80.6kg/m^2)
翼面	克拉克 Y 翼
最高航速	120 英里/h(193km/h)
经济航速	97 英里/h(156km/h)
航程	4110 英里(6614km)
实用升限	16400 英尺(5000m)

①最大起飞重量下的机翼载荷。

图 5-34　瑞安 NYP“圣路易斯精神”号的驾驶舱和仪表面板

(资料来源:史密森学会,美国国家航空航天博物馆)

在仪表板下面,可以看见一排水管线和操作杆,称为伦肯海默配电盘,它连接了所有油箱。全机共有5个油箱,3个在机翼、一个在机身中央、另一个在机身前方。可以使用配电盘将燃油从任一油箱抽吸至其他任意油箱,这有助于维持飞机纵向和横向平衡。由于有450加仑(2754磅,1249kg)燃油量,“圣路易斯精神”号拥有52.6%的燃油比(燃料重量除以满载总机重量),它比同时代的飞机要高得多。通过对比,现代通用航空飞机的燃油比大约在12%~15%,而现代商用喷气式飞机大约在40%。一些专为长航时飞行设计的特殊飞机,由轻质复合材料构成,燃油比高达70%~85%。

“圣路易斯精神”号加满450加仑汽油,在发动机启动后,滑到长草地跑道的尽头准备起飞。为了获得高精度的巡航性能数据,需要在清晨开始飞行,以便更容易获得平稳的空气。到草地跑道尽头时,推动油门全速前进,飞机开始向前移动。沿草地跑道滑行,把控制杆向前推进,让尾轮离开地面,这样便依靠两个主机轮轮胎向前滑跑。当飞机在最大起飞重量5135磅(2330kg)时,可以预想到会有一个较长的地面起飞滑跑距离,因为如表5-17所列,草地的滑跑阻力系数会比硬面跑道高30%~40%。然后轻轻拉回操纵杆,使飞机飞向空中,此时主轮胎离开草地,飞机载着人便飞向空中。让飞机保持距地面一个翼展的距离,由于地面效应存在会产生空速。最后,以足够的飞行速度,就可以爬升到第一个巡航性能试验点。

巡航性能飞行试验是固定高度和固定空速的机翼水平飞行,其难点之一是需要大量的飞行试验数据。通常需要表征飞机在整个飞行包线和各种总重量下的水平飞行性能,就会产生一个试验点的大矩阵集。通常,数据是在选定总重量和一定的空速范围内,以高度增量大多是5000英尺(1500m)的方式进行汇集。由于飞行手册中唯一呈现的是最大总重量下的数据,因此只在最大总重量下采集数据。

在气压高度恒定的飞行试验下采集巡航性能飞行数据。在4000英尺(1220m)的气压高度下推进油门,发动机转速表数值约为1950r/min,使“圣路易斯精神”号保持平稳向前飞行。在满功率状态下,飞机在这个高度能够加速到最大飞行速度。现在,耐心保持平衡状态,使发动机和空速稳定下来。这是一个耗时的过程,但它对获得准确的水平性能飞行数据至关重要。典型的空速稳定要求是每分钟速度变化不超过1kn,相当于飞行路径加速度的变化约为0.001g,阻力或燃料流量的变化约为1%。几分钟后,便可以感觉飞机在试验点逐渐稳定,高度变化小于±100英尺(30.5m),空速稳定在最高空速120英里/h(193km/h)。

考虑到这些巡航性能试验点的稳态特性,可以手工记录大部分飞行数据,需要记录高度、空速、发动机参数、空气温度、燃油流量和燃油量。这个数据是在飞机接近其最大毛重时采集。测量飞行轨迹加速度、燃料流量和其他参数通常使用高精度的数据系统。

完成此试验点的试验后,降低发动机功率,并以另一个较低的稳定空速重复上述过程。可以在这个高度选取通过低速飞行包络线末端的空速试验点。在此高度覆盖空速范围之后,将爬到更高的高度,使用固定高度 FTT 采集数据。数据采集过程非常耗时,因为每个试验点都需要几分钟来稳定。

根据飞行试验数据,瑞安 NYP“圣路易斯精神”号的可用功率和所需功率曲线如图 5-35 所示。这些曲线强调了许多已经讨论过的水平飞行性能的参数。图中显示了 3 条需用功率的曲线,分别对应“圣路易斯精神”号的 3 种不同的飞机重量。需用功率曲线随着重量的增加,在高功率状态下向上移动,而在高速状态下向右移动。最小需用功率和对应的速度随着飞机重量的增加而显著增加,在总重量为 2415 磅(1095kg)时,功率大约 49 英制马力(36.5kW),速度为 57 英里/h(91.7km/h),而在总重量为 5130 磅(2327kg)时,功率增加到 154 马力(115kW),速度增加到 83 英里/h(134km/h)。所需功率曲线的左上边界可能

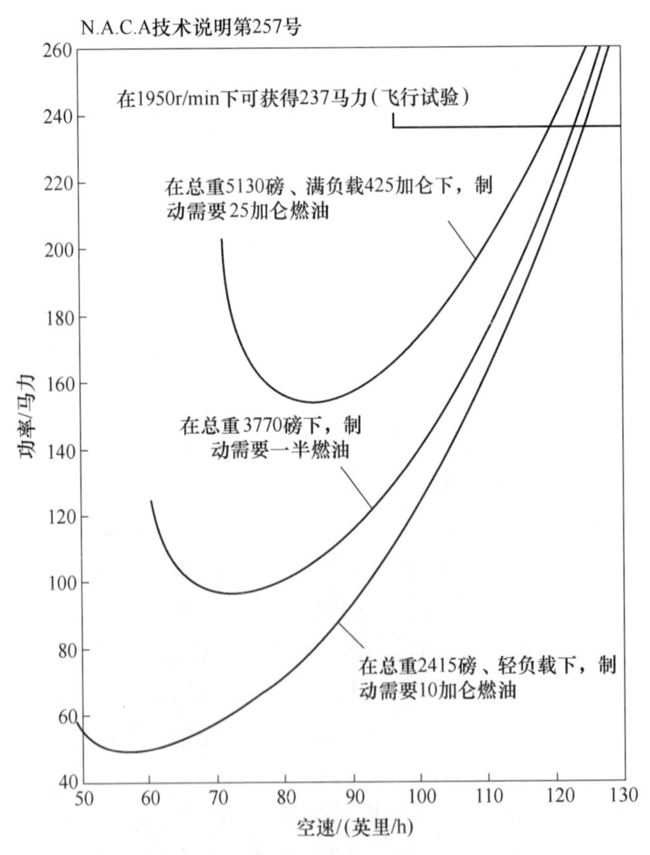

图 5-35 瑞安 NYP“圣路易斯精神”号所需功率和可用功率
(资料来源:Hall,NACA TN 257,1927 年,文献[11])

处于或非常接近失速速度,此时的速度随着重量的增加而显著增加。在2415磅的失速速度约为48英里/h(77.2km/h),在5130磅时增加到约72英里/h(116km/h),可用功率曲线是在图表顶部附近的一条直线,在1950r/min时显示最大功率为237英制马力(177kW)。剩余功率为可用功率和所需功率曲线的差值,随着重量的增加而显著减小。最大空速位于可用功率和所需功率曲线的高速交点处,在2415磅时最大空速为125英里/h(201km/h),在5130磅时约为120英里/h(193km/h)。

图5-36绘制了“圣路易斯精神”号航时与航距的关系,线段表示无风和顺风10英里/h(16km/h)两种情况。续航时间为47.5h,也就是所谓的“实用速度”,即以95英里/h(153km/h)的速度在大重量下开始飞行,直到最后在轻重量下减速到75英里/h(121km/h)。在无风条件下,与此速度相对应的航程为4040英里(6502km)。

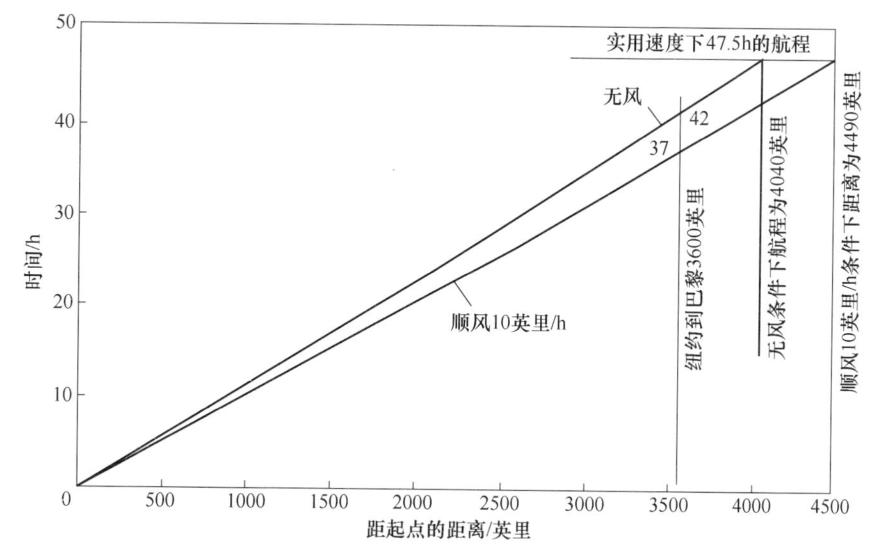

图5-36 瑞安NYP“圣路易斯精神”号的航时与航距关系图

(资料来源:Hall,NACA TN 257,1927年,文献[11])

有多种方案可以更有效地评估水平飞行性能,而不是每次飞行状态都要求保持稳定、水平飞行。其中一个方案是航程因子法,航程因子RF,定义为

$$\mathrm{RF} \equiv \mathrm{SR} \times W = \frac{R}{W_{\mathrm{f}}/W} = \frac{v_{\infty}}{\dot{W}_{\mathrm{f}}} W \tag{5-173}$$

式中:SR为特定航程,由式(5-146)定义;W为飞机总重量;$\dot{W}_{\mathrm{f}}$为燃油流量。航程因子RF直接与航程R成正比,与燃油比W_{f}/W成反比。因此,在给定燃油比的情况下,最大航程因子对应最大航程。

用马赫数 Ma_∞ 和声速 a_∞ 表示速度 v_∞，可得

$$\mathrm{RF} \equiv \frac{W}{\dot{W}_\mathrm{f}} Ma_\infty \sqrt{\gamma R T_\infty} \tag{5-174}$$

重量和燃油流量分别除以压力比 $\Delta = p_\infty / p_\mathrm{SL}$，并代入温度比 $\Theta = T_\infty / T_\mathrm{SL}$，得

$$\mathrm{RF} = \frac{W/\Delta}{\dot{W}_\mathrm{f}/\Delta} Ma_\infty \sqrt{\gamma R \Theta T_\mathrm{SL}} = \frac{W/\Delta}{\dot{W}_\mathrm{f}/(\Delta\sqrt{\Theta})} Ma_\infty \sqrt{\gamma R T_\mathrm{SL}} \tag{5-175}$$

如果燃油流量假设为常数，则航程因子是给定高度的两个参数的函数，即马赫数和一个新的参数 W/Δ。因此，我们寻求找到对应于最大航程因子的马赫数和 W/Δ 的值。为了确定这一点，以不同的 W/Δ 值进行若干次飞行，对每个 W/Δ 值获取飞机的空速或马赫数航程的数据。从这些 W/Δ 值恒定的飞行中，其中有一个马赫数特定航程是最大的，如图 5-37(a)所示。对于每个 W/Δ 飞行，使用式(5-175)计算对应于最大特定航程的航程因子，并绘制成相对于飞行马赫数的曲线图，如图 5-37(b)所示。从这个图中，确定最大航程因子和相应的最优马赫数。最后，使用这个最优马赫数，根据图中 W/Δ（对应于最大比航程）与马赫数的关系，获得 W/Δ 的最佳值，如图 5-37(c)所示。

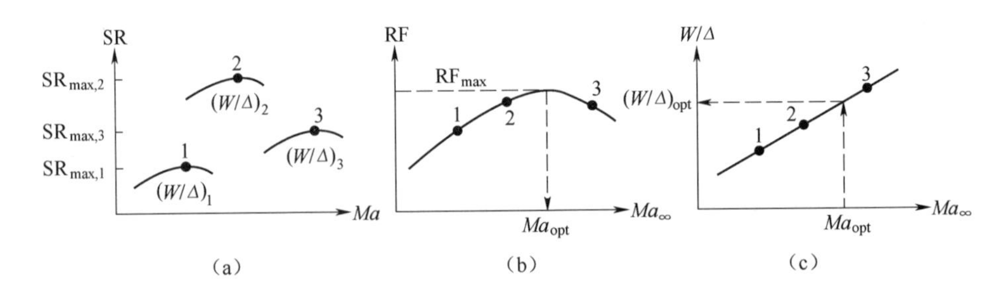

图 5-37 最大航程下飞行马赫数和 W/Δ 值的确定

下面计算“圣路易斯精神”号飞行剖面图的恒定 W/Δ 值。假设以最大总重 5135 磅再次起飞，爬升到海拔 4000 英尺。已经消耗了一点燃料，现在的重量是 5120 磅(2320kg)。在 4000 英尺时，静压为 1827.7 磅力/英尺^2（87510N/m^2），压力比为

$$\Delta = \frac{p_\infty}{p_\mathrm{SL}} = \frac{1827.7\ 磅力/英尺^2}{2116.2\ 磅力/英尺^2} = 0.86397 \tag{5-176}$$

W/Δ 的值为

$$\frac{W}{\Delta} = \frac{5120\ 磅}{0.86397} = 5927.8\ 磅 \tag{5-177}$$

继续飞行时，燃油燃烧导致飞机重量减少。为了保持 W/Δ 值恒定在5927.8磅，压力比也必须减少。因此，当重量减少时，必须增加高度或爬升，以保持所需的恒定 W/Δ。图5-38所示为 W/Δ 保持恒定的(5927.8磅)飞行剖面图。以一个恒定的 W/Δ 值飞行，在飞行前必须准备这些类型的曲线图，以便飞行员可以在燃油燃烧时相应地调整飞机高度。实际上，W/Δ 曲线通常如图5-39所示，其中绘制了高度与剩余燃油量的曲线图，这在飞行期间更容易实时跟踪。

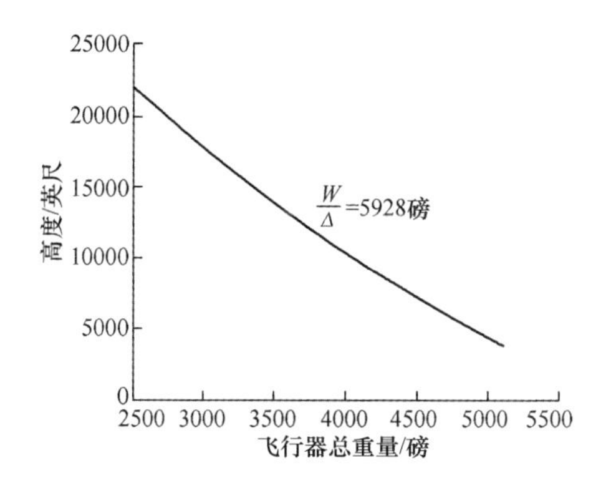

图5-38 恒定 W/Δ 下，高度与飞行器总重量的关系

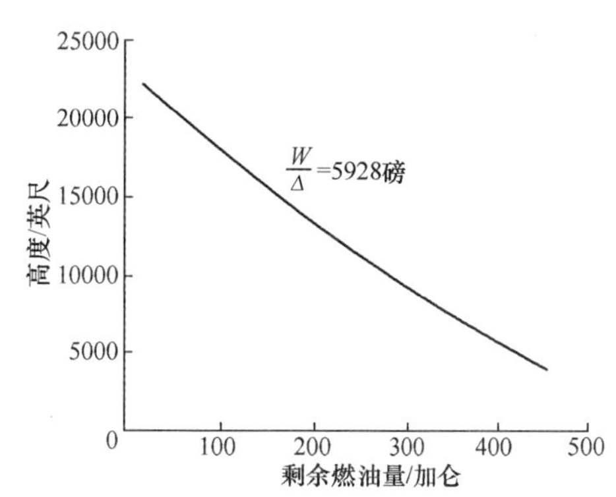

图5-39 恒定 W/Δ 下，高度与剩余燃油量的关系

作为本次FTT的补充，我们要提到另一次值得注意的长航时跨大西洋飞行，发生在2003年8月9日至11日之间。2003年8月9日，“巴茨农场精神”号(TheSpirit of Butts' Farm)模型飞机从纽芬兰圣约翰(St Johns Newfoundland)附近的斯必尔角(Cape Spear)起飞，并在38小时52分19秒后2003年8月11日晚些时候在爱尔兰克利夫登(Clifden，Ireland)附近的曼宁(Mannin)海滩降落，成为第一架飞越大西洋的模型飞机。模型飞机在顺风下以48英里/h(77km/h)的平均速度，大约1000英尺(300m)的高度，飞行了1881英里(3028km)，其在大部分飞行中由自动驾驶仪控制。模型飞机在飞行中消耗了99.2%的燃油负载，着陆时仅剩余大约1.5盎司①(44mL)的燃油。

“巴茨农场精神”号是以R. Beecher Butts的名字命名的，他的农场用于大部分飞行试验，也是为了纪念Charles Lindbergh的“圣路易斯精神”号。它也被命名为TAM-5，为跨大西洋模型5号。TAM-5是跨越大西洋的第5次尝试，之前的4架TAM飞机由于机械或天气问题坠入大海。

模型飞机是由创纪录模型飞机制作者和退休的美国冶金家Maynard Hill设计

① 1盎司(容量单位)=29.571mL。

的。飞机设计成尽可能的简单和“低科技”，以提高可靠性和减轻重量。图 5-40 所示为 TAM-5 的三视图，选用的规格如表 5-13 所列。该模型飞机是由巴尔沙木制成的，用聚酯薄膜覆盖，只有一个副翼，没有方向舵，也没有起落架。TAM-5的长度约为 6 英尺（1.8m），翼展约 6 英尺，并有充分的燃料，总重约 11 磅（5kg）。这架飞机由一个 0.61 英寸^3（10cm^3）、四冲程的模型飞机发动机提供动力，直径 14 英寸（35.6cm）的螺旋桨通过燃烧燃油灯燃料以 3800r/min 的转速旋转。

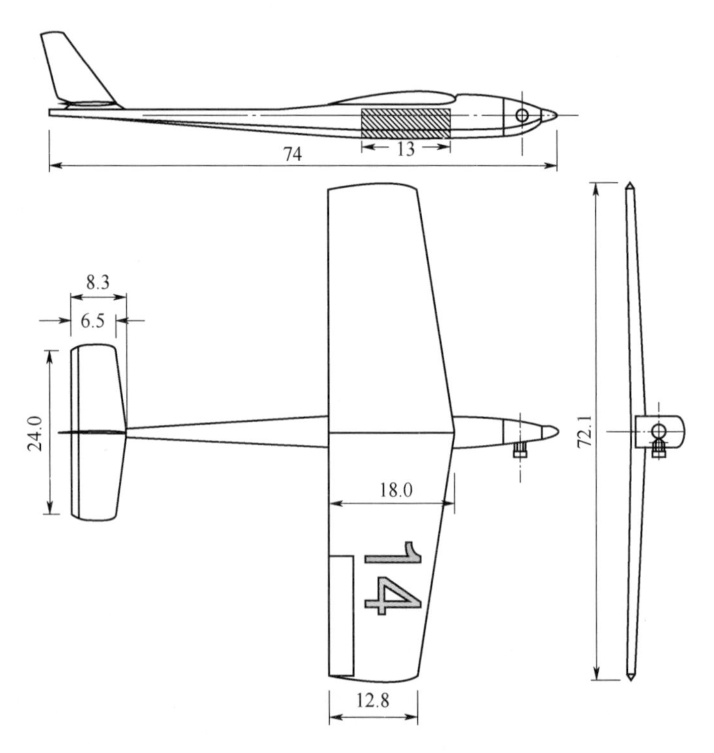

图 5-40　TAM-5 模型飞机三视图（尺寸单位为英寸）

（资料来源：Maynard Hill 提供，Art Kresse 绘制）

表 5-13　“巴茨农场精神”号 TAM-5 的选用规格

项　　目	规　　格
主要功能	长航时飞行
设计建造者	马里兰州银泉市的 Maynard Hill
人员	无人驾驶
动力装置	OS 引擎 0.61 英寸^3（10cm^3）四冲程发动机

续表

项　　目	规　　格
燃料容量	118盎司(3.49L)燃油灯燃料
空重	5.96磅(2.70kg)
总重	10.99磅(4.987kg)
长度	74英寸(188cm)
翼展	72.1英寸(183cm)
巡航速度	42英里/h(68km/h)
航程①	1881英里(3028km)
升限①	约1000英尺(300m)

①横渡大西洋飞行。

5.9 爬升性能

起飞后,所有飞机必须爬升以越过障碍物并到达巡航高度。爬升性能直接与飞机的推力和气动特性有关。这体现在剩余推力、可用推力和所需推力之间的差异。当然,飞机的重量也是爬升性能的一个因素。在本节中,我们计算了爬升性能的几个方面,包括爬升率、爬升角度、爬升时间和爬升过程中使用的燃料。

5.9.1 最大爬升角和最大爬升率

最大爬升角和最大爬升率是两个重要的爬升性能参数。最大爬升角度为地形或障碍间隙提供最大的飞行轨迹倾角;最大爬升率在最短的时间内提供最大的高度增量。除了获得最大爬升角和最大爬升率的值之外,爬升速度,即爬升时的飞行速度,在以最大爬升性能飞行时也很重要。

考虑飞机以飞行轨迹倾角 γ 和恒定飞行速度爬升,如图5-41所示。与稳定的、水平的、非加速的飞行一样,假设推力角和爬升角较小。分别将平行于飞行方向的力和垂直于飞行方向的力求和,得

$$T = D + W\sin\gamma \tag{5-178}$$

$$L = W\cos\gamma \approx W \tag{5-179}$$

在式(5-178)、式(5-179)中爬升角 γ 是极小的,因此 $\cos\gamma \approx 1$。

通过假设爬升角极小,垂直于飞行轨迹的爬升飞行的运动方程与水平飞行的运动方程相同。因此,对爬升飞行而言,所需推力和可用推力的水平飞行结果

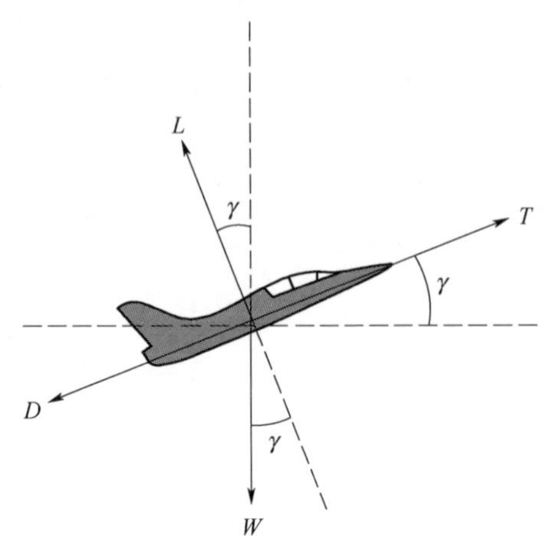

图 5-41　飞机在稳定、等速爬升时的受力情况

是有效的。但这些假设限制了爬升角在 15°~20°以下的爬升飞行分析。因此，对于稳定的、非加速的爬升，推力和阻力分别对应于可用推力和所需的推力。式(5-178)和式(5-179)可以写为

$$T_A = D - W\sin\gamma = T_R - W\sin\gamma \tag{5-180}$$

$$L = W \tag{5-181}$$

在爬升飞行中，推力小于阻力，升力小于重力。与水平飞行不同，推力现在支撑着飞机重量的一部分，正常爬升的几何分析如图 5-42 所示。飞机以恒定的速度 v_∞ 和恒定的爬升角 γ 进行稳定的、非加速的爬升。水平速度和垂直速度分别为 v_h 和 v_v。

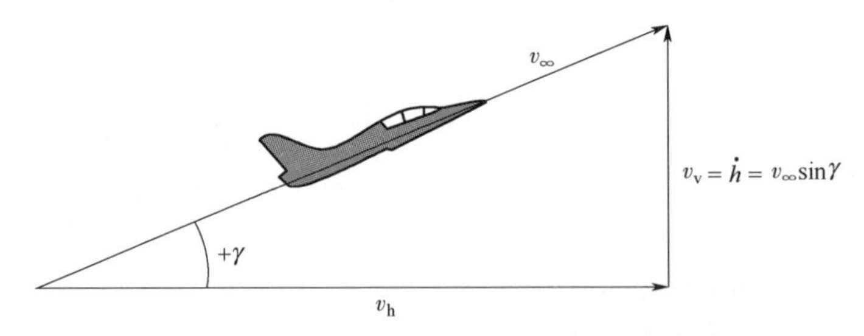

图 5-42　稳定、等速爬升的几何分析

求解式(5-180)，可得爬升角方程：

$$\sin\gamma = \frac{T - D}{W} = \frac{T_A - T_R}{W} \tag{5-182}$$

或

$$\gamma = \mathrm{arsin}\left(\frac{T - D}{W}\right) = \mathrm{arsin}\left(\frac{T_A - T_R}{W}\right) \tag{5-183}$$

式中,爬升角与剩余推力 $T-D$ 成正比,与重力 W 成反比。爬升角随剩余推力的增加或重力的减小而增大。相反,较重的飞机剩余推力较小,爬升角较低。

在式(5-183)中,剩余推力除以重力定义为单位剩余功率:

$$单位剩余功率 \equiv \frac{T-D}{W}=\frac{T_A-T_R}{W} \tag{5-184}$$

爬升角度正比于单位剩余推力。最大爬升角 γ_{max},通常称为最佳爬升角,是在单位剩余功率最大化时获得的,即

$$\gamma_{max}=\arcsin\left(\frac{T-D}{W}\right)_{max}=\arcsin\left(\frac{T_A-T_R}{W}\right)_{max} \tag{5-185}$$

图 5-43(a)的推力曲线显示了给定重量下螺旋桨驱动和喷气式动力飞机的最大剩余推力。最大剩余推力对应的速度是最佳爬升角速度 v_x。图 5-43 中的曲线是通用的,因此不应该推断螺旋桨驱动的飞机的最佳爬升角速度一定低于喷气式飞机。

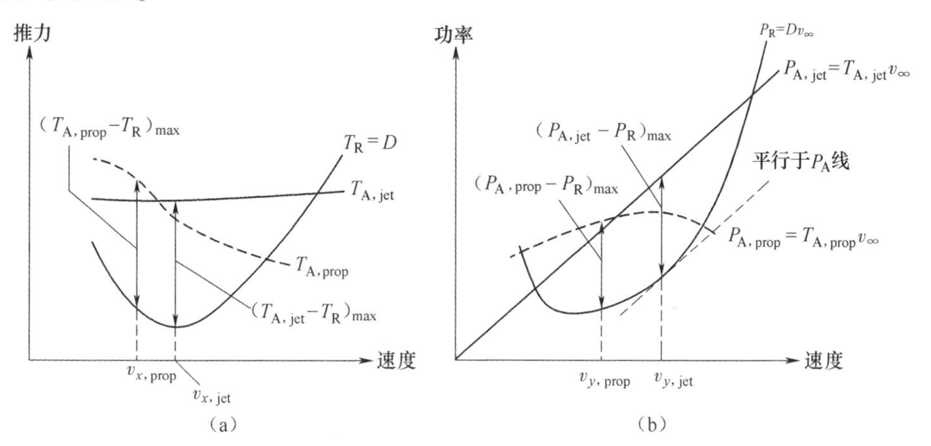

图 5-43 螺旋桨驱动和喷气式动力飞机的爬升性能

从图 5-42 中可以看出,爬升率等于海拔随时间变化的速率 dh/dt,它等于垂直速度 v_v。垂直速度或爬升率为

$$v_v=\frac{dh}{dt}=\dot{h}=v_\infty\sin\gamma \tag{5-186}$$

使用式(5-182),得

$$\dot{h}=v_\infty\frac{T-D}{W}=v_\infty\frac{T_A-T_R}{W} \tag{5-187}$$

由于功率等于推力乘以速度,得

$$\dot{h}=\frac{T_A v_\infty-T_R v_\infty}{W}=\frac{P_A-P_R}{W}=P_s=单位剩余功率 \tag{5-188}$$

爬升率等于剩余功率 $P_A - P_R$（一个定义为单位剩余功率 P_s 的量）除以重量。当单位剩余功率最大时，获得最大爬升率 $\dot{h}_{max}$ 为

$$\dot{h}_{max} = \left(\frac{P_A - P_R}{W}\right)_{max} \tag{5-189}$$

图 5-43(b)所示螺旋桨驱动和喷气式动力飞机的功率曲线，最大爬升速度 v_y 是与最大单位剩余功率相对应的空速。同样，这些曲线是通用的，因此不应推断螺旋桨驱动的飞机的最佳爬升速度必然低于喷气式飞机。图中也显示了两种推进系统的最佳爬升速度 v_y。

5.9.2 爬升时间

另一个重要的爬升性能指标是从一个高度到另一个高度的爬升时间。根据式(5-186)，对应于爬升高度增量 dh 的时间增量 dt 为

$$\mathrm{d}t = \frac{\mathrm{d}h}{\dot{h}} \tag{5-190}$$

对于式(5-190)，分别从起始时间 t_0 和起始高度 h_0 积分到最终时间 t_1 和最终高度 h_1，得

$$\int_{t_0}^{t_1} \mathrm{d}t = \int_{h_0}^{h_1} \frac{\mathrm{d}h}{\dot{h}} \tag{5-191}$$

或

$$t_1 - t_0 = \Delta t = \int_{h_0}^{h_1} \frac{\mathrm{d}h}{\dot{h}} \tag{5-192}$$

因此，如果爬升率 $\dot{h}$ 已知为高度 h 的函数，则通过积分方程(5-192)可以获得爬升时间。如果 $\dot{h}$ 的解析方程未知，则假设 $\dot{h}$ 相对于海拔高度的数值数据是可用的，如飞行试验中可能获得的，便可以用数值或图形计算积分。图形解是通过绘制 $1/\dot{h}$ 相对于海拔高度的曲线，并计算曲线下的面积来求解。

式(5-192)中的积分假设在爬升过程中重量是恒定的。实际上，在爬升过程中燃料消耗，随着高度的增加飞机重量会减轻。因此，式(5-192)应视为实际爬升时间的近似值。

通过假设爬升率是高度的线性递减函数，可以得到爬升时间的解析解。文献[19]提出了一个关于爬升率 $\dot{h}$ 的线性函数，即

$$\dot{h} = \left(1 - \frac{h}{h_a}\right)\dot{h}_{SL} \tag{5-193}$$

式中：h_a 为绝对上限；$\dot{h}_{SL}$ 为海平面爬升率，是一个常数。

利用该函数,爬升率在海平面 ($h=0$) 等于 $\dot{h}_{SL}$,在绝对上限($h=h_a$) 线性下降到零。将式(5-193)代入式(5-192)中,得

$$\Delta t=\frac{1}{\dot{h}_{SL}}\int_{h_0}^{h_1}\frac{dh}{1-\frac{h}{h_a}}=\frac{1}{\dot{h}_{SL}}\left[-h_a\ln\left(1-\frac{h}{h_a}\right)\right]_{h_0}^{h_1}$$

$$\Delta t=\frac{h_a}{\dot{h}_{SL}}\left[\ln\left(1-\frac{h_0}{h_a}\right)-\ln\left(1-\frac{h_1}{h_a}\right)\right] \tag{5-194}$$

假设爬升开始于海平面 $h_0=0$, 结束于海拔高度 $h_1=H$, 有

$$\Delta t=-\frac{h_a}{\dot{h}_{SL}}\ln\left(1-\frac{H}{h_a}\right) \tag{5-195}$$

当最终高度接近绝对高度时,式(5-195)中的积分变得不确定。

例 5.13 爬升时间的计算

单引擎飞机的绝对上限为 19000 英尺,海平面爬升率为 800 英尺/min。计算从海平面上升到 6000 英尺的时间。

解:

从海平面上升到海拔 H 的时间由式(5-195)给出,即

$$\Delta t=-\frac{h_a}{\dot{h}_{SL}}\ln\left(1-\frac{H}{h_a}\right)$$

从海平面上升到 6000 英尺高度的时间为

$$\Delta t=-\frac{19000\text{ 英尺}}{800\ \frac{\text{英尺}}{\text{min}}}\times\ln\left(1-\frac{6000\text{ 英尺}}{19000\text{ 英尺}}\right)=9.01\text{min}$$

例 5.14 通过对飞行数据进行积分计算爬升时间

对于塞斯纳 172RG"弯刀"号,从海平面到 12000 英尺高度的爬升率数据如下表所列。利用这些数据,计算从海平面上升到 12000 英尺的时间。

海拔高度 h/英尺	爬升率 $\dot{h}$/(英尺/min)
0	853
2000	755
4000	652
6000	561
8000	462
10000	365
12000	274

解：

从海拔 h_0 上升到海拔 h_1 的时间由式(5-192)给出，即

$$\Delta t = \int_{h_0}^{h_1} \frac{\mathrm{d}h}{\dot{h}} = \int_{h_0}^{h_1} \frac{1}{\mathrm{ROC}} \mathrm{d}h$$

使用表中的数据，绘制了爬升率分之一数值$\left(\frac{1}{\mathrm{ROC}}\right)$与海拔的关系，如下图所示。对数据进行曲线拟合，得出$\frac{1}{\mathrm{ROC}}$随高度 h 变化的三次方程。

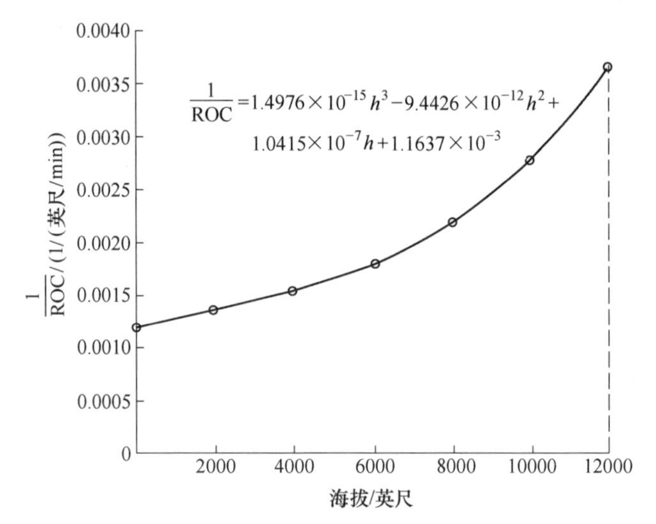

$$\frac{1}{\mathrm{ROC}} = 1.4976 \times 10^{-15} h^3 - 9.4426 \times 10^{-12} h^2 + 1.0415 \times 10^{-7} h + 0.001637$$

将这个方程从海平面积分到 1200 英尺，得到如下爬升时间：

$$\Delta t = \int_0^{12000} (1.4976 \times 10^{-15} h^3 - 9.4426 \times 10^{-12} h^2 + 1.0415 \times 10^{-7} h + 0.001637) \mathrm{d}h$$

$$\Delta t = \left[1.4976 \times 10^{-15} \times \frac{h^4}{4} - 9.4426 \times 10^{-12} \times \frac{h^3}{3} + 1.0415 \times 10^{-7} \times \frac{h^2}{2} + 0.001637h \right]_0^{12000}$$

$$\Delta t = 1.4976 \times 10^{-15} \times \frac{12000^4}{4} - 9.4426 \times 10^{-12} \times \frac{12000^3}{3} + 1.0415 \times 10^{-7} \times \frac{12000^2}{2} + 0.001637 \times 12000$$

$$\Delta t = 7.764\mathrm{min} - 5.439\mathrm{min} + 7.499\mathrm{min} + 19.644\mathrm{min} = 29.47\mathrm{min}$$

5.9.3 FTT：爬升性能

爬升性能飞行试验旨在测试不同爬升类型下的实际飞机性能，以确定这些不同爬升类型下的爬升时间表。爬升性能可根据爬升到具体海拔或达到某种能

量等级使用的最小时间或最小燃料来量化。爬升时间表通常根据给定类型的爬升的最佳飞行速度或马赫数(高度的函数)来指定。通常定义的爬升时间表规定了飞行的空速和高度,以获得最佳的爬升速度。也可以根据最少燃料消耗或最大爬升角度确定爬升速度和爬升时间表,以越过障碍。

通常用于爬升性能测试的飞行试验技术是水平加速度 FTT 和锯齿形爬升 FTT。将在后面的 FTT 中讨论飞行水平加速度,它与单位剩余功率有关,因此本节将重点讨论锯齿爬升 FTT,然后将在单引擎塞斯纳 172RG“弯刀”号中进行锯齿爬升,如图 5-44 所示。

图 5-44 塞斯纳 172RG 单引擎通用航空飞机(显示固定齿轮版本),在两个翼尖和机翼前缘袖口安装的大气数据棒用于飞行试验
(资料来源:美国国家航空航天局)

塞斯纳 172RG 飞机是由堪萨斯州威奇托的塞斯纳飞机公司设计和制造的四座单引擎飞机。它是固定式起落架塞斯纳 172 的可伸缩起落架改型版。塞斯纳 172 系列飞机非常成功,截至 2015 年已制造 43000 多架 172 型飞机,超过任何其他飞机。塞斯纳 172RG 通常用于个人通用航空飞行和飞行训练,它有一个高架机翼、后置水平尾、单垂尾和可伸缩的三轮式起落架。塞斯纳 172RG 是由单台莱康明 O-360-F1A6 型发动机采用自然吸气、空气冷却、水平对置方式提供动力,四缸活塞发动机在 2700r/min 下可产生 180 马力(134kW)动力。1955 年 6 月 12 日,塞斯纳 172 使用固定三轮式起落架进行首飞。塞斯纳 172RG 首飞是在 1980 年,使用了可伸缩的起落架。图 5-45 所示为塞斯纳 172RG 的三视图,表 5-14 给出了选用的规格。

试验计划是在 4 个恒定空速 70kn(81 英里/h、130km/h)、80kn(92 英里/h、148km/h)、90kn(104 英里/h、67km/h)和 100kn(115 英里/h、185km/h)以及 3 个压力高度 2000 英尺(610m)、4000 英尺(1220m)和 6000 英尺(1830m)下获得爬升性能数据。这就产生了一个由 12 个爬升试验点组成的试验矩阵。为了减少气流的影响,需要在垂直于气流的方向爬升飞行。此外,还需要对每个试验

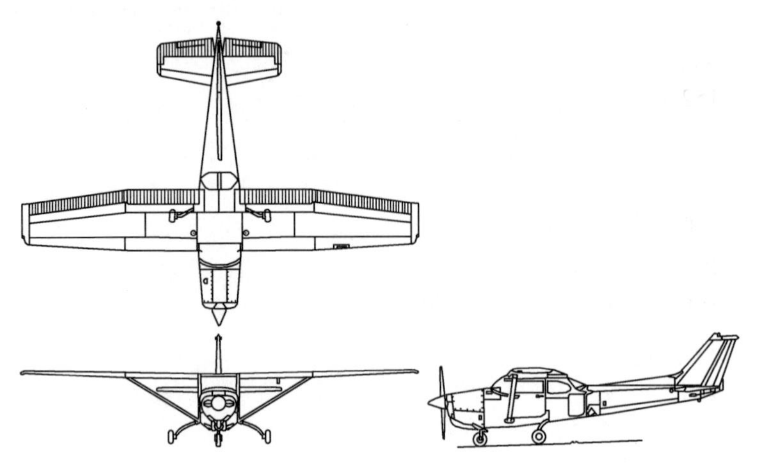

图 5-45　塞斯纳 172RG“弯刀”号的三视图

（资料来源：改编自 Richard Ferriere 提供的图）

表 5-14　塞斯纳 172RG“弯刀”号选用的规格

项　　目	规格
主要功能	通用航空器
制造商	堪萨斯州威奇托市，塞斯纳飞机公司
首飞	1955 年 6 月 12 日（塞斯纳 172 装有固定起落架）
机组	1 名飞行员+3 名乘客
动力装置	莱康明 O-360-F1A6 四缸发动机
发动机功率	在 2700r/min 时为 180 马力（134kW）
空重	1555 磅（705.3kg）
最大起飞重量	2650 磅（1202kg）
长度	27 英尺 5 英寸（8.36m）
高度	8 英尺 9.5 英寸（2.68m）
翼展	36 英尺（11.0m）
机翼面积	174 英尺^2（16.2m^2）
机翼载荷	15.2 磅力/英尺^2（74.2kg/m^2）
翼型	NACA 2412
极限速度	164kn（189 英里/h，304km/h）
实用升限	17000 英尺（5200m）
过载系数限制	+3.8g，-1.52g

点在相反的方向上进行两次爬升飞行,以消除任何存在的气流效应。因此,试验矩阵增加到24个爬升试验点。对于每个高度,高度数据带从低于目标高度的500英尺(152m)到高于目标高度的500英尺。当以恒定的空速飞行通过高度数据带时,需要采集2min的数据。由于一系列爬升和下降的飞行路线看起来像锯齿,因此称为锯齿爬升。

爬升性能数据通常以飞机总重的最大值呈现,乘坐塞斯纳172RG起飞,飞机重量为2650磅(1200kg),爬升到1000英尺(305m)并保持高度,这比第一个高度数据带1500~2500英尺(457~762m)低500英尺。检查飞机是否处于适当的配置下,收起襟翼和起落架。然后加满油门使发动机稳定,往后拉一下操纵杆以减慢速度,使得在第一个试验点的空速为70kn。往后拉操纵杆飞机开始上升,但是在进入1500英尺高度的数据带之前,有500英尺用来达到所需的试验空速。目前,已经超出70kn的目标空速一点点,但达到1500英尺时稳定在73kn(84英里/h,135km/h),保持这个速度。

进入海拔1500英尺的高度数据带时开始计时。在上升速度保持恒定在73kn的同时,每隔30s记录一次海拔高度。根据需要,进行微小的、精确的俯仰修正,以保持空速恒定。在2min时,高度为2430英尺(741m)。当爬升至数据带的顶部,即在2500英尺处,降低功率并下降到1000英尺的高度,然后转弯180°,所以现在的方向与第一个爬升方向相反。在相反的方向上,以70kn的恒定空速通过同一高度数据带重复上述锯齿爬升。剩下的试验点需要大约1h来完成,在这段时间里,飞机重量由于燃料消耗而减少,需要将所有爬升数据标准化到最大总重量下,以考虑此期间重量减少导致的数值减少。

着陆后,得到由24个恒定空速组成的爬升性能数据集。第一个任务是确定每个恒定空速和高度的爬升率 $\mathrm{d}h/\mathrm{d}t$。如图5-46所示,绘制了两次在2000英尺

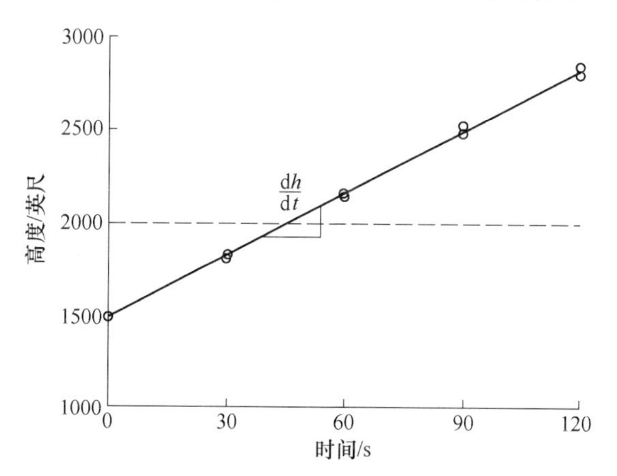

图5-46 塞斯纳172RG爬升率 $\mathrm{d}h/\mathrm{d}t$,在2000英尺高度以70kn速度反向锯齿爬升时的测定

高度以 70kn 速度反向锯齿爬升时的海拔高度与时间的数据关系图。爬升率是通过这些数据点,以在 2000 英尺高度处的线的斜率 dh/dt 计算的。在图中,2000 英尺高度处的爬升率为 666 英尺/min(203m/min),空速为 73kn。

以这种方式获得的爬升率与每个高度的标定空速之间的关系如图 5-47 所示。水平线与每个高度的曲线相切,定义了该高度的最大爬升率。从此点到垂直线轴连接的水平线,对应在那个高度的最佳爬升率 v_y。如果该区域有更多的数据点,则可以更好地定义最大爬升率所在点。实际上,在试验点飞行时应绘制海拔与时间的关系图,以便能够实时确定额外的试验点空速。然后,这些新的飞行空速增加了接近最大爬升率的数据点数量,更准确地定义了这个值。如图 5-47所示,从原点到海拔曲线的切点的直线定义了最佳爬升角速度 v_x 的最佳角度和相关的爬升率。

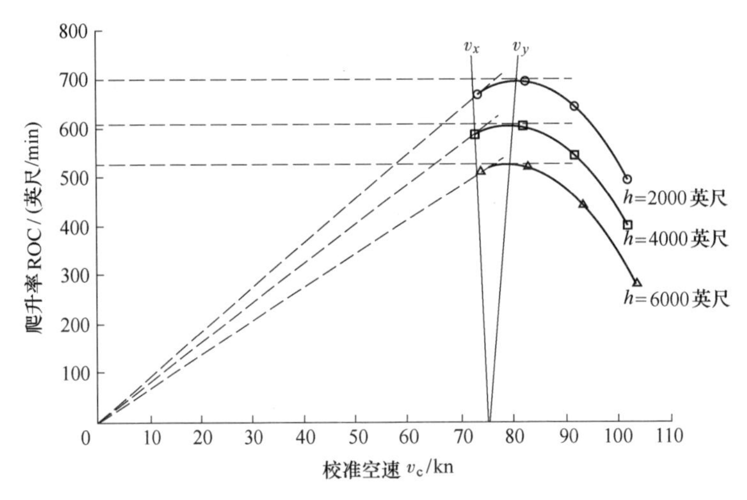

图 5-47 从塞斯纳 172RG 锯齿爬升飞行数据得出的爬升率与空速的关系

连接切点的线定义了最佳爬升率和最佳爬升角度的爬升时间表,如图所示。一旦确定了爬升时间表,就按照这些空速和高度分布检查爬升的飞行情况,以验证其准确性并评估操作上的考虑,例如爬升中的前视性、爬升姿态中的发动机冷却以及其他因素。

5.10 滑翔性能

第 3 章介绍了稳定等速滑翔飞行,当驾驶北美 XP-51“野马”战斗机进行飞行试验时,重点是获得飞机的空气动力学升力和阻力。这里,将扩展滑翔方面的一些性能。平稳、匀速、非加速滑翔飞行的几何关系如图 5-48 所示。飞机以 v_∞ 的速度下降,即以水平速度 v_h 、垂直速度 v_v 和负航迹角 $-\gamma$ 下降。角度 θ 是负航迹角大小。作用于飞机的力是升力、阻力和重力，如图 5-49 所示（为了清楚起见，阻力从质心移开）。对于滑翔飞行，推力假设为零。

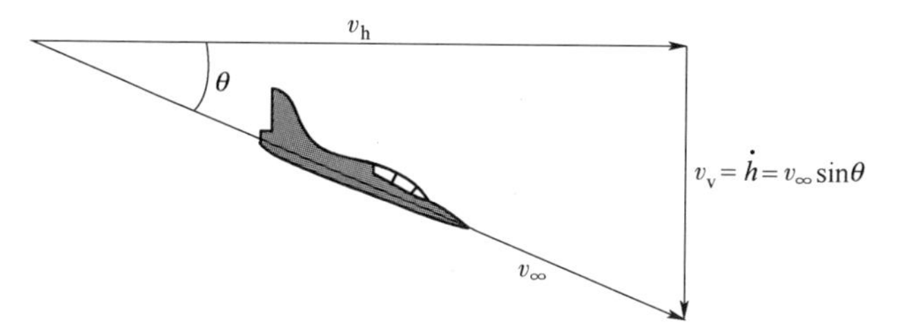

图 5-48　稳定恒速滑翔状态的几何图

从图 5-49 可以看出，对于稳定的、非加速的滑翔飞行，垂直于和平行于飞行方向的力的总和如下：

$$L = W\cos\theta \approx W \tag{5-196}$$

$$D = W\sin\theta \tag{5-197}$$

式中，与爬升飞行情况类似，假设滑翔角较小，使得 $\cos\theta \approx 1$。这个假设允许在稍后的分析中使用水平飞行所获得的需用功率。

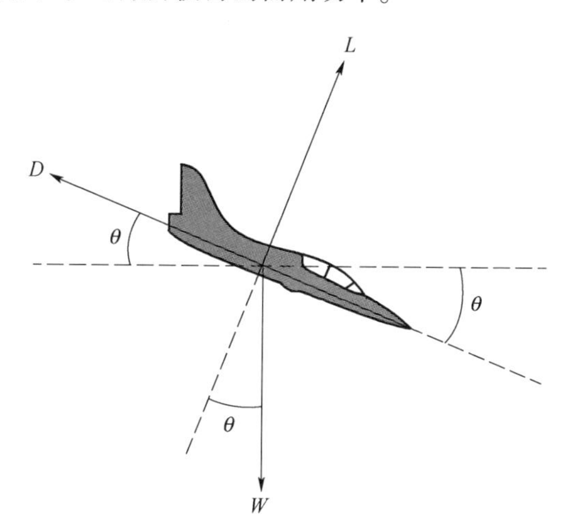

图 5-49　飞机在稳定恒速滑翔时的受力图

将式(5-197)除以式(5-196)并求出滑翔角 θ：

$$\theta = \arctan \frac{1}{L/D} \tag{5-198}$$

滑翔角 θ 与升阻比 L/D 成反比，从而通过以最大升阻比 $(L/D)_{max}$ 飞行获得最小滑翔角 θ_{min}，有

$$\theta_{min} = \arctan \frac{1}{(L/D)_{max}} \tag{5-199}$$

从式(5-197)中,还可以得到关于阻力和重量的滑翔角的表达式:

$$\theta = \arcsin \frac{D}{W} \tag{5-200}$$

因此,对于给定的飞机重量,最小滑翔角也出现在最小阻力条件 $D_{\min}$ 下,即

$$\theta_{\min} = \arcsin \frac{D_{\min}}{W} \tag{5-201}$$

从图 5-48 可知,下降速率或垂直速度 v_{v} 为

$$v_{\mathrm{v}} = v_{\infty} \sin\theta \tag{5-202}$$

将式(5-197)代入式(5-202),得

$$v_{\mathrm{v}} = v_{\infty} \frac{D}{W} = \frac{Dv_{\infty}}{W} = \frac{P_{\mathrm{R}}}{W} \tag{5-203}$$

在假设所需的功率 P_{R} 等于阻力乘以速度的情况下,这种假设仅对于水平非加速飞行是真正有效的,然而,通过假设滑翔角较小,例如小于 15° ~ 20°,对于需用功率的水平飞行假设就可以用于滑翔飞行。

给定重量的最小下降速率或最小沉降速率 $v_{\mathrm{v,min}}$,它是在最小需用功率 $P_{\mathrm{R,min}}$ 下获得,即

$$v_{\mathrm{v,min}} = \frac{P_{\mathrm{R,min}}}{W} \tag{5-204}$$

用于计算水平滑翔距离的几何结构如图 5-50 所示。水平滑翔范围 R 为

$$R = \frac{h}{\tan\theta} \tag{5-205}$$

式中:h 为滑翔起始高度。

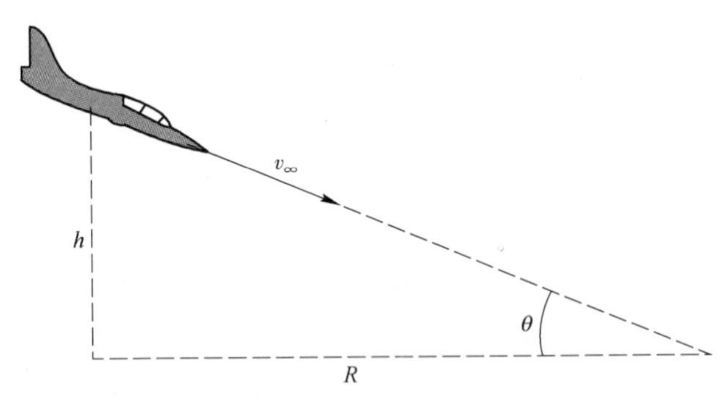

图 5-50 用于稳定等速滑翔范围的几何关系

将式(5-205)代入式(5-198),得

$$R = h \frac{L}{D} \tag{5-206}$$

因此水平滑动距离与升阻比和起始高度成正比。最大航程 $R_{\max}$ 是在最大

升阻比 $(L/D)_{max}$ 下飞行得到的，即

$$R_{max} = h\left(\frac{L}{D}\right)_{max} \tag{5-207}$$

滑翔比定义为水平飞行距离相对于高度损失的比率 R/h，因此，从式(5-204)可以看出，最大滑翔比等于最大升阻比，即

$$\left(\frac{R}{h}\right)_{max} = \left(\frac{L}{D}\right)_{max} \tag{5-208}$$

5.11 极坐标图

极坐标图是一种有效的图形可视化方式，可以描述关于稳定、非加速飞行的速度，如图5-51所示。曲线表示了给定飞行器重量、构型、高度和功率设置的水平速度、垂直速度和总速度的轨迹。图中的横轴和纵轴分别是在稳定、非加速飞行中的水平和垂直速度。

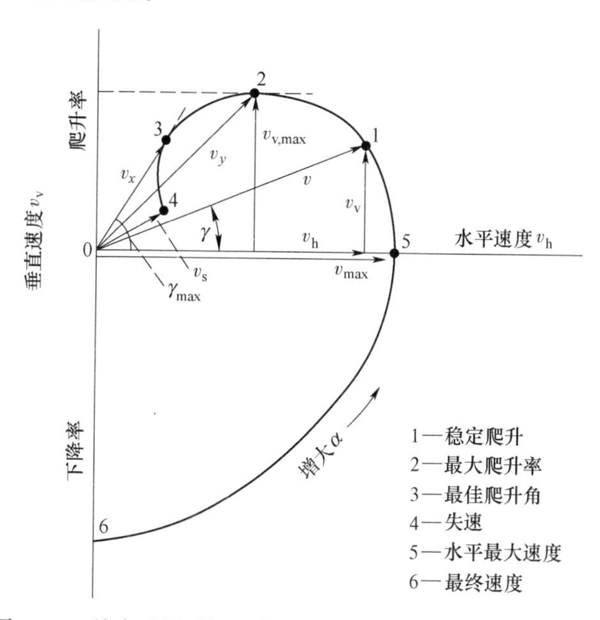

图5-51 给定重量、构型、高度和功率设置的飞行器极坐标图

从原点到曲线上的任意点绘制曲线，如点1表示在总速度 v、水平速度 v_h、垂直速度或爬升率 v_v 和航迹角 γ 下的稳定爬升飞行条件。向量的长度表示该飞行条件下的真空速。点2表示总速度为 v_y 时的最大爬升率和图上的最大垂直速度 $v_{v,max}$ 或爬升率。点3给出了从原点到曲线的切点，表示在速度 v_x、最大爬升角 γ_{max} 下的最佳爬升角度。最佳爬升角的速度小于最佳爬升率的速度。失速点在点4，失速速度为 v_s。点5是水平飞行的最大速度 v_{max}，具有整个曲线

上的最大水平速度分量。最后,最大垂直速度分量由最终速度点 6 表示。在给定功率设置下,这是飞机以航迹角 $\gamma=-90°$ 垂直俯冲直下时能达到的垂直速度。

极坐标图也说明了飞机的迎角趋势,迎角随着沿曲线逆时针方向运动而增大。因此,最终速度、垂直俯冲具有最小迎角。最大速度下的水平飞行迎角更大。最佳爬升角的迎角大于最佳爬升率的迎角。失速在曲线所描绘的速度范围内具有最大的迎角。这些都是迎角的相对值,极坐标图没有为任何飞行条件下的迎角提供任何的定量值。

图 5-52 为稳定无动力滑翔下的极坐标图。滑翔曲线从对应于高功率设置的曲线处"缩小"。点 1 代表最小滑翔角度 γ_{min} 下的滑翔。这点对应于飞机最大升阻比 $(L/D)_{max}$,因为在给定高度下,以最小滑翔角飞行水平距离最大。在点 1 处的速度是升阻比最大值 $v_{(L/D),max}$ 时的空速,点 2 处具有最低垂直速度,因此,它是最小的下降条件。在最小下降空速 $v_{min,sink}$ 下飞行,会产生最低的下降率。点 1 处的速度 $v_{(L/D),max}$ 大于点 2 处的速度 $v_{min,sink}$,但是由于滑翔角度比较小,在较高空速下飞机滑翔得更远。飞行在小于 $v_{(L/D),max}$ 的任意空速下,尝试"伸展滑翔",会减小滑翔距离。

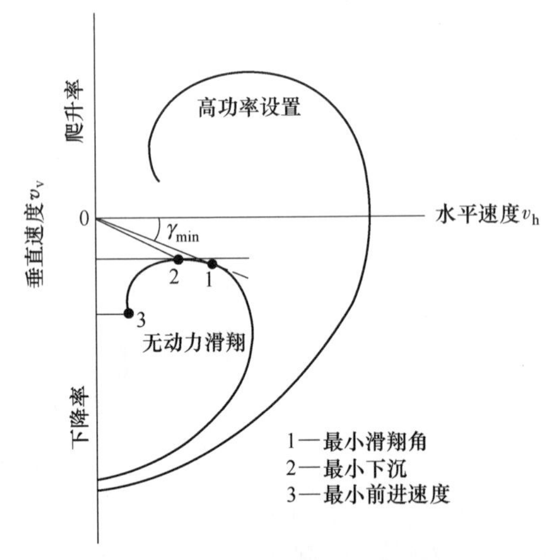

图 5-52　飞行器滑翔下的极坐标图

事实上,点 2 处的最小下沉滑翔角比点 1 处最小滑翔角 γ_{min} 陡峭,这似乎违反了直觉。从式(5-201)得出,最小滑翔角出现在最小阻力条件下。该最小滑翔角或最小阻力条件在需用推力(或阻力)曲线上用点 a 表示,对应速度用 $v_{T_R,min}$ 表示,如图 5-31 所示。从式(5-203)得出,在最小功率 $P_{R,min}$ 下可获得最小的下沉量,最小下沉或最小功率条件在图 5-31 中的需用功率曲线用点 b 表示,对应速度是 $v_{P_R,\min}$。与最小下沉或最小功率条件(点 b)对应的阻力比最小阻力条件(点 a)要高,最小阻力条件需要在较陡峭的滑翔角条件下飞行才能获得。

点3表示以最小的前进速度或水平速度 $v_{h,\min}$ 滑翔飞行,如图5-52所示。它不处于最小的总速度,因为曲线上的其他点总速度较低。然而,其他这些点具有更高的前进或水平速度。

5.12 能量概念

基于飞行器能量状态,能量概念方法可以将飞机性能量化。在20世纪50年代,德国、英国和美国独立开发了能量技术,用来分析并确定新型喷气式飞机的性能和最佳爬升空速。Kaiser[14]在德国首次使用了这些方法,用于新型梅塞施密特(Messerschmitt)Me-262型“燕子”喷气式飞机的性能验证和爬升分析。后来,Lush[17]在英国和Rutowski[25]在美国的出版物介绍了应用于飞机性能和爬升轨迹的能量技术。

在能量状态分析中,假设飞机是位于其重心处的质点。飞机受到保守力的作用,即不存在与该力相关的损耗或耗散现象。飞机的总能量 E 是其势能PE和其动能KE之和,势能和飞机距离地面的高度有关,动能与飞机运动状态有关,其关系为

$$E = \mathrm{PE} + \mathrm{KE} = mgh + \frac{1}{2}mv^2 \tag{5-209}$$

式中:m 为飞机质量;g 为重力加速度;h 为地面高度;v 为飞机速度。

将式(5-209)除以飞机重量 $W = mg$,比能量又称能力高度 E_s,定义为

$$E_s = \frac{E}{W} = h + \frac{1}{2}\frac{v^2}{g} \tag{5-210}$$

能量高度的单位为英尺或m,与海拔高度相同。能量高度是根据其单位重量的势能和动能之和来定义飞机的能量状态。能量状态由两个变量给出,即飞机高度 h 和速度 v。可以在高度-速度图上绘制等能量高度线,如图5-53所示。飞机的能量状态可以根据其高度和速度在该图上显示。

若一架飞机高度为10000英尺(3048m)且速度为零($v=0$),如图5-53中 A 点所示。根据式(5-210),该飞机的比能量或能量高度 E_s 仅为10000英尺。假设这架飞机进入高速俯冲状态,将其所有的高度(势能)转换为速度(动能)。在海拔高度为0($h=0$)时,式(5-210)可改写为

$$v = \sqrt{2g(E_s - h)} = \sqrt{2 \times 32.2\,\frac{\text{英尺}}{\text{s}^2} \times (10000\,\text{英尺} - 0)} = 802.5\,\frac{\text{英尺}}{\text{s}} \tag{5-211}$$

如图 5-53 中 B 点所示。现在假设飞机爬回 9000 英尺(2743m),其速度为

$$v=\sqrt{2g(E_s-h)}=\sqrt{2\times 32.2\ \frac{\text{英尺}}{\text{s}^2}\times(10000\ \text{英尺}-9000\ \text{英尺})}=253.8\ \frac{\text{英尺}}{\text{s}} \tag{5-212}$$

如图 5-53 中 C 点所示。在所有这些情况下,飞机已改变其高度(势能)和速度(动能),但其能量状态保持不变,等于 10000 英尺。常数 E_s 线定义了飞机保持稳定平衡的状态下,由高度和速度决定的所有飞行条件。

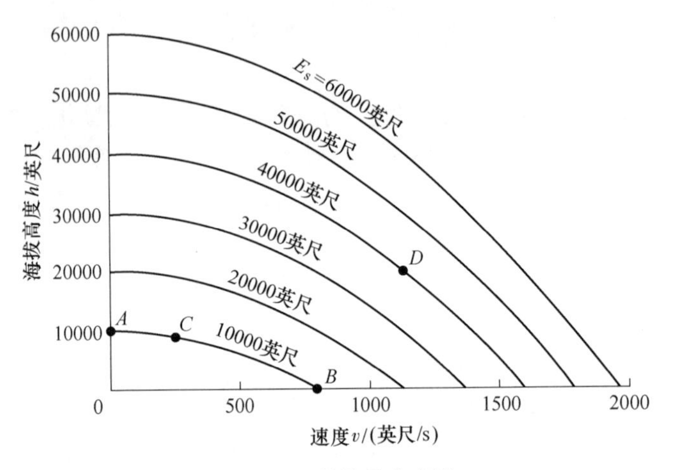

图 5-53 等能量高度线

假设飞机保持恒定的推力设定,恒定的重量和恒定的气动配置(襟翼、起落架、减速板等的位置),从而阻力恒定。如果这些参数中的任何一个改变,能量状态则发生改变。例如,如果推力增加,则能量状态增加,从而了解到能量状态如何发生改变。例如图 5-53 中 D 点所描绘的较高状态,若要达到另一种能量状态,需要改变重量、推力、阻力或全部改变。根据常识,达到更高的能量状态需要减轻重量、增加推力或减少阻力。达到较低能量状态则相反。

平衡飞行条件仅从能量角度定义,并且不考虑与飞行条件相关的其他物理条件,例如空气动力学失速速度或结构极限速度。假设作用在飞机上的力是保守的,因此当飞机沿着恒定的 E_s 线飞行,势能(高度)和动能(速度)相互转化且没有任何损失,同时假设这些能量转换可以在瞬时发生。实际上,存在不可逆的黏阻和热传递损失,使得飞机不能从点 A 开始达到点 B 的速度,或者从点 B 开始达到点 A 的高度。

将能量高度的时间变化率定义为单位剩余功率 P_s,有

$$P_s\equiv\frac{\mathrm{d}E_s}{\mathrm{d}t}=\frac{\mathrm{d}h}{\mathrm{d}t}+\frac{v}{g}\frac{\mathrm{d}v}{\mathrm{d}t} \tag{5-213}$$

单位剩余功率是高度变化率或爬升率 $\mathrm{d}h/\mathrm{d}t$ 与速度变化率或加速度 $\mathrm{d}v/\mathrm{d}t$

之和。单位剩余功率和速度或爬升率有关,即单位为 英尺 /s 或 m/s。

过剩功率等于作用在飞机上的净多余力 F_{excess} 乘以速度(用力乘以速度等于功率)。作用在飞机上的多余力是推力减去阻力 $(T-D)$,因此,式(5-213)中的单位剩余功率也可表示为

$$P_s=\frac{F_{excess}v}{W}=\frac{(T-D)v}{W} \tag{5-214}$$

综合式(5-213)和式(5-214),得

$$P_s\equiv\frac{dE_s}{dt}=\frac{dh}{dt}+\frac{v}{g}\frac{dv}{dt}=\frac{(T-D)v}{W} \tag{5-215}$$

如式(5-215)所示,单位剩余功率表征了飞机改变高度(dh/dt 项)、速度(dv/dt 项)或者能量状态的能力,这是由于发动机推力和机身阻力之间的差异造成的。这也突出了早先关于能量状态与重量、推力和阻力有关的评论。飞机能量状态的变化率或单位剩余功率与剩余推力 $T-D$ 和速度 v 成正比,与重量 W 成反比。如果单位剩余功率为正,对应于剩余推力为正,则飞机可以通过爬升、加速或二者的组合来改变其能量状态。如果单位剩余功率为零,则飞机的能量状态是恒定的且处于平衡状态。

北美 F-86"佩刀"(Sabre)喷气式飞机(图 5-54)(亚声速飞机)的单位剩余功率曲线如图 5-55 所示。F-86 是美国第一架掠翼战斗机,于 1947 年 10 月 1 日首飞。单位剩余功率曲线,即 P_s 曲线,由常数 P_s 线组成,绘制在高度与速度或马赫数图表上。该图适用于固定的飞机重量、配置(阻力)、推力和过载系数。尽管可以在其他条件下绘制曲线,但典型的 P_s 曲线是针对飞机的最大重量、标称巡航配置、最大推力和 1g 过载系数而绘制的。E_s 图为恒定比能曲线图,显示出比能量值等于零马赫数时给定的高度值。

图 5-54 北美 F-86"佩刀"喷气式飞机

(资料来源:Maritz,https://en.wikipedia.org/wiki/File:F86-01.jpg,)

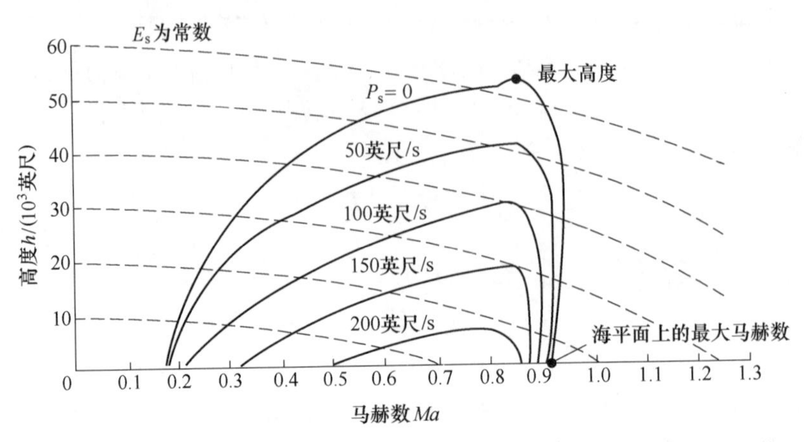

图 5-55　北美 F-86“佩刀”喷气式飞机(亚声速飞机)的单位剩余功率曲线

$P_s=0$ 曲线是飞机单位剩余功率为正值($P_s>0$)与负值($P_s<0$)能量状态之间的分界线。沿着 $P_s=0$ 曲线,推力等于阻力,飞机可以保持稳定的平衡飞行状态。对于 $P_s<0$ 时的高度-速度飞行条件,飞机无法保持稳定的水平飞行。对于 $P_s>0$ 时的高度-速度飞行条件,飞机具有过剩能量,可用于爬升、增加速度或二者同时进行。$P_s=0$ 线上的最高点表示在稳定平衡飞行中可达到的最大高度。$P_s=0$ 曲线上,沿 x 轴方向的右边最远处 $h=0$,表示在海平面稳定平衡飞行中可保持的最大马赫数。

在 $P_s=0$ 线下方是常数 P_s 大于零的曲线。对于这些 P_s 为正的点,推力大于阻力,飞机可以爬升或加速。事实上,对于图表所基于的恒定的重量、配置、推力和过载系数,飞机在 P_s 大于零的点处不平衡。飞机必须改变速度、高度或两者同时改变来离开 P_s 大于零的点,直到达到平衡,此时 $P_s=0$。P_s 值大于零点处,表示飞机高度或空速可以改变。

超声速飞机的 P_s 曲线与亚声速飞机的形状不同,图 5-56 所示为二者的 $P_s=0$ 曲线。差异是超声速飞机在马赫数为 1 附近遇到的跨声速阻力上升所致。由于推力是恒定的,跨声速阻力增加导致超声速飞机的剩余推力减小和 P_s 曲线下降。

相对于超声速飞机的 $P_s=0$ 曲线,确定了几种与能量相关的飞行条件,如图 5-57所示。这些飞行条件代表了从能量角度来看,飞机可接近或有时无法接近的能量状态。点①是飞机在稳定平衡飞行中可达到的最大能量状态。这一点与最大比能量线相切。点②和点③分别给出了稳定平衡飞行中可持续的最大高度和最大速度。点④与点①处于相同的能量水平,因此飞机理论上可以达到这一点。点④表示通过将飞机所有的势能转换为动能或速度可以达到的最大空速。由于此时的单位剩余功率小于零,飞机无法维持此速度,必须回到 $P_s=0$ 曲线上的某个位置。同样,第⑤点与第①点、第④点处于相同的能量水平,并且可

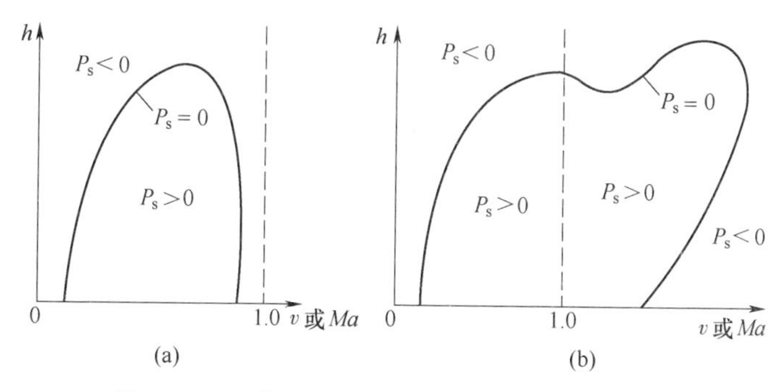

图 5-56 亚声速和超声速飞机的 P_s 值对比曲线

(a)亚声速;(b)超声速。

以达到但不能够持续。点⑤表示在急速爬升中可以达到的最大高度,这时所有飞机的能量都用于增大高度。同样,飞机可以达到这个高度但不能保持平衡飞行。在海平面稳定平衡飞行中的最大可持续速度由点⑥表示,其位于 $P_s=0$ 曲线上,此处推力等于阻力。最后,点⑦显示为根本无法达到的飞行状态,因为其能量水平高于飞机在其给定重量、推力、阻力和过载系数下的最大能量状态。

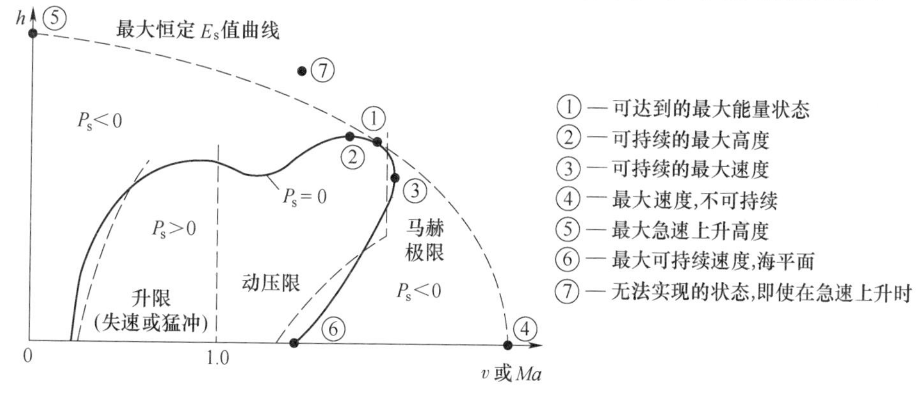

图 5-57 P_s 曲线上的能量状态可达性和飞行包线限值

虽然 $P_s=0$ 曲线代表飞机可以保持稳定平衡飞行的所有可能的空速-高度状态,但不是所有点都在飞机的飞行包线内。由空气动力学失速或无法忍受的低速确定的低速升力限制,在 $P_s=0$ 曲线的低速边界上可能有更大的限制。在 $P_s=0$ 曲线的高速边界处,则是动态压力极限和最大空速或最大马赫数可能更具限制性。

图 5-58 所示为洛克希德·马丁公司的 F-104 超声速“星式”战斗机(图 3-178)的 P_s 曲线,其中包含飞行包线限制。该 P_s 曲线对应于标称重量、清洁配置、最大全加力推力和 $1g$ 过载系数下的情况。P_s 曲线在跨声速区域中有所下降,这是超声速飞机的特征。部分 P_s 曲线由于受低速时的升力极限和高马赫

数时的动压和马赫数所限制被剪掉了。与图 5-55 相比,F-104 的常数 P_s 值比亚声速 F-86 大得多,这说明 F-104 具有更高的过剩推力。这种更高的过剩推力可以归因于 F-104 的高推力发动机及其用于超声速飞行的低空气阻力设计。

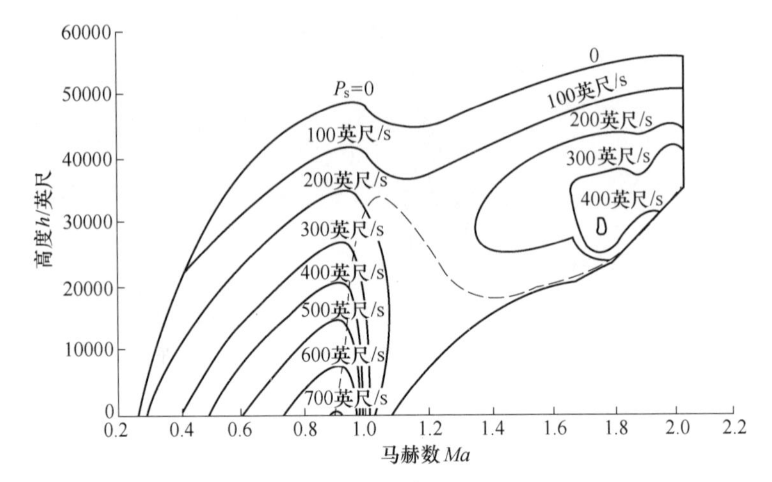

图 5-58　洛克希德·马丁 F-104 超声速"星式"战斗机的单位剩余功率曲线
(标称重量,干净构型最大推力,过载系数为 1g)
(资料来源:美国空军,文献[22])

如果任何恒定条件(重量、构型、推力或过载系数)改变,基于上述条件的 P_s 等值线也随之变化。如果重量、阻力或过载系数增加或推力减小,$P_s=0$ 线连同其他 P_s 一起收缩。如图 5-59 所示,对于洛克希德·马丁 F-104"星式"战斗机,

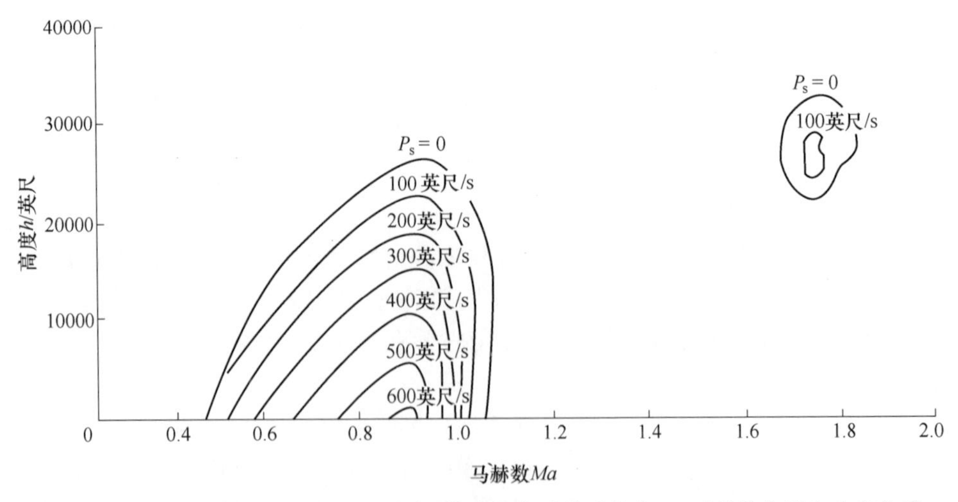

图 5-59　洛克希德·马丁 F-104"星式"战斗机在过载系数为 3g 时的单位剩余功率曲线
(资料来源:美国空军,文献[22])

其过载系数从 $1g$ 增加到 $3g$。在这个较高的、持续的过载系数下，$P_s=0$ 的边界已经收缩，飞机能够在飞行包线内的一个非常小的区域内平稳飞行。该飞机有一个小的“岛屿”飞行条件，它可以在超声速下维持 $3g$ 飞行，但它必须在较低的过载系数下才能达到这些飞行条件。这些高过载系数下的比功率图为飞机的转向性能提供了详细的数据参考。

能量技术最初是用来确定飞机最佳爬升路径的。从过剩功率曲线中可以得到几种有用的最佳爬升路径，包括最大爬升率路径和最佳能量爬升路径。

最大爬升率路径定义为单位时间内高度增加最大的路径。这条爬升路径可以通过连接等高线与单位剩余功率 P_s 等高线峰值的切线点来构建，如图 5-60 所示。爬升路径的最大爬升率给出 P_s 的最大变化率，与额外推力的最大变化率相同。

最佳能量爬升路径定义为单位时间内能量状态增加最大的路径。通过连接点以图形方式构建该爬升路径，这条爬升路径可以通过连接恒定比能量线 E_s 与单位剩余功率 P_s 相切的点来构建，如图 5-60 所示。最佳能量路径使飞机在最短的时间内达到最高的能量状态，而不是在最大爬升率路径下达到最高高度。

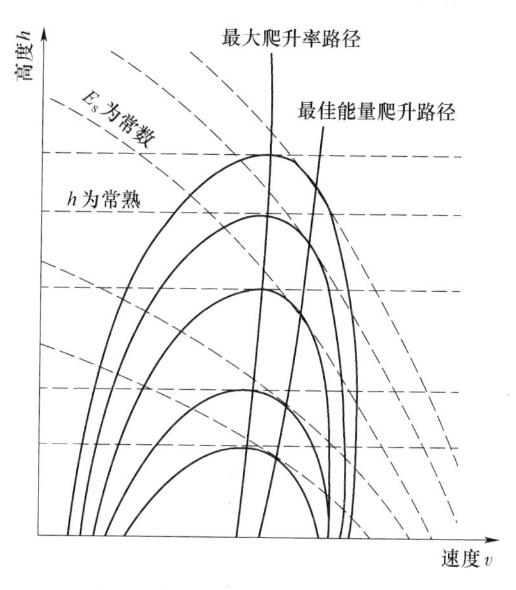

图 5-60　亚声速飞机的最大爬升率路径和最佳能量爬升路径

亚声速飞机的最佳爬升路径如图 5-60 所示。对超声速飞机来说，亚声速区域的最佳爬升路径对超声速飞机而言是相同的。在超声速区域，最佳爬升路径与亚声速区域相同。然而，在跨声速区域，连接亚声速和超声速的爬升路径是不同的。如图 5-61 所示，对于最优能量爬升，亚声速和超声速爬升路径与恒定的比能量值下降有关。从理论上讲，这种恒定的能量转换是瞬间发生的，没有损失。在现实中,这种转变需要一定的时间,包括飞机姿态的改变,也不是瞬间发生的。F-104 的最佳能量爬升路径如图 5-58 中虚线所示。爬升路径各个部分之间的过渡比图 5-61 中描述的更平稳,轨迹中有“圆角”,而不是突变。在高马赫数下,最优爬升受动压飞行包线极限的限制。

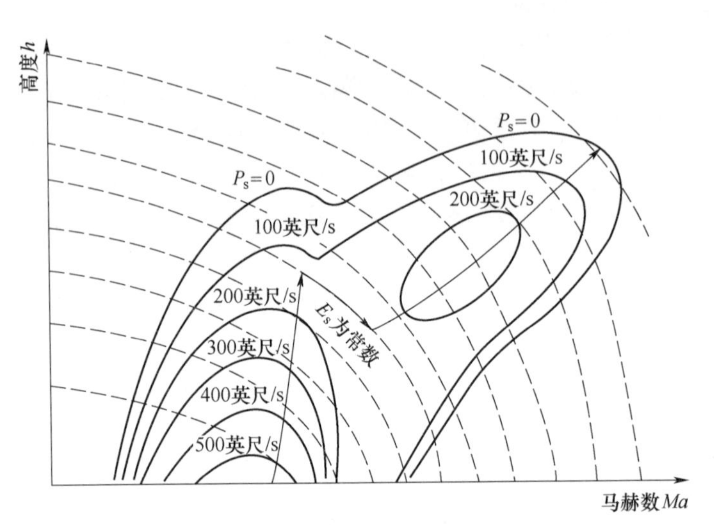

图 5-61　超声速飞机的最佳能量爬升路径

例 5.15　动能和势能的计算

波音公司 F-18“大黄蜂”战斗机在500 英尺高空飞行,航速 450kn。如果 F-18的重量是 35000 磅,计算它在这种飞行条件下的势能、动能、总能和比能。同时,计算势能和动能占总能量的百分比。

解:

势能为

$$\mathrm{PE} = mgh = 35000\text{ 磅} \times 500\text{ 英尺} = 1.750 \times 10^7\text{ 英尺} \cdot \text{磅}$$

将空速转换为统一单位:

$$v = 450\frac{\text{n mile}}{\text{h}} \times \frac{6076\text{ 英尺}}{1\text{n mile}} \times \frac{1\text{h}}{3600\text{s}} = 759.5\text{ 英尺 /s}$$

动能为

$$\mathrm{KE} = \frac{1}{2}mv^2 = \frac{1}{2} \times \frac{35000\text{ 磅}}{32.174\text{ 英尺 /s}^2} \times 759.5\text{ 英尺 /s} = 3.138 \times 10^8\text{ 英尺} \cdot \text{磅}$$

总能量是势能和动能的总和,即

$$\begin{aligned} E &= \mathrm{PE} + \mathrm{KE} = 1.750 \times 10^7\text{ 英尺} \cdot \text{磅} + 3.1375 \times 10^8\text{ 英尺} \cdot \text{磅} \\ &= 3.313 \times 10^8\text{ 英尺} \cdot \text{磅} \end{aligned}$$

能量高度为

$$E_s = \frac{E}{W} = \frac{3.313 \times 10^8\ \text{英尺·磅}}{35000\ \text{磅}} = 9464\ \text{英尺}$$

势能和动能占总能量的百分比为

$$\frac{PE}{E} = \frac{1.750 \times 10^7\ \text{英尺·磅}}{3.313 \times 10^8\ \text{英尺·磅}} \times 100\% = 5.28\%$$

$$\frac{KE}{E} = \frac{3.138 \times 10^8\ \text{英尺·磅}}{3.313 \times 10^8\ \text{英尺·磅}} \times 100\% = 94.72\%$$

例 5.16 单位剩余功率计算

一架北美 F-86“佩刀”喷气式飞机在海拔 24000 英尺处，维持水平加速。马赫数为 0.5 时，飞机的重量是 14927 磅，速度的变化率是 5.22 英尺/s^2，试计算水平加速过程中，该点的特定过剩功率和过剩推力。

解：

根据附录 C，海拔 24000 英尺的温度为

$$T = \Theta T_{SSL} = 0.83518 \times 519°R = 433.5°R$$

速度为

$$v = Ma \times a = Ma\sqrt{\gamma RT} = 0.5 \times \sqrt{1.4 \times 1716 \frac{\text{英尺·磅}}{\text{slug·°R}} \times 433.5°R} = 510.3 \frac{\text{英尺}}{s}$$

根据式(5-215)，比过剩功率为

$$P_s = \frac{dh}{dt} + \frac{v}{g}\frac{dv}{dt}$$

由于飞机正在水平加速，因此高度变化率 dh/dt 为零，有

$$P_s = 0 + \frac{510.3\ \frac{\text{英尺}}{s}}{32.2\ \frac{\text{英尺}}{s^2}} \times 5.22 \frac{\text{英尺}}{s^2} = 82.7 \frac{\text{英尺}}{s}$$

另外，根据式(5-215)，有

$$P_s = \frac{(T - D)v}{W}$$

求出剩余推力为

$$T - D = \frac{P_s W}{v} = \frac{82.7\ \frac{\text{英尺}}{s} \times 14927\ \text{磅}}{510.3\ \frac{\text{英尺}}{s}} = 2419\ \text{磅}$$

5.12.1 FTT：单位剩余功率

本节描述的飞行试验技术用于采集创建飞机的单位剩余功率（P_s）图所需

的数据。通常飞行的两种FTT是锯齿爬升和水平加速度。这两种方法都是非稳态机动,即高度或空速都在不断变化。然而,他们用来在短时间内采集大量有用的数据。通常,由数据采集系统用于记录飞行,但也可以使用手持数据记录器。

回顾式(5-215),单位剩余功率为

$$P_s = \frac{dh}{dt} + \frac{v}{g}\frac{dv}{dt} \tag{5-216}$$

式中:dh/dt 为爬升率;dv/dt 为加速度。

锯齿爬升飞行试验在恒定空速下进行,$dv/dt = 0$,式(5-216)变为

$$P_s = \frac{dh}{dt} \tag{5-217}$$

水平加速度飞行试验在恒定高度下进行,因此 $dh/dt = 0$ 且式(5-216)变为

$$P_s = \frac{v}{g}\frac{dv}{dt} \tag{5-218}$$

锯齿爬升是一种短的、定时的匀速爬升。由式(5-217)表示,单位剩余功率通过测量的速度攀升率 dh/dt 获得。用这种技术飞行的一系列爬升和下降具有锯齿状的外观,因此得名。锯齿爬升通常以空速和预期的最佳爬升速度进行。这种方法一般适用于低速飞机或飞行包线中单位剩余功率较小的部分,如在降落进场飞行配置中。利用该方法可以得到单位剩余功率等值线和爬升空速的最大速率。

在水平加速度法中,飞行的高度或水平加速度是恒定的。如式(5-218)所示,通过测量速度变化率或加速度 dv/dt,便可获得单位剩余功率。加速度从略高于最小空速到接近最大空速。由于空速范围广,水平加速度飞行试验在一次机动中提供了大量数据。该方法适用于亚声速和超声速的高性能飞机。水平加速度飞行试验用于获得单位剩余功率等值线、水平飞行加速时间、燃油消耗数据以及亚声速和超声速爬升计划表。由于锯齿爬升 FTT 之前已经飞行过,为了确定爬升性能,我们将重点放在水平加速度 FTT 上,从而获得一个单位剩余功率图。

接下来将驾驶洛克希德·马丁 F-104“星式”战斗机超声速截击机在 20000 英尺(6096m)的高度水平加速度飞行,如图 2-34 所示。F-104 的三视图如图 3-178所示。战斗机选用的规格如表 5-15 所列。

表 5-15　洛克希德·马丁公司 F-104G“星式”战斗机选用的规格

项　目	规　格
主要功能	所有天气,马赫数为 2 的超声速拦截
制造商	加利福尼亚州,伯班克,洛克希德臭鼬工厂
首飞	1959 年 2 月 17 日

续表

项　　目	规　　格
机组	1名飞行员
动力装置	J79-GE-11A 二次燃烧涡轮喷气发动机
推力,军用	10000 磅力(44500N),军用推力
推力,最大	15600 磅力(69400N),最大加力燃烧室
空机重量	14000 磅(6350kg)
最大起飞重量	29027 磅(13166kg)
长度	54 英尺 8 英寸(16.7m)
高度	13 英尺 6 英寸(4.1m)
翼展	21 英尺 9 英寸(6.4m)
机翼面积	196.1 英尺^2(18.22m^2)
机翼载荷	148 磅/英尺^2(723kg/m^2)
展弦比	2.45
翼型	3.36%,厚,两面凸起
最大速度	1328 英里/h(2137km/h),马赫数≥2
实用升限	58000 英尺(17700m)

单位剩余功率曲线适用于特定的飞机配置、重量、功率设置和过载系数。水平加速使飞机处于合适的配置,质量 18000 磅(8160kg),最大功率(全加力燃烧器),过载系数为 1g。在令人振奋的起飞后,可以爬升到 19000 英尺(5800m)的高度(F-104 的低展弦比薄翼使其起飞速度可以达到 190kn(220 英里/h,350km/h))。

在 19000 英尺的高度,让 F-104 的指示空度稳定在 200kn(230 英里/h,370km/h,马赫数为 0.44),比 181kn(208 英里/h,335km/h,马赫数为 0.40)的失速速度快 10%,或者说是 v_s 的 1.1 倍。以这样的速度透过座舱盖看到地平线,在脑海中勾勒出飞机俯仰姿态的画面。这是水平飞行视野图片参考,根据它可以在 20000 英尺处进行水平加速。调整水平稳定器到期望飞机在加速过程中平衡的位置。让配平设置在中频带,因为在空速范围的低端或高端进行设置将分别在高速或低速时导致过大的操纵杆力。在加速过程中,不需要重新调整 F-104,因为这将导致非平稳或“颠簸”的俯仰运动。

准备好开始进入水平加速度阶段。向前推动油门到最大,设置为最大的加力燃烧器功率。当引擎稳定时,用俯仰姿态保持 200kn 的空速。对发动机仪表进行最后检查,并确认数据采集系统已打开。让 F-104 爬升到 20000 英尺的高度,就在目标高度以下,俯身看之前在脑海中记下的水平飞行视野图像。

当看到空速盘旋转到越来越高的空速时,F-014 在最大加力燃烧状态下快速加速。空速和时间是主要参数,但是需要记录许多其他参数,包括燃料流量、外部空气温度、海拔和垂直速度。在加速的过程中,要力求保持控制的平稳,使用俯仰控制来保持高度,并参照地平线作为姿态的参考,而不是"追逐"显示仪表,因为它们本身就有滞后性。加速时,会感觉到操纵杆的力发生了变化,但不要改变开始之前所做的调整设置,因为这将导致飞机不平稳的颠簸变化。当马赫数接近1时,要为空速和高度指示的突然变化或"跳跃"做好准备,因为冲击波会影响到静压系统。当通过跨声速速度范围,马赫数从0.9增加到1.1,高度和空速指示"跳跃",这遵循静压位置误差修正的特征曲线(见图5-19)。

F-104继续加速到超声速,马赫数超过1.5、1.6、1.7,然后达到1.8。速度接近920kn或马赫数为1.95(1060英里/h,1700km/h),速度增量已经降到1kn/s。在水平加速的最后,锚定终点。然后飞机进行一个微调,下降了大约200英尺(60m)的高度,增加了大约10kn(12英里/h,19km/h)的空速。重新设定水平飞行姿态,允许F-104加速到970kn或马赫数为2.06(1120英里/h,1800km/h)的终点空速。完成水平加速后,拉回油门,减速并开始下降返回机场。

使用式(5-218),单位剩余功率P_s使用水平加速度中的速度与时间数据计算。图5-62所示,为计算的单位剩余功率与校正空速的关系图。从接近失速速度(第1点)开始,单位剩余功率在第5点至第6点之间增加到400英尺/s(122m/s)以上。在跨声速范围内,点6和点7之间有较大的阻力增加,P_s值急剧下降,然后在低超声速下略有增加。当达到较高超声速时,剩余推力减小(第8点和第9点),导致在终点(第10点)单位剩余功率降为零。

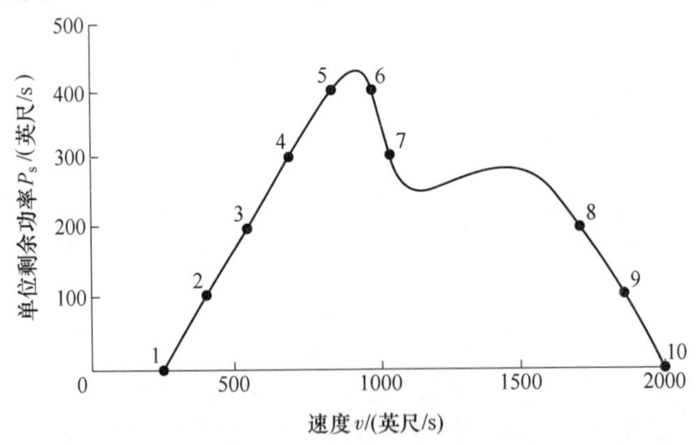

图5-62 洛克希德·马丁F-104在20000英尺处水平加速飞行的单位剩余功率与速度关系图

(干净构型、重量18000磅、最大功率,过载系数为1g)

P_s的水平等值线绘制在图5-62中,对于每一个P_s值,分别以两个速度与水平加速度曲线相交。如果以水平加速度在30000英尺(9100m)飞行,对于每个常数P_s,将得到两个以上的速度点。因此,通过在不同海拔地区进行水平加速飞行，就可以生成一个包含这些高度-速度点的恒定 P_s 曲线，如图5-63所示。在20000英尺的高度飞行的水平加速度，用与图5-62相对应的标记数字显示。

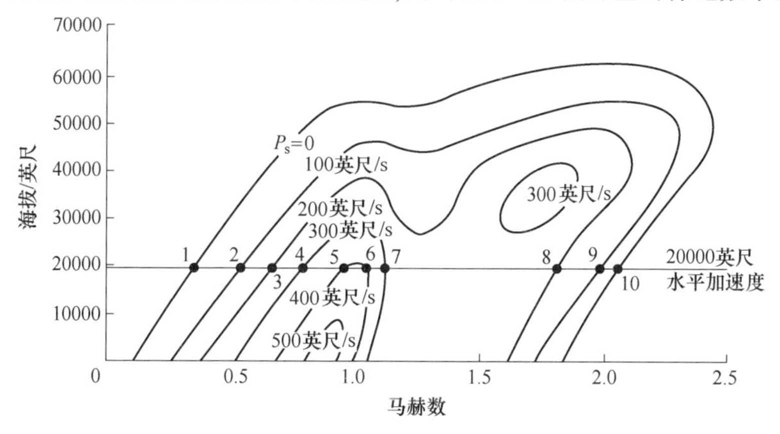

图5-63 洛克希德·马丁公司F-104飞机在20000英尺处水平加速度的单位剩余功率图(干净构型,重量18000磅,最大功率,过载系数为1g)
(资料来源:美国空军,文献[22])

5.13 转弯性能

飞机从起飞到降落不只是直线飞行，它必须进行机动，在飞行中改变方向和速度。到目前为止，假设飞机的运动是直线的，加速度为零，因此速度是恒定的。由于速度是一个矢量，有大小和方向。在非加速飞行中，速度的大小和方向是恒定的。如果改变速度的大小或方向，结果分别是线性加速度或径向加速度改变。在这一节中，主要讨论具有恒定速度和恒定径向加速度的曲线运动。当飞机的运动完全在水平或垂直平面上时，讨论匀速弯曲飞行路径。对于这些弯曲路径，定义了转弯性能方程，以及转弯性能的一些限制，并介绍了转弯性能图表。下面先看水平转弯。

5.13.1 水平转弯

假设一架飞机以恒定的速度和高度飞行，并在水平直线飞行，那么，它的速度是恒定的，线性加速度是零。在飞机上有一个向下的、1g 的垂直加速度。坐在飞机上，我们感觉到一个等于身体重量乘以这个垂直加速度的力(或者简单地说就是身体的重力)。转弯是指在水平、垂直或倾斜的平面上，由直线飞行路径向曲线飞行路径的变化。如果飞行路径的变化仅发生在水平面上，则结果为水平转弯，如图5-64所示。

对于恒定速度 v_∞ 的水平转弯，曲线飞行路径是一个圆，在恒定高度的水平面上具有恒定的半径 R，如图5-64所示。即使在恒定的速度下，也有一个径向

加速度 a_r，指向转弯的中心。径向加速度是由于速度矢量的方向不断变化产生，而不是速度大小的变化。

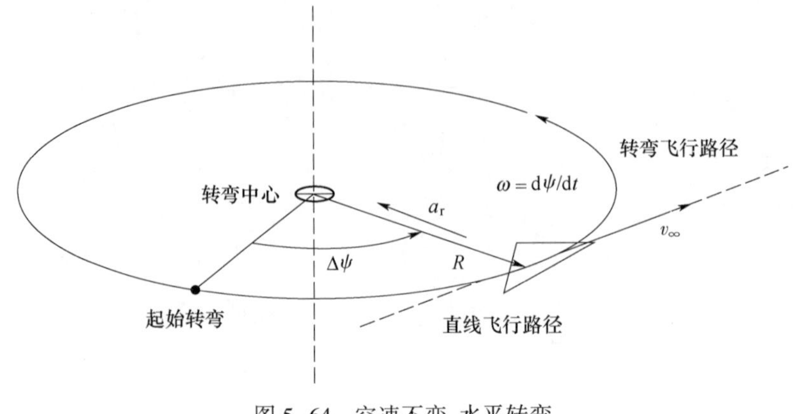

图 5-64　空速不变，水平转弯

现在考虑最基本的问题，如何让飞机转弯？进入转弯前，飞机在平衡状态下直线飞行。作用于飞机上的 4 个力处于平衡状态：升力等于重力，推力等于阻力。必须改变一个力来产生一个径向加速度使飞机转弯。通常是通过移动控制表面（副翼、升降舵或方向舵）来实现。在水平转弯时，副翼发生偏转，使飞机侧滚或倾斜，使升力矢量倾斜，从而产生指向转弯中心的力和径向加速度。单靠方向舵还可以产生侧向力来推动飞机。由于没有副翼输入，倾斜角为零，升力矢量不倾斜。这种只有舵的转弯有时称为“平转弯”，因为飞机在转弯时是保持水平或倾斜角度为零的水平转弯，使升降舵偏转产生俯仰运动，从而在垂直平面上转弯。推力的变化也可以用来使飞机转向。推力矢量的方向可以通过使用推力矢量发动机喷嘴，产生滚转和侧向力来改变，从而导致转弯。现在我们更仔细地研究转弯中的力，以建立水平转弯的方程式。

5.13.1.1　水平转弯性能方程

在评价飞机转弯性能时，最重要的 3 个参数是转弯速度、转弯半径和过载系数。转弯速率告诉我们转弯的“快慢”，转弯半径量化了转弯的大小，过载系数量化了飞机结构和人在转弯时的加速度系数或加速度 g。在这一节中，我们建立了用于量化这 3 个重要的水平转弯性能参数的方程式。

在执行转弯时，需要区分持续转弯和瞬时转弯。在一个持续的转弯中，飞机保持恒定的高度和空速，转弯半径、转弯速度和过载系数都是恒定的。在瞬间转弯时，飞机无法保持这些恒定的条件，而进入转弯的条件只能在转弯开始的瞬间保持。进入弯道后，空速、高度或两者都在瞬间下降。从能量角度看，持续转弯是一种恒能机动，瞬时转弯是一种能量损失机动。瞬时转弯性能对于飞机（如军用战斗机）来说非常重要，因为它可能与飞机用于作战机动或武器释放的“机头指向”有关。在量化转弯半径、转弯速度和过载系数时，我们将重点放在这些数量恒定的稳态持续转弯上。

图 5-65 所示为飞机在稳定、水平和持续转弯时的受力图。飞机处于恒定的速度 v_∞、固定的高度和固定倾斜角度 ϕ；飞机重量 W，垂直向下；升力矢量从垂直方向旋转倾斜角 ϕ。有一个垂直方向的升力分量 $L\cos\phi$，由于飞机的高度是恒定的，所以它可以平衡飞机的重量；升力在径向 F_r 上也有一个分量，指向旋转圆的中心；径向力产生径向加速度 a_r，有时称为向心加速度。

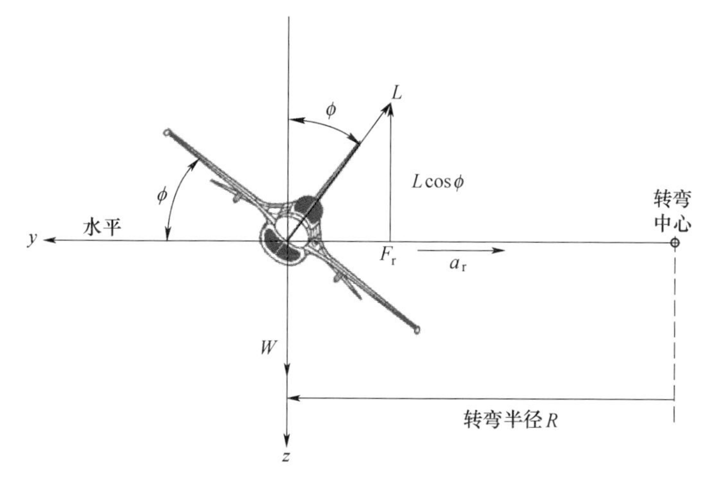

图 5-65 飞机在平稳水平持续转弯时的受力情况

下面看受力分析图，可能会增加另一个水平力来平衡径向力，从而“保持飞机平衡”或“在转弯时保持飞机稳定”。加上这种通常称为离心力的力是不正确的。虽然飞机处于稳定的水平飞行状态（固定高度，而不是机翼高度），但它处于加速飞行状态，并不处于平衡状态。速度矢量的方向是不断变化的，导致速度矢量随时间变化，从而产生加速度。如果有另一个力平衡径向力 F_r，那么飞机就不会转弯，而是继续沿直线飞行。需要径向力才能使飞机转弯，这似乎与人的直觉相矛盾，当人在汽车或飞机上转弯时，身体被推向与转弯相反的方向，就好像有一个离心力把身体推到转弯的外面。实际上，是在一个加速的非惯性参照系中运动的，当人沿直线运动时，车辆正在转向自己。

把牛顿第二定律应用到竖直 z 方向，得

$$\sum F_z = W - L\cos\phi = ma_z = 0 \tag{5-219}$$

式中，垂直加速度 a_z 为零，这是因为飞机处于稳定、恒定的飞行高度。整理式(5-219)，得

$$W = L\cos\phi \tag{5-220}$$

因此，我们看到，为了保持恒定的高度飞行，飞机的重量 W 由升力的垂直分量 $L\cos\phi$ 来平衡。整理式(5-220)，得

$$\frac{L}{W}=\frac{1}{\cos\phi} \tag{5-221}$$

升力除以重力是过载系数 n。因此，对于水平转弯，过载系数为

$$n=\frac{1}{\cos\phi} \tag{5-222}$$

过载系数的单位用 g（重力加速度）表示，所以当飞机处于稳定的无坡度飞行状态时，升力等于重力，过载系数为 $1g$。当过载系数不是 $1g$，比如说 $4g$，升力等于重力的 4 倍。

因为假设飞机处于持续的水平转弯，所以式(5-222)给出了持续的过载系数。这意味着飞机可以在稳定转弯时保持这个过载系数。根据式(5-222)，在水平转弯中，持续过载系数 n 仅是飞机倾斜角 ϕ 的函数。式(5-222)绘制在图 5-66中，显示水平转弯中的过载系数随着倾斜角的增加而增加，当倾斜角变为 90°时，过载系数将变为无穷大。

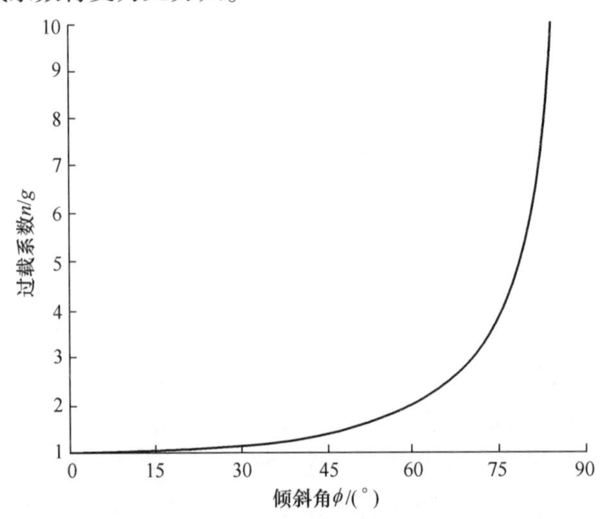

图 5-66　水平转弯时过载系数与倾斜角度的函数关系

将牛顿第二定律应用于图 5-65 的 y 方向，沿着转弯半径方向，有

$$\sum F_y=F_r=L\sin\phi=ma_r \tag{5-223}$$

式中：a_r 为径向加速度。

飞行路径是一个圆，因此径向加速度为

$$a_r=\frac{v_\infty^2}{R} \tag{5-224}$$

将式(5-224)代入式(5-223)，得

$$L\sin\phi = m\frac{v_\infty^2}{R} \tag{5-225}$$

求解转弯半径 R，并使用式(5-221)，有

$$R = m\frac{v_\infty^2}{L\sin\phi} = \frac{W}{g}\frac{v_\infty^2}{L\sin\phi} = \frac{v_\infty^2}{g}\frac{\cos\phi}{\sin\phi} \tag{5-226}$$

可以将式(5-226)中的倾斜角项与过载系数联系起来：

$$\frac{\sin\phi}{\cos\phi} = \sqrt{\frac{\sin^2\phi}{\cos^2\phi}} = \sqrt{\frac{1-\cos^2\phi}{\cos^2\phi}} = \sqrt{\frac{1}{\cos^2\phi}-1} = \sqrt{n^2-1} \tag{5-227}$$

将式(5-227)代入式(5-226)，得到水平转弯半径的方程：

$$R = \frac{v_\infty^2}{g\sqrt{n^2-1}} \tag{5-228}$$

由式(5-228)可知，转弯半径是速度和过载系数的函数，随速度的增大或过载系数的减小而增大。相反，转弯半径随速度减小或过载系数的增大而减小。

重新整理式(5-228)，有

$$g\sqrt{n^2-1} = \frac{v_\infty^2}{R} = a_r \tag{5-229}$$

我们看到 $g\sqrt{n^2-1}$ 是径向加速度 a_r。径向过载系数 n_r 定义为

$$n_r \equiv \sqrt{n^2-1} \tag{5-230}$$

水平转弯时，径向加速度和径向过载系数完全作用于水平面上。

在进入水平转弯之前，飞机指向特定方向，称为航向 ψ。进入转弯后，转弯率 $\dot{\psi}$ 定义为飞机航向的时间变化率，即

$$\dot{\psi} = \frac{\Delta\psi}{\Delta t} \tag{5-231}$$

式中：$\Delta\psi$ 为航向的变化，如图 5-64 所示；Δt 为时间的变化。

转弯率等于飞机角速度 ω，由下式给出：

$$\omega = \frac{v_\infty}{R} = \dot{\psi} \tag{5-232}$$

式中：v_∞ 为飞机速度；R 为转弯半径。

将式(5-228)代入式(5-232)，有

$$\omega = \frac{v_\infty}{R} = \frac{v_\infty}{\dfrac{v_\infty^2}{g\sqrt{n^2-1}}} \tag{5-233}$$

或

$$\omega = \frac{g\sqrt{n^2-1}}{v_\infty} \tag{5-234}$$

转速是过载系数和空速的函数,随过载系数的增大或空速的减小而增大。相反,过载系数越低或空速越高,转弯速度越小。

由式(5-222)、式(5-228)和式(5-234)给出的转弯性能方程分别给出了水平转弯的过载系数、转弯半径和转弯速度。这些方程中没有涉及特定飞机或飞机类型的参数。换句话说,在给定相同的速度和过载系数的情况下,任何飞机的转弯半径和转弯速度是相同的,在相同的倾角下,任何飞机的过载系数也是相同的。

在转弯性能方程中,我们关注过载系数 n 、转弯半径 R 、转弯速度 ω 和速度 v_∞ 这些参数。如果知道其中任意两个参数,就可以使用转弯性能方程计算另外两个参数。在飞行中,很容易测量速度和过载系数或转速。我们在转弯性能飞行试验技术中对此进行了进一步的研究。

在评价转弯性能时,通常需要确定最小转弯半径和最大转弯速度。这些转弯性能的限制对于军用飞机来说是显而易见的,因为较小的转弯半径和较大的转弯率可以在对抗敌人或部署武器时获得作战优势。对于需要在拥挤空域有效机动的商用飞机来说,这些限制也很重要。通过对式(5-228)的分析,可以得出一个广泛的结论,即通过使速度最小化和使过载系数最大化,达到转弯半径最小化。同样,通过对式(5-234)的分析发现,通过使速度最小化和过载系数最大化,可以使转弯速度最大化。

如果想测量飞行中水平转弯的过载系数与马赫数之间的关系,将得到图 5-67(a)所示的图。从图中可以确定最大过载系数对应的马赫数 $Ma_{n,\max}$ 。

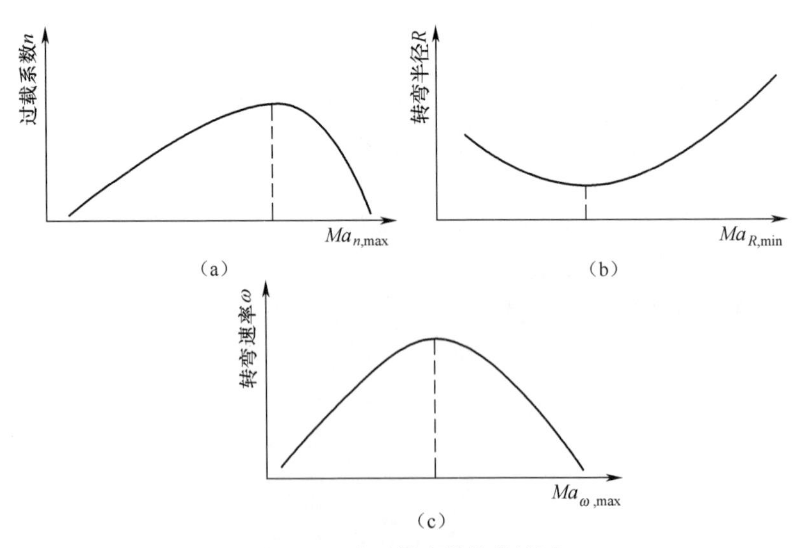

图 5-67　水平转弯性能曲线图

在已知马赫数和过载系数的情况下,分别利用式(5-228)和式(5-234)绘制转弯半径和转弯速度的曲线图,如图5-67(b)、(c)的曲线图所示。从这些图中,可获取最小半径转弯的马赫数 $Ma_{R,\min}$ 和最大转速转弯的马赫数 $Ma_{\omega,\max}$,已知3个马赫数是不相等的。我们将在后面讨论它们之间的关系。

例5.17 水平转弯性能

一架飞机以315英里/h的恒定空速进入水平转弯。它在27s内完成一个完整的360°圆转弯,在整个转弯过程中保持进入速度恒定,试计算水平转弯的转弯率、转弯半径、过载系数和倾斜角。

解:

首先,将空速换算为统一的单位:

$$v_\infty = 315\,\frac{\text{mile}}{\text{h}} \times \frac{5280\,\text{英尺}}{1\text{mile}} \times \frac{1\text{h}}{3600\text{s}} = 462.0\,\text{英尺/s}$$

转弯速率 ω 为

$$\omega = \frac{360°}{27\text{s}} = 13.33\,\frac{(°)}{\text{s}} = 0.2327\,\frac{\text{rad}}{\text{s}}$$

式(5-234)用于求解过载系数 n:

$$n = \sqrt{\left(\frac{\omega v_\infty}{g}\right)^2 + 1} = \sqrt{\left[\frac{0.2327\,\frac{\text{rad}}{\text{s}} \times 462.0\,\frac{\text{英尺}}{\text{s}}}{32.17\,\frac{\text{英尺}}{\text{s}}}\right]^2 + 1} = 3.488g$$

使用式(5-228),转弯半径 R 为

$$R = \frac{v_\infty^2}{g\sqrt{n^2 - 1}} = \frac{\left(462.0\,\frac{\text{英尺}}{\text{s}}\right)^2}{32.17\,\frac{\text{英尺}}{\text{s}} \times \sqrt{(3.488)^2 - 1}} = 1986\,\text{英尺}$$

式(5-222)用于求解倾斜角 ϕ:

$$\phi = \arccos\frac{1}{n} = \arccos\frac{1}{3.488} = 73.34°$$

5.13.1.2 转向失速

在第2章中,我们定义了 $1g$、机翼水平飞行的失速速度。但是,这个失速速度会因转弯飞行而改变吗?对于 $1g$、机翼水平飞行,飞机升力等于重力,所以失速速度 $v_{s,1g}$ 由式(2-48)给出,即

$$v_{s,1g} = \sqrt{\frac{2L}{\rho_\infty S c_{L,\max}}} = \sqrt{\frac{2W}{\rho_\infty S c_{L,\max}}} \tag{5-235}$$

如果我们现在进入一个过载系数为 n 的水平转弯,飞机在转弯时的升力

L_{turn} 等于重量乘以过载系数，即

$$L_{\text{turn}} = nW \tag{5-236}$$

将式(5-236)代入式(5-235)，得到飞机在转弯时的失速速度 $v_{\text{s,turn}}$，有

$$v_{\text{s,turn}} = \sqrt{\frac{2L_{\text{turn}}}{\rho_\infty S c_{L,\max}}} = \sqrt{\frac{2nW}{\rho_\infty S c_{L,\max}}} \tag{5-237}$$

对于 1g 、机翼水平飞行，其中 $n = 1$，将式(5-237)简化为式(5-235)，即 1g 失速速度为 1g。比较式(5-235)和式(5-237)，有

$$v_{\text{s,turn}} = v_{\text{s,1}g}\sqrt{n} \tag{5-238}$$

这表明水平转弯中的失速速度从 1g 机翼水平失速速度随着过载系数的平方根增加。

使用式(5-222)并整理式(5-238)，有

$$\frac{v_{\text{s,turn}}}{v_{s,1g}} = \sqrt{n} = \sqrt{\frac{1}{\cos\phi}} \tag{5-239}$$

这表明，飞机在水平转弯时的失速速度与机翼水平飞行的 1g 失速速度有关，并随着过载系数的增加或倾斜角的增加而增加。式(5-239)如图 5-68 所示，表明失速速度随倾斜角度的增加而急剧增加。正如预期的那样，当倾斜角接近 90°时，失速速度会变为无限大，此时机翼不会产生垂直升力。

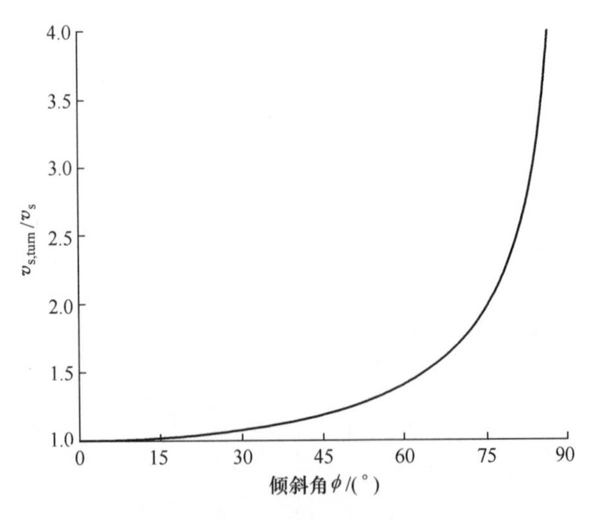

图 5-68　水平转弯时失速速度与倾斜角的关系

5.13.1.3　转弯性能图

转弯性能图是作为转弯半径函数的转弯速度与马赫数的关系图，如图 5-69 所示。这个图与飞机类型无关，因为它是利用与飞机类型无关的转弯性能方程

生成的。又由于使用的马赫数需要一个特定的与高度相对应的温度,因此这个图仅适用于一个高度。如果绘制的是速度而不是马赫数,那么这个图对所有的高度都是有效的。转弯性能图表以图形化的形式将水平转弯的转弯半径、转弯速度、过载系数和马赫数联系了起来。

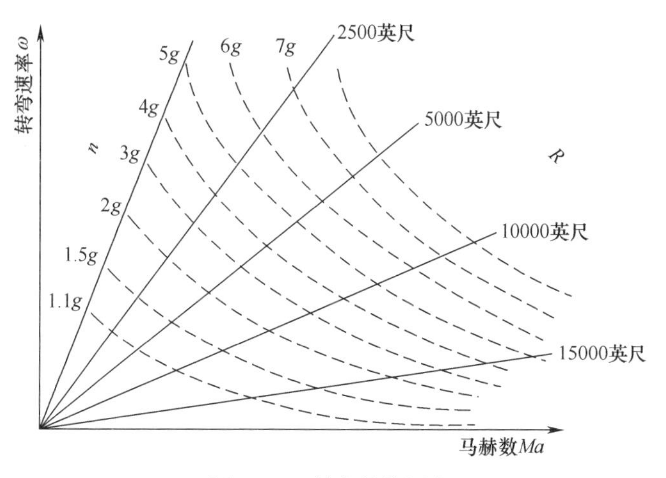

图 5-69　转弯性能图表

如图 5-70 所示,通过在转弯性能图上叠加单位剩余功率曲线,该图为专用飞机,这是由于 P_s 曲线描述的是某一特定飞机的特性。$P_s=0$ 覆盖曲线是人们尤其关注的,因为可以确定几个持续转弯性能的限制。回忆一下 $P_s=0$ 线对应于飞行包络线(马赫数和高度)中飞机可以在水平飞行中保持稳定的所有点。$P_s=0$ 曲线与转弯半径不变的直线的相切点(图 5-70 中的点 a)为最小持续转弯半径(2500 英尺)。$P_s=0$ 曲线的顶部,即图 5-70 中的点 b,是最大持续转弯速

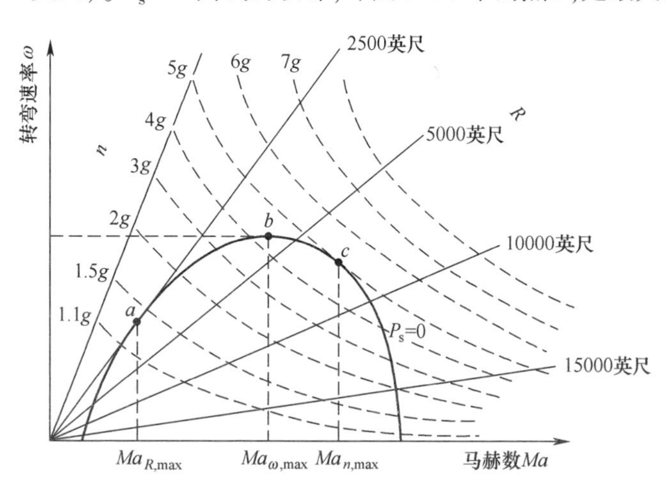

图 5-70　单位剩余功率($P_s=0$)叠加的转弯性能图

率 $\omega_{\max}$。图 5-70 中，$P_s=0$ 曲线与恒载系数直线相切的点 c 为最大持续过载系数($5g$)，也可以确定这些极限转弯性能值对应的马赫数。最大持续过载系数的马赫数 $Ma_{n,\max}$，大于或等于最大转弯速率的马赫数 $Ma_{\omega,\max}$，大于或等于最小转弯半径的马赫数 $Ma_{R,\min}$，即

$$Ma_{n,\max} \geqslant Ma_{\omega,\max} \geqslant Ma_{R,\min} \tag{5-240}$$

对于某些飞机来说，在一定高度上，最大持续过载系数对应的马赫数与最大转弯速率对应的马赫数是一致的。

如果现在将转弯性能图与飞机飞行包络线限值联系起来，就会得到如图 5-71所示的图，由于其与狗窝正面相似，所以称为“狗窝”(doghouse)图。飞行包络线以左侧的升力或失速极限、右上方的过载系数极限和右侧的马赫数或动压极限为界绘图。“狗窝”图是飞机特有的转弯性能图表，包括飞机的飞行包络线边界。重叠的 $P_s=0$ 曲线是连续转弯性能的边界：在 $P_s=0$ 曲线下方飞机 P_s 值为正；在曲线上方 P_s 值为负。飞机在升力极限和过载系数极限的交点，也就是“狗窝”顶部，有最高的转弯速率。这是一个瞬时转弯速率，因为 P_s 在这一点是负的。相对应的速度最高的瞬时速度 v^* 称为拐点速度。要以如此高的速度转弯，飞机需要以转弯速度飞行。

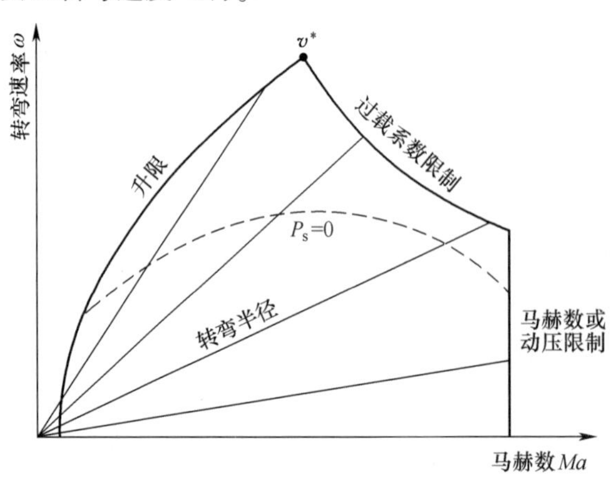

图 5-71 “狗窝”图

洛克希德·马丁 F-104G“星式”战斗机的“狗窝”图如图 5-72 所示。这是 F-104在重量为 17880 磅(8110kg)、最大功率、海拔 10000 英尺(3030m)和干净构型(襟翼和起落架收起)时的性能。图表中的数据已根据标准日条件修正。因此，这个转向性能图表针对的是 F-104 在这种特定的飞机配置下的飞行。

为了从图 5-72 中得到 F-104 的持续转向性能值，首先找到 $P_s=0$ 线(众多 P_s 线中的实线)。$P_s=0$ 线与过载系数曲线 $n=5.2g$ (圆圈)相切。因此，F-104 在马赫数约为 0.93 时最大持续过载系数为 $5.2g$。当马赫数为 0.86 时(指向图

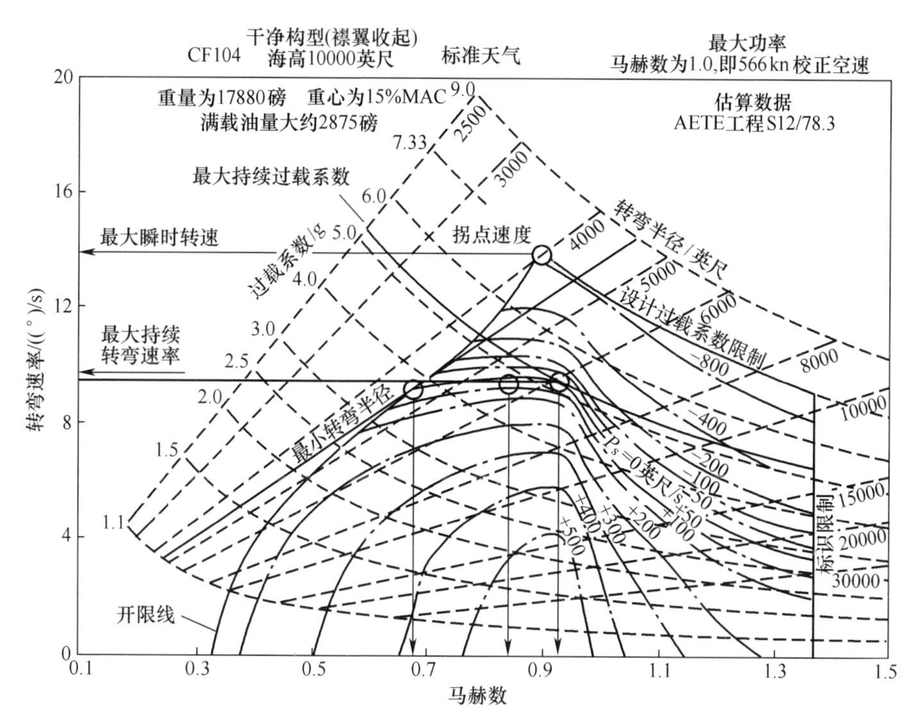

图 5-72 洛克希德·马丁 F-104G“星式”战斗机的“狗窝”图
(资料来源:美国空军,F/RF/TF-104G Flight Manual,T. O,1F-104G-1,1975 年 3 月 31 日)

中 y 轴的箭头),最大持续转速为 9.7(°)/s,当马赫数为 0.90 时,最大瞬时转速为13.9(°)/s,对应于转弯速度。最小持续转弯半径点位于 $P_s=0$ 线与等转弯半径线相交的位置。在马赫数约为 0.68 时,最小转弯半径约为 4500 英尺(1400m)。因此,我们可以把 F-104 持续转弯性能的方程式(5-240)写为

$$Ma_{n,\max}(0.93) \geqslant Ma_{\omega,\max}(0.86) \geqslant Ma_{R,\min}(0.68) \qquad (5-241)$$

5.13.2 垂直平面转弯

现在我们只看垂直平面上的两种转弯飞行轨迹,即拉杆机动和推杆机动。与水平平面上的水平转弯类似,垂直平面转弯是在恒速下进行,生成一个恒定半径垂直圆的飞行轨迹。沿垂直圆飞行时,高度是不同的。

垂直平面转弯时,重量对径向力有直接影响,而在水平平面上水平转弯时,重量对径向力没有影响,重量的影响取决于重力向量相对于升力向量的方向。径向过载系数 n_r 关于飞行航迹角 γ 的表达式如下:

$$n_r = n - \cos\gamma \qquad (5-242)$$

这个径向过载系数公式定义与前面式(5-230)给出的定义一致。在 $\gamma=0$ 和 $n=0$ 的水平转弯情况下,式(5-242)等同于式(5-230)。由式(5-242)给出

的径向过载系数仅适用于垂直平面转弯。

5.13.2.1 拉杆机动

垂直平面拉杆机动的飞行受力图如图 5-73 所示。进入拉杆机动时,飞机处于恒定空速为 v 的机翼水平飞行,升力为 L,等于重力 W。进入垂直转弯时,升降舵发生偏转,迎角增大,升力增大,生成径向力 F_r, 即升力变化量 ΔL, 由于总升力大于重力,飞行轨迹弯曲。

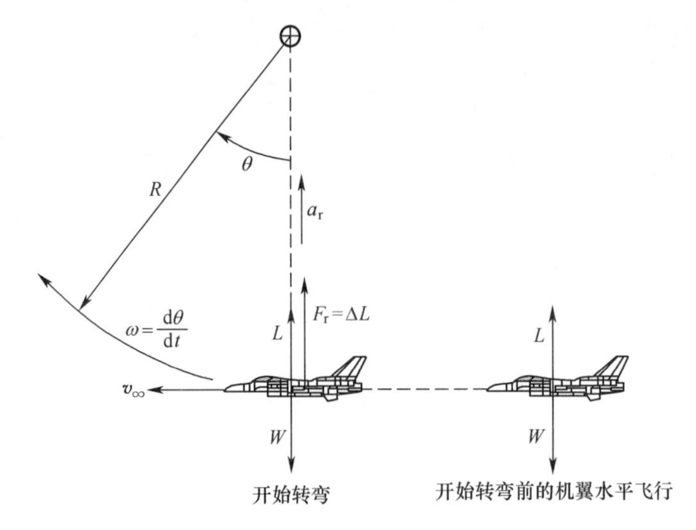

图 5-73　垂直平面拉杆机动

如图 5-73 所示,根据牛顿第二定律计算出垂直转弯半径,有

$$\sum F_{\text{radial}} = F_r + L - W = \Delta L + L - W = L_{\text{turn}} - W = ma_r \tag{5-243}$$

式中:L_{turn} 定义为增加后的升力,即 $\Delta L + L$, 飞机进入转弯。

增加后的升力可以用过载系数表示,即

$$L_{\text{turn}} = nW \tag{5-244}$$

利用式(5-244)给出的径向加速度 a_r 定义,将式(5-244)代入式(5-243),得

$$L_{\text{turn}} - W = nW - W = W(n-1) = m\frac{v_\infty^2}{R} = \frac{Wv_\infty^2}{gR} \tag{5-245}$$

或

$$n - 1 = \frac{v_\infty^2}{gR} \tag{5-246}$$

求出垂直转弯半径,有

$$R = \frac{v_{\infty}^2}{g(n - 1)} \tag{5-247}$$

垂直转弯半径是速度和过载系数的函数,随速度增大或过载系数减小而增大。相反,垂直转弯半径随空速减小或过载系数增大而减小。

垂直转弯速率 ω 为

$$\omega = \frac{d\theta}{dt} = \frac{v_{\infty}}{R} \tag{5-248}$$

将式(5-247)的转弯半径定义插入式(5-248),得到垂直转弯速率:

$$\omega = \frac{g\sqrt{n^2 - 1}}{v_{\infty}} \tag{5-249}$$

垂直转弯速率是速度和过载系数的函数,随速度减小或过载系数增大而增大。相反,垂直转弯速率随空速增大或过载系数减小而减小。

5. 13. 2. 2　推杆机动

垂直平面上推杆机动的受力图如图 5-74 所示。与拉杆机动类似,飞机在机翼水平飞行中以恒定空速 v 进入推杆机动,但飞机是倒置的,升力 L 必须等于重力 W 才能保持恒定高度飞行。升力仅仅由机翼的负迎角产生。为进入垂直转弯,升降舵发生偏转,迎角增大,向下的升力增大,径向力 F_r 产生,等于升力 L_{turn},使得飞行轨迹弯曲。

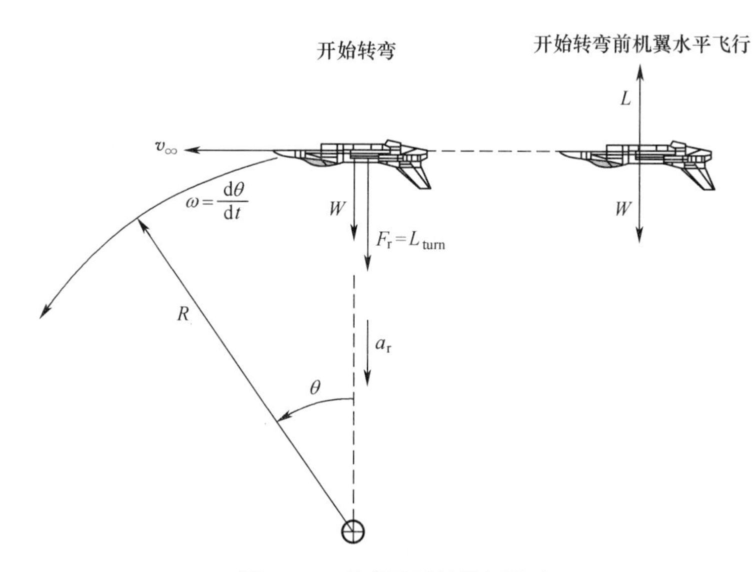

图 5-74　垂直平面的推杆机动

如图 5-74 所示,根据牛顿第二定律计算出垂直转弯半径,有

$$\sum F_{\text{radial}} = F_r + W = L_{\text{turn}} + W = ma_r \tag{5-250}$$

升力可用过载因子表示为

$$L_{\text{turn}} = nW \tag{5-251}$$

将式(5-251)代入式(5-250),利用式(5-224)给出的径向加速度 a_r 的定义,得

$$L_{\text{turn}} + W = nW + W = W(n+1) = m\frac{v_\infty^2}{R} = \frac{Wv_\infty^2}{gR} \tag{5-252}$$

或

$$n + 1 = \frac{v_\infty^2}{gR} \tag{5-253}$$

求解垂直转弯半径,有

$$R = \frac{v_\infty^2}{g(n+1)} \tag{5-254}$$

垂直转弯半径是速度和过载系数的函数,随速度的增大或过载系数的减小而增大。相反,垂直半径随着空速减小或过载系数增大而减小。

转弯速率 ω 为

$$\omega = \frac{\mathrm{d}\theta}{\mathrm{d}t} = \frac{v_\infty}{R} \tag{5-255}$$

将转弯半径公式(5-254)代入式(5-255),得到垂直转弯速率为

$$\omega = \frac{g\sqrt{n^2+1}}{v_\infty} \tag{5-256}$$

垂直转弯速率是速度和过载系数的函数,随速度的降低或过载系数的增大而增大。相反,垂直半径随空速增大或过载系数减小而减小。

将拉杆关系式(5-247)和式(5-249)的转弯半径和转弯速率方程与推杆关系式(5-254)和式(5-256)的转弯半径和转弯速率方程分别进行比较,它们的不同之处在于过载系数的减法或加法。单位项表示重力对转弯半径或转弯速率的影响。在拉杆机动中,飞机重量使转弯半径增大,使转弯速度降低。相反在推杆机动中,重力作用使转弯半径减小而使转弯速率增大。

5.13.3 转弯性能和 $v-n$ 图

如前所述,在评估转弯性能时,我们通常关心的是最小转弯半径和最大转弯速率。对于平飞转弯,注意到这些极限值是通过减小速度和增大过载系数得到的。最小空速由失速速度确定,最大过载系数由飞机结构因素确定。

式(5-228)和式(5-234)为转弯半径和转弯速率,分别进行拟合可得到下列最小转弯半径 $R_{\min}$ 和最大转弯速率 $\omega_{\max}$ 的关系式,即

$$R_{\min}=\frac{2}{\rho_{\infty}gc_{L,\max}}\frac{W}{S} \tag{5-257}$$

$$\omega_{\max}=g\sqrt{\frac{\rho_{\infty}c_{L,\max}n_{\max}}{2(W/S)}} \tag{5-258}$$

这些参数目前用自由流密度ρ_{∞}、最大升力系数$c_{L,\max}$、翼面装载W/S和最大过载系数$n_{\max}$表示。上述公式表明,在最高自由流密度、最大升力系数和最大翼载时得到最小转弯半径和最大转弯速率。可以认为飞机在海平面上时具有最佳转弯性能,因为这里自由流密度最高。翼载通常由飞机设计确定,而不考虑如巡航性能等转弯性能。因此在测定转弯性能时,通常卡在飞机有什么样的翼载上,这就只剩下最大升力系数和最大过载系数。问题是飞机不可能在整个飞行包线内同时以其最大升力系数和最大过载系数飞行,通过查看飞机的v-n图会很清楚。

v-n图在第2章中有所介绍,它是根据飞机的气动升限和结构限制来界定飞机包线的一个图。低空速时,飞机在达到最大过载系数前失速,如图2-32所示。这对于正负升力和载荷限制都适用。如图2-32所示,在v_A的空速以下,所得到的最大过载系数小于极限过载系数,因此,转弯性能小于达到极限过载系数时的转弯性能。

升力极限线和过载极限线交叉点称为机动点,这一点的空速称为拐点速度v_A,由于升力系数和过载系数在机动点均达到最大值,因此转弯半径在这点达到最小,转弯速率在这点达到最大。对于给定机型,飞机以拐点速度飞行时得到最优转弯性能,这对于空战机动来说是一个重要的速度。

拐点速度也有飞机结构上的影响。低于拐点速度时,飞机在达到极限过载系数前进入失速,不会造成结构损伤。超过拐点速度时,情况就不一样了,因为飞机可以达到甚至超过极限载荷,这样可能会造成结构损伤。因此,拐点速度也称为机动速度,作为湍流飞行的最大空速限制,以避免可能造成结构损伤。

拐点速度v_A的公式如下。最大过载系数$n_{\max}$为

$$n_{\max}=\frac{L}{W}=\frac{\left(\frac{1}{2}\rho_{\infty}v_{\infty}^{2}\right)Sc_{L,\max}}{W} \tag{5-259}$$

根据定义,拐点速度就是升力系数和过载系数最大时的空速v_{∞}。因此,求解式(5-259),得到拐点速度为

$$v_A=\sqrt{\frac{2n_{\max}}{\rho_{\infty}c_{L,\max}}\frac{W}{S}} \tag{5-260}$$

5.13.4 FTT:转弯性能

在本节中,将使用洛克希德·马丁公司的F-16"战隼"超声速战斗机来学

习用于评估持续转弯性能的飞行试验技术。讨论了3种稳定转弯性能的飞行试验技术:稳定过载系数飞行试验技术、稳定空速飞行试验技术和计时转弯飞行试验技术。持续转弯性能的4个参数是过载系数 n 、速度 v 、转弯半径 R 和转弯速率或者角速度 ω。 如果我们能测量这4个参数中的任意2个,余下的2个参数可以用式(5-228)和式(5-234)计算。在飞行过程中,过载系数、速度和转弯速率(转弯时间)很容易测量,而转弯半径则不容易测量。

通过在通用动力公司(目前是洛克希德·马丁公司)F-16“战隼”超声速战斗机上了解一些转弯性能飞行试验技术(图5-75)。F-16最初是由得克萨斯州沃斯堡市的通用动力公司研制,在20世纪70年代末作为一种低成本、轻重量、高机动性的超声速飞机引入市场。F-16拥有融合了小展弦比、后掠翼、全动水平尾翼和单一垂直尾翼的细长机身。采用单台加力涡轮风扇喷气发动机提供动力,能产生近30000磅力(133000N)的推力。F-16最高速度为马赫数接近2。F-16在1974年1月20号首飞,其三视图如图5-76所示,主要技术参数如表5-16所列。

图5-75　洛克希德·马丁公司的F-16“战隼”超声速战斗机
(资料来源:美国空军)

表5-16　洛克希德·马丁公司F-16“战隼”超声速飞机选用的规格

项　目	规　格
主要功能	多用途超声速战斗机
制造商	得克萨斯州沃斯堡市通用动力公司(目前是洛克希德·马丁公司)
首飞	1974年1月20号
机组人员	1个飞行员
动力装置	F110-GE-100/129加力涡扇发动机
推力(军用规格)	17100磅力(76100N),军用动力
推力(最大值)	28600磅力(127200N),最大加力

续表

项　　目	规　　格
空机重量	18900 磅(8570kg)
最大起飞重量	42300 磅(19200kg)
长度	49 英尺 5 英寸(14.8m)
高度	16 英尺(4.8m)
翼展	32 英尺 8 英寸(9.8m)
翼面	300 英尺^2(27.9m^2)
翼型	NACA 64A204
最大速度	1320 英里/英尺(2120km/h),马赫数为 2
最大升限	>50000 英尺(>15240m)
过载系数正极限值	+9.0g

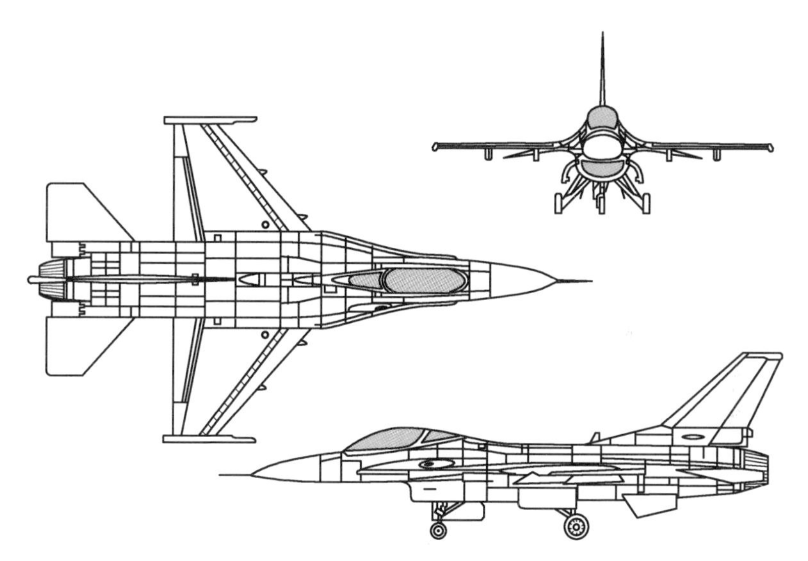

图 5-76　洛克希德·马丁公司 F-16“战隼”超声速战斗机的三视图
(资料来源:美国国家航空航天局)

进入 F-16 驾驶舱,坐在弹射座椅上,注意到座椅靠背的倾斜程度明显高于其他战斗机,如 F-18。弹射座椅倾斜角为 30°,而其他战斗机的倾斜角仅为 15°~20°。这款倾斜座椅的设计初衷是通过减少心脏向大脑输送血液的垂直距离,给飞行员增加重力耐受性。这对转弯性能飞行试验技术有益,因为在这种情况下,高过载系数会在转弯飞行中遇到。F-16 的结构设计比其他战斗机具有更高的过载系数,通常极限过载系数为 9。单片水滴形驾驶舱关闭后,可以观察到周围的特殊视野,特别是机身两侧和尾部。中间没有操纵杆,反而在右边有一个旁操纵杆,脚边有传统的方向舵踏板,左边有一个油门杆,面前安装有一个大型平视显示器(HUD),看起来像一块倾斜的厚玻璃。关键飞行信息都显示在HUD上,而不妨碍视线,这使得可以在机动过程中能够保持视线可以看到驾驶舱外。

起飞后,F-16爬升到1000英尺(300m)高度。F-16不含外部存储设备和副油箱,总重20000磅(9000kg)。稳定过载系数飞行试验和恒定空速飞行试验通常是在恒定功率设置、恒定空速、恒定过载系数下进行。推动油门,选择最大加力,F-16加速到最高空速。将飞机稳定,这是第一个转弯性能数据点,对应过载系数$n=1$。由于动力不变,是最大加力状态,所以必须在保持过载系数恒定和空速恒定之间选一个。

做出选择前,考虑飞机的稳定转弯性能,用图5-77所示的过载系数与速度的对应关系曲线表示。由于飞机处于平衡状态,推力等于阻力,在这条曲线上的单位剩余功率$P_s=0$。这条曲线也可以假设功率设置恒定。F-16目前在横轴某一点上,速度为v_{max},过载系数为1(图5-77上点1)。到下一个试验点点2处速度降低,过载系数增大。如果在点2处试图保持恒速,由于点2处的曲线斜率较大,速度的一点小偏差就会引起过载系数的较大偏差。相反,如果在点2处试图保持过载系数恒定,过载系数的较小偏差引起的速度偏差也很小。因此,最好采用稳定过载系数技术,随着速度从点1的v_{max}开始下降,直到曲线斜率变平(点5和点8之间)。在这一点,过载系数的一点小偏差就会引起速度的较大偏差,而速度的小偏差引起的过载系数偏差也很小。因此,当曲线斜率变平时,应该采用恒定空速飞行试验技术(点6、点7和点8)。这可以在飞行试验点完成时,通过实时绘制过载系数和速度的曲线关系进行图形表示。此外,飞行员发现通过稳定过载系数来保持空速恒定越来越困难,这就是从稳定过载系数FTT向恒定空速FTT过渡的一个信号。

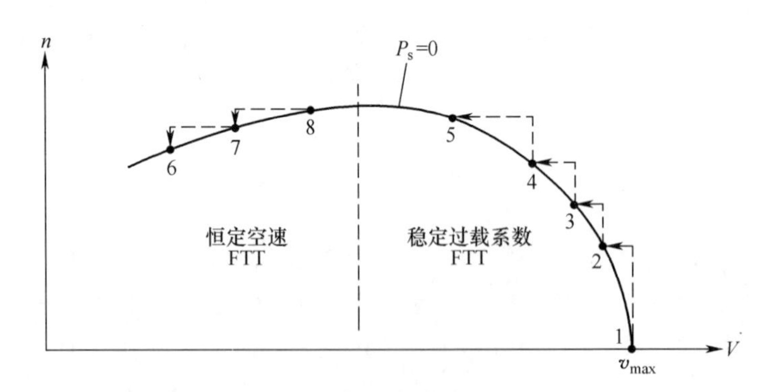

图5-77 稳定转弯性能飞行试验技术

在决定采用稳定过载系数飞行试验后,下一个试验点过载系数为2。对侧翼施加反向压力,平稳地对F-16进行一个60°滚转,完成$2g$转弯。动力依旧设定为最大加力推力。在保持过载系数不变的情况下，使空速下降并稳定下来。空速稳定时，记录该点的过载系数和速度，用以计算转弯半径和转弯速率（当然，由于手完全用于维持在转弯试验点的飞行，所以需要一个数据系统或者后座人员来记录数据）。渐进地增加过载系数，在依次降低的稳定空速点采集数据。在某个过载系数点，空速不再保持稳定，持续下降，这就是该过渡到恒定空速技术的时候了。

降低发动机动力并减速到设定较低空速的转弯性能试验点。将F-16空速稳定在50kn（58英里/h，93km/h），比最初试验点（点6）的空速稍慢。然后推油门，选最大加力，使飞机加速。接近试验点空速时，平稳地加大倾斜角和侧杆向后拉力，将空速稳定在试验空速之下。利用驾驶杆的向后拉力保持空速稳定。慢慢放松侧杆向后拉力，使得空速增大到试验空速。保持试验空速并使过载系数稳定。过载系数稳定后，记录这点的空速和过载系数。完成这个试验点后，逐渐增加空速，稳定过载系数，直到在某个空速点，过载系数不再保持稳定。落地后，利用转弯性能数据绘制“狗窝”图。

很明显，稳定过载系数和恒定空速盘旋性能飞行试验技术最适合于在高过载系数下能够安全飞行的飞机。另一个转弯性能飞行试验技术——计时转弯技术，适合过载系数限制在2或2以下的飞机。计时转弯实质上是恒定空速法的改进方案，一般适用于低空速和低过载系数或者过载系数无法测量的情况。

计时转弯飞行是通过设置恒定的动力，然后设置一个恒定的倾斜角或恒定的空速来实现的。如果选定了一个特定的固定倾斜角，空速能稳定在相应的恒定值。如果选定一个特定的固定空速，倾斜角调整稳定在相应的恒定值。飞机沿水平面做圆周运动，起点和终点保持同样的航向角，记录下盘旋一周所需时间Δt。转弯速率ω简单计算成$2\pi/\Delta t$，过载系数和转弯半径便可用转弯速率和空速进行计算。

5.14 起飞着陆性能

飞行一开始，飞机必须起飞，飞行结束，飞机必须着陆。本节研究传统固定翼飞机的水平起飞和着陆性能。从这个角度，不考虑飞机能够以推力支撑的部分重量。最好将起飞着陆距离减到最小，实践中以尽可能低的空速执行这些机动动作。还有其他重要因素，如障碍清除和风力影响，都会影响到起飞着陆性能。

起飞和着陆的典型飞行剖面如图5-78所示。起飞和着陆都是由地面阶段（飞机在地面滑行）和空中阶段（飞机在空中飞行）组成。

飞机以零速度起飞，保持水平姿态。之后在跑道上以水平姿态加速，空速不断增加。到达抬前轮速度v_r时，飞机向上抬头，迎角增大。通常情况下，飞机以

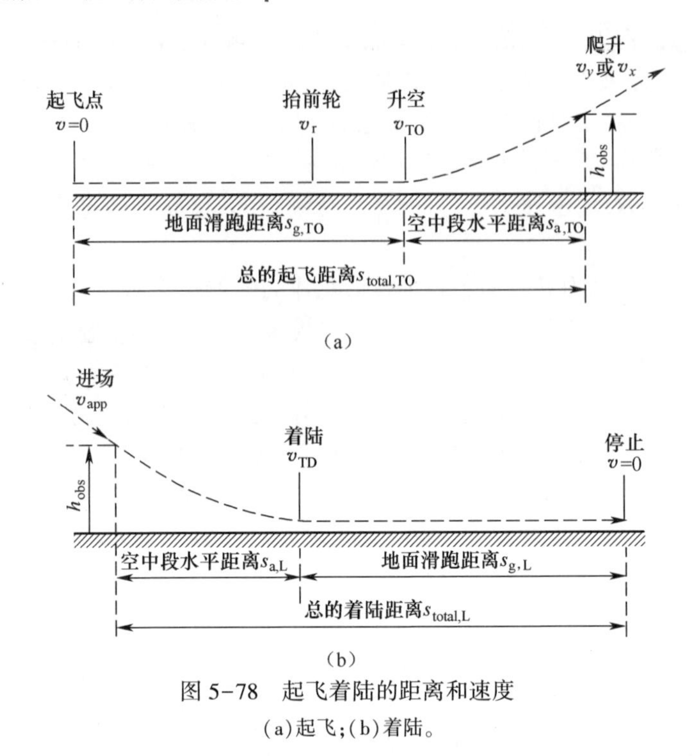

图 5-78　起飞着陆的距离和速度

(a)起飞;(b)着陆。

超出失速速度不小于10%的起飞速度 v_{TO} 离开地面升空。地面滑跑距离 $s_{g,TO}$ 是指开始滑跑到起飞点之间的距离。升空后,飞机从起飞速度加速到爬升速度,通常比失速速度高出20%。空中段水平距离 $s_{a,TO}$ 是指起飞点到通过地面上空指定高度(通常指超障高 h_{abs})的距离。军用和小型民用飞机所需超障高为15m(50英尺),民用商用运输机需要10.7m(35英尺)。总的起飞距离 $s_{total,TO}$ 包括地面滑跑距离 $s_{g,TO}$ 和空中段水平距离 $s_{a,TO}$。

着陆开始于空中阶段,飞机以进场速度 v_{app}(通常比失速速度高出20%~30%),在地面上空以等于超障高 h_{abs}(50英尺即15m)的高度飞行。着陆的空中段水平距离 $s_{a,L}$ 是飞机从超障高处到着陆点之间的距离。以速度 v_{TD} 着陆后,飞机在地面滑行一段距离 $s_{g,L}$,直到速度为0时停止。总的着陆距离 $s_{total,L}$ 包括地面滑跑距离 $s_{g,L}$ 和空中段水平距离 $s_{a,L}$。

飞机起飞或着陆的作用力如图5-79所示。飞行中的飞机同样有4种作用力:与速度 v 垂直的升力 L、重力 W,与速度 v 平行的推力 T 和阻力 D。除了这4种力,由于起落架轮胎在地面上的滚动摩擦,还有一种阻力 R,作用方向与推力相反。滚动摩擦力为

$$R = \mu(W - L) \tag{5-261}$$

式中:$W - L$ 为作用在轮胎上的净法向力;μ 为由摩擦引起的滚动阻力系数。

滚动摩擦力是可变的,取决于跑道表面材质和是否使用飞机轮子刹车。假

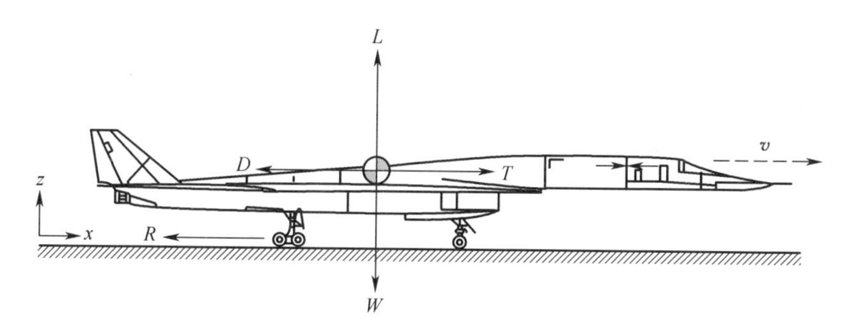

图 5-79 起飞和着陆期间飞机的受力图

设没有采用刹车会得到最小起飞距离,假设整个着陆跑道全程采用全制动刹车装置,会得到最小着陆距离。各种跑道表面滚动阻力系数的典型值如表 5-17 所列。使用制动器后,滚动阻力可以增加一个量级。

表 5-17 滚动摩擦阻力系数典型值

跑道表面	滚动摩擦阻力系数 μ	
	松开刹车	刹车
干燥混凝土/沥青	0.02~0.05	0.2~0.5
潮湿混凝土/沥青	0.05	0.15~0.3
结冰混凝土/沥青	0.02	0.06~0.1
坚硬污垢	0.04	0.3
硬草地	0.05	0.4
软草地	0.07	0.2
湿草地	0.08	0.2

起飞和着陆地面滑跑阶段的轴向力典型变化分别如图 5-80 和图 5-81 所示。开始起飞时,速度为 0,升力和阻力均为 0。飞机开始滑跑前,滚动摩擦力也为 0。推力增大后,通常达到最大推力,飞机加速,速度变大,升力和阻力的增大与速度的增大呈平方关系。飞机开始滑动时,滚动摩擦力达到最大。随着升力增大,净法向力减小,摩擦力减小。由阻力和滚动摩擦力组成的合成减速力随着阻力的不断增大而增大。飞机净加速度为推力与阻力和滚动摩擦力总和之间的差值。起飞时的推力变化取决于推进力类型。对于螺旋桨飞机,推力随速度增加而减小,而对于喷气式飞机来说,推力几乎恒定。当升力大于重力时,飞机起飞,滚动摩擦力变成 0。

如 3.9.5 节所述,由于地面效应,飞机在起降时升力增加,阻力减小。飞机在离地面大约一个翼展高度时地面效应能增加升力。升力和阻力的变化幅值计算在 3.9.5 节中有详细讨论。

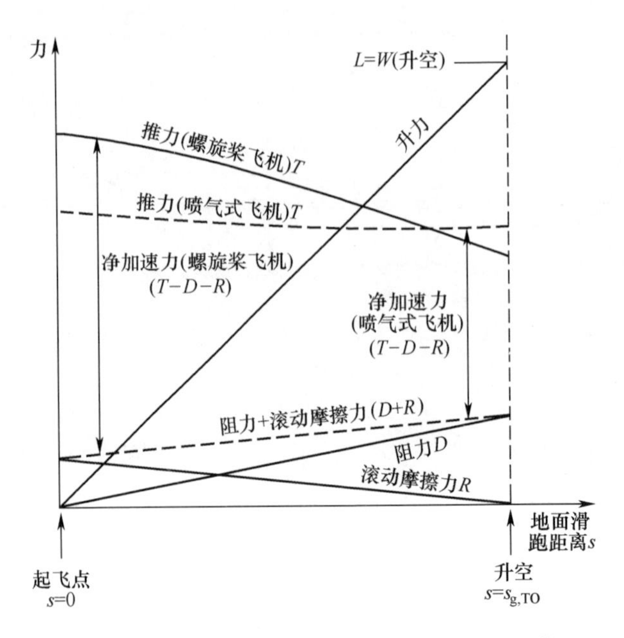

图 5-80　起飞地面滑跑阶段飞机轴向力典型变化

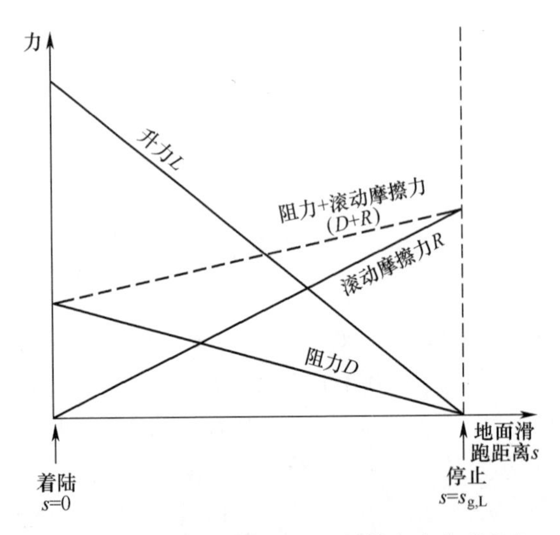

图 5-81　着陆地面滑跑阶段飞机轴向力典型变化

如图 5-81 所示,除了幅值和方向的区别,地面着陆的滚动摩擦力与起飞时相同。着陆时,升力达到最大,与飞机重力相等。通常采用升力减小装置,如扰流板,以防止飞机弹回空中,增加制动作用的净法向力。着陆时滚动摩擦力为 0,并随着升力减小、净法向力增大而增大。如表 5-17 所列,使用刹车装置增大滚动摩擦系数。假设着陆时,发动机推力为 0,如果使用反推装置,推力可以是减速力。在着陆地面滑行阶段,阻力的减小与速度的减小呈平方关系。高速军用飞机可能通过使用阻力降落伞来进一步增加阻力。飞机停下来时,所有的力减小为0。

现在寻求建立一种关系,即起飞或着陆距离与飞机上的力和速度的函数。将牛顿第二定律应用到起飞或着陆的情况,在与速度平行的 x 方向,有

$$\sum F_x = ma_x = m\frac{\mathrm{d}v}{\mathrm{d}t} \tag{5-262}$$

起飞时加速度有限,着陆时减速度有限。将各种作用力代入式(5-262),得

$$T - (D + R) = T - D - \mu(W - L) = m\frac{\mathrm{d}v}{\mathrm{d}t} = \frac{W}{g}\frac{\mathrm{d}v}{\mathrm{d}t} \tag{5-263}$$

除以 W/g, 乘以 $\mathrm{d}t$, 重新整理,得

$$\mathrm{d}v = [T - D - \mu(W - L)]\frac{g}{W}\mathrm{d}t \tag{5-264}$$

将式(5-264)沿起飞或着陆滑跑方向上任意两点进行积分,其中假定推力、阻力、升力的平均值常数,得

$$\int_{v_1}^{v_2}\mathrm{d}v = \int_{t_1}^{t_2}[T - D - \mu(W - L)]_{\mathrm{avg}}\frac{g}{W}\mathrm{d}t \tag{5-265}$$

$$v_2 - v_1 = [T - D - \mu(W - L)]_{\mathrm{avg}}\frac{g}{W}(t_2 - t_1) \tag{5-266}$$

速度变化率扩展到地面滑跑距离 s 的函数,得

$$\frac{\mathrm{d}v}{\mathrm{d}t} = \frac{\mathrm{d}v}{\mathrm{d}s}\frac{\mathrm{d}s}{\mathrm{d}t} = \frac{\mathrm{d}v}{\mathrm{d}s}v \tag{5-267}$$

速度变化率与力有关,应用式(5-266),有

$$\frac{\mathrm{d}v}{\mathrm{d}t} = \frac{\Delta v}{\Delta t} = \frac{v_2 - v_1}{t_2 - t_1} = [T - D - \mu(W - L)]_{\mathrm{avg}}\frac{g}{W} \tag{5-268}$$

将式(5-268)代入式(5-267),得

$$[T - D - \mu(W - L)]_{\mathrm{avg}}\frac{g}{W} = \frac{\mathrm{d}v}{\mathrm{d}s}v \tag{5-269}$$

或

$$[T - D - \mu(W - L)]_{\mathrm{avg}}\frac{g}{W}\mathrm{d}s = v\mathrm{d}v \tag{5-270}$$

现在要对式(5-270)进行积分,但推力、升力和阻力都随着距离和速度的变化而变化。假设飞机重量在起飞着陆地面滑跑阶段保持恒定。为简化分析,假设推力、升力和阻力恒定,等于起飞着陆地面滑跑阶段的平均值,如式(5-265)所示。于是,对式(5-270)在地面滑跑阶段中的两点进行积分,有

$$[T - D - \mu(W - L)]_{\mathrm{avg}}\frac{g}{W}\int_{s_1}^{s_2}\mathrm{d}s = \int_{v_1}^{v_2}v\mathrm{d}v \tag{5-271}$$

式中：$[T-D-\mu(W-L)]_{\text{avg}}$ 为力的平均值，积分结果为

$$s_2 - s_1 = \frac{W}{g[T-D-\mu(W-L)]_{\text{avg}}}\left(\frac{v_2^2}{2} - \frac{v_1^2}{2}\right) \tag{5-272}$$

式(5-272)将起飞和着陆地面滑跑时两点之间的距离和速度联系起来。现在利用这个关系式得到起飞和着陆地面滑跑距离。

5.14.1 起飞距离

式(5-272)用于计算起飞点和升空点之间的地面滑跑距离，如图5-78所示。假设起飞滑跑的开始点距离 s_1 为0，速度 v_1 也为0。在升空点距离 s_2 为起飞地面滑跑距离 $s_{g,TO}$，速度 v_2 也为升空速度 v_{TO}。将这些值代入式(5-272)，得

$$s_{g,TO} = \frac{W}{g[T-D-\mu(W-L)]_{\text{avg}}}\frac{v_{TO}^2}{2} \tag{5-273}$$

式(5-273)将起飞地面滑跑距离 $s_{g,TO}$ 定义为升空速度 v_{TO} 和作用在飞机上力的平均值的函数。

进行类似分析得到起飞空中段水平距离 $s_{a,TO}$（图5-78）。对空中段两端距离进行分析，初始速度为升空速度 v_{TO}，终点速度为超障高50英尺处的空速 v_{50}。起飞空中段水平距离为

$$s_{a,TO} = \frac{W}{(T-D)_{\text{avg}}}\left(\frac{v_{50}^2 - v_{TO}^2}{2g} + 50\right) \tag{5-274}$$

总的起飞水平距离是地面滑跑距离和空中段水平距离之和，即

$$s_{\text{total},TO} = s_{g,TO} + s_{a,TO} \tag{5-275}$$

通过分析式(5-273)和式(5-274)，可以评估各种条件对起飞距离的影响。显而易见，重量越重，推力越低，阻力越高，起飞距离就越长，延迟到更高的空速升空也会增加起飞地面滑跑距离。跑道表面类型会改变滚动摩擦系数，这会影响起飞距离。当然，通过减轻重量、减少阻力或增大推力都会减小起飞距离。重量减轻可以通过载运较少乘客、货物、燃料等来实现。推力增大可以通过在喷气发动机上使用加力燃烧器或者使用辅助捆绑式火箭，通常称为喷气式起飞助推器(JATO)。海军舰载机通过蒸汽弹射器发射系统使前进速度提高。推力也受周围空气密度的影响，在高密度下、高海拔和高温环境下，螺旋桨和喷气发动机的可用推力降低。因此，在炎热的天气里，高海拔机场的起飞地面距离会显著增加。

使用高升力装置，如襟翼，也可以减小起飞距离，尽管从式(5-273)看，这似乎并不明显。再深入挖掘，起飞速度通常比失速速度高10%，提供了一个安全系数。用式(2-48)表示失速速度 v_s，升空速度为

$$v_{\mathrm{TO}}=1.1v_{\mathrm{s}}=1.1\sqrt{\frac{2W}{\rho_{\infty}Sc_{L,\max}}} \tag{5-276}$$

将式(5-276)代入式(5-273),有

$$s_{\mathrm{g,TO}}=\frac{1.21W^{2}}{\rho_{\infty}Sc_{L,\max}g[T-D-\mu(W-L)]_{\mathrm{avg}}} \tag{5-277}$$

由式(5-277)可知,采用高升力装置增大最大升力系数 $c_{\mathrm{L,max}}$ 或者增大翼面面积 S,可以减小起飞地面距离。减小滚动摩擦力也可以提高升力。式(5-277)也强调了重量对起飞距离的影响,距离变化与重量变化呈平方关系。例如,重量增加10%会使得起飞距离增加21%。

在起飞距离分析中没有包括其他因素,如风的影响、跑道斜率和飞行员驾驶技术。逆风或顺风可相应地显著减小或增大地面起飞距离。上坡或下坡的跑道分别通过对轴向力增加不利或有利的重量从而增大或减小地面起飞距离。最后,飞行员技术可显著改变起飞距离。飞行员捕捉合适的升空速度和高度的能力是影响地面起飞距离的重要因素。

5.14.2 着陆距离

现在以类似于起飞情况的方法考虑地面着陆距离。式(5-272)应用于触地点到飞机完全停止的地面着陆滑跑阶段。假设触地点距离 s_1 为0,速度 v_1 为着陆速度 v_{TD},飞机停止时距离 s_2 为地面着陆滑跑距离 $s_{\mathrm{g,L}}$,速度 v_2 为0,着陆地面滑跑阶段推力为0,将这些值代入式(5-272),得

$$0-s_{\mathrm{g,L}}=\frac{W}{g[-D-\mu(W-L)]_{\mathrm{avg}}}\left(\frac{v_{\mathrm{TD}}^{2}}{2}-0\right) \tag{5-278}$$

或

$$s_{\mathrm{g,L}}=\frac{W}{g[D+\mu(W-L)]_{\mathrm{avg}}}\frac{v_{\mathrm{TD}}^{2}}{2} \tag{5-279}$$

式(5-279)将着陆地面滑跑距离 $s_{\mathrm{g,L}}$ 定义为着陆速度 v_{TD} 和作用在飞机上力的平均值的函数。

进行类似分析得到着陆空中段水平距离 $s_{\mathrm{a,L}}$ (图5-78)。对空中段两端点进行分析,初始速度为进场速度 v_{app},终点速度为着地速度 v_{TD}。着陆空中段水平距离为

$$s_{\mathrm{a,L}}=\frac{W}{(T-D)_{\mathrm{avg}}}\left(\frac{v_{\mathrm{TD}}^{2}-v_{\mathrm{app}}^{2}}{2g}-50\right) \tag{5-280}$$

总的地面水平距离是地面滑跑距离和空中段水平距离之和,即

$$s_{\mathrm{total,L}}=s_{\mathrm{g,L}}+s_{\mathrm{a,L}} \tag{5-281}$$

通过分析式(5-279)和式(5-280),可以评估各种条件对着陆距离的影响。重量越重、阻力越低或者触地点空速越高,着陆距离就越长。跑道表面类型会改

变滚动摩擦系数,系数增大,距离会减小。通过减轻重量或增大阻力,会减小着陆距离。通过减小升力(通常通过安装机翼扰流片或着陆时收襟翼),增大净法向力,会增大滚动摩擦力,从而减小着陆距离。阻力可以通过安装增阻装置使其最大化,如机翼扰流板、减速板(上升到气流中的片状表面)或减速伞。飞机俯仰姿态可保持在一个大角度,利用空气制动技术,产生额外阻力。在地面滑跑过程中也可以采用反向推力,从而提供一个附加力使飞机减速,包括反推力的着陆地面距离为

$$s_{g,L} = \frac{W^2}{\rho_\infty S c_{L,max} g[-T-D-\mu(W-L)]_{avg}} \tag{5-282}$$

与起飞情况类似,有几个因素影响着陆距离,包括风、跑道坡度、空气密度和驾驶员技术。

例 5.18 起飞性能计算

北美 XB-70A“女武神”(Valkyrie)轰炸机(图 5-82)在硬路面、干混凝土跑道上以海平面高度、519000 磅的重量起飞。在起飞地面滑跑阶段,每台发动机的平均推力为25000 磅力。假定其滚动阻力系数为 0.03,平均升力和阻力分别为 210000 磅力和 8000 磅力。飞机升空点空速为 211.0kn。XB-70A 机翼面积为 6298 英尺^2,试计算飞机在升空点的升力系数和起飞地面距离。

图 5-82 翼尖下垂飞行中的北美 XB-70A“女武神”轰炸机

(资料来源:美国国家航空航天局)

解:

首先,将升空速度 v_{TO} 转换为统一单位:

$$v_{TO} = 211.0\frac{\text{n mile}}{\text{h}} \times \frac{6076\text{英尺}}{1\text{n mile}} \times \frac{1\text{h}}{3600\text{s}} = 356.1\frac{\text{英尺}}{\text{s}}$$

升空速度为

$$v_{\mathrm{TO}}=\sqrt{\frac{2W}{\rho_\infty S c_{\mathrm{L}}}}$$

求解升力系数，有

$$c_L=\frac{2W}{\rho_\infty S v_{\mathrm{TO}}^2}=\frac{2\times 519000\text{ 磅力}}{0.002377\dfrac{\mathrm{slug}}{\text{英尺}^3}\times 6298\text{ 英尺}^2\times 356.1\dfrac{\text{英尺}^2}{\mathrm{s}}}=0.547$$

起飞滑跑阶段 6 台发动机产生的平均推力总和为

$$T=6\times 25000\text{ 磅力}=150000\text{ 磅力}$$

起飞地面距离为

$$s_{\mathrm{g,TO}}=\frac{W}{g[T-D-\mu(W-L)]_{\mathrm{avg}}}\frac{v_{\mathrm{TO}}^2}{2}$$

$$s_{\mathrm{g,TO}}=\frac{519000\text{ 磅力}}{32.2\dfrac{\text{英尺}}{\mathrm{s}^2}[150000\text{ 磅力}-8000\text{ 磅力}-0.03\times(519000\text{ 磅力}-210000\text{ 磅力})]}\times\frac{\left(356.1\dfrac{\text{英尺}}{\mathrm{s}}\right)^2}{2}=7700\text{ 英尺}$$

5.14.3 FTT:起飞性能

起飞和着陆性能飞行试验通常是通过开展起飞和着陆过程，验证性能预测来进行的。相关技术开发用于正常、短跑道、软地起飞着陆、发动机熄火、中断起飞、控制杆误用的胡乱起飞以及其他特殊或异常情况。数据采集针对各种跑道状况，包括干燥、湿润、结冰、柔软或者粗糙表面跑道。当前飞行试验技术，主要关注起飞性能。

典型起飞性能数据采集包括地面滑跑距离，超过 50 英尺障碍物的空中段距离，以及不同总重和飞机构型下的最佳转速。起飞性能结果受许多可变因素影响，包括飞行员个人技术、跑道表面状况和坡度、风和飞机重量等。其中一些变量很难精确测量或抵消，因此通常只能粗略在大范围内估计飞机的起飞性能，依靠大量起飞的统计平均值来减少误差。

与飞行员技术相关的变量包括制动释放和动力应用程序、方向控制输入（前轮转向、差别制动、方向舵）、加速过程中的副翼、升降舵位置以及盘旋技术（空速、俯仰速率、升空迎角和离开角度）。为了减少飞行员技术的影响，需要密切遵循一个可重复、定义明确的起飞程序。例如，松开刹车前设置油门，松开刹车时和松开刹车后的油门设置，加速时的操纵位置，抬前轮速度和速率选择，飞机升空时的飞机姿态，以及起落架和襟翼收放点等，都应遵循固定的程序。

为了了解起飞性能飞行试验技术，需要驾驶北美 XB-70A Valkyrie 超声速轰炸机原型机,如图 5-82 所示。XB-70A 于 20 世纪 50 年代末由北美航空公司设计,是计划中的 B-70 高空轰炸机的原型机,能够以马赫数为 3 的速度巡航飞行。它的三视图如图 5-83 所示。Valkyrie 体积巨大,机长大致 200 英尺(61m),起飞重量超过 50 万磅。它有一个大的低展弦比三角机翼,扫掠角 65°,翼展 105 英尺(32m),一对可调节的垂直尾翼,两个安装于机身的大型鸭式前翼。可调节的鸭翼用于调整飞机,它们有后缘襟翼。可调节的升降副翼控制面位于三角翼后缘,提供俯仰和滚转控制。XB-70 由 6 台通用电气 YJ93-GE-3 后燃涡轮喷气发动机提供动力,每台发动机在全加力燃烧的情况下可提供 30000 磅力(133400N)的推力。飞机主要由不锈钢和钛构成,耐高温,飞行马赫数可达 3.1,高度可达 73000 英尺(22000m)。飞机机头拥有可变几何形状的坡度,在大马赫数飞行时可以与驾驶员机舱挡风玻璃形成一个流线型,在着陆过程中降低坡度增加能见度。表 5-18 提供了北美 XB-70A“女武神”轰炸机的主要技术参数。

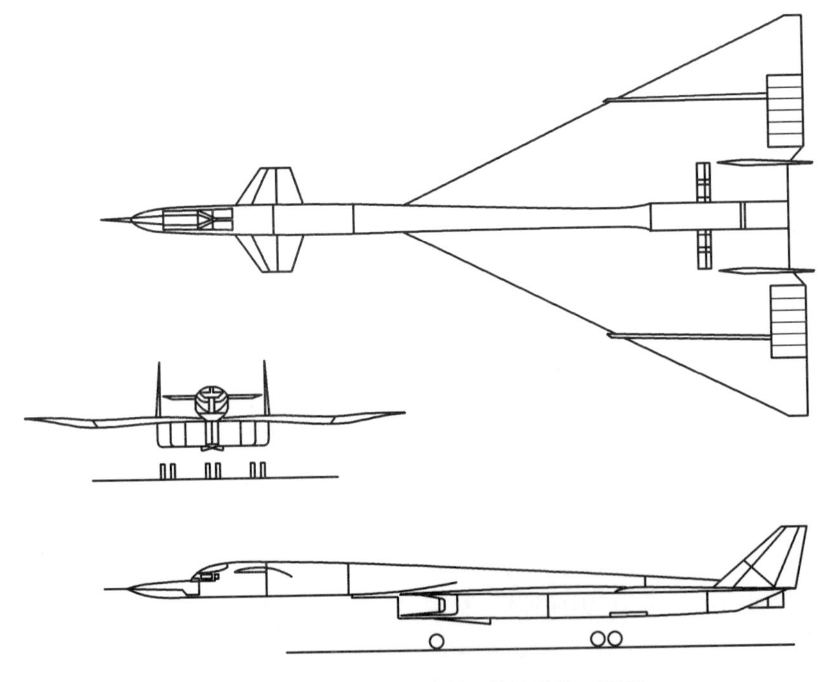

图 5-83　XB-70A“女武神”轰炸机的三视图

(资料来源:美国国家航空航天局)

表 5-18　北美 XB-70A“女武神”轰炸机选用的规格

项　目	规　格
主要功能	超声速高空轰炸机的原型机
制造商	加利福尼亚州洛杉矶北美航空

续表

项 目	规 格
首飞	1964年9月21日
机组人员	1个主驾驶+1个副驾驶
动力装置	6个通用电气 YJ93-GE-3 后燃涡轮喷气发动机
推力(每台发动机)	每台30000磅力(133400N),最大加力燃烧室
空机重量	253600磅(115030kg)
起飞重量	542000磅(246000kg)
长度	193.4英尺(58.9m)
高度	30.75英尺(9.37m)
翼展	105英尺(32.0m)
翼面	6298英尺^2(585.1m^2)
机翼展弦比	1.751
翼型	六角形剖面
最大速度	2056英里/h(3309km/h),马赫数为3.1,在73000英尺(22250m)
航程	4288英里(6900km)
最大升限	77350英尺(23600m)

如图5-82所示,外翼截面下垂高达65°,大三角翼具有在超声速飞行中提供压缩升力的独特特性。这种压缩升力类似于3.13节描述的乘波体概念,其中冲击波后的高压流包含在机翼下面。向下偏转的翼尖也提供了额外的垂直表面面积,增强了高速飞行时的航向稳定性。第一架XB-70的三角翼没有二面角,使得在马赫数为3时横向稳定性差。第一架XB-70在较高马赫数下表现出较差的稳定性后,马赫数限制在2.5,因此只有一次马赫数达到3。第二架XB-70加入了5°的机翼二面角,在马赫数超出2.5的情况下,提高了飞行的横向稳定性。

只生产了两架XB-70A原型机,第一架于1964年9月21日首飞,第二架于1965年7月17日首飞。尽管B-70轰炸机并未实现生产,这两架XB-70飞机在支持超声速运输机(SST)设计方面进行了有价值的研究。第一架XB-70飞机完成83架次飞行,目前在俄亥俄州代顿市的莱特-帕特森空军基地的美国空军博物馆展出。第二架XB-70飞机完成46架次飞行,1966年6月8日与美国国家航空航天局(NASA)的F-104伴飞飞机空中相撞,只留下了几张通用电气动力飞机的照片。

登上体积巨大的XB-70飞机,坐上驾驶舱左侧的主驾驶位置。副驾驶位于右边座位。飞行员的飞行控制由一个传统驾驶杆和方向舵脚踏板组成。中控台有6个节流阀杆,用于控制6台YJ93-GE-3后燃涡轮喷气发动机的推力,上面有发动机压力表。从离地面上方 20 英尺(6m)的驾驶舱可以看到美丽的风景,由于可变几何形状的机头坡度是向下的,所以通过挡风玻璃向前观看时,坐在位于机身中部的发动机进气口和机头起落的最前面。

发动机启动后,滑到跑道尽头,执行飞前检查,并为起飞性能试验进行配置。对于正常起飞,将鸭翼前段设置为 0°,将鸭翼副翼设置为 20°。前后推拉驾驶杆检查三角翼后缘的升降舵副翼是否在上下移动,这在起飞时提供俯仰控制,然后左右移动驾驶杆检查升降舵副翼的差动行程,这在起飞时提供滚转控制。地面乘务长会告知升降舵副翼正在正常移动。检查位于油门上方起落架手柄旁边的左侧面板上的翼尖折叠设置,确认它们在起飞前没有偏转。

进入跑道前,记录燃油重量,可以用来计算起飞重量。副驾驶在起飞过程中会使用便携式数据技术,称作“肉眼”方法,他通过观察驾驶舱右侧和参考跑道一侧的标记来直观估计地面滑跑距离。虽然这种数据准确度不高,但多提供了一组数据。

飞机是高度仪表化的,可以记录起飞参数,以便以后进行数据分析。试验团队记录了跑道状况,包括跑道坡度和成分。每次起飞试验,都要记录风速、气压高度和大气温度。试验结束后,对起飞性能数据进行标准化处理,以便对风、跑道坡度、推力、重量和空气密度进行修正。

此外,地面工作小组会使用高精度光学跟踪系统、组合相机和测量仪器精确记录飞机的起飞轨迹。如前所述,现代数据采集也包括全球定位系统(GPS)设备的应用。

在跑道上滑行时,要在预定的位置排好队,确保飞机前轮是直的,并保持制动。正如飞行前简要介绍的那样,尽可能严格遵守已定义的起飞程序,以减少飞行员个人技术的影响。保持制动时,推进 6 个油门控制杆,使得发动机加力燃烧器功率降到最低。检查发动机仪表稳定后,松开制动,副驾驶启动秒表,然后主驾驶将油门控制杆推到最大加力燃烧功率。加速到低于预定起飞速度的 20kn,然后拉控制杆使机头抬高到 10°俯仰姿态,通过将机身上表面置于地平线上的视觉参考完成。按要求使用前轮和方向舵,保持跑道航向,但要小心不要使用差动制动,这会增加起飞距离。保持这种姿态直到飞机起飞,注意前轮转动、前轮升空和主轮升空的指示空速,保持这种起飞姿态和配置直到飞机离地 50 英尺。

在完成不同重量飞机的起飞后,获得图 5-84(a)所示的起飞试验地面滑跑距离 $s_{g,t}$ 和地面滑跑过程中的平均重量 W_t 的关系图,飞机的重量从 400000 磅(181000kg)左右到 540000 磅(245000kg)左右不等。试验中地面滑跑距离数据分散,与飞机重量关系不大。例如,对于典型重量 520000 磅(236000kg),距离偏差大约为 3000 英尺(900m)。起飞数据除了受到起飞重量的影响外,还有可能受到其他因素影响。起飞数据通常修正为零风速,升空时升力系数不变,标准推力,标准大气密度,如图 5-84(b)所示。对于低于 500000 磅(227000kg)的较轻起飞重量，升空时升力系数 $c_{L,\mathrm{LOF,s}}$ 修正到 0.50，对于高于 500000 磅的较重起飞重量，升力系数修正为 0.55。标准化的起飞数据与试验重量和试验前预测有更好的相关性。在最小重量时，起飞距离约为 4800 英尺（1500m），在最大重量时，起飞距离约为 8900 英尺（2700m）。

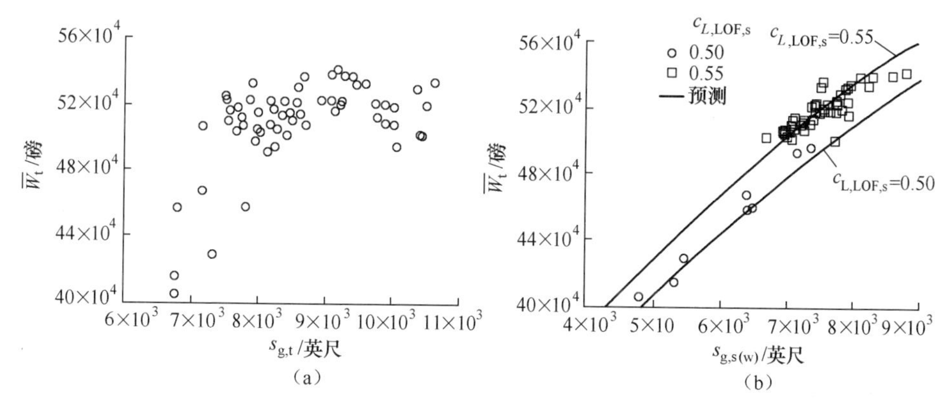

图 5-84 北美 XB-70 着陆地面滑跑数据

（a）未修正；（b）已修正。

（资料来源：Larson and Schweikhard，NASA TM-X-2215，1971 年，文献[17]）

参考文献

[1] *Aerodynamics*，USAF Test Pilot School，Edwards AFB，California，January 2000.

[2] *Aircraft Performance*，USAF Test Pilot School，Edwards AFB，California，January 2000.

[3] Anderson，J. D.，Jr，*Aircraft Performance and Design*，WCB/McGraw-Hill，Boston，Massachusetts，1999.

[4] Corda，S. Stephenson，M. T.，Burcham，F. W.，and Curry，R. E.，"Dynamic Ground Effects Flight Test of an F-15 Aircraft，" *NASA TM-4604*，September 1994.

[5] Diehl，Walter S.，"Standard Atmosphere-Tables and Data，" *NACA Report* **218**，1925.

[6] Federal Aviation Administration，US Department of Transportation，*Aviation Maintenance Technician Handbook—Airframe*，Vol. 1，Oklahoma City，Oklahoma，2012.

[7] Fillipone，A.，*Aerospace Engineering Desk Reference*，Butterworth-Heinemann，Elsevier Inc.，Oxford，UK，1st edition，2009.

[8] Gallagher，G. L.，Higgins，L. B.，Khinoo，L. A.，and Pierce，P. W.，*Fixed Wing Performance*，USNTPS-FTM-NO. 108，US Naval Test Pilot School，Patuxent River，Maryland，September 30，1992.

[9] Gracey，W.，"Measurement of Aircraft Speed and Altitude，" *NASA Reference Publication* **1046**，1980.

[10] Gracey，W.，"Wind Tunnel Investigation of a Number of Total Pressure Tubes at High Angles of Attack-Subsonic，Transonic，and Supersonic Speeds，" *NACA Report* **1303**，1957.

[11] Hall，D. A.，"Technical Preparation of the Airplane *Spirit of St. Louis*，" NACA Technical Note No. 257，July，1927.

[12] Hurt，H. H.，Jr *Aerodynamics for Naval Aviators*，US Navy NAVWEPS 00-80 T-80，US Government Printing

Office, Washington, DC, January 1965.

[13] Jackson, P. (ed.), *Jane's All the World's Aircraft: 2002–2003*, Jane's Information Group Limited, Coulsdon, Surrey, United Kingdom, 2002.

[14] John, J. E. A., *Gas Dynamics*, Allyn and Bacon, Inc., Boston, Massachusetts, 1969.

[15] Kaiser, F., "Der Steigflug mit Strahlflugzeugen; Teilbericht 1: Bahngeschwindigkeit fur Besten Steigens (The Climbwith Jet Airplane; Speeds for Best Climb)," Versuch-Bericht Nr 262 02 L 44, Messerschmitt A. G., Lechfield, May 1, 1944, Translated into English as R. T. P./T. I. B. Translation No. G. DC/15/148 T, Ministry of Supply, United Kingdom.

[16] Khurana, I., *Medical Physiology for Undergraduate Students*, 1st edition, Elsevier, New Delhi, India, 2012.

[17] Larson, T. J. and Schweikhard, W. G., "Verification of Takeoff Performance Predictions for the XB-70 Airplane," *NASATM X-2215*, March 1971.

[18] Lush, K. J., "A Review of the Problem of Choosing a Climb Technique with Proposals for a New Climb Technique for High Performance Aircraft," Aeronautical Research Council Report, Memo. 2557, 1951.

[19] McCormick, B. W., Aerodynamics, *Aeronautics, and Flight Mechanics*, John Wiley & Sons, New York, 1979.

[20] Newman, D., *Interactive Aerospace Engineering and Design*, McGraw-Hill, New York, 2002.

[21] Olson, W. M., *Aircraft Performance Flight Testing*, US Air Force Flight Test Center, Edwards, California, AFFTC-TIH-99-01, September 2000.

[22] *Performance Flight Test Phase*, Vol. **I**, US Air Force Test Pilot School, Edwards AFB, California, August 1991.

[23] "Record Setting Transatlantic Flight," *Model Airplane News*, **88**, January 2004.

[24] Rosemount Engineering Company, "Flight Calibration of Aircraft Static Pressure Systems," Report No. RD-66-3, REC Report 76431, February 1966.

[25] Rutowski, E. S., "Energy Approach to the General Aircraft Performance Problem," *Journal of the Aeronautical Sciences*, vol. **21**, no. 23, March 1954, pp. 187–195.

[26] Talay, T. A., *Introduction to the Aerodynamics of Flight*, NASA SP-367, US Government Printing Office, Washington, DC, 1975.

[27] Wallace, J. M. and Hobbs, P. V., *Atmospheric Science: An Introductory Survey*, 2nd edition, Academic Press, Burlington, Massachusetts, 2006.

[28] *US Standard Atmosphere, 1976*, US Government Printing Office, Washington, DC, October 1976.

[29] Yechout, T. R., *Introduction to Aircraft Flight Mechanics*, 2nd edition, American Institute of Aeronautics and Astronautics, Inc., Reston, Virginia, 2014.

[30] Young, H. D. and Freedman, R. A., *University Physics*, 11th edition, Addison Wesley, San Francisco, California, 2004.

习　题

1. 一个登山者体重 100kg，计算这个登山者在地球表面和珠穆朗玛峰顶部（距地球表面 29029 英尺）的重量。在珠穆朗玛顶部与在地球表面上相比，登山者的体重变化百分比是多少（地球半径为 6371.4km，地球质量为 5.98×10^{24} kg）？
2. 假设使用 U 形管压力计测量例 5.3 中机翼压力，U 形管中注满水（密度

$1g/cm^3$)而不是水银。计算用注水压力计测量值和例子中得到的 $54059N/m^3$ 压力之间的高度差。在压力计中使用水而不是水银有什么问题?

3. 计算海拔高度 6223m 处的温度、压力和密度(根据需要进行插值)。
4. 驾驶诺斯罗普 T-38"禽爪"教练机在 15000 英尺高空飞行,指示空速 225KIAS。假定在标准大气压状态,计算校正空速、当量空速和真空速。假设仪器误差 $\Delta v_{instr} = 0.10kn$,位置误差 $\Delta v_{pc} = -0.55kn$。
5. 飞机以马赫数为 0.670 的速度飞行,安装在飞机上的总温探针测量温度为 475.5°R。假设探针系数为 0.98,计算自由流静温(华氏度)。假设为标准大气压,计算飞机海拔高度。
6. 在飞行塔中准备为一架 F-16 飞机的全静压系统校准采集数据。从塔里瞄准的设备到起飞线的距离是 850 英尺,从瞄准设备到网格的距离是 2.25 英尺。测量塔内大气压力和温度分别为 13.171 磅力/英寸^2 和 59°F。当 F-16 经过飞行塔,可以通过网格看到所测量到的垂直网格读数为 7.4 英寸。F-16 驾驶舱压力高度读数修正后为 3160 英尺,试计算 F-16 的气压高度和高度位置误差修正。
7. 塞斯纳 310 是一种轻型双引擎通用航空飞机,采用低翼结构,由两个水平对置的六缸活塞发动机提供动力。飞机翼展为 36.9 英尺,翼面为 179 英尺^2,零升力阻力系数为 0.0267,翼展效率系数为 0.810。"塞斯纳"310 飞机在 8000 英尺高空飞行,空速为 190 英里/h,试计算"塞斯纳"310 在 5500 磅重量下的机翼载荷和推力重量比。
8. 对于问题 7 中的"塞斯纳"310 飞机,计算速度、升力系数和与所需最小功率相对应的升力。
9. 对于问题 7 中的"塞斯纳"310 飞机,计算典型飞行条件下的升阻比和需用功率,将所需功率转换为马力单位。
10. 一架喷气式飞机在 37000 英尺高空水平平稳飞行。在这种飞行条件下飞机升力系数是0.540。飞机机翼面积为 450 英尺^2,单位推力燃油消耗量(TSFC)为1.60×10^{-4}磅/(磅力·s)。飞机最终重量 W_1 为 33800 磅,如果飞机耗油8350 磅,绘制航程和航时与升阻比的函数关系图,升阻比 L/D 值从 5 升至 12,并手动计算升阻比为 6 时的航程和航时。
11. 飞机从海平面到 16000 英尺高度的爬升率数据如下表所列。利用这些数据,计算从 1500 英尺到 15000 英尺的爬升时间。

高度/英尺	爬升率/(英尺/min)
0	1220
2000	1134
4000	1040

续表

高度/英尺	爬升率/(英尺/min)
6000	956
8000	861
10000	770
12000	689
14000	595
16000	512

12. 一架滑翔机以 42.0 英里/h 的空速飞行,升阻比为 22,试计算下滑角、下降速度和 2500m 高空的水平滑翔距离。
13. 一架洛克希德·马丁 U-2 侦察机飞行高度和空速分别为 70400 英尺和 95kn。如果 U-2 的重量为 17000 磅,试计算在这个飞行条件下它的势能、动能、总能和比能,同时计算势能和动能占总能量的百分比。
14. 一架北美"佩刀"战斗机以 300kn 的恒定空速进行锯齿爬升。在爬坡过程中某一时刻,爬坡速率为 3820 英尺/min。计算爬坡过程中这一点的单位剩余功率和剩余推力。假设飞机在爬升过程中重量恒为 13700 磅。
15. 一架皮茨特技双翼飞机以 95 英里/h 的空速和 4g 的过载系数进入破 S 机动。为了在离地面 500 英尺的高度完成机动,飞行员必须在什么高度开始破 S 机动?
16. 驾驶一架 Extra 300 特技飞机,过载系数为 1g,机翼水平失速速度为 60kn。在空速为 150kn 时,滚转飞机到一个固定倾斜角,水平盘旋,通过拉回操纵杆稳定地增加过载系数。观察到空速随着过载系数的增加而下降,飞机在空速为 105kn 时失速。飞机失速时的过载系数和转弯倾斜角是多少?
17. 洛克希德·马丁公司的 F-16 战斗机以 530kn 的空速执行 9g 的转弯,试计算转弯半径(英尺和英里)和转弯速率((°)/s)。F-16 需要多少时间才能完成 180°的航向改变?
18. 一架高性能喷气式飞机在重量为 10200 磅、海拔高度为 25000 英尺时,转弯时马赫数为 0.93,最大过载系数为 7.33。假定飞机机翼参考面积为 20 英尺^2,计算最大升力系数。
19. 北美 XB-70A"女武神"轰炸机以重量 380000 磅和速度 193kn,在海平面高度着陆在坚硬的干混凝土跑道上。采用适度制动,产生的滚动阻力摩擦系数为 0.3。XB-70A 机翼面积为 6298 英尺^2,假设着陆时升力为零,零升力阻力系数为 0.007,试计算 XB-70A 的地面滑跑距离。

第6章

稳定性和操纵性

修复的诺斯罗普 N-9M 原型机飞翼

（资料来源：Bernardo Malfitano 提供，UnderstandingAirplanes. com.）

令人惊讶的是，在飞机制造行业内外，仍有大量的人质疑不辞辛劳地制造这种全翼飞机的经济性。当然，他们说，“经过大量练习，人们可以学会用手走路，但这样非常不舒服也不自然。既然我们没有任何收获，为什么还要做这件事?”实际上，我们已经在全翼飞机的空气动力和结构效率方面取得了惊人的成绩，这也证明了在这种受到质疑的模式下，一些基本的要求可以得到满足。这些要求可以简单地表述为：

首先,飞机必须足够大,以便全翼的原理可以完全利用。这是一个与各部件的密度密切相关的问题,这些部件包括空载部件和机翼上的有效载荷。

第二个基本要求,全翼机必须具有足够的稳定性和可控性,以便作为军用或商用飞机进行实际操作。全翼机已经完成了数百次飞行,我们认为这种类型的飞机完全满足了这一要求。而且我们在制造了十几种不同配置的全翼飞机后,充分相信它的实用性。

John K. "Jack" Northrop

1947 年第 35 届威尔伯・莱特(Wilbur Wright)的纪念演讲①

6.1 引　　言

Jack K. Northrop 是一位有远见的飞机设计师,他在 20 世纪 40 年代率先提出了机翼的概念。他的公司在 20 世纪 40 年代设计、制造并试飞了几种原型机机翼,并最终在诺斯罗普 B-2 飞翼轰炸机(图 1-27)上达到了顶峰。在许多方面,从空气动力学角度来看,机翼是一种最优设计。然而,如果飞机在飞行中不稳定且无法控制,则认为该飞机设计较差。如果稳定、水平飞行的飞翼飞机受到大气湍流或飞行员输入的干扰,那么飞机会恢复到平衡飞行状态还是失控? 飞机会顺利通过此次湍流,还是会使飞行员非常不舒服的"驾驶"? 飞行员需要哪些飞行操纵面来充分控制飞机? 这些控制面应移动或偏转多少? 飞行员必须用多大的力来移动这些控制面? 这些是本章中要讨论的稳定性和操纵性问题。

飞机在三维空间飞行。它们有 6 个自由度,3 个平移或线性运动(向上、向下和侧向)和 3 个旋转运动(俯仰、滚转和偏航)。在第 5 章中讨论过的飞机性能,阐述了作用在飞机上的力引起的平移运动。稳定性是指对作用在飞机上的力矩的反应,是飞机关于其重心的旋转运动问题。因此现在必须考虑力矩,以及包括力矩方程的稳定性和操纵性的运动方程。在最普遍的三维空间中飞行器运动中,必须考虑这 6 个自由度,它们分别由 3 个受力方程和 3 个力矩方程表示。我们无法找到这 6 个耦合微分方程的解析解,但可以通过几个简化的假定,减少方程的数量并得到近似解,为飞机运动提供有价值的参考。

飞机飞行的两个重要特征是它的瞬时响应和随时间变化的响应。在静稳定性中,我们主要研究飞机对输入信号的瞬时响应。在动稳定性方面,我们感兴趣的是飞机随时间的响应或运动。在评估飞机的静稳定性时,我们考虑的是飞机的不同平衡状态,而不是它的动态运动。动稳定性涉及对飞机运动随时间变化的研究。

---

① John K. Northrop,《全翼飞机发展历程》。第 35 届威尔伯・莱特的纪念演讲,发表于《皇家航空学会杂志》,1947 年第 51 卷,481-510 页。

再次思考各种工程学科中引人关注的物理现象的特征参数：时间尺度（表5-1）。在对飞机性能的研究中，一般认为时间尺度很长，以分钟或小时为单位。但在研究稳定性和操纵性时，通常对动态情况更感兴趣，在这种情况下，时间尺度要小得多，以秒为单位。如此小的时间尺度增加了获取飞行数据工作的困难。可能需要更复杂的数据采集设备来记录飞机在高数据速率下的响应。

我们不是试图立即理解复杂的三维运动，而是将对稳定性和操纵性的研究分成更简单的部分。可以将飞机的二维纵向（俯仰）运动从更复杂的横航向（滚转偏航）运动中分离出来。纵向运动是飞机重心在飞机垂直平面内的对称的机翼水平运动。横航向运动是不对称的，涉及滚转和偏航运动，其中速度矢量不在垂直对称平面中。

学习任何新学科时，都会有新的术语、定义和命名方法。我们先从一些稳定性、操纵性的定义和术语开始。

6.2 飞机稳定性

在评估飞机稳定性时，先从飞机处于平衡状态开始，干扰这个状态，然后观察飞机的响应。一个物体在静止或稳定匀速运动时被定义为处于平衡状态。对于处于平衡状态的飞机，重心的合力、外力和力矩必须为零（在2.3.6节，在艾克斯特300飞机的飞行试验技术中，已经通过设置微调镜头体验过这种平衡状态），可以表达为

$$\sum \boldsymbol{F}_{CG} = 0 \tag{6-1}$$

$$\sum \boldsymbol{M}_{CG} = 0 \tag{6-2}$$

式中：$\boldsymbol{F}_{CG}$，$\boldsymbol{M}_{CG}$分别为作用于飞机重心的力和力矩。

如果力和力矩是非零的，有平移（由于力）或旋转（由于力矩）加速度作用在飞机上。在平衡或配平飞行中平移或旋转加速度为零。平衡或配平状态不限于水平、恒定高度飞行，因此飞机可以处于稳定、配平的爬升、下降或其他飞行条件。

稳定性是指物体在受到扰动后恢复到平衡状态的趋势。对于飞机来说，这种干扰或扰动可能是由于飞行员输入、大气湍流、阵风或其他事件造成。飞机必须具有足够的稳定性，以便在飞行包线内的各种空速和高度范围以及在如水平飞行、爬升或下降飞行等各种飞行条件下保持平衡或调整飞行姿态。飞机的稳定性还可以减少飞行员的工作量，这样就不需要时刻保持精神去调整飞机了。稳定性可以是正的、负的或中性的。

许多飞机的设计本身就是稳定的，这是基本飞机配置或机身的特性。对于不稳定的飞机，可能需要通过某种类型的自动飞行控制系统来进行人工稳定，它

可以稳定自身不稳定的飞机。稳定性增强系统(SAS)也可用于改善飞机的稳定性特性。许多现代飞机的设计具有易于稳定的特性,这可以大大提高机动性。数字计算机,加上连接到控制面的机械执行机构,用于“电传操纵”飞行控制系统,以提供人为增强的稳定性。即使没有电传操纵系统,如果飞机有一定程度无法校正的不稳定性,只要可以通过可管理的工作负载进行控制,也是可以接受的。我们将在后续部分中讨论这些稳定性增强方法。

飞机稳定性可分为静稳定性和动稳定性,与飞机对扰动的初始和长期响应有关。静稳定性是指物体在受扰动后恢复平衡的初始趋势,而动稳定性是指物体在受扰动后随着时间的推移而恢复平衡的趋势或响应。在评估动稳定性时,研究了响应的时间历程。

6.2.1 静稳定性

静稳定性的概念可以通过考虑一个球在图 6-1 所示的 3 种情况更加直观的表现。球处于平衡状态,位于碗底,如图 6-1(a)所示。如果球从它的平衡位置移动,例如将球移动到一个凹面,然后释放,重力会使球滚动到它在碗底的平衡位置。当球从平衡状态被扰动后,其初始趋势是转向平衡状态。因此,球表现出正的静稳定性,或者说它是静稳定的。

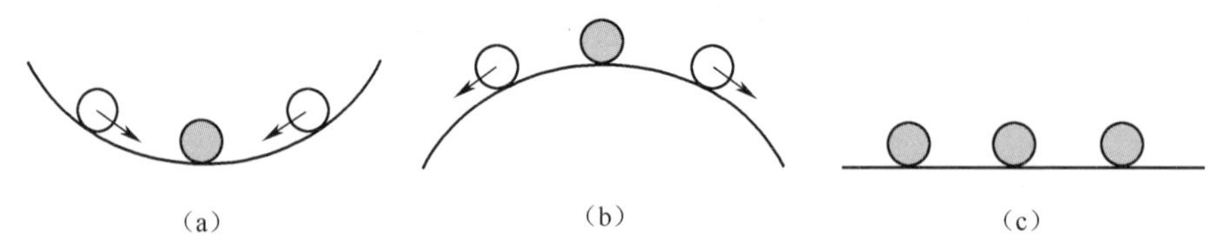

(a)　　(b)　　(c)

图 6-1　静稳定性定义

(a)正静稳定性;(b)负静稳定性;(c)中性静稳定性。

在图 6-1(b)中,球在一个倒置的碗的顶部处于平衡状态。如果球受到扰动,平衡状态被破坏,重力会使球滚下碗的一侧,远离平衡位置。当球从平衡态被扰动后,它的初始倾向是远离平衡态,因此球表现出负静稳定性,或静不稳定性。

静稳定性可以有正负两个等级。如果碗的两侧变得更浅或更陡,球的稳定性就会在运动中或多或少变得稳定。稳定性的高低直接影响飞机的可控性。

最后,如果球放置在一个平面上,如图 6-1(c)所示,它在平面上的任何位置都处于平衡状态。如果发生位移,球在新的位移位置保持平衡,因此球表现出中性静态稳定性。

6.2.2 动稳定性

动态稳定性是指飞机在初始平衡状态受到扰动后随时间的运动。假设飞机在巡航飞行条件下处于平衡状态,具有恒定的空速、恒定的高度和恒定的迎角。当飞机遇到湍流阵风会扰乱平衡状态,使得机头抬起,接下来的飞机运动会是什么样子?假设将自己限制在飞机的俯仰运动范围内,飞机的机头可能会随着时间的推移产生一个向上或向下的运动,如图 6-2 所示。飞机机头从平衡位置(水平轴)移开(垂直轴向上),机头随时间的运动由各种曲线给出。

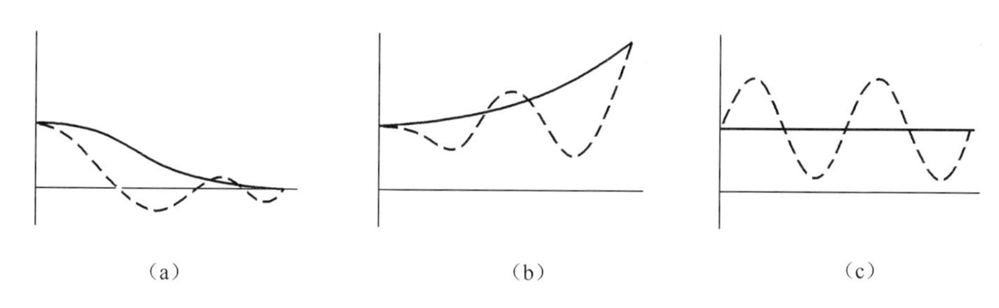

图6-2 非振荡(实线)和振荡(虚线)下的动稳定性
(a)正动稳定性;(b)负动稳定性;(c)中性动稳定性。

如果飞机机头下降,随着时间的推移回到平衡位置,如图 6-2(a)的实线所示,运动具有正的动稳定性或动稳定。运动可以是非振荡的(非周期)或振荡的,分别如实线和虚线所示。在这两种情况下,位移的振幅都随着时间的推移而减小,表现为扰动的正阻尼。在初始扰动之后,初始趋势为机头回到平衡位置,因此这些运动也有正的静稳定性。图 6-2(a)中的曲线既有正静稳定性,也有正动稳定性。

如果飞机机头在初始扰动后继续上升,偏离平衡位置,则运动具有负动稳定性或动不稳定,如图 6-2(b)所示。同样,运动可以是非振荡或者是振荡的,分别用实线和虚线表示。这些运动表现为负阻尼,随着时间的推移,位移的振幅变大。对于非振荡情况(实线),释放后的初始趋势是偏离平衡状态,这代表了负静稳定性。对于振荡运动(虚线曲线),释放后的初始趋势是机头恢复平衡,因此该运动具有正静稳定性。

由此得出正静稳定性并不保证正动稳定性的结论。换句话说,静稳定性是动稳定性的必要条件,但不是充分条件。另一方面,负静稳定性导致负动稳定性。

图 6-2(c)为中性动稳定性的非振荡曲线和振荡曲线。在这里,当飞机机头从它的平衡位置移动时,它要么保持在移动后的位置(实线),要么在移动后的位置(虚线)附近振荡。实线表现为中性静稳定性和中性动稳定性。虚线显示负静稳定性和中性动稳定性。

虽然我们一直在考虑飞机在俯仰方向的位移,但也需要考虑在滚转、偏航或它们的组合上的位移。例如,飞机在滚转或偏航时可以动稳定或不稳定。动态响应的分类在所有情况下都是一样的,但随着更多的运动模式的加入,会出现一些更复杂的情况。

在定量评估动稳定性时,我们通常感兴趣的是当运动是动稳定或收敛的,扰动衰减到初始振幅 1/2 所需要的时间,或者当运动是动不稳定或发散的,振幅加倍所需要的时间。如果运动本质上是振荡的,运动的频率和周期是重要的参数。

6.3 飞机控制

虽然飞机必须有足够的稳定性,无论是固有的还是人为的,它也必须能够操纵和改变它的平衡飞行条件。飞机必须能够改变速度、高度、航向、爬升角度和机动性。飞机控制涉及对控制输入做出反应的能力,这通常来自空气动力控制舵面的偏转。在对飞机控制的研究中,我们对这些控制舵面的位移以及与这些偏转有关的力感兴趣。飞机控制必须能够在整个飞行速度和高度的包络范围内保持和改变飞机的平衡状态。例如,在水平巡航飞行时能够控制,但是在起飞和降落时却不能控制,这是无法接受的。

许多早期的飞机设计者试图设计自身稳定的飞机,他们错误地认为固有的稳定性可以减轻对飞机控制的许多要求。但是也有一些设计师认识到,设计具有足够固有稳定性和缺乏可控性的飞机极其困难,即使不是不可能,也很难安全飞行。

莱特兄弟采取了相反的方法。他们设计和驾驶的飞机在 3 个机体坐标轴——俯仰轴、滚转轴和偏航轴——都不稳定。他们认为不稳定的飞机可以提高飞行的可操作性,但是他们的飞机在飞行中很难控制。为了弥补这一点,莱特兄弟花了很多时间在滑翔机上进行飞行训练,学习如何控制飞机。

这两种稳定性和操纵性方法都不足以使大批量生产的飞机获得令人满意的飞行和操纵质量。在稳定性和可控性之间必须找到一个平衡点。足够的稳定性并不一定转化为足够的可控性。事实上,高度的稳定性往往会降低飞机的可控性,因为改变飞机的平衡状态更加困难。飞机稳定性的上限由可用可控性的下限确定。

6.3.1 飞行控制

传统飞机的飞行控制舵面已经在 1.2.2.2 节中介绍。主操纵面由可移动升降舵、副翼和方向舵组成,分别用于俯仰、滚转和偏航控制。其余操纵面还包括襟翼、扰流板、缝翼或减速板。这些是气动操纵面,因为当空气在其表面流动会产生力和力矩。也可能有其他类型的非气动操纵面,如用于悬挂滑翔机的推力矢量或重量转移操纵面。操纵面通过机械、液压或电气连接到飞行控制器,如中心杆、控制轮或舵踏板。飞行控制系统通常将飞行员或计算机的输入转化到飞行操纵面。这可以通过直接机械连接、液压机械装置、计算机或其他装置来实现。飞行控制系统可以是可逆的,也可以是非可逆的。

在可逆飞行控制系统中,驾驶舱控制通过机械连杆直接连接到飞机的操纵面,机械连杆包括推杆、电缆、滑轮,有时还包括链条,如图6-3(a)所示。操纵面上的空气动力和力矩反馈作用到驾驶舱操纵杆(中心杆、控制轮、舵踏板等)。例如,如果驾驶员将控制杆向前或向后移动,这个输入将导致升降舵分别向下或向上移动。如果升降舵的后缘是手动上下移动的,这将导致控制杆分别向后或向前移动(假设这是一种传统的飞机结构,尾部安装在机翼后部)。由于驾驶舱控制的运动导致操纵面移动,反之亦然,因此该系统称为“可逆”。飞行员必须将所有的输入功率用于移动空气动力飞行的操纵面。可逆飞行控制系统相对简单,通常用于小型低速飞机,其操纵面上的空气负载不会产生难以忍受的驾驶舱控制力。直到 20 世纪 40 年代,设计的飞机都有可逆的飞行控制。随着飞机变得越来越快、越来越大,控制力逐渐超过飞行员的手动能力,便发明了液压推进、不可逆转的飞行控制来处理大型飞机和空速不断增大的喷气式飞机所具有的更大的力和力矩。

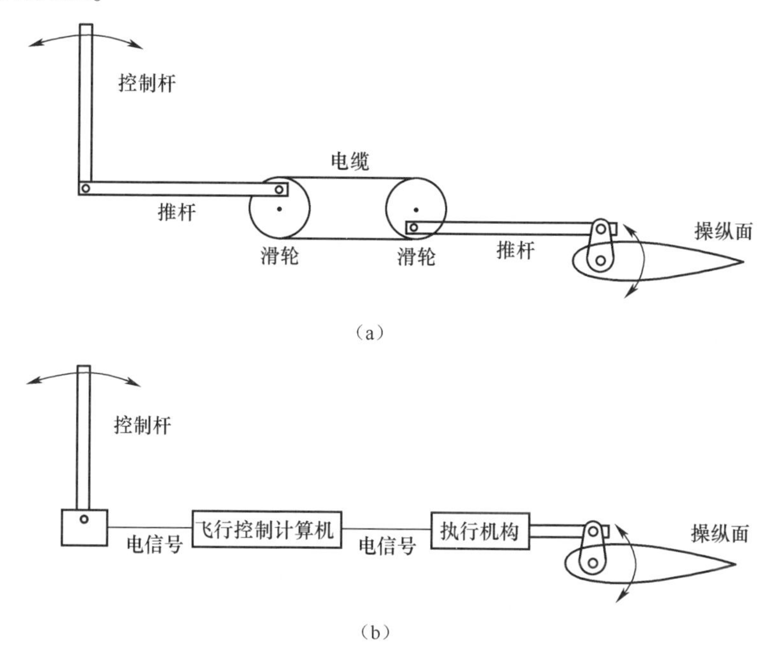

图 6-3　飞行控制系统的类型

(a)可逆飞行控制系统;(b)不可逆飞行控制系统。

在不可逆转的飞行控制系统中,驾驶舱的控制通过电子方式与控制器相连,通常是某种类型的计算机,将飞行员的输入转换到操纵面的命令位置,如图 6-3(b)所示。这些电脑控制的飞行控制或驾驶舱控制系统通过电线与飞行控制计算机相连,这种系统有时称为“电传操纵”系统。不可逆飞行控制系统中的“力量”不再由飞行员控制,而是由液压或机电执行机构移动操纵面控制。操纵面的空气动力和力矩对飞行员控制器没有反馈。如果在曲面上手动移动控制面,而座舱操纵不移动,因此得名“不可逆”。由于没有控制器的反馈,需要某种类型的人工“感觉”系统来为飞行员提供驾驶舱控制的力,这种人为的感觉通常是由控制杆上的弹簧和砝码以及舵踏板上的弹簧共同提供。

6.3.2 握杆稳定性和松杆稳定性

飞机的稳定性取决于操纵面是否处于固定或“冻结”位置,或在飞机从配平状态干扰后是否可自由移动或“松浮”。飞机的稳定性取决于控制是握杆还是松杆状态。

对于握杆稳定性,认为所有的操纵面都是固定的,不随表面空气动力和力矩的变化而运动。“握杆”一词源于这样一个事实:对于可逆飞行控制系统,通过保持或固定主控制器(如中心操纵杆或方向舵踏板)为静止状态,使操纵面保持在固定位置。握杆稳定性是衡量飞机自由响应的一个指标。

对于松杆稳定性,认为飞机从配平状态受到干扰后,操纵面可以自由移动或“松浮”。表面上的力和力矩会随着时间变化而改变操纵面的位置,直到达到平衡位置,此时受力是平衡的,作用于旋转表面的力矩在其铰链点处为零。在可逆飞行控制系统中,认为干扰后飞行员控制器释放,使其随操纵面运动而自由“漂浮”,而且认为驾驶员对驾驶员控制器没有施加力。

即使飞机结构是刚性的,人类飞行员也无法将可逆飞行控制系统的操纵面完全固定。在不可逆飞行控制系统中,液压机械或机电系统将表面固定在一个固定的位置,更接近于握杆假定。另一方面,松杆控制也是一种理想化,因为飞行控制系统的摩擦使得控制不是完全自由的。因此,握杆和松杆假定为操纵面的运动、边界的稳定性和机械的控制提供了理想化状态下的限制。

那么,为什么握杆和松杆控制的稳定性不同呢?要回答这个问题,考虑在配平条件下以迎角 α 平稳飞行的飞机,水平尾翼会产生通过力矩臂从尾翼作用到飞机重心的空气动力。这种尾部产生的空气动力力矩是飞机纵向稳定性的主要因素。现在,假设阵风破坏了配平状态,增加了飞机的迎角。这种新的飞行姿态改变了水平尾翼上的气流,从而改变了它产生的空气动力。如果飞行员保持操纵杆不变,那么升降舵也保持不变(假设飞行控制系统是可逆的)。我们假设升降舵保持不变,即升降舵近似与水平稳定器保持一致(回忆一下,水平尾翼是由固定的水平稳定器和移动的升降机组成的)。在升降舵保持不变时,水平稳定器和升降舵的组合产生的空气动力和产生的力矩分别称为 F_h 和 M_h。现在,假设阵风过后飞行员松开操纵杆,升降舵就可以自由浮动了。例如,流过尾部的气流将升降舵移动到一个新的位置,使升降舵尾缘从流线型位置向上旋转。气流把平尾看作是固定的水平稳定器,当升降舵偏转时,会产生不同于 F_h 和 M_h 的气

动力 F'_{h} 和力矩 M'_{h}。因为平尾产生的力和力矩在固定驾驶杆或自由驾驶杆状态下是不同的,所以飞机稳定性也是不同的。

6.4　机体坐标系、符号约定和命名方法

在讨论飞机性能时,我们关心的是飞机质心相对于固定的惯性坐标系的平移运动。在讨论稳定性和操纵性时,我们关心的是飞机围绕自身质心的旋转运动。因此,我们采用了机体坐标系,原点在飞行器质心处,如图 6-4 所示。机体坐标系是一个遵循右手法则的右手坐标系。x 轴或纵轴沿机身方向,指向机头。y 轴或横轴沿翼展方向,指向右侧。z 轴或垂直轴垂直于 x-y 平面,并指向地球。

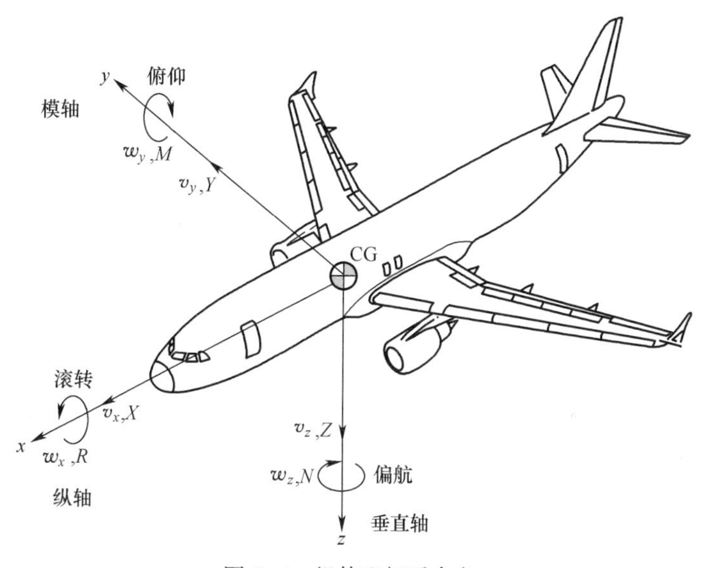

图 6-4　机体坐标系命名

飞机平移运动由一个总速度 v_∞ 表示,在 x、y 和 z 轴上分别有分量 v_x、v_y 和 v_z。飞机速度矢量 $\boldsymbol{v}_\infty$ 被定义为速度分量的总和,有

$$\boldsymbol{v}_\infty = \boldsymbol{v}_x + \boldsymbol{v}_y + \boldsymbol{v}_z \tag{6-3}$$

速度的大小为

$$v_\infty = \sqrt{v_x^2 + v_y^2 + v_z^2} \tag{6-4}$$

飞机的旋转运动分别用围绕 x、y、z 轴转动的滚转角速度、俯仰角速度和偏航角速度来表示。角速率的正方向遵循右手法则。合成气动力的 x、y、z 分量分别由轴向力 X、侧向力 Y 和法向力 Z 给出。其他可能作用于飞机的力包括推力或重力。通常,假设在 y 和 z 方向上的推进力和在 x 和 y 方向上的重力为零。

R、M、N 分别为绕 x、y、z 轴的滚转力矩、俯仰力矩、偏航力矩。力矩可能是

由于空气动力引起的,也可能是由于推力没有经过质心而引起的。R 是关于 x 轴(滚转轴)的滚转力矩,M 是关于 y 轴(俯仰轴)的俯仰力矩,N 是关于 z 轴(偏航轴)的偏航力矩(一般用符号 L 表示滚转力矩,但书中用符号 R 表示滚转力矩,以免升力和滚转力矩都用 L 表示造成混淆),力矩的正方向遵循右手定则。

通常用无量纲的系数形式处理力和力矩。轴向力系数 c_X、侧向力系数 c_Y、法向力系数 c_Z分别定义为

$$c_X = \frac{X}{q_\infty S}, \quad c_Y = \frac{Y}{q_\infty S}, \quad c_Z = \frac{Z}{q_\infty S} \tag{6-5}$$

式中:q_∞ 为自由流动压;S 为机翼翼面面积。

滚转、俯仰、偏航的力矩系数 c_R、c_M、c_N 分别定义为

$$c_R = \frac{R}{q_\infty Sl}, \quad c_M = \frac{M}{q_\infty Sl}, \quad c_N = \frac{N}{q_\infty Sl} \tag{6-6}$$

需要附加特征长度项 l 对力矩进行无量纲化。对于滚转和偏航力矩,特征长度通常为翼展 b,对于俯仰力矩,特征长度通常为机翼弦长 c。这些空气动力和力矩通常是马赫数、雷诺数、迎角和侧滑角的函数。按照惯例,用大写字母表示机翼和整架飞机等的三维力和力矩,用小写字母表示机翼等部分的二维力和力矩。

在对稳定性和操纵性的研究中,我们经常对空气动力系数随相关风向的变化或操纵面位置的变化感兴趣。稳定性导数的定义是纵向系数随迎角 α 的变化率、横向或航向系数随侧滑角 β 的变化率,即

$$c_{M_\alpha} = \frac{\partial c_M}{\partial \alpha}, \quad c_{N_\beta} = \frac{\partial c_N}{\partial \beta} \tag{6-7}$$

定义纵向静稳定性或者俯仰稳定性 c_{M_α} 为俯仰力矩系数 c_M 随迎角 α 变化,定义航向静稳定性或者风标稳定性 c_{N_β} 为偏航力矩系数 c_N 随侧滑角 β 的变化。稳定性导数的符号是决定机构稳定性的重要标志。

控制导数或控制力定义为由于操纵面偏转变化而引起的系数的变化。例如,以下控制导数:

$$c_{M_{\delta_\mathrm{e}}} = \frac{\partial c_M}{\partial \delta_\mathrm{e}}, \quad c_{R_{\delta_\mathrm{a}}} = \frac{\partial c_\mathrm{R}}{\partial \delta_\mathrm{a}} \tag{6-8}$$

定义升降舵或纵向控制力 $c_{M_{\delta_\mathrm{e}}}$ 为由于升降舵挠度变化 δ_e 而引起的俯仰力矩系数 c_M的变化,定义副翼或横向控制力 $c_{R_{\delta_\mathrm{a}}}$ 为由于副翼的挠度 δ_a 而引起的滚转力矩系数 c_R 的变化。控制导数的绝对值越大,由操纵面偏转产生的力矩越大。

表 6-1 所列为飞机机体坐标系组成的术语总结。其中一些术语仍将继续在后续讨论中定义。很显然,现在仔细研究相关命名方法对稳定性和操纵性研究非常重要。

表 6-1 机体坐标系中部分术语的定义

参数	坐标系		
	x	y	z
平移速度	v_x	v_y	v_z
角速度(滚转、俯仰、偏航)	w_x	w_y	w_z
气动力(轴向、侧向、法向)	X	Y	Z
推力	T_x	T_y	T_z
重力	W_x	W_y	W_z
力矩(滚转、俯仰、偏航)	R	M	N
惯量矩	I_x	I_y	I_z
惯性积	I_{yz}	I_{xz}	I_{xy}
控制力(副翼、升降舵、方向舵)	F_a	F_e	F_r
控制偏转(副翼、升降舵、方向舵)	δ_a	δ_e	δ_r

飞机迎角 α 和侧滑角 β 在 2.3.2 节定义,就速度分量而言(图 2-12):

$$\alpha = \arctan \frac{v_z}{v_x} \approx \frac{v_z}{v_x} \tag{6-9}$$

$$\beta = \arcsin \frac{v_y}{v_\infty} \approx \frac{v_y}{v_\infty} \tag{6-10}$$

飞机的主惯性矩为 I_x、I_y 和 I_z,惯性积为分别关于 x 轴,y 轴和 z 轴的 I_{yz}、I_{xz} 和 I_{xy}。惯性是飞机形状和质量分布的函数。惯性矩越大,机体旋转的阻力就越大。由于惯性与机体坐标系有关,所以惯性随飞机旋转而保持不变。

由副翼、升降舵和方向舵组成的主操纵面偏转产生的空气动力和力矩会改变飞机的稳定性。副翼、升降机和方向舵产生的控制力分别定义为 F_a、F_e 和 F_r。副翼、升降舵和方向舵操纵面的变形量分别定义为 δ_a、δ_e 和 δ_r。操纵面正向挠度的符号约定如表 6-2 所列。升降舵正向偏离 $+\delta_e$ 定义为升降舵后缘向下移动,或简单表示为 TED。方向舵正向偏离 $+\delta_r$ 定义为方向舵后缘向左移动,同样也可以简单表示为 TEL。副翼偏转的符号约定有点复杂,正向的副翼偏转 $+\delta_a$ 定义为左副翼或右副翼的后缘下移,副翼总偏转 δ_a 定义为左右副翼偏移量之间的差值,即

$$\delta_a = \frac{1}{2}(\delta_{a,\text{left}} - \delta_{a,\text{right}}) \tag{6-11}$$

操纵面偏转导致作用在飞机上的力矩和姿态的增量变化。需要注意的是,用于操纵面和飞行员控制器(操纵杆、轮子、舵踏板等)偏转的符号惯例在航空航天行业和政府组织行业内各不相同。必须注意确定应该使用哪种约定。本文

采用加利福尼亚州爱德华兹空军飞行试验中心使用的符号约定。符号约定如表 6-2所列。

表 6-2　操纵面正向挠度的符号约定

操纵面	符号	用法说明	结果
升降舵	$+\delta_e$	TED	$+\Delta L_t$, $-\Delta M$, $-\Delta\alpha$
副翼	$+\delta_a$	TED①	$+\Delta R$, $+\Delta\phi$
方向舵	$+\delta_r$	TEL	$+\Delta Y_t$, $-\Delta N$, $+\Delta\beta$

①适用于左副翼和右副翼。

正向的(机翼后缘向下)升降舵偏转$+\delta_e$导致尾翼抬起$+\Delta L_t$、负向的(机头向下的)俯仰力矩增加$-\Delta M$和迎角减小$-\Delta\alpha$。正向的副翼偏转$+\delta_a$会导致正向(右翼向下)滚转力矩增量$+\Delta R$和正向(右翼向下)倾斜角增量$+\Delta\phi$。正向(机翼后缘向左)方向舵的偏转$+\delta_r$会导致方向舵侧向力增量$+\Delta Y_r$、正向(机头向右)偏航力矩增量$+\Delta N$和正向(右耳风方向)侧滑角增量$+\Delta\beta$。一个正侧滑角称为"右耳风",因为这是飞行员在一架敞开式驾驶舱内的感觉,飞机的机头相对于速度矢量向左。符号约定符合应用于操纵面铰链线的右手定则,右手拇指指向正方向。例如,如果右手拇指沿着升降舵或副翼的铰链线指向y轴正方向,则手指向操纵面向下旋转尾缘的方向卷曲。如果右手拇指沿着方向舵铰线指向z轴正方向,则手指向使方向舵尾缘向左旋转的方向卷曲。

6.5　纵向静稳定性

这一节主要研究飞机的纵向静稳定性。在分析飞机纵向稳定性时,我们关心的是作用于飞机重心的俯仰力矩。就飞机的纵向稳定性而言,这个俯仰力矩可能是稳定、不稳定或中性的。纵向平衡定义为作用在飞机重心的净俯仰力矩为零的情况。如果净俯仰力矩不为零,飞机在不平衡的力矩方向上有一个滚转加速度。纵向静稳定性是根据飞行器的空气动力中心和重心的相对位置来量化的。确定一个特定的重心位置,称为中性点,在这一点上飞机具有中性纵向静稳定性。因此,中性点表示稳定与不稳定之间的边界。

6.5.1　俯仰力矩曲线

考虑飞机以恒定的速度v_∞、绝对的迎角α_a稳定、匀速地飞行,如图 6-5 所示。回想一下,绝对迎角是自由流速度和零升力线之间的角度,在这种情况下,是整个飞机的零升力线(见 3.8.5.1 节)。飞机的纵向稳定性由作用于重心的俯仰力矩M_{CG}决定。作用在飞机上的力矩是由于飞机质量(重量)分布、推进系统(推力)和空气动力学(升力、阻力和力矩)所产生的力和力矩共同作用的结果,如图 6-6 所示。因为在计算重心的力矩时,由于重力作用通过重心,重力对这个力矩没有影响。假设推力 T 是通过重心作用的,它不影响作用于重心的俯仰力矩。

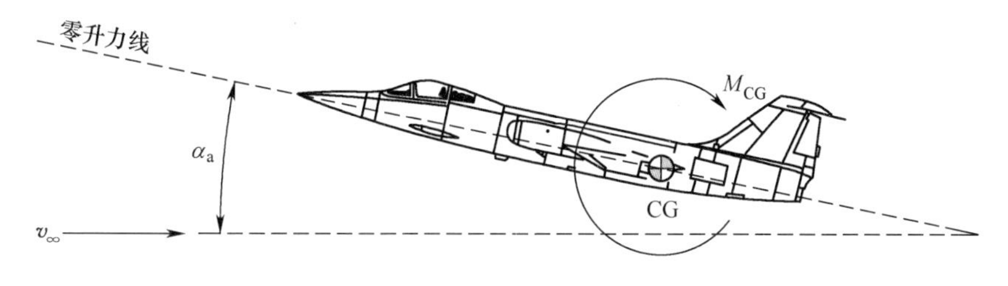

图 6-5　作用于重心的俯仰力矩

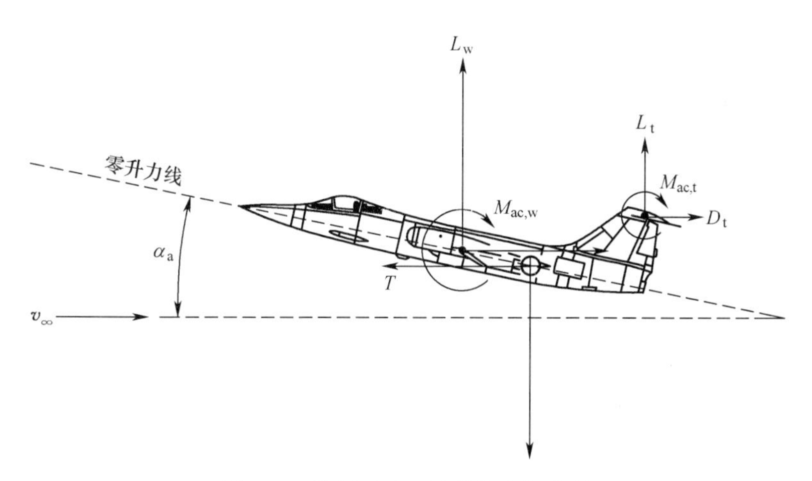

图 6-6　作用于重心的俯仰力矩分量

产生俯仰力矩的气动力主要有整机的整体压力和剪切应力分布。飞机的气动特性对俯仰力矩的贡献可以分为机身、机翼、尾翼等不同部件。对纵向稳定性的定量分析,只分析由于机翼和水平尾翼产生的分量,因为这些是主要分量。我们从定性的角度评估了其他成分对纵向稳定性的影响。机翼的气动力的分量分别来自作用于机翼气动中心(ac)的升力 L_w、阻力 D_w 和力矩 $M_{ac,w}$。回想一下 3.8.3 节,作用于空气动力中心的力矩是独立于迎角的,可以移动到机体的任何位置。同样,作用于水平尾翼气动中心的升力 L_t、阻力 D_t 和力矩 $M_{ac,t}$对作用于重心的俯仰力矩也有影响。如图 6-6 所示,洛克希德 · 马丁 F-104“星式”战斗机的水平尾翼是一个 T 形尾翼,高挂在垂直稳定器上,与传统的机身安装的水平尾翼相比,垂直稳定器相对重心有一个更大的力矩臂。

现在考虑 3 种不同飞机作用于重心的俯仰力矩关于迎角的函数,如图 6-7 中的曲线①、②和③所示。这个图显示了无量纲的关于重心的俯仰力矩系数

$c_{M,\mathrm{CG}}$ 与绝对迎角 α_{a} 的关系曲线。重心的俯仰力矩系数定义为

$$c_{M,\mathrm{CG}} = \frac{M_{\mathrm{CG}}}{q_{\infty} S \bar{c}} \tag{6-12}$$

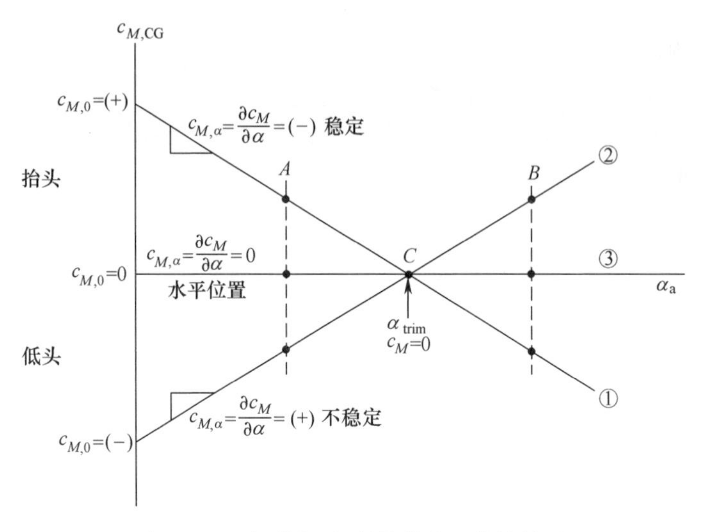

图 6-7　3 种不同飞机的俯仰力矩曲线关系

式中：M_{CG} 为关于重心的空间俯仰力矩；q_{∞} 为自由气流动态压力；S 为机翼参考翼面积；$\bar{c}$ 为机翼的平均气动弦（见 3.9.1.1 节）。

正的 $c_{M,\mathrm{CG}}$ 值在垂直轴上对应的是使机头抬起的俯仰力矩，负的 $c_{M,\mathrm{CG}}$ 值对应的是使机头下降的俯仰力矩。通过使用绝对迎角，在 $\alpha_{\mathrm{a}}=0$ 处升力为零。图 6-7 中的 3 条曲线对应升降舵固持和空速恒定。这些曲线是线性的，因为它们相对应升力曲线（升力与迎角的关系曲线）的线性区域。所有这 3 个飞机在配平的迎角 α_{trim} 处（点 C）纵向平衡且俯仰力矩系数 $c_{M,\mathrm{CG}}=0$（为简单起见，CG 下标在图 6-7 中省略）。

考虑图 6-7 中曲线①给出的飞机 1 的俯仰力矩和迎角的关系。假设飞机在 C 点处于稳定配平飞行中。在零升力点即重心处，俯仰力矩系数 $c_{M,0}$ 是正的，使该飞机的俯仰力矩曲线产生一个负的斜率，即 $\partial c_{M,\mathrm{CG}}/\partial \alpha_{\mathrm{a}} < 0$。现在，假设飞机 1 受到阵风的干扰，所以它的迎角减小到点 A。当迎角小于配平迎角时，俯仰力矩为正，形成一个使机头向上的俯仰力矩。它往往会使飞机的机头向上移动，增加飞机的迎角。因此，当飞机从配平稳定位置被扰动到较低的迎角时，飞机的初始倾向是回到较高的配平迎角飞行状态。现在，假设阵风干扰使飞机 1 从 C 点变到 B 点，此时迎角增大。在曲线①的迎角较大时，俯仰力矩为使机头俯冲的负值。机头向下的力矩使迎角减小，从而使飞机倾向于恢复到配平迎角。因此，飞机 1 的俯仰力矩曲线如图 6-7 中曲线①所示，具有正的纵向静稳定性。

由此，可以得出正的纵向静稳定性对应于斜率为负的俯仰力矩曲线。斜率的大小决定着稳定性的程度。俯仰力矩斜率越大，静稳定性越强，即俯仰稳定性越好。反之显然斜率越小，俯仰稳定性越差。

现在考虑图6-7所示的飞机2的俯仰力矩曲线②。曲线②在零升力处的斜率为正，俯仰力矩为负。我们在C点重新开始稳定、配平飞行。如果受到阵风扰动使迎角减小到曲线②上的A点，俯仰力矩为使机头向下的负值。俯仰力矩倾向于减小迎角，使其远离配平值。当阵风扰动使迎角增加到曲线②上点B时，俯仰力矩为正，由此产生的俯仰力矩趋向于使迎角进一步增大，从而远离配平位置。因此，飞机2的俯仰力矩曲线的纵向稳定性为负。由此，我们得出负的纵向静稳定性对应斜率为正的俯仰力矩曲线。

飞机3的俯仰力矩曲线③具有中性纵向静稳定性，从配平位置移动任何位移俯仰力矩均为零。因此，得出像曲线③这样斜率为零的俯仰力矩曲线对应于中立的纵向稳定性。

考虑另一架飞机的俯仰力矩曲线，如图6-8所示。飞机4具有正的纵向静稳定性，但没有迎角，飞机可以恢复配平或纵向配平，使得$c_{M,\mathrm{CG}}=0$。飞机不能在任何正迎角下配平为稳定、平衡的飞行状态，这是不可取的。造成这种情况的原因是飞机4的零升力力矩系数$c_{M,0}$为负。由此得出结论，除了具有正的静稳定性外，飞机还必须具有正的零升力俯仰力矩，以使其能够在一定正迎角范围内进行稳定、配平飞行。

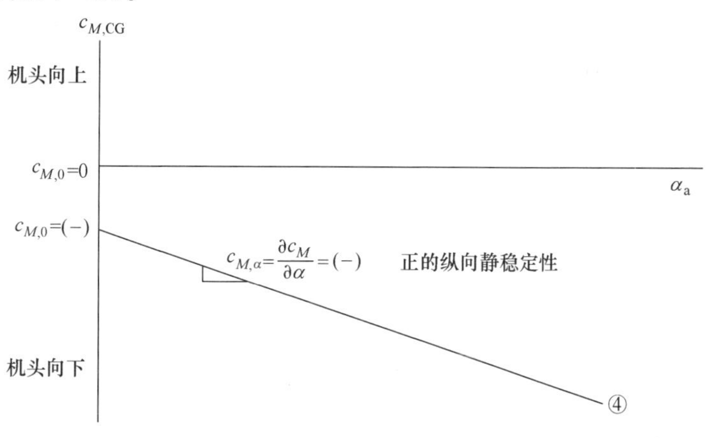

图6-8 不平衡飞机的俯仰力矩曲线

综上所述，对于纵向静稳定性和平衡的要求是俯仰力矩曲线的斜率必须为负，零升力俯仰力矩必须为正，这样飞机才能在一个正的、有效迎角处进行配平。这些要求可以表示为

$$\frac{\partial c_{M,\mathrm{CG}}}{\partial \alpha_a} < 0 \tag{6-13}$$

$$c_{M,0} > 0 \tag{6-14}$$

6.5.2 具有纵向静稳定性和平衡性的配置

上一节定义的准则是设计具有纵向静稳定性和纵向平衡的飞机构型的基础。通过单翼或翼尾的组合,即在翼前或翼后安装水平尾翼,就有可能满足这两种要求。

先考虑独翼的纵向配平。对于对称翼型的机翼,在零升力处的迎角为零。因此,对于具有对称翼型的机翼,在零升力处的俯仰力矩系数 $c_{M,0}$ 为零。如果机翼有一个正弯度的截面,则零升力时俯仰力矩为负,这可以通过检查翼型截面数据来验证。具有负弯度翼型截面的机翼在升力为零时的俯仰力矩是正的。图 6-9 总结了这些观察结果。

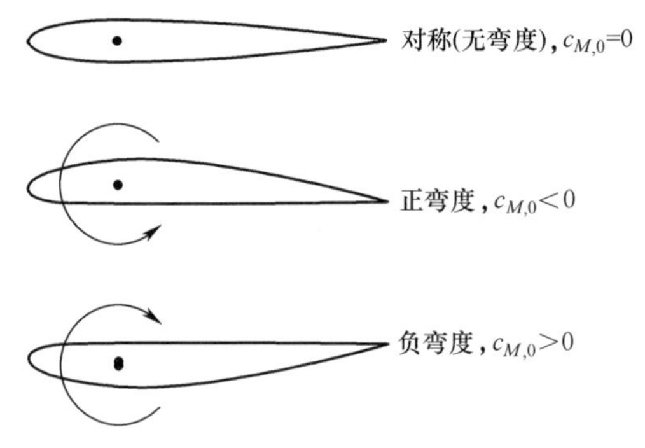

图 6-9　不同翼型截面在零升力处的俯仰力矩系数 $c_{M,0}$

(资料来源:改编自 Dynamics of Flight:Stability and Control,B. Etkin and L. D. Reid,图 2.5,22 页,1996 年,文献[7],经 John Wiley & Sons,Inc. 许可)

假设仅通过重心位置的适当移动,就有可能获得单机翼的纵向静稳定性,则对于不同的机翼截面,可以得出以下结论:具有对称截面的机翼只能在零升力或零迎角的情况下进行稳定的配平飞行。具有正弯度的机翼无法纵向配平,不能在任何正迎角的情况下稳定的配平飞行。而对于具有负弯度的机翼,在任何正的迎角状态下都可以实现稳定的配平飞行。因此,如果机翼截面具有负弯度,设计一个具有纵向静稳定性和平衡的机翼是可能的。

下面解决正弯度或零弯度机翼的问题。为了获得纵向配平,当机翼处于零升力时,必须使用另一个升力面来提供正俯仰力矩。这个附加的表面是位于机翼的前部或后部的水平尾翼,如图 6-10 所示。如果尾翼安装在机翼尾部,则必须以负角度安装,以便在机翼升力为零时产生负的升力和使机头向上的俯仰力矩。在鸭式结构中,尾翼安装在机翼前方,必须以负角度安装,以便在机翼升力为零时提供正升力和正俯仰力矩。

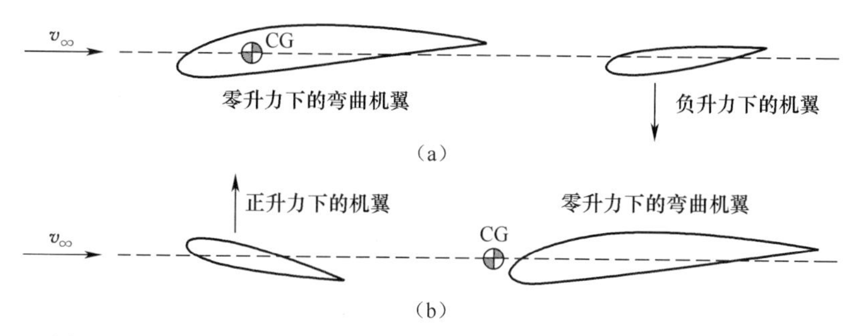

图 6-10 传统、后置尾翼和前置尾翼或鸭翼结构的 $c_{M,0}$ 为正的尾翼布置

(a)传统、后置尾翼;(b)前置尾翼或鸭翼

(资料来源:改编自 Dynamics of Flight:Stability and Control,B. Etkin and L. D. Reid,图 2.6,22 页,1996 年,文献[7],经 John Wiley & Sons,Inc. 许可)

鸭翼提供了增加飞行器整体正升力的优势,而传统的后置尾翼产生负升力,这必须通过增加机翼升力来抵消。鸭翼向前放置,不受来自机翼的气流干扰。鸭翼结构也用来提供空气动力失速保护。在大迎角时,鸭翼升力的损失导致飞机机头向下旋转,迎角减小,此时由于设置鸭翼的安装角使其静止于机翼前,防止机翼达到失速迎角。虽然鸭翼有利于纵向配平,但对纵向静稳定性有负面影响。随着迎角的增加或减少,鸭翼分别产生正升力和负升力,使飞机偏离平衡。这种缺陷通常很容易通过适当的重心位置得到纠正。

也许对纵向静稳定性的第一次理解或许是由 George Cayley 爵士在 19 世纪早期提出的。1804 年,Cayley 设计了一种固定翼、单翼滑翔机,带有一个主翼和一个尾翼,用于纵向稳定。这个简单的滑翔机模型是第一个具有我们如今所了解的"传统"配置的飞机设计。如图 6-11 所示,滑翔机模型的机身像棍子一样,长约 1m,主机翼呈风筝形状,与飞行轨迹成入射角,尾部可调,呈十字形。滑翔机的重心可以用一个可移动的重物来调整。Cayley 驾驶这架滑翔机进行的多次飞行可能是固定翼飞机的第一次纵向稳定飞行。

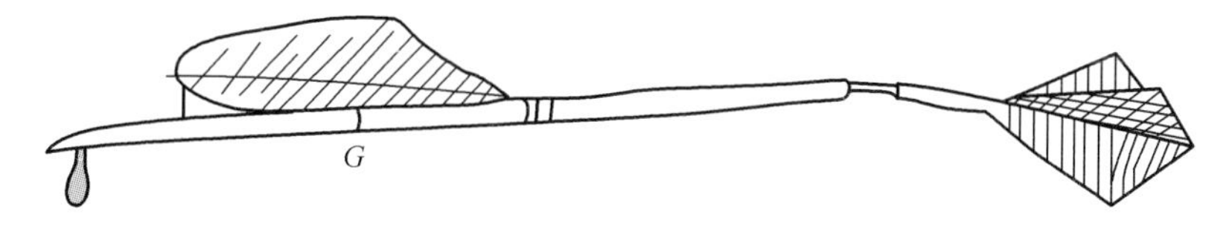

图 6-11 1804 年 George Cayley 爵士设计的具有可调十字形尾翼的固定翼、单翼滑翔机

(资料来源:Hodgson,John Edmund,George Cayley 爵士的 Aeronautical and Miscellaneous(约 1799—1826 年),附录包括 Cayley 文件清单,W. Heffer & Sons 公司,剑桥,1933 年,Newcomen Society Extra Publication No. 3)

1871 年,法国人 Alphonse Penaud 设计并制造了一架具有现代飞机结构的静态稳定模型飞机,称为"Planophore"。如图 6-12 所示,该模型有一个杆状机

身、一个单翼,以及一个作为垂直和水平稳定器的尾翼,尾翼安装在机尾,类似于现代的V形尾翼。模型长20英寸(50.4cm),翼展18英寸(46cm)。它是由橡胶带驱动推进器推动的。该模型由于尾翼的作用具有纵向和航向静稳定性,由于翼尖的轻微向上弯曲而具有横向静稳定性,称为机翼二面角(将在后面的章节中讨论)。1871年,Penaud驾驶他的模型飞机在一个圆形轨道上飞行了大约40m(131英尺),在空中停留了大约11s。Planophore的这次飞行也许是静稳定的动力固定翼飞机的首飞。

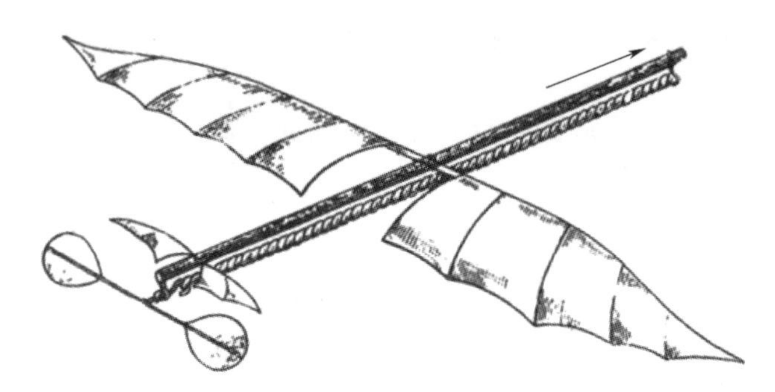

图6-12　Alphonse Penaud的橡胶带动力模型飞机(1871年)
(资料来源:Alphonse Penaud,1871年,PD-old-70)

我们回到负弯度单翼的可能结构。负弯度单翼的平面形状在设计无尾飞机时是很重要的。如果负弯度单翼是直的(无扫掠),则往往具有较差的气动特性,包括阻力大、最大升力系数低。在纵向静稳定性满足要求的同时,负弯度、直翼动稳定性通常较差。最后,对于这种几何形状来说,提供纵向静稳定性的重心范围太小,无法实际应用。

如果机翼具有扫掠平面形状,翼尖处有扭转,则在正弯度下可获得纵向配平。如图6-13所示,当后掠翼处于零升力迎角时,机翼前部处于正迎角,翼尖附近部分为负迎角。前掠翼前部产生正升力,翼尖区域产生负升力。机翼的净升力为零,但正升力和负升力可以产生一个正俯仰力矩,以保持纵向配平。机翼扭转可以是几何的,也可以是空气动力学的,这样机翼中部的翼型部分具有正弯度,而翼尖部分具有负弯度。

有人说,这种无尾飞行的翅膀是受到自然的启发,根据在印度尼西亚爪哇岛的热带森林中发现的Zanonia种子的形式创造。Zanonia种子由悬挂在Alsomitra藤蔓上的数百棵大葫芦释放出来,如图6-14所示,它有一副像纸一样薄的翅膀,故可以滑翔很长一段距离来在森林中播撒种子。种子的翼展约为13cm(5.1英寸),由于它的后掠翼和扭曲翼尖,其飞行翼结构具有纵向静稳定性。种子在飞行中进行优雅的、近似周期起伏的振荡运动(这一起伏动作将在6.9.1节中讨论),向下加速,缓慢上升到接近空气动力失速速度,然后向下俯冲,再次向地面加速。

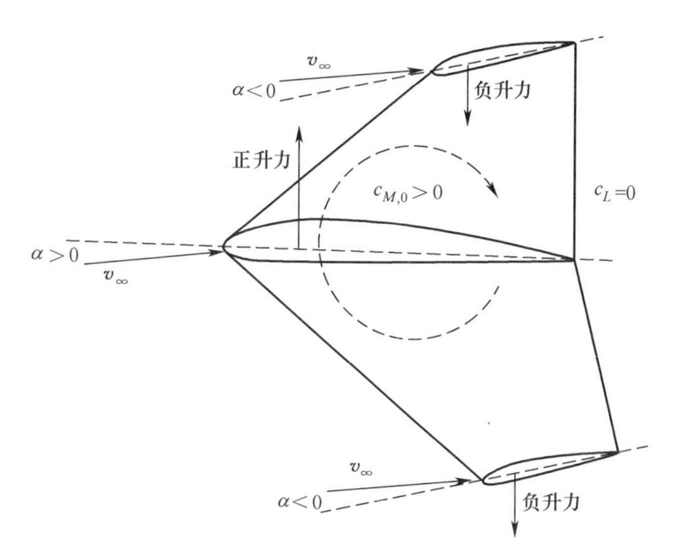

图 6-13 具有纵向静稳定性且带有扭曲翼尖的后掠翼飞行翼

(资料来源:改编自 Dynamics of Flight:Stability and Control,B. Etkin 和 L. D. Reid,图 2.7,23 页,1996 年,文献[7],经 John Wiley & Sons Inc. 许可)

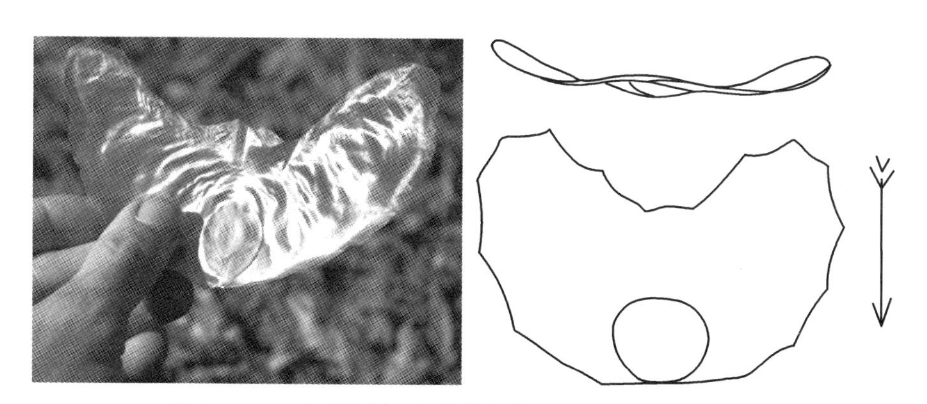

图 6-14 具有后掠翼和扭曲翼尖的 Zanonia 种子“飞行翼”

(资料来源:左图由 Scott Zona 提供,“Alsomitra Macrocarpa 种子”,https://en. wikipedia. org/wiki/File:Alsomitra_macrocarpa_seed_(syn. _Zanonia_macrocarpa). jpg,CC-BY-SA-2. 0,License at https://creativecommons. org/licenses/bysa/ 2. 0 / legalcode。右图引自 Alfried Gymnich,Der Gleit - und Segelflugzeubau,德国柏林,Richard Carl Schmidt 公司,1925 年)

Zanonia 种子的滑翔飞行激发了一些早期航空先驱的梦想。20 世纪初,Ignaz Etrich (1879—1967 年)设计并驾驶了几架 Zanonia 种子启发的滑翔机和飞机,其中一架如图 6-15 所示。Etrich 的 Taube 系列飞机在某种程度上是成功的,德国人在第一次世界大战中使用了不同的设计。英国士兵兼工程师 John

Dunne(1875—1949)通过研究 Zanonia 种子,设计了无尾的掠翼。Dunne 设计并成功地驾驶了几架无尾翼滑翔机和动力飞机,这些飞机以 Zanonia 种子为蓝本,证明了其固有的稳定性。德国发明家 Karl Jatho (1873—1933 年)的飞机机翼设计灵感来自 Zanonia 种子。1903 年 8 月到 11 月之间,Jatho 在德国汉诺威进行了一系列动力跳跃,最大的跳跃距离为 60m(197 英尺)。

图 6-15　1904 年 Igo Etrich 设计的以 Zanonia 种子为灵感的滑翔机
(资料来源:Alfried Gymnich,Der Gleit-und Segelflugzeubau,德国柏林,Richard Carl Schmidt 公司,1925 年)

6.5.3　飞机部件对俯仰力矩的影响

飞机重心的总俯仰力矩由机翼、水平尾翼、机身和推进系统部件等各部分的作用综合得到。将各部件相互之间的气动相互干扰考虑在内,可得到较为准确的结果。在本节中,我们评估了各种飞机部件对作用于重心的俯仰力矩的贡献大小,进一步来说,对机翼和水平尾翼的贡献进行了定量计算,对机身和推进系统的贡献进行了定性评价。作用于重心的俯仰力矩系数 $c_{M,\mathrm{CG}}$ 可表示为

$$c_{M,\mathrm{CG}} = c_{M,\mathrm{CG},0} + \frac{\partial c_{M,\mathrm{CG}}}{\partial \alpha_\mathrm{a}} \alpha_\mathrm{a} = c_{M,\mathrm{CG},0} + c_{M,\mathrm{CG}_\alpha} \alpha_\mathrm{a} \tag{6-15}$$

式中: $c_{M,\mathrm{CG},0}$ 为零升力俯仰力矩系数; $\partial c_{M,\mathrm{CG}}/\partial \alpha_\mathrm{a}$ 即 c_{M,CG_α} 为俯仰力矩曲线的斜率; α_a 为绝对迎角。

这两个俯仰力矩参数对于维持飞机的纵向平衡或配平及纵向静稳定性起着重要的作用。

在所有的情况下,飞机被认为是一个刚体,载荷的施加不会导致结构变形。在一定条件下,如在高动压下飞行,气动弹性效应会引起结构的变形,如机翼弯曲和扭转,它们对力和力矩的影响很大。这些影响超出了目前讨论的范围,需要更先进的研究方法。

下面从影响飞机俯仰力矩的一个主要因素机翼的俯仰力矩开始。

6.5.3.1 机翼对俯仰力矩的贡献

考虑在速度为 v_∞、迎角为 α_w 的自由流气流中机翼相对于翼弦线 c 的气动力和气动力力矩。如图 6-16 所示,机翼上的气动力和力矩分别为升力 L_w、阻力 D_w 和关于机翼气动中心的力矩 $M_{ac,w}$。机翼气动中心 ac 位于距机翼前缘 $h_{ac,w}$的距离上。重心位于距离机翼前缘 hc 且距翼弦线上方垂直高度为 zc 的位置。

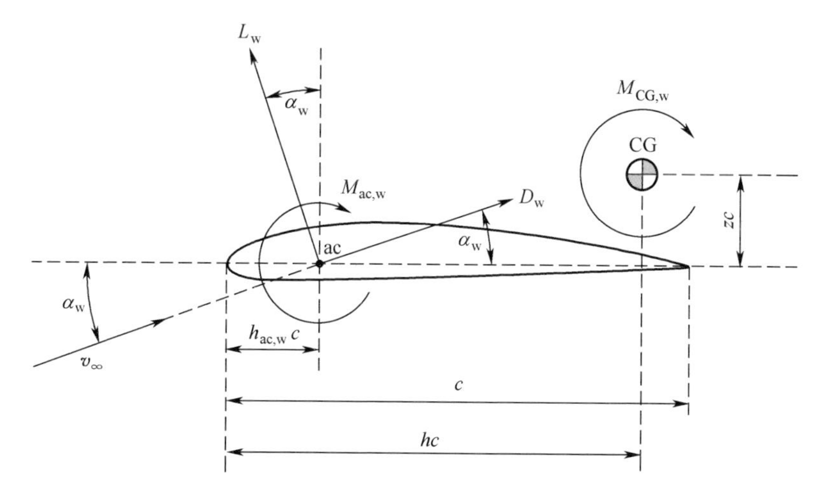

图 6-16 机翼的力和力矩对俯仰力矩的影响

由机翼引起的关于重心的俯仰力矩 $M_{CG,w}$ 为

$$M_{CG,w} = M_{ac,w} + (L_w\cos\alpha_w)(hc - h_{ac,w}c) + (D_w\sin\alpha_w)(hc - h_{ac,w}c) + (L_w\sin\alpha_w)(zc) - (D_w\cos\alpha_w)(zc) \quad (6-16)$$

升力的分量 $L_w\cos\alpha_w$ 和 $L_w\sin\alpha_w$ 分别垂直和平行于翼弦线,对重心产生一个正的(使机头抬升)俯仰力矩。阻力垂直于翼弦线的分量 $D_w\sin\alpha_w$ 对重心产生正的力矩,而平行于翼弦线的分量 $D_w\cos\alpha_w$ 对重心产生负的(使机头下降)力矩。

假设迎角很小,则 $\cos\alpha_w \approx 1$, $\sin\alpha_w \approx \alpha_w$,式(6-16)变为

$$M_{CG,w} = M_{ac,w} + (L_w + D_w\alpha_w)(h - h_{ac,w})c + (L_w\alpha_w - D_w)(zc) \quad (6-17)$$

除以 $q_\infty Sc$,可得系数,即

$$c_{M,CG,w} = c_{M,ac,w} + (c_{L,w} + c_{D,w}\alpha_w)(h - h_{ac,w}) + (c_{L,w}\alpha_w - c_{D,w})z \quad (6-18)$$

我们可以根据大部分飞机的质量特性和空气动力学特性做出其他简化的假设。重心的垂直位置通常接近弦线,因此可以假设 $z \approx 0$。升力通常比阻力大得

多,所以 $c_{L,\mathrm{w}} \gg c_{D,\mathrm{w}}$。如果机翼迎角 α_w 很小,弧度远小于 1,则 $c_{D,\mathrm{w}}\alpha_\mathrm{w} \ll c_{L,\mathrm{w}}$。对式(6-18)使用这些简化假设后,有

$$c_{M,\mathrm{CG},\mathrm{w}} = c_{M,\mathrm{ac},\mathrm{w}} + (c_{L,\mathrm{w}})(h - h_{\mathrm{ac},\mathrm{w}}) \tag{6-19}$$

式中,h 和 $h_{\mathrm{ac},\mathrm{w}}$ 是机翼弦长 c 的一部分。

通常,机翼升力系数 $c_{L,\mathrm{w}}$ 为

$$c_{L,\mathrm{w}} = c_{L,0,\mathrm{w}} + \frac{\mathrm{d}c_{L,\mathrm{w}}}{\mathrm{d}\alpha_\mathrm{w}}\alpha_\mathrm{w} = c_{L,0,\mathrm{w}} + a_\mathrm{w}\alpha_\mathrm{w} \tag{6-20}$$

式中:$c_{L,0,\mathrm{w}}$ 为零迎角时的机翼升力系数;a_w 为机翼升力曲线的斜率。

将式(6-20)代入式(6-19),得

$$c_{M,\mathrm{CG},\mathrm{w}} = c_{M,ac,\mathrm{w}} + (c_{L,0,\mathrm{w}} + a_\mathrm{w}\alpha_\mathrm{w})(h - h_{\mathrm{ac},\mathrm{w}}) \tag{6-21}$$

如果假设机翼迎角 α_w 是绝对迎角,那么根据定义 $c_{L,0,\mathrm{w}}=0$。通过假设机翼迎角与绝对迎角相同,我们假设弦线与零升力线几乎重合,这对于大多数机翼来说是一个合理假设。因此,式(6-21)表示为

$$c_{M,\mathrm{CG},\mathrm{w}} = c_{M,\mathrm{ac},\mathrm{w}} + [a_\mathrm{w}(h - h_{\mathrm{ac},\mathrm{w}})]\alpha_\mathrm{w} \tag{6-22}$$

式中:α_w 为机翼的绝对迎角。

式(6-22)给出了由于空气动力和机翼力矩作用下飞机重心的俯仰力矩系数 $c_{M,\mathrm{CG},\mathrm{w}}$。在所做的简化假设中,机翼对俯仰力矩的贡献是由于机翼气动中心的力矩,以及机翼升力通过机翼气动中心和重力之间的力臂作用而产生的力矩。式(6-22)也可以表示为式(6-15)的形式:

$$c_{M,\mathrm{CG},\mathrm{w}} = c_{M,\mathrm{CG},0,\mathrm{w}} + \left(\frac{\partial c_{M,\mathrm{CG},\mathrm{w}}}{\partial \alpha_\mathrm{w}}\right)\alpha_\mathrm{w} \tag{6-23}$$

其中

$$c_{M,\mathrm{CG},0,\mathrm{w}} = c_{M,\mathrm{ac},\mathrm{w}} \tag{6-24}$$

且

$$\frac{\partial c_{M,\mathrm{CG},\mathrm{w}}}{\partial \alpha_\mathrm{w}} = \alpha_\mathrm{w}(h - h_{\mathrm{ac},\mathrm{w}}) \tag{6-25}$$

将纵向静稳定性和平衡条件(分别为式(6-13)和式(6-14))应用于由机翼引起的俯仰力矩方程式(6-22)。对于静稳定性条件,俯仰力矩曲线的斜率必须为负。将式(6-22)对绝对迎角求导,得

$$\frac{\partial c_{M,\mathrm{CG},\mathrm{w}}}{\partial \alpha_\mathrm{a}} = \frac{\partial c_{M,\mathrm{CG},\mathrm{w}}}{\partial \alpha_\mathrm{w}} = \alpha_\mathrm{w}(h - h_{\mathrm{ac},\mathrm{w}}) < 0 \tag{6-26}$$

当处于纵向平衡,俯仰力矩系数在零升力时必须大于零。根据定义,式(6-22)在零升力时的绝对迎角为 0,即 $\alpha_\mathrm{w} = 0$,有

$$c_{M,\mathrm{CG},0,\mathrm{w}} = c_{M,\mathrm{ac},\mathrm{w}} > 0 \tag{6-27}$$

式中:$c_{M,\mathrm{CG},0,\mathrm{w}}$ 为由于机翼产生的,在零升力时关于重心的俯仰力矩系数(式(6-26)和式(6-27)也可以直接由式(6-25)和式(6-24)得到)。

式(6-26)和式(6-27)为单翼或机翼的纵向静稳定性和平衡要求。对于静稳定性,式(6-26)规定了 $h_{ac,w} > h$, 这意味着机翼的气动中心必须位于重心的尾部。对于大多数飞机来说,空气动力中心通常是略向前的重心,因此在这些情况下,机翼本身不会有纵向静稳定性。由式(6-27)可知,为实现纵向平衡,关于气动中心 $c_{M,ac,w}$ 的机翼俯仰力矩系数必须为正。正如 6.5.2 节所讨论的,如图 6-9所示,这可以通过带有负弯度的翼型截面得到。大多数飞机使用的机翼具有正的弯度,这将使得单翼不平衡,除非进行 6.5.2 节中讨论的扫描和扭转“修复”。一般来说,我们可以得出结论,假设只有一个具有正弯度的机翼,一个机翼通常是不稳定的,可能是不平衡的。考虑到大多数飞机的这种情况,必须使用另一个升降面来提供稳定性和平衡性,所以下面讨论水平尾翼对俯仰力矩的贡献。

例 6.1 机翼俯仰力矩计算

一个矩形翼,翼长 5.10 英尺,绝对迎角为 4.20°。机翼的气动中心位于飞机重心前方 0.230 英尺处。机翼升力曲线斜率为 0.0912/(°),机翼绕气动中心的俯仰力矩为-0.108,试计算飞机重心附近机翼的俯仰力矩系数。

解:

利用式(6-22),得到机翼在飞行器重心附近的俯仰力矩系数为

$$c_{M,CG,w} = c_{M,ac,w} + [a_w(h - h_{ac,w})\alpha_w]$$

$$c_{M,CG,w} = -0.108 + \left[(0.0912/(°)) \times \frac{0.230\text{ 英尺}}{5.10\text{ 英尺}}\right]\alpha_w$$

$$c_{M,CG,w} = -0.108 + (0.004113/(°))\alpha_w$$

式中,机翼绝对迎角 α_w 以度(°)为单位。当机翼绝对迎角为 4.20°时,由机翼产生的俯仰力矩为

$$c_{M,CG,w} = -0.108 + (0.004113/(°)) \times 4.20° = -0.09073$$

因此,机翼本身就产生了使机头下降的俯仰力矩。

6.5.3.2 尾翼对俯仰力矩的贡献

仅一个水平尾翼对重心附近俯仰力矩的贡献与单翼相同。然而,无论尾翼是安装在机翼的前部还是后部,尾翼的作用会受到机翼气动特性的影响。如果尾翼安装在机翼的前部,它会受到机翼上升流的影响。我们量化了传统后置水平尾翼对俯仰力矩的贡献,该水平尾翼受机翼下冲的影响。鸭翼的分析遵循相同的过程,以不同的几何形状来解释上升流的影响。

考虑位于机翼尾部的水平尾翼,如图 6-17 所示。机翼和尾翼的位置以机翼的零升力线为参考,所以我们假设绝对迎角也以机翼的零升力线为参考。零升力线也可以是安装在机身上的机翼,称为机翼-机身组合,但为了简单起见,只参考机翼(机身的影响将在下一节讨论)。机翼位于重心稍前,水平尾翼的气

动中心位于距重心水平距离为 l_t、垂直距离为 z_t 处。水平尾翼由固定式水平稳定器和可移动升降舵组成。假设升降舵在一个固定的位置,与稳定器光滑连接。水平尾翼设置在相对于零升力线的入射角 i_t 处,其中正入射角向上测量。因此,对于尾翼的俯仰入射设置,如图 6-17 所示,入射角为负。

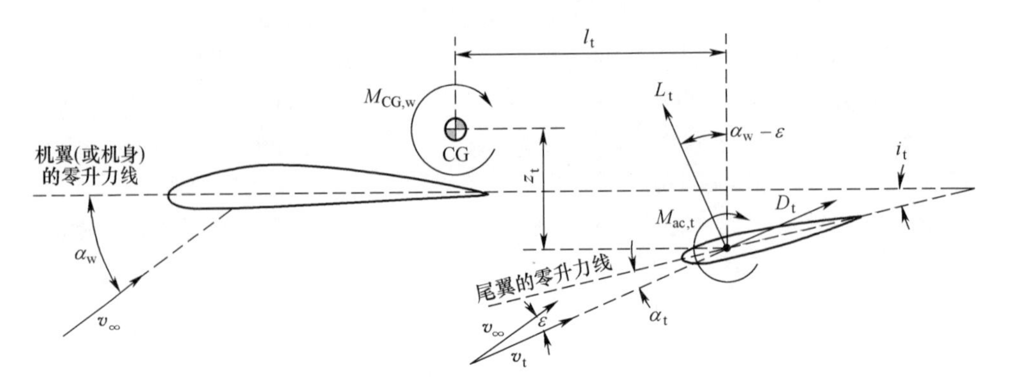

图 6-17 水平尾翼的力和力矩对俯仰力矩的影响

自由流相对尾翼前方的机翼的速度为 v_∞、迎角为 α_w。在尾翼处,气流受到机翼限制的下冲气流影响而向下偏转,如 3.9.1.3 节所述。下冲量是尾翼相对于机翼位置的函数。在机翼后面,下冲角理论上等于机翼迎角。下冲角随机翼后部距离的增加而减小,在尾翼处接近机翼迎角的 1/2。

由于机翼上的阻力,气流的速度也变慢了。因此,从尾翼看,相对风速从 v_∞ 向下偏转 ε 角度并减小为 v_t。同时,相对于尾翼的迎角为

$$\alpha_t=\alpha_w-\varepsilon+i_t \tag{6-28}$$

因为 $v_t<v_\infty$,尾翼的动压 q_t 小于自由流动压 q_∞。动压的比值定义为水平尾翼效率 η_t,有

$$\eta_t=\frac{q_t}{q_\infty}=\frac{\frac{1}{2}\rho_\infty v_t^2}{\frac{1}{2}\rho_\infty v_\infty^2}=\left(\frac{v_t}{v_\infty}\right)^2 \tag{6-29}$$

尾翼效率小于后置尾翼的效率并大于鸭翼配置的效率。尾翼效率通常为 0.8~1.2。

影响关于重心俯仰力矩的水平尾翼的力和力矩有尾翼升力 L_t、尾翼阻力 D_t 和尾翼气动中心的力矩 $D_{ac,t}$。而机翼升力和阻力的分量 L_w 和 D_w 分别垂直和平行于来流速度 v_∞,尾翼的升力和阻力分别垂直和平行于尾翼的局部速度 v_t。因此,取总升力 L 垂直于 v_∞,则一般情况下,总升力为

$$L=L_w+(L_t\cos\varepsilon-D_t\sin\varepsilon) \tag{6-30}$$

式中:$L_t\cos\varepsilon-D_t\sin\varepsilon$ 为垂直于 v_∞ 的尾翼升力分量。假设下洗角 ε 很小,则

$\cos\varepsilon \approx 1$ 且 $\sin\varepsilon \approx 0$。因此,总升力简化为

$$L = L_{w} + L_{t} \tag{6-31}$$

除以自由流动压 q_{∞} 和翼面参考面积 S,可得

$$\frac{L}{q_{\infty}S} = \frac{L_{w}}{q_{\infty}S} + \frac{L_{t}}{q_{\infty}S} = \frac{L_{w}}{q_{\infty}S} + \frac{q_{t}}{q_{t}}\frac{S_{t}}{S_{t}}\frac{L_{t}}{q_{\infty}S} = \frac{L_{w}}{q_{\infty}S} + \frac{q_{t}}{q_{\infty}}\frac{S_{t}}{S}\frac{L_{t}}{q_{t}S_{t}} \tag{6-32}$$

式中:q_{t} 为尾翼的局部气压;S_{t} 为水平尾翼平面的参考面积。

总升力系数定义为

$$c_{L} = \frac{L}{q_{\infty}S} \tag{6-33}$$

机翼的升力系数 $c_{L,w}$ 定义为

$$c_{L,w} = \frac{L_{w}}{q_{\infty}S} \tag{6-34}$$

尾翼的升力系数 $c_{L,t}$ 定义为

$$c_{L,t} = \frac{L_{t}}{q_{t}S_{t}} \tag{6-35}$$

将式(6-29)、式(6-33)、式(6-35)代入式(6-32),得

$$c_{L} = c_{L,w} + \frac{q_{t}}{q_{\infty}}\frac{S_{t}}{S}c_{L,t} = c_{L,w} + \eta\frac{S_{t}}{S}c_{L,t} \tag{6-36}$$

因此,总升力系数是机翼升力系数与尾翼升力系数之和,尾翼的升力系数经过了上洗流、下洗流和参考面积的校正。

由尾翼的力和力矩引起的关于重心的俯仰力矩为

$$M_{CG,t} = M_{ac,t} - l_{t}[L_{t}\cos(\alpha_{w} - \varepsilon) + D_{t}\sin(\alpha_{w} - \varepsilon)] + L_{t}\sin(\alpha_{w} - \varepsilon)z_{t} - D_{t}\cos(\alpha_{w} - \varepsilon)z_{t} \tag{6-37}$$

这个相当长的等式(6-37)可以通过以下几个对大多数飞机都合理的假设进行缩短。对于大多数飞机来说,水平机尾空气动力中心和重心之间的垂直距离 z_{t} 要比水平距离 l_{t} 小得多,因此 $z_{t} \ll l_{t}$。假设机翼迎角 α_{w} 和下洗角 ε 很小,则 $\alpha_{w} - \varepsilon$ 同样很小,因此 $\cos(\alpha_{w} - \varepsilon) \approx 1$ 且 $\sin(\alpha_{w} - \varepsilon) \approx 0$。最后,对于大多数以低迎角飞行的飞机来说,尾翼阻力比尾翼升力小得多,则 $D_{t} \ll L_{t}$,同时尾翼力矩很小,故 $M_{ac} \approx 0$。将所有这些假设应用到式(6-37)中,尾翼对重心俯仰力矩的贡献简化为

$$M_{CG,t} = -l_{t}L_{t} \tag{6-38}$$

即尾翼升力 L_{t} 乘以尾翼空气动力中心和重心之间的水平距离 l_{t}。

将式(6-38)除以 $q_{\infty}Sc$ 可得到尾翼引起的关于重心的力矩系数 $c_{M,CG,t}$ 为

$$c_{M,CG,t} = \frac{M_{CG,t}}{q_{\infty}Sc} = -\frac{l_{t}}{c}\frac{S_{t}}{S_{t}}\frac{L_{t}}{q_{\infty}S} = -\frac{l_{t}}{c}\frac{S_{t}}{S}\frac{q_{\infty}}{q_{t}}\frac{L_{t}}{q_{\infty}S_{t}} \tag{6-39}$$

分别利用尾翼效率和尾翼升力系数的定义,即式(6-29)和式(6-35),得

$$c_{M,\mathrm{CG},\mathrm{t}} = -\left(\frac{l_{\mathrm{t}}}{c}\frac{S_{\mathrm{t}}}{S}\right)\eta_{\mathrm{t}}c_{L,\mathrm{t}} \tag{6-40}$$

式(6-40)右边括号内的部分定义为水平尾翼的体积比 ν_H，即

$$\nu_{\mathrm{H}} = \frac{l_{\mathrm{t}}}{c}\frac{S_{\mathrm{t}}}{S} \tag{6-41}$$

单发通用飞机水平尾翼体积比通常为 0.5~0.7，军用喷气式战斗机水平尾翼体积比约为 0.4，军用喷气教练机水平尾翼体积比约为 0.7，商用喷气式运输机[14]水平尾翼体积比约为 1.0。

因此，水平尾翼对重心俯仰力矩系数的贡献为

$$c_{M,\mathrm{CG},\mathrm{t}} = -\nu_{\mathrm{H}}\,\eta_{\mathrm{t}}c_{L,\mathrm{t}} \tag{6-42}$$

我们希望将纵向静稳定性的准则应用到尾翼产生的力矩上，因此需要将式(6-42)改写成迎角，这样就可以应用式(6-13)。

尾翼升力系数 $c_{L,\mathrm{t}}$ 为

$$c_{L,\mathrm{t}} = a_{\mathrm{t}}\,\alpha_{\mathrm{t}} = a_{\mathrm{t}}\,(\alpha_{\mathrm{w}} - \varepsilon + i_{\mathrm{t}}) \tag{6-43}$$

式中：a_{t} 为尾翼升力曲线的斜率，同时，尾翼的迎角 α_{t} 已由式(6-28)替换。

下洗角 ε 通常是试验导出量，大多来自风洞试验的结果。下洗角可近似为

$$\varepsilon = \varepsilon_0 + \frac{\partial\varepsilon}{\partial\alpha}\alpha_{\mathrm{w}} \tag{6-44}$$

式中：ε_0 为机翼（或机翼和机身的组合）在零升力（或零绝对迎角）时的下洗角；$\partial\varepsilon/\partial\alpha$ 为下洗角随迎角的变化率。

即使是在零升力状态，仍然有一个由于机翼扭曲或机身的诱导速度场而产生的下洗角 ε_0。下洗角导数项 $\partial\varepsilon/\partial\alpha$ 来源于机翼尾部漩涡系统。理论上，机翼的下洗角 ε（用弧度表示）为椭圆升力分布[13]，表示为

$$\varepsilon = \left(\frac{2}{\pi\mathrm{AR}}\right)c_{L,\mathrm{w}} \tag{6-45}$$

式中：$c_{L,\mathrm{w}}$ 为机翼升力系数；AR 为翼宽高比。

式(6-45)表明，下洗角随着机翼展弦比的增大而减小，对于无限(2D)机翼，下洗角为零，这与预期一致。它还表明，下洗角随着升力的增加而增加，这是有道理的，因为漩涡的强度随着升力的增加而增加。在式(6-45)中对迎角求导，得到下洗角导数项表达式为

$$\frac{\partial\varepsilon}{\partial\alpha} = \frac{2}{\pi\mathrm{AR}}\frac{\partial c_{L,\mathrm{w}}}{\partial\alpha} = \frac{2}{\pi\mathrm{AR}}a_{\mathrm{w}} \tag{6-46}$$

将式(6-44)代入式(6-43)，得

$$c_{L,\mathrm{t}} = a_{\mathrm{t}}\left(\alpha_{\mathrm{w}} - \varepsilon_0 - \frac{\partial\varepsilon}{\partial\alpha}\alpha_{\mathrm{w}} + i_{\mathrm{t}}\right) = -a_{\mathrm{t}}(\varepsilon_0 - i_{\mathrm{t}}) + a_{\mathrm{t}}\,\alpha_{\mathrm{w}}\left(1 - \frac{\partial\varepsilon}{\partial\alpha}\right) \tag{6-47}$$

将尾翼升力系数式(6-47)代入式(6-43),得

$$c_{M,\mathrm{CG},\mathrm{t}} = \nu_{\mathrm{H}}\eta_{\mathrm{t}}a_{\mathrm{t}}(\varepsilon_0 - i_{\mathrm{t}}) - \left[\nu_{\mathrm{H}}\eta_{\mathrm{t}}a_{\mathrm{t}}\left(1 - \frac{\partial \varepsilon}{\partial \alpha}\right)\alpha_{\mathrm{w}}\right] \tag{6-48}$$

式(6-48)为期望结果,提供了水平尾翼对重心俯仰力矩的贡献,它是迎角的函数。式(6-48)也具有式(6-15)的形式,即

$$c_{M,\mathrm{CG},\mathrm{t}} = c_{M,\mathrm{CG},0,\mathrm{t}} + \left(\frac{\partial c_{M,\mathrm{CG},\mathrm{t}}}{\partial \alpha_{\mathrm{w}}}\right)\alpha_{\mathrm{w}} \tag{6-49}$$

其中

$$c_{M,\mathrm{CG},0,\mathrm{t}} = \nu_{\mathrm{H}}\ \eta_{\mathrm{t}}a_{\mathrm{t}}(\varepsilon_0 - i_{\mathrm{t}}) \tag{6-50}$$

且

$$\frac{\partial c_{M,\mathrm{CG},\mathrm{t}}}{\partial \alpha_{\mathrm{w}}} = -\left[\nu_{\mathrm{H}}\ \eta_{\mathrm{t}}a_{\mathrm{t}}\left(1 - \frac{\partial \varepsilon}{\partial \alpha}\right)\right] \tag{6-51}$$

在下一节中,我们将评估由于尾翼对俯仰力矩的影响,保持纵向静稳定性和纵向平衡的条件。

例 6.2 水平尾翼俯仰力矩的计算

飞机有一个矩形机翼和一个后置水平尾翼,规格如下表所列。

参　　数	数　　值
机翼面积 S	193 英尺^2
翼弦 c	5.10 英尺
翼展 b	36.3 英尺
机翼升力曲线斜率 a_{w}	0.0912/(°)
水平尾翼面积 S_{t}	34.1 英尺^2
水平尾翼升力曲线斜率 a_{t}	0.0940/(°)
水平尾翼安装角 i_{t}	−2.70°
水平尾翼效率 η_{t}	0.960
重心到水平尾翼 ac 的距离 l_{t}	15.3 英尺

如果机翼的绝对迎角为 4.20°,计算水平尾翼迎角、尾翼升力系数和尾翼对俯仰力矩系数的贡献。假设零升力处的下洗角 $\varepsilon_0 = 0$。

解:

利用式(6-41),可得水平尾翼体积比为

$$\nu_{\mathrm{H}} = \frac{l_{\mathrm{t}}S_{\mathrm{t}}}{cS} = \frac{15.3\text{ 英尺} \times 34.1\text{ 英尺}^2}{5.10\text{ 英尺} \times 193\text{ 英尺}^2} = 0.530$$

矩形机翼的翼宽高比为

$$\mathrm{AR} = \frac{b^2}{S} = \frac{b^2}{bc} = \frac{b}{c} = \frac{36.3\text{ 英尺}}{5.10\text{ 英尺}} = 7.12$$

根据式(6-46),下洗角导数项为

$$\frac{\partial \varepsilon}{\partial \alpha}=\frac{2}{\pi \mathrm{AR}}a_{\mathrm{w}}=\frac{2}{\pi \times 7.12}\times\left(0.0912/(^{\circ})\times\frac{180}{\pi}\right)=0.467$$

根据式(6-28),水平尾翼的迎角为

$$\begin{aligned}\alpha_{\mathrm{t}}&=\alpha_{\mathrm{w}}-\varepsilon+i_{\mathrm{t}}=\alpha_{\mathrm{w}}-\left(\varepsilon_0+\frac{\partial \varepsilon}{\partial \alpha}\alpha_{\mathrm{w}}\right)+i_{\mathrm{t}}\\&=4.2^{\circ}-0^{\circ}-0.467\times 4.2^{\circ}-2.7^{\circ}=-0.461^{\circ}\end{aligned}$$

根据式(6-43),水平尾翼的升力系数为

$$c_{L,\mathrm{t}}=a_{\mathrm{t}}\alpha_{\mathrm{t}}=(0.0940/(^{\circ}))\times(-0.461^{\circ})=-0.0434$$

由式(6-48)可知,水平尾翼对飞机重心俯仰力矩系数的贡献为

$$c_{M,\mathrm{CG,t}}=\nu_{\mathrm{H}}\eta_{\mathrm{t}}a_{\mathrm{t}}(\varepsilon_0-i_{\mathrm{t}})-\left[\nu_{\mathrm{H}}\eta_{\mathrm{t}}a_{\mathrm{t}}\left(1-\frac{\partial \varepsilon}{\partial \alpha}\right)\right]\alpha_{\mathrm{w}}$$

将参数数值代入尾翼力矩系数的表达式中,得

$$c_{M,\mathrm{CG,t}}=\nu_{\mathrm{H}}\eta_{\mathrm{t}}a_{\mathrm{t}}(\varepsilon_0-i_{\mathrm{t}})-\left[\nu_{\mathrm{H}}\eta_{\mathrm{t}}a_{\mathrm{t}}\left(1-\frac{\partial \varepsilon}{\partial \alpha}\right)\right]\alpha_{\mathrm{w}}$$

$$\begin{aligned}c_{M,\mathrm{CG,t}}=&\ 0.530\times 0.960\times(0.0940/(^{\circ}))\times(0+2.7^{\circ})-\\&[0.0530\times 0.960\times(0.0940/(^{\circ}))\times(1-0.467)]\alpha_{\mathrm{w}}\end{aligned}$$

$$c_{M,\mathrm{CG,t}}=0.1291-(0.02549/(^{\circ}))\alpha_{\mathrm{w}}$$

式中,机翼绝对迎角 α_{w} 单位为度(°)。当机翼迎角为4.20°时,由于尾翼产生的俯仰力矩为

$$c_{M,\mathrm{CG,t}}=0.1291-(0.02549/(^{\circ}))\times 4.2^{\circ}=0.0220$$

故水平尾翼产生一个使机头抬升的俯仰力矩。

6.5.3.3 机翼和尾部对俯仰力矩的共同作用

现在把机翼和水平尾翼对重心俯仰力矩的影响大小结合起来,可写为

$$c_{M,\mathrm{CG,wt}}=c_{M,\mathrm{CG,w}}+c_{M,\mathrm{CG,t}} \tag{6-52}$$

将表示机翼对升力系数影响的式(6-19)和表示尾翼对升力系数影响的式(6-42)代入,可得

$$c_{M,\mathrm{CG,wt}}=c_{M,\mathrm{ac,w}}+c_{L,\mathrm{w}}(h-h_{\mathrm{ac,w}})-\nu_{\mathrm{H}}\eta_{\mathrm{t}}c_{L,\mathrm{t}} \tag{6-53}$$

将式(6-22)和式(6-48)代入式(6-52)中,可得机翼和尾翼的迎角对于重心的总俯仰力矩系数为

$$c_{M,\mathrm{CG,wt}}=c_{M,\mathrm{ac,w}}+a_{\mathrm{w}}\alpha_{\mathrm{w}}(h-h_{\mathrm{ac,w}})+\nu_{\mathrm{H}}\eta_{\mathrm{t}}a_{\mathrm{t}}(\varepsilon_0-i_{\mathrm{t}})-\left[\nu_{\mathrm{H}}\eta_{\mathrm{t}}a_{\mathrm{t}}\left(1-\frac{\partial \varepsilon}{\partial \alpha}\right)\right]\alpha_{\mathrm{w}}$$

$$c_{M,\mathrm{CG,wt}}=c_{M,\mathrm{ac,w}}+\nu_{\mathrm{H}}\eta_{\mathrm{t}}a_{\mathrm{t}}(\varepsilon_0-i_{\mathrm{t}})-a_{\mathrm{w}}\left[h-h_{\mathrm{ac,w}}-\nu_{\mathrm{H}}\eta_{\mathrm{t}}\frac{a_{\mathrm{t}}}{a_{\mathrm{w}}}\left(1-\frac{\partial \varepsilon}{\partial \alpha}\right)\right]\alpha_{\mathrm{w}} \tag{6-54}$$

式(6-53)或式(6-54)给出了由于机翼和水平尾翼的作用,产生的关于重心的总俯仰力矩系数。将式(6-54)写为式(6-15)的形式:

$$c_{M,\mathrm{CG},\mathrm{wt}}=c_{M,\mathrm{CG},0,\mathrm{wt}}+\frac{\partial c_{M,\mathrm{CG},\mathrm{wt}}}{\partial\alpha_{\mathrm{w}}}\alpha_{\mathrm{w}}\tag{6-55}$$

其中

$$c_{M,\mathrm{CG},0,\mathrm{wt}}=c_{M,\mathrm{ac},\mathrm{w}}+\nu_{\mathrm{H}}\eta_{\mathrm{t}}a_{\mathrm{t}}(\varepsilon_0-i_{\mathrm{t}})\tag{6-56}$$

且

$$\frac{\partial c_{M,\mathrm{CG},\mathrm{wt}}}{\partial\alpha_{\mathrm{w}}}=a_{\mathrm{w}}\left[h-h_{\mathrm{ac},\mathrm{w}}-\nu_{\mathrm{H}}\eta_{\mathrm{t}}\frac{a_{\mathrm{t}}}{a_{\mathrm{w}}}\left(1-\frac{\partial\varepsilon}{\partial\alpha}\right)\right]\tag{6-57}$$

现在将纵向静稳定性和平衡的条件式(6-13)和式(6-14)分别应用于总俯仰力矩式(6-54)。对于纵向平衡,俯仰力矩系数在零升力时一定大于零。根据定义,式(6-54)在零升力时绝对迎角为0,即 $\alpha_{\mathrm{w}}=0$,故

$$c_{M,\mathrm{CG},0,\mathrm{wt}}=c_{M,\mathrm{ac},\mathrm{w}}+\nu_{\mathrm{H}}\eta_{\mathrm{t}}a_{\mathrm{t}}(\varepsilon_0-i_{\mathrm{t}})>0\tag{6-58}$$

式中:$c_{M,0,\mathrm{CG}}$ 为在零升力时关于重心的俯仰力矩系数。

根据式(6-58),纵向平衡的判据可以写为

$$\nu_{\mathrm{H}}\eta_{\mathrm{t}}\,a_{\mathrm{t}}(\varepsilon_0-i_{\mathrm{t}})>-c_{M,\mathrm{ac},\mathrm{w}}\tag{6-59}$$

对于大多数传统飞机而言,机翼的气动中心力矩系数为负值,因此式(6-59)的 $\nu_{\mathrm{H}}a_{\mathrm{t}}(\varepsilon_0-i_{\mathrm{t}})$ 在纵向平衡中一定是正值。尾翼升力斜率 a_{t}、尾翼体积比 ν_{H} 和下洗角 ε_0 都是负值。因此,水平尾翼应安装在足够大的负入射角 i_{t} 处,以满足式(6-59)。

在静稳定条件下,俯仰力矩曲线的斜率必须为负。将式(6-54)对绝对迎角求导,得

$$\frac{\partial c_{M,\mathrm{CG},\mathrm{wt}}}{\partial\alpha_{\mathrm{a}}}=\frac{\partial c_{M,\mathrm{CG},\mathrm{wt}}}{\partial\alpha_{\mathrm{w}}}=a_{\mathrm{w}}\left[h-h_{\mathrm{ac},\mathrm{w}}-\nu_{\mathrm{H}}\eta_{\mathrm{t}}\frac{a_{\mathrm{t}}}{a_{\mathrm{w}}}\left(1-\frac{\partial\varepsilon}{\partial\alpha}\right)\right]<0\tag{6-60}$$

式(6-60)右边的所有项在设计具有纵向静稳定性的飞机时都是"可以转动的旋钮",都是可调的。两个最有影响的参数是重心的位置 h 和尾翼体积比 ν_{H}。只要选择合适的重心位置,导数项 $\partial c_{M,\mathrm{CG}}/\partial\alpha_{\mathrm{a}}$ 几乎总是负值。增加水平尾翼体积比,这基本上意味着有一个更大的水平尾翼,也增加了俯仰稳定性。

例 6.3　机翼和尾翼俯仰力矩的计算

利用例 6.1 和例 6.2 中分别给出的机翼和尾翼的规范,分别计算由于机翼、水平尾翼以及机翼和尾翼的组合而引起的关于飞机重心的俯仰力矩与机翼绝对迎角的函数关系。

解:

根据例 6.1,机翼引起的俯仰力矩为

$$c_{M,\mathrm{CG},\mathrm{w}}=c_{M,\mathrm{CG},\mathrm{w}}=-0.108+(0.004113/(°))\,\alpha_{\mathrm{w}}$$

根据例 6.2,水平尾翼引起的俯仰力矩为

$$c_{M,\mathrm{CG,t}} = 0.1291 - (0.02549/(°))\alpha_{\mathrm{w}}$$

总力矩为二者之和：

$$c_{M,\mathrm{CG,wt}} = c_{M,\mathrm{CG,w}} + c_{M,\mathrm{CG,t}}$$

$$\begin{aligned} c_{M,\mathrm{CG,wt}} &= -0.108 + (0.004113/(°))\alpha_{\mathrm{w}} + 0.1291 - (0.02549/(°))\alpha_{\mathrm{w}} \\ &= 0.0211 - (0.02138/(°))\alpha_{\mathrm{w}} \end{aligned}$$

这些俯仰力矩系数的数值如下表所列。单独由机翼、水平尾翼以及机翼和尾翼的组合引起的俯仰力矩表示为绝对迎角的函数。正如所料，单机翼俯仰力矩具有负的纵向静稳定性，而水平尾翼提供了稳定性的影响，使翼尾组合具有正的纵向静稳定性。

绝对迎角 α/(°)	$c_{M,\mathrm{CG,bw}}$	$c_{M,\mathrm{CG,t}}$	$c_{M,\mathrm{CG}}$
0	-0.1080	0.1291	0.02110
4.2(例6.2)	-0.09073	0.02204	-0.06870
5	-0.08744	0.001674	-0.08580
10	-0.06687	-0.1258	0.1927
15	-0.04631	-0.2532	-0.2996

6.5.3.4 机身对俯仰力矩的贡献

大多数飞机的机身是细长的圆柱体。单就这类机身的空气动力学可以量化为马赫数和迎角的函数，从而得到作用于空气动力中心的升力、阻力和力矩。机翼一旦固定到机身上，就会产生机翼与物体相互干扰的效应。因此，翼-体组合的升力、阻力和力矩并不等于翼-体各自的升力、阻力和力矩的线性总和。

随着机身的融入，由机翼和尾翼引起的关于重心的俯仰力矩方程与只有机翼和尾翼时的式(6-53)和式(6-54)具有相同的形式。因此，由机身、机翼和尾翼引起的重心总俯仰力矩 $c_{M,\mathrm{CG}}$ 方程为

$$c_{M,\mathrm{CG}} = c_{M,\mathrm{ac,wb}} + c_{L,\mathrm{wb}}(h - h_{\mathrm{ac,wb}}) - \nu_{\mathrm{H}}\eta_{\mathrm{t}}c_{L,\mathrm{t}} \tag{6-61}$$

$$c_{M,\mathrm{CG}} = c_{,\mathrm{ac,wb}} + \nu_{\mathrm{H}}\eta_{\mathrm{t}}a_{\mathrm{t}}(\varepsilon_0 - i_{\mathrm{t}}) - a_{\mathrm{wb}}\left[h - h_{\mathrm{ac,wb}} - \nu_{\mathrm{H}}\eta_{\mathrm{t}}\frac{a_{\mathrm{t}}}{a_{\mathrm{wb}}}\left(1 - \frac{\partial\varepsilon}{\partial\alpha}\right)\right]\alpha_{\mathrm{wb}} \tag{6-62}$$

式(6-61)、式(6-62)中，参考的气动和几何参数是翼体(wb)，而不是机翼(w)。将式(6-62)转化为式(6-15)的形式，有

$$c_{M,\mathrm{CG}} = c_{M,\mathrm{CG},0} + \frac{\partial c_{M,\mathrm{CG}}}{\partial \alpha_{\mathrm{wb}}}\alpha_{\mathrm{wb}} \tag{6-63}$$

其中

$$c_{M,\mathrm{CG},0} = c_{M,\mathrm{ac,wb}} + \nu_{\mathrm{H}}\eta_{\mathrm{t}}a_{\mathrm{t}}(\varepsilon_0 - i_{\mathrm{t}}) \tag{6-64}$$

且

$$\frac{\partial c_{M,\mathrm{CG}}}{\partial \alpha_{\mathrm{wb}}}=a_{\mathrm{wb}}\left[h-h_{\mathrm{ac,wb}}-\nu_{\mathrm{H}}\eta_{\mathrm{t}}\frac{a_{\mathrm{t}}}{a_{\mathrm{wb}}}\left(1-\frac{\partial \varepsilon}{\partial \alpha}\right)\right] \tag{6-65}$$

在机翼上增加机身会导致气动中心的前移和升力曲线斜率的增加。机翼干扰通常导致机身流场产生正俯仰力矩,该力矩随着迎角的增加而增加。因此,机身对重心俯仰力矩的作用对总俯仰力矩会产生一个失稳的力矩。

图6-18所示为机身、机翼、尾翼以及整架飞机的纵向静稳定性,其中还绘出了关于重心的俯仰力矩 $c_{M,\mathrm{CG}}$ 与绝对迎角 α_{a} 的关系曲线。我们已经单独拿机身来说明它对俯仰力矩的失稳作用。当然,它的影响应该通过前面讨论过的机翼干涉效应来正确计算。单机翼和机身都是失稳和不平衡的,具有正的俯仰力矩斜率和负的 $c_{M,0}$。尾翼本身是稳定的,具有负的俯仰力矩斜率和正的 $c_{M,0}$。机身、机翼和尾翼的综合作用使飞机具有纵向静稳定性和平衡性。

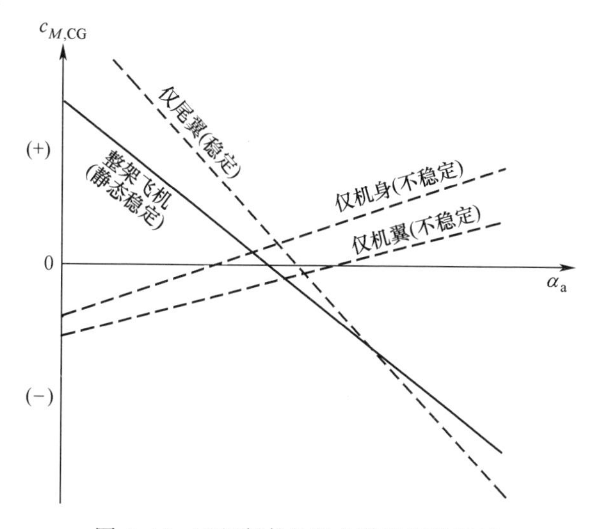

图6-18 飞机部件的纵向静稳定性贡献
(资料来源:Talay,NASA SP 367,1975年,文献[16])

6.5.3.5 推进系统对俯仰力矩的贡献

推进系统对飞机的纵向静稳定性和平衡有重要影响,但对推进系统贡献的评价可能比较复杂。由于有许多不同类型的推进系统,包括螺旋桨驱动、喷气发动机和火箭发动机,以及各种各样的推进系统安装,包括机翼下的槽式安装和机身埋入式安装,这使得实现这一目标变得更加困难。具有推力矢量控制能力的现代飞机可以利用推进系统来增强稳定性,这可以考虑进纵向控制中。由于推进力的贡献通常很难通过分析来预测,所以可以通过风洞试验模拟推进系统运行的动力模型来获得结果。

推进系统的作用是由推进单元直接和间接产生影响。直接影响是由于作用于推进装置本身的力。推力如果垂直于重心偏移,将直接影响俯仰力矩。对于螺旋桨驱动的飞机,在迎角处也有一个垂直于螺旋桨旋转平面的力,这也将直接影响俯仰力矩。对于喷气式动力飞机,迎角处的进气口也有一个法向力。由于推进系统的直接作用对重心俯仰力矩的影响可表示为

$$c_{M,\mathrm{CG,p}} = c_{M,\mathrm{CG,0,p}} + \frac{\partial c_{M,\mathrm{CG,p}}}{\partial \alpha_a}\alpha_{\mathrm{a}} \tag{6-66}$$

式中:$c_{M,\mathrm{CG,p}}$ 为由推进系统产生的零升力俯仰力矩;$\partial c_{M,\mathrm{CG,p}}/\partial\alpha_{\mathrm{a}}$ 为由推进系统产生的俯仰力矩曲线的斜率。

由推力偏移产生的力矩直接影响 $c_{M,\mathrm{CG,0,p}}$ 项,而随迎角变化的法向力产生的力矩影响 $\partial c_{M,\mathrm{CG,p}}/\partial\alpha_{\mathrm{a}}$ 项。

推进系统的间接影响包括推进装置在翼体或尾部所产生或诱导的气流的相互作用。对于螺旋桨驱动的飞机,有一个螺旋桨气流会影响机翼上方气流、气流下洗和尾部效率。如果螺旋桨位于机翼前方的适当位置,机翼上方的高速滑流可以显著提高升力。螺旋桨的滑流也可以增加尾部的局部速度,提高尾部效率。喷气式动力飞机的排气会使其周围的气流发生夹带,从而导致气流流向排气射流的中心。如果水平尾翼位于该诱导流场附近,可能会改变局部尾翼迎角。这些干扰效应可以包括在翼体和尾翼对俯仰力矩的影响中。

6.5.4 中性点和静稳定裕度

考虑具有纵向静稳定性和纵向配平的完整飞机的俯仰力矩系数曲线与迎角关系,如图 6-7 中的曲线①所示。零升力系数 $c_{M,\mathrm{CG},0}$ 为正,力矩曲线的斜率 $\partial c_{M,\mathrm{CG}}/\partial\alpha$ 为负。静稳定性(俯仰稳定性)的大小由弯矩曲线的斜率决定。坡度越陡(负)飞机越稳定,即俯仰稳定性越高。如果我们以某种方式,逐渐降低飞机的静稳定性,力矩曲线的斜率会变得越来越小。当坡度为零时达到极限稳定点,如图 6-7 曲线③所示,飞机达到中性稳定。飞机稳定性的进一步降低使飞机静不稳定,俯仰力矩曲线斜率为正,如图 6-7 中曲线②所示。因此,曲线③和中性稳定是稳定与不稳定的边界。

考虑整个飞行器俯仰力矩曲线斜率方程,如式(6-65)所示。飞机的稳定性可以通过移动重心 h 来实现。现在我们要确定一架飞机的重心位置,即飞机具有中性稳定性的中立点 h_{n}。可以通过将整个飞机俯仰力矩曲线的斜率(即式(6-65))设为零来确定中性点,有

$$\frac{\partial c_{M,\mathrm{CG}}}{\partial \alpha_{\mathrm{a}}} = a_{\mathrm{wb}}\left[h - h_{\mathrm{ac,wb}} - \nu_{\mathrm{H}}\eta_{\mathrm{t}}\frac{a_{\mathrm{t}}}{a_{\mathrm{wb}}}\left(1-\frac{\partial\varepsilon}{\partial\alpha}\right)\right] = 0 \tag{6-67}$$

求解重心位置,得

$$h_{\mathrm{n}} = h_{\mathrm{ac,wb}} - \nu_{\mathrm{H}}\eta_{\mathrm{t}}\frac{a_{\mathrm{t}}}{a_{\mathrm{wb}}}\left(1-\frac{\partial\varepsilon}{\partial\alpha}\right) \tag{6-68}$$

对于给定的飞机构型,方程右边的所有量都是确定和固定的。因此,中性点在飞机上的一个固定位置,对于给定的结构,在飞行中不会发生变化。记住这不是一个空间距离,而是从机翼前缘开始测量的翼弦 c 的一部分,而到中性点的空间距离等于 $h_n c$。回想一下,所使用的俯仰力矩方程式(6-67)是在升降舵固定的条件下建立的,因此,式(6-68)是握杆中性点。对应的松杆中性点 h'_n 也能求得,松杆中性点通常在握杆中性点前面。

中性点代表正、负静稳定性的边界。在重心位置等于中性点处,即 $h_C = h_n$ 处,俯仰力矩曲线的斜率为零,即 $c_{M_\alpha}=0$,飞机有中性稳定性,如图6-19点 C 所示。在中性点,重心的俯仰力矩 $c_{M,\mathrm{CG}}$ 与迎角无关。因此,与之前对机翼气动中心的定义相似,中性点可视为整架飞机的气动中心。因此,整架飞机的俯仰力矩、阻力和与迎角无关的俯仰力矩都可以表示为作用于中性点的力矩。

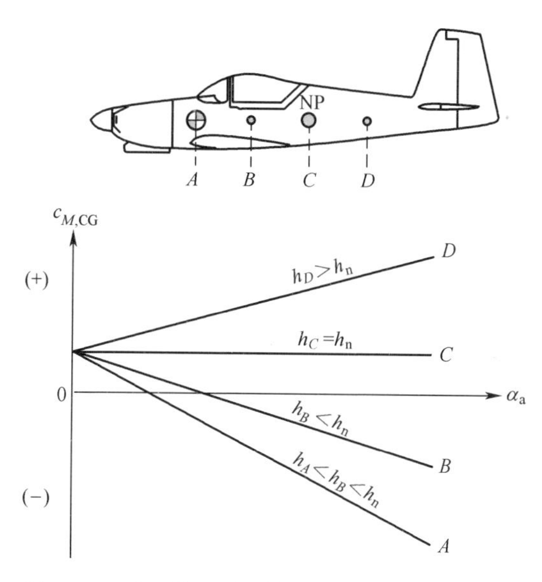

图6-19 重心位置对固持升降舵静稳定性的影响

假设中性点位于图6-19所示飞机的位置 C。如果重心移动到中性点前的位置 B,则 $h_B < h_n$,俯仰力矩曲线的斜率为负值,$c_{M_\alpha} < 0$,飞机静态稳定。将重心进一步向前移动到 A 位置,使 $h_A < h_B < h_n$,增加静稳定性(俯仰稳定性)。相反,如果重心移动到中性点后方位置 D,则 $h_D > h_n$,俯仰力矩曲线的斜率为正值,$c_{M_\alpha} > 0$,飞机静态不稳定。因此,中性点代表飞机尾翼的重心极限。通过握杆中性点或松杆中性点都可以确定重心的限制,以更靠前者为限。飞行员在装载飞机时必须小心,以确保重心位置不落在飞机尾翼极限,因为飞机会有负的静稳定性,飞行可能不安全。

有人可能会得出这样的结论:为了增加飞机的稳定性,重心越向前越好。事实并非如此,因为重心向前太多,还会产生问题。从稳定性和操纵性的角度来看,“太多”的稳定性可能是一个问题,因为飞机在俯仰时操纵起来会“更重”,例如会使起飞或降落时的机头旋转变得困难,甚至不可能。重心向前移动也会对巡航性能产生影响。因为重心与中性点或飞机空气动力中心之间的力臂会增大,所以向前移动重心会增加机头向下的俯仰力矩。要使飞机在水平飞行中保持较大的机头下降力矩,就需要更大的升降舵向上偏转,以增加由水平尾翼产生的机头上升俯仰力矩。这增加了尾翼的负升力,需要从机翼获得更多的升力。机翼升力越大,迎角越大,阻力越大,巡航速度越低。重心位置远离水平尾翼,可以减少机翼产生的升力,从而减少阻力,增加了巡航速度。从理论上讲,最佳巡航速度是在重心位于中性点的情况下获得的,但这将导致飞机处于中性点稳定状态,难以控制。

中性点与重心实际位置的差值定义为静稳定裕度。握杆静稳定裕度定义为

$$\mathrm{SM} \equiv h_{\mathrm{n}} - h \tag{6-69}$$

静稳定裕度、中性点和翼身气动中心的几何关系如图 6-20 所示。

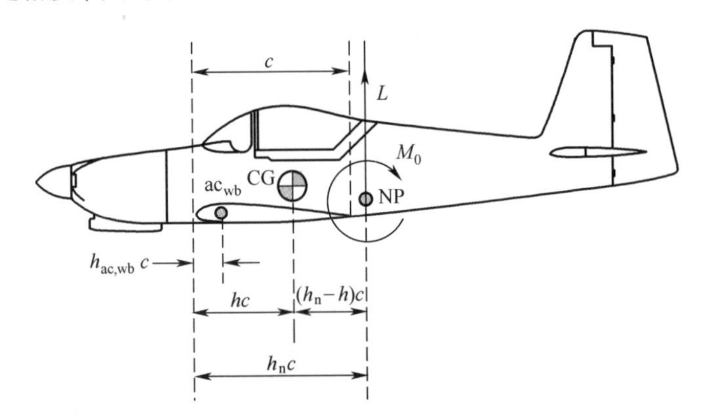

图 6-20 中性点和静稳定裕度的几何关系

还有一个松杆中性点,因此也有一个松杆静稳定裕度 SM′, 定义为

$$\mathrm{SM}' \equiv h'_{\mathrm{n}} - h \tag{6-70}$$

由于松杆中性点一般在握杆中性点的正上方,所以松杆静稳定裕度一般小于握杆静稳定裕度。因此,松杆纵向静稳定性一般比握杆纵向静稳定性差。通常要求飞机的握杆或松杆静稳定裕度具有至少 5%平均气动弦(MAC)。这个最小静稳定裕度经常决定重心的最终位置。

静稳定裕度与纵向静稳定性的关系如下。求解式(6-68)可得到翼体气动中心的位置 $h_{\mathrm{ac,wb}}$:

$$h_{\mathrm{ac,wb}} = h_{\mathrm{n}} - \nu_{\mathrm{H}} \frac{a_{\mathrm{t}}}{a_{\mathrm{wb}}}\left(1 - \frac{\partial \varepsilon}{\partial \alpha}\right) \tag{6-71}$$

代入式(6-65),可简化为

$$c_{M_\alpha}=\frac{\partial c_{M,\mathrm{CG}}}{\partial \alpha_{\mathrm{a}}}=-a_{\mathrm{wb}}(h_{\mathrm{n}}-h)=-a_{\mathrm{wb}}\times \mathrm{SM} \tag{6-72}$$

式(6-72)表明纵向静稳定性与静稳定裕度成正比。纵向静稳定性(俯仰稳定性)随着静稳定裕度的增加而增加,也就是说,随着重心的进一步向前移动,稳定性也会增加。当然,反之亦然,稳定性随着静稳定裕度的减小而降低。

回想一下,在亚声速飞行中,机翼的空气动力中心位于1/4弦点,而在超声速飞行中,机翼的空气动力中心位于翼弦中点。在从亚声速飞到超声速时,整架飞机的空气动力中心或中性点也会向后移动,因此从亚声速到超声速飞行的过程中静稳定裕度增加,增加了超声速飞机飞行的纵向静稳定性。

其他飞行条件对中性点和静稳定裕度也有显著影响。当飞机接近地面时,通常在起飞和降落时,飞机的空气动力学会发生显著变化,影响飞机的稳定和配平。正如在3.9.5节中讨论的,这个地面效应会分别导致尾翼下洗角 ε 的减小、翼身和尾翼升力斜率 a_{wb} 和 a_{t} 的增加。参照中性点测定的方程式(6-68),由于地面效应的存在,升力斜率的比值 $a_{\mathrm{t}}/a_{\mathrm{wb}}$ 和下洗角导数项 $\partial\varepsilon/\partial\alpha$ 均会减小。升力斜率的减小使中性点向前移动,而下洗角导数项的减小则起到相反的作用。由于地面效应,$\partial\varepsilon/\partial\alpha$ 项的减小通常处于主导地位,故中性点会发生较大的后向偏移。因此,地面效应会导致静稳定裕度和纵向静稳定性增大。

最后,式(6-72)提供了一种根据升力系数和力矩系数随迎角变化的气动试验数据确定中性点的方法。如果翼身的升力曲线斜率 $a_{\mathrm{wb}}=c_{L_\alpha}$,俯仰力矩的斜率 c_{M_α} 可通过给定重心的位置 h,根据试验数据获得,中性点的简单计算方法为

$$h_{\mathrm{n}}=-\frac{c_{M_\alpha}}{a_{\mathrm{wb}}}+h=-\frac{c_{M_\alpha}}{a_{L_\alpha}}+h \tag{6-73}$$

例6.4 中性点和静稳定裕度的计算

假设飞机的机翼和水平尾翼符合例6.2中给出的规格,计算中性点的位置。假设翼体气动中心位于0.242c,飞行器重心位于0.380c。

解:

中性点的位置根据式(6-68)计算:

$$h_{\mathrm{n}}=h_{\mathrm{ac,wb}}+\nu_{\mathrm{H}}\frac{a_{\mathrm{t}}}{a_{\mathrm{wb}}}\left(1-\frac{\partial\varepsilon}{\partial\alpha}\right)$$

$$h_{\mathrm{n}}=0.242-0.530\times 0.960\times\frac{0.0940/(^\circ)}{0.0912/(^\circ)}\times(1-0.467)=0.522$$

重心位置在中性点的正上方,因此翼身具有静稳定性。利用式(6-69),得到握杆静稳定裕度为

$$\mathrm{SM}\equiv h_{\mathrm{n}}-h=0.522-0.380=0.142$$

静稳定裕度为正,也表明静稳定性为正。

6.6 纵向操纵性

对于静态稳定、平衡且具有恒定的推力、恒定的重力(恒定的重心位置)和升降舵固持的飞机,存在唯一配平状态,即飞机以配平迎角飞行。回想一下,我们的静稳定性分析是假设飞机处于匀速状态,因此这个配平状态也对应于唯一空速值(这很容易验证,回顾在稳定、水平飞行中,升力等于重力,且配平迎角对应于配平升力系数)。一架只能在特定空速和迎角下才能配平的飞机在操作上可能不是很有效,当以其他速度和迎角飞行时可能是困难的或不安全的。我们希望能够调整飞机使其在其他空速和迎角下也能稳定飞行。这是本节的重点。我们研究了飞机从一种稳定、配平状态到另一种状态时的纵向控制。在某种意义上,我们将要评估飞机的静态控制与动态控制或机动。

我们已经讨论了通过改变重心位置来改变配平条件的一种方法,如图 6-19 所示。检查曲线 A 和曲线 B,在图中,可以通过改变重心位置得到不同的迎角。注意改变重心的位置不会改变这些曲线的零升力力矩系数 $c_{M,0}$,而是会改变俯仰稳定性 c_{M_α}。这对于飞机而言可能是不可取的,特别是由于空速降低导致的俯仰稳定性下降。应该指出的是,这种飞行控制在过去已经使用过,最引人注目的是现代悬挂式滑翔机的前身飞行器,它利用人体位置的重心移动来控制。

几乎所有的飞机都是通过产生空气动力改变俯仰力矩来进行纵向控制的。现代飞机也可以使用推力矢量形式的推进力来完成或加强纵向控制。通常,气动舵面可以安装在飞机的前部(鸭式)或后部,通过偏转产生一个升力增量,导致飞机重心附近产生俯仰力矩。所有的控制表面都可以偏转,如在部分表面可以使用的全动水平稳定器中,或在升降舵中。

在对飞行控制进行评估时,我们常常对控制效果和控制力感兴趣。纵向控制的有效性是衡量在产生预期俯仰力矩时的一个指标。纵向控制力是一个衡量需要多大的力量来移动纵向操纵面的指标,它通常由飞行员或执行机构来获得所需的俯仰力矩。纵向控制力与纵向操纵面铰链力矩、气动力矩有关,而气动力矩对操纵面转动具有一定的抑制作用。在我们的讨论中,将重点放在一个后置的水平尾翼上,操纵面是一个升降舵。

6.6.1 升降舵效率和控制功率

回想一下,我们之前所做的静稳定性分析假设升降舵固持。现在假设升降舵可以向下偏转,产生一个关于地心引力的力矩,使升降舵在水平稳定器上偏转,相当于使机翼上的襟翼偏转。如 3.9.3 节所述,襟翼的挠度在不改变升力斜率的情况下改变升力曲线,如图 3-125 所示。

这同样适用于升降舵偏转,如图 6-21 绘制出了水平尾翼升力系数 $c_{L,t}$ 与尾

翼局部迎角 α_t 的关系。图中点 1 表示升降舵在零偏转 $\delta_e = 0$ 时的尾翼迎角 $\alpha_{t,1}$。如果升降舵的后缘向下偏转(*TED*),这类似于放下机翼上的襟翼。从 6.4 节回忆,升降舵后缘向下偏转符号为正,即 $\delta_e > 0$。升降舵的正挠度使升降舵曲线向上和向左移动,保持相同的尾翼升力曲线斜率 a_t。如果迎角保持在无偏转时的升降舵迎角不变,升力系数会增加 $\Delta c_{L,t}$,如图 6-21 点 2 所示。升降舵负偏转,即升降舵后缘向上偏转(TEU)时会产生相反的效果。升力曲线向下和向右移动,并保持尾翼升力曲线斜率不变。在相同的尾翼迎角 $\alpha_{t,1}$ 下,尾翼升力系数下降 $\Delta c_{L,t}$,如图 6-21 中点 3 所示。

现在,考虑由于升降舵偏转引起的飞机重心 $c_{M,CG}$ 俯仰力矩的变化,如图 6-22所示。点 1 代表 $c_{M,CG} = 0$ 和升降舵零偏转 $\delta_e = 0$ 时的稳定、配平状态。升降舵正偏转会导致尾翼升力增加(图 6-21 中点 2),往往会使飞机相对重心向下旋转,产生负的俯仰力矩系数增量 ($-\Delta c_{M,CG}$),如图 6-22 中点 2 所示。负的升降舵偏转会导致尾翼升力减小(图 6-21 中点 3),往往会使飞机相对重心向上旋转,产生正的俯仰力矩系数增量 ($\Delta c_{M,CG}$),如图 6-22 中点 3 所示。升降舵的挠度改变了零升力俯仰力矩系数 $c_{M,0}$ 的值,但不改变静稳定性(俯仰稳定性),由升降舵偏转的弯矩曲线斜率不变所示。

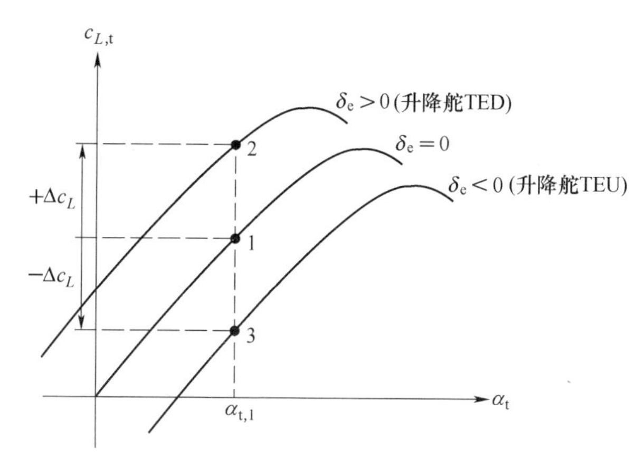

图 6-21 升降舵偏转对尾部提升系数的影响

获得一个新的配平点的过程如下。一架飞机在以配平迎角 $\alpha_{trim,1}$、零升降舵偏转 ($\delta_e = 0$) 进行稳定水平的飞行,如图 6-23 所示。飞机升力系数为 $c_{L,1}$,由升力曲线上的点 1 表示;飞机配平后的力矩为零,由力矩曲线上的点 1 表示。升降舵后缘向下偏转 ($\delta_e > 0$) 使得尾翼升力增加,并使整个升力曲线移动 $+\Delta c_L$。尾翼升力增加会产生一个向上的俯仰力矩,使力矩曲线移动 $-\Delta c_M$。由于力矩曲线的斜率不变,飞机保持了相同的静稳定性(俯仰稳定性)。新的力矩曲线与 $c_M = 0$ 线相交于一个新的配平迎角 $\alpha_{trim,2}$ 处,如图 6-23 中点 2 所示。这个新的配平迎角小于原来的迎角,即 $\alpha_{trim,2} < \alpha_{trim,1}$,所以新的升力系数小于

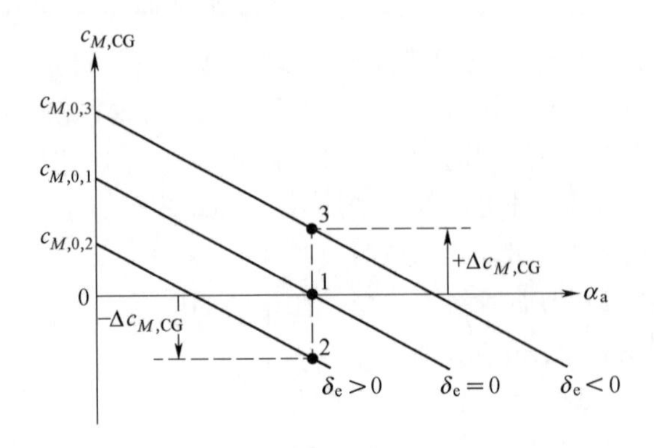

图 6-22　升降舵偏转对俯仰力矩的影响

原来的升力系数,即 $c_{L,2} < c_{L,1}$,如升力曲线上的点 2 所示。由于升力系数下降,速度必须增加以保证在新的配平点保持水平飞行,使 $v_2 > v_1$。

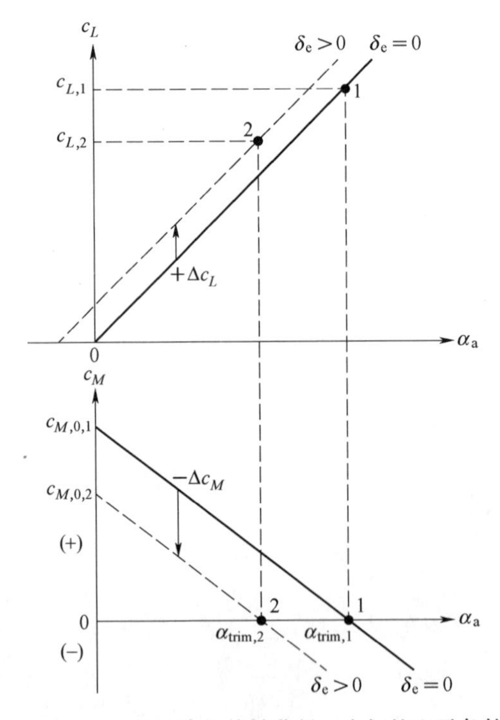

图 6-23　通过升降舵偏转获得一个新的配平条件

显然,飞机升力和俯仰力矩系数是飞机迎角的函数。我们已经证明了它们也是升降舵挠度的函数。飞机的升力系数和重心俯仰力矩系数关于绝对迎角和升降舵挠度的函数可以表示为

$$c_L = \frac{\partial c_L}{\partial \alpha}\alpha + \frac{\partial c_L}{\partial \delta_e}\delta_e = c_{L_\alpha}\alpha + c_{L_{\delta_e}}\delta_e = a\alpha + c_{L_{\delta_e}}\delta_e \tag{6-74}$$

$$c_M = c_{M,0} + \frac{\partial c_M}{\partial \alpha}\alpha + \frac{\partial c_M}{\partial \delta_e}\delta_e = c_{M,0} + c_{M_\alpha}\alpha + c_{M_{\delta_e}}\delta_e \tag{6-75}$$

式中,重心和绝对迎角的下标已省略简化。

在式(6-74)中, a 为升力曲线斜率, $c_{L_{\delta_e}}$ 为由升降舵偏移引起的升力系数变化率。同样, c_{M_α} 为俯仰力矩曲线的斜率(俯仰稳定性), $c_{M_{\delta_e}}$ 为由升降舵偏转引起的力矩系数变化率。

由式(6-36)可知,总升力系数可用翼体升力系数 $c_{L,\mathrm{wb}}$ 和尾翼升力系数 $c_{L,\mathrm{t}}$ 之和表示,即

$$c_L = c_{L,\mathrm{wb}} + \eta_\mathrm{t}\frac{S_\mathrm{t}}{S}c_{\mathrm{L,t}} \tag{6-76}$$

式中: η_t 为尾翼效率; S_t 为水平尾翼的翼面面积; S 为机翼的翼面面积。

将式(6-76)对升降舵挠度 δ_e 求导,得

$$c_{L_{\delta_e}} = \frac{\partial c_L}{\partial \delta_e} = \frac{\partial c_{L,\mathrm{wb}}}{\partial \delta_e} + \eta_\mathrm{t}\frac{S_\mathrm{t}}{S}\frac{\partial c_{L,\mathrm{t}}}{\partial \delta_e} \tag{6-77}$$

在式(6-77)中,由于升降舵偏转引起的翼身升力系数的变化率 $\partial c_{\mathrm{L,wb}}/\partial\delta_e$,对于只有一个后置或鸭式尾翼的飞机而言很小,通常会忽略。而在无尾翼飞机中则不小。因此,对于有一个尾翼的传统飞机,有

$$c_{L_{\delta_e}} = \eta_\mathrm{t}\frac{S_\mathrm{t}}{S}\frac{\partial c_{L,\mathrm{t}}}{\partial \delta_e} = \eta_\mathrm{t}\frac{S_\mathrm{t}}{S}c_{L,\mathrm{t}_{\delta_e}} = \eta_\mathrm{t}\frac{S_\mathrm{t}}{S}a_e \tag{6-78}$$

式中,升降舵偏转引起的尾翼升力系数变化率 $c_{L,\mathrm{t}_{\delta_e}}$ 项是一个定义为升降舵升力效率(或更简单地说是升降舵效率 a_e)的可控导数项,只适用于有一个升降舵或全动稳定器的有尾翼飞机中。有尾翼飞机的升降舵效率与升降舵或全动稳定器相对机翼面积的大小 S_t/S 成正比。升降舵效率是一个衡量升降舵产生升力能力的指标,它是升降舵面挠度的函数。升降舵效率越高,说明升降舵在产生升力方面越有效,从而更容易产生俯仰力矩。根据文献[12],升降舵效率计算公式为

$$c_{L,\mathrm{t}_{\delta_e}} = a_e = \frac{\partial c_{L,\mathrm{t}}}{\partial \alpha_\mathrm{t}}\frac{\partial \alpha_\mathrm{t}}{\partial \delta_e} = a_\mathrm{t}\tau \tag{6-79}$$

式中: a_t 为水平尾翼升力曲线的斜率; S_t/S 的函数 τ 为升降舵效率系数。

升降舵效率系数的范围大约从 0 到 0.8, S_t/S 的范围大约从 0 到 0.7。由于尾翼升力曲线的斜率和升降舵效率的系数都为正,则升降舵效率也为正值。

将式(6-78)代入式(6-74),可知飞机升力为

$$c_L = c_{L_\alpha} + c_{L_{\delta_e}}\delta_e = a\alpha + \eta_t \frac{S_t}{S} a_e \delta_e \tag{6-80}$$

利用升降舵效率的定义,尾翼的升力系数为

$$c_{L,t} = c_{L,t_\alpha}\alpha_t + c_{L,t_{\delta_e}} = a_t\alpha_t + a_e\delta_e \tag{6-81}$$

将式(6-81)代入式(6-61),飞机关于重心的俯仰力矩约为

$$c_{M,CG} = c_{M,ac,wb} + c_{L,ac,wb}(h - h_{ac,wb}) - \nu_H\eta_t(a_t\alpha_t + a_e\delta_e) \tag{6-82}$$

式(6-82)给出了飞机俯仰力矩作为升降舵挠度 δ_e 的函数,将力矩公式对升降舵挠度求导,得

$$c_{M_{\delta_e}} = \frac{\partial c_M}{\partial \delta_e} = \frac{c_{L,wb}}{\partial \delta_e} = \frac{c_{L,wb}}{\partial \delta_e}(h - h_{ac,wb}) - \nu_H\eta_t a_e \tag{6-83}$$

升降舵的偏转对尾翼升力的影响较大,但对翼身的升力影响不大。因此,由于升降舵偏转产生的翼身升力的变化 $\partial c_{L,wb}/\partial\delta_e$ 是可以忽略的,式(6-83)简化为

$$c_{M_{\delta_e}} = -\nu_H\eta_t a_e \tag{6-84}$$

参数 $c_{M_{\delta_e}}$ 为可控导数,称为升降舵控制功率,它是衡量产生的俯仰力矩的指标,而俯仰力矩是升降舵挠度的函数式。升降舵控制功率越大,表明越有能力产生更大的俯仰力矩。根据式(6-41)的定义,升降舵控制功率是水平尾翼体积比的函数。因此,控制功率可以通过增加水平尾翼平面面积 S_t 或增加尾翼的力矩臂 l_t 来提高。

考虑式(6-84)右边所有量。它们都是固定不变的值,由飞机配置设定。因此,升降舵偏转 δ_e 引起的俯仰力矩系数变化为

$$\Delta c_{M,CG} = \frac{\partial c_M}{\partial \delta_e}\delta_e = -\nu_H\eta_t a_e\delta_e \tag{6-85}$$

式(6-85)提供了由于升降舵偏转引起的俯仰力矩增量 Δc_M,如图 6-23 所示。

例 6.5 升降舵效率和控制功率的计算

利用例 6.2 给出的水平尾翼规范,计算水平尾翼面积与机翼面积之比、升降舵效率、升降舵偏转引起的总升力系数变化以及升降舵控制功率。假设升降舵效率系数为 0.78。如果飞机升力系数为 1.10,升降舵偏转 2°,计算这种情况下的升力系数。

解:

水平尾翼面积与机翼面积之比为

$$\frac{S_t}{S} = \frac{34.1\,英尺^2}{193\,英尺^2} = 0.177$$

利用式(6-79),得到升降舵效率 a_e 为

$$a_e = a_t\tau = (0.0940/(°)) \times 0.78 = 0.0733/(°)$$

利用式(6-78),得到由升降舵偏转引起的总升力系数的变化量为

$$c_{L_{\delta_e}} = \eta_t \frac{S_t}{S} a_e = 0.960 \times 0.0177 \times (0.733/(°)) = 0.0125/(°)$$

由2°升降舵偏转产生的新的升力系数为

$$c_{L,\text{new}} = c_{L_{\delta_e}} \delta_e$$

$$c_{L,\text{new}} = 1.10 + (0.0125/(°)) \times 2° = 1.125$$

最后根据式(6-84),可得升降舵控制功率为

$$c_{M_{\delta_e}} = -\nu_H \eta_t a_e = -0.530 \times 0.960 \times (0.733/(°)) = -0.0373/(°)$$

6.6.2　由于升降舵偏转的新配平条件下的计算

在上一节中,我们展示了对于给定的升降舵偏转,可以得到一个新的配平条件,即新的配平迎角和新的配平速度,但是没有描述如何量化任意一个新的配平条件。在这一节中,我们建立计算新的配平点条件的方程,包括升降舵的配平偏转角、新的配平迎角和空速。

给定迎角和升降舵偏转的俯仰力矩系数由式(6-75)给出。配平状态的定义是俯仰力矩曲线上力矩系数 c_M 为零的点。令方程中俯仰力矩系数为零,有

$$0 = c_{M,0} + c_{M_\alpha}\alpha_{\text{trim}} + c_{M_{\delta_e}}\delta_{e,\text{trim}} \tag{6-86}$$

式中,现在的迎角和升降舵挠度分别对应配平条件下 α_{trim} 和 $\delta_{e,\text{trim}}$。

求解配平所需要的升降舵挠度:

$$\delta_{e,\text{trim}} = -\frac{c_{M,0} + c_{M_\alpha}\alpha_{\text{trim}}}{c_{M_{\delta_e}}} \tag{6-87}$$

这个方程提供了在给定绝对迎角 α_{trim} 时达到配平所需要的升降舵偏角。零升力俯仰力矩系数 $c_{M,0}$、静稳定性 c_{M_α} 和升降舵控制功率通常为已知量,可通过地面试验或计算流体动力学分析获得。

如果已知升降舵的配平挠度,则配平迎角可根据式(6-86)计算:

$$\delta_{\text{trim}} = -\frac{c_{M,0} + c_{e,\text{trim}}}{c_{M_\alpha}} \tag{6-88}$$

根据公式(6-80),可计算出升力 $c_{L,\text{trim}}$ 的配平系数为

$$c_{L,\text{trim}} = c_{L_\alpha}\alpha_{\text{trim}} + c_{L_{\delta_e}}\delta_{e,\text{trim}} = a\alpha_{\text{trim}} + \eta\frac{S_t}{S}a_e\delta_{e,\text{trim}} \tag{6-89}$$

式中,假设机翼升力曲线斜率 a、尾翼效率 η_t、水平尾翼翼面面积 S_t、机翼翼面面积 S 和升降舵效率 a_e 为试验或分析中已知的量。

配平速度可以通过水平、平稳飞行中配平点的重力和升力求得:

$$W = L = q_\infty S c_{L,\text{trim}} = \frac{1}{2}\rho_\infty v_{\text{trim}}^2 S c_{L,\text{trim}} \tag{6-90}$$

解得配平速度为

$$v_{\text{trim}} = \sqrt{\frac{2W}{\rho_\infty S c_{L,\text{trim}}}} \tag{6-91}$$

式(6-89)也可以用升力系数和配平升降舵挠度来获得配平迎角：

$$\alpha_{\text{trim}} = \frac{c_{L,\text{trim}} - c_{L_{\delta_e}}\delta_{e,\text{trim}}}{c_{L_\alpha}} \tag{6-92}$$

这个配平迎角代入式(6-75)，可以得到仅考虑稳定和控制导数项的配平条件所要求的升降舵挠度：

$$\delta_{e,\text{trim}} = -\frac{c_{M,0}}{c_{M_{\delta_e}}} - \frac{c_{M_\alpha}}{c_{M_{\delta_e}}}\frac{c_{L,\text{trim}} - c_{L_{\delta_e}}\delta_{e,\text{trim}}}{c_{L_\alpha}}$$

$$\delta_{e,\text{trim}} = -\frac{c_{M,0}c_{L_\alpha}}{c_{M_{\delta_e}}c_{L_\alpha}} - \frac{c_{M_\alpha}c_{L,\text{trim}}}{c_{M_{\delta_e}}c_{L_\alpha}} + \frac{c_{M_\alpha}c_{L_{\delta_e}}}{c_{M_{\delta_e}}c_{L_\alpha}}\delta_{e,\text{trim}}$$

$$c_{M_{\delta_e}}c_{L_\alpha}\delta_{e,\text{trim}} - c_{M_\alpha}c_{L_{\delta_e}}\delta_{e,\text{trim}} = -c_{M,0}c_{\text{L}_\alpha} - c_{M_\alpha}c_{L,\text{trim}}$$

$$\delta_{e,\text{trim}} = -\frac{c_{M,0}c_{L_\alpha} + c_{M_\alpha}c_{L,\text{trim}}}{c_{M_{\delta_e}}c_{L_\alpha} - c_{M_\alpha}c_{L_{\delta_e}}} \tag{6-93}$$

例 6.6 升降舵挠度和配平迎角

例 6.5 中的飞机以 190kn 的配平速度和 24000 英尺的高度水平、平稳地飞行。飞机的重量为 4315 磅，配平后的升降舵挠度为 4.70°。飞机的升力曲线斜率为 0.098/(°)。计算此飞行条件下的迎角。

解：

利用式(6-91)求出配平条件下的升力系数：

$$v_{\text{trim}} = \sqrt{\frac{2W}{\rho_\infty S c_{L,\text{trim}}}}$$

将配平速度转化为统一单位：

$$v_{\text{trim}} = 190\text{kn} \times \frac{6076\ \text{英尺}}{1\text{kn}} \times \frac{1\text{h}}{3600\text{s}} = 321\ \frac{\text{英尺}}{\text{s}}$$

根据附录 C，24000 英尺处的密度为

$$\rho = \Sigma\rho_{\text{SSL}} = 0.46462 \times 0.002377\ \frac{\text{slug}}{\text{英尺}^3} = 0.001104\ \frac{\text{slug}}{\text{英尺}^3}$$

求解配平升力系数，得

$$c_{L,\text{trim}} = \frac{2W}{\rho_\infty S v_{\text{trim}}^2}$$

$$c_{L,\text{trim}} = \frac{2 \times 4315 \text{ 磅}}{0.001104 \dfrac{\text{slug}}{\text{英尺}^3} \times 193 \text{ 英尺}^2 \times \left(321 \dfrac{\text{英尺}}{\text{s}}\right)^2} = 0.393$$

由式(6-92)可知,配平迎角为

$$\alpha_{\text{trim}} = \frac{c_{L,\text{trim}} - c_{L_{\delta_e}} \delta_{e,\text{trim}}}{c_{L_\alpha}}$$

由例 6.5 计算升降舵偏转引起的升力系数变化为 0.0125/(°)。据此求出迎角:

$$\alpha_{\text{trim}} = \frac{0.393 - (0.0123/(°)) \times 4.70°}{0.098/(°)} = 3.41°$$

6.6.3 升降舵铰链力矩

通常可以在飞机上找到 3 个气动操纵面,即升降舵、副翼和方向舵,大多是襟翼型表面,通过机械铰链连接到升降或产生力的表面。铰链将升降舵连接到水平稳定器上,将副翼连接到机翼上,将方向舵连接到垂直稳定器上。水平尾翼由不动水平稳定器和可动升降器组成。水平稳定器、升降舵、升降舵铰链的典型几何构型如图 6-24(a)所示,其中 c_t 为水平尾翼弦长,c_e 为升降舵弦长,定义为铰链线与升降舵尾缘之间的距离。水平稳定器和升降舵的简化模型如图 6-24(b)所示,其中水平稳定器和升降舵用平板表示,升降舵绕铰链线旋转。这种简化模型通常用于稳定性和操纵性分析。

对于主翼后方有水平尾翼的传统飞机配置,空气以局部尾翼迎角 α_t 靠近尾翼,如图 6-25 所示。机翼的下冲使尾翼的迎角与机翼的迎角不同。升降舵可以偏转一个角度 δ_e,这个角度认为是升降舵后缘正值的向下偏转。水平稳定器和升降舵上的气动力和力矩是由这些表面上的压力分布决定的,这是尾翼迎角和升降舵偏转的函数。由于升降舵是铰接的,其表面的压力分布可能会在铰链线上产生气动铰链力矩 H_e,如图 6-25 所示。正铰链力矩是指趋向于引起升降舵正偏转的力矩。

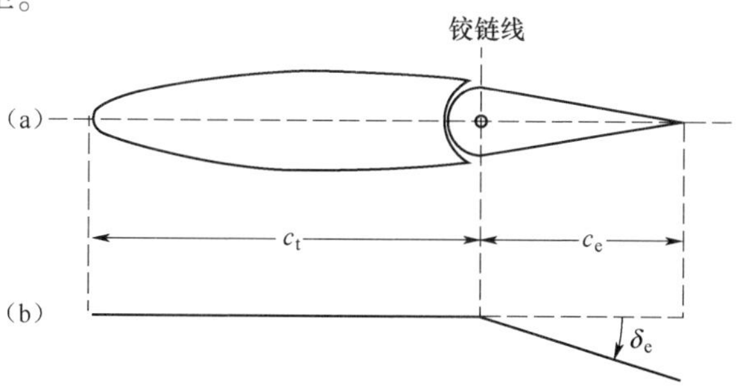

图 6-24　水平尾翼
(a)水平稳定器和升降舵的几何形状;(b)简化的水平尾翼模型。

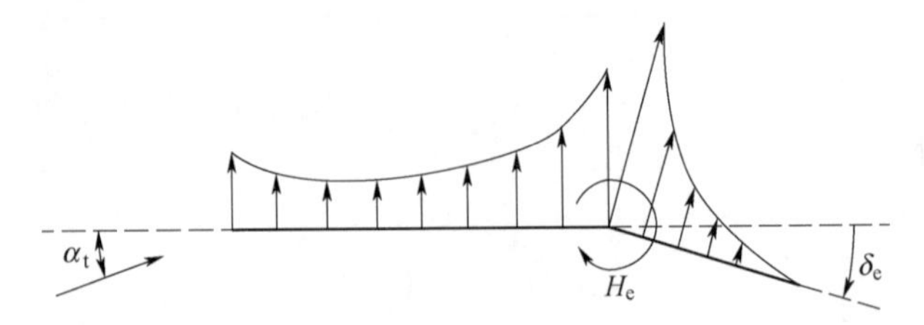

图 6-25 由尾翼迎角 α_t 和升降舵挠度 δ_e 分别引起的水平稳定器和升降舵上的压力分布

为了使升降舵旋转,气动铰链力矩必须通过对控制杆施加一个力来克服。这个力可以由驾驶员通过控制杆和升降舵之间的机械连接提供,也可以由驾驶员或计算机控制的执行机构提供。必须知道铰链力矩的大小,才能正确地设计飞行控制系统,并确保整个飞行包络线的铰链力矩是可接受的。

无量纲升降舵铰链力矩系数 $c_{h,e}$ 可定义为

$$c_{h,e} = \frac{H_e}{qS_e c_e} = \frac{H_e}{\frac{1}{2}\rho v^2 S_e c_e} \tag{6-94}$$

式中:H_e 为升降舵铰链力矩;S_e 为铰链后升降舵的平面面积;c_e 为图 6-24 中定义的升降舵弦长;q,ρ,v 为相对水平尾翼的局部气流的特性参数。

实际上,空气动力铰链力矩的分析预测是非常困难的,因为许多复杂的几何变量影响铰链力矩,包括升降舵弦长比 c_e/c_t、铰链的位置、升降舵前缘半径和后缘角度、升降舵平面和水平稳定器尾部与升降舵前缘之间的间隙。升降舵铰链力矩预测的另一个复杂因素是力矩对升降舵边界层类型的敏感性。铰链力矩可以在飞行中使用测力元件或其他设备测量,但必须细心才能获得准确的测量结果。

如前所述,升降舵铰链力矩系数是尾翼迎角 α_t 和升降舵偏转角为 δ_e 的函数。因此,升降舵铰链力矩系数 $c_{h,e}$ 可以写为

$$c_{h,e} = \frac{\partial c_{h,e}}{\partial \alpha_t}\alpha_t + \frac{\partial c_{h,e}}{\partial \delta_e}\delta_e = c_{h,e_{\alpha_t}}\alpha_t + c_{h,e_{\delta_e}}\delta_e \tag{6-95}$$

式中:$c_{h,e_{\alpha_t}}$,$c_{h,e_{\delta_e}}$ 分别为升降舵铰链力矩系数对尾翼迎角和升降舵偏转角的导数。

式(6-95)假设铰链力矩系数随尾翼迎角或升降舵偏转角的变化为线性,这一假设对亚声速和超声速流动都成立,但对跨声速流动却不准确,所以跨声速下升降舵铰链力矩的预测尤为困难。

6.6.4 松杆纵向静稳定性

到目前为止对纵向稳定性和操纵性的讨论都假设升降舵处于固定位置,即

所谓的握杆稳定性。甚至是讨论升降舵的挠度来建立一个新的配平条件时，也假设升降舵先偏转，然后保持在一个新的固定的配平位置。现在开始讨论松杆静纵向稳定性和操纵性问题，升降舵保持松浮状态。气动力和力矩作用在松浮升降舵上，直到操纵面达到配平位置，此时受力平衡，铰链力矩为零。松杆假定的一个主要影响是水平尾翼升力曲线斜率的变化。

通常情况下，松杆稳定性小于握杆稳定性。在松杆假定下，操纵面受气动力和力矩的作用而移动到一个新的位置，而在握杆假定下，操纵面受到阻力作用。从这个意义上说，握杆系统在配平状态的抵抗干扰能力更稳固。理想的飞机设计是使握杆和松杆之间的稳定性差异很小。

对于松浮升降舵操纵面，铰链力矩系数如式(6-95)所示为零，则有

$$0 = c_{h,e_{\alpha_t}}\alpha_t + c_{h,e_{\delta_e}}\delta_{e,free} \tag{6-96}$$

式中：$\delta_{e,free}$ 为松杆升降舵挠度，即

$$\delta_{e,free} = -\frac{c_{h,e_{\alpha_t}}}{c_{h,e_{\delta_e}}}\alpha_t \tag{6-97}$$

由于尾翼迎角和升降舵挠度引起的升降舵铰链力矩的变化 $c_{h,e_{\alpha_t}}$ 和 $c_{h,e_{\delta_e}}$ 通常为负值，因此对于正的尾翼迎角而言，松杆升降舵偏转 $\delta_{e,free}$ 为负值(TEU)。

如果升降舵保持松浮状态，它会在飞机从配平位置被扰动后移动到一个新的位置。因此，在升降舵松浮和升降舵固持时，尾翼升力是不同的。尾翼升力的这种变化导致了纵向静稳定性的变化。由式(6-81)可知，升降舵松浮的尾升力系数 $c'_{L,t}$ 可表示为

$$c'_{L,t} = a_t\alpha_t + a_e\delta_{e,free} \tag{6-98}$$

稳定性或操纵性参数上的系数通常用于区分握杆(未启动)和松杆(启动)。将式(6-97)代入式(6-98)，得

$$c'_{L,t} = a_t\alpha_t + a_e\left(-\frac{c_{h,e_{\alpha_t}}}{c_{h,e_{\delta_e}}}\alpha_t\right) = \left(1 - \frac{a_e c_{h,e_{\alpha_t}}}{a_t c_{h,e_{\delta_e}}}\right)a_t\alpha_t = Fa_t\alpha_t \tag{6-99}$$

式中，松浮升降舵系数 F 定义为

$$F = 1 - \frac{a_e c_{h,e_{\alpha_t}}}{a_t c_{h,e_{\delta_e}}} \tag{6-100}$$

将式(6-99)的松浮升降舵尾翼升力与式(6-43)的固持升降舵尾翼升力进行对比，可以看出，它们的差异仅在于松浮升降舵系数 F。这一因素是衡量由于自由升降舵尾翼升力和尾翼升力曲线斜率的降低，从而降低纵向静稳定性的指标。这是很有道理的，当升降舵松浮时，它的偏转会改变水平尾翼的有效弯度，从而改变升力特性。如果 $F=1$，松杆尾翼升力和尾翼升力曲线的斜率等于握杆

的相应值。因此,要表示松浮升降舵,F 必须小于 1。对于典型的传统飞机,F 大约为 0.7~0.8。

采用与握杆状态相同的方法,可以得到松杆纵向静稳定性方程。将松杆稳定性和操纵性参数与表 6-3 中的握杆相应参数进行比较,显然,松杆假定对纵向静稳定性的主要影响是松浮升降舵系数降低了水平尾升曲线斜率。由于松浮升降舵系数小于 1,它的中性点小于松杆中性点,因此其静稳定裕度也小于握杆静稳定裕度,导致松杆纵向静稳定性下降。

表 6-3 握杆和握杆稳定性参数的比较

参数	握杆	松杆
尾翼升力	$c_{L,t} = a_t \alpha_t$	$c'_{L,t} = F a_t \alpha_t$
零升力矩	$c_{M,0} = c_{M,ac,wb} + a_t \mathcal{V}_H(\varepsilon_0 - i_t)$	$c'_{M,0} = c_{M,ac,wb} + F a_t \mathcal{V}_H(\varepsilon_0 - i_t)$
中性点	$h_n = h_{ac,w} - \mathcal{V}_H \eta_t \dfrac{a_t}{a_{wb}}\left(1 - \dfrac{\partial\varepsilon}{\partial\alpha}\right)$	$h'_n = h_{ac,w} - \mathcal{V}_H \eta_t \dfrac{F a_t}{a_{wb}}\left(1 - \dfrac{\partial\varepsilon}{\partial\alpha}\right)$
俯仰稳定性	$c_M = -a_{wb}(h_n - h)$	$c'_M = -a_{wb}(h'_n - h)$

6.6.5 纵向控制力

为了在三维飞行中控制飞机,必须施加能使气动操纵面偏转的力,从而产生俯仰、滚转和偏航力矩。对于纵向和横向控制,必须对控制轮或控制杆施加力,通常称为杆力,分别使升降舵和副翼偏转。为了控制方向,必须对方向舵踏板施加力(通常称为踏板力),来使方向舵偏转。在这一节中,我们建立了升降舵杆力的关系。对于副翼操纵杆和方向舵踏板力也可以得到类似的表达式。

按照惯例,对于纵向控制,操纵杆上的推力应使飞机机头向下旋转,空速增加,拉力应使机头向上旋转,空速减小。整个飞行包络线的操纵力必须在可接受的范围内,最大值由人类肌肉能力设定。操纵力不能太高以至于飞行员不能将操纵杆移动到飞机飞行包络线内的高速或高过载系数下。另一方面,也有最小操纵力限制。如果操纵力太"轻",飞行员很容易控制飞机,这可能会导致飞机结构受力过大。操纵力应指示由控制输入引起的移动的严重程度。

对于可逆飞行控制系统,如图 6-26 所示的简单升降舵控制系统,杆力与升降舵铰链力矩成正比。为了证明这一点,可以应用能量守恒原理,该系统的能量变化等于系统吸收的热量和做功之和。假设系统没有吸收热量,在系统的连杆上也没有摩擦之类的损失,所以能量变化为零。因此,能量方程简化为在操纵杆和升降舵上所做的功。假设长度为 l_s 的操纵杆受正向拉力 F_s 作用,使杆产生了正向的小偏转角 δ_s(按照惯例,正杆力是拉力,负杆力是推力)。杆尾端的输入导致升降舵后缘向上偏转一个 $-\delta_e$ 角度(升降舵向上偏转为负)和正的铰链力

矩 H_e。移动操纵杆所做的功是力 F_s 与线性位移 ds 的乘积。升降舵所做的功是铰链力矩 H_e 与角位移 $-\delta_e$ 的乘积。因此,所做功的能量方程为

$$0 = F_s ds + H_e(-\delta_e) = F_s l_s \sin\delta_s - H_e\delta_e \tag{6-101}$$

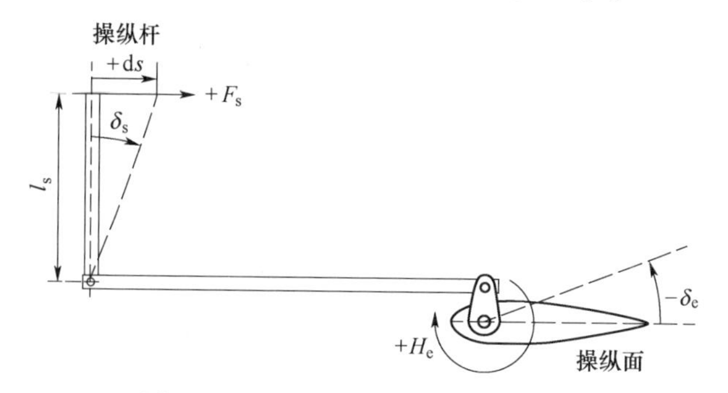

图 6-26　杆力和铰链力矩的几何关系

求解杆力可得:

$$F_s = \frac{\delta_e}{l_s\delta_s}H_e = GH_e \tag{6-102}$$

式中,G 为传动比,定义为

$$G = \frac{\delta_e}{l_s\delta_s} \tag{6-103}$$

由式(6-102)可知,传动比为比例常数,杆力与升降舵铰链力矩成正比。传动比是衡量控制系统力学性能的指标。对于一个给定的操纵杆位移 δ_s,传动比越大,则升降舵偏转 δ_e 越大。传动比与操纵杆长度 l_s 成反比。较长的操纵杆必须移动更远以获得与较短的操纵杆相同的升降舵挠度。可能需要使作为升降舵的挠度函数的传动比保持恒定,也可能需要使用机械连杆和装置以某种方式改变传动比。

将式(6-94)中的铰链力矩系数代入式(6-102),得

$$F_s = Gc_{h,e}\, q_\infty S_e c_e \tag{6-104}$$

由式(6-104)可知,杆力也与自由流动压和升降舵的大小成正比。因此,杆力随自由流速度的平方增大而增大,也随操纵面尺寸的增大而增大;事实上,它随着飞机尺寸的立方增大急剧增大,与乘积 $S_e c_e$ 的大小成正比。

除了杆力的大小,杆力随速度或配平点周围杆力梯度的变化也很重要。杆力梯度 $\partial F_s/\partial v$ 是衡量产生给定空速变化量所需要的杆力变化的指标。典型的杆力与速度的变化关系如图 6-27 所示,杆力与速度曲线的斜率为负,即 $\partial F_s/\partial v < 0$。这条曲线显示了飞机的速度稳定性。考虑一架飞机以配平速度 v_{trim} 稳定、配平的飞行,如图 6-27 所示。现在假设有一个扰动使飞机慢下来,使得速度小于配平速度,即 $v < v_{trim}$,如点 A 所示。低速时,需要一个正的(拉力)

杆力来维持水平飞行，否则机头会向下倾斜，速度会增加，从而回到配平点。如果扰动使得空速大于配平速度（点 B），即 $v > v_{trim}$，则需要一个负的（推力）杆力来保持水平飞行，否则机头将仰起，速度将回落到配平点。因此，如果飞机的杆力梯度曲线与速度的关系曲线如图 6-27 所示，则飞机处于正的速度稳定性，在配平速度受到扰动后趋向回到配平点。如此，在配平点的杆力梯度为负的飞机，即 $\partial F_s/\partial v < 0$，有正的速度稳定性。飞机的杆力梯度越陡，越能抵抗空速的干扰，或者说空速稳定性越好。相反，具有正的杆力梯度，即 $\partial F_s/\partial v > 0$ 的飞机在其配平点有负的速度稳定性。

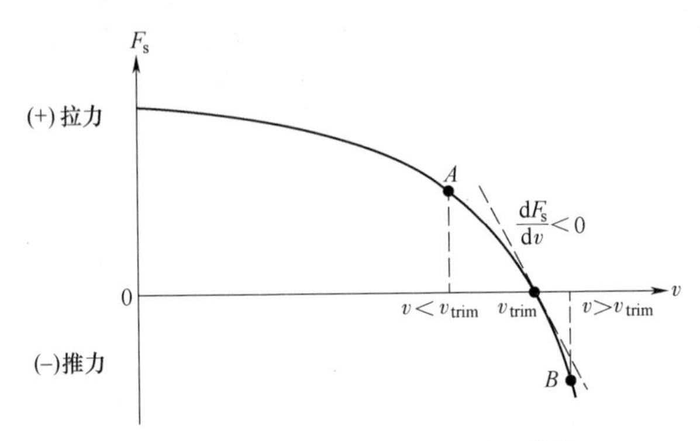

图 6-27　杆力与速度的变化关系曲线

可以看出，杆力梯度与下列参数成正比：

$$\frac{\partial F_s}{\partial v} \propto G\frac{WS_e c_e}{v_{trim}}(h - h_n') \tag{6-105}$$

故杆力梯度与传动比、机翼载荷（通过飞机的重量）和自由操纵杆静态裕度成正比，与配平速度成反比，随配平速度的减小而增大。此梯度对飞机的尺寸非常敏感，随着尺寸立方的增大而增大。

另一个与操纵力有关的问题与前重心位置有关。正如第 2 章所讨论的，飞机的前、后重心极限是与安全有关的重要极限。后重心极限由中性点和最小静稳定裕度确定，如 6.5.4 节所述。前重心极限与操纵力有关，如下所述。

飞机的纵向静稳定性随着重心向前移动而增加。随着飞机稳定性的提高，纵向操纵力变重，需要较大的操纵面挠度。虽然这可能是可以接受的，甚至可能是有利的，但对于某些类型飞机和任务，操纵力在前重心位置过大，使得机动变得不实际或操纵面挠度超过了机械限制。因此，前重心的极限受到纵向操纵力或升降舵挠度的限制。

当重心在它的前方极限处，纵向操纵力不能超过一个由 FAA 或军事规范定义的极限值。由于这适用于整个飞机飞行包络线（v-n），在前向重心位置的操纵力要求可以指定为每 g 的控制力，或在配平飞行条件下包络线任何位置上的操纵力梯度。这在着陆过程中尤其重要,在着陆前,控制力不能使接近配平的速度超过指定的最大速度。

可能限制前向重心位置的另一个因素是升降舵可以偏转的最大角度。这个最大角度通常是由升降舵系统中的机械停止设置的。在起飞和降落时,升降舵必须偏转以使飞机机头向上旋转。起飞时,机头向上旋转需要将前轮抬离地面。着陆时,机头通常也要在着陆用照明弹中向上旋转,随着空速增加迎角减小,避免在前轮率先着陆和“机轮摇摆”着陆,这可能损害机身起落架或导致着陆时的航向静稳定性问题。当重心向前移动时,需要更大的升降舵偏转来实现给定的机头旋转。在某些前向重心位置,升降舵偏转已达到最大。在这个前向重心位置,起飞或降落所需的升降舵偏转角不能超过可能的最大偏转角。

6.6.6 FTT:纵向静稳定性

本节介绍了用于确定飞机纵向静稳定性和中性点的飞行试验技术。将驾驶派珀 PA-32 萨拉托加(Piper PA32 Saratoga)固定翼飞机(图 6-28)来学习这些试验技术。派珀 PA-32 萨拉托加固定翼飞机是一种六座单引擎飞机,有一个安装于低处的机翼、传统的后置尾翼和固定起落架。它由一台莱康明 IO-540-K1G5D 发动机提供动力,通常是由吸气式、气冷式、水平对置的六缸、300 马力(224kW)的活塞式发动机转动一个三叶螺旋桨驱动。萨拉托加用作个人通用航空飞机和商业客运、货物运输的通用飞机。派珀 PA-32 萨拉托加固定翼飞机的既定规格见表 6-4。1963 年 12 月 6 日,由佛罗里达州维罗海滩的派珀飞机公司设计制造的派珀 PA-32 萨拉托加固定翼飞机首飞。

图 6-28 六座单引擎的派珀 PA-32 萨拉托加固定翼飞机
(资料来源:作者提供)

获取飞行纵向静稳定性数据有两种基本方法,即稳定法和加减速法。对于稳定的飞行试验,数据是在恒定的功率、恒定的高度、稳定的试验点、选定的配平空速上采集的。由于试验点的稳定性,该方法适用于手持数据采集。对于加减速飞行试验，采用等高加减速法采集试验数据。在数据采集过程中，飞机始终处于不完全配平状态，这使得该方法比稳定法的精度要低。然而，加速-减速飞行试验在获取大飞行包络线上的数据时效率更高。由于飞行条件变化太快，无法手工记录，因此需要一个数据采集系统来记录飞行数据。在派珀 PA-32 萨拉托加固定翼飞机中，使用稳定方法来采集纵向静稳定性数据。

为了确定纵向静稳定性和中性点，需要不同重心位置的数据。可以想象的是，可以在逐渐靠近后置重心的位置飞行并评估飞机的稳定性。然而，这是一个危险的做法，因为在一些后置重心位置是中立稳定或不稳定的，使它很难或不可能安全飞行。可以采用一种更安全的方法，在远离中性稳定边界的两个重心位置处获取数据。飞行中，通过让飞行试验工程师的位置从机舱前排座位移到后排座位，可以改变重心的位置。从工程师坐在前座产生前置重心的位置开始。

表 6-4　派珀 PA-32 萨拉托加固定翼飞机选用的规格

项　目	规　格
基本功能	通用航空和商用多用途飞机
制造商	佛罗里达州维罗海滩的派珀飞机公司
首飞	1963 年 12 月 6 日
机组人员	1 名机长，5 名乘客
动力装置	莱康明 IO-540-K1G5D 六缸发动机
发动机功率	300 马力(224kW)
空机质量	1920 磅(870.9kg)
最大总质量	3600 磅(1633kg)
长度	27.7 英尺(8.44m)
重量	7.9 英尺(2.4m)
翼展	36.2 英尺(11.0m)
翼面面积	174.5 英尺^2(16.21m^2)
机翼载荷	20.2 磅/英尺^2(98.6kg/m^2)
翼型	NACA 65-415
巡航速度	146kn(168 英里/h,272km/h)
最大升限	17000 英尺(5200m)
载荷系数限制	+3.8g，不允许反向操作

飞机的纵向静稳定性通常在两种构型下得到，分别为襟翼和起落架缩回的干净构型和襟翼和起落架展开的着陆构型。可以在干净构型下将获得派珀 PA-32萨拉托加飞机的数据，但由于飞机已固定起落架，故只需要收回襟翼。

在萨拉托加起飞后，要爬到 4500 英尺(1370m)的高度。第一个任务是将飞机稳定在选定的 100kn(115 英里/h,185km/h)的配平空速。这个配平空速选择在空速范围的中间，在此状态下采集数据。换句话说，在稳定的试验点将以高于或低于所选配平空速飞行。静稳定性就是在这种配平空速条件下衡量的。经过几次小功率调整，飞机在 102kn（117 英里/h，189km/h）的空速下保持稳定。只要空速接近这个值并且稳定，保持 100kn 的空速并不是最关键的。将手离开操纵轮并将空速保持在 102kn 持续 10s，确认有一个实心配平点。然后记录下这个配平点的数据，包括空速、高度、燃料量、迎角、升降舵挠度和纵向杆力，这些参数都是这架飞机飞行试验仪器上显示的一部分。

完成此试验点的试验后，准备以较低空速设置新的试验点。因为要保持恒定的功率设置所以要达到较低的空速，也不能触摸油门。为了降低空速，可以把操纵轮或支架稍微向后拉，增加迎角，增加阻力。升力也略有增加，导致飞机略有爬升，但试验点保持在典型的高度数据带±1000 英尺（300m）以内。目标空速比配平空速慢 10%左右，通过控制方向盘上的反压力，可以使飞机稳定在 92kn（106 英里/h，170km/h）。

在可逆飞行控制系统中，由于所有的电缆、滑轮和其他机械干扰，都存在内摩擦，影响杆力的数据。摩擦力的变化情况取决于拉动还是推动操纵轮。为了稳定试验点，必须来回推拉操纵轮。因此，为了确保杆力数据是连续的，需要释放操纵杆，让飞机的机头稍微下降，然后拉回来重置为稳定状态。对所有比配平速度慢的试验点重复操作，以便它们都可以通过设置操纵杆拉回。对于超过配平速度的试验点，需要释放操纵杆直到机头上升，然后向前推，以便所有试验点都是通过向前推操纵杆来设置的。

操作之后稳定在 92kn 的空速，而且必须对支架保持一个小的反压力以保持恒定的空速。像以前一样记录试验点数据。准备好以高于 102kn 配平空速进行试验。向前推操纵轮，让飞机加速，目标空速应该比调整空速快 10%左右。保持一定的前杆力，使飞机稳定在 111kn（128 英里/h，206km/h），然后再次采集试验点数据。需要为多个试验点采集数据，这些试验点的空速在 74kn（85 英里/h，137km/h）至 121kn（139 英里/h，224km/h）之间。在采集了这些数据后，就完成了在这个前向重心位置试验点的试验。现在，让飞行试验工程师换座位，从前排换到后排，把重心移到后方。在后置重心位置重复在前置重心位置所测量的所有试验点。幸运的是，在建立新的配平空速时，后置重心位置与前置重心位置同样是在 102kn 时取得。在采集完后置重心位置试验点的数据后，返回机场并实现着陆。

飞机在不同的校正空速 v_c 稳定或配平飞行时，对于两个重心位置不同的升降舵偏转角 $\delta_{e,trim}$ 如图 6-29 所示。图中用虚线标记出了配平空速条件。在 102kn 空速时所需的升降舵配平为相对前置重心位置（86 英寸）-3.46°和相对后置重心位置（88 英寸）-3.05°。这些负的升降舵挠度值对应的是升降舵后缘向上偏转（TEU）和操纵轮被拉回。对于速度低于配平空速的试验点，需要更多尾翼后缘向上的升降舵挠度来维持稳定。对于速度超过配平空速的试验点，则需要较少尾翼后缘向上的升降舵挠度。图 6-30 还以另一种形式将结果绘制出来,绘制了升降舵偏离初始配平状态的挠度变化与初始配平校正空速的百分比变化。

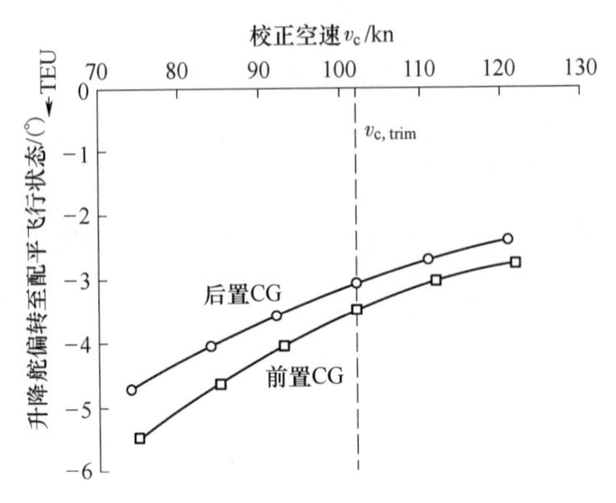

图 6-29　升降舵偏转与空速的关系

(资料来源:作者根据文献[6]中的数据趋势创建的图,经 Matthew DiMaiolo 许可)

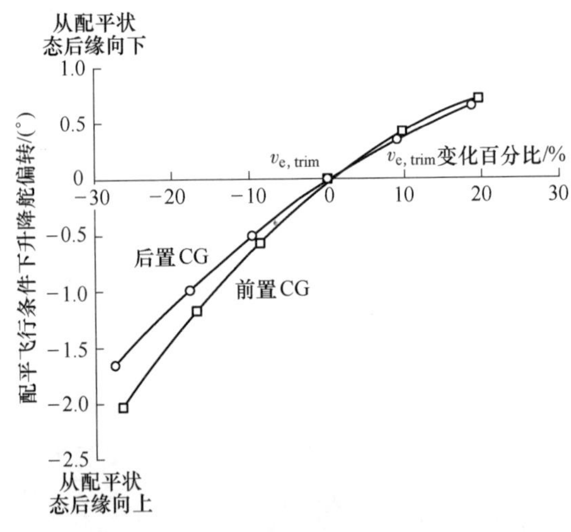

图 6-30　初始配平飞行条件下升降舵偏转与空速的关系

(资料来源:作者根据文献[6]中的数据趋势创建的图,经 Matthew DiMaiolo 许可)

图 6-29、图 6-30 代表了飞机握杆纵向静稳定性,类似于之前讨论过的力矩系数与迎角之间的关系。当空速从初始平衡点(102kn)下降时,升降舵偏转角和操纵轮背压必须增加,以抵消机头向下的俯仰力矩,以稳定飞机。因此,随着空速的降低,飞机倾向于使机头下降,从而增加空速,使飞机回到初始平衡状态。当空速从初始平衡点开始增加时,情况则正好相反。在较高空速下,由于飞机有

一个使机头向上的俯仰力矩,升降舵偏转角和操纵轮反压力必须减小。因此,随着空速增加,飞机倾向于使机头抬升,从而使飞机的空速下降,让飞机回到初始平衡状态。根据这些观察,可以得出升降舵偏转角与呈负斜率变化的空速的曲线关系,如图 6-29 所示,表示握杆纵向静稳定性。如图 6-30 所示,如果将其绘制为初始平衡条件下升降舵挠度的变化,则斜率为正。前向重心位置的斜率较后向更陡,表明正的静稳定性高于后向重心位置。这个数字还验证了飞机可以在一定空速下进行调整。

为了确定握杆中性点,首先将配平升降舵的挠度方程式(6-93)对初始配平条件下的升力系数 $c_{L,\mathrm{trim}}$ 求导,得

$$\frac{\mathrm{d}\delta_{\mathrm{e,trim}}}{\mathrm{d}c_{L,\mathrm{trim}}}=-\frac{c_{M_\alpha}}{c_{M_{\delta_e}}c_{L_\alpha}-c_{M_\alpha}c_{L_{\delta_e}}} \tag{6-106}$$

在中性点,俯仰力矩系数对迎角的曲线斜率等于零,即 $c_{M_\alpha}=0$(图 6-19 点 C)。当 $c_{M_\alpha}=0$ 时,式(6-106)也为零。因此,如果把导数 $\mathrm{d}\delta_{\mathrm{e,trim}}/\mathrm{d}c_{L,\mathrm{trim}}$ 与重心位置的关系绘制出来,中性点就是这个导数为零时的重心位置。首先,绘制升降舵偏转角与升力系数的关系图,如图 6-31 所示。利用飞行条件(高度、空速)、机翼平面面积与实测燃料重量对应的飞机重量计算定水平平稳飞行的升力系数,如式(5-112)所示。从图 6-31 中可以通过数据的斜率获得相对两个重心位置的导数项 $\mathrm{d}\delta_{\mathrm{e,trim}}/\mathrm{d}c_{L,\mathrm{trim}}$ 的值。

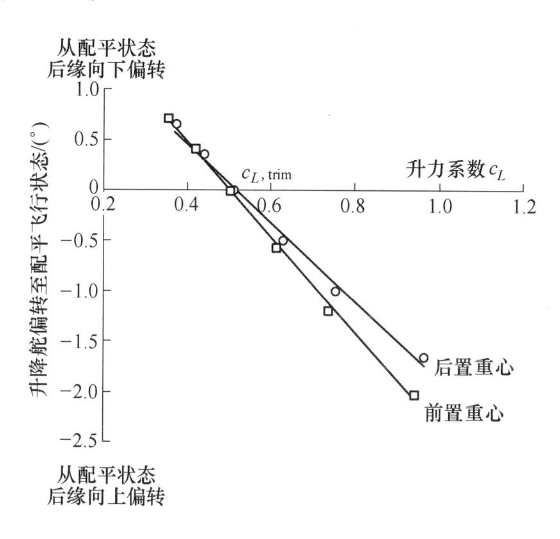

图 6-31　升降舵挠度与升力系数的关系

(资料来源:作者根据文献[6]中的数据趋势创建的图,经 Matthew DiMaiolo 许可)

导数项 $\mathrm{d}\delta_{\mathrm{e,trim}}/\mathrm{d}c_{L,\mathrm{trim}}$ 的值与重心位置的关系曲线如图 6-32 所示。握杆中性点 h_n 可以通过画一条通过两个数据点,且与导数项 $\mathrm{d}\delta_{\mathrm{e,trim}}/\mathrm{d}c_{L,\mathrm{trim}}$ 为零的

水平轴直线相交的直线来确定。从图 6-32 中可以看出,握杆中性点处于 101.1 英寸(256.8cm)的重心位置。

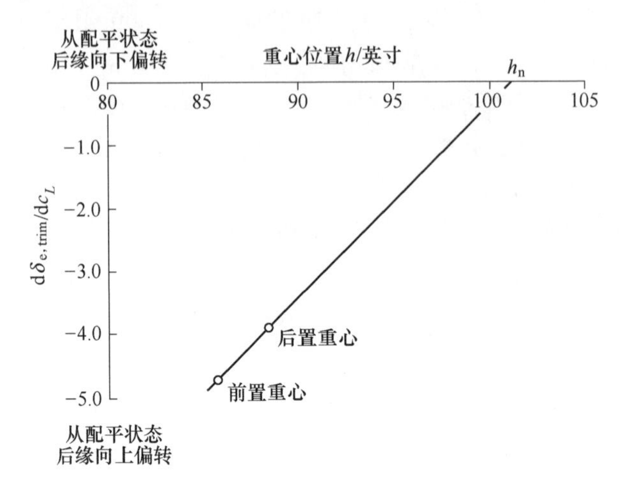

图 6-32 握杆中性点的测定

(资料来源:作者根据文献[6]中的数据趋势创建的图,经 Matthew DiMaiolo 许可)

采用相似的数据简化过程,确定松杆纵向静稳定性及其松杆中性点 h'_n,主要区别是相关参数是升降舵杆力 F_e 而不是升降舵挠度 δ_e。通过绘制杆力对升力系数的导数和重心位置的关系曲线,与图 6-32 相似,可以从飞行数据中求得松杆中性点。

6.7 横航向静稳定性及操纵性

纵向静稳定性关系到飞机在其对称平面上的俯仰运动。参照图 6-4 中的机体坐标系,俯仰运动在 x-z 平面上是围绕 y 轴运动的。在分析纵向静稳定性时,认为飞机是以速度 v_∞、迎角 α 和动压 q_∞ 稳定飞行。作用在飞机上的力和力矩是升力、阻力、推力和俯仰力矩。

现在分别研究飞机的滚转和偏航运动,以及绕 x 轴和 z 轴的旋转。用偏航角 β 和滚转角 ϕ 代替迎角 α 之后,对飞机的行为进行评估。侧向力(Y)、偏航力矩(N)和滚转力矩(R)作用于飞机的横航向运动。由于重心位于飞机的对称平面(x-z 平面),所以它不是横航向运动的主要参数,纵向运动也是如此。重心的垂直位置会对飞机的横航向运动产生影响,但这种影响通常很小。

飞机的横航向运动比纵向运动更为复杂。一方面,滚转和偏航运动往往是交叉耦合的,也就是说,绕一个轴旋转导致两个轴的运动。一个滚转角速度 ω_x 不仅产生一个滚转力矩 R,也会产生一个偏航力矩 N。同样,一个偏航角 β 或偏

航角速度 ω_z 也会产生一个偏航力矩 N 和一个滚转力矩 R。横航向操纵面副翼和方向舵也是交叉耦合的。副翼偏转产生滚转和偏航,同样,方向舵偏转也会产生偏航和滚转。

横航向运动的力和力矩系数包括侧向力、偏航力矩和滚转力矩系数。侧向力系数 c_Y 定义为

$$c_Y = \frac{Y}{qS} \tag{6-107}$$

偏航力矩系数 c_N 定义为

$$c_N = \frac{N}{qSb} \tag{6-108}$$

必须注意不要把偏航力矩系数和法向力系数混淆。

滚转力矩系数 c_R 定义为

$$c_R = \frac{R}{qSb} \tag{6-109}$$

式中: q 为动压; S 为翼面面积; b 为翼展。

在俯仰力矩方面,用于横航向力矩无量纲化的特征长度是翼宽 b, 不是弦长。

请记住,我们仍在讨论静稳定性,但针对的是横航向运动,而不是纵向运动。因此,仍然对飞机在配平点受到干扰后返回或偏离平衡状态的趋势感兴趣。

6.7.1 航向静稳定性

因为与相对风向一致的飞机与风标(公鸡的形状)较为相似,所以航向静稳定性有时也称为风标稳定性。航向静稳定性涉及飞机垂直轴或 z 轴的稳定性。由于我们对静稳定性感兴趣,故需要评估飞机返回或偏离平衡的趋势。因此,我们对飞机随时间的运动不感兴趣,它在不同的轴上可能存在运动耦合。因此,只有在 x-y 平面上的偏航运动才能使航向静稳定性分离出来。从这个角度看,航向静稳定性与纵向静稳定性相似,它的旋转发生在不同的轴和不同的平面上。这两种运动之间有许多关系是相似的。

考虑 x-y 平面中的飞机,如图 6-33 所示。起初在与来流速度 v_∞ 对齐的纵轴(x 轴)上稳定、平衡的飞行。一个扰动使飞机偏航,机头向左移动。这个“右耳风”旋转对应一个正的侧滑角 $+\beta$(参见 6.4 节的符号约定),如图 6-33 所示。此侧滑角使垂直尾翼与自由流速度之间产生一个迎角,从而产生垂直于速度矢量的升力 L_v(下标 v 表示垂直尾翼)。垂直尾翼的升力会在飞机重心附近产生一个恢复力矩 N,这个力矩会使飞机“变直”并恢复到原来的平衡位置。垂直尾翼的作用就像水平稳定器,为了维持纵向静态稳定,在重心附近产生一个力矩。然而,与水平尾翼不同的是,垂直尾翼相对于机身纵轴的入射角为零,因此

飞机在平稳、平飞时仍与速度矢量保持一致（对于螺旋桨驱动的飞机，由于一个关于横向稳定性的螺旋桨气流的存在，有点例外）。如果飞机受相反偏航方向干扰，对应"左耳风"和负的侧滑角 β，则升力和恢复力矩都会是相反的方向并趋向恢复平衡。因此，飞机具有航向静稳定性，在偏航方向受到扰动后，飞机有回到平衡位置的趋势。

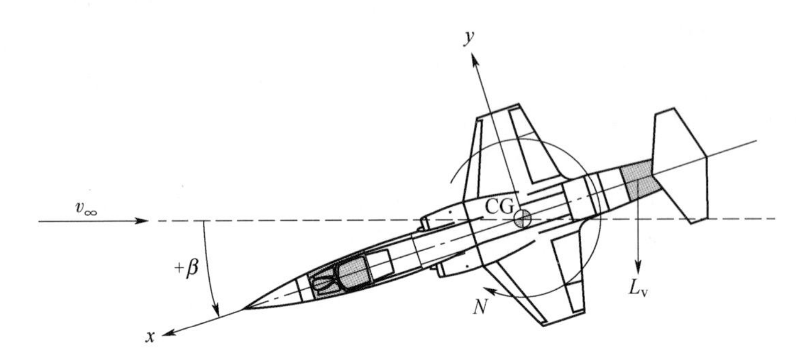

图 6-33　具有正侧滑角和偏航恢复力矩的飞机

考虑 3 种不同飞机的偏航力矩系数 c_N 与侧滑角 β，如图 6-34 所示。飞机①在纵轴（x 轴）与来流速度对齐的情况下稳定、配平飞行。如图 A 点所示，在配平点的偏航力矩和侧滑角为零。如图 B 点所示，干扰会使机头向左偏航，产生侧滑角 $+\beta$ 和正的偏航力矩系数 $+c_N$。而正的偏航力矩系数又会使机头向右旋转，使飞机倾向于恢复到平衡状态。如果干扰偏航使机头右转，会产生侧滑角 $-\beta$ 和一个负的偏航力矩系数 $-c_N$，如图中 C 点所示，从而使机头再次向右偏转并趋于恢复平衡状态。因此，飞机①表现出航向静稳定性，要做到这一点，它必须有偏航力矩系数随侧滑角的变化关系，如图 6-34 所示。

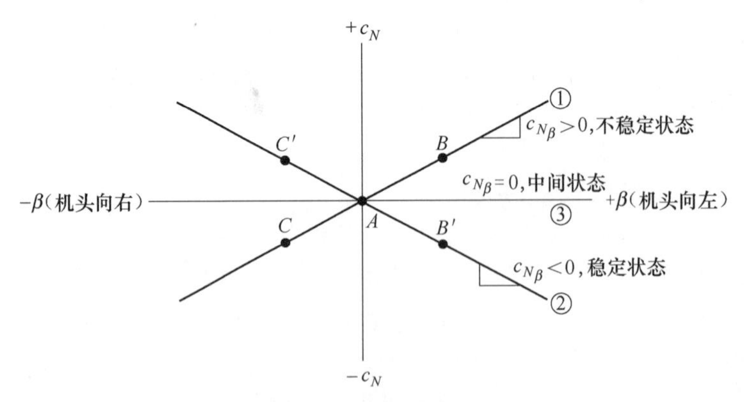

图 6-34　航向静稳定性

偏航力矩系数曲线的斜率称为航向静稳定性（偏航稳定性）c_{N_β}。为维持正向静稳定性，斜率必须为正，因此，有

$$c_{N_\beta}=\frac{\partial c_N}{\partial \beta}>0 \tag{6-110}$$

现在考虑飞机②,其偏航力矩系数曲线如图 6-34 所示。飞机最初位于配平点 A 处,扰动使得机头向左偏航一个正的侧滑角 $+\beta$, 并产生了一个负的偏航力矩系数 $-c_N$, 如图 6-34 点 B'所示。负的偏航力矩系数倾向于使飞机机头旋转到更大的侧滑角,远离最初的配平点。当机头向右偏航 $-\beta$ 到点 C'时,正的偏航力矩系数 $+c_N$ 往往会使机头旋转到更大的负侧滑角,远离配平点。因此,飞机②没有航向静稳定性,可以得出结论,负偏航力矩系数下的航向静稳定性 $\partial c_N/\partial\beta$ 是不稳定的。

飞机③有中性航向静稳定性, $\partial c_N/\partial\beta=0$。配平状态下的偏航替换不产生偏航力矩系数,飞机保持在替换的侧滑角状态。

现在试着建立航向静稳定性(偏航稳定性) c_{N_β} 的定量关系。与建立纵向静稳定性(俯仰稳定性) c_{M_α} 相类似,考虑安装在飞机重心后的垂直尾翼,如图 6-35所示。x 轴指向飞机机身机头方向,y 轴指向右翼。垂直尾翼与 x 轴对齐,入射角为零。垂直尾翼有一个对称的翼型部分,使得零升力线与弦线相同。垂直尾翼由固定的垂直稳定器和可移动方向舵组成。假设方向舵处于固定位置,与垂直稳定器齐平。垂直尾翼的气动中心位于重心后距离为 l_v 的位置。

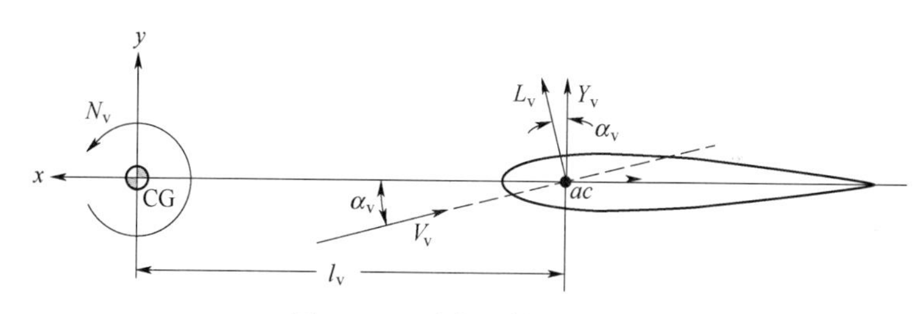

图 6-35 垂直尾翼几何关系

现在假设飞机是向右偏航的,以致对于坐在垂直机尾顶部的人来说,“风在左耳”。受机身和机翼的影响,垂直尾翼的局部流速 v_v 与来流速度不同。在迎角 α_v 处,相对于垂直尾翼零升力线或弦线的垂直尾翼速度 v_v 为

$$\alpha_v=-\beta+\alpha \tag{6-111}$$

式中,由于机头向右偏航,侧滑角为负。垂直尾翼的迎角与侧滑角不同,侧滑角是由于侧洗,即机身和机翼对气流的干扰使局部气流方向改变而产生的。由于侧洗产生的垂直尾翼气流方向的变化,类似于水平尾翼下洗流的影响。由侧洗角 σ 和侧滑角 β 可以获得垂直尾翼的局部迎角 α_v。当侧洗角与 y 轴正向气流相对应时,侧洗角为正,使局部迎角增大。

当垂直尾翼上的局部迎角 α_v 很小时,侧向力 Y_v 等于升力 L_v:

$$Y_v=L_v\cos\alpha_v\approx L_v=q_vS_vc_{L,v} \tag{6-112}$$

式中：q_v 为局部动压；S_v 为垂直尾翼平面面积；$c_{L,v}$ 为垂直尾翼升力系数。

侧向力和升力作用于垂直尾翼的气动中心。

垂直尾翼升力系数可表示为

$$c_{L,v}=\frac{\partial c_{L,v}}{\partial \alpha}\alpha_v=a_v\alpha_v=a_v(-\beta+\sigma) \tag{6-113}$$

式中：a_v 为垂直尾翼的升力曲线斜率。

将式(6-113)代入式(6-112)中，可得侧向力为

$$Y_v=q_vS_v\,a_v(-\beta+\sigma) \tag{6-114}$$

关于重心的偏航力矩 N_v 由垂直尾翼的侧向力产生，有

$$N_v=-Y_vl_v=-q_vS_vl_v\,a_v(-\beta+\sigma) \tag{6-115}$$

式中：l_v 为飞机重心与垂直尾翼气动中心之间的距离；偏航力矩的符号为负。

垂直尾翼的偏航力矩系数 $c_{N,v}$ 定义为

$$c_{N,v}\equiv\frac{N_v}{q_{wb}Sb}=-\frac{q_vS_vl_v}{q_{wb}Sb}a_v(-\beta+\sigma) \tag{6-116}$$

式中：q_{wb} 为翼体上方的动压；S 为翼面面积；b 为翼展。

与水平尾翼的效率 η_t 类似，垂直尾翼的效率 η_v 定义为

$$\eta_v\equiv\frac{q_v}{q_{w_b}}=\left(\frac{v_v}{v}\right)^2 \tag{6-117}$$

与水平尾翼效率相似，垂直尾翼的效率小于1。同样，与水平尾翼的体积比 ν_H 类似，垂直尾翼体积比 ν_v 定义为

$$\nu_v\equiv\frac{S_vl_v}{Sb} \tag{6-118}$$

单引擎通用航空飞机垂直尾翼体积比的典型值约为0.04，军用喷气式战斗机垂直尾翼体积比约为0.07，军用喷气式教练机垂直尾翼体积比约为0.06，商用喷气运输机垂直尾翼体积比约为0.09[14]。由于翼展特征长度代替弦长使其无量纲化，垂直尾翼体积比比水平尾翼体积比小一个数量级。

将式(6-117)和式(6-118)代入式(6-116)，得

$$c_{N,v}=-\eta_v\nu_va_v(-\beta+\sigma) \tag{6-119}$$

通过将式(6-119)中的偏航力矩系数对侧滑角 β 求导，可以得出航向静稳定性：

$$c_{N,v_\beta}=\frac{\partial c_{N,v}}{\partial\beta}=\eta_v\nu_va_v\left(1-\frac{\partial\sigma}{\partial\beta}\right) \tag{6-120}$$

式(6-120)为垂直尾翼对航向静稳定性的贡献，它表明航向静稳定性与垂直尾翼效率、垂直尾翼体积比、垂直尾翼升力曲线斜率成正比。显而易见，通过增加垂直尾翼的尺寸来增加垂直尾翼的体积比，可以增加航向静稳定性。该航向静稳定性方程类似于式(6-51)的纵向静稳定性方程。

在图 6-36 中,以偏航力矩系数与侧滑角的关系曲线形式,定性地比较了其他飞机部件的贡献。正斜率表示对航向静稳定性为正相关,而负斜率表示构件失稳。机身侧面积对航向静稳定性有消极影响,机身和发动机短舱对航向稳定性具有典型的不稳定性影响。通常,除了在大迎角状态,相比机身而言机翼的贡献是小的。垂直尾翼在为整机提供航向静稳定性方面的作用最大。在某一侧滑角,垂直尾翼上方的气流在空气动力学方面停止流动,大大降低了垂直尾翼的升

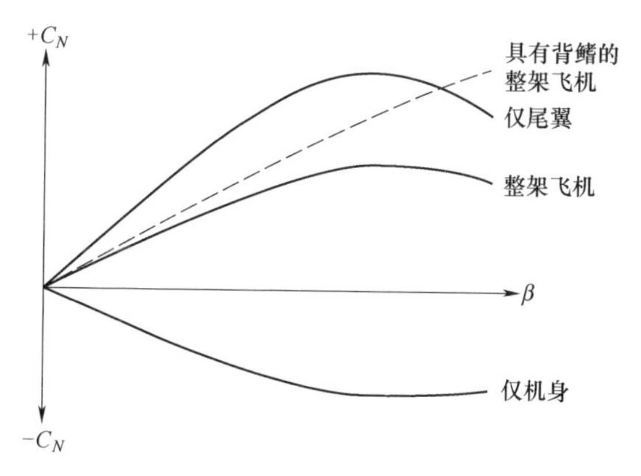

图 6-36　各飞机部件对航向静稳定性的贡献
(资料来源:Talay,NASA SP 367,1975 年,文献[16])

力。侧向力的损失导致恢复偏航力矩的损失,而偏航力矩是稳定性所必需的。在这些较高的侧滑角,整个飞机的航向可能会变得不稳定。增加垂直安定面,低展弦比垂直安定面通常连接到机身上部、垂直安定面前部或机身下部,这可以通过更高的侧滑角范围提供更多的航向静稳定性。

例 6.7　垂直尾翼对航向静稳定性的贡献

一架具有机翼和垂直尾翼的飞机规格见下表,试计算垂直尾翼对飞机航向静稳定性的贡献。假设侧洗角相对于侧滑角的变化率 $\partial\sigma/\partial\beta$ 为零。

参数	数值
机翼面积 s	193 英尺^2
翼展 b	36.3 英尺
垂直尾翼面积 S_v	22.3 英尺^2
垂直尾翼升力曲线斜率 a_v	0.0985/(°)
垂直尾翼效率 η_v	0.980
重心距垂直尾翼 ac 的距离 l_v	16.1 英尺

解:

利用式(6-118),可得垂直尾翼体积比为

$$\nu_{\mathrm{v}} = \frac{S_{\mathrm{v}} l_{\mathrm{v}}}{Sb} = \frac{22.3\ \text{英尺}^2 \times 16.1\ \text{英尺}}{193\ \text{英尺}^2 \times 36.3\ \text{英尺}} = 0.0512$$

航向静稳定性由式(6-120)给出：

$$c_{N,\mathrm{v}_\beta} = \frac{\partial c_{N,\mathrm{v}}}{\partial \beta} = \eta_{\mathrm{v}} \nu_{\mathrm{v}} a_{\mathrm{v}} \left(1 - \frac{\partial \sigma}{\partial \beta}\right)$$

将垂直升力曲线的斜率由每度转换为每弧度：

$$a_{\mathrm{v}} = (0.0985/(°)) \times \frac{180}{\pi} = 5.64$$

在航向静稳定性方程中代入数值，得

$$c_{N,\mathrm{v}_\beta} = 0.980 \times 0.0512 \times 5.64 \times (1 - 0) = 0.283$$

正如所料，垂直尾翼对航向静稳定性有正向贡献。

6.7.2 航向控制

通常，零侧滑飞行是可取的。假设一架飞机具有对称结构和正航向静稳定性，它倾向于“直线”飞行，没有侧滑。然而，由于构型不对称、大气扰动、推力不对称、螺旋桨滑流效应、转弯或机动飞行不对称流等因素不可避免，作用于飞机上的偏航力矩和侧滑角往往不为零。也可能在某些飞行条件下，我们希望刻意地使其侧滑飞行。这些条件可能包括着陆时用于侧风控制的前滑或用于增加阻力和下滑角的侧滑。飞机的控制器是方向舵，用来抵消不需要的偏航力矩，并有意增加侧滑。正如 1.2.2.2 节所述，方向舵是一个垂直的铰链襟翼，附着在垂直稳定器的尾部。方向舵偏转会改变垂直尾翼产生的升力，就像水平尾翼上的机翼襟翼升降舵一样。

考虑零侧滑处的垂直尾翼，如图 6-37 所示。正的升降舵偏转 $+\delta_{\mathrm{r}}$ 会产生一个正的侧向力 $+Y_{\mathrm{v}}$，从而产生一个负的关于重心的偏航力矩 $-N_{\mathrm{v}}$，即

$$N_{\mathrm{v}} = -Y_{\mathrm{v}} l_{\mathrm{v}} = -q_{\mathrm{v}} S_{\mathrm{v}} c_{L,\mathrm{v}} l_{\mathrm{v}} \tag{6-121}$$

式中：$c_{L,\mathrm{v}}$ 为升降舵偏转时垂直尾翼的升力系数。

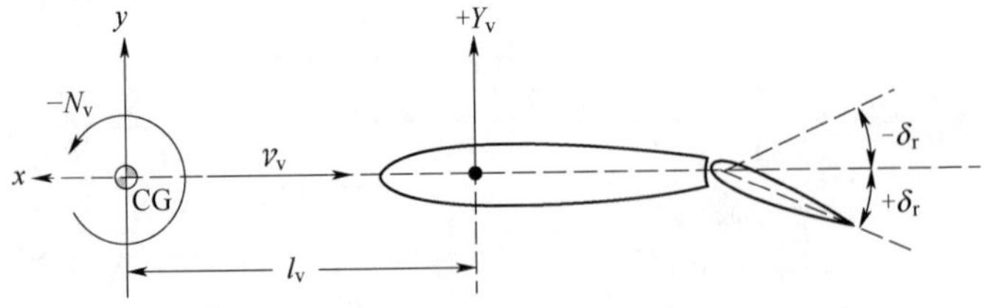

图 6-37　升降舵的几何形状和零侧滑时的侧向力

垂直尾翼的偏航力矩系数为

$$c_{N,\mathrm{v}} = -\frac{N_{\mathrm{v}}}{q_{\mathrm{wb}} Sb} = \frac{-q_{\mathrm{v}} S_{\mathrm{v}} l_{\mathrm{v}}}{q_{\mathrm{wb}} Sb} c_{L,\mathrm{v}} = -\eta_{\mathrm{v}} \nu_{\mathrm{v}} c_{\mathrm{L,v}} \tag{6-122}$$

上式分别代入了垂直尾翼效率和垂直尾翼体积比的公式,即式(6-117)和式(6-118)。

垂直尾翼升力系数(假设侧洗为零)可表示为

$$c_{L,\mathrm{v}} = \frac{\partial c_{L,\mathrm{v}}}{\partial \beta}\beta + \frac{\partial c_{L,\mathrm{v}}}{\partial \delta_{\mathrm{r}}}\delta_{\mathrm{r}} = c_{L,\mathrm{v}_\beta}\beta + c_{L,\mathrm{v}_{\delta_\mathrm{r}}}\delta_{\mathrm{r}} \tag{6-123}$$

由于侧滑角为零($\beta = 0$),则式(6-123)变为

$$c_{L,\mathrm{v}} = \frac{\mathrm{d}c_{L,\mathrm{v}}}{\mathrm{d}\delta_{\mathrm{r}}}\delta_{\mathrm{r}} = c_{L,\mathrm{v}_{\delta_\mathrm{r}}}\delta_{\mathrm{r}} \tag{6-124}$$

将式(6-124)代入式(6-122),得

$$c_{N,\mathrm{v}} = -\eta_{\mathrm{v}}\nu_{\mathrm{v}}c_{L,\mathrm{v}_{\delta_\mathrm{r}}}\delta_{\mathrm{r}} \tag{6-125}$$

令式(6-125)对方向舵偏转求导,得

$$c_{N,\mathrm{v}_{\delta_\mathrm{r}}} = \frac{\partial c_{N,\mathrm{v}}}{\partial \delta_{\mathrm{r}}} = -\eta_{\mathrm{v}}\nu_{\mathrm{v}}c_{L,\mathrm{v}_{\delta_\mathrm{r}}} \tag{6-126}$$

偏航力矩对方向舵偏转的导数定义为方向舵效或方向舵控制功率。对于给定方向舵偏转,$c_{N,\mathrm{v}_{\delta_\mathrm{r}}}$ 的值越大,方向舵产生偏航力矩的效率或功率就越大。在分析中,假设方向舵发生偏转,然后固定在偏转位置。因此,式(6-126)所求为握杆方向舵效率。

如前所述,当需要保持稳定的侧滑角时,需要一定飞行条件。现在试图确定一个在给定的方向舵偏转下,可以获得稳定侧滑角的关系式。飞机以稳定侧滑角飞行时,作用于重心位置偏航力矩(假设零侧滑)为

$$c_{N,\mathrm{v}} = \frac{\partial c_{N,\mathrm{v}}}{\partial \beta}\beta + \frac{\partial c_{N,\mathrm{v}}}{\partial \delta_{\mathrm{r}}}\delta_{\mathrm{r}} = c_{N,\mathrm{v}_\beta}\beta + c_{N,\mathrm{v}_{\delta_\mathrm{r}}}\delta_{\mathrm{r}} \tag{6-127}$$

为了维持稳定、平衡的飞行条件,力矩必须等于零,有

$$0 = c_{N,\mathrm{v}_\beta}\beta + c_{N,\mathrm{v}_{\delta_\mathrm{r}}}\delta_{\mathrm{r}} \tag{6-128}$$

求出每个方向舵偏转的侧滑角为

$$\frac{\beta}{\delta_{\mathrm{r}}} = -\frac{c_{N,\mathrm{v}_{\delta_\mathrm{r}}}}{c_{N,\mathrm{v}_\beta}} \tag{6-129}$$

式(6-129)表明对于一个给定的方向舵偏转,可以获得正比于升降舵控制功率 $c_{N,\mathrm{v}_{\delta_\mathrm{r}}}$,且反比于航向静稳定性(偏航稳定性) c_{N,v_β} 的稳定侧滑角。如果控制功率较大,则可能获得比控制功率较小时更高的侧滑角。如果飞机的航向性更稳定或偏航"稳定性更大",在给定方向舵偏转下,可以获得比偏航稳定性小时更小的侧滑。

6.7.3 横向静稳定性

现在考虑飞机在 x 轴上的静稳定性,称为横向静稳定性或滚转稳定性。与

纵向和航向静稳定性相似,横向静稳定性关注的是飞机在受到扰动(在本例中为滚转扰动)后,返回或偏离稳定的、水平机翼的配平状态的趋势。如果在机翼水平飞行时发生滚转后产生恢复力矩,则飞机具有正的横向静稳定性。如果产生的力矩使滚转增加,远离机翼水平飞行状态,则飞机具有负的横向静稳定性。

运动平面中力矩相对于位移的变化率是确定纵向或航向静稳定性的标准。根据俯仰稳定性、俯仰力矩随迎角的变化关系 $\partial c_M/\partial\alpha$ 可以计算纵向静稳定性。基于偏航稳定性、偏航力矩随侧滑角的变化关系 $\partial c_N/\partial\beta$,可以对航向静稳定性进行评价。根据这一推理,我们可以推测横向静稳定性应该基于滚转稳定性和滚转力矩相对倾斜角的变化率。

假设一架飞机在稳定的机翼水平飞行中,只受限于一个自由度,即绕 x 轴旋转或滚转。如果假设迎角很小,则可以认为来流速度矢量平行于 x 轴。由飞机上方来流产生的气动升力和阻力是在飞机的对称平面内产生的。现在,如果飞机滚转到倾斜角 ϕ 的位置,气流仍对称于飞机的对称面,则升力和阻力都不变,滚转力矩随倾斜角的变化而变化,即 $\partial c_R/\partial\phi$ 滚转稳定性为零。这个论证可以推广到有迎角的情况,具有某一迎角的飞机绕速度矢量旋转。在这种更一般的情况下,飞机绕速度矢量旋转不会产生恢复力矩。然而,可以证明,如果一架飞机在某迎角时绕 x 轴滚转,就会产生侧滑,从而产生滚转力矩。这是细长机身、小展弦比飞机的特点。

因此,横向静稳定性所需的滚转力矩是由侧滑而不是由滚转产生的。当飞机滚转时,会产生侧滑,从而产生滚动力矩。因此,横向静稳定性的临界稳定性是滚动力矩相对侧滑角的导数 $c_{R_\beta} = \partial c_R/\partial\beta$,而不是相对滚转角的导数。

考虑 3 架飞机的滚转力矩 c_R 与侧滑角 β 的变化关系,如图 6-38 所示。所有的飞机起初都在稳定、机翼水平和配平的进行零侧滑($\beta = 0$)和零滚转($c_R = 0$)飞行,如图中点 A 所示。飞机①经历了一个滚转,右翼下降,机身滚转向右侧。滚转使升力矢量倾斜,使机身向右倾斜,从而产生“右耳进风”的正侧滑角($+\beta$)。正侧滑产生负滚动力矩 $-c_R$,如图 6-38 中 B 点所示。负的滚转力矩倾向于使飞机向左滚动,回到机翼水平的姿态。如果扰动使得飞机向左滚转,会产生一个负的侧滑角($-\beta$),从而产生正的滚转力矩 $+c_R$,如图中 C 点所示。正的滚转力矩倾向于使飞机向右滚转,使飞机回到机翼水平状态。因此,飞机①具有正的横向静稳定性,对稳定性的要求为

$$c_{R_\beta} = \frac{\partial c_R}{\partial\beta} < 0 \tag{6-130}$$

对于飞机②,有扰动使飞机向右滚转时,产生向左的侧滑角 $+\beta$ 和正的滚转力矩 $+C$,如图中 B'点所示。正的滚转力矩使飞机趋向向右倾斜,使飞机远离机翼水平飞行状态。如果扰动使得飞机向左滚转,则会产生一个负的侧滑角($-\beta$),从而产生一个负的滚转力矩,如图中 C'点所示。负滚力矩会产生更大的向左滚转角度,使飞机倾向进一步偏离平衡。因此,飞机②有负的横向静稳定

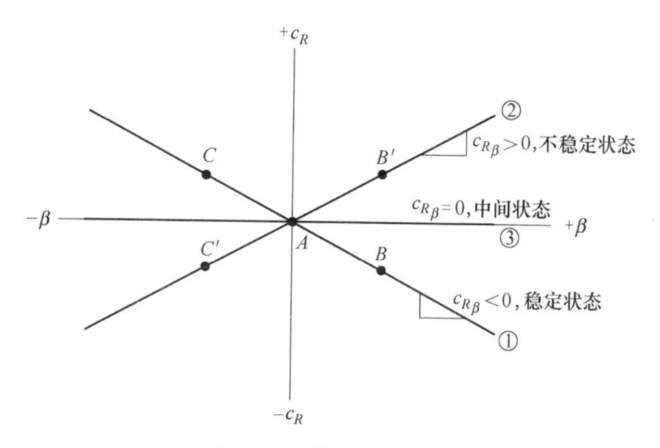

图 6-38 横向静稳定性

性,即 $c_{R_\beta} > 0$。

飞机③有中性的横向静稳定性,即 $c_{R_\beta} = 0$。从配平状态变换到偏航位置,没有滚动力矩,飞机仍然保持配平时的侧滑角。

由侧滑产生的滚转受机翼二面角、掠翼和机翼在机身上的位置等因素的影响,主要因素是机翼二面角。机翼二面角的定义是机翼相对水平轴或 y 轴的展向倾角。翼尖在 y 轴上方时二面角 Γ 为正,在 y 轴下方时二面角 Γ 为负。负二面角也称为上反角,因此 c_{R_β} 有时也称为上反效应。图 6-39 所示为不同飞行器的机翼二面角实例。

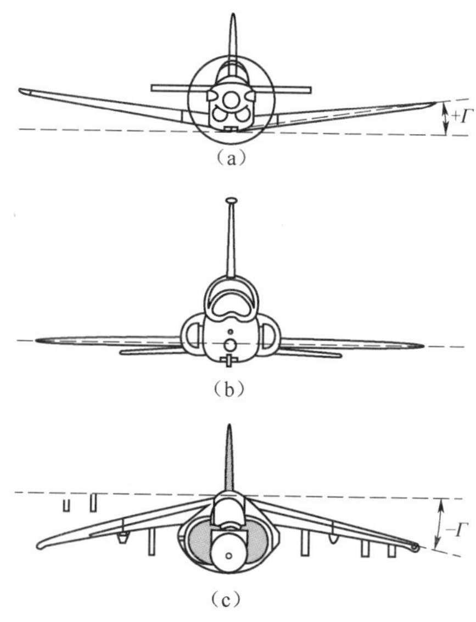

图 6-39 机翼二面角实例

(a)具有正二面角的"比奇"T-34C 涡轮增压"导师"教练机;(b)零二面角的诺斯罗普 T-38"鹰爪"教练机;(c)具有负二面角的英国 AV-8B"鹞"式战斗机。

利用图 6-40 解释了由上反效应引起的滚转力矩 c_R 的产生。假设一架飞机以 v_∞ 的速度稳定地水平飞行。如果飞机进入左侧滑(由于右滚转),产生了侧滑角 β,则在飞机一侧会有一个相对风速 v_{sideslip}:

$$v_{\text{sideslip}} = v_\infty \sin\beta \approx v_\infty \beta \tag{6-131}$$

式中,在小侧滑角情况下 $\sin\beta \approx \beta$。对于有机翼二面角 Γ 的飞机,侧向速度会在右翼产生一个向上的分量,在左翼产生一个向下的分量,如图 6-40 所示。这个法向分量的大小为

$$v_{\text{normal}} = v_\infty \beta \sin\Gamma \approx v_\infty \beta\Gamma \tag{6-132}$$

式中,$\sin\Gamma \approx \Gamma$,并且认为二面角很小。将这个法向速度矢量分量与自由流速度矢量相加,如图 6-42 的下半部分所示,在右翼,向上的法向速度与自由流速度矢量相加得到局部速度 v_R,并使局部迎角增加 $\Delta\alpha_R$:

$$\Delta\alpha_R \approx \tan(\Delta\alpha_R) = \frac{v_\infty \beta\Gamma}{v_\infty} = \beta\Gamma \tag{6-133}$$

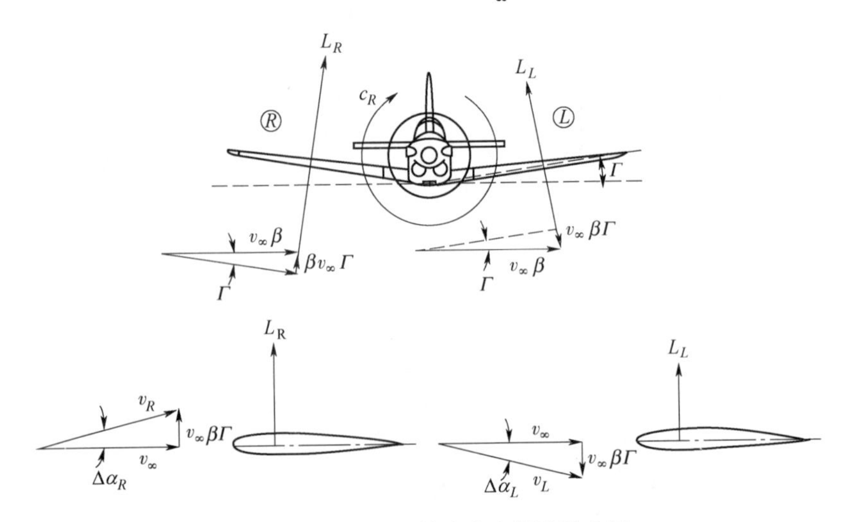

图 6-40 由于上反效应产生的滚转力矩

在左翼,有一个局部速度 v_L,局部迎角减小了 $\Delta\alpha_L$ 后等于 $-\beta\Gamma$。左翼局部迎角的减小使得右翼升力减小,即左翼局部迎角的减小使得此机翼的升力减小。左翼和右翼升力的差值 $L_R - L_L$ 会产生一个滚转力矩 c_R,使飞机向左滚动(负滚转力矩),趋向于恢复机翼水平飞行状态。因此,认为正的机翼二面角有助于飞机的正的横向静稳定性。

根据文献[11],上反效应 c_{R_β} 可估算为

$$c_{R_\beta} = \frac{a}{6}\frac{1+2\lambda}{1+\lambda}\Gamma \tag{6-134}$$

式中:a 为机翼升力曲线斜率;λ 为机翼锥度比,由式(3-269)给出。

该方程的精度随机翼展弦比的减小而降低，不宜用于低展弦比机翼。上反效应与机翼升力曲线斜率和机翼二面角成正比。对于直翼飞机（$\lambda = 1$），上反效应简化为

$$c_{R_{\beta,\text{straight wing}}} = \frac{1}{4}a\Gamma \tag{6-135}$$

机翼扫掠也是横向静稳定性的一个重要因素。侧滑角度为正的掠翼如图6-41所示。我们假设掠翼的升力是垂直于机翼的速度的函数。由于侧滑，掠翼迎风（右）侧的法向速度大于背风（左）侧。因此，升力在迎风侧较大，而在机翼背风侧较小。开力的差异导致机翼向左流转，抵消了右滚转，从而产生侧滑。因此，机翼扫掠增加了飞机的正横向静稳定性。对于较大掠翼，对横向稳定性的贡献可能会变得过大，使飞机过于稳定。在这种情况下，可以在机翼上增加一个六面角，使其不那么稳定。

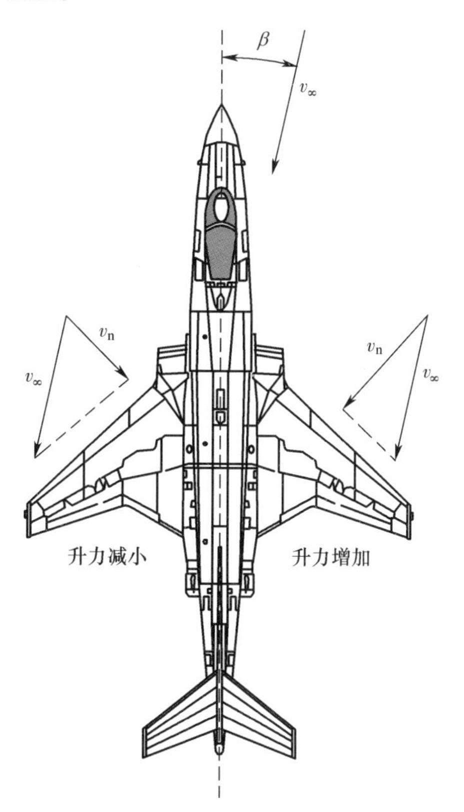

图6-41 机翼扫掠对横向静稳定性的影响

对于侧滑飞行的飞机，机翼位置对横向静稳定性的影响如图6-42所示。在机翼迎风侧，气流从机身顶部向下流动，并在机身底部向上流动。在机身背风侧，气流从机身顶部向下流动，并在机身底部向上流动。由于侧滑，这些局部流

动方向在机身周围发生了变化,影响了机身附近相对机翼截面的迎角。对于高位置安装的机翼,局部机翼迎角在机身迎风侧增大,在背风侧减小。因此,机翼迎风侧的升力增大,背风侧的升力减小。由此产生的升力差异会产生一个恢复力矩,使飞机倾向于滚转到与机翼水平的姿态。对于低位置安装的机翼,情况正好相反,局部机翼迎角在机身迎风侧减小,而在背风侧增大。这个升力差会产生不稳定的滚动力矩。因此,高位置安装机翼对横向静稳定性有正的贡献,而低位置安装机翼对横向静稳定性有负的贡献。由此,低翼飞机比高翼飞机需要更稳定的上反角。

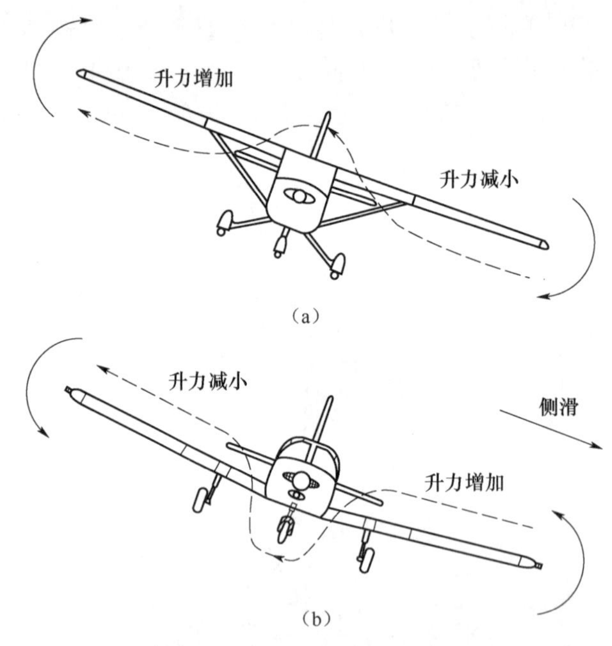

图 6-42　翼位对横向静稳定性的影响

(a)高翼稳定;(b)低翼失稳。

6.7.4　滚转控制

滚转控制通常使用副翼或扰流片来完成。这些在前面已经描述过,6.4 节给出了符号的规定,式(6-11)定义了副翼偏转角。这两种滚转控制装置的工作原理都是通过改变机翼的展向升力分布,从而产生滚转力矩。在大多数现代战斗机中,水平稳定器的差动偏转也用于产生滚转力矩。

当飞机使用副翼向右滚转时,左侧机翼的副翼向下偏转,右侧机翼的副翼向上偏转。向下偏转的副翼增大了左翼的升力,而向下偏转的副翼减小了右翼的升力。这个升力差会产生一个使飞机向右滚转的力矩。升力不同也会导致阻力不同,左翼升力越大,产生的诱导阻力就越大。而这个阻力差会产生偏航力矩,使飞机机头向左滚转。这个左转与预定的向右滚动方向相反,因此称为反向偏航。通常,方向舵控制用来纠正反向偏航,但副翼也可以设计成尽量减少反向偏航。由于扰流板的工作原理是在扰流板升起的一侧,即转弯方向,减小升力,增加阻力,因此它不会产生反向偏航。对扰流板而言,由于阻力而产生的偏航是在转弯的方向上,所以称为正向偏航。

副翼滚转控制与使用升降舵的俯仰控制或使用方向舵的方向控制有着本质的区别。升降舵和方向舵是位移控制:一个恒定的偏转控制使飞机产生一个恒定的角位移。例如,如果升降舵设置为恒定的偏转角度,飞机的机头就会倾斜到一个恒定的俯仰姿态。如果方向舵设置在恒定的偏航角度,飞机的机头就会偏航到恒定的偏航姿态。相反,副翼是速度控制:一个恒定的副翼偏转导致一个恒定的滚转速度,而不是由于滚转角或倾斜角而产生恒定角位移。因此,如果副翼设置为恒定的偏转角,飞机就会以恒定的速度滚转。

与滚转控制相关的两个控制导数是滚转力矩系数对副翼偏转角度的导数:

$$c_{R_{\delta_a}} = \frac{\partial c_R}{\partial \delta_a} \tag{6-136}$$

以及偏航力矩系数对副翼偏转角度的导数:

$$c_{N_{\delta_a}} = \frac{\partial c_N}{\partial \delta_a} \tag{6-137}$$

正如前面所讨论的,由于副翼偏转产生的偏航可能是不利的,也可能是有利的,这取决于所使用的滚转操纵面的类型。副翼操纵功率是由副翼偏转引起的滚转力矩的变化。副翼控制功率越大,对于给定的副翼偏转所能产生的滚转力矩越大。副翼控制功率是副翼大小、位置和偏转量的函数。一般来说,相对于机翼,较大的副翼翼弦或翼展可以获得较高的副翼控制功率。副翼的展向位置决定了滚转力矩臂,这样位于机翼外侧的副翼产生更大的控制功率 $c_{R_{\delta_a}}$。增大副翼偏转角度也可以增加副翼控制功率,但副翼变形量大于 20°可能会造成飞机表面空气动力失速,降低副翼功率。

6.7.5 FTT:横航向静稳定性

在本节中,我们讨论了用于评估飞机横航向静稳定性的飞行试验技术。重点研究了飞机的滚转和偏航运动,以及飞机从配平状态受到扰动后恢复平衡的趋势。对于这个试验,我们将驾驶一架没有机翼和发动机的独特飞机,即美国国家航空航天局 M2-F1 升力体飞机,如图 6-43 所示。在美国国家航空航天局 M2-F1升力体飞机进行亚声速、滑翔飞行时进行横航向静稳定性的飞行试验。这种非常规结构的横航向静稳定性的特性也可能不是常规的,这将在飞行试验中确定。

“阿波罗”登月后,美国国家航空航天局和美国航天工业正在研究下一代美

图 6-43 NASA M2-F1“飞行浴缸”升力体飞机在高空进行试飞
（资料来源：美国国家航空航天局）

国航天器的概念。迄今为止，在“水星”、“双子座”和“阿波罗”计划中飞行的所有美国载人宇宙飞船都是胶囊飞行器，使用火箭助推器垂直发射，使用降落伞垂直降落。现在我们对开发一种新型、可重复使用的航天器更感兴趣，这种航天器仍然使用火箭垂直发射，但像飞机一样水平着陆。最终选择的配置是低展弦比、高扫掠角、双三角翼的宇宙轨道飞行器（图 1-79）。然而，在 20 世纪 60 年代，开发了另一种新型无翼飞行器结构，称为升力体。虽然实际中大多并没有选择升力体的结构，但对升力体的大量分析、地面试验及其结构的飞行试验在宇宙轨道飞行器的研制中仍然有用。由于它是一种可重复使用的太空飞行器，人们近期对升力体的形状重新产生了兴趣。

20 世纪 50 年代中期，美国国家航空航天局的工程师们构想出了一种无翼钝形机身，非常适合从地球轨道进入高温、高超声速飞行。没有机翼，升力体仅在其外形上产生气动升力；因此，它们的升阻比往往较低。然而，这种升阻比足以给升力体一个比弹道舱更大的着陆轨道和横向范围。对各种不同形状的升力体飞行器进行了广泛的飞行试验，试图去了解这些不同形状构件的空气动力学、稳定性和操纵性。这些试验是在从亚声速到高超声速的整个升力体飞行包络线上进行的。

M2-F1 于 1963 年 8 月 16 日进行首飞。在 1966 年 8 月飞行试验计划结束时，M2-F1 已经成功地完成了 77 次滑翔试验飞行，飞行高度高达 12000 英尺（3700m）。轻型 M2-F1 亚声速飞机的成功为火箭动力、重型超声速飞行试验、诺斯罗普公司制造的 M2-F2 升力体和包括诺斯罗普 HL-10 和美国空军X-24 在内的其他升力体飞行器提供了参考。

M2-F1 是第一艘载人升力体飞机，旨在探索升力体外形的亚声速滑翔特性。M2-F1 没有机翼，有一个特别圆的钝底面，一个平坦的上表面和一个钝的机头。身体是一个钝 13°的半锥形后体。它有一对安装有可移动舵的短的双垂尾,并且有全动水平升降副翼从每个垂尾向外延伸,机身后部有一个大的后缘襟翼。通过升降副翼和尾缘襟翼的上下偏转来实现俯仰控制;通过升降副翼的差动偏转实现滚转控制,通过方向舵的偏转实现方向控制。

飞机有一个内部焊接钢管机身结构,用一个 3/32 英寸(2.4mm)厚的红木胶合板外壳覆盖。垂直翼片、方向舵和稳定器均采用铝板结构,而后缘升降副翼由铝管制成,并用织物覆盖。M2-F1 采用固定的三轮起落架,改装自一架塞斯纳通用航空飞机。飞行员坐在模压有机玻璃制成的改良滑翔机座舱盖下一个小驾驶舱的中央。在飞机的机头和两侧安装了额外的有机玻璃窗户,以便在着陆时提高驾驶舱的能见度。由于其形似浴缸,因此 M2-F1 称为"飞行浴缸"。M2-F1的三视图如图 6-44 所示,选用的规格如表 6-5 所列。

在载人 M2-F1 升力体首飞前,需要从各种来源获取试验数据。整个 M2-F1 升力体飞机在美国国家航空航天局艾姆斯研究中心 40 英尺×80 英尺的风洞进行试验,采集了速度高达 85kn(98 英里/h,157km/h)和迎角从 0°到 22°的亚声速数据。确切地说,这些是载人飞行器试验,因为在风洞运行期间,会有一名飞行员坐在 M2-F1 上进行飞行控制。对 M2-F1 子部件的飞行试验是通过从一艘无线电控制的母舰、航空母舰模型飞机上吊下一个无线电控制的缩比模型来进行的。

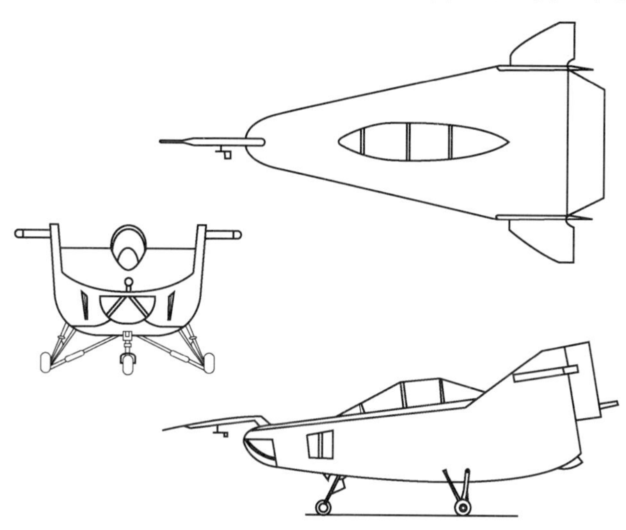

图 6-44 美国国家航空航天局 M2-F1 升力体飞机的三视图
(资料来源:美国国家航空航天局)

由于 M2-F1 是无动力的,它必须被拖到空中,类似于帆船或滑翔机。首飞时,M2-F1 被拖到地面车辆后,进入升力体的驾驶舱,坐在自己的座位上。驾驶舱内比较宽广,只有必要的飞行仪器,例如传统的飞行控制器、一个控制俯仰和滚转的中控杆以及用于偏航控制的方向舵踏板。

表 6-5 M2-F1 升力体选用的规格

项　　目	规　　格
基本功能	无翼升力体飞行研究
制造商	加利福尼亚州 Briegleb 滑翔机公司
首飞日期	1963 年 8 月 16 日
机组人员	1 名飞行员
动力装置	无发动机
空机重量	1000 磅(454kg)
最大总重量	1250 磅(567kg)
长度	20 英尺(6.1m)
高度	9 英尺 6 英寸(2.89m)
升力体翼展	14 英尺 2 英寸(4.32m)
翼面面积	139 英尺^2(12.9m^2)
机翼载荷	9 磅/英尺^2(43.9kg/m^2)
最大速度	130kn(150 英里/h,240km/h)

拖缆的一端连接到 M2-F1,另一端连接到改装过的 1963 款庞蒂亚克(Pontiac)敞篷车。庞蒂亚克有一个改装发动机和赛车轮胎,使它能够将 M2-F1 拖到尽可能高的速度处。M2-F1 和庞蒂亚克在一个长长的干河床的一端排列,提供了几英里畅通无阻的平坦表面。有两个人坐在庞蒂亚克上,司机坐在左边的前座,还有一名观察员坐在背向的座位,这样他可以看到 M2-F1 里的人员。司机启动庞蒂亚克,向前移动,将松弛的绳子拉出拖缆。观察员发出信号,相关人员向他反馈回信号,告诉他准备好了。司机猛踩下庞蒂亚克的油门,把相关人员拖在后面,同时快速向前开。

在大约 75kn(86 英里/h,139km/h)的速度下,M2-F1 从湖床起飞并升空。拖车继续加速。注意空速指示器,当达到 95kn(109 英里/h,176km/h)时,爬升到了 20 英尺(6.1m)的高度,然后松开拖缆自由滑行。在降落到干涸湖床之前,滑翔大致会持续 20min。为了获得更多的飞行经验,需要多进行几次车拖滑翔飞行。当一天的飞行结束后,汽车牵引滑翔飞行试验会提供许多关于 M2-F1 飞行和着陆特性的宝贵经验,就像早期 NACA(国家航空咨询委员会)的飞行员一样。

在接下来的一周,M2-F1 被重新放置在湖床的边缘进行下一次牵引飞行,但是这一次它将被一架道格拉斯 C-47“空中火车”多引擎运输飞机(道格拉斯 DC-3“达科他”运输机的军用改型)拖到一个更高的高度。对于这些空中发射的飞行,M2-F1 配备了改进型塞斯纳 T-37 弹射座椅,还有一个小型 180 磅力(800N)推力、固体燃料、安装于尾部的着陆辅助火箭发动机。由于 M2-F1 的升阻比低、在着陆照明弹期间驾驶舱能见度差,如果需要,安装着陆辅助火箭可提供额外的机动时间。发动机点火约 11s,可以将 M2-F1 的升阻比从 2.8 提高到 4.5。着陆辅助火箭可以在着陆照明弹的作用下发射,将飞行时间延长 11s。

再一次爬上 M2-F1,系上弹射座椅。1000 英尺(300m)长的拖缆连接在 M2-F1和 C-47 之间。C-47 从干涸的湖床上开始起飞,M2-F1 在后面跟着。一旦升空,机动使 M2-F1 远离 C-47 运输机的剧烈湍流尾流,最好的位置是在 C-47上方大约 20 英尺(6m)的高空。这也提供了良好的前视性,可以透过 M2-F1的有机玻璃机头看到前方。继续攀登直到看到沙漠景观时,牵引速度大约为 87kn(100 英里/h,161km/h)。关于 M2-F1 的横向飞行质量,首先注意到的是很难保持完美的机翼水平飞行。后来的分析表明,这是由于飞行控制系统的灵活性,导致升降副翼有小的偏差。还会注意到,有一个大的上反角效应:当受到来自C-47的一点风切变或湍流扰动时,即使是最轻微的侧滑,M2-F1 也会以快速的滚转角速度做出反应。

在 12000 英尺(3700m)的高度拉动拖缆,就可以自由飞行了。在自由飞行中,会注意到当被拖拽时上反效应更差。拖缆提供了一定的航向静稳定性,但现在已经没有了。在能抵消这个运动之前,机身会滚动一定的倾斜角。当以 95kn(109 英里/h,176km/h)的速度飞行时,会有一个 3600 英尺/min(110m/min)的显著下降速度。在如此大的下降速度下,没有太多的时间来完成试验点的试验。正常情况下,设置试验点需要在稳定的水平飞行中进行配平飞行,但在这样的情况下,需要尝试在配平状态下保持恒定的下降速度。

进行的第一个飞行试验技术是方向舵脉冲或单线,只向一个方向输入一个短的阶梯状方向舵。踩在左舵上,将 M2-F1 的机头向左偏航,然后踩在右舵上,使舵踏板处于中心位置。然后向驾驶舱左侧望去,观察车辆对输入的响应。滚动运动似乎远远大于偏航运动,以至于 ϕ/β 比值很大(见 6.9.3 节)。由于方向舵脉冲产生的方向舵挠度 δ_r 如图 6-45 所示。现在,机动大致从 1°的正侧滑角 β 开始。方向舵脉冲后,侧滑角先增大后减小,超过初始侧滑角后又再次增大,在初始条件时出现振荡。方向舵的输入使得向左(负向)的滚转角速度远大于偏航角速度,这证实了观察到的较大 ϕ/β 。

进行下一个横航向飞行试验。在速度为 95kn、迎角为 2°时,保持方向舵在中心位置且固定,将操纵杆推到最左边,执行一个副翼滚转。以缓慢的速度围绕地平线旋转。左侧的滚转输入会导致明显的反向偏航,而机头会向右移动。由

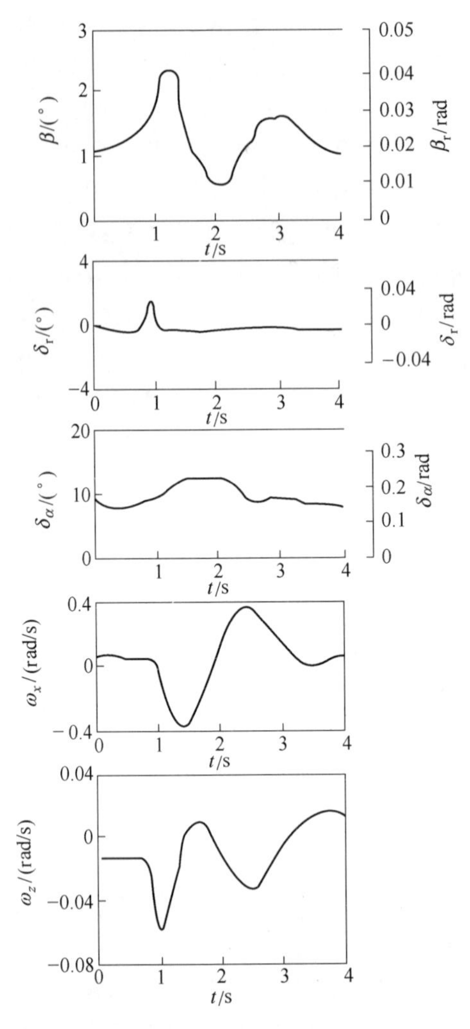

图 6-45　M2-F1 升力体的方向舵脉冲时间历程图
(资料来源:Smith,NASA TN D-3022,1965 年,文献[15])

于强大的上反效应,右偏航导致右滚,从而抵消左滚,并导致滚速减慢。

接下来,要做一个稳定的侧滑机动,在保持机翼水平姿态的同时,根据需要通过侧向输入使飞机偏航。有两个稳定航向侧滑技术可以使用,即稳定法和渐变法。对于稳定法,将飞机稳定在 3~4 个侧滑增量,直到获得最大侧滑角。对于渐变方法,以缓慢、稳定、平稳的速度连续地向方向舵施加输入。同时,使用侧向输入来保持机翼水平。因为不知道飞机将如何反应,因此先向小的方向舵施加输入。较大的方向舵输入可能导致垂直尾翼失速或严重的偏航或滚偏。

在设置平稳偏航的侧滑时,拉回操纵杆使 M2-F1 减速到 80kn(92 英里/h,

148km/h）和12°的迎角。使用稳定法，通过向一个小的左舵输入大约1/4的满舵行程，使机头向左偏航。上反效应使M2-F1向左滚转，需要用右副翼来抵消左滚转。然后在相反的方向重复进行稳定航向的侧滑，并得到类似的结果。小舵输入还需要一个大副翼输入，以保持稳定航向侧滑。

从风洞试验和飞行试验中得到的M2-F1飞机的横向静稳定性$c_{l,\beta}$（回想一下，我们曾用$c_{R,\beta}$表示这一术语）和航向静稳定性$c_{n,\beta}$与迎角的关系如图6-46所示。飞行数据证实了正的航向静稳定性（$c_{n,\beta}$为正）和正的横向静稳定性（$c_{l,\beta}$为负）的风洞预测。飞行数据表明，M2-F1在较高迎角时可能具有比风洞预测更大的横向静稳定性。飞行数据还表明，无论迎角大小，M2-F1航向静稳定性均大于风洞预测值。

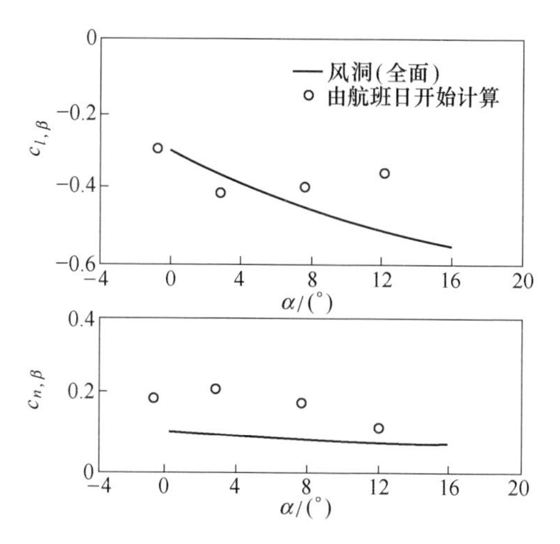

图6-46　M2-F1飞行的横向和航向静稳定性

（资料来源：Smith，NASA TN D-3022，1965年，文献[15]）

试验点完成试验后，就可以准备着陆了。在离地面1000英尺（300m）的高度，将M2-F1的机头降低，速度提高到150英里/h（240km/h）。在200英尺（61m）处，拉回操纵杆控制在20°的俯冲角，启动着陆照明弹。此时会感觉火焰有点高，所以发射小尾部火箭，从而争取更多的时间。但是关于M2-F1的质量和火箭点火，并没有感觉到任何重大变化。之后调整俯仰姿态，降低垂直速度，并让M2-F1降落回到湖床，便完成了一次良好的着陆。自由飞行只持续了2min，但在这短短的时间里会学到很多关于横航向飞行试验技术。

6.8　静稳定性与控制导数概述

前几节讨论过的各种静稳定导数和控制功率总结在表6-6中。升力曲线

斜率 c_{L_α} 并不属于上述二者,但为了讨论过的重要参数的完整性,它包含在表中。在美国空军的稳定和控制 DATCOM[9] 中可以找到一套综合的预测方法来计算各种气动稳定性和控制导数。

表 6-6 静稳定性与控制导数概述

参 数	符 号	说 明
升力曲线斜率	c_{L_α}	—
纵向静稳定性(俯仰稳定性)	c_{M_α}	正稳定,斜率为负
航向静稳定性(风标稳定性)	c_{N_β}	正稳定,斜率为正
横向静稳定性(上反效应)	c_{R_β}	正稳定,斜率为负
升降舵效率	$c_{L_{\delta_e}}$	—
升降舵控制功率	$c_{M_{\delta_e}}$	—
方向舵控制功率	$c_{N_{\delta_r}}$	—
副翼控制功率	$c_{R_{\delta_a}}$	—
副翼偏转引起的偏航力矩	$c_{N_{\delta_a}}$	—

6.9 动稳定性

下面研究动稳定性,考虑在初始平衡受到扰动后飞机随时间的运动。静稳定性是指在平衡状态受到扰动后飞机的初始响应。在动态运动过程中,作用于飞行器上的力和力矩不处于平衡状态。

动稳定性涉及时间历程和回归平衡状态的最终趋势。如图 6-2 所示,随着时间的推移,动稳定性可以是正的、负的、中性的,可以是非振荡运动,也可以是振荡运动。动力响应的时程通常与位移幅值(如高度)随时间的变化有关。动态稳定性的程度通常用振值下降一半的时间来量化,即收敛振荡的振幅下降一半的时间,或振幅增加一倍的时间,即发散振荡的振幅增加一倍的时间。

与静稳定性研究相似,将飞机的动态运动分离或解耦为纵向和横航向运动。纵向动态运动是对称的,机翼水平运动是飞机重心在 x-z 或垂直平面上的运动。纵向动稳定性是指飞机在平衡或配平状态下,空速或迎角受到扰动后,由于湍流、阵风扰动或控制输入而引起运动的时间历程。横航向运动是不对称的滚转、偏航和侧滑运动。横航向动稳定性是指飞机在平衡或配平状态下,由于湍流、阵风扰动或控制输入而产生的偏航或滚转扰动后的运动时程。

动态运动有 5 种经典模态,2 种纵向模态和 3 种横航向模态。纵向模态有长周期震荡和短周期2种。横航向模态有荷兰滚模态、螺旋模态和滚转模态。

6.9.1　长周期振荡模态

长周期振荡模态①是一种纵向动态运动，特征是交替的爬升和下降，如图6-47所示。顾名思义，运动周期很长，通常为30~90s，其中周期T定义为完成一个振荡模态周期所需的时间。运动有一个与周期成反比的低频率ω。如图6-47所示，随着飞机的爬升和下降，在平衡或配平的空速和高度附近存在一个缓慢的空速和高度振荡。这种高度和空速的交换可以看作是平衡能量点附近势能和动能的连续交换。在爬升过程中，空速下降到配平速度以下，在俯冲过程中增加到配平速度以上，在爬升过程的顶部达到最小速度，在俯冲过程的底部达到最大速度。飞机俯仰姿态不断变化，而迎角几乎保持不变(迎角是速度矢量与飞机参考线或翼弦线之间的夹角，俯仰角是地平线与飞机参考线之间的夹角)。由于振荡周期长、频率低，振荡有轻微的阻尼，或者可能有轻微的发散，即使是不稳定的振荡，通常也是可控和可校正的。

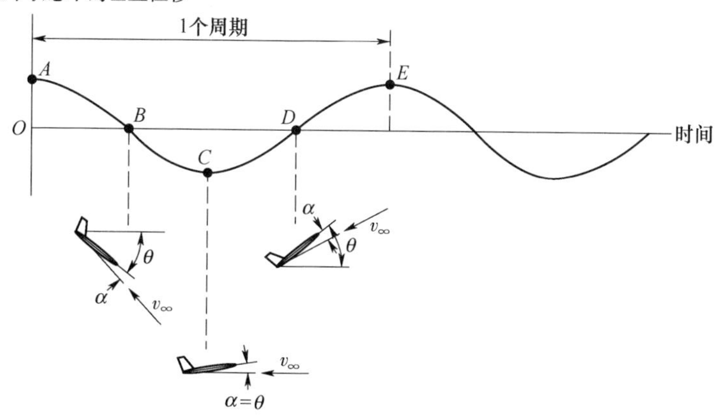

图6-47　长周期振荡模态

从一个循环的顶部开始，如图6-47中的点A，飞机处于其最大高度和最小空速，飞机俯仰姿态接近水平或处于初始配平状态的姿态。由于迎角保持不变，空速的损失会导致升力的损失。升力小于重力，使飞机俯仰，增加(负)俯仰姿态，并开始下降。俯冲时空速增加，升力增加，但阻力也增加。阻力通过降低空速来抑制运动。飞机俯冲并越过B点的初始配平速度和高度，增加飞机的空气

① phugoid一词最早由英国工程师Frederick W. Lanchester(1868—1946年)在1907年出版的《空气动力学》(*Aerodynamics*)一书中使用，用来描述长周期振荡模态。Lanchester似乎把这个词误解为“飞行”的意思，比如鸟或飞机的飞行中；而实际上这个词来源于希腊语“逃离”，比如逃离危险。

动力阻力,就会给长周期振荡模态增加阻尼。如图 6-47 所示,在循环的底部 C 点,空速最大,高度最小,飞机姿态再次接近水平俯仰姿态或处于初始配平状态俯仰姿态。由于空速的增加超过了配平空速,升力大于重力,飞机开始以机头朝上的姿态爬升。当飞机再次爬升过地平线 D 点时,空速继续下降,直到它在振荡的顶部 E 点达到最小值,循环再次开始。当长周期振荡模态受阻尼影响时,配平点的过冲随时间减小,振荡幅度减小。对于发散的长周期振荡模态,振荡幅度增大,而对于中性阻尼的长周期振荡模态,振荡幅度保持不变。

考虑在飞机旁边飞行的人的视角,观察飞机的长周期振荡模态。假设观察者以其他配平空速和高度飞行,那么别的飞机相对于观察者是静止的,除了在二维空间上从配平位置的偏移。观察者看到另一架飞机上下移动,向前和向后移动,这取决于由长周期振荡模态引起的空速和高度的变化。如果长周期振荡的阻尼为零,观测者在 O 点可以看到另一架飞机的运动,如图 6-48 中的椭圆实曲线所示。由于没有阻尼,运动关于观察者的位置是对称的。标记为 A、B、C 和 D 的点对应于图 6-47 所示的长周期振荡中的位置。如果长周期振荡具有正阻尼,椭圆曲线就会随着振荡越来越小而螺旋进入,如图 6-48 中螺旋虚曲线所示。

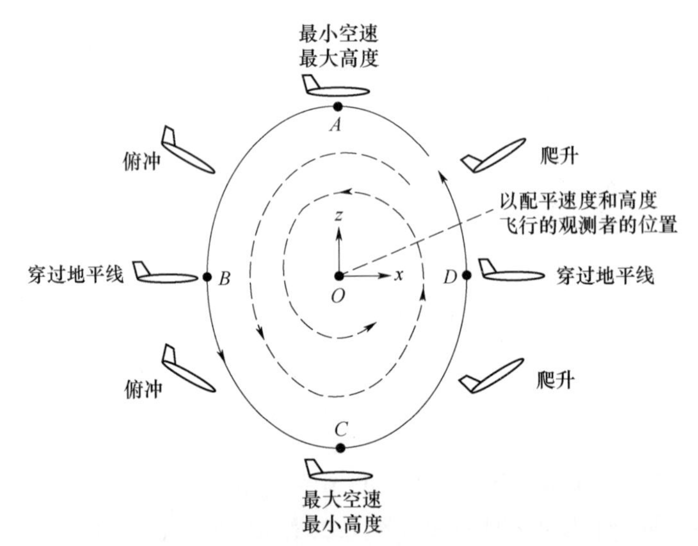

图 6-48　在配平空速和高度飞行的观测者所看到的长周期振荡模态

——零阻振荡模态;---正阻尼振荡模态。

通常情况下,握杆和松杆长周期振荡模态之间的差异很小。然而,长周期振荡模态的特性可能会有很大的不同,这取决于飞机是处于干净巡航配置(襟翼和起落架缩回)还是处于着陆配置(襟翼和起落架放下)。长周期振荡模态的差异是由配置变化导致的飞机升力和阻力的变化引起的。

动态运动的特性通常用阻尼比和运动的固有或无阻尼频率表示。阻尼比 ζ 定义为周期 T 除以振荡平息的时间。固有频率或无阻尼频率 ω_n 是阻尼为零时运动的振荡频率。这是运动的最高频率。阻尼总是会降低固有频率。

长周期振荡模态的阻尼比 ζ_{ph} 与升阻比 L/D 的平方根成反比:

$$\zeta_{\mathrm{ph}} = \frac{1}{\sqrt{2}} \frac{1}{L/D} \tag{6-138}$$

因此,当升阻比 L/D 较高时,巡航配置的长周期振荡阻尼比就小于升阻比 L/D,就像在着陆配置中一样。这是有益的,因为在接近着陆时,襟翼和起落架延伸,阻尼更大。

长周期振荡模态的无阻尼固有频率 $\omega_{\mathrm{n,ph}}$ 与来流配平速度 v_∞ 成反比:

$$\omega_{\mathrm{n,ph}} = \frac{\sqrt{2}g}{v_\infty} \tag{6-139}$$

式中:g 为重力加速度。

固有频率的单位为弧度每秒。

无阻尼长周期振荡模态的周期 T_{ph} 为

$$T_{\mathrm{ph}} = \frac{2\pi}{\omega_{\mathrm{n,ph}}} = \frac{2\pi}{\sqrt{2}} \frac{v_\infty}{g} \tag{6-140}$$

因此,空速较高与空速较低相比,长周期振荡模态的频率较低,周期较长。

长周期振荡模态也受到飞机重心位置的影响。当重心向尾部移动时,振荡周期增大,阻尼减小。这是一致的事实,随着重心向后移动,静稳定裕度下降,稳定性随之下降。

6.9.2 短周期模态

短周期模态是一种纵向动态运动,周期为 1~3s,频率较高。空速、高度和航迹角基本保持不变,但迎角和俯仰姿态变化较快,如图 6-49 所示。短周期模态的特征是有快速和突然的跳跃运动,飞机围绕其重心上下俯仰。一个稳定的短周期模态的特征是它的振幅减少到一半所需要的时间,称为半峰值时间。反之,当短周期模态不稳定时,2 倍峰值时间就是振荡振幅增大一倍所需要的时间。通常情况下,短周期模态的阻尼较大是可取的,此时迎角迅速恢复到平衡状态,几乎没有超调。

短周期模态比长周期振荡模态对安全飞行更为关键。低频、低阻尼或发散的短周期模态很难控制,容易失控,使飞行员诱发振荡(见 6.10 节)。这些可能很快导致严重振动,使飞机结构承受过大的应力。它对包括起飞和降落在内的许多飞行任务也非常重要。短周期模态在军用飞机的飞行任务中尤其重要,如空对空射击、空对地轰炸、空中加油及编队飞行等。

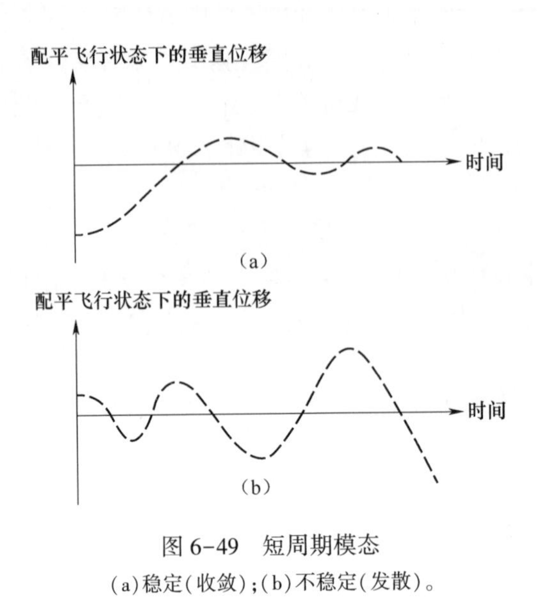

图 6-49　短周期模态

(a)稳定(收敛);(b)不稳定(发散)。

短周期模态可以由迎角的变化而激发,例如由于湍流、阵风扰动或控制输入等造成的迎角变化。在受扰动或设置控制输入后,半峰值时间随着阻尼的减小而增加。通常,水平尾翼为短周期模态提供了大部分阻尼。因此,高空气动阻尼的减小、空气密度的减小导致机尾产生的气动力和力矩减小。一般对于短周期模态,如果飞机静稳定性较低,则周期增大,频率减小,时间增加一半。

与长周期振荡模态一样,重心的后移会增加短周期模态的周期,降低短周期模态的阻尼。当飞机重心向尾部移动时,短时间内的稳定性变差,可能会变得不稳定。由于希望重心能够进一步后移,以减少在巡航时的配平阻力,也可能需要增加稳定性来抑制短周期模态。

6.9.3　荷兰滚模态

荷兰滚①模态是一种动态的横航向运动,滚转和偏航耦合的频率相同,但彼此不同步。运动是一个耦合偏航和单方向滚转,并且二者在相反的方向,超过平衡位置后,能继续来回振荡。侧滑角和倾斜角的变化相对较快。运动通常是动态稳定的,但有轻微阻尼,导致可能令人反感和不舒服。轻型飞机的振荡周期约为 3~15s,重型飞机的振荡周期可达 60s。

荷兰滚模态如图 6-50 所示。右翼上升运动开始,直到到达最大倾斜角 ϕ,

① 尽管其原理尚不清楚,但"荷兰滚"一词可能源于飞机的运动,类似于当一名荷兰溜冰者的重心从一只脚转移到另一只脚时,他会左右摆动身体。

然后飞机向右偏航(右翼向后移动),如图 6-50(a)所示。当飞机偏航时,它向与机翼水平的姿态滚转。当飞机到达最大偏航角 β 时,机翼通过水平姿态,如图 6-50(b)所示。之后飞机开始向左偏航,并继续向右滚转(右翼向前和向下移动)。当飞机穿过零偏航姿态后,右翼已经达到最大向下倾斜角 ϕ,如图 6-50(c)所示。飞机继续向左偏航,并开始向左滚转(右机翼向前和向上移动)。当飞机到达最高偏航角 β 时,机翼又通过水平姿态,如图 6-50(d)所示。然后飞机开始向右偏航,并继续向左滚转(右机翼向后和向上移动),回到图 6-50(a)所示的位置,循环再次开始。

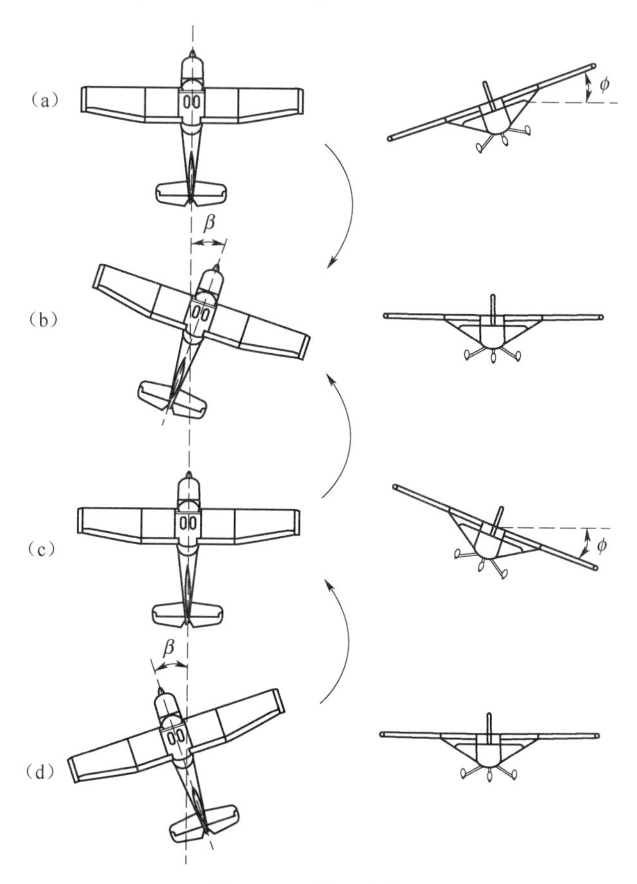

图 6-50　荷兰滚模态

右翼尖在荷兰滚振荡过程中勾画出一个椭圆,如图 6-51 所示,其中字母对应于图 6-50 所示一个振荡周期内的不同时间。椭圆定义了荷兰滚模态的一个关键描述参数,倾斜角与侧滑角的比值 ϕ/β。 如果 ϕ/β 比值比较低,则荷兰滚模态由偏航控制,椭圆的长轴是水平轴。如果 ϕ/β 比值比较高,则滚转运动占主导地位,椭圆的长轴为垂直轴。

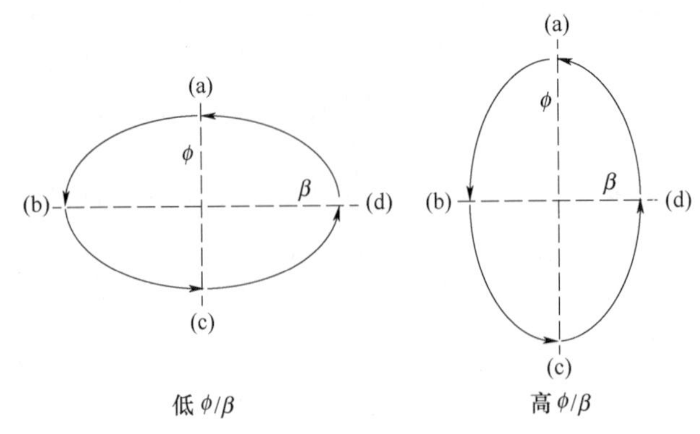

图 6-51　荷兰滚模态 ϕ/β 比值(字母对应于图 6-50 中的位置)

荷兰滚模态的特性依赖于航向静稳定性 $c_{N,\beta}$ 与横向静稳定性(上反效应) $c_{R,\beta}$ 的相对程度。当上反效应较强时,荷兰滚模态相对于航向静稳定性具有较弱的阻尼,会更加不利。当航向静稳定性大于横向静稳定性时,荷兰滚模态具有较强的阻尼,并无不良影响。

正如 6.7.3 节所讨论的,机翼扫掠对上反效应有重要影响。上反效应的强度是由机翼所产生升力的函数,因此是升力系数的函数。低速下,升力系数较大,上反效应较强,荷兰滚模态增大。高速下,当升力系数较小且上反效应较弱时,荷兰滚减小。

荷兰滚模态通常很容易由飞行员控制,但如果阻尼低或频率高,可能需要以偏航阻尼器的形式增加稳定性。偏航阻尼器自动运用方向舵输入来阻尼偏航振荡。如果允许荷兰滚模态过度,可能会超过尾翼的结构极限,造成灾难性的后果。

6.9.4　螺旋模态

螺旋模态是一种缓慢的、偏航与滚转结合的运动,它可能是稳定的,中性的,也可能是不稳定的。螺旋模态可能是由滚转或偏航引起的。如果螺旋模态是稳定的,飞机在扰动后返回到机翼水平飞行。如果飞机保持一个恒定的倾斜角度,螺旋模态具有中性稳定性。如果螺旋模态不稳定,飞机运动是一个倾斜角增大的非振荡下降转弯,导致螺旋发散,如图 6-52 所示。从平衡中的最初扰动后,姿态的变化相对缓慢,发生 15~30s 以上。随着空速和过载系数的不断增加和高度的迅速下降,飞机机头俯仰姿态和倾斜角变陡。虽然飞机的运动随着半径的减小,是一个下降的螺旋路径,但因为机翼没有失速,空速一直在增加,运动不是自旋。

当飞行员对飞机相对于地平线的姿态具有态势感知时,螺旋模态很容易控制。飞行员可以直观地看到地平线时,飞机的螺旋模态也很直观。当飞机在云层中或夜间飞行时,感知飞机的姿态可能更为困难,尤其是没有经过适当的仪器训练者。由于法向过载系数的增加,飞行员可能没有意识到飞机正在转弯。如果无法识别和纠正飞机的异常姿态,飞机将超过其从未超过的空速和极限过载系数,产生灾难性的后果。

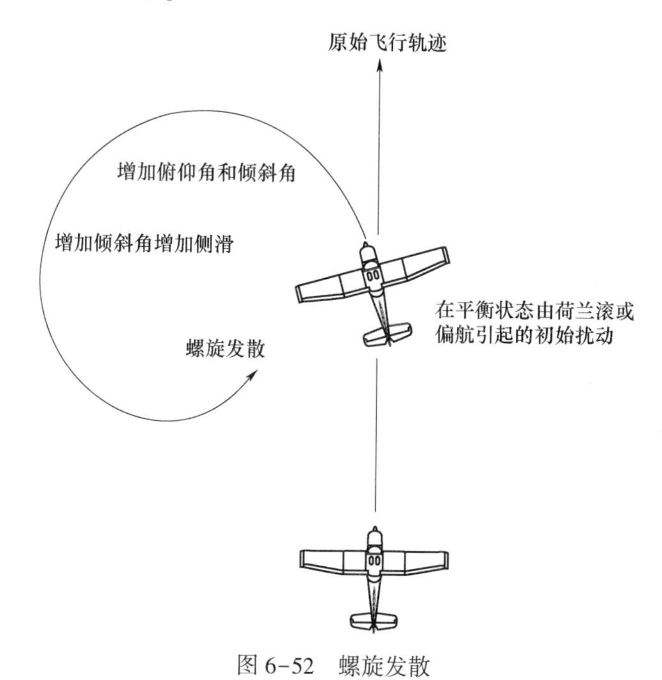

图6-52　螺旋发散

螺旋模态的特性取决于航向静稳定性 $c_{N,\beta}$ 与横向静稳定性(上反效应) $c_{R,\beta}$ 的相对程度。如果飞机具有较强的航向稳定性,飞机在受到扰动后,机头倾向于与风对齐,而较弱的上反效应则会阻碍飞机滚转到机翼水平飞行状态,因此,该模态是不稳定的。不断增大的倾斜角使侧滑角增大,从而导致螺旋转弯越来越紧。如果与航向静稳定性相比上反效应较强,飞机在扰动后倾向于使机翼翻转至水平,因此具有稳定的螺旋模态。由于荷兰滚模态增加并加强了上反效应,在螺旋稳定和不利荷兰滚之间有一个折中。通常,飞机的设计具有必要的最小上反效应,以减少荷兰滚,因为弱螺旋模态是容易控制的,而不利的荷兰滚根本不需要。

6.9.5　滚转模态

滚转模态是飞机对滚动扰动或滚转命令的滚转响应。飞机的运动是一种滚转加速度,其特征是滚转角速度呈指数衰减上升,这将衰减到一个稳定的滚转角速度。滚转模态在低迎角和中迎角时通常是稳定的,但在高迎角时可能会变得不稳定。从初始滚转输入到最终稳定的滚转响应所需时间通常为几秒钟。如果时间太长,飞机在滚转时感觉迟钝,需要太长时间才能达到预期的滚转速度。如果时间太短,飞机在滚转时感觉太“松”,对每一次滚转扰动(如湍流)都能迅速做出反应。

副翼偏转的滚转模态响应如图 6-53 所示。如果模态为纯滚转运动,则滚转角速度呈指数增长,直至达到稳定滚转角速度,如图中实线所示。虚线显示了航向静稳定性 $c_{N,\beta}$ 与横向静稳定性(上反效应) $c_{R,\beta}$ 相对程度的影响。如 6.7.4 节所述,副翼偏转产生反向偏航,且与航向静稳定性的方向相反。如果侧滑是由反向偏航引起的,上反效应会产生一个与滚转相反的滚转力矩,从而降低滚转角速度。因此,如果飞机具有较高航向静稳定性和较低上反效应,与航向静稳定性低且上反效应高的情况相比,这提供了更好的滚转性能,如图 6-53 所示。

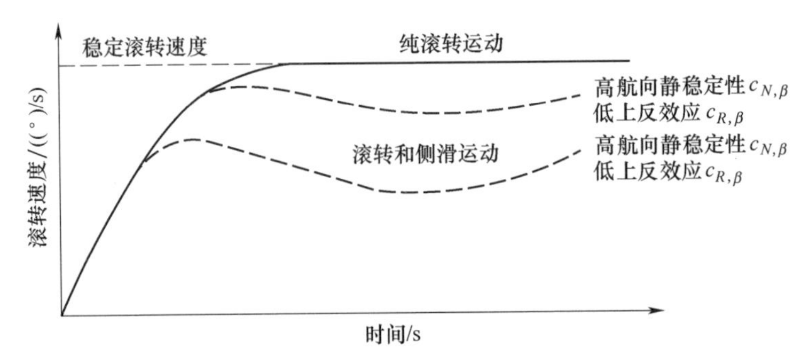

图 6-53 对副翼偏转的滚转响应

(资料来源:改编自 Hurt,美国海军 NAVWEPS 00-80T-80,1965 年,文献[10])

滚转模态不应与掠翼飞机在高迎角下的另一种动态运动,即机翼摇晃运动相混淆。机翼摇晃是一种持续的荷兰滚振荡,是由高掠翼或细长机身前体在高迎角时产生的非定常旋涡脱落引起的。这种滚转振荡是一种不受欢迎的飞行现象,它可能需要精确机动和高迎角。

6.9.6 FTT:纵向动稳定性

在这项飞行试验中,需要评估飞机的纵向动稳定性。通过使用纵向控制输入,可激活长周期或长周期振荡模态,以及短周期模态。控制输入被应用之后,可以观察和测量飞机随时间的响应。接下来将评估固定驾驶杆和自由驾驶杆条件下的动态运动。纵向动态飞行试验将在派珀 PA31“纳瓦霍人”双引擎飞机上进行,如图 6-54 所示。

派珀 PA31”纳瓦霍人”(Piper PA31 Navajo)是一种舱室级双引擎飞机,由位于佛罗里达州维罗海滩的派珀飞机公司设计和制造。“纳瓦霍人”用作通勤交通工具、货物运输船和个人通用航空飞机。它有一个传统的配置:低位安装机翼、后置水平尾翼和可伸缩三轮起落架。由 2 台莱康明 TIO -540 涡轮增压气冷

图6-54　派珀PA31“纳瓦霍人”双引擎、舱室级飞机
（资料来源：拍摄者提供）

卧式6缸活塞发动机提供动力，每台发动机具有310马力（231kW）功率，最大巡航速度为227kn（261英里/h，420km/h）。飞机可以容纳2名飞行员在驾驶舱和4名乘客在主舱内。派珀PA31“纳瓦霍人”首飞是在1964年9月30日。PA31的选定规格如表6-7所列。

表6-7　派珀PA31“纳瓦霍人”的选定规格

项　　目	规　　格
基本功能	通用航空和商用多用途飞机
制造商	佛罗里达州维罗海滩的派珀飞机公司
首飞时间	1964年9月30日
机组人员	2名飞行员+4名乘客
动力装置	两台莱康明TIO-540涡轮增压气冷式水平6缸活塞发动机
发动机功率	310马力（231kW）
空机重量	3842磅（1740kg）
最大总重量	6500磅（2950kg）
长度	32英尺7英寸（9.94m）
高度	13英尺（3.96m）
翼展	40英尺8英寸（12.4m）
翼面面积	229英尺^2（21.3m^2）
机翼载荷	20.2磅/英尺^2（98.6kg/m^2）
翼型	底部NACA 63A415，顶部NACA 63A212
失速速度	63kn（73英里/h，118km/h）（全襟翼）
最大巡航速度	227kn（261英里/h，420km/h）
最大升限	26300英尺（8015m）

派珀PA31“纳瓦霍人”的重量接近最大毛重限制和尾部重心，已为飞行做

好准备。开始起飞并爬升到海拔 9900 英尺(3020m)的安全高度,执行纵向动态飞行试验。首先对长时间或长周期振荡模态评估进行设置。将两个发动机的功率设置为 140kn(161 英里/h,259km/h)的低巡航配平空速,然后使发动机和飞行条件稳定,在开始长期飞行试验机动之前,一个配平镜头是必不可少的,这样才能获得良好的质量数据。为了激发长周期的动态运动,可以使用一个长周期的单片信号。首先,平稳地拉回支架,让空速降低 10kn(12 英里/h,19km/h),并将高度提高约 100 英尺(30m)。然后迅速地将支架位置复位到配平位置,使升降舵也回到配平位置。如果俯仰控制没有使它恢复到原来的配平位置,运动可能会有轻微的上升或下降叠加在动态数据上。最后,释放操纵杆以获得飞机松杆响应。需要进行非常小的滚动输入,以保持机翼水平,但在动态响应期间不能做任何俯仰输入。

空速继续下降到大约 132kn(152 英里/h,244km/h),高度增加到大约 1020 英尺(3050m),如图 6-55 所示。然后随着空速的增加和高度的降低,飞机机头平稳下降。“纳瓦霍人”的最低飞行路径约为 9750 英尺(2970m),空速约为 152kn(175 英里/h,282km/h)。飞机继续这种振荡模态,在空速和高度的变化相对缓慢。随着空速和高度的波峰和波谷在每个周期中变得越来越小,振荡受到了轻微的阻尼。在驾驶舱里有一个迎角指示器,可以观察到在此振荡中迎角几乎保持不变。

使用秒表测量长周期振荡模态的周期。在激励输入后的半个周期后,等待短周期振荡衰减。当垂直速度指示器或 VVI 通过零点,表示下降时,开始计时。当振荡到达底部时,VVI 反转方向,然后通过零点,表示上升。当 VVI 指示器再次通过零点,再次表示下降时,一个完整的长周期振荡循环已经完成,停止计时。测得自由驾驶杆的长周期振荡模态周期为 40s。振荡的振幅逐渐变小。飞机缓慢的上下摆动让人有点不舒服,这让人想起了一艘船在海浪中缓慢上下摆动的那种不舒服运动。几分钟后,操纵飞机使其停止振荡运动。

现在将松杆长周期振荡模态的试验点设置在 140kn 的配平镜头。稳定到 140kn 和 9900 英尺后,再次应用一个下降的空速输入来激发动态运动。这一次,当回到它的配平位置,保持操纵杆固定,以获得握杆时飞机的反应。空速振荡和高度振荡仍然有轻微的阻尼,但是振荡的振幅要比松杆的情况小得多,如图 6-55 所示。几分钟后,再次操纵飞机使其停止振荡,并分析飞行数据。

首先,通过分析松杆和握杆情况下的高度与时间关系图,可以明显看出,俯仰控制没有精确地恢复到配平位置,因为在松杆相应期间有一个轻微的下降,在握杆相应期间有一个轻微的上升。尽管如此,飞行数据看起来仍然足以进行进一步的分析。

通过测量图 6-55 飞行数据各个振幅峰值之间的时间,得到握杆长周期振荡模态的周期 $T_{\mathrm{ph,fixed}}$ 和松杆长周期振荡模态的周期 $T_{\mathrm{ph,free}}$ 分别为 42s 和 39s

左右。不出所料,握杆长周期振荡模态的周期大于松杆长周期振荡模态的周期。

根据飞行数据,握杆和松杆阻尼的固有频率 $\omega_{\mathrm{d,ph,fixed}}$ 和 $\omega_{\mathrm{d,ph,free}}$ 分别为

$$\omega_{\mathrm{d,ph,fixed}}=\frac{2\pi}{T_{\mathrm{ph,fixed}}}=\frac{2\pi}{42\mathrm{s}}=\frac{0.150\mathrm{rad}}{\mathrm{s}} \tag{6-141}$$

$$\omega_{\mathrm{d,ph,free}}=\frac{2\pi}{T_{\mathrm{ph,free}}}=\frac{2\pi}{39\mathrm{s}}=\frac{0.161\mathrm{rad}}{\mathrm{s}} \tag{6-142}$$

利用式(6-139)和式(6-140),分别计算长周期振荡模态的无阻尼固有频率 $\omega_{\mathrm{n,ph}}$ 和无阻尼周期 T_{ph}:

$$\omega_{\mathrm{n,ph}}=\frac{\sqrt{2}g}{v_\infty}=\frac{\sqrt{2}\times 32.2\,\text{英尺}/\mathrm{s}^2}{140\mathrm{kn}\times\dfrac{6076\,\text{英尺}}{3600\mathrm{s}}}=\frac{0.193\mathrm{rad}}{\mathrm{s}} \tag{6-143}$$

$$T_{\mathrm{ph}}=\frac{2\pi}{\omega_{\mathrm{n,ph}}}=\frac{2\pi}{0.193\mathrm{rad/s}}=32.6\mathrm{s} \tag{6-144}$$

不出所料,预测的无阻尼频率高于预测的阻尼频率,且无阻尼振荡的周期小于阻尼振荡的周期。

在完成了长周期的飞行试验之后,就可以进行短周期的飞行试验了。我们关注的是短期运动的定性方面,因为大多数的定量方面超出了文本可以表示的范围。再次将飞机配平到 9900 英尺高度和 140kn 空速。要做的第一个机动称为扫频,它提供了短周期模态的无阻尼固有频率,这个频率激发了短周期模态。这是无阻尼运动的固有频率,因为要用俯仰输入来驱动或刺激运动。一旦确定了这个固有频率,就可以用它来激发将要进行的另一个飞行试验的短周期模态。

开始以平稳连续的速度慢慢地前后移动支架。这种俯仰控制运动使升降舵上下偏转,导致"纳瓦霍人"机头上下俯仰,再让支架以越来越快的速度来回移动。实际上是在改变这个周期输入的频率从而覆盖之前的频率范围,搜索飞机的固有频率。必须注意,应该只使用小的输入,因为输入频率接近自然频率,可以避免机身应力过大。当把支架抽得越来越快时,飞机机头的响应是相对于地平线上下移动。随着速度的增加,这个动作会不太舒服。当速度较快,会注意到飞机的机头没有做出正确的反应:机头的运动与俯仰输入不同步,以至于机头与俯仰输入方向相反。很快,尽管飞机还在以非常快的速度前后移动支架,但机头几乎不动了。

图 6-56 所示为刚才在 PA31 中执行的频率扫描。图中绘制了升降舵偏转 δ_e(左垂直刻度)和迎角 α(右垂直刻度)与时间的关系。升降舵偏转输入的频率随时间增加而增加。飞机的迎角响应与输入保持同步,直到 11.5s 左右,此时飞机响应幅值开始减小,在 12.5s 左右停止响应。短周期无阻尼固有频率发生在输入使得响应达到最大振幅时,大约发生在 10.5s。使用这个确定的频率来激发所要执行下一个飞行试验中的短周期模态。用更简单的术语来说,频率扫描已经确定了在使用输入激励短周期时,应该以多快的速度移动支架(固有频率)。

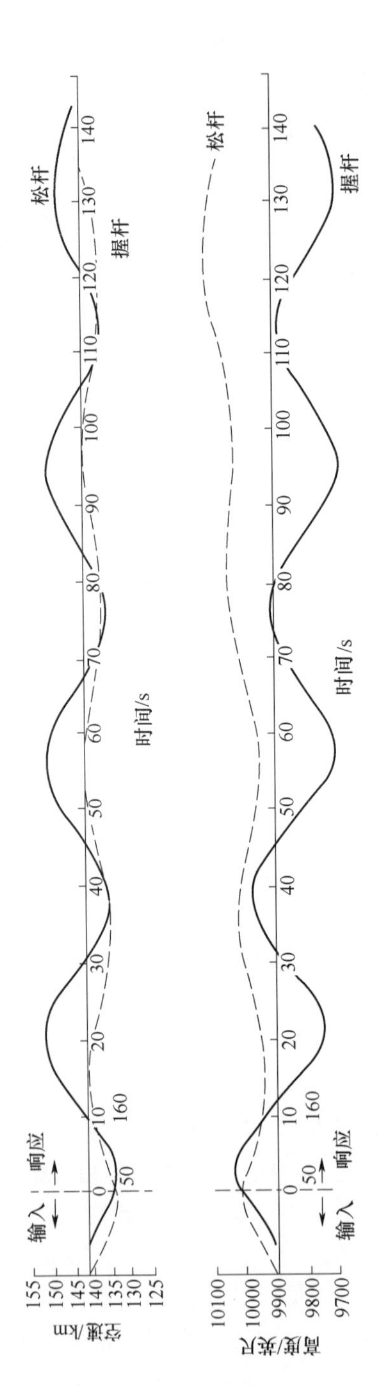

图 6-55　派珀 PA31 纳瓦霍握杆和松杆的长周期振荡运动

（资料来源：作者根据文献[6]中的数据趋势创建的图，经 Matthew DiMaiolo 许可）

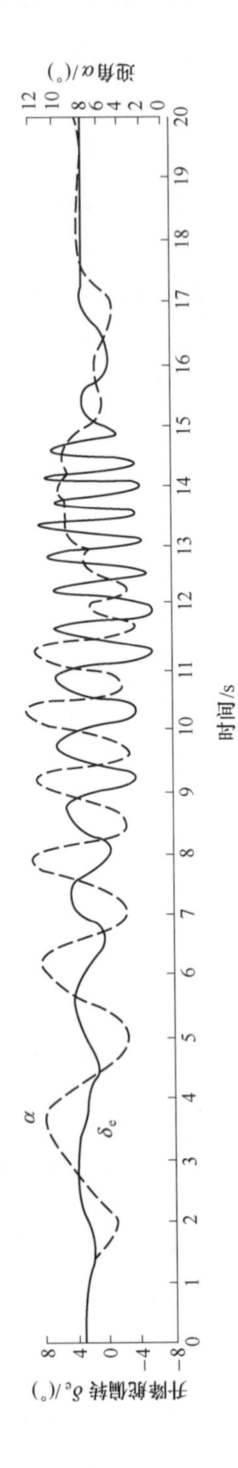

图 6-56　通过频率扫描识别派珀 PA31 纳瓦霍的短周期频率

（资料来源：作者根据文献[6]中的数据趋势创建的图，经 Matthew DiMaiolo 许可）

再一次使飞机配平在140kn、9900英尺的状态，应用刚刚完成的频率扫描所确定的速率，再用一个称为双重态的输入来激发短周期模态。推动支架，使机头产生向下的俯仰角速度，然后把支架拉回来，使机头产生向上的同样的俯仰速度，再把支架向前推，回到配平的姿态和空速。试图将这些俯仰角速度应用于操纵杆运动的固有频率。如果运用得当，双重态可以在短时间内激发，但不能在长时间内激发，因为机动开始和结束时的姿态和空速都是配平的。输入后，可以按住或松开支架，分别获得握杆响应和松杆响应。

双重输入由图6-57中的升降舵偏转图所示。无论是握杆还是松杆，飞机的反应都是严重阻尼和收敛的。观察"纳瓦霍人"的机头，可以看到相对于地平线的俯仰姿态的快速变化，同时，也一定能感觉到机身上的法向加速度响应。并且，可以在响应期间查看空速和高度指示器，并看到它们保持不变，但会看到迎角在响应期间快速变化。从飞行数据来看，握杆和松杆短周期模态的周期分别为2.8s和2.2s左右。

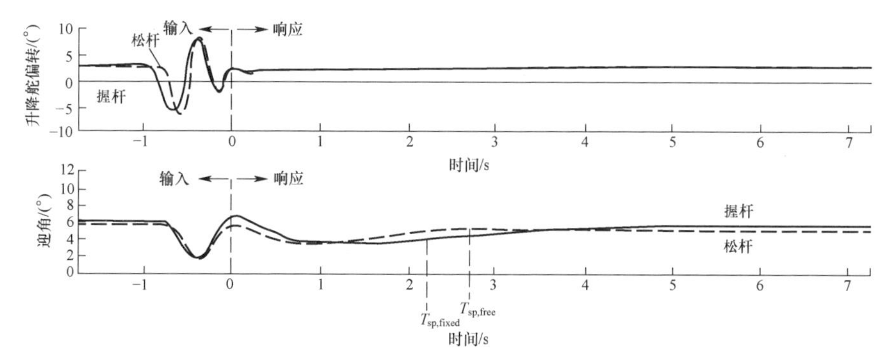

图6-57 派珀PA31"纳瓦霍人"握杆和松杆的短周期模态

（资料来源：作者根据文献[6]中的数据趋势创建的图，经Matthew DiMaiolo许可）

6.10 操纵品质

本章主要讨论了飞机的稳定性和操纵性特征，它不依赖于飞行员或非人控制器的任何输入，我们将其定义为飞行品质。这与操纵品质不同，品质处理涉及飞行员或控制器输入的飞机的动力学、响应和控制特性。注意，在文学作品中，二者有时可以互换使用。

操纵品质理解为由飞机和驾驶员或控制器组成的整个系统的响应。根据文献[5]，"操纵品质是指飞机的品质或特征，控制着飞行员执行支持飞机角色所需任务的简单性和精确性。"在某些方面，处理"飞机如何飞行"的品质评估可能视为主观的，因为通常会涉及人的意见，但有一些技术可以使评估尽可能客观。

飞行员的输入可能会显著影响飞机飞行特性的一个例子是飞行员诱导振荡(PIO),这是由于飞行员试图控制飞机而引起的持续或不可控的振荡。当飞机的姿态、角速度或法向加速度与飞行员控制输入的相位成180°时,发生飞行员诱导振荡(PIO)。当飞机的特征动态运动,如短周期模态,与飞行员反应的滞后时间具有相同的时间尺度时,也会发生这种情况。如前所述,短周期模态约为1~3s,这与飞行员在短周期振荡中应用控制输入所需的时间大致相同。这可能导致控制输入与振荡的相位不一致,从而增强效应,而不会是阻尼效应。

考虑一架动态稳定的飞机,它的控制是固定的。当从平衡状态受到扰动时,飞机的响应可能是振荡的,但随着时间的推移会恢复平衡。如果现在加上一个飞行员,他试图用与振荡运动不同步的控制输入来纠正飞机的振荡,结果可能是一个不稳定的发散振荡。在过去的着陆阶段,这种情况已经发生过很多次,飞机描述了由于飞行员控制输入相位导致的发散俯仰振荡,这在接近地面时可能是灾难性的。

在这一部分中,我们将讨论操纵品质。在评估飞机飞行特性时,人工输入对于稳定性和操纵性是至关重要的。在与稳定性与操纵性无关的其他广泛领域,人与航天飞行器系统的相互作用对系统的安全和有效运作十分重要。这方面的人为因素包括人与驾驶舱中的大多数东西的互动,包括显示器、仪器、开关、挡风玻璃或窗户,甚至座椅。人为因素也会影响飞机驾驶员在执行驾驶任务或其他相关任务时的工作量。

驾驶员是操纵品质的“传感器”,操纵品质数据主要是对驾驶员的评价和打分。从这个角度来看,数据依赖于人的感知和观点,这可能会产生人的主体性问题。驾驶同一架飞机的两名飞行员可能对飞机如何飞行有着截然不同的看法,这取决于他们的经验、技能水平或适应能力等因素。飞行员,特别是试飞员,往往是优秀的“补偿器”,能够使一架飞机较差的飞行特性被接受。另一个因素涉及沟通和术语。两名飞行员可能使用不同的形容词和术语来描述相同的飞行特性,分析人员、飞机设计师或其他飞行员可能会给出不同的解释。多年来,人们提出了许多不同的操纵品质评定量表,但普遍接受的体系是1969年出版的库珀-哈珀评定等级表[5]。

库珀-哈珀评定等级表将数值等级作为实现飞机预期特性的难易程度指标,如图6-58所示。数值范围为1~10,1表示最佳的飞机操纵特性,10表示最差的。数值等级是描述飞机特性的一种符号,它不是一个具有数学意义的数值。例如,由库珀-哈珀评级为4的飞机的“坏”程度不是评级为2的飞机的两倍。由于评分表依赖于飞行员的感知和意见,因此仍认为是主观的。如图6-58所示,该量表通过类似流程图的评级过程获取飞行员意见,其中飞机特征是根据飞机在执行选定任务或要求操作时,要达到特定的精度,需要依据飞行员提出的要求而制定。

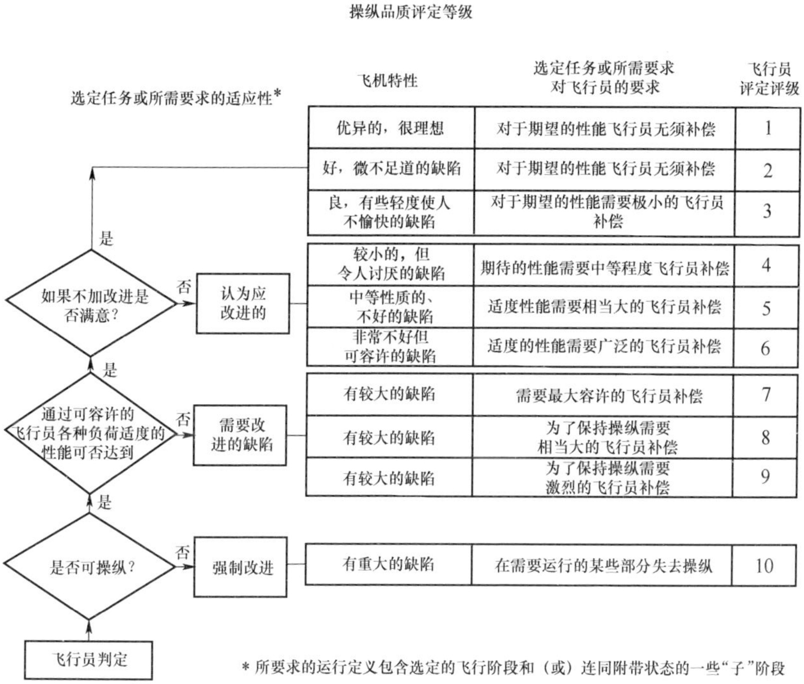

操纵品质评定等级

选定任务或所需要求的适应性*

飞机特性	选定任务或所需要求对飞行员的要求	飞行员评定评级
优异的，很理想	对于期望的性能飞行员无须补偿	1
好，微不足道的缺陷	对于期望的性能飞行员无须补偿	2
良，有些轻度使人不愉快的缺陷	对于期望的性能需要极小的飞行员补偿	3
较小的，但令人讨厌的缺陷	期待的性能需要中等程度飞行员补偿	4
中等性质的、不好的缺陷	适度性能需要相当大的飞行员补偿	5
非常不好但可容许的缺陷	适度的性能需要广泛的飞行员补偿	6
有较大的缺陷	需要最大容许的飞行员补偿	7
有较大的缺陷	为了保持操纵需要相当大的飞行员补偿	8
有较大的缺陷	为了保持操纵需要激烈的飞行员补偿	9
有重大的缺陷	在需要运行的某些部分失去操纵	10

飞行员判定 → 是否可操纵？ 否 → 强制改进（10）；是 →

通过可容许的飞行员各种负荷适度的性能可否达到 否 → 需要改进的缺陷（7～9）；是 →

如果不加改进是否满意？ 否 → 认为应改进的（4～6）；是 →（1～3）

* 所要求的运行定义包含选定的飞行阶段和（或）连同附带状态的一些“子”阶段

图6-58 库珀-哈珀操纵品质评定等级表

（资料来源：P. F. Borchers, J. A. Franklin, J. W. Fletcher, “Flight Research at NASA Ames”, NASA SP-3300, 1998年）

6.10.1 FTT：变稳定性飞机

有一些特殊类型的飞机是为了模拟其他飞机在真实飞行环境中的性能、稳定性和操纵性特性而设计的。这些变稳定性飞机已用于研究和开发许多新型飞机的设计和飞行控制系统。这个概念已经扩展到包括作为飞行模拟器的飞机，飞行员和工程师可以在真实飞行环境中体验各种不同飞机的性能和飞行质量。

变稳定性飞行器可以定义为在真实飞行环境中能够模拟另一飞行器的稳定性和控制特性的飞行器。模拟的飞机可能是真实的飞机类型，也可能是具有稳定性和操纵性的虚拟飞机。通常，变稳定性能力是通过一个感知飞机状态（空速、姿态、迎角、侧滑角、过载系数等）的系统实现的，该系统独立于飞行员输入，通过移动现有的操纵面，以模拟所需的稳定性和控制性。然而，这些操纵面的运动并没有传达给飞行员，因此飞行员使用传统的飞行控制来驾驶飞机。

现有的飞行操纵面可以在其正常的偏转范围和飞行速度范围内工作，或者变稳定性系统可以控制不同的范围和速度。例如，通常只使后缘向下偏转的襟翼可以向上偏转，对飞机产生向下的力。可以使操纵面以较高的速度偏转，以模拟所需的加速度和角速度。附加的气动力操纵面可以安装在飞机上，如机翼上的垂直侧向力发生器,使变稳定性系统产生附加的空气动力。

变稳定性系统通常由模拟或数字计算机控制,可以通过配置或编程来提供所需的飞行特性。为了使变稳定性系统准确地表示所需的飞机配置或飞行控制系统,必须建立数学模型来表示飞机的气动、稳定性和控制特性。这是一个不小的任务,必须在一切飞行之前完成。

在使用变稳定性飞机之前,飞机的几何形状必须进行物理上的改变,以评估其飞行品质的影响。瑞安 FR-1“火球”战斗机①——20 世纪 40 年代为美国海军设计的一种新型舰载战斗机,它的发展就是这种方法的一个例子。为了评估飞机最终设计中使用机翼二面角的数量,瑞安建造了 3 架“火球”飞机,每架都有不同数量的机翼二面角。不用说,这种方法并不适用于大多数飞机的研究。在 20 世纪 40 年代中期,这激发了美国国家航空航天局工程师威廉·考夫曼的灵感,他设想了一种飞机,其稳定性和操控特性可以通过一个稳定性增强系统来改变,该系统使用伺服电动机驱动操纵面,而不依赖于飞行员的输入。考夫曼研制了第一架具有变稳定性系统的飞机——一架经过美国航空咨询委员会改进的格鲁曼 F6F-3“地狱猫”战斗机,如图 6-59 所示。在 F6F 中,利用伺服电动机使

图 6-59 第一架变稳定性飞机,一架由美国国家航空咨询委员会改装的格鲁曼 F6F-3“地狱猫”战斗机
(资料来源:圣地亚哥航空航天博物馆档案馆,无版权限制)

① 瑞安 FR-1“火球”战斗机是一种单座战斗机,机翼低挂,有传统尾翼和可伸缩的三轮起落架。“火球”的推进系统是非常规的,有两种类型的发动机,径向活塞式发动机和涡轮喷气发动机。“火球”是美国海军第一架喷气式飞机。活塞式发动机弥补了早期喷气发动机从低功率到高功率加速度差的缺点。FR-1“火球”的首飞是在 1944 年 6 月 25 日,当时还没有喷气发动机,不久之后便安装了。一共只制造了 66 架 FR-1“火球”战斗机。

副翼在感觉侧滑的情况下发生偏转,从而改变了机翼的有效二面角。飞行员保留了对飞机的传统控制,但对飞行控制进行了修改,使飞行员的操纵杆在变稳定性系统移动副翼时不会移动。F6F 后来的变稳定性系统包含方向舵,该飞机广泛用于横航向飞行品质评估。

随着高性能掠翼喷气式飞机的出现,美国国家航空咨询委员会将一架北美 F-86"佩刀"和一架北美 F-100"超级佩刀"改装成变稳定性平台。F-100 是第一架具有三轴(俯仰、滚转和偏航)变稳定性能力的飞机。在接下来的几年里,美国国家航空航天局、康奈尔航空实验室、普林斯顿大学、波音公司以及美国其他机构都开发了许多其他的可变稳定性飞机。其他国家也在制造变稳定性飞机,由英国皇家飞机研究所、德国航空航天中心以及法国、日本和中国的其他组织制造。许多不同类型的飞机改装成变稳定性平台,包括单引擎军用飞机、单引擎通用航空飞机、双引擎活塞动力轰炸机、小型商务机和旋翼飞机。美国国家航空航天局改装了波音 CH-47"支奴干"直升机,如图 1-35 所示,作为一种可变稳定旋翼飞行器。

另一种变稳定性飞行器是 Calspan 全飞行模拟器(TIFS)如图 6-60 所示。它是一架高度改进型康威尔 131B"撒马利亚人(Samaritan)"运输机。飞机的改装包括用涡轮螺旋桨式发动机替换活塞式发动机,在机翼上安装垂直侧向力发电机(图 6-60 最左边的一个可以看到),并增加了一个可重构的机头部分。飞机机头可以容纳另一架飞机的雷达罩和雷达系统,也可以配置成一个完全独立的模拟驾驶舱。飞行员可以在配置为目标模拟飞机的模拟驾驶舱中驾驶飞机,当模拟安全后,飞行员则可以从普通驾驶舱起飞。

图 6-60 Calspan 全飞行模拟器(TIFS),一架高度改装的康威尔 131B"撒马利亚人"运输机
(资料来源:美国空军)

变稳定性飞行器在各种新型飞行器的研制和飞行控制系统的设计中发挥了重要作用。这份令人印象深刻的清单包括北美的 X-15 战斗机、洛克希德F-104"星式"战斗机、北美的 XB-70"瓦尔基里式"轰炸机、康维尔 B-58"盗贼"轰炸

机、洛克希德 A-12(SR-71“黑鸟”的前身)侦察机、洛克希德 F-117A“夜鹰”战斗机、格鲁曼 X-29 战斗机和航天飞机轨道器。它们为飞行员提供了宝贵的飞行训练,使他们能够在第一次驾驶新飞机之前熟悉其飞行特性。

6.11 FTT:首飞

针对这个最后的飞行试验术,我们又回到了航天工程的介绍中,回到了第 1 章开始的地方——航空飞行器首飞。首飞的成功完成利用了迄今为止讨论过的许多材料。第 1 章中描述的许多首飞并没有从本书所涵盖的航空航天工程知识和飞行试验课程中受益。许多早期的首飞风险很高,有时会导致灾难性的后果。风险永远不可能降为零,但经过周密的准备和慎重的决策,首飞的风险可以降至可接受的水平。

首飞的可能是一种全新的飞行器,如诺斯罗普·格鲁曼“沉默之蓝”(Northrop Tacit Blue)隐身飞机,如图 6-61 所示。这种不寻常的飞机是由诺斯罗普公司在 20 世纪 80 年代早期秘密设计和制造的,作为一种新型隐身或低可观测技术的证明。诺斯罗普格鲁曼“沉默之蓝”隐身飞机在 1982 年 2 月首飞,在 3 年时间里成功完成 135 次试飞。首飞的也可能是经过改装的现有飞行器,如大幅修改的“湾流”550 型商务飞机,如图 6-62 所示。飞机的外模线已经完全改装,以集成雷达设备和其他传感器。内部改装包括对各种系统的更改,包括电气和燃料系统。无论是新型飞行器还是改装过的现有飞行器,对许多与首飞相关的基础使用者都是适用的。

图 6-61 首飞的可能是一种新型运载工具,如诺斯罗普·格鲁曼“沉默之蓝”隐身验证机
(资料来源:美国空军)

在首飞之前,需要进行大量的工程准备工作。广泛地分析和地面试验已经完成,可以用于预测空气动力学、性能、飞行品质、系统性能及其结构完整性。建立了空气动力学、稳定性和操控性的模型,可用于预测飞行器将如何飞行。这些

图6-62 首飞的可能是一种高度改装的飞行器，
如这架“湾流”550型商务机改装后用于空中侦察任务
（资料来源：用户 Alert5，“RSAF G550-AEW” https://commons.wikimedia.org/wiki/File:RSAF_G550-AEW.jpg，CC-BY-SA-4.0，License at https://creativecommons.org/licenses/by-sa/4.0/legalcode）

模型通常应用于飞行模拟器，用于飞行员训练和进一步的工程分析。根据仿真的逼真程度，飞行员可以在飞机第一次飞行前，对飞机的飞行特性获得宝贵而真实的经验。

此外，该模拟器还可以通过评估工程预测中的不确定性来进一步降低风险。飞行器的飞行特性可以在空气动力学、稳定性或控制参数的不确定性极限下进行评估，以确定对这些参数的敏感度。例如，如果飞机的纵向静稳定性存在较大的不确定性，则在模拟器中，纵向静稳定性 $c_{M,\alpha}$ 可能会随其不确定的范围而变化，以评估其对飞行特性的影响。如果在不确定的极限下飞行品质是可接受的，那么纵向稳定性预测中的不确定度可能是可接受的。另一方面，如果飞行品质对参数的变化非常敏感，这将为进一步提高参数预测的保真度提供重点参考。

首飞前预测和试验的另一个重要领域与飞行器结构有关。通常，地面试验用于验证飞行器的静态结构完整性。飞行器的结构，如机翼，都装有重物，通常使用沙袋，以验证结构在设计极限载荷下的可靠性。有时结构加载失败，无法验证极限荷载。还需要进行动态结构分析和试验，以评估颤振和其他气动弹性不稳定性等现象，包括气动耦合、弹性（结构）和飞行器惯性力的耦合。这些类型的不稳定性是非线性的，可能导致结构的严重破坏。我们在本书中没有讨论这些领域，但它们是首飞所关注的关键领域。

对于首飞试验，我们不会只关注特定的飞机；相反，我们将关注一架全新的或高度改装的飞机。在首飞之前，已经在飞行模拟器上花费了很多时间，完全熟悉了飞机的正常及紧急程序，并尽可能地了解飞机的飞行特性。并且已经进行了几次滑行试验，检查了转向系统和其他机载系统，包括试验仪表系统。之后在跑道上进行了高速滑行试验，以测试高速下的地面操纵和刹车系统。完成所有这些地面任务后，就可以开始第一次飞行了。

在飞行前会议结束后,接着走上飞机。现在仍然是清晨,空气平静,海面风平浪静,这是第一次飞行所需要的。今天会有另一架飞机伴飞,这是一架安全伴飞飞机,它可以在飞行中对飞机进行视觉检查,确保一切正常。安全伴飞也可以在紧急情况下提供帮助。除了为飞机提供视觉评估之外,它还可以在遇到紧急情况时提供通信、导航和其他可能需要的指导。启动飞机引擎,检查所有系统是否正常,并检查伴飞飞机和地面控制室的通信,会有工程师看着满是飞机上遥测数据的电脑屏幕。滑行到跑道的尽头,伴飞飞机紧跟在后面。当获得起飞的许可后,伴飞飞机在跑道起飞。起飞时,伴飞者会乘坐空中皮卡在机场会合。滑行到跑道上,在跑道中心线上排队,俯瞰 12000 英尺(3700m)长的混凝土跑道。这个跑道和机场被选作首飞地点并非偶然。如果必须中止起飞或着陆滑行的距离很长,这条长跑道会更加安全。如果滑出时遇到发动机动力不足或其他问题,机场附近几乎没有可能会影响滑行的建筑物、塔或树木等障碍物。机场还配备了训练有素的应急人员和车辆,以便在紧急情况下提供援助。

深吸一口气,推进发动机油门,再次检查发动机仪表,然后松开刹车。飞机开始在跑道上滑行。这时发动机仪表仍然正常,空速指示器从零“脱离挂钩”,空速是“活的”。飞行器达到相应转速后,拉回操纵杆并起飞。飞机加速,空速增大,一切看起来都很正常,同时伴飞飞机在右翼边飞行。即使飞机的起落架是可伸缩的,也要在首飞时把起落架加长,作为额外的安全措施。现在已经成功地完成了这架飞机的首次起飞,要记住,首飞的首要目标是安全着陆。

可以先爬升到 15000 英尺(4600m),远低于飞机 50000 英尺(15000m)的极限。人们希望处于足够高的高度,以便有时间应对可能遇到的问题,但不应该接近飞机的高度极限。这通常适用于所有的飞机限制。首飞时不应该接近飞行包络线的任何限制,包括高度、速度、动压或其他限制。首飞应该在飞行包络线的“中心”,远离任何限制,并在工程预测的线性范围内,在那里保真度最高。即使飞机能够进行超声速飞行,首飞也应该处于低亚声速,远离非线性及跨声速的速度限制。

之后在 15000 英尺的高度保持水平,并配平飞机以亚声速稳定的水平飞行。该配平点提供了飞行数据,有助于验证气动系数线性范围内的气动预测和模型。可以在不同的速度下进行几次微调拍摄,在线性范围内采集更多的空气动力学数据。配平也提供了纵向静稳定性数据,纵向静稳定飞行稳定试验证明了这一点。另外,需要进行几个稳定航向的侧滑来评估航向静稳定性,通过几次稳定的转弯来评估横向静稳定性,如横航向静稳定性飞行试验所示。为了评估动稳定性,可以使用与纵向动稳定性飞行试验相同的过程。在使用这些不同的输入时,要细心使用低振幅、低到中等速率的输入,而不是要以最大偏转或最大速率输入。一方面要避免大迎角、大侧滑角和极端姿态,另一方面还要将法向的过载系数控制在最大 0.8~1.5g 的范围内。安全伴飞飞机会以一个安全的距离观察所有的试验点,从而保证不会对机动产生干扰,但距离足够近可以观察飞机的任何异常。

下一个试验点是计划接近着陆速度。遵循标准方法,从风险较低的较高空速试验点开始,到风险较高的较低空速试验点。拉回开关,减速到计划着陆速度。再一次记住,想要评估接近着陆速度时在某一高度的飞行特性,在接近地面之前的实际着陆过程中,首要目标应该是安全着陆。这样,就可以熟悉飞机在着陆时的飞行方式,并分析可能出现的问题。我们的目标是再次验证空气动力学模型和评估接近着陆速度时的操纵品质,如果预测结果与飞行试验数据存在差异,则在飞行结束后对模型进行更新。当然,显著的差异可能需要对着陆计划进行调整,例如,如果在较低的空速下操纵特性不理想,则需要增加空速。

在接近着陆速度时,继续进行各种操纵品质的评估,发现飞机特性与预测相当吻合。在完成这些动作后,要在所处的高度进行一次假想跑道的进场练习,然后进行一个返航练习,如果需要的话,将使用这个过程中止着陆,然后绕着着陆模式进行另一次着陆尝试。这个任务完成后,开始下降返回机场。先进入机场降落模式,最后进入跑道。当接近地面时,会注意到实际运动和视觉线索与飞行模拟器中的完全不同,但这是可以预期和控制的。因为不能在跑道上的某个特定点"定点着陆"飞机,故跑道设计为1200英尺长,最好让着陆尽可能平稳。当飞机进入地面效应范围内时,会感觉到它"漂浮"在跑道上,直到飞机轮胎在着陆时发出轻微的吱吱声。首飞已经成功完成。

参考文献

[1] Air Force Flight Test Center, *Flying Qualities Testing*, Edwards Air Force Base, California, 20 February 2002.

[2] Abzug, M. J. and Larrabee, E. E., *Airplane Stability and Control: A History of the Technologies That Made Aviation Possible*, Cambridge University Press, Cambridge, United Kingdom, 2nd edition, 2005.

[3] Anderson, J. D., Jr, *Introduction to Flight*, 4th edition, McGraw-Hill, Boston, Massachusetts, 2000.

[4] Borchers, P. F., Franklin, J. A., and Fletcher, J. W., *Flight Research at Ames*, *NASA SP*-3300, US Government Printing Office, Washington, DC, 1998.

[5] Cooper, G. E. and Harper, R. P., Jr, "The Use of Pilot Rating in the Evaluation of Aircraft Handling Qualities," NASA TN D-5153, 1969.

[6] DiMaiolo, M. J., "Flight Testing the Piper PA-32 Saratoga and PA-31 Navajo," Master's Thesis, University of Tennessee, 2015.

[7] Etkin, B. and Reid, L. D., *Dynamics of Flight: Stability and Control*, John Wiley & Sons, New York, 3rd edition, 1996.

[8] Etkin, B., *Dynamics of Atmospheric Flight*, John Wiley & Sons, New York, 1972.

[9] Hoak, D. E., et al., "The USAF Stability and Control DATCOM (Data Compendium)," Air Force Wright Aeronautical Laboratories, TR-83-3048, October 1960 (Revised April 1978).

[10] Hurt, H. H., Jr, *Aerodynamics for Naval Aviators*, US Navy NAVWEPS 00-80T-80, US Government Printing Office, Washington, DC, January 1965.

[11] McCormick, B. W., *Aerodynamics, Aeronautics, and Flight Mechanics*, John Wiley & Sons, New York, 1979.

[12] Nelson, R. C., *Flight Stability and Automatic Control*, McGraw-Hill, Boston, Massachusetts, 2nd edition, 1998.

[13] Perkins, C. D. and Hage, R. E., *Airplane Performance Stability and Control*, John Wiley & Sons, New York, 1949.

[14] Raymer, D. P., *Aircraft Design: A Conceptual Approach*, AIAA Education Series, American Institute of Aeronautics and Astronautics, Washington, DC, 2nd edition, 1992.

[15] Smith, H. J., "Evaluation of the Lateral-Directional Stability and Control Characteristics of the Lightweight M2-F1 Lifting Body and Low Speeds," NASA TN D-3022, September 1965.

[16] Talay, T. A., *Introduction to the Aerodynamics of Flight*, *NASA SP*-367, US Government Printing Office, Washington, DC, 1975.

[17] Ward, D. T. and Strganac, T. W., *Introduction to Flight Test Engineering*, 2nd edition, Kendal lHunt Publishing Company, Dubuque, Iowa, 1996.

[18] Weingarten, N. C., "History of In-Flight Simulation and Flying Qualities Research at Calspan," *AIAA Journal of Aircraft*, Vol. **42**, No. 2, March/April 2005.

[19] Yechout, T. R., *Introduction to Aircraft Flight Mechanics*, 2nd edition, American Institute of Aeronautics and Astronautics, Inc., Reston, Virginia, 2014.

习　题

1. 在给定速度下，飞机在零升力时，其重心的俯仰力矩系数为 0.0621。在 3°绝对迎角和相同的速度下，力矩系数为 0.0152。飞机在纵向上是静稳定和平衡的吗？这个速度下的配平迎角是多少？
2. 在给定速度下，飞机在零升力时，其重心的俯仰力矩系数为 0.0411。在 4°绝对迎角和相同的速度下，力矩系数为 0.0621。飞机在纵向上是静稳定和平衡的吗？这个速度下的配平迎角是多少？
3. 弦长为 7 英尺 3 英寸的矩形机翼的升力曲线斜率为 0.0987/(°)。机翼的气动中心位于1/4弦点，重心位于机翼前缘后部 2 英尺 4 英寸处。机翼气动中心的俯仰力矩系数为-0.1023。试绘制机翼俯仰力矩系数随着迎角从 0°到 15°的函数变化关系。
4. 所使用的飞机规格和机翼迎角如例 6.2，试绘制关于重心的水平尾翼俯仰力矩系数随尾翼入射角从-3°变化到+1°的函数关系。
5. 飞机结构由机身、机翼和尾部安装的水平尾翼组成，配置规格见下表。

参　数	数　值
机翼面积 S	182 英尺^2
翼弦 c	5.32 英尺
翼展 b	36.3 英尺
水平尾翼面积 S_t	28.1 英尺^2

续表

参　数	数　值
水平尾翼升力曲线斜率 a_t	0.0981/(°)
水平尾翼安装角 i_t	-2.21°
水平尾翼效率 η_t	0.980
重心到水平尾翼 ac 的距离 l_t	14.3 英尺
零升力时的下洗角 ε_0	1.02°

在风洞中对翼体(无尾翼)进行试验,得到了重心位置在 0.290c 处时,升力系数和力矩系数随迎角的变化情况,如下表所列。

α/(°)	$c_{L,\mathrm{wb}}$	$c_{M,\mathrm{wb}}$
-1.23	0	-0.1344
0	0.1199	-0.1275
5	0.6074	-0.09929
10	1.095	-0.07111
15	1.582	-0.04293

试绘制由于机身、水平尾翼和整架飞机产生的重心俯仰力矩随绝对迎角从 0°变化到 20°的函数关系。飞机是否为纵向静稳定或纵向平衡?

6. 针对第 5 题的水平尾翼面积 S_t 值,零升力下俯仰力矩系数等于 0.05,使全机纵向平衡。计算配平迎角,并绘制水平尾翼、机身和全机俯仰力矩系数随绝对迎角从 0°到 15°的变化曲线。
7. 如果问题 5 中飞行器的重心为 0.29c 处,试计算中性点的位置和静稳定裕度。
8. 飞机以 425km/h 的空速平稳地水平飞行。飞机重量 65300N,机翼面积 23.2m^2,水平尾翼面积 5.3m^2。水平尾翼效率为 0.99,升降舵效率为 3.67/rad。假设处于标准海平面,试计算当升降舵偏转 3.1°时升力系数的变化量。

附录 A

常　量

A.1 杂项常量

符号	意义	国际标准单位	英制单位
a	声速(海平面)	340.2m/s	1116.6 英尺/s
c_p	定压比热容	1006J/(kg·K)	6020.7 英尺·磅/(slug·°R)
c_V	定容比热容	719J/(kg·K)	4303.1 英尺·磅/(slug·°R)
g	重力加速度(海平面)	9.81m/s^2	32.17 英尺/s^2
$\mathcal{M}$	空气摩尔质量	28.96kg/(kg·mol)	28.96slug/(slug·mol)
R	比气体常数	287J/(kg·K)	1716 英尺·磅/(slug·°R)
$\mathcal{R}$	理想气体常数	8314J/(kg·mol·K)	1545 英尺·磅/(磅·mol·°R)
γ	空气比热容比	1.4	1.4

A.2 标准海平面条件下的空气特性

特性	符号	国际标准单位	英制单位
密度	ρ_{SSL}	1.225kg/m^3	0.002377slug/英尺^3
压力	p_{SSL}	101325N/m^2	2116 磅/英尺^2
温度	T_{SSL}	288K (15℃)	519°R (59°F)
声速	a_{SSL}	340.2m/s	1116.6 英尺/s
动态黏度	μ_{SSL}	17.89×10^{-6}kg/(m·s)	0.3737×10^{-6}slug/(英尺·s)
热导率	k_{SSL}	0.02533J/(m·s·K)	4.067×10^{-6}Btu/(英尺·s·°R)

附录 B

转　　换

B.1 单位转换

$$1\text{atm} = 2116\,\frac{\text{磅力}}{\text{英尺}^2} = 1.01325 \times 10^5\,\frac{\text{N}}{\text{m}^2}$$

$$1\text{Btu} = 778\,\text{英尺}\cdot\text{磅力} = 1005\text{J}$$

$$1\,\text{英尺} = 0.3048\text{m}$$

$$1\,\text{加仑} = 3.785\text{L}$$

$$1\,\text{马力} = 550\,\frac{\text{英尺}\cdot\text{磅力}}{\text{s}} = 2546.1\,\frac{\text{Btu}}{\text{h}} = 745.7\text{W}$$

$$1\,\frac{\text{磅力}}{\text{英寸}^2} = 6895.0\,\frac{\text{N}}{\text{m}^2}$$

$$1\,\frac{\text{磅力}}{\text{英尺}^2} = 47.88\,\frac{\text{N}}{\text{m}^2}$$

$$1\,\text{英里} = 5280\,\text{英尺} = 1609\text{m}$$

$$1\,\text{海里} = 6076\,\text{英尺} = 11852\text{m}$$

$$1\text{slug} = 32.2\,\text{磅} = 14.594\text{kg}$$

B.2 温度单位转换

$$1\ {}^\circ\text{R} = \frac{5}{9}\text{K}$$

$$\frac{T}{\text{K}} = \frac{t}{{}^\circ\text{C}} + 273.15$$

$$\frac{t_\text{F}}{{}^\circ\text{F}} = \frac{9}{5}\,\frac{t}{{}^\circ\text{C}} + 32$$

$$= \frac{9}{5}\,\frac{T}{\text{K}} - 459.67$$

附录 C

1976 美国标准大气特性

C.1 英制单位

特性	符号	英制单位
温度	T_{SSL}	519 °R
压力	p_{SSL}	2116 磅/英尺^2
密度	ρ_{SSL}	0.002377 slug/英尺^3

海平面标准大气条件

海拔 h_g/英尺	温度比 $\Theta = T/T_{SSL}$	压力比 $\Delta = p/p_{SSL}$	密度比 $\Sigma = \rho/\rho_{SSL}$
-1000	1.00688	1.03667	1.02957
0	1.00000	1.00000	1.00000
1000	0.99312	0.96442	0.97106
2000	0.98625	0.92983	0.94279
3000	0.97938	0.89628	0.91511
4000	0.97250	0.86367	0.88810
5000	0.96563	0.83210	0.86169
6000	0.95876	0.80144	0.83590
7000	0.95189	0.77171	0.81070
8000	0.94502	0.74289	0.78609
9000	0.93815	0.71491	0.76207
10000	0.93128	0.68784	0.73860
11000	0.92441	0.66161	0.71567
12000	0.91754	0.63614	0.69334
13000	0.91067	0.61152	0.67150
14000	0.90381	0.58766	0.65022

续表

海拔 h_g/英尺	温度比 $\Theta = T/T_{SSL}$	压力比 $\Delta = p/p_{SSL}$	密度比 $\Sigma = \rho/\rho_{SSL}$
15000	0. 89694	0. 56460	0. 62944
16000	0. 89007	0. 54225	0. 60920
17000	0. 88321	0. 52060	0. 58948
18000	0. 87635	0. 49972	0. 57021
19000	0. 86948	0. 47949	0. 55145
20000	0. 86262	0. 45991	0. 53315
21000	0. 85576	0. 44101	0. 51535
22000	0. 84890	0. 42274	0. 49798
23000	0. 84204	0. 40509	0. 48107
24000	0. 83518	0. 38804	0. 46462
25000	0. 82832	0. 37158	0. 44859
26000	0. 82146	0. 35569	0. 43299
27000	0. 81460	0. 34036	0. 41782
28000	0. 80774	0. 32556	0. 40305
29000	0. 80088	0. 31130	0. 38869
30000	0. 79403	0. 29755	0. 37473
31000	0. 78717	0. 28429	0. 36115
32000	0. 78032	0. 27151	0. 34795
33000	0. 77346	0. 25921	0. 33513
34000	0. 76661	0. 24737	0. 32267
35000	0. 75976	0. 23597	0. 31058
36000	0. 75291	0. 22499	0. 29883
37000	0. 75187	0. 21447	0. 28525
38000	0. 75187	0. 20444	0. 27191
39000	0. 75187	0. 19488	0. 25920
40000	0. 75187	0. 18577	0. 24708
41000	0. 75187	0. 17709	0. 23552
42000	0. 75187	0. 16881	0. 22452
43000	0. 75187	0. 16092	0. 21402
44000	0. 75187	0. 15340	0. 20402
45000	0. 75187	0. 14623	0. 19449
46000	0. 75187	0. 13940	0. 18540
47000	0. 75187	0. 13288	0. 17674
48000	0. 75187	0. 12668	0. 16848
49000	0. 75187	0. 12076	0. 16061

续表

海拔 h_g/英尺	温度比 $\Theta = T/T_{SSL}$	压力比 $\Delta = p/p_{SSL}$	密度比 $\Sigma = \rho/\rho_{SSL}$
50000	0.75187	0.11512	0.15310
51000	0.75187	0.10974	0.14596
52000	0.75187	0.10462	0.13914
53000	0.75187	0.09973	0.13264
54000	0.75187	0.09507	0.12645
55000	0.75187	0.09063	0.12055
56000	0.75187	0.08640	0.11492
57000	0.75187	0.08237	0.10955
58000	0.75187	0.07853	0.10444
59000	0.75187	0.07486	0.09957
60000	0.75187	0.07137	0.09492
61000	0.75187	0.06804	0.09049
62000	0.75187	0.06486	0.08627
63000	0.75187	0.06184	0.08224
64000	0.75187	0.05895	0.07841
66000	0.75205	0.05358	0.07125
67000	0.75310	0.05108	0.06783
68000	0.75415	0.04871	0.06458
69000	0.75520	0.04645	0.06150
70000	0.75625	0.04429	0.05856
75000	0.76151	0.03496	0.04592
80000	0.76676	0.02765	0.03606
85000	0.77200	0.02190	0.02837
90000	0.77725	0.01738	0.02236
95000	0.78249	0.01381	0.01765
100000	0.78773	0.01100	0.01396

C.2 国际标准单位

特性	符号	国际标准单位
温度	T_{SSL}	288K
压力	p_{SSL}	101325N/m^2
密度	ρ_{SSL}	1.225kg/m^3

海平面标准大气条件

海拔 h_g/m	温度比 $\Theta = T/T_{SSL}$	压力比 $\Delta = p/p_{SSL}$	密度比 $\Sigma = \rho/\rho_{SSL}$
-500	1.01128	1.06075	1.04890
0	1.00000	1.00000	1.00000
500	0.98872	0.94213	0.95290
1000	0.97745	0.88701	0.90751
1500	0.96617	0.83454	0.86376
2000	0.95490	0.78461	0.82171
2500	0.94363	0.73715	0.78118
3000	0.93236	0.69204	0.74224
3500	0.92109	0.64920	0.70482
4000	0.90983	0.60854	0.66886
4500	0.89856	0.56998	0.63432
5000	0.88730	0.53341	0.60117
5500	0.87604	0.49878	0.56936
6000	0.86478	0.46601	0.53887
6500	0.85352	0.43499	0.50964
7000	0.84227	0.40567	0.48165
7500	0.83102	0.37799	0.45485
8000	0.81977	0.35186	0.42922
8500	0.80852	0.32720	0.40470
9000	0.79727	0.30398	0.38127
10000	0.78602	0.28211	0.35891
10500	0.77478	0.26153	0.33756
11000	0.76353	0.24219	0.31720
11500	0.75229	0.22403	0.29780
12000	0.75187	0.20711	0.27545
12500	0.75187	0.19145	0.25464
13000	0.75187	0.17699	0.23541
13500	0.75187	0.16363	0.21763
14000	0.75187	0.15128	0.20119
14500	0.75187	0.13985	0.18601
15000	0.75187	0.12930	0.17197
15500	0.75187	0.11954	0.15899

续表

海拔 h_g/m	温度比 $\Theta = T/T_{SSL}$	压力比 $\Delta = p/p_{SSL}$	密度比 $\Sigma = \rho/\rho_{SSL}$
16000	0.75187	0.10218	0.13589
16500	0.75187	0.09447	0.12564
17000	0.75187	0.08734	0.11616
17500	0.75187	0.08075	0.10740
18000	0.75187	0.07466	0.09931
18500	0.75187	0.06903	0.09181
19000	0.75187	0.06383	0.08490
19500	0.75187	0.05902	0.07850
20000	0.75187	0.05457	0.07258
20500	0.75337	0.05046	0.06698
21000	0.75510	0.04667	0.06181
21500	0.75682	0.04317	0.05705
22000	0.75854	0.03995	0.05266
22500	0.76027	0.03697	0.04862
23000	0.76199	0.03422	0.04490
23500	0.76371	0.03168	0.04148
24000	0.76543	0.02933	0.03832
24500	0.76716	0.02716	0.03541
25000	0.76888	0.02516	0.03272
25500	0.77060	0.02331	0.03025
26000	0.77232	0.02160	0.02796
26500	0.77404	0.02002	0.02586
27000	0.77576	0.01855	0.02392
27500	0.77748	0.01720	0.02212
28000	0.77920	0.01595	0.02047
28500	0.78092	0.01479	0.01894
29000	0.78264	0.01372	0.01753
29500	0.78436	0.01273	0.01623
30000	0.78608	0.01181	0.01503
30500	0.78780	0.01096	0.01392
31000	0.78952	0.01018	0.01289
31500	0.79124	0.00945	0.01194

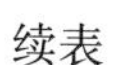

续表

海拔 h_g/m	温度比 $\Theta = T/T_{SSL}$	压力比 $\Delta = p/p_{SSL}$	密度比 $\Sigma = \rho/\rho_{SSL}$
32000	0. 79295	0. 00877	0. 01107
32500	0. 79676	0. 00815	0. 01023
33000	0. 80157	0. 00757	0. 00945
33500	0. 80638	0. 00704	0. 00873
34000	0. 81119	0. 00655	0. 00807
34500	0. 81599	0. 00609	0. 00747
35000	0. 82080	0. 00567	0. 00691
35500	0. 82560	0. 00528	0. 00640
36000	0. 83041	0. 00492	0. 00592
36500	0. 83521	0. 00459	0. 00549
37000	0. 84002	0. 00428	0. 00509
37500	0. 84482	0. 00399	0. 00472
38000	0. 84962	0. 00372	0. 00438
38500	0. 85442	0. 00347	0. 00407
39000	0. 85922	0. 00325	0. 00378
39500	0. 86402	0. 00303	0. 00351
40000	0. 86882	0. 00283	0. 00326

内 容 简 介

本书汇集了原著者多年来在飞行试验领域的研究成果，从飞行试验的角度介绍了航空航天工程，阐明了许多真实飞行方面的知识，为航空航天基础工程研究提供了坚实基础。

本书对航空航天工程基础内容的原理进行了介绍，包括空气动力学、推进技术、性能、稳定性和操纵性等内容，并有独立章节介绍相关的地面试验技术和飞行试验技术。全书共分为 6 章，第 1 章定义并介绍了不同类型的航空器和航天器；第 2 章介绍了后续章节涉及的航空航天工程及飞行试验中的基本概念和术语，第 3 章和第 4 章分别讨论了空气动力学和推进技术的基本原理；第 5 章和第 6 章在空气动力学和推进技术的基础之上，分别论述了性能、稳定性和操纵性等内容。

本书可作为高校航空航天工程专业本科生和研究生教材，也可以作为航空航天领域工程师和学者的参考资料。对于想深入了解飞行器和飞行试验的航空航天爱好者来说，本书也是一本不可多得的学术著作。